Seborg

공정제어 4th Edition

Dale E. **Seborg**
Duncan A. **Mellichamp**
Francis J. **Doyle III**
Thomas F. **Edgar**

Seborg

공정제어 4th Edition

| 류기윤 · 박경태 · 박명준 · 유 준 · 이종민 · 이철진 · 황성원 옮김 |

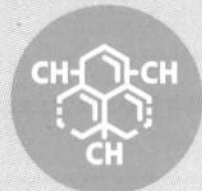

Process Dynamics
And Contro Techniques

WILEY

TEXT BOOKS
텍스트북스

Process Dynamics And Control Techniques, 4th edition
Dale E. Seborg, Duncan A. Mellichamp, Francis J. Doyle III, Thomas F. Edgar
ISBN 978-1-119-92341-1

역자 소개

류기윤 서울과학기술대학교 화공생명공학과 kyyoo@seoultech.ac.kr
박경태 숙명여자대학교 화공생명공학부 ktpark@sookmyung.ac.kr
박명준 아주대학교 화학공학과 mjpark@ajou.ac.kr
유　준 부경대학교 화학공학과 jayliu@pknu.ac.kr
이종민 서울대학교 화학생물공학부 jongmin@snu.ac.kr
이철진 중앙대학교 화학신소재공학부 cjlee@cau.ac.kr
황성원 인하대학교 화학공학과 sungwon.hwang@inha.ac.kr

공정제어 제4판

Process Dynamics And Control Techniques, 4th edition

발행일 2021년 7월 30일 제4판 1쇄
2024년 8월 30일 제4판 2쇄
저　자 Dale E. Seborg, Duncan A. Mellichamp, Francis J. Doyle III, Thomas F. Edgar
역　자 류기윤, 박경태, 박명준, 유　준, 이종민, 이철진, 황성원
발행인 임은정　**발행처** (주)텍스트북스　**주소** 서울시 영등포구 양평로 30길 14, 세종앤까뮤스퀘어 1109호
전　화 02-702-5725　**팩스** 02-702-5727　**웹사이트** www.textbooks.co.kr
등록번호 제2022-000098호

ISBN: 979-11-91679-01-4 93570
정가 42,000원

저자 서문

Preface

치열한 글로벌 경쟁, 급변하는 경제 상황, 빠른 제품 개발 그리고 갈수록 엄격해지는 환경 및 안전 규제로 인해 공정 산업에서 공정 제어의 중요성은 갈수록 증가하고 있다. 공정 제어 및 이와 밀접한 공정 모델링 그리고 최적화 분야는 고부가가치 제품을 생산하기 위한 보다 유연하고 복잡한 공정 개발에 중요한 역할을 한다. 또한 디지털 기술의 지속적인 성능 향상과 비용감소로 인해 고성능의 측정 및 제어 시스템이 산업 플랜트의 핵심적인 부분이 되었다.

전반적으로 공정 제어 기술의 적용 범위와 중요성은 21세기 동안 계속 확대될 것이 분명하다. 결과적으로 화공 엔지니어는 최신 기술을 반영한 공장을 개발, 설계 및 운영하기 위해서 공정 제어를 마스터할 필요가 있다. 바이오 공학, 첨단 재료공정과 같이 화공 엔지니어에게 흥미로운 많은 복잡한 시스템을 이해하기 위해서는 공정 제어의 동적 거동, 되먹임 그리고 안정성의 개념이 중요하다. 공정 제어의 입문 과정은 이론과 실제가 적절히 균형 잡혀 있어야 하며, 특히 동적 거동, 물리 및 경험 기반의 모델링, 컴퓨터 시뮬레이션, 측정 및 제어 기술, 기본 제어 개념 및 고급 제어 전략을 강조해야 한다. 이 책은 교수자가 기본 주제를 다루면서 개별적으로 고급 주제를 포함할 수 있도록 구성되어 있으며, 학부 수준에서 단일 강좌 또는 연속 강좌로 10~30주간의 수업이 가능하도록 기초를 제공하고 있다. 또한, 이 교재는 산업체에 종사하는 엔지니어들의 자체 학습을 위해 가독성을 높이고 모듈화 될 수 있도록 합리적인 분량의 장으로 나누어져 있다. 이러한 구성은 내용의 연속성을 잃지 않고 일부 장을 생략할 수 있게 해준다.

이 책에 사용된 수학의 수준은 미분 방정식과 관련된 강좌를 최소한 하나 이상 이수한 화학공학도를 대상으로 하며, 필요에 따라 제어 시스템 분석에 필요한 추가적인 수학적 도구도 도입되었다. 이 책에서는 실제로 사용되는 공정 제어 기술들을 강조하였으며 내용을 이해하는 데 필요한 경우에만 자세한 수학적 분석을 제공하였다. 주요 이론 개념은 다양한 예제, 연습문제 그리고 시뮬레이션과 함께 설명되어 있다.

이 책의 자료들은 초기에 산업계를 위한 단기 과정을 위해 개발되었다. 하지만, 지난 40년 동안 University of California, Santa Barbara 그리고 University of Texas at Austin에서 크게 발전하였다. 초판은 1989년에 출판되었으며, 전 세계 80개 이상의 대학에서 교재로 채택되었다. 2판 (2004)에서는 공정 감시, 회분식 공정 제어 그리고 전

공정 제어에 관한 새로운 장을 추가하였다. 3판(2011)에서는 4번째 공동 저자인 Frank Doyle(당시, UCSB 교수)가 합류하였고, 화학공학 및 생물 공학에서 발전하는 분야를 새롭게 반영하였다. 이전 버전의 책들은 매우 성공적이었으며 일본어, 중국어, 한국어 및 터키어로 번역되었다.

4판에서는 긴 이론적 유도 과정에 대한 강조를 줄이고 MATLAB®, Simulink® 그리고 Mathematica와 같은 상용 소프트웨어를 사용하여 분석하는 방법에 대한 비중을 높였다. 또한, 최신 동향을 반영할 수 있도록 제어시스템 설계, 계장장치, 제어 문제 해결 등과 같은 주요 주제에 관한 내용을 대폭 수정하였다. 또한, 각 장의 마지막 부분의 참고문헌이 업데이트 되었으며 새로운 연습문제도 추가되었다.

몇몇 장의 연습문제는 증류탑과 노(furnace)의 두 가지 물리적 모델에 대한 MATLAB® 시뮬레이션을 기반으로 하였으며, 이 책과 MATLAB 시뮬레이션에 관한 정보는 이 책의 웹 사이트(www.wiley.com/college/seborg)에서 찾을 수 있다. 또한, National Instruments는 자사의 LabVIEW™ 소프트웨어를 기반으로 이 책의 몇몇 예제에 대한 멀티미디어 모듈을 제공하였다.

이 책의 주요 부분은 다음과 같이 개정되었다. 파트 1에서는 공정 제어에 대한 소개와 공정 모델링에 대한 심도 있는 토론을 제공하였다. 공정 모델의 가용 여부에 따라 제어 시스템의 설계와 분석이 크게 영향을 받을 수 있기 때문에 이것은 아주 중요한 주제이다.

공정의 정상 상태와 비정상 상태의 거동에 대한 내용은 파트 2(3~7장)에서 다루었다. 전달 함수 및 상태 공간 모델은 선형 및 비선형 시스템의 동적 거동을 특성화 하는데 사용되었다. 그러나 동적 응답을 결정하기 위해 고전적인 분석 방법(예: 라플라스 변환)을 사용하는 유도 과정은 최소화하고 컴퓨터 시뮬레이션 사용을 장려하였다. 또한 경험 기반의 모델과 실험 데이터를 통한 경험 기반의 모델 개발도 중요한 주제로 고려되었다.

파트 3(8~15장)에서는 되먹임 및 앞먹임 제어의 기본 개념을 다루었다. 8장 및 부록 A에서는 공정 제어의 구현을 위해 필요한 제어 하드웨어 및 소프트웨어에 대한 개요, 그리고 9장에서는 공정 계장장치의 개요에 대한 내용을 포함하였다. 8장에서 10장은 공정 안전 분야의 최신 동향을 포함할 수 있도록 광범위하게 개정되었다. 되먹임 제어 시스템의 설계 및 분석은 산업계에서 입증된 제어기 설계, 조율 및 문제해결 방법에 중점을 둔 주요한 주제로 다루어 졌다. 주파수 응답 해석(14장)은 닫힌 루프의 안정성과 제어 루프가 진동할 수 있는 이유에 대한 중요한 통찰력을 제공한다. 파트 3은 피드포워드 제어와 비율 제어에 관한 장으로 끝을 맺고 있다.

파트 4(16장~22장)는 고급 공정 제어 기술에 관한 내용을 다루고 있다. 여기에는 디지털 제어, 다변수 제어, 공정 감시, 회분식 공정 제어 및 다단 제어, 선택 제어 그리고 이득 계획과 같이 PID 제어를 개선하는 방법에 대한 주제들이 포함되어 있다. 최신 장에서는 실시간 최적화 및 모델예측제어(MPC)와 같은 강력한 기술이 산업계에 미치는 중대한 영향에 대해 강조하였다. 전공정 제어(부록 G-I) 및 기타 중요한 자료에 대한 부록은 이 책의 웹 사이트(www.wiley.com/college/seborg)에서 찾을 수 있다.

이 웹 사이트에는 학생과 교수자가 모두 이용할 수 있는 현재 및 이전 버전의 정오표가 포함되어 있다. 또한 교수자에게만 제공되는 자료(문제 해설집, 강의 슬라이드, 이미지 파일 및 저자의 웹 사이트 링크)는 암호로 보호되어 있으며, 이러한 자료들에 접근하기 위해서는 교수자가 웹 사이트에 등록해야 한다.

우리는 매우 유용한 검토 의견을 제공해 준 학계 및 산업계의 많은 동료들인 Joe Alford, Anand Asthagiri, Karl Åström, Tom Badgwell, Michael Baldea, Max Barolo, Noel Bell, Larry Biegler, Don Bartusiak, Terry Blevins, Dominique Bonvin, Richard Braatz, Dave Camp, Jarrett Campbell, I-Lung Chien, Will Cluett, Oscar Crisalle, Patrick Daugherty, Bob Deshotels, Rainer Dittmar, Jim Downs, Ricardo Dunia, David Ender, Stacy Firth, Rudiyanto Gunawan, Juergen Hahn, Sandra Harris, John Hedengren, Karlene Hoo, Biao Huang, Babu Joseph, Derrick Kozub, Jietae Lee, Bernt Lie, Cheng Ling, Sam Mannan, Tom McAvoy, Greg McMillan, Randy Miller, Samir Mitragotri, Manfred Morari, Duane Morningred, Kenneth Muske, Mark Nixon, Srinivas Palanki, Bob Parker, Michel Perrier, Mike Piovoso, Joe Qin, Larry Ricker, Dan Rivera, Derrick Rollins, Alan Schneider, Sirish Shah, Mikhail Skliar, Sigurd Skogestad, Tyler Soderstrom, Ron Sorensen, Dirk Thiele, John Tsing, Ernie Vogel, Doug White, Willy Wojsznis, 그리고 Robert Young에게 깊은 감사드린다.

또한 신중한 검토와 시뮬레이션 결과를 제공해 준 UCSB 및 UT-Austin의 많은 학생들과 박사후 연구원들인 Ivan Castillo, Marco Castellani, David Castineira, Dan Chen, Jeremy Cobbs, Jeremy Conner, Eyal Dassau, Doug French, Scott Harrison, Xiaojiang Jiang, Ben Juricek, Fred Loquasto III, Lauren Huyett, Doron Ronon, Lina Rueda, Ashish Singhal, Jeff Ward, Dan Weber, 그리고 Yang Zhang에게도 감사의 말씀을 전한다. Eyal Dassau는 오래된 PCM 모듈을 이 책의 웹사이트에 게시된 버전으로 변환하는데 중요한 역할을 하였다. 문제 해설집은 박사과정 학생인 Lauren Huyett (UCSB)와 Shu Xu (UT-Austin)의 도움을 받아 개정되었다. 이전 버전의 문제 해설집은 Yang Zhang의 도움아래 Mukul Agarwal과 David Castineira가 작성하였으며, 그들의 세심한 노고에 감사한다. 우리는 4판에서 많은 수정 작업을 담당해준 Kristine Poland에게도 감사의 말씀을 전한다. 마지막으로, 책을 개정하는 동안 많은 지지와 인내를 보여준 아내들(Judy, Donna, Suzanne, 그리고 Diana)에게도 깊이 감사드린다. 마지막으로, 이번 개정판의 최종 수정 작업 중 암으로 인해 세상을 떠난 Donna Edgar에게 조의를 표한다.

이 책의 지속적인 개선을 위해 이 책을 사용하는 학생들, 교수자 및 실무자로부터 지속적인 피드백을 받기를 원하여 이 책이 여러분들에게 많은 도움이 되기를 바란다.

Dale E. Seborg
Thomas F. Edgar
Duncan A. Mellichamp
Francis J. Doyle III

역자 서문

화학공학을 전공하는 대학생들에게 공정 제어는 국가기술자격 시험이나 기술고시 등의 여러 시험과목 중 하나일 수도 있다. 하지만, 공정 제어는 화학공장의 안전한 운전에서부터 제품의 품질 유지 및 향상은 물론, 궁극적으로는 공장 운전의 경제적 이윤을 최대화하는 데 있어 가장 근본적인 역할을 하는 중요한 학문이다. 그리고 화학공장의 운전과 관련된 문제에 최근 각광받고 있는 빅데이터 분석 또는 머신러닝 기술의 성공적인 적용을 위해서도 공정제어의 올바른 이해는 매우 중요하다.

현재까지 4판이 출판된 Seborg, Edgar, Mellicamp, Doyle 교수의 책 "Process Dynamics and Control Techniques"은 화학공학과 교과과정 중 공정 제어에 대한 완전한 범위의 주제를 제공하며, 공정 제어 및 이와 관련된 공정 모델링 및 최적화 분야가 고부가가치 제품 개발에 필수적임을 강조한다. 4판의 주요 특징은 현대 공장의 개발, 설계 및 운영에 필요한 복잡한 시스템에 중점을 두고 공정 제어에 대한 최신 기술을 설명한다는 것이다. 예를 들면 이 책은 제약 공정과 생체의학 등 바이오 시스템의 공정 제어 응용에 관한 최신 동향도 포함하고 있다. 따라서 화학공학을 전공하는 대학생은 물론 화학산업의 엔지니어에게도 좋은 참고도서가 될 것이다. 이 책을 교재로 사용하며 공정 제어를 가르치는 교습자는 기본적인 자료를 다루면서 경우에 따라 고급 주제를 포함할 수 있는 유연성을 가질 수 있다.

역자들은 공정 제어를 포함하는 공정시스템 분야를 전공하고 이 분야에서 활발한 연구활동을 하고 있을 뿐 아니라, 국내 7개의 대학교에서 3, 4학년을 대상으로 공정제어 과목을 적게는 수 년에서 길게는 십수 년간 강의해 온 교수진으로 구성되어 있다. 이 책의 번역에 역자들의 많은 시간과 노력을 기울였으며, 번역 또한 일회성으로 4판에 그치는 것이 아니라 향후에도 연속성을 가지고 계속될 예정이다. 끝으로 이 책의 번역을 위해 도움을 주신 많은 분들께 깊은 감사를 드린다.

역자 대표

유 준

차례

Contents

저자 서문 v
역자 서문 viii

Chapter 01 서론 *1*

1.1 대표적인 공정 제어 문제 *2*
1.2 예시: 교반 공정 *5*
1.3 공정 제어 전략의 분류 *7*
1.4 더 복잡한 예시: 증류탑 *10*
1.5 공정 제어 활동의 체계 *11*
1.6 제어시스템 설계의 개요 *13*

Chapter 02 화학공정의 이론 모델 *19*

2.1 동적 공정 모델의 이론적 근거 *19*
2.2 일반적인 모델링 원칙 *22*
2.3 자유도 분석 *27*
2.4 대표적 공정의 동적 모델 *29*
2.5 공정 동특성 및 수학적 모델 *43*

Chapter 03 라플라스 변환 *53*

3.1 대표적인 함수의 라플라스 변환 *54*
3.2 라플라스 변환 기법에 의한 미분 방정식의 풀이 *58*
3.3 부분분수 전개 *60*
3.4 라플라스 변환의 다른 특성들 *64*
3.5 과도 응답의 예시 *68*
3.6 기호 수식 문제를 풀기 위한 소프트웨어 *70*

Chapter 04 전달함수 모델 *77*

4.1 전달함수 모델 개요 *77*
4.2 전달함수의 성질 *83*
4.3 비선형 모델의 선형화 *88*

Chapter 05 1차 및 2차 공정의 동적 특성 *97*

5.1 표준 공정 입력 *98*
5.2 1차계 응답 *101*
5.3 적분 공정 응답 *106*
5.4 2차계 응답 *109*

Chapter 06 좀더 복잡한 공정의 동적 응답 특성 *123*

6.1 극점 및 영점, 이들이 공정 응답에 미치는 영향 *123*
6.2 시간 지연을 가진 공정 *129*
6.3 고차 전달함수의 근사 *133*
6.4 상호작용이 있는 공정과 없는 공정 *136*
6.5 상태-공간 및 전달함수 행렬 모델 *138*
6.6 다중-입력, 다중-출력(MIMO) 공정 *143*

Chapter 07 공정 데이터를 사용한 경험 모델 개발 151

7.1 선형 및 비선형 회귀를 사용한 모델 개발 152
7.2 계단 시험을 사용한 1차 및 2차계 모델 맞추기 157
7.3 신경망 모델 164
7.4 이산 시간 모델의 개발 166
7.5 실험 자료로부터 이산 시간 모델 식별 169

Chapter 08 피드백 제어기 177

8.1 소개 177
8.2 기초 제어 방식 180
8.3 PID 제어기의 특징 188
8.4 디지털 PID 제어기 192
8.5 피드백 제어계의 전형적인 응답 195
8.6 ON–OFF 제어기 196

Chapter 09 제어계 계장 201

9.1 센서, 송신기, 변환기 202
9.2 최종 제어요소 211
9.3 계장에서의 정확도 221

Chapter 10 공정의 안전과 공정 제어 229

10.1 보호층 230
10.2 경보 관리 237
10.3 이상 사건 감지 241
10.4 위험도 평가 244

Chapter 11 닫힌 루프 제어시스템의 동적 거동과 안정성 251

11.1 블록선도로 표현하기 252
11.2 닫힌 루프 전송 기능 255
11.3 단순한 제어시스템의 닫힌-루프 응답 260
11.4 닫힌-루프 제어시스템의 안정성 268
11.5 ROOT LOCUS 다이어그램 276

Chapter 12 PID 제어기 설계, 튜닝 및 문제해결 285

12.1 닫힌 루프 시스템의 성능 기준 286
12.2 모델 기반 설계 방법 288
12.3 제어기 튜닝 관계 296
12.4 자유도가 2인 제어기 306
12.5 온라인 제어기 튜닝 308
12.6 공통적인 제어 루프 지침 316
12.7 제어 루프 문제 해결 318

Chapter 13 프로세스 단위 수준의 제어 전략 327

13.1 공정 제어를 위한 자유도 분석 328
13.2 제어, 조작 및 측정 변수의 선택 330
13.3 적용 사례 336

Chapter 14 주파수 응답 해석과 제어계 설계 347

14.1 1차 공정의 사인 입력 347
14.2 *n*차 공정의 사인 입력 349
14.3 보드 선도 352
14.4 피드백 제어기의 주파수 응답 특성 357
14.5 나이퀴스트 선도 360
14.6 보드 안정성 판별 361
14.7 이득 및 위상여유 366

Chapter 15 피드포워드와 비제어 375

15.1 피드포워드 제어 소개 376
15.2 비제어 378
15.3 정상 상태 모델에 근거한 피드포워드 제어기 381
15.4 동적 모델에 근거한 피드포워드 제어기 설계 385
15.5 정상 상태와 동적 설계 방법 간의 관계 390
15.6 피드포워드-피드백 제어의 구성 391
15.7 피드포워드 제어기의 조율 392

Chapter 16 향상된 단일 루프 제어전략 399

16.1 캐스케이드 제어 400
16.2 시간 지연 보상 406
16.3 추론 제어 409
16.4 선택 제어/오버라이드 시스템 410
16.5 비선형 제어시스템 413
16.6 적응 제어시스템 418

Chapter 17 디지털 샘플링, 필터링 및 제어 427

17.1 샘플링 및 신호 재구성 427
17.2 신호 처리 및 데이터 필터링 430
17.3 디지털 제어를 위한 z-변환 분석 436
17.4 디지털 PID 제어기 튜닝 445
17.5 디지털 제어기 설계를 위한 직접 합성 448
17.6 최소 분산 제어 455

Chapter 18 다중 루프 및 다변수 제어 463

18.1 프로세스 상호 작용 및 제어 루프 상호 작용 464
18.2 제어 변수와 조작 변수의 페어링(pairing) 470
18.3 특이값 분석(Singular Value Analysis) 480
18.4 다중 루프 비례미적분제어시스템의 조율 485
18.5 디커플링(decoupling) 및 다변수 제어 전략 486
18.6 제어 루프의 상호작용을 줄이는 전략 489

Chapter 19 실시간 최적화 497

19.1 실시간 최적화의 기본 요구 사항 499
19.2 RTO 문제의 형성과 해결책 503
19.3 비제한적 및 제한적 최적화 506
19.4 선형 프로그래밍 510
19.5 이차 및 비선형 프로그래밍 514

Chapter 20 모델예측제어 523

20.1 모델예측제어 소개 524
20.2 SISO 모델에 대한 예측 526
20.3 다중 입출력(MIMO) 모델에 대한 예측 535
20.4 모델예측제어 계산 538
20.5 설정값 계산 544
20.6 설계와 조율 파라미터의 선정 547
20.7 MPC의 구현 553

Chapter 21 공정 모니터링 561

21.1 전통적인 모니터링 기법 563
21.2 품질 관리 차트 565
21.3 통계적 공정 제어의 확장 574
21.4 다변량 통계 기법 578
21.5 제어 성능 모니터링 581

Chapter 22 회분 공정 제어 587

22.1 회분 제어시스템 590
22.2 순차(Sequential) 및 논리(Logic) 제어 591
22.3 회분 제어 599
22.4 런투런(Run-to-Run) 제어 606
22.5 회분 생산 관리 608

Chapter 23 생물계 제어 설계 617

23.1 제약 공정의 모델링과 제어 617
23.2 약물 전달을 위한 공정 모델링과 제어 625

Chapter 24 생물 시스템의 동력학과 제어 637

24.1 시스템 생물학 637
24.2 유전자 규제 제어 640
24.3 신호 전달 네트워크 645

Appendix A 디지털 공정 제어시스템: 하드웨어 및 소프트웨어 655

A.1 분산 디지털 제어시스템 656
A.2 아날로그/디지털 신호와 데이터 전송 657
A.3 공정 제어에서 사용하는 마이크로프로세서와 디지털 하드웨어 660
A.4 소프트웨어 조직 664

Appendix **B** 보존 방정식에 대한 열역학적 개념 검토 *675*

B.1 단일성분계 *675*
B.2 다변수계 *677*

Appendix **C** 제어 시뮬레이션 소프트웨어 *679*

C.1 MATLAB 작동 및 방정식 풀이 *679*
C.2 SIMULINK를 사용한 컴퓨터 시뮬레이션 *682*
C.3 LabVIEW를 사용한 컴퓨터 시뮬레이션 *685*

Appendix **D** 장치화 기호 *689*

Appendix **E** 공정 제어 모듈 *693*

E.1 소개 *693*
E.2 모듈 구성 *694*
E.3 하드웨어 및 소프트웨어 요구사항 *694*
E.4 설치 *694*
E.5 소프트웨어 실행 *694*

Appendix **F** 확률 및 통계에서 기본 개념 검토 *697*

F.1 확률 개념 *697*
F.2 평균 및 분산 *698*
F.3 표준 정규분포 *700*
F.4 오류 분석 *700*

찾아보기 *703*

CHAPTER 01

서론

Introduction to Process Control

학습목차 *Chapter Contents*

1.1 대표적인 공정 제어 문제
  1.1.1 연속 공정
  1.1.2 회분식 및 반회분식 공정
1.2 예시: 교반 공정
1.3 공정 제어 전략의 분류
  1.3.1 공정 제어 선도
1.4 더 복잡한 예시: 증류탑
1.5 공정 제어 활동의 체계
1.6 제어시스템 설계의 개요
요약

경쟁 심화, 환경 및 안전 규제 강화, 빠르게 변화하는 경제 상황으로 인해 최근에는 화학 공장 성능에 대한 요구사항을 충족시키기가 점점 어려워지고 있다. 결과적으로 제품 품질 규격이 강화되고 보다 수익성 있는 공장 운영에 대한 관심이 높아지고 있다. 문제는 현대식 공장들의 매우 복잡하고 고도로 통합된 공정들로 인해 공장 운전이 더 어려워졌다는 것이다. 따라서, 외란이 한 장치에서 상호 연결된 다른 장치로 전파되는 것을 방지하기가 어렵다.

안전하고 효율적인 공장 운전에 대한 관심이 높아지고 있다는 측면에서, 최근 몇 년 동안 공정 제어에 대한 중요성이 부각되는 것은 자연스러운 일이다. 컴퓨터를 기반으로 한 공정 제어시스템이 없으면, 제품의 품질과 환경 규제를 충족하면서 현대식 공장들을 안전하고 수익성 있게 운전하는 것은 불가능하다. 따라서 화공 엔지니어는 공정 제어의 이론과 실제를 모두 이해하는 것이 중요하다.

이 책의 두 가지 주요한 주제는 공정 동특성과 공정 제어이다. 공정 동특성이라는 용어는 비정상 상태(또는 과도 상태)의 공정 거동을 나타낸다. 대조적으로, 열 및 물질 수지, 열역학 그리고 이동 현상과 같은 대부분의 화학 공학 교육 과정은 정상 상태 및 평형 조건을 강조한다. 그러나 공정 동특성 역시 중요한 주제이다. 과도 상태의 운전은 공장의 운전개시나 운전정지, 비정상적인 공정 교란, 한 제품 등급에서 다른 제품 등급으로의 전환과 같이 예정된 공정 조건 변환 등과 같은 상황에서 발생한다. 따라서, 이 책의 첫 부분은 공정 동특성에 관한 내용으로 시작하고자 한다.

공정 제어의 주요 목적은 환경 및 제품 품질에 대한 요구 사항을 만족하면서 원하는 운전 조건에서 안전하고 경제적으로 공정을 유지하는 것이다. 공정 제어의 주제는 이러한 목적을 달성하는 방법과 관련이 있다. 정유 공장 및 에틸렌 공장과 같은 대규모 통합 공장에서는 조성, 온도 및 압력과 같이 측정하고 제어되어야 하는 변수가 수천 가지에 이른다. 다행히도 이러한 수천 개의 공정 변수(주로 유량)는 일반적으로 공정 제어의 목적을 달성하기 위해 조작될 수 있다. 피드백 제어시스템은 측정값을 목표값과 비교한 후, 그 결과에 따라 조작 변수를 조정한다.

피드백 제어는 생물학적 시스템과 인공 시스템 모두에 절대적으로 중요한 기본 개념이다. 피드백 제어가 없다면 복잡한 시스템을 원하는 조건으로 유지하는 것이 불가능하지는 않더라도 매우 어려울 것이다. 피드백 제어는 컴퓨터, 휴대 전화, 가전, 에어컨, 자동차, 비행기 그리고 산업용 자동 제어시스템 등 많은 현대 장치에 내장되어 있다. 피드백 제어와 자동 제어시스템의 범위와 역사는 다른 문헌에 잘 설명되어 있다(Mayr, 1970; Åström and Murray, 2008; Blevins and Nixon, 2011).

살아있는 유기체에 있어서, 피드백 제어는 항상성이라 불리는 상태인 생리학적 변수들의 안정된 균형을 달성하기 위해 필수적이다. 실제로 항상성은 생리학의 특성을 정의하는 것으로 간주된다(Widmaier et al., 2011). 생물학에서 피드백 제어는 유전자, 세포, 대사 경로, 장기 및 전체 생태계를 포함하는 다양한 수준에서 발생한다. 인체의 경우 피드백 제어는 중요한 생리적 변수(예: 체온, 혈압 및 포도당 농도)와 생리 과정(예: 혈액 순환, 호흡 및 소화)을 조절하는 데 필수적이다. 피드백은 또한 교육 및 사회 과학, 특히 경제학(Rao, 2013) 및 심리학(Carver and Scheier, 1998)에서도 중요한 개념이다.

공정 제어 교과목의 도입부로서 여러 산업 분야의 대표적인 공정 제어 문제에 대해 소개하고자 한다.

1.1 대표적인 공정 제어 문제

공정 제어의 기초는 *공정에 대한 이해*에서 시작된다. 따라서 다음과 같은 기본적인 질문에 대해 생각해보자. 공정이란 무엇인가? 공정 제어의 관점에서는 다음과 같은 간단한 정의가 적절하다:

> ***공정(Process):*** *화학 및 물리적 처리를 통해 원료 물질을 제품으로 변환하는 것. 실제로, 공정이라는 용어는 가공 작업 및 가공 장비 모두에 사용되는 경향이 있다.*

공정에는 크게 연속, 회분식 및 반회분식의 세 가지 종류가 있다. 다음으로 대표적인 공정들에 대해 소개하고 주요 제어 문제에 대해 간단히 요약해본다.

1.1.1 연속 공정

그림 1.1에는 4가지 종류의 연속 공정이 간략하게 나타나 있다:

(a) 관형 열교환기. 관측의 공정 유체는 원통 측의 냉각수에 의해 냉각된다. 전형적으로 공정 유체의 출구 온도는 냉각수의 유량을 조절함으로써 제어된다. 입구 온도와 공정 유체의 유량 변화는 열교환기의 운전에 영향을 준다. 결과적으로 이러한 변수들은 외란 변수로 간주된다.

(b) 연속흐름 교반 탱크 반응기. 반응이 높은 발열 반응인 경우, 재킷(jacket)이나 냉각 코일에서 냉매의 유량을 조절하여 온도를 제어할 필요가 있다. 공급 물질의 조건(조성, 유량 및 온도)은 조작 변수 또는 외란 변수가 될 수 있다.

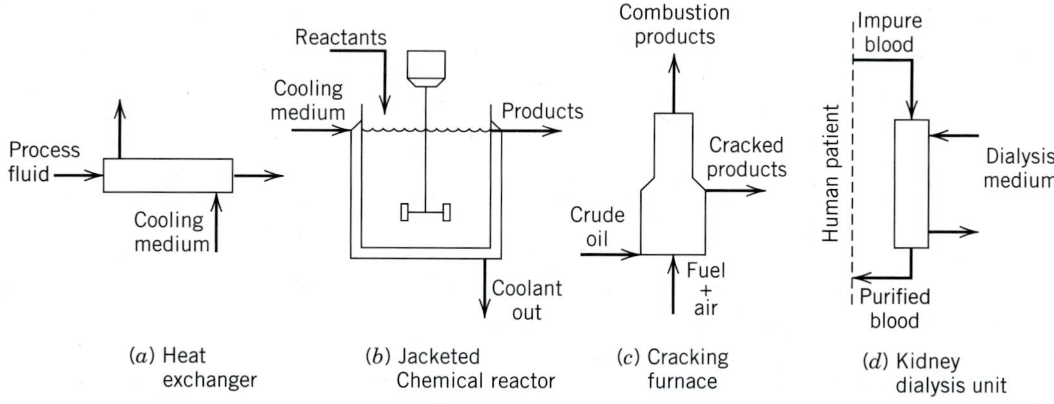

그림 1.1 전형적인 연속 공정.

(c) 열 분해로. 원유는 연료/공기 혼합물로의 연소에 의해 생성되는 열을 이용하여 다수의 더 가벼운 석유 유분으로 분해("cracked")된다. 분해로의 온도와 배출 가스 속 과잉 공기의 양은 연료의 유량 및 연료/공기의 혼합 비율을 조절함으로써 제어할 수 있다. 원유의 조성 및 연료의 발열량은 일반적으로 외란 변수가 된다.

(d) 신장 투석 장치. 이 의료 장치는 신장 기능을 상실하였거나 신장 기능에 이상이 있는 환자의 혈액으로부터 노폐물을 제거하는 데 사용된다. 혈액의 유량은 펌프에 의해 유지되며, 유량 조절을 통해 장치의 온도와 같은 "주변 조건"을 제어한다. 노폐물의 농도를 허용가능한 수준으로 감소시킬 때까지 오랜 시간 투석이 지속된다.

이 네 가지 예에서, 각각의 공정 제어 문제는 세 가지 중요한 유형의 공정 변수를 식별하는 것으로 특징지을 수 있다.

- *피제어 변수(Controlled variables, CVs):* 제어시스템에 의해 제어되는 공정 변수. 피제어 변수의 목표 값을 설정점이라고 한다.
- *조작 변수(Manipulated variables, MVs):* 피제어 변수를 설정점 또는 그 근처에서 유지하기 위해 조절할 수 있는 공정 변수. 대표적으로 유량이 조작 변수이다.
- *외란 변수(Disturbance variables, DVs):* 피제어 변수에 영향을 주지만 조작할 수 없는 공정 변수. 외란은 일반적으로 공정의 운전 환경(예: 공급 조건 및 주변 온도)의 변화와 관련되어 있다. 일부 외란 변수는 온라인으로 측정할 수 있지만, 대부분은 열 분해로(그림 1.1의 (c))의 원유 조성처럼 측정할 수 없다.

CVs, MVs 및 DVs의 설정은 제어시스템을 개발하는 데 있어 중요한 단계이다. 각 변수의 선택은 공정의 지식, 경험 그리고 제어의 목표를 기반으로 이루어져야 한다.

1.1.2 회분식 및 반회분식 공정

회분식 및 반회분식 공정은 마이크로 일렉트로닉스(microelectronics), 제약, 특수 화학 물질 그리고 발효를 포함한 많은 공정 산업에서 사용된다. 회분식 및 반회분식 공정은 특히 제품이 자주 변경되고 제품의 생산량이 적어 다양한 제품을 생산하는 공장에 필요한 유연성을 제공한다. 그림 1.2는 네 가지 대표적인 회분식 및 반회분식 공정을 보여주고 있다:

(e) 재킷형 회분식 반응기. 회분식 반응기에서는 초기 내용물(예: 반응물 및 촉매)이 반응기에 충전되고 교반된 후 원하는 공정 초기 조건을 형성한다. 발열 반응의 경우에는 냉각 재킷을 사용하여 반응기의 온도를 설정점 또는 그 근처로 유지한다. 일반적으로, 반응기 온도는 냉매의 유량을 제어함으로써 조절된다. 반응 종료 시점의 조성은 온도의 설정점이나 순환시간 즉, 반응기의 *작동 시간*을 조절함으로써 제어할 수 있다. 반응이 끝나고 나면 반응기의 내용물은 반응기에서 제거된 후 저장되거나 분리 공정과 같은 다른 공정 설비로 이송된다.

(f) 반회분식 바이오리액터(bioreactor). 반회분식 반응기의 경우 다음 두 가지 방식 중 하나가 사용된다: (i) 반응물을 반응이 진행됨에 따라 점진적으로 첨가 또는 (ii) 반응이 진행되는 동안 생성물을 제거함. 첫 번째 구성은 부반응을 감소시키기 위해 사용될 수 있으며, 두 번째 구성은 생성물 중 하나를 제거함으로써 반응 평형을 변화시킬 수 있다(Fogler, 2010). 바이오리액터(bioreactor)의 경우, 첫 번째 구성의 반회분식 운전을 *유가식 운전*(그림 1.2의 (f))이라고 한다. 이 공정에서는 원하는 미생물의 성장을 보다 잘 조절하기 위해, 영양소가 미리 정해진 방식으로 서서히 첨가된다.

(g) 펄프 공장에서의 반회분식 소화조. 연속식 및 반회분식 소화조 모두 목재 칩을 분해하여 셀룰로오스 섬유를 추출하기 위해 제지 생산 공정에 사용된다. 화학 반응의 종료점은 리그닌(lignin) 함량의 척도인 카파(kappa) 값으로 표시된다. 카파 값은 소화조의 온도, 압력 및 순환 시간을 조절함으로써 원하는 값으로 제어할 수 있다.

(h) 반도체 가공 공정의 플라즈마 에칭 장비. 수백 개의 인쇄 회로를 포함하고 있는 단일 웨이퍼는 플라즈마(고온 및 매우 낮은 압력에서 인가되는 고전압)를 생성하고 유지하기에 적합한 조건 하에서 에칭 가스의 혼합물을 사용하게 되어 있다. 마이크로 일렉트로닉스의 전자 회로의 층상에 원하지 않는 물질들

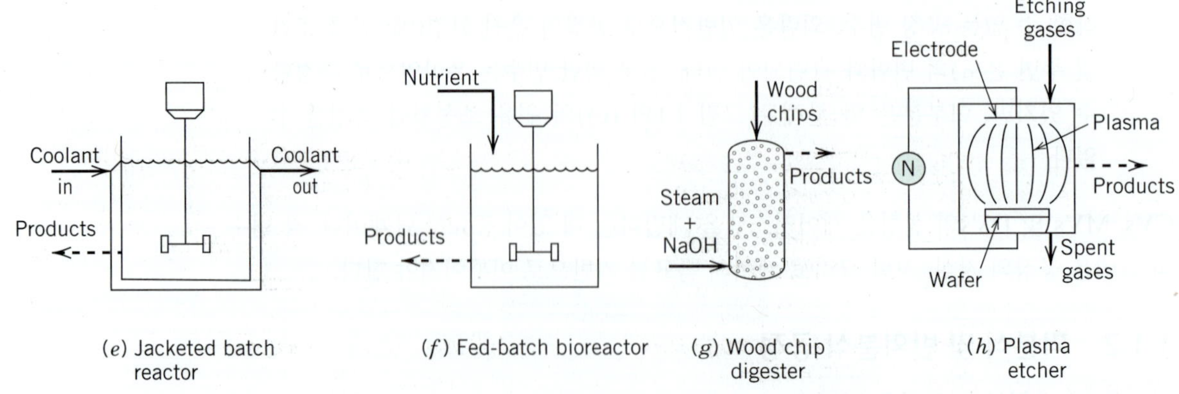

그림 1.2 전형적인 비연속 운전 공정(점선은 운전이 완료된 후 제품이 제거됨을 나타냄).

은 화학 반응에 의해 선택적으로 제거된다. 반응기로 투입되는 에칭 가스의 온도, 압력 및 유량은 전기 가열기 및 제어밸브를 조절함으로써 제어된다.

다음 예시를 통해 좀 더 자세히 알아보자.

1.2 예시: 교반 공정

간단한 교반 공정은 제어시스템 설계에서 몇 가지 중요한 문제를 소개하기 위해 사용된다. 교반 공정은 최종 제품이 고객의 사양을 충족하도록 하기 위해 많은 산업에서 사용되고 있다.

연속흐름 교반 탱크 혼합 시스템이 그림 1.3에 나타나 있다. 제어의 목적은 원하는 조성의 배출 흐름을 생성하기 위해 두 개의 입구 흐름을 혼합하는 것이다. 1번 흐름은 두 가지 화학종 A와 B의 혼합물이다. 질량 유량 w_1은 일정하지만 A의 질량 분율 x_1은 시간에 따라 변한다고 가정한다. 2번 흐름은 순수한 물질 A로 구성되어 있으며 따라서, $x_2 = 1$이 된다. 2번 흐름의 질량 유량, w_2는 제어밸브를 사용하여 제어할 수 있다. 배출 흐름에서 A의 질량 분율은 x로 표시되고 원하는 값(설정점)은 x_{sp}로 표시한다. 따라서 이 제어 문제의 경우 피제어 변수는 x, 조작 변수는 w_2 그리고 외란 변수는 x_1이 된다.

다음 두 가지 의문점에 대해 생각해보자.

설계 의문점: *만약, x_1의 명목값이 $\overline{x}_1$이라면 원하는 출구 농도 x_{sp}를 생성하기 위해 명목값 $\overline{w}_2$는 어떤 값을 가져야 하는가?*

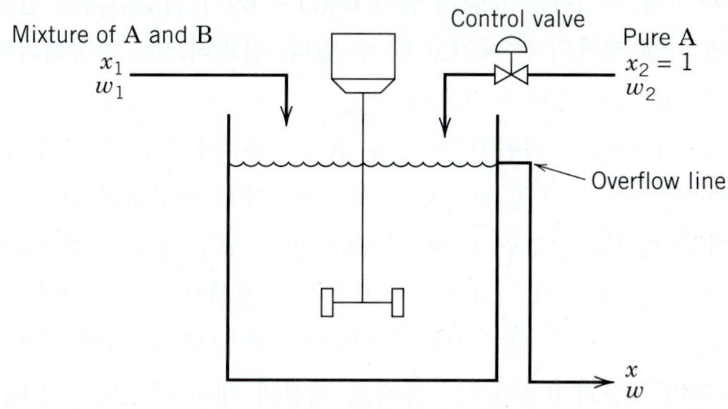

그림 1.3 교반 탱크 혼합 시스템.

이 질문에 답하기 위해 정상 상태의 물질 수지를 생각해보자:

총 물질 수지

$$0 = \overline{w}_1 + \overline{w}_2 - \overline{w} \tag{1-1}$$

A 성분 물질 수지

$$0 = \overline{w}_1\overline{x}_1 + \overline{w}_2\overline{x}_2 - \overline{w}\,\overline{x} \tag{1-2}$$

기호 위의 윗줄은 정상 상태의 명목값, 예를 들어 공정 설계 시 사용된 값을 나타낸다. 공정 설명서에 따르면, $\overline{x}_2 = 1$, $\overline{x} = x_{sp}$이다. 식 1-1을 $\overline{w}$에 대해서 풀고, 이 값들을 식 1-2에 대입하여 정리하면 다음과 같은 식을 얻을 수 있다.

$$\overline{w}_2 = \overline{w}_1 \frac{x_{sp} - \overline{x}_1}{1 - x_{sp}} \tag{1-3}$$

식 1-3은 교반 공정의 설계 방정식이다. 만약, 가정이 정확하고 $x_1 = \overline{x}_1$이라면, 이 식을 통해 구한 w_2를 이용해 원하는 결과인 $x = x_{sp}$얻을 수 있다. 하지만 조건이 바뀌면 어떻게 될 것인가?

> ***제어 의문점:*** *입구 농도 x_1이 시간에 따라 변한다고 가정하자. 출구 농도 x가 설정값인 x_{sp} 또는 그 근처에 유지되도록 하려면 어떻게 해야 하는가?*

특정 예로서, $\overline{x}_1$의 값이 명목 값보다 큰 상수 값으로 증가한다고 가정하자. 이 경우, 입구 농도의 증가로 인해 출구 농도 역시 증가할 것이 분명하다. 결과적으로 $x > x_{sp}$인 새로운 정상 상태에 이르게 된다.

다음으로 x에 대한 외란 x_1의 영향을 줄이기 위한 몇 가지 전략에 대해 생각해보자.

방법 1. *x를 측정한 후 w_2를 조절하는 경우.* 피제어 변수 x를 측정한 후 그에 따라 w_2를 조절하는 것은 합리적이다. 예를 들어, x가 너무 높으면 w_2를 줄이고 x가 너무 낮으면 w_2를 증가시켜야 한다. 이러한 제어 전략은 사람이 직접 수행(*수동 제어*)할 수도 있다. 그러나 일반적으로 이러한 간단한 작업은 자동화하는 것(*자동 제어*)이 더 편리하고 경제적이다. 방법 1은 간단한 제어 알고리즘(또는 제어 법칙)으로 구현될 수 있다:

$$w_2(t) = \overline{w}_2 + K_c[x_{sp} - x(t)] \tag{1-4}$$

여기서, K_c는 제어 이득이라고 불리는 상수이다. 기호 $w_2(t)$와 $x(t)$는 w_2와 x의 시간에 따른 변화를 나타낸다. 식 1-4는 유량의 변화 $w_2(t) - \overline{w}_2$가 설정점과의 편차 $x_{sp} - x(t)$에 비례하기 때문에 비례 제어의 한 예라고 할 수 있다. 결과적으로 설정점과의 편차가 크면 큰 보정 작용이 발생하고, 편차가 작으면 작은 보정 작용이 발생한다. x가 감소하면, w_2는 증가해야 하고 그 반대도 마찬가지이므로 K_c는 양수여야 한다. 그러나 다른 제어 문제에서는 K_c값이 음수일 수도 있는데, 이 문제는 8장에서 다루도록 한다.

방법 1에 대한 개략도가 그림 1.4에 나타나 있다. 출구 농도는 측정되어 전기신호의 형태로 제어기로 전송된다(그림 1.4에서 전기신호는 점선으로 표기되어 있다). 제어기는 제어 법칙을 실행하고 적절한 전기 신호를 제어밸브로 보낸다. 이에 따라 제어밸브는 열리거나 닫히게 된다. 8장과 9장에서는 공정의 계장과 제어 하드웨어에 대해 좀 더 자세히 다루도록 한다.

방법 2. *x_1을 측정한 후 w_2를 조절하는 경우.* 방법 1의 대안으로 외란 변수 x_1을 측정하고 그에 따라 w_2를 조절할 수도 있다. 따라서, $x_1 > \overline{x}_1$이면 $w_2 < \overline{w}_2$가 되도록 w_2를 줄일 수 있다. 방법 2에 기초한 제어 법칙은 식 1-3에서 $\overline{x}_1$을 $x_1(t)$로 그리고 $\overline{w}_2$를 $w_2(t)$로 대치함으로써 얻을 수 있다:

$$w_2(t) = \overline{w}_1 \frac{x_{sp} - x_1(t)}{1 - x_{sp}} \tag{1-5}$$

방법 2에 대한 개략도는 그림 1.5에 나타나 있다. 식 1-3은 정상 상태에서만 유효하기 때문에 x_1에 의해 교란이 발생한 이후 일어나는 과도 상황에서 방법 2가 얼마나 효과적인지는 알 수 없다.

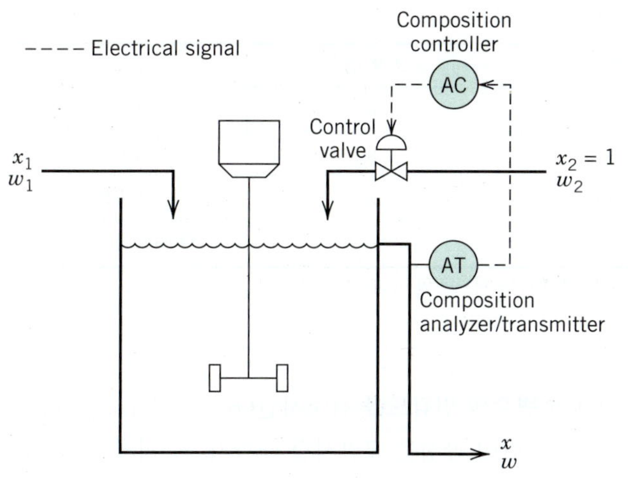

그림 1.4 교반 설비 및 제어 방법 1.

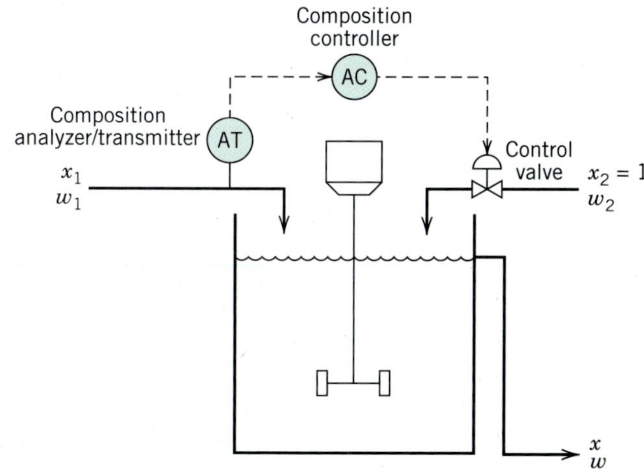

그림 1.5 교반 설비 및 제어 방법 2.

방법 3. *x_1과 x를 측정한 후 w_2를 조절하는 경우.* 이러한 접근법은 방법 1과 방법 2의 조합이다.

방법 4. *보다 큰 탱크를 사용하는 경우.* 만약 보다 큰 탱크가 사용된다면, 액체의 큰 부피로 인해 x_1의 변동이 완화되는 경향이 나타난다. 그러나 탱크의 크기를 늘리는 것은 자본 비용의 증가를 초래함으로써 값비싼 해결책이 된다.

1.3 공정 제어 전략의 분류

지금부터는 이전 절에서 소개했던 교반 설비에 대한 4가지 전략을 분류하고 이 전략들의 상대적인 장단점에 대해 논의해보자. 방법 1은 *피드백 제어*(feedback control) 전략의 예이다. 피드백 제어의 특징은 피제어 변수가 측정되고 측정된 값이 조작 변수를 조절하는데 사용된다는 것이다. 피드백 제어에서 외란 변수는 측정되지 않는다.

정피드백(positive feedback)과 *음성 피드백*(negative feedback)을 구분하는 것은 중요하다. 엔지니어링에 관한 참고문헌을 살펴보면, 음성 피드백은 제어기에 의해 취해진 보정 작용이 피제어 변수가 설정점에 이를 수 있도록 강제한다. 반면, 정피드백이 발생하면, 제어기는 피제어 변수를 설정점에서 멀어지도록 만들어 상황을 악화시킨다. 예를 들어, 교반 제어 문제에서 만약 $K_c < 0$이 되면, x가 증가함에 따라 w_2가 증가하기 때문에 정피드백이 발생한다.[1] 분명한 것은 피드백 제어시스템이 정피드백보다는 음성 피드백을 포함하도록 하는 것이 가장 중요하다.

피드백 제어의 중요한 장점은 외란의 종류에 관계없이 보정 작용이 발생한다는 것이다. 예를 들어, 교반 공정에서 식 1-4의 제어 법칙은 w_1뿐만 아니라 x_1의 외란도 처리할 수 있다. 원인을 알 수 없는 외란을 처리할 수 있는 능력이 피드백 제어가 공정 제어에서 지배적인 제어 전략인 주요한 이유이다. 또 다른 중요한 장점은 피드백 제어가 측정되지

[1] 사회 과학자들은 negative feedback과 positive feedback을 매우 다른 방식으로 사용한다. 예를 들어, 과제를 올바르게 수행하는 학생을 칭찬할 때 "positive feedback"을 제공한다고 할 수 있다. 형편없는 실적에 대한 비판은 "negative feedback"이 될 수 있다.

표 1.1 교반 시스템의 농도 제어 전략.

방법	측정 변수	조작 변수	분류
1	x	w_2	FB
2	x_1	w_2	FF
3	x_1 and x	w_2	FF/FB
4	-	-	Design change

FB = 피드백 제어; FF = 피드포워드 제어; FF/FB = 피드포워드/피드백 제어

않는 외란 및 공정 변화에 대한 피제어 변수의 민감도를 감소시킨다는 것이다. 그러나 피드백 제어에는 본질적인 한계가 있다: 외란이 공정을 교란시킬 때까지, 즉 피제어 변수가 설정점에서 벗어날 때까지 보정 작용이 일어나지 않는다는 것이다. 이 단점은 식 1-4의 제어 법칙에도 명백히 나타나 있다.

방법 2는 *피드포워드 제어*(feedforward control) 전략의 예이다. 피드포워드 제어의 특징은 외란 변수가 측정되지만 피제어 변수는 측정되지 않는다는 것이다. 피드포워드 제어의 중요한 장점은 피제어 변수가 설정점을 벗어나기 전에 보정 작용을 취한다는 것이다. 이상적으로는 피드포워드 제어의 보정 작용은 외란에 대한 영향을 무효화함으로써 피제어 변수가 외란에 영향을 받지 않게 된다. 물론, 이상적인 상황은 일반적으로 불가능하지만, 피드포워드 제어는 측정된 외란에 대한 영향을 상당히 줄일 수 있다. 자세한 내용은 15장에서 다루도록 한다.

피드포워드 제어는 3가지 중요한 단점이 있다: (i) 외란 변수는 반드시 측정(또는 정확하게 추정)되어야 한다. (ii) 측정되지 않은 외란에 대해서는 보정작용이 발생하지 않는다. (iii) 공정 모델이 필요하다. 예를 들어, 교반 공정에서 피드포워드 제어 전략(방법 2)은 측정되지 않는 w_1 교란에 대해서는 보정 작용을 취하지 않는다. 원칙적으로, x_1과 w_1을 모두 측정한 후 w_2를 이에 따라 조절하여 이 문제를 다룰 수 있다. 그러나 실제 산업계에서는 모든 잠재적인 외란 변수를 측정하는 것은 경제적이지 않다. 좀 더 현실적인 접근법은 피드백 제어가 측정되지 않은 외란에 대한 보정 작용을 취하고, 피드포워드 제어는 피제어 변수가 교란되기 전에 측정된 외란에 대해 반응하도록 피드포워드 제어와 피드백 제어를 결합하여 사용하는 것이다. 결론적으로 산업계에서는 피드포워드 제어는 피드백 제어와 함께 사용된다. x와 x_1을 모두 측정하는 방법 3이 피드포워드 제어와 피드백 제어의 결합에 해당한다.

마지막으로, 방법 4는 공정 설계의 변경에 관한 것이므로 실제 제어 전략에 해당되지 않는다. 교반 탱크 혼합 시스템에 대한 4가지 전략이 표 1.1에 요약되어 있다.

1.3.1 공정 제어 선도

다음으로 제어 전략을 구현하는 데 사용되는 장치에 대해 생각해보자. 그림 1.4의 피드백 제어(방법 1)가 적용된 교반 탱크 혼합 시스템의 경우, 출구 농도 x가 제어되고 순수 물질 A의 유량 w_2를 비례 제어를 사용하여 조절한다. 이 피드백 제어 전략이 어떻게 구현될 수 있는지 그림 1.6의 교반 탱크 제어시스템의 블록선도를 살펴보자. 피드백 제어시스템의 작동은 다음과 같이 요약될 수 있다:

1. *분석기(Analyzer) 및 전송기(transmitter):* 탱크의 출구 농도는 분석기에

의해 측정되고 전송기에 의해 해당하는 전류 신호로 변환된다.

2. *피드백 제어기:* 제어기는 3가지로 구분되는 계산을 수행한다. 첫째, 실제 설정점 x_{sp}를 동등한 내부 신호 $\tilde{x}_{sp}$로 변환한다. 둘째, 설정점 $e(t)$에서 측정값 $x_m(t)$를 빼서 오차 신호 $e(t)$를 계산한다. 즉, $e(t) = \tilde{x}_{sp} - \tilde{x}_m(t)$가 된다. 셋째, 제어기의 출력 $p(t)$는 식 1-4와 비슷한 형태의 비례 제어 법칙에 의해 계산된다.
3. *제어밸브:* 이 경우 제어기 출력 $p(t)$는 밸브 스템(stem)의 위치를 조절하기 위해 제어밸브로 전송되는 직류 전류 신호이며, 이는 유량 $w_2(t)$에 영향을 미친다[제어기의 출력 신호는 전통적을 p로 표시하는데, 이는 초기의 제어기는 공압(압력) 신호를 입력 및 출력으로 사용하는 공압 장치였기 때문이다].

그림 1.6의 블록선도는 공정 제어 문제를 분석하기 위한 좋은 시작점이 된다. 블록선도에는 각 입력 및 출력 신호의 물리적 단위도 같이 표시되었다. 그림 1.4의 개략도는 제어시스템 각 구성요소의 *물리적 연결*을 보여주지만, 블록선도는 제어시스템 내의 정보 흐름을 보여준다. "제어밸브"라고 표기된 블록은 $p(t)$를 입력 신호로 받고 $w_2(t)$를 출력 신호로 내보내고 있는데, 이는 블록선도의 신호가 $w_2(t)$와 같은 물리적 변수 또는 $p(t)$와 같은 제어 신호 모두 될 수 있음을 나타낸다. 그림 1.6의 각 구성 요소의 거동은 미분 또는 대수 방정식의 형태로 모사될 수 있다. 제어 엔지니어가 직면하는 문제 중 하나가 각 블록에 적합한 수학적 모델을 개발하는 것이며, 이러한 동적 모델의 개발 및 분석에 관한 내용은 이 책의 2.7절에서 다루기로 한다.

블록선도(그림 1.6)의 각 요소들은 향후에 좀 더 자세히 다루기로 한다. 센서, 전송기 및 제어밸브는 9장, 그리고 피드백 제어기에 관한 내용은 8장에 포함되어 있다. 그림 1.6의 피드백 제어시스템은 단일, 독립형 제어기로 표시되어 있다. 하지만, 실제 산업계에서는 디지털 컴퓨터를 통한 다중 피드백 제어 루프를 구현하는 것이 더 경제적이다. 특히, 디지털 컴퓨터 네트워크를 사용하면 수천개의 피드백 및 피드포워드 제어 루프를 구현할 수 있다. 컴퓨터 제어시스템은 부록 A와 17장에 자세히 수록되어 있다.

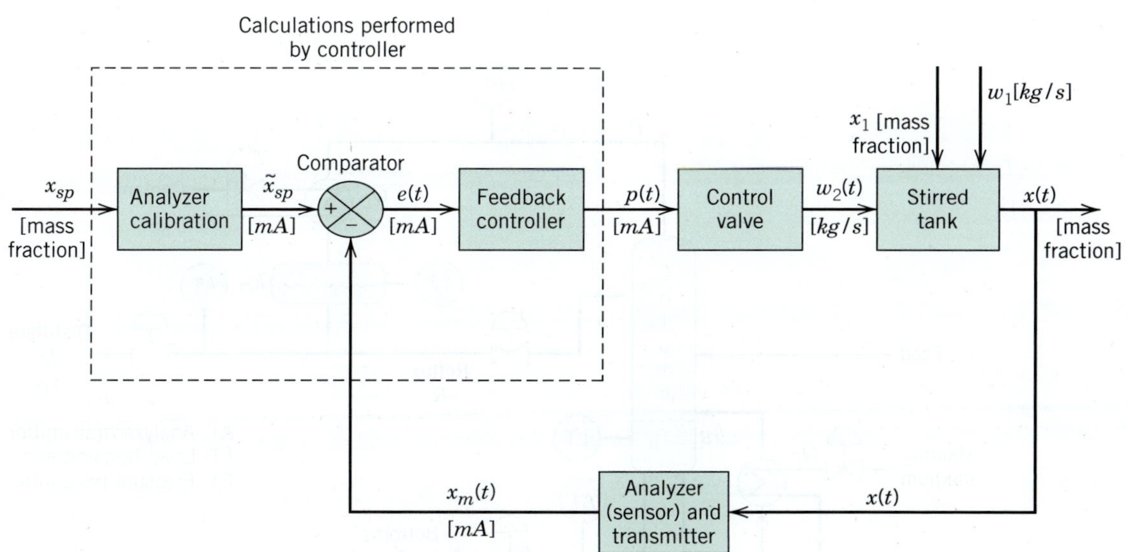

그림 1.6 그림 1.4의 출구 조성 제어를 위한 피드백 제어시스템의 블럭 선도.

1.4 더 복잡한 예시: 증류탑

앞에서 설명한 교반 제어시스템은 하나의 피제어 변수와 하나의 조작 변수로 구성되어 있기 때문에 매우 간단하였다. 대부분의 실제 응용에서는 다수의 피제어 변수와 다수의 조작 변수가 사용된다. 대표적인 예로서, 5개의 피제어 변수와 5개의 조작 변수가 있는 그림 1.7의 증류탑에 대해 생각해보자. 피제어 변수는 제품의 조성, x_D와 x_B, 증류탑의 압력 P, 환류 드럼과 탑 본체의 액위 h_D 및 h_B가 된다. 5가지 조작 변수는 제품의 유량 D와 B, 환류량 R, 그리고 응축기와 재비기(reboiler)의 필요 열량 Q_D와 Q_B가 된다. 응축기와 재비기의 필요 열량은 냉각수와 가열 매체 라인의 제어밸브를 통해 조절된다. 원료는 업스트림(upstream) 유닛에서 이송되는 걸로 가정하였다. 따라서, 원료의 유량은 조작할 수 없지만, 피드포워드 제어에서는 측정되고 사용될 수 있다.

증류탑에 대한 전통적인 다중루프 제어 전략은 5개의 피드백 제어 루프를 구성하는 것일 수 있다. 각각의 제어 루프는 하나의 조작 변수와 하나의 피제어 변수를 사용한다. 그렇다면, 피제어 변수와 조작 변수를 어떻게 쌍을 이루어야 하는지 생각해보자. 이 문제에서 고려할 수 있는 서로 다른 다중루프는 5! 즉 120개이다. 물론, 이 중의 대부분은 탑상제품의 유량 D 또는 응축기의 열량 Q_D를 조절하여 탑 본체의 액위 h_B를 제어하려는 것처럼 대부분은 비실용적이거나 실현 불가능하다. 그러나 실행 불가능한 제어 구성을 제거한 후에도 여전히 많은 수의 합리적인 구성이 남아 있다. 따라서, 가장 유력한 다중루프 구성을 찾아낼 수 있는 체계적인 기술이 필요하다. 이 내용에 대해서는 18장에서 다루고 있다.

전통적인 다중루프 제어시스템이 효과적이지 않은 응용 분야에서는 대안으로 *다변수 제어*가 유리할 수 있다. 다변수 제어에서는, 각각의 조작 변수는 단일 피제어 변수에 의해 조절되지 않고 적어도 2개 이상의 피제어 변수를 측정하여 이를 기반으로 조절된다. 다변수 제어에서 조작 변수의 조절은 조작 변수와 피제어 변수의 상관관계를 나타내는 공정의 동적 모델을 기반으로 이루어진다. 결과적으로, 다변수 제어 또는 모든 *모델 기반 제어* 기술의 성능은 공정 모델의 정확성에 크게 의존한다. 다변수 제어의 한 종류인 모델예측제어는 산업계에 큰 영향을 미쳤으며, 20장에서 자세히 다루고 있다.

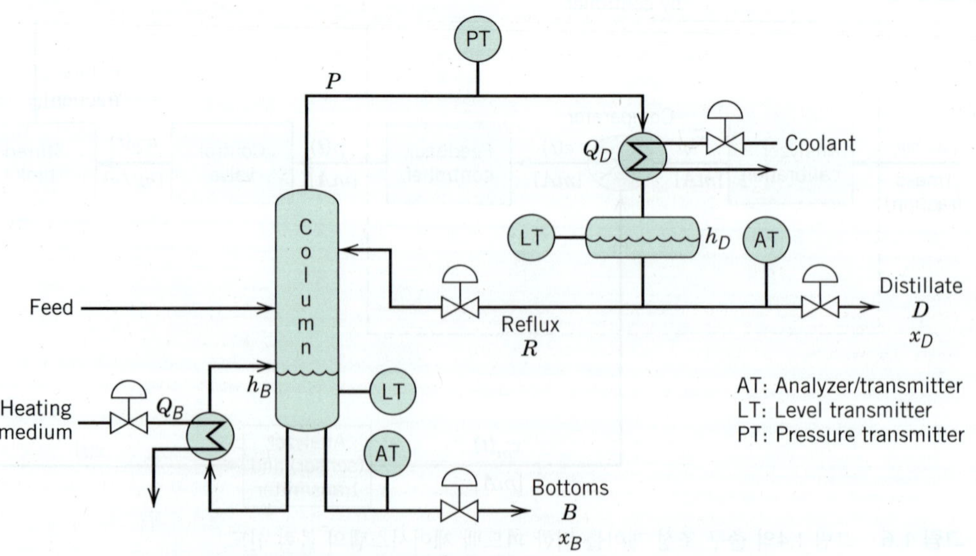

그림 1.7 전형적인 증류탑 예시에서 피제어 변수와 조작 변수.

1.5 공정 제어 활동의 체계

앞에서 언급했듯이, 공정 제어의 주요 목표는 환경 및 제품의 품질에 관한 요구사항을 충족하면서 공정을 원하는 조건에서 안전하고 경제적으로 유지하는 것이다. 지금까지는 피제어 변수를 특정 설정점으로 유지하는 공정 제어의 활동에 대해서만 강조하였다. 그러나 지금부터는 다른 중요한 활동들에 대해서 알아보고자 한다. 그림 1.8의 공정 제어 활동은 하위 단계에서는 필수적인 기능을, 상위 단계에서는 바람직하지만 선택적인 기능을 갖는 체계로 구성되어 있다. 각 활동들에 대한 시간 척도는 왼쪽에 표시되어 있으며, 상위 단계의 기능들은 실행 빈도가 현저히 낮음을 알 수 있다.

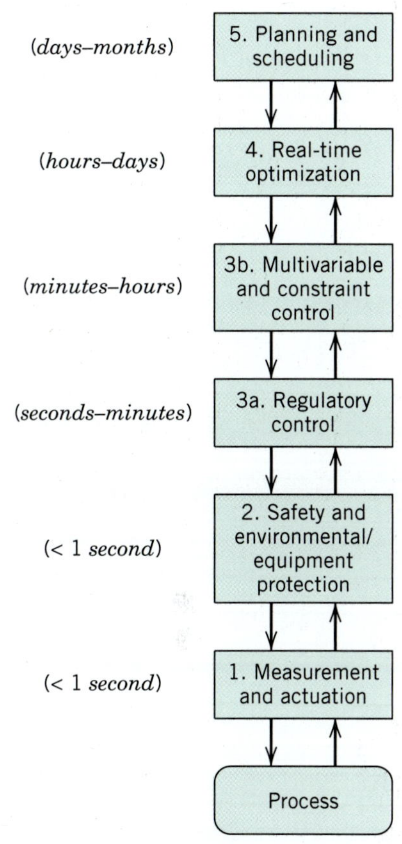

그림 1.8 공정 제어 활동의 체계.

측정 및 작동(단계 1)

계장(예: 센서 및 전송기) 및 작동 장비(예: 제어밸브)는 공정 변수를 측정하고 계산된 제어 동작을 구현하는 데 사용된다. 이러한 장비들은 제어시스템, 일반적으로 디지털 컴퓨터와 같은 디지털 제어 장비에 연결된다. 명확히, 측정 및 작동 기능은 모든 제어시스템에서 없어서는 안되는 부분이다.

안전 및 환경/장치 보호(단계 2)

단계 2의 기능은 공정이 안전하게 운전되고 환경 규정을 만족할 수 있도록 하는 중요한 역할을 한다. 10장에서 다루고 있는 바와 같이, 공정의 안전은 장치와 사람의 행동을 그룹화하는 것을 포함하는 *다중 보호 계층*(multiple protection layer)의 원칙에 의존한다. 이 중 하나의 계층에는 비정상 상황에서의 경보 관리 및 비상 정지를 위한 안전 장치와 같은 공정 제어 기능이 포함된다. *안전 설비*(센서 및 제어밸브 포함)는 단계 3a의 조절 제어(regulatory control)에 사용되는 일반적인 계장 장치와는 독립적으로 작동한다. 센서들의 작동이 정상적인지 확인하기 위해 센서 검증 기술들이 사용될 수 있다.

조절 제어(단계 3a)

앞에서 언급하였듯이, 공정을 성공적으로 운전하기 위해서는 유량, 온도, 압력 그리고 조성과 같은 주요 공정 변수가 설정점 또는 그 근처에서 운전되어야 한다. 이러한 단계 3a의 활동, *조절 제어*는 표준 피드백 및 피드포워드 제어 기술(11~15장)을 적용하여 달성할 수 있다. 만약 표준 제어 기술이 만족스럽지 않다면, 다양한 고급 제어 기술을 사용할 수 있다(16~18장). 최근에는 제어시스템의 성능 모니터링에 대한 관심도 높아지고 있다(21장).

다변수 및 제약조건 제어(단계 3b)

다수의 어려운 공정 제어 문제는 다음 두 가지 특징을 지닌다: (i) 주요 공정 변수 간의 심한 상호 간섭 및 (ii) 조작 변수와 피제어 변수의 부등식 제약 조건이다. 부등식 제약 조건은 상한과 하한이 포함된다. 예를 들어, 조작 변수에 해당하는 유량은 펌프와 제어밸브의 특성에 의해 결정되는 상한을 가지게 된다. 하한은 안전에 대한 고려를 바탕으로 0 또는 작은 양수 값이 될 수 있다. 피제어 변수에 대한 한계는 장치의 제약(예: 금속 재료 특성에 따른 한계) 및 공정의 운전 목적을 반영한다. 예를 들어, 반응기의 온도는 원하지 않는 부반응 또는 촉매의 열화를 피하기 위한 상한을 가질 수 있고 또한, 반응이 진행될 수 있도록 하는 하한을 가질 수 있다.

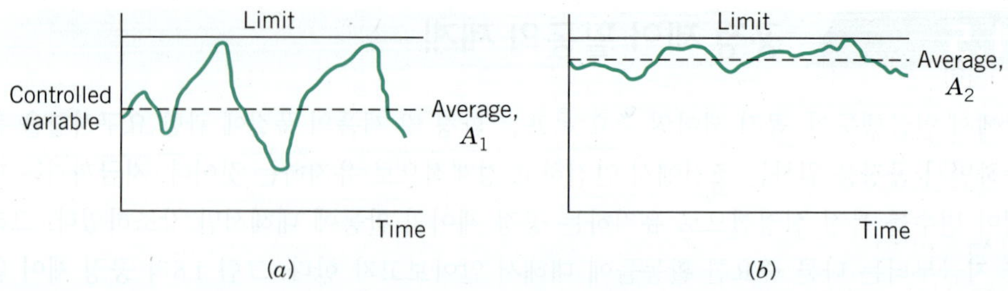

그림 1.9 시간에 따른 공정의 변화 정도 (*a*)개선 전 (*b*)개선 후.

제약조건의 한계에 가깝게 공정을 운전하는 능력은 고급 공정 제어의 중요한 목표가 된다. 많은 산업 공정의 경우, 최적 운전 조건은 제약조건의 한계(예: 제품에서 허용되는 최대 불순물 순도)에서 발생한다. 이러한 상황에서는 공정의 외란이 피제어 변수를 한계에서 벗어나게 할 수 있기 때문에 설정점이 제약조건의 한계가 되어서는 안된다. 따라서, 외란의 영향을 줄일 수 있는 제어시스템의 능력에 기반하여 설정점은 보수적으로 정해야 한다. 이러한 상황이 그림 1.9에 설명되어 있다. (a)의 경우 피제어 변수의 변동성이 심하기 때문에, 설정점은 한계보다 매우 아래로 지정해야 한다. (b)의 경우, 개선된 제어 전략으로 인해 피제어 변수의 변동성이 감소하였다. 따라서, 설정점은 한계 근처로 이동될 수 있으며, 공정은 최적 운전 조건에 보다 가깝게 운전될 수 있다.

단계 3a의 표준 공정 제어 기술은 심각한 공정 간 상호작용이나 부등식 제약 조건이 있는 어려운 공정 문제에 대해서는 적합하지 않을 수 있다. 이러한 상황에서는 단계 3b의 *고급 공정 제어 기술*, *다변수 및 제약조건 제어*가 고려되어야 한다. 특히, *모델예측제어*(model predictive control, *MPC*) 전략은 공정 상호 작용 및 부등식 제약을 다루기 위해 개발되었다. MPC에 대한 자세한 내용은 20장에서 다루고 있다.

실시간 최적화(단계 4)

공장의 최적 운전 조건은 공정 설계에 의해 결정된다. 그러나 공장 운영 중에는 장비의 가용성, 공정 외란 및 경제 상황(예: 원료 비용 및 제품 가격) 등에 의해 최적 운전 조건이 변할 수 있다. 따라서, 최적의 운전 조건을 정기적으로 다시 계산하는 것이 매우 유리하다. 이 단계 4의 활동, *실시간 최적화*(real-time optimization, *RTO*)에 관해서는 19장에서 알아보도록 한다. 새로운 최적 운전 조건은 피제어 변수의 설정점으로 구현된다.

RTO 계산은 공장의 정상 상태 모델과 비용 및 제품의 가격과 같은 경제성과 관련된 데이터를 기반으로 한다. 최적화의 일반적인 목표는 운전 비용을 최소화하거나 운영 수익을 극대화하는 것이다. 이러한 RTO 계산은 단일 공정 또는 공장 전체를 대상으로 수행될 수 있다.

단계 4의 활동에는 RTO 계산에 사용된 공정 모델이 현재 조건에 대해 정확한지 확인하기 위한 데이터 분석도 포함된다. 따라서, *데이터 보정 기술*을 사용하여 정상 상태의 물질 및 에너지 수지를 만족시킬 수 있다. 또한 공정 모델은 파라미터 추정 기술과 최신 공장 데이터를 사용하여 업데이트 할 수 있다(7장).

계획 및 일정(단계 5)

공정 제어 활동 체계에서 최상위 단계는 전체 공장에 대한 계획 및 일정에 관한 것이다. 연속 운전 공정에서는 장치의 제약 조건, 저장 용량, 판매 계획 및 다른 공장의 운영 상황

(때로는 전 세계 기준)을 기반으로 하여 모든 제품 및 중간체의 생산 속도를 계획하고 조정해야 한다. 회분식 또는 반회분식 공정과 같이 간헐적인 운전을 하는 공정에서는, 생산 제어 문제는 배치(batch) 일정에 관한 문제가 된다. 따라서, 계획 및 일정에 관한 활동은 공학적 사고와 비즈니스 예측을 기반으로 하는 난해한 최적화 문제를 제기한다.

공정 제어 체계 요약

그림 1.8의 단계 1, 2 및 3a의 활동은 모든 제조 공장에 필수적이며 단계 3b, 4 및 5는 선택적으로 수행할 수 있지만 매우 수익성이 있는 활동이다. 상위 단계의 활동 중 하나 이상을 수행하기로 결정하는 것은 적용 분야와 회사에 크게 의존한다. 이러한 결정은 경제적 고려 사항(예: 비용/편익 분석) 및 제한된 자원(인력 및 재정)에 대한 회사의 우선 순위에 의해 좌우된다. 활동 수행의 신속성은 단계 1에서 단계 5로 갈수록 감소한다. 그러나 분석 및 계산의 요구량은 1단계에서 5단계로 갈수록 증가한다. 서로 다른 단계에 있는 공정 제어 활동은 신중하게 조정되어야 하며, 한 단계에서 다른 단계로 넘어갈 때는 정보의 전송이 필요하다. 이러한 공정 제어 활동의 성공적인 구현은 공장을 수익성 있게 만들기 위한 중요한 요소가 된다.

1.6 제어시스템 설계의 개요

1.6절에서는 제어시스템의 중요한 측면에 대해서 소개한다. 그 전에 공정 설계와 공정 제어의 관계에 대해 먼저 알아보자.

역사적으로, 공정 설계와 제어시스템 설계는 별도의 엔지니어링 활동으로 수행되어 왔다. 따라서, 전통적인 접근법은 공정 설계가 제대로 수행될 때까지, 그리고 주요 장치들이 발주될 때까지도 제어시스템 설계는 진행되지 않았다. 공정 설계가 공정의 동특성 및 공장의 운전성을 결정하기 때문에 이러한 접근 방법은 심각한 한계가 있다. 극단적인 상황에서는 설계된 공정이 정상 상태 관점에서 보면 만족스럽지만 제어가 불가능한 경우가 발생할 수 있다. 보다 나은 방법은 공정의 동특성 및 제어 문제를 공정 설계 초기에 고려하는 것이다. 공정 설계와 공정 제어 사이의 상호작용은 13장과 부록 G, H 그리고 I에서 자세히 다루고 있다.

다음으로는 제어시스템 설계에 관한 두 가지 일반적인 접근 방법에 대해 알아본다:

1. **전통적인 접근법.** 제어 전략 및 제어시스템 하드웨어는 공정에 대한 지식, 경험 그리고 통찰력을 바탕으로 선택된다. 공장에 제어시스템이 설치된 후, 제어기의 설정(예: 식 1-4의 제어 이득 K_c)이 조정된다. 이러한 활동을 *제어기 조율*이라고 한다.
2. **모델 기반 접근법.** 처음 개발된 공정의 동적 모델은 최소한 다음 세 가지 측면에서 도움이 될 수 있다: (i) 모델 기반 제어기 설계 방법의 기반으로 사용될 수 있다. (ii) 동적 모델은 제어 법칙에 직접 통합될 수 있다.(예: 모델예측제어) 그리고 (iii) 모델은 제어 전략의 대안을 평가하고 제어기 설정의 초기값을 결정하기 위한 컴퓨터 시뮬레이션에 사용될 수 있다.

이 책은 복잡한 공정의 경우 제어시스템이 적절하게 설계될 수 있도록 공정의 동적 모델을 개발해야 한다는 철학을 지지하고 있다. 물론, 많은 간단한 공정 제어 문제의 경

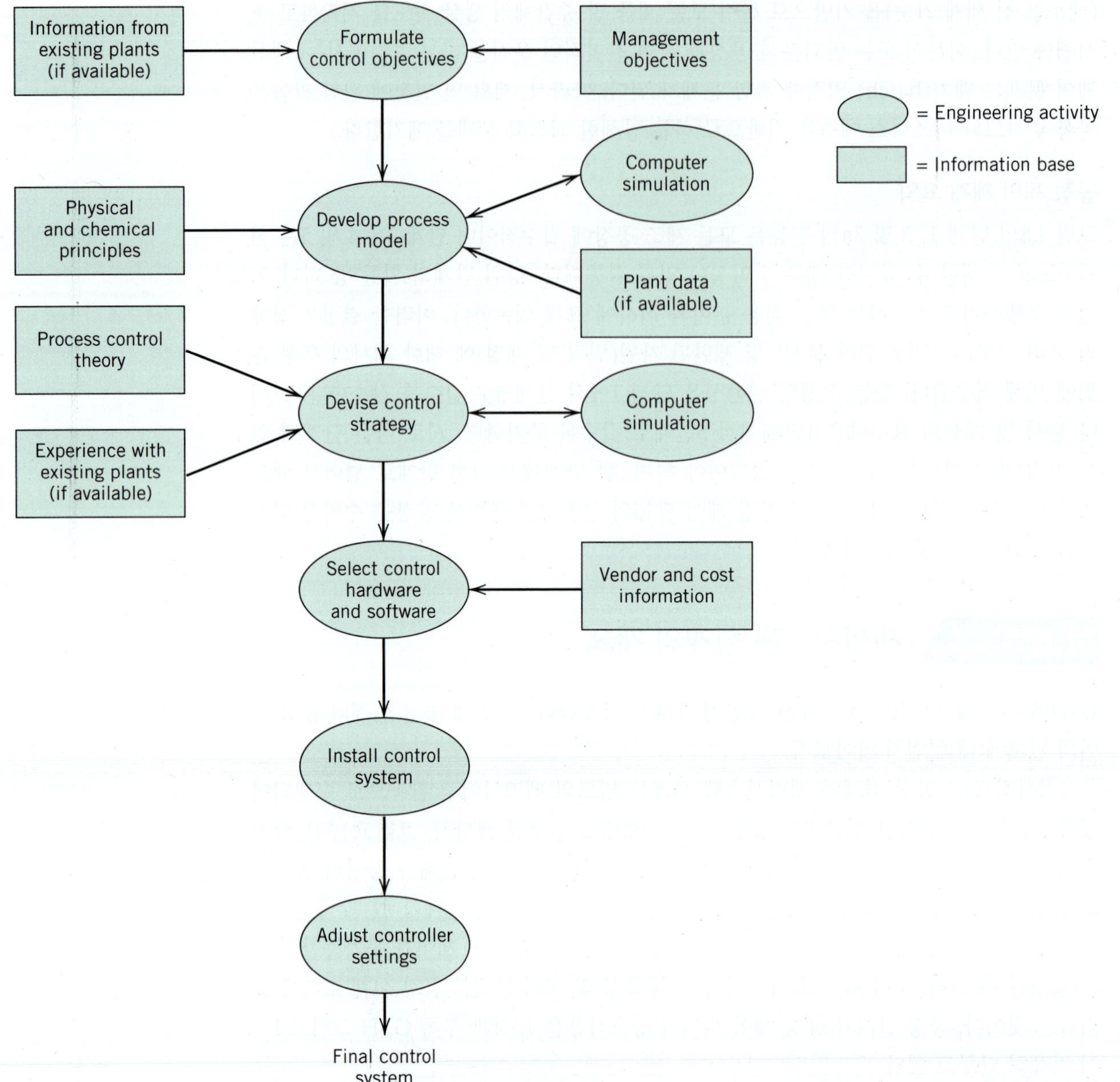

그림 1.10 제어시스템 개발의 주요 단계.

우 제어기의 사양이 비교적 간단하며 자세한 분석이나 명시적인 모델이 필요하지 않다. 그러나 복잡한 공정의 경우 공정 모델은 제어시스템 설계나 공정에 대한 이해를 향상시키기 위해 필요하다. 앞에서 언급하였듯이, 공정 제어는 공정에 대한 이해를 기반으로 해야 한다.

모델 기반 접근법을 이용한 제어시스템의 설계 및 설치에 관한 주요 단계들이 그림 1.10의 순서도에 나와 있다. 첫 번째 단계는 제어 목표의 수식화로 매우 중요한 단계이다. 수식은 공장의 운전 목표와 공정의 제약 조건을 기반으로 한다. 예를 들어, 증류탑의 제어 문제에서 제어 목표는 탑상 흐름, 탑저 흐름 또는 두 흐름 모두에서 주요 성분을 조절하는 것이 될 수 있다. 또 다른 제어 목표는 하나 또는 두 제품 흐름 모두에서 제품의 품질을 만족하면서 에너지 소비(예: 재비기의 필요 열량)를 최소화하는 것이 될 수 있다.

부등식 제약 조건은 조작 변수의 상한 및 하한, 증류탑의 범람(flooding) 또는 방울져 떨어짐(weeping) 조건 및 제품의 불순물 수준이 포함되어야 한다.

제어 목표가 수식화된 후, 공정의 동적 모델이 개발된다. 동적 모델은 보존 법칙 및 반응 속도와 같은 화학적, 물리적 원리를 기반으로 개발되거나(2장) 또는 실험 데이터를 기반으로 하는 경험 법칙(7장)에 의해 개발될 수 있다. 실험 데이터를 사용할 수 있는 경우, 동적 모델은 검증가능해야 하며 또한, 모델의 정확도를 나타낼 수 있어야 한다. 이러한 정보들은 제어시스템의 설계 및 조율에 유용하게 사용될 수 있다.

제어시스템 설계의 다음 단계는 공정의 제약 조건을 만족하면서 제어 목표를 충족할 수 있는 적절한 제어 전략을 고안하는 것이다. 그림 1.10에 볼 수 있듯이, 이러한 설계 활동은 예술과 과학의 영역이다. 공정에 대한 이해, 경험 그리고 설계팀의 선호도가 주요 요소가 된다. 제어된 공정의 컴퓨터 시뮬레이션은 제어 전략의 대안을 검토하고 적절한 제어기 설정의 초기값을 제공하는 데 사용된다.

마지막으로, 제어시스템의 하드웨어 및 계장설비가 선택, 주문되고 공장에 설치된다. 그런 다음, 설계 단계의 예측값을 시작점으로 사용하여 공정의 제어시스템을 조율한다. 제어기의 조율은 12장에 설명되어 있는 것처럼 일반적으로 시행착오의 과정을 포함하고 있다.

요약

이번 장에서는 공정 동특성 및 공정 제어의 기본 개념을 소개하였다. 공정 동특성은 공장 가동 및 가동 정지, 제품 등급 변경 그리고 비정상적 외란과 같은 과도 조건에서 어떻게 반응하는지를 결정한다. 공정 제어를 통해 환경 및 제품 품질에 대한 요구 사항을 충족하면서 원하는 운전 조건에서 안전하고 경제적으로 공정을 유지할 수 있다. 효과적인 공정 제어가 없으면, 대규모의 산업 공장을 운전하는 것은 불가능하다.

연속 교반 시스템과 증류탑의 두 가지 예제를 통해 기본적인 제어 개념, 특히 피드백 및 피드포워드 제어에 대한 소개를 하였다. 또한, 복잡한 공정의 제이 시스템 설계를 위한 체계적인 접근법의 필요성에 대해서도 알아보았다. 제어시스템의 개발은 그림 1.10에 나타나 있는 여러 개의 개별 활동으로 이루어져 있다. 이 책은 복잡한 공정의 경우 제어 시스템이 적절하게 설계될 수 있도록 공정의 동적 모델을 개발해야 한다는 철학을 지지하고 있다.

공정 제어 활동의 체계는 그림 1.8에 제시되어 있다. 공정 제어는 공정의 안전을 보장하고 사람, 장치 및 환경을 보호하는 데 중요한 역할을 한다. 피제어 변수는 조절 제어 및 다변수 및 제약 조건 제어와 같은 고급 제어 기법을 적용하여 설정점 근처에서 유지된다. 현재의 운전 조건과 제약 조건에 대한 최적의 제어기 설정점을 결정하기 위해 실시간 최적화를 사용할 수 있다. 공정 제어 체계의 최상위 단계는 전체 공장에 대한 계획 및 일정을 수립하는 것이다. 공정 제어 활동 체계에서 서로 다른 단계의 공정 제어 활동은 상호 연관되어 있으므로 신중하게 조정되어야 한다.

참고문헌

Åström, K. J., and R. M. Murray, *Feedback Systems: An Introduction for Scientists and Engineers*, Princeton University Press, Princeton, NJ, 2008.

Blevins T., and M. Nixon, *Control Loop Foundation—Batch and Continuous Processes*, ISA, Research Triangle Park, NC, 2011.

Carver, C. S., and M. F. Scheier, *On the Self-Regulation of Behavior*, Cambridge University Press, Cambridge, UK, 1998.

Fogler, H. S., *Essentials of Chemical Reaction Engineering*, Prentice Hall, Upper Saddle River, NJ, 2010.

Mayr, O., *The Origins of Feedback Control*, MIT Press, Cambridge, MA, 1970.

Rao, C. V., Exploiting Market Fluctuations and Price Volatility through Feedback Control, *Comput*. Chem. Eng., **51**, 181 - 186, 2013.

Widmaier, E. P., H. Raff, and K. T. Strang, *Vander's Human Physiology: The Mechanisms of Body Function*, 12th ed., McGraw-Hill Higher Education, NY, 2011.

연습문제

1.1 다음 중 참인 것을 고르시오. 거짓인 경우 왜 거짓인지에 대해 설명하시오.

(a) 피드포워드 및 피드백 제어는 측정된 변수가 필요하다.

(b) 피드포워드 제어에서, 측정된 변수는 제어되어야 할 변수이다.

(c) 만약, 제어시스템 설계에 사용된 공정 모델이 완벽하다면, 피드백 제어는 이론적으로 완벽한 제어(즉, 설정점으로부터 오차가 없음)를 할 수 있다.

(d) 피드백 제어는 알려진 외란과 알려지지 않은 외란 모두에 대해 보정 작용을 수행한다.

(e) 피드백 제어는 피드포워드 제어보다 우수하다.

1.2 천연가스를 사용하는 화로와 온도조절기(thermostat)로 구성된 가정용 난방 시스템을 생각해보자. 이 경우, 공정은 가열될 내부의 공간으로 구성된다. 온도조절기는 온도 센서와 제어기를 포함하고 있다. 화로는 가열시에는 켜지며, 그렇지 않다면 꺼져 있다. 이 제어시스템의 개략도를 그려보자. 당신이 그린 개략도에서 피제어 변수, 조작 변수 그리고 외란 변수를 찾아보자. 실내 온도에 영향을 끼칠 수 있는 여러가지 방해 요인들을 반드시 포함해야 한다.

1.3 온도조절식 가정용 난방 시스템 외에도 일상 생활에서 찾을 수 있는 피드백 제어시스템에 대해 알아보자. 센서, 구동부(actuator) 및 제어기에 대한 정보를 포함하여 각 시스템이 어떻게 작동하는지 간단히 설명해보자.

1.4 일반적인 전자레인지가 조리 온도를 설정하거나 음식이 "요리"되었는지 확인하기 위해 피드백 제어시스템을 사용하는가? 그렇지 않다면, 어떤 기술이 적용되었는가? 예를 들어 음식을 해동하고 요리할 때 이러한 기술이 가지는 단점은 어떤 것이 있겠는가?

1.5 안전하게 운전을 하기 위해서는 상당한 기술이 필요하다. 일반적으로 알아차리지 못하지만, 운전자는 피드포워드 및 피드백 제어 방법을 활용할 수 있는 직관적인 능력이 필요하다.

(a) 자동차를 운전하는 과정의 한 가지 목표는 차량을 차선의 중앙에 유지하는 것이다. 따라서, 피제어 변수는 해당되는 거리를 측정한 것이다. 그렇다면, 이러한 목표를 달성하기 위해 피드백 제어를 어떻게 활용할 수 있는가? 센서, 구동부, 적절한 제어 동작이 결정되는 방식 및 발생 가능한 외란에 대해 확인해보자.

(b) 자동차의 제동 및 가속 과정은 매우 복잡하므로 피드포워드 및 피드백 제어의 원리를 능숙하게 사용하여 안전하게 운전해야 한다. 피드백 제어를 위해서 운전자는 앞차와의 거리를 측정된 변수로 사용한다. 이 경우 "설정점"으로는 종종 속도와 관련된 거리(예: 10mph 당 차량 한 대 길이의 간격 유지)를 권장한다. 이 권장 사항을 사용한다면, 일정한 속도로 운전하기 위해 피드포워드 제어가 차량 가속 및 제동 프로세스에 어떻게 적용될 수 있는가? 다시 말해서, 두 차량 사이의 간격 이외에 운전자가 앞차와의 충돌을 피하기 위해서 활용할 수 있는 다른 정보에는 어떤 것이 있는가?

1.6 인체는 주요 생리학적 변수를 조절하기 위해서 필수적인 수많은 피드백 제어 루프를 포함하고 있다. 예를 들어, 건강한 사람의 체온은 매우 좁은 범위에서 일정하게 유지되어야 한다.

(a) 피드백 제어를 사용하여 인체가 체온을 조절하는 하나 이상의 방식을 간단히 설명하시오.

(b) 다른 중요한 생리학적 변수의 조절을 위한 피드백 제어시스템을 간단히 설명하시오.

1.7 그림 E1.7에 나타나 있는 증류탑은 이성분 혼합물(binary mixture)을 증류하는 데 사용된다. 기호 x, y, z는 이성분 중 가벼운 성분의 몰 분율을 나타내고, B, D, R은 몰 유량을 나타낸다. 공급 유량 F의 교란에도 불구하고 탑상 제품의 조성 y를 일정하게 유지하고자 한다. F를 제외한 모든 유량은 측정 및 조작이 가능하며, F는 측정만 가능하다. 성분 분석기를 사용하면 y를 측정할 수 있다.

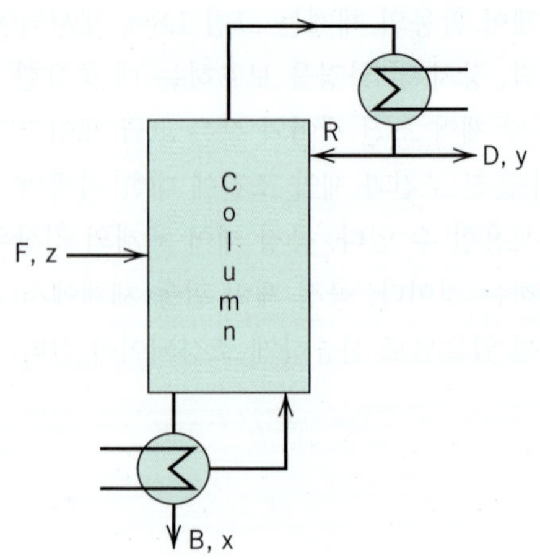

그림 E1.7

(a) 이 시스템을 위한 피드백 제어 방법을 제안하고 개략도를 그려보자.

(b) 이 시스템을 위한 피드포워드 제어 방법을 제안하고 개략도를 그려보자.

1.8 자전거를 타는 동안 어떻게 피드포워드 제어와 피드백 제어의 개념이 활용될 수 있는지 설명해보자.

1.9 두 가지의 유량 제어 루프가 그림 E1.9에 나와 있다. 각 루프가 피드포워드 제어시스템인지 또는 피드백 제어시스템인지 구분해보자. 여러분의 답에 대한 근거를 설명하시오. 유량 전송기(FT)와 제어밸브 사이의 거리는 매우 작다고 가정할 수 있다.

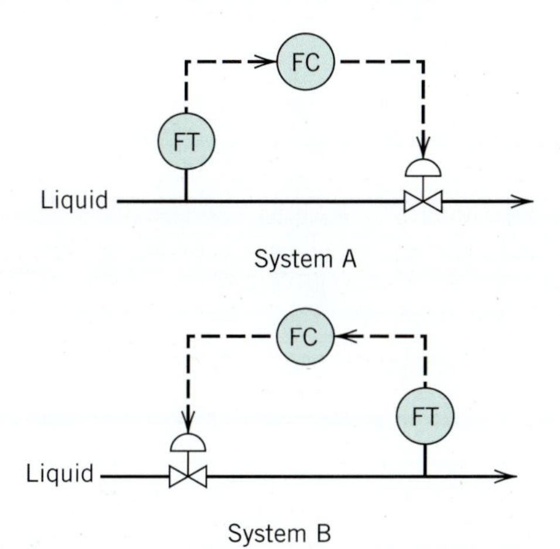

그림 E1.9

1.10 가정용 난방 시스템의 온도 조절 제어시스템에서,

(a) 조작 변수를 찾아보시오.

(b) 피제어 변수를 찾아보시오.

(c) 조작 변수를 어떻게 조절할 수 있는가?

(d) 중요한 외란(반드시 시간에 따라 변해야 함) 하나를 말해 보시오.

1.11 최신 차량의 자동 제어시스템에 대해 나열하고 설명하시오 [크루즈 컨트롤(정속주행장치) 제외].

1.12 그림 1.1 (*d*)에서 피제어 변수, 조작 변수 그리고 외란 변수(각 변수당 하나 이상 있을 수 있음)를 찾아보시오. 투석 치료의 시간이 노폐물의 농도에 어떤 영향을 미치는가?

CHAPTER 02

화학공정의 이론 모델

Theoretical Models of Chemical Processes

학습목차 *Chapter Contents*

2.1 동적 공정 모델의 이론적 근거
2.1.1 예시: 교반 공정
2.2 일반적인 모델링 원칙
2.2.1 보존법칙
2.2.2 교반 공정 재검토
2.3 자유도 분석
2.4 대표적 공정의 동적 모델
2.4.1 교반 탱크 가열 공정: 일정 부피
2.4.2 교반 탱크 가열 공정: 가변 부피
2.4.3 전기 가열 교반 탱크
2.4.4 증기 가열 교반 탱크
2.4.5 액체 저장 시스템
2.4.6 연속 교반 탱크 반응기(CSTR)
2.4.7 다단 시스템(3단 흡수탑)
2.4.8 유가식(Fed-Batch) 바이오리액터
2.5 공정 동특성 및 수학적 모델
요약

이번 장에서는 물리적 및 화학적 원리로부터 화학 공정의 비정상 상태 모델을 도출해 본다. 비정상 상태 모델은 동적 모델이라고도 한다. 먼저 동적 모델에 대한 이론적 근거에 대해 살펴보고 보존 법칙(conservation law)과 같은 제일원리(first principle)에서 모델을 도출하기 위한 일반적인 전략에 대해 학습한다. 그런 다음 몇 가지 대표적인 공정을 위한 동적 모델을 개발해본다. 마지막으로, 상미분방정식과 대수 방정식으로 구성된 동적 모델을 컴퓨터 시뮬레이션을 이용하여 수치적으로 풀 수 있는 방법에 대해 설명한다.

2.1 동적 공정 모델의 이론적 근거

동적 모델은 공정 동특성 및 제어 분야에서 중요한 역할을 한다. 동적 모델은 다음과 같이 활용될 수 있다:

1. **공정에 대한 이해를 향상.** 동적 모델 및 컴퓨터 시뮬레이션을 통해 공정을 실제로 교란시키지 않고 공정의 동적 거동에 대해 살펴볼 수 있다. 컴퓨터 시뮬레이션을 통해 공장을 건설하기 전에도 동적 및 정상 상태 공정의 거동에 대한 유용한 정보를 얻을 수 있다.
2. **공장 운전 직원 훈련.** 공정 모사기는 복잡한 설비를 운전하고 위험한 상황이나 비상 상황을 다룰 수 있도록 공장 운전 직원을 훈련시키는 데 중요한 역할을 한다. 공정 모사기를 표준 공정 제어 장비에 연결함으로써 현실적인 훈련 환경이 조성된다. 이러한 역할은 항공 우주 산업에서 사용되는 비행 훈련 모사기와 유사하다.

3. **새로운 공정에 대한 제어 전략 개발.** 공정의 동적 모델은 대체 제어 전략에 대한 평가를 가능하게 해 준다. 예를 들어, 동적 모델은 제어되어야 할 공정 변수와 조작해야 하는 변수를 파악하는 데 도움이 될 수 있다(13장). 제어기의 사전 조율은 공장 가동 이전에 경험 법칙에 기반한 동적 모델을 사용하여 수행할 수 있다(12장). 모델 기반 제어 전략(12장, 16장 및 20장)의 경우 공정 모델은 제어법칙의 명백한 요소이다.
4. **공정 운전 조건 최적화.** 이익을 최대화하거나 비용을 최소화하기 위해서 최적의 운전 조건을 주기적으로 재계산하는 것이 유리할 수 있다. 정상 상태 모델과 경제성에 관한 정보는 가장 이익이 되는 운전 조건을 결정하는 데 사용될 수 있다(19장).

위에서 언급한 많은 예에서, 특히 새롭고 위험하거나 또는 운전하기 어려운 공정들은 적합한 공정 모델을 개발하는 것이 공정 성공에 결정적일 수 있다. 모델은 개발 방법에 따라 다음과 같이 분류할 수 있다:

(a) *이론적 모델*은 화학, 물리학 및 생물학의 원리를 사용하여 개발된다.
(b) *경험적 모델*은 실험 데이터를 피팅(fitting)하여 얻을 수 있다(7장에서 자세히 다룬다).
(c) *반경험적(semi-empirical)* 모델은 (a)와 (b)의 조합이다. 이론적 모델을 기반으로 하며, 하나 이상의 모델 매개변수가 실험 데이터로부터 계산된다.

이론적 모델은 아주 중요한 두 가지 장점을 가진다. 이론적 모델은 공정의 거동에 대한 물리적 통찰력을 제공하며 또한 광범위한 조건에 적용할 수 있다. 하지만, 이론적 모델에도 단점은 있는데, 이는 모델 개발에 비용과 시간이 많이 소모되는 경향이 있다는 것이다. 또한, 복잡한 공정의 이론적 모델은 일반적으로 반응 속도 계수, 물리적 특성 또는 열전달 계수와 같이 쉽게 구할 수 없는 모델 매개변수들이 포함되는 경우가 많다.

경험적 모델은 이론적 모델에 비해 개발하기가 쉽고 제어기 설계에도 사용하기 쉽지만, 일반적으로 잘 외삽되지 않는 심각한 단점을 가진다. 보다 구체적으로, 경험적 모델은 모델을 개발할 때 사용된 실험 조건에서 벗어난 운전 조건에서 사용할 때는 주의해야 한다. 실험 데이터의 범위는 일반적으로 공정의 전체 운전 조건에 비해 상당히 협소하다.

반경험적 모델은 다음과 같은 3가지 장점을 가진다: (i) 이론적 지식에 잘 부합한다. (ii) 순수한 실험적 모델에 비해 좀 더 넓은 범위의 운전조건에 대해 외삽될 수 있다. (iii) 그리고 이론적 모델에 비해 개발에 투입되는 노력이 적다. 따라서, 반경험적 모델이 산업계에서 널리 사용되고 있다.

이번 장은 보존 법칙과 같은 제일원리로부터 이론적 모델을 개발하는 것에 관한 것이다.

2.1.1 예시: 교반 공정

제 1장에서는 질량 및 성분 수지에 기반하여 교반 탱크 혼합 시스템에 대한 정상 상태 모델을 개발하였다. 지금부터는 공정 변수가 시간에 따라 달라지고 시스템 내부의 축적항을 포함하여 보다 일반적인 상황을 분석할 수 있는 비정상 상태 모델을 개발해 본다.

예시로서, 그림 2.1의 등온 교반 탱크 혼합 시스템에 대해 살펴보자. 오버플로 라인이 생략되었고 입구 흐름 2가 순수한 A가 아니므로(즉, $x_2 \neq 1$) 그림 1.3의 시스템에 비

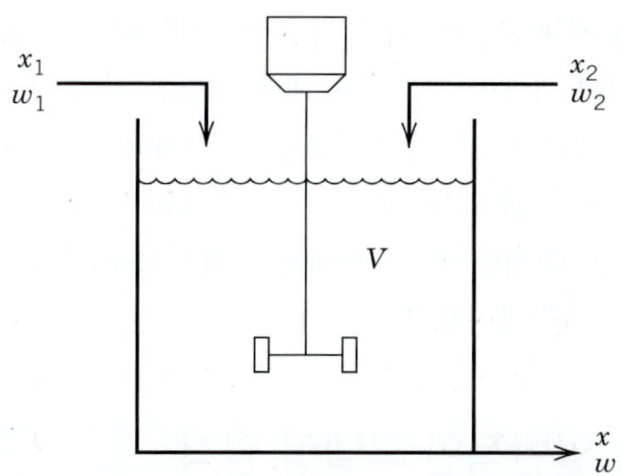

그림 2.1 교반 탱크 혼합 공정.

해 보다 일반적인 상황이라고 할 수 있다. 또한, 탱크의 액체 부피 V는 시간에 따라 변하며, 출구 유량이 입구 유량의 합과 반드시 같을 필요가 없다. 그림 2.1의 비정상 상태 질량 수지는 다음과 같이 된다:

$$\{\text{탱크 내의 질량 축적 속도}\} = \{\text{질량 유입 속도}\} - \{\text{질량 배출 속도}\} \tag{2-1}$$

탱크 내의 액체 질량은 액체의 부피 V와 밀도 ρ의 곱으로 표현될 수 있다. 따라서, 질량의 축적 속도는 간단히 $d(V\rho)/dt$로 나타낼 수 있으며, 식 2-1은 다음과 같이 표현될 수 있다:

$$\frac{d(V\rho)}{dt} = w_1 + w_2 - w \tag{2-2}$$

여기서 w_1, w_2 및 w는 질량 흐름 속도이다.

성분 A에 대한 비정상 상태 물질 수지는 유사한 방식으로 도출할 수 있다. 우리는 혼합 탱크가 완전하게 혼합되었다고 가정한다. 이 가정은 다음과 같은 두 가지 중요한 의미를 갖는다: (i) 탱크 내부에서 농도 기울기를 갖지 않는다(즉, 탱크 내부의 농도가 균일하다. — 역자주). (ii) 그리고 출구 흐름의 조성은 탱크 내부의 조성과 동일하다. 완전 혼합에 대한 가정은 적절한 수준의 혼합이 이루어지는 저점도 액체에 대해 유효하다. 반대로, 고분자나 용융 금속과 같은 고점도 액체에 대해서는 유효하지 않을 수 있다. 비이상적 혼합에 대한 모델은 반응기 분석에 관한 서적에서 다루고 있다(예: Fogler, 2006).

완전 혼합에 대한 가정을 통해, 성분 A의 시스템 내부 축적 속도는 $d(V\rho x)/dt$가 되며, 여기서 x는 성분 A의 질량 분율이다. 비정상 상태성분 수지는 다음과 같이 나타낼 수 있다:

$$\frac{d(V\rho x)}{dt} = w_1x_1 + w_2x_2 - wx \tag{2-3}$$

식 2-2와 2-3은 혼합 시스템에 대한 비정상 상태 모델이다. 이에 상응하는 정상 상태 모델은 1장에서 유도되었다(식 1-1 및 1-2 참조). 이 식들은 또한 식 2-2와 2-3의 축적항을 0으로 두면 얻을 수 있다:

$$0 = \overline{w}_1 + \overline{w}_2 - \overline{w} \tag{2-4}$$

$$0 = \overline{w}_1\overline{x}_1 + \overline{w}_2\overline{x}_2 - \overline{w}\,\overline{x} \tag{2-5}$$

여기서, 명목 정상 상태 조건은 $\overline{x}$ 및 $\overline{w}$ 등으로 표시된다. 일반적으로, 정상 상태 모델은 비정상 상태의 모델에서 축적항을 0으로 둠으로써 도출할 수 있는 특수한 경우이다.

동적 모델은 다양한 조건에서 공정의 과도 거동을 특성화할 수 있다. 예를 들어, 혼합 공정에서 다음과 같은 몇 가지 의문점들에 대해 생각해보자: 유입 유량이 급격히 증가한 후나 또는 유입 조성의 점진적 감소 후의 배출 흐름의 조성은 어떻게 변하는가? 유입부의 변화가 시작될 때 탱크의 부피가 아주 작거나 매우 클 경우 이러한 과도 응답이 매우 달라질 수 있는가? 이러한 질문들에 대한 대답은 특정 초기 조건 및 유입 유량 또는 조성 변화에 대해 식 2-2 및 2-3의 상미분방정식(ODE)을 풀어서 구할 수 있다. 동적 모델에 대한 풀이는 이번 장과 3~6장에서 좀 더 자세히 알아본다.

혼합 공정에 대한 예제를 좀 더 자세히 살펴보기에 앞서, 동적 모델 개발에 대한 일반적인 원칙에 대해 먼저 알아보자.

2.2 일반적인 모델링 원칙

공정 모델은 실제 공정의 수학적 추상화에 지나지 않는다는 것을 반드시 명심하는 것이 좋다. 모델 방정식은 기껏해야 실제 공정의 근사에 불과하며, 이러한 상황은 "모든 모델은 틀렸다, 다만 그 중 일부는 유용하다"는 격언으로 표현될 수 있다. 따라서, 거시적이든 미시적이든 모델은 실제 공정의 모든 특성을 나타낼 수는 없다. 모델링에는 본질적으로 모델의 정확성 및 복잡성과 모델 개발 및 검증에 필요한 비용과 노력 사이의 절충을 포함하고 있다. 이러한 절충을 위해서는 모델링의 목표, 모델 사용 시 예상되는 이점 및 모델 사용이 예상되는 사용자의 배경(예: 화학 연구자 vs 공장 엔지니어)에 대한 고려가 필요하다.

공정 모델링은 예술이자 과학이다. 적절한 모델을 도출할 수 있는 단순한 가정을 만들기 위해서는 창의성이 필요하다. 따라서, 모델을 구축할 때 사용된 모든 가정들을 신중하게 나열하는 것이 모델의 최종 평가에 중요하다. 모델은 필요 이상으로 복잡하지 않으면서 모든 중요한 동적 거동을 잘 표현해야 한다. 그러므로, 모델 방정식, 변수 및 매개변수의 수를 합리적인 수준으로 유지하기 위해 덜 중요한 현상은 생략된다. 적절하게 단순화된 가정들을 선택하지 못하면 (1) 정밀하지만 지나치게 복잡한 모델이 되거나 또는 (2) 지나치게 단순화된 모델이 만들어질 수밖에 없다. 이러한 양극단의 현상은 피해야 한다. 다행스럽게도 모델링은 또한 과학의 범주에 속하며, 서로 다른 대안 모델들의 공정 거동을 정성적 및 정량적으로 비교할 수 있다. 이번 장에서는 이론적인 동적 모델에 대해 소개하고 보존 법칙과 같은 제일원리로부터 어떻게 개발되는지 보여준다. 좀 더 자세한 정보는 Bequette(1998), Aris(1999), Elnashaie와 Garhyan(2003) 및 Cameron과 Gani(2011)의 저서에서 확인할 수 있다.

제일원리로부터 동적 모델을 개발하는 체계적인 절차가 표 2.1에 요약되어 있다. 7단계의 *자유도 분석*은 복잡한 공정의 모델 개발에 필요하다. 이러한 모델들은 일반적으로 많은 수의 변수와 방정식을 포함하기 때문에 모델을 풀 수 있는지 또는 유일해가 존재하는지 여부는 확실하지 않다. 따라서, 2.3절과 13.1절에서 자유도 분석에 대해 좀 더 자세히 다루고 있다.

화학 공정의 동적 모델은 상미분 방정식 및/또는 편미분 방정식(PDE) 및 대수 방정식으로 구성된다. 이 책에서는 상미분 방정식만 다루기로 한다. 반응 공학을 위한 편미분 방정식 모델에 대한 자세한 내용은 Fogler(2006)의 저서에서 확인할 수 있으며 편미분 방정식 모델을 풀기위한 수치적인 접근법은 Chapra 및 Canale (2014)의 저서에서 다루고 있다. 공정 제어 문제의 경우, 동적 모델은 비정상 상태의 보존 법칙으로부터 유도된다. 이번 절에서는 먼저 질량 및 에너지 보존 법칙의 중요성을 강조하는 일반적인 모델링 원칙에 대해서 검토한다. 힘-운동량 수지는 공정 모델링에 상대적으로 자주 사용되지 않는다. 운동량의 효과를 무시할 수 없는 공정(예: 일부 유체 및 고체 운송 시스템)의 경우

힘-운동량 수지를 고려해야 한다. 공정 모델은 종종 열역학, 이동 현상, 물리적 특성 및 화학반응 속도론과 관계된 대수방정식을 포함한다. 기액평형, 열전달 관계식 및 반응 속도 표현 등이 이러한 대수 방정식의 전형적인 예이다.

표 2.1 동적 모델을 개발하는 체계적인 접근법.

1. 모델링의 목표와 모델의 최종 사용 방안에 대해 명시하라. 그런 다음 모델 세부 사항 및 모델 정확도의 필요한 수준을 정하라.
2. 공정의 개략도를 그리고 모든 공정 변수에 라벨을 붙여라.
3. 모델 개발과 관련된 모든 과정을 나열하라. 최대한 인색해져라: 모델은 모델링 목표를 달성하는 데 필요한 것보다 더 복잡해서는 안된다.
4. 공정 변수의 공간적인 변화가 중요한지 결정하여라. 만약 그렇다면, 편미분 방정식 모델이 필요하다.
5. 적절한 보존 방정식(질량, 성분, 에너지 등)을 작성하여라.
6. 평형 관계 및 다른 대수 방정식(열역학, 이동현상, 화학반응 속도식, 장비의 형상 등)을 도입하여라.
7. 자유도 분석(2.3절)을 수행하여 모델 방정식들을 풀 수 있는지 확인하여라.
8. 모델을 단순화하여라. 종종 출력 변수를 왼쪽에 입력 변수를 오른쪽에 두는 형태로 방정식을 배열할 수 있는데 이러한 형태는 컴퓨터 시뮬레이션 및 후속 분석에 편리하다.
9. 입력 변수를 외란 변수 및 조작 변수로 분류하여라.

2.2.1 보존법칙

화학 공정의 이론적 모델은 질량 및 에너지 보존 법칙과 같은 보존 법칙에 기반한다. 따라서, 지금부터 중요한 보존 법칙을 알아보고 이들을 이용하여 대표적인 공정의 동적 모델을 개발해본다.

질량 보존

$$\{\text{질량 축적 속도}\} = \{\text{질량 유입 속도}\} - \{\text{질량 배출 속도}\} \tag{2-6}$$

성분 i의 보존

$$\left\{\begin{matrix}\text{성분 } i \\ \text{축적 속도}\end{matrix}\right\} = \left\{\begin{matrix}\text{성분 } i \\ \text{유입 속도}\end{matrix}\right\} - \left\{\begin{matrix}\text{성분 } i \\ \text{배출 속도}\end{matrix}\right\} + \left\{\begin{matrix}\text{성분 } i \\ \text{생성 속도}\end{matrix}\right\} \tag{2-7}$$

식 2.7의 오른쪽 마지막 항목은 화학 반응의 결과로 성분 i가 생성되거나 소모되는 것을 나타낸다. 보존 방정식은 몰량, 원자 및 화학종을 사용하여 표현할 수 있다(Fedeler and Rousseau, 2015).

에너지 보존

에너지 보존의 일반적인 법칙은 열역학 제 1법칙이라고도 한다(Sandler, 2006). 이 법칙은 다음과 같이 표현된다:

$$\left\{\begin{matrix}\text{에너지} \\ \text{축적 속도}\end{matrix}\right\} = \left\{\begin{matrix}\text{대류에 의한} \\ \text{에너지} \\ \text{유입 속도}\end{matrix}\right\} - \left\{\begin{matrix}\text{대류에 의한} \\ \text{에너지} \\ \text{배출 속도}\end{matrix}\right\} + \left\{\begin{matrix}\text{외부로부터} \\ \text{시스템으로} \\ \text{유입되는 열의} \\ \text{알짜 속도}\end{matrix}\right\} + \left\{\begin{matrix}\text{외부에서} \\ \text{시스템에} \\ \text{가하는 일의} \\ \text{알짜 속도}\end{matrix}\right\} \tag{2-8}$$

열역학 시스템의 총 에너지, U_{tot}는 내부 에너지, 운동 에너지 및 위치 에너지의 합으로 나타낼 수 있다:

$$U_{\text{tot}} = U_{\text{int}} + U_{KE} + U_{PE} \tag{2-9}$$

이 책에서 소개하고 있는 공정과 예제들은 다음과 같은 두 가지 가정을 전제하였다:

1. 위치 에너지와 운동 에너지의 변화는 내부 에너지의 변화에 비해 작기 때문에 무시할 수 있다.
2. 일의 알짜 속도는 열 전달 및 대류 속도에 비해 작기 때문에 무시할 수 있다.

이러한 합리적인 가정을 토대로 식 2-8은 다음과 같이 적을 수 있다(Bird et al., 2002):

$$\frac{dU_{int}}{dt} = -\Delta(w\hat{H}) + Q \tag{2-10}$$

여기서 U_{int}는 시스템의 내부 에너지, $\hat{H}$는 단위 질량당 엔탈피, w는 질량 유량, 그리고 Q는 시스템으로 유입되는 열전달 속도이다. Δ는 출구 흐름의 조건과 입구 흐름의 조건의 차이를 나타낸다. 따라서, $-\Delta(w\hat{H})$는 입구 흐름의 엔탈피에서 출구 흐름의 엔탈피를 뺀 것이 된다. 몰량에 대한 방정식은 다음과 같다:

$$\frac{dU_{int}}{dt} = -\Delta(\widetilde{w}\widetilde{H}) + Q \tag{2-11}$$

여기서 $\widetilde{H}$는 몰당 엔탈피 그리고 $\widetilde{w}$는 몰 유량을 나타낸다.

이 번 절의 보존 법칙은 연속 공정뿐만 아니라 회분식 및 반회분식 공정에도 유효하다. 예를 들어, 회분식 공정에서는 입구 및 출구 흐름이 없다. 따라서, 식 2-10 및 2-11에서 w 및 $\widetilde{w}$는 모두 0이다.

식 2-10과 2-11의 일반적인 에너지 수지로부터 공정의 동적 모델을 유도하기 위해서는 열역학으로부터 도출할 수 있는 U_{int}, $\hat{H}$ 및 $\widetilde{H}$에 대한 유도가 필요하다. 이러한 유도와 관련된 열역학 개념에 대해서는 부록 B에서 다루고 있다.

2.2.2 교반 공정 재검토

다음으로, 식 2-2 및 2-3에 나타나 있는 교반 공정의 동적 모델은 컴퓨터 시뮬레이션에 더 적합한 형태로 단순화하여 표현할 수 있다. 먼저, 액체의 밀도, ρ가 일정하다고 가정하자. 이러한 가정은 종종 밀도가 조성에 약한 의존성을 보이기 때문에 합리적이다. 일정한 밀도 ρ를 가정하면 식 2-2 및 2-3은 다음과 같이 된다:

$$\rho\frac{dV}{dt} = w_1 + w_2 - w \tag{2-12}$$

$$\rho\frac{d(Vx)}{dt} = w_1x_1 + w_2x_2 - wx \tag{2-13}$$

식 2-13은 연쇄법칙 적용을 통해 축적항을 전개하면 더 간단하게 나타낼 수 있다:

$$\rho\frac{d(Vx)}{dt} = \rho V\frac{dx}{dt} + \rho x\frac{dV}{dt} \tag{2-14}$$

식 2-14를 2-13에 대입하면

$$\rho V\frac{dx}{dt} + \rho x\frac{dV}{dt} = w_1x_1 + w_2x_2 - wx \tag{2-15}$$

식 2-12의 질량 수지를 식 2-15의 ρdV/dt에 대입하면

$$\rho V\frac{dx}{dt} + x(w_1 + w_2 - w) = w_1x_1 + w_2x_2 - wx \tag{2-16}$$

공통된 항을 삭제하고 식 2-12 및 2-16을 재배열하면, 좀 더 편리한 모델 형태(소위 "상태 공간" 형태)를 얻을 수 있다:

$$\frac{dV}{dt} = \frac{1}{\rho}(w_1 + w_2 - w) \tag{2-17}$$

$$\frac{dx}{dt} = \frac{w_1}{V\rho}(x_1 - x) + \frac{w_2}{V\rho}(x_2 - x) \tag{2-18}$$

식 2-17 및 2-18의 동적 모델은 매우 일반적이며 완전 혼합과 일정한 밀도라는 단지 2가지 가정만 사용하고 있다. 특별한 상황에서 액체의 부피 V가 일정하고(즉, $dV/dt = 0$), 그리고 출구 흐름의 유량이 입구 흐름 유량의 합과 같을 때, $w = w_1 + w_2$가 된다. 이러한 조건은 다음과 같은 상황에서 발생할 수 있다:

1. 오버플로 라인이 그림 1.3에 나타난 것처럼 사용되었을 때
2. 탱크가 닫혀 있고 용량이 가득 차 있을 때
3. 액위 제어기가 유량을 조절하여 V를 일정하게 유지할 때

세 가지 경우 모두, 식 2-17이 식 2-4의 형태로 단순해질 수 있는데, 이는 각 유량이 일정해서가 아니라 $w = w_1 + w_2$가 항상 성립하기 때문이다.

식 2-17 및 2-18의 동적 모델은 해석적 또는 수치적 기술에 기반한 후속 조사에 편리한 형태이다. ODE 모델에 대한 해를 구하기 위해서는 입구 흐름의 조성(x_1 및 x_2) 및 유량(w_1, w_2 및 w)을 시간의 함수로 정해줘야 한다. 종속 변수의 초기 조건 $V(0)$ 및 $x(0)$를 정의하고 나면 과도 응답 $V(t)$와 $x(t)$를 구할 수 있다. V가 일정할 때 $x(t)$에 대한 해석적인 풀이법은 예제 2-1에 설명되어 있다.

예제 2.1

일정한 액체 부피 2 m³을 가지는 교반 탱크 혼합 공정이 밀도가 대략 900 kg/m³인 두 개의 흐름을 혼합하는 데 사용된다. 혼합 중에 밀도는 변하지 않는다.

(a) 각 흐름의 유량 $w_1 = 500$ kg/min, $w_2 = 200$ kg/min이고 입구 흐름의 조성(질량 분율) $x_1 = 0.4$ 및 $x_2 = 0.75$인 운전 조건에서 오랜 기간 공정이 작동했다고 가정하자. 정상 상태의 x 값을 구하시오.

(b) w_1이 갑자기 500 kg/min에서 400 kg/min으로 변하여 이 값으로 유지된다고 가정해보자. $x(t)$에 관한 식을 구하고 도식화하여라.

(c) (b)의 문제를 w_1대신 w_2가 200 kg/min에서 100 kg/min으로 변하여 유지되는 경우에 대하여 풀어보시오.

(d) (c)의 문제에서 w_2의 변화에 더하여 x_1이 갑자기 0.4에서 0.6로 변한다면 어떻게 되는지 생각해보시오.

(e) 문제 (b) ~ (d)에 대해, 정규화된 응답 $x_N(t)$를 도식화하시오.

$$x_N(t) = \frac{x(t) - x(0)}{x(\infty) - x(0)}$$

여기서 $x(0)$는 $x(t)$의 초기 정상 상태의 값이고 $x(\infty)$는 최종 정상 상태의 값(각 문제별로 다른 값을 가지는)을 나타낸다.

풀이

(a) 초기 정상 상태의 조건을 $\bar{x}$, $\bar{w}$ 등으로 표시한다. 초기 정상 상태에 대해서 식 2-4 및 2-5를 사용할 수 있다. 식 2-5를 $\bar{x}$에 대해서 풀면,

$$\bar{x} = \frac{\bar{w}_1\bar{x}_1 + \bar{w}_2\bar{x}_2}{\bar{w}} = \frac{(500)(0.4) + (200)(0.75)}{700} = 0.5$$

(b) 식 2-3의 성분 수지는 부피와 밀도가 일정하다는 가정하에 다음과 같이 재배열 할 수 있다:

$$\tau\frac{dx}{dt} + x = \frac{w_1x_1 + w_2x_2}{w}, \qquad x(0) = \bar{x} = 0.5 \tag{2-19}$$

여기서 $\tau \triangleq \bar{V}\rho/\bar{w}$이다. 문제 (b)에서 (d)까지 $\tau = 3$min이며 식 2-19의 우변은 이 예제에서는 일정하다. 따라서, 식 2-19는 다음

과 같이 정리할 수 있다.

$$3\frac{dx}{dt} + x = C^*, \qquad x(0) = 0.5 \tag{2-20}$$

여기서

$$C^* \triangleq \frac{\overline{w}_1\overline{x}_1 + \overline{w}_2\overline{x}_2}{\overline{w}} \tag{2-21}$$

식 2-20의 해는 표준 풀이법(Kreyszig, 2011)을 적용하여 구할 수 있다.

$$x(t) = 0.5e^{-t/3} + C^*(1 - e^{-t/3}) \tag{2-22}$$

문제 **(b)**의 경우,

$$C^* = \frac{(400\ \text{kg/min})(0.4) + (200\ \text{kg/min})(0.75)}{600\ \text{kg/min}} = 0.517$$

C^*를 식 2-22에 대입하면 w_1의 계단 변화에 대한 원하는 해를 얻을 수 있다.

$$x(t) = 0.5e^{-t/3} + 0.517(1 - e^{-t/3}) \tag{2-23}$$

(c) w_2의 계단 변화에 대하여

$$C^* = \frac{(500\ \text{kg/min})(0.4) + (100\ \text{kg/min})(0.75)}{600\ \text{kg/min}} = 0.458$$

이며 따라서, 해는 다음과 같이 구할 수 있다.

$$x(t) = 0.5e^{-t/3} + 0.458(1 - e^{-t/3}) \tag{2-24}$$

(d) 비슷하게, x_1과 w_2가 동시에 변하게 되면, 식 2-21에서 $C^* = 0.625$임을 알 수 있다. 따라서, 해는 다음과 같이 된다.

$$x(t) = 0.5e^{-t/3} + 0.625(1 - e^{-t/3}) \tag{2-25}$$

(e) 식 2-23부터 2-25까지의 개별 응답은 같은 정규화된 응답을 가진다.

$$\frac{x(t) - x(0)}{x(\infty) - x(0)} = 1 - e^{-t/3} \tag{2-26}$$

문제 **(b)**에서부터 **(e)**까지의 응답을 그림 2.2에 나타내었다.

개별 응답들과 정규화된 응답은 각 문제에서 $\tau = \overline{V}\rho/\overline{w} = 3$으로 동일하기 때문에 **(b)**~**(d)**에서 같은 시간 의존성을 가진다. 여기서 τ는 혼합탱크에서 액체에 평균 체류 시간이다. 만약, $\overline{w}$가 변하면 τ와 해답의 시간 의존성 역시 변하게 된다. 예를 들어, $\overline{w}_1$이 500 kg/min에서 600 kg/min으로 변한다면, 이러한 현상이 발생할 수 있다. 보다 일반적인 상황에 대해서는 4장에서 다루도록 한다.

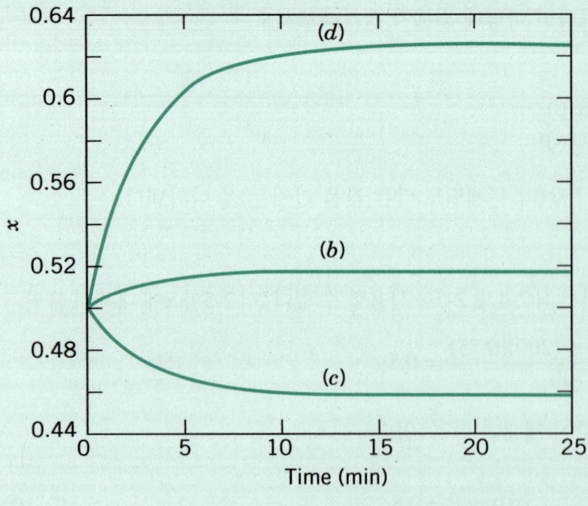

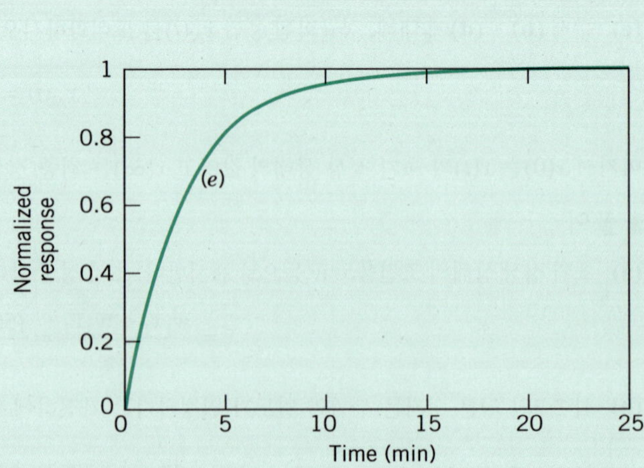

그림 2.2 교반 빙크 혼합 공정의 다음 계단 변화에 대한 출구 조성 응답.
(b) 유량 w_1, *(c)* 유량 w_2, *(d)* 유량 w_2와 입구 조성 x_1, *(e)* 문제 *(b)* ~ *(d)*의 정규화된 응답

2.3 자유도 분석

공정을 모사하기 위해서는 모델 방정식(미분 및 대수 방정식)이 풀 수 있는 형태의 집합으로 구성되어야 한다. 즉, 일반적으로 방정식 좌변에 있는 출력 변수는 방정식 우변에 있는 입력 변수와 관련하여 풀 수 있다. 예를 들어, 선형 대수 방정식의 집합 $\boldsymbol{y} = \boldsymbol{A}\boldsymbol{x}$에 대해 생각해보자. 이러한 방정식들이 유일해 $\boldsymbol{x}$를 가지기 위해서는 벡터 $\boldsymbol{x}$와 $\boldsymbol{y}$가 반드시 같은 수의 원소를 가져야 하고 집합 $\boldsymbol{A}$가 비특이 행렬(즉, 0이 아닌 행렬식을 가져야 한다.)이어야 한다.

크고 복잡한 정상 상태 또는 동적 모델에 대해 비슷한 방식으로 접근하는 것은 쉽지 않다. 그러나 한 가지 일반적인 요구 사항이 있다. 모델이 유일해를 가지기 위해서는 미지수의 수가 모델의 독립 방정식의 수와 같아야 한다는 것이다. 또 다른 표현으로는 이용 가능한 모든 *자유도*를 사용해야 한다는 것이다. 자유도, N_F는 다음과 같이 계산할 수 있다:

$$N_F = N_V - N_E \tag{2-27}$$

여기서 N_V는 총 공정 변수의 수(일정한 값을 가지는 공정 매개 변수와 구별할 것), N_E는 독립 방정식의 수이다. 자유도 분석을 통해 모델링 문제를 다음 범주에 따라 구분할 수 있다:

1. $N_F = 0$: 공정 모델이 정확하게 규정되었다. 만약, $N_F = 0$이면 방정식의 수가 공정 변수의 수와 같고 방정식의 집합은 유일해를 가지게 된다(그러나 비선형 방정식의 집합에서는 유일해가 아닐 수 있다).
2. $N_F > 0$: 공정 모델이 불완전 규정되었다. 만약, $N_F > 0$이면 $N_V > \mathrm{N_E}$이고 따라서 공정 변수가 방정식보다 더 많은 것이다. 결과적으로 N_F의 공정 변수를 임의로 지정할 수 있기 때문에 N_E 방정식은 무한개의 해를 갖는다.
3. $N_F < 0$: 공정 모델이 과잉규정되었다. $N_F < 0$이면, 방정식보다 공정 변수의 수가 작은 것이고 따라서, 방정식의 집합은 해가 없다.

$N_F = 0$인 경우가 유일하게 만족스러운 경우임을 기억해야 한다. 만약 $N_F > 0$이면 충분한 수의 입력 변수가 있지만, 입력 변수에 수치값이 지정되지 않은 것이다. 따라서, 모델이 정확한 해를 가지기 위해서는 추가적인 모델 방정식이 개발되어야 한다.

모델링에 대한 구조적인 접근은 자유도를 결정하기 위한 체계적인 분석과 결정된 자유도를 할당하는 절차를 포함한다. 자유도 분석의 단계는 표 2.2에 정리되어 있다. 단계 4에서, 출력 변수는 상미분방정식의 종속 변수를 포함한다.

단계 5에서, N_F개의 자유도는 총 N_F개의 입력 변수를 외란 변수 또는 조작 변수로

표 2.2 자유도 분석

1. 장비의 크기, 알려진 물리적 특성 등을 기준으로 모델에서 모든 알려진 상수(또는 정의할 수 있는 매개변수)를 나열하라.
2. 방정식의 수 N_E와 공정 변수의 수 N_V를 결정하라. 여기서 시간 t는 공정의 입력이나 출력값이 아니기 때문에 공정 변수로 고려하지 않는다.
3. 자유도를 계산하라. $N_F = N_V - N_E$.
4. 공정 모델을 풀어서 얻을 수 있는 N_E개의 출력 변수를 확인하여라.
5. N_F개의 자유도를 활용하기 위해서는 외란 변수 또는 조작 변수로 지정해야하는 N_F개의 입력 변수를 확인하여라.

정의하여 지정할 수 있다. 일반적으로 외란 변수는 다른 공정 유닛이나 주변 환경에 의해 결정된다. 대기 온도와 선행 공정의 작동에 의해 결정되는 입구 흐름의 조건들은 전형적인 외란변수의 예가 된다. 정의에 따르면, 외란 변수 d는 시간에 따라 변하며 다른 $N_V - 1$개의 공정 변수들과는 무관하다. 따라서, 외란 변수의 과도 거동은 다음과 같이 표현할 수 있다:

$$d(t) = f(t) \tag{2-28}$$

여기서 $f(t)$는 모델 방정식을 풀기 위해 반드시 지정해야 하는 임의의 시간 함수이다. 따라서, 따라서 공정 변수를 외란 변수로 지정하는 것은 식 2-27에 표현된 것처럼 N_E를 1만큼 증가시키고 N_F를 1만큼 감소시킨다.

일반적으로 자유도는 공정 변수가 제어기에 의해 조절되는 조작 변수로 지정될 때도 활용 가능하다. 이러한 상황에서는 새로운 방정식, 즉 조작 변수가 어떻게 조절되는지를 나타내는 제어 법칙이 도입된다. 따라서, N_E가 1만큼 증가하고 N_F가 1만큼 감소하며 다시 자유도를 활용할 수 있다(13.1절 참고).

다음 두 가지 예를 통해 자유도 분석에 대해 좀 더 알아보자.

예제 2.2

부피 V가 일정한 특수한 상황에서 식 2-3의 혼합 공정 모델에 대해 자유도 분석을 수행하여라.

풀이

이 예제는 다음과 같이 분석할 수 있다:

- 2개의 매개변수: V, ρ
- 4개의 변수($N_V = 4$): x, x_1, w_1, w_2
- 1개의 방정식($N_E = 1$): 식 2-3

따라서, 자유도는 N_F = 4-1 =3이 된다. 방정식이 유일해를 가지기 위해서는 알려진 시간 함수로 지정할 수 있는 3개의 입력 변수를 확인하여야 한다. 이 예제에서는 종속 변수 x는 확실한 출력 변수가 될 수 있다. 따라서,

- 1개의 출력 변수: x
- 3개의 입력 변수: x_1, w_1, w_2

3개의 자유도는 입력 변수를 다음과 같이 정의함으로써 활용할 수 있다:

- 2개의 외란 변수: x_1, w_1
- 1개의 조작 변수: w_2

모든 자유도가 활용되었기 때문에, 주어진 방정식은 정확하게 규정되었고 풀 수 있게 된다.

예제 2.3

식 2-17과 2-18의 혼합 시스템의 자유도를 분석하여라. 일반적인 정의에 따르면 주어진 방정식 집합은 선형인가 비선형인가?[1]

풀이

이 경우에는 부피가 상수가 아닌 변수로 간주된다. 따라서, 자유도 분석을 통해 다음과 같은 사실을 알 수 있다:

- 1개의 매개변수: ρ
- 7개의 변수($N_V = 7$): V, x, x_1, x_2, w, w_1, w_2
- 2개의 방정식($N_E = 2$): 식 2-17 및 2-18

따라서, $N_F = 7 - 2 = 5$이다. 미분방정식 좌변의 종속 변수 V, x는 모델의 출력 변수이다. 남은 5개의 변수는 입력 변수이다. 물리적인 출력인 유출 유량 w는 임의로 지정할 수 있기 때문에 수학적인 입력으로 분류된다. 임의로 지정할 수 있는 모든 공정 변수는 입력으로 정의되어야 한다. 따라서, 다음과 같은 사실을 얻을 수 있다:

[1] 선형 모델은 변수들의 비선형 조합(예: 두 변수의 곱)이나 1을 초과하여 거듭 제곱 된 변수를 포함할 수 없다.

- 2개의 출력 변수: V, x
- 5개의 입력 변수: w, w_1, w_2, x_1, x_2

2개의 출력 변수는 2개의 방정식 시스템을 풀 때 결정되는 유일한 변수이기 때문에 자유도가 남지 않는다. 방정식 시스템이 정확하게 규정되면 방정식을 풀 수 있게 된다. 자유도를 활용하기 위해, 5개의 입력 변수는 외란 변수나 조작 변수로 분류되어야 한다. 합리적인 분류는 다음과 같다:

- 3개의 외란 변수: w_1, x_1, x_2
- 2개의 조작 변수: w, w_2

예를 들어, w는 V를 제어하고 w_2는 x를 제어하기 위해 사용할 수 있다.

식 2-17은 선형 ODE인 반면, 식 2-18은 곱과 나눗셈을 포함하기 때문에 비선형 ODE이다.

2.4 대표적 공정의 동적 모델

지금까지 논의한 간단한 공정인 교반 탱크 혼합 시스템의 경우에는 등온 운전을 가정했기 때문에 에너지의 효과는 고려하지 않았다. 다음으로는 에너지 수지가 중요한 공정들의 동적 모델을 개발하는 법에 대해 알아본다.

2.4.1 교반 탱크 가열 공정: 일정 부피

그림 2.3에 표시된 교반 탱크 가열 공정에 대해 생각해보자. 액체의 입구 흐름은 질량 유량 w_i와 입구 온도 T_i를 가지며 단일 성분으로 구성되어 있다. 탱크의 구성물은 가열 속도 Q를 공급할 수 있는 전기 히터에 의해 교반 및 가열된다. 다음과 같은 가정을 통해 동적 모델을 개발할 수 있다:

1. 완전 혼합; 따라서 출구 온도 T는 탱크 내용물의 온도와 같다.
2. 입구 및 출구 유량이 같다; 따라서 $w_i = w$이고 액체 부피 V는 일정하다.
3. 액체의 밀도 ρ와 열용량 C는 일정하다고 가정한다. 따라서 이 두 가지 물리적 성질의 온도 의존성은 무시한다.
4. 열 손실은 무시한다.

일반적으로 동적 모델은 보존 법칙을 기초로 한다. 이 예에서는 열에 의한 영향이 지배적이기 때문에 에너지 수지를 고려해야 한다. 질량 수지는 위의 가정 2와 3에 의해 필요하지 않다.

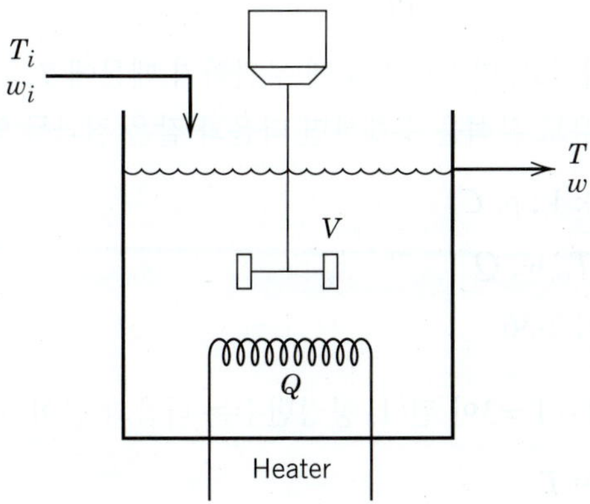

그림 2.3 일정한 액체 부피 V를 가지는 교반 탱크 가열 공정.

식 2-10은 이 예제에서 더 단순화할 수 있다. 저압 또는 중압에서 순수한 액체의 경우 내부 에너지는 거의 엔탈피와 같고, $U_{int} \approx H$, H는 온도에만 의존한다(Sandler, 2006). 따라서, 모델 개발을 위해 $U_{int} = \mathrm{H}$ 및 $\hat{U}_{int} = \hat{H}$를 가정할 수 있다. 이 때, 캐럿(^)은 단위질량당을 의미한다. 부록 B에서 볼 수 있듯이 온도의 변화량 dT는 상응하는 단위 질량당 내부 에너지의 변화 $d\hat{U}_{int}$를 발생시킨다.

$$d\hat{U}_{int} = d\hat{H} = C\,dT \tag{2-29}$$

여기서 C는 등압 열용량이다(일정한 것으로 가정한다). 탱크 내 액체의 총 내부에너지는 $\hat{U}_{int}$와 탱크 내 질량 ρV의 곱으로 표현할 수 있다:

$$U_{int} = \rho V \hat{U}_{int} \tag{2-30}$$

내부 에너지가 축적되는 속도는 식 2-29와 2-30으로부터 유도할 수 있다:

$$\frac{dU_{int}}{dt} = \rho VC\frac{dT}{dt} \tag{2-31}$$

좌변의 항은 식 2-10의 일반적인 에너지 수지에서 나타난다.

다음으로, 식 2-10의 우변에 나타나는 엔탈피 항에 대해 유도를 해보도록 하자. 탱크 내 액체의 온도가 T이고 엔탈피가 $\hat{H}$라고 가정하자. 식 2-29를 기준 온도 T_{ref}에서 T까지 적분을 하면 다음 식을 얻을 수 있다:

$$\hat{H} - \hat{H}_{ref} = C(T - T_{ref}) \tag{2-32}$$

여기서 H_{ref}는 T_{ref}에서의 $\hat{H}$값이다. 일반성을 잃지 않으면서 H_{ref}= 0이라고 가정할 수 있다(부록 B참조). 따라서, 식 2-32는 다음과 같이 쓸 수 있다:

$$\hat{H} = C(T - T_{ref}) \tag{2-33}$$

비슷하게 입구 유량에 대해서 다음 식이 성립한다.

$$\hat{H}_i = C(T_i - T_{ref}) \tag{2-34}$$

식 2-33과 2-34를 식 2-10의 대류항에 대입하면 다음 식을 얻을 수 있다.

$$-\Delta(w\hat{H}) = w[C(T_i - T_{ref})] - w[C(T - T_{ref})] \tag{2-35}$$

마지막으로, 식 2-31 및 식 2-35를 식 2-10에 대입하면 교반 탱크 가열 시스템의 원하는 동적 모델을 얻을 수 있다:

$$V\rho C\frac{dT}{dt} = wC(T_i - T) + Q \tag{2-36}$$

C가 일정하다고 가정하였고, 따라서 온도에 무관하기 때문에 T_{ref} 항은 생략하였다.

이 모델에 대한 자유도 분석을 수행하면 다음과 같은 결과를 얻을 수 있다.

- 3개의 매개 변수: V, ρ, C
- 4개의 변수: T, T_t, w, Q
- 1개의 방정식: 식 2-36

따라서, 자유도 $N_F = 4 - 1 = 3$이 된다. 공정변수는 다음과 같이 구분할 수 있다.

- 1개의 출력 변수: T
- 3개의 입력 변수: T_i, w, Q

제어를 하기 위해서는 3개의 입력 변수를 다음과 같이 구분하는 게 합리적이다.

- 2개의 외란 변수: T_i, w,
- 1개의 조작 변수: Q

2.4.2 교반 탱크 가열 공정: 가변 부피

이제 탱크의 액체 부피가 시간에 따라서 변할 수 있는 보다 일반적인 상황에 대해 생각해 보자. 이러한 분석은 앞절의 가정 1, 3 및 4를 기반으로 한다. 이제 액체 부피가 일정하지 않기 때문에 전체 총괄 수지가 필요하다. 총괄 질량 수지는 다음과 같다.

$$\frac{d(V\rho)}{dt} = w_i - w \tag{2-37}$$

에너지 수지는 식 2-36의 유도와 비슷한 방식으로 식 2-10으로부터 유도될 수 있다. 탱크 내의 액체에 대해 $U_{\text{int}} = H$라고 다시 가정하면 밀도가 ρ로 일정할 때,

$$\frac{dU_{\text{int}}}{dt} = \frac{dH}{dt} = \frac{d(\rho V\hat{H})}{dt} = \rho\frac{d(V\hat{H})}{dt} \tag{2-38}$$

$-\Delta(w\hat{H})$의 정의와 식 2-33 및 식 2-34로부터 다음을 얻을 수 있다.

$$-\Delta(w\hat{H}) = w_i\hat{H}_i - w\hat{H} = w_iC(T_i - T_{\text{ref}}) - wC(T - T_{\text{ref}}) \tag{2-39}$$

여기서 w_i와 w는 각각 입구 흐름과 출구 흐름의 질량 유량을 나타낸다. 식 2-38 및 2-39를 식 2-10에 대입하면 다음과 같이 된다.

$$\rho\frac{d(V\hat{H})}{dt} = w_iC(T_i - T_{\text{ref}}) - wC(T - T_{\text{ref}}) + Q \tag{2-40}$$

다음으로는 이 동적 모델을 단순화해 보자. 밀도 ρ가 일정하기 때문에 식 2-37은 다음과 같이 적을 수 있다.

$$\rho\frac{dV}{dt} = w_i - w \tag{2-41}$$

식 2-40에서 C와 ρ가 일정할 때 좌변을 전개하기 위해 연쇄법칙(chain rule)을 적용하면, 다음을 얻을 수 있다.

$$\rho\frac{d(V\hat{H})}{dt} = \rho V\frac{d\hat{H}}{dt} + \rho\hat{H}\frac{dV}{dt} \tag{2-42}$$

식 2-29 또는 2-33으로부터, $d\hat{H}/dt = C dT/dt$임을 알 수 있다. 이 표현과 식 2-33 및 2-41을 식 2-42에 대입하면 다음 식이 된다.

$$\rho\frac{d(V\hat{H})}{dt} = C(T - T_{\text{ref}})(w_i - w) + \rho CV\frac{dT}{dt} \tag{2-43}$$

식 2-43을 식 2-40에 대입하고 정리하면,

$$C(T - T_{\text{ref}})(w_i - w) + \rho CV\frac{dT}{dt} = w_iC(T_i - T_{\text{ref}}) - wC(T - T_{\text{ref}}) + Q \tag{2-44}$$

식 2-41 및 식 2-44를 재배열하면 다음과 같이 좀 더 단순한 형태의 동적 모델을 얻을 수 있다:

$$\frac{dV}{dt} = \frac{1}{\rho}(w_i - w) \tag{2-45}$$

$$\frac{dT}{dt} = \frac{w_i}{V\rho}(T_i - T) + \frac{Q}{\rho CV} \tag{2-46}$$

이 예제와 2.2.2절의 혼합 시스템에 대한 예제는 보존 방정식에 총괄 질량 수지를 대입함으로써 액체의 부피가 변하는 공정 모델을 단순화할 수 있음을 보여주었다.

식 2-45와 2-46은 2개의 매개 변수(ρ 및 C)가 알려져 있고 또한 4개의 입력 변수(w_i, w, T_i 및 Q)가 시간의 함수로 알려져 있을 때(즉, 4개의 자유도가 남음) 2개의 출력(V와 T)에 대해 풀 수 있는 모델을 제공하고 있다.

2.4.3 전기 가열 교반 탱크

이제 일정한 액체 부피를 가지는 교반 탱크 가열 시스템(2.4.1절)에 대해서 다시 한 번 생각해 보자. 그러나 지금부터는 가열 요소에서 탱크의 내용물로 열이 즉시 전달된다는 가정을 고려하지 않는다. 금속으로 된 가열 요소가 상당한 열 용량을 가지며 전기 가열 속도 Q가 탱크의 액체 내용물이 아닌 가열 요소의 온도에 직접적으로 영향을 준다고 가정해보자. 단순하게 하기 위해, 열전도에 의한 가열 요소의 온도 구배는 무시하고 일정한 온도 T_e를 갖는다고 가정한다. 이 온도는 가열 요소의 평균온도로 생각할 수 있다.

이 새로운 가정과 2.4.1절에서 소개했던 이전 가정들을 바탕으로 탱크와 가열 요소의 비정상 상태 에너지 수지는 다음과 같이 된다.

$$mC\frac{dT}{dt} = wC(T_i - T) + h_eA_e(T_e - T) \tag{2-47}$$

$$m_eC_e\frac{dT_e}{dt} = Q - h_eA_e(T_e - T) \tag{2-48}$$

이 때 $m = V\rho$이고 m_eC_e는 가열 요소의 질량과 비열의 곱이다. mC와 m_eC_e는 각각 탱크 내용물과 가열 요소의 열용량을 나타낸다. Q는 입력 변수로 가열 요소에서의 순간적인 전기 에너지의 소실과 같은 열량을 가진다.

이 문제에서 미지의 출력 변수 T_e와 T를 계산하기 위해 식 2-47과 2-48로 주어지는 모델이 적합한가? 이 문제에는 2개의 출력 변수와 2개의 미분 방정식이 있다. 다른 모든 수량들은 모델의 매개 변수(상수)거나 또는 입력(알려진 시간 함수)이어야 한다. 특정 공정에서는 m, C, m_e, C_e, h_e 그리고 A_e는 공정의 설계, 구성 재료 그리고 작동 조건에 의해 결정되는 매개 변수이다.

입력 변수 w, T_i 및 Q는 모델이 완전히 규정되기 위해, 즉 사용가능한 자유도를 모두 활용하기 위해서 시간의 함수로 정의되어야 한다. 그런 다음, T와 T_e에 대한 초기 조건을 정의하고 동적 모델의 적분을 통해 시간의 함수로서 T와 T_e에 대해서 풀 수 있다.

만약, 유량 w가 일정하면 식 2-47 및 2-48은 단일 2차 미분 방정식으로 변환할 수 있다. 먼저, 식 2-47을 T_e에 대해서 푼 다음 dT_e/dT를 찾기 위해 미분한다. T_e 및 dT_e/dt에 대한 표현을 식 2-48에 대입하면 다음과 같은 식을 얻을 수 있다.

$$\frac{mm_eC_e}{wh_eA_e}\frac{d^2T}{dt^2} + \left(\frac{m_eC_e}{h_eA_e} + \frac{m_eC_e}{wC} + \frac{m}{w}\right)\frac{dT}{dt} + T = \frac{m_eC_e}{h_eA_e}\frac{dT_i}{dt} + T_i + \frac{1}{wC}Q \tag{2-49}$$

방정식의 각 항의 차원이 동일하고 온도의 단위를 가지는지 확인하여야 한다. 또한 식 2-36과 2-49의 정상 상태 식도 고려해야 하는데, 이 둘은 동일할 것으로 예상된다. 제한된 사례를 분석하는 것은 좀 더 복잡한 모델의 일관성을 확인할 수 있는 한 가지 방법이 된다. 또한 방정식 양 변의 차원의 단위가 일치하는지 확인하는 것은 일관성을 확인하는 또 다른 방법이 된다.

식 2-49의 모델은 m_eC_e, 가열 요소의 열 용량이 mC에 비해 매우 작을 때, 단순화할 수 있다. $m_eC_e = 0$일 때, 식 2-49는 가열 요소가 무시할 만한 열 용량을 갖는 경우에 대해 도출된 모델인 식 2-36으로 되돌아 간다.

식 2-49는 한 개의 방정식과 한 개의 출력 T로 구성된다. 중간 변수인 T_e는 T보다 중요하지 않으며, 이전 모델(식 2-47 및 식 2-48)에서 제거되었다. 두 모델 모두 정확하게 규정되었으며, 즉, 할당되지 않은 자유도가 없다. 주어진 모델식이 이차 미분 방정식이기 때문에 식 2-49를 적분하기 위해서 $t = 0$에서의 T와 dT/dt의 초기 값이 필요하다. dT/dt의 초기 값은 $T_e(0)$ 및 $T(0)$의 값을 사용하여 $t = 0$일 때, 식 2-47의 우변을 계산하여 구할 수 있다. 두 모델 모두 입력 (w, T_i, Q)은 시간에 대한 함수로 정의되어야 한다.

예제 2.4

전기 가열식 교반 탱크 공정은 식 2-47 및 2-48 또는 동등한 식인 2-49를 단독으로 사용하여 모델을 할 수 있다. 공정 설계 및 운전 조건은 다음과 같이 4개의 매개변수 그룹으로 구성된다:

$$\frac{m}{w} = 10 \text{ min} \qquad \frac{m_eC_e}{h_eA_e} = 1.0 \text{ min} \qquad \frac{m_eC_e}{wC} = 1.0 \text{ min} \qquad \frac{1}{wC} = 0.05\ ^\circ\text{C min/kcal}$$

Q와 T_i의 명목 값은 다음과 같다.

$$\overline{Q} = 5000 \text{ kcal/min} \quad \overline{T}_i = 100\ ^\circ\text{C}$$

(a) 명목 정상 상태 온도, $\overline{T}$를 계산하여라.

(b) 공정이 초기에 문제 **(a)**에 의해서 결정된 정상 상태라고 가정하자. Q가 5000에서 5400 kcal/min으로 갑자기 변할 때 식 2-49를 사용하여 응답 $T(t)$를 구하시오. 이 응답을 그림으로 나타내시오.

(c) m_eC_e/h_eA_e 항이 식 2-49의 다른 항보다 상대적으로 작다고 가정해보자. 문제 **(b)**에서의 조건에 대한 응답 $T(t)$를 식 2-49에 대한 1차 미분 방정식 근사를 사용하여 계산하시오. 이 응답을 그림으로 나타내시오.

(d) 문제 **(c)**에서의 수행한 근사의 정확도에 대해 어떤 결론을 내릴 수 있는가?

풀이

(a) 식 2-49의 정상 상태 형태는 다음과 같다.

$$\overline{T} = \overline{T}_i + \frac{1}{wC}\overline{Q}$$

매개변수 값들을 대입하면 $\overline{T} = 350\ ^\circ\text{C}$가 된다.

(b) 식 2-49에 매개변수 값들을 대입하면 다음을 얻을 수 있다.

$$10\frac{d^2T}{dt^2} + 12\frac{dT}{dt} + T = 370$$

표준 풀이법(Kreyszig, 2011)을 이용하면 다음과 같은 해답을 얻을 수 있다.

$$T(t) = 350 + 20[1 - 1.089e^{-t/11.099} + 0.0884e^{-t/0.901}]$$

이 응답은 그림 2.4에 점선으로 된 곡선 **(a)**로 표현되어 있다.

(c) 만약 m_eC_e가 다른 항에 비해 상대적으로 작다고 가정하면, 식 2-49는 1차 미분방정식으로 근사할 수 있다:

$$12\frac{dT}{dt} + T = 370, \quad T(0) = 350\ ^\circ\text{C}$$

해답은 다음과 같이 된다.

$$T(t) = 350 + 20(1 - e^{-t/12})$$

(d) 그림 2.4에 보듯이 근사한 풀이 **(b)**가 전체 응답 범위에서 정확한 해답과 매우 잘 일치하는 것을 확인할 수 있다. 공정 제어를 위해서는 이러한 근사한 모델이 복잡하고 정확한 모델만큼 유용할 수 있다.

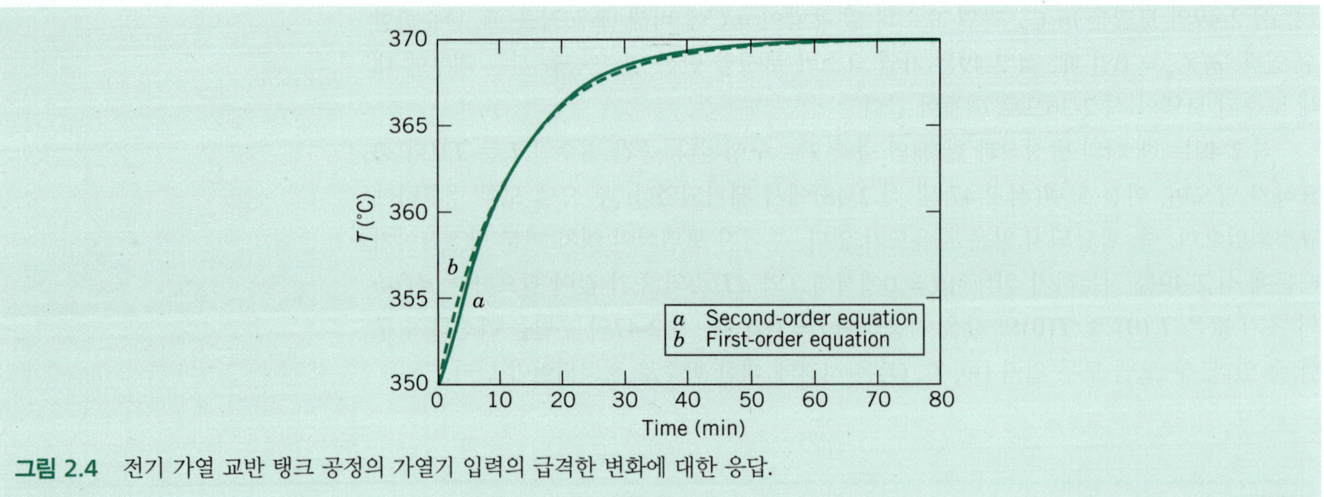

그림 2.4 전기 가열 교반 탱크 공정의 가열기 입력의 급격한 변화에 대한 응답.

2.4.4 증기 가열 교반 탱크

증기(또는 다른 가열 매체)는 코일이나 재킷 내에서 교반 탱크의 액체를 가열하기 위해 응축될 수 있으며, 입구 증기의 압력은 제어밸브에 의해 조정될 수 있다. 응축 압력 P_s을 이용하여 적절한 열역학 관계나 증기표(steam table)와 같이 표로 정리된 정보를 통해 증기의 온도 T_s를 정한다(ASME, 2014).

$$T_s = f(P_s) \tag{2-50}$$

일정한 액체 부피와 증기 가열 코일이 있는 2.4.1절의 교반 탱크 가열 시스템을 생각해보자. 액체 응축액의 열 용량은 탱크 내 액체와 가열 코일의 벽과 비교하여 무시할 만하다고 가정한다. 이러한 가정은 코일에서 생성되는 응축수를 증기 트랩(steam trap)을 이용하여 제거하는 경우에 합리적이다. 이러한 가정의 결과로, 공정의 동적 모델은 탱크 내 액체와 가열 코일 벽에 대한 에너지 수지로 구성된다:

$$mC\frac{dT}{dt} = wC(T_i - T) + h_pA_p(T_w - T) \tag{2-51}$$

$$m_wC_w\frac{dT_w}{dt} = h_sA_s(T_s - T_w) - h_pA_p(T_w - T) \tag{2-52}$$

여기서 첨자 w, s 및 p는 각각 가열 코일의 벽, 증기 그리고 공정을 지칭한다. 이 에너지 수지들은 전기 가열 예제의 식 2-47 및 2-48과 매우 유사하다.

동적 모델은 3가지 출력 변수(T_s, T 및 T_w)와 3개의 방정식, 즉 P_s와 관련된 T_s의 대수 방정식 및 2개의 미분 방정식을 포함한다. 따라서 식 2-50에서 식 2-52까지는 3개의 입력 변수(P_s, T_i 및 w)로 정확하게 규정되어 있는 모델로 구성된다. 이 공정은 다음과 같은 몇 가지 주요한 특징을 지닌다.

1. 일반적으로 $h_sA_s \gg h_pA_p$이다. 왜냐하면, 코일의 증기측 열전달 저항이 공정측 열전달 저항보다 훨씬 낮기 때문이다.
2. 전기 가열 방식에서 증기 가열 방식으로의 변화는 모델의 복잡성을 증가시키지만(2개 대신 3개의 방정식 사용), 모델의 차수를 증가(1차 미분 방정식의 수)시키지는 않는다.

3. 모델이 복잡할수록, 입력 및 출력 변수들은 특정 매개변수를 통해 결합될 수 있다. 예를 들어, h_p는 w의 함수이거나 또는 h_s는 증기 응축 속도에 따라 변할 수 있다. 가끔씩 주요 변수에 대한 대수 방정식을 명시적으로 풀 수 없을 수도 있다. 이러한 상황에서는 수치해석을 사용해야 한다. 일반적으로 암시적 대수 방정식은 수치적분의 각 시간 단계에서 반복적으로 계산해야 풀 수 있다.

이제 하나의 탱크를 사용하는 액체 저장 시스템에 대한 간단한 모델에 대해 생각해 보자. 2개 또는 3개 이상의 탱크가 직렬(다단, cascade)로 연결된 경우, 5장에서 다루고 있는 것처럼 이 장에서 개발된 단일 탱크의 모델을 쉽게 확장하여 적용할 수 있다.

2.4.5 액체 저장 시스템

전형적인 액체 저장 공정이 그림 2.5에 나타나 있으며, 여기서 q_i와 q는 부피 유량을 나타낸다. 질량 수지는 다음과 같이 된다.

$$\frac{d(\rho V)}{dt} = \rho q_i - \rho q \tag{2-53}$$

액체의 밀도 ρ는 일정하고 탱크는 단면적 A를 가지는 원통형이라고 가정하자. 그러면 탱크 내 액체의 부피는 h가 액위(또는 높이압, head)일 때 $V = Ah$로 표현될 수 있다. 따라서, 식 2-53은 다음과 같이 쓸 수 있다.

$$A\frac{dh}{dt} = q_i - q \tag{2-54}$$

식 2-54가 *부피 수지*임을 주의해야 한다. 하지만 일반적으로 유체에서 부피는 보존되지 않는다. 이 예제에서 이러한 결과가 나온 것은 밀도가 일정하다고 가정했기 때문이다. 부피와 같은 변수를 시스템의 "상태"라고 하며 이는 기본적으로 보존되는 성질(이 경우에는 질량)과 상관되는 종속 변수이다. 비슷하게, 에너지 수지는 종종 에너지와 상관되는 상태 변수인 온도에 관한 미분 방정식을 산출한다.

액체 저장 공정에는 다음과 같은 3가지 중요한 변형이 가능하다.

1. 입구 및 출구 유량이 일정할 수 있다. 예를 들어, 출구 유량 q가 일정 속도의 고정 용량(정량) 펌프에 의해 일정하게 유지될 수 있다. 이러한 구성의 중요한 특징은 넓은 범위의 운전 조건에서 출구 유량이 액위와 완전히 독립적이

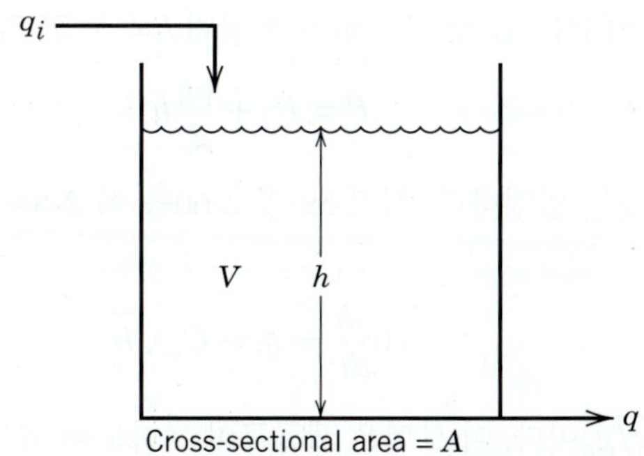

그림 2.5 액체 저장 공정.

라는 것이다. 따라서, $\bar{q}$가 정상 상태 값일 때, $q = \bar{q}$이다. 이러한 상황에서는 탱크는 본질적으로 유량 적분기로서 작동한다. 5.3절에서 이 경우에 대해 좀 더 자세히 다루도록 한다.

2. 탱크의 출구 라인이 단순히 탱크로부터 나오는 흐름에 대한 저항(전체 라인을 따라 분배됨)으로 작동하거나 또는 단일 지점에서 흐름에 대한 상당한 저항을 제공하는 밸브를 포함할 수 있다. 가장 간단한 경우는, 전기 회로에서 옴의 법칙과 유사하게($E = IR$) 흐름이 구동력, 즉 액위와 선형적인 관계에 있다고 가정할 수 있다.

$$h = qR_v \tag{2-55}$$

여기서 R_v는 라인 또는 밸브의 저항이다. 식 2-55를 재배열하면 다음과 같이 흐름–높이압 방정식이 나온다.

$$q = \frac{1}{R_v} h \tag{2-56}$$

식 2-56을 식 2-54에 대입하면 다음과 같은 1차 미분 방정식을 얻을 수 있다.

$$A\frac{dh}{dt} = q_i - \frac{1}{R_v} h \tag{2-57}$$

이 액체 저장 시스템의 모델은 식 2-36의 교반 탱크 가열 시스템의 동적 거동과 유사한 동적 거동을 나타낸다.

3. 유량 q에 대한 좀 더 현실적인 표현은 출구 라인에 고정된 밸브가 있고 난류를 가정했을 때 얻을 수 있다. 밸브를 통과하는 흐름의 구동력은 압력 강하 ΔP이다.

$$\Delta P = P - P_a \tag{2-58}$$

여기서 P는 탱크 하부의 압력이며 P_a는 출구 라인 끝에서의 압력이다. 여기서 P_a는 대기압이라고 가정한다. 만약 밸브가 오리피스(orifice)라면, 기계적 에너지 수지 또는 *베르누이 방정식*(Bird et al., 2002)을 사용하여 다음 관계를 도출할 수 있다.

$$q = C_v^* \sqrt{\frac{P - P_a}{\rho}} \tag{2-59}$$

여기서 C_v^*는 일정하다. C_v^*의 값은 특정 밸브나 밸브의 개폐 정도에 따라 다르다. 제어밸브에 대한 자세한 정보는 9장에서 다루고 있다.

탱크 하부의 압력 P는 힘 평형식에 의해 액위 h와 관련 있다.

$$P = P_a + \frac{\rho g}{g_c} h \tag{2-60}$$

여기서 중력가속도 g는 일정하다. 식 2-59 및 2-60을 식 2-54에 대입하면 다음 동적 모델을 얻을 수 있다.

$$A\frac{dh}{dt} = q_i - C_v\sqrt{h} \tag{2-61}$$

여기서 $C_v \triangleq C_v^* \sqrt{g/g_c}$이다. 이 모델은 제곱근이 포함되어 있는 항 때문에 비선형이 된다.

위에서 언급한 액체 저장 공정은 탱크의 액위를 제어하여 운전하거나 또는 제어하지 않고 액위가 변동되게 운전할 수 있다. 후자의 경우(서지 탱크(surge tank)로써 운전되는 경우)는 입구 및 출구 유량의 특정 변화에 대해 탱크가 넘칠 것인지 또는 탱크 내의 액체가 바닥이 날 것인지에 대해 예측하는 것이 중요할 수 있다. 따라서, 공정의 동특성은 자동 제어를 사용하지 않더라도 중요할 수 있다.

2.4.6 연속 교반 탱크 반응기(CSTR)

연속교반 탱크 반응기는 산업계에서 널리 응용되고 있으며 다른 유형의 반응기의 많은 특징들을 포함하고 있다. CSTR 모델은 관형 반응기 또는 충전층 반응기와 같은 다른 유형의 연속 반응기에 비해 단순한 경향이 있다. 결과적으로 CSTR 모델은 화학 반응기의 모델링 원리를 설명하는 데 편리한 수단을 제공한다.

화학종 A가 반응하여 B가 생성되는 간단한 액상의 비가역 화학반응을 고려해보자. 이 반응은 A → B로 적을 수 있다. 반응 속도는 성분 A에 대해서 1차이며 다음과 같이 나타낼 수 있다.

$$r = kc_A \tag{2-62}$$

여기서 r은 A의 단위 부피 당 반응 속도, k는 반응 속도 상수 그리고 c_A는 화학종 A의 몰 농도이다. 단일 상의 반응에 대해서 속도 상수는 전형적으로 반응 온도에 강하게 의존하는데, 이는 아레니우스 관계(Arrhenius relation) 나타낼 수 있다.

$$k = k_0 e^{-E/RT} \tag{2-63}$$

여기서 k_0는 빈도인자, E는 활성화에너지 그리고 R은 기체 상수이다. 식 2-62와 2-63은 이론에 기반하고 있지만, 모델 매개변수인 k_0와 E는 보통 실험 데이터를 피팅하여 결정한다. 따라서, 위의 두 식은 2.2절의 정의에 따라 *반경험적* 모델로 간주할 수 있다.

CSTR의 개략도가 그림 2.6에 나타나 있다. 입구 흐름은 몰 농도 c_{Ai}를 가지는 순수한 물질 A로 구성되어 있다. 냉각 코일은 발열반응에 의해 발생하는 열을 제거하여 반응 혼합물을 원하는 운전온도로 유지하기 위해 사용된다. 초기 CSTR 모델을 개발하기 위해 다음과 같은 3가지 가정을 한다.

1. CSTR은 완전히 혼합된다.
2. 원료와 제품의 질량 밀도는 같으며 일정하다. 여기서는 ρ로 표시한다.
3. 반응기의 액체 부피 V는 오버플로 흐름에 의해 일정하게 유지된다.

이러한 가정을 기반으로 CSTR의 비정상 상태 질량 수지는 다음과 같이 된다.

$$\frac{d(\rho V)}{dt} = \rho q_i - \rho q \tag{2-64}$$

V와 ρ가 일정하므로 식 2-64는 다음과 같이 단순화할 수 있다.

$$q = q_i \tag{2-65}$$

따라서 입구 및 출구 흐름의 유량이 공정 상부나 하부의 조건에 의해 변하더라도 식 2-65는 항상 만족해야 한다. 그림 2.6에서 입구 및 출구 흐름의 유량은 모두 q로 표기되어 있다.

동일한 가정을 바탕으로 성분 A에 대한 성분 수지식(몰 농도 단위)은 다음과 같이 된다.

$$V\frac{dc_A}{dt} = q(c_{Ai} - c_A) - Vkc_A \tag{2-66}$$

이 수지식은 일반 성분 수지식인 식 2-7의 특수한 경우가 된다.

다음으로 CSTR의 비정상 상태 에너지 수지에 대해 고려해보자. 이를 위해 추가로 5가지 가정이 필요하다.

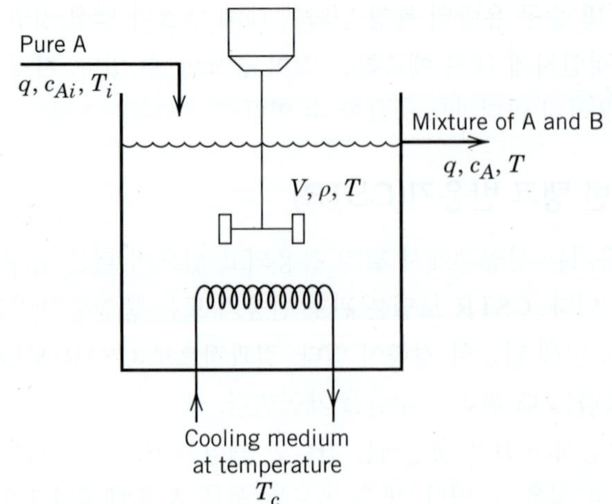

그림 2.6 비등온 연속 교반 탱크 반응기.

4. 냉매 및 냉각 코일 벽의 열용량은 탱크 내 액체의 열용량에 비해 무시할 만하다.
5. 모든 냉매는 일정한 온도 T_c에서 작동한다.(즉, 냉매가 냉각코일을 통과함에 따라 발생할 수 있는 온도 상승은 무시한다.)
6. 반응기 내용물로부터 냉매로의 열 전달 속도는 다음에 의해 주어진다.

$$Q = UA(T_c - T) \tag{2-67}$$

여기서 U는 총괄 열전달 계수이며 A는 열전달 면적이 된다. U와 A는 일정하다고 가정한다.

7. 원료와 탱크 안의 액체가 혼합됨에 따라 발생하는 엔탈피의 변화는 화학반응에 의해 발생하는 엔탈피 변화에 비해 무시할 만하다고 가정한다. 다시 말해서, 혼합열(heat of mixing)은 반응열(heat of reaction)에 비해 무시할 만하다.
8. 기계적 일과 대기로의 열 손실은 무시한다.

식 2-62 및 2-63과 1에서부터 8번까지의 가정으로부터 다음과 같이 해석에 사용하기 편리한 CSTR 에너지 수지식을 유도할 수 있다(Fogler, 2006; Russel and Denn, 1972).

$$V\rho C\frac{dT}{dt} = wC(T_i - T) + (-\Delta H_R)Vkc_A + UA(T_c - T) \tag{2-68}$$

여기서 ΔH_R은 반응한 A의 몰당 반응열이다.

요약하면, CSTR의 동적 모델은 식 2-62에서 2-64, 2-66, 2-67 및 2-68로 구성된다. 이 모델은 다수의 곱셈항과 식 2-63에서 k의 지수 온도 의존성에 의해 비선형적이다. 따라서 이 모델은 수치적분기법(Fogler, 2006)으로 풀어야 한다. CSTR의 모델은 다음과 같은 상황에서는 더욱 복잡해질 수 있다.

1. 더욱 복잡한 반응 속도식이 사용될 경우. 예를 들어, 이차의 비가역 반응 2A → B에 대한 질량작용 반응속도 모델은 다음과 같이 주어진다.

$$r = k_2 c_A^2 \tag{2-69}$$

2. 추가적인 화학종이나 화학반응이 관련된 경우. 만약, 반응 메커니즘이 중간

체의 생성을 포함할 경우, 즉 $2A \rightarrow B^* \rightarrow B$이면, A와 B^*에 대한 비정상 상태 성분 수지식이 필요하거나(c_A와 c_B^*를 계산하기 위해) 또는 A와 B 둘 다에 대한 수지식이 필요할 수 있다(c_A와 c_B를 계산하기 위해). 또한, 반응 메커니즘에 대한 정보 역시 필요할 수 있다.

다수의 화학종이 연관되어 있는 반응은 여러 개의 성분 수지식이 포함되기 때문에 고차 및 고연계의 비선형 반응 모델로 나타난다.

예제 2.5

CSTR이 어떻게 비선형 동적 거동을 나타내는지 살펴보기 위해, 냉매의 온도 T_c를 증가하거나 감소시키는 계단 변화의 영향을 모사해보자. 표 2.3은 비가역 1차 발열 반응 $A \rightarrow B$에 대한 식 2-66 및 2-68을 바탕으로 CSTR의 매개변수 및 명목 운전 조건을 나타내고 있다. ODE의 두 가지 상태 변수는 A의 농도 c_A와 반응기 온도 T이다. 조작 입력 변수는 재킷의 물 온도 T_c이다.

T_c가 300에서 290 K로 변하는 경우(냉각효과 증대)와 T_c가 300에서 305 K로 변하는(냉각효과 감소) 2가지 경우에 대해 모사해보자. 이러한 모델 방정식은 MATLAB의 수치 적분기(ode15s)를 사용하여 10분 정도의 시간간격에 대해 풀었다. 그 결과 T_c가 감소할 때 c_A는 증가하였다. 반응기 온도와 반응 농도를 시간에 대한 함수로 그림 2.7 및 2.8에 나타내었다.

표 2.3 CSTR의 명목 운전 조건.

매개변수	값	매개변수	값
q	100 L/min	E/R	8750 K
c_{Ai}	1 mol/L	k_0	7.2×10^{10} min^{-1}
τ_i	350 K	UA	5×10^4 J/min K
V	100 L	$T_c(0)$	300 K
ρ	1000 g/L	$c_A(0)$	0.5 mol/L
C	0.239 J/g K	$T(0)$	350 K
$-\Delta H_R$	5×10^4 J/mol		

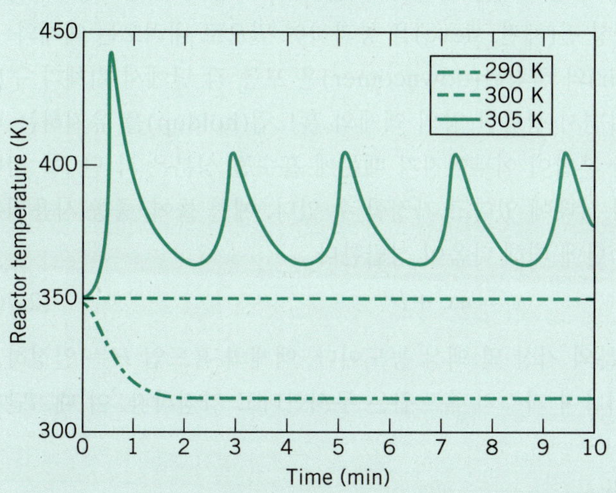

그림 2.7 냉각수 온도가 300에서 305 K 및 290 K로 계단 변화할 때 반응기의 온도 변화.

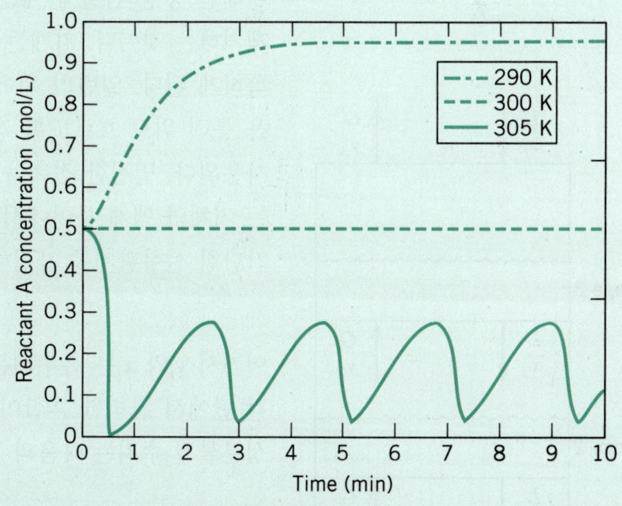

그림 2.8 냉각수 온도가 305에서 290 K로 계단 변화할 때 반응물 A의 농도 변화.

재킷 온도가 305 K일 때, 반응기 모델은 진동 응답을 보인다. 진동은 온도 스파이크를 가지는 명백한 반응 폭주를 특징으로 한다. 그러나 농도가 떨어지게 되면 반응기는 냉각이 되고 농도가 다시 높아지면 또 다른 온도 상승이 나타난다. 화학 반응기가 작동 조건의 변화 방향에 따라 이와 같이 광범위하게 다른 거동을 보이는 것은 드문 일이 아니다.

비록 모델링 작업은 훨씬 복잡해지지만, 위에서 설명한 것과 동일한 원칙을 확장하여 적용할 수 있다. 4장에서 간단한 CSTR 모델에 대해 다시 다루도록 한다.

2.4.7 다단 시스템(3단 흡수탑)

화학 공정 특히 분리 공정은 종종 여러 단들이 연속으로 구성된다. 각 단에서 물질은 개발 상들 간의 평형에 도달하기 위해 밀접한 접촉이 이루어진다. 단 공정에서 가장 중요한 예는 증류, 흡수 및 추출이 있다. 단들은 일반적으로 비혼화성 또는 부분 혼화성 물질이 병류(cocurrent) 또는 맞흐름(countercurrent)으로 흐르는 다단으로 배열된다. 그림 2.9에 나와있는 맞흐름 접촉은 일반적으로 고정된 단 수에서 가장 높은 수준의 분리가 가능하며 여기에서 다루도록 한다.

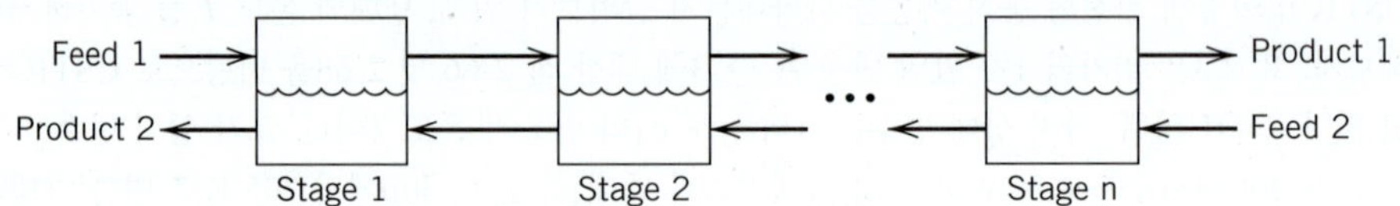

그림 2.9 맞흐름 다단 공정.

다단 시스템으로 공급되는 공급물은 흡수 장치처럼 장치의 양 끝으로 공급되거나 또는 일반적인 증류와 같이 단일 공급물이 장치의 중간 단으로 공급될 수 있다. 단들은 물질들의 이송방법, 즉 단 사이에 펌프가 사용되는지 등에 따라 수직 또는 수평의 형태로 물리적으로 연결될 수 있다. 아래에서 증류나 추출에 비해 다소 간단한 동특성을 가지는 기액 흡수 공정에 대해 고려해보자. 이 공정은 다소 복잡한 특성을 가지는 맞흐름 다단 공정이다.

그림 2.10에 표시된 3단 흡수 장치의 경우, 기체는 하단에서 유입되고(몰 유량 G) 그리고 하나의 성분이 상단에서 유입되는 액체(몰유량 L, 맞흐름)에 흡수되어야 한다. 이러한 공정의 실제 예는 액상의 흡수제를 사용하여 연소가스로부터 이산화황(SO_2)를 제거하는 것이다. 기체는 다공성 판(체판, sieve)을 통과하여 밑으로 내려오는 액체와 접촉하게 된다. 일련의 위어(weir)와 하강관(downcomer)은 보통 각 단에서 기체가 구멍을 통해 위로 흐르도록 강제하면서 상당한 양의 액체의 홀드업(holdup)을 유지하는 데 사용된다. 밀접한 접촉을 통한 혼합이 이루어지기 때문에 흡수될 성분은 각 단 i를 떠나는 기체와 액체 사이에서 평형 상태에 있다고 가정할 수 있다. 예를 들어, 종종 사용되는 간단한 선형관계를 가정하면, i단에 대해 다음이 성립한다.

$$y_i = ax_i + b \tag{2-70}$$

여기서 y_i와 x_i는 흡수되는 성분의 기상 및 액상 농도이다. 액체의 홀드업 H는 일정하고 각 단에서 완벽한 혼합이 일어나며 가스의 홀드업은 무시한다고 가정하자. 이 때, i단의 성분물질 수지는 다음과 같다.

$$H\frac{dx_i}{dt} = G(y_{i-1} - y_i) + L(x_{i+1} - x_i) \tag{2-71}$$

식 2-71에서 기체와 액체의 몰 유량 L 및 G는 흡수되는 성분의 농도 변화가 작아 흡수에 영향을 받지 않는다고 가정하며 따라서 L 및 G는 거의 일정하다. 식 2-70을 식 2-71에 대입하면 다음과 같이 된다.

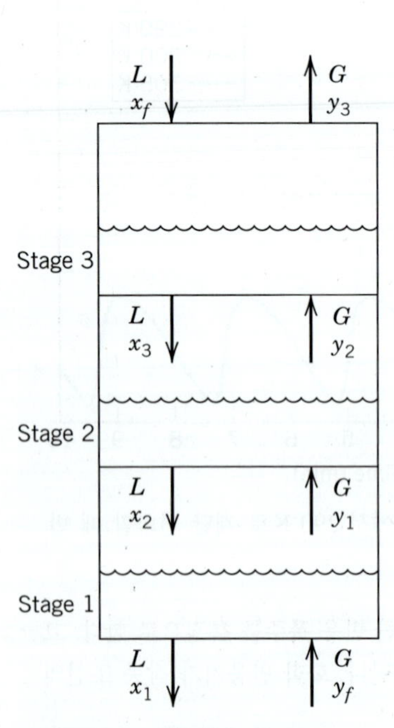

그림 2.10 3단 흡수 장치.

$$H\frac{dx_i}{dt} = aGx_{i-1} - (L + aG)x_i + Lx_{i+1} \tag{2-72}$$

각 변을 L로 나누고 $\tau = H/L$(각 단별 액체의 체류 시간), $\mathbb{S} = aG/L$(탈거인자) 및 $K = G/L$(기액 비율)을 치환하면 3단 흡수탑에 대해 다음과 같은 모델을 얻을 수 있다.

$$\tau\frac{dx_1}{dt} = K(y_f - b) - (1 + \mathbb{S})x_1 + x_2 \tag{2-73}$$

$$\tau\frac{dx_2}{dt} = \mathbb{S}x_1 - (1 + \mathbb{S})x_2 + x_3 \tag{2-74}$$

$$\tau\frac{dx_3}{dt} = \mathbb{S}x_2 - (1 + \mathbb{S})x_3 + x_f \tag{2-75}$$

위의 모델에서 각 방정식은 선형이지만 서로 연계되어 출력 변수—x_1, x_2, x_3—가 하나 이상의 방정식에서 나타난다. 이러한 특성은 식 2-49처럼 위의 3가지 방정식을 단일 출력 변수를 가지는 단일 고차원 방정식으로 변환하는 것을 어렵게 만들 수 있다.

2.4.8 유가식(Fed-Batch) 바이오리액터

미생물 및 효소 촉매와 관련된 생물학적 반응은 널리 퍼져 있으며 자연계에서 중요한 역할을 한다. 생물학적 반응이 없으면 우리가 알고 있듯이 식물 및 동물의 삶은 존재할 수 없다. 생물학적 반응은 또한 다양한 의약품, 건강관리제품 및 식품을 생산하기 위한 기초를 제공한다. 생물학적 반응과 관련된 다른 중요한 산업 공정에는 발효 및 폐수 처리가 포함된다. 화공엔지니어는 생화학 및 생체의학 공정에 크게 관여하고 있다. 이번 절에서는 대표적 공정인 반회분식으로 운전되는 바이오리액터의 동적 모델을 제시한다. 추가로 생화학 및 생체의학 분야에서의 응용은 다른 장에서 다루도록 한다.

일반적으로 생물학적 반응은 원료물질(또는 *기질*, substrate)을 제품 및 세포덩이(또는 *바이오매스*, biomass)로 전환시키는 것을 특징으로 한다. 반응은 일반적으로 효소에 의해 촉진된다(Bailey and Ollis, 1986; Fogler, 2006). 세포의 생산이 목적인 경우 소량의 세포(*접종원*)가 첨가되어 후속 세포의 성장이 시작된다. 광범위한 종류의 생물학적 반응은 다음과 같이 단순한 형태로 표현될 수 있다.

$$\text{세포} + \text{기질} \rightarrow \text{더 많은 세포} + \text{생성물} \tag{2-77}$$

생물학적 반응의 화학양론은 매우 복잡할 수 있으며 세포 주변의 환경을 포함하여 매우 많은 요인에 따라 달라질 수 있다. 단순화를 위해 기질이 하나의 제한된 영양소와 반응하고 단일 제품을 생산하는 생물학적 반응을 생각해보자. 반응의 화학양론에 의해 다음과 같은 *수율계수*(yield coefficient)를 얻을 수 있다:

$$Y_{X/S} = \frac{\textit{새로 형성된 세포의 질량}}{\textit{새로운 세포를 형성하기 위해 소모된 기질의 질량}} \tag{2-77}$$

$$Y_{P/S} = \frac{\textit{생성물의 질량}}{\textit{제품을 생산하기 위해 소모된 기질의 질량}} \tag{2-78}$$

$$Y_{P/X} = \frac{\textit{생성물의 질량}}{\textit{새로 형성된 세포의 질량}} \tag{2-79}$$

많은 중요한 바이오리액터들이 유가식으로 지칭되는 반연속식(semicontinuous) 방식으로 작동하며, 이는 그림 2.11에 나와 있다. 기질을 포함하는 원료물질은 유가식 반응기에 계속해서 유입된다. 질량 유량은 F로 표시되고 기질의 질량 농도는 S_f로 표시된다.

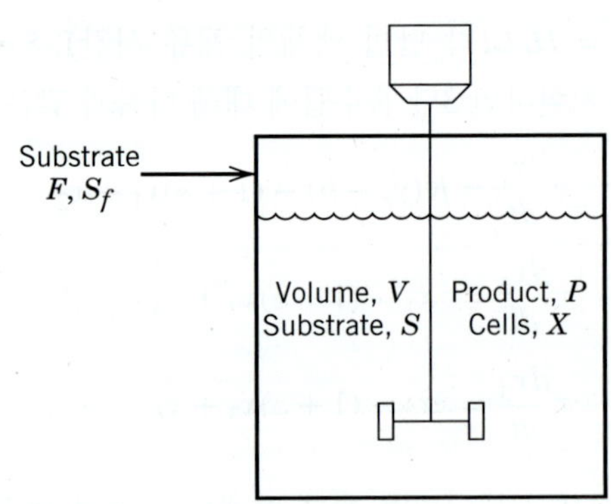

그림 2.11 생물학적 반응을 위한 유가식 반응기.

출구흐름이 없기 때문에 바이오리액터 내용물의 부피 V는 한 회분의 반응이 진행되는 동안 증가한다. 유가식 작동의 장점은 기질의 농도가 한 회분의 반응이 진행되는 동안 지속적으로 변하는 회분식 반응기와는 달리 기질의 농도가 원하는 수준으로 유지될 수 있다는 것이다(Shuler and Kargi, 2002).

유가식 작동은 항생제와 단백질 의약품을 포함한 많은 중요한 산업 제품을 생산하는데 사용된다(23장). 회분식 및 유가식 반응기에서 세포 성장은 접종원이 도입된 후 서로 다른 단계에서 발생한다. 여기서는 세포 성장이 자가 촉매적이며 세포 성장 속도가 세포의 농도에 비례하는 것으로 가정되는 지수 성장 단계만을 고려한다. 단일 제한 기질을 가지는 세포의 성장 속도를 표준 반응 속도로 표현하면 다음과 같다(Bailey and Ollis, 1986; Fogler, 2006).

$$r_g = \mu X \tag{2-80}$$

여기서 r_g는 단위 부피당 세포 성장 속도, X는 세포 질량 그리고 μ는 *모노드 식*(Monod equation)으로 설명되는 *비성장속도*(specific growth rate)이다.

$$\mu = \mu_{\max} \frac{S}{K_S + S} \tag{2-81}$$

μ는 시간의 역수 단위(예: h^{-1})을 가진다. $S \gg K_S$일 때 μ가 최댓값 μ_{max}가 되므로 모델의 매개변수 μ_{max}를 *최대성장속도*이라고 한다. 두 번째 모델 매개변수인 K_S는 *모노드 상수*라고 한다. 모노드 식은 효소 반응에 대한 표준 속도 표현인 미켈리스–멘텐(Michaelis–Menten) 식과 같은 형태를 가진다(Bailey and Ollis, 1986; Fogler, 2006). 생성물 억제 등을 포함하는 경우 좀 더 복잡한 형태의 비성장속도가 나타날 수 있다.

그림 2.11의 유가식 바이오리액터의 동적 모델은 다음과 같은 가정을 바탕으로 도출된다:

1. 세포가 기하 급수적으로 성장한다.
2. 유가식 반응기는 완전 혼합된 상태이다.
3. 열에 의한 영향이 적어 반응기가 등온 운전된다고 가정한다.
4. 액체의 밀도는 일정하다.
5. 바이오리액터의 *배지*는 액체와 고체 물질(즉, 세포 덩이)로 구성된다. 이러한 이종의 혼합물은 균질 액체로 근사될 수 있다.
6. 세포 성장 속도 r_g는 식 2-80 및 2-81에 의해 주어진다.

7. 단위 부피당 생성물 형성 속도 r_p는 다음과 같이 표현될 수 있다

$$r_P = Y_{P/X} r g \tag{2-82}$$

8. 공급물은 멸균되어 세포를 포함하지 않는다.

유가식 반응기의 동적 모델은 기질, 세포 덩이 및 생성물에 대한 개별 수지와 총괄 질량 수지로 구성된다. 각 수지에 대한 일반적인 형태는 다음과 같다.

$$\{\text{축적 속도}\} = \{\text{유입 속도}\} + \{\text{생성 속도}\} \tag{2-83}$$

각 성분에 대한 수지는 다음과 같다.

세포: $$\frac{d(XV)}{dt} = Vr_g \tag{2-84}$$

생성물: $$\frac{d(PV)}{dt} = Vr_p \tag{2-85}$$

기질: $$\frac{d(SV)}{dt} = FS_f - \frac{1}{Y_{X/S}}Vr_g - \frac{1}{Y_{P/S}}Vr_p \tag{2-86}$$

여기서 P는 생성물의 질량 농도이고 V는 반응기의 부피이다. 반응 속도 r_g, r_p 그리고 수율계수는 식 2-77부터 2-82에서 정의되었다. 총괄 질량 수지(일정한 밀도 가정)는 다음과 같다.

질량: $$\frac{dV}{dt} = F \tag{2-87}$$

서로 다른 두가지 공급물의 속도(0.02 및 0.05 L/h)에 대한 동적 모델을 모사하였다. 그림 2.12는 반응기 내 액체의 부피와 함께 세포, 생성물 그리고 기질의 농도에 대한 관계를 보여주고 있다. 모델의 매개변수와 모사 조건은 표 2.4에 정리되어 있다. 상이한 공급물의 속도에 대해 바이오리액터는 상이한 반응을 나타내었다. 따라서, F를 변화시킴으로써 생성물을 최대화할 수 있다.

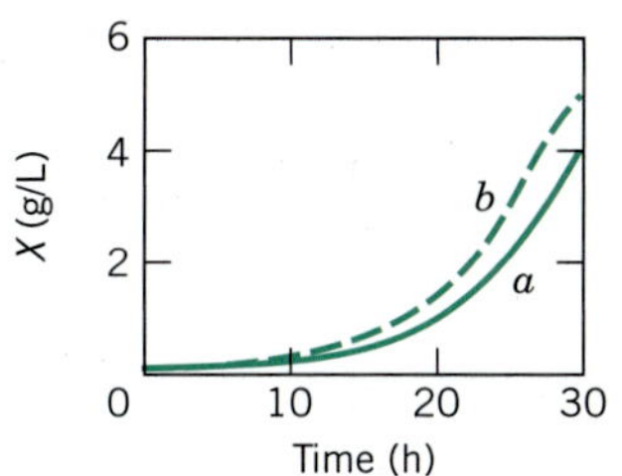

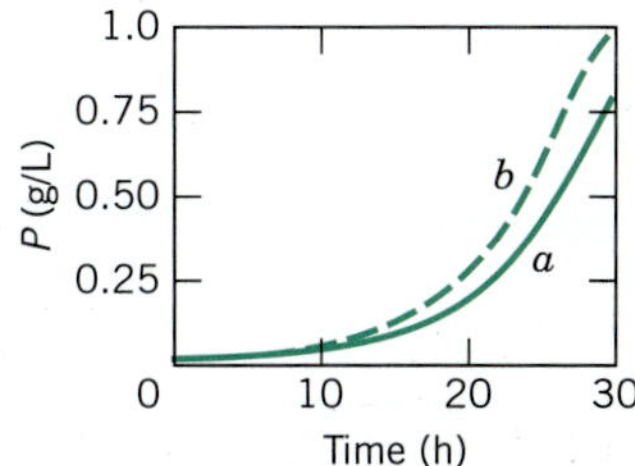

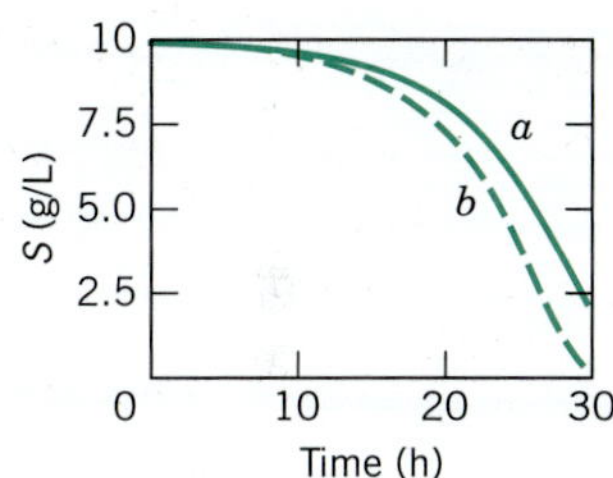

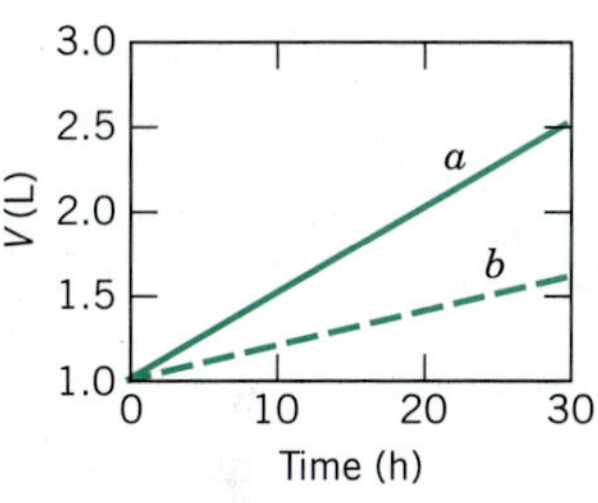

그림 2.12 유기식 반응의 프로파일[a(실선): F = 0.05 L/h; b(점선): F = 0.02 L/h].

표 2.4 바이오리액터의 모델 매개변수 및 모사 조건.

모델 매개변수		모사조건	
μ_{max}	0.20 h^{-1}	S_f	10.0 g/L
K_S	1.0 g/L	$X(0)$	0.05 g/L
$Y_{X/S}$	0.5 g/g	$S(0)$	10.0 g/L
$Y_{P/X}$	0.2 g/g	$P(0)$	0.0 g/L
		$V(0)$	1.0 L

2.5 공정 동특성 및 수학적 모델

동적 모델이 일단 개발되면, 입력 변수의 변화나 모델 매개변수의 변화를 포함하는 다양한 조건에 대해 해석할 수 있다. 시간에 대한 함수로써 출력 변수의 과도 응답은 초기 조건, 입력 변수 및 시스템이 적분되는 시간 간격을 정의하고 난 후 수치 적분에 의해 계산된다. 간단한 기술[예: 오일러(Euler) 및 룬게–쿠타(Runge-Kutta) 방법]에서부터 보다 복

잡한 기술[예: 암시적 오일러 및 기어(Gear) 방법]에 이르기까지 많은 수의 수치 적분 기술이 사용 가능하다. 이러한 모든 기술은 계산에 소모되는 자원(계산 시간)과 정확도 사이에서 어느 정도 타협을 하고 있다. 비록 동적 모델은 원칙적으로 항상 풀어낼 수 있지만 어떤 상황에서는 유용한 수치해를 생성하기 어려울 수 있다. 광범위한 시간 척도를 포함하는 동적 모델(stiff equation)은 합리적인 계산 시간 내에 정확하게 풀기가 매우 어렵다. 상미분 및 편미분을 적분하기 위한 소프트웨어는 쉽게 사용할 수 있다. *MATLAB*, *Mathematica*, *POLYMAT*, *LabView*, *ACSL*, *IMSL*, *Mathcad* 및 *GNU Octave*와 같이 인기있는 소프트웨어 패키지에 대한 웹사이트를 이번 장 끝에서 제공하고 있다.

많은 수의 대수 및 미분 방정식을 포함하는 동적 모델을 푸는 데 도움을 줄 수 있는 표준 프로그램들이 개발되었다. *GUI*(*graphical-user interface*)를 통해 사용자는 총 적분 시간, 허용 오차 및 도시할 변수들을 입력할 수 있다. 이후 시뮬레이션 프로그램은 다음과 같은 작업을 수행한다.

1. 방정식 집합이 정확하게 규정되었는지 확인.
2. 반복적인 풀이를 위해 적합한 순서로 방정식 정렬.
3. 방정식 적분.
4. 수치해 및 도시화된 결과물 제공.

방정식 지향(equation-oriented) 모사기로는 *ACSL*, *gPROMS* 및 *Aspen Custom Modeler*(Luyben, 2002)가 있다.

방정식 지향 방식의 소프트웨어가 가지는 한가지 단점은 복잡한 공정에 대한 모든 방정식을 개발하는 데 많은 시간과 노력이 들어간다는 것이다. 대안으로는 미리 작성된 서브루틴(subroutine)을 통해 증류탑 및 화학 반응기처럼 각각의 공정 장치에 대한 모델을 제공하는 모듈식 모사기를 사용하는 것이다. 따라서 이러한 유형의 모사기는 직접적인 공정도(flowsheet)를 제공한다. 모듈식 접근은 사용자가 GUI를 통해 적절한 모듈을 선택하고 모델 매개변수 및 초기 조건을 제공하기만 하면되기 때문에 공장 규모의 모사에서 큰 이점을 가진다. 이러한 작업은 모든 방정식을 작성하는 것보다 효율적이며 프로그램하고 디버그하기 수월하다. 또한, 이러한 소프트웨어를 통해 다양한 측면의 해를 구할 수 있다. 각각의 모듈은 대개 일반적인 형태로 작성되어 있기 때문에, 사용자는 복잡한 공정에 대한 대안 공정(예: 증류탑 및 열교환기의 구성 변화 또는 화학 반응기의 종류 변화)을 모사해 볼 수 있다. 마찬가지로 다양한 공정 제어 전략도 신속하게 평가할 수 있다. 일부 소프트웨어는 새로운 응용을 위해 사용자 지정 모듈을 추가할 수 있다.

많은 모델링 작업에서, 다양한 모듈 또는 기능(예: 열역학 특성, 시뮬레이션, 최적화 및 제어시스템 설계를 위한 소프트웨어)을 가지는 소프트웨어를 사용하여 시뮬레이션을 개발하는 것이 바람직할 수 있다. 과거에는 서로 다른 소프트웨어 및 장비 업체, 대학 및 사용자 회사에서 개발한 소프트웨어를 유기적으로 연결하는 것이 어려웠다. 다행히도 Global CAPE-OPEN과 같은 전 세계적 노력을 통해 손쉽게 소프트웨어 간 연결을 도모할 수 있는 표준 소프트웨어 프로토콜(*개방형 표준*)이 개발되었다. 시뮬레이션 소프트웨어를 위한 웹사이트는 이 장의 끝에 나열되어 있다.

모듈식 동적 모사기는 1970년대 초부터 사용되었다. Aspen Technology(Aspen Plus and HYSYS), Honeywell(Unisim), Chemstations(ChemCAD) 및 Invensys (PRO/II)에서 개발한 여러 종류의 상용 프로그램이 있다. Modelica는 여러 분야에서

모델링 기능을 제공하는 프로그램으로 협업 노력의 한 가지 예이다. 이 프로그램은 또한 방정식 지향 기능도 제공한다. *모듈식* 동적 모사기는 기존 공장 및 신규공장에 대해 공정의 동특성, 실시간 최적화 및 대안 제어 전략에 대해 평가할 수 있고 때로는 작업자 훈련의 기능도 제공하기 때문에 공정 엔지니어링 및 제어 연구에서 높은 신뢰를 얻고 있다.

현재 개방형 시스템은 *OLE* (*Object Linking and Embedding*)를 사용하므로 동적 모사기를 제어시스템 설계 및 최적화와 같은 다른 응용 소프트웨어와 결합할 수 있다. 가장 최근에 널리 사용되는 표준은 *OPC* (*OLE for Process Control*)로, 산업 자동화 소프트웨어 및 기업 시스템의 응용 프로그램 인터페이스 전세계 표준이다. OPC Foundation은 데이터 소스, 하드웨어, 데이터베이스, 계산엔진(예: 공정 모사기), 스프레드시트 및 공정 기록자 간의 공정 제어 데이터 교환을 위한 표준 사양을 제공한다(www.opcconnect.com).

동적 모사기는 제어 루프, 제어 순서 그리고 운영자 인터페이스(예: 디스플레이 및 데이터 기록)의 일부 기능을 통합할 수 있지만 좀 더 실용적인 접근 방식은 *DCS*(*Distributed Control System*)에 모사기 및 조정가능한 실시간 인자를 포함하게 하는 것이다. 공정 모사기는 최종 제어 요소(예: 제어밸브 및 가변 구동 모터)의 조정, 모터(예: 교반기, 팬 및 펌프)의 on/off 제어 및 자동화 밸브(예: 차단 및 인터락(interlock)밸브)의 개폐 제어 등을 수행하기 위해 DSC 결과를 읽는다. DCS 구성 점검 및 운전자 교육을 위한 이러한 시뮬레이션은 새로운 장치 및 자동화 시스템을 시운전하고 원하는 공정 성능을 달성하는 데 소모되는 시간을 크게 단축시켜 준다.

대안으로는 공정 모델과 DCS를 오프라인 개인용 컴퓨터에 설치하여 좀 더 휴대, 접근 및 유지보수가 용이한 방식으로 공장의 동적 거동을 모사할 수 있다. 이러한 가상 공장은 공정에 대한 이해, 공정의 가동 및 전이상태의 테스트 및 조사, 비정상적인 작동 방지, 공정 자동화 개선 및 고급 제어시스템의 원형(prototype)을 강화하는 데 사용될 수 있다.

요약

이번 장에서 제일 원리 특히, 보존 법칙으로부터 동적 모델을 도출하는 것에 대해 다뤘다. 모델을 개발하는 것은 과학일 뿐만 아니라 예술이다. 모델링의 목표 및 모델의 최종 용도와 일치하는 가정과 단순화가 필요하다. 동적 모델을 개발하기 위한 체계적인 접근법은 표 2.1에 요약되어 있다. 이 접근법은 대표적인 공정들에 대해 모델 도출을 하는 것으로 자세히 설명되었다. 비록 이러한 예시들은 다소 간단하지만, 복잡한 공정에도 동일하게 적용할 수 있는 기본적인 개념들에 대해 보여준다. 마지막으로 상용 시뮬레이션 소프트웨어와 개방형 표준을 통해 동적 모델 개발 및 풀이를 어떻게 더 쉽게 구현할 수 있는지에 대해 논의했다.

3장에서 6장까지는 선형 동적 모델의 해를 Laplace변환 및 전달함수를 사용하여 해석해를 구하는 방법에 대해 다룰 것이다. 이러한 유용한 기술을 통해 동적 응답의 특성을 보다 체계적으로 분석할 수 있으며, 복잡한 공정에서 볼 수 있는 공통적인 특성들에 대한 상당한 통찰력을 얻을 수 있다.

참고문헌

Aris, R., *Mathematical Modeling: A Chemical Engineer's Perspective*, Academic Press, New York, 1999.

ASME *International Steam Tables for Industrial Use*, ASME, New York, 2014.

Bailey, J. E., and D. F. Ollis, *Biochemical Engineering Fundamentals*, 2nd ed., McGraw-Hill, New York, 1986.

Bequette, B. W., Process Dynamics: Modeling, *Analysis, and Simulation*, Prentice Hall, Upper Saddle River, NJ, 1998.

Bird, R. B.,W. E. Stewart, and E. N. Lightfoot, *Transport Phenomena*, 2nd ed., John Wiley and Sons, Hoboken, NJ, 2002.

Braunschweig, B. L., C. C. Pantelides, H. I. Britt, and S. Sama, Process Modeling: The Promise of Open Software Architectures, *Chem. Eng. Progr.*, **96**(9), 65 (2000).

Cameron, I. T., and R. Gani, *Product and Process Modelling: A Case Study Approach*, Elsevier, Oxford, 2011.

Chapra, S. C., and R. P. Canale, *Numerical Methods for Engineers*, 7th ed., McGraw-Hill, New York, 2014.

Coughanowr, D. R., *Process Systems Analysis and Control*, 2nd ed. McGraw-Hill, New York, 1991.

Elnashaie, S. S. E. H., and P. Garhyan, *Conservation Equations and Modeling of Chemical and Biochemical Processes*, CRC Press, New York, 2003.

Felder, R. M., and R.W. Rousseau, *Elementary Principles of Chemical Processes*, 4th ed., John Wiley and Sons, Hoboken, NJ, 2015.

Fogler, H. S., *Elements of Chemical Reactor Engineering*, 4th ed., Prentice-Hall, Upper Saddle River, NJ, 2006.

Foss, B. A., A. B. Lohmann, and W. Marquardt, A Field Study of the Industrial Modeling Process, *J. Process Control*, 8, 325 (1998).

Kreyszig, E., *Advanced Engineering Mathematics*, 10th ed., JohnWiley and Sons, Hoboken, NJ, 2011.

Luyben,W. L., *Plantwide Dynamic Simulators in Chemical Processing and Control*, Marcel Dekker, New York, 2002.

Marquardt,W., Trends in Computer-Aided Modeling, *Comput. Chem. Eng.*, **20**, 591 (1996).

Russell, T. F.W., and M. M. Denn, *Introduction to Chemical Engineering Analysis*, John Wiley and Sons, Hoboken, NJ, 1972.

Sandler, S. I., *Chemical and Engineering Thermodynamics*, 4th ed., JohnWiley and Sons, Hoboken, NJ, 2006.

Seader, J. D., and E. J. Henley, *Separation Process Principles*, 2nd ed., JohnWiley and Sons, Hoboken, NJ, 2005.

Shuler, M. L., and F. Kargi, *Bioprocess Engineering*, 2nd ed., Prentice-Hall, Upper Saddle River, NJ, 2002.

Simulation Software:Web Sites

Advanced Continuous Simulation Language (ACSL), Mitchell and Gauthier Associates Inc., www.mga.com.

Aspen Custom Modeler, www.aspentech.com.

CHEMCAD, www.chemstations.com.

Daesim, www.daesim.com.

Global Cape Open, www.global-cape-open.org.

GNU-Octave, www.octave.org.

gPROMS, www.psenterprise.com.

HYSYS, www.aspentech.com.

IMSL, www.vni.com.

LabVIEW, www.ni.com/labview.

Mathcad, www.mathcad.com.

Mathematica, www.wolfram.com.

MATLAB, www.mathworks.com.

Modelica, www.modelica.org.

POLYMATH, www.cache.org/polymath.html.

PRO II, www.simsci.com.

Scilab, www.scilab.org.

Unisim, www.honeywell.com/ps.

연습문제

2.1 완벽하게 교반되어 있는 일정 부피의 탱크에 같은 액체로 구성된 두 개의 입구 흐름이 있다. 각 흐름의 온도 및 유량은 시간에 따라 변할 수 있다.

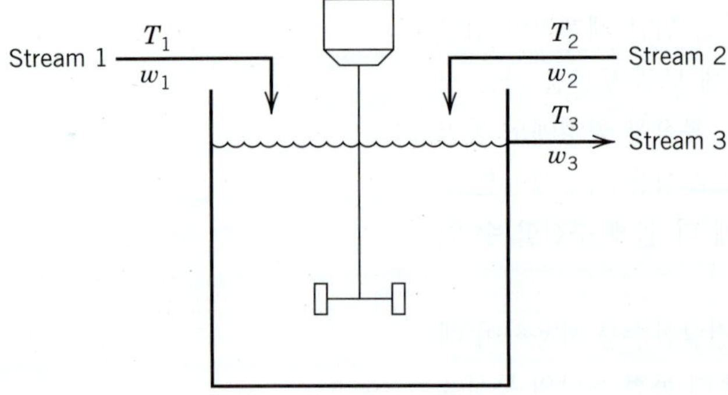

그림 E2.1

(a) 과도 운전을 모사할 수 있는 동적 모델을 유도하여라. 흐름 1 및 흐름 2가 상부 공정에서 나온다고 가정하여 자유도 분석을 하시오(즉, 각 흐름의 온도와 유량은 시간의 함수로 알려져 있음).

(b) 가능하다면 대수 방정식을 제거하여 하나 이상의 미분 방정식으로 모델을 단순화하시오. 또한 변수의 곱에 대한 도함수를 단순화하시오.

참고: w_i는 흐름 i의 질량 유량을 나타낸다.
액체의 성질은 일정하다(즉, 온도의 함수가 아님)

2.2 완전히 밀폐된 교반 탱크 가열 공정이 유량이 가변적인 유입 흐름을 가열하기 위해 사용된다. 가열 코일로부터의 가열 속도와 탱크의 부피는 모두 일정하다.

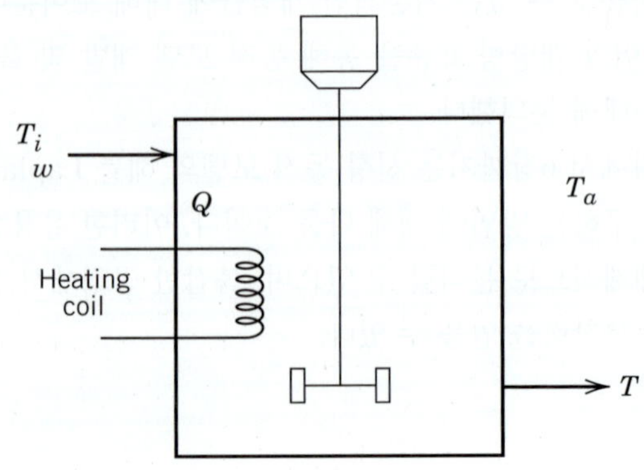

그림 E2.2

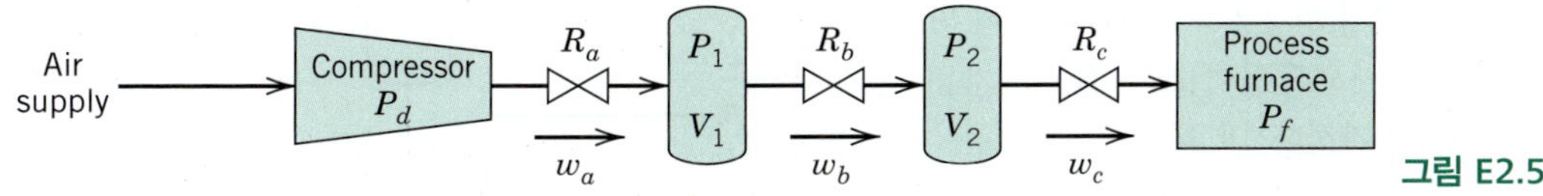

그림 E2.5

(a) 주변으로 열 손실이 발생하고 주변 온도(T_a)와 유입 흐름의 온도(T_i)가 둘 다 변할 수 있는 경우에 출구 온도를 나타내는 수학적 모델(미분 및 대수 방정식)을 개발하시오.

(b) 개발한 모델을 참고하여 T_i와 w가 증가(또는 감소)할 때 발생할 수 있는 일에 대해 정성적으로 설명하시오.

참고: ρ와 C_p는 일정하다.
총괄 열전달 계수 U는 일정하다.
A_s는 주변으로 열 손실이 일어날 때의 표면적이다.
$T_i > T_a$(입구 흐름의 온도가 주변 온도보다 높다).

2.3 그림 E2.3에서처럼 두 개의 탱크가 특이한 방식으로 서로 연결되어 있다.

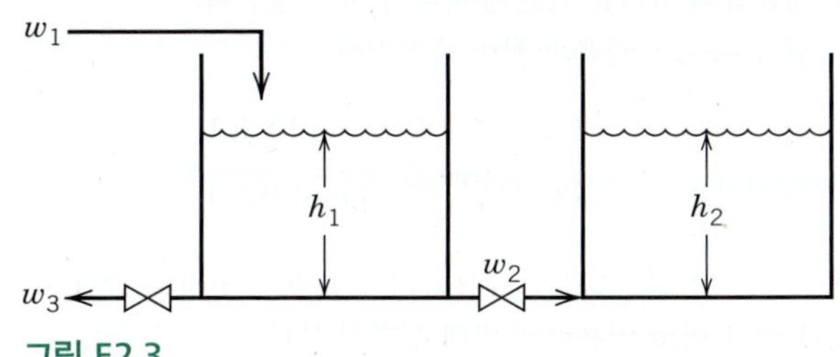

그림 E2.3

(a) 이 시스템에 대해 입력에 어떠한 변화가 주어지더라도 시간의 함수로 h_1, h_2, w_2 및 w_3를 찾는 데 사용할 수 있는 모델을 개발하시오.

(b) 자유도 분석을 수행하고 모든 입력 변수와 출력 변수를 나열하시오.

참고: 들어오는 액체의 밀도(ρ)는 일정하다.
두 탱크의 단면적은 각각 A_1과 A_2이다.
Tank1에서 Tank2로가는 흐름 w_2는 양의 값을 가진다.
두 밸브는 저항 R_2와 R_3에 대해 각각 선형이다.

2.4 그림 2.4와 같이 액체 위에 비응축성 가스가 있는 밀폐된 탱크로 구성된 액체 흐름 시스템에 대해 생각해보자. 액위 h와 입구 유량 q_i에 대한 비정상 상태의 모델을 유도하시오. 이 시스템의 운전은 주변 압력 P_a와 무관한가? 만약 시스템이 대기로 개방된 시스템이면 어떻겠는가?

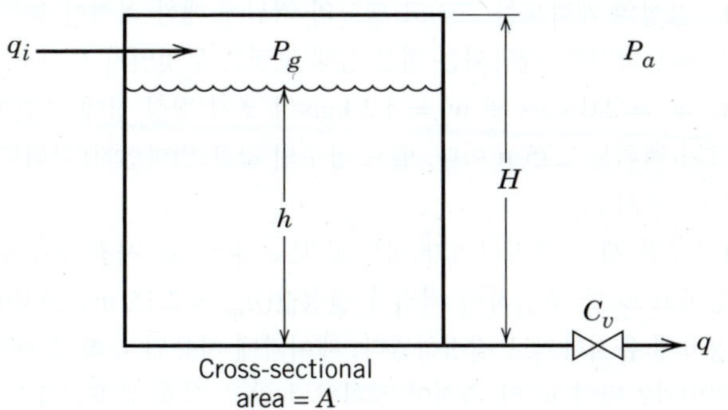

그림 E2.4

다음과 같은 가정을 사용할 수 있다.

(i) 기체는 이상기체법칙을 따른다. 탱크 내에 존재하는 가스의 양은 m_g/M 몰로 일정하다.

(ii) 탱크는 등온으로 운전된다.

(iii) 밸브를 통과하는 유체는 제곱근의 관계를 가진다.

2.5 두 개의 서지 탱크가 대형 공기 압축기의 불규칙한 작동에 의한 압력 변동을 완화하기 위해 사용되고 있다(그림 E2.5 참조).

(a) 압축기의 토출압력이 $P_d(t)$이고 가열로의 운전압력이 P_f(일정)일 때, a, b 및 c에서 두 서지 탱크의 압력과 공기의 질량 흐름에 대한 동적 모델을 개발하시오. 밸브의 저항이 일정하고 밸브의 흐름 특성이 선형(예: $w_b = (P_1 - P_2)/R_b$)이라고 가정하여라. 또한 서지 공정이 등온으로 작동하고 이상기체법칙이 적용 가능하다.

(b) 서지 탱크가 단열(adiabatic) 상태로 작동한다면 위의 모델을 어떻게 수정할 수 있겠는가? 만약 이상기체법칙을 적용하는 것이 적절하지 않다면 어떻게 되겠는가?

2.6 두 개의 칸으로 구성된 밀폐된 교반 탱크 반응기가 그림 E2.6에 나와 있다. 이 반응기의 기본적인 아이디어는 반응물을 첫 번째 칸으로 연속적으로 공급하고 이 반응물을 주로 두 번째 칸에서 발생할 것으로 예상되는 발열 반응의 방출된 열에 의해 예열하는 것이다. 두 개의 칸을 구분하는 벽은 상당히 얇기 때문에 열전달이 가능하다. 반응기는 외부와 잘 단열되어 있으며 반응으로부터 발생할 수 있는 과도한 열을 제거하기 위해 두 번째 칸에는 냉각 코일이 내장되어 있다. 두 탱크는 항상 가득 차 있다.

반응기의 열적 특성을 평가하기 위해 단일 성분으로 된 공급물을 가지고 초기에 시험을 실시해야 한다(즉, 반응 없음).

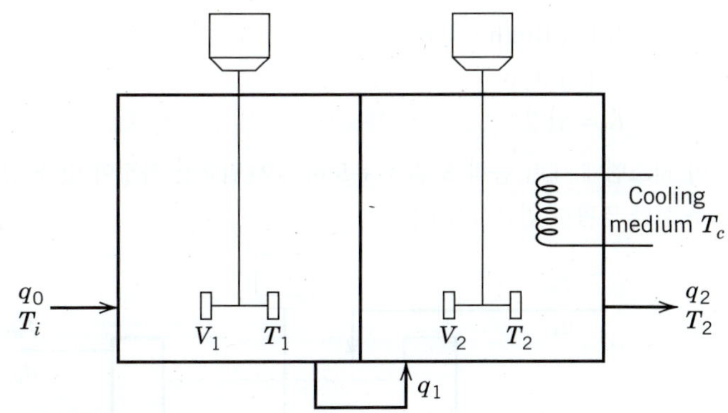

그림 E2.6

(a) 반응이 없는 조건 하에서 이 공정에 대한 동적 모델을 개발하시오. q_0, T_i 및 T_c는 모두 변할 수 있다고 가정하시오.

(b) 모델을 위한 자유도 분석을 수행하여 모든 매개 변수, 출력 변수와 시간 함수인 입력 변수를 확인하시오.

(c) 열전달계수를 추정하기 위해 반응기는 출구 온도보다 훨씬

높은 온도 T_i에서 시험될 것이다. 발열 반응을 고려하여 어떻게 위의 모델을 수정해야 하는지 설명하시오(반응이 A → B이고 가능한 한 구체적인 정보를 알고 있다고 가정하시오.).

참고: U_t, A_t: 두 칸 사이의 총괄열전달계수 및 단면적
U_c, A_c: 냉각 코일의 총괄열전달계수 및 단면적
V_1: 칸 1의 부피
V_2: 칸 2의 부피

2.7 2.4.2절에 설명된 가변 부피를 가지는 교반 탱크 가열 공정을 다시 생각해보자. 다음과 같은 환경에서 이 예제의 대한 자유도 분석을 다시 수행하시오(출력 변수, 입력 변수인 조작 변수 및 외란 변수를 명확하게 설명하시오).

(a) 탱크를 빠져나가는 유량은 오리피스를 통과하고 전체 속도는 정력학적 힘(hydrostatic force)에 의해 결정된다.

(b) 두 개의 피드백 제어기가 시스템에 추가되는데, 하나는 탱크 온도에 따라 가열 속도(Q)를 조절하고, 다른 하나는 탱크의 부피에 따라 출구 유량(w)를 조절한다(*힌트*: 이 문제를 해결하기 위해 제어기의 정확한 형태는 필요하지 않다).

2.8 재킷형 용기가 그림 E2.8과 같이 공정 흐름을 냉각시키는 데 사용된다. 다음과 같은 정보가 주어져 있다:

(i) 탱크 내 액체의 부피 V와 재킷 내의 냉매의 부피 V_J는 일정하다. 부피 유량 q_F도 일정하나 q_J는 시간에 따라 변한다.

(ii) 재킷형 용기로부터의 열 손실은 무시할 수 있다.

(iii) 탱크의 내용물과 재킷의 내용물은 모두 잘 혼합되어 있으며 상당한 열 용량을 가진다.

(iv) 탱크의 벽 및 재킷 벽의 열 용량은 무시할 수 있다.

(v) 탱크의 액체와 냉매 사이의 총괄열전달계수는 냉매의 유량에 따라 다음과 같이 변한다:

$$U = Kq_J^{0.8}$$

여기서

U [=] Btu/h ft^2 °F
q_J [=] ft^3/h
K = 일정

이 시스템에 대한 동적 모델을 유도하시오(필요한 가정이 있을 경우 이를 명확히 언급하시오).

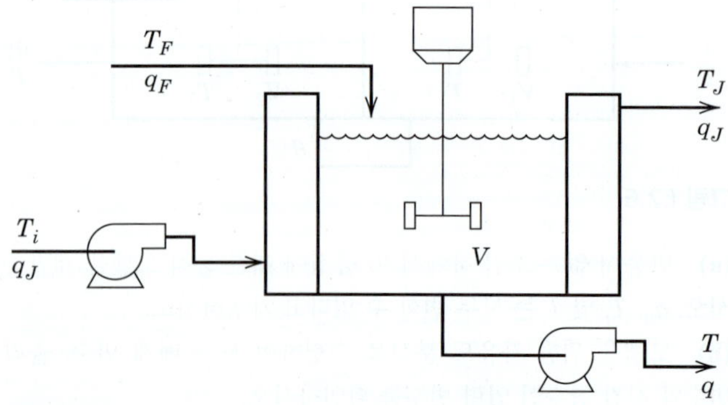

그림 E2.8

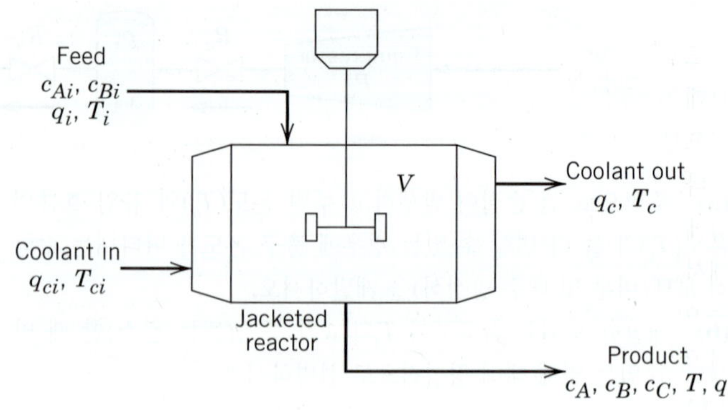

그림 E2.9

2.9 그림 E2.9에 보여진 것처럼 재킷형 교반 탱크 반응기에서 비가역적이고 연속적인 반응 $A \xrightarrow{k_1} B \xrightarrow{k_2} C$ 일어나고 있다. 다음과 같은 가정을 바탕으로 동적 모델을 유도하시오.

(i) 탱크와 냉각 재킷의 내용물이 잘 혼합되어 있다. 재킷 및 탱크의 내용물의 부피는 시간에 따라 변하지 않는다.

(ii) 반응 속도는 다음과 같이 주어진다.

$$r_1 = k_1 e^{-E_1/RT} cA \text{ [=] molA/h L}$$

$$r_2 = k_2 e^{-E_2/RT} cB \text{ [=] mol B/h L}$$

(iii) 탱크 내용물 및 재킷 내용물의 열용량은 무시할 만한 수준인 재킷과 탱크 벽의 열용량에 비해 상당히 크다.

(iv) 물리적 성질 및 열전달 계수는 일정하다고 가정한다.

참고: 모든 유량은 부피 유량으로 L/h의 단위를 가진다. 농도의 단위는 mol/L이며 반응열은 ΔH_1 및 ΔH_2로 나타낼 수 있다.

2.10 예제 2.1에서는 교반 탱크 혼합 시스템의 입구 흐름 변화에 대한 응답을 보여주었다. 예제 2.1의 (b)를 다시 풀어보자. 다음으로는 이 문제에서 V가 일정하다는 가정을 완화하여 $t = 0$에서 15분까지 w_1의 변화에 대한 $x(t)$와 $V(t)$의 변화를 그림으로 나타내시오. w_2와 w는 일정하다고 가정한다.

2.11 공정 탱크에 두 개의 입력 흐름이 있으며 흐름 1은 질량 유량 w_1, 흐름 2는 질량 유량 w_2를 가진다. 탱크의 유출 흐름은 w의 질량 유량을 가지고 고정된 밸브를 통해 대기로 방출된다. 밸브의 압력 강하는 유량의 제곱에 비례한다. 탱크의 단면적은 A로 나타내며 5 m^{2}이다. 그리고 모든 흐름의 질량 밀도는 940 kg/m^{3}이다.

(a) 공정의 개략도를 그리고 탱크의 액위에 대한 적절한 동적 모델을 유도하시오. 해당되는 정상 상태 모델은 무엇인지 쓰시오.

(b) w_1 = 2.0 kg/s 및 w_2 = 1.2 kg/s의 초기 정상 상태 조건에서 탱크의 액위는 2.25 m이다. 밸브 상수의 값은 얼마인가(단위도 같이 나열하시오.)?

(c) 공정 제어 엔지니어가 피드포워드 제어기를 사용하여 w_1을 측정하고 w_2를 조절하여 액위를 설정값(h_{sp} = 2.25 m) 근처에서 일정하게 유지하기로 결정하였다. 제어기에 사용될 수학적 관계는 무엇인가? 만약 w_1의 측정이 정확하지 않고 실제 유량의 1.1배인

값을 제공하는 경우 액위 제어의 결과가 어떻게 되겠는가?(*힌트*: 피드포워드 제어기가 켜진 상태에서 초기에는 공정이 원하는 정상 상태 액위에 있었다고 고려하자. 제어기의 출력이 약간의 오차가 있으므로, 즉, $w_2 \neq 1.2$, 공정은 새로운 정상 상태에 이르게 될 것이다. 이 정상 상태가 무엇인가?) 정상 상태 모델의 정확성의 필요성에 대해 어떤 결론을 내릴 수 있는가? 측정 장비의 정확성에 대해서는 어떤 결론을 내릴 수 있는가? 제어밸브의 정확성에 대해서는 어떤 결론을 내릴 수 있는가? 피드포워드 제어의 사용과 관련하여 이러한 모든 사항에 대해 고려해보아라.

2.12 그림 E2.12에 나타나 있는 액체 저장 탱크는 질량 유량이 w_1 및 w_2인 두 개의 입구 흐름을 가지며 출구 흐름은 w_3의 유량을 가진다. 원통형 탱크의 높이는 2.5 m이며 지름은 2 m이다. 액체의 밀도는 800 kg/m^{3}이다. 정상적인 작동 절차는 액위가 명목값 1.75 m에 이를 때까지 일정한 유량(w_1 = 120 kg/min, w_2 = 100 kg/min 및 w_3 = 200 kg/min)을 사용하여 탱크를 채우는 것이다. 그 시점에서 입구 유량 w_1은 액위가 일정하게 유지되도록 조정된다. 그러나 어느 날 부식이 발생하여 탱크 1 m 높이에 구멍이 생겼고 이 구멍을 통해 다음과 같은 부피 유량 q_4(m^3/min)를 가지는 누출이 발생하였다.

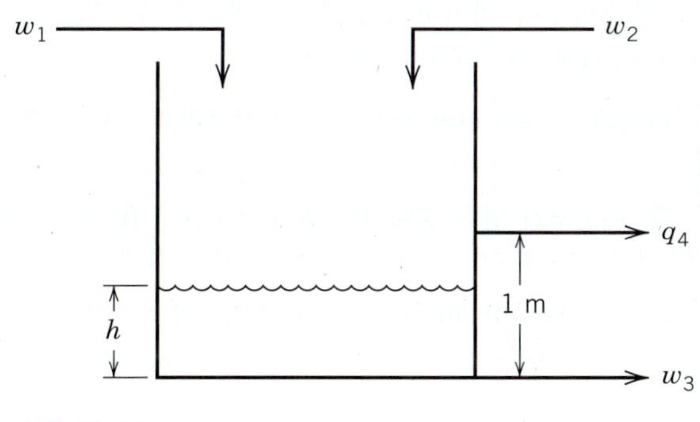

그림 E2.12

$$q_4 = 0.025\sqrt{h-1}$$

이 때, h의 단위는 m이다.

(a) 만약 탱크가 초기에 비어있다면, 액위가 부식이 발생한 지점까지 도달하는 데 얼마나 걸리겠는가?

(b) 질량 유량 w_1, w_2 및 w_3가 무한정 일정하게 유지된다면, 탱크가 결국 넘치겠는가? 제시한 답에 대한 근거를 서술하시오.

2.13 연습문제 2.12의 저장 탱크와 같은 크기와 명목 유량을 가지지만 유량 w_3을 조절하기 위한 밸브가 출구 라인에 설치된 혼합 탱크를 고려해보자(이 문제에서는 연습문제 2.12에서 고려한 누출은 발생하지 않는다). 또한, 성분 A의 입구 흐름의 질량 분율은 $x_1 = x_2 = 0.5$이다.

이 공정은 일정한 입구 흐름의 유량과 농도로 오랫동안 작동되어 왔다. 이러한 조건 하에서, 출구의 질량 분율이 x = 0.5 및 액위 h = 1.75 m에서 정상 상태가 되었다. 아래 정보를 사용하여 다음 질문에 답하시오.

(a) w_3와 상수 C_v의 값을 구하시오.

(b) 입구 유량이 변하지 않는 상태에서 x_1을 0.5에서 0.6으로 변경한다면(물론, x_2도 변경해야 함), x_3의 최종값은 얼마인가? 이 최종값의 1% 이내에 도달하는 시간(즉, 최종값의 99%에 이르는 데 걸리는 시간)은 얼마인가?

(c) 만약 입구 흐름 농도의 변화없이 w_1을 120 kg/min에서 100 kg/min으로 변경하면 탱크 액위의 최종값은 얼마가 되겠는가? 이 최종값의 1% 이내에 도달하는 시간은 얼마인가?

(d) 만약 유량과 농도가 동시에 변한다면, **(c)**와 어떤 차이가 있겠는가?

유용한 정보: 탱크는 완전히 혼합되어 있다.

$$w_3 = C_v\sqrt{h}$$

2.14 그림 2.11의 유가식 바이오리액터에 출구 흐름을 추가하여 연속적인 교반 탱크 바이오리액터(키모스탯(chemostat)이라고도 함)로 변환한다고 가정하자. 입구 및 출구 흐름이 동일한 질량 유량 F를 가지고 키모스탯의 액체 부피 V는 일정하다.

(a) 2.4.9절의 유가식 반응기 모델을 수정하여 주어진 키모스탯의 동적 모델을 유도하시오.

(b) 식 2-80의 성장속도 μ와 *희석배수*(dilution rate) D($D = F/V$로 주어진다.) 사이의 정상 상태 관계를 유도하시오. 이 결과를 바탕으로 성장속도를 제어하기 위한 간단한 제어 전략을 제시하시오.

(c) 모든 세포가 바이오리액터에서 씻겨나가 세포 질량 X가 0이 되는 바람직한 상황을 세척(washout)이라고 부른다. 세척을 일으킬 수 있는 D의 값을 결정하시오(*힌트*: 오랜 시간 동안 dX/dt가 음수이면 $X = 0$이 될 때까지 세척이 일어난다).

(d) 아래에 주어진 수치에 대해 정상 상태의 세포 생산 속도 DX를 희석배수의 함수로 그림으로 나타내시오. 세척을 일으킬 수 있는 D의 값과 최대 생산 속도에서의 D값의 관계에 대해 논의하시오. 매개변수의 값은 다음과 같다. μ_m = 0.20 h^{-1}; K_S = 1.0 g/l 및 $Y_{X/S}$ = 0.5 g/g 정상 상태 조건은 $\overline{D}$ = 0.1 h^{-1}, $\overline{X}$ = 2.25 g/L, $\overline{S}$ = 1.0 g/L, 및 $\overline{S}_f$ = 10 g/L이다.

2.15 의료 응용 분야에서 약물 전달의 주요 목적은 (i) 환자 신체의 정확한 부위로 약물을 전달하고 (ii) 전달된 약물을 시간에 따라 적절히 제어하여 방출함으로써 체내에서 특정한 약물 농도 분포를 얻는 것이다. 약물은 종종 알약의 형태로 투여된다. 알약 용해에 대한 간단한 동적 모델을 도출하기 위해 환자 몸에서 알약의 용해 속도 r_d는 알약의 표면적과 농도 구동력의 곱에 비례한다고 가정하자.

$$r_d = kA(c_s - c_{aq})$$

여기서 c_{aq}는 수용성 매질에서의 용해된 약물의 농도이고 c_s는 포화값, A는 알약의 표면적 그리고 k는 물질 전달 계수이다. $c_s \gg c_{aq}$이기 때문에 알약이 완전히 용해 되더라도 용해 속도는 r_d = kAc_s로 나타낼 수 있다.

(a) 시간의 함수로 알약의 질량 M을 계산할 수 있는 동적 모델을 유도하시오. 다음과 같은 단순한 가정을 사용할 수 있다.

(i) 알약의 용해 속도는 $r_d = kAc_s$로 주어진다.

(ii) 알약은 반지름 r 및 높이 h를 가지는 실린더 형태로 근사할 수 있다. 또한, $h/r \gg 1$이라고 가정한다. 따라서, 알약의 표면적은 $A = 2\pi rh$로 근사할 수 있다.

(b) 아래의 주어진 조건에서 알약의 반지름 r이 초기값 r_0에서 90% 감소하는 데 걸리는 시간은 얼마인가?

$\rho = 1.2$ g/ml $r_0 = 0.4$ cm $h = 1.8$ cm

$c_s = 500$ g/L $k = 0.016$ cm/min

2.16 생물반응은 주로 회분식 반응기에서 수행된다. 2.4.9절의 유가식 바이오리액터 모델은 입구 흐름의 유량 F를 0으로 두면 회분식 반응기에도 적용할 수 있다. 아래에 주어진 정보를 이용하여 기질이 90% 전환될 때 필요한 시간을 구하시오. 반응기 내용물의 부피 V는 일정하다고 가정한다.

주어진 정보:

(i) 초기 조건:

$$X(0) = 0.05 \text{ g/L}, S(0) = 10 \text{ g/L}, P(0) = 0 \text{ g/L}$$

(ii) 매개변수 값:

$$V = 1 \text{ L}, \quad \mu_m = 0.20 \text{ h}^{-1}, \quad K_S = 1.0 \text{ g/L},$$
$$Y_{X/S} = 0.5 \text{ g/g}, \quad Y_{P/X} = 0.2 \text{ g/g}$$

2.17 8 ft^2의 단면적을 가지는 욕조의 다음과 같은 사건에 대한 액위 응답을 시간의 함수로 그림으로 나타내어라. 배수구가 열린 상태에서 초기 액위는 0.5 ft라고 가정한다. 입구 및 출구 유량은 초기에는 2 ft^3/min으로 동일하다.

(a) 배수구가 갑자기 닫히고, 입구 흐름의 유량이 3분 동안 일정하게 유지된다($0 \le t \le 3$).

(b) 배수구를 15분 동안 개방, 이 때 선형 전달함수의 시간 상수를 3min으로 가정하여 기본적으로 정상 상태에 도달한다($3 \le t \le 18$).

(c) 입구 흐름의 유량의 6분 동안 2배가 된다($18 \le t \le 24$).

(d) 입구 흐름의 유량이 16분 동안 원래 값으로 되돌아 간다($24 \le t \le 40$).

2.18 식 2-64~2-68의 모델에 대해 자유도 분석을 수행하여라. 매개변수, 출력 변수 그리고 입력 변수(조작 변수 및 외란 변수)를 구별하여라.

2.19 메탄올(MeOH)과 에탄올이 50%씩 섞여 있는 혼합물이 분리되는 부록 E의 PCM 증류탑 모듈에 대해 생각해보자. 다음과 같은 모사를 수행하여라.

(a) 기상의 유량을 초기값에서 새로운 값인 0.045 m^3/s로 변경하고 시뮬레이션을 시작하여라. 탑상부 및 탑하부 메탄올 조성에 대한 그래프를 그리시오. 이 값들에 대한 시작 값과 최종(정상 상태)값을 기록하시오.

(b) 시스템이 새로운 정상 상태에 도달하면(그리고 당신은 **(a)**에서 수집한 정보를 가지고 있다.) 공급 흐름의 메탄올의 조성을 0.55로 증가시켜라. 탑상부 및 탑하부 메탄올 조성에 대한 그래프를 그리시오. 이 값들에 대한 시작 값과 최종(정상 상태)값을 기록하시오.

(c) 앞에서 다룬 두 가지 변화에 대한 상대적인 차이점(효과의 강도, 응답 시간)에 대해 언급하시오.

2.20 석유 정제공장의 분해 장치로 고분자량 탄화수소 공급물(C16 ~ C26)을 예열하기 위해 사용되는 부록 E의 PCM 가열로 모듈에 대해 생각해보자. 다음과 같은 모사를 수행하여라.

(a) 연료가스의 순도를 초기값 1.0에서 새로운 값인 0.95로 바꾸고 시뮬레이션을 시작하여라. 산소의 배출구 농도와 탄화수소 배출구 온도에 대한 그래프를 그리시오. 이 값들에 대한 시작 값과 최종(정상 상태)값을 기록하시오.

(b) 시스템이 새로운 정상 상태에 도달하면(그리고 당신은 **(a)**에서 수집한 정보를 가지고 있다.) 탄화수소의 유량을 현재 값의 10%만큼 증가시켜라. 산소의 배출구 농도와 탄화수소 배출구 온도에 대한 그래프를 그리시오. 이 값들에 대한 시작 값과 최종(정상 상태)값을 기록하시오.

(c) 앞에서 다룬 두 가지 변화에 대한 상대적인 차이점(효과의 강도, 응답 시간)에 대해 언급하시오.

2.21 다음과 같은 일련의 사건에 대해 시간의 함수로 일정한 단면적 4 ft^2를 가지는 탱크의 액위 응답을 그래프로 나타내어라. 배출구가 열린 상태에서 초기 액위는 1 ft, 액위와 출구 유량은 선형 관계에 있다고 가정하여라. 정상 상태에서 유입 및 유출 유량은 초기에 2 ft^3/min으로 동일하다. 그래프는 액위와 시간의 수치를 표현하여야 한다.

(a) 배출구가 갑자기 닫히고 유입 유량은 3분 동안 일정하게 유지된다($0 \le t \le 3$).

(b) 배출구가 15분 동안 열리고 유입 유량은 2 ft^3/min으로 유지되며 기본적으로 정상 상태에 도달한다($3 \le t \le 18$).

(c) 입구 유량이 15분 동안 4 ft^3/min으로 2배가 된다($18 \le t \le 33$).

(d) 입구 유량이 17분 동안 원래 값인 2 ft^3/min으로 되돌아 간다($33 \le t \le 50$).

2.22 유량 F_1과 F_2가 상부 및 하부 탱크로 들어가는 두 개의 흐름(도면에서는 분율로 표시됨)으로 분할되는 그림 E2.22의 특이한 배관 도면에 대해 생각해보자. 4개의 탱크 각각의 하부에서 오리피를 통해 배출되는 출구 흐름의 경우, 2.4.5장에 설명된 것처럼 유량은 액위의 제곱근에 의존한다고 가정할 수 있다.

(a) 4개의 탱크 각각에 대한 질량 수지를 유도하고, 좌변에 하나의 미분 항을 가지는 간단한 방정식(총 4개)으로 표현하시오.

(b) $\gamma_1 = 0.5$ 및 $\gamma_2 = 0.5$(즉, 4개의 흐름 이 모두 동일하게 분할되는 경우)일 때, 방정식들은 어떤 형태가 되는가? 액위를 독립적으로 구할 수 있는가? 탱크의 액위를 조절하기 위해 유량이 독립적으로 사용될 수 있는가?

(c) $\gamma_1 = 0$ 및 $\gamma_2 = 0$처럼 극단적인 경우, 방정식들은 어떤 형태가 되는가? 공정 개략도 측면에서 타당한 결과인가?

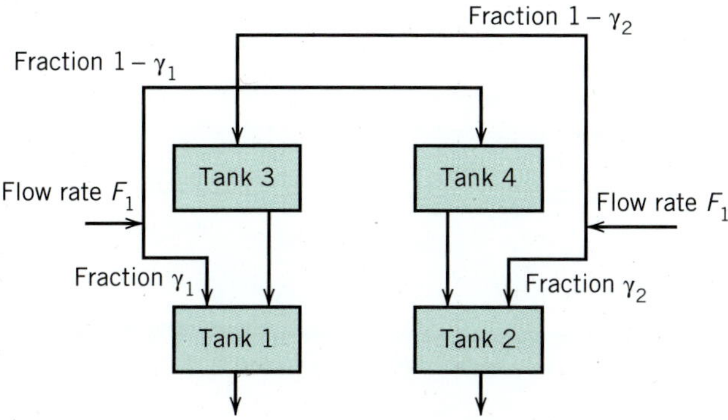

그림 E2.22

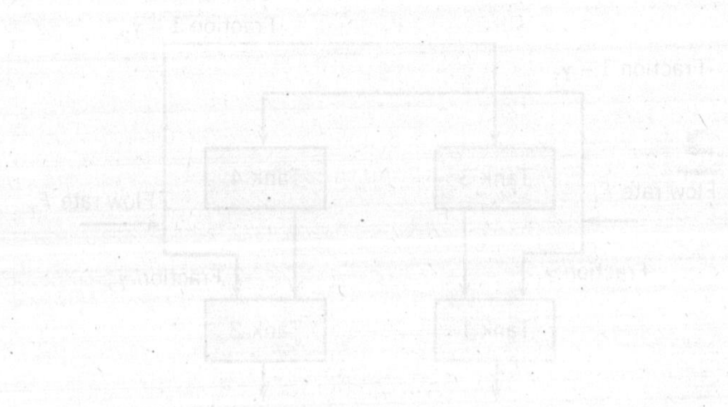

CHAPTER 03

라플라스 변환

Laplace Transforms

학습목차 *Chapter Contents*

3.1 대표적인 함수의 라플라스 변환
3.2 라플라스 변환 기법에 의한 미분 방정식의 풀이
3.3 부분분수 전개
3.3.1 미분방정식 풀이를 위한 일반적인 절차
3.4 라플라스 변환의 다른 특성들
3.4.1 최종값 정리
3.4.2 초기값 정리
3.4.3 적분 변환
3.4.4 시간 지연(시간 방향으로의 이동)
3.5 과도 응답의 예시
3.6 기호 수식 문제를 풀기 위한 소프트웨어
요약

2장에서는 선택된 공정의 동적 거동을 설명할 수 있는 여러가지 수학적 모델을 개발하였다. 그러한 모델들을 푸는 것, 즉 입력 변수의 변화에 따른 시간의 함수로서 출력 변수를 찾는 것은 해석적 또는 수치적인 적분이 필요하다. 때로는 해를 얻기 위해서 상당한 노력이 필요하다. 모델의 중요한 종류 중 하나는 선형 상미분 방정식(ODE)으로 설명된 시스템이다. 이러한 *선형 시스템*은 공정 제어에서 많은 분석 기술의 시작점이 된다.

선형 및 비선형 ODE 문제 모두 표준 수치 적분 방법(Chapra 및 Canale, 2014)과 컴퓨터 소프트웨어를 사용하여 수치적으로 해결할 수 있다. 선형 ODE의 경우 해석적인 해(닫힌 형태)를 구할 수도 있다. 해석적인 풀이의 중요한 장점은 모델 구조 또는 모델 매개변수의 변화에 따른 영향을 쉽게 알 수 있다는 것이다. 대조적으로 수치적인 풀이의 경우는 변화에 따른 영향을 분석하기 위해서는 관심있는 각 상황에 따른 해를 다시 계산해야 한다. 부록 C에 표시된 것처럼 ODE에 대한 해석해는 기호 수식 문제를 위한 소프트웨어를 사용하여 얻을 수도 있다.

이번 장에서는 선형 상미분 방정식을 풀고 분석하는 데 필요한 노력을 상당히 줄일 수 있는 수학적 도구인 *라플라스*(Laplace) *변환*을 소개한다. 라플라스 변환의 주요 장점은 상미분 방정식을 대수 방정식으로 변환하여 해를 얻거나 분석을 수행하는 데 필요한 수학적 조작을 단순화한다는 것이다.

먼저, 라플라스 변환에 대해 정의하고 이 정의가 간단한 함수들의 라플라스 변환을 유도하는 데 어떻게 사용될 수 있는지 알아본다. 그런 다음 선형 ODE를 라플라스 변환 및 *부분분수 전개*를 사용하여 풀 수 있음을 보인다. 라플라스 변환의 몇 가지 중요한 속성들에 대해 알아보고 몇 가지 예제를 통해 이러한 속성들을 사용하는 방법에 대해 다룬다. 라플라스 변환 문제를 위한 소프트웨어에 대한 내용도 포함되어 있다.

3.1 대표적인 함수의 라플라스 변환

함수 $f(t)$의 라플라스 변환은 다음과 같이 정의된다.

$$F(s) = \mathscr{L}[f(t)] = \int_0^\infty f(t)e^{-st}dt \tag{3-1}$$

여기서 $F(s)$는 라플라스 변환을 나타내는 기호이고, s는 복소수인 독립 변수, $f(t)$는 라플라스 변환을 적용할 시간 함수 그리고 $\mathscr{L}$는 적분으로 정의되는 연산자이다. 함수 $f(t)$는 반드시 $0 < t < \infty$에서 부분적인 연속을 포함하는 연속 조건을 만족해야 한다(Churchill, 1971; Schiff, 1999). 이 요구 사항은 공정 모델링 및 제어에 유용한 함수에 거의 항상 적용 가능하다. 적분을 수행하면, 변환은 라플라스 변환 변수 s의 함수가 된다. *역라플라스 변환* ($\mathscr{L}^{-1}$)은 함수 $F(s)$에 적용하며 함수 $F(s)$를 시간의 함수 $f(t)$로 변환한다. $F(s)$는 $t < 0$일 때 $f(t)$에 대한 정보는 포함하지 않는다. 따라서, $f(t) = \mathscr{L}^{-1}\{F(s)\}$는 $t < 0$일 때는 정의되지 않는다(Schiff, 1999).

라플라스 변환 및 역라플라스 변환의 한 가지 중요한 성질은 이들이 선형 연산자라는 것이며, 선형 연산자는 *중첩원리*를 만족한다.

$$\mathscr{F}(ax(t) + by(t)) = a\mathscr{F}(x(t)) + b\mathscr{F}(y(t)) \tag{3-2}$$

여기서 $\mathscr{F}$는 시간에 대한 미분 또는 적분과 같이 수행되는 특정 연산을 나타낸다. 만약, $\mathscr{F} \equiv \mathscr{L}$이면, 식 3-2는 다음과 같이 된다.

$$\mathscr{L}(ax(t) + by(t)) = aX(s) + bY(s) \tag{3-2}$$

따라서, 함수 $x(t)$와 $y(t)$의 합에 대한 라플라스 변환은 개별 함수의 라플라스 변환 $X(s)$ 및 $Y(s)$의 합이다. 또한, 곱셈 상수는 식 3-3에 알 수 있듯이 연산자 밖으로 내보낼 수 있다.

이 책에서는 라플라스 변환의 작동, 즉 라플라스 변환을 사용하여 *선형 미분 방정식*의 해나 해의 성질을 얻는 것에 대해 집중해서 다루었다. 라플라스 변환의 수학적 측면에 대한 자세한 내용은 Churchill(1971), Dyke(1999) 및 Schiff(1999)의 책에 잘 정리되어 있다.

풀이를 위한 기법에 대해 다루기 전에 식 3-1에 대해 좀 더 생각해보자. 대부분의 간단한 함수에 대한 라플라스 변환은 아래와 같이 쉽게 유도할 수 있다.

상수 함수

$f(t) = a$ (a는 상수)에 대해

$$\begin{aligned}\mathscr{L}(a) &= \int_0^\infty ae^{-st}dt = -\frac{a}{s}e^{-st}\bigg|_0^\infty \\ &= 0 - \left(-\frac{a}{s}\right) = \frac{a}{s}\end{aligned} \tag{3-4}$$

계단 함수

단위 계단 함수는 다음과 같이 정의된다.

$$S(t) = \begin{cases} 0 & t < 0 \\ 1 & t \ge 0 \end{cases} \tag{3-5}$$

단위 계단 함수는 공정 동역학 및 제어에서 자주 사용되는 중요한 입력 함수이다. 단위 계단 함수의 라플라스 변환은 $a = 1$일 때의 상수 함수에 대해 얻은 것과 동일하다.

$$\mathcal{L}[S(t)] = \frac{1}{s} \tag{3-6}$$

만약 계단의 크기가 a이면 라플라스 변환은 a/s가 된다. 계단 함수에서 *초기 시간(시간 0)*은 $S(t)$가 0에서 1로 변화하는 시간을 나타낸다. $t = 0$(불연속적임)에서 계단 함수의 값에 대한 모호성을 피하기 위해 이 교재에서 $S(t = 0)$의 값은 양의 측면, $t = 0^+$,에서 접근한 함수의 값으로 간주한다.

미분 함수

f의 1차 도함수에 대한 변환은 1차 도함수가 동적 모델에 나타나기 때문에 중요하다.

$$\mathcal{L}(df/dt) = \int_0^\infty (df/dt)e^{-st}\,dt \tag{3-7}$$

부분별로 나누어서 적분하면 다음과 같이 된다.

$$\mathcal{L}(df/dt) = \int_0^\infty f(t)e^{-st}s\,dt + f(t)e^{-st}\Big|_0^\infty \tag{3-8}$$

$$= s\mathcal{L}(f(t)) - f(0) = sF(s) - f(0) \tag{3-9}$$

여기서 $F(s)$는 $f(t)$의 라플라스 변환이다. 일반적으로 해를 얻기 위한 시간의 시작점은 임의적이다. 모델의 해는 공정 모델이 처음으로 교란되는 순간을 시간의 *시작점*(즉, $t = 0$)으로 가정할 때 가장 쉽게 얻을 수 있다. 예를 들어, 공정이 초기에 정상 상태인 것으로 가정하고 입력이 단위 계단 변화를 겪는 경우, 입력의 크기가 변화하는 순간이 *시간 0*이 된다. 많은 공정 모델링 응용에서 함수의 초기값은 0, 즉 $f(0) = 0$으로 정의한다. 이러한 경우 식 3-9는 $\mathcal{L}(df/dt) = sF(s)$로 단순화된다.

고차원 미분 방정식의 라플라스 변환은 식 3-9를 반복 적용하여 찾을 수 있다.

$$\mathcal{L}\left(\frac{d^n f}{dt^n}\right) = s^n F(s) - s^{n-1}f(0) - s^{n-2}f^{(1)}(0) - \cdots$$
$$-sf^{(n-2)}(0) - f^{(n-1)}(0) \tag{3-10}$$

여기서 $f^{(i)}(0)$는 $t = 0$에서 i차 미분 함수이다.

지수 함수

지수 함수의 라플라스 변환은 지수함수가 대부분의 선형 미분 방정식의 해에서 나타나기 때문에 중요하다. $b > 0$인 지수 e^{-bt}의 경우 라플라스 변환은 다음과 같이 된다.

$$\mathcal{L}(e^{-bt}) = \int_0^\infty e^{-bt}e^{-st}dt = \int_0^\infty e^{-(b+s)t}dt \tag{3-11}$$

$$= \frac{1}{b+s}[-e^{-(b+s)t}]\Big|_0^\infty = \frac{1}{s+b} \tag{3-12}$$

$s < b$인 경우 $b < 0$에 대한 라플라스 변환은 무한하게 된다. 따라서, 적분이 유한하기 위해서 s의 실수부는 반드시 $-b$보다 커야 한다. 이 책의 모든 문제는 이 조건을 만족한다.

표 3.1은 선형 미분 방정식의 해를 위한 중요한 라플라스 변환 쌍을 보여준다. 보다 광범위한 변환 목록은 Dyke(1999)에 정리되어 있다.

표 3.1 다양한 시간 함수에 대한 라플라스 변화*

$f(t)$	$F(s)$
1. $\delta(t)$ (unit impulse)	1
2. $S(t)$ (unit step)	$\frac{1}{s}$
3. t (ramp)	$\frac{1}{s^2}$
4. t^{n-1}	$\frac{(n-1)!}{s^n}$
5. e^{-bt}	$\frac{1}{s+b}$
6. $\frac{1}{\tau}e^{-t/\tau}$	$\frac{1}{\tau s+1}$
7. $\frac{t^{n-1}e^{-bt}}{(n-1)!}$ $(n>0)$	$\frac{1}{(s+b)^n}$
8. $\frac{1}{\tau^n(n-1)!}t^{n-1}e^{-t/\tau}$	$\frac{1}{(\tau s+1)^n}$
9. $\frac{1}{b_1-b_2}(e^{-b_2t}-e^{-b_1t})$	$\frac{1}{(s+b_1)(s+b_2)}$
10. $\frac{1}{\tau_1-\tau_2}(e^{-t/\tau_1}-e^{-t/\tau_2})$	$\frac{1}{(\tau_1 s+1)(\tau_2 s+1)}$
11. $\frac{b_3-b_1}{b_2-b_1}e^{-b_1t}+\frac{b_3-b_2}{b_1-b_2}e^{-b_2t}$	$\frac{s+b_3}{(s+b_1)(s+b_2)}$
12. $\frac{1}{\tau_1}\frac{\tau_1-\tau_3}{\tau_1-\tau_2}e^{-t/\tau_1}+\frac{1}{\tau_2}\frac{\tau_2-\tau_3}{\tau_2-\tau_1}e^{-t/\tau_2}$	$\frac{\tau_3 s+1}{(\tau_1 s+1)(\tau_2 s+1)}$
13. $1-e^{-t/\tau}$	$\frac{1}{s(\tau s+1)}$
14. $\sin\omega t$	$\frac{\omega}{s^2+\omega^2}$
15. $\cos\omega t$	$\frac{s}{s^2+\omega^2}$
16. $\sin(\omega t+\phi)$	$\frac{\omega\cos\phi+s\sin\phi}{s^2+\omega^2}$
17. $e^{-bt}\sin\omega t$ } b, ω real	$\frac{\omega}{(s+b)^2+\omega^2}$
18. $e^{-bt}\sin\omega t$ } b, ω real	$\frac{s+b}{(s+b)^2+\omega^2}$
19. $\frac{1}{\tau\sqrt{1-\zeta^2}}e^{-\zeta t/\tau}\sin(\sqrt{1-\zeta^2}\,t/\tau)$ $(0\le\lvert\zeta\rvert<1)$	$\frac{1}{\tau^2s^2+2\zeta\tau s+1}$
20. $1+\frac{1}{\tau_2-\tau_1}(\tau_1e^{-t/\tau_1}-\tau_2e^{-t/\tau_2})$ $(\tau_1\neq\tau_2)$	$\frac{1}{s(\tau_1 s+1)(\tau_2 s+1)}$
21. $1-\frac{1}{\sqrt{1-\zeta^2}}e^{-\zeta t/\tau}\sin[\sqrt{1-\zeta^2}\,t/\tau+\psi]$ $\psi=\tan^{-1}\frac{\sqrt{1-\zeta^2}}{\zeta}$, $(0\le\lvert\zeta\rvert<1)$	$\frac{1}{s(\tau^2s^2+2\zeta\tau s+1)}$
22. $1-e^{-\zeta t/\tau}\left[\cos(\sqrt{1-\zeta^2}\,t/\tau)+\frac{\zeta}{\sqrt{1-\zeta^2}}\sin(\sqrt{1-\zeta^2}\,t/\tau)\right]$ $(0\le\lvert\zeta\rvert<1)$	$\frac{1}{s(\tau^2s^2+2\zeta\tau s+1)}$

표 3.1 (계속)

$f(t)$	$F(s)$
23. $1 + \frac{\tau_3 - \tau_1}{\tau_1 - \tau_2} e^{-t/\tau_1} + \frac{\tau_3 - \tau_2}{\tau_2 - \tau_1} e^{-t/\tau_2}$ $(\tau_1 \neq \tau_2)$	$\frac{\tau_3 s + 1}{s(\tau_1 s + 1)(\tau_2 s + 1)}$
24. $\frac{df}{dt}$	$sF(s) - f(0)$
25. $\frac{d^n f}{dt^n}$	$s^n F(s) - s^{n-1} f(0) - s^{n-2} f^{(1)}(0) - \cdots - sf^{(n-2)}(0) - f^{(n-1)}(0)$
26. $f(t-\theta)S(t-\theta)$	$e^{-\theta s} F(s)$
27. $\int_0^t f(\tau) d\tau$	$\frac{1}{s} F(s)$

*$f(t)$와 $F(s)$는 $t \geq 0$에서만 정의된다.

위에서 유도한 대부분의 변환 사례에서 $F(s)$는 s 다항식의 비, 즉 *유리식의 형태*로 나타난다. 표 3.1의 26번째 항목과 같이 비다항식의(유리식이 아닌) 형태가 발생하는 중요한 사례가 있다. 또 다른 사례는 다음에 다루도록 한다.

직사각형 펄스 함수

직사각형 펄스의 형태가 그림 3.1에 나와 있다. 펄스는 높이 h와 폭 t_w를 갖는다. 이러한 유형의 신호는 탱크로 유입되는 유량을 조절하는 밸브의 개폐를 나타내는 데 사용될 수 있다. 유량은 t_w의 시간 단위 동안 h로 유지된다. 그림 3.1의 곡선의 아래 면적은 탱크로 전달되는 물질의 양($= ht_w$)에 해당된다. 수학적으로 함수 $f(t)$는 다음과 같이 정의된다.

$$f(t) = \begin{cases} 0 & t < 0 \\ h & 0 \leq t < t_w \\ 0 & t \geq t_w \end{cases} \tag{3-13}$$

직사각형 펄스의 라플라스 변환은 $f(t)$가 다른 범위에서는 0이기 때문에 $t = 0$과 $t = t_w$ 사이에서 식 3-1을 적분하여 도출할 수 있다.

$$F(s) = \int_0^\infty f(t)e^{-st}dt = \int_0^{t_w} he^{-st}dt \tag{3-14}$$

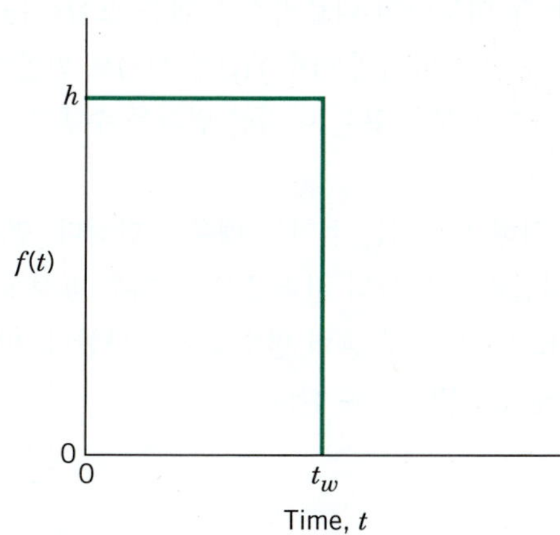

그림 3.1 직사각형 펄스의 라플라스 변환.

$$F(s) = -\frac{h}{s}e^{-st}\Big|_0^{t_w} = \frac{h}{s}(1 - e^{-t_w s}) \tag{3-15}$$

$F(s)$에 지수 항이 나타난 것을 주목해라. *단위 직사각형 펄스*의 경우에는 $h = 1/t_w$이며 펄스 아래의 면적은 1이다.

임펄스 함수

단위 직사각형 펄스의 제한적인 경우가 *임펄스* 또는 *Dirac 델타 함수*, $\delta(t)$이다. 이 함수는 펄스 아래의 면적을 1로 유지하면서 $t_w \to 0$을 만들 때 얻을 수 있다. 이 함수는 무한한 높이를 가지며 무한히 작은 폭을 가지게 된다. 수학적으로 이것은 $h = 1/t_w$를 식 3-15에 대입하여 얻을 수 있다. $\delta(t)$의 라플라스 변환은 다음과 같이 된다.

$$\mathcal{L}(\delta(t)) = \lim_{t_w \to 0} \frac{1}{t_w s}(1 - e^{-t_w s}) \tag{3-16}$$

식 3-16은 로피탈의 법칙(L'Hospital's rule)을 적용하여 풀 수 있는 부정형이며, 로피탈의 법칙은 t_w에 대하여 분자와 분모 모두에 대해 미분을 취한다.

$$\mathcal{L}(\delta(t)) = \lim_{t_w \to 0} \frac{se^{-t_w s}}{s} = 1 \tag{3-17}$$

임펄스의 크기(즉, 면적 $t_w h$)가 1이 아닌 상수일 경우에는 다음과 같이 된다.

$$\mathcal{L}(a\delta(t)) = a \tag{3-18}$$

단위 임펄스 함수는 단위 계단 함수 $S(t)$의 시간에 대한 미분으로 해석할 수도 있다. 단위 임펄스에 대한 공정의 응답을 *임펄스 응답*이라고 한다.

임펄스 함수의 물리적인 예는 염료 또는 표지 물질(tracer)을 유체의 흐름에 빠르게 주입하는 경우를 들 수가 있는데 여기서 $f(t)$는 표지 물질의 농도 또는 유량에 해당한다. 이러한 유형의 신호는 때때로 공정 시험—예를 들어 3.5절에 설명된 것처럼 장비 체류 시간에 대한 분포를 얻는 것—에 사용된다.

3.2 라플라스 변환 기법에 의한 미분 방정식의 풀이

앞의 절에서는 선형 상미분 방정식의 라플라스 변환을 얻는 데 필요한 기술에 대해 다루었다. 표 3.1은 미분식과 각 미분식의 라플라스 변환을 포함하는 중요한 시간 함수들을 나열하고 있다. 라플라스 변환은 임의의 함수 $f(t)$를 $F(s)$로 변환하고 역라플라스 변환은 $F(s)$를 다시 $f(t)$로 변환하기 때문에 표는 이러한 변환을 수행하는 체계적인 방법을 제공한다.

미분 방정식을 풀기 위해 사용되는 절차는 매우 간단하다. 먼저, 미분 방정식의 양변을 라플라스 변환한다. 라플라스 변환의 결과로 얻은 대수 방정식을 재배열하여 종속(출력)변수에 대해 정리한다. 마지막으로 출력 변수를 역변환한다. 이 풀이법에 대해서는 몇 가지 예를 통해 좀 더 자세히 설명하도록 한다.

예제 3.1

다음 미분 방정식을 라플라스 변환을 이용하여 푸시오.

$$5\frac{dy}{dt} + 4y = 2 \quad y(0) = 1 \tag{3-19}$$

풀이

먼저, 식 3-19의 양변을 라플라스 변환한다.

$$\mathcal{L}\left(5\frac{dy}{dt} + 4y\right) = \mathcal{L}(2) \tag{3-20}$$

중첩원리를 이용하여 각 항은 개별적으로 변환할 수 있다.

$$\mathcal{L}\left(5\frac{dy}{dt}\right) + \mathcal{L}(4y) = \mathcal{L}(2) \tag{3-21}$$

$$\mathcal{L}\left(5\frac{dy}{dt}\right) = 5\mathcal{L}\left(\frac{dy}{dt}\right) = 5(sY(s) - 1) = 5sY(s) - 5 \tag{3-22}$$

$$\mathcal{L}(4y) = 4\mathcal{L}(y) = 4Y(s) \tag{3-23}$$

$$\mathcal{L}(2) = \frac{2}{s} \tag{3-24}$$

변환된 각 항을 대입하면

$$5sY(s) - 5 + 4Y(s) = \frac{2}{s} \tag{3-25}$$

식 3-25를 재배열하여 $Y(s)$에 대해 정리하면,

$$Y(s)(5s + 4) = 5 + \frac{2}{s} \tag{3-26}$$

또는

$$Y(s) = \frac{5s + 2}{s(5s + 4)} \tag{3-27}$$

식 3-27의 양변을 역라플라스 변환하면 다음과 같이 된다.

$$\mathcal{L}^{-1}[Y(s)] = \mathcal{L}^{-1}\left[\frac{5s + 2}{s(5s + 4)}\right] \tag{3-28}$$

식 3-28 우변의 역라플라스 변환은 표 3.1을 사용하여 찾을 수 있다. 먼저 모든 항을 표에서 찾을 수 있는 $s + b$의 형태로 만들기 위해 분자와 분모를 5로 나눈다.

$$y(t) = \mathcal{L}^{-1}\left(\frac{s + 0.4}{s(s + 0.8)}\right) \tag{3-29}$$

표의 11번 항목, $(s + b_3)/[(s + b_1)(s + b_2)]$가 식 3-29와 일치하며 여기서 $b_1 = 0.8$, $b_2 = 0$ 그리고 $b_3 = 0.4$가 된다. 따라서 해는 쉽게 구할 수 있다.

$$y(t) = 0.5 + 0.5e^{-0.8t} \tag{3-30}$$

식 3-19의 풀이법에서 하중 함수(우변의 상수 2)와 초기 조건은 쉽게 확인할 수 있다. 다른 미분 방정식 풀이와 같이 식 3-30이 $t \geq 0$인 범위에 대해 초기 조건과 원래 미분 방정식을 만족하는지 확인해야 한다.

다음으로는 고차 미분 방정식에 대해 라플라스 변환을 적용해보자.

예제 3.2

초기 조건이 $y(0) = y'(0) = y''(0) = 0$인 다음 미분 방정식을 풀어라(여기서 $'$은 미분을 나타낸다.)

$$\frac{d^3y}{dt^3} + 6\frac{d^2y}{dt^2} + 11\frac{dy}{dt} + 6y = 1 \tag{3-31}$$

풀이

표 3.1을 이용하여 각 항에 대한 라플라스 변환을 구한다.

$$\mathcal{L}\left(\frac{d^3y}{dt^3}\right) = s^3Y(s) \quad \mathcal{L}\left(6\frac{d^2y}{dt^2}\right) = 6s^2Y(s) \quad \mathcal{L}\left(11\frac{dy}{dt}\right) = 11sY(s)$$

$$\mathcal{L}(6y) = 6Y(s) \qquad \mathcal{L}(1) = \frac{1}{s}$$

라플라스 변환한 항을 대입하여 재배열한 뒤 $Y(s)$에 대해 정리하면 다음 식을 얻을 수 있다.

$$Y(s)(s^3 + 6s^2 + 11s + 6) = \frac{1}{s} \tag{3-32}$$

$$Y(s) = \frac{1}{s(s^3 + 6s^2 + 11s + 6)} \tag{3-33}$$

식 3-33을 역변환하여 $y(t)$를 찾기 위해서 표 3.1에서 비슷한 형태를 찾아야 한다. 불행하게도 표에는 분모에 4차 다항식을 가지는 경우는 없다. 이 예제는 3.3절에서 풀이법을 일반화하는 데 필요한 기술에 대해 학습한 뒤 다시 다루도록 한다.

일반적으로 라플라스 변환된 결과는 표 3.1의 항목들과 정확히 일치하지 않을 수 있다. 이 문제는 항상 고차 미분 방정식에서 발생하는데, 그 이유는 분자의 다항식(특성 방정식)의 차수가 원래 미분방정식의 차수와 동일하고 분모에 3차보다 높은 차수의 항목이 표에는 없기 때문이다. 표의 항목을 무한대로 늘리는 것은 현실적이지 않다. 대신 기본 변환 구성 단위를 기반으로 하는 절차를 사용한다. *부분분수 전개*라고 불리는 이 절차는 다음 절에서 다루도록 한다.

3.3 부분분수 전개

라플라스 변환 풀이법에서 분모의 고차 다항식은 미분 방정식 항(*특성 방정식*)에 입력이 기여한 항을 더한 것이다. 특성 방정식의 인수는 특성 방정식을 0으로 두었을 때의 근에 해당한다. 입력 인수는 매우 간단할 수 있다. 인수가 얻어지면 라플라스 변환은 *부분분수*를 전개하여 수행할 수 있다. 다음 예를 살펴보자.

$$Y(s) = \frac{s+5}{s^2 + 5s + 4} \tag{3-34}$$

분모는 1차항의 곱 $(s + 1)(s + 4)$로 인수분해 할 수 있다. 이 변환은 두 개의 부분분수의 합으로 전개할 수 있다.

$$\frac{s+5}{(s+1)(s+4)} = \frac{\alpha_1}{s+1} + \frac{\alpha_2}{s+4} \tag{3-35}$$

여기서 α_1 및 α_2는 식 3-35를 반드시 만족하는 계수이다. 식 3-35의 전개는 원래 분모의 다항식이 1차 항의 곱으로 인수분해되었음을 나타낸다. 일반적으로 모든 부분분수 전개

(partial fraction expansion, PFE)는 방정식을 만족하는 고유의 α_i 집합이 있다.

α_1 및 α_2와 같은 계수의 값을 계산하는 가장 빠르고 인기 있는 방법 중 하나는 *헤비사이드 전개*(Heaviside expansion)이다. 이 방법에서는 방정식의 양변에 분모항 $(s + b_i)$ 중 하나를 곱한 뒤 $s = -b_i$를 대입하여 하나의 항을 제외한 나머지 모든 항에 0이 곱해지게 한다. 식 3-35에 $s + 1$을 곱한 뒤 $s = -1$을 대입하면 다음과 같이 된다.

$$\alpha_1 = \left.\frac{s+5}{s+4}\right|_{s=-1} = \frac{4}{3}$$

비슷하게 $(s + 4)$를 곱한 뒤에 $s = -4$를 대입하면 다음과 같이 된다.

$$\alpha_2 = \left.\frac{s+5}{s+1}\right|_{s=-4} = -\frac{1}{3}$$

따라서, 부분분수 전개의 계수는 간단한 계산으로 찾을 수 있다.

좀 더 일반적인 변환, 즉 인수가 실수이면서 서로 다른 경우(복소수 및 반복되는 인수가 없는 경우) 다음과 같은 전개식을 사용할 수 있다.

$$Y(s) = \frac{N(s)}{D(s)} = \frac{N(s)}{\prod_{i=1}^{n}(s+b_i)} = \sum_{i=1}^{n}\frac{\alpha_i}{s+b_i} \tag{3-36}$$

여기서 $D(s)$는 n차 다항식이며 변환식의 분모이다. $D(s)$는 *특성 방정식*이라고 한다. 분자의 $N(s)$는 최대 차수로 n-1을 가진다. i번째 계수는 헤비사이드 확장을 사용하여 계산할 수 있다.

$$\alpha_i = (s+b_i)\left.\frac{N(s)}{D(s)}\right|_{s=-b_i} \tag{3-37}$$

식 3-36은 다음과 같은 형태로도 나타낼 수 있다.

$$Y(s) = \frac{N'(s)}{D'(s)} = \frac{N'(s)}{\prod_{i=1}^{n}(\tau_i s+1)} = \sum_{i=1}^{n}\frac{\alpha'_i}{\tau_i s+1} \tag{3-38}$$

여기서 계수는 다음과 같이 계산할 수 있다.

$$\alpha'_i = (\tau_i s+1)\left.\frac{N'(s)}{D'(s)}\right|_{s=-\frac{1}{\tau_i}} \tag{3-39}$$

표 3.1의 여러 항목은 $\tau s + 1$의 형태를 가지고 있다.

이제 헤비사이드 전개를 이용하여 예제 3.2의 해를 구할 수 있게 되었다.

예제 3.2 (앞에서 계속)

먼저, 식 3-33의 분모를 1차 항의 곱으로 나타낸다(식 3-36에서 $n = 4$). 이 경우와 같이 간단한 정수 인수는 실제 응용에서는 거의 나타나지 않는다.

$$s(s^3+6s^2+11s+6) = s(s+1)(s+2)(s+3) \tag{3-40}$$

이 결과를 이용해 부분분수 전개를 하면 다음과 같이 4개의 항이 나타난다.

$$Y(s) = \frac{1}{s(s+1)(s+2)(s+3)} = \frac{\alpha_1}{s} + \frac{\alpha_2}{s+1} + \frac{\alpha_3}{s+2} + \frac{\alpha_4}{s+3} \tag{3-41}$$

헤비사이드 전개법을 이용하면 $\alpha_1 = 1/6$, $\alpha_2 = -1/2$, $\alpha_3 = 1/2$, $\alpha_4 = -1/6$임을 알 수 있다.

이제 표 3.1을 이용하여 각각의 1차항에 대해 역라플라스 변환을 수행하면 다음과 같이 된다.

$$\begin{aligned} y(t) = \mathcal{L}^{-1}[Y(s)] &= \mathcal{L}^{-1}\left(\frac{1/6}{s} - \frac{1/2}{s+1} + \frac{1/2}{s+2} - \frac{1/6}{s+3}\right) \\ &= \frac{1}{6}\mathcal{L}^{-1}\left(\frac{1}{s}\right) - \frac{1}{2}\mathcal{L}^{-1}\left(\frac{1}{s+1}\right) + \frac{1}{2}\mathcal{L}^{-1}\left(\frac{1}{s+2}\right) - \frac{1}{6}\mathcal{L}^{-1}\left(\frac{1}{s+3}\right) \\ &= \frac{1}{6} - \frac{1}{2}e^{-t} + \frac{1}{2}e^{-2t} - \frac{1}{6}e^{-3t} \end{aligned} \tag{3-42}$$

식 3-42는 미분 방정식 3-31에 대한 해 $y(t)$가 된다. α_i는 단순히 해의 계수가 된다. 식 3-42는 미분방정식의 세 가지 초기 조건을 만족한다. 독자들이 직접 확인해보기 바란다.

식 3-40에서 3차 다항식은 모두 정수인 3개의 근이 있다. 이런 특별한 상황은 예시의 목적으로 사용된다. 실제 문제에서 근은 일반적으로 정수가 아니다.

3.3.1 미분방정식 풀이를 위한 일반적인 절차

이제 라플라스 변환을 사용하여 미분 방정식을 푸는 일반적인 절차에 대해 알아보도록 하자. 이 절차는 그림 3.2와 같이 네 단계로 구성되어 있다.

풀이법은 중간 단계로 라플라스 변환을 사용하는 것을 포함하고 있다. 단계 2에서 찾은 변환이 표 3.1의 항목과 일치하면 단계 3은 건너 뛸 수 있다. 단계 3에서 D를 인수분해하기 위해 MATLAB, Mathematica 또는 Mathcad와 같은 소프트웨어를 활용할 수 있다(Chapra 및 Canale, 2014).

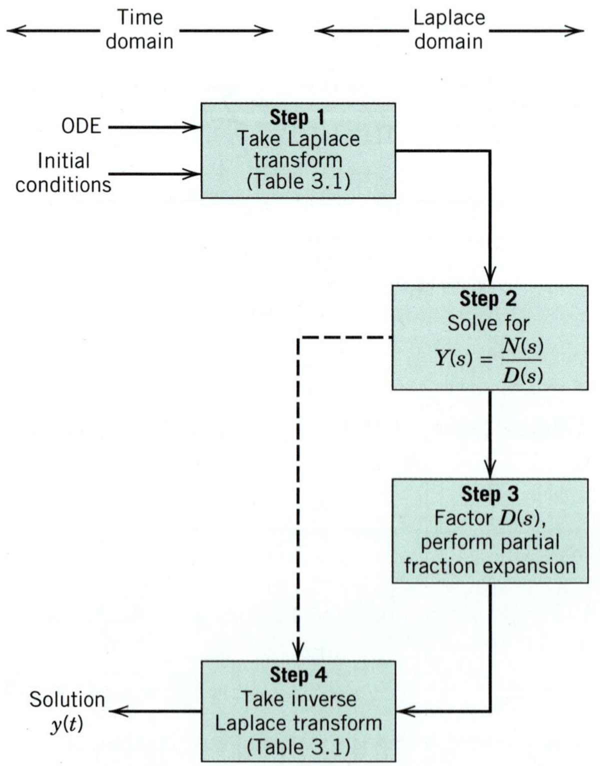

그림 3.2 라플라스 변환을 이용하여 상미분 방정식을 풀기 위한 일반적인 절차.

지금까지 식 3-36의 분모인 특성 방정식 $D(s)$가 실수이고 서로 다른 인수를 가진다고 가정하였다. 하지만, 인수는 반복될 수도 있고 복소수 형태가 될 수도 있다. 이 두 가지 특별한 경우에 대해서는 식 3-36의 부분분수 전개를 수정해야 한다. 수정 사항은 아래에 요약되어 있으며 부록 L에서 좀 더 자세히 다루고 있다.

반복되는 실수 인수

함수 $Y(s)$가 다음과 같은 형태를 가졌다고 가정하자.

$$Y(s) = \frac{1}{(s+b)^n} \tag{3-43}$$

여기서 n은 양의 정수이다. 표 3.1의 7번 항목에 식 3-43의 역라플라스 변환이 나타나 있다.

$$y(t) = \frac{t^{n-1}e^{-bt}}{(n-1)!} \qquad (n > 0) \tag{3-44}$$

식 3-43의 적절한 부분분수 전개는 다음과 같다.

$$Y(s) = \frac{\alpha_n}{(s+b)^n} + \frac{\alpha_{n-1}}{(s+b)^{n-1}} + \cdots + \frac{\alpha_1}{s+b} \tag{3-45}$$

일반적으로 함수 $X(s)$가 다음과 같은 형태를 가지면,

$$X(s) = \frac{N(s)}{D(s)} \frac{1}{(s+b)^n} \tag{3-46}$$

부분분수 전개는 다음과 같은 형태를 가진다.

$$\frac{N(s)}{D(s)} \frac{1}{(s+b)^n} = \cdots \frac{\alpha_n}{(s+b)^n} + \frac{\alpha_{n-1}}{(s+b)^{n-1}} + \cdots + \frac{\alpha_1}{s+b} + D(s)\text{의 인수에 기반한 항} \tag{3-47}$$

여기서 계수 α_i를 결정하는 절차는 부록 L에 제시되어 있다.

식 3-43과 3-44는 중요한 통찰력을 제공하고 있다.

> $Y(s)$에 대해 반복적인 실수 인수는 시간 영역 표현식 $y(t)$에서 비진동항이 된다. 만약 $b < 0$이면 이 항들은 $t \to \infty$에서 무한대가 된다.

복소수 인수

부분분수 전개에서 중요한 특별한 경우는 함수 $Y(s)$가 인수분해 되었을 때 다음과 같은 형태의 인수가 있는 경우이다.

$$\frac{c_1 s + c_0}{s^2 + d_1 s + d_0} \tag{3-48}$$

여기서

$$\frac{d_1^2}{4} < d_0 \tag{3-49}$$

그러면 식 3-49의 두 근은 복소수가 되며 다음과 같이 적을 수 있다.

$$r_1, r_2 = R \pm Ij \tag{3-50}$$

여기서 R은 두 근의 실수부, I는 두 근의 허수부가 된다.

부록 L에 보인 것처럼 식 3-48은 *2차식의 평방화*로 알려진 절차를 사용하여 식 3-51의 우변에 있는 표준 형태로 변환할 수 있다.

$$\frac{c_1 s + c_0}{s^2 + d_1 s + d_0} = \frac{a_1(s+b) + a_2}{(s+b)^2 + \omega^2} \tag{3-51}$$

표 3.1에 있는 항목 17번과 18번은 식 3-51 우변의 역라플라스 변환을 나타낸다.

$$a_1 e^{-bt} \cos \omega t + \frac{a_2}{\omega} e^{-bt} \sin \omega t \tag{3-52}$$

따라서 식 3-48, 3-51 및 3-52는 다음과 같은 중요한 통찰력을 제공한다.

> $Y(s)$의 복소수 인수는 시간 영역 표현식 $y(t)$에서 진동항이 된다.

3.4 라플라스 변환의 다른 특성들

이번 절에서는 공정 동역학 및 제어에 유용한 몇 가지 라플라스 변환의 특성에 대해서 알아본다.

3.4.1 최종값 정리

$y(\infty)$와 같이 큰 시간 값들에 대한 $y(t)$의 점근적인 값들은 식 3-53으로부터 구할 수 있다. 식 3-53은 모든 $R_e(s) \geq 0$(s의 실수부가 0 이상의 양수일 때)에 대해서 $\lim_{s\to 0}[sY(s)]$이 존재함을 보여주고 있다.

$$\lim_{t\to\infty} y(t) = \lim_{s\to 0}\,[sY(s)] \tag{3-53}$$

식 3-53의 *최종값 정리*(Final value theorem)는 미분식의 라플라스 변환(식 3-9)을 이용하여 증명할 수 있다.

$$\int_0^{\infty} \frac{dy}{dt} e^{-st} dt = sY(s) - y(0) \tag{3-54}$$

여기서 $s \to 0$인 극한을 취하고 dy/dt가 연속이고 $sY(s)$가 모든 $R_e(s) \geq 0$에 대하여 극한을 가진다고 가정하면 다음 식이 성립한다.

$$\int_0^{\infty} \frac{dy}{dt} dt = \lim_{s\to 0}\,[sY(s)] - y(0) \tag{3-55}$$

좌변을 적분하고 단순화하면 다음과 같이 된다.

$$\lim_{t\to\infty} y(t) = \lim_{s\to 0}\,[sY(s)] \tag{3-56}$$

$y(t)$가 $t \to \infty$에 대해 무한대의 값을 가지면 식 3-56은 오차가 발생한다. 예를 들어, $Y(s) = 1/(s\text{-}5)$이면 식 3-56은 $y(\infty) = 0$인 결과를 보여준다. 그러나 이 경우에 $y(t) = e^{5t}$이며 이 식은 $t \to \infty$에서 무한대의 값을 가진다. 그러나 식 3-53은 여기에 적용될 수 없다. 그 이유는 $sY(s) = s/(s-5)$가 모든 s의 실수부 ≥ 0에 대해서 극한을 가지지 않기 때문이다 $(s = 5$일 때).

3.4.2 초기값 정리

최종값 정리와 비슷한 방식으로 초기값 정리(Initial value theorem)는 다음과 같이 정리된다.

$$\lim_{t\to 0} y(t) = \lim_{s\to\infty}\,[sY(s)] \tag{3-57}$$

이 정리에 대한 증명은 식 3-53에서 3-56까지의 증명과 비슷하다. 이 정리 역시 $y(t)$가 연속이어야 한다. 이 정리에 대한 증명은 독자들이 연습으로 해보길 권한다.

예제 3.3

예제 3.1에서 유도된 변환에 대해 초기값 및 최종값 정리를 적용하여라.

$$Y(s) = \frac{5s+2}{s(5s+4)} \tag{3-58}$$

풀이

초기값 정리

$$y(0) = \lim_{s\to\infty}[sY(s)] = \lim_{s\to\infty}\frac{5s+2}{5s+4} = 1 \tag{3-59a}$$

최종값 정리

$$y(\infty) = \lim_{s\to 0}[sY(s)] = \lim_{s\to 0}\frac{5s+2}{5s+4} = 0.5 \tag{3-59b}$$

식 3-19에 주어진 초기 조건이 초기값에 해당한다. 최종값인 0.5는 식 3-30의 시간 영역 해와 동일하다. 초기값 및 최종값 정리는 라플라스 변환의 해를 구하는 과정에서 일어날 수 있는 수학적 오차를 검토하는 데 유용하다.

예제 3.4

다음과 같이 3차 미분방정식에 의해 설명되는 공정이 있다.

$$\frac{d^3y}{dt^3} + 6\frac{d^2y}{dt^2} + 11\frac{dy}{dt} + 6y = 4u \tag{3-60}$$

y, dy/dt 및 dy^2/dt^2에 관한 모든 초기 조건은 0으로 동일하다. u에 두 단위만큼 계단 변화가 일어나면 시간 영역의 정상 상태 결과는 최종값 정리의 결과와 동일함을 보이시오.

풀이

만약 $u = 2$이면, y에 대한 정상 상태 결과는 모든 미분항을 0으로 두고 u를 2로 치환하면 구할 수 있다. 따라서,

$$6y = 8 \qquad \text{또는} \qquad y = 4/3 \tag{3-61}$$

식 3-60에 대한 라플라스 변환은 다음과 같이 된다.

$$(s^3 + 6s^2 + 11s + 6)Y(s) = 8/s \tag{3-62}$$

$$Y(s) = \frac{8}{s^4 + 6s^3 + 11s^2 + 6s} \tag{3-63}$$

최종값 정리의 한 가지 장점은 $y(t)$의 해석적인 해를 구할 필요가 없다는 것이다. 대신에 간단히 식 3-56을 $Y(s)$의 변환에 적용하면 다음과 같이 된다.

$$\lim_{s\to 0} sY(s) = \lim_{s\to 0}\frac{8}{s^3 + 6s^2 + 11s + 6} = \frac{8}{6} = \frac{4}{3} \tag{3-64}$$

이는 식 3-61에서 얻은 해와 같다. 부분분수 전개로부터 얻을 수 있는 시간 영역의 해는 다음과 같다.

$$y = 4/3 - 2e^{-t} + 2e^{-2t} - 2/3e^{-3t} \tag{3-65}$$

$t \to \infty$일 때, 첫 번째 항만 남으며 이것은 식 3-64에 보인 최종값 정리의 결과와 같다.

3.4.3 적분 변환

때때로, 시간에 대해 적분된 형태인 함수의 라플라스 변환을 찾을 필요가 있다.

적분 변환은 다음과 같이 주어진다.

$$\mathscr{L}\left\{\int_0^t f(t^*)dt^*\right\} = \frac{1}{s}F(s) \tag{3-66}$$

시간 함수의 적분에 대한 라플라스 변환은 라플라스 변환된 함수를 s로 나눈 것이다. 시간 함수에 대한 미분의 라플라스 변환은 이 식과 역의 관계 즉, s를 곱하면 된다는 것은 이미 식 3-9에서 설명하였다.

3.4.4 시간 지연(시간 방향으로의 이동)

시간 지연은 공정 동역학 및 제어에서 중요한 역할을 한다. 시간 지연은 일반적으로 유체가 관을 통과하는 데 필요한 운송 시간에 의해 발생한다. 2장에서 다뤘던 교반 탱크 가열 시스템에 대해서 생각해보자. 열전쌍 하나가 교반 탱크의 출구 흐름에 위치하고 있고 두 번째 열전쌍은 액체 흐름의 하류 방향으로 짧은 거리(L = 10 m)만큼 떨어진 위치에 설치하였다고 가정하자. 가열 시스템은 초기에는 꺼져 있다가 $t = 0$일 때 켜진다. 관 내에서는 혼합이 없고(액체는 플러그 흐름을 가진다.) 관으로부터의 열 손실은 없으며, 두 열전쌍의 온도 반응의 형태가 동일하다고 가정하자. 하지만 두 번째 센서의 응답은 시간 방향으로의 이동, 즉 시간 지연이 나타난다. 액체의 속도가 v = 1 m/s인 경우 시간 지연 ($\theta = L/v$)은 10 s가 된다. 첫 번째 센서의 과도 온도 응답을 $f(t)$, 두 번째 센서의 온도 응답을 $f_d(t)$라고 하자. 그림 3.3은 이 둘 사이의 연관성을 보여준다. $t < t_0$일 때 $f_d = 0$이다. 따라서 f_d와 f는 다음과 같은 연관성을 가진다.

$$f_d(t) = f(t-\theta)S(t-\theta) \tag{3-67}$$

f_d는 함수 $f(t)$가 θ 시간 단위만큼 지연된 것이다. 단위 계단 함수 $S(t-\theta)$는 $t < \theta$인 모든 값에 대해 $f_d(t) = 0$을 명시적으로 보여주기 위해 포함되었다. $\mathscr{L}(f(t)) = F(s)$인 경우 시간 지연 함수의 라플라스 변환은 다음과 같이 유도할 수 있다.

$$\begin{aligned}\mathscr{L}(f_d(t)) = \mathscr{L}(f(t-\theta)S(t-\theta)) &= \int_0^\infty f(t-\theta)S(t-\theta)e^{-st}dt \\ &= \int_0^\theta f(t-\theta)(0)e^{-st}dt + \int_\theta^\infty f(t-\theta)e^{-st}dt \\ &= \int_\theta^\infty f(t-\theta)e^{-s(t-\theta)}e^{-s\theta}d(t-\theta)\end{aligned} \tag{3-68}$$

$(t-\theta)$는 적분에 관한 임의의 변수이므로 t^*로 대체할 수 있다.

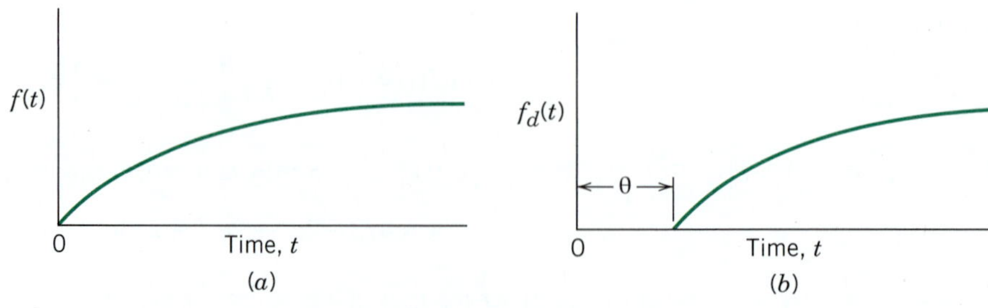

그림 3.3 시간 지연이 있는 시간 함수와 없는 시간 함수. (*a*) 원래함수(시간 지연 없음), (*b*) 시간 지연 θ가 있는 함수.

$$\mathcal{L}(f(t)) = e^{-s\theta}\int_0^\infty f(t^*)e^{-st^*}dt^* \tag{3-69}$$

따라서 다음과 같은 *제 2 이동 정리*를 얻을 수 있다.

$$F_d(s) = \mathcal{L}(f(t-\theta)S(t-\theta)) = e^{-s\theta}F(s) \tag{3-70}$$

$e^{-s\theta}$(시간 지연)항을 포함하는 역변환의 경우 다음 절차를 따르면 쉽게 결과를 얻을 수 있으며 또한 지연된 시간 인수를 다루는 함정을 피할 수 있다. 먼저 라플라스 변환부터 시작한다.

$$Y(s) = e^{-s\theta}F(s) \tag{3-71}$$

1. 일반적인 방법으로 $F(s)$를 역변환 한다. 즉, 부분분수 전개를 수행하고 $f(t)$를 찾는다.

2. $f(t)$ 내의 모든 t를 $(t-\theta)$로 바꾸어 $y(t) = f(t-\theta)$를 구한다. 그런 다음 이동된 단위 계단 함수 $S(t-\theta)$를 곱하여 $y(t) = f(t-\theta)S(t-\theta)$를 구한다.

예제 3.5

다음과 같이 라플라스 변환된 함수의 역라플라스 변환을 찾으시오.

$$Y(s) = \frac{1+e^{-2s}}{(4s+1)(3s+1)} \tag{3-72}$$

풀이

식 3-72는 다음과 같이 두 항으로 나눌 수 있다.

$$Y(s) = Y_1(s) + Y_2(s) \tag{3-73}$$

$$= \frac{1}{(4s+1)(3s+1)} + \frac{e^{-2s}}{(4s+1)(3s+1)} \tag{3-74}$$

$Y_1(s)$의 역라플라스 변환은 표 3.1로부터 직접 구할 수 있다.

$$y_1(t) = e^{-t/4} - e^{-t/3} \tag{3-75}$$

$Y_2(s) = e^{-2s}Y_1(s)$이기 때문에 식 3-75에서 t를 $(t-2)$로 치환하면 $Y_2(s)$의 역라플라스 변환은 바로 구할 수가 있다.

$$y_2(t) = [e^{-(t-2)/4} - e^{-(t-2)/3}]S(t-2) \tag{3-76}$$

따라서, 최종적인 역라플라스 변환은 다음과 같이 된다.

$$y(t) = e^{-t/4} - e^{-t/3} + [e^{-(t-2)/4} - e^{-(t-2)/3}]S(t-2) = y_1(t) + y_2(t) \tag{3-77}$$

식 3-77은 특정 t의 값에 대해 특별한 어려움 없이 수치적으로 계산할 수 있다. 식 3-77에서 $t < 2$일 때는 단위 계단 함수에 의해 괄호 안의 값에 0이 곱해지고, $t \geq 2$일 때는 1이 곱해진다. 단위 계단 함수와 동등하지만 좀 더 간단한 방법은 시간이 음수가 아닌 경우에만 괄호 안의 시간함수의 기여도를 평가하는 것이다. 식 3-77을 표현하는 또 다른 방법은 각각 특정 시간 간격에 대해 적용 가능한 두 개의 식으로 나타내는 것이다.

$$0 \leq t < 2: \quad y(t) = e^{-t/4} - e^{-t/3} \tag{3-78}$$

및

$$t \geq 2: \quad y(t) = e^{-t/4} - e^{-t/3} + [e^{-(t-2)/4} - e^{-(t-2)/3}] = e^{-t/4}(1+e^{2/4}) - e^{-t/3}(1+e^{2/3}) = 2.6487e^{-t/4} - 2.9477e^{-t/3} \tag{3-79}$$

식 3-78 및 3-79는 $t = 2$에서 $y(t)$가 연속이기 때문에 $t = 2$에서 동일한 결과를 보여준다.

3.5 과도 응답의 예시

4장에서는 과도 응답을 계산하기 위해 라플라스 변환을 사용하는 표준화된 접근 방식에 대해 알아볼 것이다. 하지만, 과도 응답 상황의 예를 좀 더 자세히 분석할 수 있는 도구가 이미 있다. 예제 3.6은 물리적인 공정의 동특성을 조사하기 위한 라플라스 변환의 많은 특징을 보여주고 있다.

예제 3.6

Ideal Gas Company (IGC)는 그림 3.4에 나타나 있는 고정된 부피의 교반 탱크 반응기를 가지고 있다. 반응기를 담당하는 3명의 IGC 엔지니어(Kim Ng, Casey Gain 및 Tim Delay)는 탱크 내 교반의 적절성에 대해 우려하고 있으며 무반응 영역(dead zone) 또는 편류(channeling)가 존재하는지 여부를 결정하기 위해 표지 물질 검사를 실행하고자 한다.

그들은 반응이 일어나지 않을 정도로 충분히 낮은 온도에서 반응기를 작동시킨 다음 검사 목적으로 공급 원료의 농도에 직사각형 펄스를 적용하는 계획을 가지고 있다. 또한 출구 농도를 측정하기 위해 출구 라인에 있는 장비가 사용 가능하다.

검사를 수행하기 전에, 엔지니어들은 반응기에서 실제로 완벽한 교반이 일어날 때 예상되는 결과에 대해 예측하고 싶다. 공급 원료 농도의 변화에 대한 직사각형 펄스 입력은 출구 농도의 변화 결과가 정확하게 측정될 정도로 충분히 커야한다는 제한과 함께 사용된다.

표 3.2 교반 탱크 시스템 및 운전 조건.

부피	$= 4\ \mathrm{m}^3$
유량 q	$= 2\ \mathrm{m}^3/\mathrm{min}$
명목 공급 원료 농도 c_i	$= 1\ \mathrm{kg\ mol/m}^3$

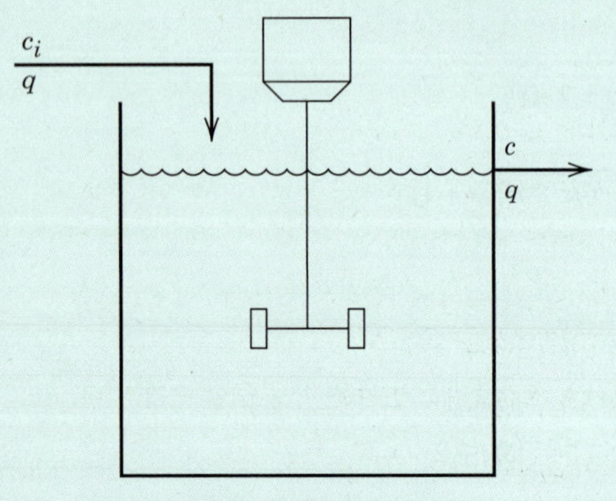

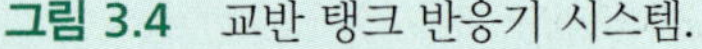

그림 3.4 교반 탱크 반응기 시스템.

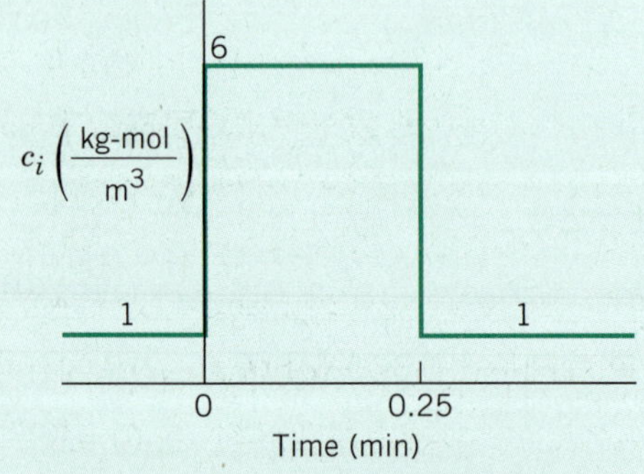

그림 3.5 반응물 농도에 대한 입력 펄스.

반응기 시험을 위한 작동 조건은 표 3.2에 주어졌다. 그림 3.5는 반응기의 입력 유량을 일정하게 유지하면서 만들 수 있는 제안된 펄스 변화(지속시간 0.25분)를 나타내고 있다. 이론적 분석의 한 부분으로 Kim, Casey 및 Tim은 직사각형 펄스에 대한 출구 농도의 반응 $c(t)$가 같은 크기를 가지는 임펄스 입력에 대한 응답에 얼마나 근접할 수 있는지 알고 싶다. 이러한 고려 사항을 기반으로 그들은 다음 정보를 확보해야 한다.

(a) 그림 3.5의 직사각형 펄스와 동일한 임펄스 입력의 크기

(b) 임펄스 및 직사각형 입력에 대한 반응물 농도의 출구 응답

풀이

단일 CSTR에 대한 반응기 모델은 식 2-66에 주어져 있다.

$$V\frac{dc}{dt} = q(c_i - c) - Vkc \tag{2-66}$$

여기서 c는 성분 A의 반응물 농도이다. 이 예제에서는 반응에 대한 부분은 무시할 수 있기 때문에($k = 0$) 반응기는 단순히 연속 흐름 교반기이다. 문제에서 주어진 값들을 대입하면 다음과 같이 된다.

$$4\frac{dc}{dt} + 2c = 2c_i \tag{3-80}$$

만약 반응기가 초기에 정상 상태이면, 출구 및 입구 흐름의 농도는 같다.

$$c(0) = c_i(0) = 1 \text{ kg mo1/m}^3 \tag{3-81}$$

(a) 펄스 입력은 다음과 같이 설명될 수 있다.

$$c_i^P = \begin{cases} 1 & t < 0 \\ 6 & 0 \le t < 0.25 \text{ min} \\ 1 & t \ge 0.25 \text{ min} \end{cases} \tag{3-82}$$

식 3-82를 해석하는 편리한 방법은 일정한 입력 1에 높이가 5 kg mol/m^{3}인 직사각형 펄스가 더해진 것이다.

$$c_i^P = 6 \qquad \text{for} \qquad 0 \le t < 0.25 \text{ min} \tag{3-83}$$

식 3-83의 시간이 변하는 부분과 동일한 임펄스 입력의 크기는 단순히 직사각형 펄스를 적분한 것과 같다.

$$M = 5\frac{\text{kg mol}}{\text{m}^3} \times 0.25 \text{ min} = 1.25\frac{\text{kg mol} \cdot \text{min}}{\text{m}^3}$$

따라서, 직사각형 펄스와 동일한 임펄스 입력은 다음과 같이 나타난다.

$$c_i^\delta(t) = 1 + 1.25\delta(t) \tag{3-84}$$

비록 M의 단위는 물리적 의미는 거의 없지만 다음과 같이 유량과의 곱은 직사각형 펄스 또는 임펄스 입력에 의해 추가적으로 반응기에 공급된 반응물의 양으로 해석할 수 있다.

$$qM = 2\frac{\text{m}^3}{\text{min}} \times 1.25\frac{\text{kg mol} \cdot \text{min}}{\text{m}^3} = 2.5 \text{ kg mol}$$

(b) 식 3-80을 라플라스 변환해서 얻을 수 있는 임펄스 응답 $c(t)$는 다음과 같다($c(0) = 1$을 사용)

$$4sC(s) - 4(1) + 2C_1(s) = 2C_i(s) \tag{3-85}$$

식 3-85를 다시 정리하면 $C(s)$를 얻을 수 있다.

$$C(s) = \frac{4}{4s+2} + \frac{2}{4s+2}C_i(s) \tag{3-86}$$

식 3-84의 공급 원료 농도에 대한 임펄스 입력의 라플라스 변환은 다음과 같다.

$$C^\delta(s) = \frac{1}{s} + 1.25 \tag{3-87}$$

식 3-87을 식 3-86에 대입하면 다음과 같이 된다.

$$C^\delta(s) = \frac{2}{s(4s+2)} + \frac{6.5}{4s+2} \tag{3-88}$$

식 3-88은 표 3.1에 어떤 항목에도 해당되지 않는다. 하지만, 분모를 $\tau s + 1$의 형식으로 변환하면 다음과 같이 된다.

$$C^\delta(s) = \frac{1}{s(2s+1)} + \frac{3.25}{2s+1} \tag{3-89}$$

그리고 식 3-89의 역라플라스 변환은 표 3.1에 의해 바로 구할 수 있다.

$$c^\delta(t) = 1 - e^{-t/2} + 1.625e^{-t/2} = 1 + 0.625e^{-t/2} \tag{3-90}$$

직사각형 펄스에 대한 응답도 비슷한 방식으로 얻을 수 있다. 식 3-82에 주어진 직사각형 입력 펄스 입력에 대한 라플라스 변환은 식 3-15에 주어져 있다.

$$c_i^p(s) = \frac{1}{s} + \frac{5(1 - e^{-0.25s})}{s} \tag{3-91}$$

식 3-91을 식 3-86에 대입하고 $C^p(s)$에 대해서 풀어주면 다음을 얻을 수 있다.

$$C^p(s) = \frac{4}{4s+2} + \frac{12}{s(4s+2)} - \frac{10e^{-0.25s}}{s(4s+2)} \tag{3-92}$$

다시 한번 역변환에 적합한 형태로 정리해준다.

$$C^p(s) = \frac{2}{2s+1} + \frac{6}{s(2s+1)} - \frac{5e^{-0.25s}}{s(2s+1)} \tag{3-93}$$

식 3-93을 역변환하기 전에 $e^{-0.25s}$를 포함하는 항은 시간 방향으로의 이동을 포함하고 있다. 위에서 설명한 절차를 사용하여 다음과 같은 역변환을 얻을 수 있다.

$$c^p(t) = e^{-t/2} + 6(1 - e^{-t/2}) - 5[1 - e^{-(t-0.25)/2}]S(t - 0.25) \tag{3-94}$$

여기서 $S(t - 0.25)$는 시간 지연된 단위 계단 함수이다. 여기에는 두 가지 해가 있다. $t < 0.25$ min(또는 t_w)일 때는 시간 지연을 포함하는 가장 오른쪽 항은 0이 된다. 따라서, 해는 다음과 같이 된다.

$$t < 0.25 \text{ min:} \quad c^p(t) = e^{-t/2} + 6(1 - e^{-t/2}) = 6 - 5e^{-t/2} \tag{3-95}$$

$$t \geq 0.25 \text{ min:} \quad c^p(t) = e^{-t/2} + 6(1 - e^{-t/2}) - 5(1 - e^{-(t-0.25)/2}) = 1 - 5e^{-t/2} + 5e^{-(t-0.25)/2} \tag{3-96}$$

식 3-90, 3-95 및 3-96에 대한 그래프가 그림 3.6에 나와 있다. 직사각형 펄스의 응답은 $t > 0.25$ min일 때 임펄스의 응답에 상당히 근접하고 있다. 직사각형 펄스의 전체 효과는 $t = 0.25$ min까지 나타나지 않지만 이론적인 임펄스의 전체 효과는 $t = 0$에서 즉시 시작되기 때문에 $t < 0.25$ min 영역에서 근사값은 매우 좋을 수 없다.

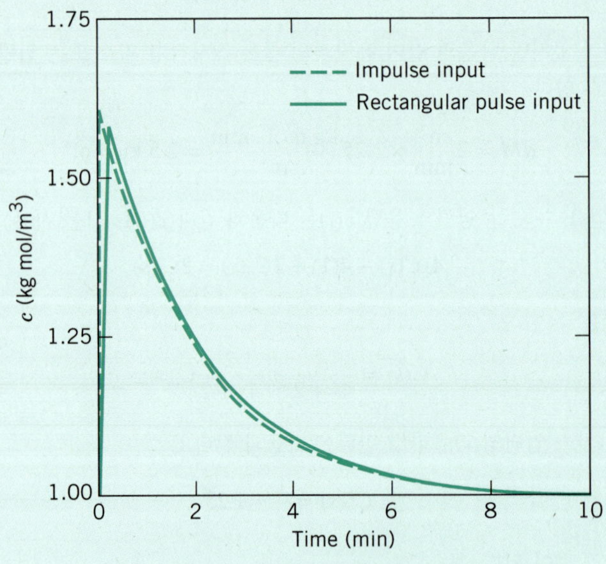

그림 3.6 공급 원료 농도 변화에 따른 반응기 응답.

3.6 기호 수식 문제를 풀기 위한 소프트웨어

이 장에서는 미분식에 기반한 동적 모델 응답의 해석학적 해를 라플라스 변환법을 사용하여 구하는 방법에 대해 알아보았다. 수치적 방법을 기반으로 하는 해와는 다르게 해석학적 해는 해의 구조와 모델 매개 변수의 변화 민감도에 대한 큰 통찰력을 제공한다. 그러나 해석학적 방법의 단점은 선형 모델과 소수의 특별한 비선형 모델에만 제한적으로 적용할 수 있다는 것이다. 대조적으로, 대부분의 비선형 동적 모델의 해는 수치적 방법을 통해서만 얻을 수 있다.

선형 동적 모델에 대한 해석학적 해는 기호 수식 문제를 위한 소프트웨어인 MATLAB(Mathworks, 2016), Mathematica(Wolfram, 2016) 및 Maple(Maplesoft, 2016)을 사용하여 얻을 수도 있다. 이번 절에서는 MATLAB Symbolic Math Toolbox를 사용하여 Laplace 변환 문제에 대한 해석학적 해를 얻는 방법에 관한 5가지 예제가 포함되어 있다.

예제 3.7

MATLAB Symbolic Toolbox의 `laplace` 명령어를 사용하여 $f(t) = \sin(2t)$의 라플라스 변환을 찾으시오.

풀이

명령창에 다음 명령어를 입력한다.

```
syms s t
laplace(sin(2*t), t, s)
```

`Syms` 명령어는 s와 t가 기호이며 수치적인 값을 가지지 않는다는 것을 나타낸다. $F(s)$에 대한 MATLAB의 해는 다음과 같이 나타난다.

```
ans = 2/(s^2 + 4)
```

$F(s)$에 대한 MATLAB의 해는 표 3.1의 14번 항목과 일치한다.

다음 예제는 기호 수식 문제에서 수치적 값을 가지지 않는 기호도 포함하여 다룰 수 있음을 보여준다.

예제 3.8

MATLAB Symbolic Toolbox의 `ilaplace` 명령어를 사용하여 다음 함수의 역라플라스 변환을 찾으시오.

$$Y(s) = \frac{s+1}{(s+a)(s+b)} \tag{3-97}$$

여기서 a와 b는 수치적 값을 가지지 않는다.

풀이

명령창에 다음 명령어를 입력한다.

```
syms s b a
ilaplace((s + 1)/((s + a)*(s + b)))
```

`Syms` 명령어는 세 가지 기호가 수치적 값을 가지지 않는다는 것을 나타낸다.

$y(t)$에 대한 MATLAB의 해는 다음과 같이 나타난다.

```
ans = (exp(-a*t)*(a - 1))/(a - b)
      -(exp(-b*t)*(b - 1))/(a - b)
```

이 해는 표 3.1의 11번 항목을 이용하여 검증할 수 있다.

다음으로, 라플라스 영역 함수의 분모가 켤레 복소근을 포함하는 경우에 대해 알아보자.

예제 3.9

MATLAB Symbolic Toolbox의 `ilaplace` 명령어를 사용하여 다음 함수의 역라플라스 변환을 찾으시오.

$$Y(s) = \frac{s+2}{s^2+s+1} \tag{3-98}$$

분모의 근은 켤레 복소근이며 $r_1, r_2 = -0.5 \pm j\frac{\sqrt{3}}{2}$ 으로 주어진다.

풀이

명령창에 다음 명령어를 입력한다.

```
sym s
ilaplace((s + 2)/(s^2 + s + 1))
```

$y(t)$에 대한 MATLAB의 해는 다음과 같이 나타난다.

```
ans = exp(-t/2)*(cos((3^(1/2)*t)/2) + 3^(1/2)*sin((3^(1/2)*t)/2
```

부록 L에 포함된 유도와의 비교를 통해 이 해를 검증할 수 있다.

다음 예제는 반복되는 근을 포함하는 경우이다.

예제 3.10

MATLAB Symbolic Toolbox의 `ilaplace` 명령어를 사용하여 다음 함수의 역라플라스 변환을 찾으시오

$$Y(s) = \frac{s+1}{s^2+4s+4} = \frac{s+1}{(s+2)^2} \tag{3-99}$$

풀이

명령창에 다음 명령어를 입력한다.

```
sym s
ilaplace((s + 1)/(s^2 + 4s + 4))
```

$y(t)$에 대한 MATLAB의 해는 다음과 같이 나타난다.

```
ans = exp(-2*t) - t*exp(-2*t)
```

이 해는 부록 L에 포함된 유도와의 비교를 통해 이 해를 검증할 수 있다.

MATLAB에서 복잡한 수식 표현은 `collect`, `expand` 및 `simplify`와 같은 명령어를 사용하여 단순화할 수 있다. 예를 들어 다음과 같은 표현을 생각해보자.

$$y = 2(x+1)^2 + 4(x+2)^3 + 7$$

우변의 항들은 `expand` 명령어를 사용하여 모을 수 있다.

```
syms x
y = 2*(x + 1)^2 + 4*(x + 2)^3 + 7
expand (y)
ans = 4*^3 + 26*x^2 + 41
```

예제 3.11

예제 3.6의 CSTR 모델에 대해 MATLAB Symbolic Math Toolbox를 사용하여 임펄스와 직사각형 펄스 입력에 대한 해를 구하시오.

풀이

(a) ***임펄스 응답***

식 3-89를 다시 정리한다.

$$C^{\delta}(s) = \frac{1 + 3.25s}{s(2s+1)} \tag{3-100}$$

MATLAB 명령창에 다음 명령어를 입력한다.

```
sim s
ilaplace((1 + 3.25*s)/(s*(2*s + 1)))
```

$c^{\delta}(t)$에 대한 MATLAB의 해는 다음과 같이 주어진다.

```
ans = (5*exp(-t/2))/8 + 1
```

따라서 임펄스 응답, $c^{\delta}(t)$는 다음과 같이 적을 수 있다.

$$c^{\delta}(t) = 1 + 0.625e^{-t/2} \tag{3-101}$$

이 해는 식 3-90의 해와 동일하다.

(b) *직사각형 응답*

식 3-93을 다음과 같이 재배열한다.

$$C^{p}(s) = \left(\frac{1}{2s+1}\right)\left(2 + \frac{6}{s} - \frac{5e^{-0.25s}}{s}\right) \tag{3-102}$$

MATLAB 명령창에 다음과 같은 명령어를 입력한다.

```
sym s
ilaplace((1/(2*s + 1))*(2 + 6/s
      -(5*exp(-0.25*s))/s))
```

$c^{p}(t)$에 대한 MATLAB의 해는 다음과 같다.

```
ans = 10*heaviside(t - 1/4)
      *(exp(1/8 - t/2)/2 - 1/2)
      - 5*exp(-t/2) + 6
```

여기서 "`heaviside(t - 1/4)`"는 시간 지연된 단위 계단 함수 $S(t - 1/4)$을 나타낸다. 약간의 단순화를 거치면 다음과 같은 표현을 얻을 수 있다.

$$c^{p}(t) = 6 - 5e^{-t/2} \quad \text{for} \quad t < 0.25 \text{ min} \tag{3-103}$$

$$c^{p}(t) = 1 + 5e^{-(t-0.25)/2} - 5e^{-t/2} \quad \text{for} \quad t \geq 0.25 \text{ min} \tag{3-104}$$

이 결과는 식 3-95와 3-96에 주어진 결과와 같다.

요약

이 장에서는 선형 미분방정식을 풀기 위한 라플라스 변환 기법의 적용에 대해서 알아보았다. 이 장에서 다뤘던 내용들은 일부 독자들에게는 익숙한 내용일 수 있지만, 라플라스 변환과 역변환에 대한 중요한 특성에 집중하고 변환을 더 쉽게 그리고 오차가 발생하지 않도록 하는 기술을 다루려고 노력하였다. 또한, 라플라스 변환 문제에 대해 소프트웨어를 사용하여 해를 얻는 방법도 소개되었다.

라플라스 변환의 사용은 연립 미분 방정식으로 구성된 모델의 해를 얻는 데도 확장되어 사용될 수 있다. 하지만 이러한 확장을 다루기 전에 전달함수로 설명되는 입력-출력 모델의 개념에 대해 소개한다. 다음 장에서 다루고 있는 미분 방정식 모델을 전달함수 모델로 변환하는 것은 방법론적으로 중요한 단순화를 나타내며 공정 모델링 및 제어시스템 설계에 광범위하게 활용할 수 있다.

참고문헌

Churchill, R. V., *Operational Mathematics*, 3rd ed., McGraw-Hill, New York, 1971.

Chapra, S. C., and R. P. Canale, *Numerical Methods for Engineers*, 7th ed., McGraw-Hill, New York, 2014.

Dyke, P. R. G., *An Introduction to Laplace Transforms and Fourier Series*, Springer-Verlag, New York, 1999.

Schiff, J. L., *The Laplace Transform: Theory and Application*, Springer, New York, 1999.

www.maplesoft.com (2016).

www.mathworks.com (2016).

www.wolfram.com (2016).

연습문제

3.1 다음 함수들에 대한 라플라스 변환을 표 3.1의 정보를 이용하여 찾으시오. (하지만, 주어진 함수들에서 일부 개별항은 라플라스 변환을 가지지 않을 수도 있다.)

(a) $f(t) = 5 + e^{-3t} + te^{-4t}$

(b) $f(t) = \sin(4t) + t - 3 + e^{-(t-3)} + 5/t$

(c) $f(t) = t\cos(4t) + t/5$

(d) $f(t) = (t-1)\cos(4(t-1)) + t^2$

3.2 그림 E3.2 및 E3.3의 입력 신호에 대한 라플라스 변환을 표 3.1의 구성 요소들을 더하여 유도하여라.

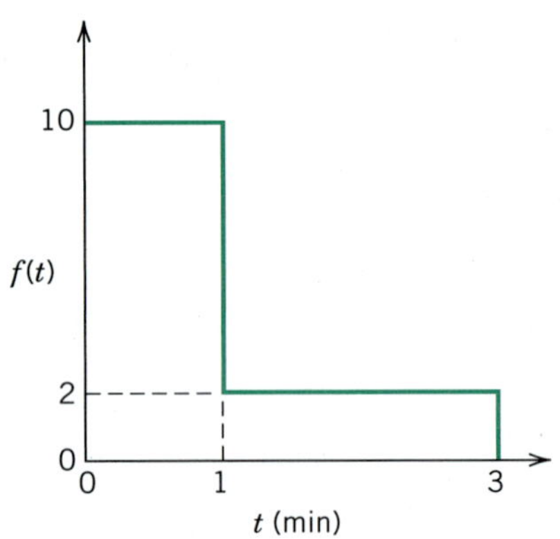

그림 E3.2

3.3 그림 E3.3은 펄스 함수 $u(t)$를 나타내고 있다.

(a) 그림 3.3에 나타난 정보로부터 펄스의 폭 t_w를 계산하여라.

(b) 표 3.1에서 변환을 얻을 수 있는 더 간단한 함수(일부는 시간 지연함수 일 수 있음)의 합으로 $u(t)$를 표현하시오.

(c) $U(s)$를 찾으시오.

(d) 펄스 아래의 면적은 얼마인가?

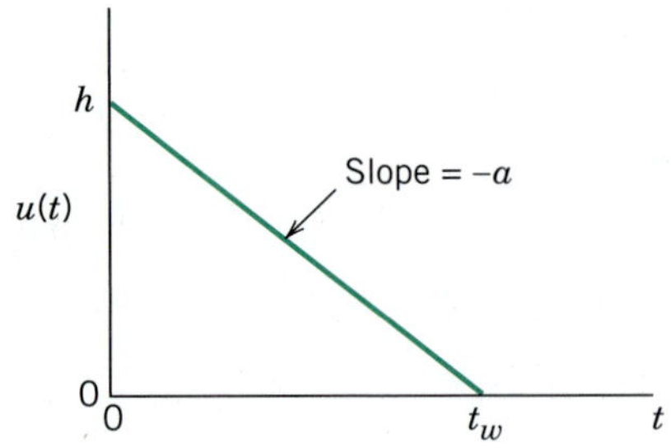

그림 E3.3 삼각형 펄스 함수.

3.4 공정에 대한 동적 모델이 다음과 같이 주어진다.

$$\frac{d^2y}{dt^2} + 6\frac{dy}{dt} + 8y = 3u(t)$$

여기서 $u(t)$는 입력 함수이며 $y(0)$ 및 $dy/dt(0)$은 모두 0이다. 다음 각 경우에 대한 해에서 시간 함수(예, $e^{-t/\tau}$)는 무엇인가?

(a) $u(t) = be^{-2t}$

(b) $u(t) = ct$

b와 c는 모두 상수이다.

주의: 주어진 경우들에 대해 $y(t)$를 찾을 필요는 없다. 단지 $y(t)$에 나타날 수 있는 시간 함수들만 결정하여라.

3.5 회분식 반응기의 운전개시 절차는 반응기 온도가 명목 작동 온도인 75 °C로 점진적으로 가열하는 단계를 포함하고 있다. 원하는 온도 분포가 그림 E3.5에 나타나 있다. $T(s)$는 무엇인가?

힌트: $T(t)$를 표 3.1의 개별 함수의 합으로 전개하여라. 이 중 일부는 시간 지연 함수(예: $f(t-\theta)$)일 수 있다.

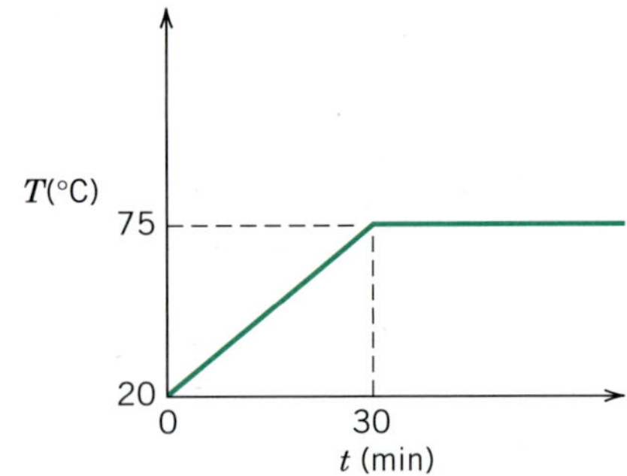

그림 E3.5

3.6 필요한 경우 부분분수 전개(PFE)를 이용하여 다음 함수들에 대한 $x(t)$를 찾으시오.

(a) $X(s) = \dfrac{s(s+1)}{(s+2)(s+3)(s+4)}$

(b) $X(s) = \dfrac{s+2}{(s+1)^2}$

(c) $X(s) = \dfrac{1}{s^2+s+1}$

(d) $X(s) = \dfrac{s+1}{s(s+4)(s+3)}e^{-0.5s}$

3.7 다음 s 영역의 함수를 부분분수로 각각 전개하시오.

(a) $Y(s) = \dfrac{6(s+1)}{s^2(s+1)}$

(b) $Y(s) = \dfrac{12(s+2)}{s(s^2+9)}$

(c) $Y(s) = \dfrac{(s+2)(s+3)}{(s+4)(s+5)(s+6)}$

(d) $Y(s) = \dfrac{1}{[(s+1)^2+1]^2(s+2)}$

3.8 주어진 적분 미분 방정식에 대해서 다음 질문에 답하시오.

$$\frac{d^2x}{dt^2} + 4\frac{dx}{dt} + 3x = 2\int_0^t e^{-\tau}d\tau$$
$$\text{with } \frac{dx}{dt}(0) = x(0) = 0$$

(a) $x(t)$를 찾으시오.

(b) t가 $t \to \infty$일 때 극한값은 무엇인가?

3.9 다음 각 경우에 대해서 $y(t)$에 나타날 시간 함수(예: $\sin 3t$, e^{-8t})를 결정하시오($y(t)$를 찾을 필요는 없다). 어떤 $y(t)$가 진동하는가? 큰 t 값에 대해 상수값을 가지는 $y(t)$는 어떤 것인가?

(i) $Y(s) = \dfrac{2}{s(s^2+4s)}$

(ii) $Y(s) = \dfrac{2}{s(s^2+4s+3)}$

(iii) $Y(s) = \dfrac{2}{s(s^2+4s+4)}$

(iv) $Y(s) = \dfrac{2}{s(s^2+4s+8)}$

(v) $Y(s) = \dfrac{2(s+1)}{s(s^2+4)}$

3.10 다음 방정식의 해를 구하고 이 중 수렴하는 것을 찾으시오. 어떤 방정식의 해가 진동하는가? y와 y의 미분항들의 초기 조건은 모두 0으로 가정하시오.

(a) $\dfrac{d^3x}{dt^3} + 2\dfrac{d^2x}{dt^2} + 2\dfrac{dx}{dt} + x = 3$

(b) $\dfrac{d^2x}{dt^2} - x = 2e^t$

(c) $\dfrac{d^3x}{dt^3} + x = \sin t$

(d) $\dfrac{d^2x}{dt^2} + \dfrac{dx}{dt} = 4$

주의: 위의 모든 미분 방정식은 특성 방정식에 하나의 공통 요소를 가지고 있다.

3.11 특정 화학 공정에 대한 미분 방정식 모델은 실험 데이터로부터 얻어진다.

$$\tau_1\tau_2\frac{d^2y}{dt^2} + (\tau_1+\tau_2)\frac{dy}{dt} + y = Ku(t)$$

여기서 τ_1 및 τ_2는 상수이며 $u(t)$는 입력 함수이다.

다음과 같은 경우 출력 $y(t)$에 대한 해의 시간 함수(예: e^{-t})는 무엇인가?(선택 사항: $y(t)$에 대한 해를 찾으시오.)

(a) $u(t) = aS(t)$ 크기 A 만큼 계단 변화

(b) $u(t) = be^{-t/\tau}$ $\tau \neq \tau_1 \neq \tau_2$

(c) $u(t) = ce^{-t/\tau}$ $\tau = \tau_1 \neq \tau_2$

(d) $u(t) = d\sin\omega t$ $\tau_1 \neq \tau_2$

3.12 라플라스 변환을 사용하여 다음 미분 방정식에 대한 완전한 시간 영역 해를 찾으시오.

(a) $\dfrac{d^3x}{dt^3} + 4x = e^t$ with $x(0) = 0,\quad \dfrac{dx(0)}{dt} = 0,\quad \dfrac{d^2x(0)}{dt^2} = 0$

(b) $\dfrac{dx}{dt} - 12x = \sin 3t\quad x(0) = 0$

(c) $\dfrac{d^2x}{dt^2} + 6\dfrac{dx}{dt} + 25x = e^{-t}\quad x(0) = 0,\quad \dfrac{dx(0)}{dt} = 0$

3.13 출력 변수 y와 입력 변수 u 사이의 동적 모델이 다음과 같이 표현될 수 있다.

$$\frac{d^2y(t)}{dt^2} + 3\frac{dy(t)}{dt} + y(t) = 4\frac{du(t-2)}{dt} - u(t-2)$$

(a) 이 시스템은 u에 임의의 변화가 생긴 후에 진동 응답을 보이는가?

(b) $u(t-2) = 1$일 때 y의 정상 상태 값은 무엇인가?

(c) 크기 1.5인 u의 계단 변화에 대한 $y(t)$는 무엇인가?

3.14 다음 방정식에 대해서

$$\ddot{y} + 5\dot{y} + 6y(t) = 7,\quad \dot{y}(0) = 0,\quad y(0) = 1$$

부분분수 전개를 사용하여 $y(t)$를 찾으시오.

3.15 다음 미분 방정식에 대한 해를 구하시오.

$$\frac{dx}{dt} + 4x = f(t)$$

여기서,

$$f(t) = \begin{cases} 0 & t < 0 \\ h & 0 \le t < 1/h \\ 0 & t \ge 1/h \end{cases}$$
$$x(0) = 0$$

$0 \le t \le 2$에서 $h = 1, 10, 100$ 및 $h \to \infty$인 극한 경우에 대한 해를 그래프로 나타내시오. 네 개의 그래프를 하나의 그림으로 나타내시오.

3.16 **(a)** 다음과 같은 미분 방정식이 있다.

$$\frac{d^2y}{dt^2} + 6\frac{dy}{dt} + 9y = \cos t$$

이 미분 방정식의 초기 값은 $y(0) = 1$, $y'(0) = 2$이다. $y(t)$를 찾지 않고 $Y(s)$를 구하시오. 해에 어떤 시간 함수가 나타나는지 결정하시오.

(b) 만약 $Y(s) = \dfrac{s+1}{s(s^2+4s+8)}$일 때, $y(t)$를 찾으시오.

3.17 라플라스 변환을 사용하여 다음 방정식 집합에 대한 해를 구하시오.

$$\frac{dy_1}{dt} + y_2 = x$$

$$\frac{dy_2}{dt} + 3y_2 = 2y_1$$

$x = e^{-t}$이며 초기 조건은 0이다.

3.18 연속 교반 탱크 반응기가 초기에 물로 가득차 있으며 입구 및 출구 부피 유량이 같은 값을 가지고 있다. 특정 시간에 작업자가 물 흐름을 차단하고 같은 부피 유량 q를 가지는 농도 $\bar{c}_i$의 가성 용액을 추가하였다. 액체의 부피 V가 일정할 때 이 공정의 동적 모델은 다음과 같이 된다.

$$V\frac{dc}{dt} + qc = q\bar{c}_i \quad c(0) = 0$$

여기서 $c(t)$는 출구 농도이다. $c(t)$를 계산하고 시간에 대한 함수로 그래프를 그려 보시오.

Data: $V = 2\ \text{m}^3$; $q = 0.4\ \text{m}^3/\text{min}$; $\bar{c}_i = 50\ \text{kg/m}^3$

3.19 액체 저장 설비가 다음과 같은 모델을 가진다.

$$\ddot{y} + 5\dot{y} + y(t) = 8\dot{u} + u(t)$$

여기서 y는 액위(m)이며 u는 입구 흐름의 유량(m^3/s)이다. 두 가지 모두 명목 정상 상태 값과의 차이로 정의된다. 따라서, 명목 정상 상태에서 $y = u = 0$이다. 또한, 모든 미분식들의 초기 값은 0이다.

(a) $u(t)$가 $t = 0$에서 0에서 1 m^3/s로 갑자기 변할 때, 액위의 반응 $y(t)$를 결정하시오.

(b) 탱크의 높이가 2.5 m일 때, 탱크가 넘치는가?

(c) (**b**)에서의 결과를 바탕으로 탱크가 넘치지 않는 최대 유량 변화 u_{max}를 구하시오(*힌트*: 중첩원리를 생각하시오).

3.20 연속으로 구성된 3개의 교반 탱크가 반응기로 사용되고 있다(그림 E3.20을 보시오.). 표지 물질 검사가 수행되는 동안 시스템으로 유입되는 일부 불활성(inert) 성분의 유량은 일정하게 유지된다. 각 탱크의 혼합은 완벽하며 부피는 일정하다고 가정한다.

(a) 각 탱크를 떠나는 표지 물질의 농도에 대한 식을 유도하시오. c_i는 첫 번째 탱크로 유입되는 표지 물질의 농도이다.

(b) c_i가 오랜 시간 동안 0으로 일정하였다. 작업자가 갑자기 탱크 1의 입구에 많은 양의 표지 물질을 주입하면 다음 각 경우에 $c_3(t)$의 형태는 어떻게 되겠는가?(즉, 어떤 형태의 시간 함수가 포함되겠는가?)

1. $V_1 = V_2 = V_3$

2. $V_1 \neq V_2 \neq V_3$

(c) 주입된 표지 물질의 양을 알 수 없는 경우 실험 데이터로부터 역으로 계산할 수 있는가? 어떻게 할 수 있겠는가?

3.21 연습 문제 3.20((**b**)의 **1**번)의 세 교반 탱크 시스템에 대해 다시 생각해보자. 기호 시스템 소프트웨어를 사용하여 $t = 0$에서 $c_i(t)$에 대해 직사각형 펄스가 발생한 후 탱크 3의 출구 농도 $c_3(t)$를 찾으시오. 펄스의 크기는 A이며 펄스의 폭은 t_w이다.

3.22 기호 소프트웨어 프로그램을 이용하여 다음 ODE를 푸시오.

$$\frac{d^4y}{dt^4} + 16\frac{d^3y}{dt^3} + 86\frac{d^2y}{dt^2} + 176\frac{dy}{dt} + 105y = 1$$

y 및 y의 미분항에 대한 모든 초기 값은 0이다.

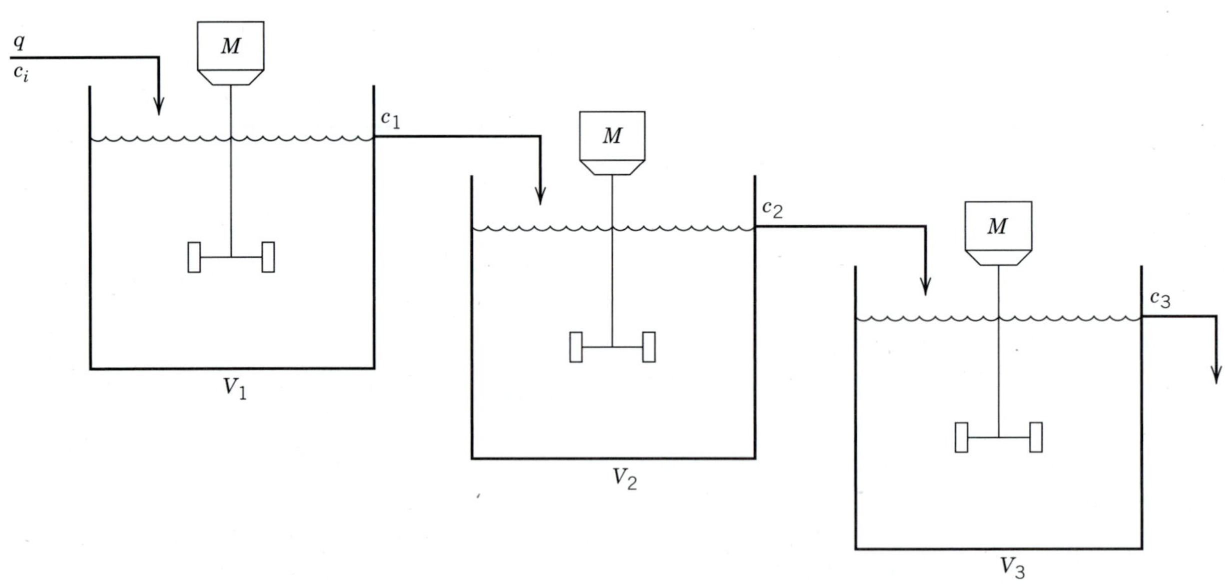

그림 E3.20

CHAPTER 04

전달함수 모델

Transfer Function Models

학습목차 *Chapter Contents*

4.1 전달함수 모델 개요
4.2 전달함수의 성질
4.2.1 전달함수의 가산성
4.2.2 전달함수의 곱셈 속성
4.3 비선형 모델의 선형화
요약

2장과 3장에서는 상미분방정식(ODE) 형태의 동적 모델에 대해 다루었다. 이 장에서는 라플라스 변환을 기반으로 하는 대체 모델 형식인 *전달함수 모델*을 소개하고자 한다. 두 가지 유형의 모델 모두 입력 변수가 변경된 후의 공정의 동적 거동에 대해서 결정할 수 있다. 전달함수 역시 나중에 다루게 될 공정 시스템의 설계 및 분석에 중요한 역할을 한다.

전달함수 모델은 두 가지 공정 변수인 종속 변수(또는 *출력 변수*)와 독립 변수(또는 *입력 변수*)의 동적 관계를 특성화한다. 예를 들어, 연속 화학 반응기에서 출력 변수는 출구 농도일 수 있으며, 입력 변수는 유입 원료의 유량이 될 수 있다. 따라서 입력은 "원인"으로 출력은 "영향"으로 간주될 수 있다. 전달함수 모델은 선형 ODE에 의해 모델링 될 수 있는 공정과 같이 선형 동적 거동을 보이는 공정에만 직접 적용할 수 있다. 공정이 비선형이면 전달함수는 4.3절에 설명된 근사 선형 모델을 제공할 수 있다.

4.1 전달함수 모델 개요

그림 4.1은 단일 입력 변수 u와 단일 출력 함수 y의 동적 모델을 보여준다.

u와 y의 관계를 나타내는 시간 영역 모델은 ODE이다. 선형 ODE의 경우, 라플라스 영역에 동등한 모델인 전달함수 모델이 있다. 정의에 의해 u와 y에 대한 전달함수는 다음과 같이 된다.

$$G(s) = \frac{Y(s)}{U(s)} \tag{4-1}$$

여기서 $Y(s) = \mathcal{L}\{y(t)\}$이고 $U(s) = \mathcal{L}\{u(t)\}$이다.

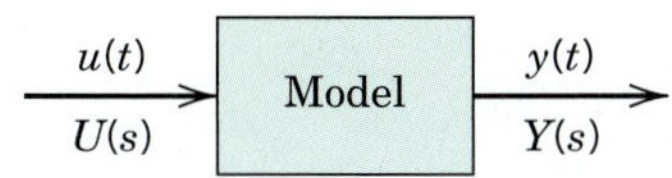

그림 4.1 입력–출력 모델.

식 4.1에서 전달함수는 물리적 변수 y와 u로 표현된다. 그러나 일반적으로 명목 정상 상태로부터의 편차를 나타내는 *편차 변수*로 전달함수를 표현하는 것이 편리하다. 예를 들어, y와 u에 대한 편차 변수는 다음과 같이 정의된다.

$$y' \triangleq y - \bar{y} \qquad \text{그리고} \qquad u' \triangleq u - \bar{u} \tag{4-2}$$

여기서, y'와 u'는 편차 변수를 나타내며 $\bar{y}$와 $\bar{u}$는 명목 정상 상태의 값을 나타낸다.

예제 4.1은 전달함수 모델을 ODE 모델로부터 쉽게 유도할 수 있음을 보여준다.

예제 4.1

2.4.5절의 액체 저장 공정에 대해 생각해보자. 동적 모델은 식 2-57에 주어진 선형 일차 ODE로 구성되어 있다.

$$A\frac{dh}{dt} = q_i - \frac{1}{R_v}h \tag{2-57}$$

여기서 h는 액위이며, q_i는 입구 유량, A와 R_v는 상수이다.

(a) h와 q_i 사이의 전달함수를 유도하시오 (편차 변수를 사용하여라.).

(b) 전달함수 모델을 사용하여 $t = 0$에서 크기 M인 q_i의 단계 변화에 대한 응답 $h(t)$를 결정하시오.

풀이

(a) 이 예제에서 두 가지 편차 변수 h'와 q_i'를 사용한다.

$$h' \triangleq h - \bar{h} \qquad \text{그리고} \qquad q_i' \triangleq q_i - \bar{q}_i \tag{4-3}$$

편차 변수는 동적 모델 자체에서 동적 모델의 정상 상태 식을 빼서 적용할 수 있다. 식 2-57의 정상 상태 식은 다음과 같다.

$$0 = \bar{q}_i - \frac{1}{R_v}\bar{h} \tag{4-4}$$

식 2-57에서 식 4-4를 빼면 다음과 같이 된다.

$$A\frac{dh}{dt} = (q_i - \bar{q}_i) - \frac{1}{R_v}(h - \bar{h}) \tag{4-5}$$

$\bar{h}$는 상수이므로 식 4-3에 의해 다음이 성립한다.

$$\frac{dh'}{dt} = \frac{d(h - \bar{h})}{dt} = \frac{dh}{dt} \tag{4-6}$$

식 4-6을 식 4-5의 좌변에 대입하고 식 4-5에 식 4-3을 적용하면 편차변수 형태의 동적 모델을 얻을 수 있다.

$$A\frac{dh'}{dt} = q_i' - \frac{1}{R_v}h' \tag{4-7}$$

다음으로 액체 저장 시스템이 초기에 명목 정상 상태에 있다고 가정하자. 따라서 $h(0) = \bar{h}$이고 식 4-3으로부터 $h'(0) = h(0) - \bar{h} = h(0) - h(0) = 0$이 된다. 식 4-7의 양변에 대해 라플라스 변환을 수행하면 다음 식을 얻을 수 있다.

$$A\,[sH'(s) - \cancel{h'(0)}] = Q_i'(s) - \frac{1}{R_v}H'(s) \tag{4-8}$$

이 식을 재배열하면 원하는 전달함수 $G(s)$를 얻을 수 있다.

$$G(s) = \frac{H'(s)}{Q_i'(s)} = \frac{R_v}{AR_v s + 1} \tag{4-9}$$

(b) 계단 응답을 유도하기 위해서 먼저 식 4-9를 재배열한다.

$$H'(s) = \left(\frac{R_v}{AR_v s + 1}\right) Q_i'(s) \tag{4-10}$$

$t = 0$에서 크기 M인 계단 변화에 대해, $u_i(t) = M$이며, $Q_i(s) = M/s$이다. 이 값들을 식 4-10에 대입하면 다음 식을 얻는다.

$$H'(s) = \left(\frac{R_v}{AR_v s + 1}\right)\frac{M}{s} \tag{4-11}$$

라플라스 변환표(표 3.1)로부터 식 4-11에 대한 역라플라스 변환을 취하면 다음과 같이 액위 응답을 얻을 수 있다.

$$h'(t) = R_v M(1 - e^{-t/AR_v}) \tag{4-12}$$

식 4-3을 치환하고 재배열하면 다음과 같은 원하는 응답을 얻을 수 있다.

$$h(t) = \overline{h} + h'(t) = \overline{h} + R_v M(1 - e^{-t/AR_v}) \tag{4-13}$$

이 예제는 전달함수 모델을 사용하여 입력 q_i의 계단 변화에 대해 액위 반응 $h(t)$를 유도할 수 있음을 보여주고 있다. 또한, 입력 $q_i(t)$의 임의의 변화에 대한 응답도 식 4-10에서 $Q_i(s)$를 대체한 후 계산할 수 있다. 이로부터 다음과 같은 일반적인 사실을 알 수 있다.

전달함수의 주요한 성질

모든 전달함수에 대해 다음이 성립한다.

$$\frac{Y(s)}{U(s)} = G(s) \tag{4-14}$$

출력 반응 $y(t)$는 라플라스 변환을 가지는 모든 입력 변화 $u(t)$에 대해 결정될 수 있다.

예제 4.1에서 설명된 유도에서 다음과 같은 두 가지 질문을 생각해 볼 수 있다.

1. 왜 편차변수를 사용하는가? 편차변수보다 단순히 물리적 변수를 고려하지 않는 이유는 무엇인가?
2. 유도를 하기 위해 공정이 초기에 정상 상태에 있다고 가정하였다. 전달함수 분석은 다른 초기 조건에 사용할 수 있는가?

이어지는 두 개의 예제가 이 질문들에 대한 답을 제공하고 있다.

예제 4.2

편차변수 대신 물리적 변수를 사용하여 예제 4.1의 액체 저장 시스템에 대한 전달함수 모델을 유도하여라.

풀이

식 2-57에 대해 라플라스 변환을 취하면 다음과 같은 식을 얻을 수 있다.

$$A[sH(s) - h(0)] = Q_i(s) - \frac{1}{R_v}H(s) \tag{4-15}$$

재배열하면 다음과 같이 된다.

$$\frac{H(s)}{Q_i(s)} = \frac{R_v}{AR_v s + 1} + \left(\frac{AR_v}{AR_v s + 1}\right)\left(\frac{h(0)}{Q_i(s)}\right) \tag{4-16}$$

식 4-16은 오차가 없지만 $Q_i(s)$가 우변에 나타나고 탱크가 초기에 비어 있지 않으면(매우 제한적인 조건에 해당됨) $h(0) \neq 0$이기 때문에 다루기 어렵다. 편차 변수에 기반한 전달함수 유도는 초기 조건이 정상 상태인 훨씬 덜 제한적인 가정에 기반한다(예제 4.1 참조). 따라서 전달함수 분석을 위해 물리적 변수보다 편차 변수를 사용하는 것이 더 편리하다.

예제 4.3

전달함수 분석이 공정이 초기에 정상 상태가 아닌 상황에도 적용될 수 있음을 보여라. 예제 4.1의 액체 저장 시스템을 이용하여 설명하라.

▶ 풀이

식 4-9의 전달함수는 초기 조건을 포함하지 않는다. 그러나 초기 조건은 주어진 전달함수 모델을 동등한 ODE 모델로 변환하여 도입할 수 있다. 식 4-9를 다음과 같이 재배열한다.

$$H'(s)(AR_v s + 1) = R_v Q_i'(s) \tag{4-17}$$

양변에 역라플라스 변환을 취하고 재배열한다.

$$A\frac{dh'}{dt} = q_i' - \frac{1}{R_v}h' \tag{4-18}$$

$h'(0) \neq 0$이라고 가정하고 식 4-18에 라플라스 변환을 취하면 식 4-15 및 식 4-16과 같이 된다. 예제 4.1과 유사하게 특정한 q_i의 변화에 대해 응답 $h(t)$를 유도할 수 있다. 따라서 편차 변수를 기반으로 하는 전달함수 분석은 임의의 초기 조건이 있는 문제에 대해서도 적용 가능하다.

예제 4.4는 입력 변수가 둘 이상일 때 전달함수 분석이 사용될 수 있음을 보여준다.

예제 4.4

2.1.1절의 연속 혼합 공정에 대해 생각해보자. 단순화를 위해 다음과 같이 가정한다.

1. 액체의 밀도 ρ와 부피 V는 일정하다.

2. 질량 유량 w_1, w_2 및 w는 일정하다.

그러면 식 2-3의 성분 수지는 다음과 같이 된다.

$$\rho V\frac{dx}{dt} = w_1x_1 + w_2x_2 - wx \tag{4-19}$$

다음 두 가지 경우에 대해 전달함수를 유도하여라.

(a) x_2가 일정하고 입구 조성 x_1이 변함.

(b) 입구 조성 x_1과 x_2가 모두 변함.

▶ 풀이

경우 (a): x_2가 일정하고 입구 조성 x_1가 변함.

식 4-19로부터 출구 조성 x(출력 변수)와 입구 조성 x_1(입력 변수) 사이의 전달함수 모델을 유도한다.

$$0 = w_1\bar{x}_1 + w_2x_2 - w\bar{x} \tag{4-20}$$

여기서 기호 위의 바는 명목 정상 상태를 나타낸다. 식 4-19에서 식 4-20을 빼면 다음과 같이 된다.

$$\rho V\frac{dx}{dt} = w_1x_1' - wx' \tag{4-21}$$

여기서 두 편차 변수는 다음과 같이 정의된다.

$$x_1' \triangleq x_1 - \bar{x}_1 \qquad x' \triangleq x - \bar{x} \tag{4-22}$$

$\bar{x}$는 일정하므로 다음이 성립한다.

$$\frac{dx}{dt} = \frac{d(x-\bar{x})}{dt} = \frac{dx'}{dt} \tag{4-23}$$

식 4-23을 식 4-21에 대입하면, 편차 변수 형태의 성분 수지를 얻을 수 있다.

$$\rho V \frac{dx'}{dt} = w_1 x_1' - wx' \tag{4-24}$$

혼합 시스템이 초기에 명목 정상 상태에 있다고 가정하자. 따라서, $x(0) = \bar{x}$ 및 $x'(0) = 0$이다. 식 4-24에 라플라스 변환을 취하면 다음과 같이 된다.

$$\rho Vs[X'(s) - \cancel{x'(0)}^{0}] = w_1 X_1'(s) - wX'(s) \tag{4-25}$$

여기서 $X'(s) \triangleq \mathscr{L}[x'(t)]$ 그리고 $X_1'(s) \triangleq \mathscr{L}[x_1'(t)]$이다. 이 식을 재배열하면 출구 및 입구 조성 사이의 전달함수 $G(s)$를 얻을 수 있다.

$$\frac{X'(s)}{X_1'(s)} = \frac{w_1}{\rho Vs + w} \tag{4-26}$$

분모와 분자를 w로 나누어 전달함수를 표준 형태로 표현하는 것이 유용하다.

$$\frac{X'(s)}{X_1'(s)} = G(s) \triangleq \frac{K_1}{\tau s + 1} \tag{4-27}$$

여기서 상수 K_1과 τ는 다음과 같이 정의된다.

$$K_1 \triangleq \frac{w_1}{w} \tag{4-28}$$

$$\tau \triangleq \frac{\rho V}{w} \tag{4-29}$$

K와 τ에 대한 유용한 물리적 해석은 5.2절에서 제공한다.

경우 (b): 입구 조성 x_1과 x_2가 모두 변함.

두 개의 입력 변수 x_1과 x_2가 출력 변수 x에 미치는 영향을 설명하기 위해서는 두 개의 전달함수가 필요하다. 이 전달함수들은 경우 (**a**)와 유사한 방식으로 유도할 수 있다.

이 경우에는 식 4-19에 대한 정상 상태는 다음과 같이 적을 수 있다.

$$0 = w_1\bar{x}_1 + w_2\bar{x}_2 - w\bar{x} \tag{4-30}$$

식 4-19로부터 식 4-30을 빼고 편차 변수를 도입하면 다음 식을 얻을 수 있다.

$$\rho V \frac{dx'}{dt} = w_1 x_1' + w_2 x_2' - wx' \tag{4-31}$$

여기서, $x_2' \triangleq x_2 - \bar{x}_2$이다. 혼합 시스템이 초기에 명목 정상 상태에 있다고 다시 가정하고 식 4-31에 대해 라플라스 변환을 취하면 다음과 같이 된다.

$$\rho Vs[X'(s) - 0] = w_1 X_1'(s) + w_2 X_2'(s) - wX'(s) \tag{4-32}$$

이 식을 재배열하면 다음과 같이 된다.

$$X'(s) = \frac{K_1}{\tau s + 1} X_1'(s) + \frac{K_2}{\tau s + 1} X_2'(s) \tag{4-33}$$

여기서 K_2는 다음과 같이 정의된다.

$$K_2 \triangleq \frac{w_2}{w} \tag{4-34}$$

x와 x_1 사이의 전달함수를 유도하기 위해 x_2는 명목 정상 상태 값에서 일정(즉, $x_2 = \bar{x}_2$)하다고 가정하자. 따라서, $x_2'(t) = 0$, $X_2'(s) = 0$이고 식 4-33은 x와 x_1에 대한 이전의 전달함수 식으로 축소된다(식 4-27 참조).

$$\frac{X'(s)}{X_1'(s)} \triangleq G_1(s) \triangleq \frac{K_1}{\tau s + 1} \tag{4-35}$$

유사하게, x와 x_2 사이의 전달함수는 식 4-33 및 x_1이 명목 정상 상태 값 $x_1 = \bar{x}_1$에서 일정하다고 가정하여 유도할 수 있다.

$$\frac{X'(s)}{X_2'(s)} \triangleq G_2(s) \triangleq \frac{K_2}{\tau s + 1} \tag{4-36}$$

식 4-35 및 식 4-36의 모델들은 분모가 라플라스 변수 s에 대해 1차이기 때문에 *1차 전달함수*라고 한다.

위의 유도에서 다음과 같이 중요한 세 가지 측면을 알 수 있다.

1. 식 4-33을 식 4-36과 비교하면 개별 입력 변수가 출력 변수에 미치는 영향이 가산적임을 알 수 있다. 이 것은 선형 모델에 대한 중첩원리에 의한 결과이다(3.1절 참고).
2. 식 4-35 및 4-36의 유도에서 입력이 일정하다는 가정은 제한적인 것처럼 보이지만 실제로는 다음과 같은 이유에 의해 그렇지 않다. 전달함수는 단일 입력의 출력에 대한 영향과 관련 있기 때문에 유도를 위한 목적으로 다른 독립적인 입력이 일정하다고 가정하는 것은 제한적이지 않다. 두 입력의 동시 변화에 대해서는 식 4-33을 이용하여 분석할 수 있다.
3. 전달함수 모델을 사용하면 특정한 입력 변화에 대한 출력의 응답을 계산할 수 있다. 예를 들어, 식 4-35는 다음과 같이 재배열될 수 있다.

$$X'(s) = G_1(s)\,X_1'(s) \tag{4-37}$$

$x_1'(t)$를 정의하고 난 후, 라플라스 변환 $X_1'(s)$는 표 3.1을 사용하여 얻을 수 있다. 그러면 출력 반응 $x'(t)$는 예제 4.5에 나타낸 것처럼 식 4-37로부터 유도할 수 있다.

예제 4.5

예제 4.4의 교반 탱크 혼합 공정에 대해 생각해보자. 식 4-19 및 식 4-20에서 $w_1 = 600$ kg/min, $w_2 = 2$ kg/min, $x_1 = 0.05$ 및 $x_2 = 1$(순수한 용질)이다. 액체의 부피와 밀도는 각각 $V = 2\ \text{m}^3$ 및 $\rho = 900\ \text{kg/m}^3$으로 일정하다.

(*a*) 명목 출구 농도 $\bar{x}$를 계산하여라.

(*b*) 시간 $t = 0$에서 x_1이 0.050에서 0.075로 갑자기 변화였을 때, 반응 $x(t)$에 대한 표현식을 유도하여라. 공정이 초기에 명목 정상 상태에 있다고 가정하여라.

풀이

(a) 출구 유량 w는 정상 상태 질량 수지로부터 계산할 수 있다.

$$w = w_1 + w_2 = 600 + 2 = 602\ \text{kg/min}$$

그리고 질량 분율 $\bar{x}$는 식 4-30으로부터 구할 수 있다.

$$\bar{x} = \frac{w_1\bar{x}_1 + w_2 x_2}{w} = \frac{(600)(0.05) + (2)(1)}{602} = 0.053$$

(b) x_1의 갑작스러운 변화에 대한 $x(t)$를 결정하기 위해 먼저 $x_1'(t)$에 대한 표현식을 유도한 뒤 $X_1'(s)$를 얻어야 한다. 따라서 식 4-27의 전달함수를 사용하여 유도하는 것이 적절하다. 여기서 $K_1 = 600/602 = 0.997$이고 $\tau = \rho V/w = (900)(2)/(602) = 2.99$ min이다. x_1의 급격한 변화는 다음과 같이 편차 변수의 형태로 표현할 수 있다.

$$x_1'(t) = x_1 - \bar{x}_1 = 0.075 - 0.050 = 0.025 \quad \Rightarrow \quad X_1'(s) = \frac{0.025}{s}$$

식 4-27을 재배열하고 주어진 값들을 대입하면 다음과 같이 된다.

$$X'(s) = \left(\frac{K_1}{\tau s + 1}\right) X_1'(s) = \left(\frac{0.997}{2.99s + 1}\right)\left(\frac{0.025}{s}\right) = \frac{0.0249}{s(2.99s + 1)} \tag{4-38}$$

표 3.1의 13번 항목을 사용하여 역라플라스 변환을 취하면 다음과 같이 된다.

$$x'(t) = 0.0249\,(1 - e^{-t/2.99}) \tag{4-39}$$

식 4-22로부터 다음을 얻을 수 있다.

$$x(t) = \bar{x} + x'(t) = 0.053 + 0.0249\,(1 - e^{-t/2.99}) \tag{4-40}$$

예제 4.5는 x_1의 계단 변화에 대한 응답 $x(t)$를 어떻게 유도할 수 있는지 보여준다. 다른 형태의 x_1 및 x_2 변화(예, 사인파 변화) 및 x_1 및 x_2의 동시 변화에 대해서도 비슷하게 유도할 수 있다. 동시 변화에 대한 유도는 식 4-33이 출발점이 될 수 있다.

4.2 전달함수의 성질

전달함수의 한 가지 중요한 성질은 지속적인 입력 변화에 대한 정상 상태 출력을 직접 계산할 수 있다는 것이다. *정상 상태 이득*은 입력이 새로운 값으로 변화되고 그 지점에서 유지되어 공정이 새로운 정상 상태에 도달할 수 있을 때 출력 변수 변화에 대한 입력 변수 변화의 비로 나타난다. 달리 말하면, 공정의 정상 상태 이득 K는 다음과 같이 나타낼 수 있다.

$$K = \frac{\bar{y}_2 - \bar{y}_1}{\bar{u}_2 - \bar{u}_1} \tag{4-41}$$

여기서 첨자 1 및 2는 서로 다른 정상 상태를 나타내며, $(\bar{y}, \bar{u})$는 해당 정상 상태의 출력 및 입력 변수를 나타낸다. 정상 상태 이득은 운전 조건에 관계없이 선형 공정에 대해 일정하다. 이것은 4.3절에 논의된 비선형 공정에는 해당되지 않는다.

$G(s)$에서 $s = 0$으로 두면 이득이 존재하는 경우 정상 상태 이득을 얻을 수 있다.[1] 예를 들어, 식 4-35 및 4-36에서 K_1과 K_2는 정상 상태 이득이며 이 결과는 3장의 최종값 정리로부터 얻을 수 있다. 입력에서 단위 계단 변화가 일어난다고 가정하면, $t \to \infty$에 대한 해당 출력 변화는 $s \to 0$일 때의 $\lim G(s)$이다.

전달함수의 다른 중요한 성질은 분모 다항식의 s에 대한 차수가 해당 미분 방정식의 차수와 동일하다는 것이다. 일반적인 선형 n차 미분 방정식은 다음과 같은 형태를 가진다.

$$\begin{aligned} a_n \frac{d^n y}{dt^n} + a_{n-1}\frac{d^{n-1}y}{dt^{n-1}} + \cdots + a_1 \frac{dy}{dt} + a_0 y \\ = b_m \frac{d^m u}{dt^m} + b_{m-1}\frac{d^{m-1}u}{dt^{m-1}} + \cdots + b_1 \frac{du}{dt} + b_0 u \end{aligned} \tag{4-42}$$

여기서 u와 y는 각각 입력 및 출력 편차 변수이다. 식 4-42에서 $y(0) = 0$, u와 y의 미분항에 대한 모든 초기값을 0으로 두면 라플라스 변환에 의해 다음 전달함수를 얻을 수 있다.

$$G(s) = \frac{Y(s)}{U(s)} = \frac{\sum_{i=0}^{m} b_i s^i}{\sum_{i=0}^{n} a_i s^i} = \frac{b_m s^m + b_{m-1}s^{m-1} + \cdots + b_0}{a_n s^n + a_{n-1}s^{n-1} + \cdots + a_0} \tag{4-43}$$

[1] 어떤 공정(예를 들어, 5장의 적분 공정들)은 정상 상태 이득이 존재하지 않는다.

전달함수의 분모 및 분자 다항식은 식 4-42의 ODE와 같은 차수(각각 m 및 n)를 가진다. $G(s)$의 정상 상태 이득은 b_0/a_0이며 $s = 0$으로 두면 얻을 수 있다. 식 4-43의 분자 및 분모 모두를 a_0로 나누면 특성(또는 분모) 다항식은 $\Pi(\tau_i s + 1)$의 형태로 인수분해 될 수 있으며 여기서 τ_i는 시간 상수를 나타낸다.

$$G(s) = \frac{Y(s)}{U(s)} = \frac{KB(s)}{(\tau_1 s + 1)(\tau_2 s + 1)\cdots(\tau_n s + 1)} \tag{4-44}$$

여기서 이득 K 및 m차 다항식 $B(s)$는 식 4-43의 분자로부터 얻을 수 있다.

이러한 *시간 상수의 형태*에서 개별 시간 상수에 대한 조사는 속도 및 시스템 응답의 정량적인 특성에 대한 정보를 제공한다. 이에 대해서는 추가적인 수학적 기술에 대해 논의한 후 5장과 6장에서 좀 더 자세히 다루도록 한다.

식 4-43에서 분자와 분모 다항식의 차수는 물리적 고려에 의해 $n \geq m$이 되도록 제한된다. 공정이 다음과 같이 모델링 되었다고 가정하자.

$$a_0 y = b_1 \frac{du}{dt} + b_0 u \tag{4-45}$$

이것은 식 4-42에서 $n = 0$ 및 $m = 1$인 경우이다. 이 시스템은 계단 변화가 일어나는 시간에서 du/dt가 무한대이기 때문에 시간 0에서 $u(t)$의 계단 변화에 대해 임펄스로 응답한다. 입력의 갑작스러운 변화에 대해 무한히 빠르게 응답할 수 있는 능력은 실제(물리적) 공정에서는 달성할 수 없지만, 폭발과 같은 경우에는 근사될 수 있다. 따라서 제한조건 $n \geq m$을 *물리적 실현* 가능 조건이라고 한다. 이를 통해 고차 미분 방정식이나 연립 1차 미분 방정식에서 유도된 전달함수의 적정성을 확인할 수 있다. $m > 0$일 때의 전달함수는 분자항의 동특성을 나타낸다. 그러나 $m = 0$일 때도 중요한 경우가 많이 있다.

4.2.1 전달함수의 가산성

출력 변수는 둘 이상의 입력 변수의 영향을 받을 수 있다. 전달함수는 *선형 시스템*의 모델이기 때문에 중첩원리가 적용된다(3.1절 참조). 따라서, 개별 입력의 출력에 대한 영향은 두 개의 입력, 단일 출력 시스템에 대해 나타낸 그림 4.2에서 보인 것처럼 가산적이다.

$$Y(s) = G_1(s)U_1(s) + G_2(s)U_2(s) \tag{4-46}$$

이런 가산성은 또한 식 4-33의 혼합 시스템에 대한 전달함수 모델에도 표현되어 있다.

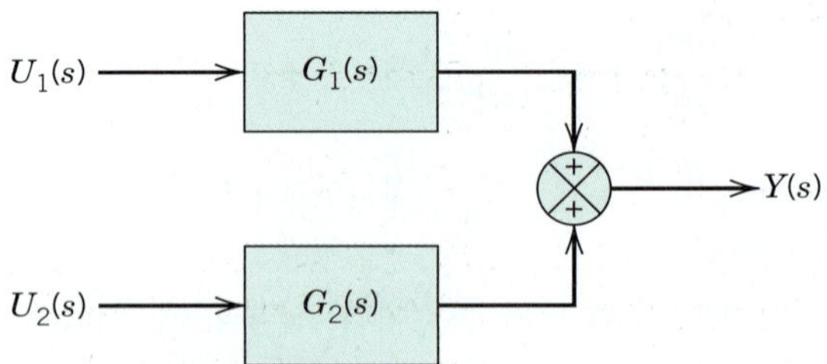

그림 4.2 가산적인 전달함수 모델의 블럭 선도.

4.2.2 전달함수의 곱셈 속성

전달함수 모델은 개별 모델의 배열에 대해 곱셈 속성도 가진다. 그림 4.3에 표시된 두 전달함수 직렬 구성의 경우 다음과 같다.

$$Y_1(s) = G_1(s)U(s) \tag{4-47}$$

$$Y_2(s) = G_2(s)Y_1(s) = G_2(s)G_1(s)U(s) \tag{4-48}$$

따라서, Y_2와 U 사이의 총괄 전달함수는 두 개별 전달함수 G_1과 G_2의 곱이다.

전달함수 모델의 가산성 및 곱셈 속성은 예제 4.6과 4.7에 각각 다루고 있다.

$$U(s) \longrightarrow \boxed{G_1(s)} \xrightarrow{Y_1(s)} \boxed{G_2(s)} \longrightarrow Y_2(s)$$

그림 4.3 곱셈(직렬) 전달함수 모델의 블럭 선도.

예제 4.6

식 2-36의 일정한 부피를 가지는 교반 탱크 가열 공정의 동적 모델은 2.4.1절에서 유도하였다.

$$V\rho C\frac{dT}{dt} = wC(T_i - T) + Q \tag{2-36}$$

명목 정상 상태에서 입구 흐름 온도는 $\overline{T}_i = 70$ °F이고 가열기의 열 입력 $\overline{Q} = 1920$Btu/min이다. 추가적인 정보는 다음과 같다.

$w = 220$ lb/min $\qquad \rho = 62.4$ lb/ft^3 $\qquad C = 0.32$ Btu/lb°F $\qquad V = 1.6$ ft^3

식 2-36의 정상 상태 형태에 주어진 값들을 대입하면 $\overline{T} = 100$ °F를 얻을 수 있다. $t = 0$에서 입구 온도 T_i가 70에서 90 °F로, 가열기의 열 입력 Q가 1620에서 1600 Btu/min으로 변하였다.

(a) 이 시스템에 대한 전달함수 모델을 유도하여라.

(b) 모델을 사용하여 출구 흐름 온도 응답 $T(t)$를 계산하여라.

풀이

(a) 가열 공정은 두 가지 입력(T_i 및 Q)과 하나의 출력(T)을 가진다. 이 시스템의 동적 모델은 2.4.1절에서 유도하였다.

$$V\rho C\frac{dT}{dt} = wC(T_i - T) + Q \tag{2-36}$$

식 2-36의 정상 상태 형태는 다음과 같다.

$$0 = wC(\overline{T}_i - \overline{T}) + \overline{Q} \tag{4-49}$$

식 2-36에서 식 4-49를 뺀 다음 편차 변수를 도입하면 다음과 같이 된다. 이 때, $dT/dt = dT'/dt$이다.

$$V\rho C\frac{dT'}{dt} = wC[(T_i - \overline{T}) - (T - \overline{T})] + (Q - \overline{Q}) \tag{4-50}$$

또는

$$V\rho C\frac{dT'}{dt} = wC(T_i' - T') + Q' \tag{4-51}$$

라플라스 변환을 취하고 공정이 초기에 정상 상태에 있다고 가정하면 $T'(t = 0) = 0$이다.

$$V\rho C sT'(s) = wC[T_i'(s) - T'(s)] + Q'(s) \tag{4-52}$$

이 식을 정리하면 원하는 전달함수 모델을 얻을 수 있다.

$$T'(s) = \frac{K_2}{\tau s + 1}Q'(s) + \frac{K_1}{\tau s + 1}T_i'(s) \tag{4-53}$$

여기서

$$\tau \triangleq \frac{\rho V}{w}, \qquad K_1 \triangleq 1, \qquad K_2 \triangleq \frac{1}{wC} \tag{4-54}$$

(b) $t = 0$에서의 입력 변화에 대해 다음을 얻을 수 있다.

$$T_i'(s) = \frac{90-70}{s} = \frac{20}{s}$$

$$Q'(s) = \frac{1600-1920}{s} = -\frac{320}{s}$$

시간 상수 및 이득은 다음과 같다.

$$\tau = \frac{(62.4)(1.6)}{200} = 0.5 \text{ min}, \quad K_1 = 1$$

$$K_2 = \frac{1}{(200)(0.32)} = 1.56 \times 10^{-2} \frac{°\text{F}}{\text{Btu/min}}$$

이 값들을 식 4-53에 대입하면 다음을 얻을 수 있다.

$$T'(s) = \frac{0.0156}{0.5s+1}\left(-\frac{320}{s}\right) + \frac{1}{0.5s+1}\left(\frac{20}{s}\right) \tag{4-55}$$

간단한 형태로 정리하면 다음과 같다.

$$T'(s) = \frac{-5}{s(0.5s+1)} + \frac{20}{s(0.5s+1)} = \frac{15}{s(0.5s+1)} \tag{4-56}$$

이에 대한 시간 영역 해답은 다음과 같다.

$$T(t) = 100 + 15(1 - e^{-2t}) \tag{4-57}$$

식 4-56은 두 입력 변화에 대한 개별적인 영향을 보여준다. 정상 상태에서 가열기의 열 입력 감소는 온도를 5 °F까지 낮추는 반면 입구 온도 변화는 20 °F까지 증가시킨다. 따라서, 실제로는 15 °F만큼 증가한다.

예제 4.7

두 개의 서지 탱크가 직렬로 배치되어 그림 4.4와 같이 상단 탱크의 출구 흐름이 하단 탱크로 흐른다. 만약 출구 흐름 유량이 액위(또는 높이압)에 비례하는 경우 하단 탱크 출구 유량 q_2의 변화를 상단 탱크 입구 유량 q_i의 변화와 연관지을 수 있는 전달함수를 유도하시오. 유도된 총괄 전달함수 $Q_2'(s)/Q_i'(s)$와 개별 전달함수 $H_1'(s)/Q_i'(s)$, $Q_1'(s)/H_1'(s)$, $H_2'(s)/Q_1'(s)$ 및 $Q_2'(s)/H_2'(s)$와의 관계를 설명하시오. $H_1'(s)$ 및 $H_2'(s)$는 각각 탱크1 및 탱크2 액위의 편차에 대한 라플라스 변환을 나타낸다. 두 탱크는 각각 단면적 A_1 및 A_2를 가지면 밸브 저항 R_1 및 R_2를 가진다고 가정한다.

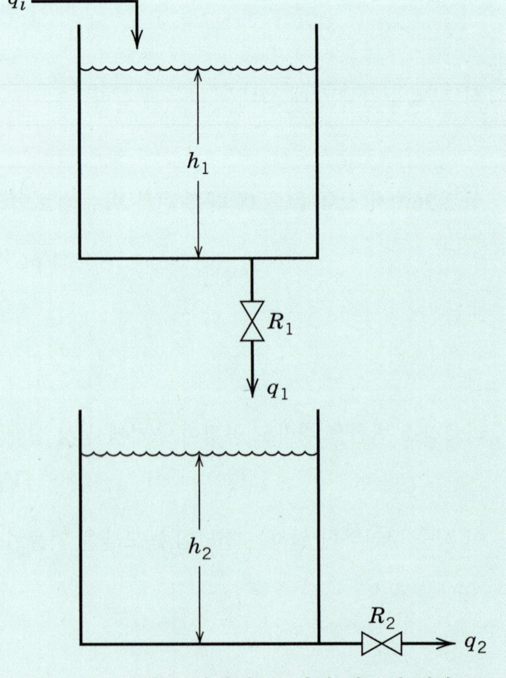

그림 4.4 직렬로 연결된 두 서지 탱크의 개략도.

풀이

식 2-56 및 2-57은 각각의 탱크에 대해 유효하며 탱크1에 대해서는 다음이 성립한다.

$$A_1 \frac{dh_1}{dt} = q_i - q_1 \tag{4-58}$$

$$q_1 = \frac{1}{R_1} h_1 \tag{4-59}$$

식 4-59를 식 4-58에 대입하여 q_1를 제거한다.

$$A_1 \frac{dh_1}{dt} = q_i - \frac{1}{R_1} h_1 \tag{4-60}$$

식 4-60 및 4-59를 편차 변수의 형태로 바꾸면 다음과 같다.

$$A_1 \frac{dh_1'}{dt} = q_i' - \frac{1}{R_1} h_1' \tag{4-61}$$

$$q_1' = \frac{1}{R_1} h_1' \tag{4-62}$$

전달함수 $H_1'(s)/Q_{1i}'(s)$는 식 4-61을 라플라스 변환한 후 재배열하면 얻을 수 있다.

$$\frac{H_1'(s)}{Q_i'(s)} = \frac{R_1}{A_1 R_1 s + 1} = \frac{K_1}{\tau_1 s + 1} \tag{4-63}$$

여기서 $K_1 \triangleq R_1$이며 $\tau_1 \triangleq A_1 R_1$이다. 비슷하게 $Q_1'(s)$를 $H_1'(s)$와 연관시킬 수 있는 전달함수는 식 4-62를 라플라스 변환하여 얻을 수 있다.

$$\frac{Q_1'(s)}{H_1'(s)} = \frac{1}{R_1} = \frac{1}{K_1} \tag{4-64}$$

탱크2에 대한 전달함수도 동일한 방법으로 얻을 수 있다.

$$\frac{H_2'(s)}{Q_1'(s)} = \frac{R_2}{A_2 R_2 s + 1} = \frac{K_2}{\tau_2 s + 1} \tag{4-65}$$

$$\frac{Q_2'(s)}{H_2'(s)} = \frac{1}{R_2} = \frac{1}{K_2} \tag{4-66}$$

여기서 $K_2 \triangleq R_2$이며 $\tau_2 \triangleq A_2 R_2$이다. 탱크2의 출구 유량과 탱크1의 입구 유량을 관계 지을 수 있는 총괄 전달함수는 식 4-63으로부터 식 4-66을 곱하여 얻을 수 있다.

$$\frac{Q_2'(s)}{Q_i'(s)} = \frac{Q_2'(s)}{H_2'(s)} \frac{H_2'(s)}{Q_1'(s)} \frac{Q_1'(s)}{H_1'(s)} \frac{H_1'(s)}{Q_i'(s)} \tag{4-67}$$

또는

$$\frac{Q_2'(s)}{Q_i'(s)} = \frac{1}{K_2} \frac{K_2}{\tau_2 s + 1} \frac{1}{K_1} \frac{K_1}{\tau_1 s + 1} \tag{4-68}$$

이 식은 다음과 같이 간단하게 정리할 수 있다.

$$\frac{Q_2'(s)}{Q_i'(s)} = \frac{1}{(\tau_1 s + 1)(\tau_2 s + 1)} \tag{4-69}$$

이 식은 2차 전달함수이다(크기가 1인 이득은 물리적 측면에서 의미가 있는가?). 그림 4.5는 이 시스템에 대한 *정보 흐름(information flow)*을 보여주는 블록선도이다.

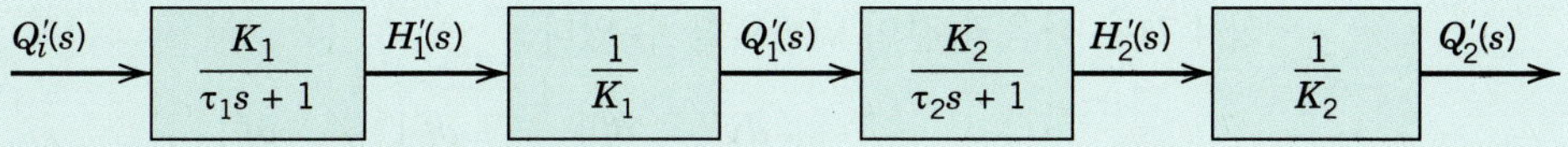

그림 4.5 직렬로 연결된 두 액체 서지 탱크의 블록선도 모델.

전달함수의 곱셈 성질은 공정 장치가 직렬 형태로 연결되는 특징 때문에 공정 제어 시스템을 설계하는 데 매우 중요하다.

4.3 비선형 모델의 선형화

지금까지의 논의는 선형 상미분 방정식들로 모델링 할 수 있는 공정에만 국한되었다. 그러나 다양한 공정에서 동적 거동은 비선형적인 방식으로 공정 변수에 의존한다. 대표적인 예로는 온도에 대한 반응 속도의 지수 의존성(2장에서 설명함), 산 또는 염기 흐름의 유량에 대한 pH의 비선형 거동 및 증류탑에서 입구 유량의 감소 및 증가에 대한 탑 상부 및 하부 조성의 비대칭 반응이 있다.

전통적인 공정 제어 방법은 선형 ODE 및 전달함수 모델과 같은 선형 동적 모델을 기반으로 개발되었다. 따라서 고도로 비선형적인 공정의 경우 전통적인 공정 제어 기술을 사용하기 위해 해당하는 비선형 모델을 선형화해야 한다. 이 절의 후반부에 다루겠지만, 선형화는 비선형 모델의 Taylor 급수 전개를 기반으로 한다.

연속 공정의 경우 선형화된 모델은 명목 정상 상태 조건을 기반으로 한다. 모델은 명목 조건에 가까운 영역에서는 상대적으로 정확하지만 운전 조건의 큰 변화나 큰 외란에 대해서는 정확도가 떨어진다. 선형화는 본질적으로 과도 거동 조건에서 운전되는 회분식 및 반회분식 공정에 대해서는 자주 사용되지 않는다.

많은 경우 비선형 공정은 오랜 기간 명목 조건 근처에 머무른다. 이러한 상황에서 선형화된 모델은 충분히 정확할 수 있다. 비선형 동적 모델이 제일원리(예: 물질, 에너지 또는 운동량 수지)로부터 유도되었다고 가정하자.

$$\frac{dy}{dt} = f(y, u) \tag{4-70}$$

여기서 y는 출력이며 u는 입력이다. 이 방정식의 선형 근사는 테일러 급수 전개를 사용한 후 1차항 이후를 버리면 얻을 수 있다. 선형화를 위한 기준점은 정상 상태 운전점$(\bar{y}, \bar{u})$이다. 따라서 테일러 급수 근사는 다음과 같다.

$$f(y, u) \cong f(\bar{y}, \bar{u}) + \left.\frac{\partial f}{\partial y}\right|_{\bar{y}, \bar{u}} (y - \bar{y}) + \left.\frac{\partial f}{\partial u}\right|_{\bar{y}, \bar{u}} (u - \bar{u}) \tag{4-71}$$

이 근사는 식 4-70과 4-71이 $f(\bar{y}, \bar{u}) = f(\bar{y}, \bar{u}) = 0$임을 나타내기 때문에 명목 정상 상태에서는 정확하다. 또한 편차 변수는 테일러 급수 전개(즉, $y' = y - \bar{y}$ 및 $u' = u - \bar{u}$)에서 자연스럽게 발생한다. 따라서 y' 및 u'에 대한 선형화된 미분 방정식은 다음과 같다. ($dy'/dt = dy/dt$를 치환한 후)

$$\frac{dy'}{dt} = \left.\frac{\partial f}{\partial y}\right|_s y' + \left.\frac{\partial f}{\partial u}\right|_s u' \tag{4-72}$$

여기서$(\partial f/\partial y)|_s$는 $(\partial f/\partial y)|_{\bar{y}, \bar{u}}$를 나타낸다. 두 번째 입력 z가 물리적 모델에 포함될 경우 식 4-71은 다음과 같이 일반화할 수 있다.

$$\frac{dy'}{dt} = \left.\frac{\partial f}{\partial y}\right|_s y' + \left.\frac{\partial f}{\partial u}\right|_s u' + \left.\frac{\partial f}{\partial z}\right|_s z' \tag{4-73}$$

여기서 $z' = z - \bar{z}$이다.

비선형 공정 모델로부터 전달함수 모델을 개발하는 일반적인 절차는 그림 4.6에 요약되어 있으며 다음 예제에 자세히 나와 있다.

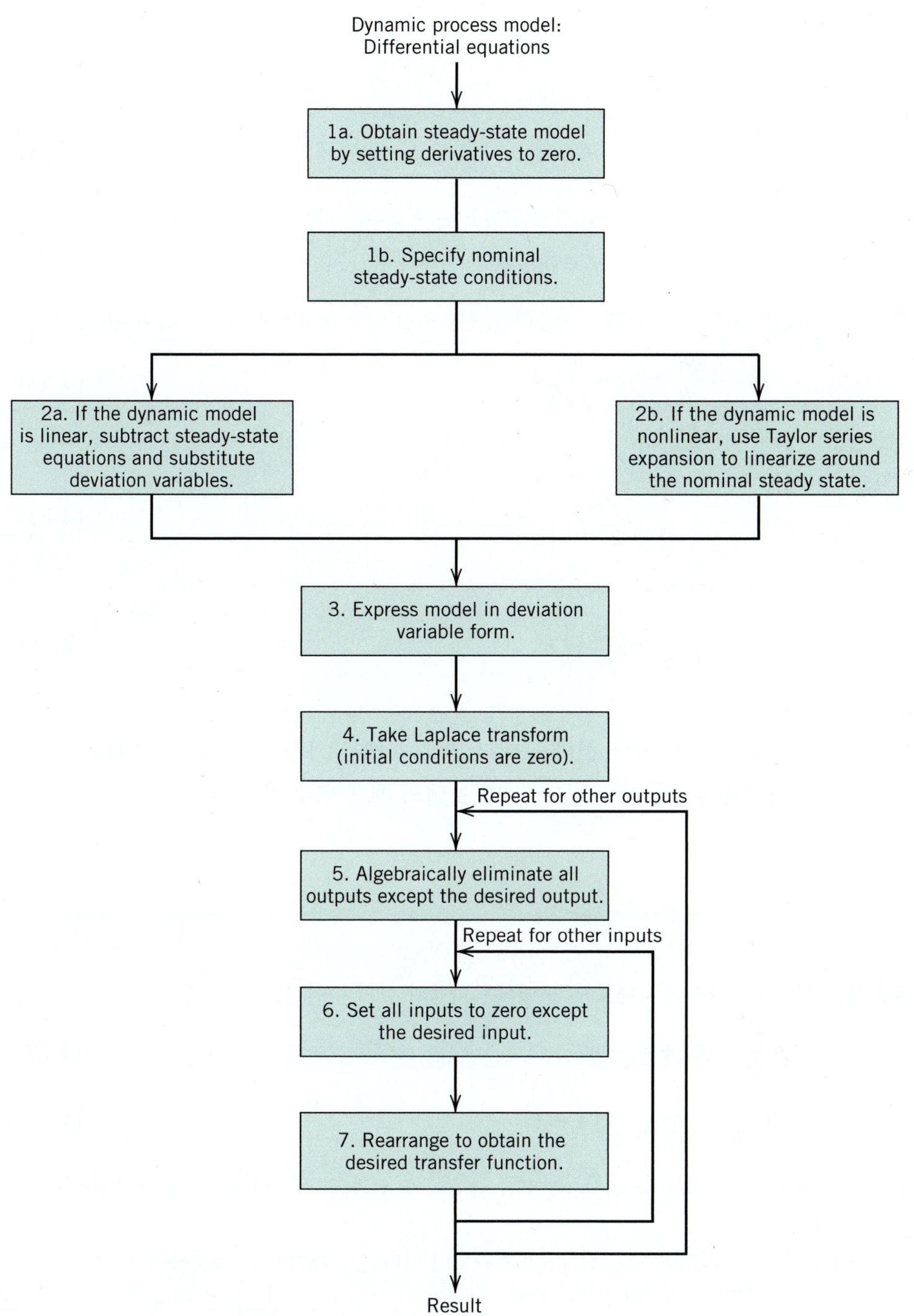

그림 4.6 전달함수 모델을 개발하는 일반적인 절차.

예제 4.8

출구 흐름이 밸브를 통과하는 단일 탱크 액위 시스템에 대해서 생각해보자. 식 2-56을 다시 이용하고 밸브의 배출 속도가 액위의 제곱근과 관련 있다고 가정한다.

$$q = C_v\sqrt{h} \tag{4-74}$$

여기서 C_v는 밸브의 크기가 관련이 있다(9장 참조). 선형화를 이용하여 이 공정에 대한 근사 동적 모델을 유도하고 예제 4.1의 결과와 비교하여라.

▶ 풀이

식 4-74를 치환하면 이 공정에 대한 물질 수지(식 2-54)는 다음과 같다.

$$A\frac{dh}{dt} = q_i - C_v\sqrt{h} \tag{4-75}$$

시스템의 전달함수를 얻기 위해 식 4-75를 정상 상태 조건 $(\bar{h}, \bar{q}_i)$에 대해 선형화한다. 편차 변수는 다음과 같이 된다.

$$h' = h - \bar{h} \qquad q_i' = q_i - \bar{q}_i$$

여기서 $y = h$, $x = q_i$이며 $f(h, q_i)$는 식 4-75의 우변으로 두고 식 4-72를 적용하면, 선형화된 미분 방정식은 다음과 같이 된다.

$$A\frac{dh'}{dt} = q_i' - \frac{C_v}{2\sqrt{\bar{h}}}h' \tag{4-76}$$

밸브의 저항 R이 다음과 같이 정의된다고 가정하자.

$$\frac{1}{R} = \frac{C_v}{2\sqrt{\bar{h}}} \tag{4-77}$$

그러면 얻을 수 있는 동적 모델은 식 4-61에서 제안된 선형 모델과 유사하다.

$$A\frac{dh'}{dt} = q_i' - \frac{1}{R}h' \tag{4-78}$$

식 4-78에 상응하는 전달함수는 식 4-63에 유도되었다.

식 4-78의 선형화된 모델은 예제 4.1의 식 4-7에 해당하는 선형 모델과 같은 형태를 가진다. 그러나 선형화된 모델의 밸브 저항 매개 변수 R_1은 명목 정상 상태 액위 $\bar{h}$에 의존하는 반면, 선형 모델의 매개 변수 R은 일정하다.

예제 4.9

식 2-17 및 2-18에 나타낸 교반 탱크 혼합 시스템에 대해 다시 생각해보자. 모델식은 다음과 같이 주어진다.

$$\rho\frac{dV}{dt} = w_1 + w_2 - w \tag{4-79}$$

$$\rho V\frac{dx}{dt} = w_1(x_1 - x) + w_2(x_2 - x) \tag{4-80}$$

부피는 일정하며(보이지 않는 오버플로 라인 때문에), 따라서 $w = w_1 + w_2$이다. 입구 조성 x_1과 입구 유량 w_1 및 w_2는 변하지만 흐름2는 순수한 용질로 구성되어 있다(즉, $x_2 = 1$).

출구 조성과 세 개의 입력 변수(w_1, w_2 및 x_1) 사이의 전달함수를 그림 4.6의 흐름도에 나타난 단계에 따라 유도하여라.

▶ 풀이

식 4-80의 비선형성은 w_1x_1과 같은 곱셈항에 의해 나타난다. 식 4-80의 우변의 함수 형태는 $f(x, x_1, w_1, w_2)$이다. 그림 4.5의 단계 1에 따라 식 4-79로부터 명목 정상 상태의 값 $\bar{w}$, 식 4-80으로부터 $\bar{x}$를 계산한다. 단계 2에 따라 식 4-80을 명목 정상 상태 값에 대해 선형화하면 다음을 얻을 수 있다.

$$\rho V\frac{dx}{dt} = \rho V\frac{dx'}{dt} = \left(\frac{\partial f}{\partial x}\right)_s(x - \bar{x}) + \left(\frac{\partial f}{\partial x_1}\right)_s(x_1 - \bar{x}_1) + \left(\frac{\partial f}{\partial w_1}\right)_s(w_1 - \bar{w}_1) + \left(\frac{\partial f}{\partial w_2}\right)_s(w_2 - \bar{w}_2) \tag{4-81}$$

편미분은 다음과 같다.

$$\begin{aligned} &\left(\frac{\partial f}{\partial x}\right)_s = -\bar{w}_1 - \bar{w}_2 \qquad \left(\frac{\partial f}{x_1}\right)_s = \bar{w}_1 \\ &\left(\frac{\partial f}{w_1}\right)_s = \bar{x}_1 - \bar{x} \qquad \left(\frac{\partial f}{w_2}\right)_s = \bar{x}_2 - \bar{x} = 1 - \bar{x} \end{aligned} \tag{4-82}$$

식 4-82를 식 4-81에 치환하고 편차 변수를 도입한다(단계 3).

$$\rho V \frac{dx'}{dt} = -\overline{w}x' + \overline{w}_1 x_1' + (\overline{x}_1 - \overline{x})w_1' + (1 - \overline{x})w_2' \tag{4-83}$$

위의 방정식은 모든 정해진 운전점에 적용된다는 점에서 일반적이다.

단계 4에 따라 식 4-83에 라플라스 변환을 취하고 초기값 $x'(0) = 0$으로 둔다.

$$\rho V s X'(s) = -\overline{w}X'(s) + \overline{w}_1 X_1'(s) + (\overline{x}_1 - \overline{x})W_1'(s) + (1 - \overline{x})W_2'(s)$$

식을 재배열하고 $\overline{w}$로 나누면 다음을 얻을 수 있다.

$$\left(\frac{V\rho}{\overline{w}}s + 1\right)X'(s) = \frac{\overline{w}_1}{\overline{w}}X_1'(s) + \frac{\overline{x}_1 - \overline{x}}{\overline{w}}W_1'(s) + \frac{1 - \overline{x}}{\overline{w}}W_2'(s)$$

다음과 같은 값들을 정의한다.

$$\tau \triangleq \frac{V\rho}{\overline{w}}$$

$$K_1 \triangleq \frac{\overline{w}_1}{\overline{w}}, \quad K_2 \triangleq \frac{1 - \overline{x}}{\overline{w}}, \quad \text{그리고} \quad K_3 \triangleq \frac{\overline{x}_1 - \overline{x}}{\overline{w}}$$

단계 5를 적용하면 단일 출력과 세 개의 입력에 대한 다음과 같은 관계를 얻을 수 있다.

$$X'(s) = \frac{K_1}{\tau s + 1}X_1'(s) + \frac{K_2}{\tau s + 1}W_2'(s) + \frac{K_3}{\tau s + 1}W_1'(s) \tag{4-84}$$

단계 6과 7로부터 세 개의 입력과 출력 사이의 전달함수를 유도할 수 있다.

$$G_1(s) = \frac{X'(s)}{X_1'(s)} = \frac{K_1}{\tau s + 1} \tag{4-85}$$

$$G_2(s) = \frac{X'(s)}{W_2'(s)} = \frac{K_2}{\tau s + 1} \tag{4-86}$$

$$G_3(s) = \frac{X'(s)}{W_1'(s)} = \frac{K_3}{\tau s + 1} \tag{4-87}$$

이 예제는 여러 개의 입력을 가지는 모델에 대한 개별 전달함수를 비선형 미분 방정식 모델의 선형화를 통해 얻을 수 있음을 보여준다. 세 개의 전달함수 모두 같은 시간 상수 τ를 가지지만 이득은 서로 다르다.

$$K_1 = \frac{\overline{w}_1}{\overline{w}} > 0$$

$$K_2 = \frac{1 - \overline{x}}{\overline{w}} > 0$$

$$K_3 = \frac{\overline{x}_1 - \overline{x}}{\overline{w}} < 0$$

이득이 양의 값을 가지면, 정상 상태 입력의 증가는 정상 상태 출력의 증가를 일으킨다. 음의 이득(예, K_3)는 반대 효과를 보인다.

비선형 공정의 이득은 명목 정상 상태 조건에 의존적이다. 따라서, 이러한 조건이 바뀌면(즉, 공정의 성능을 향상시키기 위해) 이득의 수치적 값 및 시간 상수 역시 변할 수 있다.

마지막으로 모델이 하나 이상의 비선형 방정식을 포함할 때 선형화 방법의 적용에 대해 생각해보자.

예제 4.10

2장에서 보였듯이, 단일 1차 화학 반응이 일어나는 연속 교반 탱크 반응기는 다음과 같은 물질 및 에너지 수지를 가지고 있다.

$$V\frac{dc_A}{dt} = q(c_{Ai} - c_A) - Vkc_A \tag{2-66}$$

$$V\rho C\frac{dT}{dt} = wC(T_i - T) + (-\Delta H_R)Vkc_A + UA(T_c - T) \tag{2-68}$$

반응 속도 상수 k는 아레니우스 식에 의해 다음과 같이 주어진다.

$$k = k_0 e^{-E/RT} \tag{2-63}$$

따라서 이 모델은 비선형이다. 그러나 입력 및 출력에 관련된 근사적인 전달함수를 찾는 것은 가능하다. 유량(q 또는 w) 및 입구 조건(c_{Ai} 및 T_i)가 일정할 때 반응기의 농도 c_A의 변화와 냉각수 온도 T_c의 변화와 관계된 전달함수를 유도하시오.

풀이

문제에 주어진 상황에서는 하나의 입력 변수 T_c와 두 개의 출력 변수 c_A와 T가 있다. 먼저, 정상 상태에서의 운전점을 결정해야 한다(그림 4.6의 1단계). 이러한 결정을 위해서 두 개의 비선형 대수 방정식의 반복적인 풀이가 필요하며, 이 작업은 뉴턴-랩슨법(Newton-Raphson method)이나 유사한 알고리즘을 사용하여 수행할 수 있다(Chapra and Canale, 2014). 일반적으로 $\overline{T}_i$, $\overline{c}_{Ai}$ 및 $\overline{c}_A$를 지정한 다음 정상 상태에서 식 2-66 및 2-68을 만족하는 $\overline{T}$와 $\overline{T}_c$를 결정한다. 그런 다음 식 2-66 및 2-68의 선형화를 진행한다. 편차 변수 c_A', T' 및 T_c'를 정의하면 다음과 같은 식을 얻을 수 있다.

$$\frac{dc_A'}{dt} = a_{11}c_A' + a_{12}T' \tag{4-88}$$

$$\frac{dT'}{dt} = a_{21}c_A' + a_{22}T' + b_2T_c' \tag{4-89}$$

여기서

$$a_{11} = -\frac{q}{V} - k_0 e^{-E/R\overline{T}}$$

$$a_{12} = -k_0 e^{-E/R\overline{T}}\overline{c}_A\left(\frac{E}{R\overline{T}^2}\right)$$

$$a_{21} = \frac{(-\Delta H_R)k_0 e^{-E/R\overline{T}}}{\rho C}$$

$$a_{22} = \frac{1}{V\rho C}\left[-(wC + UA) + (-\Delta H_R)V\overline{c}_A k_0 e^{-E/R\overline{T}}\left(\frac{E}{R\overline{T}^2}\right)\right]$$

$$b_2 = \frac{UA}{V\rho C}$$

식 2-66에는 입력 변수 T_c항이 포함되어 있지 않으므로 식 4-88에도 T_c'항이 포함되지 않는다. 식 4-88 및 4-89는 라플라스 변환을 통해 냉각수 온도 $T_c'(s)$와 탱크 출구 농도 $C_A'(s)$ 사이의 전달함수로 변환할 수 있다.

$$(s - a_{11})C_A'(s) = a_{12}T'(s) \tag{4-90}$$

$$(s - a_{22})T'(s) = a_{21}C_A'(s) + b_2T_c'(s) \tag{4-91}$$

$T_c'(s)$를 치환하면 식 4-90은 다음과 같이 된다.

$$(s - a_{11})(s - a_{22})C_A'(s) = a_{12}a_{21}C_A'(s) + a_{12}b_2T_c'(s) \tag{4-92}$$

정리하면 다음과 같이 2차 전달함수를 얻을 수 있다.

$$\frac{C_A'(s)}{T_c'(s)} = \frac{a_{12}b_2}{s^2 - (a_{11} + a_{22})s + a_{11}a_{22} - a_{12}a_{21}} \tag{4-93}$$

계수 a와 b는 정의된 명목 조건에 따라 구할 수 있다.

요약

이번 장에서는 제어시스템 설계 및 분석에서 널리 사용되고 있는 *전달함수*라는 중요한 개념에 대해서 학습하였다. 전달함수는 공정 출력의 변화를 공정 입력의 변화와 연관시키며 라플라스 변환 방법을 사용하여 선형 미분 방정식 모델로부터 유도될 수 있다. 전달함수는 입력 변수와 출력 변수 사이의 정상 상태 및 동적 관계에 대한 중요한 정보인 공정 이득과 시간 상수를 각각 포함하고 있다. 전달함수는 일반적으로 편차 변수, 즉 명목 정상 상태 조건과의 편차로 표현된다.

참고문헌

Chapra, S. C., and R. P. Canale, *Numerical Methods for Engineers*, 7th ed., McGraw-Hill, New York, 2014.

Henson, M. A., and D. E. Seborg (Eds.), *Nonlinear Process Control*, Prentice Hall, Upper Saddle River, NJ, 1997.

연습문제

4.1 다음 전달함수에 대해 생각해보자.

$$\frac{Y(s)}{U(s)} = \frac{d}{bs+c}$$

(a) 정상 상태 이득은 무엇인가?

(b) 입력에서 크기 M인 계단 변화에 대해 출력 응답은 상수 b, c 및 d의 모든 값에 대해 제한된 범위의 응답을 나타내는가? 제시한 답에 대해 간략히 근거를 대시오.

4.2 다음 전달함수에 대해 생각해보자.

$$G(s) = \frac{Y(s)}{U(s)} = \frac{3e^{-s}}{10s+1}$$

(a) 정상 상태 이득은 무엇인가?

(b) 시간 상수는 무엇인가?

(c) $U(s) = 4/s$일 때, $t \to \infty$에서의 출력 $y(t)$의 값은 무엇인가?

(d) 같은 입력에 대해서 $t = 10$일 때 출력의 값은 무엇인가? 새로운 정상 상태 값에 대한 비는 얼마인가?

(e) $U(s) = (1 - e^{-s})/s$인 단위 직사각형 펄스일 때, $t \to \infty$에서의 출력은 무엇인가?

(f) $t = 0$에서 $u(t) = \delta(t)$인 단위 임펄스일 때, $t \to \infty$에서의 출력은 무엇인가?

(g) $u(t) = 5 \sin 2t$일 때, $t \to \infty$에서의 출력은 무엇인가?

4.3 압력 센서/전송기의 동적 거동은 측정값 P_m과 실제 압력 P 사이의 1차 전달함수(편차 변수로 표현된)로 나타낼 수 있다.

$$\frac{P'_m(s)}{P'(s)} = \frac{1}{30s+1}$$

P_m과 P는 모두 psi의 단위를 가지며 시간 상수는 초(second)의 단위를 가진다. P_m이 45 psi를 초과할 경우 경보가 울린다고 가정하자. 공정이 초기에 정상 상태 ($\overline{P}_m = \overline{P} = 35$ psi)에 있었다. 오후 1시 30분에 P가 갑자기 35에서 50 psi로 변한다면 언제 경보가 울리겠는가?

4.4 예제 4.2의 전달함수 모델에 대해 생각해보자. 초기 조건이 $y(0) = 4$이고 u에 크기 2의 계단 변화($t = 0$일 때)가 일어날 때, 응답 $y(t)$를 계산하여라.

힌트: 먼저, 상응하는 미분 방정식 모델을 결정하여라.

4.5 다음과 같은 공정 모델이 있다.

$$2\frac{dy_1}{dt} = -2y_1 - 3y_2 + 2u_1$$

$$\frac{dy_2}{dt} = 4y_1 - 6y_2 + 2u_1 + 4u_2$$

두 개의 출력(y_1, y_2)과 두 개의 입력(u_1, u_2)을 연관지을 수 있는 네 개의 전달함수를 찾아라. u_i 및 y_i는 편차 변수이다.

4.6 교반 탱크 혼합 시스템은 출구 조성 x와 입구 조성 x_1(두 조성 모두 용질의 질량 분율이다.) 사이의 1차 전달함수로 나타낼 수 있다.

$$\frac{X'(s)}{X'_i(s)} = \frac{K}{\tau s+1}$$

여기서 $K = 0.6$(무차원)이고 $\tau = 10$ min이다. 혼합 시스템이 정상 상태($\overline{x} = 0.3$)에 있을 때, 다량의 방사성 표지 물질을 빠르게 추가하여 동적 거동을 시험하였고 그 결과 크기 1.5인 임펄스 함수에 근접한 결과를 얻을 수 있었다.

(a) 라플라스 변환을 사용하여 출구 농도 반응 $x(t)$를 계산하고 $x(t)$를 그림으로 나타내시오. 이 때 $x(0)$의 값은 무엇인가?

(b) 3.4절의 초기값 정리를 사용하여 $x(0)$를 구하시오.

(c) 공정이 초기에 $\overline{x} = 0.3$인 정상 상태에 있을 때, $x(0)$의 값은 무엇인가?

(d) **(a)**~**(c)**에서 구한 답을 비교하고 그 차이점에 대해 간단히 논의하시오.

4.7 증류탑의 단일 평형 단이 그림 E4.7에 나타나 있다. 이 단에 대한 모델은 다음과 같다.

$$\frac{dH}{dt} = L_0 + V_2 - (L_1 + V_1)$$

$$\frac{dHx_1}{dt} = L_0x_0 + V_2y_2 - (L_1x_1 + V_1y_1)$$

$$y_1 = a_0 + a_1x_1 + a_2x_1^2 + a_3x_1^3$$

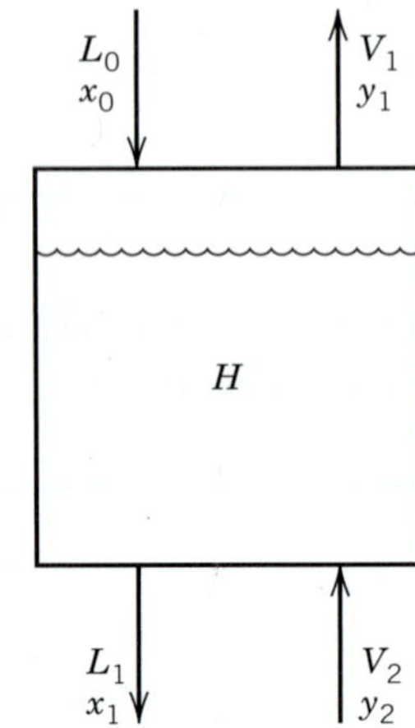

그림 E4.7

이 단의 몰 홀드업이 일정하고 일정 몰 넘침이 일어난다고 가정하자. 따라서, $L_1 = L_0$ 및 $V_2 = V_1$이 성립한다.

(a) 주어진 모델을 선형화하고 편차 변수를 도입하여라.

(b) 일정한 액체 및 기체 유량에 대해, 출력 x_1 및 y_1을 입력 x_0 및 y_2와 연관 지을 수 있는 네 개의 전달함수를 유도하고 표준 형태로 나타내시오.

4.8 그림 E4.8의 서지 탱크는 위어가 내부에 설치되어 있어 출구 유량 w과 액위 h의 1.5승에 비례한다. 즉, 다음과 같은 관계식을 가진다.

$$w = Rh^{1.5}$$

여기서 R은 상수이다. 단일 흐름이 탱크에 유량 w_i로 유입될 때, 전달함수 $H'(s)/W_i'(s)$를 찾으시오. 이득과 모든 시간 상수를 구하고 이에 대한 단위도 확인하시오.

탱크의 단면적은 A이다. 액체의 밀도 ρ는 일정하다.

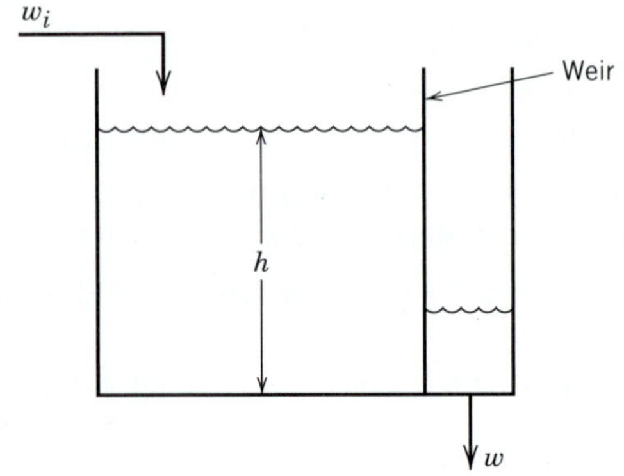

그림 E4.8

4.9 증기 가열 교반 탱크 시스템 모델 식 2-51 및 2-52에 대해 증기의 온도 T_s가 일정하다고 가정하자.

(a) 탱크 온도 T와 입구 액체 온도 T_i 사이의 전달함수를 찾으시오.

(b) 이 전달함수의 정상 상태 이득은 무엇인가?

(c) 물리적 조건만을 고려할 때, 이득은 1이어야 하는가? 답에 대한 근거를 제시하시오.

4.10 그림 E4.10에 나타나 있는 교반 탱크 가열 시스템의 내용물은 가스 연소 가열기를 사용하여 일정한 열량 Q(Btu/h)로 가열된다. 유량 w(lb/h)과 부피(ft^3)는 일정하지만, 주변으로의 열 손실 Q_L(Btu/h)은 풍속 v(ft/s)에 따라 변하며 다음과 같이 표현할 수 있다.

$$Q_L = UA(T - T_a)$$

$$U(t) = \overline{U} + bv^2(t)$$

여기서 $\overline{U}$, A, b 및 T_a는 일정하다. 출구 온도 T와 풍속 v 사이의 전달함수를 유도하시오. 추가로 필요한 가정이 있다면 나열하시오.

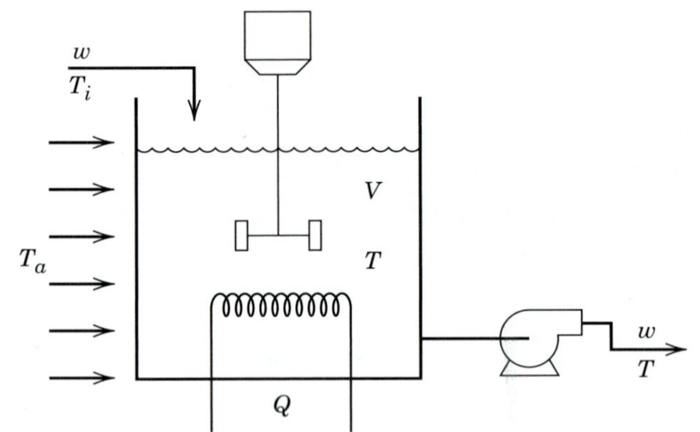

그림 E4.10

4.11 압축 가스 헤더의 압력에 대한 압축기 출구 압력의 변화 영향을 줄이기 위한 압력 서지 시스템에 대해 생각해보자. 그림 E4.11에 보인 두 개의 탱크 공정에 대한 동적 모델을 개발하고 이 모델의 전달함수의 형태에 대해 살펴보아라.

(a) 압축기의 압력 $P_c(t)$와 헤더의 압력 $P_h(t)$가 주어져 알 수 있을 때, 헤더로 들어가는 가스 유량 $w_3(t)$를 구하는 데 사용할 수 있는 동적 모델을 개발하여라. 자유도를 결정하시오.

주어진 정보:

(i) 세 개의 밸브는 저항 R_1, R_2 및 R_3에 선형적으로 작동한다. 즉, $w_1 = (P_c - P_1)R_1$.

(ii) 탱크의 부피 (V_1 및 V_2)는 일정하다.

(iii) 이상 기체 법칙이 적용된다.

(iv) 가스의 분자량은 M이다.

(v) 등온 운전을 한다.

(b) 다음 전달함수의 특성을 확인할 수 있는 지점까지 모델을 개발(선형화, 라플라스 변환 등)하시오.

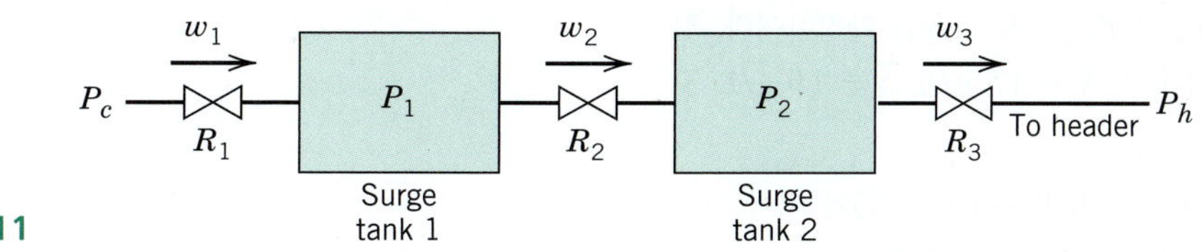

그림 E4.11

$$\frac{W_3'(s)}{P_c'(s)}$$

(i) 분모의 차수는 무엇인가?

(ii) 분자의 차수는 무엇인가?

(iii) 이득은 1인가?

주의: 실제 전달함수를 유도할 필요는 없다. 반면 주어진 각 질문의 답에 대한 근거를 댈 수 있어야 한다.

4.12 2.4.3절의 전기 가열 교반 탱크 시스템의 모델에 대해 생각해보자.

$$mC\frac{dT}{dt} = wC(T_i - T) + h_eA_e(T_e - T)$$

$$m_eC_e\frac{dT_e}{dt} = Q - h_eA_e(T_e - T)$$

(a) 두 개의 입력 변수, 가열기 열 입력 Q(입구온도의 변화는 없다고 가정) 및 입구 온도 T_i(가열기 열 입력의 변화는 없다고 가정)의 변화와 출구 온도 T의 변화 사이의 전달함수를 유도하시오.

(b) 가열 요소의 열 용량을 무시할 만하다고 가정할 때($m_eC_e \to 0$), 전달함수가 얼마나 간략화 되는지 보이시오.

4.13 그림 E4.13*a*에 표시된 수평 원통형 탱크는 공정 라인에서 액체 흐름의 서지가 전파되는 것을 늦추는 데 사용된다. 그림 E4.13*b*는 탱크의 단면을 보여주고 있으며, w_t는 액체의 높이 h의 함수인 액체 표면의 너비이며 둘 다 시간에 따라 변할 수 있다. 모델의 입력으로 입구 및 출구의 부피 유량을 사용하여 언제든지 탱크 내 액체의 높이 h를 구할 수 있는 모델을 개발하여라. 공정이 초기에 정상 상태에 있고, 액체의 밀도 ρ가 일정하다고 가정하여 모델을 선형화하여라.

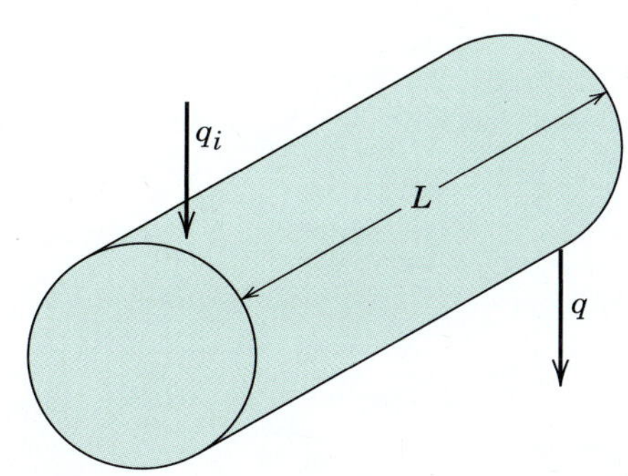

그림 E4.13*a*

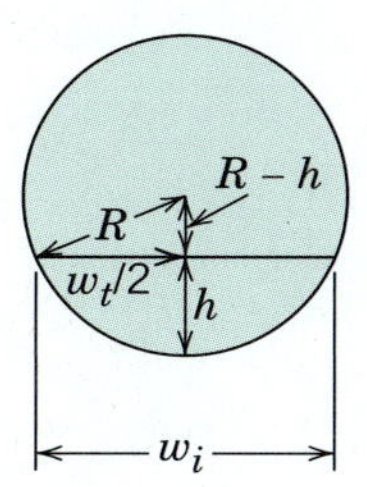

그림 E4.13*b*

4.14 교반 탱크 반응기에서 발열 반응 A → 2B가 단열인 상태에서 일어나고 있다. 이 액체 반응은 1000 gal 반응기에서 일정한 부피로 진행된다. 반응은 다음과 같은 속도 상수를 가지는 비가역 1차 반응으로 생각할 수 있다.

$$k = 2.4 \times 10^{15} e^{-20,000/T} (\text{min}^{-1})$$

여기서 T는 랭킨온도(R)이다.

(a) 아래의 정보를 이용하여 출구 온도 T와 입구 농도 c_{Ai} 사이의 전달함수를 유도하시오. 필요한 모든 가정을 언급하시오.

(b) 전달함수 이득 K가 운전 조건에 얼마나 민감한가? 이득을 $\bar{q}$, $\bar{T}$, $\bar{c}_{Ai}$의 항으로 나타내고 민감도를 평가하여라(즉, $\partial K/\partial \bar{q}$ 등).

주어진 정보:

(i) 명목 정상 상태 조건은 다음과 같다.

$$\bar{T} = 150\ °\text{F}, \quad \bar{c}_{Ai} = 0.8\ \text{mol/ft}^3$$

$$\bar{q} = 20\ \text{gal/min} = \text{반응기 입구 및 출구 유량}$$

(ii) 명목 정상 상태에서 혼합물에 대한 물성 데이터는 다음과 같다.

$$C = 0.8\frac{\text{Btu}}{\text{1b °F}}, \quad \rho = 52\ \text{lb/ft}^3, \quad -\Delta H_R = 500\ \text{kJ/mol}$$

4.15 키모스탯은 식물 세포 배양의 발효를 수행할 수 있는 연속 교반 탱크 바이오리액터이다. 다음과 같은 동적 모델에 의해 키모스탯의 동적 거동을 설명할 수 있다.

$$\dot{X} = \mu(S)X - DX$$
$$\dot{S} = -\mu(S)X/Y_{X/S} + D(S_f - S)$$

X와 S는 각각 세포와 기질의 농도이며, S_f는 기질 공급 농도이다. 희석 속도 D는 공급 유량을 바이오리액터 부피로 나눈 값으로 정의된다. D는 입력 변수이며, 세포 농도 X 및 기질 농도 S는 출력 변수이다. 전형적으로 반응 속도는 비성장속도 μ를 지칭하며 모노드 식에 의해 다음과 같이 표현할 수 있다.

$$\mu(S) = \frac{\mu_m S}{K_s + S}$$

$\mu_m = 0.20\ \text{h}^{-1}$, $K_s = 1.0$ g/L, 및 $Y_{X/S} = 0.5$ g/g를 가정하여라. 정상 상태 운전점으로 $\overline{D} = 0.1\ \text{h}^{-1}$, $\overline{X} = 4.5$ g/L, $\overline{S} = 1.0$ g/L 및 $\overline{S}f = 10$ g/L를 가정하여라.

선형화를 사용하여 세포 농도 편차 변수 $(X - \overline{X})$와 희석 비율 편차 변수 $(D - \overline{D})$ 사이의 전달함수를 유도하시오.

CHAPTER 05

1차 및 2차 공정의 동적 특성

Dynamic Behavior of First-Order and Second-Order Processes

학습목차 *Chapter Contents*

5.1 표준 공정 입력
5.2 1차계 응답
5.2.1 계단 응답
5.2.2 경사 응답
5.2.3 사인 응답
5.3 적분 공정 응답
5.4 2차계 응답
5.4.1 계단 응답
5.4.2 사인 응답
요약

2장에서 여러 공정들의 동적 모델을 유도하였고, 4장에서는 이렇게 유도된 모델들을 표준 전달함수로 표현하는 방법을 설명하였다. 이번 장에서는 공정들이 환경의 변화, 즉 공정 입력의 변화에 어떻게 응답하는 지를 살펴보고자 한다. 1장에서 이미 살펴본 바와 같이, 공정 입력은 2가지 유형으로 나눌 수 있다:

1. 공정을 제어하기 위해 조작할 수 있는 입력들
2. 외란으로 분류할 수 있는, 즉 조작할 수 없는 입력들

전달함수 표현을 사용하면 서로 다른 입력들의 효과를 용이하게 비교할 수 있다. 예를 들어 설명하면, 4.1절에서 유도한 일정한 유량의 입출력 흐름을 가진 교반 혼합기에 대한 동적 모델인 식 4-33을 공정 변수들을 사용하여 다시 쓰면 다음과 같다:

$$X'(s) = \frac{w_1/w}{\frac{V\rho}{w}s+1}X_1'(s) + \frac{w_2/w}{\frac{V\rho}{w}s+1}X_2'(s) \tag{5-1}$$

위의 식에서 얻어진 1차 전달함수

$$\frac{X'(s)}{X_1'(s)} = \frac{w_1/w}{\frac{V\rho}{w}s+1} \quad \text{and} \quad \frac{X'(s)}{X_2'(s)} = \frac{w_2/w}{\frac{V\rho}{w}s+1} \tag{5-2}$$

들은 각각 입구의 질량 분율 $X_1'(s)$과 $X_2'(s)$의 변화에 따른 출구의 질량 분율 $X'(s)$의 변화의 관계를 보여준다.

전달함수 표현의 두번째 이점은 공정의 동적 특성을 쉽게 일반화할 수 있다는 점이다. 특정 입력에 대한 공정의 응답을 분석하면, 같은 유형의 전달함수를 가진 다른 공정

의 응답도 알 수 있다.

입력 $U(s)$와 출력 $Y(s)$를 가진 일반적인 1차 전달함수

$$Y(s) = \frac{K}{\tau s + 1} U(s) \tag{5-3}$$

과 입력의 변화(예를 들어, 계단 또는 임펄스 변화)가 주어지면, 시간 영역의 해 $y(t)$를 얻을 수 있다. 이렇게 얻어진 해는 1차 전달함수로 표현되는 다른 공정(예를 들어 식 4-63과 4-65에 제시된 액위 탱크)에도 적용된다. 식 5-3과 같은 전달함수의 또 다른 이점은 K, τ 또는 $U(s)$가 변화하더라도 미분방정식을 다시 풀 필요가 없다는 점이다.

이 책에서는 실제 현장에서 운전되는 공정에서 흔히 관찰되는 전달함수들을 염두에 두고, 일반적인 공정의 동력학 관계식들을 앞에서 언급한 특성들에 기반해서 도출할 것이다. 이번 장에서는 1차 공정, 적분공정 및 2차 공정들과 같은 가장 간단한 전달함수를 다룰 것이고, 6장에서는 좀더 복잡한 전달함수들에 대하여 논의할 것이다. 가능한 한 결과를 범용적으로 만들기 위해서, 실제 공정의 동적 특성을 유형화하는 데 유용한 여러 표준적인 공정 입력들을 살펴보겠다.

5.1 표준 공정 입력

앞선 장들에서 공정 모델의 입출력에 대하여 간단하게 논의하였다. 여기서는 좀더 정밀한 정의를 도입하고자 한다. 일반적으로 *출력*(output)은 의존 변수(dependent variable)로, 원하는 값(set-point)으로 가져갈 필요가 있는 공정 변수인 제어 변수(controlled variable)를 의미한다. 예를 들어, 직전에 살펴본 교반 혼합기의 출력은 유출 흐름의 질량 분률 x다. *입력*(input)은 공정 출력에 영향을 줄 수 있는 변수들로, 교반 혼합기에 유입 유량 등이 이에 해당한다. 외란 혹은 조작 변수 인지에 상관없이 입력은 공정 출력에 영향을 준다.

공정의 동력학을 분석하거나 제어시스템을 설계할 때, 공정의 출력들이 공정의 입력들에 어떻게 응답하는 지를 이해하는 것은 매우 중요하다. 모델링과 제어를 위해 산업적으로 활용 가능한 중요한 입력 변화는 6가지가 있다.

1. 계단 입력(Step input)

산업 공정의 특성 중의 하나가 갑작스럽게 항구적인 입력 변화에 놓일 수 있다는 점이다. 예를 들어 반응기 원료 공급처가 변경되어서 원료의 농도나 온도와 같은 중요한 입력 변수가 갑작스럽게 변할 수 있을 것이다. 이러한 변화는 아래와 같이 계단 입력으로 근사될 수 있다:

$$u_S(t) = \begin{cases} 0 & t < 0 \\ M & t \geq 0 \end{cases} \tag{5-4}$$

여기서 *시간 0*은 입력의 크기 M이 갑작스럽게 변화가 발생한 시점으로 취하고 $u_S(t)$는 편차 변수(deviation variable)로 원래의 정상 상태로부터 변화된 양을 의미한다. 혼합 가열기에 입력이 변화하여 열 속(heat input)이 갑자기 8,000에서 10,000 kcal/h로 증가했다고 가정하면, 입력변화는 아래의 식으로 표시할 수 있다:

$$Q(t) = 8000 + 2000\, S(t) \tag{5-5a}$$

$$Q'(t) = 2000\, S(t) \tag{5-5b}$$

여기서 $S(t)$는 단위 계단 함수(unit step function)이다. 크기가 M인 계단 함수의 라플라스 변환은 아래와 같다:

$$u_S(s) = \frac{M}{s} \tag{5-6}$$

2. 경사 입력(Ramp input)

산업 공정은 종종 특정 기간 동안 일정한 기울기를 가지고 서서히 증가하거나 감소하는 입력을 가질 수 있다. 예를 들어 주변 환경(대기 온도와 상대 습도)이 일과 중에 천천히 변해서, 공장 냉동 타워의 온도도 같은 패턴으로 천천히 변화할 수 있을 것이다. 설정 점(set points)도 때때로 급격한 계단 변화를 피하기 위해 기존과 변경된 설정 점들 사이에 일정한 기울기를 가지고 변화하게 된다. 이러한 입력의 점진적인 변화는 경사 함수를 사용하여 근사할 수 있을 것이다:

$$u_R(t) = \begin{cases} 0 & t < 0 \\ at & t \geq 0 \end{cases} \tag{5-7}$$

여기서 $u_R(t)$는 편차 변수다. 기울기가 1인 경사 입력의 라플라스 변환은 표 3.1에 의하면 $1/s^2$ 이므로 식 5-7의 변환은 아래와 같다:

$$u_R(s) = \frac{a}{s^2} \tag{5-8}$$

3. 직사각형 펄스 입력(Rectangular pulse input)

공정은 때때로 갑작스런 계단 변화 후에 바로 원래 값으로 복귀하는 입력을 경험한다. 반응기에 주입되는 원료가 일정 기간 동안 공급 중단되거나 천연가스로 작동하는 노(furnace)에서 연료 가스 공급에 일시적인 차질이 생기는 경우를 생각할 수 있을 것이다. 이러한 유형의 입력 변화는 아래와 같이 직사각형 펄스로 근사될 수 있다:

$$u_{RP}(t) = \begin{cases} 0 & t < 0 \\ h & 0 \leq t < t_w \\ 0 & t \geq t_w \end{cases} \tag{5-9}$$

여기서 펄스 폭 t_w는 임펄스로 축소될 정도로 매우 짧게 또는 매우 길게 설정할 수 있다. 식 5-9에 대한 대체 표현 방법으로 $t \geq t_w$ 일 때는 1이고 $t < t_w$ 일 때는 0인 평행 이동된 단위 계단 함수 $S(t - t_w)$를 사용할 수 있다. 식 5-9를 그림 5.1과 같이 $t = 0$에서 크기가 1로 변하는 계단 입력과 $t = t_w$에서 -1로 변화하는 계단 입력의 합으로 생각하면, 수학적으로 다음과 같이 표시된다:

$$u_{RP}(t) = h[S(t) - S(t - t_w)]$$

라플라스 변환은 $t \geq 0$일 때만 고려하므로, 위의 식은 아래와 같이 간략하게 나타낼 수 있다:

$$u_{RP}(t) = h[1 - S(t - t_w)] \qquad t \geq 0 \tag{5-10}$$

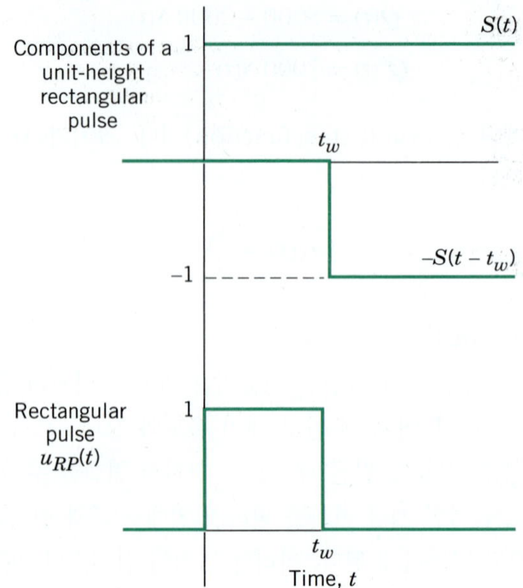

그림 5.1 직사각형 펄스를 만들기 위해 2개의 계단 입력을 결합하는 방법.

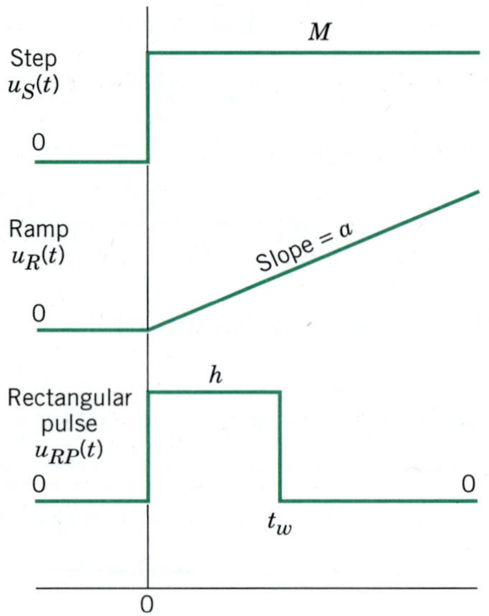

그림 5.2 3가지 중요한 결정론적 입력 유형.

그리고 라플라스 변환하면 다음과 같다:

$$u_{RP}(s) = \frac{h}{s}(1 - e^{-t_w s}) \tag{5-11}$$

위 식은 식 3-15와 같은 결과다.

지금까지 설명한 3가지 중요한 입력—계단, 경사 및 직사각형 펄스—의 형태는 그림 5.2에서 확인할 수 있다.

4. 사인 입력(Sinusodial input)

실제로 공정은 주기적으로 변화하는 입력에 놓이기도 한다. 이러한 예로, 앞에서 논의한 냉각수 온도의 표류는 주변 환경의 일변(낮–밤–낮)과 관련이 깊다. 이 경우 24시간 주

기로 순환하는 공정 변화는 사인 함수로 근사될 수 있는 냉각수 온도의 변화에 기인했을 것이다:

$$u_{\sin}(t) = \begin{cases} 0 & t < 0 \\ A \sin \omega t & t \geq 0 \end{cases} \tag{5-12}$$

사인 함수의 진폭은 A, 주기 P는 각주파수 ω로부터 $P = 2\pi/\omega$로 계산된다(ω의 단위는 radians/time). 좀더 짧은 시간 규모, 즉 고주파수 외란들은 교류 전기 장치나 계장(instrumentation)들로부터 일어나는 60-Hz 전기 잡음이나 혼합 장치나 펌프의 작동과 관련이 있다.

사인 입력은 14장에서 논의하는 주파수 응답 해석에서 핵심적인 역활을 수행한다. 식 5-12에 제시된 사인 함수의 라플라스 변환은 표 3.1의 14번째 항에 진폭 A를 곱해서 다음과 같이 구할 수 있다:

$$u_{\sin}(s) = \frac{A\omega}{s^2 + \omega^2} \tag{5-13}$$

5. 임펄스 입력(Impulse input)

3장에서 설명한 단위 임펄스 함수는 가장 간단한 형태의 라플라스 변환 $U(s) = 1$(식 3-17)을 가진다. 그러나 엄밀한 의미에서 임펄스 함수는 보통의 공장 운전 중에는 발생하지 않는다. 임펄스 입력을 발생시키기 위해서는 일정량의 에너지나 물질을 순간적으로 공정에 투입해야 한다. 이것은 가능하지 않다. 그러나 이런 유형의 입력은 고농도의 염료나 다른 추적자를 공정에 주사하는 방법으로 근사적으로 구현될 수 있다(예제 3.6)

6. 무작위 입력(Random input)

많은 공정 입력 변화들은 앞에서 논의한 결정론적인 시간의 함수들로 묘사하기 힘든 복잡한 형태를 가진다. 입력이 명확하게 무작위하게 변화하는 경우, 입력의 특성을 통계적으로 설명하는 것이 훨씬 편리할 것이다(평균값 μ와 표준편차 σ). 이러한 무작위 또는 확률적 과정들에 대한 수학적 해석은 이 책의 범위를 넘어간다. 좀더 자세한 설명은 Maybeck (1997)과 Box et al. (1994)을 참조하기 바란다. 그러나 결정론적인 입력을 가정하여 설계한 제어시스템도 통상적으로 무작위 입력이 주어져도 만족할 만한 성능을 보인다: 따라서 이 책도 결정론적인 입력을 가정하여 논의를 전개하였다. 또한 통계적 분석에 기반한 공정 감시 기법은 21장에서 논의하였다.

4장에서 논의한 전달함수들과 이 절에서 설명한 중요한 공정 구동 입력들을 가지고, 공정의 동적 특성을 이어지는 절에서 논의할 것이다.

5.2 1차계 응답

일반적인 1차계 전달함수는 다음과 같다:

$$\frac{Y(s)}{U(s)} = \frac{K}{\tau s + 1} \tag{5-14}$$

여기서 K는 정상 상태 이득, τ는 시간 상수다. 혼합 시스템의 동력학을 묘사하는 데 전달함수가 유용함은 4.4절에서에서 살펴본 바 있다. 이제 입력 $U(s)$를 몇 가지 특정한 형태를 가정해서 응답 $y(t)$를 유도해 보자.

5.2.1 계단 응답

크기가 M인 계단 입력($U(s) = M/s$)에 대하여, 식 5-14는 다음과 같이 된다:

$$Y(s) = \frac{KM}{s(\tau s + 1)} \tag{5-15}$$

표 3.1을 참조하여 시간 영역 응답은

$$y(t) = KM(1 - e^{-t/\tau}) \tag{5-16}$$

이다. 그림 5.3에 도시된 이 식을 살펴보면 1차 공정은 입력의 갑작스러운 변화에 즉각적으로 반응하지 않음을 알 수 있다. 시간 상수 만큼 시간 경과 후에 ($t = \tau$)에야 공정 응답은 단지 최종 변화 폭의 63.2%에 도달한다. 이론적으로 시간이 무한대에 도달하지 않는 한 새로운 정상 상태에 도달하지 못한다: 표 5,1에서 알 수 있듯이 $t \approx 5\tau$일 때의 값으로 최종 정상 상태 값을 추정할 수 있다. 여기서 그림 5.3은 무차원 혹은 정규화된 형태로 그려졌음을 알기 바란다(시간 상수로 나누어진 시간, 공정 이득과 입력 변화의 크기의 곱으로 나누어진 출력 변화). 이제 좀더 특정한 예제를 살펴보도록 하자.

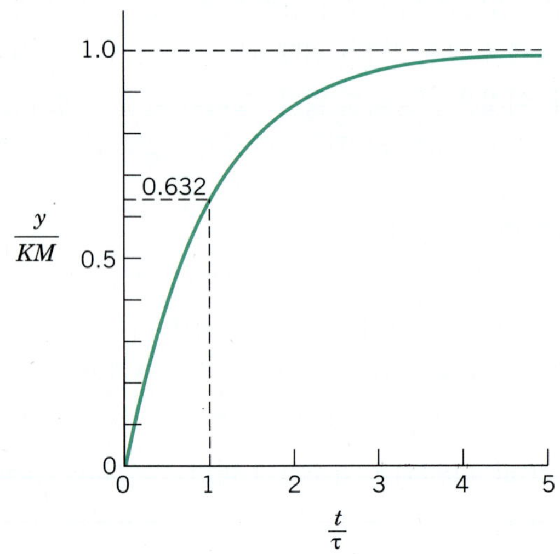

그림 5.3 1차계의 계단 응답.

표 5.1 1차계의 계단 입력에 대한 정규화된 응답.

t	$y(t)/KM = 1 - e^{-t/\tau}$
0	0
τ	0.6321
2τ	0.8647
3τ	0.9502
4τ	0.9817
5τ	0.9933

예제 5.1

교반 가열기가 일정한 유속 1000 kg/h로 공급되는 부유 고체 촉매를 포함한 반응물을 예열하기 위하여 사용된다. 탱크의 부피는 2 m^3이고 부유물을 포함한 혼합물의 밀도와 열용량은 각각 900 kg/m^3 및 1 cal/g °C이다. 초기에 공정의 입구 및 출구 온도는 각각 100 및 130 °C로 운전되고 정상 상태 에너지 입력은 3×10^7 cal/h이다. 전달함수는 다음과 같다.

$$T'(s) = \frac{1/wC}{\frac{m}{w}s+1}Q'(s) + \frac{1}{\frac{m}{w}s+1}T_i'(s) \tag{5-17}$$

공정 운전과 관련하여 다음 질문이 제기되었다.

(a) K와 τ 값은?

(b) 가열기의 입력이 갑자기 30% 증가한다면, 탱크의 온도가 최종적으로 도달할 온도 변화의 99%에 도달하는 데 걸리는 시간은?

(c) 입구 온도가 갑자기 100에서 120 °C로 증가했을 때, 출구 온도가 130에서 135 °C로 변화할 때까지 걸리는 시간은?

풀이

(a) 식 5-17로부터, 이득과 시간 상수는 다음과 같이 결정된다:

$$K = \frac{1}{wC} = \frac{1}{\left(10^6 \frac{\text{g}}{\text{h}}\right)\left(\frac{1\ \text{cal}}{\text{g}\ °\text{C}}\right)}$$

$$= 10^{-6}\ \frac{°\text{C}}{\text{cal/h}}$$

$$\tau = \frac{V\rho}{w} = \frac{(2\ \text{m}^3)\left(9 \times 10^5 \frac{\text{g}}{\text{m}^3}\right)}{10^6 \frac{\text{g}}{\text{h}}} = 1.8\ \text{h}$$

(b) 표 5.1로부터 임의 크기를 가진 가열기 입력의 계단 변화를 따라 99% 응답을 얻는 데 소요되는 시간은 5τ, 즉 9 h임을 알 수 있다. $Q(9 \times 10^6$ cal/h)에 + 30% 변화에 따른 온도의 정상 상태 변화는 최종값 정리를 사용해 다음과 같이 계산할 수 있다:

$$T'(t \to \infty) = \lim_{s \to 0} s\left(\frac{10^{-6}}{1.8s+1}\frac{9 \times 10^6}{s}\right) = 9\ °\text{C}$$

출구 온도 변화는 입력의 변화의 결과임을 알 수 있다: 즉 최종 정상 상태에서의 출구 온도는 130 °C + 9 °C = 139 °C. 그러나 최종값 정리를 사용한다면, 전달함수를 이득과 시간 상수를 가진 표준형으로 변형하는 과정은 불필요하다. 최종값이 사실상 존재하고 유한하다고 가정한다면, 공정 출력의 궁극적인 변화를 얻는 데 단지 공정의 이득과 입력 변화의 크기를 곱하는 것으로 충분하기 때문이다. 이 경우에는 $T'(t \to \infty) = K\Delta Q = (10^{-6}\ °\text{C/cal} \cdot \text{h})(9 \times 10^6\ \text{cal/h}) = 9\ °\text{C}$이다.

(c) 외란 전달함수(T'와 T_i')의 이득은 1이기 때문에, 20 °C의 입구 온도 변화는 20 °C의 출구 온도 변화를 가져온다. 5 °C의 출구 온도 변화와 궁극적인 정상 상태 온도 변화의 25%에 도달하기 위하여 필요한 시간은 그림 5.3으로부터 $t = 0.3$과 $t = 0.54$ h임을 알 수 있다. 식 5-16은 이 값을 계산하기 위한 좀더 정확한 방법을 제공한다:

$$\frac{y(t)}{KM} = 1 - e^{-t/\tau}$$

$$\frac{5\ °\text{C}}{(1)(20\ °\text{C})} = 1 - e^{-t/\tau}$$

$$e^{-t/\tau} = 0.75$$

$$-\frac{t}{\tau} = \ln 0.75 = -0.288$$

$$t = 0.52\ \text{h}$$

5.2.2 경사 응답

식 5-8에 제시된 경사 입력에 대한 1차계의 응답을 계산해 보자. 부분 분수 확장을 수행하면 다음과 같다:

$$Y(s) = \frac{Ka}{(\tau s + 1)s^2} = \frac{\alpha_1}{\tau s + 1} + \frac{\alpha_2}{s} + \frac{\alpha_3}{s^2} \tag{5-18}$$

Heaviside 확장을 수행하여 미정계수를 계산한다:

$$Y(s) = \frac{Ka\tau^2}{\tau s + 1} - \frac{Ka\tau}{s} + \frac{Ka}{s^2} \tag{5-19}$$

표 3.1을 참조해서 정리하면 다음과 같이 응답을 구할 수 있다:

$$y(t) = Ka\tau(e^{-t/\tau} - 1) + Kat \tag{5-20}$$

위의 식에서 시간이 상당한 정도로 경과한 후($t \gg \tau$)에 응답을 유추할 수 있다:

$$y(t) \approx Ka(t - \tau) \tag{5-21}$$

식 5-21은 초기 전이 기간이 경과한 후에, 경사 입력은 시간 상수 τ 만큼 시간 축으로 평행이동 되고 Ka의 기울기를 가진 경사 출력이 얻어 짐을 보여 준다(그림 5.4). 한계가 없는 경사 입력은 궁극적으로는 몇 가지 공정 요소들을 포화되게 만들기 때문에, 경사 입력이 지속되는 기간은 제한 적일 수 밖에 없다. 종종 공정 입력들은 갑작스러운 계단 입력을 피하기 위하여 제한된 시간 동안만 한 값에서 다른 값으로 일정한 기울기를 가지고 이동할 수 있게 조작된다. 이러한 유형의 경사 입력은 연속 공정의 시동(start-up)이나 회분 공정을 운전할 때 특히 유용하다.

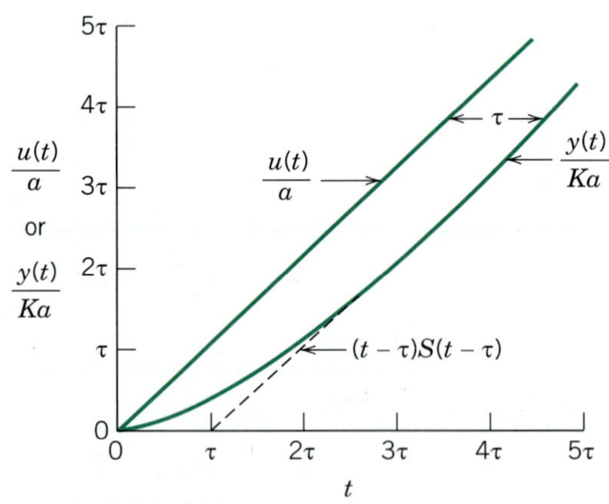

그림 5.4 1차계의 경사 응답(입력과 출력의 비교).

5.2.3 사인 응답

1차 공정 응답의 마지막 예로 사인 입력 $u_{\sin} = A \sin \omega t$ (라플라스 변환은 식 5-13)의 응답을 살펴보자:

$$Y(s) = \frac{KA\omega}{(\tau s + 1)(s^2 + \omega^2)} = \frac{KA}{\omega^2\tau^2 + 1}\left(\frac{\omega\tau^2}{\tau s + 1} - \frac{s\omega\tau}{s^2 + \omega^2} + \frac{\omega}{s^2 + \omega^2}\right) \tag{5-22}$$

역 라플라스 변환을 취하면 다음과 같다:

$$y(t) = \frac{KA}{\omega^2\tau^2 + 1}(\omega\tau e^{-t/\tau} - \omega\tau\cos\omega t + \sin\omega t) \tag{5-23}$$

또는 삼각 함수 공식들을 적용해서 다음과 같이 쓸 수 있다:

$$y(t) = \frac{KA\omega\tau}{\omega^2\tau^2 + 1}e^{-t/\tau} + \frac{KA}{\sqrt{\omega^2\tau^2 + 1}}\sin(\omega t + \phi) \tag{5-24}$$

여기서

$$\phi = -\tan^{-1}(\omega\tau) \tag{5-25}$$

식 5-23 및 5-24로부터 지수함수 항은 $t \to \infty$일 때 0으로 소멸되고 순수한 사인 응답만 남는 것을 알 수 있다. 이러한 성질은 14장에서 주파수 응답 해석 과정에서 활용된다.

학생들은 종종 실제 공정 변수가 어떻게 사인 파형으로 변하는지 상상하기 어려워한다. 반응기에 유입되는 유량이 어떻게 양의 값에서 음의 값으로 변화할 수 있을까? 여기서 입력 u와 출력 y의 관계는 편차 변수를 사용해 표현된다는 점을 기억하자. 실제 입력은 아래와 같을 것이다:

$$q(t) = 0.4\frac{\text{m}^3}{\text{s}} + \left(0.1\frac{\text{m}^3}{\text{s}}\right)\sin\omega t \tag{5-26}$$

여기서 편차 변수로 표현된 입력의 진폭은 A로 값은 0.1 m^3/s이다. 오랜 시간이 경과한 후에, 출력 응답인 식 5-24도 마찬가지로 식 5-26과 비슷하게 출력의 사인 편차에 근접할 것이다.

예제 5.2

식 4-60으로 묘사된 액위 탱크는 식 4-63과 같은 전달함수를 가진다:

$$\frac{H'(s)}{Q_i'(s)} = \frac{10}{50s + 1}$$

여기서 h는 탱크의 액위(m), q_i는 유속(m^3/s), 이득은 10 $\text{m/m}^3/\text{s}$, 그리고 시간 상수는 50 s이다. 시스템이 정상 상태 $\overline{q} = 0.4\ \text{m}^3/\text{s}$, $\overline{h} = 4$ m로 운전 중에 진폭 0.1 m^3/s, 회전 주파수 0.002 cycles/s인 사인 형태로 입구 유속에 변화가 주어졌다. 6분 이상 동안 입력 유속의 교란이 지속되었을 때 최대 및 최소 탱크 액위는 얼마인가? 이와 같은 사인 유형의 유량 변화의 결과로 발생할 수 있는 최대 액위 교란은 얼마인가? 만약 고주파수, 예를 들어 0.2 cycles/s의 입력이 주어졌을 때의 효과는 어떠하겠는가?

풀이

실제 입력 $q(t)$는 식 5-26으로 주어지나, 문제 풀이에는 입력 편차의 진폭(0.1 m^3/s)만 필요하다. 식 5-24로부터 사인 입력이 6분 지속 되었을 때, 지수 항의 값은 $e^{-360/50} = e^{-7.2} < 10^{-3}$이 된다. 그래서 지수 전이 항은 외란 진폭의 0.1% 이하가 되므로 고려하지 않아도 된다. 결과적으로 식 4-24에서, 출력 액위의 교란의 진폭은

$$\frac{KA}{\sqrt{\omega^2\tau^2 + 1}}$$

이다. A는 입력의 진폭, ω은 라디안 단위로 표현된 주파수다(1 라디안 = (2π) (회전 주파수) = (6.28) (0.002) radians/s). 액위의 교란의 진폭은

$$\frac{10(\text{s/m}^2)(0.1\ \text{m}^3/\text{s})}{\sqrt{[(6.28\ \text{rad/cycles})(0.002\ \text{cycles/s})(50\ \text{s})]^2+1}}$$

즉 0.85 m다. 즉 실제 탱크 액위는 최저 3.15 m에서 최고 4.85 m로 변화한다.

진폭 0.1 m^3/s의 사인 변화로 발생할 수 있는 최대 출력 편차는 각 주파수 ω가 0으로 수렴하는 저주파 신호가 입력될 때이다. 이런 경우에, 편차는 $\pm KA = \pm(10\ \text{s/m}^2)\ (0.1\ \text{m}^3/\text{s}) = \pm 1$ m이다. 즉 액위의 최소 및 최댓값은 각각 3 및 5 m가 된다.

고주파수 변화(0.2 cycles/s)가 주어지면, 출력 진폭이 0에 근접한다. 입력 유속의 매우 빠른 변화가 체류 시간이 충분히 큰 탱크에서 서로 상쇄되어서 상대적으로 일정한 액위를 만들기 때문이다.

5.3 적분 공정 응답

2.4절에서 우리는 간략하게 출구에 펌프가 장착된 액위 시스템을 살펴보았다. 출구 유속 q가 펌프의 회전속도를 조절하여 바로 조정할 수 있다고 가정하면 식 2-54는 다음과 같이 된다.

$$A\frac{dh(t)}{dt} = q_i(t) - q(t) \tag{5-27}$$

$t = 0$에서 공정이 정상 상태($q_i = \overline{q}_i$ 이고 $h = \overline{h}$)에 있었다고 가정하자. 식 5-27에서 정상 상태 식 $(0 = \overline{q}_i - \overline{q})$을 빼고 $dh(t)/dt = dh'(t)/dt$이므로

$$A\frac{dh'(t)}{dt} = q_i'(t) - q'(t) \tag{5-28}$$

여기서 편차변수들은 $t = 0$일 때 모두 0이다. 양변에 라플라스 변환을 취하고

$$sAH'(s) = Q_i'(s) - Q'(s) \tag{5-29}$$

식을 정리하면

$$H'(s) = \frac{1}{As}[Q_i'(s) - Q'(s)] \tag{5-30}$$

위 식에서 2개의 전달함수 $H'(s)/Q_i'(s) = 1/As$와 $H'(s)/Q'(s) = -1/As$는 $1/s$로 특징지워지는 적분 모델들이다. 식 5-27을 적분하면

$$h(t) - \overline{h} = \frac{1}{A}\int_0^t [q_i(t^*) - q(t^*)]dt^* \tag{5-31}$$

이므로 적분 공정이란 용어가 사용된다. 적분 공정은 통상적인 의미로 정상 상태 이득을 가지지 않는다. 정상 상태로 운전되는 이와 같은 공정에, q_i에 양의 계단입력(q보다 큰 q_i)이 발생하면 탱크 액위는 $q_i(t) - q(t)$에 비례해서 시간에 따라 선형적으로 증가하게 된다. 반면에 q에 음의 계단 변화가 발생하면 액위는 선형적으로 감소할 것이다. 따라서 새로운 정상 상태에 도달하지 못하고, 탱크가 넘치거나 비워지게 된다. 대조적으로 펌프가 아니라 출구 밸브를 가진 탱크들은 출구 유속과 입구 유속이 같아지게 되어 정상 상태에 도달하게 될 것이다. 이런 경우는 적분 공정보다는 1차 전달함수로 표시될 수 있을 것이다(예제 4.8).

예제 5.3

환기구를 가진 원통형의 탱크가 원료 운반 트럭 하역 설비와 연속식 반응기 사이에 원료 저장탱크로 사용된다(그림 5.5). 반응기 투입 원료는 0.02 m^3/s의 일정한 유속으로 저장탱크에서 공급된다. 공정 운전 중 특정한 기간에는 원료 운반 트럭에서 저장탱크로 저장탱크에서 반응기로 동시에 원료가 이동하게 된다. 이런 경우 운전원은 저장탱크가 넘치거나 비워지지 않도록 주의를 기울여야 한다. 저장 탱크는 5 m의 높이와 4 m^2의 내부 단면적을 가진다.

(a) 원료 운반 트럭에서 원료를 공급 받은 직후 저장탱크의 액위가 2 m였다. 저장탱크가 비워지는 데 얼마의 시간이 걸릴까?

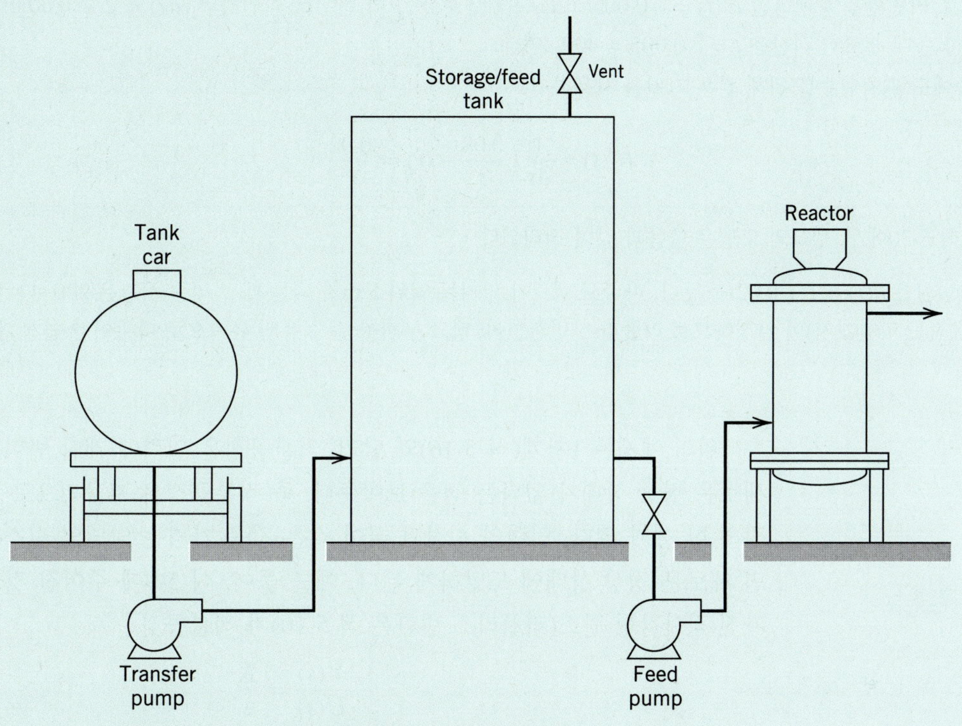

그림 5.5 연속식 반응기를 위한 원료 충전 및 저장 설비.

(b) 다른 원료 운반 트럭이 도착해 저장 탱크에 연결되었다. 반면에 반응기로의 흐름은 0.02 m^3/s로 유지되고 있다. 저장탱크의 액위가 1 m에 도달했을 때, 원료 공급 트럭에서 저장탱크로 원료를 공급하기 시작했다. 탱크에 주입하는 원료 유속이 0.1 m^3/s일 때, 저장 탱크를 꽉 채우는 데 필요한 시간은?

풀이

(a) 주어진 시스템은 입출력 흐름의 특정한 값에 해당하는 정상 상태를 특정할 수 없다. 초기 액위가 $h = 2$ m이고 반응기로 원료가 공급되는 유속이 $q = 0.02$ m^3/s일 때, h, q, 및 q_i의 편차변수를 정의하기 위한 기저를 아래와 같이 선택하자:

$$H'(s) = \frac{1}{4s}[Q_i'(s) - Q'(s)]$$

식 5-30으로부터 저장탱크에 대한 공정 모델은 다음과 같다:

$$q_i = 0 \Rightarrow q_i' = -0.02 \Rightarrow Q_i'(s) = -\frac{0.02}{s}$$
$$q = 0.02 \Rightarrow q' = 0 \Rightarrow Q'(s) = 0$$

저장 탱크가 비워지는 데 필요한 시간은 아래와 같이 계산할 수 있다:

$$H'(s) = \frac{1}{4s}\left(-\frac{0.02}{s} - 0\right) = -\frac{0.005}{s^2}$$

따라서

$$q_i = 0.1 \Rightarrow q_i' = +0.08 \Rightarrow Q_i'(s) = \frac{0.08}{s}$$

$$q = 0.02 \Rightarrow q' = 0 \Rightarrow Q'(s) = 0$$

시간 영역으로 역변환을 수행하면 $h'(t) = -0.005t$이고, 편차변수를 실제 변수로 환원하면 $h(t) = 2 - 0.005t$이다. 따라서 $h(t)$가 0에 도달하는 데 필요한 시간은 $t = 2/0.005 = 400$ s이다.

(b) 탱크 충전 중에도 편차변수를 위해 같은 기저를 사용하면

$$H'(s) = \frac{1}{4s}\left(\frac{0.08}{s} - 0\right) = \frac{0.02}{s^2}$$

결과적으로 식 5-30에서, 탱크의 모델은 다음과 같이 정리된다:

시간 영역으로 역변환은 $h(t) = 1 + 0.02t$를 준다. 따라서 탱크가 넘치는 액위 5 m가 되는 데 걸리는 시간은 200 s다. 이 시간은 탱크의 입구 유속(출구 유속도 마찬가지)이 일정하므로 라플라스 변환없이, 탱크 부피를 순수 유입 유속으로 나누어 손쉽게 계산할 수 있다.

위의 예제는 1차계(식 5-16)와 달리, 적분공정은 입력에 계단 변화가 도입되었을 때 새로운 정상 상태가 없다는 점을 보여준다. 즉 적분공정은 *자율적으로 조절되지 않는* 공정의 한 예가 된다. 입력의 시작과 끝이 같은 값을 가지는 임의의 펄스 입력에 종속된다면 새로운 정상 상태에 도달하게 된다. 예를 들어, 식 5-9에 주어진 것과 같이 높이 h를 가진 직사각형 펄스(라플라스 변환은 식 5-10)가 적분공정

$$\frac{Y(s)}{U(s)} = \frac{K}{s} \tag{5-32}$$

에 도입되면 응답은 다음과 같다:

$$Y(s) = \frac{Kh(1 - e^{-t_w s})}{s^2} = Kh\left(\frac{1}{s^2} - \frac{e^{-t_w s}}{s^2}\right) \tag{5-33}$$

식 5-33의 응답은 펄스의 폭 t_w와 t를 비교하여 두 부분으로 나누어 볼 수 있다. $0 \le t < t_w$일 때, 식 5-33의 괄호 안에 두번째 항은 0이므로

$$y(t) = Kht \tag{5-34}$$

즉 시간에 따른 선형적인 증가를 보여준다. 반면에 $t \ge t_w$일 때, 식 5-33의 라플라스 역변환을 취하면

$$y(t) = Kh[t - (t - t_w)] = Kht_w \tag{5-35}$$

로 일정한 값을 가지게 된다. 위에 두 식을 다음과 같이 정리할 수 있다:

$$y(t) = \begin{cases} Kht & t < t_w \\ Kht_w & t \ge t_w \end{cases} \tag{5-36}$$

식 5-36은 특정 시간에 y의 변화는 입력 펄스의 면적에 비례함을 보여준다(직관적인 결과).

5.4 2차계 응답

4장에서 살펴본 바와 같이, 1차계 공정들이 직렬로 연결되었을 때 2차계 전달함수가 얻어진다. 예를 들어, 입구 및 출구 질량 조성의 동적 변화가 1차계 전달함수로 표현되는 2개의 교반 혼합기에서 첫번째 탱크의 출구 흐름이 두번째 탱크의 입구 흐름과 물리적으로 연결된 경우를 고려해 보자. 그림 5.6은 이러한 공정의 신호 흐름을 보여준다.

$$G(s) = \frac{Y(s)}{U(s)} = \frac{K_1K_2}{(\tau_1 s+1)(\tau_2 s+1)} = \frac{K}{(\tau_1 s+1)(\tau_2 s+1)} \tag{5-37}$$

여기서 $K = K_1K_2$. 다른 경우로 CSTR(식 4-88과 4-89)을 표현하는 2개의 연립된 1차 미분방정식들을 하나의 2차 미분 방정식으로 변환하여 2차 공정 전달함수를 얻을 수도 있다. 이번 장에서는 아래와 같은 표준형으로 2차계 전달함수를 고려할 것이다:

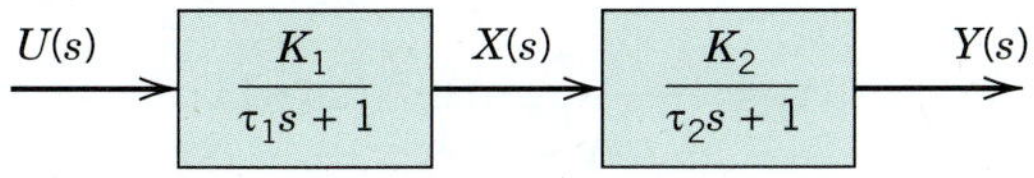

$$U(s) \rightarrow \boxed{\frac{K_1}{\tau_1 s + 1}} \xrightarrow{X(s)} \boxed{\frac{K_2}{\tau_2 s + 1}} \rightarrow Y(s)$$

그림 5.6 직렬로 연결된 2개의 1차계로 구성된 2차계.

$$G(s) = \frac{K}{\tau^2 s^2 + 2\zeta\tau s + 1} \tag{5-38}$$

분자항에 포함된 시간 지연 항이나 또는 분자항의 다항식과 관련된 동력학 등 좀더 일반적인 모델에 대한 논의는 6장으로 미룰 것이다.

식 5-38에서 K와 τ는 1차계 전달함수에서와 같은 중요성을 가진다. K는 정상 상태 이득, τ는 응답의 빠르기(또는 응답 시간)를 결정한다. 감쇠계수 ζ(zeta)은 무차원수로 시스템의 감쇠 정도에 대한 척도를 제공한다(입력의 변화 후에 공정 응답의 진동 정도 등). ζ의 값이 작으면 *감쇠*가 적게 발생하고 커다란 진동을 가지게 된다. 예를 들어 문제가 있는 충격 완충 장치가 장착된 자동차 현가시스템과 같이 장애물과 충돌하면 차량이 위험하게 아래 위로 튀게 된다. 몇몇 교재에서는 식 5-38을 $\omega_n = 1/\tau$ (비감쇠 자연 주파수)로 표기한다. 이 이름의 기원은 감쇠가 일어나지 않을 때($\zeta = 0$), 시스템의 진동 주기와 같기 때문이다.

2차계는 표 5.2와 같이 3개의 부류가 있다. 여기서는 $\zeta < 0$인 경우는 고려하지 않았다. 이 경우는 임의의 입력에 대해서 상한이 없는 출력을 내보내는 불안정한 2차계에 해당한다(불안정성의 효과는 11장에서 다룰 것이다). 2차 전달함수의 과도 감쇠(overdamped)와 임계 감쇠(critically damped)는 1차계가 직렬 연결되었을 때 나타난다(그림 5.6). 식 5-37과 5-38에 주어진 전달함수는 단지 분모의 형태만 다르다. 분모의 식들을 비교하면 2개의 다른 형태 과도 감쇠 2차계의 관계를 알 수 있다:

$$\tau^2 s^2 + 2\zeta\tau s + 1 = (\tau_1 s+1)(\tau_2 s+1) \tag{5-39}$$

식 5-39로부터 s항들의 계수들을 비교하면

$$\tau^2 = \tau_1\tau_2 \tag{5-40}$$

$$2\zeta\tau = \tau_1 + \tau_2 \tag{5-41}$$

표 5.2 2차계 전달함수의 3개의 부류.

감쇠계수	응답의 특성	특성방정식의 근*
$\zeta > 1$	과도	서로 다른 실수
$\zeta = 1$	임계	실수 중근
$0 < \zeta < 1$	과소	켤레 복소수($a + jb$ 과 $a - jb$)

*이 방정식은 $\tau^2 s^2 + 2\zeta\tau s + 1 = 0$.

위의 식으로부터, 다음의 식을 얻는다:

$$\tau = \sqrt{\tau_1 \tau_2} \tag{5-42}$$

$$\zeta = \frac{\tau_1 + \tau_2}{2\sqrt{\tau_1 \tau_2}} \tag{5-43}$$

각각 τ_1과 τ_2에 대하여 풀면 아래와 같다:

$$\tau_1 = \frac{\tau}{\zeta - \sqrt{\zeta^2 - 1}} \quad (\zeta \ge 1) \tag{5-44}$$

$$\tau_2 = \frac{\tau}{\zeta + \sqrt{\zeta^2 - 1}} \quad (\zeta \ge 1) \tag{5-45}$$

예제 5.4

과도 감쇠 시스템이 2개의 1차계 공정이 직렬로 연결되어 구성되었다($\tau_1 = 4, \tau_2 = 1$). 이 시스템과 동등한 τ와 ζ값을 구하시오.

풀이

식 5-42와 5-43으로부터

$$\tau = \sqrt{(4)(1)} = 2$$

$$\zeta = \frac{4+1}{(2)(2)} = 1.25$$

식 5-44와 5-45를 사용해 결과를 확인해 볼 수 있다.

$$\tau_1 = \frac{2}{1.25 - \sqrt{(1.25)^2 - 1}} = \frac{2}{1.25 - 0.75} = 4$$

$$\tau_2 = \frac{2}{1.25 + \sqrt{(1.25)^2 - 1}} = \frac{2}{1.25 + 0.75} = 1$$

식 5-38의 과소 감쇠 형태는 작은 선 용량을 가진 공압식 계장 장치나 관성 효과가 지배적인 수은 압력계와 같은 기계 시스템에서도 발견할 수 있다.

공정 제어 문제들에서는 과소 감쇠 형태는 피드백 제어 하에 공정의 특성을 조사할 때 종종 마주하게 된다. 다음으로 2차계 3가지 부류의 계단 응답을 살펴볼 것이다.

5.4.1 계단 응답

식 5-38로 묘사된 공정에 계단 입력을 가하면

$$Y(s) = \frac{KM}{s(\tau^2 s^2 + 2\zeta\tau s + 1)} \tag{5-46}$$

이고 시간 영역으로 역변환 이후에, 응답들은 3개의 경우로 유형화할 수 있다.

과도 감쇠($\zeta > 1$)

식 5-46의 분모가 식 5-44와 5-45로 인수분해 되므로, 응답은 다음과 같이 정리할 수 있다.

$$y(t) = KM\left(1 - \frac{\tau_1 e^{-t/\tau_1} - \tau_2 e^{-t/\tau_2}}{\tau_1 - \tau_2}\right) \tag{5-47}$$

임계 감쇠($\zeta = 1$)

$$y(t) = KM\left[1 - \left(1 + \frac{t}{\tau}\right)e^{-t/\tau}\right] \tag{5-48}$$

과소 감쇠($0 \leq \zeta < 1$)

$$y(t) = KM\left\{1 - e^{-\zeta t/\tau}\left[\cos\left(\frac{\sqrt{1-\zeta^2}}{\tau}t\right) + \frac{\zeta}{\sqrt{1-\zeta^2}}\sin\left(\frac{\sqrt{1-\zeta^2}}{\tau}t\right)\right]\right\} \tag{5-49}$$

그림 5.7과 5.8에 ζ의 서로 다른 값들에 따른 계단 응답을 표시하였다. 여기서 시간 축은 τ 값을 사용하여 정규화하였다. τ값이 작을 때, 즉 비감쇠 자연 주파수 $\omega_n = 1/\tau$가 큰 값을 가질 때, 빠른 응답이 얻어짐을 알 수 있다.

그림 5.7과 5.8에 보여진 응답들과 관련하여 다음과 같이 일반화할 수 있다.

1. 감쇠 계수 ζ가 0에 근접할 때 진동과 오버슈트($y/KM > 1$)의 정도가 매우 커진다.
2. 큰 ζ 값을 가질 때 느린 응답이 나타난다.
3. 오버슈트가 발생하지 않은 경우 중에 가장 빠른 응답은 임계 감쇠($\zeta = 1$)일 때이다.

제어시스템 설계자 들은 종종 제어 변수의 응답이 과소 감쇠된 2차계의 이상적인 응답 형태의 설정점 변화를 추적하기를 원한다. 다시 말해서 새로운 정상 상태로 들어갈 때 사전에 설정한 정도의 오버슈트와 진동이 나타나도록 조절하기를 원한다. 감쇠된 진동이 허용될 경우에, 0.4에서 0.8 정도의 감쇠계수가 선택될 수 있을 것이다. 이 정도의 범위에서 새로운 정상 상태에 도달하는 데 소요되는 시간이 감쇠계수가 1이나 1.5를 가진 경우보다 빠르고, 또한 감쇠계수가 0.2를 가진 경우보다 덜 진동하기 때문에 정상 상태에 좀 더 빨리 안착하게 된다.

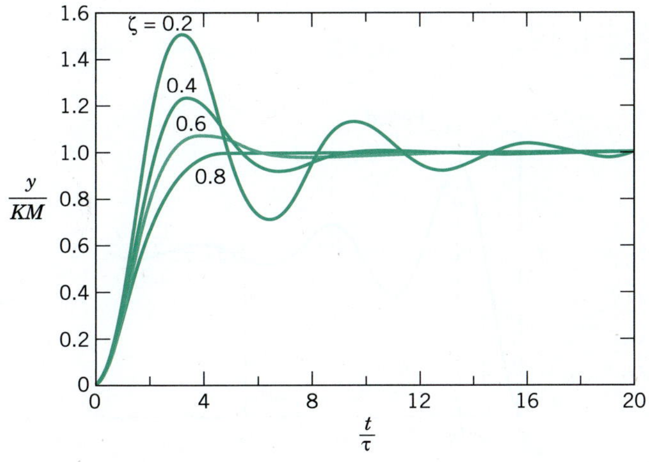

그림 5.7 과소 감쇠된 2차계의 계단 응답.

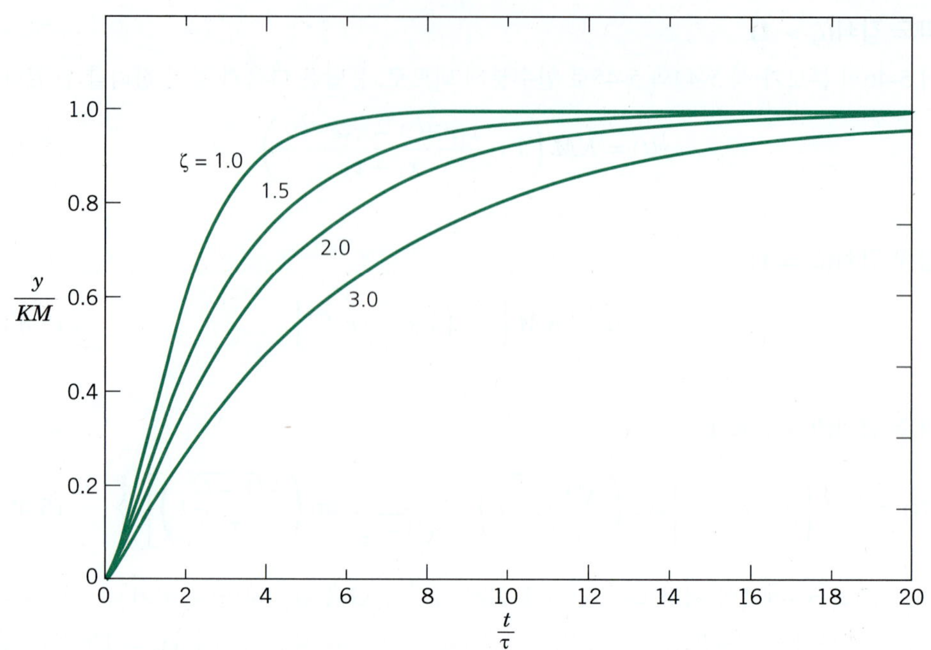

그림 5.8 임계 감쇠 및 과도 감쇠된 2차계의 계단 응답.

그림 5.9에 과소 감쇠된 2차계의 계단 응답의 특성들을 나타내었다. 다음의 용어들이 과소 감쇠된 2차계의 동특성을 묘사하기 위해서 사용된다.

1. ***상승 시간***(rising time). t_r은 공정의 출력이 새로운 정상 상태 값에 처음 도달하는 데 걸리는 시간
2. ***피크 시간***(Time to First Peak). t_p는 출력이 첫 번째 최댓값에 이를 때까지의 시간
3. ***정착 시간***(settling time). t_s는 출력 y가 최종 변화값의 ±5% 이내로 안착될 때까지 소요되는 시간(다른 응용문제에서는 ±1%가 사용되기도 함)
4. ***오버슈트***(overshoot). OS = a/b (% 오버슈트는 100 a/b)
5. ***감쇠비***(Decay Ratio). DR = c/a (여기서 c는 2번째 피크의 높이를 의미한다.)
6. ***진동 주기***(Period of Oscillation). P는 2개의 연속적인 피크 또는 연속적인 골 사이의 시간,

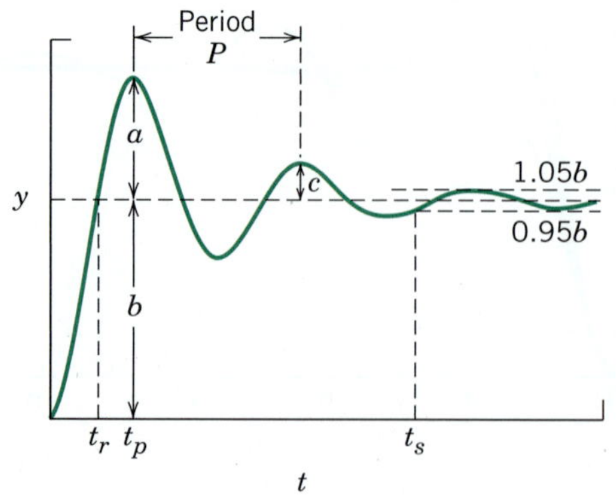

그림 5.9 과소 감쇠된 공정의 계단 응답의 특성.

위의 정의들은 과소 감쇠 공정의 계단 응답에 적용됨을 주의하자. 공정에 오버슈트가 나타나지 않으면, 상승시간의 정의는 정상 상태 응답의 10%에서 90%에 도달하는 데 필요한 시간으로 수정할 수 있다(Astrom and Hagglund, 2006). 과소 감쇠 2차 공정의 특별한 경우에, 식 5-49를 사용해 위에서 설명한 동특성들에 대한 해석적 표현을 도출할 수 있다.

피크 시간: $$t_p = \pi\tau / \sqrt{1-\zeta^2} \tag{5-50}$$

오버슈트: $$\mathrm{OS} = \exp\left(-\pi\zeta / \sqrt{1-\zeta^2}\right) \tag{5-51}$$

감쇠비: $$\mathrm{DR} = (\mathrm{OS})^2 = \exp\left(-2\pi\zeta / \sqrt{1-\zeta^2}\right) \tag{5-52}$$

주기: $$P = \frac{2\pi\tau}{\sqrt{1-\zeta^2}} \tag{5-53}$$

여기서 OS와 DS는 감쇠계수 ζ 만의 함수임을 알 수 있다. 2차계에서는 감쇠비는 각 연속한 피크 쌍들에 대해 상수다. 그림 5.10은 감쇠계수에 따른 오버슈트와 감쇠비의 변화를 보여준다.

과소 감쇠 2차계 전달함수와 관련하여, 계단 응답 특성에 기반한 그림 5.7, 그림 5.10 및 식 5-53을 사용하여 ζ와 τ에 대한 추정치를 얻을 수 있다.

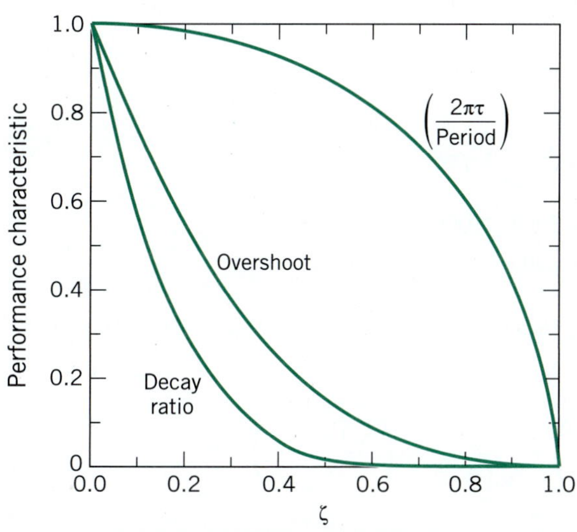

그림 5.10 과소 감쇠 2차 공정의 감쇠비와 몇가지 성능 특성 사이의 관계.

예제 5.5

교반 탱크 반응기에 반열 반응에 의한 열을 제거하기 위한 내부 냉각 코일이 장착되어 있다. 또한 비례 제어기가 반응기 온도를 일정하게 유지하기 위해서 냉각수의 유량을 조율하고 있다. 제어기는 원료의 유량이나 냉각수 온도 변화에 의해서 교란되었을 때, 전형적인 과소 감쇠 2차계 온도 응답 특성을 보이도록 설계되었다.

(a) 반응기에 주입되는 원료 유속이 0.4에서 0.5 kg/s로 계단 변화가 발생했을 때, 반응물의 온도는 초기에 100 °C에서 최종적으로 102 °C로 변화하였다. 원료 유속의 변화에 따른 반응기 온도변화를 표현하는 전달함수(피드백 제어가 작동하는 상황)의 이득은 얼마인가?(단위를 기술하시오)

(b) 운전자의 기록에 의하면 변화가 도입된 후 공정 응답은 1000과 3060 s에 각각 102.5 및 102.0 °C의 극대값을 가진 약간의 진동을 가진다. 공정의 전달함수를 구하시오.

(c) 운전자가 상승시간을 기록하는 데 실패했다. (*a*)와 (*b*)의 결과에 근거해 t_r을 추정하시오.

풀이

(a) 이득은 원료 유속 변화(외란)로 온도의 정상 상태 변화의 값을 나누어서 구할 수 있다(식 4-41).

$$K = \frac{102 - 100}{0.5 - 0.4} = 20\frac{°\mathrm{C}}{\mathrm{kg/s}}$$

(b) 응답의 진동 특성으로부터 원료 유속과 반응기 온도 사이의 관계를 표현하는 전달함수를 계산할 수 있다. 계단 응답이 과소 감쇠 2차계에 기인한다고 가정하고, 그림 5.7과 그림 5.19를 사용해 ζ와 τ의 추정치를 구할 수 있다. 다른 대체 방법으로 해석 표현식을 사용해서도 같은 작업을 수행할 수 있다. 식 5-51 또는 식 5-52를 사용해 τ를 신경 쓰지 않고 ζ를 구할 수 있다. 온도의 2번째 피크 값(102 °C)이 최종 정상 상태 값(102 °C)과 같게 측정되었기 때문에, 피크 값 c의 계산 값은 상당한 측정 오차에 종속된다. 따라서 비교적 정확한 첫번째 피크 값을 취하여 감쇠비 보다는 오버슈트 관계식을 사용할 것이다. 식 5-51을 정리하여 계산을 수행하면 다음과 같다:

$$\zeta = \sqrt{\frac{[\ln(\mathrm{OS})]^2}{\pi^2 + [\ln(\mathrm{OS})]^2}}$$

$$\mathrm{OS} = \frac{102.5 - 102}{102 - 100} = \frac{0.5}{2} = 0.25 \ \ (\text{i.e., } 25\%) \tag{5-54}$$

$$\zeta = 0.4037 \approx 0.4$$

식 5-53을 정리해서 τ를 계산할 수 있다:

$$\tau = \frac{\sqrt{1-\zeta^2}}{2\pi}P$$

$$P = 3060 - 1000 = 2060\ \mathrm{s} \tag{5-55}$$

$$\tau = 300\ \mathrm{s}$$

(c) 상승시간 t_r은 식 5-49로부터 계산할 수 있다. $t = t_r$일 때, $y(t)$은 최종 정상 상태 값 KM과 같다. 따라서 대괄호 안의 값은 $t = t_r$에서 0이 된다:

$$\cos\left(\frac{\sqrt{1-\zeta^2}}{\tau}t_r\right) + \frac{\zeta}{\sqrt{1-\zeta^2}}\sin\left(\frac{\sqrt{1-\zeta^2}}{\tau}t_r\right) = 0 \tag{5-56}$$

$y(t) = KM$을 만족하는 t는 다중 근을 가진다:

$$t = \frac{\tau}{\sqrt{1-\zeta^2}}(n\pi - \cos^{-1}\zeta) \quad n = 1, 2, \ldots \tag{5-57}$$

상승 시간은 첫 번째 시간, 즉 $n = 1$에 해당한다. 상승 시간에 대하여 풀면 다음의 결과를 얻는다:

$$t_r = \frac{\tau}{\sqrt{1-\zeta^2}}(\pi - \cos^{-1}\zeta) \tag{5-58}$$

여기서 역코사인 결과값은 radian 단위를 가진다. $\tau = 300$이고 $\zeta = 0.40$이므로

$$t_r = 649\ \mathrm{s}$$

정리하면 피드백 제어 하에 원료 유속과 출구 온도 사이의 외란 전달함수는 다음과 같다:

$$\frac{T'(s)}{W'(s)} = \frac{20}{(300)^2 s^2 + 2(0.4)(300)s + 1} = \frac{20}{90{,}000s^2 + 240s + 1}$$

여기서 공정의 이득은 °C/kg/s의 단위를 가진다.

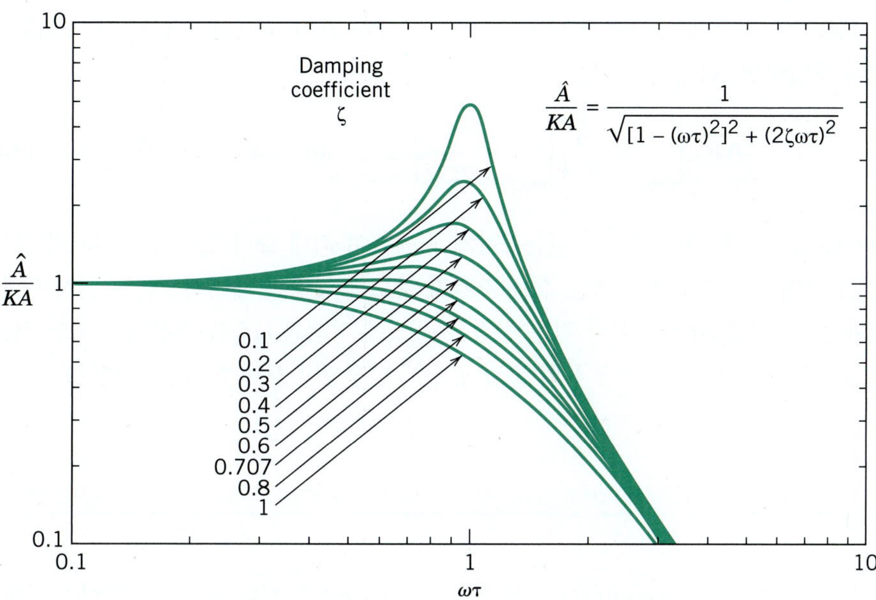

그림 5.11 지수 항의 효과가 사라진 후에 2차계의 사인 응답 진폭.

5.4.2 사인 응답

선형 2차계가 사인 입력 $A \sin \omega t$으로 구동될 때, 상당한 시간이 경과한 후에 응답(지수 항의 효과가 작아진 후에)도 또한 사인 형태로 주어진다:

$$y(t) = \frac{KA}{\sqrt{[1-(\omega\tau)^2]^2 + (2\zeta\omega\tau)^2}} \sin(\omega t + \phi) \tag{5-59}$$

여기서

$$\phi = -\tan^{-1}\left[\frac{2\zeta\omega\tau}{1-(\omega\tau)^2}\right] \tag{5-60}$$

출력 진폭 $\hat{A}$는 식 5-59로부터 직접 계산된다:

$$\hat{A} = \frac{KA}{\sqrt{[1-(\omega\tau)^2]^2 + (2\zeta\omega\tau)^2}} \tag{5-61}$$

입력에 대한 출력 진폭의 비는 *진폭비*(amplitude ratio) AR = $(\hat{A}/A)$라 한다. 공정의 이득으로 정규화 하면, *정규 진폭비*(normalized amplitude ratio) AR_N이라고 한다:

$$AR_N = \frac{\hat{A}}{KA} = \frac{1}{\sqrt{[1-(\omega\tau)^2]^2 + (2\zeta\omega\tau)^2}} \tag{5-62}$$

AR_N은 사인 응답에 대한 동력학 모델 매개변수 (ζ, τ)의 영향을 반영한다. 즉 AR_N은

정상 상태 이득 K 및 입력 진폭 A와는 상관관계가 없다. AR_N의 최댓값(존재한다면)은 ω로 식 5-62를 미분하고 도함수를 0으로 등치하여 얻을 수 있다. 이렇게 계산된 ω_{max}는 다음과 같다:

$$\omega_{max} = \frac{\sqrt{1-2\zeta^2}}{\tau} \quad \text{for } 0 < \zeta < 0.707 \tag{5-63}$$

$\zeta \geq 0.707$ 인 경우에는 그림 5.11이 보여주는 바와 같이 최댓값은 없다. 식 5-63을 식 5-62에 대입하면 AR_N의 최댓값을 얻을 수 있다:

$$AR_N\bigg|_{max} = \frac{\hat{A}}{KA}\bigg|_{max} = \frac{1}{2\zeta\sqrt{1-\zeta^2}} \quad \text{for } 0 < \zeta < 0.707 \tag{5-64}$$

식 5-64는 $\zeta = 0$을 가진 감쇠가 없는 2차계에 대하여 최대 출력 진폭이 정의되지 않는다는 것을 보여준다. ζ가 매우 작은 값을 가지지 않도록 공정과 제어시스템의 설계 시에 주의해야 한다. 식 5-64는 감쇠가 적은 공정은 ω_{max}에 가까운 ω값을 가진 주기적인 신호에 의해 교란될 경우에 매우 큰 진폭의 출력 진동이 발생함을 보여준다(공진 현상).

예제 5.6

엔지니어가 CSTR에서 온도를 측정하기 위하여 열우물(thermowell)에 삽입된 온도센서를 사용하고 있다. 온도 센서/발신기의 거동은 3 s의 시간 상수를 가진 1차계로 근사될 수 있고, 열우물은 10 s의 시간 상수를 가진 1차계로 반응한다. 엔지니어는 측정된 반응기 온도가 적어도 수 분 동안 30 s의 주기를 가지고 180 °C에서 183 °C 사이에서 대략 사인 파형으로 움직였다. 반응기의 실제 온도의 거동은 어떠할까?

▶ 풀이

첫번째로 센서/발신기와 전송선은 전체 이득이 $K = 1$인 직렬로 연결된 2개의 1차계로 작동한다. 따라서 근사적 전달함수는 다음과 같다:

$$\frac{T_{meas}(s)}{T'_{reactor}} = \frac{1}{(3s+1)(10s+1)} \tag{5-65}$$

기록된 결과에 따르면, 외란이 실제 반응기 온도에 사인 파형을 유발하고, 연이어서 기록된 출력도 진동했다. 이러한 순환은 공정 측계장 시스템의 시간 상수보다 훨씬 큰 시간 동안 지속되었다. 따라서 전이 상태는 소멸되었고, 2차계의 사인 응답 식 5-61과 측정된 결과를 사용하여 반응기의 상태를 추정할 수 있다. 식 5-65에서, $\tau_1 = 3$ s과 $\tau_2 = 10$ s이고 식 5-40과 식 5-41을 사용하면 τ와 ζ는 다음과 같다:

$$\tau = \sqrt{(3)(10)} = 5.48 \text{ s}$$

$$\zeta = \frac{13}{2(5.477)} = 1.19$$

교란하는 사인 신호의 주파수는 측정된 주기 30 s를 사용하여 계산할 수 있다:

$$\omega = \frac{2\pi}{P} = \frac{6.28}{30} = 0.2093 \text{ rad/s}$$

교란된 출력의 진폭은 측정된 결과로부터 얻을 수 있다:

$$\hat{A} = \frac{183-180}{2} = 1.5\ °\text{C}$$

식 5-61을 정리하여 실제 반응기 온도의 진폭을 계산하면 다음과 같다:

$$A = \frac{\hat{A}}{K}\sqrt{[1-(\omega\tau)^2]^2 + (2\zeta\omega\tau)^2}$$

여기서 A = 4.12 °C다. 그래서 실제 반응기 온도는 181.5 – 4.12 = 177.38 °C에서 181.5 + 4.12 = 185.62 °C 사이에서 거의 측정된 값 변화의 3배 폭으로 변한다.

이 예제에서 살펴본 2차계는 과도 감쇠(ζ = 1.19)이기 때문에, 반응기 온도의 사인 교란은 교란 주파수에 상관없이 항상 약화될 것으로 기대된다. 사인 입력에 관한 더 이상의 논의는 주파수 응답을 다루는 14장에서 이어나갈 것이다.

요약

전달함수를 사용하여 특정한 유형의 입력에 대한 출력 응답을 얻을 수 있었다. 이 장에서는 1차계와 2차계 전달함수 및 적분공정에 집중하여 살펴보았다. 상대적으로 작은 개수의 입력 변화만이 산업적 및 해석적 중요성을 가지기 때문에, 이들 3개의 기본적인 공정 전달함수에 계단, 경사 및 사인 입력에 대한 응답을 자세히 살펴보았다.

공정을 1차계나 2차계로 표시할 수 있다면, 표준 입력 변화에 따른 공정 응답은 해석적 방법이나 컴퓨터 소프트웨어를 사용하여 구할 수 있을 것이다. 많은 현장 상황에서 이론적인 모델이 가용하지 않을 경우에는 7장에서 논의할 내용으로 공정 자료를 사용하여 근사적으로 공정 모델을 구축할 수 있다. 공정 모델은 외란이나 입력 변화에 공정이 어떻게 변화할 지 예측할 수 있게 해준다.

불행히도 모든 공정이 이러한 간단한 전달함수로 모델링이 되지 않는다. 그래서 6장에서 좀더 복잡한 전달함수를 구축하기 위해서 몇 가지 부가적인 전달함수 요소들을 도입할 것이다. 그러나 6장에서의 강조점은 복잡한 공정 거동이 간단한 전달함수들의 조합으로 설명될 수 있다는 점이다.

참고문헌

Åström, K. J., and T.Hägglund, *Advanced PID Control*, 3rd ed., Instrument Society of America, Research Triangle Park, NC, 2006.

Box, G. E. P., G. M. Jenkins, and G. C. Reinsel, *Time Series Analysis, Forecasting*, and Control, 3rd ed., Prentice-Hall, Englewood Cliffs, NJ, 1994.

Maybeck, P. S., *Stochastic Models, Estimation, and Control*, 2nd ed., Academic Press, New York, 1997.

연습문제

5.1 아래에 주어진 시간 지연을 가진 4차계를 고려하자:

$$G(s) = \frac{K}{(\tau_1 s+1)(\tau_2 s+1)(\tau_3 s+1)(\tau_4 s+1)}e^{-\theta s}$$

시스템 입력 $U(s)$가 계단 변화하였다. 출력 $Y(s)$가 정상 상태에 도달하는데 필요한 시간이 U의 계단 입력 크기에 의존할까? 설명하시오.

5.2 반도체 웨이퍼를 위한 가열기가 1차계 동특성을 보인다. 다시 말하면 가열기의 입력 파워 P의 변화에 대한 온도 T의 변화를 표현하는 전달함수는 다음과 같은 형태를 가진다:

$$\frac{T'(s)}{P'(s)} = \frac{K}{\tau s+1}$$

여기서 K는 [°C/kW], τ는 [min]의 단위를 가진다. 정상 상태 운전 중에 엔지니어가 파워 입력을 1에서 2 kW로 계단 변화시켰다. 그리고 다음 같이 기록된 결과를 얻었다:

(i) 공정 온도는 초기에 100 °C

(ii) 파워 입력의 변화 4분 후에 온도는 400 °C

(iii) 30분 후에 온도는 500 °C

(a) 공정 전달함수의 K와 τ는 얼마인가?

(b) 다른 실험으로 엔지니어가 파워 입력을 0.5 kW/min의 속도

로 선형으로 변화시켰을 때, 공정 온도 변화의 최대 속도는 얼마인가? 최대 속도가 발생하는 시점과 크기를 구하시오.

5.3 조성 센서가 액체 흐름의 오염 정도를 연속적으로 측정하고 있다. 센서의 동특성은 10 s의 시간 상수를 가진 1차 전달함수로 묘사될 수 있다.

$$\frac{C'_m(s)}{C'(s)} = \frac{1}{10s+1}$$

여기서 C'는 실제 오염물의 농도이고 C'_m은 측정값으로, 두 값은 모두 편차변수이다($C' = C - \overline{C}$). 정상운전 값 $\overline{C}$는 5 ppm이고, C와 C_m은 초기에 역시 5 ppm이다.

측정값이 환경 제한 값인 7 ppm을 초과하면 경고 알람이 발생한다. 오염물 C의 농도가 $C(t) = 5 + 0.2t$(여기서 t의 단위는 second)로 서서히 증가한다. 실제 오염물의 농도가 환경 제한 값을 초과한 후에 알람이 발생하기 까지 소요되는 시간 Δt를 구하시오.

5.4 교반 탱크 생물 반응기의 동적 응답이 아래 전달함수로 표현된다:

$$\frac{C'(s)}{C'_F(s)} = \frac{4}{2s+1}$$

여기서 C'는 단위가 mol/L인 출구 기질의 농도이고 C'_F는 마찬가지로 mol/L의 단위를 가진 원료 기질의 농도다.

(a) $c_F(t)$가 아래의 식과 같은 직사각형 펄스일 때, $c'(t)$를 유도하시오.

$$c_F(t) = \begin{cases} 2 & t < 0 \\ 4 & 0 \le t < 2 \\ 2 & 2 \le t < \infty \end{cases}$$

(b) $c'(t)$가 최댓값을 가지는 시간과 그 값을 구하시오. $c'(t)$의 최종 값은 얼마인가?

(c) 초기값이 $c(0) = 1$일 때, 최댓값에 도달한 후에 다시 1.05로 돌아오는 데 소요되는 시간을 구하시오.

5.5 열전쌍이 교반 수조에 담겼을 때, 다음과 같은 특성들을 가진다:

열전쌍 질량 = 1g

열전쌍 열용량 = 0.25 cal/g °C

열전달 계수 = 20 cal/cm^{2}h °C (열전쌍과 수조 간에)

열전쌍의 표면적 = 3 cm^2

(a) 열전쌍 측정 부에 온도는 구배가 없이 균일하고, 연결선의 열전도는 무시할 만하고, 물성도 일정하다. 또한 센서에서는 °C에서 mili-volt 수준의 출력으로 변환이 매우 빠르게 일어난다. 주변부의 온도 T_s의 변화에 따른 측정된 온도 T의 변화를 나타내는 전달함수 모델을 유도하시오.

(b) 만약 열전쌍이 초기에 수조 밖 상온(23 °C)에 놓여있다가 80 °C의 수조로 갑자기 담근 후에 20 s 동안 놓여있다면 측정된 최대 온도는 얼마인가?

(c) 컴퓨터 시뮬레이션으로 (b)의 결과를 검증하시오.

5.6 다음의 전달함수를 살펴보자:

$$G(s) = \frac{Y(s)}{U(s)} = \frac{10}{(5s+1)(3s+1)}$$

아래의 입력들에 대한 $y(t \to \infty)$ 값을 구하시오

(a) 크기 M인 계단입력

(b) 단위 임펄스 입력 $\delta(t)$

(c) $\sin t$

(d) 단위 직사각형 펄스(식 3-13, $h = 1$)

5.7 Appelpolscher는 IGC의 부총장인 Stella J. Smarly와 공정 운전과 개발에 대한 미팅 후 막 되돌아 왔다. Smarly는 대규모 충전층 반응기의 수율 향상 방법과 관련하여 예정된 현장 테스트에 관심을 가지고 있었다. IGC의 대학 고문이 제시한 최근 수행된 예비적 타당성 테스트에서 도출된 기본적인 아이디어는 반응기를 주기적으로 운전하여 시스템의 비선형성으로 인해 출구에서 시간 평균된 수율이 정상 상태 값을 초과하도록 한다는 것이다. Smarly는 계속된 테스트에서 특히 핫 스팟(축방향으로 말단부로부터 3분의 1 부분, 반경 방향으로 중심부에서 온도의 피크값)에서 촉매의 소결(sintering) 가능성을 염려하였다. 2주 간의 휴가를 위해 내일 떠날 계획을 하고 있는 Appelpolscher는 그의 휴가를 취소하고 싶지 않았다. 반면에 Smarly는 만약 핫 스팟 근처에 위치한 측정장치가 운전원에게 알람을 주는데 실패해 촉매가 소결된다면 Botswana에서 갑작스런 조기 퇴직을 직면하게 될 것이라고 그에게 말했다. Appelpolscher는 Botswana에서 은퇴하고 싶지 않다. 그는 공항으로 출발하기 전에 아래의 자료를 수집하고 필요한 가정들을 만들었다. 그리고 당신에게 그가 떠나있는 동안 그의 수영장 사용 권한을 제안하면서 필요한 공정 해석을 요청했다. 당신은 Smarly에게 무엇이라고 보고할 것인가?

자료:

주기적 운전의 주파수 = 0.1 cycles/min

최근 간단한 테스트에서 실험적으로 얻어진 측정 포인트에서 열 파동 진폭 = 15 °C

측정 포인트에서 평균 운전 온도 T_{meas} = 350 °C

온도 센서 및 열우물의 시간 상수 = 1.5 min

반응기 벽의 온도 = 200 °C

여러 시간 동안 운전되었을 때 촉매가 소결되는 온도 = 700 °C

순간적으로 촉매가 소결되는 온도 = 715 °C

가정:

반응기 운전 사이클은 측정 포인트에서 대략적으로 사인 형태다.

열전쌍은 반응기 중심부 보다는 반경 방향 평균값을 측정할 수 있도록 반응기 벽 가까이에 설치되었다.

전이 운전 동안 아래의 관계식이 성립한다.

$$T = \frac{T_{\text{center}} + 2T_{\text{wall}}}{3}$$

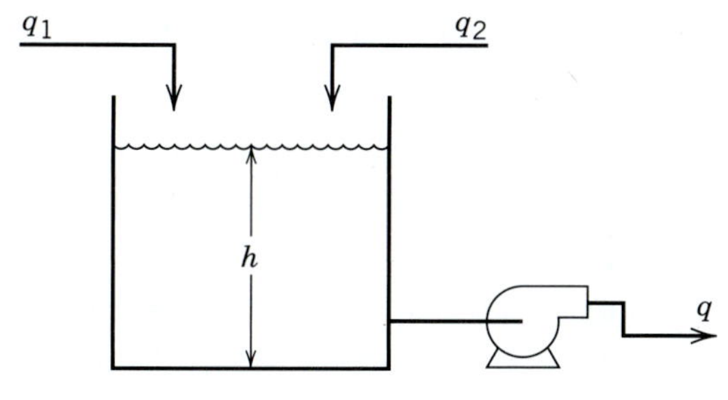

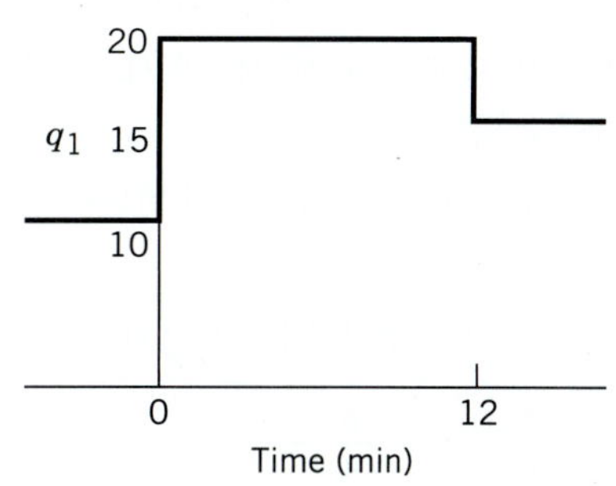

그림 E5.8

5.8 그림 E5.8과 같은 액체 저장 시스템이 있다. 정상 운전 조건은 $\bar{q}_1 = 10$ ft^3/min, $\bar{q}_2 = 5$ ft^3/min, $\bar{h} = 4$ ft이고 탱크의 직경은 6 ft다. 각 흐름의 밀도는 60 lb/ft^{3}이고, q_1의 펄스 변화는 그림 E5.8의 오른편과 같다.

(a) H'와 Q_1'의 관계를 나타내는 전달함수는 무엇인가?

(b) 입력 변화에 대한 $h(t)$의 표현식을 유도하시오

(c) 액체 수위 h의 정상 상태 값은?

(d) q_1의 변화가 10에서 20 ($t = 0$)으로 다시 15 ft^3/min/($t = 12$)일 경우에 (b)와 (c)를 반복하시오

5.9 그림 E5.9와 같은 각 탱크의 직경이 4 ft인 2개의 액체 저장  시스템이 있다. 시스템 I에서 밸브는 $q = 8.33\,h$의 흐름–액위 관계식으로 표현되는 선형 저항을 가진다. 여기서 q는 gal/min의 단위를 가지고 h의 단위는 ft다. 시스템 II에서는 출구 유속 q는 액위 h에 영향을 받지 않는다. 각 시스템은 초기에 $\bar{h} = 6$ ft와 $\bar{q} = 50$ gal/min인 정상 상태에 있었고 $t = 0$에서 입구 유속이 50에서 70 gal/min으로 갑작스럽게 변화하였다. 각 시스템에 대하여 다음의 정보를 제공하시오.

(a) 전달함수 $H'(s)/Q_i'(s)$, 여기서 프라임 기호는 편차변수임을 표시한다.

(b) 전이 응답 $h(t)$

(c) 새로 만들어진 정상 상태 액위

(d) 각 탱크가 8 ft의 높이를 가질 때, 둘 중 어느 탱크가 먼저 넘치게 될까? 언제?

(e) 컴퓨터 시뮬레이션을 사용하여 (d)의 결과를 확증하시오.

5.10 압력의 변화에 따른 액주 압력계 튜브의 액위 동적 거동은 아래의 식으로 주어진다:

$$\frac{d^2h'}{dt^2} + \frac{6\mu}{R^2\rho}\frac{dh'}{dt} + \frac{3}{2}\frac{g}{L}h' = \frac{3}{4\rho L}p'(t)$$

여기서 $h'(t)$는 초기 정상 상태 값을 기준으로 측정된 액위이고, $p'(t)$는 압력변화, R, L, g, ρ, 및 μ는 상수다.

(a) 이 방정식을 표준 이득–시간 상수 형태로 정리하고, 물리 상수를 사용해 K, τ, ζ 값에 대한 표현식을 구하시오

(b) 액주 압력계가 압력 변화에 진동 응답을 가지게 되는 물리 상수 값들에 대해서 논하시오.

(c) 액주 압력계의 유체를 바꾸어 ρ(밀도)가 커지면 응답이 진동하는 정도가 어떻게 변화할까? μ(점도)의 증가에 대해 같은 논의를 하시오.

5.11 공정이 아래와 같은 전달함수로 기술된다:

$$\frac{Y(s)}{U(s)} = \frac{K}{s(\tau s + 1)}$$

이 경우에 공정은 1차계와 적분공정의 특성을 보인다.

공정 매개변수 K와 τ를 빠르게 찾기 위해서 크기 M인 입력의 계단 변화를 사용할 수 있을까? (논의하는 모든 과정을 제시하고, 연관된 공정 응답을 간략하게 그리시오.)

5.12 아래의 방정식에 대하여

$$\frac{d^2y}{dt^2} + K\frac{dy}{dt} + 4y = u$$

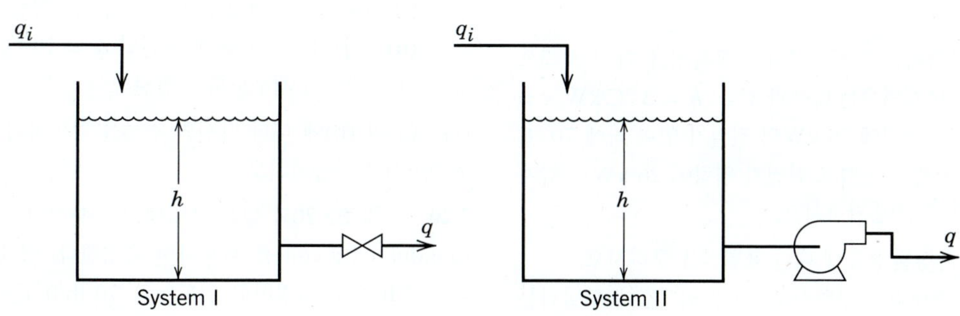

그림 E5.9

(a) 전달함수를 구하고 표준 이득/시간 상수 형태로 바꾸시오.

(b) 입력에 관계없이 $-10 \le K \le 10$에 따른 이 시스템이 가지는 응답의 정성적인 형태를 논의하시오.

응답이 수렴하는 K값의 범위와 발산하는 K값의 범위를 구하고 응답의 형태를 구하시오.

5.13 임계 감쇠를 가진 2차계의 전달함수는 다음과 같다:

$$\frac{Y(s)}{U(s)} = \frac{K}{(\tau s + 1)^2}$$

(a) 크기 M의 계단 입력에 대하여, 출력의 총괄 변화가 5% 안에서 안착하기 위해 필요한 시간 t_s를 구하시오.

(b) $K = 1$이고 $u(t) = at$인 경사 입력이 주어졌을 때, 일정 시간이 경과한 후 출력이 시간에 따라 선형적으로 변하게 된다. 이러한 상황에서 $y(t)$가 $u(t)$를 지연되어 따라가는 데 해당 지연 시간을 구하시오.

(c) (a)와 (b)의 결과를 $M = \tau = a = 1$을 가지고 컴퓨터 시뮬레이션을 사용하여 확인하시오.

5.14 실제 압력이 15에서 31 psi로 계단 변화하여, 그림 E5.14에 보여진 대로 압력이 측정되었다.

(a) 2차계 동역학을 가정하고, 모든 중요한 매개변수를 계산하고 아래와 같은 형태의 근사 전달함수를 구하시오.

$$\frac{R'(s)}{P'(s)} = \frac{K}{\tau^2 s^2 + 2\zeta\tau s + 1}$$

여기서 R'은 mm단위를 가진 측정장치 출력 편차이고 P'은 psi 단위를 가진 실제 압력의 편차다.

(b) 편차 변수가 아닌 실제 변수를 사용하여 동등한 미분방정식을 구하시오.

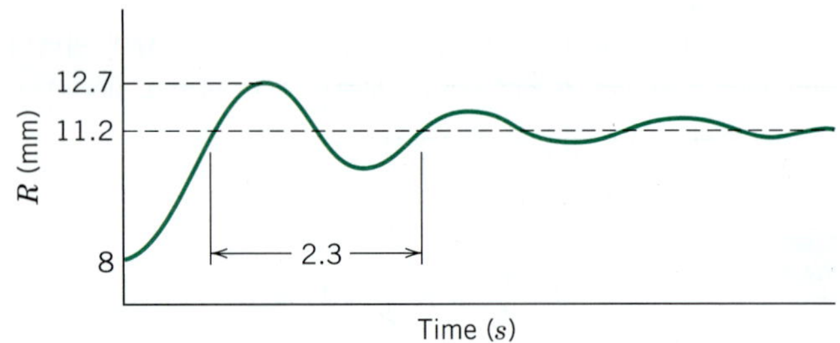

그림 E5.14

5.15 전기적으로 가열되는 공정이 2차계 동특성을 가지는 것으로 알려져 있다. 공정 매개변수는 다음과 같다: $K = 3$ °C/kW, $\tau = 3$ min, $\zeta = 0.7$. 공정이 초기에 20 kW의 전열기 입력 하에 70 °C에서 정상 상태를 유지하고 있었고 전열기 입력이 26 kW로 갑자기 증가했다면 아래의 질문에 답하시오.

(a) 시간의 함수로 측정된 온도에 대한 표현식을 구하시오.

(b) 측정된 온도의 최댓값을 구하시오. 언제 최댓값에 도달하는가?

5.16 식 5-49로부터 과소 감쇠 2차계의 응답 특성에 대한 표현식을 유도하시오.

(a) 첫번째 피크에 도달하는 시간 t_p (식 5-50)

(b) 오버슈트 (식 5-51)

(c) 감쇠비 (식 5-52)

(d) 정착시간 (t_s, 그림 5.9에 정의됨). $0 < \zeta < 1$의 전 범위에서 t_s에 대한 단일한 표현식을 얻을 수 있는가?

5.17 액체 유속의 급속한 변화를 줄이기 위해 사용되는 탱크가 2차계 동특성을 가지는 것으로 알려져 있다. 입구 유속이 180에서 210 gal/min으로 갑자기 변화했을 때, 운전원은 탱크 액위의 변화를 다음과 같이 기록하였다:

입력 변화 전:	액위 = 10 ft이고 정상 상태
4분 후:	액위 = 16.5 ft
40분 후:	액위 15 ft이고 정상 상태

(a) 근사적으로 이 공정을 묘사하는 전달함수 모델을 만드시오. 당신의 모델에 필요한 모든 매개변수를 단위를 포함하여 구하시오.

(b) 당신의 모델은 유일한가? 답변에 대한 이유를 설명하시오.

5.18 공정이 아래와 같은 전달함수를 가지고 있다:

$$G(s) = \frac{2}{s^2 + s + 1} = \frac{Y(s)}{U(s)}$$

(a) $U(s) = 2/s$로 입력에 계단 변화가 주어졌을 때, 응답 $y(t)$를 미분방정식을 푸는 과정 없이 대략적으로 그리시오. 가능하면 자세하게 $y(t)$의 정상 상태 값과 진동의 존재 여부를 논하시오.

(b) 감쇠비를 구하시오.

5.19 서지 탱크 시스템을 파일럿 설비의 일부분으로 설치할 것을 고려하고 있다. 초기 제안서는 그림 4.4의 형태와 같다. 각 탱크의 높이는 5 ft이고 직경은 3 ft이다. 설계 유량은 q_i = 100 gal/min이다. 추후에 2개의 탱크를 직경이 4 ft이고 총부피가 같은 한 개의 탱크로 교체하는 제안이 들어왔다.

(a) 어떤 서지 시스템(기존 혹은 수정 시스템)이 q_i에 좀더 큰 계단 외란을 다룰 수 있을까? 당신의 답의 근거를 제시하시오.

(b) 어느 시스템이 q_i에 계단 외란을 잘 감쇠시킬 수 있을까? 당신의 답에 대한 근거를 제시하시오.

당신의 분석을 위해 다음을 가정하시오:

(i) 출구 흐름에 있는 밸브는 선형저항을 가진다.

(ii) 밸브는 정상 설계 조건인 q_i = 100 gal/min에서 각 탱크의 절반을 채우도록 조절된다.

(c) (a)와 (b)에 대한 당신의 결론을 확인하기 위해서 컴퓨터 시뮬레이션을 사용하시오.

5.20 그림 E5.20과 같은 혼합탱크의 부식성 물질 농도를 전도셀(conductivity cell)을 사용하여 측정한다. 탱크에서 용액의 총부피는 7 ft^3으로 일정하고 밀도(ρ = 70 lb/ft^3)는 조성에 무관하다. c_m은 전도셀로 측정된 부식성 물질의 농도라고 하자. $t = 0$에서 실

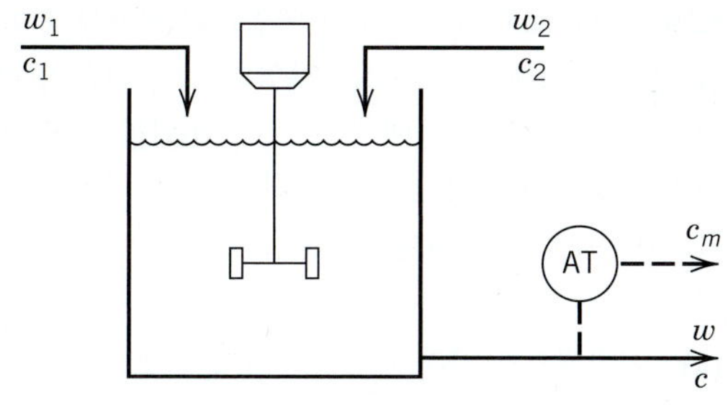

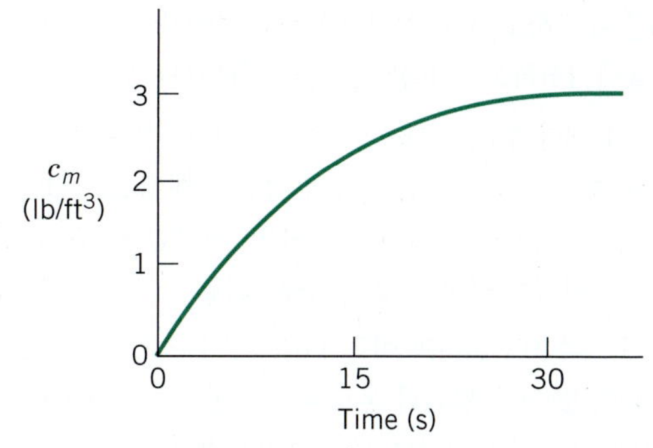

그림 E5.20

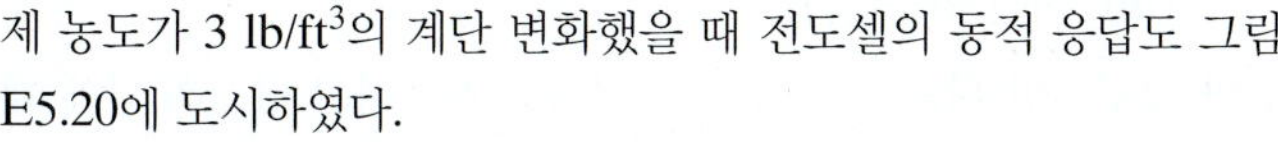

제 농도가 3 lb/ft^{3}의 계단 변화했을 때 전도셀의 동적 응답도 그림 E5.20에 도시하였다.

(a) 유량은 같고 일정하다고($w_1 = w_2 = 5$ lb/min) 가정하고 전달함수 $C'_m(s)/C'_1(s)$를 구하시오.

(b) c_1이 14에서 17 lb/ft^{3}으로 계단 변화했을 때의 응답을 구하시오.

(c) 전달함수 $C'_m(s)/C'(s)$가 1로 근사될 수 있다면 같은 입력 변화에 대한 계단 응답은 어떻게 되는가?

(d) (b)와 (c)를 비교하여, 전도셀의 동력학에 대하여 논하시오. 필요하다면 응답들을 그려서 비교하시오.

5.21 발열반응 A → 2B이 단열 상태의 교반 탱크 시스템에서 일어난다. 액상 반응은 100 gal 반응기에서 일정한 부피로 진행된다. 반응은 1차 비가역이고 속도상수는 다음과 같다:

$$k = 2.4 \times 10^{15} e^{-20{,}000/T} (\text{min}^{-1})$$

여기서 T는 °R의 단위를 가진다. 아래의 정보를 사용하여, 출구 온도 T와 반응기 입구 농도 c_{Ai}의 관계를 표현하는 전달함수를 유도하시오. 유도 과정에 사용된 가정들을 적고, 1차식으로 근사하여 전달함수를 간략화 하시오. 그리고 원래의 모델과 근사된 모델의 계단 응답을 비교하여 근사된 모델이 유효함을 보이시오.

사용가능한 정보

(i) 정상 운전 시의 정상 상태

$$\overline{T} = 150\ \text{°F},\ \overline{c}_{Ai} = 0.8\ \text{lb mole/ft}^3$$
$$q = 20\ \text{gal/min} = \text{반응기 입출구에서의 유량}$$

(ii) 정상 운전 시 정상 상태에서의 혼합물 물성:

$$C_p = 0.8\ \text{Btu/lb °F}$$
$$\rho = 52\ \text{lb/ft}^3, \quad -\Delta H_R = 500\ \text{kJ/lb mole}$$

5.22 크기 M의 입력 계단 변화에 대하여 (1) 적분 요소 (2) 1차 공정의 계단 응답을 사용하여 아래 질문에 답하시오.

(a) 1차계

$$G_1(s) = \frac{K_1}{\tau s + 1}$$

의 크기 M의 입력 변화에 대한 계단 응답은 t의 작은 값($t \ll \tau$)에서 적분 공정

$$G_0(s) = \frac{K_0}{s}$$

의 계단 응답으로 근사적으로 모델링 될 수 있다(힌트: $e^{-t/\tau}$의 Taylor 급수를 1차항으로 근사할 것).

(b) 두 응답이 $t \ll \tau$에서 일치할 때 K_0와 K_1의 관계를 구하시오.

(c) 위의 결과들은 1차계를 단일 매개변수 모델로 근사하기 위한 적분공정의 사용 가능성을 보여준다. 한 번의 계단 실험으로 K_0와 시간 지연(존재할 경우)의 값을 어떻게 얻을 수 있겠는가?

5.23 교반 탱크 가열기에 대하여, 가열기 입력 변화 $u(t)$ (cal/sec)와 탱크 온도 변환 $y(t)$ (°C) 간의 전달함수는 다음과 같이 모델링 된다:

$$G(s) = \frac{5}{3s+1}$$

(a) 최종값 정리를 사용하여, 가열속도의 단위 직사각형 펄스 변화 $\left(U(s) = \dfrac{1-e^{-s}}{s}\right)$에 대한 정상 상태 값을 구하시오.

(b) 단위 경사 입력 $\left(U(s) = \dfrac{1}{s^2}\right)$에 대하여 ($a$)를 반복하시오.

(c) (a)와 (b)의 응답을 물리적으로 설명하시오. 가열기의 경사 응답에 물리적인 한계가 있을까?

5.24 그림 E5.24에 묘사된 공정 모델에서 전달함수와 입력변화는 다음과 같다:

$$G_1 = \frac{1}{s},\ G_2 = \frac{4}{2s+1},\ G_3 = \frac{-3}{s+1},\ U(s) = 1$$

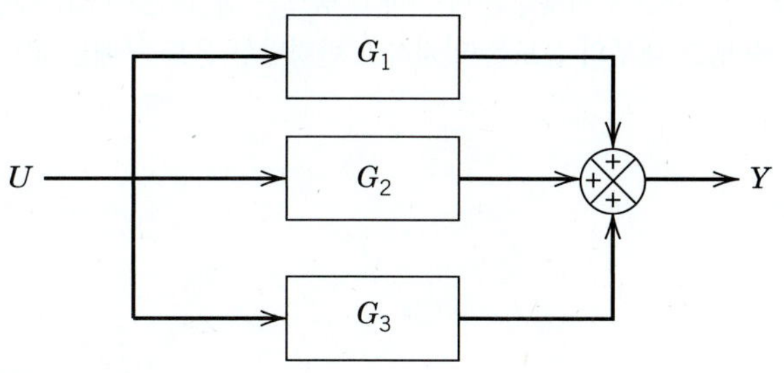

그림 E5.24

(a) 응답 $Y(s)$를 유도하고, $y(t)$를 정량적으로 기술하시오.

(b) 응답을 시뮬레이션하고 중요한 특징들을 확인하시오.

5.25 입구 유속이 계단 변화할 때, 일정한 속력으로 운전되는 펌프에 의해 고정된 출구 유속을 가진 탱크가 정상 상태에 도달할 수 있을까? 당신의 답에 대한 근거를 제시하시오. 전달함수 $G(s) = K/s$일 때 정상 상태 이득을 구하는 것이 가능한가?

5.26 1차계 시간 상수 0.1 min과 이득 1.0을 가지는 온도계가 20 °C인 중탕기에 놓여 있다. 중탕기와 온도계가 평형을 이룬 후에 중탕기의 온도를 1°/min의 속도로 선형으로 증가시켰다.

(a) 온도 변화가 시작된 후 $t = 0.1$ min, $t = 1.0$ min에서 측정된 온도 T_m과 중탕기 온도 T의 온도 차이를 구하시오.

(b) $T_m(t)$와 $T(t)$ 차이가 가장 크게 벌어졌을 때의 값과 그 시간을 구하시오.

(c) 3 min까지 $T_m(t)$와 $T(t)$를 도시하고, 큰 t 값에서 T_m과 T 사이의 시간 지연을 결정하시오.

5.27 시간 상수 1 sec를 가진 1차계로 간주되는 온도계가 120 °F의 중탕기에 담겨있다. 온도계가 정상 상태에 도달한 후에 갑자기 $0 \le t \le 10$ sec 동안 140 °F인 중탕기로 옮겨졌다가 다시 100 °F의 중탕기로 옮겨졌다.

(a) 측정된 온도 $T_m(t)$의 시간에 따른 변화를 도시하시오.

(b) $t = 0.5$ sec와 $t = 15.0$ sec에서의 $T_m(t)$ 값을 계산하시오.

5.28 $K = 1$일 때 아래 3차계

$$G(s) = \frac{K}{(\tau s + 1)^3}$$

의 경사응답이 시간에 따라 선형적으로 변하는 영역에서 입력 신호 ($u = at$) 보다 3τ 만큼 지연 됨을 보여라

5.29 수직의 원통형 탱크가 20°C의 물로 채워져 있다. 탱크의 위와 아래는 단열되어 있고, 직경은 0.5 m, 높이는 1 m다. 총괄 열전달 계수는 $U = 120$ W/m^{2}K이고 물의 밀도는 $\rho = 1000$ kg/m^3, 열용량은 $C_p = 4180$ J/kg K, 녹는 점은 0 °C 그리고 용융열은 $\lambda = 334$ kJ/kg이다.

(a) 저녁에 탱크가 갑자기 영하 15°C의 공기에 노출되었다. 탱크 안에서 첫 얼음 조각이 생성되는 데 걸리는 시간을 구하시오. 초기에는 탱크와 주변부는 열적 평형을 유지하고 있었고, 이어서 바로 영하 15°C의 외부에 노출되었다고 가정하시오.

(b) 탱크의 물이 모두 어는 데 걸리는 시간을 계산하시오. 어는 과정과 연관된 부피팽창은 무시하고 탱크는 잘 교반된다고 가정하자. 즉 탱크 내부의 온도는 일정하고 반경방향 온도 구배는 없다.

5.30 노(furnace)의 온도와 열입력의 관계를 표현하는 전달함수를 구하기 위해 실험을 실시하였다. 운전원은 일련의 계단 증가/감소된 열입력을 만들어 노의 온도 변화를 기록하였다. 시스템은 초기에 정상 상태에 있었고 실험은 10시간 동안 진행되었다(그림 E5.30 참조). 입력 변화가 종료된 후 추가로 5시간 동안 자료를 수집하였다.

(a) 시각적으로 실험 자료를 살펴본 결과 다음의 정보를 만들 수 있을 정도로 충분한가?

(i) 시스템 전달함수의 차수

(ii) 이득

(iii) 시간 상수(들)

만약 그렇다면 위의 정보에 대한 값들을 산출하고 당신의 답에 대한 근거를 제시하시오. 만약 몇 가지 항목에 대하여 정확한 값을 결정하는 것이 가능하지 않다면, 그 이유를 설명하고 쓸만한 추정치를 얻는 법에 대하여 논의하시오. 관련하여 필요 시에 단위를 기술하시오.

(b) 자료의 질을 향상시키고 그래프로부터 전달함수를 식별하기 쉽게(또는 가능하게) 실험 과정을 어떻게 수정하여야 할까?

(c) 아래에 제시된 노의 물리적 매개변수를 정성적으로 유추할 수 있겠는가? (노 내부의 공기는 무시할 것)

(i) 질량

(ii) 밀도

(iii) 열용량

(iv) 노 높이

계산은 수행하지 말고, 크다, 작다, 또는 상당하다 같은 단어를 사용하여 답하고, 당신의 답에 대한 근거를 제시하시오.

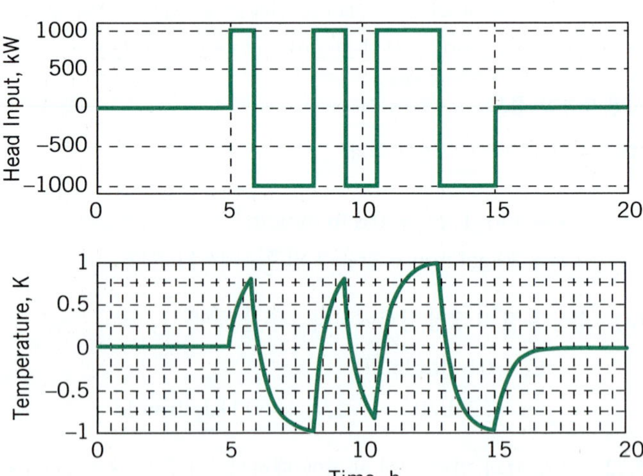

그림 E5.30

CHAPTER 06

좀더 복잡한 공정의 동적 응답 특성

Dynamic Response Characteristics of More Complicated Processes

학습목차 *Chapter Contents*

6.1 극점 및 영점, 이들이 공정 응답에 미치는 영향
 6.1.1 분자항 동력학을 가진 2차계
6.2 시간 지연을 가진 공정
 6.2.1 $e^{-\theta s}$의 다항식 근사
6.3 고차 전달함수의 근사
 6.3.1 Skogestad의 Half Rule
6.4 상호작용이 있는 공정과 없는 공정
6.5 상태-공간 및 전달함수 행렬 모델
 6.5.1 상태공간 모델의 안정성
 6.5.2 상태공간 모델과 전달함수 모델의 관계
6.6 다중-입력, 다중-출력(MIMO) 공정
요약

5장에서는 1차, 2차 혹은 적분기로 모델링할 수 있는 상대적으로 간단한 공정의 동특성에 대하여 살펴보았다. 이번 장에서는 분모에 부가적인 시간 상수들을 포함하고 분자도 s의 함수를 가진 좀더 복잡한 공정을 살펴보면서, 전달함수의 분모와 분자의 형태가 공정의 동적 거동에 결정적인 영향을 미친 다는 점을 제시할 것이다. 또한 매우 중요한 개념인 시간 지연과 복잡한 전달함수들을 간단하고 낮은 차수의 모델로 근사하는 방법을 살펴보겠다. 부가적으로 상호작용을 가진 공정, 상태공간 모델, 다중 입력 및 출력을 가진 공정들도 다룰 것이다.

6.1 극점 및 영점, 이들이 공정 응답에 미치는 영향

5장에서 논의한 간단한 공정 모델들의 중요한 특이점은 그들의 응답 모드가 전달함수 분모의 인수분해 된 항에 의해서 결정된다는 점이다. 예를 들어 아래의 전달함수를 보자:

$$G(s) = \frac{K}{s(\tau_1 s + 1)(\tau_2^2 s^2 + 2\zeta\tau_2 s + 1)} \tag{6-1}$$

여기서 $0 \leq \zeta < 1$. 부분 분수 분해에 이어 역변환을 수행하여, 임의의 입력에 대한 식 6-1의 응답은 다음과 같은 시간의 함수들을 포함할 것이다.

- s 인수에 기인한 상수항
- $(\tau_1 s + 1)$ 인수에 기인한 e^{-t/τ_1}

- $e^{-\zeta t/\tau_2} \sin \dfrac{\sqrt{1-\zeta^2}}{\tau_2} t$

  및

- $e^{-\zeta t/\tau_2} \cos \dfrac{\sqrt{1-\zeta^2}}{\tau_2} t$

} $0 \le \zeta < 1$일 때 $(\tau_2^2 s^2 + 2\zeta\tau_2 s + 1)$ 인수에 기인한 항들

특정한 입력 항에 의하여 결정된 부가적인 항들 또한 응답에 나타난다. 그러나 모델의 본질적인 동적 특성은 *소위 응답 모드*(response modes), 즉 모델 자체에 의하여 결정된다. 위에 제시된 응답 모드 각각은 특성 방정식(3.3절 참조)이라 불리는 분모 다항식의 인수분해 항들로 결정된다. 식 6-1에서 이 인수들의 근은 다음과 같다:

$$
\begin{aligned}
s_1 &= 0 \\
s_2 &= -\frac{1}{\tau_1} \\
s_3 &= -\frac{\zeta}{\tau_2} + j\frac{\sqrt{1-\zeta^2}}{\tau_2} \\
s_4 &= -\frac{\zeta}{\tau_2} - j\frac{\sqrt{1-\zeta^2}}{\tau_2}
\end{aligned} \tag{6-2}
$$

근 s_3 및 s_4는 2차식 근의 공식을 적용하여 얻어진다.

제어 공학자는 분모 다항식의 근에 해당하는 s값들을 전달함수 $G(s)$의 극점(poles)이라고 부른다. 때때로 극점들을 복소평면 상에 표시하고 복소평면 상에 극점들의 위치에 따라 공정 응답의 특성을 논의하는 것이 유용하다. 그림 6.1에서 세로 좌표는 근의 허수부를 나타내고 가로 좌표는 실수부를 표현한다. 그림 6-1에 식 6-2를 표시하였는데 4개의 극점이 있는 것을 확인할 수 있다: 적분 요소(원점에 위치한 극점), 한 개의 실수 극점 $(-1/\tau_1)$, 그리고 한 쌍의 켤레 복소수 극점들 (s_3 및 s_4). 실수 극점은 복소수 쌍 보다 허수 축에 가까우므로, 좀더 느린 응답 모드(e^{-t/τ_1}은 $e^{-\zeta t/\tau_2}$보다 느리게 감소)임을 알 수 있다. 일반적으로 주어진 모드에 대한 응답의 빠르기는 극점의 위치가 허수축으로

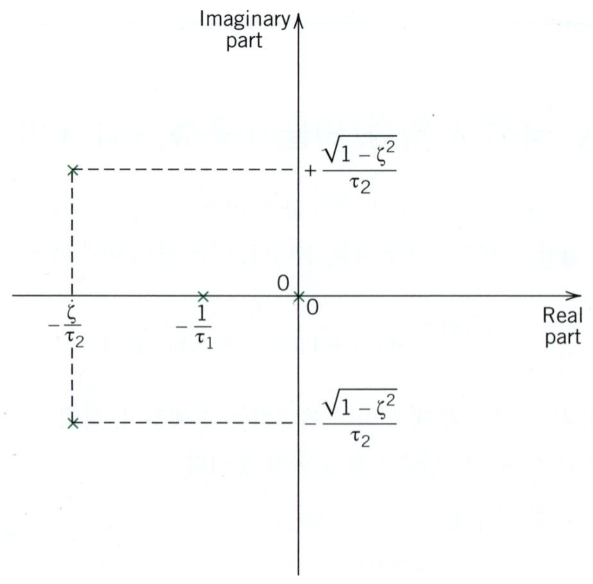

그림 6.1 복소 평면 상에 표시된 $G(s)$의 극점들(×는 극점의 위치).

부터 멀리 떨어질수록 증가하게 된다.

역사적으로 그림 6-1과 같은 그림들은 기계 및 전기 제어시스템의 설계에서 중요한 역할을 담당해 왔으나 공정 제어시스템 설계에서는 드물게 사용된다. 그러나 극점 위치의 영향에 대한 직관을 개발하는 목적으로는 매우 유용하다. 허수 축의 오른쪽에 위치한 극점(소위 *오른쪽 반평면 극점*(right-half plane pole)), 예를 들어 $s = +1/\tau$는 시스템 응답 모드의 하나가 $e^{t/\tau}$라는 것을 알려주고, 이 모드는 t에 따라 한계없이 증가하므로 불안정한 시스템이 된다. 두번째 예제로 복소수 극점은 식 6-2의 s_3 및 s_4와 같이 항상 켤레 쌍으로 나타나고, 그 응답은 사인 및 코사인 항을 포함하게 되어 진동 모드가 존재하게 된다.

지금까지 논의한 전달함수 모두는 분자 항을 추가하여 좀더 복잡한 공정 동특성을 표현할 수 있도록 확장할 수 있다. 예를 들어 몇몇 제어시스템은 *앞섬–뒷섬*(*lead-lag*) *요소*를 포함한다. 이 요소에 대한 미분방정식은 다음과 같다:

$$\tau_1 \frac{dy}{dt} + y = K\left(\tau_a \frac{du}{dt} + u\right) \tag{6-3}$$

식 6-3은 표준 1차계 동력학 모델에 시간 상수 τ_a를 계수로 가진 du/dt 항을 추가해 만들어 진다. 관련하여 다음의 전달함수가 얻어진다:

$$G(s) = \frac{K(\tau_a s + 1)}{\tau_1 s + 1} \tag{6-4}$$

$\tau_a s + 1$과 같은 분자항을 가진 전달함수들은 *분자항 동력학*(numerator dynamics)을 가진다. u의 적분항이 입력항들에 추가되었다고 가정하자:

$$\tau_1 \frac{dy}{dt} + y = K\left(u + \frac{1}{\tau_a}\int_0^t u(t^*)dt^*\right) \tag{6-5}$$

식 6-5의 전달함수는 초기 조건을 0으로 가정하여 다음과 같다:

$$G(s) = \frac{K(\tau_a s + 1)}{\tau_a s(\tau_1 s + 1)} \tag{6-6}$$

이 예제에서는 입력의 적분이 복소평면의 원점에 극점을 추가함을 보여준다(분모에 $\tau_a s$ 항). 나중에 이 항의 중요성에 대해서 논할 것이다.

공정의 동력학은 단지 $G(s)$의 극점에 영향을 받을 뿐 아니라, $G(s)$의 분자항을 0으로 만드는 s값(이러한 s값을 영점이라고 한다)에도 영향을 받게 된다.

영점에 대한 논의에 앞서 전달함수를 기술하는 여러 동등한 방법들을 살펴보는 것도 유용할 것이다. 4장에서는 표준 전달함수 형태를 논의하였었다:

$$G(s) = \frac{\sum_{i=0}^{m} b_i s^i}{\sum_{i=0}^{n} a_i s^i} = \frac{b_m s^m + b_{m-1} s^{m-1} + \cdots + b_0}{a_n s^n + a_{n-1} s^{n-1} + \cdots + a_0} \tag{4-43}$$

위의 식은 아래와 같이 분모/분자 다항식을 각각 인수분해하여 기술할 수도 있다:

$$G(s) = \frac{b_m(s - z_1)(s - z_2)\ \ldots\ (s - z_m)}{a_n(s - p_1)(s - p_2)\ \ldots\ (s - p_n)} \tag{6-7}$$

여기서 z_i와 p_i는 각각 영점과 극점을 나타낸다. $G(s)$의 극점들은 특성방정식의 근들이고, $G(s)$ 분모항의 다항식, 즉 특성 방정식을 0으로 등치하여 구할 수 있다.

또한 *이득/시간 상수*(gain/time constant) 형태로 전달함수를 표현하는 것이 편리한 경우가 있다: 즉 식 4-43의 분자항을 b_0로 나누고, 명시적으로 정상 상태 이득($K = b_0/a_0 = G(0)$)을 표시하기 위해 분모항을 a_0로 나눈다. 결과적으로 다음과 같은 표현식을 얻기 위해 분모/분자항을 인수분해하여 정리한다:

$$G(s) = K\frac{(\tau_a s + 1)(\tau_b s + 1)\cdots}{(\tau_1 s + 1)(\tau_2 s + 1)\cdots} \tag{6-8}$$

위의 경우는 모든 인수분해항이 실수근을 가질 경우에 해당한다. 극점과 영점 그리고 시간 상수에 대한 관계식은 다음과 같다:

$$z_1 = -1/\tau_a, \quad z_2 = -1/\tau_b, \cdots \tag{6-9}$$

$$p_1 = -1/\tau_1, \quad p_2 = -1/\tau_2, \cdots \tag{6-10}$$

식 6-7에서 영점의 존재 또는 부존재는 극점의 개수와 위치, 즉 연관된 응답모드에 영향을 미치지 않는다. 물론 극점과 영점이 정확히 같은 수치값을 가져 정확한 인수분해항 소거가 발생하지 않는 한 말이다. 그러나 영점은 응답모드의 계수(응답모드가 기여하는 정도)에 심대한 영향을 가진다. 이러한 계수는 부분분수 분해를 수행해 찾을 수 있다. 실제 공정 제어시스템에서는 식 6-7에서 영점의 개수는 극점의 개수보다 작거나 같게 된다($m \le n$). $m = n$인 경우에는 입력에 계단 변화가 주어졌을 때 출력 응답에 불연속 점이 발생하게 된다.

6.1.1 분자항 동력학을 가진 2차계

1차계에 추가된 영점은 계단 입력이 주어졌을 때 $t = 0$에서 $y(t)$ 값도 점프하는 불연속성을 일으킨다(식 6-4). 이와 같은 순간적인 계단 응답은 분자 및 분모의 다항식이 같은 차수를 가질 때만 가능하다(예를 들어 $G(s) = K$). 산업공정은 일반적으로 분모항에 고차식을 가지기 때문에 응답에 일정 정도 관성이 존재한다. 이러한 특성으로 인해 어떤 입력(임펄스를 포함하여)에도 즉각적으로 반응하지 않는다. 그래서 $m \le n$인 시스템을 *물리적으로 실현가능*(physically realizable)하다고 한다.

예제 6.1

하나의 영점을 가진 과도 감쇠 2차계 전달함수를 고려하자:

$$G(s) = \frac{K(\tau_a s + 1)}{(\tau_1 s + 1)(\tau_2 s + 1)} \tag{6-11}$$

크기가 M인 계단 입력에 대한 응답을 계산하고 $\tau_1 = 4$, $\tau_2 = 1$ 및 여러 개의 τ_a 값을 사용하여 그 결과를 도시하여라.

풀이

입력의 계단 변화에 따른 이 시스템의 응답은 다음과 같다(표 3.1 참조).

$$y(t) = KM\left(1 + \frac{\tau_a - \tau_1}{\tau_1 - \tau_2}e^{-t/\tau_1} + \frac{\tau_a - \tau_2}{\tau_2 - \tau_1}e^{-t/\tau_2}\right) \tag{6-12}$$

예상한 바와 같이 $y(t \to \infty) = KM$이다. 즉 추가된 영점은 최종값을 변화시키지 않을 뿐 아니라 극점의 개수 및 위치를 바꾸지 않는다. 그러나 영점은 응답모드(지수항들)의 가중치에 영향을 준다(식 6-12).

수학적 분석(예제 6.3 참조)은 응답의 3가지 유형을 보여준다(그림 6.2에서 8개의 τ_a에 따른 응답 참조)

(i) $\tau_a > \tau_1$ $(\tau_a = 8, 16)$

(ii) $0 < \tau_a \le \tau_1$ $(\tau_a = 0.5, 1, 2, 4)$

(iii) $\tau_a < 0$ $(\tau_a = -1, -4)$

여기서 $\tau_1 > \tau_2$로 설정하였다. **(i)**에서 τ_a가 충분히 큰 경우에 *오버슈트*가 발생한다. **(ii)**에서는 1차계의 응답과 유사하다. **(iii)**에서는 *소위 오른쪽 반평면 영점*(right-half plane zero), *즉 양의 영점*을 가질 때 드물게 나타나지만 중요한 응답 특성인 *역응답*(inverse response)이 나타난다. 역응답은 계단 입력에 대한 초기 응답이 최종적인 정상 상태와 반대 방향으로 움직이는 현상이다. 예를 들어 **(iii)**에서 초기 응답은 음의 방향에 있는 반면 새로운 정상 상태는 양의 방향($y(\infty) > y(0)$)에 있다. 이러한 역응답은 오른쪽 반평면 영점과 연관되어 있다.

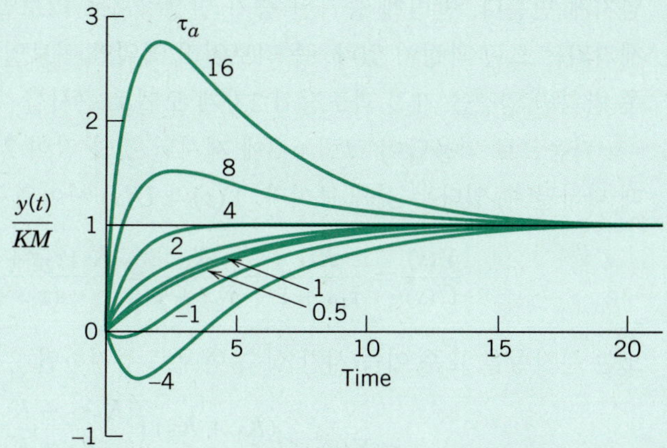

그림 6.2 $\tau_a(\tau_1 = 4, \tau_2 = 1)$의 여러 다른 값들에 대한 과도감쇠 2차계(식 6-11)의 계단 응답.

위의 예제에서 오버슈트나 역응답은 영점에 의하여 유발되었고 영점 없이 2개의 극점만 가진 과도 감쇠 2차계 전달함수에서는 나타나지 않는 현상이다. 역응답은 2개 다른 규모를 가진 시간 상수(예제 6.1에서 τ_1과 τ_2)를 가지고 서로 경쟁하는 동특성에 기인한다. 예를 들어 역응답은 증류탑 운전 중 리보일러의 스팀 압력이 갑작스럽게 변할 때 발생할 수 있다. 스팀 압력의 증가는 궁극적으로 리보일러의 액체를 좀더 증발시켜 액위를 낮출 것이다(액위 제어 부재 시). 그러나 초기 효과는 리보일러 상단의 트레이들에 즉각 거품의 양이 증가하고 그 결과로 이 트레이들에서 아래쪽으로 빠르게 액체가 흘러 넘쳐 리보일러의 액위가 상승하게 된다. 이러한 초기 리보일러 액위 상승은 후에 증가된 증기 발생으로 상쇄되어 낮아지게 된다. 이 현상에 대한 좀더 자세한 분석은 Buckley et al. (1985)을 참조하라.

두번째 예제로, 발열 반응을 가진 관형 촉매 반응기에서도 원료의 온도가 증가할 때, 출구 온도에 역응답이 존재한다. 초기에 반응기 입구 영역에서 증가된 전환율로 인하여, 반응기 출구에서 반응물이 부족하게 되고 결과적으로 반응기 출구 영역에서 발열반응이 줄어들어 출구 온도가 내려가게 된다. 연이어 기대했던 대로 반응속도가 증가하고 출구부에 온도도 증가하게 된다. 역으로 원료의 온도가 낮아지면, 초기에 역응답이 나타나 출구부에 높은 온도가 나타난다.

역응답이나 오버슈트는 2개의 물리적 효과가 다른 방법과 다른 시간 규모로 출력에

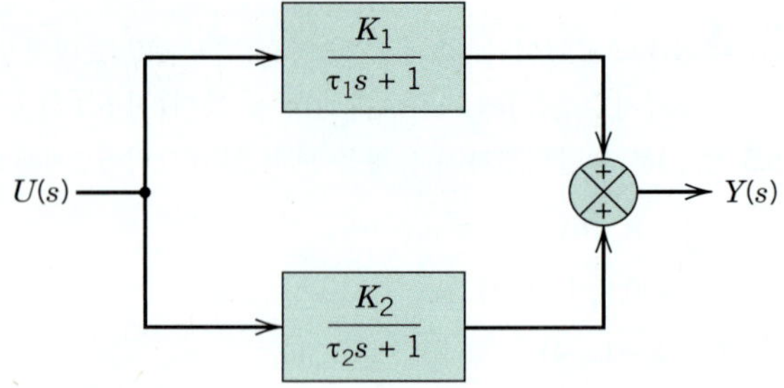

그림 6.3 병렬 연결된 2개의 1차계 공정.

작용할 때 발생할 수 있다. 위에서 언급된 리보일러 액위 경우에 스팀 압력 증가라는 *빠른* 과정이 증기 흐름을 증가시켜 즉각적으로 리보일러 상단의 트레이에서 액체들이 흘러 넘치게 만든다. 반면에 증가된 증기 발생량으로 리보일러에서 액체 혼합물이 상당량이 제거되는 *느린* 과정이 있다. 즉 리보일러 액위와 리보일러 스팀 압력 사이의 관계는 오른쪽 반평면 영점을 가진 과도감쇠 2차계 모델로 근사할 수 있다.

다음으로 역응답이 그림 6-3에 제시된 것과 같이 2개의 1차계가 병렬로 연결되었을 때 나타날 수 있다는 것을 보이자. $Y(s)$와 $U(s)$ 사이의 관계가 다음과 같이 표시된다:

$$\frac{Y(s)}{U(s)} = \frac{K_1}{\tau_1 s + 1} + \frac{K_2}{\tau_2 s + 1} = \frac{K_1(\tau_2 s + 1) + K_2(\tau_1 s + 1)}{(\tau_1 s + 1)(\tau_2 s + 1)} \tag{6-13}$$

또는 분자항을 표준 이득/시간 상수 형태로 정리하면

$$\frac{Y(s)}{U(s)} = \frac{(K_1 + K_2)\left(\frac{K_1\tau_2 + K_2\tau_1}{K_1 + K_2}s + 1\right)}{(\tau_1 s + 1)(\tau_2 s + 1)} \tag{6-14}$$

$$K = K_1 + K_2 \tag{6-15}$$

이다. 그리고

$$\tau_a = \frac{K_1\tau_2 + K_2\tau_1}{K_1 + K_2} \tag{6-16}$$

$$= \frac{K_1\tau_2 + K_2\tau_1}{K} \tag{6-17}$$

역응답이 존재하기 위한 조건은 $\tau_a < 0$ 또는

$$\frac{K_1\tau_2 + K_2\tau_1}{K} < 0 \tag{6-18}$$

이다. $K > 0$ 일때, 식 6-18은 좀더 알기 쉬운 형태로 정리할 수 있다:

$$-\frac{K_2}{K_1} > \frac{\tau_2}{\tau_1} \tag{6-19}$$

$K < 0$일 때는 식 6-19의 부등호 방향이 바뀐다. 식 6-19는 $\tau_1 > 0$과 $\tau_2 > 0$이므로 K_1과 K_2의 부호는 반대 부호를 가짐을 알려준다. $K_1 > 0$일 때 $K > 0$이고, $K_1 < 0$일 때는 $K < 0$임을 보이는 것은 독자에게 남긴다. 다른 말로 전체 전달함수 이득의 부호는 느린 공정의 부호와 같음을 알 수 있다.

식 6-11에 기술된 공정의 계단 응답은 공정의 이득과 계단 변화의 크기의 곱이 0보다 크고($KM > 0$), τ_a가 0보다 작고, τ_1과 τ_2가 모두 양수일 때, 초기에($t = 0$) 음의 기울기를 가질 것이다.

6.2 시간 지연을 가진 공정

물질 및 에너지가 공정 혹은 공장에서 물리적으로 이동할 때는 운반과 연관된 *시간 지연*(time delay)이 있다. 예를 들어, 그림 6.4에서와 같이 유체가 플러그 흐름으로 파이프를 통해 이송될 때, 포인트 1과 2 사이에 수송 시간은 다음과 같이 주어진다:

$$\theta = \frac{\text{파이프의 길이}}{\text{유체 속도}} \tag{6-20}$$

또는 동등하게

$$= \frac{\text{파이프의 부피}}{\text{유체 용적률}}$$

여기서 길이와 부피는 1과 2 사이의 파이프 부분을 의미한다. 식 6-20은 시간 지연이 때때로 *거리-속도 지체*(distance-velocity lag)로 언급되는 이유를 보여준다. 다른 유사어로 수송지체(transportation lag), *수송지연*(transportation delay), *데드타임*(dead time)이 있다. 층류 또는 비-뉴톤 유체로 플러그 흐름 가정이 유효하지 않은 경우에도, 시간 지연을 사용하여 벌크 수송 동력학을 근사하는 것은 여전히 유효하다.

x는 포인트 1에서 농도와 같은 유체의 물성이고 y도 포인트 2에서의 같은 물성이라고 가정하자. x와 y 모두 편차변수일 때, 이 둘은 시간 지연 θ를 사용해 다음과 같이 표시할 수 있다:

$$y(t) = \begin{cases} 0 & t < \theta \\ x(t-\theta) & t \geq \theta \end{cases} \tag{6-21}$$

즉 $y(t)$는 θ 만큼 시간 축을 따라 역방향으로 평행 이동된 입력함수와 같다. 그림 6-5는 임의의 $x(t)$의 *시간에 따른 병진 이동*을 보여준다.

식 3-71에서 t_0 단위 만큼 시간 축을 따라 평행 이동된 함수의 라플라스 변환은 $e^{-t_0 s}$임을 보였다. 그래서 크기 θ 만큼 시간 지연을 가진 함수의 전달함수는 다음과 같이 주어진다:

$$\frac{Y(s)}{X(s)} = G(s) = e^{-\theta s} \tag{6-22}$$

액체 및 고체 물질의 물리적인 운송과 더불어 공정 제어 문제들에는 시간 지연을 발생시키는 여러 요소들이 있다. 예를 들어 공정에서 취해진 액체 또는 기체 흐름의 농도를 측정하기 위해서 크로마토그래피를 사용하면 분석 시간, 즉 시간 지연을 유발한다. 화학공정의 특징적인 점은 시간 지연이 흔하게 발생한다는 점이다.

플러그 흐름 가정이 유효하지 않을 때 조차도, 수송 공정은 보통 식 6-22로 표시되는 시간 지연을 포함한 전달함수로 모델링을 할 수 있다. 파이프를 통한 액체 흐름의 경우에 플러그 흐름 가정은 반경 방향 속도 파형이 평탄하게 되는 난류 상태인 뉴톤 유체에 잘 들어 맞는다. 비뉴톤 유체이거나 층류인 경우에도 수송공정은 평균 유체 속도에 기반

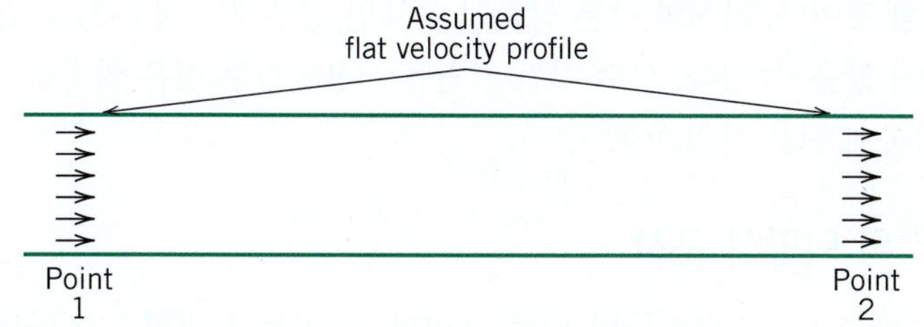

그림 6.4 난류로 파이프에서의 유체 수송.

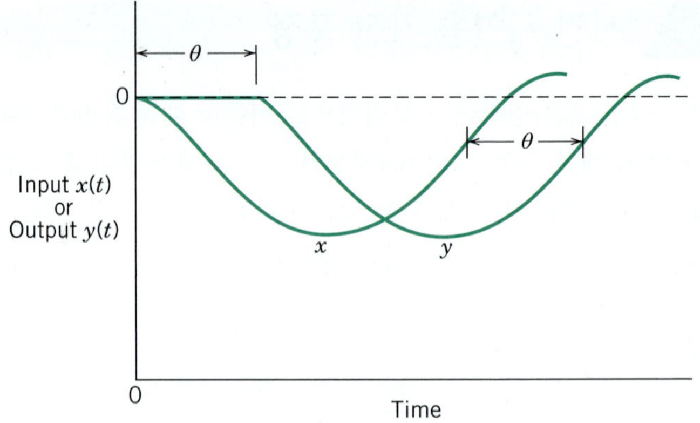

그림 6.5 시간 지연의 효과는 시간 함수의 평행이동.

한 시간 지연으로 모델링할 수 있다. 좀더 일반적인 접근법으로 시간 지연을 포함한 1차계 전달함수로 흐름공정을 모델링하는 방법이 있다:

$$G(s) = \frac{e^{-\theta s}}{\tau s + 1} \tag{6-23}$$

여기서 τ는 파이프 흐름에서 유체 혼합의 정도를 정량화한 시간 상수다. τ나 θ는 경험적으로 또는 실험을 통해 결정할 수 있다. 식 6-23에서 x와 y가 조성과 같은 물질의 상태일 때는 공정이득은 1이다.

다음으로 시간 지연에 대한 해석적 표현식을 수지식를 적용하여 유도해 보자. 그림 6.4에서 액체의 매우 작은 셀이 시간 t에 포인트 1을 통과했다고 가정하자. V는 셀에서의 물질 부피이고, c_1는 화학종의 농도일 때, 셀은 Vc_1의 화학종 단위를 포함한다. 시간 $t + \theta$에서 셀이 포인트 2를 통과하고 $Vc_2(t + \theta)$ 단위의 화학종을 포함하고 있다. 물질이 플러그 흐름으로 이동하고, 주변 물질과 혼합이 없었다면 셀에 화학종의 양은 일정할 것이다.

$$Vc_2(t + \theta) = Vc_1(t) \tag{6-24}$$

또는

$$c_2(t + \theta) = c_1(t) \tag{6-25}$$

유속이 일정하다면 식 6-25는 다음과 같이 쓸 수 있다:

$$c_2(t) = c_1(t - \theta) \tag{6-26}$$

식 6-26에 정상 상태 버전을 빼는 것으로 편차변수 형태로 변환하고 라플라스 변환을 취하면 다음 결과를 얻는다:

$$\frac{C_2'(s)}{C_1'(s)} = e^{-\theta s} \tag{6-27}$$

유체가 비압축성이라면 포인트1에서 유속의 변화는 파이프 안에 다른 포인트로 순간적으로 전파될 것이다. 기체와 같은 압축성 유체인 경우에는 식 6-27과 같은 간단한 표현식이 정확하지 않을 수 있다. 상수 시간 지연을 사용한다는 것은 일정한 유속을 가진다는 가정을 포함하게 됨을 기억하자.

6.2.1 $e^{-\theta s}$의 다항식 근사

식 6-22에 지수항은 s의 다항식들의 비로 표현할 수 있는 유리함수가 아닌 무리함수다.

결과적으로 식 6-22는 6.1절에서 논의한 극점과 영점들로 인수분해가 될 수 없다. 그러나 Tayler 급수나 Padé 근사법을 사용하여 $e^{-\theta s}$항을 다항식들로 근사하는 것은 가능하다.

$e^{-\theta s}$의 Tayler 급수는 다음과 같다:

$$e^{-\theta s} = 1 - \theta s + \frac{\theta^2 s^2}{2!} - \frac{\theta^3 s^3}{3!} + \frac{\theta^4 s^4}{4!} - \frac{\theta^5 s^5}{5!} + \cdots \tag{6-28}$$

시간 지연 모델의 응용을 위한 Padé 근사법은 $e^{-\theta s}$의 끝수를 버린 Tayler 급수의 항들과 정합이 되도록 계수가 정해진 s의 두 다항식들의 비를 산출한다. 가장 간단한 형태의 극점-영점 근사법은 1/1 Padé 근사법이다:

$$e^{-\theta s} \approx G_1(s) = \frac{1 - \frac{\theta}{2}s}{1 + \frac{\theta}{2}s} \tag{6-29}$$

식 6-29는 분자항과 분모항이 모두 1차식이어서 1/1 Padé 근사라고 불리운다. 식 6-29에 장제법(long division)을 수행하면 다음과 같다:

$$G_1(s) = 1 - \theta s + \frac{\theta^2 s^2}{2} - \frac{\theta^3 s^3}{4} + \cdots \tag{6-30}$$

식 6-28과 식 6-30을 비교하면 $G_1(s)$의 처음 3항이 정확하게 일치한다.

예제 6.2

그림 6.6에 제시된 것과 같이 살수층(trickle-bed) 촉매 반응기가 반응온도와 전환율 목표를 성취하기 위해 생성물 재순환을 실시한다. 높은 재순환 속도를 사용하여 기계적인 교반기는 필요 없고, 반응물의 농도는 재순환 흐름이 제거된 생성물 흐름에서 측정된다. 액상에서 1차 반응이 진행된다.

정상 운전조건 하에서 다음과 같이 가정한다:

(i) 반응기 내의 반응속도는 $r = kc$이고 등온으로 조업한다. 여기서 $-r$은 단위 부피당 반응물이 소비되는 속도를 나타내며, c는 반응물의 농도, k는 반응속도상수다.

(ii) 모든 흐름의 유속과 반응기 내 액상의 부피 V는 일정하다.

(iii) 파이프 안에서는 반응이 진행되지 않으며 출구와 재순환 라인의 동력학은 그림에 제시된 θ_1과 θ_2로 주어진 상수 시간 지연들로 근사가능하다. c_1은 측정 위치에서의 반응물 농도다.

(iv) 높은 재순환 유속으로 반응기 내에 반응물은 완벽하게 혼합된 상태다.

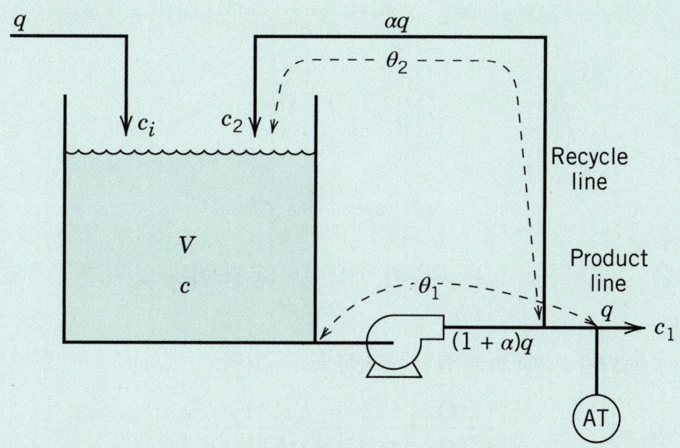

그림 6.6 재순환 흐름을 가진 살수층 반응기 모식도(AT: 분석장치/전송기; θ_1: 반응기 출구에서 조성분석기까지 물질 흐름과 연관된 시간 지연; θ_2: 조성분석기에서 반응기 입구까지 물질 흐름과 연관된 시간 지연).

(a) $C_1'(s)/C_i'(s)$의 전달함수를 구하시오.

(b) 아래에 주어진 정보를 사용하여 $c_i'(t)$에 2000kg/m^3 크기의 계단 변화에 대한 $c_1'(t)$의 변화를 계산하시오.

공정 변수값

$V = 5\text{ m}^3$, $\alpha = 12$

$Q = 0.05\text{ m}^3/\text{min}$, $\theta_1 = 0.9\text{ min}$

$K = 0.04\text{ min}^{-1}$, $\theta_2 = 1.1\text{ min}$

▶ 풀이

(a) 식 2-66과 유사하게, 반응기에 대한 물질 수지는 다음과 같다:

$$V\frac{dc}{dt} = qc_i + \alpha qc_2 - (1+\alpha)qc - Vkc \tag{6-31}$$

여기서 c는 반응물의 농도를 나타낸다. 식 6-31은 상수계수를 가진 선형 ODE이다. 정상 상태 식을 빼고 편차변수를 도입하면 다음과 같이 변형된다:

$$V\frac{dc'}{dt} = qc_i' + \alpha qc_2' - (1+\alpha)qc' - Vkc' \tag{6-32}$$

$c_2'(t)$와 $c_1'(t)$에 대한 식들은 출구와 재순환 라인을 시간 지연으로 모델링하여 다음과 같이 표시한다:

$$c_1'(t) = c'(t-\theta_1) \tag{6-33}$$

$$c_2'(t) = c_1'(t-\theta_2) \tag{6-34}$$

식 6-32 ~ 6-34는 재순환을 가진 등온 반응기에 대한 공정모델을 구성한다. 각 방정식에 라플라스 변환을 취하면 다음과 같다:

$$sVC'(s) = qC_i'(s) + \alpha qC_2'(s) - (1+\alpha)qC'(s) - VkC'(s) \tag{6-35}$$

$$C_1'(s) = e^{-\theta_1 s}C'(s) \tag{6-36}$$

$$C_2'(s) = e^{-\theta_2 s}C_1'(s) = e^{-(\theta_1+\theta_2)s}C'(s) = e^{-\theta_3 s}C'(s) \tag{6-37}$$

여기서 $\theta_3 \triangleq \theta_1 + \theta_2$. 식 6-37을 식 6-35에 대입하고 $C'(s)$로 정리하면

$$C'(s) = \frac{q}{sV - \alpha qe^{-\theta_3 s} + (1+\alpha)q + Vk}C_i'(s) \tag{6-38}$$

식 6-38은 아래와 같은 형태로 정리할 수 있다:

$$C'(s) = \frac{K}{\tau s + 1 + \alpha K(1 - e^{-\theta_3 s})}C_i'(s) \tag{6-39}$$

여기서

$$K = \frac{q}{q+Vk} \tag{6-40}$$

$$\tau = \frac{V}{q+Vk} \tag{6-41}$$

$\theta_3 \to 0$으로 접근할 때, $e^{-\theta_3 s} \to 1$이고

$$C'(s) = \frac{K}{\tau s + 1}C_i'(s) \tag{6-42}$$

이 된다. 그래서 K와 τ는 재순환 시간 지연이 없는 재순환 반응기의 공정 이득 및 시간 상수로 해석할 수 있다. 이것은 재순환이 없는 교반 등온반응기와 같다.

$C_1'(s)/C_i'(s)$의 전달함수는 식 6-39와 식 6-36을 결합하여 얻을 수 있다:

$$\frac{C_1'(s)}{C_i'(s)} = \frac{Ke^{-\theta_1 s}}{\tau s + 1 + \alpha K(1 - e^{-\theta_3 s})} \tag{6-43}$$

식 6-43의 매개변수의 수치값은 다음과 같다:

$$K = \frac{q}{q + Vk} = \frac{0.05}{0.05 + (5)(0.04)} = 0.2, \qquad \tau = \frac{V}{q + Vk} = 20 \text{ min}$$

(b) 계단 응답을 쉽게 시뮬레이션하기 위해 그림 6.6을 참조하여 Simulink 모델을 구성하고, 관련 전달함수들에 수치 값을 대입한다(부록 C 참조). 재순환 루프는 식 6-31을 직접 풀기보다는 Simulink에서 객체 간 흐름 연결을 통하여 처리할 수 있다. 그림 6.7은 입구 조성의 계단 변화에 따른 분석기에서 측정된 조성을 두 개의 다른 시간 규모에서 보여준다.

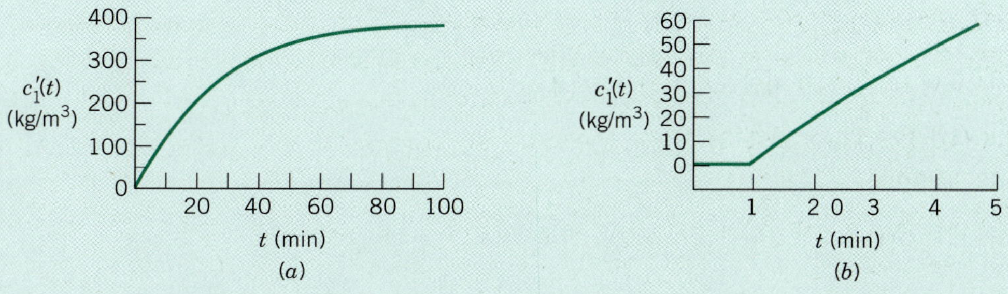

그림 6.7 분석장치에서 측정된 재순환 반응기 조성: (*a*) 전체 응답; (*b*) 초기 짧은 기간의 자세한 응답.

6.3 고차 전달함수의 근사

이 절에서는 고차계 전달함수를 비슷한 동력학과 정상 상태 특성을 가지는 낮은 차수의 모델로 근사하는 방법을 다룬다. 낮은 차수의 모델들은 12장에서 논의할 제어시스템 설계 및 해석을 수행할 때 편리하다.

6.2.1절에서, 시간 지연을 가진 전달함수는 Taylor 급수 확장으로 표현될 수 있음을 살펴보았다. s의 작은 값에 대하여, 1차항 이후의 항들을 생략하면 다음과 같은 근사식을 얻는다:

$$e^{-\theta s} \approx 1 - \theta s \tag{6-44}$$

이러한 시간 지연 근사식은 오른쪽 반평면(RHP) 영점($s = +\theta$)을 가진다. 다른 1차 근사로 다음과 같은 전달함수를 얻을 수 있다:

$$e^{-\theta s} = \frac{1}{e^{\theta s}} \approx \frac{1}{1 + \theta s} \tag{6-45}$$

여기서 $e^{\theta s} \approx 1 + \theta s$로 근사했고 θ의 시간 상수를 가지게 된다.

식 6-44나 6-45는 시간 지연 항을 근사하기 위해서 사용되었다. 그러나 이러한 표현식들을 전달함수의 극점 또는 영점을 시간 지연 항으로 근사하기 위하여 역으로 사용할 수도 있다. 이러한 극점 및 영점 근사 방법은 예제 6.3에서 보여줄 것이다.

6.3.1 Skogestad의 Half Rule

Skogestad (2003)은 여러 개의 시간 상수를 포함한 고차계를 근사하는 방법을 제시했다. 그는 분모항에서 제거할 인수분해 항 중 가장 큰 시간 상수의 값을 2로 나누어 시간 지연(만약 없다면 시간 지연 항을 새로 추가)에 추가하고 나머지 반은 남길 인수분해 항 중 가장 작은 시간 상수에 더했다. 나머지 제거할 분모의 인수분해 항들은 식 6-45를 사용해 시간 지연 항으로 변환한다. 그리고 오른쪽 반평면 상의 영점들은 식 6-44를 사용해 시간 지연 항으로 근사한다. 이러한 "half rule"은 제어시스템 설계에 사용할 좀더 적절한 낮은 차수 모델을 만드는 것이 목적이다. 예제 6.3과 6.4은 Skogestad의 half-rule에 대한 것이다.

예제 6-3

다음의 전달함수를 고려하자.

$$G(s) = \frac{K(-0.1s+1)}{(5s+1)(3s+1)(0.5s+1)} \tag{6-46}$$

$$\widetilde{G}(s) = \frac{Ke^{-\theta s}}{\tau s+1} \tag{6-47}$$

2가지 방법을 사용하여 1차계–시간 지연 모델로 근사하시오.

(a) 식 6-44와 6-45와 같은 Taylor 급수 전개식

(b) Skogestad의 half-rule

단위 계단 입력에 대한 $G(s)$의 정상 응답과 근사 모델을 비교하시오.

풀이

(a) 지배적인 시간 상수(5)는 남겨놓고 식 6-44와 6-45의 근사식을 적용한다:

$$-0.1s+1 \approx e^{-0.1s} \tag{6-48}$$

그리고

$$\frac{1}{3s+1} \approx e^{-3s} \qquad \frac{1}{0.5s+1} \approx e^{-0.5s} \tag{6-49}$$

식 6-46에 대입하면 Taylor 급수 근사식을 얻는다, $\widetilde{G}_{TS}(s)$:

$$\widetilde{G}_{TS}(s) = \frac{Ke^{-0.1s}e^{-3s}e^{-0.5s}}{5s+1} = \frac{Ke^{-3.6s}}{5s+1} \tag{6-50}$$

(b) Skogetad 방법을 적용해서 식 6-46에서 제거할 시간 상수 중 가장 큰 값은 3이다. Half-rule에 따라 이 값의 반은 시간 지연 항(0.5(3) = 1.5)에 포함시키고, 나머지 반은 남길 항 중 가장 작은 값을 가진 시간 상수 항에 더한다(τ = 5 + 05(3) = 6.5). 식 6-48에 RHP 영점은 0.1의 부가적인 시간 지연을 제공하고, 식 6-45를 사용해 식 6-46에 가장 작은 시간 상수 0.5를 0.5의 시간 지연으로 추가한다. 최종적으로 식 6-47에 시간 지연은 다음과 같다:

$$\theta = 1.5 + 0.1 + 0.5 = 2.1$$

그리고 $G(s)$는 다음과 같이 근사식으로 표시된다:

$$\widetilde{G}_{Sk}(s) = \frac{Ke^{-2.1s}}{6.5s+1} \tag{6-51}$$

$G(s)$와 2개의 근사모델들에 대한 정규화된 계단 응답을 그림 6.8에 나타내었다. Skogestad의 방법으로 근사한 모델들이 실제 응답과 매우 잘 일치함을 알 수 있다.

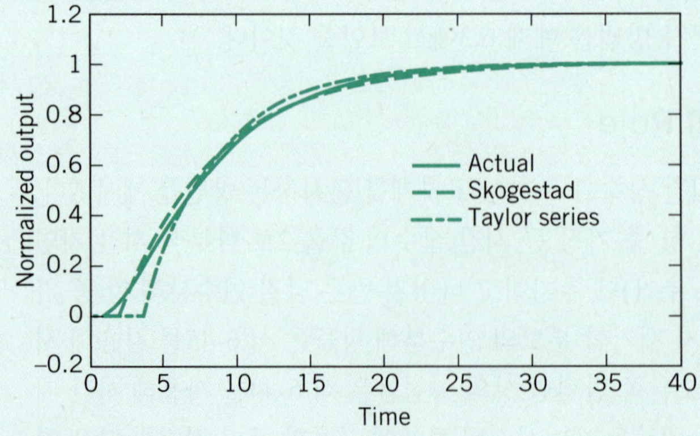

그림 6.8 예제 6.3에 대한 실제 및 근사 모델의 비교.

예제 6.4

다음의 전달함수를 살펴보자:

$$G(s) = \frac{K(1-s)e^{-s}}{(12s+1)(3s+1)(0.2s+1)(0.05s+1)} \tag{6-52}$$

2개의 근사모델을 유도하기 위하여 Skogestad 방법을 사용하시오.

(a) 식 6-47은 1차계–시간 지연 모델

(b) 아래에 주어진 형태의 2차계–시간 지연 모델

$$\widetilde{G}(s) = \frac{Ke^{-\theta s}}{(\tau_1 s+1)(\tau_2 s+1)} \tag{6-53}$$

$G(s)$와 근사모델의 단위 계단 입력에 대한 정규화된 출력을 비교하시오.

풀이

(a) 1차계–시간 지연 모델에서 지배적인 시간 상수(12)는 그대로 두고, 제거할 시간 상수 중 가장 큰 값(3)은 남겨질 시간 상수에 반 그리고 시간 지연 항에 반이 전달된다. 그리고 작은 시간 상수들 (0.2와 0.05) 및 영점(1)은 시간 지연 항에 추가한다. 결과적으로 식 6-47에 공정 매개변수는 다음과 같다:

$$\theta = 1 + \frac{3}{2} + 0.2 + 0.05 + 1 = 3.75, \qquad \tau = 12 + \frac{3}{2} = 13.5$$

(b) 2차계–시간 지연 모델도 유사한 과정을 통해 다음과 같이 공정 매개변수를 구할 수 있다:

$$\theta = 1 + \frac{0.2}{2} + 0.05 + 1 = 2.15, \qquad \tau_1 = 12, \quad \tau_2 = 3 + 0.1 = 3.1$$

이 경우에 half rule은 세 번째로 큰 시간 상수 0.2에 적용된다.

원래의 전달함수와 근사된 전달함수들의 정규화된 계단 응답을 그림 6.9에 표시하였다. 2차계 모델은 제거된 시간 상수들이 남겨진 시간 상수보다 많이 작아 매우 잘 근사된 것을 확인할 수 있다. 1차계–시간 지연 모델은 다른 근사모델만큼 정확하지는 않지만, 실제 응답에 대한 알맞은 근사를 제공한 것으로 판단된다.

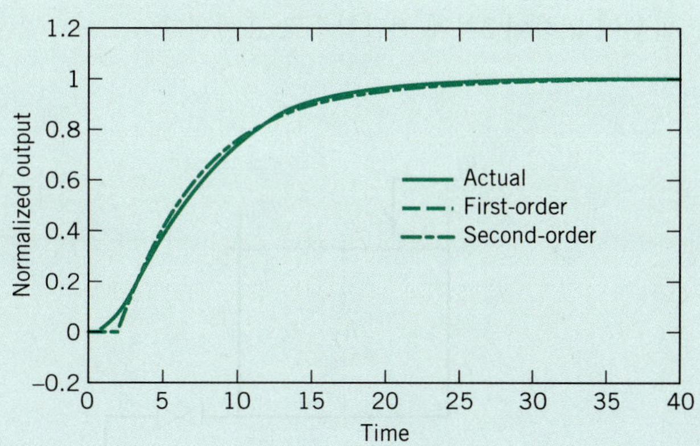

그림 6.9 예제 6.4의 실제 모델과 근사된 모델의 비교. 실제 모델과 2차계 모델은 거의 구분하기 힘들다.

Skogestad (2003)는 $\tau_a s + 1$ 형태($\tau_a > 0$)의 왼쪽 반평면 영점에 대한 근사법도 제시했으나, 그 근사법은 좀더 복잡하고 이 책의 수준을 넘는다. 이러한 경우에 비교적 간단한 모델은 7장에서 제시한 계단 응답에 대한 경험식으로 구할 수 있다.

6.4 상호작용이 있는 공정과 없는 공정

많은 공정들은 물질 및 에너지 재순환뿐 아니라 직렬 또는 병렬 구조를 포함하여 다양한 형태로 서로 연결되어 있다. 공정의 형태를 *상호작용이 있는 것*과 *상호작용이 없는 것*으로 구분하는 것이 편리하다. *비상호작용 공정*의 특징은 하위 단위 공정의 변화가 상위 단위 공정에 영향을 미치지 않는다는 점이다. 반면에 *상호작용 공정*은 하위 단위공정의 변화가 상위 단위공정에 영향을 미친다. 예를 들어 화학반응기의 출구 흐름이 미반응 원료로부터 제품을 분리하기 위해서 사용되는 증류탑에 원료 흐름으로 제공된다. 반응기의 변화가 증류탑 운전에 영향을 미치지만 그 *반대*는 아니다. 즉 비상호작용 공정이다. 그러나 증류된 흐름이 미반응 원료를 다량 포함하고 있어 증류된 흐름을 새로 유입하는 원료에 더해 반응기로 재순환하여 반응기 수율의 증가를 도모했다. 이 경우는 증류탑이 반응기에 영향을 미치게 되어 전체적으로 상호작용 공정이 된다.

상호작용이 없는 공정의 예는 예제 4.7에서 다루었다. 2개의 저장탱크가 두번째 저장탱크의 액위가 첫번째 저장탱크의 액위에 영향을 미치지 않도록 직렬 연결되었다(그림 6.10). 탱크 액위와 흐름을 관계 짓는 전달함수는 다음과 같다:

$$\frac{H_1'(s)}{Q_i'(s)} = \frac{K_1}{\tau_1 s + 1} \tag{4-63}$$

$$\frac{Q_1'(s)}{H_1'(s)} = \frac{1}{K_1} \tag{4-64}$$

$$\frac{H_2'(s)}{Q_1'(s)} = \frac{K_2}{\tau_2 s + 1} \tag{4-65}$$

$$\frac{Q_2'(s)}{H_2'(s)} = \frac{1}{K_2} \tag{4-66}$$

여기서 $K_1 = R_1$, $K_2 = R_2$, $\tau_1 = A_1R_1$이고, $\tau_2 = A_2R_2$이다. 각 탱크의 액위는 입력 유속과 관련하여 1차계 동력학을 가진다. 탱크2의 액위 h_2와 q_i 사이의 전달함수는 간단한 곱셈에 의하여 2차계 전달함수로 표현된다:

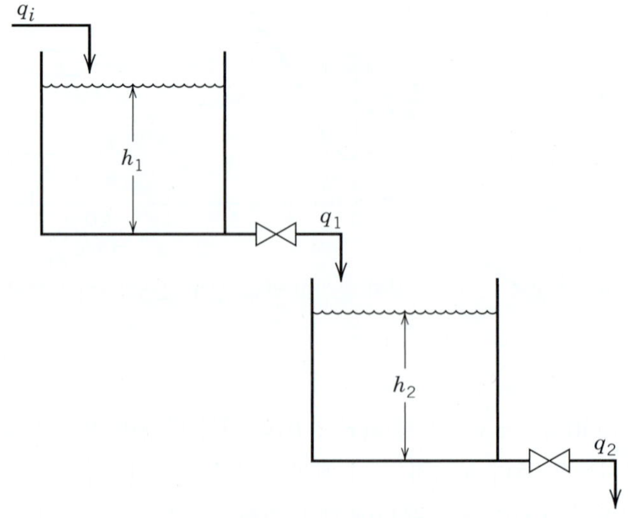

그림 6.10 상호작용이 없는 액위 탱크 직렬 연결.

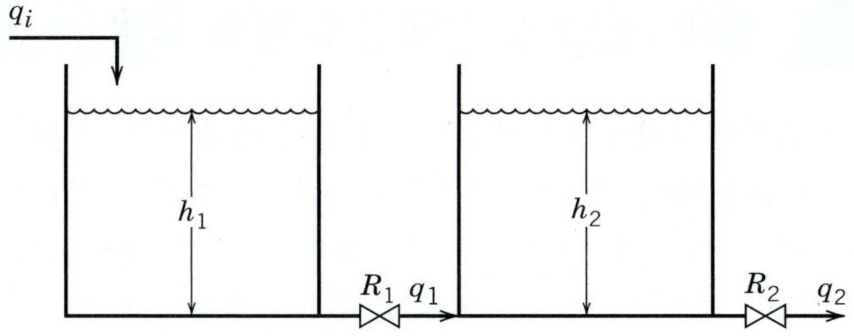

그림 6.11 액위 간에 상호작용을 가진 탱크 직렬 연결.

$$\frac{H_2'(s)}{Q_i'(s)} = \frac{H_2'(s)}{Q_1'(s)}\frac{Q_1'(s)}{H_1'(s)}\frac{H_1'(s)}{Q_i'(s)} = \frac{K_2}{(\tau_1 s + 1)(\tau_2 s + 1)} \tag{6-54}$$

다음으로 4장의 탱크 2개와 유사하지만 상호작용을 가진 공정의 예를 살펴보자. 그림 6.11에 보인 공정은 h_1이 유속 q_1으로 상호작용하는 흐름의 결과로 h_2에 의존하기 때문에 *상호작용하는 공정*이다. 탱크 1에서 탱크 2로 흐름에 대한 방정식은 물리적 특징을 반영하여 다음과 같이 쓸 수 있다:

$$q_1 = \frac{1}{R_1}(h_1 - h_2) \tag{6-55}$$

탱크 1의 액위 전달함수에 대하여, 식 4-63보다 좀더 복잡한 표현식이 얻어 진다:

$$\frac{H_1'(s)}{Q_i'(s)} = \frac{(R_1 + R_2)\left(\dfrac{R_1 R_2 A_2}{R_1 + R_2}s + 1\right)}{R_1 R_2 A_1 A_2 s^2 + (R_2 A_2 + R_1 A_1 + R_2 A_1)s + 1} \tag{6-56}$$

위 식은 다음과 같은 형태로 볼 수 있다:

$$\frac{H_1'(s)}{Q_i'(s)} = \frac{K_1'(\tau_a s + 1)}{\tau^2 s^2 + 2\zeta\tau s + 1} \tag{6-57}$$

연습문제 6.15에서, 독자는 식 6-56의 분모항을 분석하여 $\zeta > 1$, 다시 말해 전달함수는 과도감쇠 2차계이고 $-1/\tau_a$의 음의 영점을 가짐을 보일 수 있다. 여기서 $\tau_a = R_1 R_2 A_2/(R_1 + R_2)$. h_1과 h_2를 연결하는 전달함수

$$\frac{H_2'(s)}{H_1'(s)} = \frac{\dfrac{R_2}{R_1 + R_2}}{\dfrac{R_1 R_2 A_2}{R_1 + R_2}s + 1} \tag{6-58}$$

은 $K_2'/(\tau_a s + 1)$의 형태를 가진다. 결과적으로 H_2'와 Q_i' 사이의 총괄 전달함수는 다음과 같다:

$$\frac{H_2'(s)}{Q_i'(s)} = \frac{R_2}{\tau^2 s^2 + 2\zeta\tau s + 1} \tag{6-59}$$

상호작용하는 2개 탱크 시스템은 예제 4.7의 상호작용이 없는 시스템과 비교하여 좀 더 복잡하다. 분모항 다항식은 각각 탱크와 연관된 2개의 1차계로 더 이상 인수분해가 되지 않는다. 또한 식 6-57의 첫번째 탱크 전달함수의 분자항은 6.1절에서 제시된 것과 같이 동력학을 변경하는 영점을 포함한다.

6.5 상태-공간 및 전달함수 행렬 모델

전형적으로 물리 법칙에 근거해 유도된 동력학 모델은 하나나 그 이상의 상미분 방정식(ODEs)들로 구성된다. 이번 절에서는 간결하고 유용한 동력학 표현을 제공하는 상태공간(state-space) 모델이라 불리는 ODE 모델을 살펴보자. 여기서의 논의는 선형 상태공간 모델로 제한하지만, 비선형 상태공간 모델 역시 매우 유용하고 비선형 공정들의 해석을 위한 이론적인 바탕을 제공한다(Henson and Seborg, 1997; Khalil, 2002).

선형 상태공간 모델을 살펴보자:

$$\dot{\boldsymbol{x}} = \boldsymbol{Ax} + \boldsymbol{Bu} + \boldsymbol{Ed} \tag{6-60}$$

$$\boldsymbol{y} = \boldsymbol{Cx} \tag{6-61}$$

여기서 $\boldsymbol{x}$는 상태 벡터, $\boldsymbol{u}$는 조작 변수인 입력 벡터; $\boldsymbol{d}$는 외란 벡터; 그리고 $\boldsymbol{y}$는 측정된 출력 벡터를 의미한다. $\boldsymbol{x}$의 시간 도함수는 $\dot{\boldsymbol{x}}(=d\boldsymbol{x}/dt)$로 표시하고 이 역시 벡터다(**볼드체 기호들**은 벡터와 행렬을 표시하기 위해 사용하고 스칼라 양들은 보통의 글꼴을 사용한다). $\boldsymbol{x}$의 원소들은 상태 변수들이고, $\boldsymbol{y}$의 원소들은 일반적으로 $\boldsymbol{x}$의 부분집합으로 측정된 상태 변수이다. 보통은 $\boldsymbol{x}$, $\boldsymbol{u}$, $\boldsymbol{d}$, 및 $\boldsymbol{y}$는 시간의 함수이고 행렬 $\boldsymbol{A}$, $\boldsymbol{B}$, $\boldsymbol{C}$ 및 $\boldsymbol{E}$는 상수행렬이다. 식 6-60에 벡터들은 서로 다른 차원(또는 길이)를 가지고 흔히 편차변수로 쓰여진다.

예제 6.5

예제 4.9의 선형화된 CSTR 모델이 식 9-60 및 6-61의 상태공간 형태로 정리될 수 있음을 보여라
아래의 2가지 경우에 대하여 상태공간 모델을 유도하시오.

(a) c_A와 T 모두 측정하는 경우

(b) 단지 T만 측정할 경우

풀이

식 4-88과 4-89의 선형화된 CSTR 모델은 편차변수를 사용하여 벡터-행렬 형태로 다음과 같이 정리할 수 있다:

$$\begin{bmatrix} \dfrac{dc'_A}{dt} \\ \dfrac{dT'}{dt} \end{bmatrix} = \begin{bmatrix} a_{11} & a_{12} \\ a_{21} & a_{22} \end{bmatrix} \begin{bmatrix} c'_A \\ T' \end{bmatrix} + \begin{bmatrix} 0 \\ b_2 \end{bmatrix} T'_c \tag{6-62}$$

$x_1 \triangleq c'_A$, $x_2 \triangleq T'$로 놓고 이 항들의 시간 도함수들은 각각 $\dot{x}_1$, $\dot{x}_2$로 표기하자. 식 6-62에서 냉각수 온도 T_c는 조작 변수로 분류한다. 이 예제는 하나의 조작 변수 $u \triangleq T'_c$가 있고 외란 변수는 없다. 이러한 정의를 식 6-62에 대입하면 다음의 식을 얻는다:

$$\begin{bmatrix} \dot{x}_1 \\ \dot{x}_2 \end{bmatrix} = \underbrace{\begin{bmatrix} a_{11} & a_{12} \\ a_{21} & a_{22} \end{bmatrix}}_{\boldsymbol{A}} \begin{bmatrix} x_1 \\ x_2 \end{bmatrix} + \underbrace{\begin{bmatrix} 0 \\ b_2 \end{bmatrix}}_{\boldsymbol{B}} u \tag{6-63}$$

여기서 $\boldsymbol{x} = \text{col}[x_1, x_2]$("col"은 열벡터를 의미한다).

(a) T와 c_A를 측정한다면, $\boldsymbol{y} = \boldsymbol{x}$이므로 식 6-61에서 $\boldsymbol{C} = \boldsymbol{I}$이 된다. $\boldsymbol{I}$는 2×2 단위 행렬을 의미한다. $\boldsymbol{A}$와 $\boldsymbol{B}$는 식 6-63에 정의되어 있다.

(b) 단지 T만 측정한다면, 출력벡터 $\boldsymbol{y}$는 스칼라가 되어 $y = T'$이고 $\boldsymbol{C}$는 행벡터 $\boldsymbol{C} = [0, 1]$이 된다.

예제 6.5의 상태공간 모델은 $\boldsymbol{d} = \boldsymbol{0}$가 된다. 이는 외란 변수가 식 6-62에 포함되어 있지 않기 때문이다. 만약 원료 조성과 온도를 식 2-66과 2-68에 주어진 비선형 CSTR 모델에 외란 변수로 포함했다고 가정하자. 그러면 선형화된 모델식 6-62는 2개의 부가적인 편차변수 c'_{Ai}와 T'_i를 가질 것이고, 결과적으로 식 6-63은 2개의 외란변수 $d_1 \triangleq c'_{Ai}$와 $d_2 \triangleq T'_i$를 포함하도록 수정할 수 있다.

식 6-60의 상태공간 모델은 의존변수인 $\boldsymbol{x}$의 요소 및 독립변수인 $\boldsymbol{u}$와 $\boldsymbol{d}$의 요소를 포함하고 있다. 그런데 왜 $\boldsymbol{x}$만을 상태 벡터로 이야기하는 것일까? 이 용어는 $\mathbf{x}(t)$가 주어진 시간 t에 시스템의 상태를 유일하게 결정하기 때문이다. 시간 t에 초기 조건 $\mathbf{x}(0)$가 알려지고, $[0, t]$ 시간 구간에 대하여 $\mathbf{u}(t)$ 및 $\mathbf{d}(t)$가 주어졌다고 가정하자. 이 때 $\mathbf{x}(t)$는 유일하고 해석적인 방법 또는 수치적분에 의하여 결정할 수 있다. 해석적인 방법은 제어공학 교과서(Franklin et al., 2005; Ogata, 2008)들에서 찾을 수 있고, 수치 해나 해석적인 해는 *MATLAB*이나 *Mathematica* 같은 소프트웨어를 사용하여 쉽게 얻을 수 있다.

6.5.1 상태공간 모델의 안정성

상태공간 모델의 자세한 이론은 이 책의 범위를 벗어나지만 여러 문헌에서 관련 내용을 찾아볼 수 있다(Franklin et al., 2005; Ogata, 2008). 상태공간 모델의 중요한 내용 중 하나가 안정성에 관한 것이다. 상태공간 모델은 한계가 있는 $\boldsymbol{u}$와 $\boldsymbol{d}$가 주어졌을 때, $\mathbf{x}(t)$가 한계를 가지게 된다면 안정하다고 정의한다. 상태공간 모델의 안정성에 관한 필요충분 조건은 다음과 같다.

상태공간 모델의 안정성 조건

식 6-60으로 표현된 상태공간 모델은 한계를 가진 입력 $\mathbf{u}(t)$*와* $\mathbf{d}(t)$*에 대하여 한계를 가진 응답* $\mathbf{x}(t)$*를 가지기 위해서는* $\mathbf{A}$*의 모든 고유값(eigenvalues)이 음의 실수부를 가져야 한다.*

여기서 안정성은 $\boldsymbol{A}$만으로 결정된다; $\boldsymbol{B}$, $\boldsymbol{C}$ 및 $\boldsymbol{E}$ 행렬들은 안정성과 관계가 없다.

다음으로 안정성 해석과 관련하여 사용된 선형대수의 개념들을 살펴보자. $\boldsymbol{A}$가 $n \times n$ 행렬이라고 가정하고(여기서 n은 상태벡터 $\boldsymbol{x}$의 차원이다), λ를 $\boldsymbol{A}$의 하나의 고유값이라고 하자. 정의에 따르면 고유값은 방정식 $\lambda \boldsymbol{x} = \boldsymbol{A}\boldsymbol{x}$를 만족하는 n개의 λ 값이다(Strang, 2005). 앞의 식을 만족하는 $\boldsymbol{x}$는 $\boldsymbol{A}$의 고유 벡터라고 한다. 고유값들은 특성방정식을 만족하는 근이다:

$$|\lambda \boldsymbol{I} - \boldsymbol{A}| = 0 \tag{6-64}$$

여기서 $\boldsymbol{I}$는 $n \times n$ 단위 행렬이고 $|\lambda \boldsymbol{I} - \boldsymbol{A}|$는 행렬 $\lambda \boldsymbol{I} - \boldsymbol{A}$의 행렬식(determinant)을 의미한다.

예제 6.6

다음에 주어진 행렬 $\boldsymbol{A}$를 가진 상태공간 모델의 안정성을 결정하시오.

$$\boldsymbol{A} = \begin{bmatrix} -4.0 & 0.3 & 1.5 \\ 1.2 & -2.0 & 1.0 \\ -0.5 & 2.0 & -3.5 \end{bmatrix}$$

풀이

상태공간 모델의 안정성은 $\boldsymbol{A}$의 고유값에 의해서 결정된다. 아래와 같이 행렬 $\boldsymbol{A}$를 MATLAB의 command 윈도우에 입력하고 MATLAB 명령어 *eig*를 사용하여 고유값을 계산할 수 있다.

```
A = [-4.0  0.3  1.5;  1.2  -2  1.0;  -0.5  2.0  -3.5]
eig(A)
```

$\boldsymbol{A}$의 고유값은 -0.83, $-4.33 + 1.18j$ 및 $-4.33 - 1.18j$이다. 여기서 $j \triangleq \sqrt{-1}$. 3개 고유값 모두 음의 실수부를 가지기 때문에 상태공간 모델은 안정하다. 다만 고유값 중에 허수부를 포함한 항이 있어 진동이 나타난다.

6.5.2 상태공간 모델과 전달함수 모델의 관계

상태공간 모델은 동등한 전달함수 모델로 전환될 수 있다. 식 6-63으로 주어진 CSTR 모델을 다시 살펴보자. 이 모델은 다음과 같이 정리할 수 있다:

$$\dot{x}_1 = a_{11}x_1 + a_{12}x_2 \tag{6-65}$$

$$\dot{x}_2 = a_{21}x_1 + a_{22}x_2 + b_2u \tag{6-66}$$

각 방정식에 라플라스 변환을 적용하고(각 편차변수 x_1과 x_2의 초기조건은 0으로 가정)

$$sX_1(s) = a_{11}X_1(s) + a_{12}X_2(s) \tag{6-67}$$

$$sX_2(s) = a_{21}X_1(s) + a_{22}X_2(s) + b_2U(s) \tag{6-68}$$

식 6-67을 풀어 $X_2(s)$을 구하고 식 6-68에 대입하여 정리하면 X_1과 U의 관계를 표시하는 동등한 전달함수를 구할 수 있다:

$$\frac{X_1(s)}{U(s)} = \frac{a_{12}b_2}{s^2 - (a_{11} + a_{22})s + a_{11}a_{22} - a_{12}a_{21}} \tag{6-69}$$

식 6-67은 X_2와 U 사이의 전달함수를 구하기 위하여 사용할 수 있다:

$$\frac{X_2(s)}{U(s)} = \frac{b_2(s - a_{11})}{s^2 - (a_{11} + a_{22})s + a_{11}a_{22} - a_{12}a_{21}} \tag{6-70}$$

이렇게 얻어진 2개의 전달함수들은 x_1, x_2 및, u에 대한 정의에서 각각 $C'_A(s)/T'_A(s)$ 및 $T'(s)/T'_c(s)$의 전달함수임을 알 수 있다. 더욱이 식 6-69 및 6-70의 분모항의 근은 식 6-63의 $\mathbf{A}$의 고유값이다.

예제 6.7

상태공간 모델과 전달함수 사이의 관계를 예증하기 위하여, 2.4.3절의 전기 히터를 가진 교반 탱크 모델을 살펴보자. 먼저 식 2-47 및 2-48을 각각 mC 및 m_eC_e로 나누고 상태공간 형태로 변환하자:

$$\frac{dT}{dt} = \frac{w}{m}(T_i - T) + \frac{h_eA_e}{mC}(T_e - T) \tag{6-71}$$

$$\frac{dT_e}{dt} = \frac{Q}{m_eC_e} - \frac{h_eA_e}{m_eC_e}(T_e - T) \tag{6-72}$$

정상 공정 매개변수 값들은 예제 2.4와 같다:

$$\frac{m}{w} = 10\text{ min},\quad \frac{m_eC_e}{h_eA_e} = 1.0\text{ min},\quad \frac{m_eC_e}{wC} = 1.0\text{ min},\quad \frac{1}{wC} = 0.05\ ^\circ\text{C min/kcal}$$

결과적으로,

$$m_eC_e = 20\text{ kcal/}^\circ\text{C},\quad mC = 200\text{ kcal/}^\circ\text{C},\quad h_eA_e = 20\text{ kcal/}^\circ\text{C min}$$

(a) 편차변수 (T', T'_e, Q')를 사용하여 온도 T'와 입력 Q' 사이의 전달함수를 구하시오. 예제 2.4의 조건들을 사용할 것: $\overline{Q} = 5000$ kcal/min, $\overline{T}_i = 100°C$; $t = 0$에서 Q는 5400 kcal/min으로 변경됨. $T'(s)$에 대한 표현식과 예제 2.4에서 얻은 시간 영역 해를 비교하시오.

(b) 상태공간 모델의 고유값을 계산하시오.

풀이

(a) 공정 매개변수에 수치값을 대입하면 다음 식을 얻는다:

$$\frac{dT}{dt} = 0.1(T_i - T) + 0.1(T_e - T) \tag{6-73}$$

$$\frac{dT_e}{dt} = 0.05\,Q - (T_e - T) \tag{6-74}$$

모델은 편차변수 형태로 다시 쓸 수 있다(정상 상태 값들은 $\overline{T} = 350°C$, $\overline{T}_e = 640°C$).

$$\frac{dT'}{dt} = 0.1(T_i' - T') + 0.1(T_e' - T') \tag{6-75}$$

$$\frac{dT_e'}{dt} = 0.05\,Q' - (T_e' - T') \tag{6-76}$$

입구 온도가 일정하다고 가정했으므로 $T_i' = 0$이다. 라플라스 변환을 수행하면 다음 결과를 얻는다:

$$sT'(s) = -0.2\,T'(s) + 0.1\,T_e'(s) \tag{6-77}$$

$$sT_e'(s) = 0.05\,Q'(s) - T_e'(s) + T'(s) \tag{6-78}$$

식 6-69에서 유도된 결과를 사용하면 전달함수는 다음과 같다:

$$\frac{T'(s)}{Q'(s)} = \frac{0.05}{10s^2 + 12s + 1} = \frac{0.005}{s^2 + 1.2s + 0.1} \tag{6-79}$$

400 kcal/min의 계단 변화에 대하여 $Q'(s) = \dfrac{400}{s}$ kcal/min이고 따라서

$$T'(s) = \frac{2}{s(s^2 + 12s + 0.1)}$$

라플라스 역변환을 취하면 최종적으로 다음의 결과를 얻을 수 있다:

$$T'(t) = 20[1 - 1.089e^{-0.09t} + 0.0884e^{-1.11t}] \tag{6-80}$$

이 식은 예제 2.4의 결과와 같다.

(b) 식 6-75와 6-76의 상태공간 모델은 아래와 같이 쓸 수 있다:

$$\begin{bmatrix} T' \\ T_e' \end{bmatrix} = \begin{bmatrix} -0.2 & 0.1 \\ 1 & -1 \end{bmatrix} \begin{bmatrix} T' \\ T_e' \end{bmatrix} + \begin{bmatrix} 0 \\ 0.5 \end{bmatrix} Q' \tag{6-81}$$

이 선형 모델의 2 × 2 상태 행렬은 편차 변수(T', T_e', Q')나 원래 물리 변수(T, T_e, Q)를 취하든지 상관없이 같다. 상태 행렬의 고유값 λ_i은 $\boldsymbol{A} - \lambda \boldsymbol{I}$의 행렬식을 0으로 놓아 계산할 수 있다.

$$\det \begin{bmatrix} -0.2 - \lambda & 0.1 \\ 1 & -1 - \lambda \end{bmatrix} = 0$$

$$(-0.2 - \lambda)(-1 - \lambda) - 0.1 = 0$$

$$\lambda^2 + 1.2\lambda + 0.1 = 0$$

2차 방정식을 사용하여 λ에 대하여 풀면 다음과 같다:

$$\lambda_{1,2} = \frac{-1.2 + \sqrt{1.44 - 0.4}}{2} = -1.11, \quad -0.09$$

여기서 전달함수를 사용하여 얻었던 것과 같은 결과를 얻었다. 2개의 고유값이 모두 실수이므로, 응답은 그림 2.4에서 알 수 있듯이 진동이 나타나지 않는다.

동적 시스템의 상태공간 형태는 유일하지 않다. 만약 온도 T의 동력학을 모델링하는데 주로 관심이 있다면, 공정모델이 상태 변수는 다음과 같이 정의할 수 있다:

$$\boldsymbol{x} = \begin{bmatrix} T' \\ \dfrac{dT'}{dt} \end{bmatrix} \quad \text{(여기서 } T_e'\text{는 명시적으로 나타나지 않는다.)}$$

결과적으로 식 6-73 및 6-74와 유사한 상태공간 묘사가 얻어진다:

$$\frac{dx_1}{dt} = x_2 \tag{6-82}$$

$$\frac{dx_2}{dt} = -1.2x_2 - 0.1x_1 + 0.05u \tag{6-83}$$

식 6-82를 미분하고 식 6-82의 오른쪽 항, dx_2/dt에 대입하면, 같은 T'의 2차계 모델이 얻어진다. 이는 연습문제로 독자가 확인해 보기 바란다. 부가해서 상태공간 형태는 유일하지 않기 때문에, 같은 2차계 ODE에서 다른 형태를 가진 상태공간 모델을 유도하는 것도 가능하다.

상태공간 모델을 전달함수 모델로 전환하는 일반적인 과정을 지금부터 설명하겠다. 유도과정의 시작점은 식 6-60과 6-61의 표준 상태공간 모델이다. 이들 2개의 방정식에 라플라스 변환을 취하면 다음과 같다:

$$s\boldsymbol{X}(s) = \boldsymbol{AX}(s) + \boldsymbol{BU}(s) + \boldsymbol{ED}(s) \tag{6-84}$$

$$\boldsymbol{Y}(s) = \boldsymbol{CX}(s) \tag{6-85}$$

여기서 $\boldsymbol{Y}(s)$는 $\boldsymbol{y}(t)$를 라플라스 변환한 열벡터다. 다른 벡터들도 유사한 방법으로 정의된다. 선형대수를 적용하여 식을 정리하면, 전달함수 표현식을 유도할 수 있다(Franklin et al. 2005);

$$\boldsymbol{Y}(s) = \boldsymbol{G}_p(s)\boldsymbol{U}(s) + \boldsymbol{G}_d(s)\boldsymbol{D}(s) \tag{6-86}$$

여기서 *공정 전달함수 행렬*, $\boldsymbol{G}_p(s)$는

$$\boldsymbol{G}_p(s) \triangleq \boldsymbol{C}[s\boldsymbol{I} - \boldsymbol{A}]^{-1}\boldsymbol{B} \tag{6-87}$$

이고 *외란 전달함수 행렬* $\boldsymbol{G}_d(s)$는

$$\boldsymbol{G}_d(s) \triangleq \boldsymbol{C}[s\boldsymbol{I} - \boldsymbol{A}]^{-1}\boldsymbol{E} \tag{6-88}$$

로 정의된다. 전달함수 행렬의 차원은 $\boldsymbol{Y}$, $\boldsymbol{U}$, 및 $\boldsymbol{D}$의 차원에 의존한다.

다행스럽게도 식 6-87과 6-88과 같은 표현식을 수기로 지루하게 수행할 필요는 없다. MATLAB 명령어 *ss2tf*를 사용하여 상태공간 모델을 전달함수 형태로 전환할 수 있다.

예제 6.8

예제 6.7의 온도 T'와 입력 Q'의 $G_p(s)$를 식 6-87 및 6-88을 사용하여 구하시오. 또 MATLAB 명령어 *ss2tf*를 사용해서 계산하시오.

풀이

예제 6.7의 (*a*) 부분에서 $Y(s) = X_1(s)$ 하나의 조작 변수가 있고 외란 변수는 없었다. 결과적으로 식 6-86은 다음과 같이 축소된다:

$$\boldsymbol{Y}(s) = \boldsymbol{C}(s\boldsymbol{I} - \boldsymbol{A})^{-1}\boldsymbol{BU}(s) \tag{6-89}$$

여기서 $\boldsymbol{G}_p(s)$는 스칼라 전달함수가 된다.

$T'(s)/Q'(s)$의 다변수 전달함수를 찾기 위해, 상태공간 모델로부터 다음의 행렬들을 구한다:

$$\boldsymbol{A} = \begin{bmatrix} -0.2 & 0.1 \\ 1 & -1 \end{bmatrix} \quad \boldsymbol{B} = \begin{bmatrix} 0 \\ 0.05 \end{bmatrix} \quad \boldsymbol{C} = [1 \;\; 0]$$

MATLAB 명령어 *ss2tf*를 사용하면

$$G_p(s) = \frac{0.005}{s^2 + 1.2s + 0.1} \tag{6-90}$$

을 얻는다, 이는 식 6-80과 같은 결과다. 식 6-88의 행렬 기반 방법을 사용하여 $T'(s)$와 $T_i'(s)$의 전달함수 $G_d(s)$를 또한

구할 수 있다.

식 6-87 형태의 일반적인 전달함수를 상태공간 모델로 전환하기 위해서 MATLAB의 명령어를 사용할 수 있다. 상태 행렬의 차원이 2 × 2보다 클 때, MATLAB과 같은 소프트웨어를 사용할 것을 추천한다.

6.6 다중-입력, 다중-출력(MIMO) 공정

대부분 산업적 규모에서 공정 제어를 적용할 때는 입력 및 출력의 개수가 많다. 이러한 응용문제들은 지금까지 다루었던 *단일 입력/단일 출력*(single-input/single-output, SISO)과 구분하기 위해서 *다중 입력/다중 출력*(multiple-input/multiple-output, MIMO) 시스템이라고 부른다. MIMO 시스탬을 모델링하는 방법은 SISO 공정을 모델링하는 방법과 개념적으로 차이가 없다. 예를 들어 그림 6.12에 보여준 열적 혼합 공정을 고려하자. 교반 탱크의 액위 h와 온도 T는 뜨거운 흐름과 차가운 흐름의 유속 각각 w_h와 w_c를 조작하여 제어한다. 입구 흐름의 온도 T_h와 T_c는 외란 변수로 간주할 수 있다. 출구 유속 w는 펌프에 의하여 일정하게 유지되고 액체의 물성은 일정하다고 가정하자(온도에 의하여 영향을 받지 않는다).

액체의 부피는 시간에 따라 변할 수 있다는 점을 염두에 두고 이 공정에 대한 물질 및 에너지 수지는 다음과 같다:

$$\rho C\frac{d[V(T-T_{\text{ref}})]}{dt} = w_hC(T_h - T_{\text{ref}}) + w_cC(T_c - T_{\text{ref}}) - wC(T - T_{\text{ref}}) \tag{6-91}$$

$$\rho\frac{dV}{dt} = w_h + w_c - w \tag{6-92}$$

에너지 수지식은 열역학 기준 온도 T_{ref}를 포함한다(2.4.1절 참조). 도함수 항을 전개하면 다음 같다:

$$\frac{d[V(T-T_{\text{ref}})]}{dt} = (T - T_{\text{ref}})\frac{dV}{dt} + V\frac{dT}{dt} \tag{6-93}$$

식 6-93을 식 6-91의 왼쪽 항에 대입하고 물질수지 식 6-92에 $V = Ah$를 삽입하면 아래와 같은 간단한 형태로 정리된다:

$$\frac{dT}{dt} = \frac{1}{\rho Ah}[w_hT_h + w_cT_c - (w_h + w_c)T] \tag{6-94}$$

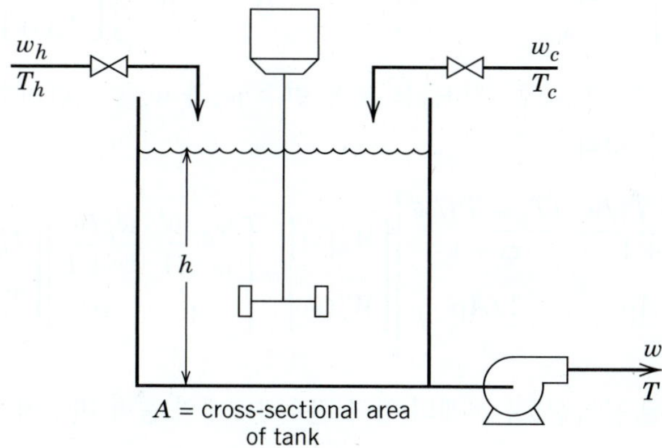

그림 6.12 다중-입력 다중-출력 열적 혼합 공정.

$$\frac{dh}{dt} = \frac{1}{\rho A}(w_h + w_c - w) \tag{6-95}$$

식 6-94와 6-95를 선형화한 후에 라플라스 변환을 취하면, 각 출력 변수 (T' 및 h')에 대한 각 입력 변수 (w'_h, w'_c, T'_h 및 T'_c)의 영향을 나타내는 8개의 전달함수를 구할 수 있다:

$$\frac{T'(s)}{W'_h(s)} = \frac{(\overline{T}_h - \overline{T})/\overline{w}}{\tau s + 1} \tag{6-96}$$

$$\frac{T'(s)}{W'_c(s)} = \frac{(\overline{T}_c - \overline{T})/\overline{w}}{\tau s + 1} \tag{6-97}$$

$$\frac{T'(s)}{T'_h(s)} = \frac{\overline{w}_h/\overline{w}}{\tau s + 1} \tag{6-98}$$

$$\frac{T'(s)}{T'_c(s)} = \frac{\overline{w}_c/\overline{w}}{\tau s + 1} \tag{6-99}$$

$$\frac{H'(s)}{W'_h(s)} = \frac{1/A\rho}{s} \tag{6-100}$$

$$\frac{H'(s)}{W'_c(s)} = \frac{1/A\rho}{s} \tag{6-101}$$

$$\frac{H'(s)}{T'_h(s)} = 0 \tag{6-102}$$

$$\frac{H'(s)}{T'_c(s)} = 0 \tag{6-103}$$

여기서 $\tau = \rho A\overline{h}/\overline{w}$는 탱크에서의 평균 체류 시간이고 오버바는 평상 운전할 때의 정상 상태 값을 나타낸다.

식 6-96에서 6-99는 4개 입력 모두가 동일한 시간 상수 τ를 가진 1차계 전달함수 형태로 탱크 온도에 영향을 미침을 보여준다. 식 6-100 및 6-101은 입구 유속이 출구 라인의 펌프로 인해서 액위에 미치는 영향이 적분 전달함수로 표현된다. 최종적으로 식 6-102와 6-103은 물리적인 직관으로 입구 온도의 변화가 액위와 상관관계가 없음을 나타낸다.

식 6-96에서 6-103을 표현하는 매우 간결한 방법으로 *전달함수 행렬*을 적용하면 다음과 같다:

$$\begin{bmatrix} T'(s) \\ H'(s) \end{bmatrix} = \begin{bmatrix} \dfrac{(\overline{T}_h - \overline{T})/\overline{w}}{\tau s + 1} & \dfrac{(\overline{T}_c - \overline{T})/\overline{w}}{\tau s + 1} & \dfrac{\overline{w}_h/\overline{w}}{\tau s + 1} & \dfrac{\overline{w}_c/\overline{w}}{\tau s + 1} \\ \dfrac{1/A\rho}{s} & \dfrac{1/A\rho}{s} & 0 & 0 \end{bmatrix} \begin{bmatrix} W'_h(s) \\ W'_c(s) \\ T'_h(s) \\ T'_c(s) \end{bmatrix} \tag{6-104}$$

동일하게 2개의 전달함수 행렬들을 조작 변수 w_h와 w_c를 외란변수 T_h와 T_c로부터 분리해서 표시할 수 있다:

$$\begin{bmatrix} T'(s) \\ H'(s) \end{bmatrix} = \begin{bmatrix} \dfrac{(\overline{T}_h - \overline{T})/\overline{w}}{\tau s + 1} & \dfrac{(\overline{T}_c - \overline{T})/\overline{w}}{\tau s + 1} \\ \dfrac{1/A\rho}{s} & \dfrac{1/A\rho}{s} \end{bmatrix} \begin{bmatrix} W'_h(s) \\ W'_c(s) \end{bmatrix} + \begin{bmatrix} \dfrac{\overline{w}_h/\overline{w}}{\tau s + 1} & \dfrac{\overline{w}_c/\overline{w}}{\tau s + 1} \\ 0 & 0 \end{bmatrix} \begin{bmatrix} T'_h(s) \\ T'_c(s) \end{bmatrix} \tag{6-105}$$

그림 6.13에 도시된 블록선도는 4개의 입력 변수가 2개의 출력 변수에 어떻게 영향을 미치는지를 보여준다.

결론으로 다음의 2가지 요점을 살펴보는 것이 의미가 있을 것이다:

1. 전달함수 행렬 또는 동등하게 개개 전달함수들의 집합은 여러 입력과 출력 사이의 상호작용을 다루는 제어시스템 설계에 사용될 수 있다. 예를 들어 이 절에서 설명한 열적 혼합공정에서 제어 전략은 온도와 액위에 대해 흐름의 변화가 가지는 효과를 최소화하거나 제거하는 것일 것이다. 이러한 유형의 다변수 제어시스템은 18장과 20장에서 살펴볼 것이다.
2. 물리/화학적 지식에 기반한 MIMO 모델을 구축하는 데는 많은 비용이 필요하다. 그래서 이론적인 모델 보다는 경험적 모델이 종종 복잡한 공정을 위해 사용된다. 경험적 모델을 구축하는 방법은 다음 장에서 다룰 주제다.

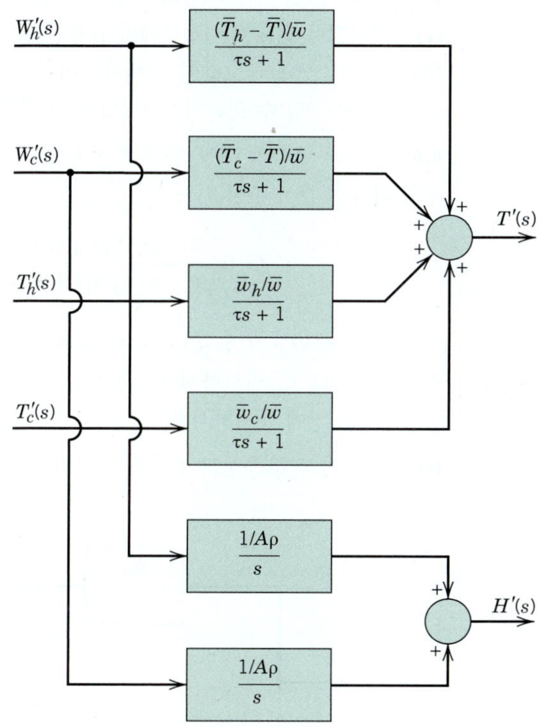

그림 6.13 변화하는 MIMO 열적 혼합 공정의 블록선도.

요약

이번 장에서 간단한 전달함수들로는 모델링할 수 없는 공정들의 동력학을 살펴보았다. 이러한 공정들에 대한 모델은 시간 지연과 분자항 동력학, 즉 공정의 영점을 포함한다. 측정된 시간 지연은 종종 고차계 동력학의 현현일 수 있다; 결과적으로 전달함수 모델에서 시간 지연은 고차계 동력학을 근사하는 방법을 제공한다(하나 또는 그 이상의 작은 시간 상수). 중요한 산업 공정들은 전형적으로 다수의 입력과 다수의 출력 변수를 가진다. 다행스럽게도 단일-입력, 단일-출력 공정을 위한 전달함수 방법론이 또한 다중-입력, 다중-출력 공정에도 적용될 수 있다. 7장에서 경험적 전달함수 모델을 실험으로 얻은 입출력 자료에 기반해서 쉽게 만들 수 있음을 보일 것이다.

상태공간 모델은 1차 상미분 방정식들로 표현할 수 있는 동력학 모델을 표현하는 편리한 방법이다. 상태공간 모델은 물질 수지와 에너지 수지를 사용하여 유도될 수 있을 뿐 아니라 선형 및 비선형 동적 시스템을 묘사하기 위하여 사용될 수 있다.

참고문헌

Buckley, P. S., W. L. Luyben, and J. P. Shunta, *Design of Distillation Column Control Systems*, Instrument Society of America, Research Triangle Park, NC, 1985.

Franklin, G. F., J. D. Powell, and A. Emani-Naeini, *Feedback Control of Dynamic Systems*, 5th ed., Prentice-Hall, Upper Saddle River, NJ, 2005.

Henson, M. A., and D. E. Seborg (Eds.), *Nonlinear Process Control*, Prentice-Hall, Upper Saddle River, NJ, 1997.

Khalil, H. K., *Nonlinear Systems*, 3rd ed., Prentice-Hall, Upper Saddle River, NJ, 2002.

Ogata, K., *Modern Control Engineering*, 5th ed., Prentice-Hall, Upper Saddle River, NJ, 2008.

Skogestad, S., Simple Analytic Rules for Model Reduction and PID Controller Tuning, J. *Process Control*, **13**, 291 (2003).

Strang, G., *Linear Algebra and Its Applications*, 4th ed., Brooks Cole, Florence, KY, 2005.

연습문제

6.1 다음의 전달함수를 고려하자

$$G(s) = \frac{0.7(s^2 + 2s + 2)}{s^5 + 5s^4 + 2s^3 + 4s^2 + 6}$$

(a) 복소평면 상에 극점과 영점을 표시하시오. 다항식의 근을 계산하기 위해서 컴퓨터 프로그램(예를 들어 MATLAB의 *roots* 명령어)를 사용하여 분모항 다항식을 인수분해하시오.

(b) 복소평면 상에 극점의 위치로부터 임의의 입력 변화에 대한 출력 모드를 구하시오.

(c) 단위 계단 입력에 대한 출력 응답을 그리시오. 응답의 형태가 (b)에서 구한 출력 모드와 일치하는지 논의하시오.

6.2 다음의 전달함수는 표준형으로 쓰여지지 않았다:

$$G(s) = \frac{4(s+2)}{(0.5s+1)(2s+1)}e^{-5s}$$

(a) 표준 이득/시간 상수 형태로 다시 쓰시오.

(b) 이득, 극점 및 영점을 결정하시오.

(c) 시간 지연 항을 1/1 Padé 근사하여 (b)를 다시 수행하시오.

6.3 앞섬–뒷섬(lead–lag) 공정에 대하여

$$\frac{Y(s)}{X(s)} = \frac{K(\tau_a s + 1)}{\tau_1 s + 1}$$

크기 M의 계단 입력이 주어졌을 때, 다음 항목들을 증명하시오.

(a) $t = 0^+$에서 y의 값은 $y(0^+) = KM\tau_a/\tau_1$으로 주어진다.

(b) 오버슈트는 $\tau_a > \tau_1$일 때 발생한다.

(c) 역응답은 $\tau_a < 0$인 경우에만 발생한다.

6.4 아래의 공정모델을 고려하자:

$$\frac{Y(s)}{X(s)} = \frac{K(\tau_a s + 1)}{(\tau_1 s + 1)(\tau_2 s + 1)} \quad (\tau_1 > \tau_2)$$

계단입력이 주어졌을 때, 다음을 증명하시오.

(a) 아래의 조건이 만족될 경우에 계단 응답 $y(t)$에 극대 혹은 극소값이 존재할 수 있다.

$$\frac{1 - \tau_a/\tau_2}{1 - \tau_a/\tau_1} > 1$$

(b) $\tau_a/\tau_1 > 1$일 때 오버슈트가 발생한다.

(c) 역응답은 $\tau_a < 0$인 경우에만 발생한다.

(d) $y(t)$에 극대/극소값이 존재한다면, 극값이 발생하는 시간을 해석적으로 구할 수 있는가? 그렇다면 그 값은 무엇인가?

6.5 환자의 혈압과 혈압 약의 투여속도 관계를 표현하는 전달함수가 다음과 같이 주어졌다:

$$G_p(s) = -\frac{e^{-\theta_1 s}(1 + 0.4e^{-\theta_2 s})}{\tau_1 s + 1}$$

여기서 $\theta_1 = 30$ s, $\theta_2 = 45$ s 및 $\tau_1 = 40$ s. 단위 계단 응답을 개략적으로 그림으로 제시하시오. 근사적으로 시간축과 모든 관련된 값들을 y축 상에 표시하시오.

6.6 공정이 적분공정과 1차계의 병렬 연결로 구성되었다(그림 E6.6).

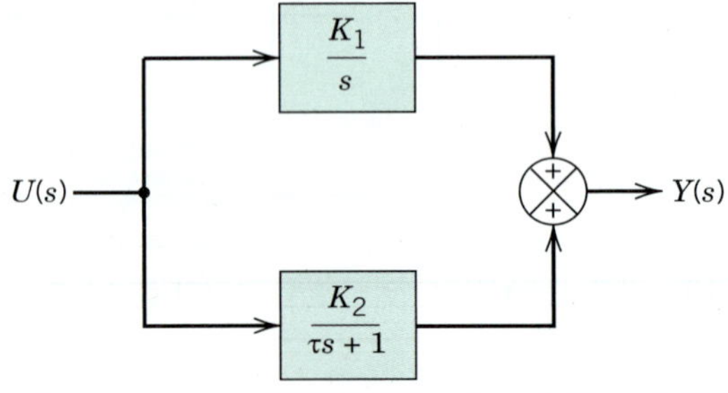

그림 E6.6

(a) 총괄 전달함수, $G(s) = Y(s)/U(s)$의 차수는 얼마인가?

(b) $G(s)$의 이득은 얼마인가?

(c) $G(s)$의 극점은? 복소평면에서 극점의 위치는 어디인가?

(d) $G(s)$의 영점은? 영점의 위치는? 하나나 그 이상의 영점이 오른쪽 반평면에 존재하게 되는 조건은?

(e) 어떤 조건에서 공정이 음의 이득과 오른쪽 반평면 영점을 가지게 되는가?

(f) 임의의 입력 변화에 대하여 $y(t)$에 포함될 응답모드는 무엇인가?

(g) 한계를 가지는 입력 변화 예를 들어 $u(t) = M$일 때, 한계를 가진 출력이 얻어지는가?

6.7 압력 측정장치를 분석한 결과 그림 E6.7a에 제시된 구조를 가진 모델로 묘사할 수 있음을 확인하였다. 다르게 표현하여 장치는 1차계와 2차계가 병렬 연결된 것처럼 압력에 응답한다. 일차로 시행된 테스트 결과 그림 E6.7a에 나타낸 것처럼 1차계의 이득은 −3이고 시간 상수는 20 min이었다. 추가 테스트는 전체 시스템에 대하여 수행되었고, P가 4에서 6 psi로 계단 변화할 때 실제 출력 P_m(P'_m이 아님)은 그림 E6.7b와 같았다.

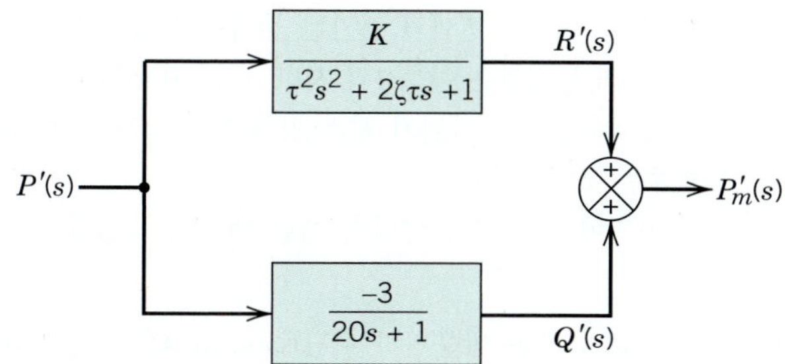

그림 E6.7a

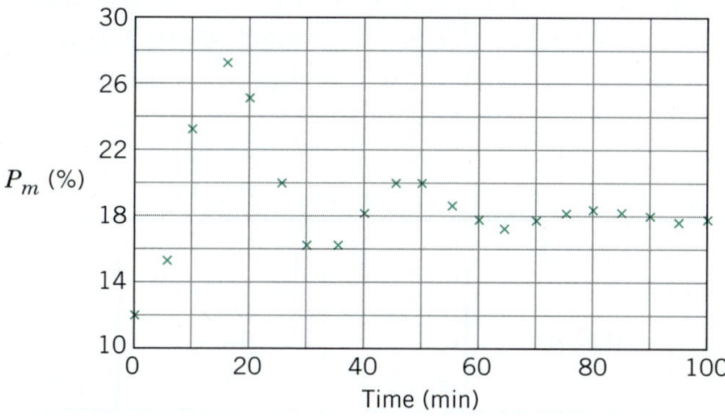

그림 E6.7b

(a) $Q'(t)$를 결정하시오.

(b) K, τ 및 ζ의 값은 얼마인가?

(c) 측정장치에 대한 총괄 전달함수 $P'_m(s)/P'(s)$를 구하시오.

(d) 총괄 공정 이득에 대한 표현식을 구하시오.

6.8 거의 완벽한 교반을 제공하는 혼합탱크가 긴 운송 파이프로 하위 단위 공정에 연결되어 있다. 혼합 탱크는 동력학적으로 1차 공정처럼 운전된다.

운송 파이프의 혼합 특성은 플러그 흐름(혼합 없음)과 완전 혼합의 사이에 있다. 운송 파이프에 대한 테스트 결과, 파이프의 전체 부피를 같은 크기로 5등분하여 직렬로 연결된 완전 교반 탱크처럼 동작하는 것으로 판단된다.

공정(탱크와 운송 파이프)은 다음과 같은 특성값을 가진다:

$$V_{\text{tank}} = 2\ \text{m}^3$$
$$V_{\text{pipe}} = 0.1\ \text{m}^3$$
$$q_{\text{total}} = 1\ \text{m}^3/\text{min}$$

여기서 q_{total}은 공정으로 유입되는 모든 흐름의 유속들의 합을 의미한다.

(a) 위에 제공된 정보를 사용하여, 전체 공정(탱크와 운송 파이프)에 대한 가장 정확한 전달함수 $C'_{\text{out}}(s)/C'_{\text{in}}(s)$를 구하시오($c_{\text{in}}$과 c_{out}은 입구와 출구에서의 농도).

(b) 앞에서 고려한 특정한 값의 부피와 유속을 가지고, 낮은 차수의 근사 전달함수로 공정의 동력학을 표현할 수 있을까?

(c) 여기서 고려한 특정한 공정에서 운송 파이프의 혼합 특성을 매우 정확하게 모델링할 필요가 있는지에 관해서 결론을 내리시오.

(d) c_{in}의 계단 변화에 대한 근사 모델과 가장 정확한 전달함수의 응답을 시뮬레이션 하시오.

6.9 아래의 전달함수를 고려하자:

$$G(s) = \frac{320(1-4s)e^{-3s}}{24s^2 + 28s + 4}$$

(a) $G(s)$의 이득, 시간 지연, 시간 상수, 극점 및 영점은 무엇인가?

(b) 전달함수의 계단 응답에 존재하는 응답은?

(i) 역응답

(ii) 진동

당신의 답을 입증하시오.

6.10 공정이 직렬로 연결된 다섯 개의 완전 교반 탱크로 구성되어 있다. 각 탱크의 부피는 30 L이고 시스템을 통과하는 전체 부피 유속은 5 L/min이다. 어떤 특정한 시간에 반응이 없는 화학종의 입구 농도가 0.60에서 0.45(질량 분율)로 변화된 후 유지되고 있다.

(a) c_5(다섯 번째 탱크를 떠나는 농도)에 대한 표현식을 시간의 함수로 구하시오.

(b) $c_1, c_2, \cdots, c_5$를 시뮬레이션하고 도시하시오. t = 30 min일 때 (a)의 표현식의 값과 비교하시오.

6.11 조성 분석기가 하수 흐름에 오염물질의 농도를 측정하기 위해서 사용된다. 측정된 조성 C_m과 실제 조성 C 사이의 관계는 다음의 전달함수(편차변수 형태로)로 주어진다:

$$\frac{C'_m(s)}{C'(s)} = \frac{e^{-\theta s}}{\tau s + 1}$$

여기서 θ = 2 min이고 τ = 4 min. 오염물질의 정상 값은 $\overline{C}$ = 5 ppm이다. 분석기의 알람은 측정된 농도가 25 ppm을 초과할 때 시작된다.

t = 0에서 실제 농도가 $C(t) = 5 + 2t$로 증가하기 시작한다고 가정하자(C는 ppm 단위를 가지고 t는 min의 단위를 가진다). 경고 신호는 언제 시작되는가?

6.12 아래와 같은 전달함수로 정확하게 표현되는 공정을 고려하자:

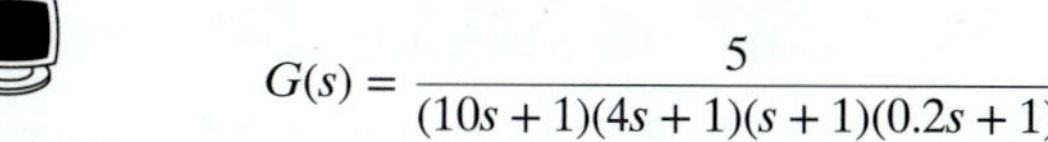

$$G(s) = \frac{5}{(10s+1)(4s+1)(s+1)(0.2s+1)}$$

(a) 1차계−시간 지연 모델로 근사한 전달함수를 구하시오.

(b) 입력 $x(t)$의 단위계단 변화에 따른 근사모델과 정확한 모델의

응답 $y(t)$를 시뮬레이션하고 같은 그래프 상에 그려라.

(c) 두 응답 사이에 최대 오차는 얼마인가? 언제 최대 오차가 발생하는가?

6.13 예제 2.5의 압축기-서지 탱크 시스템이 등온으로 운전될 때 $P_1'(s)/P_d'(s)$와 $P_2'(s)/P_d'(s)$의 전달함수를 구하시오. 그 결과를 표준 이득/시간 상수 형태로 정리하고, 2차계 모델인 경우 과도 감쇠인지 과소 감쇠인지를 결정하시오.

6.14 공정의 블록선도가 다음과 같다:

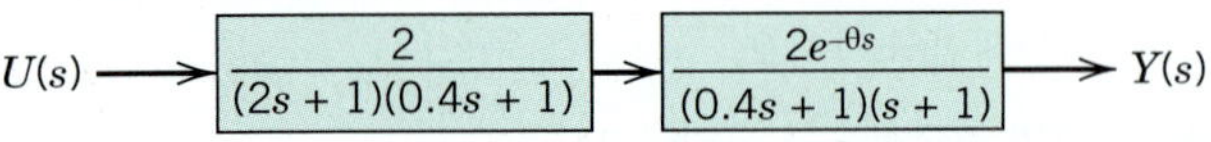

근사적인 1차-시간 지연 전달함수 모델을 유도하시오.

6.15 2개의 상호작용하는 탱크로 구성된 액위 시스템(그림 6.11)이 과도 감쇠 동특성을 가짐을 보이시오. 즉 식 6-57에서 감쇠계수가 1보다 큼을 보이시오.

6.16 액체 서지 시스템(ρ= 일정)이 그림 E6.16과 같이 정상 운전시에 물질 흐름으로부터 고립된 부가적인 탱크를 포함하여 설계되었다.

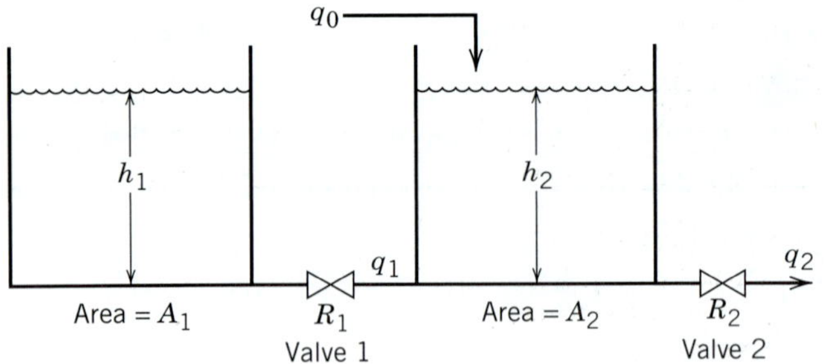

그림 E6.16

(a) 정상 운전시, 밸브 1은 닫히고($R_1 \to \infty$), $q_1 = 0$이다. 이러한 조건에서 q_0의 변화와 출구 유속 q_2를 표현하는 전달함수를 구하시오.

(b) 누군가가 부주의하게 밸브 1을 부분적으로 열었다($0 < R_1 < \infty$). 이 시스템에 대한 미분방정식 모델을 구하시오.

(c) 밸브 1이 부분적으로 열렸을 때, $Q_2'(s)/Q_0'(s)$의 전달함수 형태에 대하여 무엇을 알 수 있는가? 논의만 하고 유도하지는 마시오.

(d) *(a)*의 경우와 비교하여 *(b)*의 경우에 q_0의 변화에 대한 응답이 빠를까 혹은 느릴까? 응답에 대한 표현식을 유도하지는 말고 답변에 대한 이유를 설명하시오.

6.17 충진층 반응기의 동특성은 아래의 전달함수로 근사될 수 있다:

$$\frac{T'(s)}{T_i'(s)} = \frac{3(2-s)}{(10s+1)(5s+1)}$$

여기서 T_i는 입구 온도, T는 출구 온도(°C), 시간 상수는 hour 단위를 가진다. 대기온도가 밤낮으로 변함에 따라 입구 온도가 주기적으로 변화한다. 이에 대한 근사적 표현으로 T_i'가 24시간의 주기를 가지고 진폭 12 °C로 사인 형태로 변한다고 가정하자. 출구 온도 T'가 가질 수 있는 최대 변화는 얼마인가?

6.18 예제 5.1에서 교반 탱크 가열기에 대한 1차계 모델의 이득과 시간 상수를 유도하였다.

(a) 가열기 입력이 3×10^7 cal/h에서 5×10^7 cal/h로 계단 변화 하였을 때 탱크 온도의 응답을 시뮬레이션 하시오.

(b) 시스템에 열 입력의 변화와 연관된 동력학이 있다고 가정하자. 가열기 자체의 동력학은 이득 1과 시간 상수 10 min을 가진 1차계로 표현될 수 있다면, 가열기 시스템(탱크 + 가열기)에 대한 총괄 전달함수는 무엇인가?

(c) (b)의 공정에 대하여 열입력의 계단 변화를 시뮬레이션하시오.

6.19 다음과 같이 등온 반응기가 다단(cascade)으로 연결되어 있다. 1차 반응이 각 반응기 A → B에서 반응속도상수 k를 가지고 진행된다. 각 반응기에서 액체의 부피 V는 일정하고 같은 값을 가진다. 유속 F_0, F_1, F_2 및 R은 모두 일정하다. 물성들은 모두 상수이고 재순환 라인의 시간 지연은 무시할 수 있다고 가정한다.

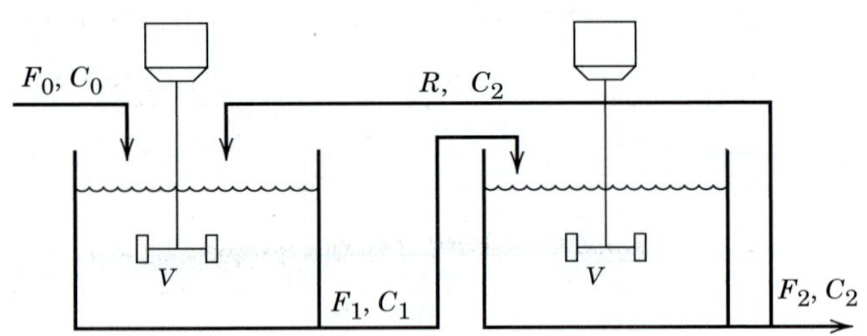

그림 E6.19

(a) 이 공정에 대한 수학적 모델을 쓰시오.

(b) A의 출구 농도 C_2와 A의 입구 농도 C_0를 표현하는 전달함수를 유도하시오.

(c) 재순환이 없는 ($R \to 0$) 극한에서 *(b)*에서 유도된 전달함수는 직렬로 연결된 탱크의 전달함수와 동등함을 보이시오.

(d) $k = 0$이고 매우 큰 재순환 흐름($R \to \infty$)이 사용될 때 (b)에서 유도된 전달함수가 $2V$의 부피를 가지고 이득이 1인 단일 탱크의 전달함수와 동등함을 보이시오.

힌트: $F_1 = R + F_2$이고 $F_0 = F_2$.

6.20 가열기와 액위 변화가 동반된 2개 입력/2개 출력을 가진 시스템이 그림 E6.20과 같다. 이 공정에 대한 이득과 시간 상수 τ에 대한 표현식과 전달함수를 구하시오. Q에 단위 계단 입력과 w에 단위 계단 변화가 주어졌을 때 출력의 응답은 무엇인가? 그림 6.13에 묘사된 비슷한 공정의 전달함수 모델이 식 6-96에서 6-103에 주어져 있다. 그것들과 여러분의 결과를 비교할 수 있다. 이 예제에서는 T와 h는 출력이고, Q와 w는 입력이다.

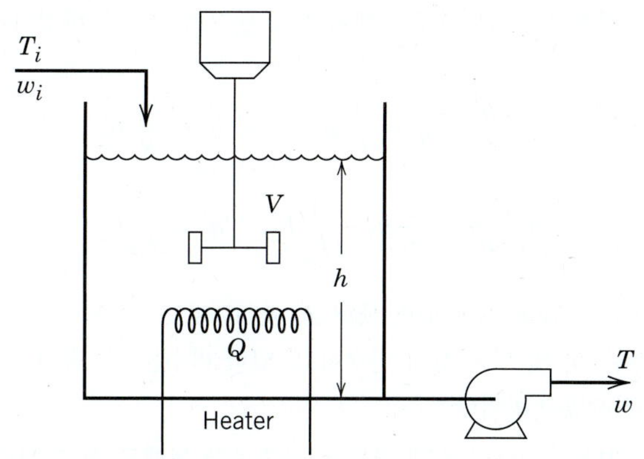

그림 E6.20

6.21 그림 E6.21에 자켓을 가진 용기가 응축하는 수증기를 사용하여 액체를 가열하기 위해 사용된다. 다음의 정보가 제공되었다:

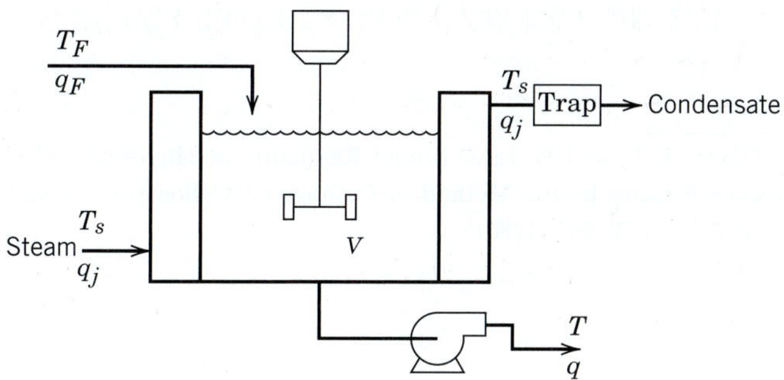

그림 E6.21

(i) 탱크 안의 액체의 부피는 변할 수 있다. 따라서 열전달을 위한 표면적이 변한다.

(ii) 열손실은 무시할만 하다.

(iii) 탱크 안의 내용물은 잘 혼합된다. 수증기 응축물은 생성 후 곧 수증기 트랩으로 자켓에서 제거된다.

(iv) 탱크와 자켓의 열용량은 무시할 만하다.

(v) 수증기 응축 압력 P_s는 제어밸브에 의해서 조절되고 일정할 필요는 없다.

(vi) 총괄 열전달 계수 U는 일정하다.

(vii) 유량 q_F와 q는 독립적으로 조절되고 변화할 수 있다.

이 공정에 대한 동력학 모델을 유도하시오. 모델은 가능한 간단하게 만들고 당신이 사용한 부가적인 가정들을 기술하시오.

(a) 2개의 일차 출력 h(액위)와 T(액체 온도)와 입력 (q_f, q, T_s)의 관계를 표현하는 전달함수들을 찾으시오. 6개의 전달함수들을 얻어야 한다.

(b) 가능한 물리적인 논거를 가지고 각 전달함수의 형태를 간략하게 해석하시오.

(c) 각 입력의 계단 변화에 대한 각각 출력의 응답 형태를 정량적으로 논의하시오.

6.22 당신의 회사는 반응기 원료 흐름에 문제를 가지고 있다. 원료는 상위 공정에서 공급($w_i(t)$)이 시간에 따라 변화하더라도 일정한 질량 유속($\overline{w}$)을 유지해야만 한다. 당신의 상사는 가용 가능한 탱크를 서지 장치로 사용해 공급량이 원하는 원료 유속 근처에서 유지되도록 탱크의 액위를 아래 위로 변화시키는 조작을 하기를 원한다. 이를 위해 그녀는 당신이 아래의 내용을 검토하기를 원한다. (1) 가용한 탱크를 그대로 사용 혹은 (2) 유속의 출렁거림을 상쇄할 목적으로 2개 탱크를 직렬로 연결된 효과를 주기 위에 탱크에 내부 벽을 추가

가용 가능한 탱크는 그림 E6.22*a*와 같이 설치할 수 있고,

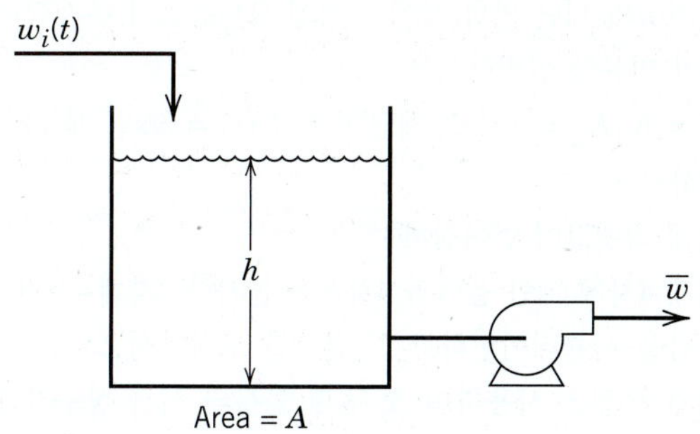

그림 E6.22*a*

2번째 제안을 위해 공정을 그림 6.22*b*와 같이 수정하는 방법이 있다.

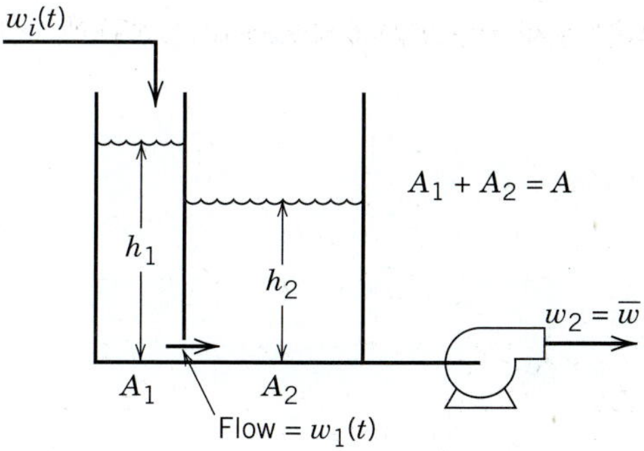

그림 E6.22*b*

이 경우에 내부 벽 하부에 놓여진 연결통로를 통해 2개의 분할 영역 사이에 흐름을 만든다. 흐름 $w_1(t)$에 저항 (R)은 선형이고 상수라고 가정한다.

(a) 2개 탱크 공정의 전달함수 $[H_2'(s)/W_i'(s)]$를 유도하고 그 결과를 1개의 탱크에 대한 전달함수 $[H'(s)/W_i'(s)]$와 비교하시오. 특히 각 전달함수에 대하여, 차수, 영점의 존재 여부, 시간 상수, 적분 요소의 존재 여부 및 상호작용이 있는지 없는지를 제시하시오.

(b) 2개 탱크 서지 공정이 한 개 탱크 공정에 비해 만족스럽게 작동하는지를 평가하시오($A_1 = A_2 = A/2$이고, A는 한 개 탱크의 단면적). 같은 입력 흐름의 변화 예를 들어 단위계단 변화에 대해 h_2가 h보다 다소 빠르게 변하는지를 살펴보라.

(c) 흐름의 변화를 완만하게 하기 위해서 2개 탱크 공정의 부피를 어떻게 나누는 것이 좋을지를 결정하시오. 첫번째 탱크가 두번째 보다 더 큰 부분을 차지해야 하는가?

(d) 당신의 분석을 정당화하기 위해서 전형적인 응답을 그리시오. 이 목적을 위해서 2개 탱크 내부벽 연결통로의 크기를 조절하여(R의 값을) 탱크 액위가 어떤 정상 흐름 속도를 가진 경우에도 일정하게 되도록 하시오.

6.23 공정이 다음과 같은 블록선도로 표시된다:

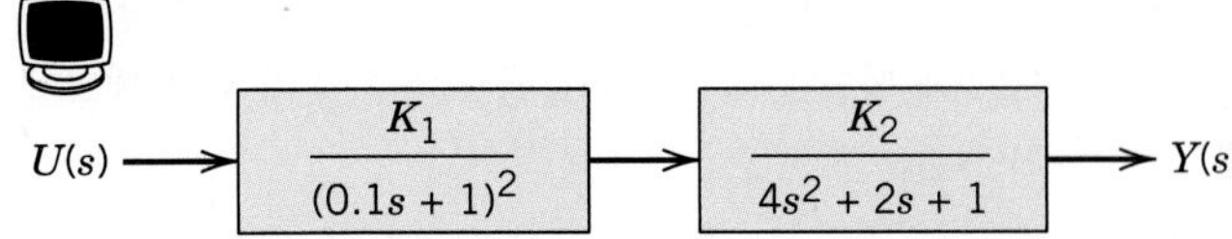

(a) 입력 u의 계단 변화 시에 공정에 오버슈트가 존재할까? 당신 답에 대한 이유를 설명하시오.

(b) $K = K_1K_2 = 1$이고, 계단 변화 $U(s) = 3/s$일 때 y의 최댓값을 추정하시오.

(c) 언제 최댓값이 얻어질까?

(d) 실제 4차계 계단 응답과 4차계를 근사한 2차계-시간 지연 모델의 응답을 시뮬레이션하고 그 결과를 도시하시오. 같은 2차계-시간 지연 모델을 사용하여 첫 번째 블록의 시간 상수가 1과 5로 각각 변환되었을 때 어떤 결과가 얻어질까? 계단 응답의 결과를 그림으로 비교하시오.

6.24 직렬로 연결된 2개의 액체 서지 탱크의 시스템 방정식은 다음과 같다:

$$A_1\frac{dh_1'}{dt} = q_i' - \frac{1}{R_1}h_1', \qquad q_1' = \frac{1}{R_1}h_1'$$

$$A_2\frac{dh_2'}{dt} = \frac{1}{R_1}h_1' - \frac{1}{R_2}h_2', \quad q_2' = \frac{1}{R_2}h_2'$$

상태공간 형태를 사용하여, 행렬 A, B, C 및 E를 구하시오. 액위 편차변수 h_1' 및 h_2'는 상태 변수이고, 입력 변수는 q_1', 출력 변수는 유속 편차변수 q_2'이다.

6.25 3단 흡수탑 시스템 모델은 상태공간 형태로 식 2-73~2-75에 제시되어 있다. Wong과 Luss[1]가 제시한 흡수탑의 수치 예제는 다음과 같은 매개변수를 제시한다: $H = 75.72$ lb, $L = 40.8$ lb/min, $G = 66.7$ lb/min, $a = 0.72$ 그리고 $b = 0.0$. MATLAB 함수 *ss2tf*를 사용하여 3개의 상태 변수와 입력 Y_f'에 대한 3개의 전달함수(Y_1'/Y_f', Y_2'/Y_f', Y_3'/Y_f')를 구하시오.

[1] Wong, K.T., and R. Luss, Model Reduction of High-order Multistage Systems by the Method of Orthogonal Collocation, *Can. J. Chem. Eng.*, **58**, 382 (1980).

PROCESS DYNAMICS and
CONTROL TECHNIQUES

CHAPTER 07

공정 데이터를 사용한 경험 모델 개발

학습목차 Chapter Contents

7.1 선형 및 비선형 회귀를 사용한 모델 개발
- 7.1.1 모델 개발 순서
- 7.1.2 선형 회귀
- 7.1.3 비선형 회귀

7.2 계단 시험을 사용한 1차 및 2차계 모델 맞추기
- 7.2.1 2차계 모델을 위한 도시 방법
- 7.2.2 계단 응답 자료의 비선형 회귀
- 7.2.3 입력 들뜸의 다른 형태

7.3 신경망 모델
- 7.3.1 소프트 센서

7.4 이산 시간 모델의 개발
- 7.4.1 완전 이산 시간 모델

7.5 실험 자료로부터 이산 시간 모델 식별
- 7.5.1 복잡한 모델의 공정 식별

요약

다양한 모델링 접근법들이 공정제어에 응용된다. 공정의 화학 및 물리 법칙에 기반한 이론 모델 개발은 대표적인 접근법 중의 하나다. 그러나 엄격한 이론 모델의 개발은 복잡한 모델의 경우에 매우 많은 개수의 공정 변수와 알려지지 않은 매개변수(화학/물리적 물성 등)를 가지고 많은 개수의 방정식들을 필요하므로 실용적이지 않다. 대안적 방법으로 실험 자료로부터 직접적으로 경험 모델을 개발할 수 있다. 경험 모델들은 종종 *블랙박스*(black box) 모델이라 불리우는데, 이는 모델링 되는 공정을 불투명한 박스로 간주할 수 있기 때문이다. 여기서 입력과 출력 변수(각각 u와 y)는 알 수 있지만, 박스 내부에서 벌어지는 일들은 알 수 없다. (그림 7.1 참조; 시간에 따라 변하는 벡터 $\boldsymbol{u}(t)$, $\boldsymbol{y}(t)$ 및 $\boldsymbol{d}(t)$). 경험적 상태공간 및 동력학 모델의 개발은 이 장에서 다룰 핵심 내용이다. 이러한 주제들은 *공정* 혹은 *시스템 식별*(process or system identification)이라고 불리운다 (Ljung and Glad 1994; Ljung, 1999). 일반적으로 경험 동력학 모델은 이론 모델보다 간단하고 실시간으로 계산할 수 있다는 이점을 가지고 있다. 다른 말로 모델의 해(예, 전이 응답)를 계산하는데 소요되는 계산 시간이 실제 공정 응답 시간보다 매우 짧다. 그러나 많은 변수와 방정식을 가진 복잡한 모델의 경우에는 그렇지 않을 수 있다.

공정 모사와 공정 식별의 핵심적인 차이점은 그림 7.1로 요약하여 설명할 수 있다. 공정 모사는 공정 모델 $\mathcal{M}$이 주어지고 주어진 입력 $\boldsymbol{u}(t)$와 $\boldsymbol{d}(t)$에 대하여 응답 $\boldsymbol{y}(t)$를 구하는 것이다. 공정 모형 $\mathcal{M}$이 선형 동력학 모델이고 $\boldsymbol{u}(t)$와 $\boldsymbol{d}(t)$가 해석적으로 주어진다면, $\boldsymbol{y}(t)$는 라플라스 변환을 사용하여 구할 수 있다(4장 참조), 다른 방법으로 $\boldsymbol{y}(t)$는 MATLAB과 같은 소프트웨어를 사용하여 수치적으로 계산할 수도 있다(Ljung, 2007). 만약 $\mathcal{M}$이 비선형 동력학 모델이라면 주어진 $\boldsymbol{u}(t)$ 및 $\boldsymbol{d}(t)$와 함께 수치적분을 사용하여 $\boldsymbol{y}(t)$를 계산할 수 있다(2장 참조). 이와는 대조적으로 공정 식별에서는 모델 $\mathcal{M}$이 $\boldsymbol{u}(t)$, $\boldsymbol{y}(t)$, 및 측정할

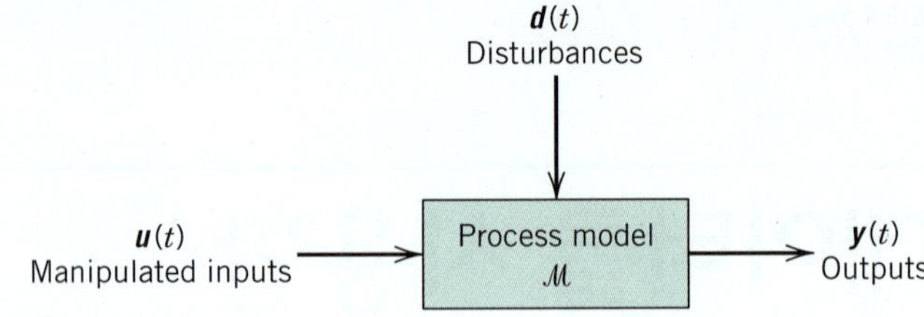

그림 7.1 입출력 공정 모델.

수 있다면 $\boldsymbol{d}(t)$를 포함한 자료를 사용하여 결정된다. 알려지지 않은 모델 매개변수를 포함한 모델 구조가 전재되면, 모델 매개변수들은 회귀 기법을 사용하여 구할 수 있다. 이러한 매개변수 추정은 공정 모델이 선형이나 비선형, 또는 이론에 기반한 모델이나 본성적으로 경험 모델인지와 상관없이 상업적으로 가용한 소프트웨어를 사용하여 구할 수 있다.

정상 상태 경험 모델은 계장 장치 보정, 공정 최적화 및 특정한 공정제어 응용에 사용된다. 단일-입력, 단일-출력(SISO) 모델은 전형적으로 입력과 출력을 연결하는 간단한 다항식으로 구성된다. 동적 경험 모델은 교란이 발생했을 때 공정의 거동을 이해하기 위해서 사용된다. 또한 제어시스템을 설계하고 성능을 분석하기 위해 사용된다. 동적 경험 모델은 전형적으로 낮은 차수의 미분 방정식이나 전달함수 모델(간혹 시간 지연을 포함한 1차 혹은 2차 모델)로 실험 자료를 사용해 결정해야 될 미정 모델 매개변수를 가진다. 그러나 몇몇 상황에서는 좀더 복잡한 공정 모델이 이번 장 이후에 논의될 제어시스템 설계에 유용하게 사용된다.

이산 시간 모델(discrete-time model)의 개념을 지금부터 소개하겠다. 이들 모델은 일반적으로 미분방정식 보다는 차분 방정식으로 표현된다. 대부분의 공정제어 작업은 본질적으로 이산 시간 시스템인 디지털 컴퓨터를 사용하여 구현된다. 디지털 제어에서 연속 시간 공정 변수들은 일정한 간격으로 샘플링(예를 들어 매 0.1 s) 된다; 따라서 컴퓨터 계산은 연속적인 측정값이 아니라 샘플 자료에 기반하여 수행된다. 만약 공정 변수가 단지 샘플 순간에만 측정된다면, 동적 거동은 이산 시간 모델인 차분방정식을 사용하여 모델링 되어야 할 것이다. 연속 시간 모델보다는 이산 시간 모델이 특히 최신 제어 기법에서 점점 흔하게 사용되고 있다.

연속 시간 및 이산 시간 모델들을 위한 정상 상태 및 동적 경험 모델을 구축하기 위한 여러 방법들을 지금부터 제시할 것이다. 첫 번째로 특정한 형태를 가진 모델의 매개변수를 계산하기 위해서 선형 및 비선형 회귀에 기반한 일반적인 모델 맞춤(fitting) 기법을 살펴볼 것이다. 간단하지만 매우 유용한 방법으로 해석 해와 계단 응답 자료를 사용해 1차 및 2차 선형 모델을 얻는 방법을 제시하겠다. 이 방법들은 제어시스템 설계에 적합한 모델을 만들어 낸다; 그러나 산출된 모델은 보통 정상 운전 조건에 가까운 좁은 운전 범위에서만 정확하다. 이 범위에서는 선형의 동특성을 보인다. 또한 연속 시간 모델과 이산 시간 모델의 관계도 살펴볼 것이다. 최종적으로 동적 공정의 선형 이산 시간 모델을 구축하는 방법을 제시하겠다.

7.1 선형 및 비선형 회귀를 사용한 모델 개발

2개의 변수, 단일 입력 u와 단일 출력 y에 대한 경험 모델을 개발하기 전에, 이들 자료

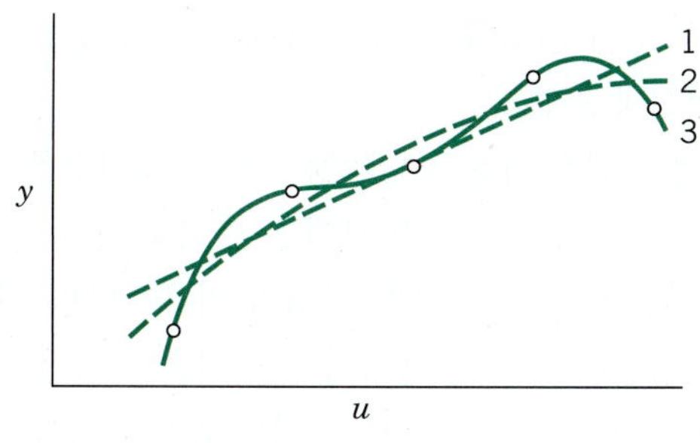

그림 7.2 분산 데이터에 대한 세 가지 모델.

를 도시할 필요가 있다(정상 상태 자료는 *y* vs. *u*, 전이 응답인 경우에는 시간에 따른 *y*와 *u*). 이렇게 만든 그림으로부터 자료의 전체적인 변화 추이를 시각화 하고 적절한 모델 형태를 선택할 수 있다. 모델의 형태를 선택한 이 후에야 미정의 모델 매개변수를 계산하고 모델의 정확도를 평가할 수 있다. 매개변수 계산 과정은 *매개변수 추정*(parameter estimation) 또는 회귀(regression)라고 불리운다(Ljung, 1999; Montgomery and Runger, 2013). 이러한 계산 방법들은 모델 예측과 실험 자료 사이의 차이를 표현하는 척도를 최소화하는 모델 맞춤법에 기반하고 있다. 그러나 입출력 자료에 모델을 맞춤하는 문제는 모델이 간단하지 않거나 다중 입출력과 관련되면 복잡하게 된다.

먼저 정상 상태 모델을 살펴보자. 정상 상태 입출력 자료를 그림 7.2에 동그라미로 표시하였다. 변수 *y*는 공정 출력(예를 들어 반응기 수율)을 *u*는 입력 변수(예를 들어 온도와 같은 운전 조건)다. 비록 직선 모델(모델 1)이 적절한 맞춤을 제공하나 고차 다항식 모델 (모델 2와 3)은 경험 모델로 표현된 곡선과 자료 사이에 좀더 작은 오차를 만들어 낸다. 모델 2와 3은 결정해야할 모델 매개변수가 많아진 좀더 복잡한 모델을 사용한 대가로 실험 자료와 좀더 잘 들어맞는 결과를 산출한다. 때때로 모델의 형태는 이론적인 안목과 공정에 대한 과거 경험에 기초에 설정되기도 한다.

그림 7.2에서 실제 공정의 거동이 선형이라면, 모델 1과 실험 자료 사이의 차이(또는 나머지)는 공정의 외란이나 측정 오차에 기인한 것일 수 있다. 경험 모델링을 수행할 때, 모델이 물리적으로 합당하다면, 실험 자료에 대하여 좋은 맞춤을 제공하는 가장 간단한 모델 구조를 선택하는 것이 선호된다. 그림 7.2에서 모델 3은 자료의 범위를 넘어 외삽을 한다면 모델 1이나 2와 비교하여 완전히 다른 모델 예측을 만들어 낼 것이 분명하다. 최상의 모델 선택은 아마도 자료를 더 수집할 것을 요구할지도 모르겠다. 각 모델의 *유효성*을 평가를 위해서는 특히 그림 7.2에 보여준 범위 바깥 쪽에 자료를 필요로 한다.

7.1.1 모델 개발 순서

이 절에서는 동적 경험 모델을 개발하는 체계적인 순서를 제시할 것이다(Ljung, 1999). 순서는 다음과 같은 단계로 구성된다:

1. 모델의 목적을 공식화한다: 모델을 어떻게 사용하고 누가 사용할 것인가?
2. 모델을 위한 입출력 변수를 선정한다
3. 사용 가능한 자료와 부가적인 자료를 획득하기 위한 계획을 세운다. 실험 계획에는 *u*의 값과 *u*(*t*)의 형태가 설정되야 한다. 예를 들어 계단 변화 혹은 다른 입력 배열 등(7.2절 참고)

4. 모델 구조와 복잡도의 정도를 선택한다(예를 들어 정상 상태 혹은 동적 모델, 선형 또는 비선형 모델).
5. 선형 혹은 비선형 회귀를 사용하여 미정 모델 매개변수를 추정한다.
6. 입출력 자료와 통계적 방법에 기반하여 모델 정확도를 평가한다. 모델을 개발하기 위하여 사용된 기존 자료뿐 아니라 가용하다면 새로운 자료를 사용하는 것이 바람직하다. 만약 모델이 만족스러운 맞춤을 제공하지 않는다면 2번째 단계로 되돌아가서 다른 모델을 시도해본다. 가능하다면 모델은 새로운 자료를 사용해 테스트 되어야 한다[즉 *검증 자료*(validation data)]. 모델 예측이 이들 자료와 잘 일치한다면, 모델 검증되었다고 한다.
7. 동적 모델의 경우에 비-통계적 판별기준, 예를 들어 응답 속도, 응답의 형태, 안정성 등을 모델 평가 기준에 포함해야 한다. 또한 제어기를 설계하기 위해 적절한 모델을 채택하는 것은 매우 중요하다. 전체적으로 복잡한 모델은 이러한 목적으로는 적합하지 않다. *제어 알고리즘 계산에 적합한 모델*(control-relevant)을 사용하는 것이 바람직하다(Rivera and Jun, 2000).

7.1.2 선형 회귀

통계적 분석 도구를 미정의 모델 매개변수를 추정하고 경험 모델과 연관된 불확실성을 기술하기 위해 사용할 수 있다. 또한 여러 후보 모델들을 비교하기 위하여 사용할 수 있다(Draper and Smith, 1998; Montgomery and Runger, 2013). 선형 모델과 관련해서는 *최소 자승법*(least-squares)이 모델 매개변수를 추정하기 위해 가장 널리 사용된다. 그림 7.2에 선형(또는 직선) 모델(모델 1)을 고려하자. Y_i는 자료를 나타내고 $\hat{y}_i$는 $u = u_i$에 대한 모델 예측을 나타낸다. 이 경우에 모델 $y = \beta_1 + \beta_2 u + \epsilon$에 대하여 개개 자료는 다음과 같이 표현된다:

$$Y_i = \beta_1 + \beta_2 u_i + \epsilon_i \tag{7-1}$$

여기서 β_1과 β_2는 추정해야 모델 매개변수이고 ϵ_i는 특정 자료에서의 무작위 오차다.

최소 자승법은 N개의 자료에 대하여 오차들의 제곱을 합한 S를 최소화하여 β_1과 β_2의 값을 찾는 표준 방법이다. ;

$$S = \sum_{i=1}^{N} \epsilon_i^2 = \sum_{i=1}^{N} (Y_i - \beta_1 - \beta_2 u_i)^2 \tag{7-2}$$

식 7-2에서 Y_i 값과 u_i값은 주어진 값이고, β_1과 β_2는 목적함수 S를 최소화하도록 선택된다. 특정한 자료 집합에 대하여 계산된 최적의 β_1과 β_2는 $\hat{\beta}_1$과 $\hat{\beta}_2$로 표시한다. 모델 예측은 다음의 회귀 모델로부터 얻어진다:

$$y = \hat{\beta}_1 + \hat{\beta}_2 u \tag{7-3}$$

그리고 나머지(residuals) e_i는 다음과 같이 정의된다:

$$e_i \triangleq Y_i - \hat{y}_i \tag{7-4}$$

이러한 최소 자승 추정치는 아래의 2개의 조건을 만족할 때 식 7-2의 목적함수 S를 최소화하게 된다(Montgomery and Runger, 2013):

1. 모델 구조가 올바르고
2. 무작위 오차 e_i가 독립적이고 정규분포를 가진다.

실제 문제에서는 위의 이상적인 조건들은 드물게 실현된다. 그럼에도 불구하고 추정된 최소 자승 모델은 선택된 모델 구조가 적절하다면 만족스런 결과를 산출한다.

매개변수와 관련하여 선형인 일반적인 비선형 정상 상태 모델은 다음과 같은 형태를 가진다:

$$y = \sum_{j=1}^{p} \beta_j U_j + \epsilon \tag{7-5}$$

p개의 미정 매개변수(β_j)는 최소 자승법으로 추정할 수 있다. U_j는 p개의 알려진 u의 함수다. 여기서 미정 매개변수 β_j는 모델과 관련하여 선형으로 나타나고 상수항은 $U_1 = 1$로 모델에 포함할 수 있다.

식 7-2와 유사하게 오차의 제곱의 합 (SSE)은 다음과 같다:

$$S = \sum_{i=1}^{N} \left(Y_i - \sum_{j=1}^{p} \beta_j U_{ij} \right)^2 \tag{7-6}$$

U_{ij}에서 첫번째 하첨자는 i번째 자료임을, 두 번째 하첨자는 u의 j번째 함수를 의미한다.

미정 매개변수에 대한 최소 자승 해는 비선형 계획법(nonlinear programing)(Edgar et al., 2001)에 기반한 Excel Solver와 같은 소프트웨어를 사용하여 계산할 수 있다. 최소 자승 해는 미정 모델 매개변수 β_j에 대한 *한 점에서의 추정치*를 제공하지만 추정치가 얼마나 정확한지는 알려주지 않는다. 정확도의 정도는 $\hat{\beta}_j + \Delta\beta_j$ 형태를 가진 *신뢰 구간*(confidence interval)으로 표현된다. $\Delta\beta_j$는 지정된 신뢰 수준을 가진 (u, y) 자료를 사용해 계산된다(Montgomery and Runger, 2013).

다음으로 전기 발전기의 운전조건을 최적화하는 데 사용될 수 있는 정상 상태 성능 모델을 살펴보자.

예제 7.1

연료 유량의 함수로 가스 터빈 발전기로 생산된 정상 상태 전력을 결정하기 위한 일련의 실험이 실시되었다. 정규화된 자료는 다음과 같다:

원료 유량 u_i	**생산된 전력** Y_i
1.0	2.0
2.3	4.4
2.9	5.4
4.0	7.5
4.9	9.1
5.8	10.8
6.5	12.3
7.7	14.3
8.4	15.8
9.0	16.8

Excel Solver를 사용하여 최적의 선형 및 2차식 모델을 구하고 서로 비교하시오.

풀이

Excel를 사용하여 $\hat{\beta}_1$과 $\hat{\beta}_2$를 풀면 $\hat{\beta}_1 = 0.0785$와 $\hat{\beta}_2 = 1.859$를 얻는다.

다음으로 모델의 정확도가 2차식 모델 $Y = \beta_1 + \beta_2 u + \beta_3 u^2$을 사용하여 얼마나 향상되는지를 결정하자. 2차식 모델에 대하여 추정된 매개변수는 다음과 같다:

$$\hat{\beta}_1 = 0.1707, \quad \hat{\beta}_2 = 1.811, \quad \text{and} \quad \hat{\beta}_3 = 0.0047$$

선형 및 2차식 모델을 사용한 y의 예측치($\hat{y}$)를 표 7.1에 측정값과 함께 수록하였다. 이 값들을 비교하여 선형모델이 적합하고 복잡한 2차식 모델로는 약간의 성능 향상 밖에 없었음을 알 수 있다.

표 7.1 예제 7.1의 모델 예측 결과 비교(SSE = Sum of Squared Errors).

u_i	y_i	Linear Model Prediction $\hat{y}_{1i} = \hat{\beta}_1 + \hat{\beta}_2 u_i$	Quadratic Model Prediction $\hat{y}_{2i} = \hat{\beta}_1 + \hat{\beta}_2 u_i + \hat{\beta}_3 u_i^2$
1.0	2.0	1.94	1.99
2.3	4.4	4.36	4.36
2.9	5.4	5.47	5.46
4.0	7.5	7.52	7.49
4.9	9.1	9.19	9.16
5.8	10.8	10.86	10.83
6.5	12.3	12.16	12.14
7.7	14.3	14.40	14.40
8.4	15.8	15.70	15.72
9.0	16.8	16.81	16.85
		SSE = 0.0613	SSE = 0.0540

7.1.3 비선형 회귀

경험 모델이 모델 매개변수와 관련하여 비선형이면 선형 회귀보다는 비선형 회귀를 사용해야 한다. 예를 들어 $r_A = kc_a^n$ 형태의 반응 속도식과 실험 자료의 맞춤을 살펴보자. 여기서 r_A는 A 물질의 반응속도, c_A는 반응물 농도, k와 n은 모델 매개변수다.

이 모델은 반응속도상수 k와 관련해서는 *선형*이지만 반응차수 n과 관련해서는 비선형이다. 일반적인 비선형 모델은 다음과 같이 쓸 수 있다:

$$y = f(u_1,\ u_2,\ u_3,\ \ldots\ \beta_1,\ \beta_2,\ \beta_3 \ldots) \tag{7-7}$$

여기서 y는 모델의 출력, u_j는 입력, β_j는 추정해야 할 매개변수들이다. 여기서 β_j는 모델에 선형적으로 나타나지 않는다. 그러나 매개변수 β_j를 조정하여 오차 제곱의 합을 최소화 할 수 있다:

$$\min_{\beta_j} S = \sum_{i=1}^{N} (Y_i - \hat{y}_i)^2 \tag{7-8}$$

여기서 Y_i와 $\hat{y}_i$은 각각 i번째 출력 측정값 그리고 i번째 자료에 해당하는 모델 추정값이다. 최소 자승 추정값은 다시 $\hat{\beta}_j$로 표시한다.

크기 M의 계단 입력에 대한 측정된 출력 응답을 기반해 1차계와 과도 감쇠 2차계의 시간 상수들을 추정하는 문제를 살펴보자. 이들 계단 응답에 대한 해석적 표현은 5장에서 유도하였다.

$$\frac{Y(s)}{U(s)} = \frac{K}{\tau s + 1} \qquad y(t) = KM(1 - e^{-t/\tau}) \tag{5-16}$$

$$\frac{Y(s)}{U(s)} = \frac{K}{(\tau_1 s + 1)(\tau_2 s + 1)} \qquad y(t) = KM\left(1 - \frac{\tau_1 e^{-t/\tau_1} - \tau_2 e^{-t/\tau_2}}{\tau_1 - \tau_2}\right) \tag{5-47}$$

계단 응답에서 t는 독립변수(앞에서는 입력 u가 독립변수였음), y는 편차변수로 표현된 의존변수다. 정상 상태 이득 K는 양쪽 응답 모두에서 선형으로 나타나지만, 시간 상수는 비선형적으로 포함되어 있어, 선형 회귀를 사용해서는 추정할 수가 없다.

종종 변수 변환을 사용해 비선형 모델을 선형회귀를 사용할 수 있도록 변환할 수 있다(Montgomery and Runger, 2013). 예를 들어 K가 알려졌다고 가정하면, 1차계 응답은 다음과 같이 정렬할 수 있다:

$$\ln\left(1 - \frac{y(t)}{KM}\right) = -\frac{t}{\tau} \tag{7-9}$$

$\ln(1 - y/KM)$은 시간 t_i에서 계산할 수 있기 때문에, 이 모델은 매개변수 $1/\tau$과 관련해서 선형이다. 따라서 이 모델은 식 7-1과 같은 표준 선형 형태이고, 식 7-9의 왼쪽 항은 Y_i, $\beta_1 = 0$, $u_i = t_i$이다.

식 7-9의 변환은 다음 절에서 논의할 1차계 모델을 결정하기 위한 *부분 불완전 응답*(fraction incomplete response)에 이른다. 그러나 식 5-47과 같은 고차계의 계단 응답과 관련해서는 이러한 변환 방법이 가능하지 않다. 시간 상수의 최소 자승 추정값을 얻기 위해서는 7.1.2절에서 논의한 것과 같이 Excel Solver와 같은 최적화 소프트웨어를 사용해야만 한다.

비선형 회귀의 대안으로 2차계 모델의 τ_1과 τ_2의 추정값을 빠르게 얻을 수 있는, 도시법(graphical correlation)을 사용할 수 있다. 이러한 방법으로 얻어진 모델의 정확도는 제어기 설계에 적용 가능한 정도다. 다음 절에서 도시적 분석법으로 전달함수 매개변수를 추정하는 간략한 방법들을 제시할 것이다.

7.2 계단 시험을 사용한 1차 및 2차계 모델 맞추기

입력의 계단 변화에 의한 공정의 출력 응답을 도시한 것을 종종 공정 반응 곡선(process reaction curve)이라고 부른다. 관심있는 공정이 1차 및 2차 선형 모델로 근사될 수 있다면, 모델의 매개변수는 공정 반응 곡선을 조사하여 얻을 수 있다. 예를 들어 편차변수로 표현된 1차계 모델을 살펴보자:

$$\tau\frac{dy}{dt} + y = Ku \tag{7-10}$$

여기서 시스템은 초기에 $u(0) = 0$, $y(0) = 0$으로 정상 상태에 있다. 입력 u가 갑작스럽게 0에서 M으로 변할 때, 식 5-16의 계단 응답이 얻어진다. 정규화된 계단 응답을 그림 7.3에 도시하였다. $t = \tau$일 때 $y(t)$는 최종값의 63.2%에 도달한다. y에 정상 상태 변화

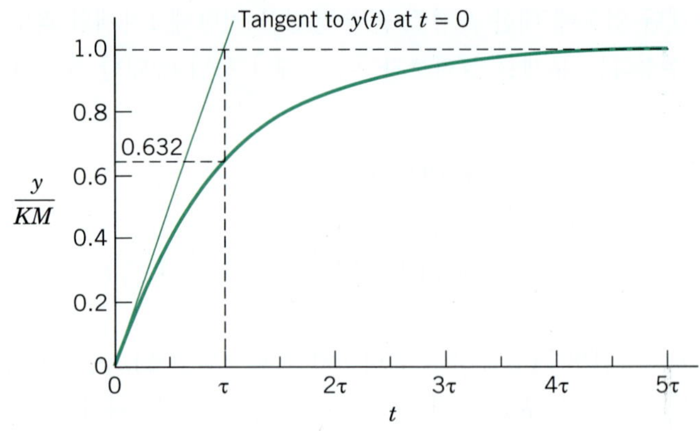

그림 7.3 1차계의 계단 응답과 시간 상수 τ를 추정하기 위한 도시법.

Δy는 KM으로 주어진다. 식 5-16을 정리하여 $t = 0$에서 극한을 취하면, 정규화된 계단 응답의 초기 기울기를 구할 수 있다:

$$\frac{d}{dt}\left(\frac{y}{KM}\right)_{t=0} = \frac{1}{\tau} \tag{7-11}$$

그림 7.3에서 확인할 수 있듯이, $t = 0$에서 접선과 $y/KM = 1$인 수평선과의 접점은 $t = \tau$일 때 일어난다. 다른 방법으로 다음 예제와 같이 τ는 응답이 63.2% 진행되었을 때의 t의 값으로부터 추정할 수도 있다.

예제 7.2

그림 7.4는 연속식 교반 반응기에 원료 흐름 w가 120에서 125 kg/min으로 계단변화가 발생했을 때, 온도 T의 응답을 보여준다. 주어진 운전조건에서 공정을 1차계 모델을 근사하시오.

풀이

$\Delta w = M = 125 - 120 = 5$ kg/min이다. $\Delta T = T(\infty) - T(0) = 160 - 140 = 20$ °C이기 때문에 정상 상태 이득은 다음과 같다:

$$K = \frac{\Delta T}{\Delta w} = \frac{20\,°\text{C}}{5\,\text{kg/min}} = 4\ \frac{°\text{C}}{\text{kg/min}}$$

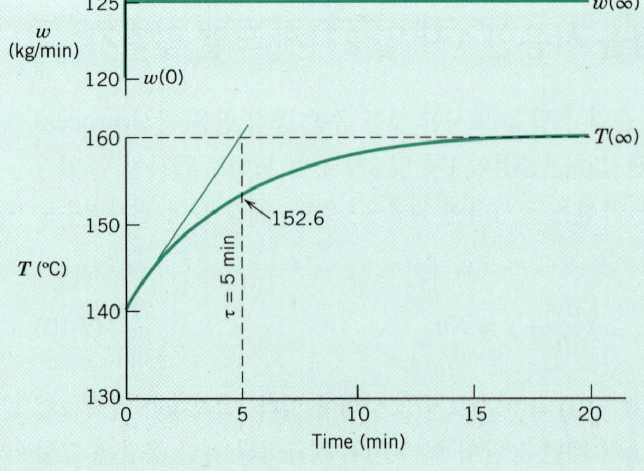

그림 7.4 원료 흐름의 계단변화에 따른 교반 탱크 반응기의 온도 응답.

그림 7.4에서 원점에서의 접선을 사용해서 얻은 시간 상수는 $\tau = 5$ min이다. 이 결과는 63.2% 방법으로 얻은 시간 상수와 일치한다:

$$T = 140 + 0.632(20) = 152.6\,°\text{C}$$

결론으로 최종 공정 전달함수 모델은 다음과 같다:

$$\frac{T'(s)}{W'(s)} = \frac{4}{5s+1}$$

여기서 정상 상태 이득은 4 °C/kg/min이다.

많은 계단 응답 실험은 정확히 1차계 거동을 가지지 않는다, 왜냐하면

1. 실제 공정모델은 보통 *1차나 선형*이 아니다. 단지 가장 간단한 공정들만 이러한 이상적인 동력학을 가진다.
2. 출력 자료는 보통 잡음으로 오염된다. 즉 측정은 무작위적 요소를 포함한다. 잡음은 공정의 정상 운전 시에도 발생할 수 있다. 예를 들어 불완전한 혼합으로 인한 국부적으로 높거나 낮은 농도(또는 온도)를 가진 유체 덩어리나 전자 계장 장비에서 발생한다. 잡음이 완전히 무작위적이라면, 1차계 응답 도시 결과는 시간 평균했을 때, 출력자료를 잘 맞출 것이다. 그러나 표류하는 외란 같은 자기 상관 잡음(autocorrelated random noise)은 이러한 분석에 문제를 일으킬 것이다.
3. 외란 공정 입력은 계단 실험 동안 알 수 없는 방법으로 변화할 것이다. CSTR 예제에서 입구 조성과 온도에 감지되지 않은 변화는 이러한 외란에 해당한다.
4. 완벽한 계단 입력을 만들어 내는 것은 어려울 수 있다. 9장에서 살펴볼 펌프나 제어밸브 같은 공정 장비는 순간적으로 다른 상태로 변할 수 없고, 일정 시간 동안 경사를 가지고 움직인다. 그러나 경사 시간이 공정의 시간 상수와 비교하여 작다면 계단 입력을 근사적으로 잘 구현할 수 있다.

요약하면 그림 7.3과 같은 이상적인 응답 곡선을 벗어나는 것은 흔한 일이다.

1차계 모델에서 생략된 고차계 동력학을 고려하기 위해서 시간 지연항이 추가될 수 있다. 이러한 수정은 모델과 실험으로 얻어진 응답들 간의 일치 정도를 향상시킬 수 있다. 1차 시간 지연 모델(FORTD).

$$G(s) = \frac{Ke^{-\theta s}}{\tau s + 1} \tag{7-12}$$

와 실제 계단 응답 사이의 맞춤은 그림 7.5에 보여진 것과 같이 다음의 단계들이 필요하다:

1. 공정 이득 K는 입력 계단 변화의 크기 M에 대한 y의 정상 상태 변화의 비를 계산하여 얻어진다.
2. 계단 응답의 변곡점에서 접선을 그린다; 접선과 시간 축($y = 0$)과의 교점에서 시간 지연 θ를 결정한다.
3. 접선과 정상 상태 응답선($y = KM$)과의 교점에서 시간은 $\theta + \tau$에 해당한다. 그래서 τ는 이 교점의 시간에서 시간 지연 θ를 빼서 구할 수 있다.

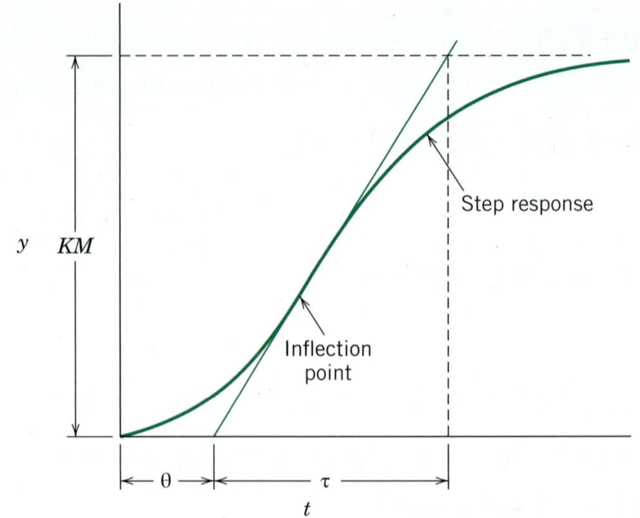

그림 7.5 1차 시간 지연 모델의 매개변수를 얻기 위한 공정 응답 곡선의 도시적 해석.

여기에 제시된 접선 방법은 시간 상수를 구하기 위해서 한 점만 사용하는 문제점이 있다. 여러 점을 사용한다면 좀더 좋은 추정치를 제공할 수 있을 것이다. 다시 식 7-9를 살펴보자. 시간 이동 $t - \theta$를 도입하고 정리하면 다음의 표현식을 얻는다:

$$\ln\left[\frac{y(\infty) - y_i}{y(\infty)}\right] = -\frac{t_i - \theta}{\tau} \tag{7-13}$$

최종 정상 상태 값 $y(\infty)$은 KM과 같다. 식 7-13에서, $y(\infty) - y_i$는 자료 i의 *불완전 응답*(incomplete response)으로 해석할 수 있다; $y(\infty)$로 나누면 *부분 불완전 응답*(fraction incomplete response)이다. $[y(\infty) - y_i]/y(\infty)$에 대한 $t_i - \theta$를 반 로그 축을 사용하여 도시하면 직선을 얻을 수 있고, 그 기울기는 $-1/\tau$가 된다. 이 값으로부터 τ의 평균값을 구할 수 있다. 예제 7.2에서 식 7-13과 동등한 식은 다음과 같다:

$$\ln\left[\frac{T(\infty) - T(t)}{T(\infty) - T(0)}\right] = -\frac{t - \theta}{\tau} \tag{7-14}$$

그림 7.5에 제시된 시간 지연 추정 방법의 중요한 약점은 측정 잡음으로 인해 변곡점을 찾기 어렵다는 점이다. Sundaresan과 krishnaswamy(1978)는 변곡점을 구하는 과정 없이 시간 지연을 추정하는 방법을 제안하였다. 그들은 계단 응답에서 각각 최종 응답의 35.3%와 85.3%에 도달하는 시간 t_1과 t_2를 측정하고 아래의 식을 이용하여 시간 지연과 시간 상수를 계산하였다:

$$\begin{aligned}\theta &= 1.3t_1 - 0.29t_2 \\ \tau &= 0.67(t_2 - t_1)\end{aligned} \tag{7-15}$$

θ와 τ값들은 많은 실측 자료에 기반하여 측정된 응답과 모델 응답의 차이를 근사적으로 최소화한다. 실제 계단 응답은 공정 운전 조건, 입력 계단 변화의 크기, 변화의 방향 등에 따라 달라지고 따라서 모델 매개변수 K, θ 및 τ도 마찬가지로 상황에 따라 상당히 크게 변한다. 이러한 변화는 공정의 비선형성과 측정되지 않는 외란들에 기인한 것이다.

7.2.1 2차계 모델을 위한 도시 방법

일반적으로 실험으로 얻은 계단 응답에 대한 좀더 좋은 근사 결과는 2차계 모델을 통해 얻어진다. 그림 7.6은 2차계 모델,

$$G(s) = \frac{K}{(\tau_1 s + 1)(\tau_2 s + 1)} \tag{5-37}$$

에서 발생할 수 있는 계단 응답의 형태를 보여준다. 그림 7.6은 2개의 극한 상황을 포함한다; $\tau_2/\tau_1 = 0$ (이 경우 공정은 1차계), $\tau_2/\tau_1 = 1$ (임계 감쇠). 2개 시간 상수 중 큰 값 τ_1은 *지배적인 시간 상수*(dominant time constant)라고 불린다. S-자형 응답은 τ_2/τ_1의 값이 1에 가까워질수록 좀더 분명하게 된다.

시간 지연을 포함한 2차계의 공정 매개변수는 도시법이나 수치적 방법으로 추정할 수 있다. Smith (1972)가 제시한 방법은 다음과 같은 형태의 모델을 사용한다:

$$G(s) = \frac{K}{(\tau_1 s + 1)(\tau_2 s + 1)} \tag{7-16}$$

여기서 과도 감쇠 및 과소 감쇠 경우를 모두 포함한다. Smith 방법은 정규화된 응답이 각각 20%와 60%에 도달할 때의 시간을 필요로 한다(명백한 시간 지연 제거 후). 그림 7.7에서, t_{20}/t_{60}은 ζ의 값을 준다. τ의 추정치는 t_{60}/τ와 t_{20}/t_{60}의 값들을 그림에서 읽어서 구할 수 있다.

2차계 모델을 도시법으로 맞춤을 하고자 할 때, 시간 지연 항을 주의해서 추정해야 한다. 시간 지연이 없는 2차계도 변곡점이 존재할 수 있다($\tau_1 \approx \tau_2$일 때, 그림 7.6 참조). 그림 7.5에 제시된 변곡점에서 접선을 사용하여 시간 지연 항을 구하는 방법을 이 경우에 적용하면, 시간 지연 항이 생기게 된다. 이러한 문제를 피하기 위해서 도시법으로 2차계 모델을 만들 때, θ를 시각적으로 결정할 것을 추천한다. 좋은 맞춤 결과를 얻기 위해서는 시행착오를 통해서 θ를 추정할 필요가 있을 것이다. 이어지는 예제에서 시간 지연 값을 실제 시간에서 뺀 $t' = t - \theta$ 값을 사용해서 도시법을 사용하였다. 2차계 모델의 매개변수를 결정하는 다른 방법으로는 계단 응답에서 3개 시점에서 값을 취하여 계산하는 방법이 있다(Rangaiah and Krishnaswamy, 1994, 1996 참조).

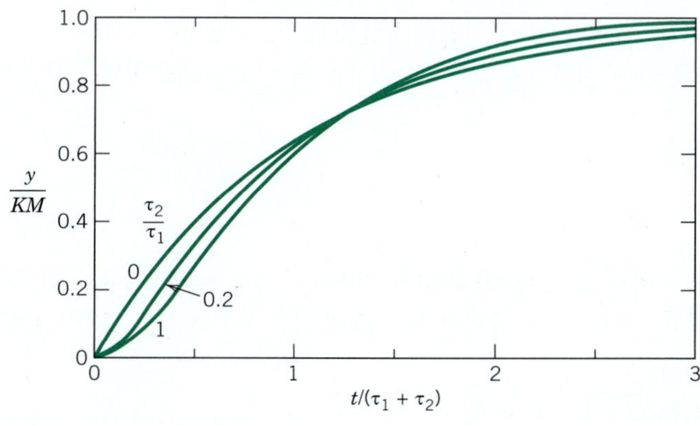

그림 7.6 과도 감쇠 2차계의 계단 응답.

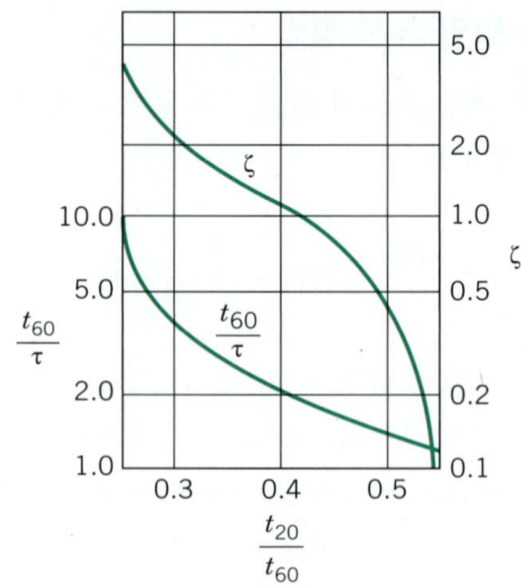

그림 7.7 Smith 방법: τ_{20}과 τ_{60}에 대한 ζ 및 τ의 관계.

7.2.2 계단 응답 자료의 비선형 회귀

전달함수 모델의 매개변수들은 Excel이나 MATLAB 같은 소프트웨어의 비선형 회귀 함수를 사용하여 계산할 수 있다. Excel을 사용하기 위해서는 측정된 자료를 하나의 열에 입력해야한다. 측정된 자료와 비교할 모델 예측 값은 2번째 열에 배치한다. 오차의 제곱의 합을 계산하고 목표 셀이라고 부르는 한 셀에 그 결과를 집어넣는다. 목표 셀의 값은 *Tools* 메뉴에 있는 내장 *Solver*를 사용해 최소화될 수 있다. Solver 창에서 사용자는 최소화/최대화를 수행할 셀을 선택하고 조절할 매개변수를 가진 셀의 범위와 필요하다면 제약 조건을 설정한다. ⟨solve⟩를 클릭하면 제곱의 합을 최소화하는 모델 매개변수가 계산된다. Excel에서 사용하는 최적화 방법은 일반화 환산 기울기(generalized reduced gradient) 기법에 기반한 알고리즘이다(Edgar et al., 2001).

MATLAB에서는 오차의 제곱의 합을 계산하는 *m* 파일을 작성하고 *fminunc* 명령어를 사용하여 최소값을 계산할 수 있다. MATLAB에서 사용하는 알고리즘은 BFGS 준 뉴턴(quasi-Newton) 방법이다(Ljung, 2007).

예제 7.3

생물 반응기에 먹이 공급 속도를 계단 변화하여 CO_2 배출가스 농도 응답을 얻었다. 그림 7.8에 표시된 계단 응답 자료를 사용해 2차계 모델의 매개변수를 추정하기 위해 Smith 방법, Excel과 MATLAB에 기반한 비선형 회귀를 사용하시오. 3가지 방법을 적용할 때, $t = 0$ 이후 반응 곡선이, 0과 다르게 변하므로 $\theta = 0$으로 놓자. 시간 상수를 추정하기 위하여 63.2% 응답 방법을 사용한 FOPTD 모델과 그 결과를 비교하시오.

풀이

Smith 방법

관련된 두 점은 20% 응답 시간, $t_{20} = 1.85$ min과 60% 응답시간, $t_{60} = 5.0$ min이다. 따라서 $t_{20}/t_{60} = 0.37$이다. 그림 7.7에서 $\zeta = 1.3$, $t_{60}/\tau = 2.8$; 즉 $\tau = 5.0/2.8 = 1.79$ min으로 읽을 수 있다. 모델이 과도 감쇠이므로 2개의 시간 상수는 식 5-44와 5-45를 수정한 다음 식을 사용해 계산된다:

$$\tau_1 = \tau\zeta + \tau\sqrt{\zeta^2 - 1}, \quad \tau_2 = \tau\zeta - \tau\sqrt{\zeta^2 - 1}$$

위 식을 풀면 $\tau_1 = 3.81$ min이고 $\tau_2 = 0.84$ min이다.

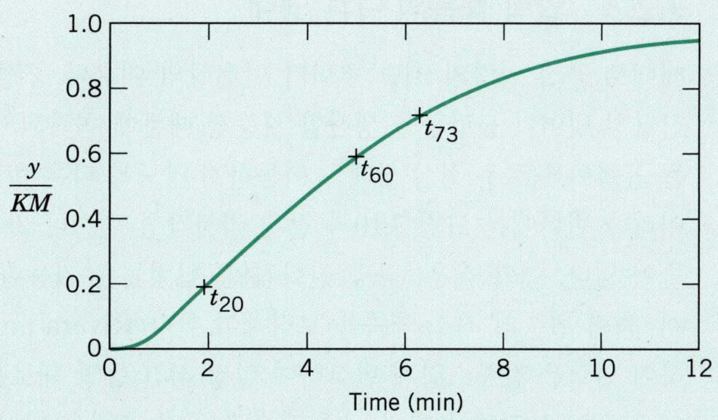

그림 7.8 정규화된 실험 계단 응답.

그림 7.8에서 63.2% 응답은 t = 5.3 min에서 얻어진다. 변곡점에서의 접선을 사용하여 시간 지연은 θ = 0.7 min으로 추정할 수 있다. 이렇게 추정된 τ = 4.6 min은 대략적으로 2차계 모델에서 구한 τ_1과 τ_2의 합과 같다.

비선형 회귀

Excel과 MATLAB을 사용하여 실험자료와 모델 예측치 사이의 오차의 제곱의 합(식 7-8 참조)을 최소화하여 식 5-47의 시간 상수들을 계산할 수 있다. t = 0과 t = 12 min 사이에 0.5 min 시간 간격으로 샘플링하여 25개를 자료를 만들었다. 추정된 모델 매개변수와 제곱 오차의 합을 각 방법에 대하여 정리하여 아래에 제시하였다; 시간 지연은 3개의 2차 모델 모두에서 0으로 놓았다:

	τ_1**(min)**	τ_2**(min)**	**오차 제곱의 합**
Smith	3.81	0.84	0.0769
1차계(θ = 0.7 min)	4.60	–	0.0323
Excel과 MATLAB	3.24	1.86	0.0057

분명하게 비선형 회귀가 예측 오차의 제곱의 합 측면에서 맞춤 정도가 우월하게 좋다. 그러나 요구되는 계산은 훨씬 복잡하다. 또한 Excel과 MATLAB에서 사용하는 비선형 회귀는 같은 결과를 산출했음을 알 수 있다.

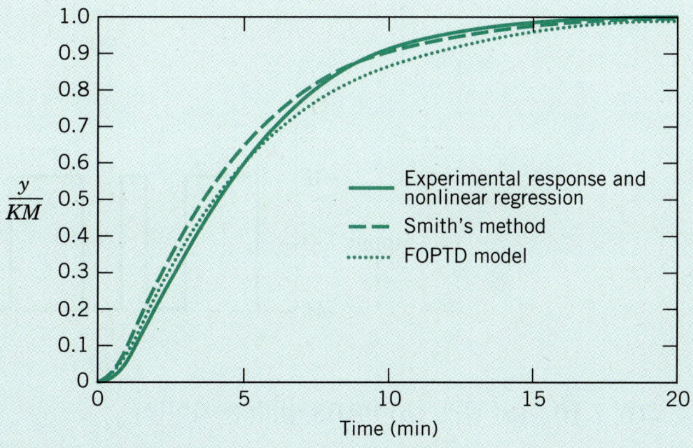

그림 7.9 실험 계단 응답과 맞춤된 모델의 계단 응답의 비교.

그림 7.9에 계단 응답을 도시하였다; 계산된 3개 모델 모두 원래 계단 응답과 비교하여 만족스런 결과를 산출함을 알 수 있다. 사실상 비선형 회귀 모델은 실험 결과와 구분하기 힘들 정도다. 비선형 회귀는 도시적 상관관계에 의존하지 않고 항상 자료에 최적의 맞춤을 제공한다. 또한 최종적으로 정상 상태에 도달하기 전에 계단 응답 실험을 종료할 수도 있다; 그러나 회귀 방법을 효과적으로 사용하기 위해서는 충분한 응답 자료를 확보하여야 한다.

7.2.3 입력 들뜸의 다른 형태

때때로 공정 입력의 계단 변화가 안전상의 이유나 공정 출력이 원하는 설계값으로부터 상당히 벗어나 불량품을 생산할 가능성 때문에 허락되지 않을 수 있다. 이러한 상황에서는 공정이 새로운 정상 상태로 이동하지 않도록 다른 형태의 입력 변화를 선택해야 한다. 이러한 변화에는 그림 7.10과 같은 직사각형 펄스나 가우시안 화이트 잡음을 가진 펄스들이 있다. 이와 같은 "공장 친화적인" 입력들은 가능한 한 짧고, 작동기기의 한계 안에서, 출력 변수의 최소 왜곡을 보장해야 한다(Rivera and Jun, 2000). 펄스 구동과 관련하여 입력은 갑작스럽게 변화하여 일정 시간 동안 새로운 값에 머물러 있다가 다시 원래의 값으로 복귀해야 한다. 결론적으로 공정 출력은 다시 초기 정상 상태로 복귀한다. 이 경우 공정은 적분 모드를 가지면 안된다.

무작위 이진 수열(Random Binary Sequence, RBS) 구동은 고정된 높이와 무작위 지속시간을 가진 일련의 펄스로 만들어 진다. 각 샘플링 순간에 무작위 수 발생기가 입력 신호가 최대 혹은 최소 값을 유지할 것인지를 결정한다. 그림 7.10과 같은 고정된 길이를 가진 두 단계의 주기적이고 결정론적인 신호인 *의사 무작위 이진 수열*(pseudo random binary sequence, PRBS)를 구현하는 것이 좀더 편하다. 입력의 실제 수열은 여러 번 반복된다. *의사 무작위*란 용어는 입력이 무작위 신호의 스팩트럼 특성을 가지는 반복되는 수열로 구성됨을 의미한다(Godfrey, 1993). PRB는 입력 들뜸이 공정의 구동 모드와 제어시스템 설계에 중요한 특정 주파수 범위에 집중할 수 있다는 이점이 있다(Rivera and Jun, 2000). 주파수 응답에 대한 좀더 자세한 정보는 14장을 참고하기 바란다.

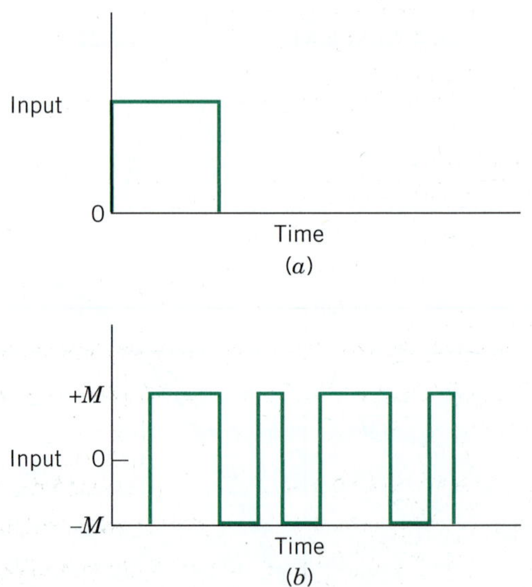

그림 7.10 (*a*) 펄스, (*b*) PRBS 입력(한 사이클).

7.3 신경망 모델

화학반응기와 분리 시스템들과 같은 대부분의 산업 공정들은 비선형 거동을 보인다. 불행히도 많은 공정들은 너무 복잡해서 자세한 이론적 동력학 모델을 개발하고 유효성을 검증하는 데 많은 시간과 노력이 필요하다. 다른 방안으로는 경험적인 비선형 모델을

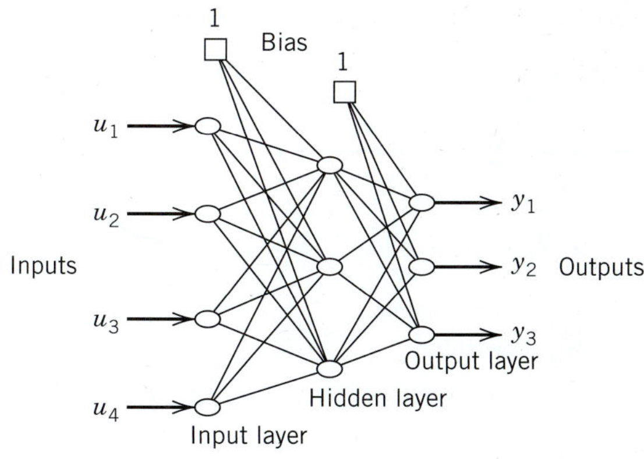

그림 7.11 3개 층을 가진 다층 신경망.

실험 자료로부터 만드는 방법이 있다. 흔히 인공 신경망이라 불리우는 *신경망*(Neural Network, *NN*)은 경험적 비선형 모델 중 최근 가장 주목을 받고있는 분야다. 신경망은 최근에 광범위하게 사용되어서, 여러 분야에 걸친 물리/화학적 현상의 모델링, 주식 시장 분석, 채스 게임 전략, 음성인식, 의료진단 등에 응용되고 있다. 신경망은 많은 입출력 자료를 가진 복잡하고 이해가 부족한 공정들을 모델링하거나 실시간으로 풀기에는 너무 복잡한 모델들을 대체하는 수단으로 응용할 수 있는 매우 매력적인 방법이다(Su and McAvoy, 1997; Himmelblau, 2008).

인간 두뇌의 예외적으로 빠른 계산 능력을 모방해서 신경망 모델이 만들어졌다. 두뇌는 현존하는 지각, 패턴 인식 및 모터 제어 같은 특정 유형의 계산을 디지털 컴퓨터보다 훨씬 빠른 속도로 수행할 수 있다(Haykin, 2009). 인간 두뇌 작동은 매우 복잡하고 비선형적이고 대량의 병렬 계산과 관련되어 있다. 이러한 계산은 *뉴런*(neurons)이라 불리는 구조체와 뉴런을 전기적으로 연결하는 신경망을 이용해 수행된다. 인공신경망의 개발은 이러한 생물학적 신경망을 모방하여 유사한 계산 능력을 성취하기 위함이었다. 그림 7.11은 가장 흔한 NN 구조로 다층 전연결 망(multilayer feedforward network)의 구조를 보여준다. *뉴런*(또는 *노드*)은 각각 층(입력, 출력, 은닉)들로 조직화되고, 각 은닉 층의 뉴런은 가중치를 통해 인접 층의 뉴런들과 연결된다. 이 가중치들은 미정 매개변수로 공정의 입출력 자료를 사용해 추정된다. 미정 매개변수의 개수는 매우 많을 수 있고, 최소 자승 목적함수를 사용하여 자료에 매개변수를 맞추기 위해 비선형 프로그래밍 알고리즘이 필요하다(Edgar et al., 2001). 충분한 개수의 뉴런을 사용한다면, 입출력 공정을 신경망 모델로 매우 정확하게 모델링할 수 있다.

그림 7.12에 제시한 바와 같이, 각 뉴런의 입력들은 아래 층 뉴런의 출력과 편향 항으로 이루어진다. 아래 층 i번째 뉴런 출력 u_i에 연결 가중치(W_{ij})를 곱한 값을 이용해 가중합 I_j를 구한다. 그림 7.12와 같이 이러한 가중 합을 비선형 변환을 한 후 최종적으로 y_j를 출력으로 얻는다. 비선형 변환의 형태로 여러가지 함수를 취할 수 있는데, 그림 7.12에 보여진 같은 시그모이드 형 함수도 그 중 하나다.

신경망 *훈련*은 미정 매개변수를 추정하는 과정이다: 이 과정은 일반적으로 모델이 사용될 환경에 해당하는 정상 운전 자료(종종 매우 많은 자료 집합)가 주로 사용된다. 매개변수가 추정된 이후에(신경망이 *훈련된 후에*), 훈련에 사용되지 않은 다른 자료를 이용하여 모델 적합성을 *검증*해야 한다. 종종 얻어진 신경망 모델이 만족스럽지 않다면,

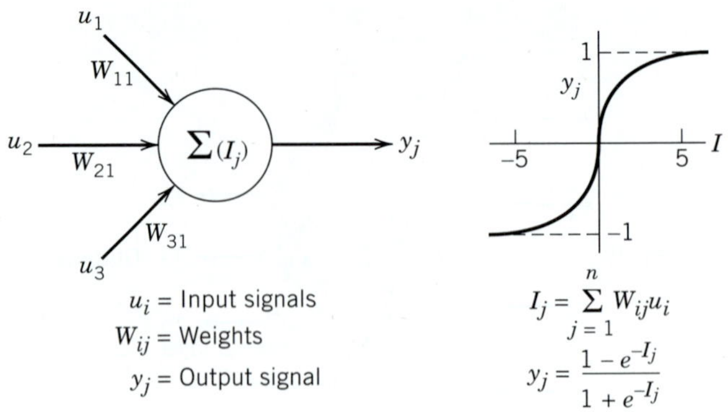

그림 7.12 뉴런의 신호처리 다이어그램.

시행 착오 과정을 통한 모델 구조의 변경을 고려해야 한다. 복잡한 공정의 경험 모델을 자동적으로 만들기 위하여 상업적 소프트웨어를 사용할 수도 있다.

신경망 모델은 결함 탐지 및 진단, 센서 오차, 동적 모델링 및 제어 등에 상업적으로 응용되고 있다(Su and McAvoy, 1997). 몇몇 경우에 신경망을 최신 제어시스템의 제어기 구조를 결정하기 위해 사용된다.

7.3.1 소프트 센서

많은 산업 공정이 공유하는 공통적인 문제가 공정 흐름의 조성과 제품의 물성과 같은 중요 공정 변수들을 실시간에 비파괴적으로 측정할 수 없다는 점이다. 따라서 분석화학의 새로운 기술과 광섬유나 반도체에 기반한 최신 전자기기를 사용하여 새로운 센서를 개발하는 연구가 활발히 진행되고 있다. 또한 이러한 접근법에 대한 대안으로 쉽게 측정할 수 있는 이차적인 변수들을 사용해 측정할 수 없는 공정 변수를 추정하는 방법이 커다란 관심을 받고 있다: 소프트 센서란 용어는 이러한 접근 방법을 가리킨다. *계량화학*(chemometrics)은 공정 모니터링과 제어에 사용하기 위하여 자료를 분석하고 모델링하는 방법을 묘사하는 소프트 센서와 관련된 용어다(Brown, 1998).

소프트 센서는 경험 모델이 측정되지 않는 변수를 정확하게 추측할 수 있는 분야에서 고가의 온라인 측정장치의 매력적인 대체제가 되었다(Kadlec at al., 2009). 예를 들어 텍사스 환경청에서는 NN 모델을 발전용 보일러와 같은 다양한 단위 공정의 배출가스 감시에 적용하였다. NN 모델은 ppb 수준으로 오염물질을 예측하기 위해서 선택된 입출력 변수의 측정값을 사용한다(Martin, 1997). 금속이나 전자 재료에서 가공이 완료되고 결함이 있는 제품이 배송되는 것보다 제품 생산 중에 균열, 불순물, 기공률, 위치 이탈, 결함 등을 실시간 탐지하는 것은 매우 중요하다. 결점 생성과 위치 같은 품질 제어 규격을 예측하기 위하여 가상 센서 모델을 사용하면서 하드웨어 기반의 센서에 요구되는 엄중한 요구 조건들이 상당이 완화될 수 있다.

7.4 이산 시간 모델의 개발

본질적으로 디지털 컴퓨터는 내부적으로 샘플 주기에 의해서 결정된 균등 분할된 점에서 함수의 수치 값이나 이산 시간 자료를 다룬다. 그래서 *차분 방정식*과 같은 이산 시간 모델이 컴퓨터 제어 응용에서 널리 사용된다. 연속 시간 모델을 이산 시간 모델로 전환하는 한가지 방법으로 유한 차분 근사법(finite difference approximation)이 있다(Chapra and Canale, 2014). 다음의 비선형 미분방정식을 살펴보자:

$$\frac{dy(t)}{dt} = f(y,\ u) \tag{7-17}$$

여기서 y는 출력 변수이고 u는 입력 변수다. 이 방정식은 도함수에 대하여 유한 차분 근사를 도입하여 수치적으로 적분할 수 있다(결과적으로 약간 오차를 포함하게 된다). 예를 들어 $t = k\Delta t$에서 도함수를 1차 후방 차분(backward difference) 근사하면 다음과 같다:

$$\frac{dy(t)}{dt} \cong \frac{y(k) - y(k-1)}{\Delta t} \tag{7-18}$$

여기서 Δt는 사용자에 의해 지정된 적분 간격이고 $y(k)$는 $t = k\Delta t$에서 $y(t)$의 값을 나타낸다. 식 7-17을 식 7-18에 대입하고 직전 시간에서의 y와 u(예를 들어 $y(k-1)$과 $u(k-1)$)을 사용하여 $f(y, u)$를 계산하면 다음의 결과를 얻는다:

$$\frac{y(k) - y(k-1)}{\Delta t} \cong f(y(k-1)),\ u(k-1)) \tag{7-19}$$

또는

$$y(k) = y(k-1) + \Delta t f(y(k-1),\ u(k-1)) \tag{7-20}$$

식 7-20은 직전 시간 단계 $(k-1)$에서의 정보에 기반해서 $y(k)$를 예측하는 데 사용할 수 있다. 이와 같은 표현식을 *반복 관계식*(recurrence relation)이라 부른다. 알려진 초기조건 $y(0)$에서 시작하고 주어진 입력 수열, $\{u(k)\}$를 사용하여, $k = 1, 2, 3, \ldots$ 에 대하여 $y(k)$를 연속적으로 계산하면 식 7-19를 수치적으로 적분할 수 있다. 일반적으로 결과적인 수치해는 Δt가 감소함에 따라 좀더 정확하고 실제 $y(t)$에 근접하게 된다. 그러나 너무 작은 Δt 값을 사용하면 컴퓨터의 반올림 오차(roundoff)로 인해 큰 오차가 발생할 수도 있다(Chapa and Canale, 2014).

예제 7.4

아래의 1차 미분방정식에 대하여

$$\tau\frac{dy(t)}{dt} + y(t) = Ku(t) \tag{7-21}$$

$dy(t)/dt$에 대한 1차 후방 차분 근사식을 사용하여 $y(k)$에 대한 반복 관계식(recursive relation)을 유도하시오.

풀이

1차 도함수를 근사한 후에 해당하는 차분 방정식은 다음과 같다:

$$\frac{\tau(y(k) - y(k-1))}{\Delta t} + y(k-1) = Ku(k-1) \tag{7-22}$$

위 식을 정리하면

$$y(k) = \left(1 - \frac{\Delta t}{\tau}\right) y(k-1) + \frac{K \Delta t}{\tau} u(k-1) \tag{7-23}$$

새롭게 얻어진 값 $y(k)$는 기존 값인 $y(k-1)$과 $u(k-1)$의 가중합임을 알 수 있다. 식 7-23은 식 7-20으로부터 직접 유도할 수도 있다.

수치해석 교과서들에 따르면 식 7-23의 정확도는 적분 간격에 영향을 받는다. 그러나 구분적 상수(piecewise constant) 형태의 입력 신호 즉 입력 변수 u가 Δt 동안 일정하게 유지된다면 선형 미분방정식의 경우에 어떤 근사 오차도 없는 이산 시간 모델을 유도할 수 있다. 다음 절에서 Δt의 크기에 상관없이 구분적 상수 입력에 대하여 적분 오차를 발생시키지 않는 이산 시간 모델링 기법을 살펴보겠다.

7.4.1 완전 이산 시간 모델

선형 미분방정식으로 묘사된 공정의 구분 상수 입력에 대한 해석적인 해를 이용해서 이산 시간 모델을 유도할 수 있다. 이러한 해석적 방법으로 유한 차분 근사에 존재하는 이산화 오차를 제거할 수 있다. 기존 출력 $y[(k-1)\Delta t]$와 구분 상수 입력 $u(t) = u[(k-1)\Delta t]$를 가지고 식 7-21의 1차계를 시간 구간 $(k-1)\Delta t \le t < k\,\Delta t$에서 고려하자. $t = k\,\Delta t$에서 식 7-21의 해석적 해는 다음과 같다:

$$\begin{aligned} y(k\Delta t) = &(1 - e^{-\Delta t/\tau}) K u[(k-1)\Delta t] \\ &+ e^{-\Delta t/\tau} y[(k-1)\Delta t] \end{aligned} \tag{7-24}$$

식 7-24는 좀더 간결하게 다음과 같이 정리할 수 있다:

$$y(k) = e^{-\Delta t/\tau} y(k-1) + K(1 - e^{-\Delta t/\tau}) u(k-1) \tag{7-25}$$

식 7-25는 각 샘플링 구간 Δt에 대하여 $u(t)$가 구간 상수 함수라면 식 7-21의 정확한 해석해가 된다. 여기서 출력 $y(t)$는 샘플링 구간에서 상수일 필요가 없고 식 7-25는 각 샘플링 순간($k = 1, 2, 3, \ldots$)에 $y(t)$에 대한 정확한 해를 제공한다.

일반적으로 p차의 선형 미분 방정식을 이산 시간으로 전환할 때, p차의 선형 차분 방정식이 만들어진다. 예를 들어 다음의 2차계 모델을 살펴보자:

$$G(s) = \frac{Y(s)}{U(s)} = \frac{K(\tau_a s + 1)}{(\tau_1 s + 1)(\tau_2 s + 1)} \tag{7-26}$$

구분 상수 입력에 대한 해석적 해는 관련 차분 방정식을 도출한다. 이 차분 모델은 외인성 입력을 가진 *자기 회귀 모델*(autogressive model *w*ith exogeneous input, ARX)이라 불리운다(Ljung, 1999).

$$y(k) = a_1 y(k-1) + a_2 y(k-2) + b_1 u(k-1) + b_2 u(k-2) \tag{7-27}$$

여기서

$$a_1 = e^{-\Delta t/\tau_1} + e^{-\Delta t/\tau_2} \tag{7-28}$$

$$a_2 = -e^{-\Delta t/\tau_1} e^{-\Delta t/\tau_2} \tag{7-29}$$

$$b_1 = K\left(1 + \frac{\tau_a - \tau_1}{\tau_1 - \tau_2}e^{-\Delta t/\tau_1} + \frac{\tau_2 - \tau_a}{\tau_1 - \tau_2}e^{-\Delta t/\tau_2}\right) \tag{7-30}$$

$$b_2 = K\left(e^{-\Delta t(1/\tau_1 + 1/\tau_2)} + \frac{\tau_a - \tau_1}{\tau_1 - \tau_2}e^{-\Delta t/\tau_2} + \frac{\tau_2 - \tau_a}{\tau_1 - \tau_2}e^{-\Delta t/\tau_1}\right) \tag{7-31}$$

식 7-27에서 y의 새 값은 과거 두 샘플링 순간에서의 y와 u값을 필요로 한다; 그래서 이 식은 2차 차분 방정식이다. 만약 식 7-27 ~ 7-31에서 $\tau_2 = \tau_a = 0$이라면, 식 7-24와 같은 1차 차분 방정식으로 축소된다.

2차 차분방정식의 정상 상태 이득은 정상 상태 조건을 고려하면 쉽게 찾을 수 있다. $\bar{u}$와 $\bar{y}$를 u의 계단 변화 이후에 새로운 정상 상태 값이라 하자. 이 값들을 식 7-27에 대입하면 다음과 같다:

$$\bar{y} = a_1\bar{y} + a_2\bar{y} + b_1\bar{u} + b_2\bar{u} \tag{7-32}$$

y와 u가 편차변수이기 때문에, 정상 상태 이득은 간단히 $\bar{y}/\bar{u}$다. 식 7-32을 다시 정리하자:

$$\text{Gain} = \frac{\bar{y}}{\bar{u}} = \frac{b_1 + b_2}{1 - a_1 - a_2} \tag{7-33}$$

식 7-28 ~ 7-31을 식 7-33에 대입하면 식 7-26으로 주어진 전달함수 모델의 정상 상태 이득 K를 얻을 수 있다.

고차계 선형 미분방정식들은 상태공간 해석법을 사용하여 이산 시간 차분방정식으로 전환될 수 있다(Åström and Wittenmark, 1997).

7.5 실험 자료로부터 이산 시간 모델 식별

선형 이산 시간 모델을 만드는 방법 중의 하나로 연속 시간 모델을 실험 자료에 맞춤하고 (7.2절 참조) 이를 이산 모델로 전환하는 방법이 있다(7.4절 참조). 이 방법보다 좀더 매력적인 방법은 선형회귀법을 사용해 입출력 자료로부터 직접적으로 이산 시간 모델의 매개변수를 추정하는 방법이다. 이러한 접근법은 *시스템 식별*(system identification)의 한 예다(Ljung, 1999). 특정한 한 예로 식 7-27의 2차 차분방정식을 살펴보자. 이 모델은 $(k-1)\Delta t$와 $(k-2)\Delta t$에 가용한 자료로부터 $y(k)$를 예측하는데 사용할 수 있다. 모델 매개변수 a_1, a_2, b_1 및 b_2는 미정 계수다. 이들 매개변수는 아래와 같이 정의한 후에 식 7-6의 오차 판별 기준을 선형회귀법으로 최소화하여 추정할 수 있다:

$$\beta^T = [a_1 \;\; a_2 \;\; b_1 \;\; b_2], \quad U_1 = y(k-1), \quad U_2 = y(k-2), \quad U_3 = u(k-1), \quad U_4 = u(k-2)$$

예제 7.5

표 7.2에 제시된 $y(k)$에 대한 계단 응답 자료를 살펴보자. 이 자료는 예제 7.3과 그림 7.8에서 $\Delta t = 1$로 지정하여 얻은 것이다. $t = 0$일 때 u에 단위 계단 변화가 발생했고 첫번째 출력은 다음 샘플링 시간까지 변화가 없었다.

식 7-27의 모델 매개변수를 표 7.2의 입출력 자료를 사용하여 추정하시오. 이렇게 얻어진 모델과 예제 7.3에서 비선형 회귀를 사용해 얻은 모델과 비교하시오. $k < 0$인 경우에는 $y(k) = 0$과 $u(k) = 0$을 가정하시오(시스템이 정적 상태에 있었음).

표 7.2 계단 응답 자료.

k	$y(k)$
1	0.058
2	0.217
3	0.360
4	0.488
5	0.600
6	0.692
7	0.772
8	0.833
9	0.888
10	0.925

풀이

선형 회귀 모델 식별을 위해서, 4개의 독립 변수, $y(k-1)$, $y(k-2)$, $u(k-1)$, $u(k-2)$, 1개의 의존 변수 $y(k)$ 및 4개의 미정 매개변수 (a_1, a_2, b_1, b_2)를 사용한다. 표 7.3과 같이 자료를 구조화하고 Excel을 사용해 회귀를 실행한다.

표 7.4에는 두 개의 접근법을 사용해 얻어진 모델의 매개변수를 수록하였다. 비선형 회귀로 표기된 결과는 연속 시간 모델(시간상수 τ_1과 τ_2, 이득 K인 과도 감쇠 2차계 모델)을 비선형 회귀를 사용하여 자료에 맞춤하고 연이어서 식 7-27 ~ 7-31을 사용하여 관련 이산 시간 모델로 변환하였다.

표 7.3 예제 7.5에 회귀 적용을 위한 자료 구조화.

$$\boldsymbol{Y} = \begin{bmatrix} 0.058 \\ 0.217 \\ 0.360 \\ 0.488 \\ 0.600 \\ 0.692 \\ 0.722 \\ 0.833 \\ 0.888 \\ 0.925 \end{bmatrix} \qquad \boldsymbol{U} = \begin{bmatrix} 0 & 0 & 1 & 0 \\ 0.058 & 0 & 1 & 1 \\ 0.217 & 0.058 & 1 & 1 \\ 0.360 & 0.217 & 1 & 1 \\ 0.488 & 0.360 & 1 & 1 \\ 0.600 & 0.488 & 1 & 1 \\ 0.692 & 0.600 & 1 & 1 \\ 0.772 & 0.692 & 1 & 1 \\ 0.833 & 0.772 & 1 & 1 \\ 0.888 & 0.833 & 1 & 1 \end{bmatrix}$$

표 7.4 예제 7.5에서 얻어진 모델 매개변수 추정 결과 비교.

	선형 회귀	비선형 회귀
a_1	0.975	0.984
a_2	−0.112	−0.122
b_1	0.058	0.058
b_2	0.102	0.101
K	1.168	1.159

표 7.4에 제시된 선형회귀로부터 얻어진 매개변수들은 비선형 회귀에서 얻어진 것과 다소 다르다. 이러한 결과는 선형회귀에서는 4개의 매개변수가 추정되었고 비선형 회귀에서는 3개의 매개변수를 추정했기 때문이다. 선형회귀로 계산된 이득 추정치 $K = 1.168$은 비선형 회귀로 얻어진 값보다 약 1% 정도 크다.

표 7.5에서 두 개의 경험 모델을 사용하여 응답을 시뮬레이션한 결과를 비교하였다. 선형회귀 결과가 좀더 나은 예측 결과를 만드는데 이는 1개 더 많은 매개변수를 맞춤을 위해 사용했기 때문이다. 그러나 이번에 살펴본 특정한 예제에서 얻은 계단 응답 결과들은

그래프 상에서 구분하기 힘들 정도로 유사한 결과를 산출한다.

표 7.5 예제 7.5에서 개발된 차분 방정식 모델의 시뮬레이션 응답 결과 비교.

n	y	$\hat{y}_L$	$\hat{y}_N$
1	0.058	0.058	0.058
2	0.217	0.217	0.216
3	0.360	0.365	0.366
4	0.488	0.487	0.487
5	0.600	0.595	0.596
6	0.692	0.690	0.690
7	0.772	0.768	0.767
8	0.833	0.835	0.835
9	0.888	0.886	0.885
10	0.925	0.933	0.932

* y, 실험자료; $\hat{y}_L$, 선형회귀; $\hat{y}_N$, 비선형 회귀

예제 7.5는 2차 차분방정식 모델을 직접적으로 실험자료에 맞춤하는 방법을 보여준다. 선형회귀법은 매개변수가 모델에 선형적이기만 하면 고차계 모델에도 사용할 수 있을 것이다. 추정된 매개변수 값들은 자료 수집을 위한 샘플링 주기 Δt에 따라 달라진다.

회귀법의 이점은 모델 매개변수를 추정하기 위해 u에 계단변화를 만들 필요가 없다는 점이다. 이산 시간모델의 다른 형태로 유한 임펄스 응답(finite impulse response, FIR)과 계단 응답 모델이 있다. 이들 모델은 모델 예측제어와 밀접한 관련이 있기 때문에 20장에서 살펴볼 것이다.

7.5.1 복잡한 모델의 공정 식별

이 절에서는 3가지의 복잡한 공정 모델을 간단히 살펴보겠다: MIMO 모델, 확률 모델(stochastic model), 비선형 이산 시간 모델.

MIMO 공정 모델은 본질적으로 SISO 모델보다 복잡하다. 선형시스템의 경우에, 중첩원리(Principle of Superposition)가 적용되므로, 하나의 입력을 계단 변화 시키고 나머지 입력은 일정하게 유지하는 일련의 실험을 통해 MIMO 모델을 구축할 할 수 있다. 3개의 입력($\boldsymbol{u}$)과 3개의 출력($\boldsymbol{y}$)을 가진 공정의 경우에, u_1에 계단 변화를 만들고 y_1, y_2 및 y_3의 응답을 측정한다. 이 경우에 u_1과 관련된 3개의 전달함수

$$\frac{Y_1}{U_1} = G_{11}, \quad \frac{Y_2}{U_1} = G_{21}, \quad \frac{Y_3}{U_1} = G_{31}$$

를 7.2절에서 제시한 방법을 사용해 만들 수 있다. 비슷한 방법으로 U_2와 U_3의 계단 변화를 사용해 다른 6개의 전달함수 G_{ij}를 얻을 수 있다. 다른 방법으로는 앞 부분에서 설명한 것처럼 이산 시간 모델을 각 입력에 대하여 선형회귀법을 적용해 만들 수 있다. 이러한 모델들을 어떻게 개발하고 모델 예측제어기 계산을 위해 어떻게 사용하는지에 대한 내용은 20장을 참조하기 바란다.

MIMO 모델을 얻기 위해 PRBS 입력(그림 7.10(b))을 사용할 수도 있다. 다중 입력 PRBS 신호를 만들기 위해서는 각 입력의 변화가 독립적인 것이 바람직하다. 이러한 목

적을 성취하는 한 가지 방법으로 각 입력을 위해 단일 PRBS 신호의 평행이동 또는 지연된 버전을 사용하는 방법이 있다. 하나의 PRBS 입력 실험이 20시간이 소요된다면, 3번의 입력 실험은 3배의 시간이 필요하다. Hokanson and Gerstle(1992)는 각 독립 변수마다 약 20번의 움직임을 만들 것을 제안했다.

선형 이산 시간 모델을 확률론적으로 측정되지 않는 외란을 포함한 모델로 확장할 수 있다. 예를 들어 공정 모델과 *잡음 모델*(noise model)이라 불리는 외란 모델을 실험 자료로부터 얻을 수 있다(Ljung, 1999). 이 경우에 식 7-1에 오차 항 ϵ는 백색 잡음(white noise)이 아니라 자기상관(autocorrelation)을 가진 *유색 잡음*(colored noise)이다. 즉 과거의 값들에 의존하는 ϵ을 유발한 숨겨진 외란 동력학이 있다는 의미다.

다양한 종류의 비선형 이산 시간 모델이 공정제어 분야에서 사용되고 있다(Pearson, 1999). 이러한 비선형 모델로는 7.3절에서 논의한 신경망 모델이나 직전에 논의한 선형모델에 비선형 항을 추가한 모델들이 있다.

요약

이론적 모델이 가용하지 않거나 너무 복잡할 때, 경험적 공정 모델은 실용적인 대안이 될 수 있다. 이러한 상황에서 입출력 자료로부터 제어시스템 설계에 충분히 정확한 모델을 얻을 수 있다. 1차계 혹은 2차계 전달함수 모델을 얻기 위해서 계단 응답 자료에 도시법이나 컴퓨터를 사용한 비선형 회귀를 적용할 수 있다. 선형 차분 방정식 형태의 이산 시간 모델이 공정제어에서 종종 사용된다. 이러한 모델은 실험 응답 자료의 최소 자승 맞춤으로 손쉽게 얻을 수 있다.

참고문헌

Åström, K. J., and B. Wittenmark, *Computer-Controlled Systems: Theory and Design*, 3rd ed., Prentice-Hall, Englewood Cliffs, NJ, 1997.

Brown, S.D., Information andDataHandling in Chemistry and Chemical Engineering: The State of the Field from the Perspective of Chemometrics, *Computers and Chem. Engr.*, **23**, 203 (1998).

Chapra, S. C., and R. P. Canale, *Numerical Methods for Engineers*, 7th ed, McGraw-Hill, New York, 2014.

Draper, N. R., and H. Smith, *Applied Regression Analysis*, 3rd ed., JohnWiley and Sons, Hoboken, NJ, 1998.

Edgar, T. F., D. M. Himmeblau, and L. S. Lasdon, *Optimization of Chemical Processes*, 2nd ed., McGraw-Hill, New York, 2001.

Godfrey, K. (Ed.), *Perturbation Signals for System Identification*, Prentice-Hall, Englewood Cliffs, NJ (1993).

Haykin, S. S., *Neural Networks and Learning Machines*, 3rd ed., Prentice-Hall, Upper Saddle River, NJ, 2009.

Himmelblau, D. M., Accounts of Experience in the Application of Artificial Neural Networks in Chemical Engineering, *Ind.* Eng. Chem. Res., **47**, 5782 (2008).

Hokanson, D. A., and J. G. Gerstle, Dynamic Matrix Control Multivariable Controllers, in *Practical Distillation Control*, W. L. Luyben (Ed.), Van Nostrand Reinhold, New York (1992), p. 248.

Kadlec, P., B. Gabrys, and S. Strandt, Data-driven Soft Sensors in the Process Industries, *Computers and Chem. Engr.*, **33**, 795 (2009).

Ljung, L., *System Identification*: Theory for the User, 2nd ed., Prentice-Hall, Upper Saddle River, NJ, 1999.

Ljung, L., *System Identification Toolbox for Use with Matlab. Version 7.* MathWorks, Inc, Natick, MA, 2007.

Ljung, L., and T. Glad, *Modeling of Dynamic Systems*, Prentice-Hall, Upper Saddle River, NJ, 1994.

Martin, G., Consider Soft Sensors, *Chem. Engr. Prog.*, **93**(7), 66 (1997).

Montgomery, D. C., and G. C. Runger, *Applied Statistics and Probability for Engineers*, 6th ed., John Wiley and Sons, Hoboken, NJ (2013).

Pearson, R. K., *Discrete-Time Dynamic Models*, Oxford University Press, New York, 1999.

Rangaiah, G. P., and P. R. Krishnaswamy, Estimating Second-Order plus Dead Time Model Parameters, *Ind. Eng. Chem.* Res., **33**, 1867 (1994).

Rangaiah, G. P., and P. R. Krishnaswamy, Estimating Second-Order Dead Time Parameters from Underdamped Process Transients, *Chem. Engr.* Sci., **51**, 1149 (1996).

Rivera, D. E., and K. S. Jun, An Integrated Identification and Control Design Methodology for Multivariable Process System Applications, *IEEE Control Systems Magazine*, **20**(3), 25 (2000).

Smith, C. L., *Digital Computer Process Control*, Intext, Scranton, PA, 1972.

Su, H. T., and T. J. McAvoy, Artificial Neural Networks for Nonlinear Process Identification and Control, Chapter 7 in *Nonlinear Process Control*, M. A. Henson and D. E. Seborg (Eds.), Prentice Hall, Upper Saddle River, NJ, 1997.

Sundaresan, K. R., and R. R. Krishnaswamy, Estimation of Time Delay, Time Constant Parameters in Time, Frequency, and Laplace Domains, *Can. J. Chem. Eng.*, **56**, 257 (1978).

연습문제

7.1 운전원이 3:05 A.M.에 입구 유속 q_i를 500에서 520 gal/min으로 계단 변화시켰다. 공정 온도 T(초기에 120 °C)의 첫 변화는 3:08 A.M.에 관측되었고, 그 후에 T의 응답은 매우 빨랐고 정상 상태 값 124.7 °C에 가까워짐에 따라 점차적으로 느려졌다. 운전원은 3:34 A.M. 이후에는 변화가 없다고 일지에 기록하였다. 좀더 정확한 정보가 없을 때, 이 공정의 온도와 유량에 대한 근사 전달함수는 무엇인가? 좀더 좋은 추정 모델을 얻기 위해서 운전원은 다음 번에 무엇을 해야 될까?

7.2 교반 탱크 공정이 입구 유속 q_i를 30.1 ft^3/min으로 상당한 시간 동안 운전되었다. 운전원이 $t = 0$일 때 유속을 갑자기 10% 증가시킨 후, 탱크의 액위가 표 E.7.2와 같이 변화하였다.

공정의 동력학이 1차계로 묘사된다고 가정하고, 아래의 3가지 방법으로 각각 정상 상태 이득과 시간 상수를 구하시오.

(a) 출력 총 변화의 63.2%에 도달하는 데 소요된 시간으로부터

(b) 응답 곡선의 초기 기울기로부터

(c) 부분 불완전 응답 곡선의 기울기로부터

(d) 앞에서 구한 모델의 계단 응답을 시뮬레이션하여 그 결과를 실험 자료와 비교하여라.

표 E7.2

t (min)	h (ft)	t (min)	h (ft)
0	5.50	1.4	6.37
0.2	5.75	1.6	6.40
0.4	5.93	1.8	6.43
0.6	6.07	2.0	6.45
0.8	6.18	3.0	6.50
1.0	6.26	4.0	6.51
1.2	6.32	5.0	6.52

7.3 입력이 q이고 출력이 각각 T_1과 T_2인 2개의 교반 탱크로 구성된 공정이 있다(그림 E7.3 참조). 각 탱크의 동특성이 기본적으로 1차계라는 가정을 검증하기 위해서, q에 계단 변화(82에서 85 L/min)를 만들고 표 E7.3과 같은 출력 응답을 얻었다.

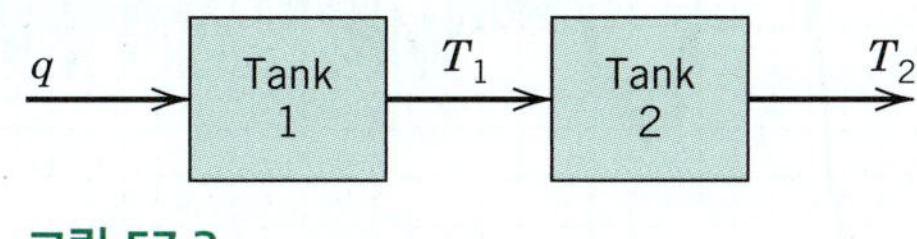

그림 E7.3

(a) 모두 $K_i/(\tau_i s + 1)$의 형태를 가진다고 가정하여, 전달함수 $T_1'(a)/Q'(s)$와 $T_2'(s)/T_1'(s)$를 구하시오.

(b) 같은 q의 계단 변화에 대한 모델의 응답을 계산하고 실험 결과 함께 도시하시오.

표 E7.3

t (min)	T_1 (°C)	T_2 (°C)	t (min)	T_1 (°C)	T_2 (°C)
0	10.00	20.00	11	17.80	25.77
1	12.27	20.65	12	17.85	25.84
2	13.89	21.79	13	17.89	25.88
3	15.06	22.83	14	17.92	25.92
4	15.89	23.68	15	17.95	25.94
5	16.49	24.32	16	17.96	25.96
6	16.91	24.79	17	17.97	25.97
7	17.22	25.13	18	17.98	25.98
8	17.44	25.38	19	17.99	25.98
9	17.60	25.55	20	17.99	25.99
10	17.71	25.68	50	18.00	26.00

7.4 아래의 전달함수로 묘사된 다단 생물분리 장치를 고려하자.

$$G(s) = \frac{2}{(5s+1)(3s+1)(s+1)}$$

(a) 크기 1.5의 계단 입력 변화에 대한 응답을 계산하시오.

(b) 1차 시간 지연 모델을 부분 불완전 응답을 사용하여 구하시오.

(c) 7.2절의 방법을 사용하여 근사적 2차계 모델을 만드시오.

(d) 같은 계단 입력 변화를 사용하여 3차계 모델과 앞에서 구한 2개의 근사 모델의 응답을 계산하고, 그 결과를 그려서 비교하시오. 근사된 모델에 대한 당신의 결론을 진술하시오.

7.5 $K = \tau = 1$을 가진 FOPTD으로부터 계단 응답 자료를 얻었다고 가정하자. Sundaresan과 Krishnaswamy 방법을 이 자료에 적용하여 얻은 FOPTD 모델의 정확도를 결정하기 위해, θ/τ = 0.1, 1.0, 10.0인 3가지 경우를 고려하시오. 그 결과를 도시하고 제곱 오차의 합을 계산하시오.

7.6 그림 E7.6과 같은 단위 계단 응답에 대하여, 도시법을 사용해 아래의 모델들을 구하시오.

(a) 1차계-시간 지연

(b) Smith 방법과 비선형 회귀를 사용한 2차계

하나의 그림에 3개 예측 모델의 응답을 도시하시오.

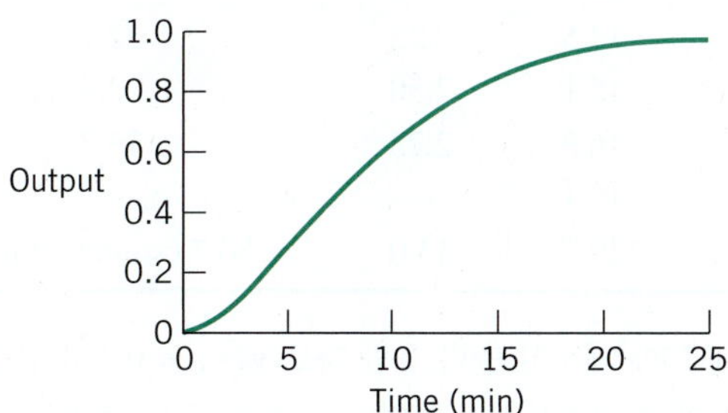

그림 E7.6

7.7 고온의 오일을 사용하여 글리콜(glycol) 용액을 가열하는 열교환기가 FOPTD 거동을 보이는 것으로 알려져 있다: $G_I(s) = T'(s)/Q'(s)$, 여기서 T'는 출구온도 편차변수이고 Q'는 고온의 오일 유량의 편차변수다. 열전쌍은 열교환기 출구로부터 3 m 떨어진 하류에 위치한다. 출구 파이프에서 글리콜의 평균속도는 0.5 m/s 다. 또한 열전쌍은 1차계 동특성을 가지나 시간 상수는 열교환기의 시간 상수와 비교하여 매우 작다.

(a) Q'의 단위계단 입력에 대한 전체 시스템의 응답은 그림 E7.7 과 같다. 이 자료와 당신이 원하는 방법을 사용하여 이 공정에 대한 시간 상수를 계산하시오.

(b) 당신의 경험 모델로부터 열교환기, 파이프 및 열전쌍의 전달함수들을 구하시오. 모델은 3개의 전달함수(공정, 파이프 흐름 및 센서)의 곱으로 간주하고, 총괄 전달함수로부터 개개의 독립적인 전달함수를 얻기 위하여 어떤 가정이 필요한지 제시하시오.

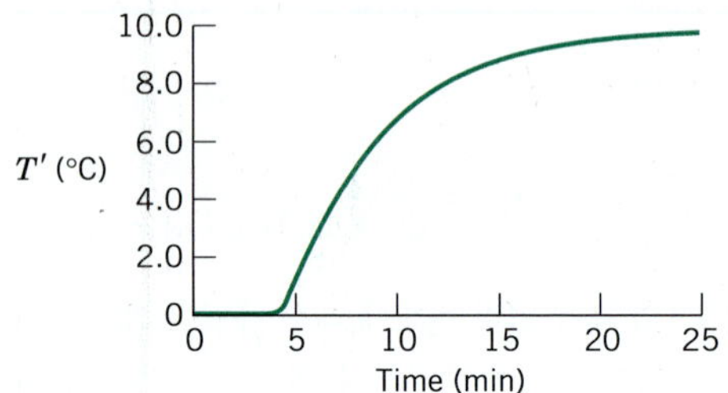

그림 E7.7

7.8 액위가 입구흐름의 변화에 1차계로 반응한다. 입구 흐름이 1.5에서 4.8 gal/min으로 갑작스럽게 변화했을 때 액위가 아래 표 E7.8과 같이 변화하였다.

(a) 7.2절의 방법들 중 하나를 사용하여 시간 상수를 추정하고 전달함수를 구하시오. 편차변수를 사용하고 모델 매개변수의 단위를 기술하시오.

(b) 비선형 회귀와 액위 자료를 사용하여 (*a*)를 반복하시오.

(c) 실험 결과와 2개 근사모델의 응답을 하나의 그림에 그리고 그 결과를 비교하시오, 어느 모델이 더 우월한가? (당신의 답의 근거도 함께 제시하시오).

표 E7.8

Time (min)	Level (ft)	Time (min)	Level (ft)
0.00	10.4	1.75	20.3
0.25	12.0	2.00	21.5
0.50	13.5	2.25	22.1
0.75	15.1	2.50	22.9
1.00	16.8	2.75	23.7
1.25	18.1	⋯	⋯
1.50	19.2	15.0	30.7 (steady state)

7.9 표 E7.9에 제시된 출력 응답 자료 y는 $t = 0$에서 입력 u를 1에서 5로 계단 변화시켜 만들었다. 아래와 같은 형태의 전달함수 모델을 만드시오.

$$\frac{Y(s)}{U(s)} = \frac{Ke^{-\theta s}}{(\tau_1 s + 1)(\tau_2 s + 1)}$$

표 E7.9

t	y	t	y
0	0	7	1.8
1	0	8	2.4
2	0	9	2.7
3	0.3	10	2.8
4	0.6	11	2.9
5	0.9	12	3.0
6	1.3	13	3.0

7.10 공기의 유량이 1000에서 950 cfm으로 감소했을 때, 보일러 온도 T의 잡음을 가진 계단 응답 자료가 아래 표와 같다. 7장에서 제시한 방법을 사용하여 FOPTD 모델을 구하시오. 편차변수를 사용하고 모델 매개변수의 단위도 함께 기술하시오.

표 E7.10

t (min)	q (cfm)	T (°C)
0	1000	849
1	1000	851
2	1000	850
3	950	851
4	950	849
5	950	860
6	950	867
7	950	873
8	950	878
9	950	882
10	950	886
11	950	888
12	950	890
13	950	890

7.11 입력의 단위계단 변화(시간 0에서 일어남)에 대한 시스템의 응답이 그림 E7.11과 같다.

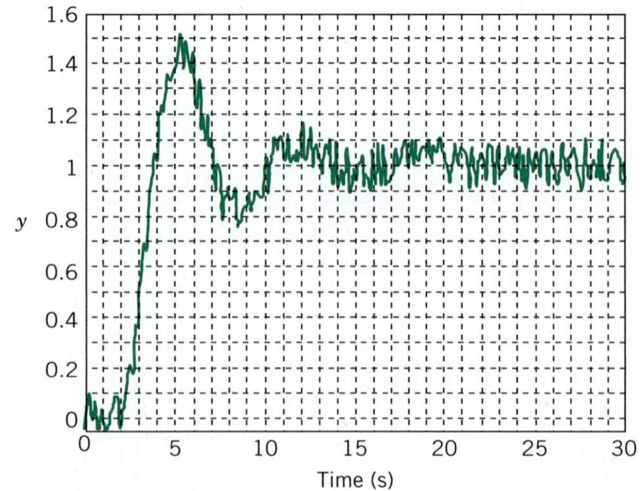

그림 E7.11

(a) 시스템의 2차 시간 지연 모델을 구하시오. SOPTD 모델의 이득, 시간 상수 및 시간 지연 값을 계산하시오.

(b) 왜 FOPTD 모델이 이 자료 맞춤에 적합하지 않은지 이유를 설명하시오.

7.12 그림 E7.12는 입력 단위 계단 변화에 대한 시스템의 응답을 보여준다.

(a) 그림의 자료를 사용하여 FOPTD 모델을 구하시오.

(b) 모델의 응답을 도시하고 자료와 비교하시오.

(c) FOPTD 모델이 원래 응답의 모든 특성을 다 잡아내지 못한다. FOPTD 모델이 잡아내지 못한 특징은 무엇인가? 무엇이 이러한 동적 거동을 만들어 냈을까?

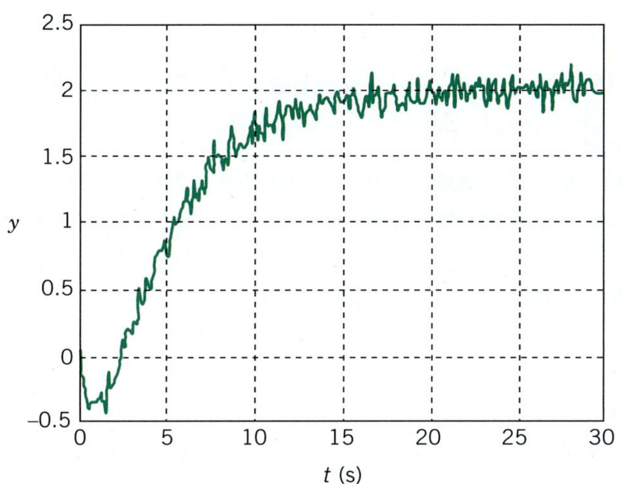

그림 E7.12

7.13 아래의 1차 미분방정식을 고려하자:

$$5\frac{dy}{dt} + y(t) = 6u(t) \quad y(0) = 3$$

여기서 $u(t)$는 구분 상수(piecewise constant)이고 다음 값을 가진다:

$$\begin{aligned} &u(0) = 0 \quad u(3) = 3 \\ &u(1) = 1 \quad u(4) = 0 \\ &u(2) = 2 \quad u(t) = 0 \quad \text{for } t > 4 \end{aligned}$$

$\Delta t = 1$일 때 미분방정식을 변환하여 차분방정식을 구하는데 아래의 방법을 사용하시오.

(a) 완전 이산화

(b) 유한 차분 근사법

7.14 $0 \le t \le 10$ 범위에서 적분 결과를 비교하시오. $\Delta t = 0.1$을 사용했을 때, 유한 차분 모델의 정확도가 얼마나 향상되는지 살펴보시오. 흡광도를 측정하는 세포 농도 센서를 사용하여 생화학 물질 흐름에 대한 자료를 수집했다. 입력 u는 유량의 편차 변수(무차원)이고, 센서 출력 y는 volt 단위로 주어진다. 유량은 샘플링 사이에서 구분 상수(piecewise constant)다. 공정이 초기에 정상 상태에 있지 않아, y는 $u = 0$일 때에도 변할 수 있다.

표 E7.14

Time (s)	u	y
0	0	3.000
1	3	2.456
2	2	5.274
3	1	6.493
4	0	6.404
5	0	5.243
6	0	4.293
7	0	3.514
8	0	2.877
9	0	2.356
10	0	1.929

1차 모델, $y(k) = a_1 y(k-1) + b_1 u(k-1)$을 최소자승법을 이용하여 실험자료에 맞춤하시오. 모델 응답과 실제 자료를 도시하시오. 이 자료를 맞춤하여 1차계 연속 전달함수 $G(s)$을 구할 수 있을까?

7.15 이득 $K = 2$를 가진 공정의 단위 계단 응답 자료를 표 E7.15에 수록하였다. 시간 지연이 없는 1차계 모델에 자료를 맞춤하시오. 다음으로 $\Delta t = 1$인 1차 이산 시간 모델을 구하기 위해 선형회귀를 사용하시오. 앞에서 구한 두 모델을 사용하여 $y(t)$의 예측된 값을 도시하고 표 E7.15의 자료와 비교하시오. 이산 시간 모델의 이득을 계산하고 $K = 1$의 알려진 값과 비교하시오. 그리고 K 값이 다른 이유를 설명하시오.

표 E7.15

Time	$y(t)$
0	0.0
1	0.05
2	0.22
3	0.37
4	0.47
5	0.58
6	0.68
7	0.77
8	0.82
9	0.87
10	0.90

7.16 이 책의 웹사이트(www.wiley.com/college/seborg)에서 제1형 당뇨병(type 1 diabetes)을 가진 환자들에 대한 자료를 Excel과 MATLAB 파일로 다운로드 받을 수 있다. 글루코스 측정값 (y)는 피하(subcutaneous) 글루코스 농도를 측정하는 착용할 수 있는(wearable) 센서를 사용하여 5분 간격으로 측정되었다. 인슐린 주입 속도 (u)도 착용할 수 있는 피하 인슐린 펌프를 사용하여 매 5분마다 기록하였다. 자료 파일은 인슐린 주입 속도의 계단 변화에 대한 2개의 실험 자료로 구성되어 있고, 자료는 명목

상 정상 상태로 평가되는 초기값에 대한 편차변수로 보고되었다.

글루코스 농도 y와 인슐린 주입 속도 u의 관계가 아래의 이산 시간 동력학 모델로 표현 가능하다고 제안되었다:

$$y(k) = a_1 y(k-1) + a_2 y(k-2) + b_1 u(k-1) + b_2 u(k-2)$$

(a) *기초*(basal1) 자료를 사용하여 모델 매개변수를 추정하기 위해 최소 자승법을 사용하시오. 이 자료는 *교정*(calibration) *자료*라고 부를 수 있다. 모델 응답과 이 자료를 도시하여 비교하시오.

(b) (a)에서 얻은 모델의 정확성을 평가하기 위해서, 검증 자료(basal2)의 u 계단 변화에 해당하는 모델 응답 $\hat{y}$를 계산하시오. 모델 응답 $\hat{y}$와 검증 자료 y를 함께 도시하여 비교하시오.

(c) 다른 방법으로 아래의 전달함수

$$\frac{Y(s)}{U(s)} = \frac{K}{\tau s + 1}$$

을 사용하여 (*a*)와 (*b*)의 과정을 수행하시오. 도시법과 *기초* 자료(basal1)를 사용하여 모델 매개변수를 구하시오. 모델과 실험 응답 자료를 비교하시오

(d) 어느 모델이 더 우수한가? 아래 식으로 표현된 한 단계 앞 예측 오차(one-step ahead prediction error)에 대한 최소 자승 지수(least squares index)를 평가하여 당신의 답을 검증하시오.

$$S = \sum_{k=1}^{N} [y(k) - \hat{y}(k)]^2$$

여기서 N은 실험 자료의 개수다.

7.17 부록 E의 PCM 가열로(furance) 모듈을 고려하자. 탄화수소 온도 T_{HC}을 출력 변수로 공기 유량 F_A는 입력 변수로 생각하자.

(a) F_A의 계단 변화(t = 10 min에 17.9에서 20.0 m^3/min)에 대한 응답 자료를 사용해 FOPTD 모델을 만드시오. 계산된 모델 매개변수를 표로 요약하고 간단하게 매개변수를 계산한 방법을 설명하시오

(b) SOPTD 모델을 사용해 (*a*)를 반복하시오.

(c) (a)의 F_A 계단변화에 대한 T_{HC}의 실제 응답과 두 모델의 응답을 도시하시오.

(d) 두 모델의 정확도는 적절한가? 아래 식으로 표현된 예측 오차에 대한 최소 자승 지수를 고려하여 당신의 답을 검증하시오

$$S = \sum_{k=1}^{N} [y(k) - \hat{y}(k)]^2$$

여기서 N은 실험 자료의 개수다.

7.18 부록 E의 PCM 증류탑 모듈을 고려하자. 증류물의 MeOH 조성 x_D는 출력 변수이고 환류비 R은 입력 변수다.

(a) R의 계단 변화(t = 10 min에 1.75에서 2.0)에 대한 응답 자료를 사용해 FOPTD 모델을 만드시오. 계산된 모델 매개변수를 표로 요약하고 간단하게 매개변수를 계산한 방법을 설명하시오

(b) SOPTD 모델을 사용해 (a)를 반복하시오.

(c) (a)의 R 계단 변화에 대한 x_D의 실제 응답과 두 모델의 응답을 도시하시오.

(d) 두 모델의 정확도는 적절한가? 아래 식으로 표현된 예측 오차에 대한 최소 자승 지수를 고려하여 당신의 답을 검증하시오.

$$S = \sum_{k=1}^{N} [y(k) - \hat{y}(k)]^2$$

여기서 N은 실험 자료의 개수다.

CHAPTER 08

피드백 제어기

Feedback Controllers

학습목차 *Chapter Contents*

8.1 소개
8.1.1 예시: 연속 혼합공정
8.1.2 역사적 관점
8.2 기초 제어 방식
8.2.1 비례 제어
8.2.2 적분 제어
8.2.3 미분 제어
8.2.4 비례–적분–미분 제어
8.3 PID 제어기의 특징
8.3.1 미분폭주(Derivative Kick)의 제거
8.3.2 설정점 가중치
8.3.3 역방향 혹은 정방향 동작
8.3.4 자동/수동 제어 방식
8.4 디지털 PID 제어기
8.4.1 위치형/속도형 PID 알고리즘
8.4.2 기본 PID 알고리즘의 수정
8.5 피드백 제어계의 전형적인 응답
8.6 On-Off 제어기
요약

이전 장에서는 대표적인 공정들의 동적거동을 분석하고 동특성을 해석하는 데 필요한 수학적 도구들을 개발하였다. 이제 1장에서 소개된 피드백 제어의 중요한 주제를 고려할 시점이다.

공정산업에서 가장 널리 사용되는 두 가지 방법인 *비례–적분–미분*(PID) 제어기와 *On-Off 제어기*에 중점을 둔 표준 피드백 *제어 알고리즘*(*제어법칙*이라 부르는)이 제시된다. 아날로그(또는 연속식)와 디지털(또는 이산형) PID 제어 모두 고려된다. 표준 피드백 제어루프의 나머지 요소들(센서, 전송기 및 제어밸브)은 9장에서 다룰 것이다. 고급 피드백 제어전략은 16, 18, 20장과 부록 G, H에서 다룰 것이다.

8.1 소개

2장과 4장의 교반식 혼합공정을 통하여 피드백 제어계를 소개하겠다.

8.1.1 예시: 연속 혼합공정

교반식 혼합공정과 제어계의 개략도가 그림 8.1에 나와 있다. 목표는 제어밸브를 통해 순수한 성분 A의 유량 w_2를 조정함으로써 탱크 출구 조성 x를 원하는 값의 설정점으로 유지하는 것이다. 조성 분석–전송기(AT)는 출구 조성을 측정하고 이를 전기신호로 피드백 제어기(AC)로 전송한다. 제어기는 측정값인 x_m을 원하는 값(설정점)과 비교하고, 적절한 출력 신호 p를 계산한다. 이 전기신호는 *전류–압력 변환기*(I/P)에 보내져 공압

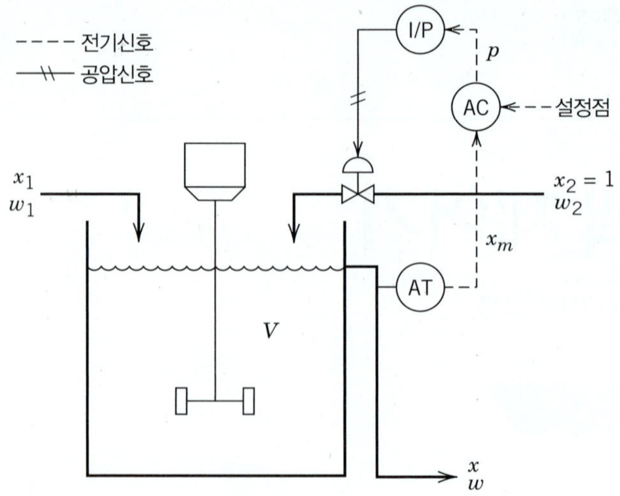

그림 8.1 교반식 혼합공정 및 제어계의 개략도.

제어밸브와 호환되는 공압 신호로 전환된다. 그림 8.1의 기호는 계장, 시스템 및 자동화 협회(ISA)에서 발행한 표준 계장 기호의 예다. 특히, 전기 신호는 점선으로 표시되고 공압 신호는 십자선이 있는 실선으로 표시된다. 공통 계장 기호의 모음은 부록 D에 있다.

이 예시는 피드백 제어루프의 기본 구성 요소가 다음과 같다는 것을 보여준다:

- 제어되는 공정(혼합공정)
- 센서와 전송기(AT)
- 피드백 제어기(AC)[1]
- 전류–압력 변환기(I/P)
- 최종제어요소(제어밸브)
- 다양한 계기들 사이의 전송선(전기 케이블 및 공압 튜브)

제어루프에 전자 계기와 공압 제어밸브가 모두 포함된 경우 전류–압력(또는 전압–압력) 변환기가 필요하다. *최종제어요소*(final control element)는 조작 변수를 조정하는 데 사용되는 장치를 나타낸다. 이는 일반적으로 제어밸브이지만 가변 속도 펌프 혹은 전기 히터와 같은 다른 유형의 장치일 수도 있다. 유사한 혼합 제어계(전자 작동 제어밸브)의 작동은 1.2절에서 설명하고 있다.

그림 8.1의 혼합 시스템에는 아날로그 계장이 포함된다. 아날로그 장치의 경우, 입력과 출력 신호는 불연속(디지털 또는 이산 시간)이 아니라 연속(아날로그)이다. 아날로그 장치는 전자식 혹은 공압식일 수 있다. 센서 및 제어기와 같은 전자 장치의 경우 입력 및 출력 신호의 표준 범위는 4~20 mA 및 1~5 V(DC)이다. 공압 계기는 특히 전자 계기가 안전하지 않은 오래된 공장이나 위험한 장소에서 계속 사용된다. 공압식 계기의 입력과 출력 신호는 3에서 15 psig 범위의 공기압이며, 금속 혹은 플라스틱 튜브(보통 외경의 1/4~3/8인치)가 다양한 공압 계기를 연결하는 데 사용된다. 그림 8.1에 표시된 것처럼 전자 장치와 공압 장치는 모두 동일한 피드백 제어 방식에서 사용될 수 있다.

대부분의 새로운 제어시스템은 디지털 컴퓨터와 데이터 전송에 사용되는 디지털 신

[1] 기호 AT 및 AC의 "A"는 분석을 나타낸다.

호 경로(네트워크)를 통해 구현된 제어 알고리즘과 함께 디지털 기술을 활용한다(부록 A 참조). 컴퓨터 하드웨어 및 소프트웨어를 포함한 공정 제어를 위한 계장은 9장 및 부록 A에서 더 자세히 고려된다.

이제 피드백 제어 방식의 핵심부분인 제어기 자체를 고려하여 보자.

8.1.2 역사적 고찰

우리는 자동 제어 장치를 현대의 개발품으로 생각하는 경향이 있다. 그러나 독창적인 피드백 메커니즘을 갖춘 물시계가 고대 그리스인들에 의해 기원전 250년 경에 사용된 바 있다(Mayr, 1970). 이보다 천년 전, 폴리네시아인들은 현외장치가 붙은 카누를 이용해 태평양의 많은 곳을 항해했다. 이러한 놀라운 업적은 횡운동 안정성을 보장하는 피드백 장치를 가진 카누를 제작함으로써 가능했다(Abramovitch, 2005). 마지막으로 19세기에 원심 속도 조절기는 증기기관의 개발에 중요한 역할을 했다.

1930년대에 비례, 적분 및 미분(PID) 피드백 제어 동작이 있는 *3가지 방식 제어기* (*three-mode controllers*)가 상용화되었다(Ziegler, 1975). 공정 제어에 관한 이론 논문이 이 기간에 최초로 발표되었다. 공압식 PID 제어기가 1940년대에 널리 산업적으로 인정을 받게 되었고, 전자식 PID 제어기가 1950년대에 시장에 등장하였다. 공정산업에서 첫 컴퓨터 제어 응용은 1950년대 말과 1960년대 초에 보고되었다. 1980년대 이래로 디지털 하드웨어는 일상적으로 사용되어 왔으며 공정제어에 매우 큰 영향을 주고 있다.

피드백 제어의 간단한 예로, 공정흐름의 유량이 측정되어 유량 제어기에 전자적으로 전송되는 그림 8.2의 유량 제어 루프를 보자. 제어기는 측정된 값을 설정점과 비교하고, 제어기 출력을 계산하고 이를 제어밸브의 전자 신호로 전송함으로써 적절한 수정을 한다.

그림 8.2의 피드백 제어에 대한 블록선도는 그림 8.3에 나와 있다. 설정점은 파선으로 표시되며, 디지털 제어 방식의 경우, 컴퓨터 단말기를 사용하여 작업자가 설정점을 입력한다. 아날로그 제어기의 경우, 장치의 다이얼 설정을 통해 지정된다. 일부 제어기는 이러한 로컬 설정점 외에 다른 제어기나 컴퓨터에서 외부 설정점을 수신할 수 있는 원격 설정점 옵션이 있다. 아날로그 제어기의 입력 및 출력 신호는 전기 또는 공압의 연속 신호다. 디지털 제어계의 경우, 입력 신호는 제어 계산 전에 먼저 아날로그에서 디지털 형

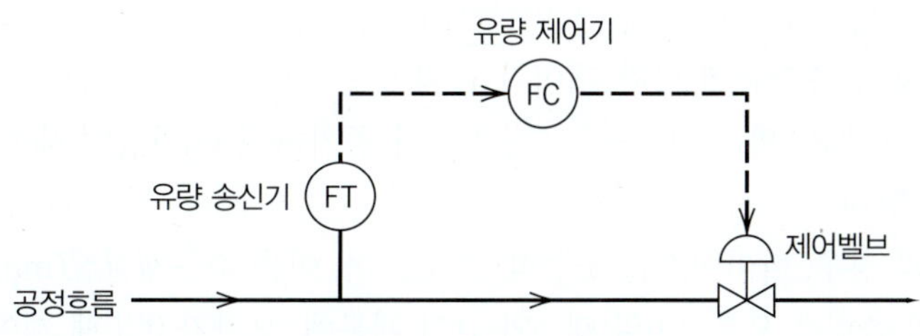

그림 8.2 유량 제어계.

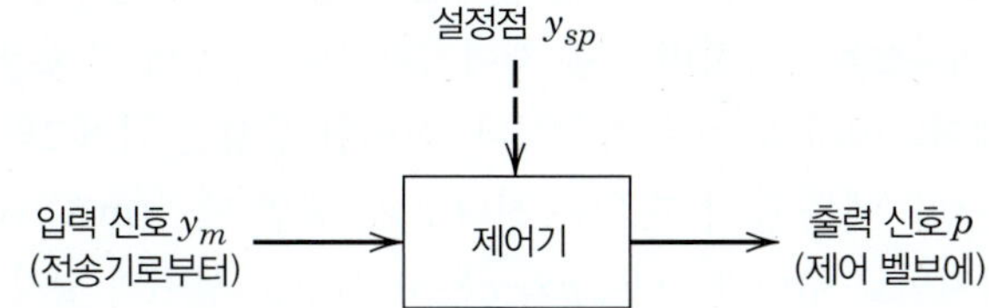

그림 8.3 피드백 제어기의 구성도.

식으로 변환된다. 그 다음, 제어기 출력의 계산된 값은 제어밸브(또는 다른 유형의 최종 제어요소)로의 전송을 위해 디지털 신호에서 아날로그 신호로 변환된다. 이러한 신호변환의 유형은 부록 A에 설명되어 있다.

8.2 기초 제어 방식

다음으로 가장 간단한 방식인 비례 제어부터 시작되는 세 가지 기본 피드백 제어 방식을 알아보자.

8.2.1 비례 제어

피드백 제어에서 목표는 다음의 오차 신호를 0으로 줄이는 것이다:

$$e(t) = y_{sp}(t) - y_m(t) \tag{8-1}$$

여기서

$e(t)$ = 오차신호
$y_{sp}(t)$ = 설정점
$y_m(t)$ = 제어 변수의 측정값(혹은 센서/전송기로부터 보내진 신호)

식 8-1은 설정점이 시간에 따라 바뀔 수 있음을 나타내지만, 대부분의 공정 제어 문제에서는 오랜시간 동안 일정하게 유지되는 경우가 많다.

비례 제어에서 제어기 출력은 오차신호에 비례한다:

$$p(t) = \bar{p} + K_c\, e(t) \tag{8-2}$$

여기서

$p(t)$ = 제어기 출력
$\bar{p}$ = 바이어스(정상 상태) 값
K_c = 제어기 이득(보통 무차원)

비례 제어의 핵심 개념은 다음과 같다: (1) 제어기 이득은 설정점과 제어 변수 사이의 편차에 대해 제어기 출력을 원하는 만큼 민감하게 만들수 있도록 조정될 수 있다. (2) K_c의 부호는 오차신호가 증가함에 따라 제어기 출력이 증가(혹은 감소)하도록 선정될 수 있다. 예를 들어, 그림 8.1의 혼합 공정의 경우, x가 증가하면 w_2가 감소해야 한다. 따라서 K_c는 양수여야 한다.

비례 제어의 경우, 바이어스를 조절할 수 있으며, 이를 *수동재설정*(manual reset)이라 한다. 제어기 출력은 오차가 0일 때 $\bar{p}$와 같기 때문에, 오차가 0일 때 제어기 출력이(결과적으로 조작 변수) 정상 상태 값과 같도록 $\bar{p}$를 조절한다. 예를 들어, 최종제어요소가 제어밸브이면 $\bar{p}$는 $e = 0$일 때 제어밸브를 통하는 유량이 정상 상태 값과 같도록 조절된다. 제어기 이득 K_c도 조절 가능하며 보통 제어기가 설치된 후에 *조정*된다.

일반 용도의 제어기에서 K_c는 무차원이다. 이러한 상황은 식 8-2의 p와 e가 같은 단위를 가질 때 일어난다. 예를 들어, 단위는 전자 또는 공압 계기(mA, volts, psi 등)와 연관지을 수 있다. 디지털로 구현할 경우, p와 e는 0~100% 사이의 숫자로 표현되는 경우가 많다. 후자의 표현은 컴퓨터 제어 소프트웨어를 사용하는 그래픽 인터페이스에 특히 편리하다.

반면 제어계를 분석하는 데 있어서는 오차신호를 °C 혹은 mol/L와 같은 공학단위로 표현하는 것이 편리한 경우가 많다. 이 경우, K_c는 무차원이 되지 않을 것이다. 예를 들어, 교반식 혼합 시스템을 고려하자. e [=] 질량분율이고 p [=] mA일 때, 질량분율이 무차원이기 때문에 식 8-2는 K_c [=] mA 단위를 갖는다. 제어기 이득이 무차원이 아니면, 전송기나 제어밸브와 같은 제어 루프의 다른 구성요소에 정상 상태 이득이 포함된다. 이는 11장에서 알아보도록 하자.

몇몇 제어기들은 제어기 이득 대신에 *비례대역*(proportional band)을 설정하도록 되어 있다. 비례대역 PB는 %로 나타내며

$$PB \triangleq \frac{100\%}{K_c} \tag{8-3}$$

로 정의한다. 이 정의는 K_c가 무차원인 경우에만 적용된다. 작은(좁은) 비례대역은 큰 이득에 해당되는 반면 큰(넓은) PB값은 작은 K_c 값을 의미한다.

식 8-2 및 그림 8.4의 이상적인 비례 제어기는 제어기 출력의 물리적인 한계를 포함하지 않는다. 보다 현실적인 표현은 그림 8.5에 나와 있으며, 제어기는 출력이 물리적 한계, p_{max} 혹은 p_{min}에 이르면 *포화*된다고 한다. 이상적인 비례 제어기(포화 한계 없는)에 대한 전달함수를 유도하기 위해 편차 변수 $p'(t)$를 다음과 같이 정의한다.

$$p'(t) \triangleq p(t) - \bar{p} \tag{8-4}$$

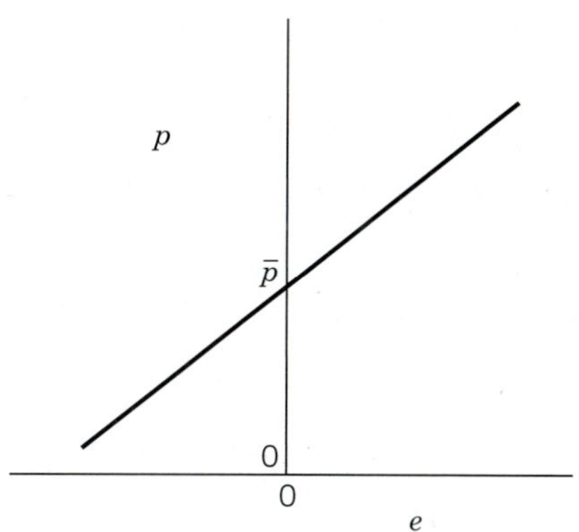

그림 8.4 비례 제어: 이상적 거동(선의 기울기 = K_c).

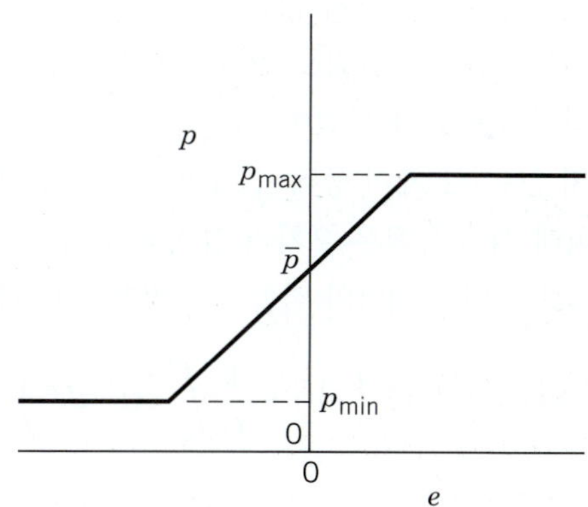

그림 8.5 비례 제어: 실제 거동.

그러면 식 8-2는 다음처럼 쓰여질 수 있다.

$$p'(t) = K_c\, e(t) \tag{8-5}$$

오차신호에 대해 편차변수를 정의하는 것은 e가 이미 편차변수 형태이고, 이것의 정상 상태 값은 $\bar{e} = 0$이기 때문에 불필요하다. 라플라스 변환을 취하고 식 8-5를 재정리하면 비례 제어의 전달함수가 다음과 같이 주어진다:

$$\frac{P'(s)}{E(s)} = K_c \tag{8-6}$$

비례 제어의 고유한 단점은 설정점 변화 혹은 지속되는 외란 후에 정상 상태 오차[혹은 잔류편차(offset)]가 생긴다는 것이다. 11장에서 비례 제어만 사용할 경우 K_c 값에 상관없이 잔류편차가 발생하는 것을 설명할 것이다. 다행히, 적분 제어방식을 추가하면 다음 절에서 설명하는 것처럼 잔류편차를 제거하기 용이하다.

잔류편차가 허용될 수 있는 제어응용에는 간단하다는 이유로 비례 제어가 많이 사용된다. 예를들어, 몇몇 액위 제어 문제 중에는 액위를 설정점에 가깝게 유지하는 것이 저장탱크가 넘치거나 텅 비지 않도록 하는 것 만큼 중요하지 않은 경우가 많다.

8.2.2 적분 제어

적분 제어 동작의 경우, 제어기 출력은 시간 경과에 따른 오차 신호의 적분에 비례하는데,

$$p(t) = \bar{p} + \frac{1}{\tau_I}\int_0^t e(t^*)\,dt^* \tag{8-7}$$

여기서 τ_I는 적분시간 혹은 *재설정 시간*(reset time)이라 하며, 시간의 단위를 갖는다. 과거에는, 적분 제어 동작을 재설정(*reset*) 혹은 *부동제어*(floating control)라 했지만 이러한 용어는 더이상 사용되지 않는다.

적분 제어 동작은 잔류편차를 제거하는 중요한 장점이 있기 때문에 널리 사용된다. 잔류편차가 제거되는 이유를 이해하기 위하여, 식 8-7을 생각해 보자. 제어되는 공정이 정상 상태가 되려면, 제어 출력 p와 조작 변수가 일정한 값을 갖는다. 식 8-7은 $e(t^*) = 0$이 아닌 한 p가 시간에 따라 바뀐다는 것을 의미한다. 따라서 적분동작을 사용하는 경우, p는 정상 상태 오차를 0으로 만드는 데 필요한 값에 도달할 때까지 자동으로 변한다. 이러한 바람직한 상황은 제어기 출력 혹은 최종제어요소가 포화되고 제어 변수를 원하는 설정점으로 보낼 수 없는 상황이 발생하지 않는 한 지속된다. 제어기 포화는 외란 혹은 설정점 변화가 너무 커서 조작 변수의 범위를 벗어날 때 발생한다.

잔류편차의 제거가 제어의 중요한 목적이기는 하지만, 식 8-7의 적분 제어기는 오차 신호가 일정시간 지속되지 않는 한 제어 동작이 거의 없기 때문에 독자적으로는 거의 사용되지 않는다. 반대로, 비례 제어 동작은 오차가 감지되자 마자 즉시 조치를 취한다.
따라서, 적분 제어 동작은 보통 비례 제어와 결합되어 *비례-적분*(PI) 제어기로 사용된다:

$$p(t) = \bar{p} + K_c\left(e(t) + \frac{1}{\tau_I}\int_0^t e(t^*)\,dt^*\right) \tag{8-8}$$

식 8-8의 PI 제어기에 대응되는 전달함수는 다음과 같다.

$$\frac{P'(s)}{E(s)} = K_c\left(1 + \frac{1}{\tau_I s}\right) = K_c\left(\frac{\tau_I s + 1}{\tau_I s}\right) \tag{8-9}$$

$e(t)$의 단위계단변화에 대한 PI 제어기의 응답을 그림 8.6에 나타내었다. 초기시간에서, 제어기 출력은 비례동작에 의해 순간적으로 변화한다. 적분 동작은 $t > 0$에서 $p(t)$의 경사형 증가를 야기한다. $t = \tau_I$일 때, 적분항은 비례항과 같은 크기의 제어기 출력을 가한다. 따라서, 적분 동작은 비례 동작을 1회 *반복*한 셈이다. 일부 상용 제어기는 τ_I(분 혹은 분/회)가 아닌 $1/\tau_I$(회/분)의 항을 사용하기도 한다. 예를 들어, $\tau_I = 0.2$(분) 은 5(회/분)의 값을 갖는 $1/\tau_I$에 대응된다.

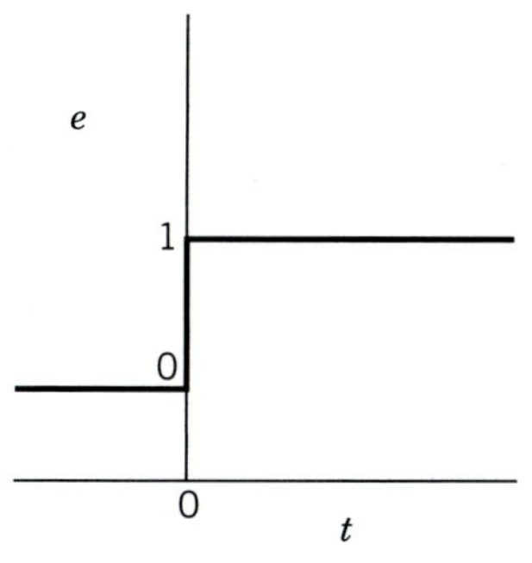

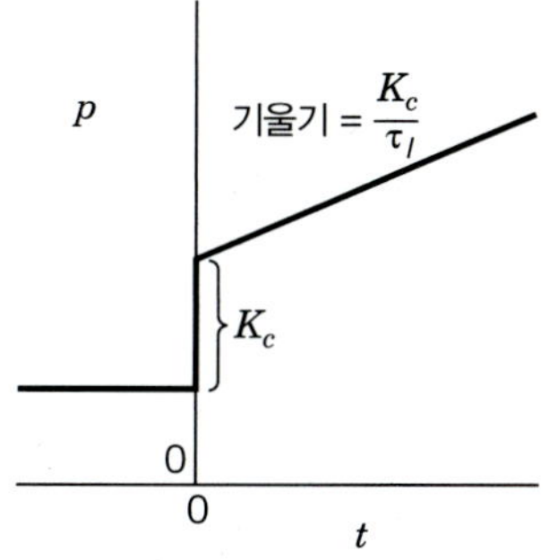

그림 8.6 $e(t)$의 단위 계단 변화에 따른 비례적분 제어기의 응답.

적분동작을 사용할 때 한 가지 단점은 제어 변수의 진동 응답을 생성하는 경향이 있고, 11장에서 보게 될 것처럼, 피드백 제어계의 안정성을 떨어뜨리는 것이다. 제한적인 진동은 보통 더 빠른 응답과 관련되기 때문에 일반적으로 허용된다. 너무 큰 적분동작에 의한 바람직하지 않은 효과는 제어기의 적절한 튜닝이나 불안정 효과에 반대로 작용하는 미분 제어 동작(8.2.3절)으로 피할 수도 있다.

재설정 와인드업(Windup)

*재설정 와인드업*은 적분 제어 동작이 가지는 고유한 문제점 중 하나이다. 식 8-8에서 적분동작은 $e(t^*) \neq 0$이기만 하면 제어기 출력이 변화하는 것을 기억하라. 지속적인 오차가 발생하면, 적분항은 상당히 커지게 되고 제어기 출력은 결국 포화된다. 제어기가 포화된 상황에서 적분항이 계속 축적되어 커지는 일을 재설정 와인드업 혹은 *적분 와인드업*이라 한다. 그림 8-7은 PI 제어기가 설정점의 계단변화에 대한 제어 변수의 전형적인 응답을 보여준다. 곡선아래 표시된 면적은 제어 변수 y_m이 설정점 y_{sp}보다 작거나 큼에 따라 적분항에 미치는 양이나 음의 기여분을 나타낸다. $t = t_1$에서 오차 신호의 부호가 바뀔 때까지 적분항이 계속 증가하였으므로 그림 8-7에서 큰 오버슈트가 발생하며 $t = t_1$ 이후부터 적분항이 감소하기 시작한다. 적분항이 충분히 작아지면 제어기 출력은 포화 한계로부터 벗어나며 식 8-8로 결정되는 값을 가진다.

재설정 와인드업은 PI 혹은 PID 제어기가 지속되는 오차(예를 들어, 회분공정의 조업을 개시하는 동안이나 큰 설정점 변화 후)가 발생할 때 생긴다. 또한 조작 변수의 조업 범위를 벗어나게 하는 크고 지속적인 외란의 결과로 발생할 수도 있다. 이 경우, 물리적

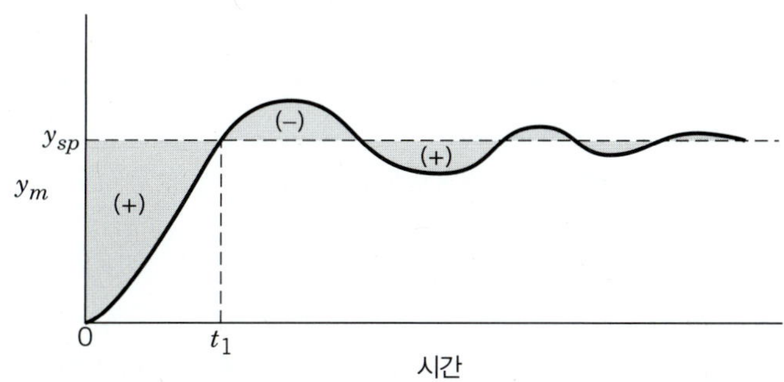

그림 8.7 설정점 변화 동안의 재설정 와인드업.

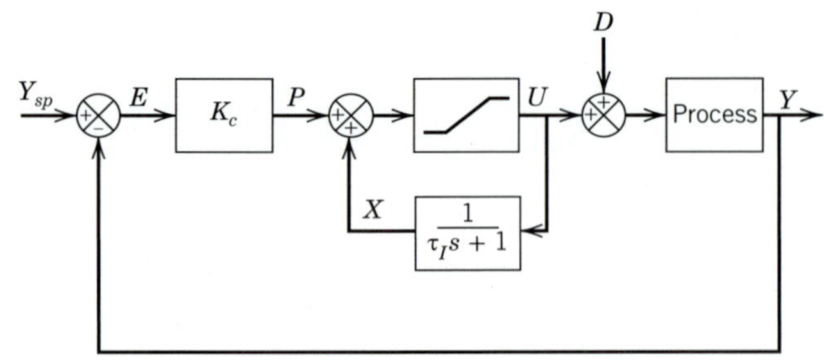

그림 8.8 포화 한계가 있는 양의 피드백 루프로 구현된 적분 제어 동작이 있는 PI 제어의 블록선도.

제한(제어밸브가 완전히 열리거나 완전히 닫힘)은 제어기가 오차신호를 0으로 줄이는 것을 방지한다. 따라서 y의 값에 관계 없이 u가 일정하기 때문에 피드백 제어는 본질적으로 비활성화된다.

제어기 출력이 오차를 줄이기 위해 취할 수 있는 최대 동작인 포화상태에 도달한 후에도 적분항이 계속 축척되도록 방치하는 것은 분명히 바람직하지 않다. 적분항의 기여를 제한하는 표준 PI, PID의 수정을 *재설정 와인드업 방지*(anti-reset windup, AWR) 방법이라 한다. 거의 모든 상용 제어기는 AWR을 제공한다. 이를 달성하는 방법은 여러 가지가 있다. 간단한 방법은 적분 항의 절대값을 지정된 한계 아래로 유지하는 것이지만, 이 방법은 제어기가 포화되지 않을 때 느린 제어기 응답을 생성하는 경향이 있다. 더 좋은 방법은 제어기가 포화될 때 적분항을 고정(또는 "집게로 죄는(clamp)")하는 것이다. 이 방법은 회분식 공정이 진행되는 동안 오버슈트를 피하거나 회분식 공정을 상온에서 원하는 온도 설정점으로 가열할 때 오버슈트를 최소화, 혹은 피하기 위해 널리 사용한다. 이러한 방법은 *역계산 방법*과 동일하다(Åström and Hägglund, 2006).

효과적이고 널리 사용되는 재설정 와인드업 방지 방법은 그림 8.8과 같이 양의 피드백 루프를 사용하여 적분 제어 동작을 구현하는 데 기반을 두고 있다(Blevins et al., 2012). 제어기가 포화되지 않으면, 이러한 구현은 식 8-8의 표준 PI 제어 알고리즘과 수학적으로 동일하다. 제어기 출력이 장시간 포화 상태일 때, u는 일정하며 양의 피드백 루프의 출력 신호 X는 $t \approx 5\tau_I$ 후에 상수 값으로 안정된다. 따라서, 적분항은 와인드업되지 않는다. 반면에, 식 8-8의 표준 PI 알고리즘의 경우, 적분항은 포화상태 동안 연속적으로 증가하므로 와인드업된다. 재설정 와인드업 방지 사용의 장점은 예제 8.1에서 설명하고 있다.

예제 8.1

다음 파리미터 값을 가진 1차 양의 시간 지연 공정을 위한 표준 PI 제어계가 그림 8.9에 주어졌다.

모델: $K = 1, \tau = 20$ min, $\theta = 4$ min

제어기: $K_c = 3, \tau_I = 11$ min

$t = 0$에서 설정점의 단위 계단 변화에 대해 재설정 와인드업 방지 유무에 따른 이 피드백 제어계의 응답을 비교하라. 제어기 포화 한계는 ±2.0으로 가정하라.

풀이

재설정 와인드업 방지(AWR)를 사용한 경우와 사용하지 않은 경우의 설정점 응답은 그림 8-10에 나와 있다.

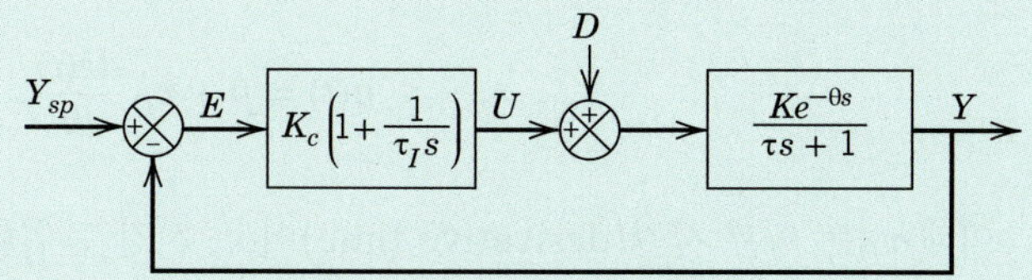

그림 8.9 재설정 와인드업 방지가 없는 PI 제어계의 블록선도.

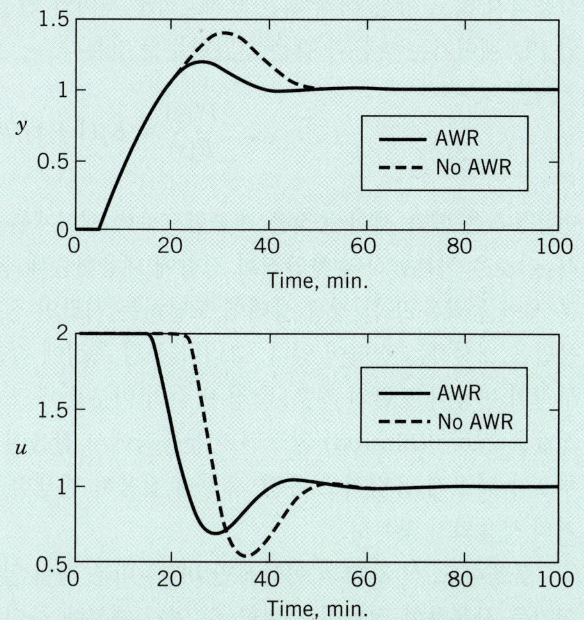

그림 8.10 재설정 와인드업 방지가 있거나 없는 예제 8.1에 대한 설정점 응답.

AWR을 사용하면 y는 오버슈트가 적고 설정점에 더 빨리 도달하기 때문에 설정점 응답이 개선된다. 이러한 개선은 제어기 출력 u가 짧은 시간동안 포화되어 있는 상태에 있기 때문이라는 것을 알아두자.

8.2.3 미분 제어

미분 제어 동작의 기능은 오차신호의 변화율을 고려하여 그 미래 거동을 예측하는 것이다. 과거에는, 미분 제어 동작을 변화율 *동작*(rate action), *사전동작*(pre-act), 혹은 *예측*(anticipatory) 제어라고도 불렀다. 예를 들어, 반응기 온도가 짧은 시간 동안, 말하자면 3분에 10 °C 만큼 상승한다고 가정하자. 이는 30분에 10 °C 오르는 것보다 빠른 온도의 상승이고, 발열반응의 경우, 잠재적인 *폭주*(runaway) 상황의 가능성을 보이는 것이기도 하다. 만약 반응기가 수동제어 상황에 있다면, 능숙한 공장 조업자는 결과를 예측하여 빠르게 온도를 줄이기 위한 적절한 수정동작을 취할 것이다. 이러한 응답은 지금까지 논의된 비례 혹은 적분 제어 방식에서는 얻을 수 없는 것이다. 비례 제어기는 온도 편차에만 반응하며 편차가 발생하는 시간은 구별하지 않는다는 점을 유의하라. 적분 제어 동작 또한 적절한 동작이 편차의 지속시간에 따라 달라지기 때문에 온도의 갑작스러운 편차에 대해서는 효과적이지 않다.

이제 능숙한 조업자가 사용하는 예측 전략은 제어기 출력을 오차 신호 또는 제어 변수의 변화율에 비례하게 하여 자동 제어기에 통합되게 할 수 있다. 따라서, *이상적인* 미분동작은 다음과 같이 나타내며

$$p(t) = \bar{p} + \tau_D \frac{de(t)}{dt} \tag{8-10}$$

이때 τ_D는 *미분 시간*(derivative time)이고, 시간 단위를 갖는다. 제어 출력은 오차가 일정할 때(즉, $de(t)/dt = 0$일 때) 바이어스 값 $\bar{p}$와 같다. 결과적으로, 미분동작은 단독으로 사용되지 않고 항상 비례 혹은 비례–적분 제어와 연결하여 사용된다. 예를 들어, 이상적인 PD 제어기는 다음과 같은 전달함수를 갖는다.

$$\frac{P'(s)}{E(s)} = K_c(1 + \tau_D s) \tag{8-11}$$

미분동작은 예측 제어 동작을 제공함으로써 제어계를 안정화시키려는 경향이 있다. 따라서, 이것은 적분동작의 불안정화 경향에 대응하는데 종종 사용된다(11장, 14장 참조). 미분 제어 동작은 또한 정상 상태에 도달하는 시간인 정착시간을 줄여서 제어 변수의 동적 응답을 개선하는 경향이 있다. 그러나 공정 측정에 *잡음*(noisy)이 있으면, 즉 고주파수의 무작위 변동이 포함된 경우, 측정 변수의 미분값이 크게 변하며 17장에서 설명한대로, 측정값을 *거르지*(filtered) 않으면 미분동작에서 잡음이 증폭될 것이다. 따라서, 유량 제어 루프가 빠르게 응답하고 유량 측정에 잡음이 발생하기 때문에 미분동작은 유량 제어에 거의 사용되지 않는다.

불행히도, 식 8-11의 이상적인 비례–미분 제어 알고리즘은 아날로그 또는 디지털 제어기를 사용하여 정확히 구현할 수 없기 때문에 물리적으로 실현가능하지 않다. 아날로그 제어기의 경우 식 8-11은 여러가지 방법으로 근사할 수 있다. 예를 들어

$$\frac{P'(s)}{E(s)} = K_c\left(1 + \frac{\tau_D s}{\alpha \tau_D s + 1}\right) \tag{8-12}$$

여기서 상수 α는 일반적으로 0.05와 0.2 사이의 값을 가지며 0.1이 일반적으로 선택된다. 식 8-12에서 분모항은 잡음 측정에 대한 제어 계산의 감도를 감소시키는 *미분 방식 필터*(derivative mode filter 혹은 derivative filter)의 역할을 한다. 미분 필터는 거의 모든 상용 PD, PID 제어기에 사용된다.

8.2.4 비례–적분–미분 제어

이제 비례, 적분, 미분 제어 방식의 조합인 PID 제어기에 대해 알아보자. PI와 PID 제어는 수십년 동안 공정 제어를 위해 사용된 주요한 공정 기술이었다. 예를 들어, 설문조사에 따르면 대규모 연속 공정에는 일반적으로 유량 및 액위와 같은 개별 공정 변수에 대해 500~5000개의 피드백 제어기가 있다(Desborough and Miller, 2002). 이러한 제어기 중 97%는 몇몇 형태의 PID 제어를 사용한다.

실제로, PID 제어의 많은 변형이 사용된다: 다음으로 가장 일반적인 세 가지를 고려하자.

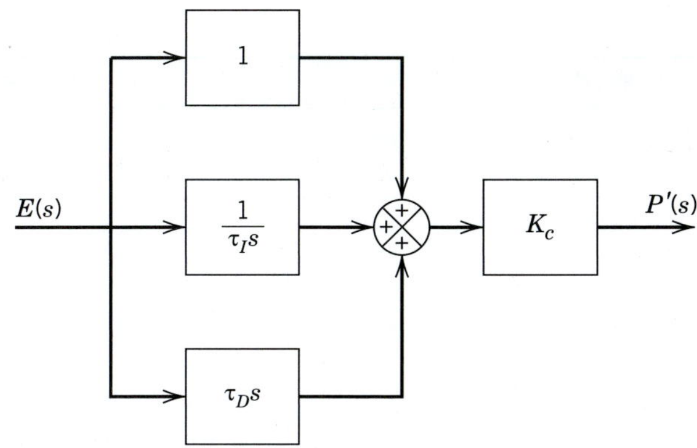

그림 8.11 PID 제어의 병렬 형태의 블록선도(미분 필터 미포함).

PID 제어의 병렬 형태

PID 제어 알고리즘(미분 필터 없는)의 *병렬 형태*(parallel form)는 다음과 같이 주어지며

$$p(t) = \bar{p} + K_c \left[e(t) + \frac{1}{\tau_I} \int_0^t e(t^*)\, dt^* + \tau_D \frac{de(t)}{dt} \right] \tag{8-13}$$

해당 전달함수는 다음과 같다.

$$\frac{P'(s)}{E(s)} = K_c \left[1 + \frac{1}{\tau_I\, s} + \tau_D\, s \right] \tag{8-14}$$

그림 8.11은 제어기가 $E(s)$에서 병렬로 작동하는 세 개의 개별 요소로 볼 수 있음을 보여준다. 미분 필터 유무에 따른 병렬 형태의 PID 제어기가 표 8.1에 나와 있다.

PID 제어의 직렬 형태

역사적으로, PI 요소와 PD 요소가 직렬로 작동하도록 초기 아날로그 제어기(전자식 및 공압식 모두)를 구성하는 것이 편리했다. 미분 필터가 없는 PID 제어의 *직렬 형태*(series form)가 그림 8.12에 나와 있다. 원칙적으로, PD 요소나 PI 요소 중 어느 것이 먼저인지에 따른 차이는 없다. 직렬 형태 제어기의 상용 버전은 식 8-12의 미분항 또는 식 8-15의 PD 항에 적용되는 미분 필터가 있다:

$$\frac{P'(s)}{E(s)} = K_c \left(\frac{\tau_I\, s + 1}{\tau_I\, s} \right) \left(\frac{\tau_D\, s + 1}{\alpha \tau_D\, s + 1} \right) \tag{8-15}$$

미분 필터를 추가한 결과는 연습문제 14.16에 있다.

PID 제어의 확장 형태

PID 제어의 *확장 형태*(expanded form)는 다음과 같다.

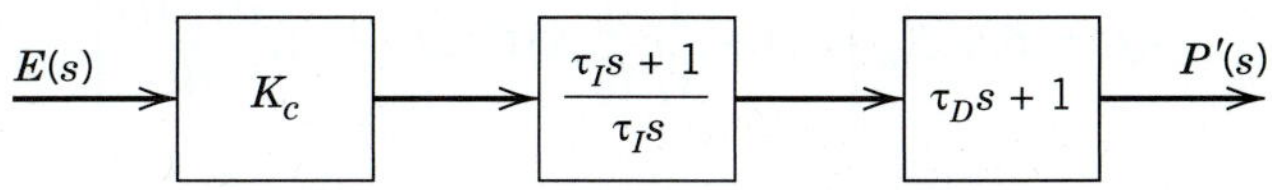

그림 8.12 PID 제어의 직렬 형태의 블록선도(미분 필터 미포함).

표 8.1 일반적인 PID 제어기.

제어기	다른 이름	제어기 식	전달함수
Parallel	Ideal, additive, ISA form	$p(t)=\bar{p}+K_c\left(e(t)+\frac{1}{\tau_I}\int_0^t e(t^*)\,dt^*+\tau_D\frac{de(t)}{dt}\right)$	$\frac{P'(s)}{E(s)}=K_c\left(1+\frac{1}{\tau_I s}+\tau_D s\right)$
Paralleh with derivative filter	Ideal, realizable, ISA Standard	*See Exercise 8.10*	$\frac{P'(s)}{E(s)}=K_c\left(1+\frac{1}{\tau_I s}+\frac{\tau_D s}{\alpha\tau_D s+1}\right)$
Series	Multiplicative, interacting	$p(t)=\bar{p}+\frac{K_c}{\tau_I}\left[(\tau_I+\tau_D)e(t)+\int_0^t e(t^*)\,dt^*+\tau_D\frac{de(t)}{dt}\right]$	$\frac{P'(s)}{E(s)}=K_c\left(\frac{\tau_I s+1}{\tau_I s}\right)(\tau_D s+1)$
Series with derivative filter	Physically realizable	*See Exercise 8.10(b)*	$\frac{P'(s)}{E(s)}=K_c\left(\frac{\tau_I s+1}{\tau_I s}\right)\left(\frac{\tau_D s+1}{\alpha\tau_D s+1}\right)$
Expanded	Noninteracting	$p(t)=\bar{p}+K_c e(t)+K_I\int_0^t e(t^*)\,dt^*+K_D\frac{de(t)}{dt}$	$\frac{P'(s)}{E(s)}=K_c+\frac{K_I}{s}+K_D s$
Parallel, with propor- tional and derivative weighting	Ideal β, γ controller	$p(t)=\bar{p}+K_c\left(e_P(t)+\frac{1}{\tau_I}\int_0^t e(t^*)\,dt^*+\tau_D\frac{de_D(t)}{dt}\right)$ where $e_P(t)=\beta y_{sp}(t)-y_m(t)$ $e(t)=y_{sp}(t)-y_m(t)$ $e_D(t)=\gamma y_{sp}(t)-y_m(t)$	$P'(s)=K_c\left(E_P(s)+\frac{1}{\tau_I s}E(s)+\tau_D sE_D(s)\right)$ where $E_P(s)=\beta Y_{sp}(s)-Y_m(s)$ $E(s)=Y_{sp}(s)-Y_m(s)$ $E_D(s)=\gamma Y_{sp}(s)-Y_m(s)$

$$p(t)=\bar{p}+K_c e(t)+K_I\int_0^t e(t^*)\,dt^*+K_D\frac{de(t)}{dt} \tag{8-16}$$

확장된 형태에서 제어기의 매개변수는 K_c, τ_I, τ_D와 같은 표준 매개변수가 아닌 K_c, K_I, K_D 3개의 "이득"이다. PID 제어의 확장 형태는 MATLAB에서 사용된다. 각 이득은 독립적으로 하나의 제어 방식에만 영향을 미치기 때문에 이 형식은 제어기 튜닝에 적합할 수 있다. 그러나 12장과 14장에서 제시된 잘 정립된 제어기 튜닝 관계식이 직렬 및 병렬 형태를 위해 개발되었다. 따라서, 모사를 제외하면 식 8-16에서 확장된 형태를 사용하는 것에는 이점이 거의 없다.

8.3 PID 제어기의 특징

다음으로, 성능을 크게 향상시키는 기본 PID 제어기의 확장을 생각해보자.

8.3.1 미분폭주(Derivative Kick)의 제거

이전 PID 제어기의 한 가지 단점은 설정점의 갑작스러운 변화(오차, e) 가 미분항을 순간적으로 크게 만들어 최종제어요소에 *미분폭주*가 발생하는 것이다. 이러한 갑작스런 스파이크(spike)는 바람직하지 않으며, 오차신호보다는 측정값 y_m에 근거한 미분동작을 기반으로 피할 수 있다. *미분폭주*의 제거를 설명하기 위해 식 8-13의 PID 제어의 병렬 형태를 고려하라. de/dt를 $-dy_m/dt$로 바꾸어 다음과 같이 나타낼 수 있다.

$$p(t)=\bar{p}+K_c\left[e(t)+\frac{1}{\tau_I}\int_0^t e(t^*)\,dt^*-\tau_D\frac{dy_m(t)}{dt}\right] \tag{8-17}$$

미분폭주를 제거하는 이 방법은 대부분의 상용 제어기에서 표준 기능이다. 직렬형태 PID 제어기의 경우, 그림 8-13과 같이 피드백 경로에 PD 요소를 배치하면 매우 쉽게 구

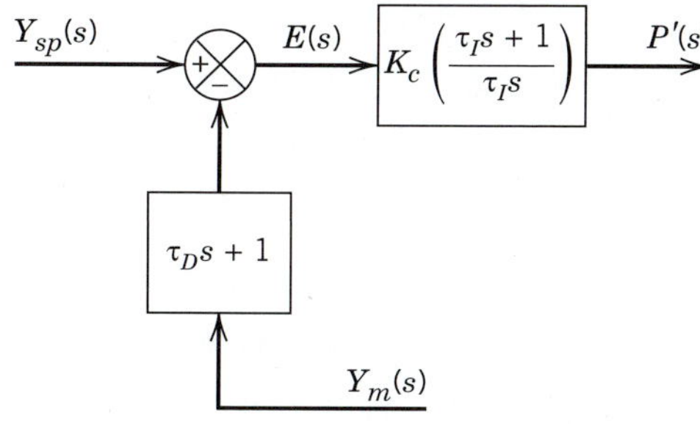

그림 8.13 미분폭주를 제거하는 PID 제어기의 직렬 형태의 블록선도.

현할 수 있다. y_{sp}가 일정할 때 설정점 변경에 대한 미분폭주의 제거는 제어기 성능에 영향을 주지 않는다는 점을 유의하라. 따라서, 식 8-13과 8-17은 설정점이 일정할 때 공정 외란에 대해 동일한 응답을 제공한다.

8.3.2 설정점 가중치

보다 유연한 PID 제어 알고리즘은 비례 및 미분항의 설정점에 가중치를 부여하여 얻을 수 있다. 이를 통해 외란에 대한 응답과는 독립적으로 설정점 변경에 대한 제어계 응답을 조정할 수 있다. 설정점 가중치를 사용한 수정된 PID 제어 알고리즘은 다음과 같다.

$$p(t) = \bar{p} + K_c\left(e_P(t) + \frac{1}{\tau_I}\int_0^t e(t^*)\,dt^* + \tau_D\frac{de_D(t)}{dt}\right) \tag{8-18}$$

각 방식에 대해 정의된 서로 다른 오차항들은 다음과 같다:

$$e_P(t) \triangleq \beta y_{sp}(t) - y_m(t) \tag{8-19}$$

$$e(t) \triangleq y_{sp}(t) - y_m(t) \tag{8-20}$$

$$e_D(t) \triangleq \gamma y_{sp}(t) - y_m(t) \tag{8-21}$$

이러한 제어 알고리즘은 비례 및 미분 방식의 가중치를 갖는 병렬 PID 제어기 혹은 *베타-감마 제어기*(beta-gamma controller)로 알려져 있다. 일반적으로, β와 γ값은 0과 1사이에 있으며, 흔히 γ는 0으로 선택된다.

$\beta = \gamma = 1$일 때, 수정된 PID 제어 알고리즘은 식 8-13과 같은 표준 알고리즘이 된다. $\gamma = 0$으로 설정하면 미분폭주가 제거된다. 설정점의 계단 변경 후, 표준 알고리즘은 *비례폭주*(proportional kick), 즉 비례항에 상응하는 변화를 초래하는 오차의 급격한 증가로 인한 제어기 출력 p의 급격한 변화를 초래한다. $\beta < 1$로 설정하여 급격한 설정점 변경 후 비례폭주의 양을 줄일 수 있다.

β 가중 매개변수는 12장에서 논의된 것처럼 설정점 변경에 대한 PID 제어기 성능을 조정하는데 사용할 수 있다. 식 8-20의 적분 방식 오차의 정의는 식 8-13의 표준 제어식과 동일하며, 이런 오차항은 설정점 변경 혹은 지속적인 외란 후에 잔류편차를 제거하기 위해 필수적이다.

마지막으로, 디지털 제어기 설정은 정확히 지정될 수 있지만 아날로그 제어기 설정은 정상값만 나타낸다. 아날로그 제어기에 대해 K_c, τ_I, τ_D를 정확하고 독립적으로 지정할 수 있는 것이 바람직하지만, 실제로는 하드웨어 제한으로 인해 제어 방식 간에 상호작용이 존재한다. 따라서 실제 제어기 설정은 다이얼 설정과 다를 수 있다.

표 8-1은 PID 제어기, 제어기 방정식과 전달함수의 가장 중요한 형태을 보여준다. 몇 가지 제어기 방정식 형태의 유도는 독자를 위한 연습으로 남긴다. 표는 이 책에서 사용하는 서술적 명칭으로 정리돼 있지만, 공통적인 동의어도 포함된다. 그러나, 문헌에서 일관되지 않은 용어가 사용되므로 모든 용어를 주의해서 사용해야 한다. 예를 들어, 병렬 형태(표 8-1의 첫번째 줄)를 "이상적 제어기"로 언급하는 것은 미분 방식이 바람직하지 않은 특성인 잡음을 증폭시키기 때문에 오해의 소지가 있다. 또한, 제어기의 방식은 시간 영역(제어기 방정식)에서는 상호작용하지 않을 수 있지만 라플라스 영역(전달함수)에서는 상호작용을 할 수 있고 그 반대도 가능하기 때문에 *상호작용*(interacting)과 *상호작용을 하지 않는*(noninteracting) 용어는 상당히 혼란스러울 수 있다. 이러한 특이점의 일부는 연습문제와 14장 주파수 응답 분석에서 명백하게 나온다.

표 8-2에 대표적인 상용 PID 제어기의 중요한 특성이 요약되어 있다.

8.3.3 역방향 혹은 정방향 동작

제어기 이득은 음수 혹은 양수로 정할 수 있다.[2] 비례 제어에서, $K_c > 0$인 경우, 식 8-1과 (8-2)를 합친 후 나타나는 것처럼 제어기 출력 $p(t)$ 은 입력 신호 $y_m(t)$가 감소할 때 증가한다.

$$p(t) - \bar{p} = K_c[y_{sp}(t) - y_m(t)] \tag{8-22}$$

따라서 $K_c > 0$일 때 제어기를 역방향–동작(*reverse-acting*)이라 하며 $K_c < 0$일 때는 y_m이 증가 할수록 p도 증가하므로 제어기를 정방향 동작(*direct acting*) 이라 한다. 이러한 정의는 오차 $e(t)$보다는 측정값 $y_m(t)$에 근거하는 것을 유의하라. 정방향 동작과 역방향 동작 비례 제어기는 그림 8.14에서 비교된다.

정방향 동작과 역방향 동작 제어기가 둘 다 필요한 이유를 설명하기 위해 그림 8.2의 흐름 제어 루프를 다시보자. 유량 송신기는 정방향 동작으로 설계되어 유량이 증가함에 따라 출력 신호가 증가한다고 가정해보자. 대부분의 송신기는 정방향 동작으로 설계되어 있다. 또한 제어밸브는 밸브에 대한 신호인 $p(t)$가 증가함에 따라 밸브를 통과하는 유량이 증가하도록 설계되어 있다고 가정하자. 이러한 밸브를 *air-to-open*(또는 *fail close*) 형이라 한다. 이제 의문은 "유량 제어기가 정방향이나 역방향 동작 중 어느것을 가져야 하는가?" 이다. 측정된 유량이 설정점보다 너무 높으면 제어밸브를 닫음으로써 유량을 줄여야 한다. Air-to-open 형 밸브의 경우, 제어기 출력 신호는 감소되어야 하며 제어기는 *역방향 동작*이어야 한다.

그러나, 제어밸브가 air-to-open 형 대신 air-to-close(또는 *fail open*) 형이면 어떻게 될까? 유량이 너무 높으면, 제어기 출력은 밸브를 더 닫기 위해 증가해야 할 것이다. 따라서, 제어기는 *정방향 동작*이 요구된다.

제어기 동작의 잘못된 선택은 제어 불능 상태로 이어지기 때문에 제어기 동작의 옳은 설정은 매우 중요하다. 유량 제어 예에 대하여, 잘못된 제어기 동작은 제어밸브가 완전히 열리거나 완전히 닫혀있게 만들 것이다(왜?). 따라서, 제어기 동작은 제어기를 설치

[2] 일부 컴퓨터 제어 소프트웨어의 경우 Kc는 양수여야 한다. 사용자는 역방향 또는 정방향 동작의 지정을 별도의 이진 매개변수로 입력한다.

표 8.2 상용 PID 제어기의 주요 특성.

제어기 형태	제어기 매개 변수	상징	단위	범위*
비례 방식	*제어기 이득*	K_c	무차원 [%/%, mA/mA]	0.1–100
	비례 대역(Proportional band)	$PB = 100\%/K_c$	%	1–1000%
적분 방식	*적분시간(or reset time)*	τ_I	시간[분, 초]	0.02–20분 1–1000초
	재설정 속도(Reset rate)	$1/\tau_I$	회/시간 [분$^{-1}$, 초$^{-1}$]	0.001–1회/초 0.06–60회/분
	적분 방식의 이득	K_I	시간$^{-1}$ [분$^{-1}$, 초$^{-1}$]	0.1–100
미분 방식	*미분 시간*	τ_D	시간 [분, 초]	0.1–10분 5–500초
	미분 방식의 이득	K_D	시간 [분, 초]	0.1–100
	미분 필터 매개변수	α	무차원	0.05–0.2
제어 간격(디지털 제어기)		Δt	시간 [초, 분]	0.1초–10분

*Based on McMillan(2015).

하거나 잘 동작하지 않는 제어 루프를 분석할 때 주의하여 설정될 중요한 항목이다. 다음 지침은 매우 유용하며 11장의 안정성 분석 기술에 의해 옳다는 것을 알 수있다.

> ***제어기 동작 지정을 위한 일반적인 지침(정방향 혹은 역방향)***: *피드백 제어 루프의 모든 구성요소에 대한 이득의 전체 곱은 양수여야 한다.*

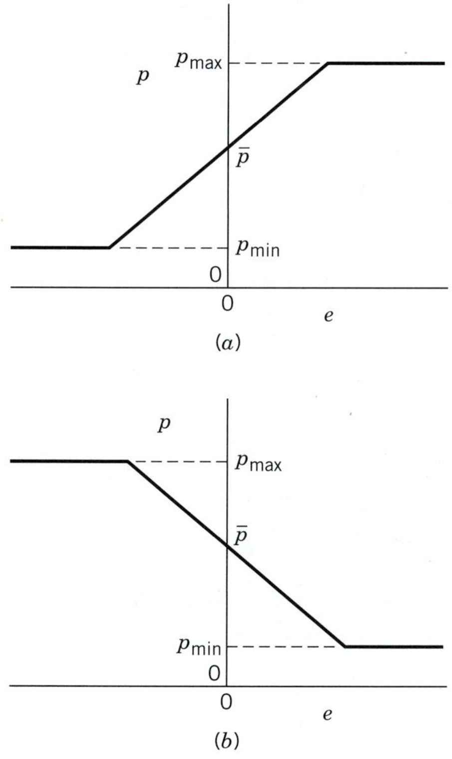

그림 8.14 역방향 및 정방향 동작 비례 제어기: (a)역방향 동작 ($K_c > 0$), (b) 정방향 동작($K_c < 0$).

예를 들어, 그림 8.1의 혼합 제어계는 피드백 제어 루프에 공정, 센서, 제어기, I/P 변환기, 제어밸브의 5가지 구성 요소를 가지고 있다.

8.3.4 자동/수동 제어 방식

식 8-2에서 8-21까지는 *자동 방식*(automatic mode)으로 운전될 때 어떻게 움직이는가를 묘사한다. 그러나, 어떤 경우엔 공장 조업자는 자동방식이 아닌 수동으로 제어기 출력을 조정해야 할 수도 있다.

이러한 제어기 운전의 *수동 방식*(manual mode)은 공장 운전의 개시, 중단, 혹은 위급 상황에서 매우 유용하다. 수동/자동 스위치 또는 소프트웨어를 사용하여 제어기를 자동방식에서 수동방식으로 혹은 그 반대로 전환할 수 있다. 이러한 전환 중에, 제어기 출력이 갑작스럽게 변하여 공정이 흔들리지 않는 것이 중요하다. 이러한 결과로, 대부분의 제어기는 *무충돌 전환*(bumpless transfers) 기능을 갖고 있다.

조업자가 자동 방식의 성능에 만족하지 않으면 오랜시간 동안(혹은 영원히) 제어기를 수동상태로 유지할 수 있다. 결론적으로, 공장에서 제어기의 상당수가 수동상태로 있다면, 제어계가 제대로 작동하지 않거나 공장 조업자가 제어계에 믿음을 갖지 않고 있음을 나타낸다. 성능이 좋지 않은 제어 루프 문제를 해결하는 주제는 12장에서 다룬다.

8.4 디지털 PID 제어기

지금까지 제어기의 입력과 출력 신호들이 시간에 대한 연속함수라 가정하였다. 그러나, 유연성, 계산능력 및 비용의 효율성 때문에 디지털 제어시스템이 널리 사용되어 왔다. 이 절에서 PID 제어의 디지털 버전을 고려하여 디지털 제어 기술을 간략히 소개한다. 디지털 컴퓨터 제어의 더 완전한 논의는 17장과 부록 A에서 제시될 것이다.

최근 몇 년동안 제조 산업에서 무선 기술을 사용하는 것에 대한 관심이 증가하고 있다. 특히, 무선으로 감시와 제어전략을 실시하는 것이 가능하다(Blevins et al., 2015).

피드백 제어 전략이 디지털 형태로 적용될 때, 제어기의 입력과 출력은 연속(혹은 아날로그)신호 대신에 디지털(혹은 이산시간)신호여야 한다. 즉, 측정장치(센서/송신기)로부터 오는 연속신호는 *아날로그-디지털 변환기*(ADC: analog-to-digital converter)에 의해 디지털 신호로 샘플링 되고 변환된다. 그 다음, 디지털 제어 알고리즘은 디지털 신호와 제어기 출력을 계산하기 위해 사용된다. 대부분의 최종제어요소는 아날로그 장치이기 때문에 디지털 출력 신호는 일반적으로 *디지털-아날로그 변환기*(DAC: digital-to-analog converter)에 의해 해당 아날로그 신호로 변환된다. 그러나, 일부 전자식 최종제어요소는 9장에서 설명한 것처럼 디지털 신호를 직접 수신할 수 있다.

8.4.1 위치형/속도형 PID 알고리즘

디지털 PID 제어는 *위치형*(position form)과 *속도형*(velocity form) 두 가지 식이 있다. 병렬 형태의 PID 제어기(식 8-13)의 디지털 형식을 유도하는 간단한 방법은 적분과 미분항을 유한차분근사로 바꾸는 것이다.

$$\int_0^t e(t^*)\,dt^* \approx \sum_{j=1}^{k} e_j \Delta t \tag{8-23}$$

$$\frac{de}{dt} \approx \frac{e_k - e_{k-1}}{\Delta t} \tag{8-24}$$

여기서

Δt = 샘플링 주기(제어 변수의 연속측정 사이의 시간)

e_k = k번째 샘플링 시점의 오차, $k = 1, 2, \ldots$

식 8-23과 8-24를 8-13에 대입하면 다음과 같은 위치형이 된다.

$$p_k = \bar{p} + K_c \left[e_k + \frac{\Delta t}{\tau_I} \sum_{j=1}^{k} e_j + \frac{\tau_D}{\Delta t}(e_k - e_{k-1}) \right] \tag{8-25}$$

여기서 p_k는 k번째 샘플링 순간의 제어기 출력이다. 식 8-25의 다른 기호는 식 8-13과 같은 의미를 갖는다. 제어기 출력의 실제 값이 계산되기 때문에 식 8-25를 위치형이라 한다.

속도형에서는 제어기 출력의 변화가 계산된다. 이것은 식 8-25의 위치형 알고리즘의 $(k-1)$ 샘플링 시점의 식으로부터 유도될 수 있다:

$$p_{k-1} = \bar{p} + K_c \left[e_{k-1} + \frac{\Delta t}{\tau_I} \sum_{j=1}^{k-1} e_j + \frac{\tau_D}{\Delta t}(e_{k-1} - e_{k-2}) \right] \tag{8-26}$$

공정이 $j \leq 0$에서 원하는 정상 상태에 있으며 $e_j = 0$이기 때문에 합계는 여전히 $j = 1$에서 시작되는 것을 유의하라. 식 8-25에서 8-26을 빼면 디지털 PID 알고리즘의 속도형이 된다.

$$\Delta p_k = p_k - p_{k-1} = K_c \left[(e_k - e_{k-1}) + \frac{\Delta t}{\tau_I} e_k + \frac{\tau_D}{\Delta t}(e_k - 2e_{k-1} + e_{k-2}) \right] \tag{8-27}$$

속도형은 위치형에 비해 세 가지 장점을 갖는다:

1. 오차의 합이 계산되지 않기 때문에 재설정 와인드업 방지기능을 기본적으로 포함한다.
2. 출력 Δp_k은 펄스 스텝 모터에 의해 구동되는 제어밸브와 같은 일부 최종제어요소에 직접적으로 사용할 수 있다.
3. 속도형 알고리즘에서 제어기를 수동운전에서 자동운전모델로 전환할 때, 출력(식 8-25)의 p의 어떠한 초기화도 필요하지 않다. 그러나, 제어밸브(혹은 다른 최종제어요소)는 전환하기 전에 적절한 위치에 있어야 한다.

다단제어나 피드포워드 제어와 같은 몇몇 개선된 제어 방법은 실제 제어기 출력 p_k가 직접 계산되는 것을 요구한다. 이러한 제어 방법들은 15장 및 16장에서 논의한다. 그러나 식 8-27을 재배열하면 제어기 출력 p_k을 쉽게 구할 수 있다:

$$p_k = p_{k-1} + K_c \left[(e_k - e_{k-1}) + \frac{\Delta t}{\tau_I} e_k + \frac{\tau_D}{\Delta t}(e_k - 2e_{k-1} + e_{k-2}) \right] \tag{8-28}$$

속도형의 작은 단점은 적분 방식을 *반드시* 포함해야 한다는 점이다. 적분 방식은 설정점이 일정하면 비례 및 미분 오차 항에서 모두 상쇄된다. 따라서, 적분 방식이 생략되면 외란에 대한 공정 응답이 설정점에서 벗어나는 경향이 있다.

PID 알고리즘(식 8-25)의 위치형은 $\overline{p}$의 값을 필요로 하나 식 8-27의 속도식은 그렇지 않다. 제어계의 수동 조작은 대게 자동 제어로의 전송에 선행하기 때문에 두 알고리즘의 초기화는 쉽다. 따라서, $\overline{p}$(혹은 속도 알고리즘의 p_{k-1})는 전송 시 최종제어요소의 신호와 동일하게 설정된다. 앞서 언급한 대로, 속도형은 재설정 와인드업을 야기하는 경향이 적다.

8.4.2 기본 PID 알고리즘의 수정

이제 산업에서 널리 사용되는 기본적인 PID 제어 알고리즘의 몇 가지 수정사항을 고려해보자.

1. **재설정 와인드업의 제거**. 적분 제어 동작이 포함된 디지털 제어기의 경우, 오차 합계가 매우 큰 값으로 커지면 재설정 와인드업이 발생할 수 있다. 지속적인 오차 신호가 커서 제어기 출력이 상한 혹은 하한으로 포화되어 있다고 가정해보자. 측정된 변수가 설정점(where $e_k = 0$)에 도달하더라도, 총합 항 때문에 제어기가 "와인드업"될 수 있다. 오차의 부호가 일정 기간동안 변경되어 총합을 감소시킬 때까지 제어기는 포화 한계치를 유지할 것이다.

   위치형 알고리즘의 경우, 8.2.2절의 방법을 사용하여 재설정 와인드업 방지를 수행할 수 있다.

   a. 제어기가 포화되면, 합산을 중단한다.

   b. 그림 8.8과 같은 양의 피드백 루프로 적분 제어 동작을 구현한다.

   경험과 예제 8.1은 (*b*)와 같은 접근방식이 (*a*)보다 우수하다는 것을 보여주지만 다소 복잡하다.

   식 8-27과 같은 속도형의 경우, 합산이 나타나지 않으므로 재설정 와인드업 문제가 방지된다. 그러나 p_k가 포화 한계를 위반하는 경우 Δp_k가 무시되도록 제어 알고리즘을 구현해야 하며, 이는 p_k를 항상 모니터링 해야 함을 시사한다. 일반적으로 위치형태보다 속도 형태가 선호된다.

2. **미분폭주의 제거**. 갑작스런 설정점 변경이 발생하면 식 8-25 또는 (8-27)의 PID 제어 알고리즘은 미분 제어 동작으로 인해 출력에 큰 변화가 생길 것이다. 디지털 제어 알고리즘의 경우 미분폭주를 제거하기 위해 여러 가지 방법을 사용할 수 있다:

   a. 식 8-17과 유사하게, 미분동작은 오차 신호가 아닌 $y_{m,k}$ 측정치에 적용될 수 있다. 즉, 식 8-25과 같은 위치형의 경우, 미분항에서 e_k는 $-y_{m,k}$으로 대체된다:

$$p_k = \overline{p} + K_c\left[e_k + \frac{\Delta t}{\tau_I}\sum_{j=1}^{k} e_j - \frac{\tau_D}{\Delta t}(y_{m,k} - y_{m,k-1})\right] \tag{8-29}$$

   식 8-27의 속도형은 아날로그 방식으로 수정될 수 있다.

   b. 설정점을 새로운 값으로 상승시켜 서서히 설정점을 변경하라. 이는 설정점의 변화율을 제한하며 미분폭주를 줄인다.

   큰 미분시간 대 샘플링 주기 비율($\tau_D/\Delta t$)과 결합된 측정 잡음이 과잉 미분 방식을 유발하는 경우 미분동작을 개선하기 전에 오차 신호를 필터링

해야한다(17장 참조).

3. **제어기 성능에 대한 포화의 영향**. 식 8-29와 같은 디지털 제어기 식에서 발생할 수 있는 다른 문제점은 오차의 작은 변화로 인해 제어기 설정의 특정 값에 대해 제어기 출력이 포화될 수 있다는 것이다. 작은 샘플링 주기로 인해 $K_c\tau_D/\Delta t = 100$이고 e_k 및 p_k가 모두 0~100% 사이의 값을 갖는다 가정해보자. $\Delta e_k = e_k - e_{k-1}$가 1% 변경되면 p_k가 100% 변경되어 상한값을 초과하게 된다. 따라서 제어기 설정점과 Δt를 점검하여 그러한 *과범위* 문제를 일으키지 않는지 확인해야 한다. 속도 알고리즘의 경우, *속도 제한 혹은 고정*, 즉 Δp_k의 하한과 상한을 사용하여 제어기 출력의 변경을 제한할 수 있다.
4. **기타 옵션 기능**. 몇몇 제어의 경우, 오차가 작을 때 지정된 허용 오차 내에서는 제어기 출력 신호가 변경되지 않는 것이 바람직하다. 이 옵션 기능을 *갭 동작*(gap action)이라 한다. 결국, *이득 스케줄링*(gain scheduling)에서 K_c의 수치는 오차 신호의 값에 의존한다. 이러한 제어기 옵션에 대해서는 16장에서 자세히 설명한다.

디지털 제어 알고리즘에 대한 자세한 내용은 17장을 참조하라.

8.5 피드백 제어계의 전형적인 응답

이 절에서 모사 결과는 외란 변수의 계단 변화가 발생한 후 제어되는 공정의 전형적인 동작을 입증하는 데 사용된다. 시뮬레이션 공정의 동특성은 제어 변수 y와 조작 변수 u 사이의 1차 시간 지연(FOPTD)모델에 의해 설명된다.

$$\frac{Y(s)}{U(s)} = \frac{Ke^{-\theta s}}{\tau s + 1} \tag{8-30}$$

여기서 $K = 0.5$, $\theta = 4, \tau = 20$이다. u와 y 모두 편차 변수이고 설정점은 $y_{sp} = 0$이다. P, PI 및 PID 제어에 대한 계단 외란의 닫힌 루프 응답은 그림 8.15에서 피드백 제어가 없는 응답과 비교된다. 제어기 설정은 12장에서 소개될 IMC 튜닝 관계를 사용하여 계산되었다.

피드백 제어가 사용되지 않을 때 그림 8.15에서 y는 서서히 새로운 정상 상태에 도달하고 큰 잔류편차를 갖는다. 비례 제어는 응답 속도를 높이고 잔류편차를 줄이며, 적분 제어 동작을 추가하면 잔류편차가 완전히 제거된다. 미분동작을 추가하면 "피크 오차"와 응답 시간이 줄어들고 소량의 진동이 발생한다. PID 제어기가 항상 진동을 발생시키지는 않는다는 점을 유의하라. 닫힌 루프 응답은 제어기 설정(K_c, τ_I, 및 τ_D) 및 공정의 동특성에 따라 다르다. 마찬가지로, P와 PI 제어기도 같은 이유로 필연적으로 과도감쇠 응답을 야기하는 것은 아니다. 그러나 그림 8.15의 응답은 실제로 발생하는 상황을 나타낸다. 그림 8.15의 응답은 식 8-30의 FOPTD 모델을 사용하여 생성되었다.

제어계 성능을 평가할 때, CV 응답뿐만 아니라 MV 응답도 고려하는 것이 좋다. 그림 8.16은 그림 8.15의 PID 제어 시뮬레이션에 대한 MV응답 $u(t)$와 P, I 및 D 방식의 개별 기여도가 표시된다.

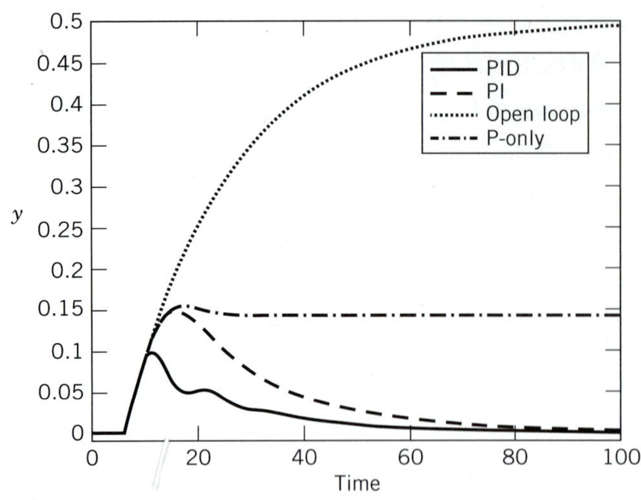

그림 8.15 단위 계단 외란 및 FOPTD 모델에 대한 닫힌 루프 응답.

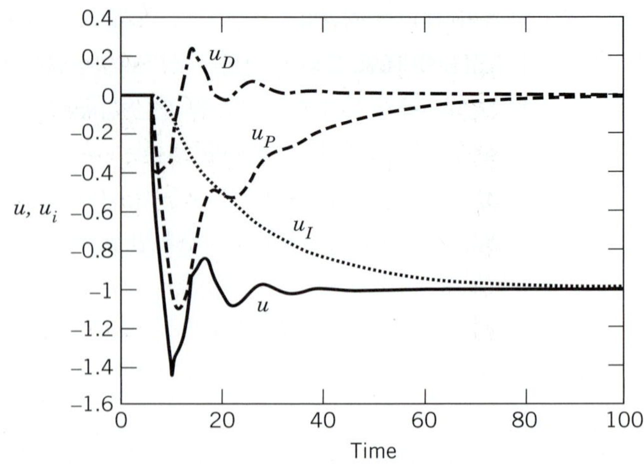

그림 8.16 그림 8.15의 PID 제어계에 대한 조작 변수 u 및 개별 구성 요소.

$$u(t) = u_P(t) + u_I(t) + u_D(t) \tag{8-31}$$

여기서 식 8-31의 우변은 식 8-17의 우변의 마지막 세 항에 해당한다. 비례기여 $u_P(t)$ 는 그림 8.15의 제어 변수 $y(t)$를 반대 방향으로 추적한다(즉, 양의 방향 대신 음의 방향). 적분기여 $u_I(t)$는 정상 상태 값 −1로 단조 감소한다. 기여항 $u_D(t)$는 $y(t)$가 급격히 변할 때 크며 예상대로 정상 상태에 도달하면 0에 근접한다.

t = 2에서 단위 계단 외란에 대해 개별 PID 제어기 설정을 변경한 효과는 그림 8.17~8.19에 나타나 있다. "정상값"은 그림 8.15에서 사용된 것과 동일한 PID 설정이며 정상값에서 ±50%의 변화와 비교된다.

그림 8.17에서 제어기 이득 K_c가 증가하면 $y(t)$는 더 빠르게 반응하고 + 50% K_c 증가 시 더 진동하며 거의 불안정해진다. 그림 8.18에서 적분 시간 τ_I을 줄이면 반응이 덜 느려진다. 그러나 τ_I가 너무 작으면 진동 응답이 발생할 수 있다(그림에는 표시되지 않음). 이론적으로 잔류편차는 모든 양의 τ_I에 의해 제거된다. 그러나 매우 큰 τ_I 의 경우 피제어 변수는 −50%의 변화로 확인되듯이 설정점으로 매우 느리게 돌아간다. 그림 8.17과 8.18의 PID 제어 경향은 PI 제어도 흔히 발생한다. 그러나 한 가지 예외가 있는데 5.3절의 적분 공정이며, 11.3.4절에서 다시 고려될 것이다.

미분시간 τ_D의 영향에 대해 일반화하기는 어렵다. τ_D값이 작으면 그림 8.15와 같이 최대편차, 응답시간 및 진동정도를 줄여 응답을 향상시키는 경향이 있다. 그러나 τ_D가 너무 크면 측정잡음이 증폭되고 $y(t)$가 진동할 수 있다. 따라서 τ_D의 중간 값이 요구된다.

PID 제어기 설정을 지정하는 방법에 대한 자세한 내용은 11, 12 및 14장에 나와 있다.

8.6 ON–OFF 제어기

On–off 제어기는 가정용 난방 시스템 및 가정용 냉장고의 온도조절기로 흔히 사용되는 간단하고 저렴한 피드백 제어기이다. 또한 일부 액위 제어 루프 및 가열 시스템과 같은 중요도가 낮은 산업 응용 분야에도 사용된다. 그러나, on–off 제어기는 다용도이거나 효과적이지 않기 때문에 PID 제어기보다 널리 사용되지 않는다.

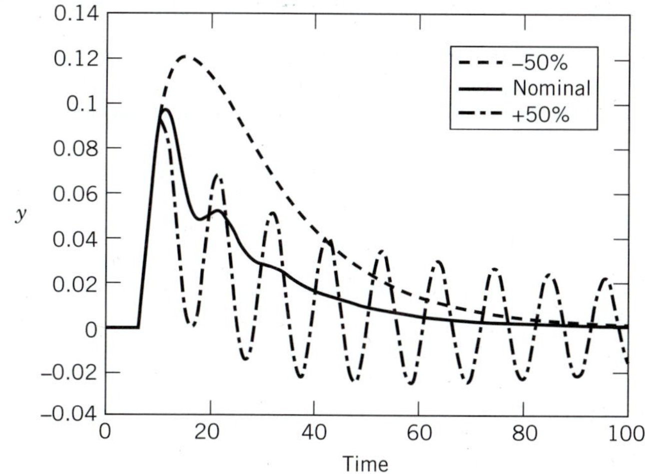

그림 8.17 그림 8.15의 PID 제어계에 대한 다양한 K_c 값의 영향.

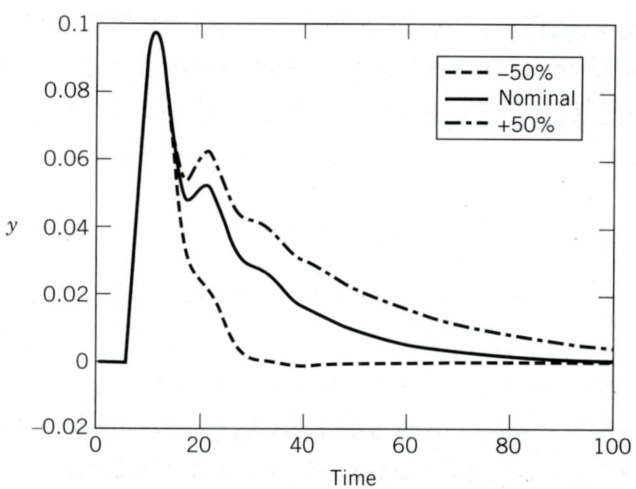

그림 8.18 그림 8.15의 PID 제어계에 대한 다양한 τ_I값의 영향.

이상적인 on–off 제어를 위해 , 제어기 출력에는 두 가지 가능한 값만 있다:

$$p(t) = \begin{cases} p_{\max} & \text{if } e \geq 0 \\ p_{\min} & \text{if } e < 0 \end{cases} \tag{8-32}$$

여기서 p_{max} 및 p_{min}는 각각 on 및 off 값을 나타낸다(예를 들어, 전형적인 디지털 컴퓨터 구현의 경우, $p_{max} = 100\%$ 및 $p_{min} = 0\%$; 전류 기반 전자 제어기의 경우, $p_{max} = 20$ mA와 $p_{min} = 4$ mA). 측정 잡음에 대한 민감도를 줄이기 위해 오차 신호에 대한 불감대(dead band)를 포함하도록 on-off 제어기를 수정할 수 있다(Shinskey, 1996). 식 8-32는 왜 on-off 제어가 때때로 *two-position* 혹은 *bang-bang* 제어로 지칭되는지를 나타낸다. On-off 제어는 제어기 이득이 매우 높은 비례 제어의 특수한 경우로 간주할 수 있다(그림 8.4 참조).

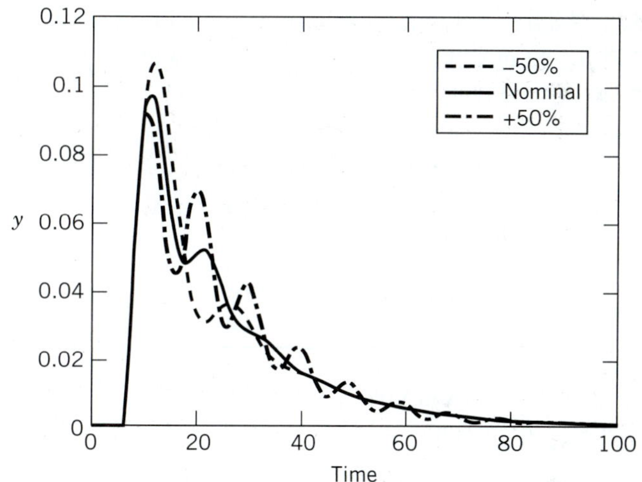

그림 8.19 그림 8.15의 PID 제어계에 대한 다양한 τ_D값의 영향.

On-off 제어의 단점은 제어 변수의 연속 사이클링을 초래하고 제어밸브(또는 기타 최종제어요소)에 과도한 마모를 발생시킨다는 것이다. 제어밸브를 사용하는 경우 후자의 단점이 중요하지만 일반적으로 on-off 제어기와 함께 사용되는 솔레노이드 밸브 또는 솔레노이드 스위치에는 영향을 미치지 않는다.

요약

이 장에서는 가장 일반적인 유형의 피드백 제어기를 고려하였다. 잠재적으로 많은 형태의 피드백 제어기가 있을 수 있지만 공정산업은 PID 제어 및 on-off 제어의 변형에 크게 의존한다. 제어루프 내의 나머지 중요한 요소—센서, 송신기 및 최종제어요소—는 다음 장에서 자세히 설명한다. 이러한 요소의 정상 상태 및 동특성을 이해하면 제어된 공정의 동특성을 조사할 수 있다(11장).

참고문헌

Åström, K. J., and T. Hägglund, *Advanced PID Control*, ISA, Research Triangle Park, NC, 2006.

Blevins, T. L., D. Chen, M. J. Nixon, and W. Wojsznis, *Wireless Control Foundation: Continuous and Discrete Control for the Process Indus- try*, ISA, Research Triangle Park, NC, 2015.

Blevins, T. L., D. Coyne, W. K. Wojsznis, and M. J. Nixon, *Improving PID Recovery from Limit Conditions, Proc. IFAC Conference on Advances in PID Controllers*, Brescia, Italy, 2012.

Blevins, T. L., and M. J. Nixon, *Control Loop Foundation—Batch and Continuous Processes*, ISA, Research Triangle Park, NC 2011.

Desborough, L., and R. Miller, Increasing Customer Value of Industrial Control Performance Monitoring—Honeywell, Experience, *Proc. 6th Internat. Conf. on Chemical Process Control (CPC VI)*, p. 169, AIChE, NY (2002).

Instrumentation Symbols and Identification, Standard ANSI/ ISA-5.1-2009, International Society of Automation (ISA), Research Triangle Park, NC 2009.

Mayr, O., *The Origins of Feedback Control*, MIT Press, Cambridge, MA, 1970.

McMillan, G. K., *Tuning and Control-Loop Performance*, 4th ed., Momentum Press, New York, 2015.

Shinskey, F. G., *Process Control Systems*, 4th ed., McGraw-Hill, New York, 1996.

Ziegler, J. G., Those Magnificent Men and Their Controlling Machines, *J. Dynamic Systems, Measurement and Control, Trans. ASME*, 97, 279 (1975).

연습문제

8.1 설정점이 정상 공정온도와 같을 경우 전자 PI 온도 제어기의 출력 p는 12 mA이다. 온도 설정점 2.5 mA(5 °F의 변화와 동일)의 계단 변화에 대한 제어기의 응답은 다음과 같다:

t, s	p, mA
0–	8.0
0+	6.7
20	6.0
60	4.7
80	4.0

제어기 이득 K_c(mA/mA)과 적분시간 τ_I를 결정하라. 제어기는 역동작 또는 정동작인가?

8.2 식 8.11에서 이상적인 PD 제어기는 실제로 다음과 같은 전달함수를 가지면서 구성된다.

$$\frac{P'(s)}{E(s)} = \frac{K_c(\tau_D s + 1)}{\alpha \tau_D s + 1}$$

여기서 $0.05 < \alpha < 0.2$이다.

(*a*) 그림 E 8.2에서 훨씬 간단한 두 전달함수를 병렬로 배치하여 이 전달함수를 얻는 방법을 보여라.

(*b*) 원하는 K_c, τ_D 및 α값을 얻는 데 사용할 수 있는 K_1, K_2, 및 τ_I에 대한 표현식을 찾아라.

(*c*) $K_c = 3$, $\tau_D = 2$, $\alpha = 0.1$일 때 관계를 확인하라.

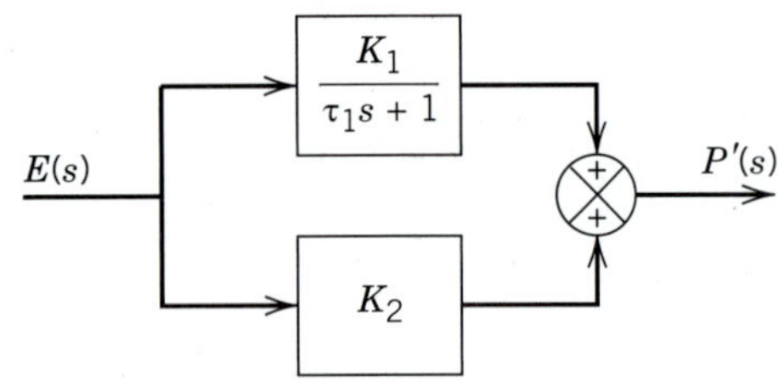

그림 E8.2

8.3 PID 제어기의 병렬형태는 식 8-14에 주어진 전달함수를 가진다. 많은 상업용 아날로그 제어기는 식 8-15에 주어진 직렬 형태로 묘사될 수 있다.

(*a*) 가장 단순한 $\alpha \to 0$의 경우, 병렬형태의 설정($K_c^{\dagger}$, $\tau_I^{\dagger}$ 또는 $\tau_D^{\dagger}$)과 직렬형태의 설정(K_c, τ_I, τ_D) 사이의 관계를 찾아라.

(*b*) 직렬형태가 각 제어기 설정(K_c, τ_I, 또는 τ_D)을 병렬형태에 대해 예상되는 것보다 크거나 작게 하는가?

(*c*) $K_c = 4$, $\tau_I = 10$ 분, $\tau_D = 2$ 분에 대한 상호작용의 크기는 얼마인가?

(*d*) 0이 아닌 α의 관계식에 대한 효과에 관하여 무엇을 말할 수 있는가? (1차 효과만을 논하라.)

8.4 연습문제 1.9는 원하는 액체 유량을 얻기 위해 피드백 제어 루프를 설계하는 두 가지 방법을 보여준다.

시스템 I과 II에서 모두 유량 송신기가 정방향 동작을 한다고 가정한다(즉, 유량이 증가함에 따라 출력이 증가함). 시스템 I의 제어밸브는 “air-to-open”으로, 제어기의 압력 신호가 증가하면 밸브가 더 개방되어 유량이 증가하는 것을 의미한다(9장 참조). 반면에 시스템 II의 제어밸브는 “air-to-close”이다. 두 밸브의 동특성은 무시하라.

(*a*) 두 밸브 각각에 대해, 이득 K_v의 부호는 무엇인가?

(*b*) 어떠한 제어기가 정방향 혹은 역방향 동작하는가? 답변을 뒷받침하기 위해 물리적인 근거를 말하라.

(*c*) 각 경우에 제어기 이득은 어떠한 부호를 가져야 하나?

8.5 액위 제어계는 두 가지 방법 중 하나로 구성될 수 있다:제어밸브가 보관탱크로 들어가는 액체의 흐름을 조절하는 경우(그림 E8.5*a*), 또는 제어밸브가 탱크에서 유출되는 액체의 흐름을 조절하는 경우(그림 E8.5*b*). 액위 송신기가 항상 정방향 동작을 한다 가정할 때,

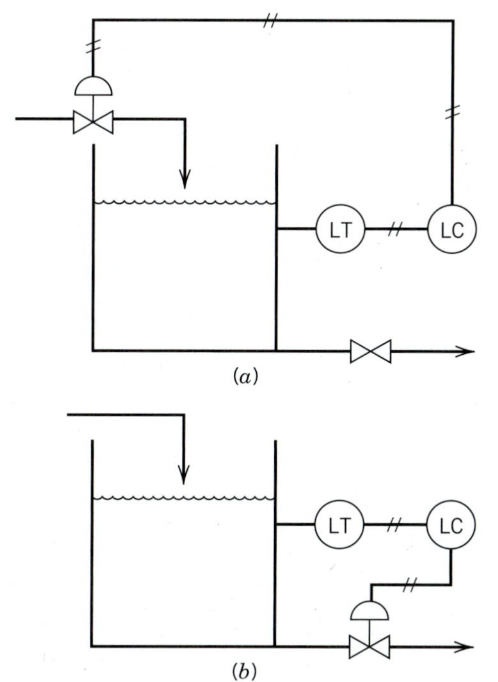

그림 E8.5

(*a*) 각 구성에 대해, 제어밸브가 공압식인 경우 비례 공압 제어기는 어떠한 제어 동작(정방향 혹은 역방향)을 가져야 하는가?
(*b*) 만약 제어밸브가 air-to-open이라면?

8.6 PI 제어기에 대한 측정된 입력이 계단 변화($Y_m(s) = 2/s$)이고 초기에 제어기 출력이 그림 E8.6과 같이 변하는 경우, 제어기 이득 및 적분 시간 값은?

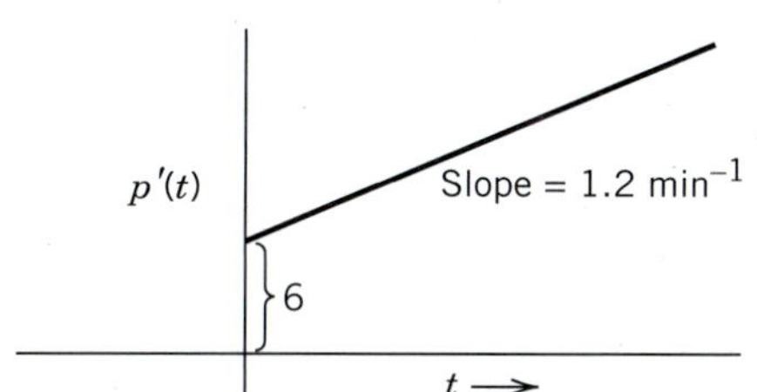

그림 E8.6

8.7 전자식 PID 온도 제어기는 출력이 12 mA인 정상 상태에 있다. 설정점은 초기에 정상 공정 온도와 동일하다. $t = 0$ 일 때 오차 신호는 0.5 mA/min의 속도로 증가한다(2 °F/min의 속도와 동일함). 현재 설정이 다음과 같은 경우

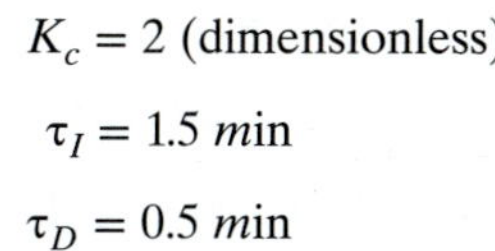

$$K_c = 2 \text{ (dimensionless)}$$
$$\tau_I = 1.5\ min$$
$$\tau_D = 0.5\ min$$

(*a*) 제어기 출력 $p(t)$에 대한 식을 유도하라.
(*b*) (*a*)를 $\tau_D = 0$에 대해 반복하라(즉, PI 제어기).
(*c*) 두 가지 제어기의 출력을 표시하고 그 차이를 정성적으로 논의하라.

8.8 샘플링 시점 $k - 1$과 k 사이에서 Δy_{sp}의 설정점 변경이 이루어진 경우 위치형 디지털 알고리즘(식 8-25)에 대한 미분폭주 양에 관한 식을 구하라.

(*a*) 비례폭주, 즉 비례 방식에 의한 급격한 변화에 대해 반복하라.
(*b*) 제어기가 일정한 측정값 y_m을 받고 초기 설정점이 $\bar{y}_{sp} = \bar{y}_m$일 때, $k - 1$ 샘플링 시점 직후에 발생한 $\Delta \bar{y}_{sp}$ 크기 설정점 변경에 대해 $k - 1$, k ⋯ 샘플링 시점에서 제어기 출력값들을 그려라. 초기 제어기 출력은 $\bar{p}$라고 가정한다.
(*c*) 식 8-25를 어떻게 수정하여 미분폭주를 제거할 수 있는가?

8.9 (*a*) 디지털 속도 P 및 PD 알고리즘의 경우, 변하지 않는, 즉 y_{sp}가 일정하다는 가정하에 설정점이 Δp_k의 계산에 어떻게 들어가는 가를 보여라.
(*b*) P 및 PD 디지털 제어 알고리즘의 속도 형식 사용에 대한 결과는 무엇을 나타내는가?
(*c*) 적분 방식이 존재하는 경우, 즉 속도 알고리즘의 PI 및 PID 형식에서 유사한 문제가 발생하는가? 설명하라.

8.10 미분 필터가 있는 병렬 PID 제어기를 나타내는 미분 모델 식은 무엇인가?(*힌트*: 전달함수에 대한 공통분모를 먼저 찾으시오.)

(*a*) 미분 필터가 있는 직렬 PID 제어기에 대해 반복하라.
(*b*) $e(t)$의 단위 계단 변경 및 다음 매개변수 값에 대한 각 제어기의 응답을 시뮬레이션 하라:

$$K_c = 2, \quad \tau_I = 3 \text{ min}, \quad \tau_D = 5\ min, \quad \alpha = 0.1, \quad M = 1$$

8.11 그림 8.15와 8.16의 PID 제어에 대한 시뮬레이션 결과를 보라. 그림 8.16의 u_I 응답은 단조 변화한다는 점에 유의하라. 이 특징이 다른 PID 제어기에 대한 전형적인 u_I 응답이라 생각하는가? 이유를 서술하라.

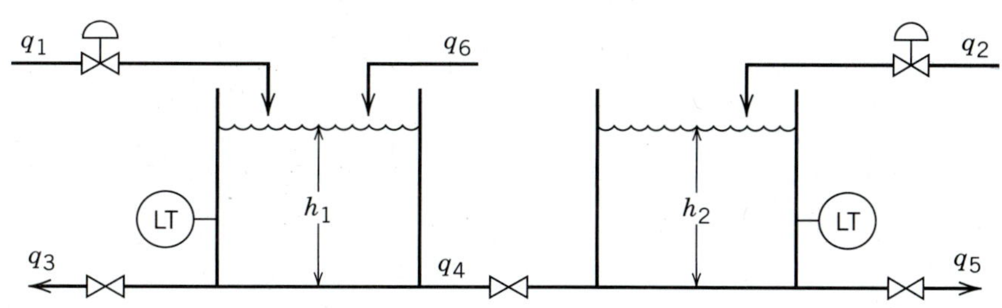

그림 E8.13

8.12 각 구성요소가 올바르게 작동하는 표준 피드백 제어계를 고려하라. 다음 내용에 대해 옳은지 옳지 않은지 간략하게 나타내라.

(*a*) 비례 제어의 경우, 제어기 출력은 항상 오차신호에 비례한다.

(*b*) PID 제어기는 지속적이고 측정되지 않은 외란 후 잔류편차를 제거한다.

8.13 그림 E8.13의 액체 저장 시스템에서 q_1이 일정하게 유지되어야 하고 결과적으로 h_2가 q_2를 조정하여 제어된다 가정해보자. q_2 제어밸브가 fail-close라 하자. h_2의 액위 제어기는 역방향 또는 정방향 동작이어야 하는가? 이유를 서술하라.

8.14 물을 증발시켜 공급 흐름을 농축하는 데 사용되는 증기 가열 증발기가 E8.14에 나타나 있다.

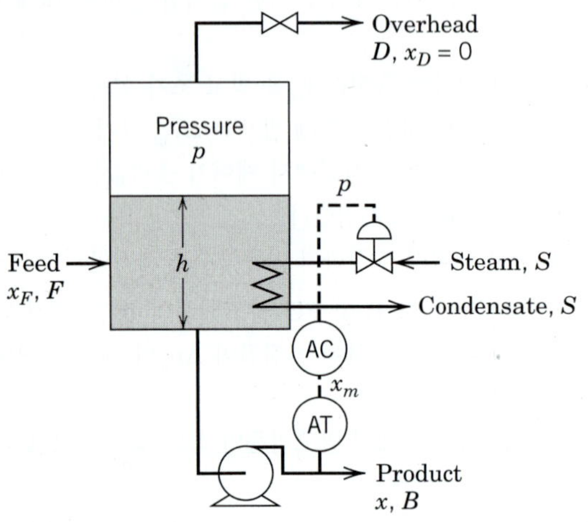

그림 E8.14

출구 흐름 x에서 용질의 질량 분율은 증기 유량 S를 조정하여 측정 및 제어되고 제어밸브는 fail-open이다. 조성 제어기가 정방향 동작인가? 이유를 서술하라.

8.15 뜨거운 액체는 향류 열교환기에서 냉수로 냉각된다: 그림 E8.15 참조:

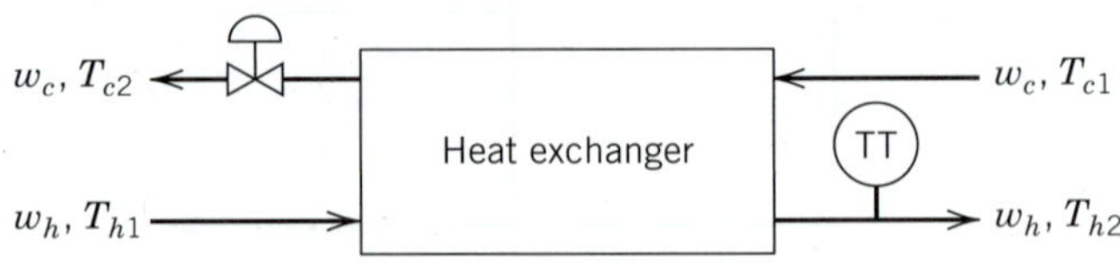

그림 E8.15

온도 T_{h2}는 유량 w_c를 조절하여 제어된다. 온도 센서/전송기(TT)가 정방향 동작한다. 안전 고려사항에 따라 제어밸브는 air-to-open 또는 air-to-close여야 하는가? 피드백 제어기가 정방향 동작해야 하는가 아니면 역방향 동작해야 하는가?

8.16 그림 8.1의 혼합 공정 개략도를 보라. 제어 목적은 피드백 제어기를 사용하여 입구 유량 w_2를 조절하여 출구 흐름의 질량 분율 x를 제어하는 것이다. 입구 흐름 내 주요 화학성분 x_1 과 x_2의 질량 분율은 일정하고 질량 흐름 w_1은 외란 변수다. 액체부피 V는 일정하다. 성분 센서/송신기(AT) 및 전류−압력 변환기(I/P)는 모두 정방향 동작 장치다.

피드백 제어기 AC가 역방향 동작인지 정방향 동작인지 결정하기 위해 필요한 *최소한*의 정보는 무엇인가?

CHAPTER 09

제어계 계장

Control System Instrumentation

학습목차 Chapter Contents

9.1 센서, 송신기, 변환기
9.1.1 계장신호와 데이터 망
9.1.2 센서
9.1.3 정적 및 동적 특성
9.2 최종 제어요소
9.2.1 제어밸브
9.2.2 제어밸브의 동특성
9.2.3 제어밸브의 선정 및 크기 결정
9.2.4 제어밸브 트림(trim)의 선정
9.3 계장에서의 정확도
9.3.1 용어
9.3.2 계기의 보정
9.3.3 동적 측정 오차
요약

8장에서 비례-적분-미분 제어기(PID controllers)를 살펴보았고, 이제 피드백 제어루프의 다른 구성요소를 고려하고자 한다. 예시로서, 그림 9.1에 있는 교반식 가열시스템을 고려하자. 열전대(thermocouple)는 액체 온도를 측정하여 밀리볼트 수준의 전기 신호로 변환시킨다. 그런 다음 이 신호는 볼트 수준으로 증폭된 후 전자 제어기로 전송된다. 피드백 제어기는 제어 계산을 수행하고 계산된 값을 최종제어요소인 액체에 대한 열 전달속도를 조정하는 전기 히터로 전송한다. 이 예시는 피드백 제어루프의 세 가지 중요한 기능을 보여준다: (1) *제어 변수*(CV)의 측정, (2) *조작 변수*(MV)의 조정 (3) 구성요소 간 신호 전송.

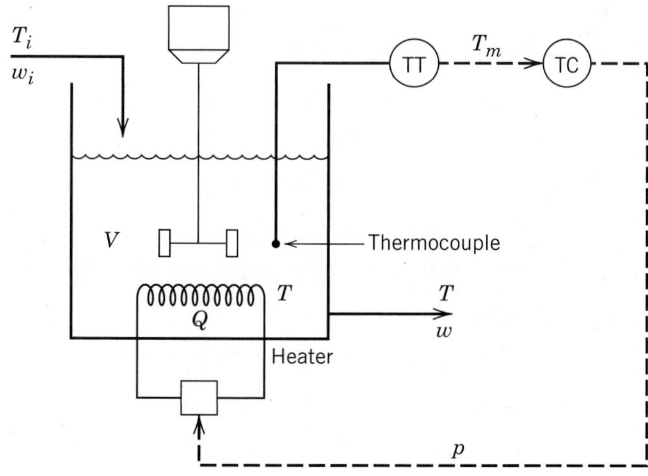

그림 9.1 교반식 가열 제어시스템의 개략도.

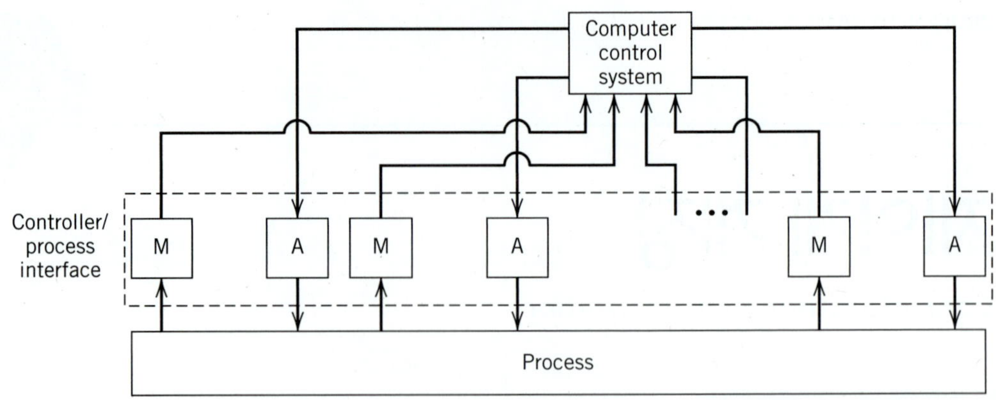

그림 9.2 여러 측정(M)과 구동기(A)를 가진 컴퓨터 제어시스템.

그림 9.1의 공정과 제어기 사이의 상호연결은 *인터페이스*로 간주될 수 있다. 이러한 연결은 컴퓨터 제어시스템의 단일 제어기 또는 다수의 제어기에 요구된다(그림 9.2). 이들 각 경우에서의 인터페이스는 모든 측정, 조작, 그리고 신호 전송 계기로 구성된다. 그림 9.2에서 인터페이스 요소는 공통의 특징을 가진다. 각 요소는 변수의 변환—예를 들면 온도를 볼트 수준의 신호로—을 수반한다. 최종제어요소 또는 구동기는 일반적으로 *유량*과 같은 공정 변수를 조작하는 데 사용된다.

이번 장은 주요 계장 개념을 소개하고 측정 및 조작 하드웨어 선택이 제어계의 특성에 어떤 영향을 미치는가를 강조한다. 계기와 구동장치가 선형거동을 갖거나 계기나 신호전송의 동특성을 무시하는 등 제어계 설계를 단순화하기 위하여 도입되는 가정들은 제어 루프 내 계장의 적절한 설계와 사양에 의존한다. 공정 계장에 대한 여러 일반적인 참고문헌 및 핸드북들이 있다(예시: Lipták, 2006a; Johnson, 2007; Edgar et al., 2016; Scott, 2007).

부록 A는 디지털 컴퓨터 제어 및 디지털 계장 시스템을 설명한다. 오늘날 사용되는 상당량의 계장은 디지털 기술을 기반으로 하지만 기존의 아날로그 계장도 여전히 사용된다. 따라서, 이번 장에서는 이 두 가지 모두 고려된다.

9.1 센서, 송신기, 변환기

복잡한 산업 공장 운전은 중요한 공정 변수의 측정 및 제어 없이는 불가능하지는 않더라도 어려울 것이다. 대규모 공장은 일반적으로 몇 초 또는 몇 분마다 온라인으로 수천개의 공정변수를 반복적으로 측정한다. 그리고 제품의 주요 성질들은 품질 관리 실험실에서 덜 자주, 예를 들면 시간당 한번, 8시간 교대 당 한번, 또는 하루에 한번 측정된다. 결국 정확하고 신뢰할 수 있는 측정 시스템의 설계 및 유지보수는 공정 제어의 중요한 측면이다. 신뢰할 수 있고 비용 효율적인 온라인 센서가 항상 존재하지는 않는 다는 것이 공정 제어시스템의 유효성에 한계라 할 수 있다.

물리적 변수는 공정 변수의 값과 관련된 전기적 또는 기계적 반응과 같은 물리적 반응을 생성하는 *센서*로 측정된다. 예를 들어, 그림 9.1의 교반식 가열시스템에서 열전대는 액체의 온도가 증가함에 따라 함께 증가하는 밀리 볼트의 전기 신호를 생성한다. 하지만 온도 측정을 제어 계산에 사용하려면 밀리볼트 수준의 신호를 제어기의 표준 입력 범위에 적절한 전압 또는 전류 신호로 변환해야 한다(9.1.1절 참조). 이러한 신호 변환은 *송신기*에 의해 이루어진다.

공정 제어 문헌에서 *센서*, *송신기* 및 *센서-송신기*라는 용어는 다소 상호 교환적으로 사용되며 이 책도 이에 따른다.

계장신호를 한 형태에서 다른 형태로 변환해야 하는 경우가 많은데, 이러한 변환을 수행하는 장치를 *변환기*(transducer)라고 한다. 일반적으로 제어기 출력 신호가 전류 신호이고 최종제어요소가 공압 제어밸브인 경우가 많다(9.2.1절 참조). 이러한 경우 변환은 전류-압력(I/P) 변환기로 이루어지고, 전압-압력(E/P) 변환기 또한 일반적으로 사용된다.

9.1.1 계장신호와 데이터 망

공정 제어시스템에서는 공압(공기) 신호, 아날로그(연속) 전기 신호 및 디지털(이산) 신호의 세 가지 유형의 계기 신호를 광범위하게 사용한다. 1960년대까지 공정 산업의 계장에서는 주로 공압 신호를 사용하여 측정값과 제어 정보를 전송하였다. 이러한 계기들은 압축 공기로 구동되고 기계적 힘의 균형 요소를 이용하여 산업표준인 3~15 psig 범위의 신호를 생성하였다. 이렇게 생성된 공압 신호는 일반적으로 지름이 1/4 또는 3/8 인치의 배관을 통해 전송된다. 전류-압력(I/P) 및 전압-압력(E/P) 변환기는 전기 신호를 공압 작동식 제어밸브와 호환되는 동등한 공압 신호로 변환하는 데 널리 사용된다(9.2.1절 참조). 공정도의 계장 기호는 표준화된 것으로 전문 기관에서 이용 가능하다(ISA, 2009).

1950년대 이후. 반도체 전자장치의 개발과 공압 장치보다 수백에서 수천 피트 더 먼 거리로 신호를 전송할 필요성 때문에 전자식 계장이 널리 사용되기 시작한다. 전자 아날로그 계기의 표준 신호로 4~20 mA 및 1~5 V 범위의 직류(VDC) 신호가 사용된다. 전압은 전선의 길이, 온도 및 노화에 따라 변하는 전선 및 연결기 저항의 영향을 받기 때문에, 대부분의 송신기의 아날로그 신호는 전압보다는 전류 형태를 사용한다. 근거리 전송의 경우에는 1-5 VDC와 같은 볼트 수준의 계장 신호가 적합하다.

1960년대 이후로 디지털 계기와 장치는 점점 더 중요해지고 있다. 각 계기 및 제어기의 마이크로 프로세서는 다른 장치로부터 정보를 수신하거나 요청하면서 *데이터 고속도로*(data highway)를 통해 정기적인 통신을 책임진다. 디지털 통신의 주요 장점은 아날로그 시스템에 비해 배선 및 유지관리 비용이 크게 절감이 된다는 점이다. 1970년대에서 1980년대 동안 마이크로 프로세서 및 개인용 컴퓨터와 같은 통신 장비와 제어 기술의 발전은 분산 제어시스템과 같은 독자 컴퓨터 네트워크와 디지털 메모리 및 논리 기능을 갖춘 스마트 센서의 발전으로 이어졌다.

최근에는 계장 및 제어 장비가 디지털 네트워크와 개방형 시스템으로 상호 연결되었다. 특히, 계장, 장치 및 제어 장비 간의 디지털 통신 네트워크를 일반적으로 *필드 버스*(fieldbus)라고 한다(Lipták, 2006a; Anon, 2013). Foundation fieldbus(Fieldbus Foundation, 2015) 및 Profibus(Profibus & Profinet Int. 2015)와 같은 여러 필드 버스 네트워크 프로토콜이 개발되었다. 신규 산업 공장의 경우, 필드 버스는 설치 및 유지 보수 비용을 절감시켜주며 공정의 진단을 개선시켜준다. 하지만 기존 공장의 경우, 필드 버스 시스템과 기존 계장 및 제어시스템의 통합이 어려울 수 있다(Hebert, 2007).

최근에는 광섬유 통신(Agrawal, 2010) 및 무선 네트워크를 공정 제어에 활용하는 연구가 활발히 진행되고 있다(Blevins et al., 2014; Caro, 2014). 무선 기술의 장점은 향상된 유연성과 배선 및 설치 비용의 절감이다. 그러나 무선 기술에서는 보안 문제, 시선(Line-of-sight)의 한계 및 네트워크 전원 공급 방식을 포함한 문제들을 해결해야 한다는 점이 남아 있다(Blevins et al., 2014; Caro, 2014).

Strothman(1995)은 1990년대 초까지의 측정 및 제어 장치에 대한 유익한 역사를 정리하였다. 부록 A는 컴퓨터 제어시스템의 하드웨어 및 소프트웨어에 대한 추가정보를 제공한다.

9.1.2 센서

이제 가장 중요한 공정 변수에 대한 보편적인 센서들을 간단하게 설명하고자 한다. 더 많은 정보는 일반적인 핸드북(Lipták, 2006a; Edgar et al., 2016), 책(Shuler et al., 2014; Scott, 2007; Johnson, 2007; Nichols, 2010) 및 보다 전문적인 참고자료에서 찾을 수 있다.

공정 제어에서 사용되는 주요 측정은 온도, 압력, 유량, 액위 및 화학 조성이다. 표 9.1에는 각 범주에 대한 센서의 옵션이 표기되어 있다.

선택기준. 측정 장치를 선택할 때는 다음과 같은 요소들을 고려해야한다(Edgar et al., 2016).

1. **측정범위(span).** 공정 변수에 필요한 측정범위는 계기의 성능 범위 내에 있어야 한다.
2. **성능과 비용.** 응용에 따라서 성능의 정확도, 재현성 또는 그 밖의 성능 척도가 적절해야 한다. 닫힌 루프 제어의 경우에는 응답 속도가 중요하며 비용 또한 주요 고려사항이다(White, 2014).
3. **신뢰성.** 제조업체는 기본 조건을 제공한다. 측정 장치에 대한 이전의 경험 또한 매우 중요하다.
4. **재질.** 계기는 고온, 고압, 부식성 및 마모성의 환경을 견뎌야 한다. 일부 경우에 따라서는 밀봉 또는 세척이 필요할 수 있다.
5. **사전 준비.** 현장에 측정 장치를 처음 설치하기 위해서는 정비 인력의 훈련과 예비부품의 구매가 필수적이다.
6. **공정 물질의 외부 유출 가능성.** 공정 유체가 부식성 및 유독성일 경우 비산 배출에 대해 관리 담당자의 노출을 방지하는 것이 중요하다. 생물 공정의 무균성은 유지되어야 한다.
7. **전기 등급.** 위험에 노출될 가능성에 대해 센서가 본질적으로 적합하지 않으면 적절한 밀봉이 필요하다.
8. **침습 또는 비침습.** 탐침을 삽입하였을 때 오염이 발생하여 측정이 정확하지 않을 수 있다. 측정 정확도를 높이고 오염을 최소화하려면 탐침의 위치를 신중하게 선택해야 한다.

온도. 가장 일반적인 온도 센서는 봉입식 온도계, 열전대, 측온 저항체(RTD) 및 파이로미터(pyrometer)이다. 측정원리는 각각 부피 팽창, 두 개의 다른 금속에서 발생하는 기전력, 온도의 함수인 저항, 복사 에너지 파장 측정에 기초한다(Lipták, 2006a; Michalski et al., 2001). 측온 저항체 및 열전대는 최대 1000 °C까지 사용할 수 있으며, 이 중

표 9.1 공정 제어를 위한 온라인 측정 옵션.

온도	유량	압력	액위	조성
열전대저항측온기(RTD) 봉입식 온도계 바이메탈 온도계 고온계 • 전방사 • 광전 • 비율 레이저 표면 탄성파 반도체	오리피스 벤투리 로터미터 터빈 와류 방출 (vortex-shedding) 초음파 자성 열 질량 유량계 코리올리 유량계 타겟 유량계	액주형 탄성식 부르동관 • 벨로즈 • 격막 스트레인 게이지 압저항변환 압전변환 광섬유	부유식 • 체인 게이지, 레버 • 마그네틱 커플링 수두 장치 • 기포관 전기식(전도율) 방사선 레이더 초음파	기-액 크로마토그래피 (GLC) 질량 분석법(MS) 자기공명 분석 (MRA) 적외선(IR) 분광법 라만 분광법 자외선 (UV) 분광법 열전도도 굴절률(RI) 유전율 탐침 표면 탄성파 전기이동법 전기화학적 분석 상자성 분석 화학/생물 발광 동조 가능 다이오드 레이저 흡광

에 측온 저항체가 좀더 정확하다. 파이로미터는 일반적으로 연소와 같은 900 °C 이상의 고온에서 사용이 된다.

차압 및 압력. 공정 산업에서의 압력 측정 및 전송은 일반적으로 압력에 대한 격막(diaphragm) 또는 막의 작은 편향을 기반으로 한다. 편향은 격막의 각 면에 하나씩 두 개의 압력 연결로 생성된다. 압력 센서는 편향이 두 연결 사이의 압력 차 또는 *차압*(differential pressure, DP)에 비례하도록 설계되었다. 그런 다음 편향은 기록 및 제어에 사용될 수 있는 해당 전기 또는 공압 출력 신호로 변환된다. 그리고 격막의 한쪽에 대기압을 연결하여 계기 압력을 측정할 수 있다. 산업용 DP센서는 막 재료의 종류와 구조 및 편향 측정 방법에 따라 다르다(Lipták, 2006a; Gassman, 2014).

그 밖의 중요한 센서는 다음과 같다.

1. **압전 장치.** 압력이 변화함에 따라 금속 또는 결정의 치수가 변하며 전위(*압전 효과*, the piezoelectric effect) 또는 전기 저항(*압전 저항 효과*, the piezoresistive effect)의 변화를 생성한다. 이런 단수명 변화를 측정하여 센서 출력 신호로 변환할 수 있다.

   압전 장치는 충격, 진동 및 폭발 등으로 인해 센서 반응이 매우 빨라야 하는 동적 압력의 측정에는 적합하지만 정적 압력의 측정에는 적합하지 않다.

2. **전기용량형 센서.** 하나는 고정이 되어 있고 다른 하나는 움직일 수 있는 두 개의 평행한 금속막이 사용된다. 공정의 유체는 이동가능한 막의 한 측면과 접촉하게 되며 유체의 압력이 증가함에 따라 두 막 사이의 거리가 변하며 판 사이의 정전용량이 변하게 된다. 이러한 정전용량의 변화는 전기 회로에 의해 해당 압력 값으로 변환된다.

액체 혹은 기체 유량. 공정산업에서 유체 유량의 정확한 측정은 안전과 공정의 감시 및 물질 및 에너지 수지 계산을 포함한 여러 목적을 위해 중요한 일이다. 유량 송신기를 선택할 때에는 다음과 같은 요소를 고려해야 한다: 유체의 성질(액체/기체/고체/다상), 부식

성, 질량 대 부피 흐름 측정, 신호의 성질, 비용, 정확도, 사용 가능한 공간 그리고 유지보수(Spitzer, 2001; Emerson Process Management, 2005; Lipták, 2006a).

부피 유량은 오리피스, 벤투리 또는 피토관과 같은 파이프의 장애물을 가로 지르는 압력 강하를 측정하여 간접적으로 결정된다. 정상 상태에서의 에너지 수지는 부피 유량이 장애물을 가로지르며 발생하는 압력 강하의 제곱근에 비례함을 나타낸다. 압력 강하는 이전에 설명한대로 기존 DP 계장을 사용하여 측정할 수 있다. 오리피스 판은 일반적으로 20~200 in.H_2O 범위의 압력 강하를 제공하도록 크기가 결정된다. 그러나 이 방법은 벤투리미터를 사용하였을 때 보다 정확도가 떨어지고 압력 강하가 크다. 이 때문에 압력 강하가 중요한 큰 파이프의 경우에는 벤투리미터가 선호된다. DP 유량 측정은 저렴하며 일반적으로 깨끗한 액체 및 가스 흐름에 사용된다. 그러나 DP 유량 센서는 비교적 낮은 정확도로 인해 아래 설명할 최신 유형의 센서에 비해 공정 산업에서의 사용이 감소하고 있다.

부피 유량은 터빈 유량계를 사용하거나 타겟 유량계나 와류 유량계처럼 파이프 또는 수로에 삽입된 날개의 변위로 유량을 측정하기도 한다. 자기 유량계는 오리피스 판보다 정확하지만 전도성 유체에만 사용이 가능하다는 제한이 있다(그림 9.3).

코리올리(Coriolis) 유량계는 코리올리 효과로 인해 발생하는 비틀림 작용을 하는 진동 흐름 루프를 사용한다. 이러한 코리올리 유량계는 그림 9.4와 같은 곡선형관 유량계와 직선형관 유량계의 두가지 종류가 있다. 변위각의 진폭은 액체 질량 유량에 거의 비례하는 전압으로 변환된다.

Courtesy of Honeywell, Inc.

그림 9.3 자기 유량계.

Courtesy of Emerson Process Management

그림 9.4 코리올리 유량계.

Courtesy of ABB, Inc.

그림 9.5 가스, 증기 및 액체의 질량 유량 또는 표준 부피 유량을 계산하는 다변수 유량 송신기.

정전용량 탐침은 유체의 유전 상수를 측정하며, 슬러리나 그 밖의 2상 흐름에 대해 유용하다. 파이프의 외부에 고정시키는 비접촉식 초음파 측정기는 비침습성이며 마모될 수 있는 움직이는 부품이 없다는 장점이 있다(Baker, 2000).

압력, 온도, 점도 및 밀도의 변화와 무관한 질량 유량계로는 열 질량 유량계와 코리올리 유량계가 사용된다. 열 질량 유량계는 반도체 제조 및 바이오 공정에서 질량 유량 제어기 또는 MFC라 하는 *저 유량의 제어*를 위해 사용된다. MFC는 흐름에 따라 달라지는 가열 요소의 열 손실을 측정하며 정확도는 ±1%이다. 표준 공정 변수로부터 유체의 부피 또는 질량 유량을 결정하는 다변수 유량 송신기도 사용이 가능하다(그림 9.5 참조).

액위. 과도하게 높은 액위로 인한 넘침과 잠재적인 안전 문제들을 방지하고 매우 낮은 액위로 인한 펌프의 손상을 방지하려면 용기의 액위 측정이 매우 중요하다. 일부 화학반응기와 같은 공정 운전의 경우, 공정 용기에 지정된 체류 시간을 갖도록 액위를 엄격하게 조절해야 한다. 이 절에서는 몇 가지 공통 액위 센서에 대해 알아볼 것이다.

액위는 탱크 하단부와 탱크 상단부에 각각 연결되어 있는 차압 센서를 사용하여 간접적으로 측정할 수 있다. 액위 h는 정압 방적식에 의한 DP 측정 ΔP와 관련 있으며, 여기서 ρ는 액체의 밀도이고 g는 중력 상수이다.

$$\Delta P = \rho g h \tag{9-1}$$

널리 사용되는 이 센서의 단점은 온도 또는 액체 성분 변화에 의해 상당한 밀도 변화가 발생할 때 이를 고려해야 한다는 것이다. DP 방식의 장점은 용기가 아직 채워지지 않은 경우 DP 측정이 격막의 각 측면에 동일한 영향을 미치므로 액체 위에 있는 공간의 가스 압력에 영향을 받지 않는다는 것이다.

정전용량 센서는 액체에 삽입되는 탐침을 가지고 있다. 탐침과 용기는 축전기의 두 개의 판 역할을 한다. 액체의 정전용량은 액위에 따라 변한다. 무선 주파수 신호가 탐침에 가해지고 정전용량을 측정하여 액위 센서가 이를 액위와 동등한 전자 신호로 변환한다(Lipták, 2006a).

비접촉 액위 센서는 센서가 액체와 접촉할 수 없는 경우에 사용할 수 있다. 액위 센서는 초음파를 액체 표면으로 보내고 반사된 음파(에코)를 감지하여 이 정보를 사용하여 표면 까지의 거리를 계산한다. 이후 계산된 액위 값은 전자 출력 신호로 전송된다. 이러한 방식은 비접촉 레이더 및 감마 방사 선 액위 센서에도 사용된다. 비접촉 센서의 단점은 먼지, 거품 및 표면의 난류와 같은 요인이 성능에 영향을 줄 수 있다는 것이다.

화학조성. 화학조성은 일반적으로 가장 어려운 온라인 측정이다. 공정의 성능을 평가하기 위해서는 정확한 조성의 측정이 필수적이기 때문에 매우 중요하다. 온라인 분석기를 사용하기 이전에는 샘플을 현장 분석 실험실에 수동으로 전달했다. 이 때문에 큰 시간 지연이 발생하여 공정의 조정이 적시에 이루어지지 못하여 제품의 품질에 영향을 주었다. 온라인 분석기의 개발로 이러한 활동이 자동화되었고, 분석 시간이 단축되었다. 온라인 분석기 중 화학분석기는 구매, 설치 및 유지 보수 비용이 매우 높기 때문에 분석기의 선택과 규격을 신중하게 고려해야 한다(Lipták, 1994; Lip ták, 2014; Nichols. 2014).

조성을 정량적으로 측정하려면 분석할 물질의 특성에 따라 특정 계기를 선택해야 한다. 특정 농도를 측정하려면 물질의 고유한 화학적 또는 물리적 특성이 필요하다. 전도도 및 pH 분석기는 공정 산업에서 널리 사용된다. 적외선(IR) 분광법은 전자기 복사를 흡수하여 CO 및 CO_2와 같은 특정 분자의 진동 주파수를 조사할 수 있다. 자외선(UV) 복사 분석기는 특정 화합물에 대한 흡수광 정도가 특정 주파수에서 발생하여 조성을 측정할 수 있다는 점에서 IR 분석기와 비슷하게 작동한다. 생물 반응기에서 세포 질량의 지표인 탁도는 분광 광도계의 흡광도에 의해 측정될 수 있다. 핵 자기 공명이라고 불리던 자기 공명분석은 자기 모멘트를 사용하여 모든 화학 및 생화학 시스템의 분자 구조 및 농도를 식별한다.

최근 몇 년 동안 분석기의 비용을 낮추고 분석 시간을 줄이며 새로운 기술을 도입하기 위해 상당한 발전이 있었다(Studebaker, 2014). 화학 센서가 마이크로 칩에 부착되었으며, 심지어(전기 영동과 같은) 다중, 물리적, 화학적, 생화학적 단계를 필요로 하는 칩에도 설치되었다. 이러한 장치들은 *lab-on-a-chip*이라고 불려왔다(Chow, 2002; Daw and Finkelstein, 2006).

가스 크로마토그래피(GC)에서 가스(또는 기화 액체) 샘플은 불활성 가스에 의해 GC를 통과하고, 샘플의 성분은 충전층에 의해 분리된다. 각 성분은 충전층과의 친화력이 다르기 때문에, 샘플 분석동안 각 성분이 컬럼을 통과하는 데 걸리는 시간이 달라 개별 농도를 측정할 수 있다. 이렇게 GC는 혼합물의 많은 성분을 동시에 측정할 수 있는 반면, 대부분의 다른 분석기는 단일 성분만을 검출할 수 있으므로 GC는 널리 사용된다. 그림 9.6은 현장 장착형 가스 크로마토그래프이다.

일반적으로 모든 성분은 10분 이내에 분석될 수 있다. GC는 화합물에 따라 수 10억 분의 1(ppb)에서 수십 퍼센트에 이르는 농도를 측정할 수 있다(Nichols, 2010). 고성능

Courtesy of ABB, Inc.

그림 9.6 현장 장착형 가스 크로마토그래프.

액체 크로마토그래피(HPLC)는 단백질을 포함한 용해된 용질의 수준을 측정할 때 사용된다(Shuler et al., 2014).

질량 분석기(MS)는 진공 상태(10^{-6} torr)에서 이온화된 가스를 검출기로 보내 혼합물에서 기체의 부분 압력을 측정한다. 그런 다음 기상의 조성을 기체의 분자량을 기반으로 모니터한다(Nichols, 2010). 또한 존재하는 성분에 대한 더 높은 수준의 식별을 얻기 위해 GC와 MS가 결합되기도 한다. 예를 들어 표 9.2와 같이 연소가스를 완전히 분석하려면 여러 개의 온라인 분석기가 필요할 수 있다.

광섬유 센서는 고온 및 고압과 같은 열악한 환경에서 측정을 할 수 있다는 장점이 있지만, 비용이 많이 든다. 이러한 광섬유 센서에서 사용하는 변환 기술은 전기적 신호를 포함하지 않기 때문에 전자기 간섭에 영향을 받지 않는다. 라만 분광법은 광섬유를 사용하며 분자에 의한 펄스 빛 산란을 수반한다.

표 9.2 연소가스 분석.

구성성분	방법
O_3	자외선 광도계
SO_2	자외선 형광
NO_x	화학발광
CO, CO_2, SO_2	적외선
O_2	상자성 분석
미량의 탄화수소	GC/MS

많은 경우 구성성분의 측정은 어렵고 비용이 많이 든다. 농도를 측정하는 간접적인 수단은 비용이 덜 들고 빠른데, 예를 들면, 액체 성분의 몰이나 질량 분율을 pH에 연관시키거나, 증기 흐름 중 한 성분의 전도도나 농도를 적외선(IR) 또는 자외선(UV) 흡광과 연관시키는 것이다. 이러한 간접적인 측정은 조성을 유추하기 위하여 종종 사용된다. 예를 들어, 증류탑 상부 단에 있는 액체 온도는 증류액의 조성을 결정하는 데 사용될 수 있다.

관련된 접근법은 공정 모델을 7.3절에 있는 *소프트 센서*(soft sensor)로 사용하여 온라인으로 측정할 수 없는 공정 변수를 추정하는 것이다. 예를 들어, *예측 배출가스 감시 시스템*(*predictive emissions monitoring systems*, *PEMS*)은 미량의 오염 물질 농도를 온도, 압력 및 과잉 공기와 같은 운전 조건과 연관시킨다(7.3절 참조).

물리적 성질. 이 범주에는 밀도, 수분, 탁도, 점도, 굴절률, pH, 유전 상수, 열전도율 등의 측정이 포함된다(Lipták, 2006a; Shuler et al., 2014).

9.1.3 정적 및 동적 특성

위에서 설명한 것처럼 센서–송신기나 송신기의 출력 신호는 신호를 수신하는 제어기의 입력 범위와 호환되어야 한다. 송신기는 일반적으로 *정방향동작* 하도록 설계된다. 즉, 측정된 변수가 증가할수록 출력 신호는 증가한다. 또한 대부분의 상용 송신기는 조정 가능한 입력 범위를 가지고 있다. 예를 들어, 4~20 mA 출력 신호가 있는 표준 온도 송신기는 백금 저항 요소(센서)의 입력 범위가 50~150 °C가 되도록 조정할 수 있다. 이러한 경우 다음과 같은 대응관계가 얻어진다.

입력	출력
50 °C	4 mA
150 °C	20 mA

이 계기는 50 °C의 하한 혹은 영점(zero)과 150 °C – 50 °C = 100 °C 범위 혹은 측정범위를 갖는다. 센서/송신기의 영점과 변화폭은 조절이 가능하다. 그림 9.7은 영점과 변화폭의 개념을 예시한 것이다. 이 예제에서 온도와 전송된(측정된) 신호 사이의 관계는 선형이다. 그러나 여기서 왜 온도 송신기의 영점은 0 mA가 아닌 4 mA인가? 송신기가 제대로 작동한다면 출력 신호의 범위는 4~20 mA가 되는데 전원 공급이 실패할 경우에는 출력 신호가 0 mA가 된다. 따라서 4~20 mA범위를 벗어나는 출력 신호는 기능장애가 발생했음을 나타낸다.

선형 송신기의 경우, 측정된 변수 y와 송신기 출력 y_m 사이의 정상 상태 관계는 선형 방정식이다:

$$y_m = K_m(y - y_0) + y_{m0} \tag{9-2}$$

여기서 K_m은 송신기의 정상 상태에서의 이득이다. K_m에 대한 일반적인 표현은,

$$K_m = \frac{\text{출력 범위}}{\text{송신기 측정범위}} = \frac{y_2 - y_1}{y_{m2} - y_{m1}}$$

여기서 아래첨자 1과 2는 그림 9.7의 검정곡선에서 임의의 두 점을 나타낸다.
온도 송신기의 경우 $T_0 = 50$ °C 및 $T_{m0} = 4$ mA로 대체하면

$$K_m = \frac{20 - 4 \text{ mA}}{150 - 50 \text{ °C}} = 0.16 \text{ mA/°C}$$

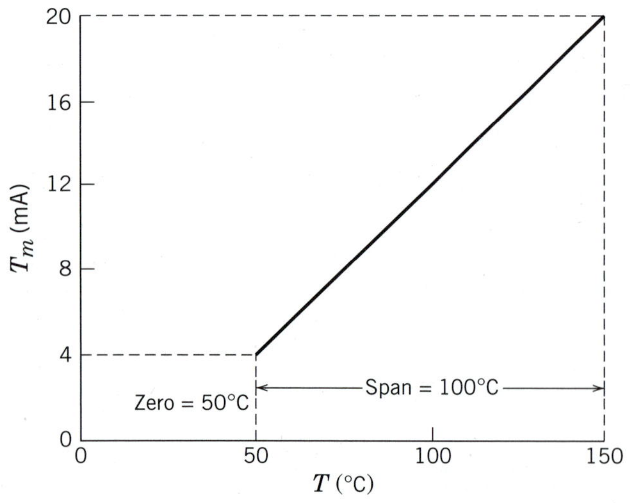

그림 9.7 영점과 측정범위를 보여주는 선형계기의 보정.

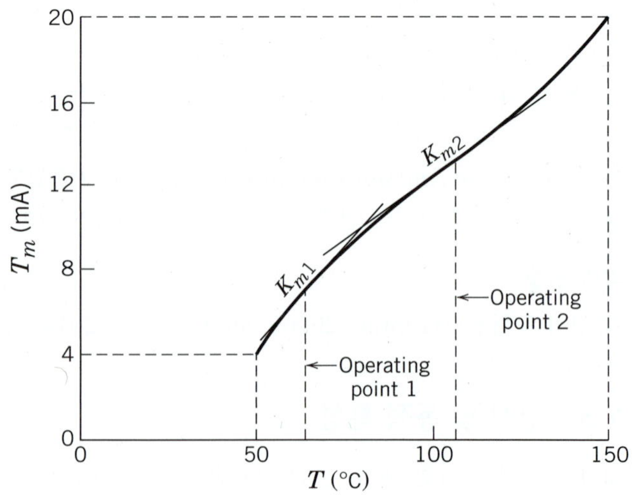

그림 9.8 운전조건의 함수로 나타나는 비선형 변환기의 이득.

식 9-1에 값을 대입하면 온도 송신기 출력과 입력 사이의 관계는 다음과 같다:

$$T_m = 0.16(T - 50) + 4 \tag{9-3}$$

비선형 검정곡선의 경우, 운전점에서의 이득은 운전점에서의 입력–출력 관계에 대한 기울기이다. 그림 9.8은 전형적인 경우를 예시한 것이다. 이득은 운전점이 변경될 때마다 변하므로 선형 계기를 이용하는 것이 바람직하다. 이득 K_m은 변화폭이 변경될 때 변경되지만 영점의 변경에는 변하지 않는다.

센서와 송신기는 일반적으로 정방향동작($K_m > 0$)하도록 설계 되어 측정된 변수가 증가함에 따라 출력 신호가 증가하도록 되어 있다. 그러나 일부 측정의 경우에는 *역방향 동작 계기*($K_m < 0$)가 더 적절할 수 있다.

센서–송신기의 동적 특성. 많은 센서–송신기는 빨리 응답하고 느린 공정 동특성에 비해 무시할 만한 측정 동특성을 가지고 있다. 측정 동특성을 무시할 수 없는 경우에는 큰 동적 오차가 발생할 수 있으며, 이로 인해 실제 값과 측정값 사이에 큰 차이가 발생할 수 있다. 예를 들어, 열전대는 유체 온도의 변화에 빠르게 반응한다. 하지만 질량과 비열이 큰 보호용 써모웰(thermowell) 안에 있는 열전대는 상당히 큰 측정 시간 상수를 가질 수 있다(9.3.3절 참조).

많은 센서–송신기는 과도감쇠 동특성을 가지고 있으며 측정된 변수의 단계적 변화에 단조로운 반응을 보인다. 따라서 이러한 유형의 측정 동특성은 실제 값 y와 측정값 y_m 사이의 1차 전달함수로 모델링하는 것이 합리적이다:

$$\frac{Y_m(s)}{Y(s)} = \frac{K_m}{\tau_m s + 1} \tag{9-4}$$

여기서 K_m은 정상 상태 이득이고 τ_m은 측정 시간 상수다. 예를 들자면 온도 송신기에서의 K_m의 단위는 mA/°C이다.

나쁜 센서 위치나 긴 샘플링 라인 때문에 상당한 측정 동특성이 발생할 수 있다. 예를 들면, 연속 중화 공정의 pH 센서가 공정 용기로부터 멀리 떨어진 출구 라인에 위치할 경우, 거리–속도 지연으로 인해 상당한 시간 지연이 발생할 수 있다(6.2절 참조). 시간 지연은 온라인 조성 측정에 보호 환경 내의 원격분석기로의 긴 샘플라인이 필요한 경우에도 발생할 수 있다. 이러한 일반적인 상황은 상당한 거리–속도 지연을 초래할 수 있다.

센서와 송신기 제조업체는 종종 장치의 동적 응답 특성에 대한 일반적인 정보를 제공하지만, 이 정보는 특정 응용 분야에 대해선 적용하기 어려울 수 있다(Edgar et al., 2016). McMillan은 센서의 시간 상수 및 시간 지연의 대표 값들을 2015년에 보고하였다.

9.2 최종 제어요소

모든 공정 제어루프는 공정 변수를 조절하는 장치인 최종제어요소를 포함한다. 대부분의 화학 및 정유 공정에서 최종제어요소는 물질의 유량(고체, 액체, 기체 또는 다상)을 조정하여 공정의 입출력 전달 속도를 간접적으로 조정한다. 이러한 상황에서 최종 제어요소는 일반적으로 제어밸브 또는 변속펌프이다. 제어밸브가 더 널리 사용되지만, 슬러리와 같은 연마성 액체에는 변속펌프가 선호된다. 또한 변속펌프는 제어밸브의 압력 강하로 발생하는 에너지 손실을 피할 수 있다.

그림 9.1에서 전기 저항 히터는 최종 제어요소 역할을 한다. 이 경우 제어기가 히터에 필요한 전기에너지를 공급하도록 설계되지 않았기 때문에, 제어기 출력, 즉 전압 신호를 히터의 단자에 직접 적용할 수 없다. 따라서 변환기는 제어기와 히터 사이에 위치해야 한다(그림 9.1에는 표시되지 않음).

9.2.1 제어밸브

공정으로 들어오거나 나가는 물질과 에너지의 흐름을 조작하는 방법은 여러 가지가 있다. 펌프 드라이브, 나사형 콘베이어 또는 송풍기의 속도를 조절하는 것이 이러한 예가 될 수 있다. 그러나 간단하며 가장 널리 사용되는 방법은 제어밸브를 사용하는 것이다. 공압식 제어밸브의 주요 구성 요소는 그림 9.9에 개략적으로 나타나 있다. 구성요소로는 밸브 본체(body), 밸브 축(stem), 밸브 시트(seat) 및 밸브 구동기(actuator)가 있다. 밸브 본체에는 유량을 조절하는 가변 오리피스가 들어 있다. 밸브 축(stem)의 위치는 밸브의 개방을 결정하고 그에 따른 유량을 결정한다. 밸브 축(stem)은 마개(plug), 볼, 디스크 또는 게이트에 부착될 수 있다(Borden and Friedmann, 1998). 밸브 시트(seat)는 오리피스 주위에 삽입된 보호 물질(일반적으로 금속 또는 연질 중합체)로 구성되어 있어, 밀폐성을 제공하고 부식성 물질 및 고체 물질에 의한 손상을 방지하여 밸브의 수명을 연장시킨다. *구동기*는 밸브를 열고 닫는 힘을 제공한다. 보통 구동기는 공압식 동력 장치이지만 전기식 및 유압식 동력 구동기도 사용이 가능하다(Emerson Process Management, 2005). 전기식 구동기는 밸브를 열거나 닫는 데 큰 힘이 필요한 매우 큰 제어밸브에 적합하다.

제어밸브는 선형(슬라이딩 축) 또는 회전식으로 설계된다. 선형 밸브는 오리피스와 시트(seat)로부터 마개를 수직으로 움직여 밸브를 열고 닫는 *글로브 밸브*(globe valves)이다. 이러한 이동은 유체흐름에 사용가능한 단면적을 변경한다. *회전밸브*나 *1/4 회전 밸브*(quarter-turn valves)는 90°회전의 폐쇄 메커니즘에 의해 완전히 닫힌다. 이러한 메커니즘은 개폐 동작 및 유량 조정에 모두 사용된다. 일반적으로 회전밸브는 슬라이딩 축 밸브보다 더 작고 저렴하며 유지관리가 용이하다. 주로 사용하는 회전밸브로는 *플러그 밸브*(Plug valve), *나비 밸브*(butterfly valve), *볼 밸브*(ball valve) 및 *회전 글로브 밸브*(rotary globe valve)가 있다.

제어밸브에 대한 자세한 내용은 다음과 같은 참고문헌을 참조하기 바란다(Borden

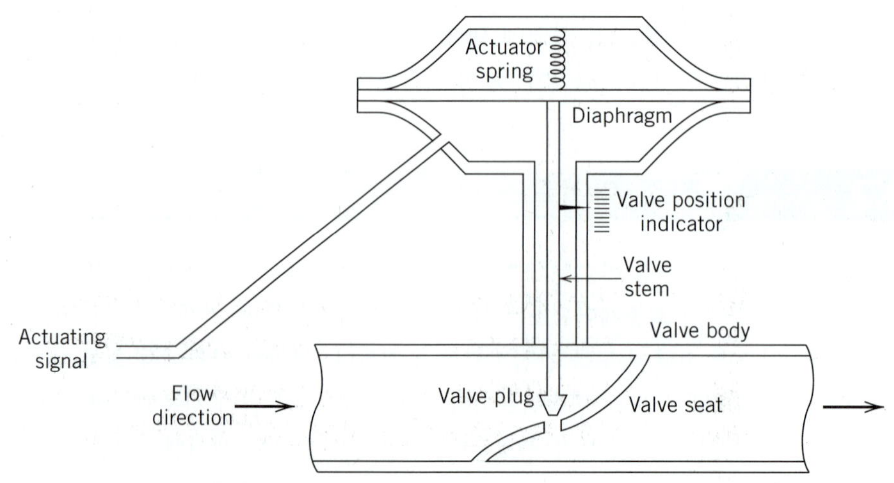

그림9.9 공압식 제어밸브(air-to-open).

and Friedmann, 1998; Lipták, 2006a,b; Emerson Process Management, 2005; Edgar et al., 2016).

모터 구동 밸브의 사용이 증가하고 있지만 아직도 대부분의 제어응용에서는 그림 9.9에 개략적으로 표시된 상승 축 유형과 같은 공압식 구동기가 사용된다. 여기서 공압식으로 작동하는 격막 장치는 고정된 스프링으로 받쳐진 격막을 밀어 축(stem)을 수직으로 이동시킨다. 이러한 제어기의 구동 신호는 공압 신호로 제어밸브로 전송된다. 이 신호가 증가함에 따라 격막에 가해지는 압력이 스프링을 압축하고, 축(stem)을 끌어 올려 밸브가 더 열리게 된다. 이러한 유형의 제어밸브를 *air-to-open*(A–O)이라고 한다. 플러그/시트(Plug/seat) 혹은 스프링/공기 흡입구의 방향 중 하나가 바뀌면 밸브는 air-to-close(A–C)가 된다. 예를 들어, 스프링이 격막 위에 있고 공기 흡입구가 격막 위에 위치하면 그림 9.9와 같이 A-O 밸브가 된다.

보통 A–O 및 A–C 밸브의 선택은 안전성 고려에 근거한다. 제어밸브가 정전과 같은 비상 상황에서 밸브의 응답이 어떻게 되야 하는가(개방이거나 폐쇄)에 의해 선택된다. 이러한 이유로 A–C와 A–O 밸브를 각각 *Fail-open*(F–O)와 *Fail-close*(F–C)라고 부른다.

예제 9.1

다음에 열거한 변수에 대하여 공압식 제어밸브의 적절한 형태를 정하고자 한다. A–O 밸브와 A–C 밸브 중 어느 것이 이 응용에 적합한지 의견을 밝히고 그 이유를 서술하여라.

(a) 반응기 가열코일의 스팀 압력.
(b) 고분자 반응기로 공급되는 반응물 유량.
(c) 폐수처리 체류탱크로부터 강으로 이송되는 유출물 유량.
(d) 증류탑 응축기에 공급되는 냉각수 유량.

풀이

(a) A–O (fail-close). 전송기 고장 시 반응기가 과열되지 않도록 보장하기 위함이다. 반응기의 과열은 반응기가 너무 낮은 온도에서 작동하는 것보다 더 심각한 문제이다.
(b) A–O (fail-close). 반응기가 과다한 반응물로 넘치는 것을 막기 위함이다.
(c) A–O (fail-close). 처리되지 않은 과다한 폐수가 강에 유입되는 것을 방지하기 위함이다.
(d) A–C (fail-open). 탑상 증기가 탱크에 도달하기 전에 완전히 응축되도록 하기 위함이다. 완전히 응축이 되지 않는다면 과도하게 높은 압력이 발생할 수 있다.

9.2.2 제어밸브의 동특성

제어밸브 동특성은 공정 자체의 동특성에 비해 상대적으로 빠른 경향이 있다. 그러나 그림 9.10에 설명된 *히스테리시스*(hysteresis), *데드밴드*(deadband), *스틱–슬립*(stiction)과 같은 비선형 현상으로 인해 공압식 제어밸브의 전반적인 동작이 복잡해질 수 있다(Choudhury, 2005; McMillan, 2015).

그림 9.10(a)의 히스테리시스 다이어그램은 제어 신호 p의 특정 값에 대해 밸브 축의 위치 x가 축의 이전 이동 경로에 따라 증가하였는지 감소하였는지를 나타낸다. 그림 9.10(b)의 데드밴드는 밸브 축 위치 x의 방향 반전과 관련된 시간 지연이다. 예를 들어

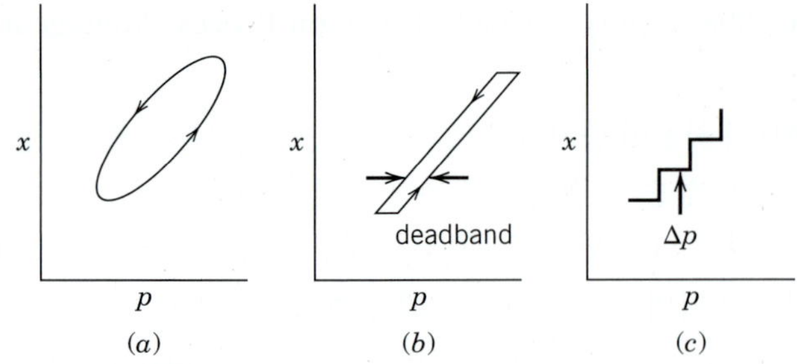

그림 9.10 비이상적인 제어밸브 거동: (*a*) (이력현상)hysteresis: (*b*) 데드밴드(deadband): (*c*) 스틱슬립(stick-slip).

제어신호 p는 x가 감소된 후 증가하게 된다. 데드밴드는 밸브 어셈블리(valve assembly)에서 기계 부품의 상대적인 움직임, 즉 *백래시*(backlash)에 의해 발생한다.

스틱-슬립현상은 제어밸브 축과 축 주위의 패킹 사이의 정적마찰로 인해 발생한다. 패킹은 밸브를 통과하는 유체의 누출을 방지한다. 따라서 밸브 축이 한동안 일정하게 유지되면 제어신호의 변화가 임계값 Δp보다 클 때까지(즉, 밸브 축이 미끄러진다) 밸브 축이 고착되어 움직이지 않는다. 스틱-슬립은 제어 루프 진동을 유발할 수 있기 때문에 공정에 좋지 않다. 제어밸브에서 데드밴드, 히스테리시스, 스틱-슬립과 같은 세 가지 현상이 모두 발생할 수 있으므로 유의해야한다.

제어밸브의 거동도 제어밸브에 대한 신호의 양(+)과 음(−)의 변화에 대한 비대칭 응답으로 인해 비선형적인 경향이 있다. 그러나 전달함수 모델을 사용하는 제어시스템 분석을 위해 제어밸브와 밸브 포지셔너(Valve positioner)의 동적 거동은 제어밸브 p에 대한 신호와 조작 유량 u 사이의 일차시간 지연(FOPTD) 전달함수 $G_v(S)$로 대략적으로 추정될 수 있다.

$$\frac{U(s)}{P(s)} = G_v(s) = \frac{K_v e^{-\theta_v s}}{\tau_v s + 1} \tag{9-5}$$

밸브 시간 상수 τ_v는 일반적으로 가장 큰 공정 시간 상수인 τ_p보다 훨씬 작다. 즉 $\tau_v \ll \tau_p$와 같이 나타낼 수 있다.

Emerson Process Management(2005, 32p)는 밸브 어셈블리가 서로 다른 4인치 제어밸브에 대한 실험값 θ_v와 τ_v을 발표했다. τ_v값은 0.3초부터 7.8초까지 다양했으며, θ_v/τ_v비율은 0.3에서 0.8까지 다양했다. 모델 파라미터는 밸브에 적용되는 계단 신호의 크기와 방향에 따라 달라진다. 대형 제어밸브는 훨씬 느린 동특성을 가진다.

밸브 포지셔너

중요한 제어루프의 경우, 공압식 제어밸브에는 실제 축 위치 x를 감지하고 원하는 위치와 비교하고 그에 따라 밸브에 대한 공압 제어 신호를 조정하는 기계식 또는 디지털 피드백 제어기의 일종인 *밸브 포지셔너*가 장착되어야 한다. 밸브 포지셔너는 밸브 격막에서 직접 작동하는 3-15 psig 압력 신호에 의해 가해질 수 있는 상대적으로 작은 기계적인 힘을 증가시키는데 사용된다. 또한 밸브 포지셔너는 데드밴드, 히스테리시스, 스틱-슬립 등의 효과를 크게 줄일 수 있어 널리 사용된다. 밸브 포지셔너는 일반적으로 그림 9.11과 같이 밸브 구동기 측면에 장착된다. 밸브 포지셔너에 대한 정보는 제조업체의 문서 및 핸드북에서 추가적으로 확인할 수 있다(Emerson Process Management, 2005; Lipták, 2006a; Edgar et al., 2016).

Courtesy of Emerson Process Management

그림 9.11 디지털 밸브 포지셔너가 있는 최신 제어밸브.

9.2.3 제어밸브의 선정 및 크기 결정

제어밸브는 매우 신중하게 설계하고 설치해야 한다. 예를 들어, 펄프 및 제지 산업에서 5000개의 제어 루프를 조사한 결과 제어루프 성능 변동성의 30%가 제어밸브에 기인한다고 보고되었다(Ross and Bialkowski, 1996). 적절한 밸브 크기 결정은 발표된 권고사항 중 많은 것들이 모호하거나, 상충되어 있거나, 제어 목표와 일관되지 않기 때문에 특히 어려울 수 있다. 제어밸브의 크기를 결정할 때에는 펌프, 열교환기, 제한사항(예: 오리피스 플레이트판), 제어밸브와 직렬로 배치된 필터와 같은 파이프라인에 있는 다른 장비를 고려하는 것이 중요하다.

제어밸브는 먼저 밸브 본체 재질과 유형을 선택하기 위해 공정 유체의 특성 및 원하는 유량 특성을 모두 고려하여 지정된다. 그런 다음 구동기에 대해 원하는 특성을 고려한다. 밸브 재질의 선택은 작동 조건에서 공정 유체의 부식성 특성에 따라 결정된다. 적어도 소구경의 경우 황동, 탄소강, 스테인리스강으로 만들어진 상업용 밸브는 바로 주문이 가능하다. 대형 밸브 및 보다 특이한 재질의 경우 특별 주문이 필요할 수 있다.

제어밸브를 통과하는 유체의 유량은 유체의 특성, 밸브 설계, 밸브 전체의 압력 강하 및 밸브가 열리거나 닫히는 정도와 같은 여러 변수에 따라 달라진다. 유체가 밸브의 좁은 곳을 통과함에 따라 유속은 증가하고 밸브 하류의 압력은 베르누이 방정식에 따라 감소한다(Felder and Rousseau, 2005).

이 절에서는 제어밸브 설계의 일반적인 특징과 단순화된 설계 방법을 설명한다. 설계 방법에 대한 자세한 설명은 핸드북 및 일반 참고자료에서 확인할 수 있다(Borden and Friedmann, 1998; Emerson Process Management, 2005; Lipták, 2006a,b; Edgar et al., 2016).

제어밸브의 크기 결정

제어밸브를 통과하는 난류 비증발 액체에 대한 밸브 크기 결정 방정식은 다음과 같은 일반적인 형태를 가지고 있다:

$$q = C_v N f(\ell) \sqrt{\frac{\Delta P_v}{g_s}} \tag{9-6}$$

여기서 q는 부피 유량, ΔP_v는 밸브의 압력 강하, g_s는 액체의 비중이다. 기호 $\ell(0 \leq f(\ell) \leq 1)$은 밸브 축(stem) 위치[1]이며 밸브가 완전히 열리는 범위($\ell = 1$)를 나타낸다. $f(\ell)$라는 용어는 *밸브특성*(valve characteristic)이라고 하며 추후에 설명할 것이다.

식 9-6에는 C_v와 N의 두 가지 상수가 있다. 밸브 크기결정 계수 C_v(또는 *밸브상수*(valve coefficient))는 제어밸브의 크기와 용량을 결정하는 무차원 상수이다. 제조업체는 제어밸브의 특정 유형 및 크기에 대한 C_v 값을 표로 작성한다.

상수 N은 q와 ΔP_v의 단위에 따라 달라지는 *단위 변환 계수*이다. 정의상, q가 gpm 단위를 가지고 있고, ΔP가 psi 단위를 가지고 있는 경우, $N = 1$ gpm/(psi)$^{1/2}$이다. 이 N의 정의에 근거하여, 밸브가 정상적으로 개방되었을 때($f = 1$), ΔP_v가 1 psi이면 유량은 $q = C_v$ gpm이 된다. 따라서 더 큰 제어밸브는 더 큰 C_v 값을 갖는다. 미터법 단위의 경우, q의 단위는 m^3/h이며 ΔP_v의 단위가 kPa일 때 $N = 0.0865$ m^3/h(kPa)$^{1/2}$이다.

질량 유량, 가스, 증기 및 2상 흐름을 포함한 다른 상황에 대한 식 9-6과 유사한 설계 방정식은 핸드북 및 공급 업체의 문서에서 확인할 수 있다(Emerson, 2005; Lipták, 2006a; Edgar et al., 2016).

C_v는 식 9-6으로부터 다음과 같이 표시될 수 있다.

$$C_v = \frac{q}{Nf(\ell)\sqrt{\frac{\Delta P_v}{g_s}}^{2}} \tag{9-7}$$

그런 다음 설계 조건인 q_d 및 ΔP_{vd}를 대체하고 제어밸브가 50% 열리는 것($f(\ell) = 0.5$)을 가정하면 제어밸브 설계 방정식이 다음과 같이 표시될 수 있다:

$$C_v = \frac{q_d}{0.5N\sqrt{\frac{\Delta P_{vd}}{g_s}}} \tag{9-8}$$

제어밸브 설계 시 지정된 운전 조건 범위와 제어 목표를 고려하는 것도 중요하다. 특히 q_{max}와 q_{min} 값은 유량을 광범위한 범위에 걸쳐 유속을 조정할 수 있도록 하는 데에 중요하다. 예를 들어, 공급물 유량의 경우 이용 가능한 공급이나 경제 상황의 변화로 인해 언제든지 그 값이 q_d와 같지 않을 수 있다. 마찬가지로 q가 냉각수 유량과 같은 조작변수인 경우 공정에 방해되는 요소를 보상하기 위해 넓은 범위에 걸쳐 조절되는 것이 바람직하다. 따라서 *변동범위성*(rangeability) R^*은 주요 고려 사항이며 다음과 같이 정의된다.

$$R^* = \frac{q_{max}}{q_{min}} \tag{9-9}$$

[1] 볼(ball) 밸브와 같은 회전 제어밸브의 경우 ℓ은 회전 정도이다.

예제 9.2

그림 9.12의 열교환기 시스템을 설계의 예시로 보자. "장비(equipment)"라고 표시된 블록은 파이프 라인 내 압력을 감소시키는 것 중 제어밸브를 제외한 모든 항목(예: 배관 부속물 및 기타 장애물)을 나타낸다. 시스템의 압력 강하 ΔP_s로 "장치"의 압력 강하를 나타내며 설계 조건에서의 시스템 압력 강하의 값을 ΔP_{sd}로 나타낸다. 마찬가지로, 제어밸브의 압력 강하는 ΔP_v로 표시되고 설계 값은 ΔP_{vd}로 표시된다.

비기화 액체의 비중이 $g_s = 1$이고 설계 유량이 $q_d = 200$ gpm이라고 가정해 보자. 이 설계 유량에서 장비의 압력 강하는 $\Delta P_{sd} =$ 40 psi이다. 펌프 배출 압력 P_2는 일정하다고 가정하고 배관 출구의 배출압력 P_1은 대기압인 $P_1 = 0$ psig로 가정한다. P_1과 P_2가 일정하기 때문에 총 압력 강하 ΔP도 일정하다. 따라서 이를 식으로 나타내면

$$\Delta P = P_2 - P_1 = \Delta P_v + \Delta P_s \tag{9-10}$$

ΔP_s는 유량의 제곱에 따라 변한다고 가정하면

$$\Delta P_s = Kq^2 \tag{9-11}$$

상수 K 값은 식 9-11 및 설계 조건으로부터 구할 수 있다.

$$K = \frac{\Delta P_{sd}}{q_d^2} = \frac{40 \text{ psi}}{(200 \text{ gpm})^2} = 0.001 \text{ psi/gpm}^2 \tag{9-12}$$

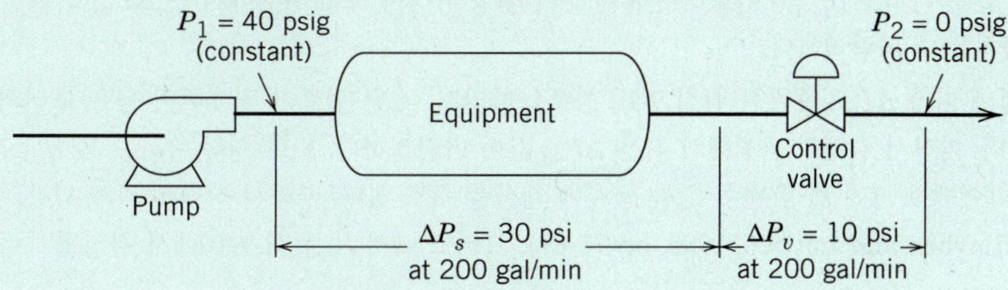

그림 9.12 펌프 및 기타 장비와 직렬로 설치된 제어밸브. 펌프 토출 압력은 일정하다.

(a) ΔP_{Vd} (10, 20, 40, 100, 200 psi)의 5개 값에 대한 C_v값을 구하여라.

(b) (a)에서 구한 C_v값에 대한 q의 최댓값과 최솟값(q_{max} 및 q_{min})을 구하여라.

풀이

(a) C_v값은 $N = 1$ gpm/(psi) 및 $g_s = 1$ 값을 식 9-8에 대입하여 구할 수 있다. 이로부터 구한 C_v값은 각각 126.5, 89.4, 63.2, 36.5, 28.3이다.

(b) **q_{max}값 구하기:**

제어밸브가 완전히 열렸을 때 최대 유량이 발생하기 때문에 $N = 1$, $q = q_{max}$, $f = 1$값을 식 9-6에 대입한다.

$$q_{max} = C_v\sqrt{\Delta P_v} \tag{9-13}$$

앞서 언급한 바와 같이 ΔP_V는 q와 함께 변화한다. 따라서 $q \neq qd$일 때 $\Delta P_V \neq \Delta P_{Vd}$이다. 식 9-10을 정리하면

$$\Delta P_v = \Delta P - \Delta P_s \tag{9-14}$$

그리고 $q = q_{max}$일 때 식 9-11과 식 9-12를 식 9-13에 대입하면 다음과 같다(식 9-15).

$$q_{max} = C_v\sqrt{\frac{\Delta P - Kq_{max}^2}{g_s}} \tag{9-15}$$

식 9-15에 식 9-12를 대입하고 식을 풀었을 때 원하는 결과 값을 얻을 수 있다:(이때 $K_1 = C_v/\sqrt{g_s}$)

$$q_{max} = K_1\sqrt{\frac{\Delta P q_d^2}{q_d^2 + K_1^2 \Delta P_{sd}}} \tag{9-16}$$

표 9.3 연 5개의 ΔP_{vd} 값에 따른 결과 값($q_d = 200$ gpm, $\Delta P_{sd} = 40$ psi).

ΔP_{vd}(psi)	10	20	40	120	200
q_{max}(gpm)	**217**	**231**	**253**	**302**	**327**
q_{min}(gpm)	**83**	**67**	**55**	**49**	**44**
C_v	126.5	89.4	63.2	36.5	28.3
$\overline{R}$	2.61	3.46	4.56	6.23	7.48

q_{min}값 구하기:

$f = 0.1$(효과적인 흐름 제어를 위한 f의 최솟값)일 때 유사한 유도는 q_{min}에 대한 식을 제공한다:(이때 $K_2 = 0.1C_v/\sqrt{g_s}$)

$$q_{min} = K_2\sqrt{\frac{\Delta P q_d^2}{q_d^2 + K_1^2 \Delta P_{sd}}} \tag{9-17}$$

이러한 예시들의 결과는 표 9.3에 나와 있다.

표 9.3의 몇 가지 중요한 추세는 다음과 같다.

1. ΔP_{vd} 값이 작은 경우 q_{max}는 $qd = 200$ gpm보다 크지 않고 R 값은 작다.
2. ΔP_{vd}가 증가하면 q_{max}는 증가하고 q_{min}은 감소하며 R은 증가한다. 따라서 제어 관점에서 큰 ΔP_{vd} 값은 더 넓은 범위에 걸쳐 효과적인 흐름 제어를 제공하는 데 바람직하다.
3. 그러나 ΔP_{vd}가 증가함에 따라 ΔP도 증가한다(식 9-10 참조). 따라서 더 큰 펌프가 필요하며 펌프 모터의 전력 비용으로 인해 펌프 운전비용이 증가한다. 따라서 경제적 관점에서 작은 ΔP_{vd} 값이 바람직하다. 또한 원하는 q_{max} 및 q_{min}값을 생성하는 데 필요한 펌프 토출 압력 P_2와 제어밸브 크기 결정 계수 C_v를 동시에 계산할 수도 있다. 따라서 식 9-16과 9-17은 두 미지수 ΔP와 C_v에 대해 동시에 풀 수 있다(Luyben and Luyben, 1996, pp 76-81). 그리고 나서 P_2는 식 9-10에서 결정될 수 있다.

이 예는 $\Delta P_{vd}/\Delta P$ 비율의 선택이 제어밸브 설계의 핵심 결정임을 보여준다. 이는 낮은 비용(작은 C_v값)과 좀 더 효과적인 제어(큰 C_v값) 사이의 공학적 절충을 나타낸다. 보고된 지침은 설계 유속에서 이 비율의 1/4에서 1/2의 값을 제안한다. 그러나 예제 9.2는 작동 조건의 범위와 제어목표가 중요하며 이를 고려해야 한다는 것을 보여준다. 또 다른 경험의 법칙(rule of thumb)은 제어밸브 C_v가 파이프 직경 크기보다 한 개 작은 크기에 대응해야 한다는 것이다(Woods, 2007).

9.2.4 제어밸브 트림(trim)의 선정

일반적으로 세 가지 유형의 밸브 특성(혹은 *밸브 트림*)이 주로 사용된다. 밸브 양단의 압력 강하 ΔP_v가 고정된 경우, 흐름 특성 $f(0 \le f \le 1)$는 다음과 같은 밸브 특성 관계에 의해 밸브 축 위치$(0 \le \ell \le 1)$와 연관지어진다.

선형 트림(Linear trim): $f = \ell$

빠른 열림 트림(Quick opening trim): $f = \sqrt{\ell}$ (9-18)

등비율 트림(Equal percentage trim): $f = R^{\ell - 1}$

등비율 제어밸브의 경우 R은 일반적으로 20~50 범위에 있는 설계 매개변수이다. 그림 9.13은 이러한 세가지 밸브 트림을 보여준다. 빠른 열림 밸브는 제곱근 밸브(square root valve)라고도 한다. *등비율밸브*는 f대 ℓ곡선의 기울기인 df/d가 f에 비례하여 전체 범위에서의 변화$(0 \le \ell \le 1)$에 대해 동일한 비율의 변화가 발생하기 때문에 등비율밸브라고 불린다. 제어밸브가 완전히 닫히면 $\ell = f = 0$이고, 완전히 열렸을 때 $\ell = f = 1$이다.

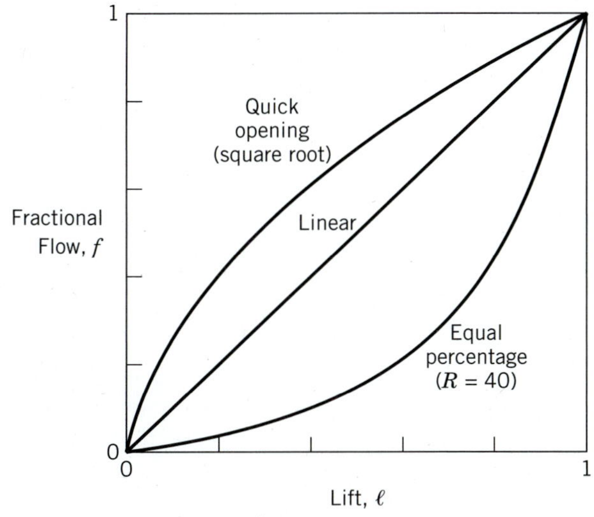

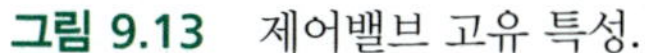
그림 9.13 제어밸브 고유 특성.

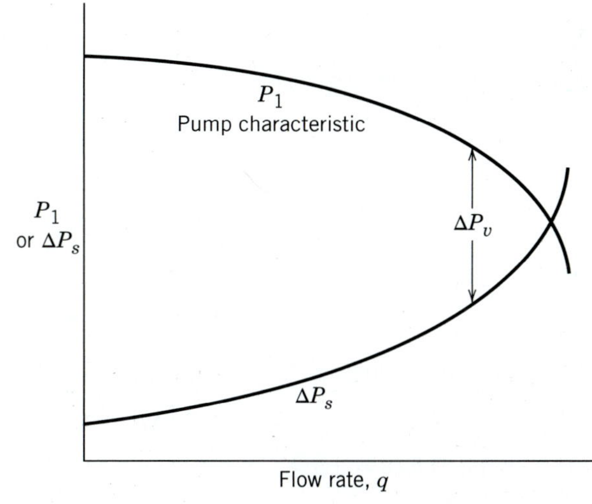

그림 9.14 펌프 특성 곡선과 밸브를 제외한 계에서의 압력 강하(ΔP_s)로부터 밸브 압력 강하(ΔP_v) 계산.

ΔP_v는 유량에 따라 달라지기 때문에 비선형 밸브의 특성은 종종 설치 후에 선형밸브 특성보다 더 선형적인 흐름 관계를 산출하는 경우가 많다. 특히 등비율밸브는 유량에 따른 ΔP_v의 변화에 대해 적어도 근사적으로 보상하도록 설계된 것이다. 이러한 작업의 목적은 밸브의 정상 작동 범위에서 q와의 관계가 거의 선형이 되도록 하려는 것이다.

제어밸브 트림의 선정을 위한 몇 가지 일반적인 지침은 다음과 같다.

1. 만약 그림 9.14의 펌프 특성이 상당히 평평하고 시스템 압력 강하 ΔPs가 전 운전영역에서 아주 작으면 선형 트림을 선택한다. 그러나 이러한 상황은 과도하게 설계된 공정(펌프 및 배관 용량이 너무 큰 경우)에서 발생하기 때문에 간헐적으로 발생한다.
2. 동비율 트림을 선택하려면:
   - **a.** 그림 9.14와 같이 펌프 특성 곡선과 ΔP를 그림으로 표시한다. 이 두 곡선의 차이는 ΔP_v이다.
   - **b.** 설계 조건, q_d 및 ΔP_{vd}에 대해 C_v를 계산한다.
   - **c.** 식 9-6과 (a)에서 구한 ΔP_v를 사용하여 ℓ에 대한 함수로 q를 계산한다. q대 ℓ의 도표는 관심 운전 영역(적어도 설계 유량 근처)에서 상당히 선형적이어야 한다. 선형적이지 않은 경우에는 C_v값을 조정하고 위의 과정을 반복한다.

예제 9.3

그림 9.12의 개략도에서 펌프가 관심 유량 영역에서 $\Delta P = 40$ psi의 일정한 압력을 공급한다고 가정한다. 계의 압력 강하 ΔP_s는 설계 유량인 $q_d = 200$ gal/min에서 30 psig이다. 액체의 비중은 $g_s = 1$이며, ΔP_s가 q^2에 비례한다고 가정한다. 설치된 제어밸브에 대한 C_v 및 f대 ℓ의 도표를 다음 네 가지 경우에 대하여 구하여라:

(a) 설계유량에서 50% 열리는 선형밸브

(b) 설계유량의 110%에서 완전히 열리도록 크기가 선정된 등비율밸브(식 9-18에서 $R = 50$)

(c) 계산된 것보다 20% 더 큰 C_v를 갖는 것 이외에는 **(b)**와 같은 밸브

(d) 계산된 것보다 20% 더 작은 C_v를 갖는 것 이외에는 **(b)**와 같은 밸브

풀이

먼저 계의 압력 강하에 대한 식을 쓴다.

$$\Delta P_s = Kq^2 \tag{9-19}$$

이때,

$$K = \frac{\Delta P_{sd}}{q_d^2} = \frac{30 \text{ psi}}{(200 \text{ gpm})^2} = 7.5 \times 10^{-4} \text{ psi/gpm}^2 \tag{9-20}$$

그러므로

$$\Delta P_s = 7.5 \times 10^{-4} q^2 \tag{9-21}$$

펌프의 토출압력이 $\Delta P = 40$ psi로 일정하기 때문에, 제어밸브에서의 압력 강하는

$$\Delta P_v = 40 - \Delta P_s = 40 - 7.5 \times 10^{-4} q^2 \tag{9-22}$$

그림 9.15는 이러한 관계를 예시한다.

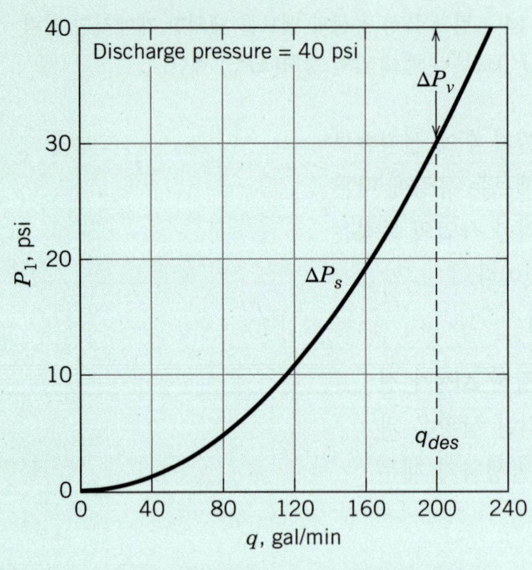

그림 9.15 예제 9.2의 펌프 특성 및 계의 압력 강하.

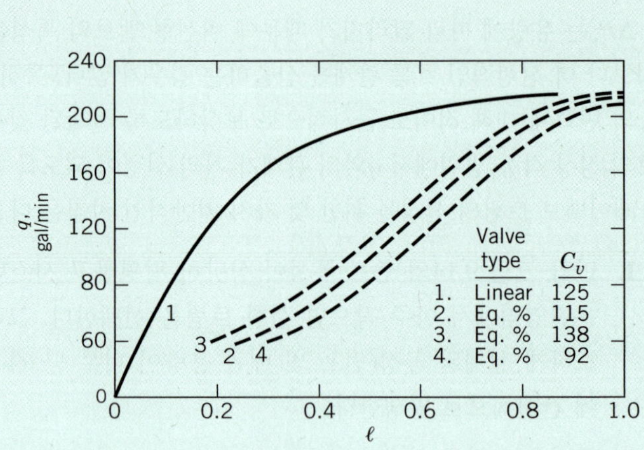

그림 9.16 예제 9.2의 밸브 특성.

(a) $f = 0.5$, $N = 1$ 일 때, 식 9-8을 이용한 설계 조건에서 C_v를 먼저 계산한다.

$$C_v = \frac{200}{0.5\sqrt{10}} = 126.5 \tag{식 9-23}$$

이를 제조업체의 표준 밸브 크기인 $C_v = 125$라 하자. 선형 트림의 밸브인 경우 식 9-6의 ℓ과 q 사이의 관계를 사용한다.

$$\ell = \frac{q}{C_v\sqrt{\Delta P_v}} \tag{식 9-24}$$

식 9-24와 식 9-22의 ΔP_v 값을 사용하여 밸브의 특성 곡선을 그릴 수 있다(그림 9.15)

(b) 식 9-22 및 9-23으로부터 $\Delta P_v = 3.7$ psi를 구할 수 있다. 이 값으로 q_d의 110%에 대한 C_v값을 계산한다.

$$C_v = \frac{220}{\sqrt{3.7}} = 114.4 \tag{식 9-25}$$

$C_v = 115$를 사용하자. 등비율밸브에 대하여 식 9-6을 다음과 같이 재정리한다:

$$\frac{q}{C_v\sqrt{\Delta P_v}} = R^{\ell-1} \tag{식 9-26}$$

ℓ에 관하여 풀면

$$\ell = 1 + \ln\left(\frac{q}{C_v\sqrt{\Delta P_v}}\right)\Big/\ln R \tag{식9-27}$$

$C_v = 115$, $R = 50$ 그리고 q 및 ΔP_v을 대입하면 그림 9.16의 특성곡선을 얻는다.

(c) $C_v = 1.2(115) = 138$

(d) $C_v = 0.8(115) = 92$

네가지 경우 모두 $\Delta P_{vd}/\Delta P_s = 10/30 = 33\%$이다. 그림 9.16의 특성으로부터 $C_v = 115$를 갖는 등비율밸브는 넓은 범위의 유량 영역에 대해서도 꽤 선형적인 특성을 제공하며 설계 유량의 110%에 달하는 높은 유량을 수용할 수 있는 충분한 용량을 갖는다는 것을 볼 수 있다.

일부 용도의 경우 제어 변수가 하나만 있더라도 두개의 제어밸브를 사용하는 것이 유리하다. 예를 들어, 발열 반응이 있는 재킷 회분식 반응기를 생각해보자. 재킷을 통해 뜨거운 유체(예: 증기)를 통과시켜 반응속도가 중요한 온도까지 회분을 초기에 가열해야 할 수도 있다. 그러나 발열 반응이 진행됨에 따라 반응기 온도(16.4절)를 제어하기 위해서는 병렬로 작동하는 가열 및 냉각 밸브로 냉각수를 재킷을 통해 통과시켜 열을 제거해야 한다.

설계 유량이 매우 큰 흐름 제어 문제의 경우, 큰 밸브와 작은 밸브를 병렬로 사용하여 단일 제어밸브를 사용하는 것 보다 더 나은 유량 제어를 제공할 수 있다.

9.3 계장에서의 정확도

제어 계장에서 정확도는 매우 중요하며 본질적으로 제어시스템 목표와 관련이 있다. 예를 들어 응축기의 온도제어루프에서 사용되는 냉각수 유량은 참 값에서 일정한 크기의 오차를 가지고 있는 한, 10% 정도의 유량 측정오차를 가지고 있다해도 큰 문제가 되지 않을 것이다. 한편, 생산/재고 계산이 물질수지를 기반으로 하므로 공정에 대한 공급 유량의 2% 정도의 오차도 수용할 수 없을 것이다.

9.3.1 용어

이제 일반적으로 측정 정확도와 관련된 몇 가지 용어를 소개한다. *측정 오차*(또는 *오차*)는 실제 값과 측정된 값의 차이이다. 계기 공급업체는 종종 *온너비눈금에 대한 백분율*(%FS, full scale)로 정확도를 표현하며 여기서 *온너비눈금*(full scale)이라는 용어는 계기의 측정범위를 나타낸다. 온도 송신기의 %FS 오차가 0 그리고 1%로 보고되고 계기가 10~70 °C 범위에서 작동하도록 측정범위가 조정되었다고 가정하자. 이때 측정범위가 70 − 10 = 60 °C이므로 측정 오차는 60 °C의 1%인 0.6 °C이다. 결과적으로, 10 °C에서 *상대오차*(오차를 측정값으로 나눈 값)는 0.6/10 = 6 °C이다. 따라서 계기의 정확도가 %FS로 표현될 때 상대오차는 측정된 변수의 작은 값에 비해 상당히 클 수 있다.

*분해능*은 구별할 수 있는 두 숫자 값 사이의 최소 간격을 나타낸다. 예를 들어, 온도 송신기의 분해능이 0.1 °C인 경우, 실제 온도인 21.62 °C와 21.67 °C를 구분할 수 없다.

정밀도(precision)는 특정 조건 및 특정 계기에 대한 측정의 변동성을 나타낸다. 일반적으로 *표준 편차* 또는 *범위*로 표현된다. 예를 들어, 조성 샘플을 네 부분으로 나누고 각부분의 성분을 분석기로 사용하여 측정한다고 가정하자. 주요 성분의 네 가지 측정값이 21.3%, 22.7%, 20.6% 및 21.5인 경우 분석기 정밀도는 22.7 − 20.6 = 2.1%의 범위 또는 표준 편차 0.87%로 표현할 수 있다.

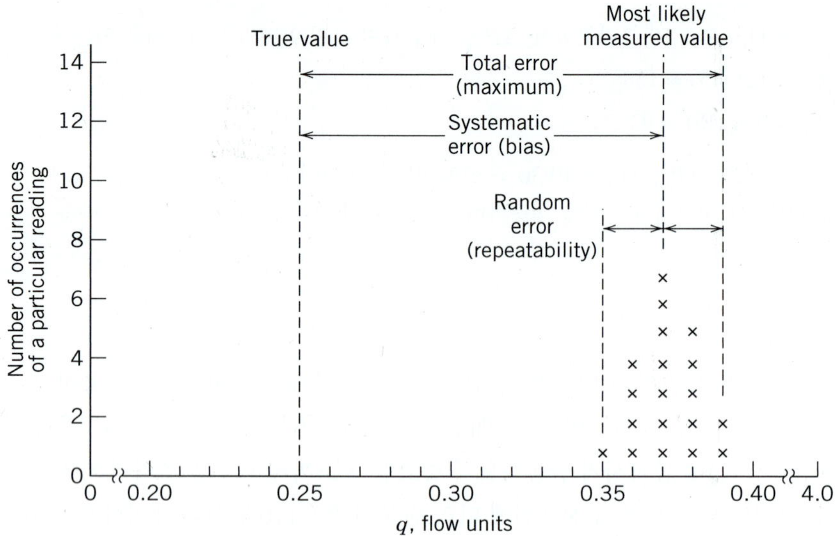

그림 9.17 범위가 0에서 4 흐름 단위인 유량계기에 대한 오차형태의 분석.

재현성(*Repeatability*)은 정밀도와 유사하지만 데이터 집합에서 반복측정의 가변성을 나타낸다. 가변성은 알려진 소스와 알려지지 않은 소스 모두에서 생기는 무작위 오차 때문에 발생한다. 가변성은 범위 또는 표준 편차로 표현할 수 있다.

치우침(*Bias*)은 무작위 변동이 아닌 결정적 원인에 의한 데이터의 지속적인 오차를 나타낸다. 열전대가 용기 벽과 접촉하는 경우, 용기의 열전대 측정은 전도 열 손실로 인해 실제 유체 온도보다 일관되게 낮을 수 있다.

그림 9.17은 알려진 유량에서 반복 측정으로 얻은 데이터 집합에 대한 오차 분석을 보여준다. 데이터 집합에는 계통오차(systematic error, bias)와 무작위 오차가 모두 포함된다.

계기 제조업체는 일반적으로 일련의 표준조건(예: 온도 및 압력)에서 계기의 정확도를 특성화한다. 그러나 계기를 다른 조건에서 사용하면 정확도가 영향을 받을 수 있다.

9.3.2 계기의 보정

모든 중요 계기는 초기(시운전 전) 및 주기적으로(서비스 중) 보정해야 한다. 최근 몇 년 동안 *스마트 센서*의 사용은 더욱 널리 퍼지고 있다. 이러한 장치들은 마이크로 컴퓨터를 센서/송신기의 일부로 포함하여 서비스 중 교정 및 확인 점검하는 일을 크게 줄일 수 있다. 주요 기능은 다음과 같다.

1. 내부 전원 공급기의 전압 수준이 사양 범위 내에 있는지 확인하는 등 내부 전자 장치를 점검
2. 계기 내 환경조건(예: 온도)을 점검
3. 측정 지점에서 온도 및 압력과 같은 조건에 대한 측정값의 보상
4. 필요한 경우 송신기 출력의 선형화(예: 수두형 유량 송신기에 대한 차압의 제곱근)는 제어계 대신 계기 내에서 수행
5. 송신기의 영점이나 측정범위 변경 등 원격 송신기 재구성
6. 송신기의 자동 재 보정

9.3.3 동적 측정 오차

과도상태에서 측정된 공정 변수 값은 센서/송신기의 동적 동작으로 인해 실제 값과 크게 다를 수 있다. 동적 측정 오차의 개념을 온도 센서로 설명하고자 한다. 그림 9.18은 질량 m과 비열 C를 갖는 금속 열우물(thermowell)에 삽입되어 있는 열전대를 보인 것이다. 열우물/열전대 결합에 의한 동적지연은 몇 가지 간략화 가정이 도입되면 예측이 가능하다. 우선, 열우물과 열전대가 항상 같은 온도 T_m(주변 유체온도 T와는 다를 수 있음)을 갖는다고 가정한다. 나아가 열은 단지 유체와 열우물 사이에서만 전달된다고(열우물 축방향 전도에 의한 주변으로의 손실은 없다.) 가정한다. 열우물의 에너지 수지식은

$$mC\frac{dT_m}{dt} = UA(T - T_m) \tag{9-28}$$

여기서 C는 열용량, U는 열전달 계수, A는 열전달 면적이다. 이를 정리하면

$$\frac{mC}{UA}\frac{dT_m}{dt} + T_m = T \tag{9-29}$$

편차변수로 바꾸고 라플라스 변환을 사용하면

$$\frac{T'_m(s)}{T'(s)} = \frac{1}{\tau s + 1} \tag{9-30}$$

with $\tau \triangleq mC/UA$.

전달함수(식 9-30)를 보면 열우물의 열용량(mC)이 가능한 작고 UA가 클 경우 시간 상수 τ 가 작아져 센서의 동적 측정지연이 최소화됨을 나타낸다. 따라서 열전대와 공정유체 사이의 격리는 유지하면서 가능한 얇게 열우물을 만들어야 한다. 동시에, U는 유체속도에 강하게 영향을 받기 때문에 열우물은 최대 유체 속도 영역인 파이프의 중심선 근처 또는 혼합 임펠러 근처에 배치해야한다. 동적 모델은 금속보다 낮은 비열 C를 갖는 플라스틱과 같은 물질이 좀더 빠른 반응을 제공할 것이라고 제시한다. 그러나 이러한

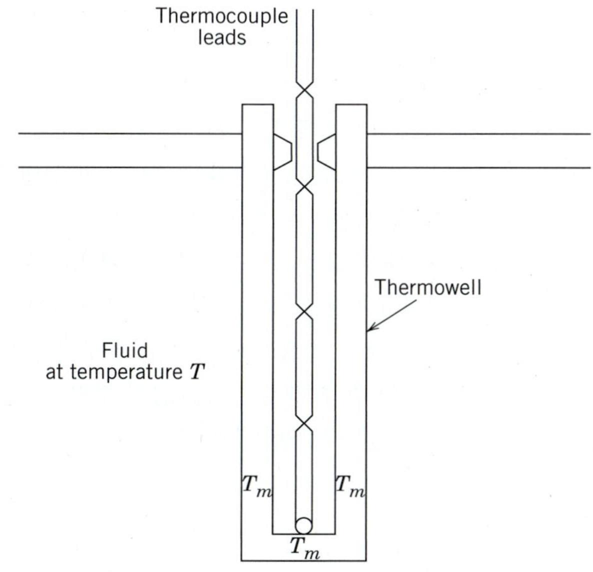

그림 9.18 열우물/열전대의 개략도.

물질은 일반적으로 열전도도가 낮아 전체 열우물이 동일한 온도에 있다는 가정을 무효화할 수도 있다. 이 경우에는 열우물의 열전도 효과를 통합하는 것보다 열 용량/전도의 상대적 효과를 검토해보아야 할 것이다.

모든 측정에는 약간의 동적오차가 있다. 센서의 시간 상수 τ 및 측정변수의 최대 예상변화율을 알면 오차의 추정치를 계산할 수 있다. 경사 입력 $x(t) = at$ 및 1차 동특성 모델(식 9-30 참고)의 경우 센서 출력 y_m은 측정값 y와 관련하여 나타낼 수 있다.

$$Y_m(s) = \frac{1}{\tau s + 1} Y(s) = \frac{1}{\tau s + 1} \frac{a}{s^2} \tag{9-31}$$

1차계의 경사응답 $y(t)$는 식 5-18~5-20에서 얻어진 바 있다. 입력과 출력 사이의 최대 편차는 그림 5.4와 같이 $a\tau(t \gg \tau$ 일때 얻어짐)이다. 따라서 일반적인 결과로서, 1차 동특성을 갖는 어떤 계기에 대하여 일어날 수 있는 최대 동적 오차는 아래와 같다.

$$\epsilon_{\max} = |y_m(t) - y(t)|_{\max} = a\tau$$

분명히, 센서의 시간 상수를 줄임으로써 동적 오차를 무시할 수 있을 만큼 작게 만들 수 있다.

일반적으로 측정시간 상수는 동적 측정 오차를 줄이기 위해 가장 큰 공정 시간 상수의 10분의 1미만이 되어야 하며, 가급적이면 훨씬 더 짧아야 한다. 측정 및 최종제어요소의 동특성 또한 제어 공정의 응답속도를 심각하게 제한할 수 있다(11장). 따라서 이러한 요소의 동특성은 현실적 혹은 경제적으로 가능한 빠르게 만들어지는 것이 중요하다.

요약

이 장에서는 공정 제어 응용에 필요한 계장 및 최종제어요소를 논의하였다. 센서는 공정변수의 측정을 제공하는 반면, 송신기는 측정값을 제어기로 전송할 수 있는 동등한 신호로 변환한다. 화학 성분, 유량, 온도 등 주요 공정변수의 정확한 측정은 공정 안전과 최적의 공정 성능을 위해 매우 중요하다. 따라서 센서와 송신기는 신중하게 선택, 설치 및 유지관리가 되어야 한다. 적절한 계기라도 부적절하게 설치되거나 유지 보수되는 경우, 고유한 가치를 상당부분 상실하게 된다.

제어밸브 및 변속펌프와 같은 최종제어요소는 제어기의 출력 신호를 기반으로 조작변수를 조정한다. 따라서 피드백 제어시스템의 중요한 구성요소이며 신중하게 설계, 설치 및 유지관리해야 한다. 측정할 공정변수와 조작할 공정변수의 선택은 13장에서 논의한 바와 같이 제어시스템 설계에서 중요한 결정이다.

현재 두 가지 기술 동향은 (1) 내부 교정 및 진단 기능을 용이하게 하는 디지털 로직 및 메모리 기능을 갖춘 스마트 센서의 사용증가와 (2) 기존의 유선 네트워크에 비해 유연성이 뛰어나고 설치 및 유지 보수 비용이 절감되는 디지털 및 무선 통신 시스템이다. 스마트 센서 및 디지털 통신 네트워크의 진단 및 유연성은 공정 조건이나 제어 목표의 변경에 대해 쉽게 변경할 수 있는 개선된 제어시스템의 개발을 촉진한다.

참고문헌

Agrawal, G. P., *Fiber-Optic Communication Systems*, 4th ed., John Wiley and Sons, Hoboken, NJ, 2010.

Anon., *Control*, What You Need to Know about Fieldbus Now, http://www.controlglobal.com/articles/2013/ (May 7, 2013).

Baker, R. C., *Flow Measurement Handbook*, Cambridge University Press, New York, 2000.

Blevins, T., D. Chen, M. Nixon, and W. Wojsznis, *Wireless Control Foundation: Continuous and Discrete Control for the Process Industry*, ISA, Research Triangle Park, NC, 2014.

Blevins, T.,W.Wojsznis, and M. Nixon, *Advanced Control Foundation: Tools, Techniques*, and Applications, ISA, Research Triangle Park, NC, 2013.

Borden Jr., G., and P. G. Friedmann (Eds.), *Control Valves*, ISA, Research Triangle Park, NC, 1998.

Caro, D., *Wireless Networks for Industrial Automation* 4th ed., ISA, Research Triangle Park, NC, 2014.

Choudhury, M. A. A. S., N. F. Thornhill, and S. L. Shah, Modeling Valve Stiction, *Control Eng*. Pract., **13**, 641 (2005).

Chow, A. W., Lab-on-a-Chip: Opportunities for Chemical Engineering, *AIChE J*., **48**, 1590 (2002).

Daw, R., and J. Finkelstein, Introduction: Lab on a Chip, *Nature*, **442**, 367 (27 July 2006).

Edgar, T. F., C. L. Smith, B. W. Bequette, and J. Hahn, Process Control, Section 8 in *Perry's Chemical Engineers Handbook*, 9th ed., D. W. Green and M. Z. Southard (Eds.), McGraw-Hill, New York, 2016.

Emerson Process Management, *Control Valve Handbook*, 4th ed., http://www.documentation.emersonprocess.com/groups/public/documents/book/cvh99.pdf, 2005.

Felder, R. M., and R.W. Rousseau, *Elementary Principles of Chemical Processes*, 3rd Ed. Update, page 334, JohnWiley and Sons,Hoboken, NJ 2005.

Fieldbus Foundation, http://www.fieldbus.org/(Feb., 2015)

Gassman, E., Introduction to Pressure Measurement, Chem. Eng. *Prog*., **110** (6), 28 (2014)

Hebert, D., Digital Fieldbus Networks, *Control*, http://www.controlglobal.com/articles/2007 (Feb. 1, 2007).

Instrumentation Symbols and Identification, Standard ANSI/ ISA-5.1-2009, ISA, Research Triangle Park, NC, 2009.

Johnson, C. D., *Process Control Instrumentation Technology*, 8th ed., Prentice-Hall, Upper Saddle River, NJ, 2007.

Lipták, B.G., *Analytical Instrumentation*, CRC Press, Boca Raton, FL, 1994.

Lipták, B. (Ed.), *Instrument Engineers' Handbook*, 4th ed., *Vol. I: Process Measurement and Analysis; Vol. 2: Process Control*, CRC Press, Boca Raton, FL, 2006a.

Lipták, B., How to Select Control Valves, Parts 1–3, *Control Magazine*, www.controlglobal.com (July 14, 2006b).

Lipták, B., How to Select an Analyzer, *Control Magazine*, www.controlglobal.com (Jan. 14, 2014).

Luyben, W. L., and M. L. Luyben, *Essentials of Process Control*, McGraw-Hill, New York, 1996.

McMillan, G. K., *Tuning and Control-Loop Performance*, 4th ed., p. 124, Momentum Press, New York, 2015.

Michalski, L., K. Eckersdorf, J. Kucharski, and J. McGhee, *Temperature Measurement*, 2nd ed., John Wiley and Sons, Hoboken, NJ, 2001.

Nichols, G. D., *On-Line Process Analyzers*, John Wiley and Sons, Hoboken, NJ, 2010.

Profibus & Profinet, Int., Profibus, www.Profibus.com. (Feb., 2015).

Ross, E., and W. L. Bialkowski, Control Valves—The Biggest Single Contributor to Process Variability, *Instrument Symposium for the Process Industries*, Texas A&M, January, 1996.

Scott, D. M., *Industrial Process Sensors*, CRC Press, Boca Raton, FL, 2007.

Shuler, M. P., F. Kargi, and M. DeLisa, *Bioprocess Engineering: Basic Concepts*, 3rd ed., Prentice-Hall, Upper Saddle River, NJ, 2014.

Spitzer, D. W., *Flow Measurement*, 2nd ed., ISA, Research Triangle Park, NC, 2001.

Strothman, J., More Than a Century of Measuring and Controlling Industrial Processes, *InTech*, **42** (6), 52 (1995).

Studebaker, P., 25 Years of Progress in Process Analyzers' Efficiency, *Control Magazine*, www.controlglobal.com (Feb. 19, 2014).

White,D. C., How Much Is a Good MeasurementWorth?, *Chem. Eng. Progress*, **110** (1), 50 (2014).

Woods, D. R., Rules of *Thumb in Engineering Practice*, Wiley-VCH Verlag GmbH & Co. KGaA,Weinheim, Germany (2007).

연습문제

9.1 선형 송신기들이 다음과 같이 설치되고 보정되었다:

	입력	출력	송신기
유량:	400 gal/min	→ 15 psig	공압식 송신기
	0 gal/min	→ 3 psig	
압력:	30 in Hg	→ 20 mA	전류 송신기
	10 in Hg	→ 4 mA	
액위:	10 m	→ 5 VDC	전압 송신기
	0.5 m	→ 1 VDC	
농도:	20 g/L	→ 10 VDC	전압 송신기
	3 g/L	→ 1 VDC	

(a) 각 송신기의 출력에 대한 식을 입력의 함수로 전개하라. 적합한 단위도 포함하여 표현하여라.

(b) 각 송신기의 이득은 얼마인가? 영점과 변화폭은?

9.2 그림 E9-2는 플래시 드럼에 대한 공정 계장도이다. 증기는 증기 코일에서 응축되어 액체 공급량의 일부를 기화시키고, 액체 생성물(product)은 펌프로 제거된다. 제어밸브는 증기 유량, 증기 생성물, 공급 유량, 수증기실(steam chest, 비상 상황에 신속하게 비울 수 있음)에 5개가 있다. 안전한 작동을 위해 다음 세 가지 경우에 대해 5개의 밸브가 AO(air-to-open)가 되어야 하는지 AC(air-to-close)가 되어야 하는지 결정하라:

(a) 가장 안전한 조건은 플래시 용기의 최저 온도 및 압력에 의해 달성된다.

(b) 하류 장치로의 증기흐름은 위험한 상황을 초래할 수 있다.

(c) 하류 장치로의 액체흐름은 위험한 상황을 초래할 수 있다.

공기 장애(air failure) 또는 정전에 대한 다양한 상황을 논의하라.

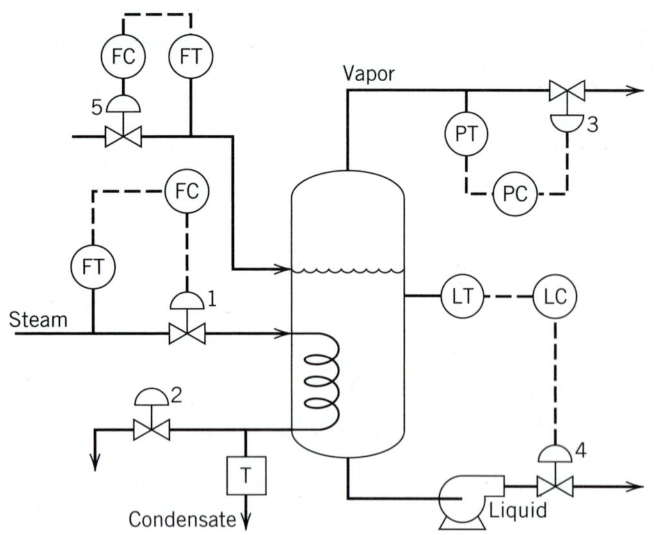

그림 E9.2

9.3 발열 연속 교반 탱크 반응기의 온도는 제어밸브를 사용하여 냉각재 유량을 조정하여 제어한다고 가정한다. 이때 PID 제어기가 사용되며 원활하게 조정이 이루어진다. 다음 중 닫힌 루프계의 안정성에 부정적인 영향을 미칠 수 있는 것은 무엇이며 그 답에 대하여 간단히 정당화하여라.

(a) 온도 송신기의 측정범위가 20 °C에서 40 °C로 증가

(b) 온도 송신기의 영점이 15 °C에서 20 °C로 증가

(c) 제어밸브 특성이 선형에서 등비율로 변경

(d) 공급 유량이 2배 증가

9.4 냉각제(비중 = 1.2)는 $q_d = 0.6\ \text{m}^3/\text{min}$의 정상유량으로 열교환기와 제어밸브를 통해 이송된다. 이 열교환기 계(배관 및 부속품 포함)의 총 압력 강하는 450 kPa로 일정하다. 제어밸브가 없는 계의 압력 강하 ΔP_s는 유량 제곱에 비례한다. 원하는 유량에서 정상값은 $\Delta P_{sd} = 200$ kPa이다. 제어밸브는 밸브가 완전히 개방되었을 때 정상 유량이 최대 유량의 2/3이 되도록 설계되어야 한다. 이러한 정보를 바탕으로 밸브 계수 C_v에 어떤 값을 지정해야 하는가?

9.5 공압식 제어밸브는 열분해로(cracking furnace)에서 연료로 사용되는 석유 유분(비중 = 0.9)의 유량을 조절하는 데 사용된다. 원심 펌프가 연료를 공급하고 오리피스 미터/차압 전송기는 유량을 감시하기 위해 사용된다. 분해로로 공급되는 정상 연료유량은 320 gal/min이다. 이 계를 운전하는 데 만족스러운 특성을 주는 등비율 밸브를 선택하라(식 9-7에서 $f = 1$). 다음 자료를 사용할 수 있다(모든 압력은 psi, 모든 유량은 gal/min).

(a) 펌프특성(토출압력):

$$P = (1 - 2.44 \times 10^{-6} q^2) P_{de}$$

여기서 P_{de}는 흐름을 막았을 때(토출유량 = 0) 펌프의 토출압력이다.

(b) 오리피스 미터 양단의 압력 강하:

$$\Delta P = 1.953 \times 10^{-4} q^2$$

(c) 분해로 버너에서의 압력 강하:

$$\Delta P_b = 40$$

(d) 제어밸브의 $R = 50$.

(e) 원하는 운전영역:

$$250 \le q \le 350$$

이러한 설계 시도는 펌프용량(P_{de} 관련)을 가능한 낮게 유지함으로써 펌프의 비용을 최소화하는 것이어야 한다. 어떤 경우에도 정상 유량에서 $\Delta P_v/\Delta P_s$가 0.33보다 커서는 안 된다. 밸브의 특성(ℓ에 대한 q)을 그려, 최종설계가 얼마나 선형적인 특성을 주는지 보여라.

9.6 그림 13.6의 증발기 및 제어계에서 다음 질문에 대하여 간략하게 답하여라.

(a) 각 제어밸브는 air-to-open(AO) 또는 air-to-close(AC) 중 어느 것을 선택해야 하는가?

(b) 각 PI 제어기는 정방향동작해야 하는가, 아니면 역방향동작해야 하는가?

9.7 직경이 큰 파이프라인 내 액체의 유량은 하나가 아닌 두 개의 제어밸브를 사용하여 더 잘 조절이 될 수 있을 것으로 제안되었다. 하나의 제어밸브가 큰 C_v값을 가지며, 다른 하나는 작은 C_v값을 가진다고 가정하자. 이때 유량 제어기는 주로 낮은 C_v를 갖는 밸브를 주로 조정하며 필요에 따라 C_v가 큰 밸브를 가끔씩 조정한다고 가정하자. 그림 E9.7의 두 가지 구조 — 제어밸브 직렬로 배치(구조I) 또는 병렬 배치(구조II) — 중 어떤 것이 더 유망한가? 답변을 간단히 정당화하여라.

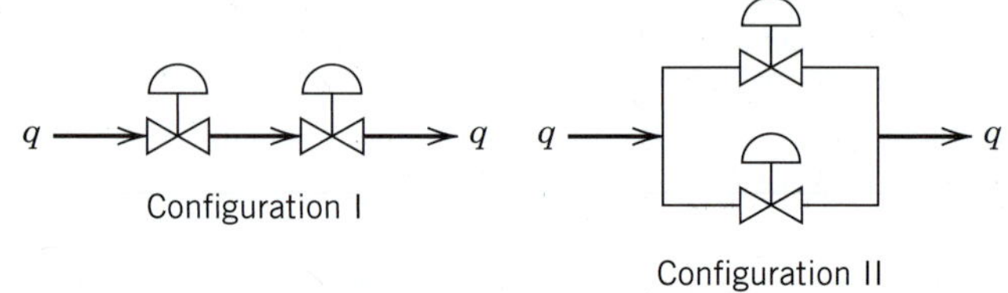

그림 E9.7

9.8 온도 센서/송신기의 동적 거동은 측정값 T_m을 실제 온도 T와 연관시키는 1차 전달함수(편차 변수 이용)로 모델링 할 수 있다.

$$\frac{T'_m(s)}{T'(s)} = \frac{1}{10s + 1}$$

T_m과 T'는 모두 °C단위를 가지며 시간 상수는 초 단위를 가진다. T_m이 30 °C를 초과하면 알람이 울린다. 공정이 초기 정상 상태에 있다가 오후 1시 10분에 T가 갑자기 25 °C에서 35 °C로 변경되면 알람이 언제 울리겠는가?

9.9 한 엔지니어가 매우 정밀한 압력계를 기준삼아 공급 탱크의 압력을 맞추어 둔 후, 탱크에 부착된 20 psig 범위의 압력계를 읽은 결과 10.2 psig로 나타났다. 얼마 뒤 그녀는 똑 같은 절차를

반복하고 10.4 및 10.3 psig의 값을 얻었다. 다음 게이지 속성에 대해 논하여라:

(a) 정밀도(Precision)

(b) 정확도(Accuracy)

(c) 분해능(Resolution)

(d) 재현성(Repeatability)

이에 대한 답을 온너비눈금(full-scale)기준으로 표현하여라.

9.10 발효 반응기(Fermentation reactor)의 공정 온도 센서/송신기가 시간 상수 1초와 0.1초의 2차 동특성을 보인다. 측정되는 양이 0.3 °C/s의 일정한 속도로 변한다면, 이 계기조합이 보일 최대 오차는 얼마인가? 더 작은 시간 상수를 무시하면 어떤 효과가 있는가? 결과를 응답그림으로 보여라.

CHAPTER 10

공정의 안전과 공정 제어

Process Safety and Process Control

학습목차 *Chapter Contents*

10.1 보호층
- 10.1.1 기본 공정 제어계(BPCS)의 역할
- 10.1.2 공정 경보
- 10.1.3 안전 계장 시스템(SIS)
- 10.1.4 연동장치와 비상 정지 시스템

10.2 경보 관리
- 10.2.1 경보 지침
- 10.2.2 경보 합리화

10.3 이상 사건 감지
- 10.3.1 센서 및 신호 분석에 기반한 이상 감지
- 10.3.2 모델 기반 방법
- 10.3.3 지식 기반 방법

10.4 위험도 평가
- 10.4.1 신뢰성 개념
- 10.4.2 총 고장률
- 10.4.3 이상과 사건나무분석

요약

화학 및 기타 공정 산업은 현대 기술 사회의 핵심 요소인 상품과 서비스를 개발하는 데 중요한 역할을 해왔다. 상품에는 저렴한 식품 및 에너지, 합성 물질, 제약 및 의료 기기가 포함된다. 그러나 이러한 개발에는 단점이 있다. 산업 공장은 위험 물질을 다루며 잠재적으로 위험한 상황을 만드는 복잡한 시스템이다. 공정 산업의 전반적인 안전관련 기록은 상당히 양호했지만, 불행한 사고가 발생하여 인명 및 재산 손실이 발생할 수 있다(Mannan, 2012; Kletz, 2009; Venkatasubramanian, 2011). 사실, 화학제품 및 관련 제품 산업에 대한 사고 및 손실 통계는 제조부문 중 최고에 속한다(Crowl and Louvar, 2002).

공정 안전은 수십 년 동안 공정 산업의 주요 관심사였다. 그러나 최근 몇 년 동안 잠재적인 위험에 대한 대중의 인식이 높아지고, 법적 요건이 더 엄격해지고, 현대 산업 공장의 복잡성 증가 등의 결과로 안전 문제가 더욱 주목을 받았다. 화학 엔지니어는 공정 안전을 보장하기 위해 특별한 역할을 수행한다. Turton 등(2012)은 "화학 처리 작업의 위험에 대해 가장 잘 알고 있는 전문가로서 화학 엔지니어는 그러한 위험을 고용주, 직원, 고객 및 일반 대중에게 전달할 책임이 있다."라고 언급했다. 또한 미국 화학공학회(AIChE)의 윤리 강령은 화학 엔지니어의 첫 번째 책임은 "전문적인 업무를 수행하는 데 있어 대중의 안전, 건강 및 복지를 최우선으로 여기는 것"이라고 명시하고 있다.

공정 안전성에 관한 광범위한 문헌은 공유 부문과 독점 산업 문서 모두에서 이용할 수 있다. AIChE와 국제 자동화 학회(International Society of Automation, ISA) 등 전문 학회가 안전기준과 참고 자료 개발에 주도적인 역할을 해왔다. 예를 들어, 화학공정안전센터(Center for Chemical Process Safety, CCPS)는 다수의 도서 및 보고서(예: AIChE, 1993, 2001, 2007, 2016)와 학술지인 *Process Safety Progress*를 발간한

다. 추가적인 유용한 정보는 핸드북(Perry and Green, 2008; Mannan, 2012), 교재(Crowl and Louvar, 2002; Banerjee, 2003), 리뷰 논문(Venkatasubramanian, 2011; Leveson and Stephanopoulos, 2014; Mannan et al., 2015)에서도 찾을 수 있다.

공정 안전성은 공정의 개발 및 운전 중 다양한 단계에서 고려된다:

1. 초기 안전성 분석은 예비 공정 설계 중에 수행된다.
2. 위험요소 및 운전성(hazard and operability, HAZOP) 연구, 고장 모드 및 영향 분석, 이상나무분석과 같은 기술(AIChE, 1993; Kletz, 2001; Crowl and Louvar, 2002)을 이용하여 공정 설계의 마지막 단계에서 매우 철저한 안전성 검토가 수행된다.
3. 공장 가동이 시작된 후 잠재적 위험을 식별하고 제거하기 위해 HAZOP 연구가 주기적으로 수행된다.
4. 많은 기업은 제안된 공장의 변화나 운전 조건의 변경 시 안전성, 환경, 근로자 및 지역 사회의 건강에 미치는 잠재적인 영향을 고려하는 *변경관리*(Management-of-change, MOC)절차를 통한 공식적인 승인을 요구한다. 또한 상당한 양의 유해물질을 처리하는 시설은 환경 보호청(Environment Protection Agency, EPA) 및 직업안전 위생국(Occupational Safety and Health Administration, OSHA)과 같은 정부 기관의 규정을 준수해야한다.
5. 미국에서는 심각한 산업 공장의 사건 사고 발생 후, 독립 정부 기관인 화학안전 위원회(Chemical Safety Board, CSB)가 철저한 조사를 수행하여 사고의 근본 원인을 파악하고 책임을 평가하며 안전성의 개선을 제안한다. 후속 사고 보고서는 인터넷 사이트인 www.Chemsafety.gov.에서 확인할 수 있다.

공정 제어계, 계장 및 경보는 공장의 안전성을 보장하는 데 중요한 역할을 한다. 실제로, 공정의 안전성은 공정 제어에서 큰 과제이며, 동일한 근본적인 주제와 목적의 광범위한 개념으로 본 것이라고 할 수 있다(Venkatasubramanian, 2011). 그러나 제어계가 제대로 작동하지 않는 경우에는 심각한 사고의 기여요소가 될 수도 있으며 심지어 근본적인 원인이 될 수 있다(Kletz, 2009). 이 장에서는 공정의 동특성 및 제어가 공정의 안전성에 미치는 영향에 대해 고려해볼 것이다.

10.1 보호층

현대 산업 공장에서 공정의 안전성은 다층 보호 원칙(principle of multiple layers of protection)을 사용하고 있다(AIChE, 1993, 2001; ISA, 2004). 일반적인 구성은 그림 10.1에 나와 있다. 각 층(layer)은 장비 및 사람의 행동의 그룹화로 구성된다. 보호층(layers of protection)은 공장에 사고가 발생할 때 활성화가 되는 순서대로 표시되며 가장 효과적인 보호층이 먼저 사용된다. 보호층의 기본 개념은 사고가 가능한 가장 낮은 층에서 처리되어야 한다는 것이다. 공정의 도표를 보면 공정 설계 자체가 일차적으로 공정의 보호를 제공한다는 것을 알 수 있다. 그 다음 두 개의 층은 *기본 공정 제어계*(basic process control system, BPCS)로 구성되며, 두 가지 수준의 경보와 운전자의 감독 또는 개입이 추가된다. 경보는 측정값이 지정된 한계를 초과했음을 나타내며 운전자의 개입이나 자동 응답이 필요할 수 있다.

네번째 보호층은 안전 계장 시스템(safety instrumented system, SIS) 및 비상 정지(emergency shutdown, ESD)시스템으로 구성된다. 이전에는 안전 연동시스템이라고 불리던 SIS는 공정 및 BPCS층이 비상을 처리할 수 없는 경우 자동으로 시정 조치를 취한다. 예를 들어, 고온 경보가 발생하면 SIS는 화학 반응기의 반응제 및 촉매 펌프를 자동으로 끌 수 있다. SIS는 10.1.4절에 설명되어 있다.

다섯 번째 보호층은 파열판 및 안전밸브와 같은 수동 안전 장치로서 공정의 용기(vessel)와 파이프라인 내에서 과도한 압력이 생성되는 것을 방지하여 물리적인 보호를 제공한다. 초과압력이 발생하면 안전밸브나 파열판이 열리고 연소 플레어 굴뚝, 소각로, 가스 세정기(scrubber), 폐기물 처리 시설, 대기 등 적절한 위치로 유체가 배출된다. 이

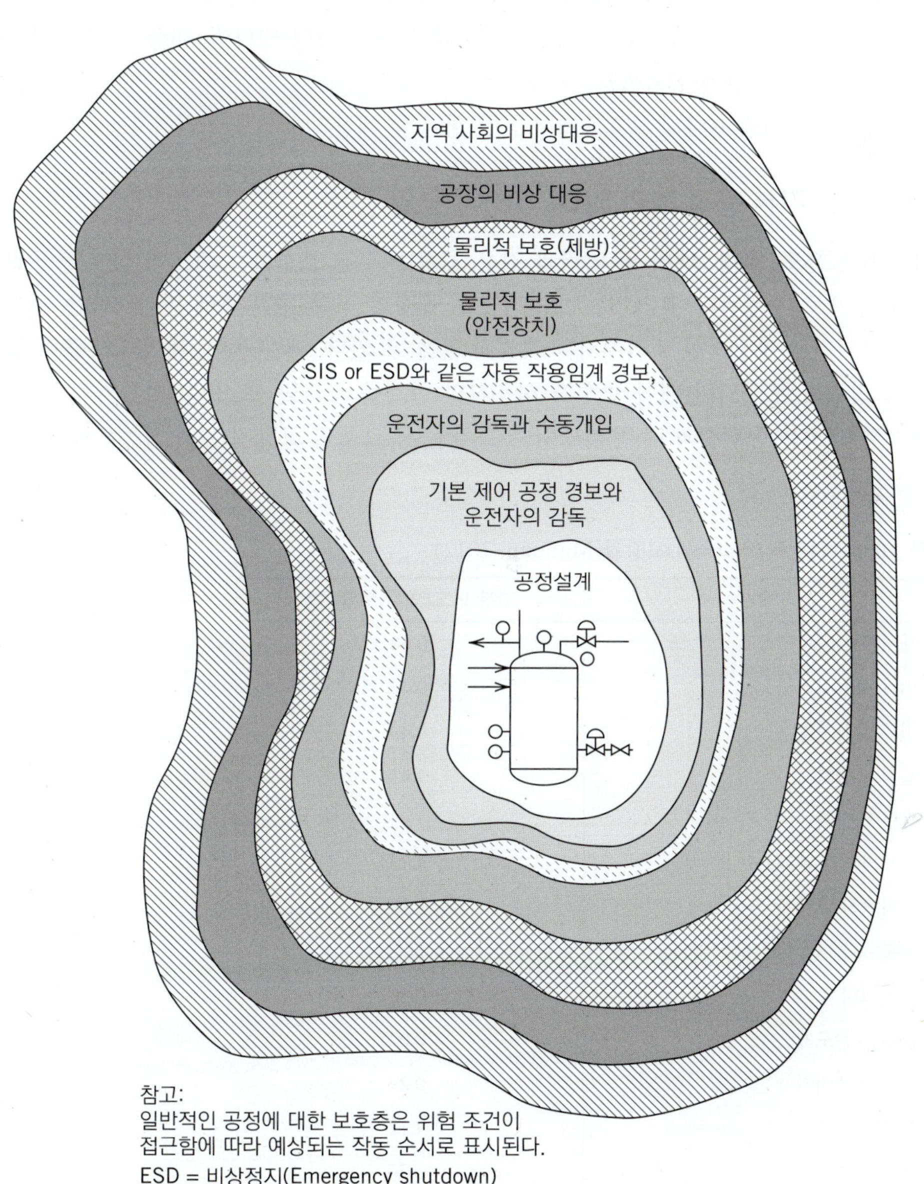

그림 10.1 현대 화학공장의 일반적인 보호층(AIChE, 1993).

러한 수동 장치는 SIS시스템과 독립적으로 작동한다.

마지막 층인 제방(dikes)은 액체의 유출을 억제하기 위해 공정 장치 및 저장 탱크 주변에 위치한다. 비상 대응 계획은 극한 상황을 해결하고, 인근 지역 사회에 알리고 필요한 경우 대피 계획을 구현하는 데 사용된다.

다층 보호 시스템의 기능은 다음과 같이 요약할 수 있다(AICHE, 1993): "잘 설계되고 운전되는 화학 공정의 대부분의 고장은 처음 1~2개의 보호층에 포함되어 있다. 중간층은 주요 방출물들을 방지하고 가장 바깥쪽 층을 보호하여 큰 사고가 터지지 않게 완화시키는 역할을 한다. 주요한 위험 가능성들의 경우에는 더 많은 보호층들이 필요할 수 있다."

그림 10.1에서 공정 제어 및 자동화가 공정의 안전성을 보장하는 데 중요한 역할을 한다는 것을 볼 수 있다. 특히, 그림 10.1의 많은 보호층은 계장 및 제어 장비를 포함한다. 또한 공정 및 계기의 동특성은 안전성 분석의 주요 고려 사항이다. 예를 들어 중대한 사고가 발생한 후에 센서가 새로운 조건을 감지하고 시정 조치를 취하기까지 시간이 얼마나 경과하는가? 만약 이 사건이 감지되지 않은 채로 남아 있다면, 비상 사태가 일어나기까지 얼마나 시간이 걸릴까?

다음으로 그림 10.1의 보호층에서 공정 제어 및 계장의 역할을 고려하자.

10.1.1 기본 공정 제어계(BPCS)의 역할

BPCS는 온도, 유량, 액위 및 압력과 같은 공정 변수를 조절하는 피드백 및 피드포워드 제어 루프로 구성된다. BPCS는 일반적으로 공정의 정상 운전 중에 만족스러운 제어를 제공하지만 비정상적인 조건에서는 그렇지 않을 수 있다. 예를 들어, 제어기의 출력 또는 조작 변수가 포화되면 제어 변수가 허용치의 한계를 초과할 수 있다. 마찬가지로 센서, 제어밸브 또는 송신선과 같은 피드백 루프의 구성 요소의 고장 또는 오작동으로 인해 공

표 10.1 선정된 요소들의 고장률(Mannan, 2012).

계기	고장 빈도(연간 고장 수)
제어밸브	0.60
밸브 포지셔너	0.44
전류/압력 변환기	0.49
압력 측정기	1.41
유량 측정기	
오리피스 판과 DP 송신기	1.73
자기식 유량계	2.18
온도 측정기	
열전대	0.52
수은 온도계	0.027
전자식 제어기	0.29
유량 스위치	1.12
압력 스위치	0.34
경보 지시등	0.044
기액 크로마토그래피	30.60

정 운전이 허용할 수 없는 결과를 만들 수 있다. 이 경우, 공정 운전은 SIS 시스템으로 전송된다. 일반적인 구성 요소들의 고장률은 연간 평균 고장수로 표현되며, 이는 표 10.1에 나타나 있다.

10.1.2 공정 경보

두 번째 및 세 번째 보호층은 공정 경보를 통하여 운전자에게 비정상적인 상황을 알려준다. 경보 시스템의 블록선도는 그림 10.2에 나와 있다. 측정된 변수가 지정된 상한 또는 하한을 초과하면 경보가 자동으로 작동된다. 논리(logic) 블록은 하나 이상의 경보 스위치가 작동될 때 적절한 수정 조치를 취하도록 프로그래밍 되어 있다. 경보가 발생한 후 논리 블록은 시각적 표시와 경적 또는 같은 청각적 표시기를 작동시킨다. 예를 들어, 반응기의 온도가 높은 경보 한계를 초과하면 컴퓨터 화면에 경고 우선순위를 나타내는 색(예: 덜 심각한 상황이라면 노랑, 심각한 상황의 경우 빨간색)이 깜박일 수 있다. 경보는 컴퓨터 키보드의 버튼이나 키를 누르는 등의 운전자의 조치가 취해질 때까지 계속된다. 경보가 잠재적으로 위험한 상황을 나타내는 경우 자동화된 수정 조치가 SIS에 의해 개시된다. 두가지 유형의 상한 및 하한 경보 한계가 널리 사용된다. 경고 한계는 정상값에서 약간의 편차를 나타내는 데 사용하는 반면, 경보 한계는 더 크고 더 심각한 편차를 나타낸다.

Connell (1996)은 공정 경보에 대해 다음과 같은 분류 체계를 제안했다:

유형 1 경보: 장비상태 경보. 예를 들어, 장비 상태는 펌프가 켜져 있는지 꺼져 있는지 또는 모터가 작동 중인지 중지 중인지 여부를 나타낸다.

유형 2 경보: 비정상 측정 경보. 측정값이 지정된 한계를 벗어나면 높은 경보 또는 낮은 경보 신호가 작동된다.

유형 3 경보: 자체 센서가 없는 경보 스위치. 이러한 유형의 경보는 센서 신호가 아닌 공정에 의해 직접 활성화되므로 센서 대신 활용된다. 유형 3 경보는 공정 변수의 실제 값을 알 필요가 없는 상황에 사용되며, 지정된 한계보다 높거나 낮은 경우에만 사용된다.

그림 10.3은 유형 2, 3 경보의 일반적인 구성을 보여준다. 유형 2 경보 시스템에서 유량 센서/송신기(FT)신호는 유량 제어기(FC)와 유량 스위치(flow-switch-low, FSL)로 전송된다. 측정값이 지정된 하한 값보다 낮으면 유량 스위치는 제어실에서 경보 표시기를 활성화하는 신호를 보낸다(flow-alarm-low, FAL). 이와는 대조적으로 그림 10.3b의 유형 3 경보 시스템의 경우 유량 스위치는 자체적으로 작동하므로 유량 센서/송신기

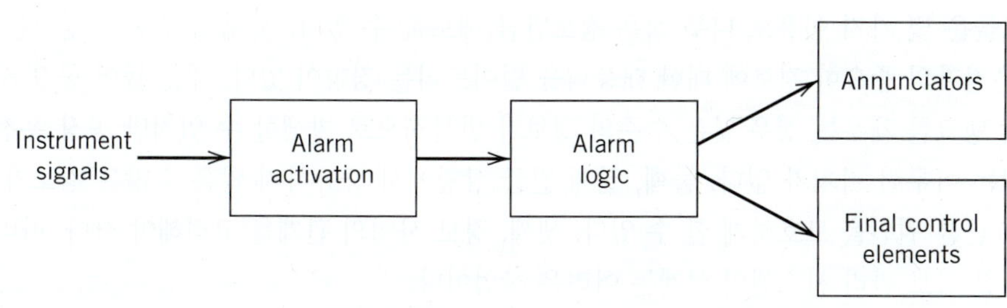

그림 10.2 일반적인 경보 시스템의 블록선도.

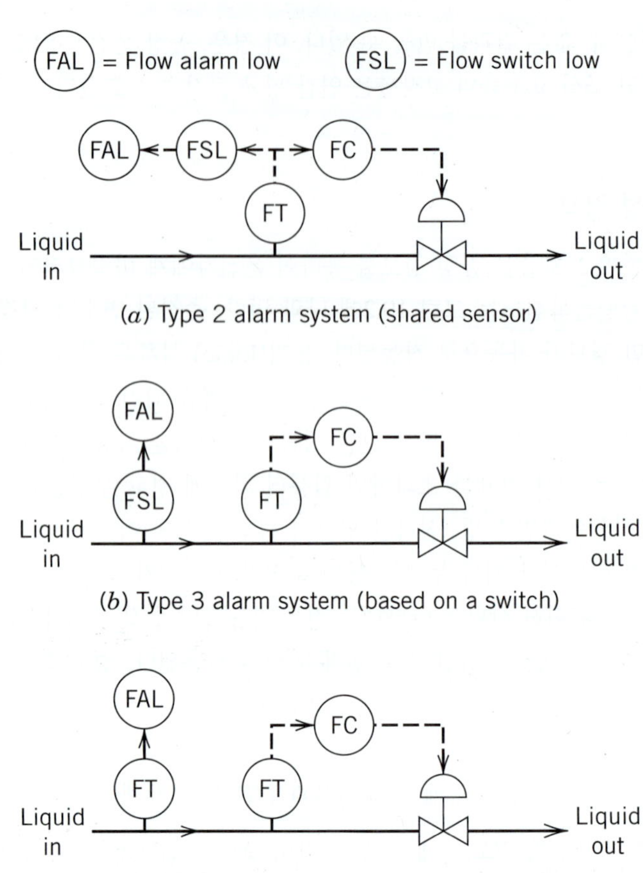

(a) Type 2 alarm system (shared sensor)

(b) Type 3 alarm system (based on a switch)

(c) Type 4 alarm system (separate sensor)

그림 10.3 교대(Alternative) 흐름 경보 구조.

의 신호가 필요하지 않다. 유형 3 경보는 센서가 작동하지 않을 때도 여전히 작동하기 때문에 공정에서 선호된다. 유형 3 경보는 자동 정지 시스템이 작동했음을 나타내는 데도 사용된다.

유형 4 경보: 자체 센서가 있는 경보 스위치. 유형 4 경보 시스템에는 일반 센서가 실패할 경우 예비역할을 하는 자체 센서가 있다. 또한 경보 센서를 사용하면 센서 드리프트 및 고장을 스위치보다 더 쉽게 감지할 수 있다.

유형 5 경보: 자동 정지 또는 시동 시스템. 이러한 중요하고 널리 사용되는 시스템은 다음 절인 안전 계장 시스템에 설명되어 있다.

많은 수의 공정 변수에 대해 엄격한 경보 한계를 지정하는 것이 좋아 보이지만, 불필요한 경보가 지나치게 많이 발생할 수 있으므로 좋은 방법이 아니다. 게다가, 너무 많은 경보들은 몇 가지 이유로 너무 적은 경보만큼 해로울 수 있다. 첫째, 빈번한 오경보는 공장 운전자의 중요한 경보에 대한 대응력을 떨어뜨리는 경향이 있다. 예를 들어 공장 시동 중에 탱크를 채우는 경우 낮은 수준의 경보가 반복적으로 발생할 수 있지만 공장 운전자에게는 아무런 가치가 없다. 둘째, 실제 긴급 상황에서 중요하지 않은 수많은 경보가 문제의 근본 원인을 모호하게 할 수 있다. 셋째, 경보 사이의 관계를 고려해야 한다. 따라서 적절한 경보 관리 시스템의 설계는 어려운 작업이다.

10.1.3 안전 계장 시스템(SIS)

그림 10.1의 SIS는 BPCS의 비상 예비 시스템 역할을 한다. SIS는 중요 공정 변수가 허용 작동 범위를 정의하는 지정된 경보 한계를 초과할 때 자동으로 시작한다. SIS가 시작하면 펌프의 시작/중지 또는 공정 장치의 종료와 같은 과감한 조치가 발생한다. 따라서 사람이나 장비의 부상을 방지하기 위한 최후의 수단으로만 사용된다. 이전에는 안전 연동 시스템이라는 용어가 사용되었지만 이제는 더 일반적이기 때문에 *안전 계장 시스템*이라는 새로운 용어로 쓰인다.

SIS의 적절한 설계는 위험한 상황과 잠재적인 재해를 예방할 수 있기 때문에 매우 중요하다. 이와 대조적으로 SIS의 고장은 사상 최악의 산업재해를 포함한 주요 산업 재해의 원인이 되었다. 급격한 화학반응으로 인해 1984년 살충제 공장(Bhopal, 인도)에서 치명적인 메틸 이소시아네이트 가스가 방출되었다. 이 사고로 약 8,000~1만6,000명이 사망하고 수 십만명의 부상자가 발생했다.

다행히도, SIS 설계는 AIChE, ISA, OSHA(참고자료 참조)와 같은 전문 및 정부 기관에서 제공하는 풍부한 정보, 경험 및 지침을 활용할 수 있다.

SIS가 BPCS와 독립적으로 작동하는 것은 매우 중요하다. 그렇지 않으면 BPCS가 작동하지 않는 기간(예: 오작동 또는 정전으로 인해)동안 비상 보호를 사용할 수 없다. 따라서 SIS는 BPCS로부터 물리적으로 분리하고 자체 센서와 구동기를 갖추는 것이 좋다(AIChE, 1993).

때때로 중복 센서와 구동기가 사용된다. 예를 들어, 세 가지 측정의 중앙값을 기반으로 하는 SIS 작업과 함께 중요 측정에는 *삼중 중복*[1] 센서가 사용된다. 이 전략은 단일 센서 고장이 SIS작동을 무력화하는 것을 방지한다. SIS에는 또한 BPCS가 작동하지 않는 경우에도 SIS가 작업을 시작할 때(예: 비상 냉각 펌프 켜기) 운전자에게 알릴 수 있도록 별도의 경보 세트가 있다.

대안적 접근 방식으로, 중복 컴퓨터 제어시스템을 사용할 수 있으며 각 시스템에는 BPCS, SIS 및 ESD 기능을 가지고 있다. 이 접근방식은 더 큰 보안을 제공하지만 더 복잡하고 비용이 많이 드는 경향이 있다.

10.1.4 연동장치와 비상 정지 시스템

SIS 작동은 경보가 잠재적으로 위험한 상황을 표시한 후 자동 응답을 제공하여 공정이 안전한 상태에 도달하도록 설계된다. 자동응답은 연동(interlocks)과 자동 정지 및 시동 시스템을 통해 구현된다. 때때로 안전 연동과 공정 연동 간에 구별이 이루어진다. 후자는 사양을 벗어난 제품생산과 같이 경미한 장비 손상 및 바람직하지 않은 공정 조건으로부터 보호를 제공하기 위해 덜 중요한 상황에 사용된다.

두 개의 간단한 연동 시스템이 그림 10.4에 나와 있다. 액체 저장 시스템의 경우, 공동현상과 같은 펌프 손상을 방지하기 위해 액체의 높이가 최소값 이상으로 유지되어야 한다. 높이가 지정된 한계 아래로 떨어지면 저액위 스위치(level switch-low, LSL)가 경보(level alarm-low, LAL)와 펌프를 끄는 솔레노이드 스위치(S)(또는 솔레노이드)를 모두 작동시킨다. 그림 10.4의 가스 저장 시스템의 경우, 솔레노이드 밸브가 일반적으로 닫혀 있다. 그러나 저장 탱크의 탄화수소 가스 압력이 지정된 한계를 초과하면 고압 스위

[1] 세개의 센서가 사용되기 때문에 삼중 중복이 아닌 이중 중복이라고 해야 한다.

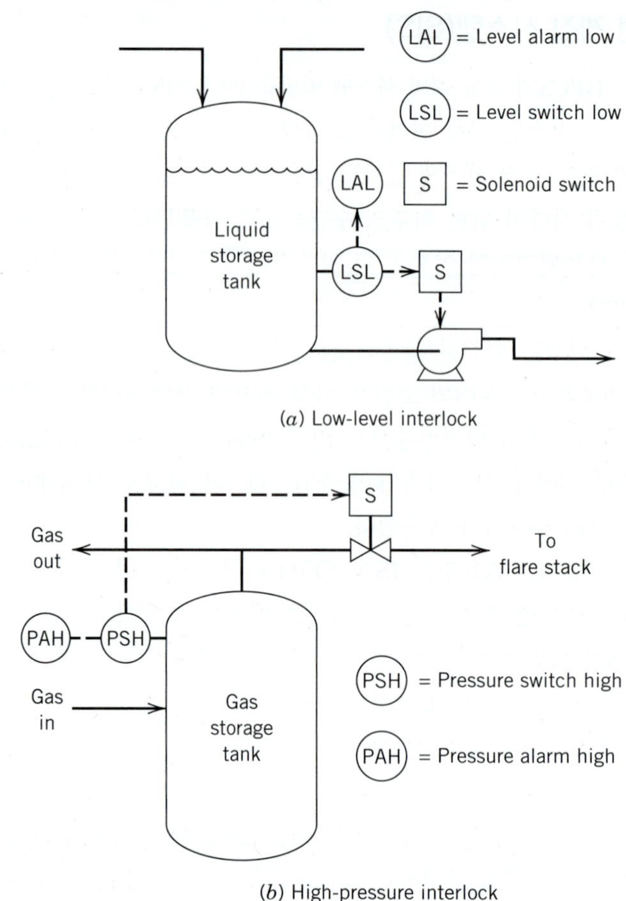

그림 10.4 두 개의 연동장치 구조.

치(pressure switch high, PSH)가 경보(pressure alarm high)를 작동시켜 솔레노이드 밸브가 완전히 열리게 하여 탱크의 압력을 감소시킨다. 연동장치 및 기타 안전 시스템이 측정이 필요한 경우 솔레노이드 스위치를 센서 송신기로 교체할 수 있다.

또 다른 일반적인 연동장치 구성은 제어기와 제어밸브 사이의 솔레노이드 스위치를 설치하는 것이다. 경보가 작동되면 솔레노이드가 작동하여 공압식 제어밸브의 공기압이 방출된다. 결과적으로 제어밸브는 고장 시 열림(fail-open) 또는 고장 시 닫힘(fail-close) 위치로 돌아간다. 연동 장치는 이전부터 제어 하드웨어와 독립된 유선 연결 시스템으로 구현되어 왔다. 그러나 대부분의 응용에서 이에 대한 대안으로 디지털 컴퓨터나 프로그램 가능 논리 제어기를 통한 연동 논리의 소프트웨어 구현이 사용될 수 있다. 회분식 공정에 사용되는 프로그램 가능 논리 제어기(Programmable logic controllers, PLCs)는 22장과 부록 A에서 고려해볼 것이다.

만약 잠재적인 비상 상황이 매우 심각한 경우, 비상 정지 시스템은 자동으로 장비를 종료하거나 시동한다. 예를 들어, 펌프가 과열되거나 윤활유의 압력이 손실되면 펌프가 꺼지게 된다. 마찬가지로 발열이 있는 화학반응이 발생하면 반응을 신속하게 중지시키는 급냉 물질을 투입할 수 있다. 일부 비상 상황의 경우, 적절한 대응은 자동 정지가 아닌 자동 시동이다. 예를 들어, 일반 장치가 예기치 않게 종료되는 경우 예비 발전기 또는 냉각수 펌프를 시작할 수 있다.

ESD 기능은 안전한 공정 운전을 위해 필수적이지만 불필요한 공정 정지 및 시작은 생산 손실을 초래하고 후속 공장 시동 중에 사양을 벗어난 제품을 생산하므로 피해야 한다. 또한 공정 장치의 비상정지 및 시동은 위험을 수반하며 다른 공정 장치를 종료하는 추가적인 안전 시스템이 발생할 수 있다. 그러한 정지는 추가적인 위험을 발생시킬 수 있다. 이 때에 중복 센서를 사용하면 불필요한 오정지를 줄일 수 있다.

10.2 경보 관리

산업 공정이 더욱 복잡해지고 통합됨에 따라 경보의 관리 및 비정상 상황에 대한 관리가 점점 중요해졌다. 예를 들어, 미국 석유화학산업의 운영에서 예방 가능한 비정상 상황은 생산 손실, 장비 손상, 소송 등으로 인해 연간 200억 달러 이상의 영향을 미치는 것으로 추정되었다(ASM, 2015). 주요 산업의 공장사고 조사에서 사고 기여 요인으로 이상 상황(*경보 홍수*, alarm flood) 시 경보 관리 및 과도한 경보 발생이 자주 거론돼 왔다. 이 절에서는 효과적인 경보 관리 및 비정상 상황에 대한 대응의 핵심 요소를 고려할 것이다.

컴퓨터 제어계를 사용하기 이전에는 공정 경보가 알림등 박스와 연결되었고 패널판에 청각경보가 연결되었다. 경보가 발생하면, 알림등이 깜빡이고 경적이 울려 운전자에게 알렸다. 이후 운전자는 이를 통해 경보를 인식하고 버튼을 눌렀다. 과거에는 패널판 공간이 매우 제한적이기 때문에 주요 공정 변수만 경고할 수 있었다. 그러나 1970년대에 시작된 컴퓨터 제어계의 도입은 이러한 상황을 크게 바꾸었다. 거의 모든 측정 변수의 경보를 울리고 컴퓨터 모니터에 경보를 표시하는 것이 가능해졌다. 결과적으로 엔지니어는 매우 많은 수의 공정 변수에 대하여 경보를 울릴 수 있으며, 이는 반대로 많은 가짜 경보나 방해되는 경보로 인해 *경보 과부화*가 발생할 수 있다. 예를 들어, 1979년 스리마일섬 사고 당시 원전은 수많은 경보들로 넘쳐났는데, 이중 상당수는 무관하거나 부정확했었다. 다행히 이 사고로 부상자는 없었다(Nuclear Regulatory Commission, 2015).

표 10.2에서 공정산업의 대표적인 경보 내역은 권장 지침과 비교된다. 대기(standing) 경보는 24시간과 같이 장기간 경보 상태로 유지되는 경보이다. 표 10.2에서 지침상으로는 10분당 평균 경보율이 분당 1개 미만이지만 실제 경보율은 이를 크게 초과한다. 이렇게 경보율이 높고 많은 경보가 우선순위가 낮은 경우 숙련된 운전자는 처리를 할 수 있지만, 10분당 180~350회의 경보가 몇 시간 동안 지속되는 경보의 홍수의 경우에는 숙련된 운전자조차 처리하기 어렵다.

경보의 홍수는 운전자의 주의를 산만하게 하거나 혼란을 일으켜 현재 상황에 어떤 경보가 가장 중요한지 판단하기 어렵게 한다. 이로 인해 잘못된 결정, 생산 손실 및 안전하지 않은 공정 운전과 같은 심각한 결과가 초래될 수 있다. 이에 따라 최근 몇 년 동안

표 10.2 공정산업에서 공장 운전자당 경보율.†

	EEMUA 지침	원유와 가스	석유화학	전원(power)	기타사항
일 평균 경보	144	1200	1500	2000	900
평균 대기 경보(standing alarms)	9	50	100	65	35
피크(Peak) 경보(10분당)	10	220	180	350	180
평균 경보(10분당)	1	6	9	8	5
경보 분포 %(낮음/중간/높음)	80/15/5	25/40/35	25/40/35	25/40/35	25/40/35

† Engineering Equipment and Materials Users' Association(2007).

경보 관리 및 비정상적인 상황의 관리는 점점 더 문제가 되고 있다. 경보에 대한 요구사항은 정부 규정(OSHA, 2000)의 대상이다.

10.2.1 경보 지침

경보 관리 시스템의 설계 및 유지 보수는 수많은 논문, 표준 규격, 서적의 주제였다(AIChE, 2007; Hollifield and Habibi, 2007, 2011; ASM, 2015). 몇 가지 중요한 지침은 표 10.3에 나와 있다.

이러한 경보 지침은 두 가지 일반적인 상황으로 설명된다.

탱크 충전 작업

탱크는 흡입관 라인의 펌프를 사용하여 채워진다. 오경보를 방지하려면 이 작업중에 저액위 경보를 억제(또는 한계 변경)해야 한다. 마찬가지로 저유량 경보는 펌프가 꺼질 때 억제(또는 한계 변경)해야 한다. 정규적인 탱크 충전에 대한 경보 한계의 자동 조정은 상태 기반 경보의 예시이다(지침 11). 또한 정규적이고 알려진 상황에 대한 경보를 생성하지 않음으로써 지침 1을 만족시킨다.

정규 및 예비 펌프

일반 펌프와 예비 펌프가 있는 상황을 고려하라(Hollifield and Habibi, 2007). 일반적인 작동 중에는 0개, 1개 또는 2개의 펌프가 가동될 수 있으며, 마지막 상황은 한 펌프에서 다른 펌프로 정규적인 전환 중에 발생할 수 있다. 각 펌프의 상태를 표시하기 위해 경보를 사용할 수 있다. 만일 경보 전략이 펌프가 작동하지 않을 때 작동되도록 하는 것이라면, 두 개의 펌프 중 하나는 항상 경보 상태에 있다.

대안은 운전자가 작동해야 하는 펌프의 수를 지정할 수 있도록 하는 것이다. 그런 다음 디지털 논리를 사용하여 실제 작동 펌프의 수가 원하는 수와 다를 때만 경보를 활성화시킨다. 이 접근 방식은 공정 운전의 정규적인 변경 시 경보를 발생시키지 않기 때문에 지침 1을 준수한다.

표 10.3 경보 설계 및 관리에 대한 지침.

1. 각 경보에는 두 가지 중요한 특성이 있어야 한다. 이러한 특성은 비정상적인 상황에서 발생해야 하며, 특정 운전자의 대응이 필요하다.
2. 경보 시스템 및 표시장치는 사용자(공장 운전자)를 염두에 두고 설계되어야 한다.
3. 각 경보에는 중요도 수준을 나타내는 우선순위가 있어야 한다. 전형적으로 2-4개의 우선 순위를 둔다. 예를 들어, 4단계는 위험, 비상, 높음, 낮음으로 지정할 수 있다(Hollifield and Habibi, 2007).
4. 공정안전과 관련된 보호 경보나 즉각적인 대응이 필요한 경보는 최우선 순위로 지정되어야 한다.
5. 경보는 인지될 때까지 계속되어야 한다.
6. 운전자는 우선순위와 관계없이 모든 경보에 대응하되, 경보 과부화가 발생하지 않도록 한다.
7. 경보 억제는 정당한 이유(예: 계기가 작동하지 않는 경우)가 있을 때만 허용되어야 한다. 운전자가 경보를 억제했다가 잊어버리는 일이 없도록 자동 알림을 사용해야 한다(경보 억제보다 경보 저장이 더 선호된다).
8. 각 경보는 시간/날짜와 해당 운전자 조치의 기록과 함께 기록되어야 한다. 억제된 경보는 운전일지에 포함되어야 한다.
9. 경보 이력을 정기적으로 검토하여 대기 경보 및 오경보를 줄여야 한다.
10. 경보 한계 변경은 주의 깊게 검토하고 문서화해야 한다. 중요 보호 경보에 대한 변경은 변경 관리 명령을 통해 승인되어야 한다.
11. 상태 기반(state-based) 경보는 오경보를 제거하여 경보 관리를 크게 개선할 수 있다. 여기에는 시동, 정지, 공급 원료 변경 또는 생산률과 같은 다른 공정 조건을 수용하기 위해 경보 한계 자동 조정이 포함된다(Hollifield and Habibi, 2007).

예제 10.1

그림 10.5에 표시된 액체 저장계를 고려하자. 탱크의 넘침을 방지하기 위해 고액위 알람을 사용한다. 고액위 경보가 울린 후, 운전자에게 ESD 시스템이 흡입구 펌프를 끄기 전에 10분이 주어진다. 이 탱크는 직경 6 ft, 높이가 8 ft, 정상 조건에서 절반정도 차 있다. 액체의 밀도는 일정하며 유량의 정상 값과 범위는 다음과 같다:

유량	정상 값 (ft^3/min)	범위(ft^3/min)
q_1	10	8~12
q_2	5	4~6
q	15	13~17

(a) 펌프가 정상적으로 작동한다고 가정할 때, 고액위 경보에 대한 적절한 설정값, 즉 경보를 작동시키는 액위 h의 수치를 결정하라.

(b) 예상치 못한 펌프 정지를 처리하기 위해 필요한 추가적인 안전 특징(safety features)은 무엇인가?

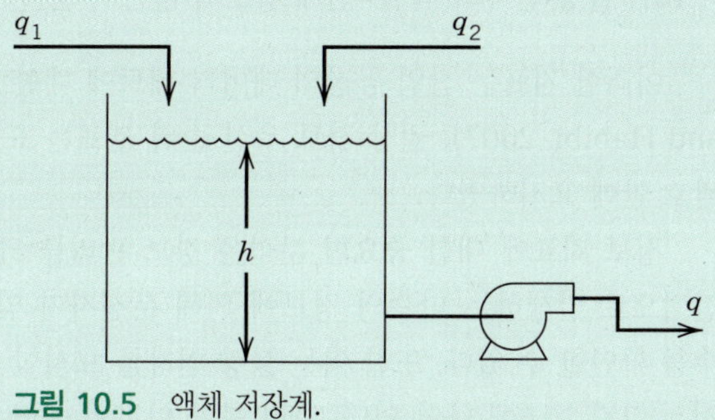

그림 10.5 액체 저장계.

풀이

(a) 일정한 액체 밀도의 경우 탱크에 있는 액체의 물질 수지식은

$$\rho A \frac{dh}{dt} = \rho(q_1 + q_2 - q) \tag{10-1}$$

고액위 알람 한계를 지정하려면 가장 큰 변화율인 dh/dt를 초래하는 최악의 조건을 고려하라. 이 상황은 흡입구 유량이 최댓값이고, 출구 유량이 최소값일 때 발생한다. $q_1 = 12\ \text{ft}^3/\text{min}$, $q_2 = 6\ \text{ft}^3/\text{min}$, $q = 13\ \text{ft}^3/\text{min}$일 때, 다음과 같은 결과를 얻을 수 있다:

$$\frac{dh}{dt} = \frac{5\ \text{ft}^3/\text{min}}{\pi\,(3\ \text{ft})^2} = 0.176\ \text{ft/min} \tag{10-2}$$

따라서 10분 동안 발생할 수 있는 높이의 최대 증가는 다음과 같다.

$$\Delta h_{\text{max}} = (10\ \text{min})(0.176\ \text{ft/min}) = 1.76\ \text{ft} \tag{10-3}$$

그러므로, 경보한계는 탱크 높이에서 최소한 1.76 ft보다 낮아야 한다. 안전 여유로 2 ft를 선택하고 고액위 경보의 한계를 6 ft로 설정하라.

(b) 펌프 고장으로 인해 탱크가 넘치거나 탱크의 액위가 너무 낮아 출구의 펌프가 손상될 수 있다. 따라서 고액위 경보와 저액위 경보를 각각 입구 및 출구 펌프의 연동장치에 연결되어야 한다.

10.2.2 경보 합리화

공정과 공정 조건이 시간이 지남에 따라 변화하기 때문에 경보 시스템 성능을 주기적으로 재 검토할 필요가 있다. 검토는 경보 이력과 여러 주요 성능 지표를 기반으로 해야 한다. 가장 중요한 경보 지표 중 일부는 다음과 같다(Jofriet, 2005):

표 10.4 권장 경보 사건 우선 순위 분포.†

경보 우선순위	전체 알람에 대한 비율(%)
긴급상황	3~7% (5%)
고위험(High)	15~25% (15%)
저위험(Low)	70~80% (80%)

†Reprinted by permission of ISA—The International Society of Automation. © Copyright 2007, ISA—all rights reserved. Hollifield and Habibi, 2007.

(a) 경보 활성화 빈도(예: 일일 경보 수)

(b) 우선순위 분포(예: 높음, 중간, 낮음 경보 수)

(c) 업셋(upset) 조건에서의 경보 성능(예: 처음 10분 및 이후 10분 동안 활성화된 경보의 수)

(d) 불량 인자의 식별–전체 경보의 많은 부분을 생성하는 개별 경보

이러한 지표는 산업 공장의 데이터 세트에 대한 표 10.2에 설명되어 있다(Hollifield and Habibi, 2007). 권장 경보 우선 순위 분포는 표 10.4에 나와 있으며 표 10.2 지침을 괄호 안에 표시하였다.

경보 지표에 대한 중요한 분석은 경보 관리를 크게 개선할 수 있다. 특히, 짧은 시간 간격으로 발생하는 다수의 경보에 의해 운전자가 압도되는 잠재적으로 위험한 경보 홍수를 확인할 수 있다. 또한 이는 불량 인자를 묘사할 수도 있다. 경보 홍수의 산업적인 예시는 그림 10.6에 나와 있다. 관련 불량 인자의 식별은 그림 10.7에 나와 있다. 불량 인자 경보 데이터 분석은 부적절한(예: 너무 공격적인) 공정 문제 또는 경보 한계를 식별할 수 있다. 그림 10.7은 4개의 경보가 전체 경보 수의 40%이상을 발생한다는 것을 나타낸다.

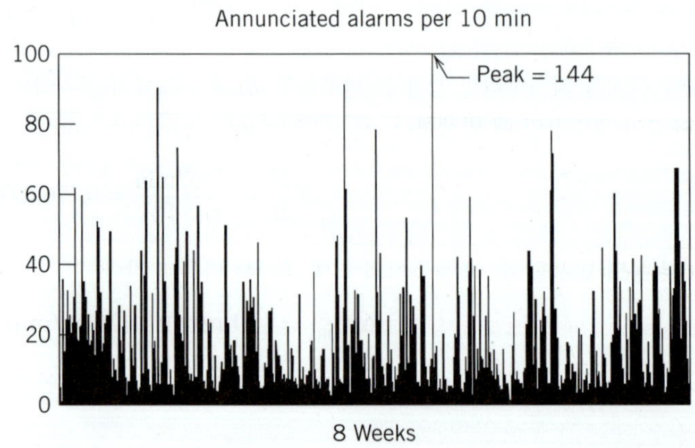

그림 10.6 8주간의 한 운전자실(operator station)에 대한 그래프의 예시(Reprinted by permission of ISA—The International Society of Automation. © Copyright 2007, ISA—all rights reserved. Hollifield and Habibi, 2007).

예제 10.2

경보 이력을 검토한 결과, 불량 인자는 액상 연속 교반식 반응기와 관련된 액위, 압력 및 온도 경보가 포함되어 있음이 확인이 되었다. 화학반응은 발열성이며, 연속 교반식 반응기(CSTR)는 A 또는 B의 두 제품을 만들기 위해 서로 다른 시간에 사용된다. 저액위

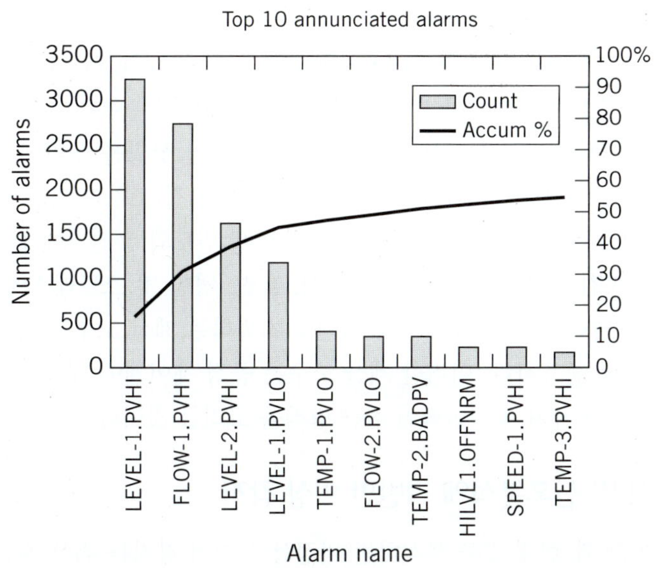

그림 10.7 8주 동안 가장 빈번한 10개의 알람(불량 인자)의 예(Reprinted by permission of ISA—The International Society of Automation. © Copyright 2007, ISA—all rights reserved. Hollifield and Habibi, 2007).

및 저압 경보 위반은 주로 종료 작업 중에 발생하는 반면 재킷 냉각수에 대한 고온 경보는 주로 B제품이 생산될 때 발생한다. 이런 불량 인자들의 알람을 줄이기 위한 전략을 고안하여라.

풀이

이러한 오경보는 알려진 공정 조건에 따라 발생하는 경향이 있으므로 상태기반 경보 전략이 필요하다(표 10.3의 지침 11). 특히 세 가지 반응기 조건에 대해 서로 다른 경보 수준이 필요하다. 예를 들어, %로 표현된 변수에 다음과 같은 경보 한계를 사용할 수 있다.

조건	수준(상한)	수준(하한)	압력(상한)	냉각수의 온도(상한)
제품 A	90%	10%	85%	75%
제품 B	90%	10%	85%	85%
정지/빈상태(empty)	5%	0%	10%	30%

B의 생산은 더 많은 발열반응을 수반하므로 더 높은 냉각수 온도를 초래하는 경향이 있다. 반응기를 정지하고 비워내면 수준 경보 설정이 매우 낮은 값으로 감소된다. 특히, 반응기가 완전히 비워지지 않은 경우 수위가 5%를 초과하면 경보음이 울린다. 이 때, 상태기반 경보 설정은 많은 오경보를 제거한다.

10.3 이상 사건 감지

공정 제어의 전반적인 목표는 안전한 운전 조건에서 제품의 품질을 유지하는 것이다. 운전 조건이 외부 원인, 장비 오작동 또는 인적 오차의 결과로 허용 한계를 초과할 경우 안전하지 않은 상태, 규격 미달 제품, 생산량 감소 및 환경 저하를 포함한 허용되지 않는 상황이 발생할 수 있다. 폭발, 화재 또는 독성 화학물질의 방출과 같은 재앙적인 사건을 방지하기 위해서 주요 공정을 중단해야 할 수도 있다. 따라서 비정상적인 조건, 특히 잠재적으로 재난 상황의 감지 및 해결은 정부 조직(예: OSHA, 1996), 엔지니어링 협회(AIChe, 2007) 및 산업 조직(EEMUA, 1997: ASM, 2015)에서 최근 몇 년간 상당한 관심을 받은 매우 중요한 공장의 활동이다.

이 절에서는 비정상적 사건 감지(Abnormal Event detection, AED)라고 하는 비정상적 상황의 조기발견에 대하여 고려할 것이다. AED에서는 특히 공정 운전자의 역할이 중요시된다. 운전자의 공정 지식과 경험은 비정상적인 상황을 조기에 감지하고 공장을 정상 운전 수준으로 되돌리거나 공정을 정지시키는 교정 조치가 가능하도록 한다. 그러나 운전자의 대응은 경보의 수 및 비정상 상태 발생 빈도와 운전자에게 정보가 표시되는 방법, 공장의 복잡성, 그리고 운전자의 지식, 훈련, 경험 및 스트레스에 대한 반응 등 많은 요인에 따라 달라진다. 따라서 공장 직원을 지원하는 계산 도구는 복잡한 제조 공장 운전의 성공에 매우 중요하다. 이러한 계산 도구는 공정 제어계에 내장될 수 있다. 이 절에서는 AED에 대한 세가지 일반적인 접근 방식을 고려할 것이다.

10.3.1 센서 및 신호분석에 기반한 이상 감지

측정된 변수의 이전과 현재 값을 분석하면 비정상 사건의 감지를 위한 진단 정보를 얻을 수 있다. 10.1절에서 설명한 대로 온라인 측정은 지정된 상한과 하한 사이에 있는지 확인하고 변경률이 물리적 공정과 일치하는지 확인하기 위해 정기적으로 점검한다. 또한 간단한 계산을 통해 센서의 오작동 또는 고장의 일반적인 유형인 *작동하지 않는*(dead 또는 frozen) *센서*를 식별할 수 있다.

측정된 변수 x의 표본 분산은 일정한 표본 주기(예: $\Delta t = 1$분)로 n개의 연속 측정에서 계산된다고 가정한다. 표본 분산 s^2는 다음과 같이 정의된다(부록 F 참조).

$$s^2 = \frac{1}{n-1}\sum_{i=1}^{n} x_i^2 \tag{10-4}$$

예상되는 공정의 가변성, 측정 소음 및 이전의 경험에 기반한 s^2의 하한을 통해 $s^2_{\min}$를 지정할 수 있다. 후속 온라인 모니터링의 경우, $s^2 < s^2_{\min}$이면 센서가 작동하지 않아 측정값이 일정할 수 있다고 생각할 수 있다.

다른 간단한 신호 분석을 사용하여 교착(sticking) 제어밸브(Choudhury et al., 2008) 및 진동 제어 루프(Babji et al., 2012)와 같은 일반적인 문제를 감지할 수 있다. 많은 공정 변수를 포함하는 AED 응용의 경우 주성분 분석(Principal Component Analysis, PCA) 및 부분 최소 자승법(Partial Least Squares, PLS)과 같은 다변수 통계 기법이 매우 효과적일 수 있다(21장 참조).

10.3.2 모델 기반 방법

정상 상태 및 동적 공정 모델은 모두 AED에 유용한 정보를 제공할 수 있다. 모델은 물리적 모델(2장) 또는 경험적 모델(7장)이 될 수 있다. 예를 들어, 물질 및 에너지 수지를 기반으로 한 장비 성능 계산은 연소로와 같은 에너지 집약적인 공정의 열 효율을 계산하는 데 사용할 수 있다. 비정상적으로 낮은 값은 버너 오작동과 같은 잠재적으로 위험한 상황을 나타낼 수 있다.

화학 성분이나 제품 품질 변수를 온라인으로 측정할 수 없는 경우, 유량, 온도 및 압력과 같은 측정된 공정변수에서 예측할 수 있다. 예측이 피드백 제어에 사용되는 경우, 이 전략을 추론 제어(inferential control) 라고 한다(16장 참조). 동적 모델에 기초한 제어 변수의 미래 값에 대한 온라인 예측은 널리 사용되는 신형 제어 전략인 모델예측제어의 핵심 요소이다(20장 참조).

정상 상태 보존 방정식의 주기적 평가는 비정상적인 사건의 감지를 위한 강력한 도구를 제공한다. 연속 공정에서 정상 상태에서의 물질 혹은 성분 수지의 폐색 오차(error of closure)인 E_c는 다음과 같이 정의할 수 있다.

$$E_c = Rate\ In - Rate\ Out \tag{10-5}$$

비정상적으로 큰 폐색 오차(절대값)는 예제 10.3에 설명된 대로 센서 오작동 또는 열교환기 오염과 같은 장비문제와 같은 비정상적인 사고를 보인다.

예제 10.3

그림 10.8과 같이 두 성분의 공급 혼합물은 증류탑에서 분리된다. 여기서 F, D, B는 몰 유량이고, x, y, z는 휘발성이 더 높은 성분의 몰 분율이다. 세 가지 유량이 일정하다고 가정하자: $F = 4$ mol/min, $D = B = 2$ mol/min. 정상 운전 중에 각 성분의 측정에는 무작위의 오차가 포함된다. 이전 경험을 바탕으로 모집단인 μ와 모집단의 표준 편차 σ는 다음과 같은 값을 갖는다고 가정할 수 있다(정의는 부록 F 참조):

	z	y	x
μ	0.500	0.800	0.200
σ	0.010	0.020	0.005

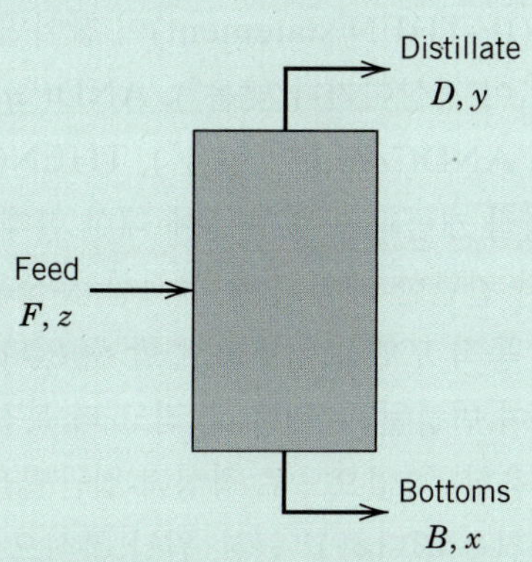

그림 10.8 증류탑의 개략도.

정상 상태에서, 측정된 조성은 다음과 같다.

$$\bar{z} = 0.485, \quad \bar{y} = 0.825, \quad \bar{x} = 0.205$$

하나 이상의 성분 센서가 제대로 작동하지 않는다는 주장을 뒷받침할 통계적으로 유의미한 증거가 있는가?

풀이

정상 상태 성분 균형에 대한 폐색 오차(Error of closure)는

$$E_c = Fz - Dy - Bx$$

측정된 값을 대입하면

$$E_c = 4(0.485) - 2(0.825) - 2(0.205) = -0.120 \text{ mol/min}$$

부록 F에서 볼 수 있듯이 E_c의 표준 편차는 다음과 같다.

$$\sigma_{E_c} = \sqrt{F^2\sigma_z^2 + D^2\sigma_y^2 + B^2\sigma_x^2}$$

$$\sigma_{E_c} = \sqrt{(4)^2(0.01)^2 + (2)^2(0.02)^2 + (2)^2(0.005)^2}$$
$$= 0.0574 \text{ mol/min}$$

계산된 E_c 값의 절대값이 예상 값인 0에서 표준편차 2 이상 떨어져 있기 때문에 비정상적인 사건이 발생했다는 통계적 증거가 있다. 예를 들어, E_c의 평균이 $\mu_{E_c} = 0$이고 표준 편차가 $\sigma_{E_c} = 0.0574$ 인 정규 분포를 따르는 경우, 해당 Z값(부록 F 참조)은 다음과 같다.

$$Z = \frac{E_c - \mu_{E_c}}{\sigma_{E_c}} = \frac{-0.120 - 0}{0.0574} = -2.09$$

비정상적인 사건이 발생할 확률은 $|Z| > 2.09$이다. 표준 정규 확률 분포표(Montgomery and Runger,2013)에서 이 확률은 0.963이다. 따라서 비정상적인 사건이 발생했다는 것을 포함하는 통계적으로 유의미한 증거가 있다고 볼 수 있다.

이러한 오차 분석은 유량 측정에 무작위 오차가 포함된 상황까지 확장할 수 있다.

10.3.3 지식 기반 방법

이전 절에서는 비정상적인 사건을 감지하기 위해 정량적 모델을 사용했다. 이에 대한 대안으로, AED 평가는 공정 지식과 과거 이력을 기반으로 한 *정성* 정보를 활용할 수 있다. 이러한 일반적인 전략을 지식 기반(knowledge-based) 접근법이라고 한다. 이는 원인분석, 이상나무 다이어그램, 퍼지논리, 논리적 추론 및 전문가 시스템과 같은 특정방법을 이용한다(Chiang et al., 2001; Dash and Venkatasubramanian, 2003).

AED에서 정성 지식의 사용을 알아보기 위해 그림 10.5를 고려해 볼 것이다. 낮음, 보통, 높음 등의 정성 개념을 사용하여 $q1$, $q2$, $q3$, dh/dt의 측정을 기반으로 다음과 같은 조건문(IF-THEN statement)이 참이면 AED가 표시된다.

IF("q_1이 정상이거나 낮음"), AND("q_2이 정상이거나 낮음"), AND("q이 정상이거나 높음"), AND("dh/dt이 높음"), THEN("AED가 발생한다."). 이러한 유형의 분석에는 각 정성적 개념과 공정 변수에 대한 한계 값이 필요하다.

이러한 간단한 예의 경우 유사한 분석은 정량적 접근법, 즉 비정상 상태의 물질수지에 기반한 동적 모델을 기반으로 할 수 있다. 그러나 이때 공정 변경 또는 센서 고장의 결과로 수준이 변경될 수 있다. 그리고 더 복잡한 공정의 경우에는 합리적으로 정확한 동적 모델을 사용할 수 없으므로 정성적 접근법을 사용하여야 좋은 이점을 얻을 수 있다. 비정상적인 사건을 진단하고 근본 원인 분석으로 이어지며, 여기서 이상원인을 식별하고 적절한 시정 조치를 취한다.

10.4 위험도 평가

위험 평가는 잠재적 위험, 결함, 고장 및 사고 시나리오의 결과를 고려한다. 특히 정성적 평가를 제공하는 다른 접근법(예: HAZOP 연구)과 달리 위험에 대한 정량적 평가를 제공한다. 산업 공정은 복잡하고 상호 연결되어 있기 때문에 위험 평가는 개별 구성요소의 전체 고장 확률을 결정한다. 예를 들어, 일반적인 온도 제어 루프의 고장률은 센서/송신기, 제어기, I/P 변환기(필요한 경우) 및 제어밸브와 같은 개별 구성 요소의 고장률에 따라 다르다. HAZOP와 마찬가지로 위험 분석은 장비와 계장 문제, 고장만이 아니라 인적 실수의 가능성도 고려해야한다.

이번 절에서는 확률 이론과 통계를 기반으로 관련 신뢰성 개념을 고려해볼 것이다. 부록 F는 이러한 분석에 필요한 확률과 통계의 개념을 검토한다.

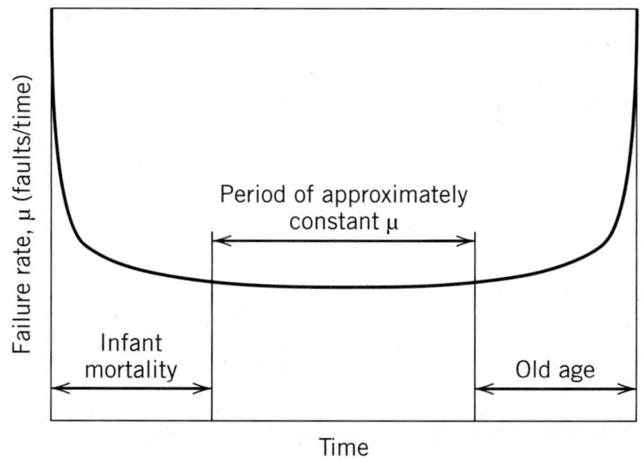

그림 10.9 하드웨어 및 계기의 대표적인 고장률 그림을 보여주는 "욕조 곡선".

10.4.1 신뢰성 개념

공정 장비 및 기타 하드웨어에 대한 일반적인 고장률 곡선은 그림 10.9에 표시된 것처럼 "욕조 모양"이다. 대부분의 수명 기간동안 고장률은 거의 일정하며 μ로 표시된다. 후속 분석에서는 각 구성 요소에 대해 일정한 고장률을 가정하지만, 시간에 따른 고장률을 포함하도록 확장할 수 있다.

구간 $(0, t)$ 동안 구성 요소가 고장 나지 않을 확률은 *신뢰도*(reliability) R로 정의된다. 고장률이 μ으로 일정한 구성 요소의 경우, R은 지수 확률 분포에 의해 주어진다 (Crowl and Louvar, 2002),

$$R = e^{-\mu t} \tag{10-6}$$

그리고 이에 대한 고장 확률 P는

$$P = 1 - R \tag{10-7}$$

P와 R은 모두 [0,1]의 범위로 제한된다. 예상 평균 고장 간격(Mean time between failures, MTBF)은 다음과 같다.

$$MTBF = \frac{1}{\mu} \tag{10-8}$$

10.4.2 총 고장률

이제 두가지 일반적인 상황에 대한 전반적인 고장률을 고려해 볼 것이다.

직렬 구성요소: 각각 개별 고장률 μ_i를 갖는 n개의 독립 구성요소 시스템을 고려하자. 전반적으로 시스템이 작동하려면 모든 구성 요소가 올바르게 작동해야 한다고 가정하자. 전체 시스템에 대한 신뢰도인 R은 다음과 같다.

$$R = \prod_{i=1}^{n} R_i \tag{10-9}$$

여기서 R_i는 i번째 구성 요소의 신뢰성이다. 이때 전체 고장 확률 P는 다음과 같다.

$$P = 1 - R = 1 - \prod_{i=1}^{n}(1 - P_i) \tag{10-10}$$

여기서 $P_i = 1 - R_i$.

병렬 구성요소(중복 구성요소): 중복 구성요소를 사용하면 시스템의 신뢰성을 높일 수 있다. 예를 들어, 10.1절에서는 SIS와 ESD 시스템에서 중복 센서와 제어 루프를 사용했다. 피드백 제어 루프가 제대로 작동하려면 독립적인 센서가 n개 있고 하나만 작동하면 된다고 가정하자. 모든 m개의 센서가 고장날 확률은 다음과 같다.

$$P = \prod_{i=1}^{n} P_i \tag{10-11}$$

그리고 전체 시스템의 신뢰성은

$$R = 1 - P = 1 - \prod_{i=1}^{n}(1 - R_i) \tag{10-12}$$

개별 고장률에서의 전체 고장률 계산은 다음 예에서 설명한다.

예제 10.4

유량 제어 루프는 차압 유량 센서/송신기, 디지털 PI 제어기, I/P 변환기, 제어밸브 및 밸브 포지셔너로 구성된다. 이 제어 루프의 신뢰도, 고장률, MTBF를 결정하라.

풀이

표 10.1의 고장률 데이터를 사용하여 계산하면 다음과 같다.

구성요소	고장률, μ (고장/년)	신뢰도(연간) $R = e^{-\mu t}$	고장확률 $P = 1 - R$
DP 유량계	1.73	0.18	0.82
디지털 제어기†	0.05	0.95	0.05
I/P 변환기	0.49	0.61	0.39
제어밸브	0.60	0.55	0.45
밸브 포지셔너	0.44	0.64	0.36

†가정 값 (표 10.1에 없음).

제어 루프가 작동하려면 모든 구성 요소가 제대로 작동해야 한다. 따라서 구성 요소는 직렬 구조로 간주할 수 있다. 직렬 구성요소의 전반적인 신뢰성은 고장이 발생하지 않을 확률이다. 이는 식 10-9를 사용하여 계산할 수 있다:

$$R = \prod_{i=1}^{5} R_i = (0.18)(0.95)(0.61)(0.55)(0.64) = 0.037$$

연간 전체 고장 확률은 다음과 같다.

$$P = 1 - R = 1 - 0.037 = 0.96$$

식 10-6을 이용하여 전체 고장률을 계산하면,

$$0.037 = e^{-\mu}$$

$$\mu = -\ln(0.037) = 3.3 \text{ failures/yr}$$

평균 고장 간격(MTBF)은 다음과 같다:

$$\text{MTBF} = \frac{1}{\mu} = 0.3 \text{ yr}$$

10.4.3 이상과 사건나무분석

복잡한 공정에 대한 신뢰성과 고장률을 평가하기 위해서는 가능한 고장 모드의 원인과 영향에 대해 사용 가능한 물리적 정보를 주의 깊게 고려할 필요가 있다. 이러한 정보는 논리선도에 기반한 두가지 유형의 분석, 즉 *이상나무분석*(FTA) 및 *사건나무분석*(ETA)을 사용하여 위험 평가에 통합될 수 있다. 이상나무는 사고나 폭발과 같은 매우 심각한 상황을 초래할 수 있는 모든 구성 요소 고장 및 이후의 연쇄 사건을 보여준다. 사건나무는 이상나무와 유사하지만 구성 요소 고장 같은 단일 개시 사건에 초점을 맞춘 다음, 심각도에 따라 분류된 결과를 평가한다. 두 가지 방법 모두 장비와 계장 문제 및 고장만이 아니라 공장 직원의 실수 또한 고려해야 한다. FTA와 ETA는 모두 새로운 공정에 대해 제안된 설계를 분석하고 기존 공정 또는 공정 재조정의 신뢰성을 진단하는 데 사용된다(Crowl and Louvar, 2002; Banerjee, 2003).

이상나무분석의 경우 시작점은 최고 효과(top effect)라고 불리는 바람직하지 않은 심각한 상황을 지정한 다음 이를 발생시킬 수 있는 모든 가능한 원인을 고려하는 것이다. 예를 들어, 지정된 최고 효과는 화학 반응기의 과압이라고 하자. 이에 대한 원인으로 냉각수의 감소 또는 손실, 과잉 촉매, 비효율적인 압력 제어 루프 등이 있을 수 있다. 이 때 각각의 원인은 발생 원인을 확인하기 위해 추가적으로 분석된다. 예를 들어, 압력 제어 루프의 문제는 센서 또는 제어밸브 오작동의 결과일 수 있다. 따라서 FTA는 인과관계의 나무를 만들어 내는 하향식 접근(top-down approach)법으로, 특정 상위 사건부터 시작해서 역행하는 방식이다. AND 및 OR와 같은 표준 논리 개념은 논리선도에 사용된다.

사건나무분석은 비슷한 방법이지만 시작점이 단일 결과가 아닌 단일 원인이다. 이전 화학 반응기 예의 경우 지정된 시작점은 냉각수 배관의 막힘 또는 압력 제어 루프의 센서 고장일 수 있다. 논리선도는 초기 근본 원인이 사건나무의 여러 수준(level)을 통해 전파되고 하나 이상의 바람직하지 않은 결과를 생성하는 방법을 설명하는 데 사용된다. 따라서 ETA는 상향식 접근(bottom-up)법이라고 한다.

FTA또는 ETA 다이어그램을 생성한 후 나무의 각 단계에 대해 확률 또는 확률 분포를 지정하고 위험도 평가 분석을 수행한다. FTA와 ETA는 시간이 많이 걸리고 어느 정도의 주관성을 포함할 수 있지만, 상당한 물리적 통찰력 및 경험이 있다면 신뢰성에 대한 상당한 통찰력을 제공할 수 있다. 또한 이상과 사건나무는 다양한 세부 수준으로 고안될 수 있다(Deshotels and Dejmek, 1995).

요약

공정 안전은 제조 공장에서 가장 중요한 관심사이자 제어계 설계의 가장 중요한 사안이다. 이 장에서는 자동화 및 공정 제어가 안전한 공정 운전을 보장하는 데 핵심적인 역할을 한다는 것을 보여주었다. 공정 안전을 위한 1차 전략은 그림 10.1에 설명된 보호층의 개념을 기반으로 한다. 경보관리 및 경보 해결은 공정 안전 시스템의 필수 구성 요소이다. 경보 할 변수와 경보 한도의 선택은 위험 식별 및 위험평가를 기반으로 한다. 비정상적인 사건 감지 및 위험 평가는 공장 안전을 향상시키는 데 중요한 역할을 한다. 마지막으로 Rinard(1990)가 지적한 것처럼 "조절 제어시스템은 제어 엔지니어의 급여 수준에 영향을 미치고, 안전 제어시스템은 제어 엔지니어가 살아서 급여를 받을 수 있는지 여부에 영향을 미친다."

참고문헌

AIChE Center for Chemical Process Safety, *Guidelines for Safe and Reliable Instrumented Protective Systems*, AIChE, NY, 2007.

AIChE Center for Chemical Process Safety, *Guidelines for Safe Automation of Chemical Processes*, AIChE, NY, 1993.

AIChE Center for Chemical Process Safety, *Layer of Protection Analysis: Simplified Process Risk Assessment*, AIChE, NY, 2001.

AIChE Center for Chemical Process Safety, *Introduction to Process Safety for Undergraduates and Engineers*, John Wiley and Sons, Hoboken, NJ, 2016.

Abnormal Situation Management (ASM) Consortium, http://www.asmconsortium.com, 2015.

Babji S., U. Nallasivam, and R. Rengaswamy, Root Cause Analysis of Linear Closed-Loop Oscillatory Chemical Process Systems, *Ind. Eng. Chem. Res.*, **51** 13712 (2012).

Banerjee, S., *Industrial Hazards and Plant Safety*, Taylor and Francis, New York, 2003.

Chiang, L. H., E. L. Russell, and R. D. Bratz, *Fault Detection and Diagnosis in Industrial Systems*, Springer-Verlag, London, U.K., 2001.

Choudhury, M. A. A. S., M. Jain, and S. L. Shah, Stiction—Definition, Modelling, Detection and Quantification, *J. Process Contr.*, **18**, 232 (2008).

Connell, B., Process *Instrumentation Applications Manual*, McGraw-Hill, New York, 1996.

Crowl, D. A., and J. F. Louvar, *Chemical Process Safety:* Fundamentals with Applications, 2nd ed., Prentice Hall, Englewood Cliffs, NJ, 2002.

Dash, S., and V. Venkatasubramanian, Integrated Framework for Abnormal Event Management and Process Hazard Analysis, *AIChE J.*, **49**, 124 (2003).

Deshotels, R., and M. Dejmek, Choosing the Level of Detail for Hazard Identification, *Process Saf. Prog.*, **14**, 218 (1995).

Engineering Equipment & Materials Users' Association (EEMUA), *Alarm Systems—A Guide toDesign, Management and Procurement*, 2nd ed., Publication 191, London, 2007.

Hollifield, B. R., and E. Habibi, *Alarm Management: Seven Effective Methods for Optimum Performance*, ISA, Research Triangle Park, NC, 2007.

Hollifield,B. R., and E. Habibi, *Alarm Management: A Comprehensive Guide*, ISA, Research Triangle Park, NC, 2011.

International Society of Automation (ISA), *ANSI/ISA-84.00.01-2004: Application of Safety Instrumented Systems for the Process Industries*, Research Triangle Park, NC (2004).

Jofriet, P., Alarm Management, *Chem. Eng.*, **112** (2), 36 (2005).

Kletz, T. A., *HAZOP and HAZAN: Identifying and Assessing Process Industry Hazards*, 4th ed., IChemE, Rugby,Warwickshire, England, 2001.

Kletz, T. A., What Went Wrong? Case Histories of Process Plant Disasters and How They Could Have Been Avoided, 5th ed., Elsevier, New York, 2009.

Leveson N. G., and G. Stephanopoulos, A System-Theoretic, Control-Inspired View and Approach to Process Safety, *AIChE J.*, **60**, 2(2014).

Mannan, S. (Ed.), *Lees' Loss Prevention in the Process Industries: Hazard Identification, Assessment, and Control, Vol. 1*, 4th ed., Butterworth-Heinemann Elsevier, New York, 2012.

Mannan, M. S., S. Sachdeva, H. Chen, O. Reyes-Valdes, Y. Liu, and D. M. Laboureur, Trends and Challenges in Process Safety, *AIChE J.*, **61**, 3558 (2015)

McGuire, C., J. Lo, and E. Mathiason, Selecting Sensors for Safety Instrumented Systems, *Chem. Eng. Progr.*, **111** (7), 19 (2015).

Montgomery, D. C., and G. C. Runger, *Applied Statistics and Probability for Engineers*, 6th ed., John Wiley and Sons, Hoboken, NJ, 2013.

Nuclear Regulatory Commission, Backgrounder on the Three Mile IslandAccident, http://www.nrc.gov/reading-rm/doc-collections/factsheets/3mile-isle.html, 2015.

Occupational Safety and Health Administration (OSHA), *Process Safety Management*, Publication 3132, OSHA, U.S. Dept. of Labor, Washington D.C. 2000.

Perry, R. H., and D.W. Green (Eds.), *Chemical Engineers' Handbook*, 8th ed., Section 23, Process Safety, McGraw-Hill, New York, 2008.

Rinard, I., Discussion, *Chem. Eng. Educ.*, **24**, Spring Issue, 76 (1990).

Turton, R., R. C. Bailie, W. B. Whiting, and J. A. Shaeiwitz, *Analysis, Synthesis and Design of Chemical Processes*, 4th ed., Prentice-Hall PTR, Upper Saddle River, NJ, 2012.

Venkatasubramanian, V., Systemic Failures: Challenges and Opportunities in Risk Management in Complex Systems, *AIChE J.*, **57**, 2 (2011).

연습문제

10.1 공정에서 공기 샘플이 직경 1/4인치 튜브를 통해 60 m 떨어진 곳에 위치한 분석 계기로 지속적으로 흡입된다. 튜브의 외부 직경은 6.35 mm이고 벽 두께는 0.762 mm이다. 20 °C 및 1 atm의 상온 조건에서 이송라인을 통과하는 유량은 10 cm^3/s이다. 이송라인의 내의 압력 강하는 무시할 수 있다. 공정에서 염소 가스가 사용되기 때문에 누출로 인해 해당 지역의 작업자가 중독될 수 있다. 염소가 처음 도달한 후 분석기가 반응하는 데는 10초가 걸린다. 처리 구역에서 염소 누출을 감지하는 데 필요한 시간을 구하라. 또한 풀이에 대한 모든 가정을 서술하라. 만일 위험 가스가 염소 대신 일산화탄소일 때 그 시간이 허용될 수 있는가?(*Student Problems for Safety, Health, and Loss Prevention in Chemical Processes*, AIChE Center for Chemical Process Safety, NY, 1990를 각색함).

10.2 원통형 저장탱크는 높이가 2 m, 지름이 1 m이다. 액위가 0.25 m까지 낮아지면 저액위 경보가 활성화된다. 부식으로 인해 탱크 바닥부분에서 천천히 누수가 발생할 때 탱크가 처음에 절반이 차 있었다고 가정하자. 액위 h[m]와 누설률 q[m^3/min] 사이의 관계는 다음과 같다. 이 때 $C = 0.065\ m^{2.5}/min$이다.

$$q = C\sqrt{h}$$

(a) 오전 5시부터 누수가 시작되면 경보는 언제 울리는가?

(b) 경보음이 울릴 때 얼마만큼의 액체가 누출되었는가?

10.3 그림 E10.3에 표시된 기액 분리기(또는 플래시 드럼)의 2상 공급흐름은 탄화수소 혼합물로 구성된다. 용기의 압력이 공급 압력보다 현저히 낮기 때문에 액체 공급의 일부가 기화되어 기상을

형성한다. 탄화수소는 가연성이며 위험하다. 이러한 공정의 안전 문제를 논의하고 경보/SIS 전략을 제안하라.

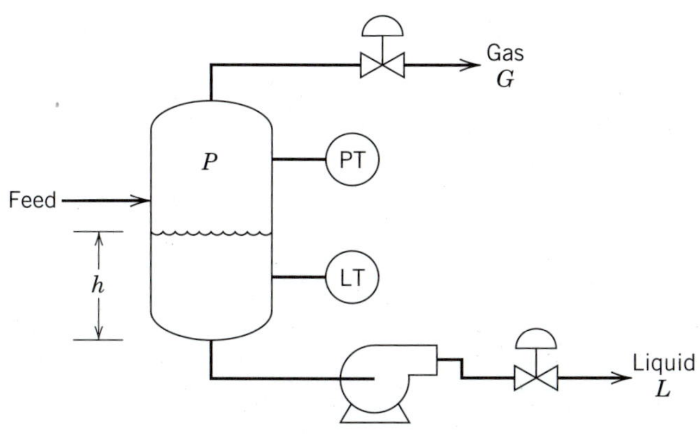

그림 E10.3

10.4 공정 용기로 가는 냉각수가 손실될 경우 용기에 허용치를 넘는 고압이 발생할 수 있다. 이 때 압력 경감 밸브를 사용하여 증기 혼합물을 대기로 방출하여 압력을 감소시킨다. 그러나 혼합물이 독성이 있거나 가연성이 있다면 방출이 위험할 수 있다. 그림 E10.4와 같이 상온 이상에서 작동하는 증류탑의 경우 응축기로 유입되는 냉각수 흐름의 손실은 피할 수 없다. 이러한 공정에서 외부 환경으로의 방출 횟수를 줄이는 경보/SIS 시스템을 고안하라.

참고: 증류탑 상단의 압력 경감 밸브는 그림 E10.4에 나와 있지 않다.

10.5 특정 유형의 센서가 제대로 작동할 확률은 0.95이다. 이 때 중대한 측정을 위해 삼중 중복 센서 시스템이 제안되었다. 따라서 세 개의 독립적인 센서가 설치되고 세 측정의 중앙값이 경보 및 제어 계산에 사용될 것이다. 이 때 최소 두 개의 센서가 항상 작동할 확률은 얼마인가?

10.6 그림 10.4와 같이 저액위 연동장치(interlock)가 있는 액체 저장 탱크를 고려해 보자. 설정값이 저액위 스위치 값보다 높은 독립적인 저액위 경보가 추가되었다고 가정하자. 저액위 알람과 저액위 연동시스템이 동시에 실패하면 펌프가 심각하게 손상될 수 있다. 이것이 발생할 확률은 얼마인가? 평균 고장 간격(MTBF)은 얼마인가?

고장률(연간 고장):

솔레노이드 스위치: $\mu_S = 0.01$

액위 스위치: $\mu_{LS} = 0.45$

액위 경보: $\mu_A = 0.3$

10.7 예제 10.4의 유량 제어 루프의 신뢰성 분석에서 DP 유량계는 가장 신뢰성이 낮다. 두 번째 동일한 유량계가 예비 모드에서 사용되어 첫 번째 유량계가 고장난 경우 자동으로 즉시 사용할 수 있다고 가정하자. 두 번째 센서를 추가하면 전체 시스템 신뢰성이 얼마나 향상되는가?

10.8 문제 10.7에서 동일한 유량계 3개의 유량계 중 2개를 예비 모드인 삼중 중복 유량계로 바꿀 경우 전체 시스템 신뢰성이 얼마나 향상되는가?

10.9 표 10.1의 고장률 데이터를 사용하여 그림 10.4의 고압 연동장치에 대한 신뢰성과 평균 고장 간격을 구하라. 이 때 솔레노이드 스위치 및 밸브의 고장률이 연간 $\mu = 0.42$라고 가정한다.

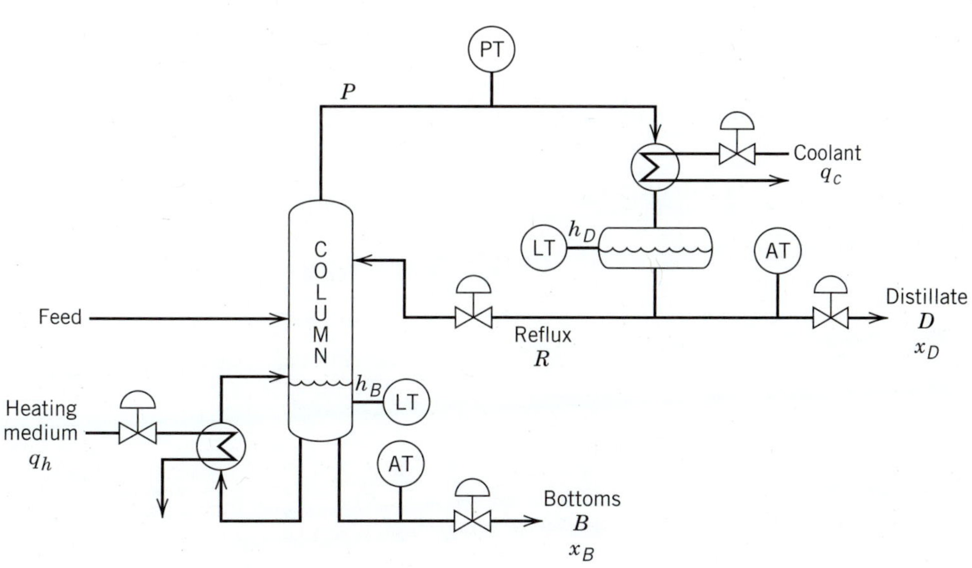

그림 E10.4

CHAPTER 11

닫힌 루프 제어시스템의 동적 거동과 안정성

Dynamic Behavior and Stability of Closed-Loop Control Systems

학습목차 *Chapter Contents*

11.1 블록선도로 표현하기
- 11.1.1 공정
- 11.1.2 조성 센서-송신기(분석기)
- 11.1.3 제어기
- 11.1.4 전류 대 압력(I/P) 변환기
- 11.1.5 컨트롤 밸브

11.2 닫힌 루프 전송 기능
- 11.2.1 블록선도 축소
- 11.2.2 설정점 변화
- 11.2.3 외란 변화
- 11.2.4 피드백 제어시스템의 일반적인 표현

11.3 단순한 제어시스템의 닫힌-루프 응답
- 11.3.1 비례 제어와 설정점 변화
- 11.3.2 비례 제어와 외란 변화
- 11.3.3 비례-적분(PI) 제어와 외란 변화
- 11.3.4 통합 프로세스의 비례-적분(PI) 제어

11.4 닫힌-루프 제어시스템의 안정성
- 11.4.1 일반적인 안정성 기준
- 11.4.2 Routh 안정성 기준
- 11.4.3 직접 대체 방법

11.5 ROOT LOCUS 다이어그램

요약

이 장에서는 피드백 제어를 사용하여 운전되는 프로세스의 동적 거동을 고려한다. 프로세스, 피드백 제어기 및 계측기의 이러한 조합을 *피드백 제어 루프* 또는 *닫힌 루프 시스템*이라고 한다. 따라서 닫힌 루프 시스템이라는 용어는 제어되는 프로세스를 나타내기 위해 사용된다. 우리는 블록선도와 전달함수가 닫힌 루프 시스템에 대한 유용한 설명을 제공한다는 것을 입증하는 것으로 시작하고자 한다. 그런 다음, 블록선도를 사용하여 몇 개의 단순한 닫힌 루프 시스템의 동적 거동을 분석한다.

피드백 제어는 많은 좋은 특성을 가지고 있지만, 하나의 안 좋은 특성도 가지고 있다. 제어기가 제대로 설계되지 않았거나 제어기를 구현한 후 프로세스의 동적 특성이 변경되면 결과적으로 닫힌 루프 시스템이 불안정해질 수 있다. 이는 제어기가 제어된 변수를 설정점에 유지하기 보다는 증가하는 진동을 발생시킬 수 있다는 것을 의미한다. 이러한 불안정한 행동의 근원과 그것을 어떻게 예방할 것인가를 이해하는 것은 중요한 문제다. 이 장에서는 몇 가지 수학적 안정성 기준을 소개하고, 닫힌 루프 안정성 분석을 위한 실용적인 방법을 고려한다.

11.1 블록선도로 표현하기

1장과 8장에서, 우리는 블록선도가 피드백 제어 루프 주위의 정보의 흐름을 편리하게 표현한다는 것을 보여주었다. 블록선도에 대한 이전의 논의는 양적이라기보다는 질적이었으며, 그 이유는 블록에 레이블이 붙어 있었지만 공정 변수 간의 관계를 나타내지 않았기 때문이다. 그러나 각 블록에 대한 전달함수를 보여줌으로써 정량적 정보도 포함될 수 있다.

블록선도의 설계를 설명하기 위해, 이전 장에서 검토한 교반 탱크 혼합 프로세스인 이전 예시로 되돌아가자. 그림 11.1의 도식도는 순성분 A의 유량인 w_2를 조작 변수로 하는 교반 탱크를 보여준다. 제어 목표는 w_2 질량 유량을 조정하여 탱크 조성 x를 조절하는 것이다. 1차 외란 변수는 유입물의 조성 x_1로 가정한다. 탱크 내부의 유체 조성은 출력 신호 x_m이 전자 제어기로 전송되는 센서/트랜스미터에 의해 측정된다. 공기압 제어밸브가 사용되기 때문에 제어기 출력(4~20 mA 범위의 전기 신호)은 전류 대 압력 변환기에 의해 동등한 공기압 신호 p_t(3~15 psig)로 변환해야 한다. 그런 다음 변환기 출력 신호를 사용하여 밸브를 조정한다.

다음으로 피드백 제어 루프의 5개 요소 각각에 대한 전달함수를 개발한다. 단순성을 위해 유량 w_1은 일정하며, 시스템은 초기에 모두 일정한 유량으로 운전되고 있다고 가정하자. 나중에 우리는 이 분석을 좀 더 일반적인 상황으로 확대하고자 한다.

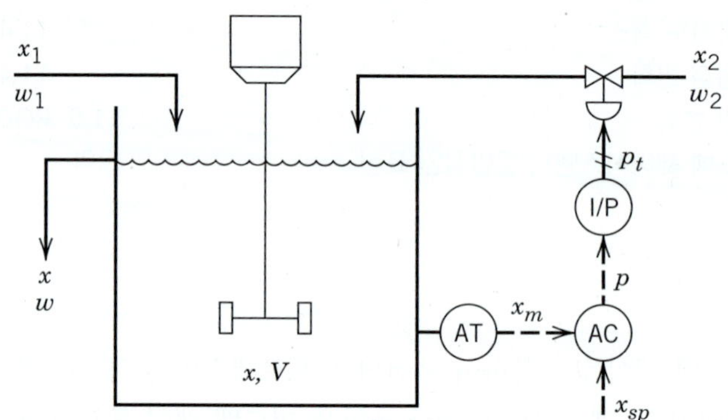

그림 11.1 교반–탱크 혼합 프로세스를 위한 조성 제어시스템.

11.1.1 공정

예제 4.9에서 교반 탱크 혼합 시스템의 대략적인 동적 모델이 개발되었다.

$$X'(s) = \left(\frac{K_1}{\tau s + 1}\right) X_1'(s) + \left(\frac{K_2}{\tau s + 1}\right) W_2'(s) \tag{11-1}$$

$$\tau = \frac{V\rho}{\overline{w}}, \quad K_1 = \frac{\overline{w}_1}{\overline{w}}, \quad \text{그리고} \quad K_2 = \frac{1 - \overline{x}}{\overline{w}} \tag{11-2}$$

그림 11.2는 식 11-1과 11-2의 정보를 블록선도로 나타내며 각 변수에 대한 단위를 나타낸다. 선도에서 편차 변수 $X_d'(s)$는 피드 조성 $X_1'(s)$의 변화에 따른 출구 조성의 변화를 나타낸다. 마찬가지로 $X_u'(s)$는 조작 변수의 변화(순수한 A의 유량, W_2')로 인한 X'의 변화를 나타내는 편차변수다. 이러한 표현의 영향은 3장에서 논의한 선형 시스템에 대한 중첩 원리(superposition principle)의 직접적인 결과로서 $X'(s) = X_d'(s) + X_u'(s)$으로

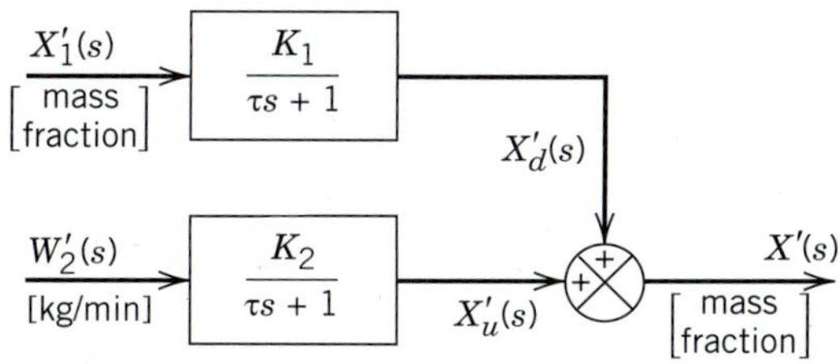

그림 11.2 교반 시스템의 블록선도.

나타난다. 이 전달함수 표현은 혼합 프로세스 모델의 경우와 마찬가지로 선형 시스템과 선형화된 비선형 시스템에 대해서만 유효하다는 점을 상기할 필요가 있다.

11.1.2 조성 센서-송신기(분석기)

조성 센서 전송기의 동적 거동은 1차 전달함수에 의해 대략적으로 추정될 수 있다고 가정한다.

$$\frac{X'_m(s)}{X'(s)} = \frac{K_m}{\tau_m s + 1} \tag{11-3}$$

$\tau \gg \tau_m$ 일 때 이 계측기의 동적 거동은 무시할 수 있다. 입력 변수 중 한 변수의 변화에 대해서 실제 조성 $x'(t)$이 시간 상수 τ에 따라 천천히 변화하는 동안에 측정된 조성 $x'_m(t)$은 실제 조성 $x'(t)$을 빠르게 따른다. 따라서 계측기의 측정과 관련된 동적 오차는 무시할 수 있다(9.4절 참조). 유용한 근사치는 식 11-3에서 $\tau_m = 0$으로 설정하는 것이다. 정상상태 이득 K_m은 9.1.3절에 나타낸 것과 같이 조성 센서-송신기 조합의 입력 및 출력 범위에 따라 달라진다. 센서 송신기의 블록선도는 그림 11.3과 같다.

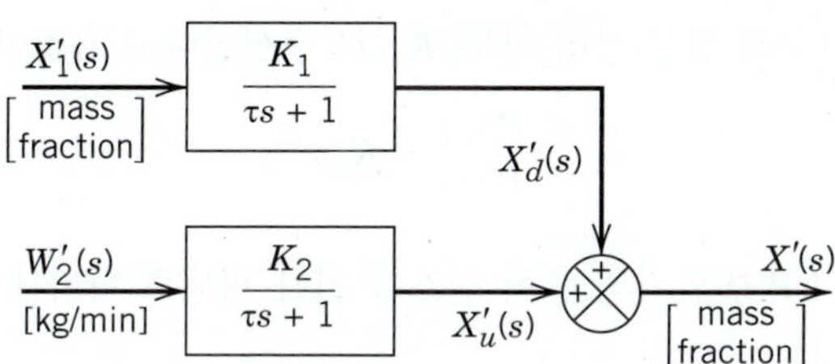

그림 11.3 조성 센서와 송신기에 대한 블록선도.

11.1.3 제어기

전자 비례-전분 (PI) 제어기를 사용한다고 가정하자. 8장에서 제어기의 전달함수는 다음과 같다.

$$\frac{P'(s)}{E(s)} = K_c\left(1 + \frac{1}{\tau_I s}\right) \tag{11-4}$$

여기서 $P'(s)$과 $E(s)$는 컨트롤러 출력 $p'(t)$의 라플라스 변환과 오차 신호 $e(t)$이다. p'과 e는 mA 단위를 갖는 전기 신호인 반면, K_c는 차수가 없다는 점에 유의하자. 오차 신호는 다음과 같이 표현된다.

$$e(t) = \tilde{x}'_{sp}(t) - x'_m(t) \tag{11-5}$$

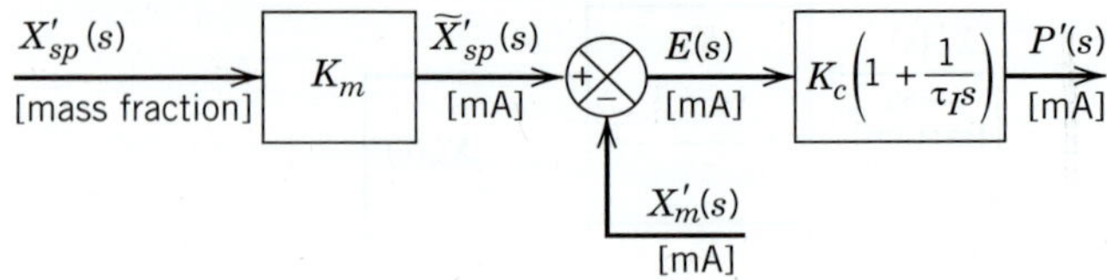

그림 11.4 제어기 블록선도.

아니면 라플라스 변환을 한 후에

$$E(s) = \tilde{X}'_{sp}(s) - X'_m(s) \tag{11-6}$$

기호 $\tilde{x}'_{sp}(t)$는 등가 전류 신호로 표현되는 내부 설정점 구성을 나타낸다. 이 신호는 제어기가 내부적으로 사용된다. $\tilde{x}'_{sp}(t)$는 측정-송신기의 이득(gain)인 K_m(교정곡선의 기울기)에 의한 실제 조성 설정점 $x'_{sp}(t)$와 관련이 있다.

$$\tilde{x}'_{sp}(t) = K_m x'_{sp}(t) \tag{11-7}$$

따라서

$$\frac{\tilde{X}'_{sp}(s)}{X'_{sp}(s)} = K_m \tag{11-8}$$

식 11-4에서 11-8까지의 제어기를 나타내는 블록선도는 그림 11.4에 나타나 있다. 뺄셈 연산의 기호를 *비교기*(comparator)라고 한다.

일반적으로, 보고된 제어기 이득이 무차원이 아닌 경우, 무차원 제어기 이득 외에 적어도 하나의 다른 장치(작동기 등)의 이득을 포함한다.

11.1.4 전류 대 압력 (I/P) 변환기

변환기는 대개 선형적인 특성과 무시할 수 있는(빠른) 역학을 가지도록 설계되기 때문에 변환기 전달함수는 단순히 정상 상태 이득, K_{IP}로 구성된다고 가정한다.

$$\frac{P'_t(s)}{P'(s)} = K_{IP} \tag{11-9}$$

식 11-9에서 $P'_t(s)$는 I/P 변환기의 출력 신호를 편차 형태로 나타낸다. 해당 블록선도는 그림 11.5에 나와 있다.

11.1.5 컨트롤 밸브

9.2절에서 논의 하였듯이, 제어밸브는 보통 밸브를 통과하는 유량이 밸브 구동기에 대한 신호와 거의 선형 함수가 되도록 설계된다. 따라서 1차 전달함수는 보통 일반적으로 안정 상태 근처에 설치된 밸브를 작동하기 위한 적절한 모델을 제공한다. 따라서 제어밸브를 다음과 같이 모델링할 수 있다고 가정하자.

$$\frac{W'_2(s)}{p'_t(s)} = \frac{K_v}{\tau_v s + 1} \tag{11-10}$$

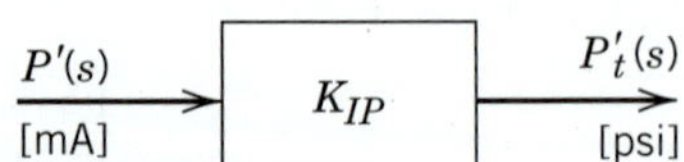

그림 11.5 I/P 변환기의 블록선도.

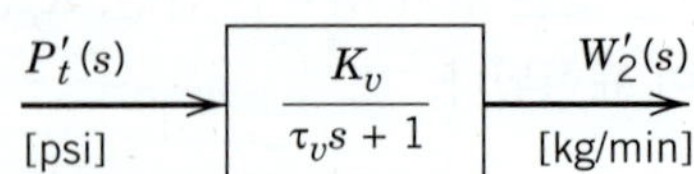

그림 11.6 제어밸브 블록선도.

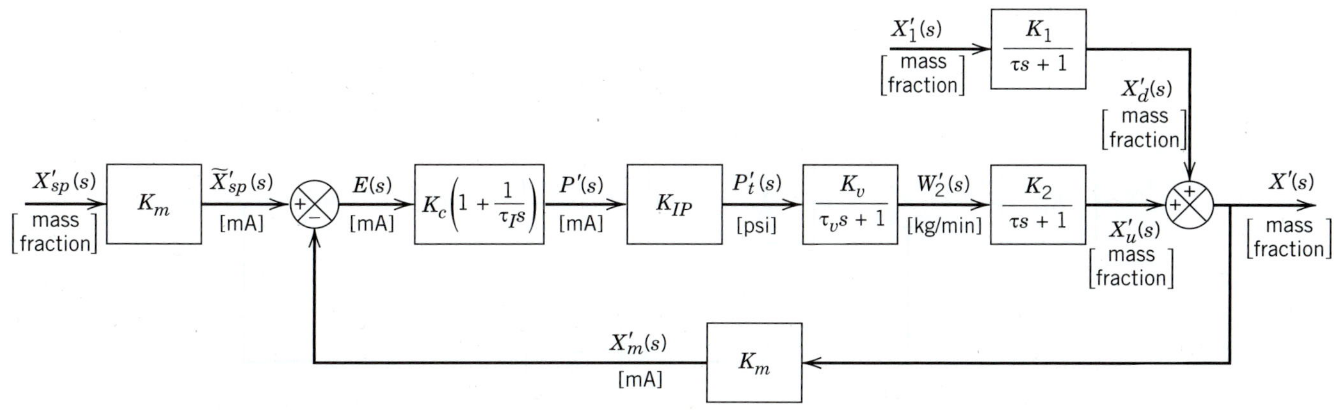

그림 11.7 혼합 공정 구성 제어시스템 전체에 대한 블록선도.

I/P 변환기와 공기압 제어밸브의 블록선도는 그림 11.6에 나와 있다.

이제 그림 11.2~11.6의 전달함수와 블록선도가 피드백 제어시스템의 개별 구성요소로 개발되었으므로, 이 정보를 결합하여 그림 11.7에 표시된 제어시스템의 복합 블록선도를 얻을 수 있다.

11.2 닫힌 루프 전송 기능

지금까지 고려된 블록선도를 이용하여 교반-탱크 혼합 시스템의 블록선도를 특별히 개발했다. 그림 11.8의 보다 일반적인 블록선도에 표준 표기법이 수록되어 있다.

Y = 제어 변수
U = 조작 변수
D = 외란 변수 또는 부하(load) 변수로 일컬음
P = 제어기 출력
E = 오차 신호
Y_m = Y의 측정된 값
Y_{sp} = 설정점
$\widetilde{Y}_{sp}$ = 내부 설정점(제어기의 의한)
Y_u = U에 의한 Y의 변화
Y_d = D에 의한 Y의 변화
G_c = 제어기 전달함수
G_v = 최종 제어 요소(제어밸브)를 위한 전달함수
G_p = 공정 전달함수
G_d = 외란 전달함수
G_m = 측정-송신기 전달함수
K_m = G_m의 정상 상태 이득

그림 11.8에서 각 변수는 편차 변수의 라플라스 변환이다. 표기법을 단순화하기 위해 ′(prime) 및 (s)가 생략되어 $Y'(s)$가 아닌 Y가 사용된다. 최종 제어 요소는 제어밸브인 경우가 많기 때문에 그 전달함수는 G_v로 표시된다. 공정 전달함수 G_p는 조작 변수가 제

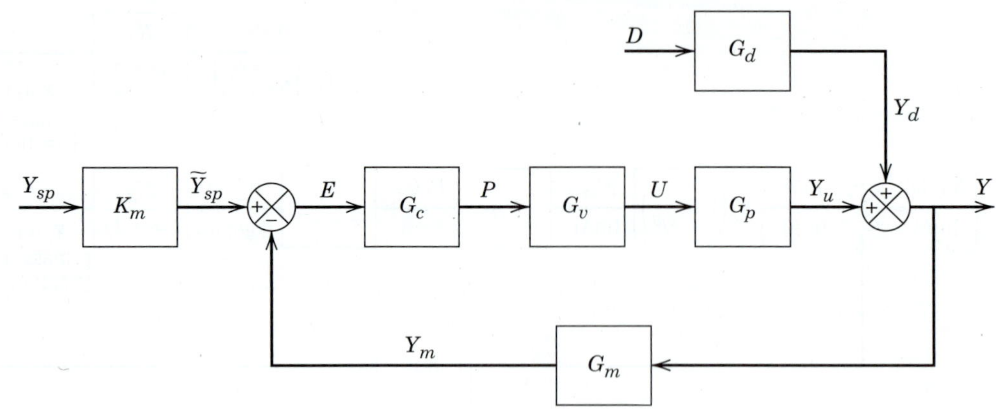

그림 11.8 피드백 제어시스템의 표준 블록선도.

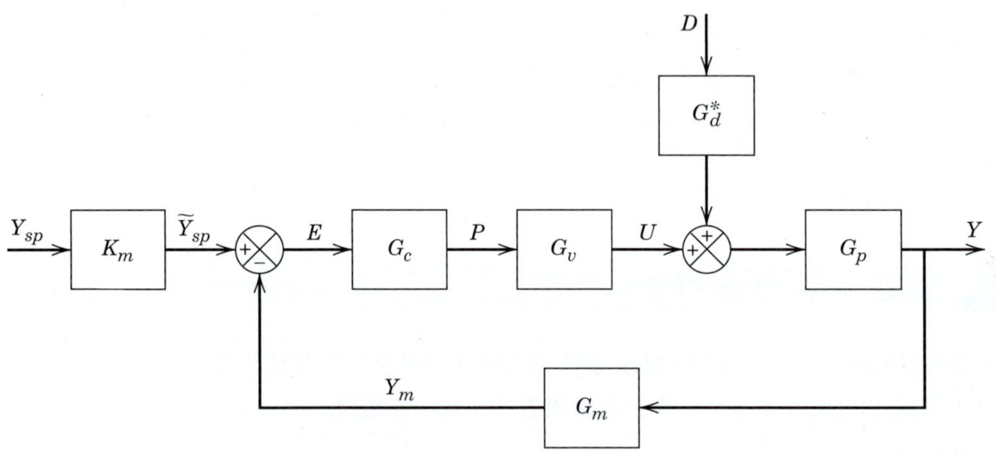

그림 11.9 피드백 제어시스템의 표준 블록선도 대체 형태.

어 변수에 미치는 영향을 나타낸다. 외란 전달함수 G_d는 외란 변수가 제어 변수에 미치는 영향을 나타낸다. 교반 탱크 혼합 시스템의 경우 G_d와 G_p는 Eq 11-1에 주어진다.

그림 11.8의 표준 블록선도를 사용하여 다양한 실제 제어 문제를 나타낼 수 있다. 피드백 제어 루프의 추가 요소를 나타내기 위해 그림 11.5의 전류 대 압력 변환기와 같이 다른 블록을 표준 선도에 추가할 수 있다. 그림 11.8에서 블록 G_c, G_v, G_p를 통과하는 E에서 Y까지의 신호 경로를 전방 경로(forward path)라고 한다. Y에서 G_m을 통해 *비교기*로 가는 경로를 피드백 경로(feedback path)라고 한다.

그림 11.9는 제어 문헌에도 사용되는 표준 블록선도의 대체 표현을 보여준다. 그림 11.8과 11.9에서 외란 전달함수가 서로 다른 위치에 나타나기 때문에 다른 기호가 사용된다. 이 두 블록선도가 동일하려면, Y와 D의 관계를 유지해야 한다. 따라서 G_d와 G_d^*는 $G_d = G_p G_d^*$라는 표현으로 연관되어야 한다.

Y_{sp}와 D는 제어 루프의 작동에 영향을 받지 않기 때문에 제어된 프로세스에 대한 독립 입력 신호라는 점에 유의하라. 대조적으로 U와 D는 제어되지 않는 공정에 대한 독립적인 입력이다. 제어시스템의 성능을 평가하기 위해서는 제어되는 공정이 D와 Y_{sp}의 변화에 어떻게 반응하는지 알 필요가 있다. 다음 절에서는 *닫힌 루프 전달함수* $Y(s)/Y_{sp}$ 및 $Y(s)/D$에 대한 표현을 도출한다. 하지만 먼저, 우리는 블록선도 대수학을 검토하자.

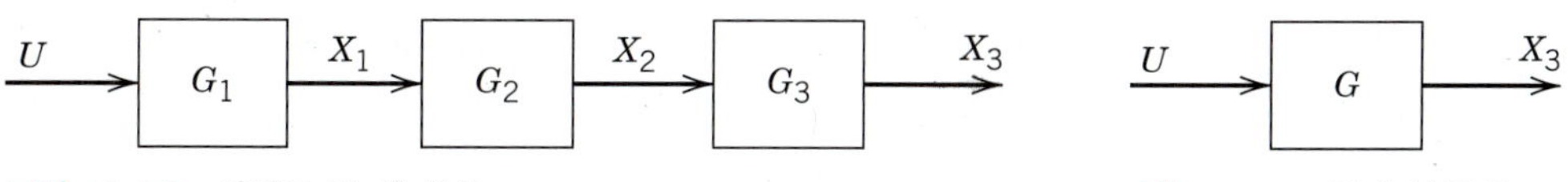

그림 11.10 직렬로 된 세 블록. **그림 11.11** 등가 블록선도.

11.2.1 블록선도 축소

닫힌 루프 전달함수를 도출할 때 여러 블록을 하나의 블록으로 결합하는 것이 편리한 경우가 많다. 예를 들어 그림 11.10의 직렬로 연결된 세 블록을 생각해보자. 블록선도는 다음과 같은 관계를 나타낸다.

$$X_1 = G_1U, \qquad X_2 = G_2X_1, \qquad X_3 = G_3X_2 \tag{11-11}$$

연속적인 대체에 의해,

$$X_3 = G_3G_2G_1U \tag{11-12}$$

또는

$$X_3 = GU \tag{11-13}$$

여기서 $G \triangleq G_3G_2G_1$. 등식 11-13은 그림 11.10의 블록선도를 그림 11.11의 등가 블록선도로 축소할 수 있음을 나타낸다.

11.2.2 설정점 변화

다음으로 설정점 변화에 대한 닫힌 루프 전달함수를 도출하자. 설정점 변경에 대한 닫힌 루프 시스템 동작은 초기 적용이 서보메커니즘(servo)이라고 하는 위치설정에 관련되었기 때문에 제어 문헌에서 서보메커니즘(*servo*) *문제*라고도 한다. 이 경우 외란 변화가 발생하지 않는다고 가정하며, 따라서 $D = 0$이다. 그림 11.8부터 다음의 식과 같다.

$$Y = Y_d + Y_u \tag{11-14}$$

$$Y_d = G_dD = 0 \text{ (because D = 0)} \tag{11-15}$$

$$Y_u = G_pU \tag{11-16}$$

위의 식을 모두 합치면

$$Y = G_pU \tag{11-17}$$

또한 그림 11.8은 개별 블록에 대한 다음과 같은 입출력 관계를 나타낸다.:

$$U = G_vP \tag{11-18}$$

$$P = G_cE \tag{11-19}$$

$$E = \widetilde{Y}_{sp} - Y_m \tag{11-20}$$

$$\widetilde{Y}_{sp} = K_mY_{sp} \tag{11-21}$$

$$Y_m = G_mY \tag{11-22}$$

위의 식을 모두 합치면

$$Y = G_pG_vP = G_pG_vG_cE \tag{11-23}$$

$$= G_pG_vG_c(\widetilde{Y}_{sp} - Y_m) \tag{11-24}$$

$$= G_pG_vG_c(K_mY_{sp} - G_mY) \tag{11-25}$$

재배열을 통해 다음과 같이 우리가 원하는 닫힌 루프 전달함수를 도출한다.

$$\frac{Y}{Y_{sp}} = \frac{K_mG_cG_vG_p}{1 + G_cG_vG_pG_m} \tag{11-26}$$

식 11-26의 분자와 분모 모두 피드백 제어 루프에서 마주치는 순서에 따라 전달함수가 재배치되었다. 이 절차를 통해 다음의 문제를 분석할 때 존재하거나 빠진 전달함수를 쉽게 판단할 수 있다.

11.2.3 외란 변화

이제 외란 변화의 경우를 고려하자. 이 변경은 공정이 일정한 설정 지점에서 *조절*되기 때문에 *조절기 문제*라고도 한다. 그림 11.8부터,

$$Y = Y_d + Y_u = G_d D + G_p U \tag{11-27}$$

식 11-18에서 식 11-22까지 대체하면,

$$Y = G_d D + G_p U = G_d D + G_p G_v G_c (K_m Y_{sp} - G_m Y) \tag{11-28}$$

$Y_{sp} = 0$이므로 식 11-28을 재정렬하여 외란 변화에 대한 닫힌 루프 전송 기능을 제공할 수 있다.

$$\frac{Y}{D} = \frac{G_d}{1 + G_c G_v G_p G_m} \tag{11-29}$$

식 11-26과 11-29를 비교하면 두 닫힌 루프 전달함수가 동일한 분모인 $1 + G_c G_v G_p G_m$을 갖는다는 것을 알 수 있다. 분모는 흔히 $1 + G_{OL}$로 표기되는데, 여기서 G_{OL}은 열린 루프 전달함수인 $G_{OL} \triangleq G_c G_v G_p G_m$이다. 비교기 직전에 피드백 루프가 열리면 G_{OL}이 Y_m과 Y_{sp}를 연관시키기 때문에 열린 루프 전달함수(또는 열린 루프 시스템)라는 용어가 사용된다.

위의 파생에서 서로 다른 지점에서 $D = 0$ 또는 $Y_{sp} = 0$, 즉 두 입력 중 하나가 일정하다고 가정하자. 그러나 설정점 변경 중에 외란이 발생하는 경우처럼 $D \neq 0$과 $Y_{sp} \neq 0$을 가정해 보자. 이 상황을 분석하기 위해, 우리는 식 11-28을 재정렬하고 G_{OL}의 정의를 대체하여 다음의 식을 얻는다.

$$Y = \frac{G_d}{1 + G_{OL}} D + \frac{K_m G_c G_v G_p}{1 + G_{OL}} Y_{sp} \tag{11-30}$$

따라서 동시 외란 변수와 설정점 변경에 대한 대응은 식 11-26, 11-29, 11-30을 비교해 보면 알 수 있듯이 개별 응답의 합에 불과하다. 이 결과는 선형 시스템에 대한 중첩 원리(superposition principle)의 결과물이다.

11.2.4 피드백 제어시스템의 일반적인 표현

보다 복잡한 블록선도에 대한 닫힌 루프 전송 기능은 일반 형식으로 작성할 수 있다.

$$\frac{Z}{Z_i} = \frac{\Pi_f}{1 + \Pi_e} \tag{11-31}$$

여기서

Z는 출력 변수 또는 제어 루프 내의 내부 변수임
Z_i는 입력 변수(예: Y_{sp} 또는 D)
Π_f = Z_i에서 Z_i까지의 전방 경로에 있는 전달함수의 곱
Π_e = 피드백 루프에 있는 모든 전달함수의 곱

따라서 이전 서보 문제의 경우 $Z_i = Y_{sp}$, $Z = Y$, $\Pi_f = K_m G_v G_p$, $\Pi_e = G_{OL}$이 있다.

Regulatory(조절기) 문제의 경우, $Z_i = D$, $Z = Y$, $\Pi_f = G_d$, $\Pi_e = G_{OL}$이다. 식 11-31은 비교기에 음성 기호가 있는 피드백 루프를 포함하는 블록선도의 일부에만 적용 가능하다는 점에 유의해야 한다.

예제 11.1

그림 11.12와 같이 복잡합 제어시스템에 대해서 닫힌 루프 전달함수 Y/Y_{sp}를 찾으시오. 이 블록선도에는 두 개의 피드백 루프와 두 개의 외란 변수가 있다는 점에 유의하십시오. 참고로, 이 구성은 16장의 계단식 제어가 적용될 때 발생한다.

풀이

식 11-31의 일반 규칙을 사용하여 먼저 내부 루프를 그림 11.13과 같이 단일 블록으로 줄인다. 서보(servo) 문제를 해결하려면 $D_1 = D_2 = 0$을 설정하십시오. 그림 11.13은 단일 피드백 루프를 포함하므로 그림 11.14*a*를 얻으려면 식 11-31을 사용하십시오. 최종 선도는 그림 11.14*b*에 $Y/Y_{sp} = K_{m1}G_5$로 표시되어 있다. G_4와 G_5를 대체하면 원하는 닫힌 루프 전달함수를 얻을 수 있다.

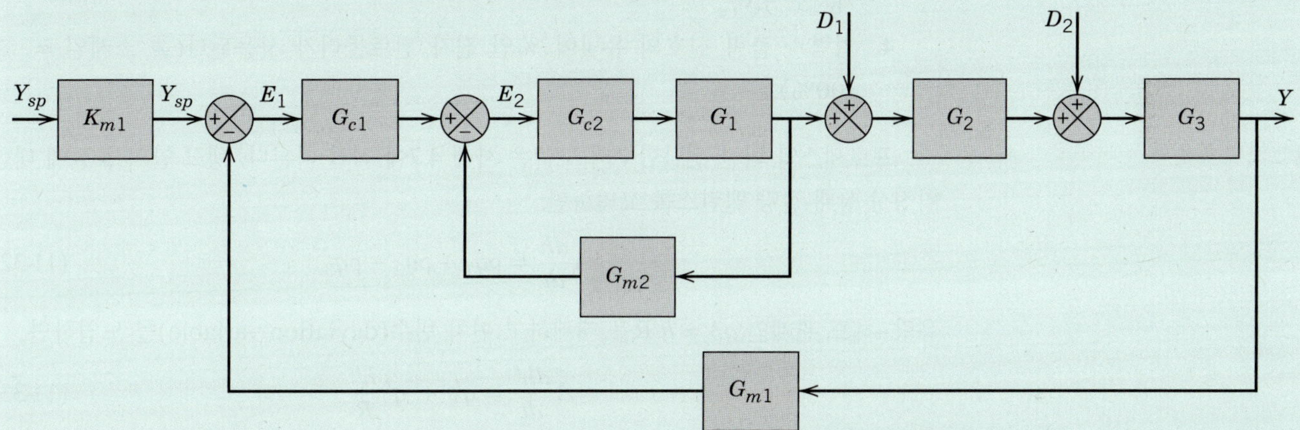

그림 11.12 복잡한 제어시스템.

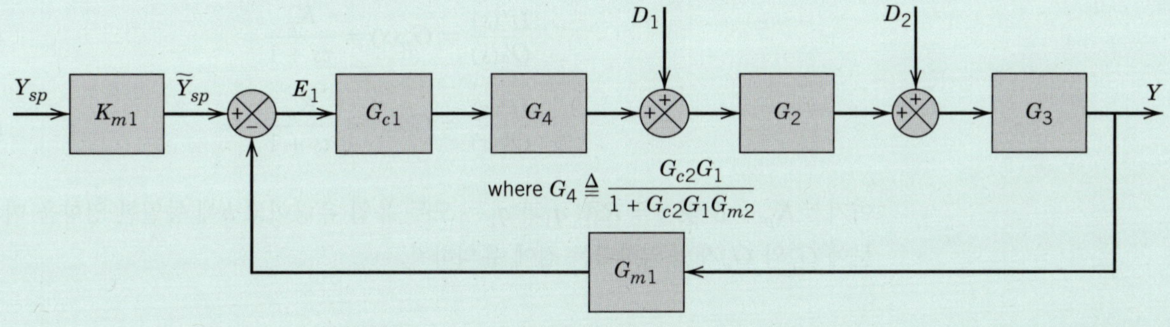

그림 11.13 축소된 시스템의 블록선도.

Y_{sp} → K_{m1} → G_5 → Y $\quad G_5 = \dfrac{G_{c1}G_4G_2G_3}{1 + G_{c1}G_4G_2G_3G_{m1}}$

(*a*)

Y_{sp} → $K_{m1}G_5$ → Y

(*b*)

그림 11.14 예제 11.1의 최종 블록선도.

11.3 단순한 제어시스템의 닫힌-루프 응답

이 절에서는 외란 변수 및 설정점 변경에 대한 몇 가지 기본적인 제어 문제의 동적 거동을 고려한다. 닫힌 루프 전달함수를 사용할 수 있는 경우 과도 응답은 간단한 방법으로 결정할 수 있다.

그림 11.15에 표시된 액체 레벨 제어시스템을 고려하자. 액체 레벨을 측정하여 레벨 송신기(LT) 출력을 피드백 제어기(LC)로 전송한다. 이 피드백 제어기는 부피 유량 q_2를 조정하여 액체 레벨 h를 제어한다. 두 번째 유입구 유량 q_1은 외란 변수다. 이를 위해서 다음을 가정한다.

1. 액체 밀도 ρ과 탱크의 단면 면적 A는 일정하다.
2. 유량-헤드 관계는 선형이며, $q_3 = h/R$이다.
3. 레벨 송신기, I/P 변환기 및 공기압 제어밸브는 무시할 수 있는 역학 관계를 가지고 있다.
4. 입력과 출력 신호의 유닛이 %인 전자 컨트롤러가 사용된다(풀 스케일 = 100%).

프로세스와 외란 전달함수의 도출은 사례 4.7에 직접 따른다. 탱크 안의 물질에 대한 비정상 상태 질량 밸런스를 고려하면:

$$\rho A\frac{dh}{dt} = \rho q_1 + \rho q_2 - \rho q_3 \tag{11-32}$$

유량-헤드 관계인 $q3 = h/\mathrm{R}$을 대체하고 편차 변수(deviation variable)를 도입하면

$$A\frac{dh'}{dt} = q_1' + q_2'\frac{h'}{R} \tag{11-33}$$

따라서, 우리는 다음과 같은 전달함수를 얻게 된다.

$$\frac{H'(s)}{Q_2'(s)} = G_p(s) = \frac{K_p}{\tau s + 1} \tag{11-34}$$

$$\frac{H'(s)}{Q_1'(s)} = G_d(s) = \frac{K_p}{\tau s + 1} \tag{11-35}$$

여기서 $K_p = R$ 및 $\tau = RA$. q_1과 q_2는 모두 유입 유량이고 h에 동일한 영향을 미치기 때문에 G_p와 G_d가 동일하다는 점에 유의하자.

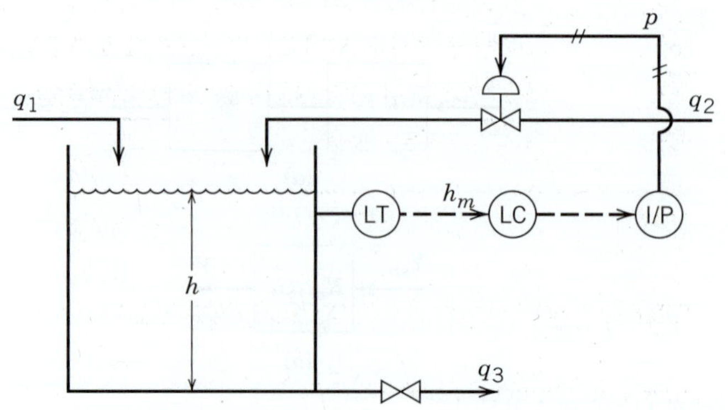

그림 11.15 액위 제어시스템.

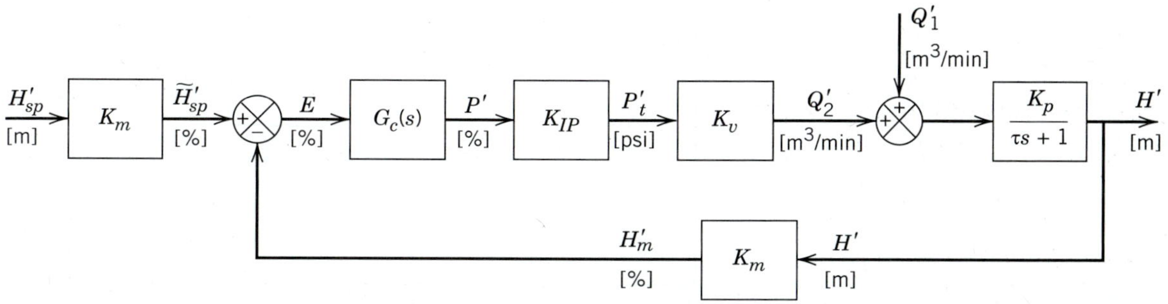

그림 11.16 액위 제어시스템의 블록선도.

레벨 송신기, I/P 변환기, 제어밸브는 무시할 수 있는 역학 관계를 가지기 때문에 해당 전달함수는 $G_m(s) = K_m$, $G_{IP}(s) = K_{IP}$, $G_v(s) = K_v$로 기록할 수 있다. 레벨 제어시스템의 블록선도는 그림 11.16에 나타나 있으며, 여기에는 정상 상태 이득의 단위가 분명하게 나타난다. 기호 H'_{sp}는 원하는 액체 레벨의 수치(미터 단위), $\widetilde{Y}'_{sp}$는 컴퓨터에서 내부적으로 사용하는 해당 값(%)을 나타낸다. 11.1절에서 설명한 바와 같이, 이 두 설정점은 송신기 이득 K_m에 의해 관련된다.

그림 11.16의 블록선도는 그림 11.9의 대체 형식이며 $G^*_d(s) = 1$이다.

11.3.1 비례 제어와 설정점 변화

비례 제어기를 사용할 경우 $G_c = K_c$이다. 그림 11.16과 이전 절의 재료에서, 설정점 변경에 대한 닫힌 루프 전달함수는 다음과 같다.

$$\frac{H'(s)}{H'_{sp}(s)} = \frac{K_c K_{IP} K_v K_p K_m/(\tau s + 1)}{1 + K_c K_{IP} K_v K_p K_m/(\tau s + 1)} \tag{11-36}$$

이 관계는 1차 전달함수의 표준 형태로 재배열할 수 있다.

$$\frac{H'(s)}{H'_{sp}(s)} = \frac{K_1}{\tau_1 s + 1} \tag{11-37}$$

단

$$K_1 = \frac{K_{OL}}{1 + K_{OL}} \tag{11-38}$$

$$\tau_1 = \frac{\tau}{1 + K_{OL}} \tag{11-39}$$

그리고 *열린 루프 이득* K_{OL}은 다음에 의해 주어진다.

$$K_{OL} = K_c K_{IP} K_v K_p K_m \tag{11-40}$$

식 11-37~11-40은 닫힌 루프 공정이 공정 시간 상수 τ보다 작은 시간 상수 τ_1을 갖는 1차 역학을 가지고 있음을 나타낸다. 여기서는 $K_{OL} > 0$이라고 가정한다. 그렇지 않으면 이 장의 뒷부분에 나오는 안정성 분석에서 분명히 알 수 있듯이 제어시스템이 제대로 작동하지 않을 것이다. τ_1 이 τ보다 작기 때문에, 피드백 제어기는 제어되지 않은 프로세스보다 제어된 프로세스에서 더 빨리 반응할 수 있게 해준다.

식 11-37부터는 설정점의 단위 스텝 변경에 대한 닫힌 루프 응답이 다음과 같이 주어진다.

$$h'(t) = K_1 M(1 - e^{-t/\tau_1}) \tag{11-41}$$

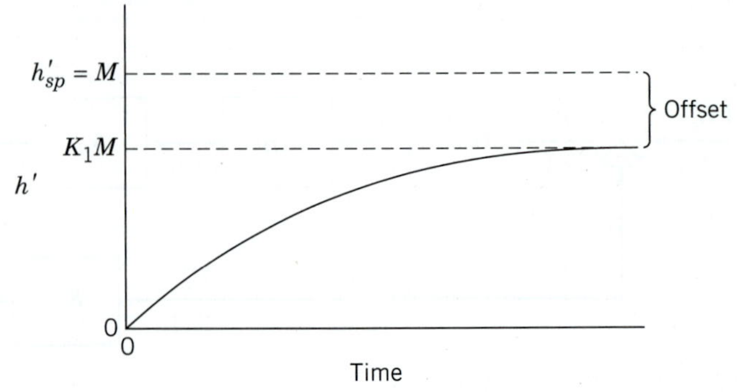

그림 11.17 비례 제어에 대한 단계적 대응(설정점 변경).

이 반응은 그림 11.17에 나타나 있다. 새로운 정상 상태 값은 원하는 값 $M(K_1 < 1)$이 아니라 K_1M이기 때문에 정상 상태 오차 또는 *오프셋*이 존재한다는 점에 유의한다. 오프셋은 다음과 같이 정의된다.

$$\text{offset} \triangleq h'_{sp}(\infty) - h'(\infty) \tag{11-42}$$

설정점의 변화량, M의 단계적 변화에 대해서, $h'_{sp}(\infty)$는 M이 된다. 식 11-41로부터, $h'(\infty) = K_1$M이 확실하다. 이 값들과 식 11-38을 식 11-42로 대체하면

$$\text{offset} = M - K_1 M = \frac{M}{1 + K_{OL}} \tag{11-43}$$

예제 11.2

입력과 출력이 최대 범위(100%) 단위로 교정되는 컴퓨터로 구현되는 그림 11.15에 표시된 레벨 제어시스템을 고려하자. 탱크는 직경이 1 m인 반면 출구 라인의 밸브는 R = 6.37 min/m^{2}의 선형 저항으로 작용한다. 레벨 송신기의 범위는 2.0 m이고 출력 범위는 0~100%이다. 등비 제어밸브의 밸브 특성 f는 $f = (30)^{\ell-1}$에 의한 리프트 ℓ의 비율과 관련이 있다. 공기 대 개방 제어밸브는 I/P 변환기에서 3~15 psi 신호를 수신하고, 이 신호는 컴퓨터가 구현한 비례 전용 컨트롤러로부터 0~100%의 신호를 수신한다. 제어밸브가 완전히 열렸을 때(ℓ = 1) 밸브를 통과하는 유량은 0.2 m^3/min이다. 일반 운전 조건에서는 제어밸브가 반쯤 열려 있다(ℓ = 0.5). 그림 11.16의 블록선도에 있는 동적 모델을 사용하여 컨트롤러 이득의 세 가지 값(K_c = 4, 8, 20)에 대해서, 0.3 m의 스텝 변경에 대한 닫힌 루프 응답을 계산하시오.

풀이

주어진 정보로부터 탱크 A의 단면 면적, 공정 이득 K_p 및 시간 상수를 계산할 수 있다.

$$A = \pi(0.5\text{ m})^2 = 0.785\text{ m}^2, \qquad K_p = R = 6.37\text{ min/m}^2, \qquad \tau = RA = 5\text{ min} \tag{11-44}$$

센서 전송기의 이득 K_m은 식 9-1에서 계산할 수 있다.

$$K_m = \frac{\text{output range}}{\text{input range}} = \frac{100 - 0\%}{2\text{ m}} = 50\%/\text{m} \tag{11-45}$$

IP 변환기의 이득은 다음과 같다.

$$K_{IP} = \frac{15 - 3\text{ psi}}{100 - 0\%} = 0.12\text{ psi}/\% \tag{11-46}$$

다음으로 제어밸브 K_v의 이득을 계산한다. 유량 q 와 리프트 비율, ℓ 사이의 밸브 관계는 식 9-6 및 9-18로 표현할 수 있다.

$$q = 0.2(30)^{\ell-1} \tag{11-47}$$

따라서

$$\frac{dq}{d\ell} = 0.2 \ln 30\ (30)^{\ell-1} \tag{11-48}$$

일반 조건에서 $\ell = 0.5$이며

$$\frac{dq}{d\ell} = 0.124\ \text{m}^3/\text{min} \tag{11-49}$$

제어밸브 이득 K_v는 다음과 같이 표현할 수 있다.

$$K_v = \frac{dq}{dp_t} = \left(\frac{dq}{d\ell}\right)\left(\frac{d\ell}{dp_t}\right) \tag{11-50}$$

리프트 비율 ℓ이 IP 변환기 출력 pt에 따라 선형적으로 변화하도록 밸브 구동기를 설계한 경우,

$$\frac{d\ell}{dp_t} = \frac{\Delta\ell}{\Delta p_t} = \frac{1-0}{15-3\ \text{psi}} = 0.0833\ \text{psi}^{-1} \tag{11-51}$$

그럼, 식 11-48, 11-50, 11-51에서

$$K_v = 1.03 \times 10^{-2}\ \text{m}^3/\text{min psi} \tag{11-52}$$

K_v를 추정하는 다른 방법은 밸브 특성 곡선에 대한 접선을 사용하는 것이다(9장 참조). 이제 그림 11.16의 모든 이득과 시간 상수가 계산 되었으므로, 식 11-41의 닫힌 루프 이득 K_1과 시간 상수 τ_1을 계산할 수 있다. 식 11-38과 11-39에서 K_c의 세 가지 값에 대해 이 수치 값을 대체하면 다음과 같다.

K_c	τ_1(min)	K_1
4	1.94	0.612
8	1.20	0.759
20	0.56	0.887

닫힌 루프 반응은 그림 11.18에 나타나 있다. K_c를 증가시키면 오프셋과 새로운 안정 상태에 도달하는 데 필요한 시간이 모두 감소한다.

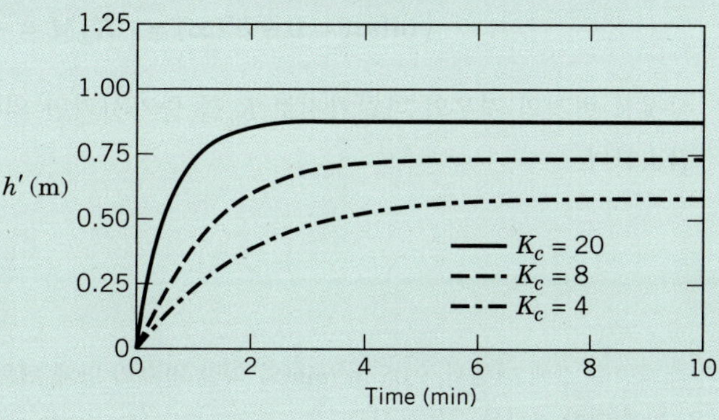

그림 11.18 예제 11.2에 대한 설정점 응답.

식 11-43은 K_c를 증가시킴으로써 오프셋을 줄일 수 있음을 시사한다. 그러나 대부분의 제어 문제의 경우 K_c를 너무 크게 만들면 현재 분석에서 소홀히 했던 추가 지연 및 시간 지연의 영향으로 인해 진동이 발생하거나 반응이 불안정해질 수 있다. 예를 들어, 우리는 I/P 변환기와 제어밸브 사이의 제어밸브, 레벨 송신기 및 공기압 전송 라인과 관련된 역학을 무시했다. 이러한 성분의 역학을 포함한 보다 엄격한 분석은 진동이나 불안정성의 가능성을 드러낼 것이다. 피드백 제어시스템과 관련된 안정성 문제는 11.4절에서 분석한다.

많은 액위 제어 문제의 경우, 탱크가 처리 장치 사이의 서지(surge) 용량(또는 중간 저장 볼륨) 역할을 하기 때문에 작은 오차를 허용할 수 있다.

11.3.2 비례 제어와 외란 변화

그림 11.16과 식 11-29에서 비례 제어에 의한 외란 변화에 대한 닫힌 루프 전달함수는 다음과 같다.

$$\frac{H'(s)}{Q_1'(s)} = \frac{K_p/(\tau s+1)}{1+K_{OL}/(\tau s+1)} \tag{11-53}$$

재 배열하면,

$$\frac{H'(s)}{Q_1'(s)} = \frac{K_2}{\tau_1 s+1} \tag{11-54}$$

여기서 τ_1은 식 11-39에 의해 정의되며, K_2는 다음과 같이 정의된다.

$$K_2 = \frac{K_p}{1+K_{OL}} \tag{11-55}$$

식 11-54와 11-37을 비교한 결과, 두 개의 닫힌 루프 전달함수가 모두 1차이며, 동일한 시간 상수를 가진다. 그러나 정상 상태 이득인 K_1과 K_2는 다르다.

식 11-54에서 M의 변화량을 가진 외란의 단계적 변화에 대한 닫힌 루프 응답을 다음과 같이 한다.

$$h'(t) = K_2 M(1-e^{-t/\tau_1}) \tag{11-56}$$

잔류편차는 식 11-56에서 계산될 수 있다. 이제 우리는 외란 변화를 고려하고, M의 단계 적 변화에 대해서 외란변화와 $h'(\text{sp}) = K_2M$을 고려해서, $h'_{sp}(\infty) = 0$임을 알 수 있다. 그러므로,

$$\text{offset} = 0 - h'(\infty) = -K_2M = -\frac{K_pM}{1+K_{OL}} \tag{11-57}$$

설정점 변경의 경우와 마찬가지로 K_c를 증가시키면 외란 변화에 대한 잔류편차의 양이 감소한다.

예제 11.3

예제 11.2의 액위 제어시스템과 수치 매개변수 값에 대해서, 0.05 m^3/min의 외란 변수의 단계 변화에 대한 닫힌 루프 응답을 계산하시오. 잔류편차를 계산하고 K_c = 4, 8, 20에 대한 결과를 플롯하시오.

풀이

그림 11.19의 닫힌 루프 반응에 따르면 K_c를 증가시키면 잔류편차가 감소하고 닫힌 루프 응답 속도가 빨라진다는 것을 보여준다. 잔류편차는 다음과 같다.

K_c	오프셋
4	−0.124
8	−0.077
20	−0.036

편차잔류의 음수 값은 제어 변수가 설정점보다 크다는 것을 나타낸다. K_c = 0 (제어 없음)의 경우 편차잔류는 −0.318이다.

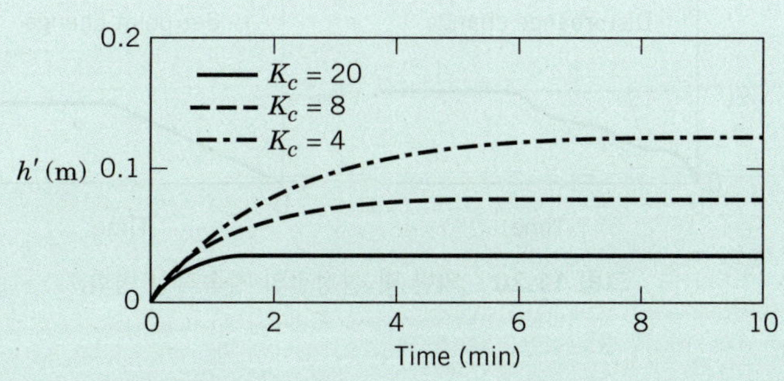

그림 11.19 예제 11.3의 외란 반응.

11.3.3 비례-적분 (PI) 제어와 외란 변화

PI 제어의 경우, $G_c(s) = K_c(1 + 1/\tau_I s)$이다. 외란 변화에 대한 닫힌 루프 전달함수는 그림 11.16에서 도출할 수 있다.

$$\frac{H'(s)}{Q_1'(s)} = \frac{K_p/(\tau s+1)}{1+K_{OL}(1+1/\tau_I s)/(\tau s+1)} \tag{11-58}$$

분모에서 항을 지우는 것은

$$\frac{H'(s)}{Q_1'(s)} = \frac{K_p \tau_I s}{\tau_I s(\tau s+1)+K_{OL}(\tau_I s+1)} \tag{11-59}$$

추가 재배열은 분모를 2차 전달함수에 대한 표준 형태로 배치할 수 있다.

$$\frac{H'(s)}{Q_1'(s)} = \frac{K_3 s}{\tau_3^2 s^2+2\zeta_3\tau_3 s+1} \tag{11-60}$$

$$K_3 = \tau_I/K_c K_{IP} K_v K_m \tag{11-61}$$

$$\zeta_3 = \frac{1}{2}\left(\frac{1+K_{OL}}{\sqrt{K_{OL}}}\right)\sqrt{\frac{\tau_I}{\tau}} \tag{11-62}$$

$$\tau_3 = \sqrt{\tau\tau_I/K_{OL}} \tag{11-63}$$

외란의 단위 스텝 변경의 경우 $Q_1'(s) = 1/s$이고, 식 11-59는 다음과 같이 된다.

$$H'(s) = \frac{K_3}{\tau_3^2 s^2+2\zeta_3\tau_3 s+1} \tag{11-64}$$

$0 < \zeta_3 < 1$의 경우, 반응은 다음과 같이 설명할 수 있는 감쇠 진동이다.

$$h'(t) = \frac{K_3}{\tau_3\sqrt{1-\zeta_3^2}}\, e^{-\zeta_3 t/\tau_3}\sin\left[\sqrt{1-\zeta_3^2}\,t/\tau_3\right] \tag{11-65}$$

식 11-65에서 음의 지수로 인해서 $h'(\infty) = 0$이 되는 것은 분명하다. 따라서, 적분 작용의 추가는 외란의 단계적 변화에 대한 잔류편차를 제거한다. 또한 설정점의 단계 변화에 대한 잔류편차를 제거한다. 사실, 적분 작용은 단계적 변화뿐만 아니라 외란이나 설정점의 지속적 변화 유형에 대해서도 잔류편차를 제거한다. 지속적인 변화에 의해, 우리는 그림 11.20에 나타낸 것과 같이 결국 새로운 정상 상태 값으로 안정화되는 것을 의미한다.

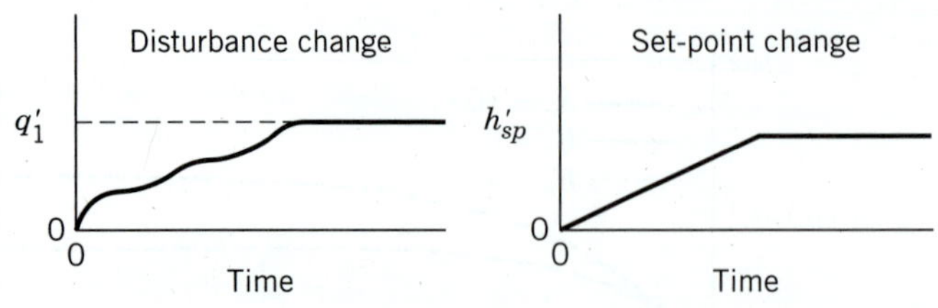

그림 11.20 외란 및 설정점의 지속적인 변화.

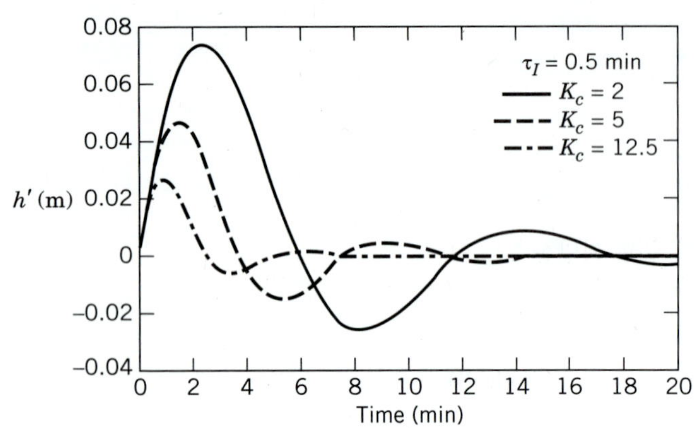

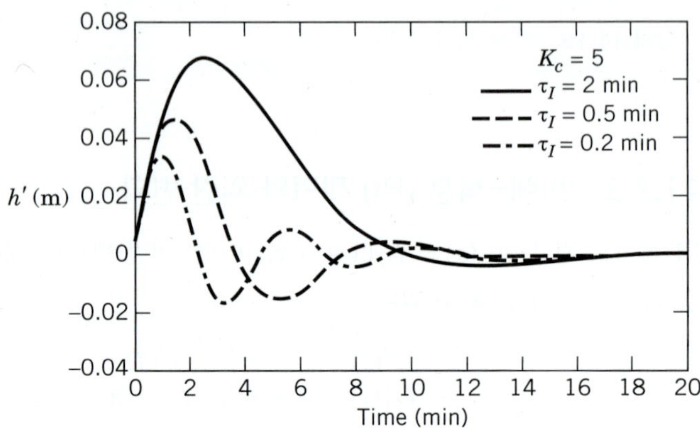

그림 11.21 제어기 설정이 외란 대응에 미치는 영향.

단, 적분 작용으로 램프(ramp) 외란에 대한 잔류편차를 제거하지 못한다.

식 11-63과 그림 11.21은 k_c를 증가시키거나 τ_I를 감소시키면 반응 속도가 높아지는 경향이 있음을 나타낸다. 또한 K_c나 τ_I가 감소함에 따라 반응이 더욱 진동하게 된다. 그러나 일반적으로 닫힌 루프 반응은 K_c가 증가할수록 더욱 진동적으로 된다(예 11.4 참조). 이러한 비정상적인 결과는 제어밸브 및 송신기와 관련된 작은 동적 시차를 무시했기 때문에 발생한다. 이러한 시차를 포함하면, 식 11-60의 전달함수는 더 이상 2차가 아니며, K_c를 증가시키면 반응이 더욱 진동하게 된다.

11.3.4 통합 프로세스의 비례–적분(PI) 제어

그림 11.22에 표시된 전자 액위 제어시스템을 고려합시다. 이 시스템은 다음의 두가지 사항이 전의 예제와 다르다. (1) 출구 라인에 펌프가 설치됨, (2) 조작 변수는 흡입구 유량이 아닌 출구 유량임. 5.3절에서 우리는 아래의 이유로 인해서 출구 흐름에 펌프가 설치된 탱크가 유량 변화에 관하여 적분 역할을 할 수 있다는 것을 보았다.

$$\frac{H'(s)}{Q_3'(s)} = G_p(s) = -\frac{1}{As} \tag{11-66}$$

$$\frac{H'(s)}{Q_1'(s)} = G_d(s) = \frac{1}{As} \tag{11-67}$$

그림 11.22의 레벨 송신기 및 제어밸브가 무시할 수 있는 역학을 가진 경우, $G_m(s) = K_m$과 $G_v = K_v$를 만족한다. PI 제어의 경우, $G_c = K_c(1 + 1/\tau_I s)$가 되고, 이러한 표현을 외란 변화에 대해 닫힌 루프 전달함수로 대체하면,

$$\frac{H'(s)}{Q_1'(s)} = \frac{G_d}{1 + G_c G_v G_p G_m} \tag{11-68}$$

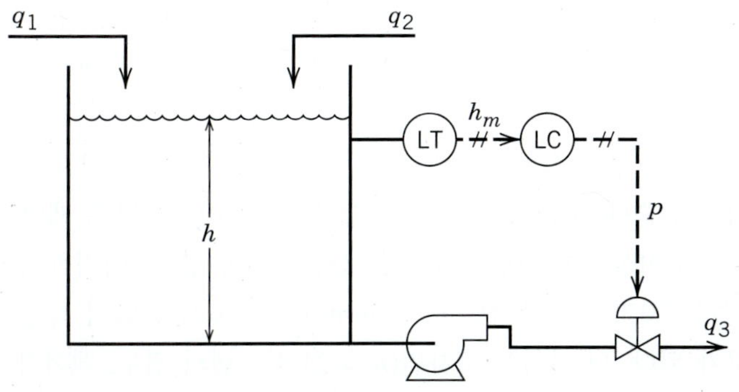

그림 11.22 출구 스트림에 펌프를 설치한 액위제어 시스템.

재배열하면,

$$\frac{H'(s)}{Q_1'(s)} = \frac{K_4 s}{\tau_4^2 s^2 + 2\zeta_4 \tau_4 s + 1} \tag{11-69}$$

단

$$K_4 = -\tau_I / K_c K_v K_m \tag{11-70}$$

$$\tau_4 = \sqrt{\tau_I / K_{OL}} \tag{11-71}$$

$$\zeta_4 = 0.5 \sqrt{K_{OL}\ \tau_I} \tag{11-72}$$

$K_p = -1/A$와 함께 $K_{OL} = K_c K_v K_p K_m$가 된다. 식 11-67과 11-69를 비교하면 피드백 제어는 Q_1과 H 사이의 관계를 크게 변화시킨다는 것을 알 수 있다. 참고로, 식 11-67은 제어되지 않은 프로세스의 전달함수인 반면 식 11-69는 외란 변화에 대한 닫힌 루프 전달함수라는 것을 알 수 있다.

제5장의 2차 전달함수를 분석해 보면, 닫힌 루프 반응이 $0 < \zeta_4 < 1$에 대해 진동적이라는 것을 알 수 있다. 따라서 식 11-72는 $K_c(K_c > 0)$ 또는 τ_I를 증가시킴으로써 진동 정도를 줄일 수 있음을 나타낸다. τ_I의 효과는 앞서 τ_I의 증가가 닫힌 루프 반응을 덜 진동적으로 만드는 경향이 있다는 것을 언급했기 때문에 친숙하다. 그러나 K_c의 효과는 통상적으로 관측되는 것과 정반대이다. 대부분의 제어 문제에서 K_c를 증가시키면 보다 진동적인 반응이 나타나는 경향이 있다. 그러나 식 11-72는 K_c를 증가시키면 진동 반응이 줄어든다는 것을 나타낸다. 이러한 비정상적인 동작은 프로세스의 적분 특성 때문이다. (식 11-66 참조).

이 액위 시스템은 블록선도 분석을 통해 얻을 수 있는 통찰력을 보여준다. 그것은 또한 "제어기 이득을 감소시켜 진동 정도를 감소시킨다"와 같은 경험 법칙을 맹목적으로 사용할 때의 위험성을 보여준다.

그림 11.22의 레벨 제어시스템 분석은 송신기 및 제어밸브와 관련된 작은 동적 시차를 무시했다. 만약 이러한 시차를 포함한다면, K_c의 매우 큰 값에 대해 닫힌 루프 반응은 실제로 더 진동적으로 되는 경향이 있을 것이다. 따라서 τ_I를 일정하게 유지할 경우 K_c가 높은 차원을 가진 시스템에 미치는 영향은 다음과 같이 요약할 수 있다.

K_c 수치	닫힌 루프 반응
작음	진동
중간 또는 큼	Overdamped (무진동)
매우 큼	진동 또는 불안정

그림 11.22의 액위 시스템은 적분 역할을 하기 때문에, 잔류편차를 제거하기 위해서 제어기가 적분을 포함해야 하는지에 대한 의문이 발생한다. 이 문제는 연습 11.6에서 추가로 고려된다.

앞의 예에서 닫힌 루프 전달함수의 분모는 s 단위로 1차 또는 2차 다항식이었다. 결과적으로, 지정된 입력에 대한 과도 응답은 쉽게 결정되었다. 많은 제어 문제에서 분모 다항식의 차수는 3 이상이며 다항식의 근은 산출되어야 한다. 이러한 경우 전달함수의 분석이 더욱 어려워지기 때문에 컴퓨터 시뮬레이션은 동적 응답의 특성을 결정하는 데 가장 좋은 도구가 된다. 더 나아가 고차원($n > 2$) 시스템의 경우, 제어기 설정값의 부적절한 값이 적용될 경우 피드백 제어가 불안정한 반응을 보여줄 수 있으며, 이 역시 컴퓨터 시뮬레이션을 통해 최적으로 분석된다.

11.4 닫힌-루프 제어시스템의 안정성

피드백 제어의 중요한 결과는 그것이 진동 반응을 일으킬 수 있다는 것이다. 진동이 작은 진폭을 가지고 있고 빠르게 감쇠할 경우 제어시스템 성능은 일반적으로 만족스러운 것으로 간주된다. 그러나 특정 상황에서는 제어밸브가 완전히 열리거나 완전히 닫히는 등 물리적 한계에 도달할 때까지 진동이 감쇠되지 않거나 진폭이 증가할 수 있다. 이런 상황에서 닫힌 루프 시스템은 *불안정*하다고 한다.

이 장의 나머지 부분에서는 닫힌 루프 시스템의 안정성 특성을 분석하고 시스템이 안정적인지 여부를 결정하기 위한 몇 가지 유용한 기준을 제시한다. 주파수 응답 분석에 기초한 추가 안정성 기준은 14장에서 논의한다. 그러나 우선 우리는 불안정해질 수 있는 닫힌 루프 시스템의 예제를 고려하자.

예제 11.4

그림 11.8에 다음 전달함수를 가진 피드백 제어시스템을 고려하자.

$$G_c = K_c \qquad G_v = \frac{1}{2s+1} \tag{11-73}$$

$$G_p = G_d = \frac{1}{5s+1} \qquad G_m = \frac{1}{s+1} \tag{11-74}$$

제어기 이득 K_c가 너무 클 경우 닫힌 루프 시스템이 불안정한 반응을 발생시킨다는 것을 보여주시오.

풀이

K_c가 닫힌 루프 응답 $y(t)$에 미치는 영향을 확인하려면 설정점의 단계변화 $Y_{sp} = 1/s$를 고려하자. 11.2절에서는 설정점 변경에 대한 닫힌 루프 전달함수를 도출했다(식 11-26 참조).

$$\frac{Y}{Y_{sp}} = \frac{K_m G_c G_v G_p}{1 + G_c G_v G_p G_m} \tag{11-75}$$

식 11-73과 11-74를 식 11-75로 대체하고 재배열하면,

$$Y(s) = \frac{K_c(s+1)}{10s^3 + 17s^2 + 8s + 1 + K_c}\,\frac{1}{s} \tag{11-76}$$

K_c를 지정한 후, $y(t)$는 식 11-76의 역 라플라스 변환이나 컴퓨터 시뮬레이션으로 계산할 수 있다. s의 입방 다항식의 해는 부분분수 전개 (partial fraction expansion)를 수행하기 전에 표준 해 찾기 기법(standard root-finding technique)을 사용하여 결정해야 한다(Chapra and Canale, 2014). 그림 11.23은 K_c가 증가할수록 반응이 더욱 진동하며 $K_c = 15$에 대해 불안정함을 보여준다. 이 제어시스템의 실제 안정성 한계에 대한 자세한 내용은 예제 11.10에 제시되어 있다.

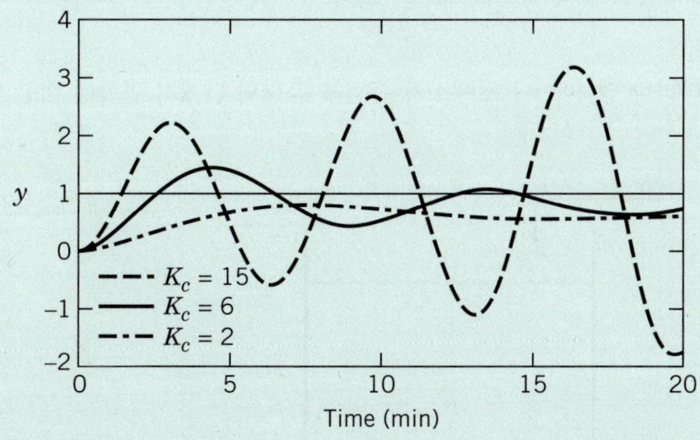

그림 11.23 설정점의 단위 스텝 변화에 대한 닫힌 루프 응답에 대한 제어기 이득의 영향(예제 11.4).

예제 11.4에 대한 불안정한 반응은 진동성이며, 진폭이 각 연속 사이클에서 증가한다. 이와는 대조적으로 실제 물리적 시스템의 경우 물리적 한계에 도달하거나 장비 고장이 발생할 때까지 진폭이 증가한다. 최종 제어 요소는 보통 포화 한계를 가지기 때문에(9장 참조), 불안정한 반응은 계속 증가하는 진폭 대신 일정한 진폭을 가진 지속적인 진동으로 나타날 것이다. 11.3절에서 언급한 것처럼 최종 제어 요소를 포화시키지 않고도 지속적인 진동이 발생할 수 있다.

확실히 피드백 제어시스템은 만족스러운 제어를 위한 전제조건으로 안정적이어야 한다. 따라서 어떤 조건에서 제어시스템이 불안정해지는지를 판단할 수 있는 것은 상당히 실용적인 중요성을 가지고 있다. 예를 들어 PID 제어기 매개변수 K_c, τ_I 및 τ_D의 어떤 값을 선정해야 제어시스템을 안정적으로 만들 수 있는가?

11.4.1 일반적인 안정성 기준

대부분의 산업 공정은 피드백 제어 없이 안정적이다. 따라서 *열린 루프 안정*, 즉 '*self-regulating*' 이라고 한다. 열린 루프 안정 공정은 일시적 외란(지속되지 않는 것)이 발생한 후 원래의 안정 상태로 되돌아간다. 이와는 대조적으로, 발열 반응기와 같은 몇 가지 공정은 개방 루프가 불안정할 수 있다. 이러한 프로세스는 피드백 제어 없이 작동하기 매우 어렵다.

다양한 안정성 기준을 제시하기 전에 제한 조건이 없는(unconstrained) 선형 시스템에 대해 다음과 같은 정의를 도입한다. 입출력 변수에 물리적 한계가 없는 이상적인 상황을 지칭하기 위해 '*제한조건이 없는(unconstrained)*' 용어를 사용한다.

안정성의 정의: 제한되지 않은 선형 시스템은 모든 경계(bounded) 입력에 대해 출력 응답이 경계안에 있는 경우 안정적이라고 한다. 그렇지 않으면 불안정하다고 한다.

제한된 입력이란 모든 시간 값에 대해 상한 및 하한 내에 머무르는 입력 변수를 의미한다.

예를 들어, 시간에 따라 변하는 변수 $u(t)$를 생각해보자. $u(t)$가 단계 또는 sinusoidal 함수이면 경계가 지정된다. 그러나 함수 $u(t) = t$ 및 $u(t) = e^{3t}$는 경계가 제한되지 않는다.

예제 11.5

액체 저장 시스템은 그림 11.24에 나타나 있다. 이 프로세스가 흡입구 유량의 단계적 변화에 대한 반응을 고려함으로써 자체 조절이 되지 않는다는 것을 보여주시오.

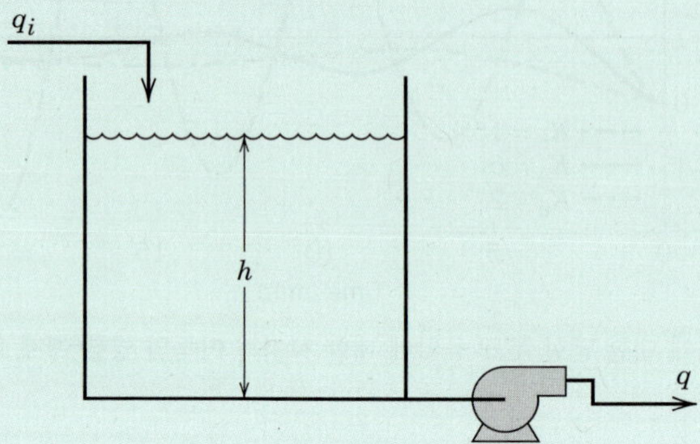

그림 11.24 자체 조절하지 않는 액체 저장 시스템.

풀이

액위 h와 흡입구 유량 q_i에 관련된 전달함수는 5.3절에서 도출되었다.

$$\frac{H'(s)}{Q_i'(s)} = \frac{1}{As} \tag{11-77}$$

여기서 A는 탱크의 단면적이다. M_0의 단계적 변화의 경우, $Q_i'(s) = M_0/s$이다.

$$H'(s) = \frac{M_0}{As^2} \tag{11-78}$$

역 라플라스 변환을 취하면 과도 반응이 나타나고,

$$h'(t) = \frac{M_0}{A}t \tag{11-79}$$

우리는 한계 입력이 무한 응답을 생성했기 때문에 액체 저장 시스템이 개방 루프 불안정(또는 *비자체 조절*)이라고 결론짓는다. 그러나 그림 11.24의 펌프를 밸브로 교체할 경우 저장 시스템은 자체 조절하게 된다(예제 4.7 참고).

특성 방정식

안정성 분석의 시작점으로 그림 11.8의 블록선도를 고려한다. 이 장의 초반에 개발된 블록선도 대수학을 이용하여, 우리는

$$Y = \frac{K_m G_c G_v G_p}{1 + G_{OL}} Y_{sp} + \frac{G_d}{1 + G_{OL}} D \tag{11-80}$$

여기서 G_{OL}은 열린 루프 전달함수, $G_{OL} = G_c G_v G_p G_m$.

잠시 설정점 변경만 고려하자. 이 경우 식 11-80은 닫힌 루프 전달함수로 축소된다.

$$\frac{Y}{Y_{sp}} = \frac{K_m G_c G_v G_p}{1 + G_{OL}} \tag{11-81}$$

G_{OL}이 s 단위의 다항식 비(즉, 유리함수)라면 식 11-81의 닫힌 루프 전달함수도 유리함수이다. 재배열 후 극점(p_i)과 영점(z_i)로 다음과 같이 계수할 수 있다.

$$\frac{Y}{Y_{sp}} = K' \frac{(s - z_1)(s - z_2) \ldots (s - z_m)}{(s - p_1)(s - p_2) \ldots (s - p_n)} \tag{11-82}$$

여기서 K'은 정확한 정상 상태 이득을 주는 승수 상수(multiplicative constant)다. 물리적으로 실현 가능한 시스템을 갖기 위해서는 극점의 수가 영점의 수보다 크거나 같아야 한다. 즉, $n \geq m$(Kuo, 2002년) 영점과 극점이 동일한 숫자 값을 갖는 경우 *극점-영점*이 취소된다는 점에 유의하자.

식 11-81과 11-82를 비교하면 극점도 역시 다음과 같은 방정식의 해임을 알 수 있는데, 이를 닫힌 루프 시스템의 *특성 방정식*(characteristic equation)이라고 한다.

$$1 + G_{OL} = 0 \tag{11-83}$$

특성 방정식은 아래와 같이 시스템 안정성을 결정하는 데 결정적인 역할을 한다. 설정점의 단위 변경($Y_{sp} = 1/s$)의 경우, 식 11-82는 다음과 같이 된다.

$$Y = \frac{K'}{s} \frac{(s - z_1)(s - z_2) \ldots (s - z_m)}{(s - p_1)(s - p_2) \ldots (s - p_n)} \tag{11-84}$$

반복된 극점이 없는 경우 (즉, 모두 구별되는 극점인 경우), 식 11-84의 부분 분수 전개는 6.1절에 고려된 형태를 가진다.

$$Y(s) = \frac{A_0}{s} + \frac{A_1}{s - p_1} + \frac{A_2}{s - p_2} + \cdots + \frac{A_n}{s - p_n} \tag{11-85}$$

여기서 $\{A_i\}$는 3장의 방법을 사용하여 결정할 수 있다. 식 11-85의 역 라플라스 변환을 사용하면

$$y(t) = A_0 + A_1 e^{p_1 t} + A_2 e^{p_2 t} + \cdots + A_n e^{p_n t} \tag{11-86}$$

극점 중 하나가 양의 실수, 즉 $p_k > 0$이라고 가정해 보자. 그렇다면 식 11-86에서는 $y(t)$가 한계가 없는 것이 분명하며, 따라서 그림 11.8의 닫힌 루프 시스템이 불안정하게 된다. p_k가 $p_k = a_k + jb_k$의 복소수인 경우, 양의 실수($a_k > 0$)가 있으면 이 시스템도 불안정하다. 대조적으로, 모든 극이 음수(또는 음수 실수를 갖는 경우)라면, 시스템은 안정적이다. 이러한 고려사항은 다음과 같은 안정성 기준으로 요약될 수 있다.

> ***일반적인 안정성 평가 기준:*** *그림 11.8의 피드백 제어시스템은 특성 방정식의 모든 해가 음수이거나 음수 실수를 갖는 경우에만 안정적이다. 그렇지 않으면 시스템이 불안정하다.*

그림 11.25는 이 안정성 기준에 대한 그래픽 해석을 제공한다. 특성 방정식의 모든 해는 복소 평면에서 허수 축의 왼쪽에 위치해야 안정적 시스템이 존재한다는 점에 유의하자. 이러한 해가 닫힌 루프 시스템의 과도 응답에 미치는 질적 효과는 그림 11.26에 나타나 있다. 그림 11.26의 각 부분의 왼쪽 부분은 복소 평면의 대표적인 해의 위치를 보여준다. 오른쪽의 해당 그림은 설정점의 단계적 변화에 대해 이들 극점이 닫힌 루프 응답에 미치는 기여도를 보여준다. 외란 시 단계적 변화에 대해서도 유사한 반응이 발생할 수 있다. 모든 음의 실수 해를 가진 시스템은 그림 11.26*a*와 같이 안정적이고 진동이 없는 반응을 가질 것이다. 반면에 실수 해 중 하나가 양성이면 그 반응은 그림 11.26*b*와 같이 한없이 무한하다. 공액 복소수 근은 그림 11.26*c*와 11.26*d*에 나타낸 것과 같이 진동 반응을

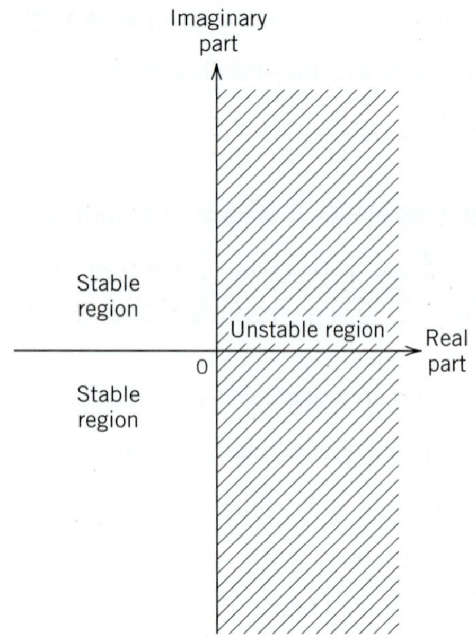

그림 11.25 특성 방정식의 근에 대한 복소 평면의 안정성 영역.

일으킨다. 복소수 근이 음의 실수를 가지고 있다면, 시스템은 안정적이고, 그렇지 않으면 불안정하다. 복소수 근은 항상 공액 복소수 쌍으로 발생한다는 것을 기억해야 한다.

또한 근의 위치는 과도 응답 속도가 얼마나 빠른지 알려준다. $s = -a$의 실제 근은 식 11-85 및 11-86에서 분명히 알 수 있듯이 $\tau = 1/a$의 닫힌 루프 시간 상수에 해당한다. 따라서 허수(수직) 축에 가까운 실제 근은 반응이 느리게 된다. 마찬가지로 허수 축 근처에 있는 복소수 근은 느린 반응 모드에 해당한다. 복소수 근이 축에서 멀리 떨어져 있을수록 과도 응답은 더 진동할 것이다(예제 11.4 참조). 또한 시스템의 영점도 6장에서 논의한 바와 같이 거동에 영향을 미친다. 식 11-80의 두 항 분모에 $1 + G_{OL}$이라는 용어가 나타나기 때문에 외란과 설정점 변경에 대해 동일한 특성 방정식이 발생한다는 점에 유의해야 된다. 따라서 외란에 대해 닫힌 루프 시스템이 안정적이면 설정점 변경에도 안정적일 것이다.

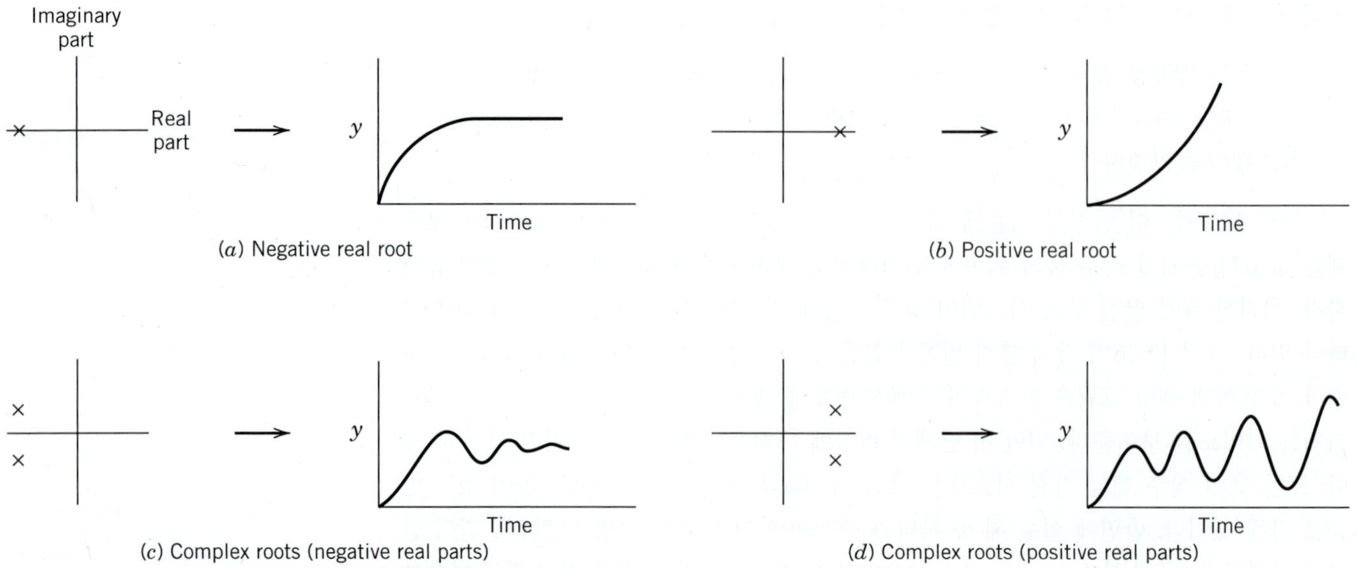

그림 11.26 닫힌 루프 응답에 대한 특성 방정식 근의 영향.

식 11-80~11-86의 분석에 의해 일반적인 안정성 기준을 도출하였으며, 다음과 같은 가정에 근거한다.

1. 설정점 변경을(외란 변경보다는) 고려한다.
2. 닫힌 루프 전달함수는 다항식의 비이다.
3. 식 11-82의 극점은 모두 구별된다.

그러나 일반적인 안정성 기준은 이러한 가정이 제거되더라도 유효하다. 사실, 이 안정성 기준은 모든 선형 제어시스템(전달함수로 기술된 선형 요소로 구성된)에 유효하다.

이와는 대조적으로 비선형 시스템의 경우 엄격한 안정성 분석은 상당히 복잡한 경향이 있으며 Liapunov and Popov 안정성 기준과 같은 특수 기법을 수반한다(Khalil, 2001). 다행히도 이 장에 제시된 기법을 이용한 선형화 시스템의 안정성 분석은 일반적으로 선형화 지점 근처에서 작동하는 비선형 시스템에 유용한 정보를 제공한다.

수학적인 관점에서 위에서 제시한 일반적인 안정성 기준은 필요 충분 조건이다. 따라서, 선형 시스템 안정성은 특성 방정식의 근에 의해 완전히 결정된다.

예제 11.6

그림 11.8의 $G_v = K_v$, $G_m = 1$, $G_p = K_p/(\tau_p s + 1)$을 가진 피드백 제어시스템을 고려하자. 비례 제어기($G_c = K_c$)를 사용할 경우, 안정성을 결정하시오.

풀이

전달함수를 식 11-83의 특성 방정식으로 대체하는 것은 다음과 같다.

$$1 + \frac{K_c K_v K_p}{\tau_p s + 1} = 0 \tag{11-87}$$

다음과 같이 정리된다.

이 특성 방정식은 하나의 근을 가지고,

$$\tau_p s + 1 + K_c K_v K_p = 0 \tag{11-88}$$

이 근이 음수라면 닫힌 루프 시스템은 안정적일 것이다. 시간 상수는 항상 양수($\tau_p > 0$)이기 때문에 $K_c K_v K_p > -1$이면 피드백 제어시스템이 안정적일 것이다. 즉, 컨트롤러가 올바른 제어 작동(즉, 8.3절에 따라 역방향 또는 직접 작동)을 갖는 한, 시스템은 안정적일 것이다. 예를 들어 $K_p > 0$, $K_v > 0$이면 컨트롤러를 역작동(reverse-acting)으로 만들어 $K_c > 0$으로 해야 한다. 반대로 $K_p < 0$이면 직접 작동(direct acting) 컨트롤러($K_c < 0$)가 필요하다.

예제 11.7

예제 11.4의 피드백 제어시스템을 고려하되, $G_m = 1$이라고 가정한다. 안정적인 닫힌 루프 시스템을 초래하는 K_c 값의 범위를 결정하시오.

풀이

이러한 전달함수를 식 11-83으로 대체하는 것은 다음과 같다.

$$1 + \frac{K_c}{(2s + 1)(5s + 1)} = 0 \tag{11-89}$$

다음과 같이 재배열하면

$$10s^2 + 7s + K_c + 1 = 0 \tag{11-90}$$

2차 공식을 적용하여 근을 산출한다.

$$s = \frac{-7 \pm \sqrt{49 - 40(K_c + 1)}}{20} \tag{11-91}$$

안정된 시스템을 갖기 위해서는 이 특성 방정식의 양쪽 근이 모두 음의 실제 부분을 가지고 있어야 한다. 방정식 11-91은 $40(K_c + 1) > 0$이면 근이 음이 된다는 것을 나타내는데, 이는 제곱근의 값이 7보다 작다는 것을 의미하기 때문이다. $40(K_c + 1)$이 0보다 크면, $K_c + 1 > 0$과 $K_c > -1$을 만족한다. 따라서 우리는 $K_c > -1$일 경우 닫힌 루프 시스템이 안정적일 것이라고 결론짓는다.

예제 11.6과 11.7에 대한 안정성 분석에서는 이러한 닫힌 루프 시스템이 아무리 커도 K_c가 모두 양의 값이면 모두 안정적일 것으로 나타났다. 단, 오픈루프 시스템이 안정적이고 오픈루프 전달함수 G_{OL}이 시간 지연 없이 1차 또는 2차인 특수한 경우에만 발생하기 때문에 이 결과는 전형적이지 *않다*. 보다 일반적인 문제에서 K_c는 안정적인 닫힌 루프 시스템을 갖기 위해 상한보다 낮아야 한다.[1] 다음 섹션의 예를 참조하십시오.

예제 11.8

개방형 루프이면서 불안정한 프로세스, $G_p = 0.2/(-s + 1)$를 고려하십시오. $G_v = G_m = 1$이라고 가정하고, 비례 제어기가 닫힌 루프 시스템을 안정화할 수 있는지 여부를 결정하시오.

풀이

이 시스템의 특성 방정식은

$$-s + 1 + 0.2K_c = 0 \tag{11-92}$$

단일 근인 $s = 1 + 0.2K_c$를 가졌다. 따라서 안정성 요건은 $K_c < -5$가 된다. 이 사례는 피드백 제어를 사용하여 제어 없이 불안정한 공정을 안정화할 수 있다는 중요한 사실을 보여준다.

예제 11.6~11.8에서 특성 방정식은 1차 또는 2차 방정식이므로 분석적으로 근을 찾을 수 있었다. 고차 다항식의 경우, 이것은 불가능하며, MATLAB와 Mathematica에서도 사용할 수 있는 수치적 근 찾기 기술(Chapra와 Canale, 2014년)을 사용해야 한다. 매력적인 대안인 Routh 안정성 기준은 특성 방정식의 근을 계산할 필요 없이 안정성을 평가할 수 있다.

11.4.2 Routh 안정성 기준

Routh(1905)는 다항식의 어떤 뿌리가 양의 실제 부분을 가지고 있는지를 판단하기 위한 분석 기법을 발표했다. 이들의 일반적인 안정성 기준에 따르면 특성 방정식의 모든 근이 음의 실수를 가져야 닫힌 루프 시스템이 안정될 것이다. 따라서 Routh의 기법을 적용하여 특성 방정식의 계수를 분석함으로써 닫힌 루프 시스템이 안정성 여부를 판단할 수 있다. 이 접근법을 Routh 안정성 기준이라고 한다. 특성 방정식이 s의 다항식인 시스템에만 적용할 수 있다. 따라서 Routh 안정성 기준은 시간 지연을 포함하는 시스템에는 직접 적용할 수 없으므로 현실적인 프로세스에 대한 적용가능성이 제한된다. $e^{-\theta s}$을 Padé

[1] 직동식 컨트롤러가 사용되는 경우(즉, $K_c < 0$), 안정성에 대한 고려 사항은 K_c가 아닌 $-K_c$의 상한을 설정한다.

근사치로 대체하는 경우(6.2절 참조), Routh 배열을 사용하여 대략적인 안정성 분석을 수행할 수 있다(Seborg 외, 2010 참조). 시간 지연을 포함하는 시스템의 정확한 안정성 분석은 직접 해를 찾거나 14장에 제시된 주파수 응답 분석과 Bode or Nyquist 안정성 기준을 사용하여 수행할 수 있다.

11.4.3 직접 대체 방법

허수 축은 그림 11.26에 나타낸 것과 같이 특성 방정식의 근에 대해 복소 평면을 안정적인 영역과 불안정한 영역으로 나눈다. 허수 축에서 s의 실수는 0이므로 $s = j\omega$이다. $s = j\omega$을 특성 방정식으로 대체하면 K_{cm}이라 불리는 K_c(Luyben 및 Luyben, 1997년)의 최대값으로 표시된 안정성 한계를 계산할 수 있는 방법이 제공된다. 이득 K_c(절대값)가 증가함에 따라, $K_c = K_{cm}$일 때 특성 방정식의 근이 허수 축을 가로지른다.

예제 11.9

특성 방정식이 있는 시스템의 안정성을 결정하시오.

$$s^4 + 5s^3 + 3s^2 + 1 = 0 \tag{11-93}$$

풀이

s 항이 누락되었기 때문에 계수는 0이다. 따라서, 시스템은 불안정하다. 안정성을 위해 필요한 조건은 특성 방정식의 모든 계수가 양수여야 한다는 것이다.

예제 11.10

예제 11.4의 피드백 제어시스템을 안정화하는 컨트롤러 이득 K_c 값을 구하시오. 시스템에 대한 K_{cm}를 확인하기 위해서 직접 대체 방법을 사용하십시오.

풀이

식 11-76으로부터 특성 방정식은

$$10s^3 + 17s^2 + 8s + 1 + K_c = 0 \tag{11-94}$$

$1 + K_c > 0$ 또는 $K_c > -1$의 경우 모든 계수는 양수다. 대체 $s = j\omega$, $\omega = \omega_m$, $K_c = K_{cm}$을 식 11-94에 대체하면:

$$-10j\omega_m^3 - 17\omega_m^2 + 8j\omega_m + 1 + K_{cm} = 0, \qquad \text{또는} \qquad (1 + K_{cm} - 17\omega_m^2) + j(8\omega_m - 10\omega_m^3) = 0 \tag{11-95}$$

실수와 허수 부분이 모두 동일하게 0이면 식 11-95가 충족된다.

$$1 + K_{cm} - 17\omega_m^2 = 0 \tag{11-96a}$$

$$8\omega_m - 10\omega_m^3 = \omega_m(8 - 10\omega_m^2) = 0 \tag{11-96b}$$

따라서,

$$\omega_m^2 = 0.8 \Rightarrow \omega_m = \pm 0.894 \tag{11-97}$$

그리고, 식 11-96a로부터

$$K_{cm} = 12.6$$

따라서 안정성에 대해서는 $K_c < 12.6$이라고 결론짓는다. 식 11-97은 안정성 한계($K_c = K_{cm} = 12.6$)에서 시간 상수가 분 단위인 경우 주파수가 $\omega_m = 0.894$ radian/min인 지속 진동이 발생함을 나타낸다(허수 축에 있는 한 쌍의 복소수 근($s = \pm j\omega$)이 주파수 ω의 비감쇠 진동을 초래한다는 것을 상기하자.). 해당 기간 P는 $2\pi/0.894 = 7.03$분이다.

예제 11.11

$G_c = K_c$, $G_v = 2$, $G_m = 0.25$ 및 $G_p = 4e^{-s}/(5s+1)$의 피드백 제어시스템을 고려하자. 직접 대체를 사용하여 K_{cm}를 찾으시오.

풀이

특성 방정식은

$$1 + 5s + 2K_c e^{-s} = 0 \tag{11-98}$$

$s = j\omega$으로 정하고,

$$1 + 5j\omega + 2K_c e^{-j\omega} = 0 \tag{11-99}$$

$$1 + 5j\omega + 2K_c(\cos\omega - j\sin\omega) = 0 \tag{11-100}$$

Re:

$$1 + 2K_c\cos\omega = 0 \tag{11-101}$$

Im:

$$5\omega - 2K_c\sin\omega = 0 \tag{11-102}$$

식 11-101에서 K_c에 대해 풀고, 식 11-102로 대체하면:

$$5\omega + \frac{\sin\omega}{\cos\omega} = 5\omega + \tan\omega = 0 \tag{11-103}$$

ω에 대해서 풀면,

$$\omega_m = 1.69 \text{ rad/min } (96.87°/\text{min})$$

식 11-101로부터

$$K_{cm} = 4.25$$

두 기법 모두 치환 $s = j\omega$에 바탕을 두고 있기 때문에 직접 대체 방법은 14장의 주파수 응답 접근법과도 관련이 있다.

11.5 ROOT LOCUS 다이어그램

앞의 절에서는 특성 방정식의 근이 시스템 안정성과 닫힌 루프 응답의 특성을 결정하는 데 결정적인 역할을 한다는 것을 보았다. 제어시스템의 설계 및 분석에서 제어기와 같은 특정 시스템 매개변수가 변경될 때 특성 방정식의 근이 어떻게 변하는지 아는 것이 중요하다. Root locus 다이어그램은 다음 예에서 표시한 대로 이 정보를 그래픽으로 편리하게 표시한다. MATLAB 명령 'rlocus'는 그림 11.27과 같은 도표를 생성하는 데 사용할 수 있다.

예제 11.12

개방형 루프 전달함수가 있는 피드백 제어시스템을 고려하면,

$$G_{OL}(s) = \frac{4K_c}{(s+1)(s+2)(s+3)} \tag{11-104}$$

$0 \le K_c \le 20$에 대해서 root locus 다이어그램을 그리시오.

풀이

특성 방정식은 $1 + G_{OL} = 0$ 또는

$$(s+1)(s+2)(s+3) + 4K_c = 0 \tag{11-105}$$

그림 11.27의 root locus 다이어그램은 이 특성 방정식의 세 개의 근이 K_c에 따라 어떻게 달라지는지를 보여준다. $K_c = 0$일 때 근은 개방 루프 전달함수의 −1, −2, −3의 극에 불과하다. 이것들은 그림 11.27의 × 기호로 지정된다. K_c가 증가하면 −3의 근은 단조롭게 감소한다. 다른 두 근은 $K_c = 0.1$일 때 수렴한 다음 한쌍의 공액 복소수를 형성한다. $K_c = K_{cm} = 15$일 때 복소수 해가 허수의 축을 가로 지르며 불안정한 영역으로 들어간다. 이것은 $s = j\omega$ (제11.3절)의 치환으로 불안정한 제어기 이득이 결정되는 이유를 보여준다. 따라서 root locus 다이어그램은 $K_c > 15$에 대해 닫힌 루프 시스템이 불 안정하다는 것을 나타낸다. 또한 $K_c < 0.1$에 대해 닫힌 루프 응답이 비 진동이 될 것임을 나타낸다.

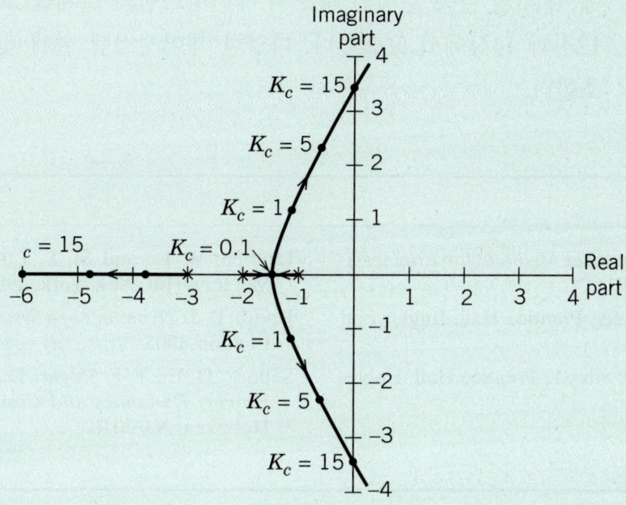

그림 11.27 3차 시스템의 root locus 다이어그램.

Root locus 다이어그램은 닫힌 루프 시스템의 과도 응답에 대한 빠른 추정치를 제공하는 데 사용할 수 있다. 허수 축에 가장 가까운 근은 가장 느린 반응 모드에 해당한다. 가장 가까운 두 해가 한쌍의 공액 복소수일 경우, 밀폐된 루프 시스템은 비감쇠 2차 시스템(5.4절 참조)에 의해 근사치를 구할 수 있다. Root locus 다이어그램의 효용성은 MATLAB 명령을 사용하여 해를 생성할 수 있는 예제 11.13의 3차 시스템에 의해 설명되었다.

Root locus 분석의 주요 단점은 시간 지연을 편리하게 처리할 수 없고, 비선형 및 무리 특성 방정식의 반복적 연산이 필요하다는 점이다. 또한 둘 이상의 파라미터(예: 컨트롤러 파라미터 K_c 및 τ_I)에서 동시 변경을 표시하는 것도 쉽지 않다. 이러한 이유로 root locus 기법은 프로세스 제어에서 설계 도구로 거의 사용되지 않는다. root locus 도표는 MATLAB와 같은 소프트웨어를 사용하여 신속하게 생성할 수 있다.

요약

이 장에서는 피드백 제어 하에서 운영되는 프로세스의 동적 거동을 고려하였다. 블록선도는 제어시스템 성능 분석을 위한 편리한 표현을 제공한다. 블록선도 대수학(block diagram 대수학)을 사용하여 닫힌 루프 전달함수에 대한 표현을 도출하여 외란 및 설정점 변화에 대한 닫힌 루프 반응을 계산하는 데 사용할 수 있다. P 또는 PI 제어의 주요 특징을 설명하기 위해 몇 가지 액위 제어 문제를 고려하였다. 비례 제어는 지속적인 외란 또는 설정점 변경에 대한 잔류편차를 초래하지만, 이러한 잔류 편차는 PI 제어를 이용해서 제거할 수 있다.

우리는 또한 전달함수 모델로 설명될 수 있는 선형 시스템에 대한 몇 가지 안정성 기준을 고려했다. 프로세스 모델이 비선형인 경우 고급 안정성 이론(Khalil, 2001)을 사용하거나 선형화된 전달함수 모델을 기반으로 대략적인 안정성 분석을 수행할 수 있다. 전달함수 모델에 시간 지연이 포함된 경우, 14장의 주파수 응답 방법 또는 해찾기를 통해 정확한 안정성 분석을 수행할 수 있다. 닫힌 루프 시스템의 안정성을 다루었기 때문에, 우리의 다음 주제인 피드백 제어시스템의 설계를 고려할 수 있다. 이 중요한 주제는 12장과 14장에서 고찰한다. 다양한 제어시스템 설계 및 튜닝 기법은 안정성 기준에 기초한다.

참고문헌

Chapra, S. C., and R. P. Canale, *Numerical Methods for Engineers*, 7th ed., McGraw-Hill, New York, 2014.

Khalil, H. K., *Nonlinear Systems*, 3rd ed., Prentice Hall, Englewood Cliffs, NJ, 2001.

Kuo, B. C., *Automatic Control Systems*, 8th ed., Prentice Hall, Englewood Cliffs, NJ, 2002.

Luyben, W. L., and M. L. Luyben, *Essentials of Process Control*, McGraw-Hill, New York, 1997.

Routh, E. J., *Dynamics of a System of Rigid Bodies, Part 11*, Macmillan, London, 1905.

Seborg, D. E., T. F. Edgar, D. A. Mellichamp, and F. J. Doyle III, *Process Dynamics and Control*, 3rd ed., John Wiley and Sons, Hoboken, NJ, 2010.

연습문제

11.1 증류탑의 온도 제어시스템은 그림 E11.1에 나와 있다. 컬럼 상단 근처의 트레이 온도 T는 환류 유량 R을 조정하여 제어한다. 이 피드백 제어시스템에 대한 블록선도를 그리시오. 피드 유량 F와 피드 조성 x_F는 모두 외란 변수이고, 컨트롤러를 포함한 모든 기기가 공기압이라고 가정할 수 있다.

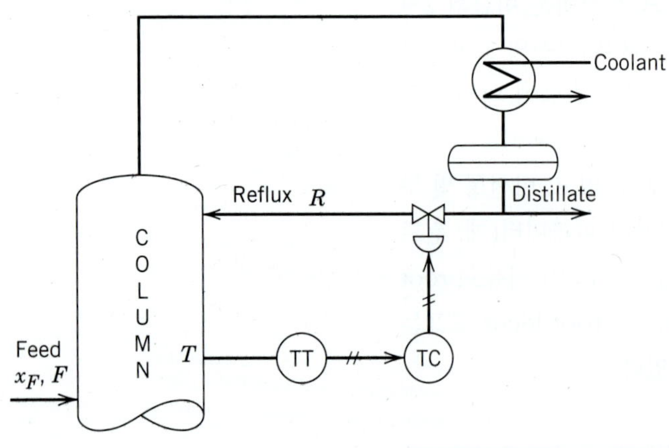

그림 E11.1

11.2 다음 매개 변수 값이 있는 그림 11.16과 유사한 액체 레벨 PI 제어시스템을 고려하시오. $A = 3$ ft^2, $R = 1.0$ min / ft^2, $K_v = 0.2$ ft^3/min psi, $K_m = 4$ mA/ft, $K_c = 5.33$, KIP = 0.75 psi/mA 및 $\tau_I = 3$분. 시스템이 처음에 액체 레벨이 2 피트인 공칭 정상 상태에 있다고 가정하자. 설정점이 갑자기 2 피트에서 3 피트로 변경되면 시스템이 (a) 2.5 피트 및 (b) 3 피트에 도달하는 데 걸리는 시간을 계산하시오.

11.3 그림 E11.13에서 교반 탱크 히터 제어시스템의 비례 전용 제어를 고려하자. 온도 트랜스미터의 범위는 50 °F이고 0 °F부터 55 °F이다. 공칭 설계 조건은 $\overline{T} = 80$ °F 및 $\overline{T}_i = 65$ °F이다. 컨트롤러의 이득은 5이고 제어밸브 및 전류 대 압력 변환기의 이득은 각각 $K_v = 1.2$(무차원) 및 $K_{IP} = 0.75$ psi/mA이다. 탱크의 시간 상수는 $\tau = 5$분이다. 제어밸브 및 트랜스미터 역학은 무시할 수 있습니다. 설정 값이 80 °F에서 85 °F로 변경된 후 탱크 온도는 결국 새로운 정상 상태값인 84.14 °F에 도달하며 이는 매우 정확한 온도계로 측정된다.

(a) 오프셋은 무엇입니까?

(b) 프로세스 이득 K_2는 무엇입니까?

(c) 최종 정상 상태에서 제어밸브에 대한 압력 신호 p_t는 얼마입니까?

11.4 그림 E11.4에 표시된 액체 혼합 시스템의 c_3 출구 농도를 제어하는 것이 바람직하다. 아래 제공된 정보를 사용하여 다음을 수행하시오.

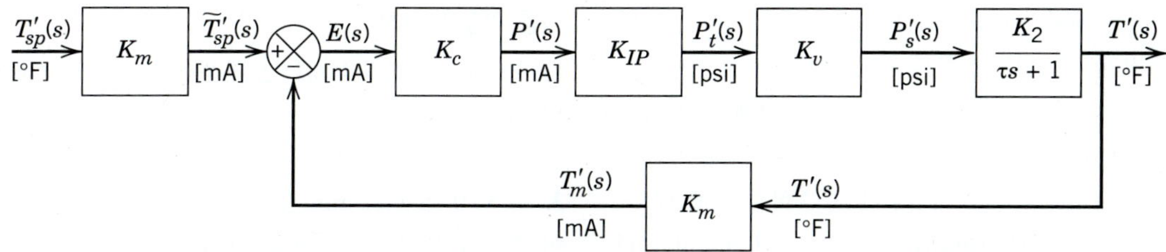

그림 E11.3

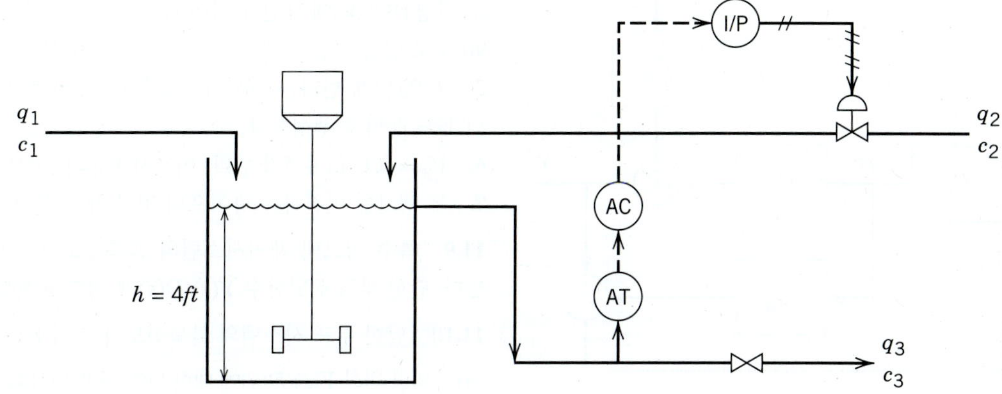

그림 E11.4

(a) 그림 E11.4의 기호를 사용하여 구성 제어 방식에 대한 블록 선도를 그리시오.

(b) 각 전달함수에 대한 표현식을 유도하고 숫자 값을 대체하시오.

(c) PI 컨트롤러가 아래와 같이 일련의 공칭 운전 조건에 맞게 조정 되었다고 가정하자. 다음 각 상황에 대해 컨트롤러를 다시 조정해야 하는지 여부를 알려주시오(간단히 답변을 정당화하십시오).

(i) c_2의 공칭 값은 $\bar{c}_2 = 8.5$ lb 용질/ft^{3}로 변경된다.

(ii) 조성 트랜스미터의 범위는 c_3가 3~14 lb 용질/ft^{3}까지 다양하므로 트랜스미터 출력이 4~20mA가 되도록 조정된다.

(iii) 조성 트랜스미터의 영점은 c_3가 4~10 lb 용질/ft^{3}로 변함에 따라 트랜스미터 출력이 4~20 mA가 되도록 조정된다.

이용 가능한 정보:

1. 탱크는 완벽하게 혼합되어 있다.
2. 오버플로(overflow) 파이프는 혼합물 높이를 4피트로 유지하는 데 사용된다.
3. 흐름 2의 체적 유량(q_2)과 용질 농도(c_2)는 시간에 따라 변하는 반면, 흐름 1의 유량과 용질 농도는 일정하다.
4. 세 가지 흐름의 밀도는 모두 동일하며 시간에 따라 변하지 않는다.
5. 2분 시간 지연은 조성 측정과 관련된다. 전송 출력 신호는 c_3가 3~9lb solute/ft^{3}로 변하기 때문에 4~20 mA에서 선형으로 변한다.
6. 공압 제어밸브의 역학은 무시할 수 있다. 정상 상태 동작은 아래에 요약되어 있다. 여기서 pt는 I / P 변환기에서 제어밸브로 보내는 기압 신호이다.

p_t(psi)	q_2(gal/min)
6	20
9	15
12	10

7. 전자식 직접 작동 PI 컨트롤러가 사용된다.
8. 전류–압력 변환기는 무시할 수 있는 역학과 0.3psi / mA의 이득을 갖는다.
9. 공칭 작동 조건은 다음과 같다.

$$\rho = 75 \text{ lb/ft}^3 \qquad \bar{c}_3 = 5 \text{ lb solute/ft}^3$$
$$\bar{q}_1 = 10 \text{ lb/ft}^3 \qquad \bar{c}_2 = 7 \text{ lb solute/ft}^3$$
$$\bar{q}_2 = 15 \text{ lb/ft}^3 \qquad \bar{c}_1 = 2 \text{ lb solute/ft}^3$$
$$D = \text{tank diameter} = 4 \text{ ft}$$

11.5 제어시스템의 블록선도에는 다음과 같은 전달함수가 있다(그림 11.8 참조) : $G_c = 1$, $G_v = 2$, $G_d = G_p = \dfrac{2}{s(s+4)}$, $G_m = 1$. Y_{sp} 단위 단계 변경의 경우, 다음을 결정하시오.

(a) $Y(s)/Y_{sp}(s)$

(b) $y(\infty)$

(c) 오프셋(비례 제어가 사용됨에 유의)

(d) $y(0.5)$

(e) 닫힌 루프 응답이 진동하는 경우

11.6 그림 11.22와 유사한 액체 레벨 제어시스템의 경우 Appelpolscher는 프로세스가 적분 역할을 하기 때문에 적분 제어 작업이 필요하지 않다고 주장했다(식 11-77 참조). 그의 주장을 평가하

기 위해서 비례 전용 제어가 (a) 설정점 및 (b) 외란 변수의 단계 변경에 대한 오프셋을 제거할지 여부를 판단하시오.

11.7 12장에서 고려한 제어 기술인 내부 모델 제어에 대한 블록선도가 그림 E11.7에 나와 있다. 전달함수 $\widetilde{G}_p$는 공정 모델을 나타내고 G_p는 실제 공정 전달함수를 나타낸다. 단순화를 위해 $G_v = G_m = 1$이라고 가정하자. 서보(servo) 및 레귤레이터 (regulator) 문제 모두에 대한 닫힌 루프 전달함수를 유도하시오.

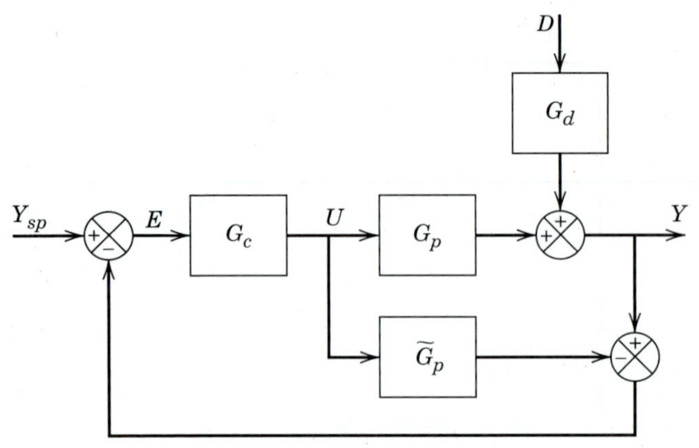

그림 E11.7

11.8 전기 가열식 교반 탱크 시스템이 그림 E11.8에 나와 있다. 주어진 정보를 사용하여 다음을 수행하시오.

(a) T_3이 제어 변수이고 전압 신호 V_2가 조작 변수인 경우에 대한 블록선도를 그리시오. 각 전달함수에 대한 표현식을 유도한다.

(b) 조작 변수로 V_1을 사용하여 (*a*) 부분을 반복하시오.

(c) 이 두 가지 제어 구성 중 어느 것이 더 나은 제어를 제공합니까? 답을 논리적으로 설명하시오.

이용 가능한 정보:

1. 각 탱크의 액체 부피는 오버플로 라인을 사용하여 일정하게 유지된다.

2. 온도 T_0은 일정하다.

3. q_0의 0.75 gal / min 감소는 궁극적으로 T_1을 3 °F 증가시킨다. 이 총 온도 변화의 3 분의 2가 12분 안에 발생한다. 이러한 q_0의 변화는 궁극적으로 T_3의 5 °F 증가를 초래한다.

4. V_1이 10V에서 12V로 변경되면 궁극적으로 T_1이 70에서 78 °F로 변경된다. V_2에 대한 유사한 테스트를 수행하면 T_3가 85 °F에서 90 °F로 변경된다. 이 테스트의 겉보기 시간 상수는 10 분이다.

5. T_2의 단계 변화는 기본적으로 50(= 5τ) 분 내에 완료되는 T_3의 과도 응답을 생성한다.

6. $V_3 = 0.15T_3 + 5$가 된다. 여기서 V_3[=] 볼트와 T_3 [=] °F이다.

7. 두 탱크를 연결하는 파이프의 평균 체류 시간은 30초이다.

11.9 특수 피드백 제어시스템의 블록선도가 그림 E11.9에 나와 있다. 닫힌 루프 전달함수 $Y(s)/D(s)$에 대한 표현식을 유도하시오.

11.10 닫힌 루프 시스템의 블록선도가 그림 E11.10에 나와 있다.

(a) 외란 변화 $Y(s)/D(s)$에 대한 닫힌 루프 전달함수를 유도하시오.

(b) 다음 전달함수의 경우 K_c의 어떤 값이 안정적인 닫힌 루프 시스템을 생성합니까?

$$G_1(s) = 5 \qquad G_2(s) = \frac{4}{2s+1}$$

$$K_m = 1 \qquad G_3(s) = \frac{1}{s-1}$$

11.11 혼합 공정은 그림 E11.11과 같이 장비된 단일 교반 탱크로 구성된다. 공급 흐름에서 단일 종 A의 농도는 다양하다. 컨트롤러

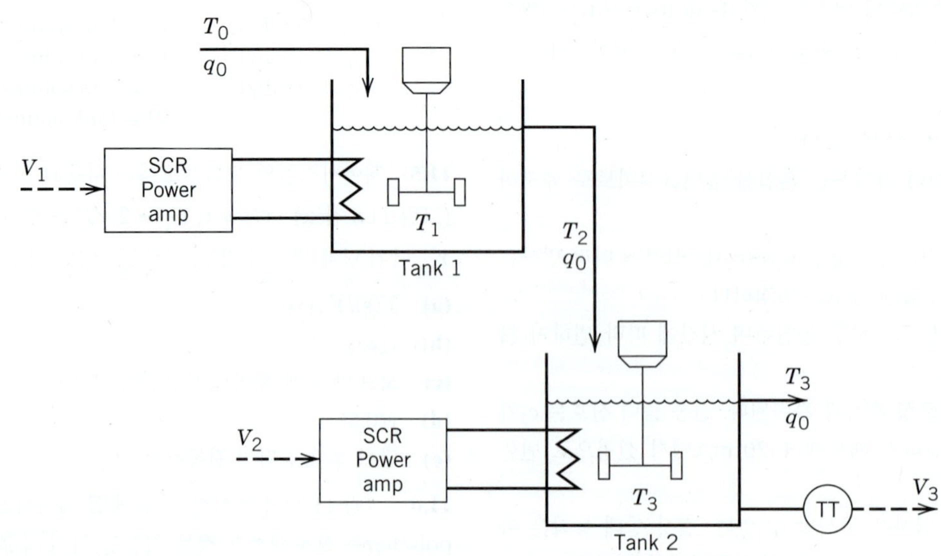

그림 E11.8

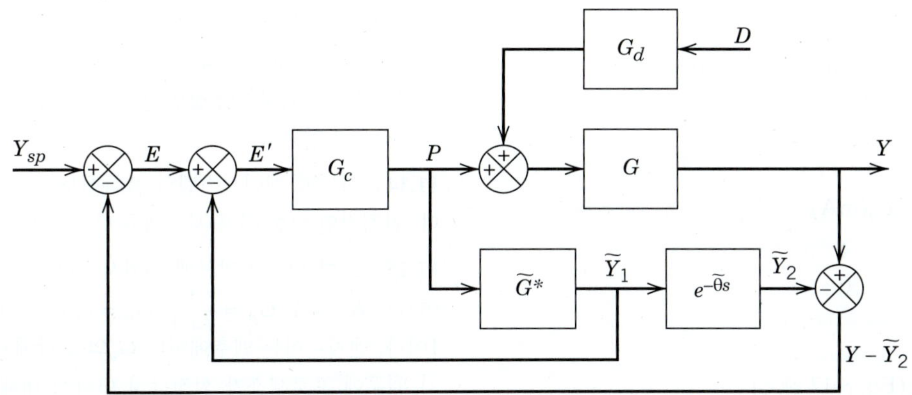

그림 E11.9

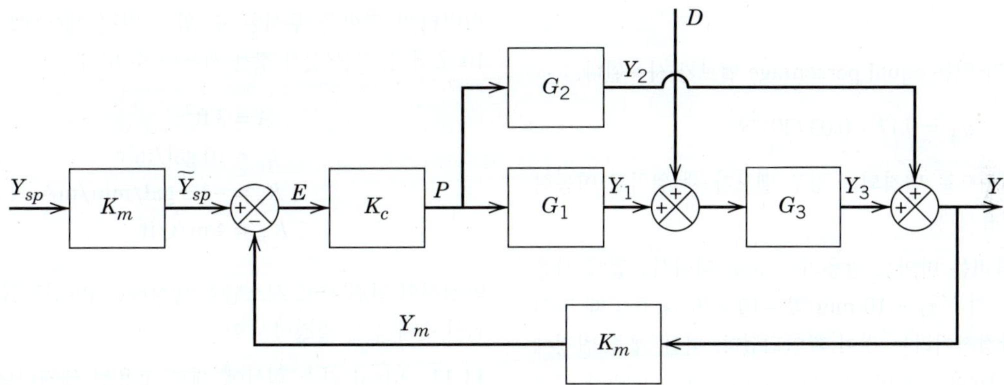

그림 E11.10

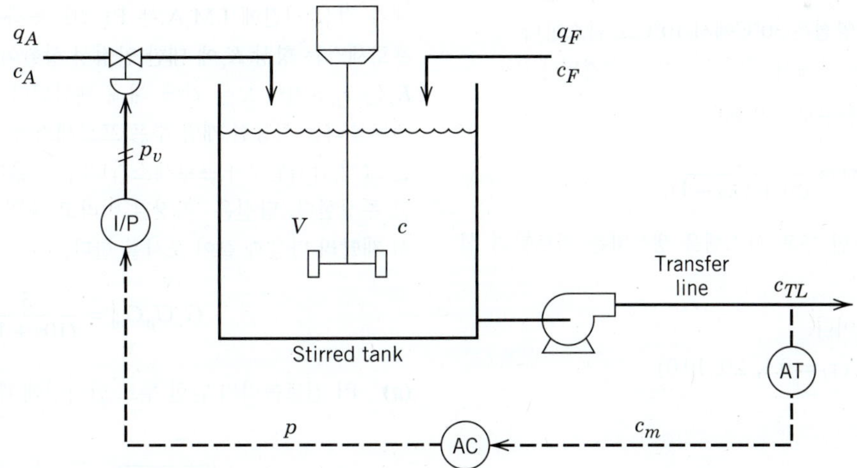

그림 E11.11

는 제어밸브를 통해 순수 A의 유량을 변경하여 이 변화를 보상하려고 한다. 송신기 역학은 무시할 수 있다.

(a) 제어된 프로세스에 대한 블록선도를 그리시오.

(b) 블록선도의 각 블록에 대한 전달함수를 유도하시오.

공정:

(i) 부피는 일정하다(5 m^3).

(ii) 공급 유량은 일정하다($\overline{q}_F = 7 \text{ m}^3/\text{min}$).

(iii) A 흐름의 유량은 다양하지만 $\overline{q}_F$($\overline{q}_A = 0.5 \text{ m}^3/\text{min}$)에 비해 작다.

(iv) $\overline{c}_F = 50 \text{ kg/m}^3$ 및 $\overline{c}_A = 800 \text{ kg/m}^3$.

(v) 모든 밀도는 일정하고 동일하다.

전송 라인:

(i) 전송 라인의 길이는 20 m이고 내경은 0.5 m이다.

(ii) 펌프 볼륨은 무시할 수 있다.

조성 송신 데이터:

$c(\text{kg/m}^3)$	$c_m(\text{mA})$
0	4
200	20

PID 컨트롤러:

(i) 측정에 대한 미분(Eq. 8-17 참조)

(ii) 필요에 따라 직접 또는 역동

(iii) 전류(mA) 입력 및 출력 신호

제어밸브:

다음과 같은 관계가 있는 equal percentage 밸브가 사용된다.

$$q_A = 0.17 + 0.03\,(20)^{\frac{p_V-3}{12}}$$

입력 압력이 단계적으로 변경되는 경우 밸브가 새 위치로 이동하는 데 약 1분이 필요하다.

11.12 PI 컨트롤러는 바이오 반응기의 온도 제어시스템에 사용된다. 공칭 조건의 경우 $\tau_I = 10$ min 및 $-10 < K_c < 0$일 때 닫힌 루프 시스템이 안정적이라는 것이 확인되었다. 다음 계측 변경에 대해 이러한 안정성 범위가 변경될 것으로 예상하십니까? 논리적으로 답변을 설명하시오.

(a) 온도 트랜스미터의 스팬이 20°C에서 40°C로 증가했다.

(b) 온도 트랜스미터의 영점은 30°C에서 10°C로 감소한다.

(c) 제어밸브 "트림"이 선형에서 동일한 비율로 변경된다.

11.13 프로세스는 전달함수로 설명된다.

$$G(s) = \frac{1}{(5s+1)(s+1)}$$

다음에 대해 안정적인 닫힌 루프 시스템을 생성하는 컨트롤러 설정 범위를 찾으시오.

(a) 비례 전용 컨트롤러이다.

(b) 비례 적분 컨트롤러 ($\tau_I = 0.1, 1.0, 10.0$).

(c) 통제된 시스템의 안정성에 더 많은 양의 적분 조치를 추가 한 효과에 대해 무엇을 말할 수 있습니까? 즉, 비례 전용 제어에 비해 시스템을 안정화하거나 불안정하게 만드는 경향이 있습니까? 답을 논리적으로 설명하시오.

11.14 피드백 제어시스템의 블록선도는 그림 E11.14에 나와 있다. 안정적인 닫힌 루프 시스템을 만드는 K_c 값을 결정하시오.

11.15 그림 11.8의 피드백 제어시스템의 블록선도를 고려하시오. 여기서 $K_m = 1$, $G_p = \frac{1}{s+1}$, $G_d = 0$, $G_v = K_v e^{-s}$, $G_c = 1$, $G_m = 1$이다. 엔지니어는 액추에이터 G_v의 역학에서 시간 지연이 존재하기 때문에 프로세스가 설정값의 변화에 대해 역반응을 보일 것이라고 주장한다. 이 주장을 입증하거나 반증하시오.

11.16 그림 11.22의 액체 레벨 제어시스템의 경우 레벨 트랜스미터의 역학은 무시할 수 있는 반면 제어밸브의 시간 상수는 10 초이며, 다음 숫자 값을 사용할 수 있다.

$$A = 3\ \text{ft}^2$$
$$\bar{q}_3 = 10\ \text{gal/min}$$
$$K_v = -1.3\ \text{gal/min/mA}$$
$$K_m = 4\ \text{mA/ft}$$

안정적인 닫힌 루프 시스템을 생성하는 PI 컨트롤러에 대한 K_c 및 τ_I의 숫자 값을 결정하시오.

11.17 Ideal 가스 회사에 새로 고용된 엔지니어로서 당신은 공정 제어 그룹에서 명성을 얻으려고 노력하고 있다. 하지만 이 목표는 당신의 상사인 I.M. Appelpolscher로 인해 도전을 받는다. 언젠가 점심 시간에 I.M.A.는 PI 컨트롤러를 사용하는 간단한 2차 프로세스는 항상 K_c에 대한 안정성 상한이 있음을 주장하였다. 즉, K_c는 $\tau_I > 0$의 모든 값에 대해 제한된다. 그의 가장 좋은 주장은 컨트롤러를 사용한 개방 루프 프로세스가 3차라는 것이다. 또한 그는 크게 감쇠된 2차 프로세스가 자신이 옳다는 것을 보여줄 것이라고 주장한다. 당신은 "거짓말"이라고 중얼거리면서 테이블을 떠나서 재빨리 다음과 같이 조사를 한다.

$$G_v G_p G_m = \frac{5}{(10s+1)^2}$$

(a) PI 컨트롤러의 닫힌 루프 안정성에 대한 조건은 무엇인가?

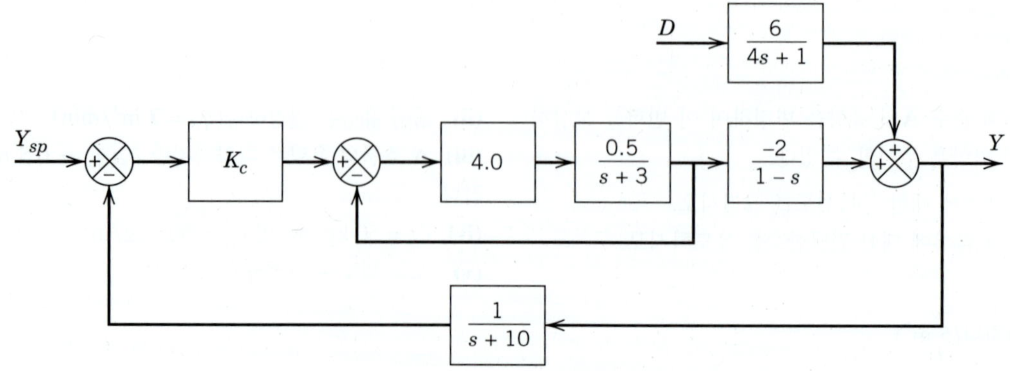

그림 E11.14

(b) 이러한 조건에서 안정성을 보장 할 K_c 측면에서 τ_I에 대한 관계를 찾을 수 있습니까? τ_I 대 K_c 플롯으로 안정성 영역을 표시하시오.

(c) τ_I의 일부 값은 K_c의 모든 값에 대해 안정성을 보장합니까? 그렇다면 가장 작은 값은 무엇입니까?

11.18 증기 유량 w_s를 조정하여 그림 E11.18에 표시된 열교환 기의 출구 온도 T_2를 제어하는 것이 바람직하다. 측정되지 않은 외란은 입구 온도 T_1에서 발생한다. 열 교환기의 동적 거동은 전달함수로 근사할 수 있다.

$$\frac{T_2'(s)}{W_s'(s)} = \frac{2.5e^{-s}}{10s+1} [=] \frac{°\text{F}}{\text{lb/s}}$$
$$\frac{T_2'(s)}{T_1'(s)} = \frac{0.9e^{-2s}}{5s+1} [=] \text{dimensionless}$$

여기서 시간 상수와 시간 지연의 단위는 초이다. 제어밸브에는 다음과 같은 정상 상태 특성이 있다.

$$w_s = 0.6\sqrt{p-4}$$

여기서 p는 mA로 표시되는 컨트롤러 출력이다. 공칭 작동 조건에서 p = 12 mA. 컨트롤러 출력이 갑작스럽게 변경된 후 w_s는 20초 후에 새로운 정상 상태 값에 도달한다(5개의 시간 상수를 사용한다고 가정). 온도 트랜스미터의 역학은 무시할 수 있으며 T_2가 120~160 °F로 변함에 따라 출력 신호가 4~20 mA에서 선형으로 변하도록 설계되었다.

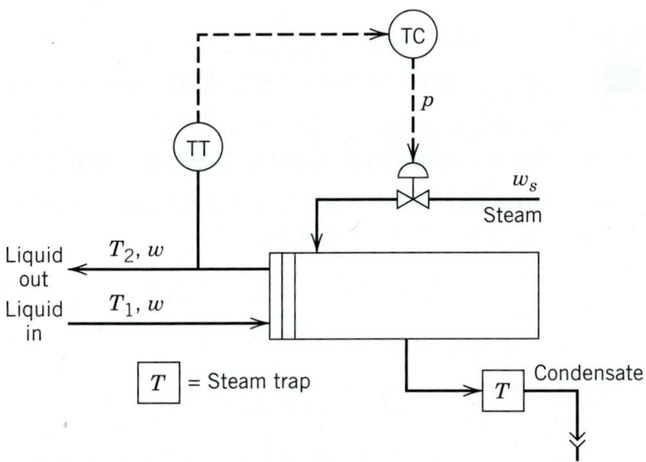

그림 E11.18

(a) 비례 전용 피드백 컨트롤러를 사용하는 경우 K_{cm}은 무엇입니까? $K_c = K_{cm}$ 일 때 발생하는 진동의 주파수는 얼마입니까?

힌트: 직접 대체 방법과 Euler의 identity를 사용하시오.

(b) 시간 지연 항에 대해 직접 대체 및 1/1 Padé 근사를 사용하여 K_{cm}을 추정하자. 이 분석이 만족스러운 근사치를 제공합니까?

11.19 프로세스 모델은 액추에이터 및 측정 역학을 포함하는 전달함수로 설명된다. 프로세스 엔지니어링 그룹은 오른쪽 절반 평면의 영점을 제거하기 위해 프로세스를 재설계 할 수 있는 옵션이 있다. 그들은 이 수정이 실질적으로 더 나은(빠른) 제어된 프로세스를 산출할지 여부를 결정해야 한다.

$$G(s) = \frac{4(1-5s)}{(25s+1)(4s+1)(2s+1)}$$

(a) 비례 전용 제어기의 경우 직접 대체를 사용하여 기존 공정의 K_c에 대한 안정성 한계를 찾으시오.

(b) RHP 제로가 제거 된 경우 (a) 부분을 반복하시오.

(c) 분석 및/또는 닫힌 루프 시스템에 대한 지식을 통해 영점을 제거할 수 있는 경우 이 제어된 프로세스의 잠재적 응답 속도에 대해 어떤 결론을 내릴 수 있습니까?

11.20  피드백 제어시스템에는 개방 루프 전달함수, $G_{OL}(s) = 0.5K_c e^{-3s}/(10s+1)$이 있다. 두 가지 접근 방식을 사용하여 닫힌 루프 시스템이 안정적인 K_c 값을 결정하시오.

(a) e^{-3s}에 대한 1/1 Padé 근사 및 직접 대체 방법을 사용한 근사 분석.

(b) $s = j\omega$의 대입을 기반으로 한 정확한 분석.

힌트: Euler의 identity를 상기하시오.

(c) 컴퓨터 시뮬레이션을 사용하여 (a)와 (b)에 대한 답을 비교하시오.

11.21 공정 제어시스템에는 다음과 같은 전달함수가 있다.

$$G_p(s) = \frac{2e^{-1.5s}}{(60s+1)(5s+1)}$$
$$G_v(s) = \frac{0.5e^{-0.3s}}{3s+1}$$
$$G_m(s) = \frac{3e^{-0.2s}}{2s+1}$$
$$G_c(s) = K_c$$

(a) FOPTD 모델로 G_{OL}(들)을 근사화하는 방법을 보여주시오.; 개방 루프 프로세스 전달함수에 대한 K, τ 및 θ를 찾으시오.

$$G_pG_vG_mG_c = G_{OL}(s) \approx \frac{Ke^{-\theta s}}{\tau s+1}$$

(b) 안정적인 닫힌 루프 시스템을 생성하는 K_c 값의 범위를 찾으려면 직접 대체 및 FOPTD 모델을 사용하시오. 시뮬레이션을 사용하여 전체 차수의 모델에 대한 K_{cm} 값을 확인하시오.

11.22 그림 11.8의 표준 피드백 제어 구성에 기반한 제어시스템의 경우 a의 값이 닫힌 루프 시스템의 안정성에 영향을 미치는지 여부를 결정하시오. 단, $K_c > 0$이라고 가정하자. 질문에 답하기 위해 특성 방정식의 근을 풀 필요가 없다.

$$G_c = K_c \quad G_p = \frac{5-as}{(s+1)^3} \quad G_v = G_m = 1 \quad a > 0$$

11.23 그림 11.16에서 레벨 제어시스템의 비례 전용 제어를 고려하시오. 레벨 트랜스미터의 스팬은 10피트이고 0은 15피트이다. 표준 장비 범위는 4~20 mA 및 3~15 psia이다. 공칭 설계 조건은

$h = 20$ ft이다. 컨트롤러의 이득은 5이고 제어밸브의 이득은 각각 $K_v = 0.4$ cfm/psi이다. 탱크의 시간 상수는 $\tau = 5$분이다. 설정 값이 20피트에서 22피트로 변경된 후 탱크 레벨은 결국 새로운 정상 상태 값인 21.92피트에 도달한다.

(a) 오프셋은 무엇입니까?

(b) 그림 11.16에서 이득 K_m과 K_p는 무엇입니까?(단위 포함)

(c) 제로 오프셋을 얻기 위해 컨트롤러를 어떻게 수정할 수 있습니까?

11.24 제어시스템에는 $G_v = G_m = 1$이고 $K_p = 2$, $\tau_1 = 4$분 및 $\tau_2 = 1$분인 2차 프로세스 G_p가 있으며, 이는 $K_c = 2$ 및 $\tau_I = \tau_1 = 4$분인 PI 컨트롤러에 의해 제어된다(즉, 컨트롤러의 적분 시간이 지배적 시간 상수와 동일하게 설정됨). 설정점 변경에 대하여:

(a) 닫힌 루프 전달함수를 결정하시오.

(b) s의 2차 다항식인 특성 방정식을 유도하시오. 과도하게 댐핑(overdamed)되었거나 부족합니까(underdamped)?

(c) K_c 값이 크면 닫힌 루프 프로세스가 불안정해질 수 있습니까?

11.25 비례 제어($K_c = 5$) 하에서 제어시스템의 설정값은 크기 2의 단계 변경을 거친다.

$$G_v G_p = \frac{2}{(s+1)(2s+1)}, \qquad G_m = 1$$

(a) y의 최댓값이 언제 발생하는지 확인하시오.

(b) 오프셋을 결정하시오.

(c) 진동 기간을 결정하시오.

(d) (a), (b) 및 (c)에서 결정된 주요 특성을 보여주는 시간 함수로 $y(t)$를 스케치하시오.

11.26 플라즈마 에칭 배치 공정의 공정 이득은 E Å/min이다(그러나 역학은 없음). 조작 변수는 에칭 시간이고 제어 변수는 필름 두께이다. 포함해야하는 시간 상수가 없다. $G_v = G_m = 1$이라고 가정한다. 두 개의 다른 컨트롤러에 대한 설정점 변경에 대한 닫힌 루프 전달함수를 유도하시오.

(a) $G_c = K_c$

(b) $G_c = \dfrac{1}{\tau_I s}$

두 경우 모두 단위 단계 설정점 변경의 영향을 분석하시오. 반응을 스케치하고 오프셋이 있는지 여부를 표시하시오.

11.27 $G_m = G_v = 2$이고 $G_p = G_d = \dfrac{2}{(s+2)^3}$인 3차 프로세스를 고려하시오.

(a) $K_c = 1, 8, 27$에 대해 비례 제어기 $G_c = K_c$에 대한 특성 방정식의 근을 찾으시오. 각 케이스를 안정, 불안정 또는 약간 안정으로 분류하시오. K_c의 함수로 외란 변경에 대한 오프셋에 대한 공식을 도출하시오.

(b) 외란 변화에 대한 최종 값 정리(Final Value Theorem)를 사용하여 PI 컨트롤러에 대한 오프셋이 없음을 보여주시오.

11.28 다음 전달함수를 사용하여 제어시스템에 대한 특성 방정식을 도출하시오:

$$G_c = K_c, \qquad G_v G_p = \frac{0.5}{(s+1)(0.5s+1)}, \qquad G_m = \frac{6}{s+3}$$

(a) 시스템이 (a) $K_c = 9$, (b) $K_c = 11$, (c) $K_c = 13$에 대해 안정적입니까?

(b) 시뮬레이션과 직접 대체를 사용하여 답을 확인하시오.

11.29 제어 시스템이 $G_v G_p = \dfrac{0.25}{(s+1)^3}$, $G_m = 4$ 및 $G_c = K_c$로 모델링 되었다고 가정하자. 직접 대체를 사용하여 시스템이 안정적인 비례 컨트롤러에 대한 K_c의 최댓값을 찾고 시뮬레이션을 사용하여 결과를 확인하자. 컨트롤러를 PD 컨트롤러 ($K_c = 10$)로 교체하자. 시스템이 안정적인 τ_D 범위를 결정하고, 시뮬레이션을 사용하여 결과를 확인하시오.

CHAPTER 12

PID 제어기 설계, 튜닝 및 문제해결

PID Controller Design, Tuning, and Troubleshooting

학습목차 *Chapter Contents*

12.1 닫힌 루프 시스템의 성능 기준
12.2 모델 기반 설계 방법
12.2.1 직접 합성 방법
12.2.2 내부 모델 제어
12.3 제어기 튜닝 관계
12.3.1 IMC 튜닝 관계
12.3.2 적분 오차 기준 및 기타 방법
12.3.3 AMIGO 방법
12.3.4 노이즈 필터
12.3.5 제어기 설계 및 튜닝 지침
12.4 자유도가 2인 제어기
12.5 온라인 제어기 튜닝
12.5.1 연속 사이클링 방법
12.5.2 릴레이 자동 튜닝
12.5.3 단계 테스트 방법
12.6 공통적인 제어 루프 지침
12.7 제어 루프 문제 해결
요약

11장의 몇 가지 예는 제어기 설정이 닫힌 루프 안정성과 성능에 큰 영향을 미친다는 것을 보여준다. 대부분 제어 문제의 경우, 닫힌 루프 시스템은 광범위한 제어기 설정에서 안정적이다. 따라서 원하는 제어시스템 성능이 달성되도록 제어기 설정을 지정한다.

제어기 설정의 영향을 더 자세히 설명하기 위해, 우리는 1차이며 시간 지연(FOPD)을 가진 모델과 PI 제어기로 구성된 단순한 닫힌 루프 시스템을 고려한다. 그림 12.1의 시뮬레이션 결과는 컨트롤러 이득 K_c와 적분 시간 τ_I의 9가지 조합에 대한 외란 반응을 보여준다. K_c가 증가하거나 τ_I가 감소할수록 스텝 외란에 대한 대응은 더욱 심해진다. 제어기 1은 불안정한 응답을 생성하는 반면 제어기 5는 거의 최상의 응답을 제공한다. 이 예제는 *제어기 튜닝*이라고 하는 절차인 원하는 닫힌 루프 시스템 성능을 달성하도록 제어기 설정을 조정할 수 있음을 보여준다.

다음과 같은 몇 가지 이유로 전체 장을 PID 제어에 다루는 것이 적절하다. 첫째, PID 제어는 공정 산업에서 전반적으로 사용되는 제어 기술이다. 여러 조사에 따르면 산업용 발전소의 제어 루프의 95% 이상이 PID 제어를 사용하며, 이들 제어기의 대부분은 실제로 PI 제어기라고 한다. 둘째, PID와 같은 피드백 컨트롤러를 사용하는 것은 제어기가 잘못 설계되거나 튜닝된 경우 제어 장치를 사용하지 않는 것보다 더 나쁠 수 있다. 셋째, PID 컨트롤러 설계 및 튜닝에 관한 방대한 문헌이 있다.[1] 따라서 이 엄청난 양의

[1] 2015년 7월 "PID 제어" 에 대한 인터넷 설문 조사 결과 8100개 이상의 출판물이 나왔습니다. 79개 특허의 탭과 PID 제어를위한 45 개의 소프트웨어 패키지도 제공됩니다.(Ang et al., 2005).

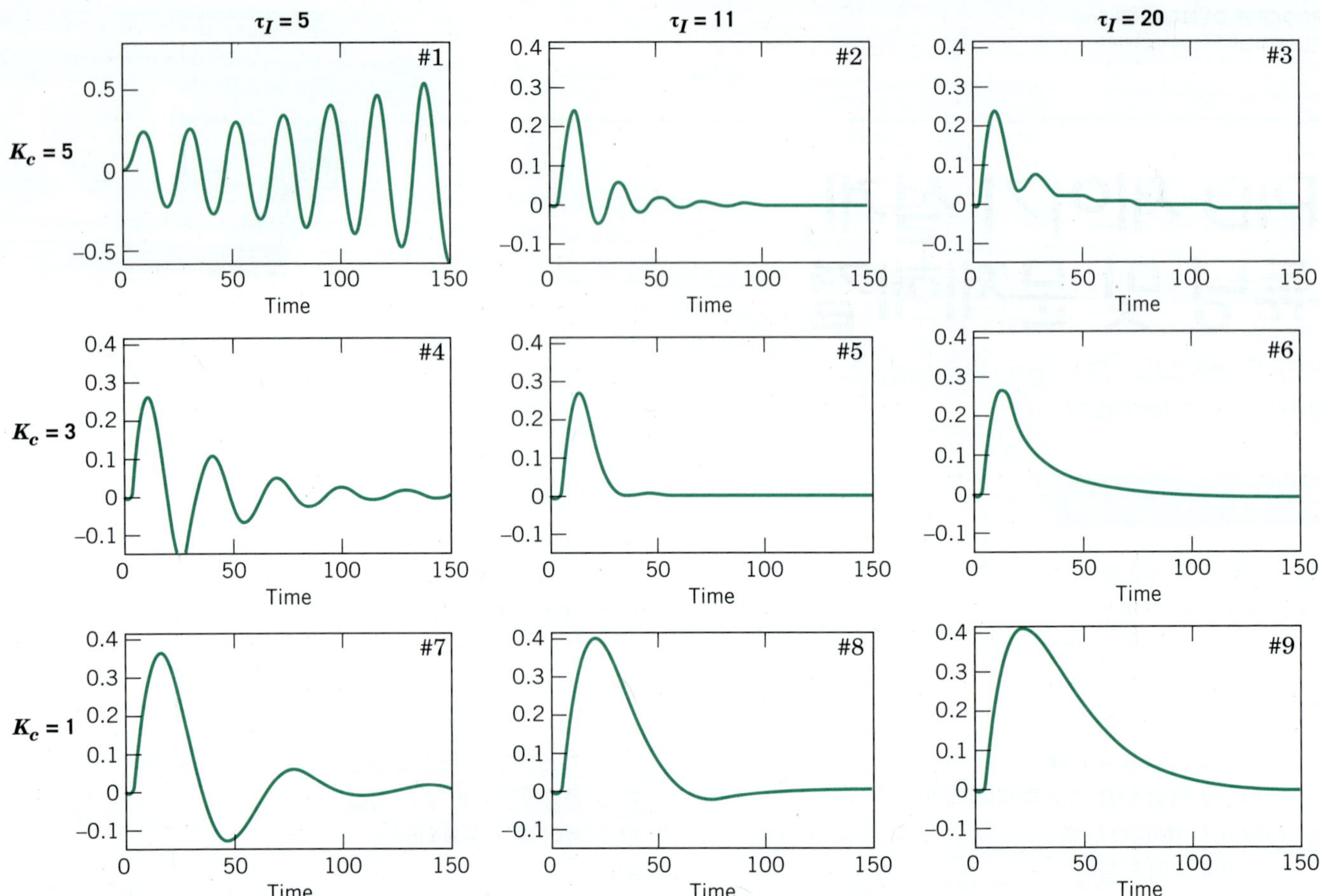

그림 12.1 후보 제어기(FOPD 모델: $K = 1, \theta = 4, \tau = 20$) 및 $G = G_d$에 대한 단위 단계 외란에 대한 대응.

자료를 주요 개념, 중요한 방법, 통찰력 있는 분석으로 압축하는 것이 중요하다. 4권의 서적(Shinskey, 1994; 'Åström과 Hägglund', 2006; Blevins et al., 2013; McMillan, 2015), 4개의 영향력 있는 저널 기사(Ziegler와 Nichols, 1942; Rivera et al., 1986; Skogestad, 2003; Eåström과 Hagglund, 1984)가 중요한 참고 문헌이다. 이 자료들은 이 장에서 자주 인용될 것이다.

이 장에서는 전달함수 모델과 과도 응답 기준에 기초한 PID 제어기를 고려한다. 대체 주파수 응답 설계 방법은 14장에서 검토한다. PID 제어는 매우 중요하고 널리 사용되지만, 부적절한 경우 중요한 프로세스 제어 문제를 가지고 있다(Bauer와 Craig, 2008). 이러한 상황을 위해 14~18장과 20장에서 고급 제어 전략을 고려한다.

12.1 닫힌 루프 시스템의 성능 기준

피드백 제어시스템의 기능은 닫힌 루프 시스템이 바람직한 동적 및 정상 상태 응답 특성을 갖도록 보장하는 것이다. 이상적으로는 닫힌 루프 시스템이 다음과 같은 성능 기준을 충족하기를 바란다.

1. 닫힌 루프 시스템은 안정적이어야 한다.
2. 외란의 영향를 최소화한다.

3. 설정점 변경에 대한 신속하고 부드러운 응답, 즉 좋은 *설정점 추적*을 구현한다.
4. 정상 상태 오차(잔류편차)를 제거한다.
5. 과도한 제어 조치는 피한다.
6. 제어시스템은 견고해야 된다. 즉, 프로세스 조건의 변화와 프로세스 모델의 부 정확성에 다소 둔감해야 된다.

일반적인 제어 애플리케이션에서, 이러한 목표들은 본질적인 충돌과 절충을 수반하기 때문에 이러한 목표들 모두를 동시에 달성하는 것은 불가능하다. 절충은 *성과*와 *안정성*의 두 가지 중요한 목표의 균형을 맞춰야 한다. 제어시스템은 거의 진동 없이 외란 및 설정점 변화에 신속하고 매끄러운 반응을 제공하는 경우 높은 성능을 나타낸다. 제어시스템은 광범위한 공정 조건과 합리적인 수준의 모델 부정확성에 대해 만족스러운 성능을 제공하는 경우 안정적이다. 이러한 안정성은 보수적인 제어기 설정(일반적으로 K_c의 작은 값과 τ_I의 큰 값)을 선택하여 달성할 수 있지만, 이러한 선택은 성능 저하를 초래하는 경향이 있다.[2] 따라서, 보수적인 제어기 설정은 안정성을 달성하기 위해 성능을 희생시킨다.

PID 제어기에 대한 안정성 분석은 부록 J 및 제어 엔지니어링 문헌에서 검토된다(Actström 및 Haegglund, 2006; Kristianson 및 Lennartson, 2006). PID 제어기에 대한 성능-안정성간의 절충에 대한 상세한 분석이 최근에 발표되었다(Garpinger 및 Haegglund, 2015).

탁월한 외란 제거를 제공하는 PID 제어기 설정이 설정점 변경에 대한 큰 오버슈트를 생성할 수 있기 때문에 두 번째 유형의 절충이 발생한다. 반면 탁월한 설정점 추적 기능을 제공하도록 컨트롤러 설정을 지정하면 외란 대응이 매우 부진할 수 있다. 따라서 표준 PID 제어기에 대해 설정점 추적과 외란 제거 사이에 절충이 필요하다. 다행히도 12.4절과 같이 *자유도가 2인 제어기*를 사용하면 이러한 절충을 피할 수 있다.

PID 제어기 설정은 다음과 같은 다양한 대체 기법으로 결정할 수 있다.

1. 직접 합성, Direct Synthesis (DS) 방법
2. 내부 모델 제어, Internal Model Control (IMC) 방법
3. 제어기 튜닝관계 조율
4. 주파수 응답
5. 컴퓨터 시뮬레이션
6. 제어시스템 설치 후 온라인 튜닝

방법 1~5는 프로세스 모델에 기초하기 때문에 제어시스템이 설치되기 전에 제어기 설정을 지정하는 데 사용할 수 있다. 그러나 중요한 제어 루프의 경우, 이러한 초기 제어기 설정은 일반적으로 제어시스템이 설치된 후에 조정된다.

이 온라인 튜닝은 예비 제어기 설정을 계산하는 데 사용되는 프로세스 모델이 정확하지 않기 때문에 종종 필요한 간단한 실험 시험에 기초한다. 따라서 방법 1~5의 목적은 필요한 경우 온라인에서 후속적으로 미세 조정할 수 있는 양호한 초기 제어기 설정을 제

[2] K_c 값은 양수 또는 음수일 수 있습니다. 따라서 "K_c의 작은(또는 큰) 값"과 같은 문에는 실제로 "절대 값"이라는 추가 구문이 포함되어야한다. 이 장과 이후 장의 편의를 위해 $K_c > 0$이라고 가정하고 이 한정 문구를 생략한다.

공하는 것이다. 온라인 튜닝은 시간이 많이 소요될 수 있기 때문에 필요한 시간과 노력을 최소화하기 위해 초기 제어기 설정을 잘 갖추는 것이 매우 유용하다.

방법 1과 방법 2는 간단한 전달함수 모델에 기초하며 12.2장에서 검토될 것이다. 방법 3의 PID 제어기 튜닝 관계는 해석적 표현과 관계가 있다. 이와 관련해서 12.3절에서 주로 고려될 것이다. 주파수 응답 분석에 기초한 설계 기법(방법 4)은 14장에서 주로 다룬다. 제어되는 프로세스의 컴퓨터 시뮬레이션(방법 5)은 동적 거동과 제어시스템 성능에 대한 상당한 통찰력을 제공할 수 있다. 특히 MATLAB과 LabVIEW와 같은 소프트웨어는 대체 제어 전략과 다른 제어기 설정의 비교를 용이하게 한다(부록 C와 *E* 및 Doyle III(2000)를 참조). 12.5절에서 온라인 제어기 튜닝(방법 6)을 고려한다.

12.6절에서 PID 제어기 튜닝 관계 비교와 12.7절의 *제어 루프 문제 해결*의 중요한 실제적 문제에 대한 소개를 마지막으로 이 장을 마무리할 것이다.

12.2 모델 기반 설계 방법

합리적으로 공정의 정확한 동적 모델을 이용할 수 있는 경우, 제어기 설계를 프로세스 모델에 기초하는 것이 유리하다. PID 제어기 설계에는 다양한 모델 기반 설계 전략을 이용할 수 있다. 이 절에서는 프로세스 제어에 특히 유용한 두 가지 중요한 모델 기반 설계 방법을 고려한다. 모델 기반 기법은 피드포워드 컨트롤러(15장)와 고급 제어시스템(16장, 17장, 20장) 설계에도 사용할 수 있다.

12.2.1 직접 합성 방법

직접합성(DS) 방법에서 피드백 제어기 설계는 프로세스 모델과 원하는 닫힌 루프 전송 기능에 기초한다. 후자는 보통 설정점 변경에 대해 지정되지만 닫힌 루프 외란 전달함수도 활용할 수 있다(Chen과 Seborg, 2002). DS 방법에서는 제어기 전달함수에 대한 해석 식을 도출한다. 결과로 도출되는 피드백 제어기가 항상 PID 구조를 갖는 것은 아니지만, DS 방법은 이 섹션과 12.2.2에서 설명될 것처럼 많은 공통 프로세스 모델에 대해 PI 또는 PID 제어기를 생산한다. DS 접근방식의 중요한 장점은 프로세스 모델과 결과적으로 도출되는 제어기 사이의 관계에 대한 소중한 통찰력을 제공한다는 것이다.

DS 방식은 1950년대에 개발되었다. 특별한 경우인 Lambda(람다) 튜닝 방식이

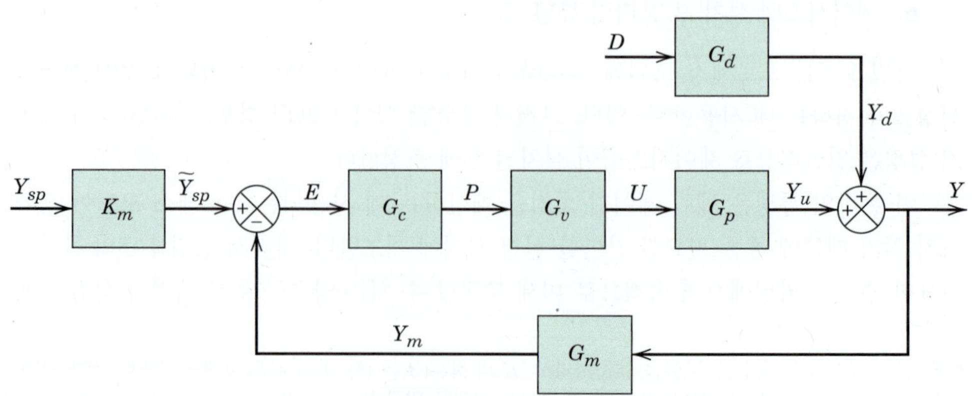

그림 12.2 표준 피드백 제어시스템의 블록선도.

1960년대 중반에 프로세스 제어 문헌에 도입되었다. 내부 모델 제어(IMC) 방법은 1980년대에 개발되었으며(Garcia and Morari, 1982년) DS 방법과 밀접한 관련이 있다. IMC 접근방식은 특히 PID 제어를 위한 IMC 튜닝 관계가 발표된 후, 프로세스 제어 커뮤니티에 상당한 관심을 불러일으켰다(Rivera 등, 1986). 오늘날 IMC와 람다 튜닝 방법은 프로세스 제어 애플리케이션에 광범위하게 사용되고 있으며 12.3.3절에 설명되어 있다. DS 접근법 및 관련 방법의 개발에 관한 유익한 기록은 Åström과 Hägglund(2006)가 저술한 책의 6장에 요약되어 있다.

분석의 시작점으로, 그림 12.2의 피드백 제어시스템의 블록선도를 고려하자. 설정점 변경에 대한 닫힌 루프 전달함수는 11.2절에서 도출되었다.

$$\frac{Y}{Y_{sp}} = \frac{K_m G_c G_v G_p}{1 + G_c G_v G_p G_m} \tag{12-1}$$

단순하게 하기 위해 $G \triangleq G_v G_p G_m$을 두고 $G_m = K_m$이라고 가정한다. 그 후 식 12-1은 식 12-2로 간소화된다.[3]

$$\frac{Y}{Y_{sp}} = \frac{G_c G}{1 + G_c G} \tag{12-2}$$

G_c에 대해서 재배치하고 풀면 다음과 같이 이상적인 피드백 제어기로 표현된다.

$$G_c = \frac{1}{G}\left(\frac{Y/Y_{sp}}{1 - Y/Y_{sp}}\right) \tag{12-3a}$$

닫힌 루프 전달함수 Y/Y_{sp}는 미리 알려져 있지 않기 때문에 제어기 설계에는 식 12-3a를 사용할 수 없다. 또한 실제 공정 G와 공정 거동의 근사치를 제공하는 모델인 $\widetilde{G}$를 구별하는 것이 유용하다. 미지의 G를 $\widetilde{G}$로, Y/Y_{sp}를 원하는 닫힌 루프 전달함수$(Y/Y_{sp})_d$로 대체하여 실용적인 설계 방정식을 도출할 수 있다.

$$G_c = \frac{1}{\widetilde{G}}\left[\frac{(Y/Y_{sp})_d}{1 - (Y/Y_{sp})_d}\right] \tag{12-3b}$$

$(Y/Y_{sp})_d$의 사양은 핵심 설계 결정이며 이 섹션의 후반부에서 고려된다. 식 12-3b의 제어기 전달함수는 $1/\widetilde{G}$ 항으로 인한 프로세스 모델의 역수를 포함하고 있다는 점에 유의하자. 이 특징은 모델 기반 제어의 구별되는 특징이다.

원하는 닫힌 루프 전송 기능

식 12-3b의 DS 제어기 성능은 원하는 닫힌 루프 전달함수인 $(Y/Y_{sp})_d$의 사양에 따라 크게 달라진다. 이상적으로는 $(Y/Y_{sp})_d = 1$로 제어되는 변수들이 설정점과 동일하게 오차 없이 즉시 변경되도록 하고 싶다. 그러나 완벽한 제어라고 불리는 이 이상적인 상황은 제어기가 $e \neq 0$까지 반응하지 않기 때문에 피드백 제어로는 달성할 수 없다. 시간 지연이 없는 공정의 경우, 식 12-4의 1차 모델이 보다 합리적인 선택이다.

$$\left(\frac{Y}{Y_{sp}}\right)_d = \frac{1}{\tau_c s + 1} \tag{12-4}$$

[3] 단순화를 위해 G와 G_c를 사용하여 $G(s)$와 $G_c(s)$를 나타낸다.

여기서 τ_c는 원하는 닫힌 루프 시간 상수이다. 이 모델의 정착 시간은 섹션 5.2와 같이 약 $\sim 5\tau_c$이다. 정상 상태 이득은 1이기 때문에 설정점 변경 시 오프셋이 발생하지 않는다. 식 12-4를 식 12-3b로 대체하고 G_c를 풀면, 다음과 같이 제어기 설계 방정식이 된다.

$$G_c = \frac{1}{\widetilde{G}} \frac{1}{\tau_c s} \tag{12-5}$$

$1/\tau_c s$ 용어는 적분 제어 작용을 제공하므로 잔류편차를 제거한다. 설계변수 τ_c는 제어기를 aggressive (작은 τ_c)하게 만들거나 또는 less aggressive (큰 τ_c)하게 만들 수 있는 간편한 제어기 튜닝 파라미터를 제공한다.

프로세스 전달함수에 알려진 시간 지연 θ을 포함한 경우, 원하는 닫힌 루프 전달함수에 대한 합리적인 결정은 다음과 같다.

$$\left(\frac{Y}{Y_{sp}}\right)_d = \frac{e^{-\theta s}}{\tau_c s + 1} \tag{12-6}$$

제어된 변수가 $t = \theta$ 전에 설정점 변경에 대응하는 것은 물리적으로 불가능하기 때문에, 식 12-6의 시간 지연 항은 중요하다. 시간 지연을 알 수 없는 경우, θ은 반드시 추정치로 대체해야 한다. 식 12-6과 12-3b를 합치면

$$G_c = \frac{1}{\widetilde{G}} \frac{e^{-\theta s}}{\tau_c s + 1 - e^{-\theta s}} \tag{12-7}$$

이 제어기는 표준 PID 형태가 아니지만 물리적으로 실현 가능하다. 다음으로, 식 12-7의 설계 방정식을 사용하여 간단한 프로세스 모델을 위한 PID 제어기를 도출할 수 있음을 보여 준다. 파생은 잘린 Taylor 시리즈 확장이 있는 식 12-7의 분모에서 시간 지연 항에 근사치를 기초로 한다.

$$e^{-\theta s} \approx 1 - \theta s \tag{12-8}$$

식 12-8을 식 12-7의 분모로 대체하고 재배열하면,

$$G_c = \frac{1}{\widetilde{G}} \frac{e^{-\theta s}}{(\tau_c + \theta)s} \tag{12-9}$$

이 제어기에는 적분 제어 동작이 포함되어 있다는 점에 유의하자.

시간 지연 근사치는 공정의 지배적인 시간 상수에 비해 시간 지연이 상대적으로 클 때 정확도가 떨어진다. 분자의 시간 지연 항은 시간 지연이 정확히 알려진 경우 $\widetilde{G}$의 동일한 항에 의해 취소되므로, 분자의 시간 지연 항을 대략적으로 추정할 필요는 없다는 점에 유의하자.

다음으로, 우리는 두 가지 중요한 프로세스 모델에 대한 제어기를 도출한다. 각 파생에 대해 모델이 완벽하다고 가정하자($\widetilde{G} = G$).

FOPD (First-Order-Plus-Time-Delay) 모델

표준 FOPD 모델을 고려하자.

$$\widetilde{G}(s) = \frac{Ke^{-\theta s}}{\tau s + 1} \tag{12-10}$$

식 12-10을 식 12-9로 대체하고 재배열하면, PI 컨트롤러인 $G_c = K_c(1 + 1/\tau_I s)$가 다음

과 같이 된다.

$$K_c = \frac{1}{K}\frac{\tau}{\tau_c + \theta}, \quad \tau_I = \tau \tag{12-11}$$

식 12-11의 PI 제어기 설정에 대한 표현은 상당한 통찰력을 제공한다. 제어기 이득 K_c는 역방향으로 모델의 이득 K에 의존하며, 이는 11장의 안정성 분석에 기초하면 적합한 것으로 간주된다.

특히 K_cK가 일정하면 닫힌 루프 시스템의 특성 방정식과 안정성 특성이 변하지 않는다. 느린 공정은 τ의 값이 크기 때문에 $\tau_I = \tau$로 가정할 수 있으며, 따라서 τ_I도 만족스러운 제어를 위해 커야 한다. τ_c가 감소하면 K_c가 증가하는데, 이는 설정점 반응이 빨라지면 보다 강력한 제어 작용이 필요하기 때문에 K_c의 값이 커지기 때문이다. 시간 지연 θ은 $\tau_c \to 0$인 제한적인 케이스에 대해서도 K_c의 상한점을 부과한다. 반대로 $\theta = 0$ and $\tau_c \to 0$일 때, K_c는 경계점이 없어진다.

SOPD (Second-Order-Plus-Time-Delay) 모델.

SOPD (Second-Order-Plus-time-Delay) 모델을 고려하자.

$$\widetilde{G}(s) = \frac{Ke^{-\theta s}}{(\tau_1 s + 1)(\tau_2 s + 1)} \tag{12-12}$$

식 12-9로 대체하고 재배열하면 병렬 형태의 PID 제어기가 된다(8장 참조).

$$G_c = K_c\left(1 + \frac{1}{\tau_1 s} + \tau_D s\right) \tag{12-13}$$

단,

$$K_c = \frac{1}{K}\frac{\tau_1 + \tau_2}{\tau_c + \theta}, \quad \tau_I = \tau_1 + \tau_2, \quad \tau_D = \frac{\tau_1\tau_2}{\tau_1 + \tau_2} \tag{12-14}$$

식 12-14의 튜닝 관계는 θ의 큰 값에 대해서는 K_c가 감소하지만 τ_I와 τ_D는 감소하지 않음을 나타낸다. 이번에도 시간 지연은 $\tau_c \to 0$함에따라 K_c에게 상한선을 부과한다.

식 12-11 및 12-14의 컨트롤러 설정은 τ_c가 증가할수록 보수적이 된다(작은 K_c). θ이 비교적 큰 경우(예: $\theta/\tau_1 > 0.5$), 제어기 설계 방정식은 식 12-8의 시간 지연 근사치에 기초하기 때문에 τ_c를 보수적으로 정하는 것은 신중한 결정이라고 볼 수 있다.

직접 합성 방법과 내부 모델 제어 방법 모두에 적용할 수 있는 τ_c 선택을 위한 많은 지침은 12.2.2에 제시되어 있다.

예제 12.1

프로세스의 PID 컨트롤러 설정을 위해서 DS 설계 방법을 사용하시오.

$$G = \frac{2e^{-s}}{(10s + 1)(5s + 1)}$$

원하는 닫힌 루프 시간 상수의 세 가지 값, 즉 $\tau_c = 1, 3, 10$을 고려하십시오. $G_d = G$로 가정하여 설정점과 외란의 스텝 변경에 대해 제어기를 평가하시오. 다음 두 가지 경우에 대해 평가를 반복하시오.

(a) 공정 모델은 완벽하다($\widetilde{G} = G$).

(b) 모델 이득은 부정확하다(실제 값인 $K = 2$가 아닌 $K = 0.9$). 따라서,

$$\widetilde{G} = \frac{0.9e^{-s}}{(10s+1)(5s+1)}$$

풀이

식 12-14의 제어기 설정은 K_c 값은 τ_c가 증가함에 따라 감소하지만 식 12-14에서 나타난 대로 τ_I와 τ_D 값은 변하지 않는다. 이러한 컨트롤러 설정 중 일부는 비교를 위해 세 개의 유의미한 숫자로 보고되었지만, 실제로는 세 번째 숫자를 계산할 필요가 없다. 예를 들어 K_c 값이 8.33과 8.3인 제어기는 기본적으로 동일한 닫힌 루프 응답을 생성할 수 있다.

	$\tau_c = 1$	$\tau_c = 3$	$\tau_c = 10$
$K_c(\widetilde{K} = 2)$	3.75	1.88	0.68
$K_c(\widetilde{K} = 0.9)$	8.33	4.17	1.51
τ_I	15.00	15.00	15.00
τ_D	3.33	3.33	3.33

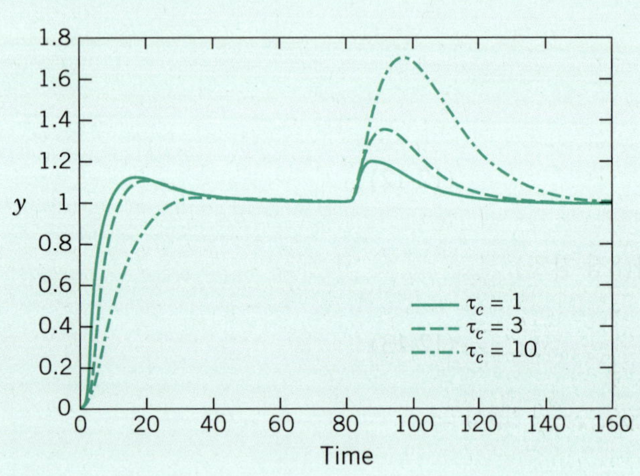

그림 12.3 예제 12.1(a): 정확한 모델 이득의 시뮬레이션 결과.

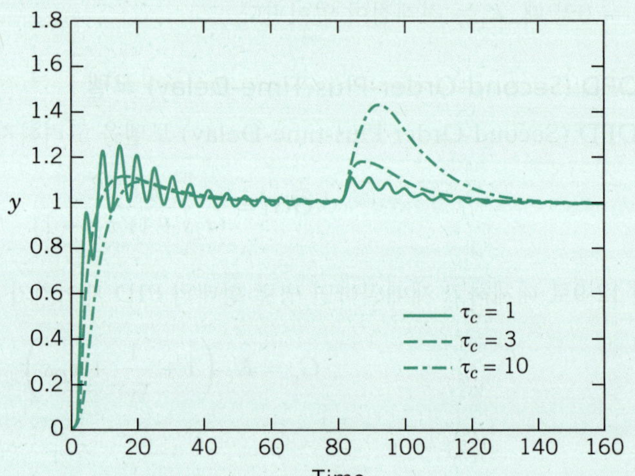

그림 12.4 예제 12.1(b): 잘못된 모델 이득.

그림 12.3과 12.4는 τ_c의 세 값에 대한 닫힌 루프 반응을 비교한다. τ_c가 증가함에 따라 반응이 점차 느려지고, 최대 오차가 $\tau = 80$에서 외란이 발생한 후에 더 커진다.

사례(b)의 경우, 모델 이득이 0.9, 약 50% 낮을 때 그림 12.4의 $\tau_c = 1$에 대한 닫힌 루프 반응은 과도하게 진동하며, $\widetilde{F} = 0.8$을 고려했을 경우 불안정해지기까지 한다. 그림 12.4의 $\tau_c = 3$ 및 $\tau_c = 10$에 대한 외란 반응은 전자의 정착 시간이 짧고 최대 편차가 작기 때문에 그림 12.3의 해당 반응보다 실제로 더 좋다. 이러한 개선은 사례 (b)에 대한 K_c의 값이 더 크기 때문이다.

이 예제에 대한 Simulink 도표는 그림 12.5와 같이 매우 간단하다(Simulink 자습서는 부록 C 참조). 그러나 그림 12.3과 12.4에 대한 시뮬레이션 결과는 파생 킥을 제거한 수정된 제어기를 사용하여 생성되었다(8장 참조).

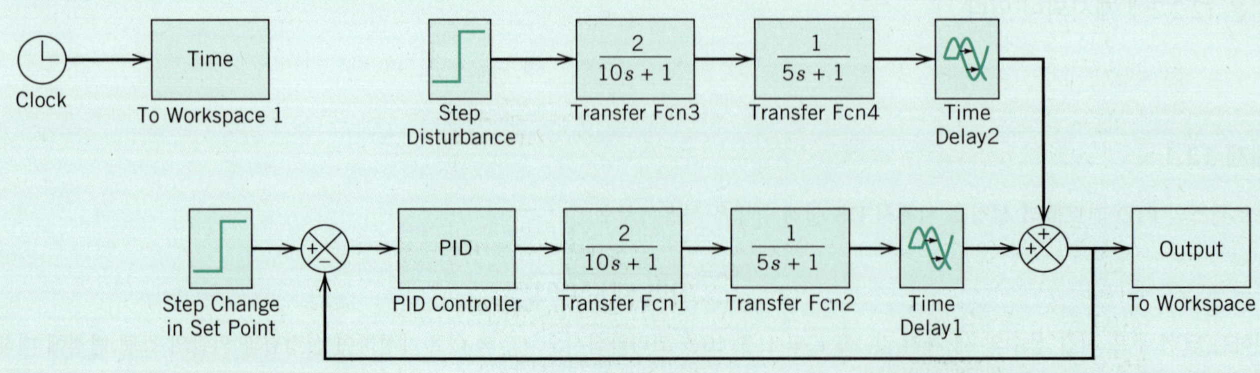

그림 12.5 예제 12.1의 Simulink 도표.

원하는 닫힌 루프 전달함수$(Y/Y_{sp})_d$의 사양은 가정된 프로세스 모델과 원하는 설정점 응답에 기초해야 한다. 식 12-6의 FOPD 모델은 많은 프로세스에 대해 합리적인 선택이지만 전부는 아니다. 예를 들어, $\tau_a > 0$일 때 공정 모델이$(1 - \tau_a s)$로 표시된 오른쪽의 반쪽 평면 영점 항을 포함하고 있다고 가정하자(6.1절 참조). 그런 다음 식 12-6을 선택하면 DS 제어기의 분모에 $(1 - \tau_a s)$ 항이 있으므로 불안정해지고, 이는 매우 바람직하지 않은 기능이다. 이러한 문제는 식 12-6을 식 12-15로 교체하면 방지할 수 있다.

$$\left(\frac{Y}{Y_{sp}}\right)_d = \frac{(1-\tau_a s)e^{-\theta s}}{\tau_c s + 1} \tag{12-15}$$

DS 접근방식은 불안정한 극점이 있는 프로세스 모델에 직접 사용해서는 안 된다. 단, 추가 피드백 제어 루프에 의해 모델이 먼저 안정화되면 적용할 수 있다.

12.2.2 내부 모델 제어

보다 포괄적인 모델 기반 설계 방법인 내부 모델 제어(IMC)는 Morari와 동료들에 의해 개발되었다(Garcia와 Morari, 1982; Rivera et al., 1986). IMC 방법은 DS 방법과 마찬가지로 가정된 프로세스 모델에 기초하며 제어기 설정에 대한 해석 식을 유도한다. 이 두 가지 설계 방법은 설계 매개변수가 일관성 있게 지정될 경우 밀접하게 관련되며 동일한 제어장치를 생산한다. 그러나 IMC 접근방식은 모델 불확실성과 '성능과 안정성(robust)' 사이의 절충(tradeoff)을 보다 체계적으로 고려할 수 있다는 장점이 있다.

기존 피드백 제어와 IMC를 위한 단순화된 블록선도를 그림 12.6에서 비교하였다. IMC 방법은 그림 12.6*b*에 표시된 단순화된 블록선도를 기반으로 한다. 프로세스 모델 $\widetilde{G}$와 제어기 출력 P를 사용하여 모델 응답 $\widetilde{Y}$를 계산한다. 모델 응답은 실제 응답 Y에서 차감되며, 차이점 $Y - \widetilde{Y}$는 IMC 제어기 G_c^*에 대한 입력 신호로 사용된다. 일반적으로 모델에서 설명되지 않는 모델링 오차($\widetilde{G} \neq G$)와 알 수 없는 외란($D \neq 0$)으로 인해 $Y \neq \widetilde{Y}$가 사용된다. 컨트롤러 G_c와 G_c^*가 관계를 만족하는 경우 두 블록선도가 동등하다는 것을 알 수 있다.

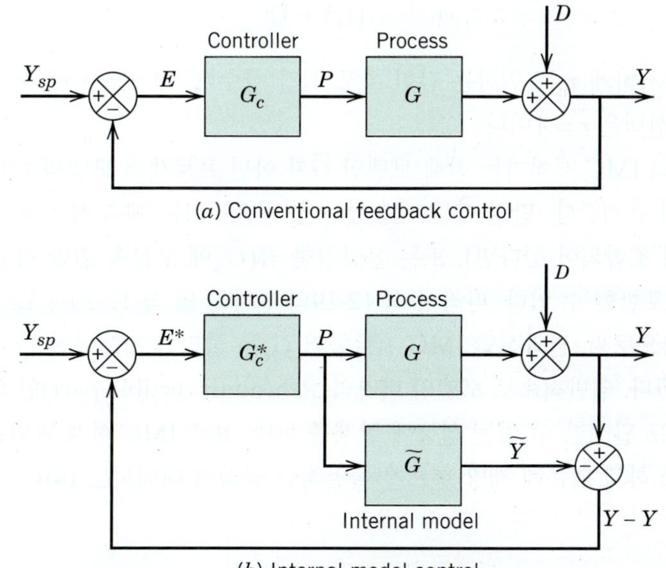

그림 12.6 피드백 제어 컨트롤러.

$$G_c = \frac{G_c^*}{1 - G_c^*\widetilde{G}} \tag{12-16}$$

따라서 모든 IMC 컨트롤러 G_c^*는 기존의 피드백 컨트롤러 G_c와 동일하며, 그 반대의 경우도 마찬가지다.

IMC에 대한 다음과 같은 닫힌 루프 관계는 11장의 블록선도 대수학을 사용하여 그림 12.6*b*에서 도출할 수 있다.

$$Y = \frac{G_c^* G}{1 + G_c^*(G - \widetilde{G})} Y_{sp} + \frac{1 - G_c^*\widetilde{G}}{1 + G_c^*(G - \widetilde{G})} D \tag{12-17}$$

완벽한 모델의 특별한 경우, $\widetilde{G} = G$, 식 12-17은 다음과 같이 감소한다.

$$Y = G_c^* G Y_{sp} + (1 - G_c^* G)D \tag{12-18}$$

IMC 컨트롤러는 두 단계로 설계된다.

1단계. 프로세스 모델은 다음과 같이 고려된다.

$$\widetilde{G} = \widetilde{G}_+ \widetilde{G}_- \tag{12-19}$$

여기서 $\widetilde{G}_+$는 시간 지연과 우측 절반 평면에 위치한 영점을 포함한다. 또한 $\widetilde{G}_+$는 식 12-19의 두 요인이 동일하다는 것을 보장하기 위해 1인 정상 상태 이득을 가져야 한다.

2단계. IMC 컨트롤러는 다음과 같이 지정된다.

$$G_c^* = \frac{1}{\widetilde{G}_-} f \tag{12-20}$$

여기서 f는 정상 상태 이득이 1인 *저역 통과 필터*(low-pass filter)다.[4] 이것은 전형적으로 다음의 형태를 가지고 있다.

$$f = \frac{1}{(\tau_c s + 1)^r} \tag{12-21}$$

DS 방법과 유사하게 τ_c는 원하는 닫힌 루프 시간 상수다. 매개변수 r은 작은 양의 정수다. 일반적인 선택은 $r = 1$이다.

식 12-20의 IMC 제어기는 전체 모델인 $\widetilde{G}$가 아닌 프로세스 모델의 반대인 $\widetilde{G}_-$에 기초한다는 점에 유의한다. 만일 $\widetilde{G}$를 사용했다면, 컨트롤러는 예측 용어 $e^{+\theta s}$(만약 $\widetilde{G}_+$에 시간 지연 θ이 포함되어 있다면), 또는 불안정한 극($\widetilde{G}_+$에 오른쪽 절반 평면 0이 포함되어 있다면)을 포함할 수 있다. 따라서 식 12-19의 인자화 및 식 12-20과 12-21의 설계 방정식을 이용함으로써, 결과적인 IMC 컨트롤러 G_c^*는 물리적으로 실현 가능하고 안정적일 것을 보장한다. 일반적으로 모델의 비가역 요소(noninvertible part)인 $\widetilde{G}_+$는 어떤 제어시스템으로도 달성할 수 있는 성능에 한계를 둔다. 표준 IMC 설계 방법은 극-영점 취소를 기반으로 하기 때문에 개방 루프가 불안정한 공정에 대해서는 IMC 접근법을 수정해야 한다.

---

[4] *저역 통과 필터*라는 용어는 14장에서 설명할 주파수 응답 개념이다.

프로세스 모델이 완벽한 이상적인 상황($\widetilde{G} = G$)에 대해 식 12-20을 식 12-18로 대체하면 닫힌 루프 표현이 된다.

$$Y = \widetilde{G}_+ f Y_{sp} + (1 - \widetilde{G}_+ f)D \tag{12-22}$$

따라서, 설정점 변경을 위한 닫힌 루프 전송 기능은 다음과 같다.

$$\frac{Y}{Y_{sp}} = \widetilde{G}_+ f \tag{12-23}$$

IMC와 DS(직접합성) 설계 방법은 모델링 오차가 있는 경우에도 동등한 제어기와 동일한 닫힌 루프 응답을 생성할 수 있다. 이 동등성은 식 12-3b의 원하는 전달함수$(Y/Y_{sp})_d$가 식 12-23의 Y/Y_{sp}와 같게 설정된 경우에 발생한다. 식 12-16이 G_c^*를 동일한 G_c로 변환하는 방법을 나타낸다는 것을 상기하자.

IMC 설계 방법은 다음의 예제에 설명되어 있다.

예제 12.2

IMC 설계 방법을 사용하여 식 12-10의 FOPTD 모델용 제어기 2개를 설계하자. 식 12-21에 의해 f가 $r = 1$로 지정된다고 가정하고, 시간 지연 기간에 대해 두 가지 근사를 고려하자.

(a) 1/1 Padé 근사치

$$e^{-\theta s} \cong \frac{1 - \frac{\theta}{2}s}{1 + \frac{\theta}{2}s} \tag{12-24a}$$

(b) 1차 테일러 시리즈 근사치

$$e^{-\theta s} \cong 1 - \theta s \tag{12-24b}$$

풀이

(a) 식 12-24a를 식 12-10으로 대체하는 것은 다음과 같다.

$$\widetilde{G}(s) = \frac{K\left(1 - \frac{\theta}{2}s\right)}{\left(1 + \frac{\theta}{2}s\right)(\tau s + 1)} \tag{12-25}$$

이 모델에서 $\widetilde{G} = \widetilde{G} + \widetilde{G}_-$로 인자화하면

$$\widetilde{G}_+ = 1 - \frac{\theta}{2}s \tag{12-26}$$

그리고

$$\widetilde{G}_- = \frac{K}{\left(1 + \frac{\theta}{2}s\right)(\tau s + 1)} \tag{12-27}$$

노트: $\widetilde{G}_+$는 IMC 설계 절차에서 요구하는 대로 1의 일정한 상태 이득을 가진다.

식 12-27 및 12-21을 식 12-20으로 대체하고 $r = 1$을 설정하면,

$$G_c^* = \frac{\left(1 + \frac{\theta}{2}s\right)(\tau s + 1)}{K(\tau_c s + 1)} \tag{12-28}$$

동등한 제어기 G_c는 식 12-16에서 얻을 수 있다.

$$G_c = \frac{\left(1 + \frac{\theta}{2}s\right)(\tau s + 1)}{K\left(\tau_c + \frac{\theta}{2}\right)s} \tag{12-29}$$

그리고 식 12-13의 PID 제어기로 재배열하여

$$K_c = \frac{1}{K}\frac{2\left(\frac{\tau}{\theta}\right) + 1}{2\left(\frac{\tau_c}{\theta}\right) + 1}, \quad \tau_I = \frac{\theta}{2} + \tau, \quad \tau_D = \frac{\tau}{2\left(\frac{\tau}{\theta}\right) + 1} \tag{12-30}$$

(b) Taylor 시리즈 근사치에 대해 이 파생을 반복하면 G_c에 대한 표준 PI 제어기가 제공된다.

$$K_c = \frac{1}{K}\frac{\tau}{\tau_c + \theta}, \quad \tau_I = \tau \tag{12-31}$$

식 12-30과 12-31의 비교는 설계한 제어기 유형이 시간 지연 근사치에 따라 달라진다는 것을 나타낸다. 또한 식 12-31의 IMC 제어기는 FOPD 모델의 경우 식 12-11의 DS 제어기와 동일하다.

영향이 큰 시간 상수를 가진 일반적인 프로세스 모델의 경우 일반적으로 τ을 τ_{dom}으로 대체하는 가이드라인을 보여준다. 예를 들어 $\tau_c = \tau_{dom}/3$을 설정하면 원하는 닫힌 루프 응답이 개방 루프 응답보다 3배 더 빠를 수 있다.

12.3 제어기 튜닝 관계

마지막 절에서는 DS와 IMC와 같은 모델 기반 설계 방법에서 특정 등급의 프로세스 모델에 대한 PI 또는 PID 컨트롤러를 생성하였다. PID 컨트롤러 설정에 대한 해석 표현은 다른 관점에서도 개발되었다. 이러한 표현을 제어기 조정 관계 또는 단순히 조정 관계라고 한다. 이 섹션에서는 가장 널리 사용되는 튜닝 관계 중 몇 가지와 유망한 새로운 튜닝 방법을 제시한다.

12.3.1 IMC 튜닝 관계

선택된 저역-통과 필터 (low-pass filter) f와 시간 지연 근사치의 유형에 따라 다른 IMC 튜닝 관계를 도출할 수 있다(Rivera et al., 1986; Chien과 Fruauf, 1990; Skogestad, 2003). 표 12.1은 Chien과 Fruauf(1990)가 공통 프로세스 모델의 유형에 대해 도출한 병렬 형태에 대한 PID 제어기 튜닝 관계를 나타낸다. 파생은 사례 12.2와 유사하다.

1차 및 2차 모델에서 $r = 1$을 가진 식 12-21에 따라 IMC필터 f는 선택되었다. 적분요소가 있는 모델의 경우 다음 식을 사용했다.

$$f = \frac{(2\tau_c - C)s + 1}{(\tau_c s + 1)^2} \quad \text{where} \quad C = \left.\frac{d\widetilde{G}_+}{ds}\right|_{s=0} \tag{12-32}$$

표 12.1 병렬 폼 PID 제어기에 대한 IMC 제어기 설정(Chien 및 Fruauf, 1990).

Case	Model	K_cK	τ_I	τ_D
A	$\dfrac{K}{\tau s+1}$	$\dfrac{\tau}{\tau_c}$	τ	–
B	$\dfrac{K}{(\tau_1 s+1)(\tau_2 s+1)}$	$\dfrac{\tau_1+\tau_2}{\tau_c}$	$\tau_1+\tau_2$	$\dfrac{\tau_1\tau_2}{\tau_1+\tau_2}$
C	$\dfrac{K}{\tau^2 s^2+2\zeta\tau s+1}$	$\dfrac{2\zeta\tau}{\tau_c}$	$2\zeta\tau$	$\dfrac{\tau}{2\zeta}$
D	$\dfrac{K(-\beta s+1)}{\tau^2 s^2+2\zeta\tau s+1},\ \beta>0$	$\dfrac{2\zeta\tau}{\tau_c+\beta}$	$2\zeta\tau$	$\dfrac{\tau}{2\zeta}$
E	$\dfrac{K}{s}$	$\dfrac{2}{\tau_c}$	$2\tau_c$	–
F	$\dfrac{K}{s(\tau s+1)}$	$\dfrac{2\tau_c+\tau}{\tau_c^2}$	$2\tau_c+\tau$	$\dfrac{2\tau_c\tau}{2\tau_c+\tau}$
G	$\dfrac{Ke^{-\theta s}}{\tau s+1}$	$\dfrac{\tau}{\tau_c+\theta}$	τ	–
H	$\dfrac{Ke^{-\theta s}}{\tau s+1}$	$\dfrac{\tau+\dfrac{\theta}{2}}{\tau_c+\dfrac{\theta}{2}}$	$\tau+\dfrac{\theta}{2}$	$\dfrac{\tau\theta}{2\tau+\theta}$
I	$\dfrac{K(\tau_3 s+1)e^{-\theta s}}{(\tau_1 s+1)(\tau_2 s+1)}$	$\dfrac{\tau_1+\tau_2-\tau_3}{\tau_c+\theta}$	$\tau_1+\tau_2-\tau_3$	$\dfrac{\tau_1\tau_2-(\tau_1+\tau_2-\tau_3)\tau_3}{\tau_1+\tau_2-\tau_3}$
J	$\dfrac{K(\tau_3 s+1)e^{-\theta s}}{\tau^2 s^2+2\zeta\tau s+1}$	$\dfrac{2\zeta\tau-\tau_3}{\tau_c+\theta}$	$2\zeta\tau-\tau_3$	$\dfrac{\tau^2-(2\zeta\tau-\tau_3)\tau_3}{2\zeta\tau-\tau_3}$
K	$\dfrac{K(-\tau_3 s+1)e^{-\theta s}}{(\tau_1 s+1)(\tau_2 s+1)}$	$\dfrac{\tau_1+\tau_2+\dfrac{\tau_3\theta}{\tau_c+\tau_3+\theta}}{\tau_c+\tau_3+\theta}$	$\tau_1+\tau_2+\dfrac{\tau_3\theta}{\tau_c+\tau_3+\theta}$	$\dfrac{\tau_3\theta}{\tau_c+\tau_3+\theta}+\dfrac{\tau_1\tau_2}{\tau_1+\tau_2+\dfrac{\tau_3\theta}{\tau_c+\tau_3+\theta}}$
L	$\dfrac{K(-\tau_3 s+1)e^{-\theta s}}{\tau^2 s^2+2\zeta\tau s+1}$	$\dfrac{2\zeta\tau+\dfrac{\tau_3\theta}{\tau_c+\tau_3+\theta}}{\tau_c+\tau_3+\theta}$	$2\zeta\tau+\dfrac{\tau_3\theta}{\tau_c+\tau_3+\theta}$	$\dfrac{\tau_3\theta}{\tau_c+\tau_3+\theta}+\dfrac{\tau^2}{2\zeta\tau+\dfrac{\tau_3\theta}{\tau_c+\tau_3+\theta}}$
M	$\dfrac{Ke^{-\theta s}}{s}$	$\dfrac{2\tau_c+\theta}{(\tau_c+\theta)^2}$	$2\tau_c+\theta$	–
N	$\dfrac{Ke^{-\theta s}}{s}$	$\dfrac{2\tau_c+\theta}{\left(\tau_c+\dfrac{\theta}{2}\right)^2}$	$2\tau_c+\theta$	$\dfrac{\tau_c\theta+\dfrac{\theta^2}{4}}{2\tau_c+\theta}$
O	$\dfrac{Ke^{-\theta s}}{s(\tau s+1)}$	$\dfrac{2\tau_c+\tau+\theta}{(\tau_c+\theta)^2}$	$2\tau_c+\tau+\theta$	$\dfrac{(2\tau_c+\theta)\tau}{2\tau_c+\tau+\theta}$

표 12.1에서 일부 프로세스 모델(즉, 제어기 G 및 H, M 및 N)에 대해 두 개의 제어기가 나열되어 있다. 이러한 모델의 경우, 첫 번째 행의 PI 컨트롤러는 식 12-24b의 시간 지연 근사치를 기반으로 도출되었고, 다음 행의 PID 컨트롤러는 식 12-24a를 기반으로 도출되었다.

Chien과 Fruauf(1990)는 8장에서 PID 컨트롤러의 시리즈 형태에 대해 동등한 튜닝 관계를 보고했다. 병렬형식의 제어기 설정은 표 12.2에 나타낸 것과 같이 시리즈형식의 해당 설정으로 쉽게 변환할 수 있으며, 그 반대의 경우도 가능하다.

표 12.2 병렬 및 직렬 폼에 대한 등가 PID 컨트롤러 설정.

병렬 폼	직렬 폼
$G_c(s) = K_c\left(1 + \frac{1}{\tau_I s} + \tau_D s\right)$	$G_c(s) = K'_c\left(1 + \frac{1}{\tau'_I s}\right)(1 + \tau'_D s)^*$
$K_c = K'_c\left(1 + \frac{\tau'_D}{\tau'_I}\right)$	$K'_c = \frac{K_c}{2}(1 + \sqrt{1 - 4\tau_D/\tau_I})$
$\tau_I = \tau'_I + \tau'_D$	$\tau'_I = \frac{\tau_I}{2}(1 + \sqrt{1 - 4\tau_D/\tau_I})$
$\tau_D = \frac{\tau'_D \tau'_I}{\tau'_I + \tau'_D}$	$\tau'_D = \frac{\tau_I}{2}(1 - \sqrt{1 - 4\tau_D/\tau_I})$

*이러한 변환 방정식은 $\tau_D/\tau_I \le 0.25$인 경우에만 유효하다.

다음 예는 표 12.1의 튜닝 관계의 사용을 예시한다.

예제 12.3

액체 저장 시스템의 프로세스 모델은 Chien과 Fruauf(1990)에 의해 제공된다.

$$\widetilde{G}(s) = \frac{Ke^{-7.4s}}{s}$$

표 12.1을 사용하여 $K = 0.2$ 및 $\tau_c = 8$에 대한 PI 및 PID 컨트롤러 설정을 계산한다. $\tau_c = 15$에 대해 반복하고 다음을 수행한다.

(a) $G_d = \widetilde{G}$라고 가정하여 설정점의 장치 스텝 변경 및 외란 시 4개의 제어기를 비교하시오.

(b) 요소 (*a*)의 각 제어기의 견고성(robustness)을 특성화하기 위해 각 제어기에 대해 안정적인 닫힌 루프 시스템을 제공하는 K의 최댓값인 K_{max}를 결정하시오.

풀이

(a) 이 적분 프로세스의 경우, 식 12-32에서 $\widetilde{G}_+ = e^{-\theta s}$이다. 따라서 $C = -\theta s$이다. 표 12.1의 제어기 M과 N에 대한 IMC 컨트롤러 설정은

	K_c	τ_I	τ_D
PI ($\tau_c = 8$)	0.493	23.4	–
PI ($\tau_c = 15$)	0.373	37.4	–
PID ($\tau_c = 8$)	0.857	23.4	3.12
PID ($\tau_c = 15$)	0.535	37.4	3.33

그림 12.7의 닫힌 루프 반응은 $\tau_c = 8$보다 $\tau_c = 15$의 경우 더 느리고 덜 진동적이다. 또한 $\tau_c = 15$의 경우 설정점 변경에 대해 오버슈트가 작아지고, 외란이 들어온 후 최대 편차가 커진다. PID 제어기는 최대 편차가 작은 PI 제어기보다 우수한 외란 반응을 제공한다. 또한 PID 제어기는 $\tau_c = 8$에 대한 안착 시간이 매우 짧기 때문에 고려된 4개의 제어기 중 최고의 성능을 제공한다.

(b) K_{max}의 수치는 11장의 직접 대체법을 이용한 안정성 분석에서 얻을 수 있다.

아래 표에 나타난 수치 결과는 K가 닫힌 루프 시스템이 불안정해지기 전 명목값 0.2에서 크게 증가할 수 있음을 나타낸다. 따라서 이러한 IMC 제어기는 상당히 견고하며 τ_c가 증가함에 따라 더욱 강력해진다. K_{max}의 대략적인 값은 식 12-24b의 시간 지연 근사치를 사용하여 구했다.

Controller	τ_c	K_{max} Approximate	K_{max} Exact
PI	8	0.274	0.356
PI	15	0.363	0.515
PID	8	0.376	0.277
PID	15	0.561	0.425

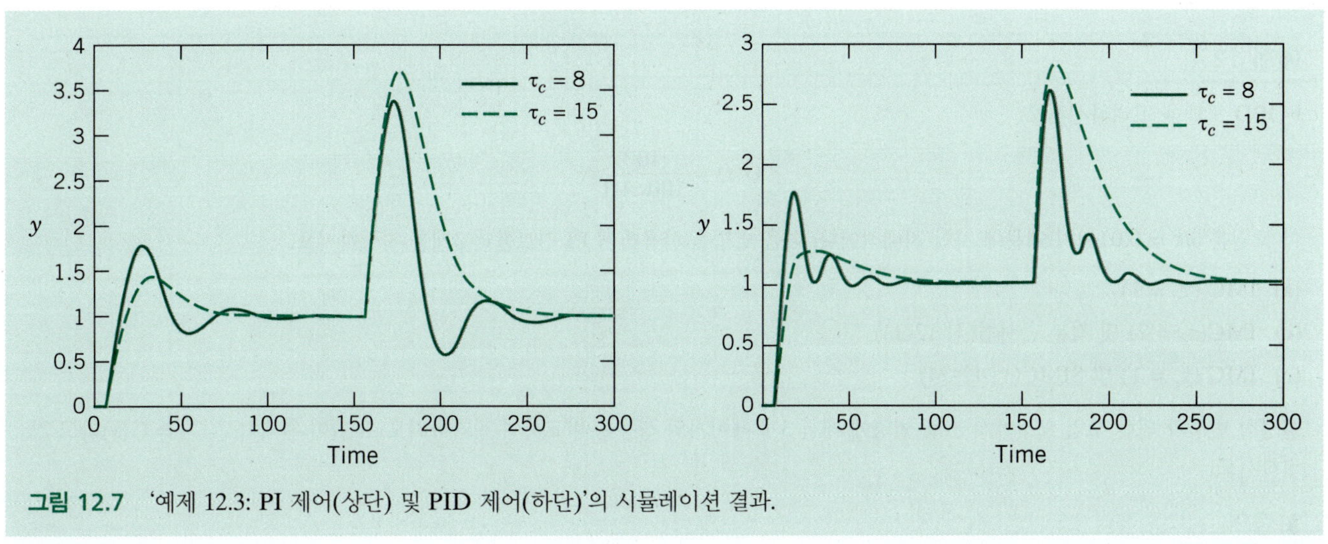

그림 12.7 '예제 12.3: PI 제어(상단) 및 PID 제어(하단)'의 시뮬레이션 결과.

Lag-Dominant Models ($\theta/\tau \ll 1$)

상대적으로 시간 지연이 적은 1차 또는 2차 모델을 지연 지배적 모델(예: FOPTD 모델의 경우 $\theta/\ \tau < 0.25$)이라고 한다. IMC와 DS 방법은 만족스러운 설정점 반응을 제공하지만, τ_I의 값이 매우 크기 때문에 외란 도입 시 매우 느린 반응을 제공한다. 다행히 이 문제는 두 가지 다른 방법으로 해결될 수 있다.

1. **적분 + 시간 지연 모델에 의한 지연 지배적 모델(Chien과 Fruauf, 1990)의 근사치**. 섹션 7.2.3에 나타난 바와 같이, 식 12-33의 적분+시간 지연 모델은 스텝 응답의 초기 부분에 대해 식 12-10의 FOPD 모델에 정확한 근사치를 제공한다.

$$G(s) = \frac{K^* e^{-\theta s}}{s} \tag{12-33}$$

식 12-33에서 $K^* \triangleq K/\tau$이다. 그런 다음, 제어기 M 또는 N에 대해서 표 12.1의 IMC 튜닝 관계를 적용할 수 있다.

2. SICC(Skogestad IMC) 방법. 지연 지배적 모델의 경우 τ_I가 매우 크기 때문에 1차 및 2차 모델의 표준 IMC 제어기는 외란의 도입시 느린 반응을 제공한다. 예를 들어 Table 12.1에서 제어기 G는 $\tau_I = \tau$를 포함하는데, τ가 매우 크다. 해결책으로 Skogestad (2003)는 τ_I의 값을 제한하여 IMC 튜닝 관계를 수정할 것을 제안했다.

$$\tau_I = \min\{\tau,\ 4(\tau_c + \theta)\} \tag{12-34}$$

PID 제어와 FOPD 모델의 경우 Grimholt와 Skogestad(2013)는 식 12-34에서 τ_I를 이용하여 $\tau_D = \theta/3$, $\tau_c = 0.5$, $K_c = (1/K)\ (\tau + \theta/2)/(\tau_c + \theta/2)$를 표 12.1의 사례 H에서 사용할 것을 제안했다.

지연 지배적 모델의 방법 1과 2는 예제 12.4에서 비교된다.

예제 12.4

FOPD 모델을 고려하십시오.

$$\widetilde{G}(s) = \frac{100}{100s+1}e^{-s}$$

이 모델은 $\theta/\tau = 0.01$이기 때문에 지연 지배적이다. 다음 방법을 사용하여 PI 컨트롤러 3개를 지정하시오.

(a) IMC ($\tau_c = 1$)

(c) IMC($\tau_c = 2$) 및 적분 근사법(식 12-33)

(c) IMC ($\tau_c = 1$) 및 SIMC(식 12-34)

설정점 변경과 외란 도입 모두에서 스텝 변경에 대한 3개 제어기의 성능을 비교하여 평가하시오. 모델이 완벽하고 $G_d = G(s)$라고 가정하시오.

풀이

PI 컨트롤러 설정:

Controller	K_c	τ_I
(a) IMC	0.5	100
(b) Integrator approximation	0.57	5
(c) SIMC	0.5	8

그림 12.8의 시뮬레이션 결과는 IMC가 탁월한 설정점 변경에 대한 응답을 제공함을 보여준다. 두 개의 특수 제어기는 훨씬 더 짧은 정착 시간으로 현저하게 개선된 외란 제거 기능을 제공한다.

따라서 표준 IMC 튜닝 규칙이 작은 θ/τ 비율의 FOPTD 모델에 대해 매우 느린 외란 반응을 발생시키지만, 이 예에서 설명한 것처럼 간단한 치료법을 이용할 수 있다. 또한 12.4절에서 고려한 설정점 가중 계수를 조정하여 외란 반응에 영향을 주지 않고 설정점 오버슈트를 줄일 수 있다.

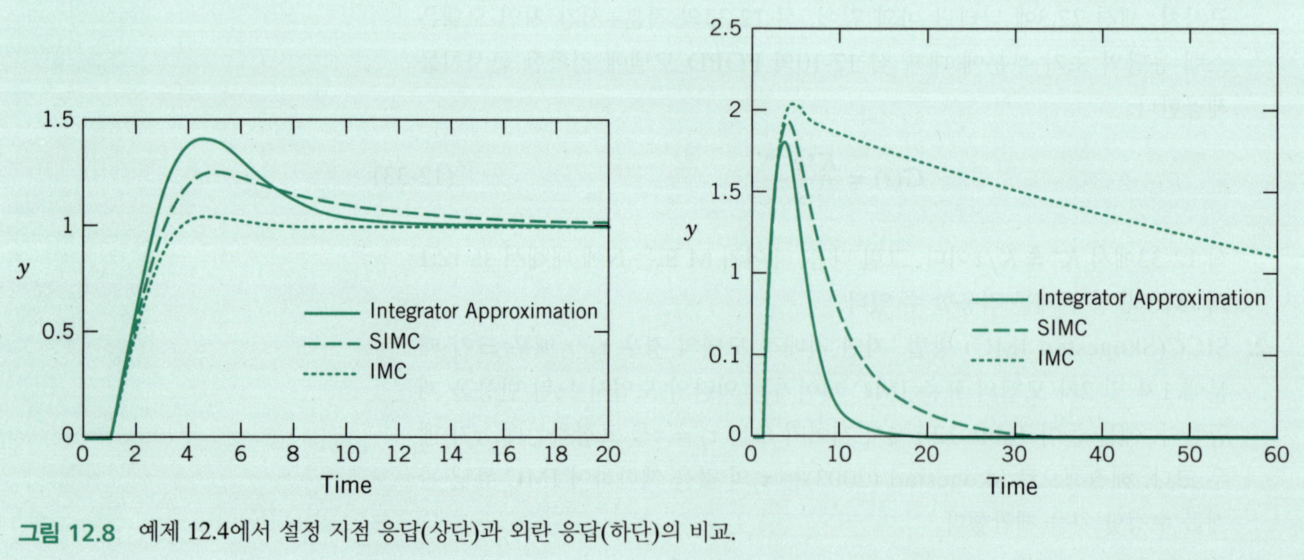

그림 12.8 예제 12.4에서 설정 지점 응답(상단)과 외란 응답(하단)의 비교.

τ_c의 선택

IMC와 SIMC 튜닝 방법에는 단일 설계 매개변수인 τ_c가 있다. 성공적인 제어기 작동은 τ_c에 대한 적절한 값을 지정하는 것에 달려 있다. 일반적으로 τ_c를 증가시키면 제어기가 보수적이 되는 반면 τ_c를 감소시키면 제어기가 공격적이 된다. 이론적 분석 및/또는 실제 경험을 바탕으로 τ_c를 지정하기 위한 많은 간행된 지침이 있다. 표 12.3은 연구와 산업적

표 12.3 IMC 및 SIMC 튜닝 방법 및 FOPD 모델에 대한 τ_c 선택 지침.

Recommendations	Conditions	References
$\tau_c = \begin{cases} 0.5\theta \\ \theta \\ 1.5\theta \end{cases}$	aggressive control default value smooth responses	Grimholt and Skogestad (2013)
$\tau_c = 3\theta$	robust control	Åström and Hägglund (2006, p. 187); McMillan (2015, p. 29)
$\left.\begin{array}{l}\tau_c > \tau \\ \tau_c = 2\text{–}3\tau\end{array}\right\}$	default value robust control	Blevins et al. (2013, p. 102)

관점에 기초하여 FOPD 모델에 대한 대표적인 권고안을 제공한다. 다른 모델 구조의 경우, 모델을 FOPD 모델로 축소시킨 후에 이 지침을 적용할 수 있다(6.3절 참조).

12.3.2 적분 오차 기준 및 기타 방법

단순한 프로세스 모델과 특정한 외란 도입 또는 설정점 변경에 대해 닫힌 루프 응답을 최적화하는 제어기 튜닝 관계가 개발되었다. 최적의 설정은 *적분 오차 기준*을 최소화시킬 수 있다. 네 가지 일반적인 통합 오차 기준은

1. **절대 오차 적분(IAE)**

$$\text{IAE} = \int_0^{\infty} |e(t)|dt \tag{12-35}$$

여기서 오차 신호 e(t)는 설정점과 측정값 사이의 차이점이다.

2. **제곱 오차 적분(ISE)**

$$\text{ISE} = \int_0^{\infty} e^2(t)dt \tag{12-36}$$

3. **시간 가중 절대 오차의 적분(ITAE)**

$$\text{ITAE} = \int_0^{\infty} t|e(t)|dt \tag{12-37}$$

4. **오차 적분(IE)**

$$\text{IE} = \int_0^{\infty} e(t)\, dt \tag{12-38}$$

오차 신호 e(t)가 기호를 변경하지 않고 IE = IAE 값을 분석적으로 계산할 수 있는 경우(Exström와 Haegglund, 2006):

$$\text{IE} = \frac{\tau_I}{K_c} \quad \text{(e}(t)\text{가 기호를 변경하지 않는 경우)} \tag{12-39}$$

이러한 상황에 대해 IE는 선호되는 작은 값으로 교란 반응을 평가하는 데 유용한 지표이다. 그러나 e(t)가(예: 진동 반응의 경우) 기호를 변경하는 경우 IE 값은 오해를 일으킬 수 있으므로 평가에 사용해서는 안 된다.

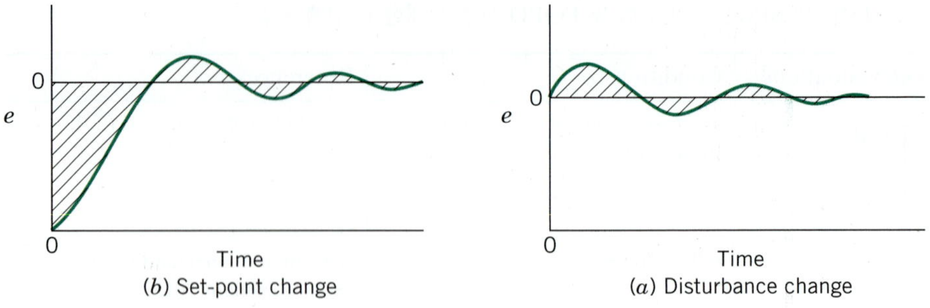

그림 12.9 IAE의 그래픽 해석. 음영 영역은 IAE 값이다.

ISE 기준은 큰 오차에 페널티를 주는 반면, ITAE 기준은 장기간 지속되는 오차에 페널티를 준다. 일반적으로 ITAE는 가장 보수적인 제어기 설정을 초래하기 때문에 선호되는 기준이다. 대조적으로 ISE 기준은 가장 공격적인 설정을 제공하는 반면 IAE 기준은 ITAE와 ISE 기준 사이의 제어기 설정을 생성하는 경향이 있다. IAE 성능 지수의 그래픽 해석은 그림 12.9에 나와 있다.

ITAE 성능 지수에 대한 제어기 튜닝 관계는 표 12.4와 같다. 이러한 관계는 식 12-10의 FOPD 모델과 식 12-13의 PID 컨트롤러의 병렬 형태를 위해 개발되었다. 또한 그림 12.2의 외란 및 공정 전달함수가 동일하다고 가정하였다(즉, $G_d = G$).

최적의 컨트롤러 설정은 설정점 변경 및 외란의 단계 변화에 대해 서로 다르다는 점에 유의하자. 일반적으로 설정점 변경에 대한 제어기 설정은 보다 보수적이다. IAE와 ISE 지수 및 기타 프로세스 모델의 유사한 튜닝 관계도 사용이 가능하다(Lipták, 2006; Madhurantakam 등, 2008).

두 개의 초기 제어기 튜닝 관계는 지글러와 니콜스(1942)와 코헨과 코온(1953)에 의해 출판되었다. 이러한 잘 알려진 튜닝 관계는 decay(축소) 비율이 1/4인 닫힌 루프 응답을 제공하기 위해 개발되었다(5.4절 참조). decay(축소) 비율이 1/4인 응답은 대부분의 공정 제어 애플리케이션에서 지나치게 진동하는 것으로 간주되기 때문에 이러한 튜닝 관계는 권장되지 않는다.

기타 PID 설계 방법과 튜닝 관계는 책자(Åström and Hägglund, 2006; Visioli, 2006; McMillan, 2015) 및 광범위한 편집 자료(O'Dwyer, 2009)에서 이용할 수 있다.

표 12.4 ITAE 성능 지수 및 1차 및 시간 지연 모델에 기초한 제어기 설계 관계.*, †

Type of Input	Type of Controller	Mode	A	B
Disturbance	PI	P I	0.859 0.674	−0.977 −0.680
Disturbance	PID	P I D	1.357 0.842 0.381	−0.947 −0.738 0.995
Set point	PI	P I	0.586 1.03†	−0.916 −0.165†
Set point	PID	P I D	0.965 0.796† 0.308	−0.85 −0.1465† 0.929

*설계 관계: $Y = A(\theta/\tau)^B$, 여기서 Y = 비례모드의 경우 KK_c, 적분모드의 경우 τ/τ_I, 미분모드의 경우 τ_D/τ.
†설정점 변경의 경우, 적분모드의 설계 관계는 $\tau/\tau_I = A + B(\theta/\tau)$이다.

Lambda 방법

Lambda 방식은 특히 펄프와 제지업계에서 인기 있는 튜닝 기법이다. 그것의 PI 또는 PID 제어기 튜닝은 식 12-6의 간단한 전달함수 모델과 원하는 닫힌 루프 전달함수를 기반으로 한다. 전통적인 접근방식은 FOPD 모델 또는 적분과 시간 지연 모델을 기반으로 PI 제어기를 튜닝하는 것이다. 그러나 Lambda 방법은 이러한 모델에 대한 PID 컨트롤러를 튜닝하는 데도 사용할 수 있다(Åström and Hägglund, 2006). Lambda 및 IMC 방법은 이러한 모델과 원하는 닫힌 루프 전달함수에 대해 동일한 PI 및 PID 컨트롤러를 생성하는 것이 주목할 만하다(표 12.1 참조). 따라서 Lambda 튜닝 규칙은 IMC 튜닝 규칙의 특별한 경우로 간주될 수 있다.[5]

12.3.3 AMIGO 방법

이 장에서 고려한 PID 제어기 튜닝 방법의 대부분은 지정된 수준의 제어시스템 성능을 달성하는 것에 기초하지만, 견고성(robustness) 문제를 명시적으로 다루지는 않는다. 따라서 이러한 방법의 경우 제어기 설계가 완료된 후(예: 컨트롤러 분리) 견고성을 다루어야 한다. 그러나 IMC 방법과 AMIGO 방법 둘 다(Hägglund와 Eström, 2004; Eggström과 Hägglund, 2006) 개발과정에서 견고성과 성능을 고려한다. AMIGO 방법은 견고성과 노이즈 제거에 대한 제약을 만족시키면서 성능 지표를 최적화한다.

AMIGO 튜닝 관계는 식 12-40의 PID 제어기의 확장된 형태에 기초한다.

$$u(t) = K_c\left[y_{sp}(t) - y_m(t)\right] + K_I\int_0^t (y_{sp}(t^*) - y_m(t^*))dt^* + K_D\left(-\frac{dy_m}{dt}\right) \tag{12-40}$$

AMIGO 컨트롤러 설정은 견고성 제약에 따라 *적분 이득*인 K_I를 최대화하여 계산한다. 성능 지표로서 K_I를 선택하는 것은 외란 제거를 위한 고려에 근거한다: 닫힌 루프 시스템에 의한 저주파 외란(공정 제어에서 공통)의 감쇠 정도는 일반적으로 K_I(식 12-39 참조)에 반비례한다. K_I는 다음 식에 의해 병렬 PID 형식(식 12-13)의 PID 매개변수와 관련이 있음을 주목할 필요가 있다.

$$K_I = \frac{K_c}{\tau_I} \tag{12-41}$$

AMIGO 견고성 제약조건은 주요 주파수 영역 견고성 메트릭스, M(*감도 함수*의 최대값)에 대한 지정된 값으로 구성된다(부록 J 참조).

아미고 튜닝 관계는 다음과 같이 개발되었다. 첫째, 134개의 프로세스 모델에서 각 모델별로 최적의 PI 및 PID 컨트롤러 설정을 결정하였는데, 이 모델은 고차원 모델, 프로세스 통합, 광범위한 θ/τ 값을 포함하는 10가지 유형의 전달함수 모델로 구성되었다. 적분 모델을 제외하고, 모든 시험 모델은 단순하거나 또는 약간 단순한 단계 반응을 보였다. 대부분의 공정 모델이 이 조건을 만족하기 때문에 이것은 단지 가벼운 제한일 뿐이다. 그러나 단순성 요건은 단계 반응이 유의미한 오버슈트 또는 역반응을 보이는 저감쇠 프로세스 또는 프로세스에 대해 AMIGO 튜닝이 권장되지 않음을 의미한다(5장과 6장 참조).

[5] 초기 출판물에서 λ가 원하는 닫힌 루프 시간 상수의 역수를 나타내는 기호이기 때문에 "람다 방법"이라는 용어가 사용되었다(예. Dahlin, 1986).

134개 시험 모델 각각에 대해, 제약을 받는 최적화($M = 1.4$)에 의해 최적 제어기 매개변수를 계산하였고, 모델 감소 기법을 사용하여 간단한 근사 모델(예: 시간 지연이 있는 1차 및 2차 모델)을 개발하였다. 그 후 AMIGO 튜닝 관계는 최적 제어기 매개변수의 회귀에 의해 대략적인 모델 매개변수로 개발되었다. 두 개의 공통 프로세스 모델에 대한 AMIGO 조정 관계는 표 12.5와 12.6에 나타나 있다.

다음은 AMIGO 튜닝 규칙에 대한 몇 가지 의견이다.

1. DS나 IMC 방식과 달리 AMIGO 방식에는 반드시 지정해야 하는 τ_c와 같은 설계 매개변수가 없다.
2. PI 제어의 경우 표 12.5의 튜닝 관계는 개별 시험 모델에 대한 최적 제어기 설정(대부분 모델의 경우 ±15%)과 매우 일치한다.
3. 그러나 PID 제어의 경우 134개 모든 시험 모델에 대해 정확한 튜닝 관계를 개발할 수 없었다. 따라서 표 12.6의 조정 관계는 $\theta/\tau > 0.43$에 대해 보수적인 경향이 있다. 단, 다양한 θ/τ 값의 최적 PID 설정은 그래픽 형식으로 이용할 수 있다(Åctström 및 Häegglund, 2006).
4. 시간 지연 및 기타 특수 사례(예: 지연이 큰 프로세스)가 있는 2차 모델의 AMIGO 튜닝 관계도 이용할 수 있다(Åctström 및 Häegglund, 2006).

12.3.4 노이즈 필터

고주파 노이즈는 종종 공정의 측정과 관련이 있다. 노이즈는 센서, 전기 장비 또는 프로세스 자체를 포함하는 여러 소스에 의해 발생할 수 있다. 불완전한 혼합, 센서 주변의 난류, 균일하지 않은 다층유동 등으로 인해 공정으로 인한 소음이 발생할 수 있다. 피드백 컨트롤러가 노이즈를 증폭시키고 컨트롤러 출력을 통해 이를 다시 프로세스에 다시 주입

표 12.5 PI 컨트롤러에 대한 AMIGO 조정 규칙(Åströmand Hägglund, 2006).

Model: $G(s) = \dfrac{Ke^{-\theta s}}{\tau s + 1}$	**Model:** $G(s) = \dfrac{Ke^{-\theta s}}{s}$
$K_c = \dfrac{0.15}{K} + \left(0.35 - \dfrac{\theta\tau}{(\theta+\tau)^2}\right)\dfrac{\tau}{K\theta}$	$K_c = \dfrac{0.35}{K\theta}$
$\tau_I = 0.35\theta + \dfrac{13\theta\tau^2}{\tau^2 + 12\theta\tau + 7\theta^2}$	$\tau_I = 13.4\theta$

*Only valid for $\theta > 0$.

표 12.6 PID 컨트롤러에 대한 AMIGO 조정 규칙(Åströmand Hägglund, 2006).

Model: $G(s) = \dfrac{Ke^{-\theta s}}{\tau s + 1}$	**Model:** $G(s) = \dfrac{Ke^{-\theta s}}{s}$
$K_c = \dfrac{1}{K}\left(0.2 + 0.45\dfrac{\tau}{\theta}\right)$	$K_c = \dfrac{0.45}{K}$
$\tau_I = \dfrac{0.4\theta + 0.8\tau}{\theta + 0.1\tau}\theta$	$\tau_I = 8\theta$
$\tau_D = \dfrac{0.5\theta\tau}{0.3\theta + \tau}$	$\tau_D = 0.5\theta$

*Also only valid for $\theta > 0$.

하기 때문에 측정에서 발생하는 높은 노이즈 수준은 닫힌 루프 성능에 좋지 않은 영향을 미칠 수 있다. 결과적으로 노이즈는 제어밸브 및 기타 최종 제어 요소에 과도한 마모를 야기할 수 있다.

고주파 노이즈의 영향은 측정치를 *필터링*하여 신호 처리의 유형에 의해 감소될 수 있다. 대조적으로, 저주파수 및 중주파수 노이즈는 적분형 제어 모드에 의해 처리해야 되는 외란으로 해석될 수 있다. 이 섹션에서는 필터 설계와 그것이 컨트롤러 설계 및 닫힌 루프 성능에 미치는 영향을 간략히 고려한다. 17장에서는 노이즈 필터와 디지털 제어 기법에 대한 보다 상세한 분석을 제공한다.

상용 컴퓨터 제어 소프트웨어에는 측정된 각 변수에 대한 필터링 옵션이 포함되어 있다. 필터는 흔히 전달함수로 표현된다. 예를 들어 *표준 1차 필터* G_F는

$$\frac{Y_F(s)}{Y(s)} = G_F(s) = \frac{1}{\tau_F s + 1} \tag{12-42}$$

여기서 y_F는 필터 출력이고 y는 측정 변수, τ_F는 필터 시간 상수이다.

그림 12.2의 표준 블록선도에서 G_F는 G_m 다음에 피드백 경로에 추가 블록으로 포함될 것이다. τ_F의 선택은 다음과 같이 절충(tradeoff)을 포함한다: τ_F의 큰 값은 측정의 평활화(smoothing)를 향상시키지만 닫힌 루프 시스템에 동적 지연을 더한다. 이 추가 시간 상수는 닫힌 루프 안정성, 성능 및 견고성(robustness)에 악영향을 미칠 수 있다. 그 영향은 12.3절과 12.4절의 설계 및 튜닝 방법에서 G를 GG_F로 대체함으로써 평가할 수 있다.

1차 필터에 대한 지침은 τ_F가 지배적인 공정 시간 상수 τ_p의 작은 부분 또는 제어기 설정의 일부인 τ_I 또는 τ_D로 지정되어야 함을 나타낸다. 대표적인 지침은 τ_F가 $0.1\tau_p$ 미만이어야 한다는 것이다. 측정의 평활화(smoothing)와 닫힌 루프 성능/견고성(robustness) 간의 트레이드오프를 바탕으로 τ_F 및 PI/PID 제어를 위한 간단한 튜닝 규칙을 이용할 수 있다(Segovia et al., 2014; Garpinger and Haglund, 2015).

12.3.5 컨트롤러 설계 및 튜닝 지침

이전 섹션의 설계 및 조정 관계는 서로 다른 성능 기준에 기초하지만, PI/PID 제어기에 대해 몇 가지 일반화된 지침을 만들 수 있다. 이 지침은 FOPD 모델 단위로 표현되지만 6.3절에 따라 FOPD 모델에 의해 처음 근사치되는 경우 다른 모델에도 유효하다.

몇 가지 중요한 가이드라인은 다음과 같다.

1. 제어기 설계와 튜닝은 제어시스템 성능과 견고성 사이의 절충을 수반한다. 고성능 컨트롤러는 매우 견고하지 않은 반면, 매우 견고한 컨트롤러는 매우 느린 응답을 제공하는 경향이 있다. 필요한 절충(tradeoff)은 제어 목표, 제어 루프 중요도 및 모델 정확도에 크게 좌우된다.
2. 상용 소프트웨어에는 PID 제어 알고리즘의 많은 변형이 포함되어 있다(8장 참조). 예를 들어, 직렬 대 병렬 형태, K_c 대비 PB 사용 등. 따라서 PID 제어기를 설계하거나 튜닝할 때 어떤 버전의 PID 컨트롤을 고려하고 있는지 지정하는 것이 중요하다.
3. 제어기 이득 K_c는 피드백 루프에서 다른 이득의 곱과 반비례해야 한다: $K_c \propto 1/K$, 단 $K = K_v K_p K_m$. 닫힌 루프 안정성의 경우 $K_c K > 0$.

4. K_c는 θ/τ이 증가함에 따라 감소해야 한다. 일반적으로 정착시간이 길고 설정점으로부터의 편차가 크기 때문에 θ/τ이 증가함에 따라 제어시스템 성능은 감소한다.
5. 앞에서 언급한 바와 같이, 업계에서 사용되는 피드백 제어기의 대부분은 PID가 아닌 PI이다. 미분 작용은 닫힌 루프 응답을 가속화하기 위한 느린 프로세스에 주로 사용된다. 미분 작용은 지연 지배적 모델(예: $\theta/\tau < 0.25$)에 가장 효과적이다.
6. τ_I와 τ_D 모두 θ/τ가 증가함에 따라 증가해야 한다. 많은 제어기 튜닝 관계에서 D/τ_I 비율은 0.1에서 0.5 사이이다. 경험 법칙에 의하면 $\tau_D/\tau_I = 0.25$를 초기값으로 사용하는 것이 좋다.
7. 설정점 가중치의 경우, 보수적인 규칙은 $\theta/\tau > 0.43$일 때 $\beta = 1$을 설정하는 것이다(Agstram and Hégglund, 2006, 페이지 230).
8. 튜닝 관계(및 관련 지침)는 만족스러운 제어기 설정의 첫 번째 추정치를 제공하는 것으로 간주되어야 한다. 후속 미세 튜닝이 필요한 경우가 많으며, (많은 경우에서 보듯이) 특히 프로세스 모델이 매우 정확하지 않은 경우에는 더욱 그러하다.

앞 절의 튜닝 관계는 PID 제어의 평행 형태에 대해 개발되었지만, 표 12.2를 이용하여 직렬 형태로 변환할 수 있다.

예제 12.5

측정 시간 지연이 있는 혼합 시스템은 다음과 같은 튜닝 관계를 사용하여 모델링할 수 있다.

$$G(s) = \frac{1.54e^{-1.07s}}{5.93s+1}$$

다음 튜닝 관계를 사용하여 PI 컨트롤러 설정을 계산하시오.

(a) IMC ($\tau_c = \tau/3$) **(b)** IMC ($\tau_c = \theta$)

(c) ITAE (disturbance) **(d)** AMIGO

풀이

계산된 PI 제어기 설정은

	K_c	τ_I
IMC ($\tau_c = \tau/3 = 1.97$)	1.27	5.93
IMC ($\tau_c = \theta = 1.07$)	1.80	5.93
ITAE (disturbance)	2.97	2.75
AMIGO	0.905	4.47

ITAE(외란) 설정이 가장 공격적이고, AMIGO 설정이 가장 덜 공격적인 것으로 보인다. 그러나 이 주장은 시뮬레이션으로 확인해야 한다.

12.4 자유도가 2인 제어기

표준 PID 제어기에 대한 제어기 설정 규격은 일반적으로 설정점 추적과 외란 제거 사이

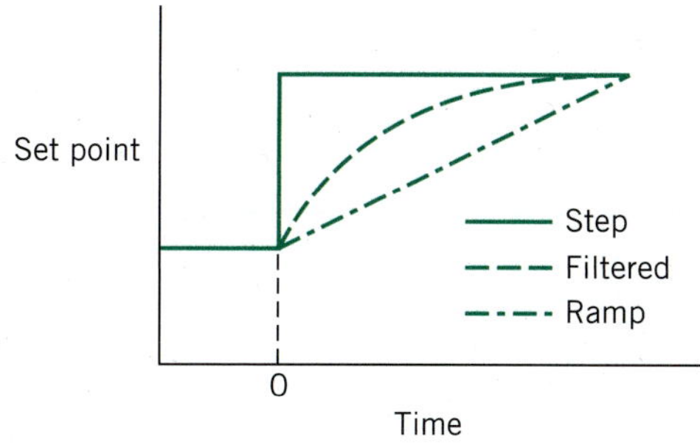

그림 12.10 설정점 변경의 구현.

의 절충이 필요하다. 프로세스 산업에서 대부분의 단일 루프 컨트롤러의 경우 다른 컨트롤러에 의해 설정점이 계산되는 계단식 제어에 예외가 발생하기는 하지만, 설정점 추적보다 외란 제거가 더 중요하다(16.1절 참조). 따라서 특히 설정점 추적을 희생하지 않고 달성할 수 있는 경우 만족스러운 외란 제거를 위해 제어기를 조정하는 것이 합리적이다. 다행히 설정점와 외란 대응을 독립적으로 조정하기 위해 두 가지 간단한 전략을 사용할 수 있다. 이 전략들은 *자유도가 2인 제어기*라고 불린다.

첫 번째 전략은 매우 간단하다. 설정점 변경은 갑작스러운 스텝 변경보다는 점진적으로 도입된다. 예를 들어, 설정점은 그림 12.10(또는 "필터링")과 같이 1차 전달함수를 통하여 새로운 값으로 증가할 수 있다.

$$\frac{Y_{sp}^*}{Y_{sp}} = \frac{1}{\tau_{sp} + 1} \tag{12-43}$$

여기서 Y_{sp}^*는 제어 계산에 사용되는 *필터링된 설정점*을 나타낸다. 필터 시간 상수인 τ_{sp}는 필터링된 설정점이 그림 12.10과 같이 새 값에 얼마나 빨리 도달하는지를 결정한다. 이 전략은 설정점 변경에 대한 오버슈트를 현저하게 줄이거나 아예 제거할 수 있다.

설정점 응답을 독립적으로 조정하기 위한 두 번째 전략은 설정점 가중인자 β를 식 12-40에서 $0 \leq \beta \leq 1$로 지정하는 것이다. 일반적으로 β가 증가하면 설정점 응답은 빨라지지만 오버슈트가 더 많이 나타난다.

외란 대응에 영향을 주지 않고 설정점 대응을 조정하기 위한 두 가지 간단하지만 효과적인 전략, 즉 설정점 필터링(또는 증가, ramping)과 설정점 가중인자 β의 사용을 검토했다.

예제 12.6

예제 12.4의 FOPD 모델의 경우 케이스 (b)에 대한 PI 제어기가 최상의 외란 대응을 제공했다. 그러나, 그것의 설정점 응답은 상당한 오버슈트를 가지고 있다. 설정점 가중치가 정착시간(settling time)에 악영향을 주지 않으면서 오버슈트를 현저히 줄일 수 있는가?

풀이

그림 12.11은 PI 컨트롤러에 대해서 설정값 가중치가 있을 때와 없을 때의 설정값 응답를 비교한 것이다. $\beta = 0.5$의 설정점 가중치는 오버슈트가 크게 감소하고 정착 시간이 크게 단축되기 때문에 유의미한 개선을 제공한다. 그림 12.8의 외란 반응은 β 값과 독립적이기 때문에 명시한 목표가 달성된다.

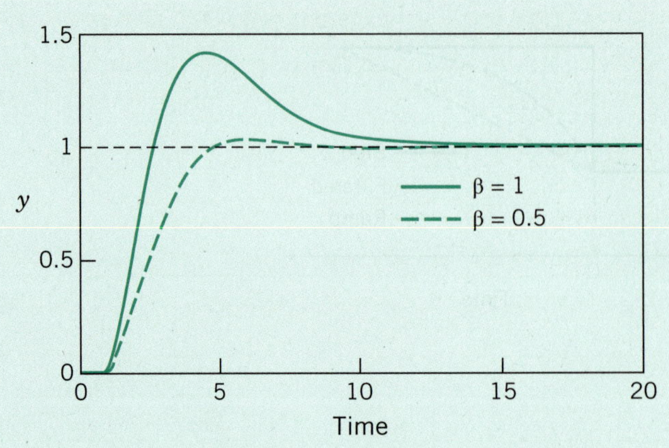

그림 12.11 예제 12.6에서 설정점 가중치가 닫힌 루프 응답에 미치는 영향.

12.5 온라인 제어기 튜닝

현대 산업 공장의 제어시스템은 일반적으로 수천 개의 개별 제어 루프를 포함한다. 제어시스템 설계 중 프로세스 지식, 제어 목표 및 이전 경험을 바탕으로 예비 제어기 설정을 지정한다. 컨트롤러를 설치한 후에는 예비 설정이 만족스러운 것으로 판명되는 경우가 많다. 그러나 중요한 제어 루프의 경우 만족스러운 제어를 달성하기 위해 예비 설정을 조정해야 할 수 있다. 이 현장 튜닝은 *온라인 튜닝*, *필드 튜닝* 또는 *제어기 튜닝*과 같은 다양한 이름으로 언급된다. 온라인 제어기 튜닝은 종종 시행착오를 기준으로 하는 플랜트 테스트를 수반하기 때문에 튜닝은 상당히 지루하고 시간이 많이 소요될 수 있다. 따라서 필요한 시간과 노력을 줄이려면 양호한 초기 컨트롤러 설정이 매우 바람직하다. 이상적으로는 제어시스템 설계의 예비 설정을 초기 필드 설정으로 사용할 수 있다. 예비 설정이 만족스럽지 않은 경우 간단한 실험 시험에서 대체 설정을 얻을 수 있다. 필요한 경우 약간의 시행착오를 통해 설정을 미세 조정할 수 있다.

이 장에서는 온라인 제어기 튜닝을 위한 세 가지 중요한 방법을 설명한다. 보다 상세한 분석과 풍부한 실무경험은 산업 실무자(McMillan, 2015; Shinskey, 1994)와 대학 연구자(Ström, Haegglund, 2006; Yu, 1999)의 저서에서 확인할 수 있다. 제어기 튜닝용 소프트웨어도 널리 이용 가능하다.

다음으로 몇 가지 일반적인 관찰을 진행한다.

1. **제어기 튜닝은 필연적으로 성능과 견고성 사이의 절충을 수반한다.** 탁월한 설정점 추적과 외란 제거의 성능 목표는 광범위한 조건에 걸쳐 안정적 운전이라는 목표와 균형을 이루어야 한다.
2. **컨트롤러 설정을 정확하게 결정할 필요는 없다.** 일반적으로 컨트롤러 설정의 최저 값(예: ±10%)에서 작은 변화는 닫힌 루프 응답에 거의 영향을 미치지 않는다.
3. **대부분 공장의 경우 각 컨트롤러를 수동으로 튜닝하는 것은 불가능하다.** 튜닝은 보통 제어 전문가(엔지니어 또는 정비사) 또는 공장 운영자에 의해 이루어진다. 일반적으로 각 개인이 300~1000개의 제어 루프를 담당하기 때문에 모든 제어기를 수동으로 조정하는 것은 불가능하다. 대신 가장 중요하거

나 가장 골치 아픈 것으로 인식되는 제어 루프만 세심한 주의를 요구한다. 다른 제어기는 일반적으로 제어시스템 설계의 예비 설정을 사용하여 작동한다.

4. **제어시스템 성능 모니터링을 위한 진단 기법을 이용할 수 있다**. 이 주제는 21장에 소개되어 있다.

다음으로 우리는 세 가지 중요한 온라인 튜닝 방법을 고려한다.

12.5.1 연속 사이클링 방법

1942년 지글러와 니콜스는 온라인 제어기 튜닝을 위한 연속 사이클링 방식을 도입한 고전 논문을 발표했다(지글러와 니콜스, 1942년). 본 논문과 지글러–니콜스(Z-N) 조정 관계는 공정 제어 연구와 실무 모두에 막대한 영향을 미쳤다. 심각한 단점에도 불구하고 Z-N 관계와 (다양한 수정)은 튜닝 관계 비교에서 벤치마킹으로 널리 이용되어 왔다. 따라서 12.5.2절에서 보다 최신 온라인 튜닝 방법인 릴레이 자동 튜닝을 고려하기 전에 이 절에서 Z-N 연속 사이클링 방법을 간략히 설명한다. Z-N 연속 사이클 방법은 비례 제어에 대한 닫힌 루프 안정성 한계를 실험적으로 결정하는 것에 기초한다. 다음과 같은 시행착오 절차를 사용한다.

단계 1. 공정이 안정 상태에 도달한 후(적어도 대략적으로) 적분 모드와 미분 모드를 제거하여 비례적 단독 제어를 도입한다(즉, set $\tau_D = 0$ 이고 $\tau_I = \infty$).

단계 2. 제어된 변수가 설정점으로부터 멀어지도록 작고 순간적인 설정 지점 변경을 도입한다. 연속 사이클링이 발생할 때까지 K_c(절대값)를 조금씩 증가시킨다. 연속 사이클이라는 용어는 일정한 진폭을 가진 지속적인 진동을 가리킨다. 연속 사이클링(비례적 전용 제어용)을 생성하는 K_c의 값은 궁극적인 이득인 K_{cu}로 정의된다. 이 지속적인 진동 기간은 궁극적인 기간인 P_u이다.

K_{cu}와 P_u를 결정한 후, 제어기 설정은 표 12.7의 Z-N 튜닝 관계를 이용하여 계산할 수 있다.

보고된 Z-N 튜닝 관계는 감쇠 비율이 1/4인 닫힌 루프 응답을 제공하기 위해 경험적으로 결정되었다. 비례 제어의 경우 K_c가 안정성 한계치인 K_{cu}의 1/2이기 때문에 표 12.7의 Z-N 설정치는 2의 안전마진을 제공한다. PI 제어를 위해 적분 성능이 추가되면 K_c는 0.5 K_{cu}에서 0.45 K_{cu}로 감소한다. 미분 성능의 안정화 효과는 PID 제어를 위해 K_c를 0.6 K_{cu}로 증가시킬 수 있다.

연속 사이클링 방식은 크게 두 가지 단점이 있다.

1. 공정의 동적반응이 더디면 K_{cu}와 P_u의 시행착오적 결정은 상당한 시간이 소요될 수 있다.

표 12.7 Ziegler와 Nichols의 연속 사이클링 방법에 기초한 제어기 설정.

Controller	K_c	τ_I	τ_D
P	$0.5K_{cu}$	—	—
PI	$0.45K_{cu}$	$P_u/1.2$	—
PID	$0.6K_{cu}$	$P_u/2$	$P_u/8$

2. 많은 애플리케이션의 경우, 프로세스가 안정성의 한계로 인해 연속 사이클링은 바람직하지 않다. 따라서 시험 중 외란이나 공정 변화가 발생하면 불안정한 작동이나 위험한 상황이 발생할 수 있다(예: 화학 반응에서 "갑작스런 온도 증가").

Z-N 컨트롤러 설정은 다양한 튜닝 방법과 제어 전략을 평가하기 위한 벤치마크로 널리 사용되어 왔다. 그것들은 1/4 감쇠비에 기초하기 때문에, Z-N 설정은 설정점 변경에 대한 진동 반응과 큰 오버슈트를 생성하는 경향이 있다. 프로세스 제어 문헌에서 두각을 나타냄에도 불구하고 PID 제어를 위한 유명한 Z-N 튜닝 관계가 컨트롤러의 직렬 또는 병렬 형태에 대해 개발되었는지 확실하지 않다(Thystrom et al., 2001). 평행 형태는 보다 보수적인 제어기(Skogestad, 2003)를 낳기 때문에, 병렬 형태에 대한 Z-N 설정을 계산한 후, 필요한 경우 표 12.2를 이용하여 직렬 형태로 변환하는 것이 합리적이다.

단순 전달함수에 대한 K_{cu} 및 P_u 모델 매개변수의 FOPTD

모델 매개변수 계산은 K_{cu} 및 P_u에서 계산할 수 있다. 예를 들어 식 12-10의 FOPTD 모델을 고려하십시오. 시간 지연 θ을 알거나 추정할 수 있는 경우 K와 τ을 계산할 수 있다(Rivera 등, 1986).

$$\tau = \frac{P_u}{2\pi}\tan\left[\frac{\pi(P_u - 2\theta)}{P_u}\right] \tag{12-44}$$

$$K = \frac{1}{K_{cu}}\left(1 + \left[\frac{2\pi\tau}{P_u}\right]^2\right)^{1/2} \tag{12-45}$$

FOPTD 모델을 계산한 후에는 12.2절과 12.3절의 모델 기반 설계 방법을 사용하여 PID 제어기 설정을 계산할 수 있다.

제어기 튜닝 관계는 예제 12.7과 12.8에서 비교된다.

예제 12.7

FOPTD 모델의 경우,

$$G = \frac{e^{-s}}{s+1}$$

다음 4개의 PI 컨트롤러를 비교하시오.

(a) $\tau_c = 1$를 가진 IMC 설정(표 12.1)

(b) AMIGO 설정(표 12.5)

(c) 외란에 대한 ITAE 설정(표 12.4)

(d) Z-N 설정(표 12.7)

설정 점($t = 0$에서)의 단위 스텝 변경 및 $t = 20$에서 1의 스텝변화 외란에 대해 이 제어기를 평가하시오. 단, $G_d = G$라고 가정한다.

풀이

최종 이득과 최종 기간은 시행착오를 통해 $K_{cu} = 2.26, P_u = 3.10$으로 결정할 수 있다.

방법	K_c	τ_I
IMC	0.5	1.0
AMIGO	0.25	1.0
ITAE	0.86	1.48
Z-N	1.02	2.58

그림 12.12의 이러한 컨트롤러 설정과 닫힌 루프 응답은 ITAE와 ZN 설정들이 가장 공격적이며 감쇠 진동 반응을 발생시킨다는 것을 나타낸다. AMIGO 설정이 가장 보수적인 반면 IMC 설정은 최상의 결과를 제공한다.

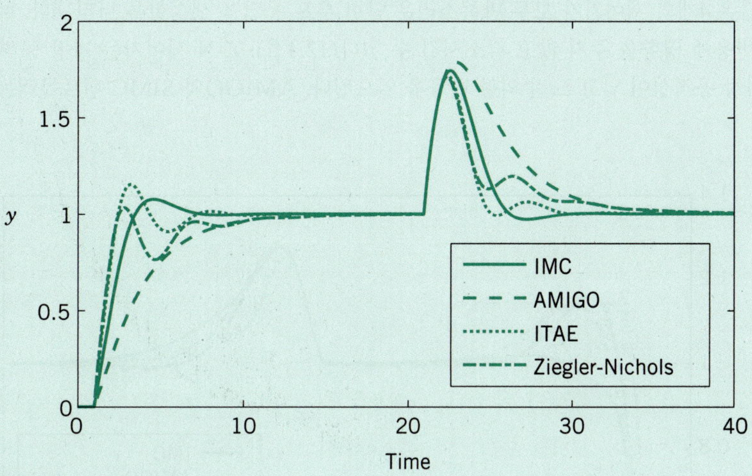

그림 12.12 예 12.7의 4개의 PI 컨트롤러 비교.

예제 12.8

프로세스 모델

$$G = \frac{2e^{-0.633s}}{(s+1)(0.2s+1)(0.04s+1)(0.008s+1)}$$

을 고려하고, FOPTD 모델을 사용하여 설계된 4개의 PID 컨트롤러를 비교하십시오.

(a) $\tau_c = \theta = 0.73$인 IMC 설정(표 12.1)

(b) AMIGO 설정(표 12.6)

(c) Z-N 설정(표 12.7)

(d) $\tau_c = 0.37$을 사용한 SIMC 설정(식 12-34)

설정 점($t = 0$에서)의 단위 스텝 변경 및 $t = 10$에서 규모 0.5의 외란에 대해 이 제어기를 평가하시오. 단, $G_d = G$으로 가정하시오.

풀이

방법(a), (b) 및 (d)의 순서로 4차 모델을 FOPTD 모델로 축소한다.

$$G = \frac{Ke^{-\theta s}}{\tau s + 1}$$

4차 모델에 Skogestad 모델 축소 기법(6.3절)을 적용하면 다음과 같다.

$$K = 2$$
$$\theta = 0.633 + (0.5)(0.2) = 0.733$$
$$\tau = 1 + (0.5)(0.2) = 1.1$$

방법 (*a*) 및 (*d*)의 경우, τ_c 설계 매개변수는 앞에서 보고한 지침에 기초하여 지정된다. IMC의 경우 $\tau_c = \theta = 0.733$, SIMC의 경우 $\tau_c = 0.5\theta = 0.37$. Z-N 설정에 대한 최종 이득과 최종 기간은 $K_{cu} = 5.01$ 및 $P_u = 0.331$이다. PID 컨트롤러 설정은 다음과 같다.

방법	K_c	τ_I	τ_D
IMC	1.00	1.47	0.37
AMIGO	0.88	1.02	0.31
Z-N	1.51	1.51	0.38
SIMC	1.00	1.10	0.24

그림 12.13의 닫힌 루프 응답은 4개의 제어기가 모두 만족스러운 닫힌 루프 응답을 생성함을 나타낸다. 설정점 오버슈트는 설정점 가중인자 β를 조정하여 외란 반응에 영향을 주지 않고 감소시킬 수 있다(12.4절). Z-N 제어기는 가장 공격적이며 약간의 진동 반응을 일으킨다. IMC 제어기는 가장 공격성이 낮고 느린 외란 반응을 일으킨다. AMIGO와 SIMC 컨트롤러는 매우 만족스러우며 유사한 응답을 제공한다.

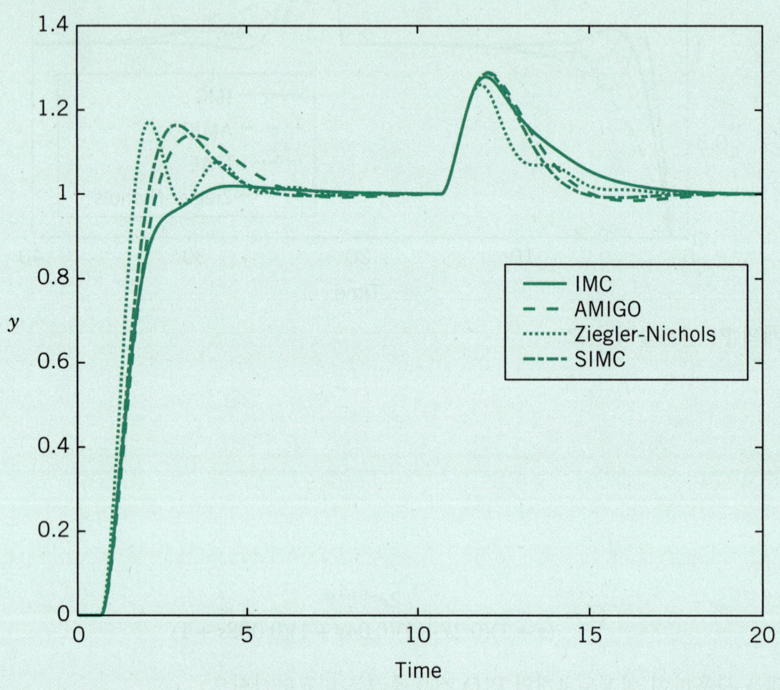

그림 12.13 예제 12.8에서 4개의 PID 컨트롤러의 비교.

12.5.2 릴레이 자동 튜닝

Åström와 Hägglund(1984)는 연속 사이클링 방법에 대한 매력적인 대안을 개발했다. 그들의 릴레이 자동 튜닝 방법에서는 K_{cu}와 P_u를 결정하기 위해 간단한 실험 시험이 사용된다. 이 시험을 위해 피드백 컨트롤러는 일시적으로 온-오프 컨트롤러(또는 릴레이)로 교체된다. 제어 루프가 닫힌 후 제어 변수는 온-오프 제어의 특징인 지속적인 진동을 나타낸다(8.6절 참조). 릴레이 자동 튜너의 작동은 그림 12.14와 같이 dead zone을 포함한다. Dead band는 측정 노이즈로 인한 빈번한 전환을 방지하기 위해 사용된다. 궁극적인 이득과 궁극적인 기간은 그림 12.14에서 쉽게 얻을 수 있다. 최종 주기P_u는 공정 출력에 대한 진동 주기와 동일하다. Åström와 Hägglund (1984)는 궁극적인 이득에 대한 대략적인 표현을 도출했다.

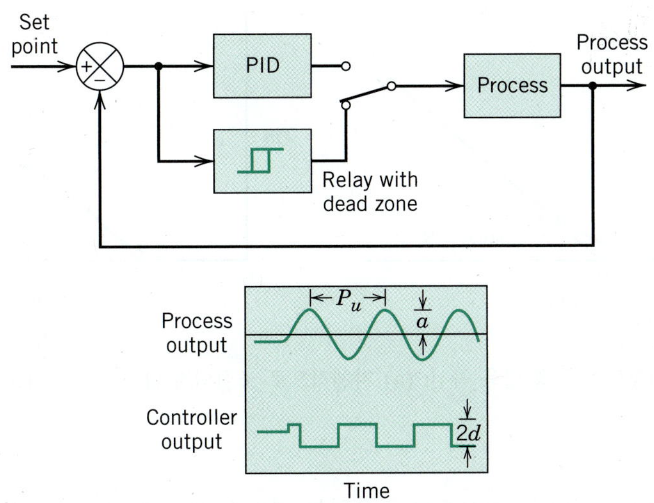

그림 12.14 릴레이 컨트롤러를 사용한 자동 튜닝.

$$K_{cu} = \frac{4d}{\pi a} \tag{12-46}$$

여기서 d는 릴레이 진폭(사용자가 설정한)이고 a는 프로세스 진동의 측정된 진폭이다. PID 컨트롤러 설정은 표 12.6 또는 식 12-40~12-45의 모델 매개변수로 계산할 수 있다. 릴레이 자동 튜닝 방법은 연속 사이클 방식과 비교하여 다음과 같은 몇 가지 중요한 장점이 있다.

1. 시행착오 절차 대신 단 한 번의 실험 테스트만 필요하다.
2. 릴레이 진폭 d를 조정하여 프로세스 출력 a의 진폭을 제한할 수 있다.
3. 그 과정은 안정성의 한계에 강요되지 않는다.
4. 실험 테스트는 쉽게 자동화된다.

릴레이 오토 튜닝 방식도 단점이 있다. 느린 공정의 경우, 시험을 완료하는 데 필요한 2-4 사이클의 진동으로 공정을 적용하는 것은 허용되지 않을 수 있다.

따라서 느린 공정의 경우 12.5.3절의 단계 시험 방법을 선호할 수 있다. 이 섹션에서는 릴레이 자동 튜너의 기본 버전만 고려했다. 수정 및 확장은 비선형, 열린 루프 불안정 및 다중 입력, 다중 출력 프로세스에 사용할 수 있다(Yu, 1999; Hang et al., 2002).

12.5.3 단계 테스트 방법

지글러와 니콜스(1942)는 고전 논문에서 single step 테스트를 바탕으로 한 두 번째 온라인 튜닝 기법을 제안했다. 실험 절차는 꽤 간단하다. 프로세스가 정상 상태에 도달한 후(적어도 대략적으로), 컨트롤러는 수동 모드로 전환된다. 그런 다음 컨트롤러 출력에 작은 단계 변화(예: 3%~5%)가 도입된다. 컨트롤러 설정은 *프로세스 반응 곡선*(7.2절), 개방 루프 스텝 응답에 기초한다. 따라서 이 온라인 튜닝 기법을 *단계 시험 방법* 또는 *공정 반응 곡선*이라고 한다.

t = 0에서 발생하는 단계 변경에 대한 두 가지 유형의 공정 반응 곡선은 그림 12.15에 나타나 있다. 초기 과도현상이 발생한 후, 사례 (a)에 대한 측정된 응답 y_m은 일정한

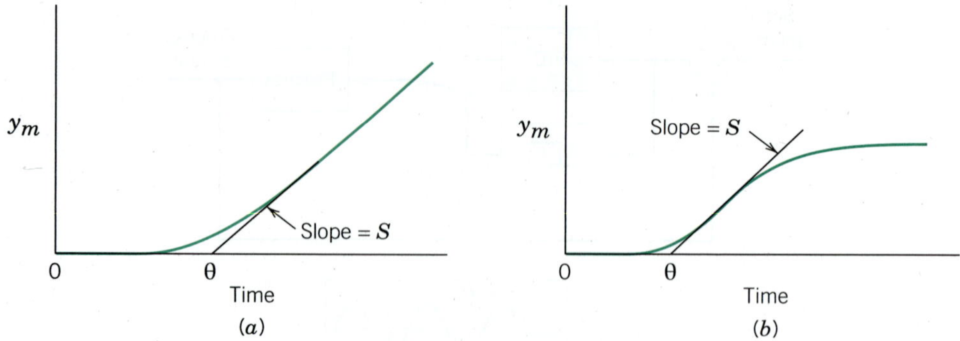

그림 12.15 전형적인 공정 반응 곡선: (a) 자체적으로 조절되지 않는 시스템, (b) 자체적으로 조절되는 시스템.

속도로 증가하여 공정이 적분 요소로 작용하는 것처럼 보여 자체 조절하지 않는다. 이와는 대조적으로, 단계적 반응이 새로운 안정 상태에 도달하기 때문에 사례 (b)에서 고려된 가상적 공정은 자율적으로 조절된다. 두 단계 반응은 모두 변곡점을 통과하는 접선의 기울기 S와 겉보기 시간 지연인 θ의 두 가지 매개변수로 특징 지어진다. S와 θ의 그래픽 결정은 7.2절에 설명되어 있다. 사례 (b)의 경우, 기울기 S는 FOPTD 모델의 경우 K/τ 와 동일하다.

적절한 전달함수 모델은 7장의 매개변수 추정 방법을 사용하여 단계 반응으로부터 얻을 수 있다. 그림 12.15의 반응과 같이 단조롭게 단계 반응이 증가하는 공정의 경우, 식 12-40 및 12-43의 모델이 적합하다. 그런 다음 12.2절과 12.3절의 모델 기반 조정 관계를 사용할 수 있다. Step test 방법의 주요 장점은 단 한 번의 실험 테스트만 필요하다는 것이다. 그러나 이 방법에는 네 가지 단점이 있다.

1. 실험시험은 오픈루프 조건에서 실시한다. 따라서 시험 중 중대한 외란이 발생하면 시정조치를 취하지 않는다. 따라서 공정이 upset을 발생시킬 수 있고 시험 결과가 잘못 이해될 수 있다.
2. 비선형 공정의 경우, 시험 결과는 스텝 변경의 크기와 방향에 민감할 수 있다. 스텝 변경의 크기가 너무 크면 공정 비선형성이 결과에 영향을 미칠 수 있다. 그러나 단계적 크기가 너무 작을 경우, 단계적 대응은 노이즈와 외란으로 인해 일반적인 변동과 구별하기 어려울 수 있다. Step change의 방향(양수 또는 음수)을 선택하여 제어 변수가 제한조건을 위반하지 않도록 해야 한다.
3. 이 방법은 열린 루프 불안정 프로세스에는 적용되지 않는다.
4. 연속(아날로그) 제어기의 경우 이 방법은 제어기 교정 오차에 민감한 경향이 있다. 이와는 대조적으로 연속 사이클링 방법은 실험 시험 중에 조정되기 때문에 K_c의 교정 오차에 덜 민감하다.

Step test 방법의 닫힌 루프 버전도 첫 번째 단점에 대한 부분적 해결책으로 제안되었다(Lee et al., 1990).[6] 일반적으로, 공정은 비례 또는 PI 제어를 사용하여 제어되는 동안 설정점의 단계적 변경이 도입된다. 그런 다음 단순 전달함수 모델의 매개변수를 닫힌

[6] 첫 번째 단점은 7장의 PRBS (pseudo ran-dom binary sequence)와 같은 일련의 작은 변경 사항을 사용하여 최소화할 수 있다.

루프 스텝 응답을 통해 추정할 수 있다. 두 번째 단점은 여러 단계를 변경함으로써 피할 수 있다. 예를 들어, 일련의 양의 변화와 음의 변화가 모두 이루어진다면 외란, 비선형성 및 제어밸브 관성(hysteresis)의 영향이 명백해진다.

예제 12.9

그림 11.1과 다음 단계 시험에 표시된 교반-탱크 혼합 프로세스에 대한 피드백 제어시스템을 고려하시오. 제어기는 처음에 수동 모드에 있다가 갑자기 출력이 30%에서 43%로 변경되었다. 결과 공정 반응 곡선은 그림 12.16에 나타나 있다. 따라서 $t = 0$에서 스텝 변경이 발생한 후 측정된 출구 조성이 35%에서 55%(측정 범위의 백분율로 표시됨)로 변경되었으며, 이는 몰 분율이 0.10에서 0.30으로 변하는 것과 동일하다. $G \triangleq G_{IP}G_vG_pG_m$에 적합한 프로세스 모델을 결정하시오.

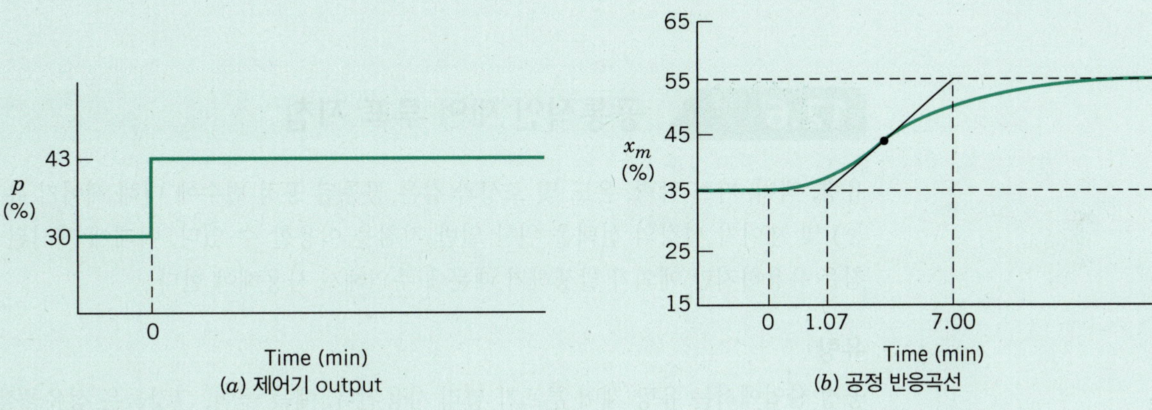

그림 12.16 예제 12.8의 프로세스 반응 곡선.

풀이

닫힌 루프 시스템의 블록선도는 그림 12.17에 나와 있다. 이 블록선도는 그림 11.7과 유사하지만, 제어기와 전류 대 압력(I/P) 변환기 사이에 피드백 루프가 열렸다. FOPTD 모델은 제7.2절의 그래픽 방법을 사용하여 그림 12.16의 프로세스 반응 곡선에서 개발할 수 있다. 변곡점을 통과하는 접선선은 각각 1.07분 및 7.00분에서 초기 및 최종 구성 값에 대한 수평선과 교차한다. 선의 경사는

$$S = \left(\frac{55\% - 35\%}{7.00 - 1.07\ \text{min}}\right) = 3.37\%/\text{min}$$

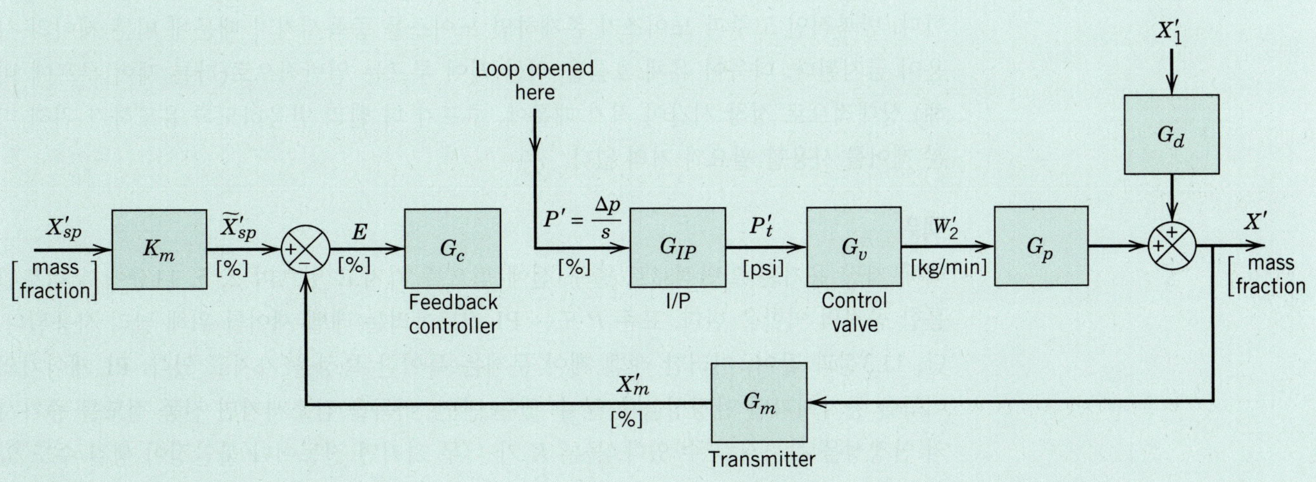

그림 12.17 예제 12.9의 블록선도.

모델 파라미터는 다음과 같이 계산할 수 있다.

$$K = \frac{\Delta x_m}{\Delta p} = \frac{55\% - 35\%}{43\% - 30\%} = 1.54 \text{ (dimensionless)}$$

$$\theta = 1.07 \text{ min}$$

$$\tau = 7.00 - 1.07 \text{ min} = 5.93 \text{ min}$$

시간 지연 1.07분은 τ 계산의 절편 값 7.00분에서 뺄 수 있다.

결과적인 경험적 프로세스 모델은 다음과 같이 표현될 수 있다.

$$\frac{X'_m(s)}{P'(s)} = G(s) = \frac{1.54e^{-1.07s}}{5.93s + 1}$$

예제 12.5는 다른 튜닝 관계를 사용하여 계산된 이 모델에 대한 PI 컨트롤러 설정의 비교를 제공하였다.

12.6 공통적인 제어 루프 지침

유량, 액위, 가스 압력, 온도 및 조성과 같은 공통된 공정 변수에 대해 제어기 유형(P, PI 등) 및 제어기 설정의 선택을 위한 일반 지침을 이용할 수 있다. 아래에 제시된 일반 지침은 유용하지만 예외가 발생하기 때문에 주의해서 사용해야 한다.

유량

공정 산업에서는 유량 제어 루프가 널리 사용된다. 예를 들어, 그것들은 정유공장이나 석유화학공장과 같은 크고 연속적인 공정 공장의 모든 제어 루프의 약 절반에 해당된다. 유량 및 압력 제어 루프는 기본적으로 시간 지연이 없는 빠른 응답(초 단위)으로 특징지어진다. 프로세스 역학은(가스 흐름에서) 압축성 또는 관성 효과(액체에서)와 더불어 직경이 큰 파이프라인에 대한 제어밸브 역학에서 비롯된다. 흐름 제어시스템의 외란 발생은 빈번한 경향이 있지만 일반적으로 작다. 대부분의 외란은 업스트림 난류, 밸브 변화, 펌프 진동으로 인한 고주파 노이즈(주기적 또는 무작위 노이즈)이다.

흐름 제어 루프의 경우 PI 제어는 일반적으로 제어기 이득의 중간 값과 함께 사용된다. Fruauf 외 연구진(1994)은 $0.5 < K_c < 0.7$ 및 $0.2 < \tau_I < 0.3$분 제어기 설정을 권고한다. 반복적인 고주파 노이즈가 존재하면 노이즈를 증폭시키기 때문에 미분 제어의 사용이 금지된다. 더욱이 유체 흐름을 위한 제어 루프는 일반적으로(다른 제어 루프에 비해) 상대적으로 정착 시간이 적기 때문에, 루프가 더 빨리 반응하도록 유도하기 위해 미분 제어를 사용할 필요가 거의 없다.

액위

액체 저장 용기는 일반적으로 출구 선에 펌프를 가지고 있으며 2, 5, 11장에서 검토된 통합 공정의 역할을 한다. 표준 *P* 또는 PI 컨트롤러는 레벨 제어를 위해 널리 사용된다. 단, 11.3절과 같이, 이러한 레벨 제어 문제는 특이한 특성을 가지고 있다: PI 제어기의 이득을 증가시키면 안정성을 *높일* 수 있는 반면, 이득을 감소시키면 진동 정도를 증가시켜 안정성을 감소시킬 수 있다. 물론 K_c가 너무 커지면 진동이나 불안정이 생길 수도 있다. 적분 제어 작용은 종종 액위 제어를 위해 사용되지만 작은 오프셋을 허용할 수 있는 경우 생략할 수 있다. 수조에 유입되는 액체의 첨삭(splashing) 및 난류로 인해 액위 측정에 종종 노이즈가 발생하기 때문에 액위 조절에는 미분 제어가 일반적으로 사용되지 않는다.

다음과 같이 서로 다른 제어 목표를 가진 두 가지 광범위한 제어 문제로 나누어진다.

1. 엄격한 레벨 컨트롤(설정점 또는 그 근처에서의 컨트롤)
2. 평균 레벨 제어(높은 한계와 낮은 한계 사이의 제어)

일부 중요한 프로세스 운영의 경우, 엄격한 수준의 제어가 중요하다. 예를 들어, 일정한 액위는 잔류 시간을 유지하기 위해 일부 화학 반응기와 생물 반응기에 바람직하다. 이러한 상황에서는 프로세스 통합을 위한 표준 튜닝 방법을 사용하여 레벨 제어기를 지정할 수 있다. 또한 레벨 제어에 열 전달과 상 변화(예: 기화기 또는 증발기)가 수반되는 경우 제어기 설계는 훨씬 복잡해진다. 그러한 상황에서는 특수 제어 방법이 유리할 수 있다(Shinskey, 1994).

평균 수위 조절은 유입구 흐름의 변동을 줄이기 위해 액체 저장 용기를 서지 탱크로 사용할 때 매우 광범위하게 적용된다. 제어 목표는 (i) 하류 프로세스 유닛에 갑자기 큰 변화의 영향을 끼치지 않기위해 탱크 변경으로부터의 출구 유량이 갑작스럽게 변경되지 않고 점진적으로 변경되어야 하며, (ii) 액체 레벨은 지정된 상한과 하한 범위 내에서 유지되어야 하며, (iii) 입구와 출구의 정상 상태 질량 밸런스를 충족해야 한다. 이 세 가지 목표는 흡입구 유량 외란에 대응하여 액위가 상승하거나 하락하도록 허용함으로써 달성할 수 있다. 특히 레벨이 상한과 하한 내에 있을 때는 거의 또는 전혀 제어 조치를 취하지 않는다. 그러나 레벨이 상한 또는 하한에 가까워질 때 훨씬 더 강력한 제어가 필요하다.

평균 레벨 제어에는 오프셋이 중요하지 않기 때문에 비례 제어기를 사용하는 것이 합리적이다. 그러나 적분 제어 조치가 필요한 경우, St. Clair (1993)는 평균 레벨 제어를 위해 다음과 같은 PI 컨트롤러 설정을 권장한다.

$$K_c = \frac{100\%}{\Delta h} \tag{12-47}$$

$$\tau_I = \frac{4V}{K_c Q_{\max}} \tag{12-48}$$

$$\Delta h \triangleq \min\left(h_{\max} - h_{sp},\ h_{sp} - h_{\min}\right) \tag{12-49}$$

식 12-49에서 $h_{\max}$와 $h_{\min}$은 최대 허용 액위과 최소 허용 액위이며 h_{sp}는 설정점이다. 각각은 액위 송신기 범위의 백분율로 표현된다. 식 12-48에서 V는 탱크 부피, $Q_{\max}$는 제어 밸브를 통과하는 최대 유량이다. 방정식 12-47 및 12-49는 제어기 오차의 절대값이 Δh보다 클 때 제어기 출력이 포화 한계(0% 또는 100%)에 도달하도록 해준다.

PI 제어의 비선형 버전은 레벨 제어의 평균화를 위해, 특히 제어기 이득이 오차 신호에 비례하는 *오차 제곱 제어기*에 사용된다(16장 참조). 오차 제곱 제어기는 제어 변수가 설정점과 멀리 떨어져 있을 때 큰 제어 액션을 함으로써 이점을 제공하며, 제어 변수가 가까이 있을 때는 작은 제어 액션을 취한다. 단, 전체 운전 범위에 걸쳐 안정적인 대응을 보장하기 위해서는 세심하게 조정해야 한다(Shinskey, 1994).

가스 압력

가스 압력의 제어는 어떤 애플리케이션은 평균 제어를 사용하는 반면 다른 애플리케이션은 설정점 주변의 엄격한 제어를 필요로 한다는 점에서 액체 레벨의 제어와 유사하다. 그러나 안전과 운영상의 문제 때문에 일반적으로 상한점과 하한점은 레벨 제어보다 압력 제어에 더 심각하게 고려되어야 한다. 자가 조절 공정의 경우 가스가 액체와 평형을 이룰 때를 제외하고 압력은 상대적으로 조절이 쉽다. 가스 압력은 압력용기(또는 파이프라인)의 압력이 낮을 때 더 많은 피드를 허용하고, 압력이 높을 때 피드의 유량을 감소시킬 때 자가 조절된다. 통합 프로세스는 압축기가 출구 압력을 결정할 때, 출구 흐름을 위한 펌프가 있을 때 액체 레벨 제어와 유사하게 발생한다. 압력 제어의 경우 PI 제어기는 일반적으로 적은 양의 적분 제어 액션(즉, τ_I가 큰)만 사용한다. 보통 압력용기는 크지 않아 비교적 거주 시간과 시간 상수가 적다. 일반적으로 다른 공정운전에 비해 공정응답시간이 매우 작기 때문에 미분 제어의 작용은 필요하지 않다.

온도

온도 제어 루프에 대한 일반적인 지침은 열 전달과 관련된 프로세스와 장비의 다양성과 시간 척도가 다르기 때문에 기술하기가 어렵다. 예를 들어 열교환기, 증류탑, 화학반응기, 증발기의 경우 온도 제어 문제가 상당히 다르다. 시간 지연 및/또는 다중 열 정전용량(multiple thermal capacitances)이 있으면 일반적으로 컨트롤러 이득에 안정성 한계가 발생한다. PID 제어기는 PI 제어기로 얻을 수 있는 것보다 더 빠른 응답을 제공하기 위해 일반적으로 사용된다.

조성

조성 제어 루프는 일반적으로 온도 루프와 유사하지만 다음과 같이 다른 특성이 있다.

1. 측정(계기) 노이즈는 조성제어 루프에서 더욱 중요한 문제다.
2. 분석기 및 그 샘플링 시스템과 관련된 시간 지연은 중요한 요인이 될 수 있다.

이 두 가지 요인은 미분 제어 액션의 효과를 제한한다. 그 중요성과 제어의 어려움 때문에 조성과 온도 제어 루프는 종종 16장, 18장, 20장에서 논의될 고급 제어 전략의 주요 요소들이다.

12.7 제어 루프 문제 해결

제어 루프가 만족스럽게 수행되지 않는 경우 문제의 원인을 식별하기 위한 문제 해결이 필요하다. 이상적으로는 공장의 시운전 중 전체 프로세스 운전 조건에 대한 제어 루프를 평가하는 것이 바람직하나, 실제로 이것은 거의 실현가능하지 않다. 또한 공정 특성은 장비와 계측기의 변경, 다른 작동 조건, 새로운 피드의 원료 또는 제품, 큰 외란 등 다양한 이유로 시간에 따라 달라질 수 있다. 수천 개의 제어 루프를 조사한 결과 산업 제어 루프의 상당 부분이 성능이 떨어지는 것으로 확인됐다. 예를 들어, 조사에 따르면 산업 제어 루프의 약 3분의 1이 수동 모드에 있었고, 또 다른 1/3은 제어기 튜닝 불량으로 인해 수동 제어에 비해 공정 변동성이 실제로 증가했다고 한다(Ender, 1993; Desborough and Miller, 2002). 분명히 제어기 튜닝과 제어 루프 문제 해결은 중요한 활동이다.

이 절에서는 제어 루프의 모니터링 및 문제 해결에 유용한 기본 원칙과 전략을 간략히 소개한다. 산업적 관점(Ender, 1992; Lieberman, 2008; Smuts, 2011)과 연구 관점 21.5절에서 보다 상세한 분석과 유용한 통찰력을 다양한 곳에서 구할 수 있다. 제어시스템 모니터링 소프트웨어에 대한 조사도 이용할 수 있다(Bacci di Capacityi 및 Scali, 2015).

문제 해결은 제어 루프가 센서/송신기, 제어기, 최종 제어 요소, 계기 라인, 컴퓨터-프로세스 인터페이스 및 프로세스 자체 등 다수의 개별 요소로 구성된다는 것을 깨닫는데서 시작된다. 심각한 제어 문제는 단일 부품의 오작동으로 인해 발생할 수 있다. 한편, 개별적인 요소들이 모두 제 기능을 하고 있다고 해도, 전체 시스템이 제 기능을 할 것이라는 보장은 없다. 그러므로 시스템 접근법이 요구된다.

산업용 애플리케이션에서는 제어기 재 튜닝을 제어 루프 문제 해결을 위한 만병통치약으로 보는 것이 좋다. 그러나 제어 루프가 상당한 시간 동안 만족스럽게 수행된 후에도, 다음과 같은 다양한 이유로 인해 여전히 과도하게 진동하거나 지나치게 부진한 상태가 될 수 있다.

(a) 프로세스 조건 또는 설정점의 변경(예: 유량의 변경)
(b) 제어밸브의 오작동 (예: 스틱의 미끄러짐 또는 관성),
(c) 센서 문제(예: 샘플링 라인의 막힘)
(d) 펌프의 공동현상 (일반적으로 낮은 흡입 압력 때문에).

위의 항목 (a)에서만 제어기를 재 이용할 수 있음에 유의하시오.

필수 배경 정보

제어 루프 문제 해결의 출발점은 문제를 명확하게 정의하기에 충분한 배경 정보를 얻는 것이다. 예를 들어 다음과 같은 많은 질문에 답해야 한다:

1. 제어의 대상이 되는 공정이 무엇인가?
2. 제어되는 변수는 무엇인가?
3. 제어 목표는 무엇인가?
4. 닫힌 루프 응답 데이터를 사용할 수 있는가?
5. 제어기가 수동 모드인가 자동 모드인가? 역작용인가, 직접작용인가?
6. 이 프로세스가 사이클링인 경우 사이클링 빈도는?
7. 공정 반응이 기대나 이전 경험에 비해 너무 부진한가?
8. 어떤 제어 알고리즘이 사용되는가? 제어기 설정이 어떻게 되어 있는가?
9. 프로세스가 자체 조절되고 있는가?
10. 제어 루프 요약 시트, 배관 및 계장 다이어그램, 운전자 기록 및 유지관리 기록과 같은 어떤 문서를 사용할 수 있는가?

처음 3개의 질문에 대한 답은 그 과정을 운영하는 공정 운전자와 엔지니어에게 명확해야 된다. 그러나 원격으로 제어 루프를 모니터링하거나 모니터링 소프트웨어가 많은 제어 루프를 처리하는 경우(예: 수백 개에서 수천 개)에 답변이 쉽게 나타나지 않을 수 있다.

예비 분석

이용 가능한 배경 정보를 획득한 후(완료되는 경우가 거의 없음) 다음 단계는 제어 루프의 개별 구성 요소를 점검하는 것이다. 특히 공정, 측정장치(센서/송신기), 최종 제어요소, 신호전달장비가 모두 제대로 작동하는지 여부를 판단한다. 일반적으로 현장에 위치한 센서와 제어밸브는 중앙 제어실에 위치한 제어 장비보다 더 많은 유지보수가 필요하다. 장비, 계측기 또는 유지보수의 최근 변화는 문제의 원인이 될 수 있다. 예를 들어 열교환기 튜브를 청소하거나, 최근에 선적된 새로운 공급 물질 또는 촉매를 사용하거나, 송신기 스팬 또는 제어밸브 트림을 변경하면 제어 루프 성능에 부정적인 영향을 미칠 수 있다. 센서 문제는 종종 센서로 프로세스 유체를 운반하는 작은 직경 라인(예: DP 셀, 온라인 가스 크로마토그래프)과 관련된다.

배관에 고체 물질, 얼음 또는 거품이 있으면 측정이 잘못될 수 있다.

일반적인 문제 및 해결 방법

다음으로, 우리는 네 가지 공통적인 제어 루프 문제와 그 해결을 위한 간단한 문제 해결 전략을 고려한다.

1. *작동하지 않거나 응답하지 않는 센서*. 일련의 연속 측정에서 비정상적으로 작은 양의 변동성(예: 표본 분산)은 "작동하지 않는" 센서(10.3절 참조)임을 뜻하며, 전기 계기 라인의 파손은 변화율 또는 노이즈-스파이크 필터(17장 참조)로 감지할 수 있다.
2. *고착된 컨트롤 밸브*. 이 문제는 간단한 실험 테스트를 수행하여 진단할 수 있다: 컨트롤러는 수동에 배치되고 출력 신호에서 작은 스텝 변경이 이루어진다. 제어밸브가 정상적으로 작동하고 있는 경우 제어밸브를 통과하는 유속이 그에 따라 변경되어야 한다. 그러나 제어밸브가 고착되거나 잘못 고착되면 유속은 변하지 않는다. 그런 다음 문제를 특성화하고 해결책을 찾기 위해 일련의 단계적 변화가 이루어져야 한다. 스틱-슬립 및 관성 특성화 및 검출 기법을 이용할 수 있다(Choudhury et al., 2008; Blevins et al., 2013).
3. *외란에 대한 반응이 지나치게 느림*. 일반적으로 산업 제어 루프는 광범위한 조건에 걸쳐 견고성을 제공하도록 매우 보수적으로 튜닝되는 경향이 있다. 보수적인 튜닝에는 심리적 동기도 있다: 지나치게 보수적으로 튜닝된 제어 루프는 종종 분명하지 않지만, 과도한 진동을 가진 제어 루프는 쉽게 눈에 띄고, 심각한 결과를 초래할 수 있으며, 공장 관리자로부터 원치 않는 주의를 끌 수 있다. 지나치게 느린 제어 루프는 제품의 사양을 못 맞추고, 외란 및 설정점 변경으로부터 느린 복구로 인해 공정 성능에 부정적인 영향을 미칠 수 있다. 이러한 고려사항으로 인해 매우 느린 제어 루프의 탐지를 위한 체계적인 방법이 개발되었다(Hegglund, 1999; Kuel and Horch, 2005).
4. *과도한 진동 제어 루프*. 과도한 진동은 오프셋을 초래하고 공정을 불안정하게 하며 다른 제어 루프에 나쁜 영향을 미칠 수 있다. 따라서 이들의 검출과 해결이 제어 루프의 전반적인 문제 해결에 주요하다. 제어 루프 진동의 자동 검출에 관한 광범위한 문헌이 발표되었다(21.5절 참조).

제어 루프 진동에 대한 간단한 진단 절차는 두 가지 예제에 의해 설명된다.

예제 12.10

제어 루프는 최근 장비, 계장 또는 인력 이동이 없었음에도 불구하고 과도하게 진동하는 동작을 나타낸다. 문제를 진단하기 위한 일반적인 문제 해결 전략을 제안하시오.

풀이

진동 제어 루프는 종종 (i) 주기적 프로세스 장애, (ii) 제어밸브 고착 또는 (iii) 튜닝이 불량한 제어기의 산출물이다. 사례 (i), (ii), (iii)를 구별하기 위해 간단한 테스트를 사용할 수 있다. 컨트롤러를 단기간 수동모드에 두고 진동이 소멸하면 외부 외란이 아닌 제어 루프에 의해 진동이 발생한다. 케이스 (ii)와 (iiii)를 구별하기 위해 컨트롤러를 수동 모드로 배치하고 컨트롤러 출력에 하나 이상의 작은 스텝을 변경해야 한다. 테스트 결과는 제어밸브의 스틱 미끄럼 및 관성 정도를 특성화하는 데 사용할 수 있다. 밸브가 제대로 기능하는 경우 컨트롤러를 다시 조정해야 할 수 있다.

예제 12.11

파일럿 스케일, 메탄올-물 증류탑의 하부 조성은 온라인 가스 크로마토그래프(GC)를 사용하여 측정한다. 측정된 조성은 재비기로 들어오는 증기 유량을 제어하는 PI 제어기로 전송된다. 최근 제어 루프 성능이 악화되어 닫힌 루프 구성 반응이 더 진동하고 진동 기간이 평소보다 훨씬 더 크다. 예제 12.9에서 사용한 문제해결 전략은 주기적 외란이나 고착 제어밸브가 문제의 원인이 아니라는 것을 나타낸다. 유지보수 기록에 따르면 최근 샘플 라인의 필터가 교체되었다. 제어기 재 튜닝을 마지막 수단으로 수행하기 전에 고려해야 할 추가 진단 테스트를 제안하시오.

풀이

조성 측정과 관련된 시간 지연이 증가한 경우 더 많은 진동 반응과 더 큰 진동 주기의 조합이 발생할 수 있다. 예를 들어, 샘플링 라인의 유량이 감소하면 GC에 연결된 샘플링 라인과 관련된 전송 지연이 증가할 것이다. 라인의 부분적인 막힘이나 새로운 필터 때문에 이러한 감소가 발생할 수 있다. 따라서 필터와 샘플 라인을 검사해야 한다.

이전 필터를 실수로 채의 크기가 더 작은 새 필터로 교체했다면 더 큰 압력 강하가 발생하고 하류 압력이 감소한다. 결과적으로, 샘플 라인의 액체 속도는 감소할 것이고, 운송 지연은 증가할 것이다. 결과적으로, 조성 제어 루프는 더 진동적이 되고 더 긴 진동 기간을 보일 것이다.

요약

이 장에서는 피드백 제어시스템과 관련된 세 가지 중요한 문제, 즉 설계, 조정 및 문제해결을 고려했다. 모델 기반 설계와 튜닝 방법은 상당한 통찰력을 제공하고 일반적으로 조정 가능한 단일 매개변수만을 가지기 때문에 권장된다. 그러나 합리적으로 정확한 프로세스 모델을 이용할 수 있어야 한다. 제어시스템이 설치된 후에는 주요 제어 루프의 성능을 향상시키기 위해 온라인 튜닝이 일반적으로 사용된다. 제대로 작동하지 않는 제어 루프 또는 제어시스템의 경우 체계적인 문제 해결 방법이 매우 유용할 수 있다.

이 장에서는 다양한 제어기 설계 및 튜닝 방법을 고려하였다. 따라서 다음과 같이 결론과 권고를 요약한다.

1. 제어시스템 설계와 튜닝은 불가피하게 성능과 견고성 사이에서 절충이 필요하다. 이러한 트레이드오프는 신중하게 평가되어야 한다(Garpinger and Haugglund, 2015).
2. 제어시스템 설계, 특히 내부 모델 제어/직접 합성 및 AMIGO 방법에는 모

델 기반 기법이 권장된다. 공정이 "lag가 지배적인 경우"(매우 작은 θ/τ 비율)인 경우, 12.3.1절의 SIMC 수정을 고려해야 한다.

3. 대부분의 프로세스 제어 애플리케이션의 경우 제어기는 설정점 변경보다는 외란에 맞게 조정되어야 한다. 설정점 추적은 설정점 필터 또는 설정점 가중 인자를 사용하여 외란 반응에 영향을 주지 않고 조정될 수 있다(12.4절).
4. 많은 제어기 튜닝 관계는 12.3.5절에 설명한 것과 동일한 일반적 특징을 나타낸다.
5. 권장되는 온라인 튜닝 기법은 릴레이 자동 튜닝(12.5.2절) 및 단계 테스트(12.5.3절)이다. 그러나 후속 미세 조정이 필요할 수 있다.
6. Ziegler–Nichols, Cohen–Coon 방식과 같이 1/4 감쇠 비율에 기초한 튜닝 관계는 권장하지 않는다.
7. 적분 오차 기준(12.3.2절)에 기초한 튜닝 관계는 유용한 벤치마크를 제공하지만, 결과적인 제어장치는 대개 그다지 강력하지 않다.

제어 루프가 만족스럽게 수행되지 않는 경우 문제의 원인을 식별하기 위한 문제 해결이 필요하다. 이 진단 활동은 제어 루프의 전체 성능 및 개별 구성 요소의 성능을 고려하는 "시스템 접근법"에 기초해야 한다. 특히 센서나 제어밸브가 문제의 원인인 경우 제어기를 재 튜닝하는 것이 문제를 해결하지는 못한다. 제어 루프의 자동 모니터링 기법이 현재 개발 중이며 상용화되고 있다(21장 참조).

참고문헌

Ang, K. H., G. Chong, and Y. Li, PID Control System Analysis, Design, and Technology, *IEEE Trans. Control Systems Technol.,* **13**, 559 (2005).

Åström, K. J., D. B. Ender, S. Skogestad, and R. C. Sorensen, personal communications, 2001.

Åström, K. J., and T. Hägglund, Automatic Tuning of Simple Regulators with Specification on the Gain and Phase Margins, *Automatica*, **20**, 645 (1984).

Åström, K. J., and T. Hägglund, *Advanced PID Control*, ISA, Research Triangle Park, NC, 2006.

Bacci di Capaci, R., and C. Scali, Review on Valve Stiction. Part I: From Modeling to Smart Diagnosis, *Processes,* **3** (2), 422–451 (2015).

Bauer, M., and I. K. Craig, Economic Assessment of Advanced Process Control – A Survey and Framework, *J. Process Control*, **18**, 2 (2008).

Blevins, T., W. K. Wojsznis, and M. Nixon, *Advanced Control Foundation*, ISA, Research Triangle Park, N.C., 2013.

Chen, D., and D. E. Seborg, PI/PID Controller Design Based on Direct Synthesis and Disturbance Rejection, *Ind. Eng. Chem. Res.*, **41**, 4807 (2002).

Chien, I-L., and P. S. Fruehauf, Consider IMC Tuning to Improve Controller Performance, *Chem. Eng. Prog.*, **86** (10), 33 (1990).

Choudhury, M. A. A. S., M. Jain, and S. L. Shah, Stiction — Definition, Modelling, Detection and Quantification, *J. Process Control*, **18**, 232 (2008).

Cohen, G. H., and G. A. Coon, Theoretical Considerations of Retarded Control, *Trans. ASME*, **75**, 827 (1953).

Dahlin, E. B., Designing and Tuning Digital Controllers, *Instr. Control Syst.*, **42** (6) 77 (1968).

Desborough, L., and R. Miller, Increasing Customer Value of Industrial Control Performance Monitoring, *Proc. of the 6th Internat. Conf. on Chemical Process Control*, CPC-VII, AIChE Sympos. Series, **98**, 169 (2002).

Doyle, F. J., III, *Process Control Modules: A Software Laboratory for Control System Design*, Prentice Hall PTR, Upper Saddle River, NJ, 2000.

Ender, D. B., Troubleshooting Your PID Control Loop, *InTech*, **39** (5), 35 (1992).

Ender, D. B., Process Control Performance: Not as Good as You Think, *Control Eng.*, **40** (10), 189 (1993).

Fruehauf, P. S., I-L. Chien, and M. D. Lauritsen, Simplified IMCPID Tuning Rules, *ISA Trans.*, **33**, 43 (1994).

Garcia, C. E., and M. Morari, Internal Model Control I. A Unifying Review and Some New Results, *Ind. Eng. Chem. Process Des. Dev.*, **21**, 308 (1982).

Garpinger, O., and T. Hägglund, Software-Based Optimal PID Design with Robustness and Noise Sensitivity Consraints, *J. Process Control*, **33**, 90 (2015).

Grimholt, C., and S. Skogestad, Optimal PID-Control on First Order Plus Time Delay Systems & Verification of the SIMC Rules, *Proc. 10th IFAC DYCOPS Sympos.*, Mumbai, India (December, 2013).

Hägglund, T., Automatic Detection of Sluggish Control Loops, *Control Eng. Practice*, **7**, 1505 (1999).

Hägglund, T., and K. J. Åström, Revisiting the Ziegler–Nichols Step Response Method for PID Control, *J. Process Control*, **14**, 635 (2004).

Hang, C. C., K. J. Åström, and Q. G. Wang, Relay Feedback Auto-

Tuning of Process Controllers—A Tutorial Review, *J. Process Control*, **12**, 143 (2002).

Kristiansson, B., and B. Lennartson, Robust Tuning of PI and PID Controllers, *IEEE Control Syst. Mag.*, **26** (1), 55 (2006).

Kuehl, P., and A. Horch, Detection of Sluggish Control Loops- Experiences and Improvements, *Control Eng. Prac.*, **13**, 1019 (2005).

Lee, J., W. Cho, and T. F. Edgar, An Improved Technique for PID Controller Tuning from Closed-Loop Tests, *AIChE J.*, **36**, 1891 (1990).

Lieberman, N., *Troubleshooting Process Plant Control*, John Wiley and Sons, Hoboken, NJ, 2008.

Lipták, B. (Ed.), *Instrument Engineers' Handbook*, 4th ed., *Vol. 2: Process Control*, Section 8, CRC Press, Boca Raton, FL, 2006.

Madhuranthakam, C. R., A. Elkamel, and H. Budman, Optimal Tuning of PID controllers for FOPTD, SOPTD and SOPTD with Lead Processes, *Chem. Eng. Process.*, **47**, 251 (2008).

McMillan, G. K., *Tuning and Control-Loop Performance*, 4th ed., Momentum Press, New York, 2015.

O'Dwyer, A., *Handbook of PI and PID Controller Tuning Rules*, 3rd ed., World Scientific Press, Hackensack, NJ, 2009.

Rivera, D. E., M. Morari, and S. Skogestad, Internal Model Con- trol, 4. PID Controller Design, *Ind. Eng. Process Des. Dev.*, **25**, 252 (1986).

Segovia, V. R., T. Hägglund, and K. J. Åström, Measurement Noise Filtering for Common PID Tuning Rules, *Control Eng. Practice*, **32**, 43 (2014).

Shinskey, F. G., *Feedback Controllers for the Process Industries*, McGraw-Hill, New York, 1994.

Skogestad, S., Simple Analytic Rules for Model Reduction and PID Controller Tuning, *J. Process Control* **13**, 291 (2003).

Smuts, J. F., *Process Control for Practitioners*, OptiControls Inc., (2011).

St. Clair, D. W., *Controller Tuning and Control Loop Performance: "PID without the Math,"* 2nd ed., Straight-Line Control Co. Inc., Newark, DE, 1993.

Visioli, A., *Practical PID Control*, Springer, London, 2006.

Yu, C.-C., *Autotuning of PID Controllers*, Springer-Verlag, New York, 1999.

Ziegler, J. G., and N. B. Nichols, Optimum Settings for Automatic Controllers, *Trans. ASME*, **64**, 759 (1942).

연습문제

12.1 프로세스에는 전달함수가 있다.

$$G(s) = \frac{K}{(10s+1)(5s+1)}$$

여기서 K의 공칭 값은 $K = 1$이다. PID 컨트롤러 설정은 $\tau_c = 5$분인 직접 합성 방식을 사용하여 계산된다. 이러한 컨트롤러 상수가 사용되고 K가 예기치 않게 1에서 $1 + \alpha$로 변경된다고 가정하자.

(a) α의 어떤 값에 대해 닫힌 루프 시스템이 안정적입니까?

(b) PID 제어기 상수가 $K = 1$의 공칭 값을 사용하여 계산되지만 결과로 생성되는 닫힌 루프 시스템이 $|\alpha| \le 0.2$.에 대해 안정적이어야 한다고 가정하자. 사용할 수있는 τ_c의 최솟값은 얼마입니까?

(c) τ_c의 선택이 정상 상태 이득 K의 변화에 대한 닫힌 루프 시스템의 안정성에 미치는 영향에 대해 어떤 결론을 내릴 수 있습니까?

12.2 그림 12.6 ($G = G_v G_p G_m$ 사용)에 표시된 두 가지 피드백 제어 전략과 다음 전달함수를 고려하시오.

$$G_p(s) = G_d(s) = \frac{2(1-s)}{s}, \quad G_v(s) = 2, \quad G_m(s) = 1$$

(a) 필터 $f = 1/(\tau_c s + 1)$을 사용하여 IMC 컨트롤러 G_c^*를 설계하시오.

(b) IMC 컨트롤러가 그림 12.6 (a)의 기존 피드백 제어 구성에서 컨트롤러 G_c로 구현된다고 가정하자. G_c에 대한 표현식을 도출하고 이를 표준 형식(예: P, PI 또는 PID)으로 나타내시오.

12.3 프로세스에는 전달함수 $G(s) = 2e^{-2s}/(s+1)$가 있다. 다음 설계 방식에 대한 PI 컨트롤러 설정을 비교하시오.

(a) IMC 방법($\tau_c = 0.2$)

(b) IMC 방법($\tau_c = 1.0$)

(c) ITAE 성능 지수(외란)

(d) ITAE 성능 지수(설정점)

(e) 가장 보수적인 설정이 있는 컨트롤러는 무엇입니까? 어느 것이 가장 보수적이지 않습니까?

(f) 파트 (e)의 두 컨트롤러에 대해 $G_d(s) = G(s)$라고 가정하고 단위 단계 외란에 대한 닫힌 루프 응답을 시뮬레이션하시오.

12.4 센서 및 제어밸브를 포함한 프로세스는 다음과 같이 전달함수로 모델링할 수 있다.

$$G(s) = \frac{4e^{-3s}}{s}$$

(a) 비례 전용 컨트롤러를 사용하는 경우 안정적인 닫힌 루프 시스템을 만드는 컨트롤러 이득 K_c의 최댓값은 얼마입니까? (근사치가 아닌 K_c의 정확한 값을 결정하시오.)

(b) AMIGO 컨트롤러 설정을 사용하여 PI 컨트롤러를 지정하시오.

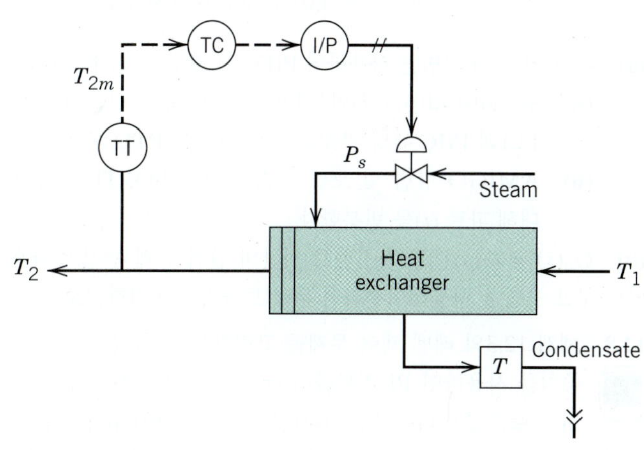

그림 E12.5

12.5 공정 스트림은 쉘 및 튜브 열교환기를 사용하여 가열된다. 출구 온도는 그림 E12.5에 표시된 스팀 제어밸브를 조정하여 제어한다. 열린 루프 실험 테스트 중에 증기 압력 P가 갑자기 18 psig에서 20 psig로 변경되었고 아래 표시된 온도 데이터가 얻어졌다. 공칭 조건에서 제어밸브 및 전류–압력 변환기는 각각 $K_v = 0.9$ psi/psi 및 $K_{IP} = 0.75$ psi / mA의 이득을 갖는다. 다음 접근 방식을 사용하여 적절한 PID 컨트롤러 설정을 결정하시오.

(a) 내부 모델 제어(적절한 τ_c 값을 선택하시오)

(b) AMIGO($\beta = 1$이고, $\gamma = 0$임.)

(c) ITAE(외란)

어떤 컨트롤러가 가장 과감(aggressive)합니까?

t (min)	T_{2m} (mA)
0	12.0
1	12.0
2	12.5
3	13.1
4	14.0
5	14.8
6	15.4
7	16.1
8	16.4
9	16.8
10	16.9
11	17.0
12	16.9

12.6 $K = 5$, $\tau = 4$ 및 $\theta = 3$인 식 12-10의 의 FOPTD 모델을 고려하시오. $\tau_c = \theta = 3$인 IMC 튜닝 방법을 사용하여 PI 및 PID 컨트롤러를 설계하시오. 설정점의 단위 단계 변경에 대해 닫힌 루프 시스템을 시뮬레이션하시오. 미분 조치를 추가하면 상당한 개선이 발생합니까? 답을 논리적으로 설명하시오.

12.7 센서 및 제어밸브를 포함하는 프로세스는 4차 전달함수로 모델링할 수 있다.

$$G(s) = \frac{1}{(s+1)(0.2s+1)(0.04s+1)(0.008s+1)}$$

(a) 두 가지 설계 방법을 사용하여 PID 컨트롤러를 설계하시오.

(i) Skogestad(6.3절)가 제안한 모델 축소 접근법과 표 12.1의 IMC 튜닝 관계를 사용하는 SOPTD 모델.

(ii) AMIGO 방법 및 모델 축소로 얻은 FOPTD 모델에 대해 파트 (*i*)를 반복한다.

(b) $G_d(s) = G(s)$라고 가정하고 외란의 단위 단계 변경에 대한 닫힌 루프 응답을 시뮬레이션하여 두 컨트롤러를 평가하시오.

12.8 예제 12.3의 레벨 제어 문제를 고려하시오. 설정 포인트 가중치를 사용하여 PI 컨트롤러 ($\tau_c = 15$)의 설정 포인트 오버 슈트를 줄이려고 시도한다(참조 : 식 12-39). β의 어떤 값이 최상의 결과를 제공합니까? β의 값이 외란 반응에 영향을 미칩니까?

12.9 $\tau_c = 8$에 대한 예제 12.3의 PID 컨트롤러를 고려하시오.

(a) PID 제어기가 그림 12.7에서 사용된 병렬 형식이 아니라 표 12.2의 직렬 형식으로 구현되었다고 가정하자. 시뮬레이션된 닫힌 루프 응답이 그림 12.7의 응답과 크게 다릅니까?

(b) τ_D는 다양하지만 K_c와 τ_I는 설계값에서 일정하게 유지된다고 가정하자. 닫힌 루프 시스템이 안정적인 τ_D 값은 무엇입니까? 닫힌 루프 시스템은 τ_D가 증가함에 따라 다소 진동합니까?

12.10 그림 E12.10에 표시된 혼합 시스템을 고려하자. 피드백 제어시스템은 제어 변수인, 제품 조성 x에 대한 피드 조성 x_1의 외란 영향을 줄이는 데 사용된다. 입구 유량 w_2를 조절될 수 있다. 다음을 수행하시오.

(a) 피드백 제어시스템의 블록선도를 그린다.

(b) 아래 표시된 정보를 사용하여 각 블록에 대한 전달함수를 도출하시오.

(c) 아래 제공된 PI 컨트롤러 설정과 x_1에서 +0.2의 단계 외란에 대한 닫힌 루프 응답을 시뮬레이션하시오.

(d) −0.1의 설정값 변경에 대해 (*c*) 부분을 반복하자. PI 컨트롤러를 조정하여 더 나은 닫힌 루프 응답을 얻으시오. 최상의 결과를 제공하는 컨트롤러 설정은 무엇입니까?

(e) 파트 (d)의 최상의 PI 컨트롤러에 미분 동작을 추가하여 향상된 제어를 얻으시오. 미분 시간 τ_D의 여러 값을 시도해보시오. 어느 것이 최상의 결과를 제공합니까?

(f) 조성 분석기에 대한 샘플링 라인이 부분적으로 막혀서 측정 시간 지연이 이제 3분이라고 가정하자. 파트 (d)의 최상의 컨트롤러 설정을 사용하여 동일한 설정점 변경 및 새로운 시간 지연 값에 대한 닫힌 루프 응답을 시뮬레이션하시오. 당신의 새로운 시뮬레이션 결과를 설명하시오. 더 큰 시간 지연이 제어시스템 성능에 큰 영향을 미칩니까?

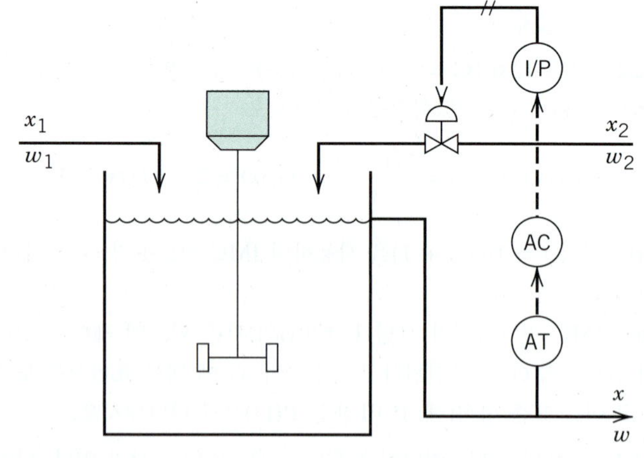

그림 E12.10

공정에 대한 정보

파일럿 규모 혼합 탱크의 내부 직경은 2 m, 높이는 3 m이다. 입구 유량 w_1과 입구 조성 x_2는 일정하다. 공칭 정상 상태 작동 조건은 다음과 같다.

$\bar{w}_1 = 650$ kg/min $\bar{x}_1 = 0.2$ $\bar{h} = 1.5$ m
$\bar{w}_2 = 350$ kg/min $\bar{x}_2 = 0.6$
$\rho = 1$ g/cm^3 $\bar{x} = 0.34$

Overflow 라인을 이용해서 탱크에서 일정한 액체 부피를 유지한다.

계측: 모든 전자 신호의 범위는 4~20 mA이다.

전류-압력 변환기: I/P 변환기는 무시할 수 있는 역학으로 선형 장치로 작동한다. 입력 신호가 4 mA에서 20 mA로 전체 범위를 변경하면 출력 신호가 3에서 15 psi로 변경된다.

제어밸브: 제어밸브의 동작은 시간 상수가 5초(즉, 0.0833 분) 인 1차 전달함수로 근사화될 수 있다. 제어밸브에 대한 신호의 1.2psi 변경은 w_2에서 300 kg/min 변경을 초래한다.

조성 측정: 출구 조성에 대한 조성 송신기의 0 및 스팬은 각각 0 및 0.50(질량 분율)이다. 1분의 시간 지연이 측정과 관련이 있다.

피드백 컨트롤러: 처음에는 표 12.1의 IMC 관계를 사용하여 조정된 표준 PI 컨트롤러를 고려하시오. τ_c의 선택에 대한 타당한 근거를 논리적으로 설명하시오.

12.11 PID 컨트롤러는 재킷에 대한 냉각수의 유속을 조정하여 재킷 배치 반응기의 온도를 제어하는 데 사용된다. 온도 컨트롤러는 공칭 작동 조건에서 만족스러운 제어를 제공하도록 조정되었다. 다음과 같은 기기 변경에 대해 온도 컨트롤러를 다시 조정해야 할 수 있다고 예상합니까? 답을 논리적으로 설명하시오.

(a) 온도 트랜스미터의 스팬이 30 °C에서 15 °C로 줄어든다.

(b) 온도 트랜스미터의 영점이 50 °C에서 60 °C로 증가한다.

(c) 제어밸브 "트림"이 선형에서 동일한 비율로 변경된다.

(d) 재킷에서 나가는 냉각수의 온도는 반응기의 온도 대신 제어 변수로 사용된다.

12.12 식 12-10의 FOPTD 모델로 프로세스를 적절하게 모델링 할 수 있다고 가정하자.

(a) IMC 조정 관계를 사용하여 PI 컨트롤러 설정을 계산하시오.

(b) Cohen과 Coon (1953)은 PI 컨트롤러에 대해 다음과 같은 튜닝 관계를 보고했다:

$$K_c = \frac{1}{K}\frac{\tau}{\theta}[0.9 + \theta/12\tau]$$

$$\tau_I = \frac{\theta[30 + 3(\theta/\tau)]}{9 + 20(\theta/\tau)}$$

이러한 튜닝 관계는 1/4 감쇠 비율로 닫힌 루프 응답을 제공하기 위해 개발되었다. 이 방정식에서 계산된 PI 설정을 파트 (a)의 컨트롤러 설정과 비교하시오. 어느 쪽이 더 보수적이기를 기대합니까?

(c) 설정점의 단위 단계 변경에 대해 파트 (a) 및 (b)의 컨트롤러를 시뮬레이션 한 후 t = 40에서 단위 단계 외란이 뒤따른다. $G_d(s) = G(s)$이고 모델 매개 변수가 $K = 2$, $\tau = 3$, $\theta = 1$과 같다고 가정하자. 어느 컨트롤러가 더 나은 제어를 제공합니까?

12.13 연습문제 12.5의 열교환기에 대한 실험 단계 응답 데이터를 고려하시오. 단계 응답 방법과 두 가지 제어기 튜닝 관계를 사용하여 PI 컨트롤러 설정을 결정하시오.

(a) $\tau_c = \tau/3$인 IMC 방법

(b) 표 12.7의 Z-N 설정.

더 보수적인 컨트롤러 설정을 제공하는 컨트롤러는 무엇입니까?

12.14 IGC의 작업 영역 직원은 단계 간 냉각기의 특정 피드백 제어 루프에 대한 문제를 경험하고 있다. Appelpolscher는 당신에게 상황을 평가하고 가능한 경우 어떤 구제책이 있는지 보고하도록 요청했다. 제어 루프는 작동이 피드백 루프 자체로 인해 발생한다고 확신하는 '바람직하지 않은 지속적인 진동'을 보여준다(예: 제어기 튜닝 불량). 따라서, 그들은 루프를 재조정 하기를 원한다. Appelpolscher는 진동이 외부 외란(예: 냉각수 온도의 순환과 같은 주기적 장애)로 인해 발생한다고 생각하며, 운영 담당자가 문제를 직접 처리하기를 원한다. 진동의 원인을 신속하게 파악할 수있는 간단한 절차를 제안하시오. 당신의 논리를 Appelpolscher에게 어떻게 설명하겠습니까?

12.15 그림 E12.15에 표시된 플래시 분리 장치의 레벨 제어 루프에서 문제가 발생했다. 레벨 제어 루프는 오랫동안 만족스러운 방식으로 작동했다. 그러나 PI 레벨 컨트롤러 출력이 포화 되었음에도 불구하고 액체 레벨은 시간이 지남에 따라 점차 증가한다. 또한 두 유량 트랜스미터에서 기록된 측정에 따르면 액체 유량은 공칭 값보다 훨씬 높은 반면에 공급 유량은 공칭 값에 있다. 레벨 트랜스미터 측정의 정확성은 분리기에 대한 사이트 글라스 판독 값과 비교하여 확인되었다. 두 가지 유량 측정은 9장에 설명된대로 오리피스 플레이트와 차압 트랜스미터를 통해 얻는다. 이 문제의 가능한 원인을 제안하고 이 상황을 해결하는 방법을 설명하시오.

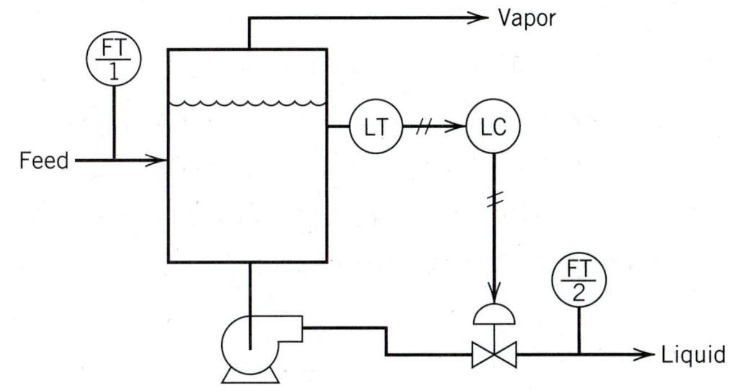

그림 E12.15

12.16 부록 E의 PCM 퍼니스 모듈을 고려하시오. 탄화수소 온도 T_{HC}가 CV(제어 변수)이고 연료 가스 유량 F_{FG}가 MV(조작 변수)이며, 이 두 개의 변수가 다음 전달함수 모델과 관련되어 있다고 가정하자.

(a) IMC 튜닝 관계와 τ_c에 대한 합리적인 선택을 기반으로 PID 컨트롤러를 설계하시오.

(b) PCM의 릴레이 자동 튜닝 기능과 Z-N 설정을 기반으로

PID 컨트롤러를 설계하시오.

(c) 측정되지 않은 외란인 탄화수소 유속 FHC(t = 10분에서 0.035~0.040 m^3/min)의 갑작스러운 변화에 대해 각 컨트롤러를 시뮬레이션하시오. 어떤 컨트롤러가 더 우수합니까? 답을 논리적으로 설명하시오.

(d) 파트 (c)에 대해 더 나은 컨트롤러를 미세 조정하여 향상된 제어시스템 성능을 얻으시오. 성능 기준의 경우 설정점 및 안정화 시간과의 최대 편차를 고려하시오.

12.17 부록 E의 PCM 증류 컬럼 모듈을 고려하시오. 탑상제품 MeOH 조성 x_D가 CV이고 환류 비율 R이 MV이며, 두 변수가 다음 전달함수 모델과 관련이 있다고 가정하자.

PCM

$$\frac{T_{HC}}{F_{FG}} = G_p = \frac{220e^{-2s}}{6.5s+1}, \qquad G_v = G_m = 1$$

(a) IMC 튜닝 관계와 τ_c에 대한 합리적인 선택을 기반으로 PID 컨트롤러를 설계하시오.

(b) PCM의 릴레이 자동 튜닝 기능과 Z-N 설정을 기반으로 PID 컨트롤러를 설계하시오.

(c) t = 10 분에서 0.50에서 0.55(몰 분율)까지 측정되지 않은 외란인 피드 조성 x_F의 갑작스러운 변화에 대해 각 컨트롤러를 시뮬레이션하시오. 어떤 컨트롤러가 더 우수합니까? 답을 논리적으로 설명하시오.

(d) 파트 (c)에 대해 더 나은 컨트롤러를 미세 조정하여 향상된 제어시스템 성능을 얻으시오. 성능 기준의 경우 설정점 및 안정화 시간과의 최대 편차를 고려하시오.

CHAPTER 13

프로세스 단위 수준의 제어 전략

Control Strategies at the Process Unit Level

학습목차 *Chapter Contents*

13.1 공정 제어를 위한 자유도 분석
13.1.1 제어 자유도
13.1.2 피드백 제어의 효과
13.2 제어, 조작 및 측정 변수의 선택
13.2.1 제어 변수
13.2.2 조작 변수
13.2.3 측정된 변수
13.3 적용사례
13.3.1 증류탑
13.3.2 연소식-튜브 반응기
13.3.3 자동차용 촉매 변환기
13.3.4 반도체 공정에서의 플라즈마 에칭
요약

이전 장에서는 단일 제어 변수와 단일 조작 변수의 공정 제어 문제를 강조하였다. 이 장에서는 이러한 개념과 분석 방법이 여러 개의 제어 변수(CV)와 여러 개의 조작 변수(MV)가 있는 공정 단위 수준의 제어 문제에도 적용 가능하다는 것을 보여 준다. 이러한 유형의 제어 문제는 18장, 20장 및 부록 G와 H에서 추가로 검토된다.

제어시스템 설계 및 분석의 경우 공정 변수를 출력 변수 또는 입력 변수로 분류하는 것이 편리하다. 출력 변수(또는 출력)는 일반적으로 프로세스 용기 내의 출구 스트림 또는 조건(예: 조성, 온도, 액위 및 유량)과 관련된 종속 변수다. 일부 출력은 프로세스를 만족스럽게 작동시키기 위해 제어되어야 한다. 이를 제어 변수(CV)라고 한다. 입력 변수는 하나 이상의 출력 변수에 영향을 미치는 공정 변수이다.

입력 변수는 조작 변수(MV) 또는 외란 변수(DV)로 분류된다. 공정으로 들어가거나 나가는 물질과 에너지의 비율을 조정하기 위해 조작 변수를 사용한다. MV는 제어밸브, 가변 속도 펌프 또는 압축기 또는 컨베이어 벨트에 의해 조절되는 유량이다. 전기 히터로의 전원과 같은 에너지 입력도 MV가 될 수 있다. MV가 유량이라면 물질이 축적될 수 있는 장소가 있어야 한다. 예를 들어 동일한 파이프의 서로 다른 위치에 두 개의 제어밸브를 배치하는 것은 타당하지 않다. 조작 변수는 종종 유입 유량이다. 그러나 예를 들어 탱크 내 유체의 레벨이 출구 유량을 조작하여 제어되는 경우에 출구 유량도 MV가 될 수 있다.

정의상 외란 변수는 조작할 수 없는 입력 변수다. 공통된 DV에는 주변 조건과 상위 공정 유닛의 공급 스트림이 포함된다.

13.1 공정 제어를 위한 자유도 분석

*자유도*에 대한 중요한 개념인 N_F는 2.3절에서 프로세스 모델링과 관련하여 도입되었다. 즉, 자유도는 나머지 공정 변수를 결정하기 위해 지정해야 하는 공정 변수의 수이다. 동적 모델을 사용할 수 있는 경우, 2장의 관계에서 N_F를 결정할 수 있다.

$$N_F = N_V - N_E \tag{13-1}$$

여기서 N_V는 공정 변수의 수이고 N_E는 독립 방정식의 수이다. 프로세스 제어 애플리케이션의 경우 독립적으로 제어할 수 있는 최대 프로세스 변수 수, 즉 *제어 자유도*(N_{FC})를 결정하는 것이 매우 중요하다.

> ***정의:*** 제어 자유도인 N_{FC}는 독립적으로 제어할 수 있는 프로세스 변수의 수이다. N_F와 N_{FC}를 명확하게 구분하기 위해 N_F를 모델 자유도, N_{FC}를 제어 자유도라고 하며 그들은 다음과 같은 관련이 있다.

$$N_F = N_{FC} + N_D \tag{13-2}$$

여기서 N_D는 DV 수이다.

13.1.1 제어 자유도

제어 자유도 N_{FC}는 사용 가능한 독립 M_V 수와 밀접한 관련이 있다.

> ***일반적인 규칙:*** 대부분의 실제 제어 문제에서 N_{FC} 제어 자유도는 조작할 수 있는 독립 입력 변수의 수와 같다.

조작된 입력이 독립적인 것이 중요하다. 예를 들어, 공정 흐름이 분할되거나 두 공정 흐름이 합쳐져 세 번째 흐름을 형성하는 경우 세 개의 유량를 모두 독립적으로 조절할 수 없으며, 이러한 상황은 그림 13.1에 나와 있다.

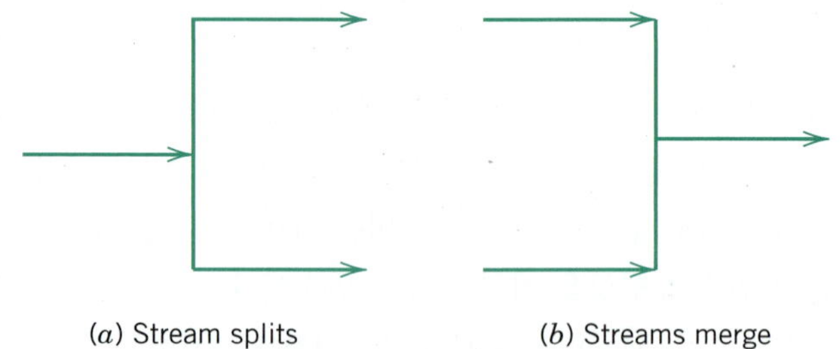

그림 13.1 세 스트림 모두 독립적으로 조절 할 수 없는 두 가지 예.

아래의 두 가지 예는 일반적인 규칙을 설명한다.

예제 13.1

2장의 2-50부터 2-52까지에 있는 증기 가열, 저온 탱크 시스템 모델에 대한 N_F와 N_{FC}를 결정하시오. 증기압력 P_s만 조작할 수 있다고 가정한다.

풀이

식 13-1에서 N_F를 계산하려면 N_V와 N_E를 결정해야 한다. 동적 모델에는 3개의 방정식($N_E = 3$)과 6개의 공정 변수($N_V = 6$): T_s, P_s, w, T_i, T, T_w가 포함되어 있다. 따라서 $N_F = 6 - 3 = 3$. 공급 온도 T_i와 질량 흐름 w가 외란 변수로 간주되면 $N_D = 2$이고, 따라서 식 13-2의 $N_{FC} = 1$이다. 이 단일 자유도는 증기압력 P_s를 조작하여 온도 T를 제어하는 데 사용될 수 있다.

예제 13.2

단일 공급 스트림과 두 개의 제품 스트림이 있는 재래식 증류탑은 그림 13.2에 나타나 있다. 공급 조건들은 외란 변수들이다. 제어 자유도 N_{FC}를 결정하고 잠재적인 MV 및 CV를 식별하시오.

풀이

일반적인 증류탑의 경우 제품 유량, B와 D, 환류 유량 R, 냉각유량 q_c, 가열 매개체의 유량 q_h 등 5가지 입력 변수를 조작할 수 있다. 따라서, 일반 규칙에 따르면, $N_{FC} = 5$이다. 이 결과는 식 13-1 및 13-2에서도 얻을 수 있지만 필요한 동적 모델을 개발하기 위해서는 상당한 노력이 필요하다. 5개의 출력 변수를 CV, x_D, x_B, h_B, h_D, P로 선택할 수 있지만 많은 증류탑 제어 문제에 대해서는 5개의 출력 변수를 모두 제어할 필요는 없다. 또한 온라인에서 제품 조성을 측정할 수 없는 경우, 다음 절에서 논의한 바와 같이 칼럼 상단과 하단에 가까운 단의 온도를 대신 제어하는 경우가 많다.

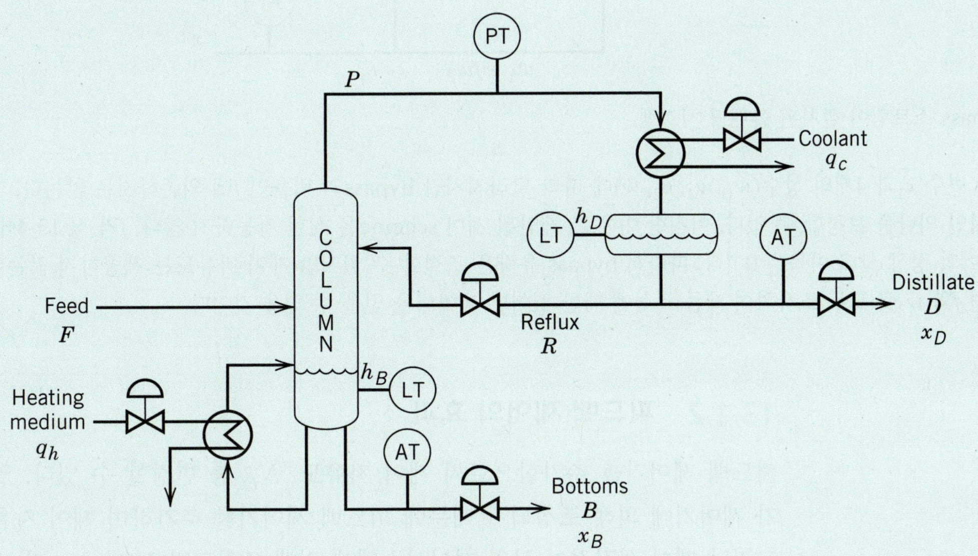

그림 13.2 증류탑의 개략도.

일반 규칙은 간단하고 광범위하게 적용되지만, 유효하지 않은 예외도 있다. 예를 들어, M_V가 어떤 CV에도 유의미한 정상 상태 효과가 없을 때, 즉 이러한 정상 상태 이득이 매우 작을 때 N_{FC}는 1 감소해야 한다. 이 상황은 예제 13.3에 설명되어 있다.

예제 13.3

그림 13.3의 혼합 시스템에는 저온 탱크를 우회할 수 있는 입구 스트림 w_2의 일부 f를 허용하는 우회 스트림이 있다. 제어밸브를 통해 f를 조정하여 제품 조성 x를 제어할 것을 제안한다. 이 제어 체계의 정적 상태 및 동적 특성을 고려하여 타당성을 분석하시오. 분석에서 x_1이 주 외란 변수이고, x_2, w_1 및 w_2가 상수라고 가정하시오. 액체 체적 V의 변화는 $w_2 \ll w_1$이기 때문에 무시할 수 있다.

풀이

제안된 제어 체계의 동적 특성은 제품 조성 x가 우회 (bypass)하는 유량의 변화에 빠르게 반응하기 때문에 상당히 유리하다. 정상 상태 특성을 평가하려면 전체 시스템에 대한 조성의 밸런스를 고려하자.

$$w_1\bar{x}_1 + w_2 x_2 = w\bar{x} \tag{13-3}$$

제어된 변수에 대해서 풀면 다음과 같다.

$$\bar{x} = \frac{w_1\bar{x}_1 + w_2 x_2}{w} \tag{13-4}$$

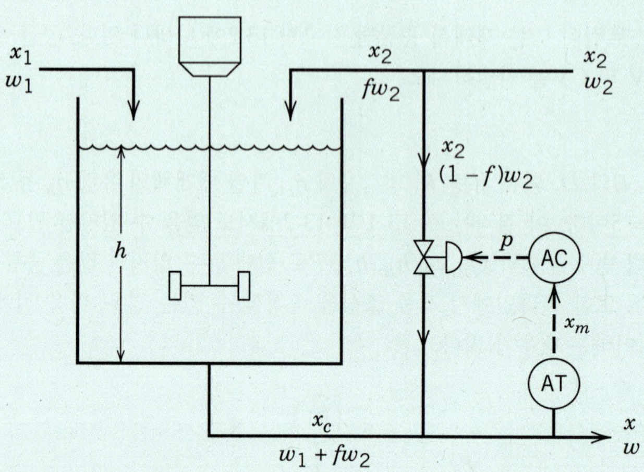

그림 13.3 Pypass 스트림이 설치된 블렌딩 시스템.

따라서 x는 외란 변수 x_1과 4개의 상수(w_1, w_2, x_2, w)에 따라 달라지지만 bypass의 비율인 f에 의존하지는 않는다. 따라서 f를 조정하여 x_1의 지속적인 외란을 보정할 수 없다. 이러한 이유로, 제안된 제어 scheme은 실현 가능하지 않다. f가 식 13-4에 나타나지 않기 때문에 x와 f 사이의 정상 상태 이득은 0이다. 따라서 bypass 유량은 조절할 수 있지만 제어 자유도는 제공하지 않는다. 그러나 w_2도 조절할 수 있다면 f와 w_2를 모두 조작하여 제품 조성에 대한 뛰어난 제어력을 얻을 수 있을 것이다.

13.1.2 피드백 제어의 효과

피드백 제어기를 추가함으로써 제어 자유도, N_{FC}를 변경할 수 있다. 일반적으로, MV가 제어기에 의해 조정되기 때문에 피드백 제어기를 추가하여 제어 자유도를 이용한다. 그러나 제어 설정점이 상위 제어시스템에 의해 조정되면 N_F나 N_{FC}가 변경되지 않는다. 그 이유는 다음과 같다. 제어기를 추가하면 새로운 방정식, 새로운 제어규칙, 새로운 변수 및 설정점이 도입된다. 따라서 N_E와 N_V 모두 1씩 증가한다. 반면에 그러나 식 13-1과 13-2는 N_F와 N_{FC}가 변하지 않음을 보여준다.

13.2 제어, 조작 및 측정 변수의 선택

제어 문제의 일반적인 표현은 그림 13.4에 나타나 있다. 일반적으로 최소한 CV만큼의 MV를 갖는 것이 바람직하다. 그러나 이것이 항상 가능한 것은 아니며, 때로는 특별한 유형의 제어시스템을 활용할 필요가 있다(16장 참조). 다음과 같은 몇 가지 이유로 모든 출력 변수를 제어하는 것이 가능하지 않을 수 있다.

1. 모든 출력물 (outputs), 특히 화학적 조성을 측정하는 것은 불가능할 수도

있고 비경제적일 수도 있다.

2. MV가 충분하지 않을 수 있다.
3. 저속 역학, MV에 대한 낮은 민감도 또는 다른 제어 루프와의 상호작용 때문에 잠재적인 제어 루프가 비현실적일 수 있다.

일반적으로 CV는 온라인에서 측정되며, 측정은 피드백 제어에 사용된다. 그러나 때로는 다른 공정 변수의 측정으로부터 추정하기 위해 프로세스 모델(*소프트 센서*)을 사용하여 측정되지 않은 CV를 제어할 수 있다. 이 전략을 *보조 제어*라고 한다(16장 참조).

13.2.1 제어 변수

플랜트 및 제어 목표를 고려하여 사용 가능한 출력 변수에서 CV를 선택하기 위한 지침이 작성되었다(Newell 및 Lee, 1989년).

가이드라인 1 *자체 조절하지 않는 모든 변수를 제어해야 한다.* 5장에서, 비자율적 변수는 스텝 변경과 같은 지속적인 입력 변화 후 무한 반응을 보이는 출력 변수로 정의되었다. 일반적인 예는 출구 라인에 펌프가 있는 탱크의 액체 레벨 제어이다(11장 참조). 통제된 공정이 안정적이기 위해서는 비 자가 조절 (non-self-regulating) 변수를 제어해야 한다.

가이드라인 2 *장비 및 운전 제약 조건(예: 온도, 압력 및 조성) 내에서 유지해야 하는 출력 변수를 선택한다.* 이 제약조건은 안전, 환경 및 운전 요건에 기인한다.

가이드라인 3 *제품 품질을 직접 측정하거나(예: 조성, 굴절률) 또는 영향을 강하게 미치는(출력 변수 (예: 온도 또는 압력)를 선택한다.*

가이드라인 4 *다른 제어된 변수와 심각하게 상호 작용하는 출력 변수를 선택한다.* 하류 유닛에 증기를 공급하는 증기 헤더 내의 압력이 좋은 예다. 이 공급 압력이 잘 조절되지 않으면 다운스트림 유닛에 상당한 외란으로 작용할 것이다.

가이드라인 5 *양호한 동적 및 정적 특성을 갖는 출력 변수를 선택한다.* 측정 시간 지연이 크거나 시간 상수가 크거나 MV에 무감각한 출력 변수는 좋지 않은 선택이다.

가이드라인 1을 제외한 이 가이드라인은 엄격한 규칙이 아니다. 특정 상황에서 지침은 일관성이 없거나 상충될 수 있다. 예를 들어 안전상의 이유로 한 출력 변수를 지정된 한계 내에 유지해야 하는 반면(가이드라인 2) 두 번째 출력 변수는 다른 출력 변수와 강하게 상호 작용한다고 가정하자(가이드라인 4). 안전 고려사항 때문에 지침 2가 우세할 것이다. 따라서 첫 번째 출력 변수는 단일 MV만 있는 경우 제어되어야 한다.

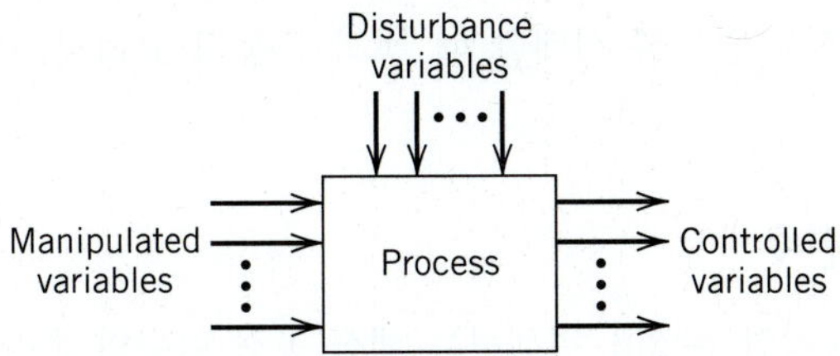

그림 13.4 다중 입력과 다중 출력을 사용한 프로세스.

13.2.2 조작 변수

프로세스와 제어 목표를 바탕으로 입력 변수 중에서 MV를 선정하기 위한 여러 지침이 제시되었다(Newell과 Lee, 1989년). 흡입구 또는 출구 유량은 물질 수지를 조정하여 유체의 레벨 및 압력 등의 CV를 제어하기 위해 조작할 수 있다. 온도와 증기압은 에너지 밸런스를 조정하여 제어된다.

가이드라인 6 *제어된 변수에 미치는 영향이 큰 입력을 선택한다.* 이상적으로는 MV가 하나의 제어된 변수에 대해서만 유의하고 빠른 영향을 미칠 수 있어야 한다. 즉, 그에 상응하는 정상 상태 이득이 커야 한다. 또한 이 MV가 다른 CV에 미치는 영향은 무시할 수 있을 정도로 작아야 한다(즉, 다른 정상 상태 이득은 작거나 0이어야 한다). 조작하는 변수 하나 하나가 넓은 범위의 조건을 수용할 수 있는 것도 중요하다. 예를 들어 증류탑의 환류 비율이 5인 경우, 증류탑 탑상의 증기 유량의 큰 외란을 처리할 수 있기 때문에 소량의 증류 유량보다는 큰 환류 유량을 조절하여 환류 드럼의 수위를 조절하는 것이 훨씬 효과적일 것이다. 그러나 이러한 선택이 제품 조성의 제어에 미치는 영향도 최종 결정을 내릴 때 고려해야 한다.

가이드라인 7 *제어된 변수에 빠르게 영향을 미치는 입력을 선택한다.* 멀티루프 제어의 경우, 각각의 조작 변수가 해당 제어 변수에 빠른 영향을 미치는 것이 바람직하다.

가이드라인 8 *조작 변수는 간접적인 변수가 아니라 제어된 변수에 직접 영향을 주어야 한다.* 이 지침을 준수하면 일반적으로 유리한 정적 및 동적 특성을 가진 제어 루프가 발생한다. 예를 들어 쉘과 튜브 열교환기에서 증기로 가열되는 프로세스 스트림의 출구온도를 제어하는 문제를 고려하자. 증기 유량은 증기압력과 열전달 속도에 더 직접적인 영향을 미치기 때문에 쉘에서 나오는 응축수 유량보다는 열교환기로의 증기 유량을 조절하는 것이 바람직하다.

가이드라인 9 *외란의 재활용을 피한다.* Newell과 Lee (1989)가 지적한 바와 같이, 외란은 그 과정에서 전방으로 또는 재생되는 경향이 있기 때문에 유입구 스트림이나 recycle 스트림을 조작하지 않는 것이 바람직하다. 출구 스트림 변경이 다운스트림 프로세스 유닛을 과도하게 뒤엎지 않는 한, 유틸리티 스트림을 조작하여 외란을 흡수하거나 다운스트림으로 외란을 전달할 수 있도록 하는 출구 스트림을 조작함으로써 이 문제를 피할 수 있다.

MV에 대한 이러한 지침은 충돌할 수 있다는 점에 유의하자. 예를 들어, 단일 제어 변수에 대한 두 입력의 효과를 비교하면 한 입력의 정상 상태 이득(가이드라인 6)이 더 크지만 역학(가이드라인 7)이 더 느리다는 것을 나타낼 수 있다. 이러한 상황에서 두 후보로부터 적절한 조작 변수를 선택할 때 정적과 동적 고려 사이의 절충이 이루어져야 한다.

13.2.3 측정된 변수

공장의 안전하고 효율적인 운영을 위해서는 핵심 공정 변수의 온라인 측정이 필요하다. CV는 분명히 측정해야 한다. 기타 출력 변수를 측정하여 추가 정보를 제공하거나 추론 제어와 같은 모델 기반 제어 체계에 사용할 수 있다. 또한 MV는 제어기 조정 및 제어 루프 문제 해결에 유용한 정보를 제공하기 때문에 측정하는 것이 바람직하다(12장 참조). DV 측정은 피드포워드 제어의 기초를 제공한다(15장 참조). 센서 위치를 선택함에 있어 9장에서 설명한 바와 같이 정적 및 동적 고려사항이 모두 중요하다.

가이드라인 10 *신뢰할 수 있고 정확한 측정은 양호한 제어를 위해 필수적이다.* 부적절한 측정은 공정 제어 성능 저하의 핵심 요인이다. Hugart와 Kominek (1977)는 증류탑 제어 애플리케이션에서 관찰한 일반적인 측정 문제를 인용한다: 충분한 직선 배관이 없는 오리피스 사용, 큰 시간 지연이 있는 샘플 분석 라인, 변화가 별로 없는 영역에 위치한 온도 감지기, 비등점에 있거나 가까운 액체의 유량 측정, 등. 이러한 유형의 측정 문제는 공정 설계 단계에서 쉽게 해결할 수 있지만, 공정이 가동된 후 측정 위치를 변경하는 것은 어렵고 비용이 많이 들 수 있다는 점에 주목할 필요가 있다.

가이드라인 11 *적절한 민감도를 갖는 측정 지점을 선택한다.* 예를 들어, 증류탑 단의 조성 제어를 고려해 보자. 제품 조성을 온라인으로 측정할 수 없는 경우 칼럼의 마지막 단의 온도를 조절하여 간접적으로 제어하는 경우가 많다. 그러나 고순도 분리의 경우 온도 측정 지점의 위치가 상당히 중요할 수 있다. 컬럼의 마지막 단을 선택하면 단 온도가 약간 변하더라도 단의 조성이 크게 달라질 수 있기 때문에, 단의 온도는 제어에 민감도가 떨어지는 경향이 있다. 예를 들어 상단에서 나오는 증기의 불순물이 20 ppm의 값을 갖는다고 가정하자. 피드 조성이 변경되면 불순물 수준이 유의하게 변경될 수 있지만 (예: 20~40 ppm), 단의 온도 변화는 무시할 수 있다. 이와는 대조적으로 온도 측정 지점이 피드 주입지점에 더 가까운 단으로 이동되었다고 가정하자. 그러면, 불순물 레벨이 더 높기 때문에 온도 민감도가 개선되지만, 양 끝단 (예: 콘덴서 또는 재보일러로부터)에서 탑으로 들어가는 외란을 그다지 빨리 감지하지 못할 것이다.

가이드라인 12 *시간 지연 및 시간 상수를 최소화하는 측정 지점을 선택한다.* 측정과 관련된 시간 지연 및 시간 상수를 줄이면 닫힌 루프 안정성 및 반응 특성이 개선된다. Hugart와 Kominek (1977)는 이 컬럼에서 다운스트림 200 ft에 위치한 하단의 분석기에 대한 샘플 연결부가 있는 증류탑을 관찰했다. 이 먼 거리는 상당한 시간 지연을 도입하여 탑을 제어하기 어렵게 만들었는데, 특히 시간 지연이 하단의 유량에 따라 달라졌기 때문이다.

아래의 증발기 제어 문제는 이 지침을 설명하기 위해 사용하고자 한다.

예제 13.4

그림 13.5에 표시된 증발기는 증기 코일이 공급하는 열을 사용하여 용매를 증발시킴으로써 휘발성 용매에 있는 단일 비휘발성 용액의 희석 용액을 농축하는 데 사용된다. 증기압력, P_s, 제품유량, B, 용매의 증기유량, D의 세 가지 공정변수를 조작할 수 있다. 주요 DV는 공급 구성, x_F 및 공급 유량 F이다. 조성은 용액의 몰 분율로 표현되며, 유량은 시간에 따른 몰 단위로 표현된다.

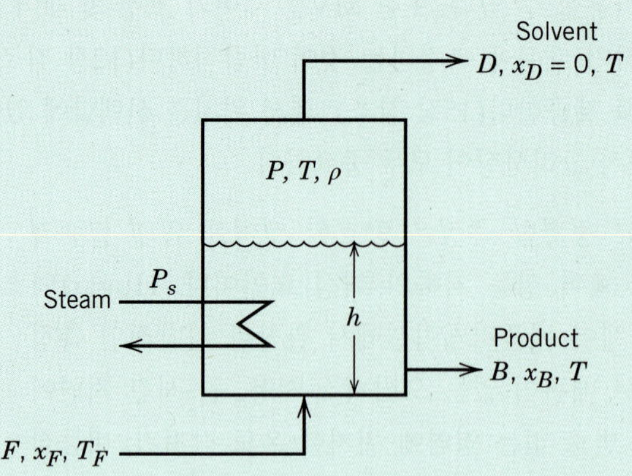

그림 13.5 증발기의 개략도.

다음 두 가지 상황에 대한 멀티루프 제어 전략 제안:

(a) 제품 조성 x_B는 온라인에서 측정할 수 있다.

(b) x_B는 온라인에서 측정할 수 없음.

풀이

사례 (a): 제품 구성 x_B를 온라인으로 측정하는 경우

먼저, 우리는 CV를 선택한다. 증발기의 주요 목적은 특정 조성을 가진 제품 스트림을 생산하는 것이기 때문에 몰 분율 x_B는 일차 CV(가이드라인 3)이다. 액체 수위 h는 운전 제약 및 안전 고려 사항에 기반해서 제어되어야 한다(가이드라인 2). 수위가 너무 높으면 용매에 액체가 들어갈 수 있고, 수위가 너무 낮으면 스팀 통의 배관이 액체가 아닌 수증기에 노출되어 잠재적으로 위험한 상황이 된다. 이러한 후자의 상황에서는 증기로부터 증발기 액체로의 열전달률이 현저히 낮아질 것이며, 따라서 스팀 통이 과열되고 손상될 수 있다. 압력 P도 증발기 운전에 큰 영향을 미치기 때문에 제어해야 한다(가이드라인 2). 큰 압력 변화는 온도 T에 영향을 미치며 보일링 영역을 필름 비등에서 핵 비등 또는 그 반대로 변화시킬 수 있다. 이런 유형의 영역 변화는 중대한 공정의 업셋을 일으킬 수 있다. 이러한 이유로, 다음과 같은 세 개의 CV를 선택한다: x_B, h, P.

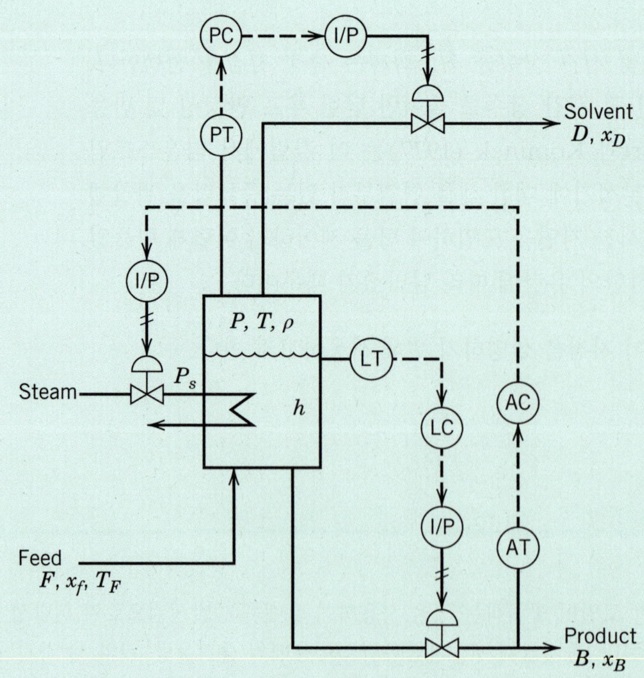

그림 13.6 사례 (a)에 대한 증발기 제어 전략.

다음으로 MV를 선택한다. 공급 조건을 조정할 수 없기 때문에 분명한 MV는 B, D, P_s이다. 제품유량 B는 h에는 상당한 영향을 미치지만 P와 x_B에는 비교적 작은 영향을 미친다. 따라서 B가 F의 작은 비율(예: 10% 미만)에 지나지 않는 한, B(가이드라인 6)를 조작하여 h를 제어하는 것이 합리적이다. 이 후자의 경우 F가 MV가 되는 것이 바람직할 것이다. 증기 유량 D는 P에는 직접적이고 빠른 영향을 미치지만 h와 x_B에는 직접적인 영향을 덜 미친다. 따라서 P는 D와 쌍을 이루어야 한다(가이드라인 6). 이것은 세 번째 제어 루프의 P_s-x_B 페어링을 남긴다. x_B를 조절하는 가장 직접적인 방법은 증기압력을 통해 용매의 증발을 조절하는 것이기 때문에 이 페어링은 물리적으로 타당하다(가이드라인 8).

마지막으로 어떤 공정 변수를 측정할지 고려한다. 분명히 세 개의 CV를 측정해야 한다. 또한 이 정보는 제어기 튜닝 및 문제 해결에 유용하기 때문에 3개의 MV를 측정하는 것이 바람직하다. 크고 빈번한 공급 장애가 발생하는 경우, 장애 변수 F와 x_F의 측정은 피드백 제어 체계를 보완하는 피드포워드 제어 전략에 사용될 수 있다. 공급 스트림의 현열 변화는 증발기의 열 유량에 비해 일반적으로 작기 때문에 T_F를 측정할 필요는 없다.

사례 (a)에 대한 제어식 증발기의 도식도는 그림 13.6에 나타나 있다.

사례 (b): 제품 조성을 온라인으로 측정할 수 없는 경우

CV는 사례 (a)와 동일하지만, 세 번째 제어 변수 x_B를 측정할 수 없기 때문에 표준 피드백 제어가 불가능하다. 용해제의 정상 상태 조성 밸런스에 기초하여 간단한 피드포워드 제어 전략을 개발할 수 있다.

$$0 = \overline{F}\overline{x}_F - \overline{B}\overline{x}_B \tag{13-5}$$

여기서 막대는 명목 정상 상태 값을 나타낸다. 이를 재배열하면 다음과 같이 된다.

$$\overline{B} = \overline{F}\frac{\overline{x}_F}{\overline{x}_B} \tag{13-6}$$

식 13-6은 피드포워드 제어법의 기초를 제공한다. 실제 유속 $B(t)$와 $F(t)$로 $\overline{B}$와 $\overline{F}$를 대체하고, 설정점 값 x_B를 x_{Bsp}로 대체하면 다음과 같다.

$$B(t) = F(t)\frac{\overline{x}_F}{x_{Bsp}} \tag{13-7}$$

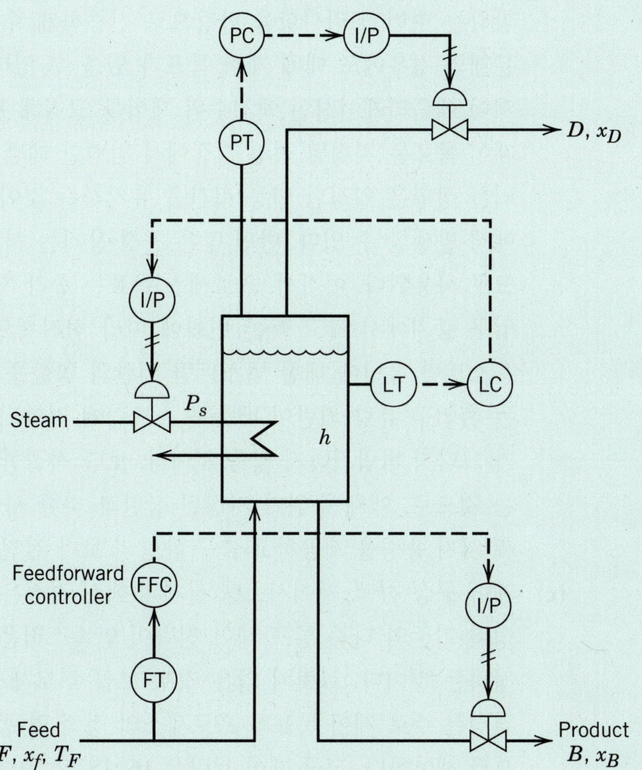

그림 13.7 사례 (b)에 대한 증발기 제어 전략.

따라서 B는 F의 측정값, 설정 값 x_{Bsp} 및 피드 조성 $\bar{x}_F$을 토대로 조정된다.

M_V는 사례 (a)와 동일하다: D, B, P_s. 하단 유량 B는 식 13-7의 피드포워드 제어 전략에서 이미 사용하였다. 분명히 P-D의 연결은 사례 (a)에 대해 주어진 이유와 같이 여전히 바람직하다. 즉, P_s를 통해 증발 속도를 조절함으로써 h를 제어해야된다. 제어된 증발기의 도식도는 그림 13.7에 나타나 있다.

이 제어 전략은 두 가지 단점이 있다. 첫째, 측정되지 않은 피드 조성이 알려진 정상 상태 값에서 일정하다는 가정에 근거한다. 둘째, 피드포워드 제어기술은 정상 상태 분석에 기초했기 때문에, 과도상태에서는 잘 수행되지 않을 수 있다. 그럼에도 불구하고, 이 전략은 제품 조성을 측정할 수 없을 때 제어하기 위한 간단하고 간접적인 방법을 제공한다.

13.3 적용 사례

이 절에서는 보다 복잡한 제어 문제에 대한 소개를 제공하기 위해 개별 제어 루프 레벨이 아닌 공정 단위 레벨에서 제어 문제의 대표적인 네 가지 예를 보여준다. 이러한 각 사례 연구에 대해, 통제시스템 설계의 주요 측면이 고려된다:

(b) *프로세스 목표.* 제어시스템 설계를 위해서는 프로세스 목표를 아는 것이 필수적이다. 간단한 프로세스의 경우, 프로세스 목표는 상당히 명백하다. 하지만 다른 사람들에게는 그렇지 않을 수도 있다. 예를 들어, 화학 반응기는 공정 제약조건(예: 안전 및 환경 제약)을 만족시키는 조건으로 수율, 선택도 또는 처리량을 최대화하기 위해 운전할 수 있다. 마찬가지로 증류탑은 제품 사양 및 기타 제약조건을 만족시키면서 처리량을 최대화하거나 에너지 소비를 최소화하기 위해 작동할 수 있다.

(c) *제어 목표.* 관리 목표는 프로세스 목표, 프로세스 제약 및 경제 데이터를 포함하는 여러 고려사항을 바탕으로 신중하게 수립되어야 한다. 단순한 제어 문제의 경우에도 대체 제어 목표가 있을 수 있다. 예를 들어, 매우 일반적인 제어 애플리케이션인 액체수위 제어를 고려해 보자. 일부 애플리케이션에서 제어 목표는 지정된 설정 지점에서 엄격한 레벨 제어를 달성하는 것이다. 이러한 상황은 일정한 반응 시간을 유지하는 것이 중요한 지속적 생물 반응기에서 발생할 수 있다. 반면 많은 공정 용기는 서지 제어를 위한 중간 저장 탱크로 사용된다. 여기서, 프로세스 목표는 중간 저장 탱크의 출구 스트림이 흡입구 증기에서 크고 빠른 변화에 따라 점진적으로 변경되도록 함으로써 다운스트림 유닛에 대한 업스트림 외란의 영향을 줄이는 것이다. 이 상황에서는 흡입구 유량 외란이 배출구 스트림에 전파되기 때문에 엄격한 수위 제어가 그다지 바람직하지 않을 것이다. 보다 적절한 제어 목표는 평균 제어를 하는 것으로, 액체 수위가 지정된 상한과 하한 사이에 변화하도록 허용함으로써 서지 용량을 제공하고 출구 유량의 보다 점진적인 변화를 제공한다.

(c) *제어 구성 선택.* 제어시스템 설계의 핵심 결정은 개별 피드백 제어 루프로 구성된 기존의 다중 루프 제어 전략이 만족스러운 제어를 제공할지 여부를 결정하는 것이다. 그렇지 않은 경우 고급 프로세스 제어 전략이 필요하다. 이 결정은 주로 제어 목표와 프로세스의 정적 및 동적 동작에 대한 지식을 기반으로 해야한다. 고급 제어 전략은 16, 18 및 20장에서 고려된다.

(d) *MV와 CV의 페어링.* 다중 루프 제어 전략을 선택한 경우 다음 단계는 CV와

MV를 페어링하는 방법을 결정하는 것이다. 이러한 결정을 내리는 체계적인 방법인 상대 이득 방법은 18장에서 고려된다.

13.3.1 증류탑

연속 증류의 경우, 1차 공정 목표는 지정된 조성으로 피드 혼합물을 두 개 이상의 제품 스트림으로 분리하는 것이다. 따라서 제품 조성이 가장 중요한 CV이다. 일부 증류탑의 경우 한 제품 조성이 다른 제품보다 훨씬 중요하다. 예를 들어, 컬럼의 하단 스트림이 다음 컬럼에 대한 피드 스트림 역할을 하는 일련의 컬럼을 생각해보자. 각 컬럼에 대한 증류 조성은 제품 스트림(가이드라인 3)이기 때문에 더욱 중요하다. 이에 비해 각 컬럼의 하단 스트림(시리즈의 마지막 컬럼 제외)은 추가 분리 과정을 거치기 때문에 하단 스트림의 조성의 걱정이 비교적 덜 된다. 따라서 이러한 상황에서는 하부 조성을 제어할 필요가 없을 수도 있다.

하나 이상의 제품 조성 외에 다른 공정 변수를 제어할 필요가 있다. 두 성분의 혼합물과 그림 13.2에 표시된 기존의 단으로 구성된 증류탑의 분리를 고려하자. 주요 제어 목표는 제품 조성인 x_D와 x_B 모두를 제어하는 것이라고 가정하자. 단, 환류 드럼의 수위, h_D와 증류탑 하단의(또는 sump) h_B의 수위 level은 반드시 상한과 하한 사이에 있어야 한다(가이드라인 2). 칼럼 압력인 P도 칼럼의 weeping 또는 flooding을 방지하고 칼럼 내부의 증기 재고를 조절하기 위해 제어해야 한다. 따라서 이 증류탑에는 x_D, x_B, h_D, h_B, P의 총 5개의 CV가 있다. MV는 공급 유량 F, 제품 유량, D 및 B, 환류 유량 R, 콘덴서와 재보일러, q_D 및 q_B의 열량, 등 6개 입력 변수 중에서 선택된다. 피드가 저장탱크에서 공급되는 것이 아니라 상류공정에서 공급되는 경우, 이를 조작할 수 없어 F는 DV로 간주된다. 이 상황에서는 5개의 MV로 간주할 수 있다. 참고로 증류 칼럼 제어는 다음과 같은 이유로 어려울 수 있다.

1. **공정 변수 간에 유의한 상호작용이 있을 수 있다.** 한 가지 중요한 예는 단일 MV를 변경하면 많은 CV에 상당한 영향을 미칠 수 있다는 것이다. 예를 들어 증기 유량을 증가시켜 열 전달량 q_B를 증가시키면 더 많은 액체가 끓어오르게 되어 증류탑의 증기 유량이 증가한다. 결과적으로, q_B 상승은 sump 레벨 h_B, 압력 P, 하부 조성 x_B를 다소 빠르게 변화시킨다(가이드라인 7). 그러나 q_B의 증가는, 증류된 증기 흐름이 타워 상단에 도달한 후(가이드라인 8), 환류 드럼 수위 h_D와 조성 x_D에 더 천천히 영향을 끼친다. 마찬가지로, R이나 D의 변화는 h_D와 x_D에 다소 빨리 영향을 미치고 h_B와 x_B는 더 느리게 영향을 미친다. 다른 상호작용은 에너지 소비를 줄이기 위해 컬럼의 뜨거운 바닥 스트림을 바닥-피드 열 교환기의 차가운 공급 스트림을 가열하는 데 사용할 때 발생한다.
2. **증류탑의 운전 거동은 특히 고순도 분리의 경우 매우 비선형적일 수 있다.** 예를 들어, 제품 조성에서 불순물 양을 5%에서 4%로 줄이는 데 필요한 노력의 양은 일반적으로 1.5%에서 0.5%로 줄이는 데 필요한 노력보다 훨씬 적다. 비선형 거동은 주로 비선형 증기-액체 평형 관계에 기인한다(Skogestad, 1997).
3. **증류탑은 종종 매우 느린 역학을 가지고 있다.** 지배적인 시간 상수는 몇 시간

또는 더 길어질 수 있으며, 긴 시간 지연도 흔하다. 느린 역학은 피드백 제어로 응답 시간이 길기 때문에 피드포워드 제어의 추가는 매우 유리할 수 있다.

4. **공정 제약은 중요하다**. 가장 수익성이 높은 작동 조건은 일반적으로 일부 MV와 CV가 상한 또는 하한에 있을 때 발생한다. 예를 들어, 최대 분리 또는 피드 조성 중 값진 물질의 최대 회수는 최대로 재보일러를 가열하거나 또는 콘덴서를 냉각할 때 종종 발생한다.
5. **제품 조성은 종종 측정되지 않는다**. 제품 조성이 주요 CV이지만, 제품 온라인 측정은 종종 어렵고 비용이 많이 들고 유지 비용이 많이 든다. 따라서 단 또는 제품 스트림 온도는 일반적으로 제품 조성을 간접적으로 측정하기 위해서 제어된다. 이 전략은 실행하기가 더 쉽지만 엄격한 조성 제어를 더 어렵게 만든다.

또 다른 큰 복잡성은 특히 재보일러와 콘덴서의 경우 다양한 컬럼 구성이 있고 대체 공정 및 제어 목표가 많다는 것이다. 따라서 각 컬럼의 제어 애플리케이션은 서로 다른 경향이 있으며 개별 분석을 필요로 한다. 다행히도 증류탑 제어의 실용적 측면과 이론적 측면 모두에 대해 광범위한 문헌이 있다(Shinskey, 1984; Luyben, 1992; Skogestad, 1997, 2007).

13.3.2 연소식–튜브 반응기

연소식 튜브 반응기(또는 가열기)는 보다 가치 있는 저분자 중량 화합물을 생산하기 위해 프로세스 산업에서 스트림을 가열하고 고분자 중량 탄화수소 피드를 "균열"하는 데 널리 사용된다. 이 사례 연구에서는 일련의 튜브에서 용해로를 통과하는 액체 탄화수소 공급 증기를 가열하는 데 사용되는 연소식 튜브 반응기를 고려한다. 단일 튜브에 대한 간단한 도식도는 그림 13.8에 나타나 있다. 연료 가스(FG)의 연소는 열을 발생시켜 탄화수소로 전달된다.

$$CH_4 + \frac{3}{2}O_2 \rightarrow CO + 2H_2O$$
$$CO + \frac{1}{2}O_2 \rightarrow CO_2$$

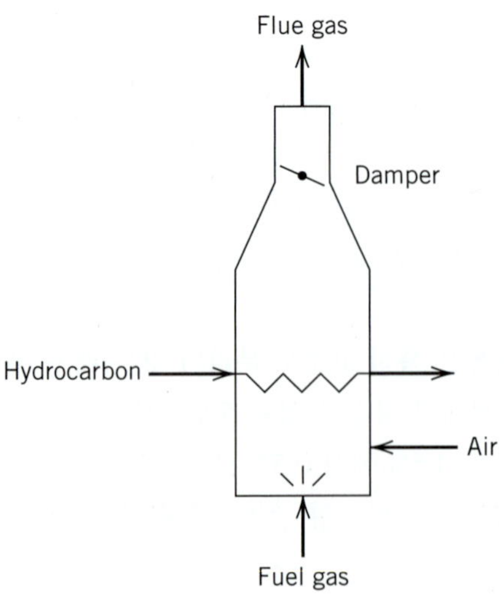

그림 13.8 연소식 튜브 가열로의 개략도.

표 13.1 PCM 가열로 모듈의 주요 프로세스 변수.

Measured Output Variables	Disturbance Variables (DVs)	Manipulated Variables (MVs)
HC outlet temperature Furnace temperature Flue gas (or exhaust gas) flow rate O_2 exit concentration	HC inlet temperature HC flow rate Inlet air temperature FG temperature FG purity (CH_4 concentration)	Air flow rate FG flow rate

연소식 튜브 가열로는 부록 E의 프로세스 제어 모듈(PCM)의 사례 연구 중 하나이다. PCM 가열로 모델은 밸런스 방정식과 연소를 위한 반응 속도식에 기초한 26개의 비선형 미분 방정식으로 구성된 비선형 상태–공간 모델이다(Doyle et al., 1998). 가열로 모델의 주요 공정 변수는 표 13.1에 수록되어 있다.

가열로 모델의 중요한 동적 특성은 질량 및 에너지 전달과 관련된 다양한 시간 척도, 모델의 비선형 거동, 시간 지연 및 입력과 출력 변수 간의 프로세스 상호작용을 포함한다. 공정 상호작용이라는 용어는 입력 변수의 변화가 둘 이상의 출력 변수에 영향을 미친다는 것을 의미한다. 예를 들어 그림 13.9의 단계 반응은 유입 공기 온도(표시되지 않음)에서 20%를 초과하는 단계 변화가 4개의 출력 변수 중 3개에 영향을 미치고, 이에 상응하는 응답 시간이 상당히 다르다는 것을 보여준다.

가열로의 제어 목표는 다음과 같다.

1. 탄화수소 스트림을 원하는 출구 온도로 가열한다.
2. 연료 가스 또는 탄화수소 공급 중단으로 인한 불안전한 상태를 방지한다.
3. 최적의 공기 대 연료 비율을 유지하여 가열로를 경제적으로 운전한다.

가열로 모델에는 두 개의 MV가 있으므로 두 개의 CV를 지정해야 한다. 표 13.1에서 측정한 4개의 출력 중 가장 중요한 것은 주요 CV, HC 배출구 온도 및 연소 가스 내

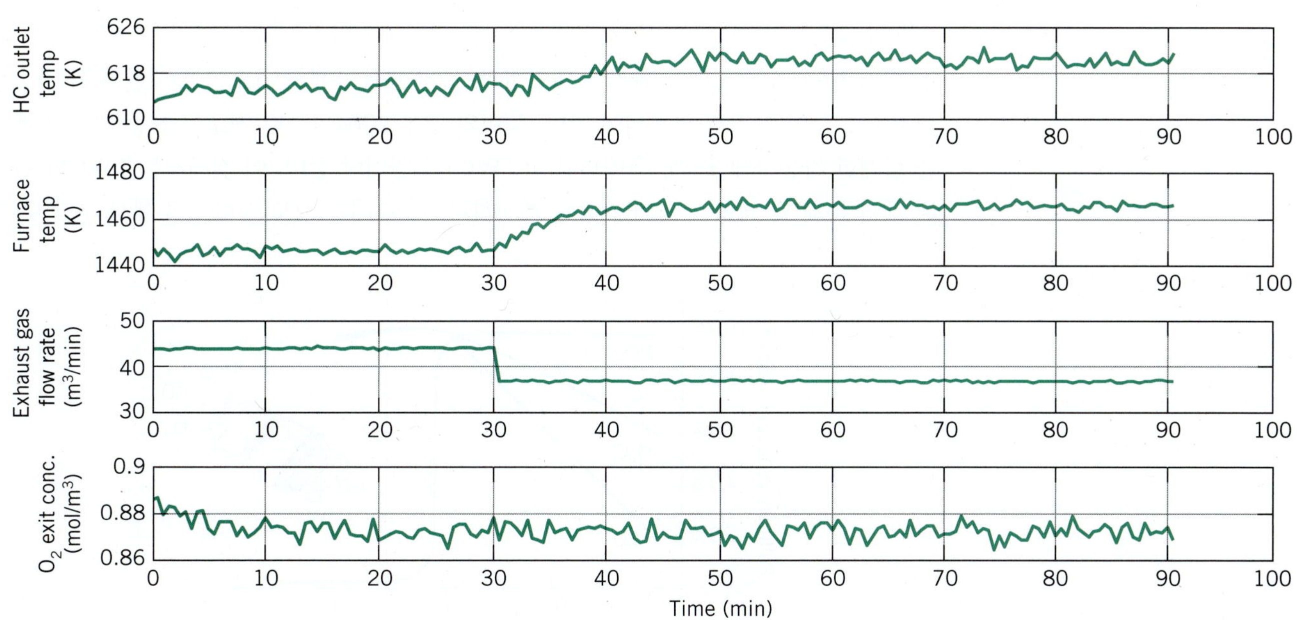

그림 13.9 $t = 30$ min의 흡입 공기 온도에서 +20% 스텝 변화에 대한 시뮬레이션 단계 응답.

O_2 출구 농도다. 후자는 가열로의 연소 효율을 잘 나타낸다. O_2 측정치가 매우 낮으면 FG 연소가 불완전하다는 것을 나타내며, 측정치가 매우 높으면 과잉 공기의 주입 및 이로 인한 가열로의 낮은 효율을 나타낸다.

가열로 효율성은 최적의 공기-연료비 유지에 크게 좌우된다. 이러한 이유로 연소 가스의 HC 배출구 온도와 O_2 배출구 농도를 CV로 선택한다(가이드라인 3). 주요 DV는 연료 가스의 공급원에 따라 크게 달라질 수 있는 FG 조성이다. 조성 변화가 크면 FG 발열량에 영향을 미쳐 연소 과정과 열 발생에 upset을 일으킨다.

기존의 가열로 제어 전략에는 피드포워드와 피드백 측면이 모두 포함된다(Liptak, 2003, Shinskey, 1996). HC 출구 온도는 FG 유량 또는 FG 압력을 조절하여 제어할 수 있다. O_2 출구 농도는 흡입 공기량 또는 가열로 스택의 댐퍼를 변경함으로써 가열로 드래프트(즉, 공기 흡입구와 배출구 압력 차이)를 조정하여 제어된다. 공기-연료 비율은 비율 제어라고 하는 특별한 유형의 피드포워드 제어를 사용하여 제어할 수 있다(15장 참조). 측정된 HC 흡입구 유량은 또한 피드포워드 제어를 위한 측정된 외란으로 사용될 수 있다. PCM에는 디커플링(18장)과 모델예측제어(20장)를 포함한 가열로에 대한 고급 모델 기반 제어 전략이 포함되어 있다.

가연성 물질이 많이 존재하기 때문에 안전을 고려하는 것이 가열로 운전의 주요 관심사다. 특히 반응이 안된 FG가 축적되지 않도록 하는 것이 중요하다. 이러한 안전하지 않은 상태는 공기-연료 비율이 너무 낮거나 FG 중단으로 인해 버너 불꽃이 튀는 경우 발생할 수 있다. 이러한 상황에서 연료 가스를 차단하기 위해 안전 장치, interlock(10장 참조)을 사용한다. 또한 공급 스트림의 중단은 가열로 내 튜브의 과열과 파열 가능성을 초래할 수 있기 때문에 심각한 위험을 야기한다(Liptak, 2003). 그러므로 interlock은 공급 유량에 대한 저유량 경보가 발생하면 연료 가스를 차단한다.

가열로 및 히터 제어 문제에 대한 자세한 내용은 Shinskey(1996) 및 Liptak (2003)의 책을 참조하자.

13.3.3 자동차용 촉매 변환기

세계의 많은 도시화된 지역에서 자동차는 유해한 배기가스 배출의 가장 큰 원인 중의 하나이다. 30년 이상 촉매 변환기는 내연기관, 특히 자동차에서 나오는 유해한 배기 가스를 현저하게 줄이기 위해 사용되어 왔다. 북미의 경우 2004년부터 제조된 표준 가솔린 엔진을 탑재한 자동차에 3방향 촉매변환기(TWC)가 있어야 한다. 이 절에서는 TWC와 관련된 제어 문제 및 제어 전략의 개요를 제시한다. 더 자세한 정보는 다른 곳에서 구할 수 있

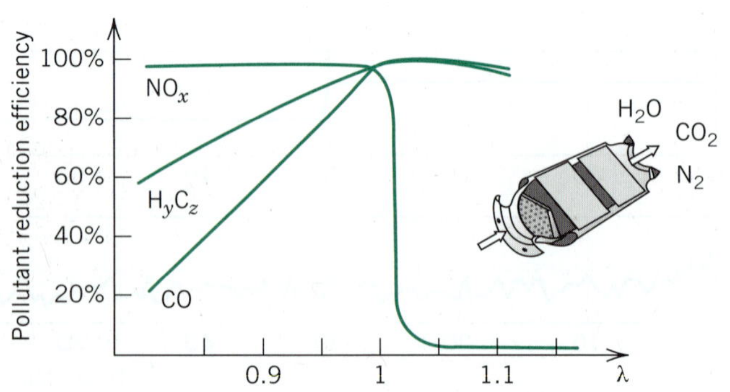

그림 13.10 공기 대 연료 비율 함수로서의 TWC 효율성(Guzzella, 2008).

다(Balenović et al., 2006; Guzzella and Onder, 2010; Heck et al., 2009; Kiwitz et al., 2012).

3방향 촉매 변환기(TWC)는 일산화탄소(CO), 연료 내 미연소 탄화수소(HC), 질소산화물(NO_x) 등 3가지 유형의 유해 자동차 배출을 줄이도록 설계됐다. *질소산화물*이라는 용어는 NO_2와 NO를 모두 가리킨다. TWC는 고온(예: 1000~1600°F) 및 짧은 체류시간(약 0.05초)에서 발생하는 화학 반응에 대해 귀중한 금속 촉매(플라티넘, 팔라듐, 로듐)를 사용하여 이러한 작업을 수행한다.

원하는 TWC 산화 반응은(Schmidt, 2005)

$$C_nH_{2n+2} + \left(\frac{3n+1}{2}\right)O_2 \rightarrow nCO_2 + (n+1)H_2O$$

$$CO + \frac{1}{2}O_2 \rightarrow CO_2$$

그리고 원하는 환원 반응은

$$2NO_x \rightarrow xO_2 + N_2$$

촉매 변환기는 자동차 엔진이 가솔린의 양론비 1/14.7을 약간 초과하는 *공기 대 연료비*(A/F)로 작동할 때 가장 효과적이다. 표준화(normalized)된 공기 대 연료 비율 λ은 다음과 같이 정의된다.

$$\lambda = \frac{w_{air}}{w_{fuel}}\frac{1}{14.7} \tag{13-8}$$

여기서 w_{air}는 공기의 질량 유량이고 w_{fuel}은 연료의 질량 유량이다. 그림 13.10과 같이 세 가지 오염물질에 대한 오염물질 제거 효율성은 공기 대 연료 비율에 따라 크게 달라진다. $\lambda \approx 1$의 경우, 세 가지 오염물질이 본질적으로 제거되며 98% 이상이 제거된다. $\lambda > 1$일 때는 O_2가 초과되고, 엔진은 lean하게 돌아가고 있다고 한다. 이러한 조건에서는 산화 반응이 선호되며, 과도한 양의 NO_x가 방출된다. 반대로 $\lambda < 1$번일 때는 엔진이 *rich*하게 돌아가고 있다고 한다. 여기서는 환원반응이 선호되고, 다량의 탄화수소와 CO가 배출된다. TWC는 엔진이 lean하게 돌아가고 있을 때 산화 반응을 위한 산소를 저장할 수 있는 용량을 가지고 있다. 그림 13.10과 이러한 고려사항으로부터, 원하는 A/F 값이 양론비보다 약간 크거나 또는 λ이 1보다 약간 커야 한다는 것은 명백하다는 것을 알수있다.

TWC 제어 전략의 일반적인 표현은 그림 13.11의 블록선도에 나타나 있다. A/F는 O_2 센서(Lamda 센서라고도 함)를 사용하여 TWC의 업스트림 $(A/F)_u$ 및 다운스트림 (A/F)에서 모두 측정한다. 피드백 제어기는 A/F 측정과 원하는 값 $(A/F)_{sp}$에 기초하여 엔진 연료 분사 시스템을 조정하는 적절한 출력 신호 u를 계산한다(가이드라인 6~8). 때때로 두 개의 A/F 측정은 16장에서 다룰 주제인 다단식(cascade) 제어 구성에서 사용된다. TWC의 정적 및 동적 거동은 O_2 센서를 포함한 조성 측정장치의 작동 조건(예: 엔진 부하) 및 낡은 정도에 따라 달라진다. 따라서 제어기 설정의 자동 조정(어댑티브 제어)은 유망한 접근법이다.

많은 TWC 제어시스템은 A/F가 약간 농후한 상태와 약간 희박해진 상태(between = 1 ± 0.05) 사이에서 빠르게 교대로 작용하여 환원 촉매(로듐)가 과부하되지 않거나 산화 촉매(플라티넘 및 팔라듐)에서 산소에 희박하게 되지 않도록 한다. 두 모드 사이의 전환 시간은 1초 미만으로 매우 작다.

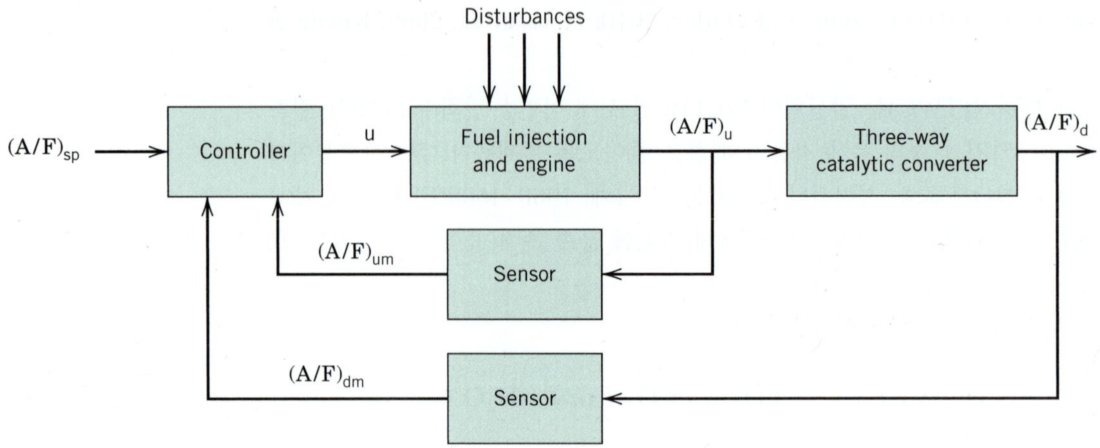

그림 13.11 3방향 촉매 변환기 제어시스템의 블록선도.

변환 전략은 설정점$(A/F)_{sp}$를 순환시켜 실행할 수 있다. TWC의 성능은 A/F 값뿐만 아니라 온도에도 큰 영향을 받는다. TWC는 약 550 °F까지 가열될 때까지 제대로 작동하지 않는다. 참고 로, 온도가 약 750 °F에 도달할 때까지 효율적인 작동이 이루어지지 않는다. 결과적으로, 상당한 양의 방출은 엔진의 cold start 중에 발생한다. Cold start 시동 전에 TWC를 가열할 수 있는 전기 히터를 추가하면 이 문제를 완화할 수 있다. TWC는 1500 °F의 지속적인 온도까지 적절히 작동할 수 있다.

A/F 비율이 농후할 경우 엔진에서 연소되지 않은 연료는 TWC에서 연소를 겪게 되며, TWC 출구 온도를 입구 온도보다 수백도 높게 상승시킬 수 있다. 따라서 TWC 전후에 위치한 온도 센서는 유용한 진단 정보를 제공할 수 있다(가이드라인 11). 온도 측정의 차이가 비정상적으로 크면 'rich' 조건이 발생함을 나타낸다. 반면에 차이가 거의 0이면 TWC는 기능을 정지한 것이다(예: 촉매독의 결과). 자동차 배출가스 기준이 엄격해지면서 향상된 닫힌 루프 TWC 제어 전략이 더욱 중요해지고 있다. 고급 TWC 제어 전략의 개발에는 맞춤형 모델 기반 방법이 포함된다(Balenovic' 등, 2006; Guzzella 및 Onder, 2010; Kiwitz 등, 2012).

13.3.4 반도체 공정에서의 플라즈마 에칭

Solid-state 장치는 웨이퍼라고 불리는 반도체 재료의 원형 디스크에서 제조된다(Edgar 등, 2000). 이 장치들은 겹겹이 쌓인 3차원 구조물이다. 각 레이어는 일반적으로 증착 및 에칭과 같은 batch 작업에서 제조된다. 증착의 목적은 웨이퍼 표면에 특정 물질의 얇은 층을 키우는 것이다. 에칭에서는 CF_4와 HF와 같은 가스를 사용하여 화학적으로 층의 일부를 제거한다. 에칭은 이산화규소, 질화규소, 폴리실리콘, 알루미늄, 포토레지스트 및 기타 박막 소재를 제거할 수 있다. 반도체 소재의 단일 레이어를 집적회로를 구성하는 패턴, 특징, 라인, 인터커넥트로 변형시켜 최종 레이어 정의를 만든다.

폴리실리콘(폴리) 게이트 에치 프로세스는 그림 13.12에 도식적으로 나타나 있다. PR(Photoresist) 식각과 폴리실리콘 식각은 폴리실리콘의 프로파일을 생성하기 위한 가장 중요한 배치 단계다(측면뷰는 그림 13.12 참조). 포토레시스트 에칭은 폴리실리콘의 임계 치수(CD) 또는 폭을 결정하는 포토레시스트 상단 층의 등방성 에칭이 수반된다. 이 단계는 비등방성인 폴리실리콘 에칭이 뒤따른다. 폴리실리콘의 최종 프로필은 이 단계에서 결정된다.

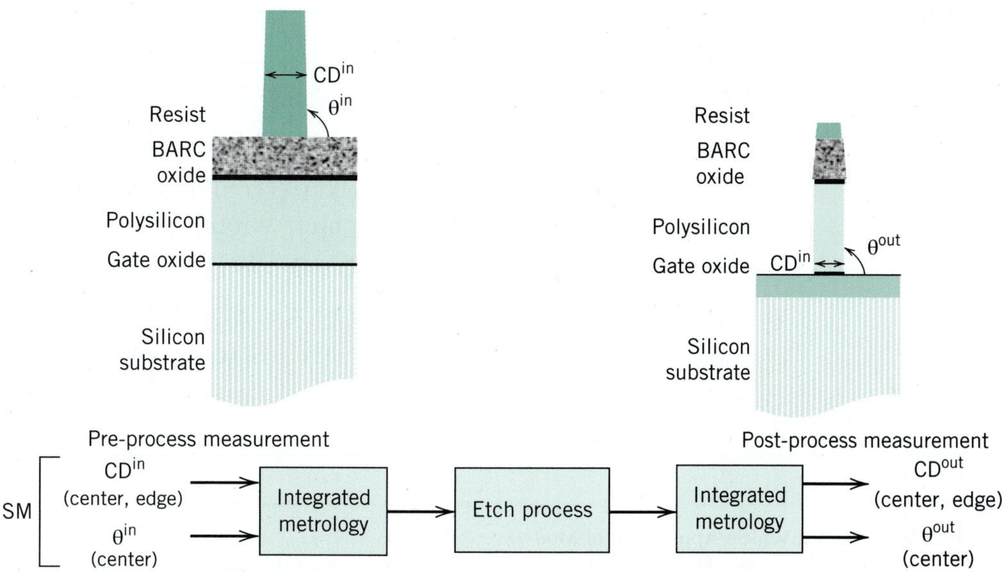

그림 13.12 반도체 제조에서 폴리실리콘 게이트 에치 공정의 입력 및 출력. 유입되는 웨이퍼의 측정된 입력(CD^{in}, θ^{in})은 피드포워드 제어에 사용할 수 있으며, 측정된 출력(CDout, outout)은 피드백 제어에 사용된다. BARC는 하단 반사방지 코팅이다.

에칭 공정은 13.2절의 지침 3, 6, 8, 10의 적용을 설명하는 데 사용할 수 있다. 지침 3의 경우 플라즈마 식각의 주요 CV인 CD 및 θ(측벽 각도)가 그림 13.12에 나와 있다. CD는 로직 칩(제품 품질 변수)의 가장 중요한 전기적 특성인 트랜지스터 속도에 영향을 미친다. 이상적으로 θ는 90°이어야 하지만 87°의 목표는 변수 간의 상호 작용으로 인해 θ와 CD 사이의 절충을 나타낸다. θ를 90°에 가깝게 제어하려고 하면 CD가 대상에서 더 멀리 이동한다. 웨이퍼에 대한 CD의 균일성은 입력에 의해 영향을 받는 세 번째 CV이다. 과도한 불균일성은 칩 불일치로 인해 웨이퍼 품질을 저하시킨다.

플라즈마 에칭 장치에는 원하는 칩 형상을 달성하기 위해 조정할 수 있는 많은 MV가 있다.

지침 6과 8을 적용함으로써 4개의 가능한 MV 중에서 몇 개의 입력 변수를 선택할 수 있다: 에칭 시간, 압력, 플라즈마 출력, 그리고 N_2, O_2, Cl_2와 같은 기체의 유량이다. 안정 상태 비선형 모델은 입력을 지정하고 각 CV를 측정하여 실험 테스트 웨이퍼를 통해 얻을 수 있으며, 데이터는 다항식 모델을 입력–출력 관계로 구현할 수 있다(Box 및 Draper, 2007; Myers et al., 2009). 또한 이 모델을 이용해 각 입력–출력 쌍에 대한 프로세스 이득도 계산할 수 있다.

제어기는 MV조건을 만족시키면서 CD, θ, 균일성을 가능한 한 목표에 가깝게 유지하는 입력 변수들을(*에칭 메뉴얼*로 알려진) 결정한다. 가이드라인 10과 일관되게, 그림 13.12에 나타낸 통합 계측학(IM)은 여러 현장에서 유입되는 웨이퍼 프로필(CD^{in}, θ^{in})을 측정하기 위해 타원측정법(ellipsometry) 또는 산점측정법(ellipsometry) 등의 광학 기법을 사용한다. 그런 다음 IM은 batch를 위한 MV 값을 계산하는 컴퓨터로 측정값을 전송한다. 에칭 프로세스가 끝나면 IM을 사용하여 batch의 출력 CV를 측정한다. CV에 대한 오차를 계산하여 제어 전략을 조정하는 데 사용한다(Parkinson 등, 2010).

플라스마 식각을 포함해서 같은 마이크로 전자 애플리케이션의 고급 제어 전략은 다른 곳에서 논의된다(Edgar 등, 2000; Moyne 등, 2001). Batch 공정 제어는 22장에서 논의한다.

요약

이 장에서는 제어시스템 설계에서 두 가지 중요한 문제를 고려했다. 첫 번째 문제는 제어 시스템 설계가 사용 가능한 제어 자유도인 N_{FC}의 영향을 많이 받는다는 것이다. 대부분의 상황에서 N_{FC}는 조작할 수 있는 공정 변수의 수이다. 일반적으로 $N_{FC} < N_F$이며, 여기서 N_F는 2장에서 소개 한 모델 자유도이다. 두 번째 문제는 제어시스템 설계의 핵심 단계인 제어, 조작 및 측정 변수의 선택에 관한 것이다. 이러한 선택은 섹션 13.2에 제시된 지침을 기반으로 해야한다. 이 장은 개별 제어 루프 수준이 아닌 프로세스 단위 수준에서 제어 문제를 설명하는 네 가지 사례 연구로 마무리되었다.

참고문헌

Balenović, M., J. Edwards, and T. Backx, Vehicle Application of Model-Based Catalyst Control, *Control Eng. Prac.*, **14**, 223 (2006).

Box, G. E. P., and N. R. Draper, *Response Surfaces, Mixtures, and Ridge Analyses*, 2nd ed., John Wiley and Sons, Hoboken, NJ, 2007.

Doyle, F. J. III, E. P. Gatzke, and R. S. Parker, Practical Case Studies for Undergraduate Process Dynamics and Control Using Process Control Modules, *Comput. Appl. Eng. Educ.* **6**, 181–191 (1998).

Edgar, T. F., S. W. Butler, W. J. Campbell, C. Pfeiffer, C. Bode, S. B. Hwang, K. S. Balakrishnan, and J. Hahn, Automatic Control in Microelectronics Manufacturing: Practices, Challenges and Possibilities, *Automatica*, **36**, 1567 (2000).

Guzzella, L., Automotive System: An Automatic Control Bonanza, Plenary Talk, *2008 American Control Conf.,* Seattle, WA (June, 2008).

Guzzella, L., and C. H. Onder, Introduction to Modeling and Control of Internal Combustion Engine Systems, Berlin, Heidelberg: Springer-Verlag (2010).

Heck, R. M., R. J. Farrauto, S. T. Gulati, *Catalytic Air Pollution Control: Commercial Technology,* 3rd. ed., John Wiley and Sons, Hoboken, NJ, 2009.

Hughart, C. L., and K. W. Kominek, Designing Distillation Units for Controllability, *Instrum. Technol.* **24** (5), 71 (1977).

Kiwitz, P., C. Onder, and L. Guzzella, Control-Oriented Modeling of a Three-Way Catalytic Converter with Observation of the Relative Oxygen Level Profile, *J. Process Control*, **22**, 984 (2012).

Lipták, B. (Ed.), *Instrument Engineers' Handbook*, 4th ed., Section 8.19, Furnace and Reformer Controls, Chilton Pub. Co., Radnor, PA, 2003.

Luyben, W. L. (Ed.), *Practical Distillation Control*, Van Nostrand Reinhold, NY, 1992.

Moyne, J., E. del Castillo, and A. M. Hurwitz (Eds.), *Run to Run Control in Semiconductor Manufacturing*, CRC Press, Boca Raton, FL, 2001.

Myers, R. H., D. C. Montgomery, and C. M. Anderson-Cook, *Response Surface Methodology: Process and Product Optimization Using Designed Experiments,* 3rd ed., John Wiley and Sons, Hoboken, NJ, 2009.

Newell, R. B., and P. L. Lee, *Applied Process Control,* Prentice-Hall of Australia, Brookvale, NSW, Australia, 1989.

Parkinson, B., H. Lee, M. Funk, D. Prager, A. Yamashita, R. Sundarajan, and T. Edgar, Addressing Dynamic Process Changes in High Volume Plasma Etch Manufacturing by Using Multivari- able Process Control, *IEEE Trans. Semiconductor Manufacturing*, **23**, 185 (2010).

Schmidt, L. D., *The Engineering of Chemical Reactions,* 2nd ed., pp. 293–295, Oxford University Press, NY, 2005.

Shinskey, F. G., *Distillation Control,* 2nd ed., McGraw-Hill, NY, 1984.

Shinskey, F. G., *Process Control Systems,* 4th ed., Chapter 9, McGraw-Hill, NY, 1996.

Skogestad, S., Dynamics and Control of Distillation Columns—A Tutorial Introduction, *Trans IChemE, Part A, Chem. Eng. Res. Des.*, **75**, 539–562 (1997).

Skogestad, S., The Dos and Don'ts of Distillation Columns Con- trol, *Trans IChemE, Part A, Chem. Eng. Res. Des.*, **85**(A1), 13 (2007).

연습문제

13.1 그림 13.2에 표시된 증류탑을 고려하시오. 환류 유속 R 또는 증류 유속 D를 조작하여 환류 드럼 h_D의 액체 레벨을 제어하는 것이 합리적이다. 환류 비율(R/D)의 공칭 값이 선택에 어떤 영향을 미칩니까? 구체적인 예로서 $R/D = 4$라고 가정하자.

13.2 우회(bypass) 흐름이 있는 교반 탱크 혼합 시스템이 그림 E13.2에 나와 있다. 제어 목표는 출구 스트림 x_4에서 핵심 구성 요소의 조성을 제어하는 것이다. 주요 외란 변수는 입구 흐름 x_1 및 x_2의 주요 물질의 질량 분율이다. 다음 정보를 사용하여 어떤 유량을 조작 변수로 선택해야하는지 논의하시오 : (*i*) 입구 유량 w_2, (ii) 우회 비율 f 또는 (iii) 출구 유량 w_4. 선택 시 정상 상태 및 동적 고려 사항을 모두 반영해야 한다.

사용 가능한 정보:

(a) 탱크가 완벽하게 혼합되어 있다.

(b) 조성 변화가 매우 적기 때문에 물리적 특성이 일정하다고 가정 할 수 있다.

(c) 액체 레벨의 변화가 적기 때문에 h를 제어할 필요가 없다.

(d) 우회(bypass) 배관의 시간 지연은 무시할 수 있다.

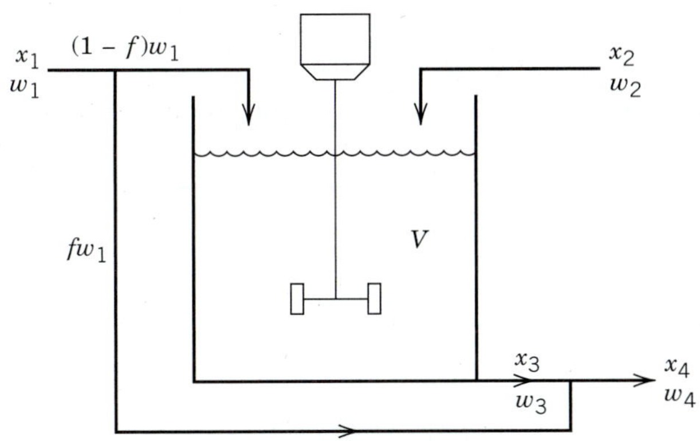

그림 E13.2

13.3 그림 13.2에 표시된 증류탑이 50% 메탄올(MeOH)인 메탄올–물 혼합물을 분리하도록 설계되었다고 가정한다. 이 고순도 컬럼은 많은 수의 트레이와 x_D = 5 ppm인 MeOH의 명목 증류액 조성을 가지고 있다. 조성 분석기를 사용할 수 없기 때문에 다음 위치 중 하나에서 액체 온도를 측정하고 제어하여 x_D를 간접적으로 제어하는 것이 좋다.

(a) 환류 스트림

(b) rectifying 섹션의 상단 트레이

(c) 입구의 트레이와 상단 트레이 중간에 있는 rectifying 섹션의 중간 트레이

정상 상태 및 동적 고려 사항을 기반으로 각 선택의 상대적인 장단점을 논의하시오.

13.4 그림 13.2의 증류탑에 대한 투자비용을 "침수 응축기"를 사용함으로써 줄일 수 있다는 의견이 제시되었다. 제안된 설계에서 환류 드럼은 제거될 것이며, 응축기의 응축된 증기는 그림 E13.4와 같이 환류 및 증류 흐름에 대한 액체의 일정량을 공급할 것이다. 그 결과 응축기의 냉각수 튜브는 부분적으로 덮이고(또는 침수), 액체 수위가 변함에 따라 열 전달이 가능한 영역이 변경된다.

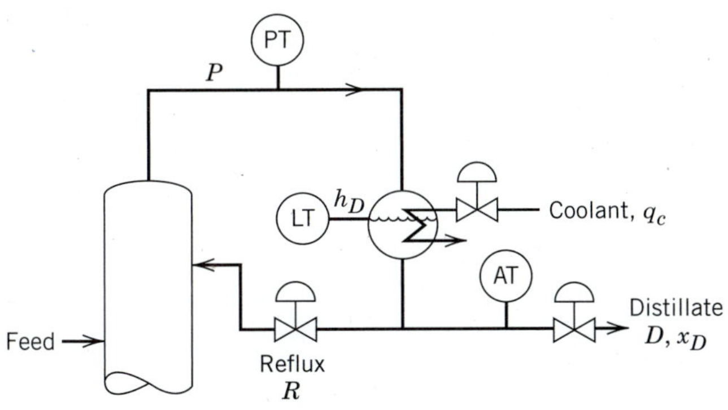

그림 E13.4

압력 제어 및 액체 레벨 제어 모두에 대해 제안된 이 프로세스 변경의 동적 및 제어 의미에 대해 논의하시오. 이 컬럼의 기존 제어 구성은 냉각수의 유속, q_C 및 증류 탑상 제품의 유량, D를 조작하여 액체 레벨 h_D를 조작함으로써 컬럼의 압력 P를 제어하는 것이라고 가정할 수 있다.

13.5 화학 반응기에서 나온 출구 흐름은 그림 E13.5와 같이 저장 탱크로 보내진다. 저장 탱크에서 나오는 출구 흐름은 분리 공정의 공급 흐름으로 사용된다. 중간 저장 탱크의 기능은 공급 외란을 "축소(damping)"하고 반응기가 단시간 동안 정지될 때 분리 공정이 계속 작동할 수 있도록하는 것이다.

(a) 저장 탱크의 용량을 지정하는 데 내재된 '설계' 대 '제어'의 절충에 대해 논의하시오.

(b) 화학 반응기가 다양한 제품을 생산해야 하고 결과적으로 outlet 스트림의 조성 설정점이 자주 변경된다고 가정하면 이러한 고려 사항이 탱크 용량 사양에 어떤 영향을 미칩니까?

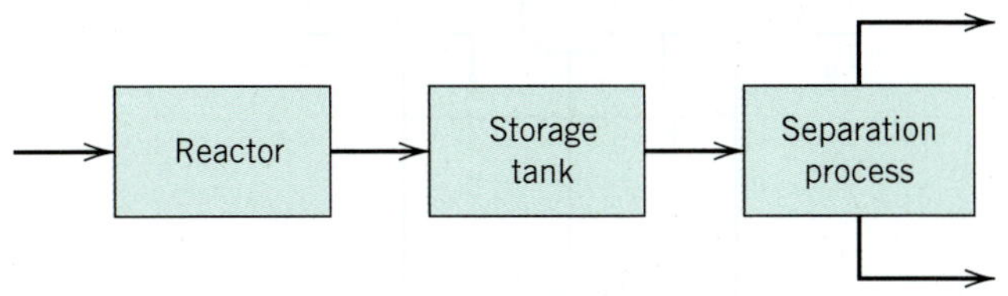

그림 E13.5

13.6 그림 E13.6에 표시된 액체 저장 시스템을 고려하자. 체적 유량 q_1 및 q_2만 조작할 수 있다. 두 탱크 사이의 체적 유량, q_4는 $q_4 = f(h_1, h_2)$ 관계에 의해 탱크 액체 레벨과 관련된다. 여기서 모델 자유도, N_F 및 제어 자유도인 N_{FC}를 결정하시오.

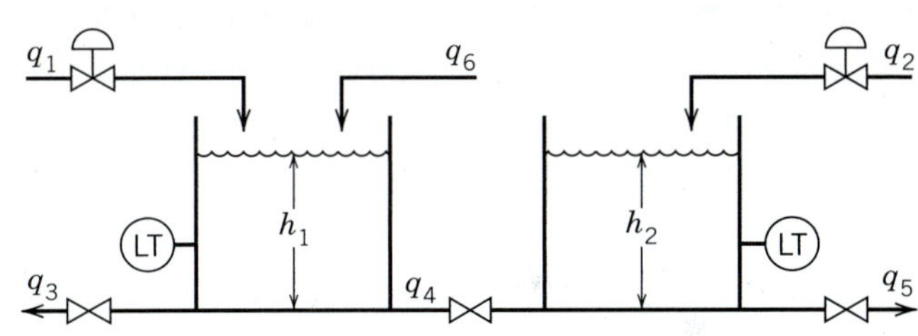

그림 E13.6

13.7 냉류의 부분 바이 패스(bypass)가 있는 이중 파이프 열교환기가 그림 E13.7에 나와 있다. 뜨거운 흐름의 질량 유속 w_h 및 우회(bypass) 비율 f를 조작할 수 있다. 열 손실은 무시할 수 있다.

(a) 정상 상태 분석을 기반으로 모델 자유도, N_F 및 제어 자유도, N_{FC}를 결정하시오.

(b) 외란 변수의 수, N_D를 결정하고 외란 변수에 대한 합리적인 선택을 지정하시오.

(c) 역류(counter current) 구성 대신 병류(cocurrent)의 열교환기 구성을 분석하면 N_F 또는 N_{FC}가 변경됩니까? 이에 대해서 설명하시오.

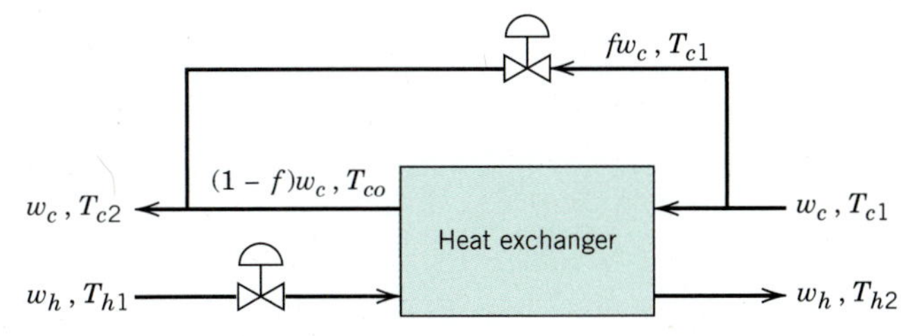

그림 E13.7

13.8 연습문제 13.2의 혼합 시스템을 고려하시오. Inlet의 유량 w_2 및 bypass의 비율 f를 조작할 수 있다. 이 때 모델 자유도, N_F 및 제어 자유도인 N_{FC}를 결정하시오.

13.9 교반 탱크 가열 시스템이 그림 E13.9에 나와 있다. 이 두 가지 제어 전략을 간략하게 평가하시오.

(a) 두 개의 PI 제어기를 사용하여 w_h 및 w_c를 조작하여 h와 T를 제어하는 것이 좋다.

(b) 두 개의 PI 컨트롤러를 사용하고 h는 w_h를 조작하여 제어하고 T는 w를 조작하여 제어한다.

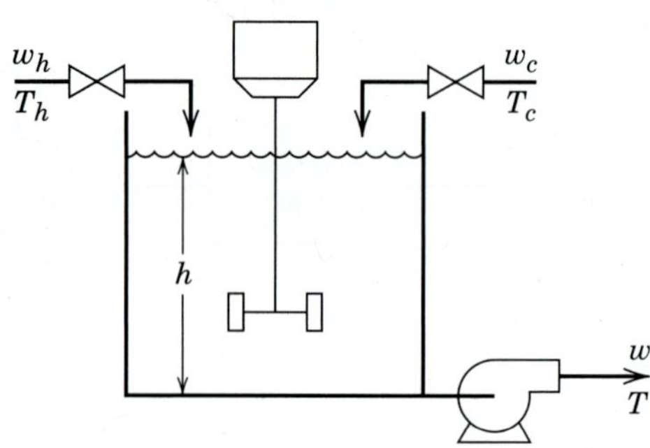

그림 E13.9

13.10 그림 E13.10에 표시된 기액 분리기(또는 플래시 드럼)로의 2상 공급은 두 탄화수소의 혼합물로 구성된다. 용기 압력 P가 공급 압력보다 낮기 때문에 공급물이 분리기에 들어갈 때 증발이 생긴다. 다음 정보와 자유도 분석을 사용하여 다음을 수행하시오.

(a) 모델 자유도, N_F를 결정하시오.

(b) 제어 자유도, N_{FC}를 결정하시오.

(c) 적합한 CV 및 MV를 지정하고 설명하시오.

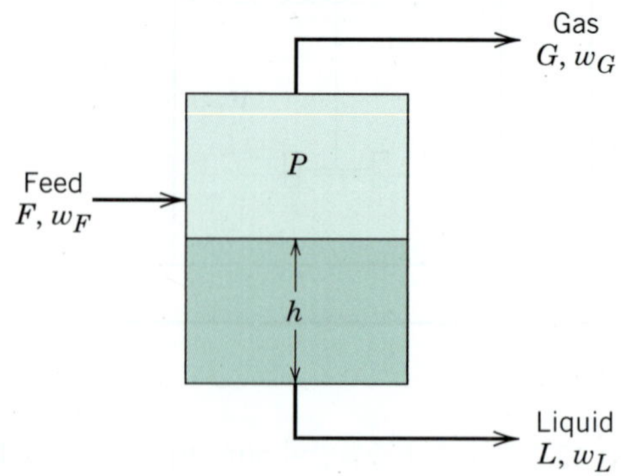

그림 E13.10

사용 가능한 정보:

1. 플래시 드럼은 두 상의 평형 상태에서 등온으로 작동한다.

2. 각 단계는 완벽하게 혼합된다.

3. 질량 유속은 kg/min 단위이며 조성 (예: w_F)은 질량 분율로 표시된다.

4. 각 유량은 제어밸브로 조정할 수 있다.

5. 제어되지 않은 프로세스의 경우 출구 유량은 $G = f_1(P)$ 및 $L = f_2(h)$ 형식의 경험적 방정식에 의해 용기의 운전조건과 관련성을 표현할 수 있다.

PROCESS DYNAMICS and CONTROL TECHNIQUES

CHAPTER 14

주파수 응답 해석과 제어계 설계

Frequency Response Analysis and Control System Design

학습목차 *Chapter Contents*

14.1 1차 공정의 사인 입력
14.2 *n*차 공정의 사인 입력
14.3 보드 선도
14.3.1 1차 공정
14.3.2 적분 공정
14.3.3 2차 공정
14.3.4 공정의 영
14.3.5 시간 지연
14.4 피드백 제어기의 주파수 응답 특성
14.5 나이퀴스트 선도
14.6 보드 안정성 판별
14.7 이득 및 위상여유
요약

이전 장에서는 라플라스 변환 기법을 이용하여 전달함수의 과도응답(transient response)을 계산하였다. 이번 장에서는 주파수 응답을 사용하여 동적계를 해석하는 다른 방법에 중점을 둔다. 주파수 응답의 개념과 기법은 안정성 해석, 제어계 설계 및 강인성 평가에 매우 중요한 역할을 한다. 주파수 응답 기법은 역사적으로도 초기 제어 이론과 통신 분야의 중요한 적용 기술에 대해 개념적 틀을 제공하였다(MacFarlane, 1979).

본 장에서는 임의의 선형 공정에 대한 전달함수로부터 주파수 응답 특성을 계산하는 간단한 절차를 소개한다. 피드백 제어계와 안정성 해석에는 보드 안정성 판별기준과 나이퀴스트 안정성 판별기준이라는 두 가지 개념을 일반적으로 적용할 수 있다. 다음으로는 상대적 안정성을 파악하는 데 유용한 기법인 이득여유와 위상여유를 소개한다. 이러한 방법을 이용하면 제어계가 불안정성에 얼마나 가까운가를 파악할 수 있다. 이와 관련된 문제로 강인성이 있는데 이는 공정의 변동과 공정 모델의 불확실성에 따라 제어계의 성능이 얼마나 민감하게 변하는지에 관한 것이다.

강인한 피드백 제어계의 설계는 부록 J에서 다룬다.

14.1 1차 공정의 사인 입력

먼저 1차 공정에 사인 입력이 가해졌을 때 그 응답 특성을 다루고 이 출력 응답 특성이 입력 신호의 주파수에 어떻게 의존하는지를 본다. 이로부터 *주파수 응답*(frequency

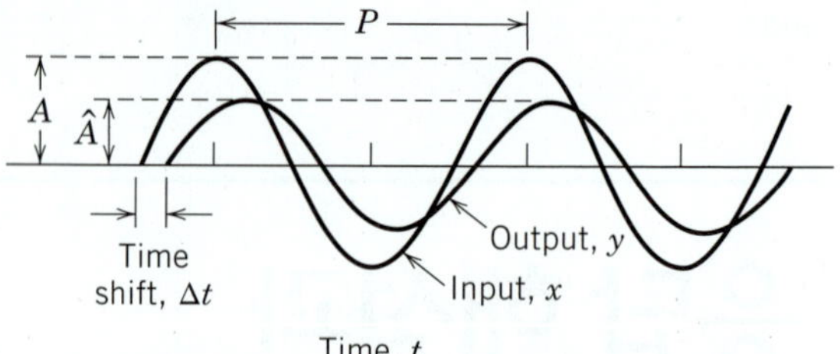

그림 14.1 입력과 출력 사인파 간의 감쇠 및 시간천이. 출력 신호의 위상각 ϕ는 $\phi = \Delta t/P \times 360°$이고 Δt는 시간천이, P는 진동주기이다.

response)이라는 용어가 비롯된다. 5장에서 사인 입력을 1차 공정과 2차 공정에 가했을 때 그 응답을 다루었다. 이 응답들은 사인, 코사인 및 지수 항으로 구성됐음을 기억하자. 특히, 이득 K와 시간 상수(time constant) τ를 갖는 1차 전달함수의 일반적인 사인 입력, $x(t) = A \sin \omega t$, 에 대한 응답은

$$y(t) = \frac{KA}{\omega^2\tau^2 + 1}(\omega\tau e^{-t/\tau} - \omega\tau \cos \omega t + \sin \omega t) \tag{5-23}$$

이며 y는 변이 형태(deviation form)이다.

만약 사인 입력이 오랜 시간 동안 지속되면, 지수 항($\omega\tau e^{-t/\tau}$)은 무시할 수 있다. 남은 사인과 코사인 항을 삼각함수 항등식을 이용해 다음과 같이 정리할 수 있다.

$$y_\ell(t) = \frac{KA}{\sqrt{\omega^2\tau^2 + 1}} \sin(\omega t + \phi) \tag{14-1}$$

여기에서 $\phi = -\tan^{-1}(\omega\tau)$이다. 오랜 시간 후의 응답 $y_\ell(t)$를 1차계의 주파수 응답이라고 하고 다음의 두 가지 특징을 갖는다(그림 14.1 참고).

1. 출력 신호는 입력 신호와 같은 주파수를 갖는 사인파이지만 입력 사인파와 비교하여 ϕ 각도만큼 이동하게 된다(이를 *위상천이* 혹은 *위상각*이라고 한다). 위상천이의 양은 입력주파수(forcing frequency) ω에 의존한다.
2. 사인파는 진폭 $\hat{A}$를 갖고 이는 입력주파수의 함수이다:

$$\hat{A} = \frac{KA}{\sqrt{\omega^2\tau^2 + 1}} \tag{14-2}$$

식 14-2의 양변을 입력 신호 진폭 A로 나누면 *진폭비*(amplitude ratio; AR)를 구할 수 있다.

$$AR = \frac{\hat{A}}{A} = \frac{K}{\sqrt{\omega^2\tau^2 + 1}} \tag{14-3a}$$

이를 다시 공정이득(process gain)으로 나누면 *정규 진폭비*(*normalized amplitude ratio*; AR_N) 를 구할 수 있다.

$$AR_N = \frac{AR}{K} = \frac{1}{\sqrt{\omega^2\tau^2 + 1}} \tag{14-3b}$$

이제 앞의 식들의 물리적 의미를 이전에 다루었던 혼합공정을 예로 들어 검토한다. 4장에서 교반탱크 혼합공정의 전달함수 모델을 다음과 같이 유도했다.

$$X'(s) = \frac{K_1}{\tau s + 1} X_1'(s) + \frac{K_2}{\tau s + 1} W_2'(s) + \frac{K_3}{\tau s + 1} W_1'(s) \tag{4-84}$$

다른 입구 조건은 명목값에 고정되어있고 유량 w_2가 특정 상수값 중심으로 사인파 형태로 변한다고 가정하자. 즉, $w_1'(t) = x_1'(t) = 0$이다. $w_2(t)$가 사인함수 형태이므로 식 5-24에 의하면 출구 조성 변이인 $x'(t)$는 궁극적으로 사인함수 형태가 된다. 하지만 그림 14.1에서 보듯이 탱크의 물질 보유량 때문에 입력 대비 출력에 위상천이가 존재한다. 만약 유량 $w_2(t)$가 체류 시간 $\tau(\omega \ll 1/\tau)$대비 매우 느리게 진동한다면 위상천이는 매우 작아 0°에 근접하게 되며 정규 진폭비($\hat{A}/KA$)는 거의 1에 가깝게 된다. 저주파 입력의 경우에는 출력과 위상이 일치하게 되어 마치 공정 모델이 $G(s) = K$인 것처럼 출력이 사인 입력을 따라가는 형태가 된다.

이와 달리 입력 신호 주파수를 증가시켜 유량을 빨리 변화시킨다고 가정하자. $\omega \gg 1/\tau$의 경우 식 14-1에서 보듯이 위상천이는 $-\pi/2$ 라디안(−90°)에 다가간다. 위상천이가 음의 값을 갖는다는 것은 출력이 입력에 90° 만큼 뒤처진다는 것을 의미한다. 즉, 위상지연이 90°이다. 진폭비는 주파수가 커질수록 0에 다가가는데, 이는 입력 신호가 거의 완전히 감쇠됨을 의미한다. 다시 말해, 출력 신호의 사인 변이는 매우 작아지는 것이다.

이 결과는 만약 주파수가 충분히 크다면 혼합탱크 내의 액체 용량에 의해 w_2의 양의 변이와 음의 변이가 근본적으로 서로 상쇄되는 것을 의미한다. 고주파수는 $\omega \gg 1/\ \tau$를 의미한다. 대부분의 공정은 사인 입력을 받을 때 교반탱크와 정성적으로 유사하게 거동한다. 고주파 입력 변화가 있을 때는 공정의 출력변이가 완벽하게 감쇠되어 출력의 주기적인 변화를 감지하거나 측정하기가 매우 어렵거나 거의 불가능하다.

입출력간 위상천이와 감쇠(혹은 증폭)는 복잡도를 떠나 안정한 전달함수에서는 언제나 발생한다. 위상천이와 진폭비는 모든 경우에 사인 입력 신호의 주파수 ω와 관련이 있다. 지금까지 진폭비와 위상천이 식은 공정 전달함수를 이용하여 유도하였지만 실험적으로도 얻을 수 있다. 공정에 사인 입력을 적용하는 일련의 테스트를 수행하여 그 결과로 나타나는 다양한 주파수에 대해 진폭비와 위상천이를 측정할 수 있다. 이 경우 특정 ω 값에 대해 주파수 응답이 측정된 진폭비와 위상천이를 테이블화하여 표현할 수 있다. 하지만, 이 방법은 다양한 ω 값에 대해 반복적 실험을 해야하기 때문에 많은 시간이 소요된다. 따라서 한 번의 테스트만 필요로 하는 펄스테스트와 같은 다른 방법을 활용한다 (Ogunnaike and Ray, 1994).

이 장에서는 어떠한 안정한 공정 전달함수에 대해 주파수 응답을 효과적으로 계산할 수 있는 해석적 방법을 개발하는 것에 초점을 맞출 것이다. 이 장 후반에서는 이러한 정보를 어떻게 제어기 설계와 닫힌 루프계 응답의 특징을 해석하는 데 사용하는지를 볼 것이다.

14.2 *n*차 공정의 사인 입력

이 절에서는 안정한 공정 전달함수의 주파수 응답을 유도하는 일반적 방법을 제시한다. 불안정한 계에 대한 사인 입력은 사인 대신 무한한 응답 출력을 나타내기 때문에 불안정한 계에 대한 주파수 응답의 물리적 해석은 무의미하다. 사인응답을 찾기 위해서 다소 간단한 절차를 사용할 수 있다.

$G(s)$에서 $s = j\omega$로 놓고 대수식을 정리하면 실수부 (R)과 허수부 (I)로 분리할 수 있다(j는 허수 성분을 의미한다):

$$G(j\omega) = R(\omega) + jI(\omega) \tag{14-4}$$

식 14-1과 유사하게 선형계의 오랜 시간 후 응답을 다음과 같이 표현할 수 있다(식 14-1 참고).

$$y_{\ell}(t) = \hat{A}\sin(\omega t + \phi) \tag{14-5}$$

$\hat{A}$과 ϕ는 다음과 같은 관계로 $I(\omega)$와 $R(\omega)$에 관련되어 있다.

$$\hat{A} = A\sqrt{R^2 + I^2} \tag{14-6a}$$

$$\phi = \tan^{-1}(I/R) \tag{14-6b}$$

$\hat{A}$과 ϕ 둘 다 주파수 ω의 함수이다. 주파수 응답에 대한 단순하지만 훌륭한 관계식을 유도할 수 있고 진폭비는 다음과 같이 주어진다.

$$AR = \frac{\hat{A}}{A} = |G| = \sqrt{R^2 + I^2} \tag{14-7}$$

절대값은 G의 *크기*이고 사인 출력과 입력 간의 위상천이(*위상각*, *G의 인수*, 혹은 $\angle G$로 부르기도 한다)는 다음과 같이 주어진다.

$$\phi = \angle G = \tan^{-1}(I/R) \tag{14-8}$$

$R(\omega)$와 $I(\omega)$(즉, AR과 ϕ)는 $y(t)$의 전체 과도응답을 계산하지 않고 얻을 수 있기 때문에 이런 특성으로 인해 전달함수의 주파수 응답을 손쉽게 구할 수 있다.

식 14-7과 14-8을 통해 시간 지연 항을 포함하는 어떤 안정한 $G(s)$의 주파수 응답 특성을 계산할 수 있다.

이 간편법은 다음과 같이 요약할 수 있다.

단계 1. $G(s)$의 s를 $j\omega$로 치환하여 $G(j\omega)$를 얻는다.

단계 2. $G(j\omega)$를 유리화한다. 즉, 켤레복소수 곱을 이용해 $G(j\omega)$를 실수부 (R)과 허수부 (I)의 합인 $R + Ij$로 표현한다. 여기서 R과 I는 ω의 함수이다.

단계 3. 출력 사인파는 진폭 $\hat{A} = A\sqrt{R^2 + I^2}$ 과 위상각 $\phi = \tan^{-1}(I/R)$을 갖는다. 진폭비는 $AR = \sqrt{R^2 + I^2}$이고 A값에 무관하다.

예제 14.1

다음 전달함수를 갖는 1차계의 주파수 응답을 구하라.

$$G(s) = \frac{1}{\tau s + 1} \tag{14-9}$$

▶ 풀이

먼저 전달함수에서 $s = j\omega$로 치환한다.

$$G(j\omega) = \frac{1}{\tau j\omega + 1} = \frac{1}{j\omega\tau + 1} \tag{14-10}$$

그리고나서 분자 분모에 분모의 켤레복소수인 $-j\omega\tau + 1$을 곱한다.

$$G(j\omega) = \frac{-j\omega\tau + 1}{(j\omega\tau + 1)(-j\omega\tau + 1)} = \frac{-j\omega\tau + 1}{\omega^2\tau^2 + 1} = \frac{1}{\omega^2\tau^2 + 1} + j\frac{(-\omega\tau)}{\omega^2\tau^2 + 1} = R + jI \tag{14-11}$$

여기서

$$R = \frac{1}{\omega^2\tau^2 + 1} \tag{14-12a}$$

그리고

$$I = \frac{-\omega\tau}{\omega^2\tau^2 + 1} \tag{14-12b}$$

식 14-7로부터

$$AR = |G(j\omega|) = \sqrt{\left(\frac{1}{\omega^2\tau^2 + 1}\right)^2 + \left(\frac{-\omega\tau}{\omega^2\tau^2 + 1}\right)^2}$$

정리하면,

$$AR = \sqrt{\frac{(1 + \omega^2\tau^2)}{(\omega^2\tau^2 + 1)^2}} = \frac{1}{\sqrt{\omega^2\tau^2 + 1}} \tag{14-13a}$$

$$\phi = \angle G(j\omega) = \tan^{-1}(-\omega\tau) = -\tan^{-1}(\omega\tau) \tag{14-13b}$$

만약 공정이득이 1이 아닌 양의 값 K라면

$$AR = \frac{K}{\sqrt{\omega^2\tau^2 + 1}} \tag{14-14}$$

그리고 위상각은 변화지 않을 것이다(식 14-13b). 진폭비와 위상각은 14.1절의 시간 영역에서 유도한 값과 같다.

이 예제로부터 복잡한 전달함수 $G(j\omega)$를 직접 해석하는 것이 오랜 시간 후의 실제 응답 $y_\ell(t)$을 구하는 것보다 계산이 쉽다는 것을 알 수 있다. 다음에서 보듯 더 복잡한 공정을 다룰 때 이 방법이 훨씬 더 계산상 유리하다. 다음의 일반적인 인수분해된 형태의 전달함수에서 시작하면

$$G(s) = \frac{G_a(s)G_b(s)G_c(s)\cdots}{G_1(s)G_2(s)G_3(s)\cdots} \tag{14-15}$$

$s = j\omega$로 치환하면 $G(s)$는 복소수 형태의 $G(j\omega)$로 변환된다.

$$G(j\omega) = \frac{G_a(j\omega)G_b(j\omega)G_c(j\omega)\cdots}{G_1(j\omega)G_2(j\omega)G_3(j\omega)\cdots} \tag{14-16}$$

$G(j\omega)$의 크기와 위상각은 다음과 같다.

$$|G(j\omega)| = \frac{|G_a(j\omega)||G_b(j\omega)||G_c(j\omega)|\cdots}{|G_1(j\omega)||G_2(j\omega)||G_3(j\omega)|\cdots} \tag{14-17a}$$

$$\begin{aligned}\angle G(j\omega) &= \angle G_a(j\omega) + \angle G_b(j\omega) + \angle G_c(j\omega) + \cdots \\ &- [\angle G_1(j\omega) + \angle G_2(j\omega) + \angle G_3(j\omega) + \cdots]\end{aligned} \tag{14-17b}$$

식 14-17a과 14-17b은 $|G(j\omega)|$와 $\angle G(j\omega)$의 계산을 단순화하고 따라서 인수분해된 전달함수에 대한 AR과 ϕ를 쉽게 구할 수 있다. 이렇게 표현하면 전달함수를 유리화하는 복잡한 과정을 생략할 수 있기 때문에 주파수 응답 해석 시에는 인수분해된 식 14-15와 같은 형태를 더 선호한다. 반면에 MATLAB과 같은 소프트웨어를 이용해 주파수 응답 곡선을 생성할 경우 14.3절에서 언급한 분자 혹은 분모를 인수분해할 필요가 없다.

예제 14.2

다음 과도감쇠 2차 전달함수의 진폭비와 위상각을 계산하여라.

$$G(s) = \frac{K}{(\tau_1 s + 1)(\tau_2 s + 1)}$$

풀이

식 14-15를 이용하여 다음을 정의하자.

$$G_a = K, \qquad G_1 = \tau_1 s + 1, \qquad G_2 = \tau_2 s + 1$$

$s = j\omega$로 치환하면

$$G_a(j\omega) = K, \qquad G_1(j\omega) = j\omega\tau_1 + 1, \qquad G_2(j\omega) = j\omega\tau_2 + 1$$

복잡한 전달함수의 각 성분의 크기와 각도는 다음과 같이 구할 수 있다.

$$|G_a| = K \quad \angle G_a = 0, \qquad |G_1| = \sqrt{\omega^2\tau_1^2 + 1} \quad \angle G_1 = \tan^{-1}(\omega\tau_1), \qquad |G_2| = \sqrt{\omega^2\tau_2^2 + 1} \quad \angle G_2 = \tan^{-1}(\omega\tau_2)$$

각 표현을 식 14-17a와 14-17b를 통해 결합하면 다음의 결과를 얻는다.

$$AR = |G(j\omega)| = \frac{|G_a(j\omega)|}{|G_1(j\omega)||G_2(j\omega)|} = \frac{K}{\sqrt{\omega^2\tau_1^2 + 1}\sqrt{\omega^2\tau_2^2 + 1}} \tag{14-18a}$$

$$\phi = \angle G(j\omega) = \angle G_a(j\omega) - (\angle G_1(j\omega) + \angle G_2(j\omega)) = -\tan^{-1}(\omega\tau_1) - \tan^{-1}(\omega\tau_2) \tag{14-18b}$$

14.3 보드 선도

보드 선도(혹은 보드 플롯)는 AR과 ϕ를 ω의 함수로 그려 주파수 응답 특성을 편리하게 표현한다. 보통 ω는 시간당 라디안(radians/time)의 단위로 표현하여 역탄젠트 계산의 해가 무차원으로(즉, 라디안) 나오게 한다(예: 식 14-18b). 가끔 회전수/시간의 단위를 갖는 $\omega/2\pi$의 회전 진동수를 사용하기도 한다. 위상각 ϕ는 일반적으로 라디안보다 각도의 단위인 도로 표현한다. 이후 유도에서 명확해지겠지만 보드 선도는 (1) AR 대 ω의 로그-로그 그래프와 (2) ω 대 ϕ의 세미로그 그래프로 구성된다. 이런 그래프는 닫힌 루프계의 응답특성과 안정성을 신속히 분석할 때 특히 유용하다.

14.3.1 1차 공정

과거 주파수 응답 그래프를 손으로 그려야 할 때는 그 활용도가 떨어졌었으나 요즘은 좀 더 실용적으로 스프레드시트나 제어지향성 소프트웨어인 MATLAB을 이용하여 계산을 단순화하고 보드 선도를 생성한다. 비록 스프레트시트 소프트웨어를 이용하여 보드 선도를 그릴 수 있지만 제어계 해석용으로 특별히 설계된 소프트웨어를 사용하는 것이 훨씬 편리하다. 따라서 단순한 전달함수에 대한 보드 선도의 정성적 특징을 설명한 후에 예제 14.3에서 MATLAB 프로그램을 이용하여 보드 선도의 구성 요소인 AR과 ϕ를 어떻게 생성하는지 설명한다.

그림 14.2는 1차 모델 $K/(\tau s + 1)$에 대해, 그림 14.2는 양수 K에 대해 $\omega\tau$ 대 표준화 된 진폭비의 일반적인 log-log 그래프를 보여준다. 음의 K값에 대해서는 위상각이 $-180°$ 만큼 감소한다. $\omega\tau$ 대 ϕ의 세미로그 그래프 역시 주어져 있다. 그림 14.2의 가로

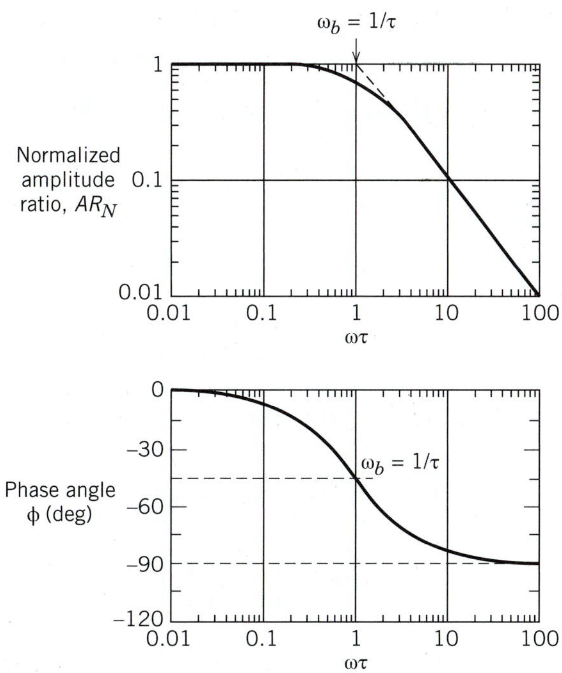

그림 14.2 1차 공정에 대한 보드 선도.

축 $\omega\tau$의 단위는 라디안이다. 만약 K와 τ가 주어진다면, AR_N(혹은 AR)과 ϕ를 ω의 함수로 그릴 수 있다. 고주파 영역에서는 진폭비가 극소값 수준으로 떨어지며 위상지연(위상각을 양의 값으로 표현한 값)은 최대 90°에 근접한다.

이와 달리 몇몇 책과 소프트웨어에서는 AR을 데시벨이란 용어를 사용하여 정의하기도 한다. 데시벨 단위를 갖는 진폭비 AR_{db}는 다음과 같이 정의된다.

$$AR_{db} = 20\log AR \tag{14-19}$$

데시벨을 사용하는 것은 단순히 보드 선도의 AR 축의 스케일을 조정한 것 뿐이다. 데시벨 단위는 전기통신과 음향학 이론에서 사용되며 공정 제어 분야에서는 최근 거의 사용되지 않는다. MATLAB의 *bode* 함수는 데시벨을 기본값으로 사용함에 유의하자. 하지만 그림 14.2의 AR 결과처럼 그릴 수 있도록 수정 가능하다. 이 장의 나머지 부분에서는 적분기, 1차, 2차, 영, 시간 지연과 같은 단순한 전달함수의 주파수 응답만 유도한다. 좀 더 복잡한 전달함수의 주파수 응답 계산을 위해서는 소프트웨어를 사용해야 한다.

14.3.2 적분 공정

적분 공정의 전달함수는 5장에서 소개했다.

$$G(s) = \frac{Y(s)}{U(s)} = \frac{K}{s} \tag{5-32}$$

원점에 위치한 단일 극값때문에 이 전달함수는 경계안정(marginally stable)상태에 있다. 이전 절에서 안정한 공정의, 즉 사인 입력에 대해 제한된 범위 내의 진동응답을 보이는 공정, 주파수 응답을 결정하는 간편법을 유도하였다. 적분 공정 출력은 사인 입력하에서는 제한된 출력값을 보이므로 간편법을 경계안정 공정에 적용할 수 있다.

$$AR = |G(j\omega)| = \left|\frac{K}{j\omega}\right| = \frac{K}{\omega} \tag{14-20}$$

$$\phi = \angle G(j\omega) = \angle K - \tan^{-1}(j\infty) = -90° \tag{14-21}$$

14.3.3 2차 공정

분자 동특성이 없는 일반적인 2차계 전달함수는 다음과 같다.

$$G(s) = \frac{K}{\tau^2 s^2 + 2\zeta\tau s + 1} \tag{14-22}$$

$s = j\omega$를 대입하여 실수부와 허수부로 정리하면 다음의 결과를 얻는다(예제 14.1 참조).

$$AR = \frac{K}{\sqrt{(1-\omega^2\tau^2)^2 + (2\zeta\omega\tau)^2}} \tag{14-23a}$$

$$\phi = \tan^{-1}\left[\frac{-2\zeta\omega\tau}{1-\omega^2\tau^2}\right] \tag{14-23b}$$

식 14-23b의 각각 해 차이가 $n180°$ 인(여기서 n은 양의 정수) 무한 개의 해를 갖기 때문에 ϕ를 구할 때 여러 답을 얻는다. 이 때 2차계에 대한 식 14-23b의 적절한 해는 $-180° < \phi < 0$ 의 범위에 있다.

그림 14.3은 과도감쇠($\xi > 1$), 임계감쇠($\xi = 1$), 과소감쇠($0 < \xi < 1$) 공정을 $\omega\tau$의 함수로 표시한 보드 선도를 나타낸다. 2차계의 저주파 영역 극한값은 1차계와 같다. 하지만 고주파($\omega\tau \gg 1$) 영역에서 극한값은 다르다.

$$AR_N \approx 1/(\omega\tau)^2 \tag{14-24a}$$

$$\phi \approx -180^{o} \tag{14-24b}$$

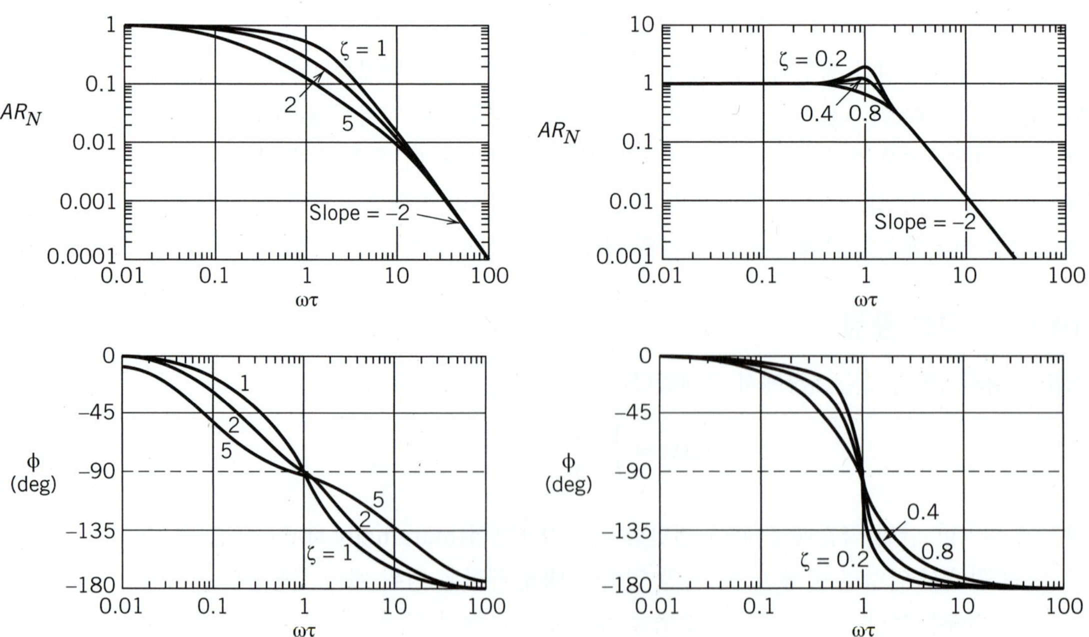

그림 14.3 2차 공정에 대한 보드 선도. 우측: 과소감쇠. 좌측: 과소감쇠와 임계감쇠.

과도감쇠계의 정규 진폭비($\hat{A}/KA < 1$)는 모든 ω에 대해 약화된다. 과소감쇠계에서는 진폭비 그래프가 공진주파수에서 최대값을 나타낸다($0 < \zeta < \sqrt{2}/2$ 범위의 값에 대해).

$$\omega_r = \frac{\sqrt{1 - 2\zeta^2}}{\tau} \tag{14-25}$$

$$(AR_N)_{\max} = \frac{1}{2\zeta\sqrt{1 - \zeta^2}} \tag{14-26}$$

관심 있는 독자는 이 식을 유도할 수 있다. *공진주파수* ω_r은 특정 사인 입력에 대해 사인 출력 응답이 최대 진폭을 갖게 되는 주파수이다. 식 14-25와 14-26은 ω_r 과$(AR_N)_{\max}$가 ξ에 어떻게 의존하는지 보여준다. 이런 함수 관계는 특정 주파수의 소리를 내는 오르간파이프를 설계하는 데 사용한다. 하지만, 지나친 공진은 바람직하지 않다. 예를 들어 자동차의 경우 어느 속도에서는 특정 진동이 현저히 나타나게 된다. 비록 일부 측정 장치는 제한된 크기의 공진 현상을 보이도록 설계하지만 피드백 제어를 하지 않는 산업 공정은 공진 현상을 거의 나타내지 않는다. 이와 달리 제어계의 응답 시간을 단축시키기 위해 피드백 제어기를 조율할 때 피제어 공정이 약간의 진동 혹은 과소감쇠를 갖도록 할 수 있다(12장 참조).

14.3.4 공정의 영

전달함수의 분모에 있는 $\tau s + 1$ 형태의 항을 공정뒤짐(process lag)이라고 부르기도 하는데, 이는 공정 출력이 입력에 비해 뒤쳐져 나오기 때문이다(위상각이 음수이다). 이와 비슷하게 분자에 있는 $\tau s + 1(\tau > 0)$ 형태의 공정의 영은 공정의 사인 출력이 입력을 앞서도록 한다($\phi > 0$). 즉, 좌반면(left-half plane, LHP) 영은 종종 공정이끔(process lead)이라고도 한다. 이제 이 식에 대한 진폭비와 위상각을 알아본다.

$s = j\omega$를 $G(s) = \tau s + 1$ 대입하면

$$G(j\omega) = j\omega\tau + 1 \tag{14-27}$$

이로부터

$$AR = |G(j\omega)| = \sqrt{\omega^2\tau^2 + 1} \tag{14-28a}$$

$$\phi = \angle G(j\omega) = \tan^{-1}(\omega\tau) \tag{14-28b}$$

따라서, 공정의 영은 0과 + 90° 범위 내 양의 위상각을 주는 원인이 된다. 출력 신호의 진폭은 고주파에서 매우 크게 되며(즉, $\omega \to \infty$이면 $AR \to \infty$)이는 물리적으로 구현이 불가능하다. 따라서, 실제 공정의 영은 항상 하나 혹은 그 이상의 극(pole)과 함께 존재한다. 6.1절에서 언급했듯이 공정 전달함수의 분자의 차수는 분모의 차수보다 같거나 작아야만 한다.

전달함수의 분자에 $\tau > 0$인 $1 - \tau s$ 항을 포함한다고 가정하자. 6.1절에서 보았듯이 우반면(right-half plane, RHP) 영은 역계단 응답과 관련이 있다. $G(s) = 1 - \tau s$의 주파수 응답 특성은

$$AR = \sqrt{\omega^2\tau^2 + 1} \tag{14-29a}$$

$$\phi = -\tan^{-1}(\omega\tau) \tag{14-29b}$$

따라서, LHP 및 RHP 영의 진폭비는 동일하다. 하지만, RHP 영은 음의 부호때문에 전

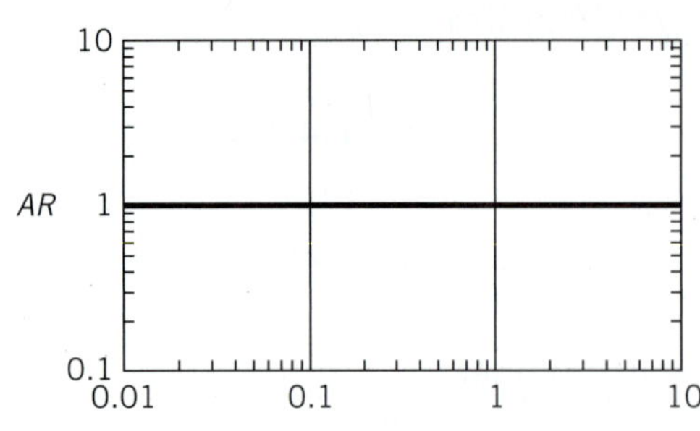

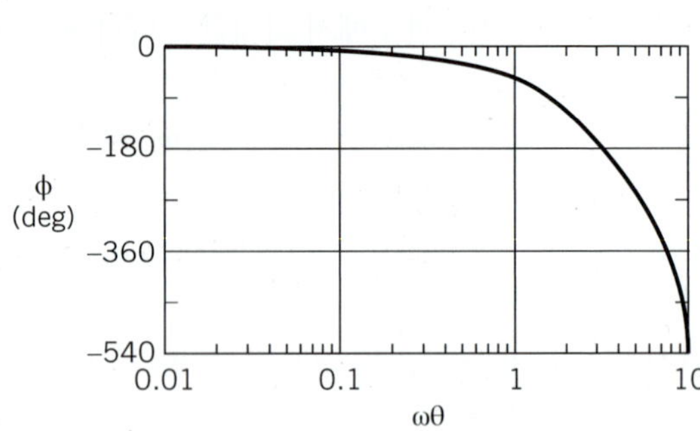

그림 14.4 시간 지연 $e^{-\theta s}$에 대한 보드 선도.

체 주파수 응답에 위상지연을 일으킨다. RHP 영 또는 시간 지연을 포함하는 공정은 같은 AR특성을 갖는 다른 전달함수에 비해 더 큰 위상지연을 보이기 때문에 *비최소위상계*(nonminimum phase systems)라는 명칭으로도 불린다(Franklin 외, 2014). 연습문제 14.11은 위상각에서 영의 위치의 중요성을 보여주는 예이다.

14.3.5 시간 지연

남아있는 공정 요소 중 해석이 필요한 중요한 것이 시간 지연 $e^{-\theta s}$ 이다. 주파수 응답 특성은 $s = j\omega$를 대입하여 얻는다.

$$G(j\omega) = e^{-j\omega\theta} \tag{14-30}$$

이는 오일러 항등식을 대입하여 유리함수 형태로 쓸 수 있다.

$$G(j\omega) = \cos\omega\theta - j\sin\omega\theta \tag{14-31}$$

식 14.6으로부터

$$AR = |G(j\omega)| = \sqrt{\cos^2\omega\theta + \sin^2\omega\theta} = 1 \tag{14-32}$$

$$\phi = \angle G(j\omega) = \tan^{-1}\left(-\frac{\sin\omega\theta}{\cos\omega\theta}\right)$$

혹은

$$\phi = -\omega\theta \tag{14-33}$$

ω가 radians/time으로 표현되므로 위상각을 도로 표현하면 $-180\omega\theta/\pi$이다. 그림 14.4는 시간 지연에 대한 보드 선도이다. 위상각은 무한한데 즉 ω가 커질수록 위상각이 $-\infty$에 접근한다. 이와 대조적으로 다른 공정 요소의 위상각은 90°의 일부 배수값보다 작은 유한한 값을 갖는다. 이러 무한한 위상지연은 시간 지연의 중요한 속성이며 14.6절에서 논의하겠지만 닫힌 루프계의 안정성에 해롭다.

예제 14.3

다음 전달함수의 보드 선도를 그려라.

$$G(s) = \frac{5(0.5s+1)e^{-0.5s}}{(20s+1)(4s+1)}$$

여기서 시간 상수와 시간 지연은 분 단위를 갖는다.

풀이

그림 14.5는 보드 선도를 나타낸다. $\omega \to 0$일 때 AR의 값은 정상 상태이득($K = 5$)이다. 고주파에서 위상각은 시간 지연에 지배받는다. 표 14.1에 전달함수의 보드 선도를 생성하는 매트랩 코드가 제시되어 있다. 이 코드에서는 정규화된 $AR(AR_N)$을 사용한다.

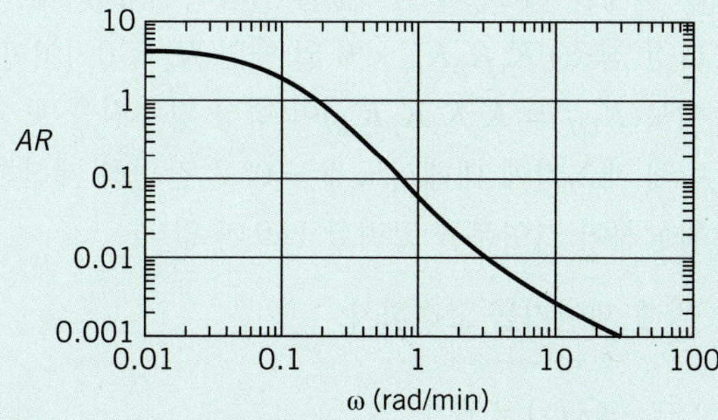

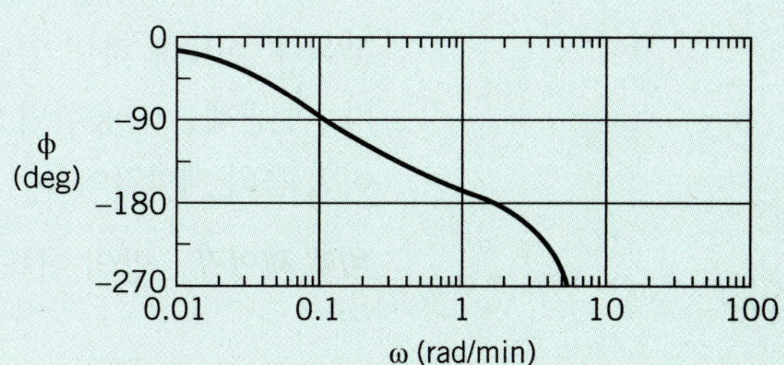

그림 14.5 예제 14.3의 전달함수에 대한 보드 선도.

표 14.1 예제 14.3의 주파수 응답을 계산하고 그래프를 그리기 위한 매트랩 프로그램.

```
%Make a Bode plot for G = 5 (0.5s + 1)e^–0.5s/(20s + 1)
%(4s + 1)
close all
gain = 5;
tdead = 0.5;
num = [0.5 1];
den = [80 24 1];
G = tf (gain*num, den) %Define the system as a transfer
%function
points = 500; %Define the number of points
ww = logspace (–2, 2, points); %Frequencies to be evaluated
[mag, phase, ww] = bode (G,ww); %Generate numerical
%values for Bode plot
AR = zeros (points, 1); %Preallocate vectors for Amplitude
%Ratio and Phase Angle
PA = zeros (points, 1);
for i = 1 : points
  AR(i) = mag (1,1,i)/gain; %Normalized AR
  PA(i) = phase (1,1,i) - ((180/pi) *tdead*ww(i));
end
figure
subplot (2,1,1)
loglog(ww, AR)
axis ([0.01 100 0.001 1])
title ('Frequency Response of a SOPTD with Zero')
ylabel('AR/K')
subplot (2,1,2)
semilogx(ww,PA)
axis ([0.01 100 –270 0])
ylabel('Phase Angle (degrees)')
xlabel('Frequency (rad/time)')
```

14.4 피드백 제어기의 주파수 응답 특성

제어계를 설계할 때 주파수 응답 해석을 사용하기 위해서는 8장에서 논한 PID 제어기의 가장 널리 사용되는 형태의 피드백 제어기에 대한 주파수 관련 특성을 알아야만 한다. 이후 유도에서는 제어기가 역동형(reverse-acting, $K_c > 0$)으로 가정한다. 제어기가 직동

형(direct-acting, $K_c < 0$)이라 하더라도 크기 계산에는 $|K_c|$가 사용되기 때문에 AR 그래프는 바뀌지 않는다. 하지만 K_c가 음수일 때 위상각이 $-180°$ 만큼 이동한다. 예를 들어, 직동형 비례 제어기($K_c < 0$)는 $-180°$ 상수값의 위상각을 갖는다.

실제로는 닫힌 루프 제어계를 설계할 때 K_c의 절대값을 사용하여 ϕ를 계산할 수 있는데, 이는 안정성을 고려할 때(11장 참조) $K_v K_p K_m < 0$ 일 때만 $K_c < 0$이어야 하기 때문이다. 이렇게 하면 열린 루프 이득($K_{OL} = K_c K_v K_p K_m$)이 항상 양수임을 보장하게 된다. 이 관례를 사용하면 어떠한 비례 제어기에 대해서도 $\phi = 0°$로 간편히 계산하고 일반적인 음의 제어기이득의 $-180°$ 위상천이 기여분을 고려할 필요가 없다.

비례 제어기. 양의 이득을 갖는 비례 제어기를 고려하자.

$$G_c(s) = K_c \tag{14-34}$$

이 경우에는 $|G_c(\mathrm{jw})| = K_c$이고 ω에 독립적이다. 따라서,

$$AR = K_c \tag{14-35}$$

그리고

$$\phi = 0° \tag{14-36}$$

비례–적분 제어기. 비례–적분 제어기는 다음의 전달함수를 갖고,

$$G_c(s) = K_c\left(1 + \frac{1}{\tau_I s}\right) = K_c\left(\frac{\tau_I s + 1}{\tau_I s}\right) \tag{14-37}$$

$s = j\omega$를 대입하면

$$G_c(j\omega) = K_c\left(1 + \frac{1}{\tau_I j\omega}\right) = K_c\left(1 - \frac{j}{\omega\tau_I}\right) \tag{14-38}$$

따라서, 진폭비와 위상각은 다음과 같다.

$$AR = |G_c(j\omega)| = K_c\sqrt{1 + \frac{1}{(\omega\tau_I)^2}} = K_c\frac{\sqrt{(\omega\tau_I)^2 + 1}}{\omega\tau_I} \tag{14-39}$$

$$\phi = \angle G_c(j\omega) = \tan^{-1}(-1/\omega\tau_I) = \tan^{-1}(\omega\tau_I) - 90° \tag{14-40}$$

식 14-39와 14-40에서 보면 저주파에서는 적분동작이 지배적이다. $\omega \to 0$이면 $AR \to \infty$이고 $\phi \to -90°$가 된다. 고주파에서는 $AR = K_c$이고 $\phi = 0°$이다. 이 영역에서는 둘 다 ω의 함수가 아니다(P 제어기 참고).

이상형 비례–미분 제어기. 이상형 비례–미분(PD) 제어기(식 8-11 참고)는 실제 제어계에 거의 적용되지는 않지만 PID 제어기의 요소이고, 고주파에서는 PID 제어기에 영향을 준다. 이 전달함수는

$$G_c(s) = K_c(1 + \tau_D s) \tag{14-41}$$

이 주파수 응답 특성은 좌반면 영의 특성과 유사하다.

$$AR = K_c\sqrt{(\omega\tau_D)^2 + 1} \tag{14-42}$$

$$\phi = \tan^{-1}(\omega\tau_D) \tag{14-43}$$

필터를 포함하는 비례–미분 제어기. 8장에서 언급한대로 PD 제어기는 다음의 전달함수로 주로 구현된다.

$$G_c(s) = Kc\left(\frac{\tau_D s + 1}{\alpha\tau_D s + 1}\right) \tag{14-44}$$

여기서 α는 0.05~0.2 범위의 값을 갖는다. 이 제어기에 대한 주파수 응답은 다음으로 주어진다.

$$AR = K_c\sqrt{\frac{(\omega\tau_D)^2 + 1}{(\alpha\omega\tau_D)^2 + 1}} \tag{14-45}$$

$$\phi = \tan^{-1}(\omega\tau_D) - \tan^{-1}(\alpha\omega\tau_D) \tag{14-46}$$

식 14-44의 극값은 AR의 고주파 영역의 점근값을 제한한다.

$$\lim_{\omega\to\infty} AR = \lim_{\omega\to\infty} |G_c(j\omega)| = K_c/\alpha = 2/0.1 = 20 \tag{14-47}$$

식 14-41의 이상적 미분동작은 고주파 영역에서 AR이 큰 값을 갖기 때문에 고주파 특성을 갖는 입력 잡음을 증폭시키기 때문에 이런 필터를 포함하는 형태를 사용하는 것이 유리하다. 대조적으로 미분필터를 갖는 PD제어기는 고주파 영역에서 유한한 AR을 보인다. 이는 분자와 분모의 차수가 모두 1차로 고주파 위상각이 0이 되기 때문이다.

병렬 PID 제어기. 8장에서 논한대로 PID 제어기는 병렬과 직렬 형태로 유도 가능하다. 두 버전 모두 PI와 PD 제어기의 특징을 보인다. 좀 더 단순한 버전은 다음의 병렬 형태이다(식 8-14 참고):

$$G_c(s) = K_c\left(1 + \frac{1}{\tau_I s} + \tau_D s\right) = K_c\left(\frac{1 + \tau_I s + \tau_I\tau_D s^2}{\tau_I s}\right) \tag{14-48}$$

$s = j\omega$를 대입하여 정리하면

$$G_c(j\omega) = K_c\left(1 + \frac{1}{j\omega\tau_I} + j\omega\tau_D\right) = K_c\left[1 + j\left(\omega\tau_D - \frac{1}{\omega\tau_I}\right)\right] \tag{14-49}$$

이상형 병렬: $G_c(s) = 2\left(1 + \frac{1}{10s} + 4s\right)$

미분필터를 갖는 병렬: $G_c(s) = 2\left(1 + \frac{1}{10s} + \frac{4s}{0.4s + 1}\right)$

미분필터를 포함하는 병렬 PID 제어기. 8장과 표 8.1에서 미분필터를 포함하는 병렬 제어기를 기술하였다.

$$G_c(s) = K_c\left(1 + \frac{1}{\tau_I s} + \frac{\tau_D s}{\alpha\tau_D s + 1}\right) \tag{14-50}$$

그림 14.6은 미분필터를 포함하고 포함하지 않는 이상형 PID 제어기(표 8.1 참고)의 보드 선도를 나타낸다. 제어기 설정은 $K_c = 2$, $\tau_I = 10$ min, $\tau_D = 4$ min, 그리고 $\alpha =$

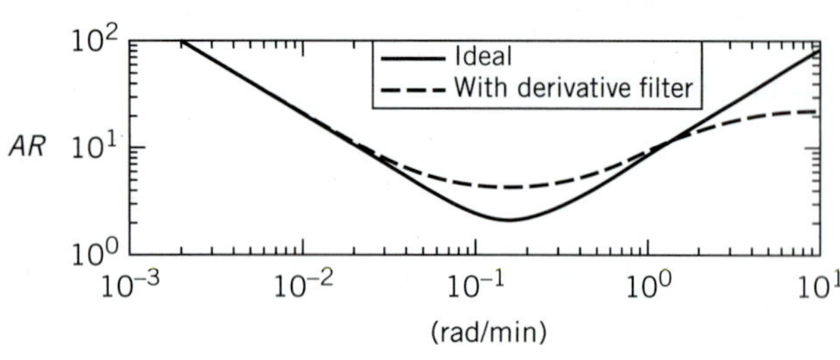

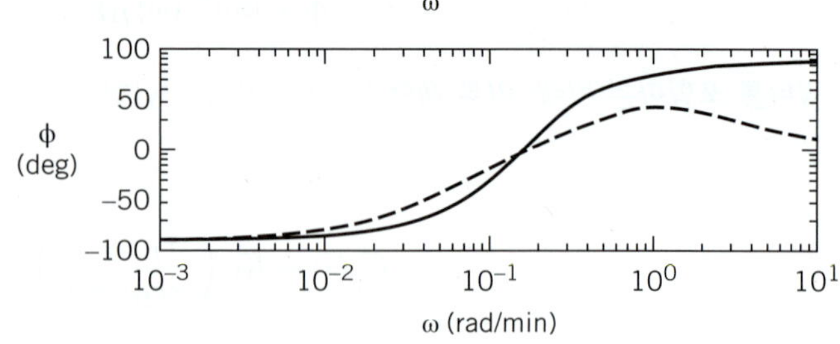

그림 14.6 이상형 병렬 PID 제어기와 미분필터($\alpha = 0.1$)를 갖는 이상형 병렬 PID 제어기의 보드 선도.

0.1이다. 위상각은 $-90°(\omega \to 0)$ 에서 $+90°(\omega \to \infty)$까지 변한다.

그림 14.6의 진폭비 비교를 보면 식 14-48의 미분필터가 없는 제어기의 AR은 고주파에서 무한대로 커지는 반면 식 14-50의 미분필터가 있는 제어기는 모든 주파수 영역에서 유한한 AR을 보인다. 따라서, 미분필터를 추가하는 것이 고주파 영역에서 직렬 PID 제어기를 덜 민감하게 만든다. 대표적인 값 $\alpha = 0.10$에 대해 식 14-50으로부터 고주파 영역에서 다음의 결과를 얻는다.

$$AR_{\omega\to\infty} = \lim_{\omega\to\infty} |G_c(j\omega)| = K_c/\alpha = 20K_c \tag{14-51}$$

$\tau_D = 0$일 때 필터를 포함하는 병렬 PID 제어기는 식 14-37의 PI제어기와 같다.

τ_I와 τ_D를 조정하여 AR 곡선의 골짜기 모양과 위치를 정할 수 있다. τ_I를 줄이고 τ_D를 늘리면 골짜기가 좁아지는 반면 반대로 변화시키면 골짜기 부분이 넓어진다. 그림 14.6은 골짜기의 중심이 $\phi = 0°$와 $AR = K_c$인 $\omega = 1/\sqrt{\tau_I\tau_D}$에 위치한다. K_c를 변화시키면 골짜기의 넓이에 영향을 주지 않으며 진폭비 곡선을 위 혹은 아래로 움직인다. 일반적으로 적분 시간 τ_I가 τ_D 보다 크며 일반적으로 $\tau_I \approx 4\tau_D$이다.

직렬 PID 제어기. 직렬 PID 제어기의 가장 간단한 형태는 다음과 같다.

$$G_c(s) = K_c\left(\frac{\tau_1 s + 1}{\tau_1 s}\right)(\tau_D s + 1) \tag{14.52}$$

이 제어기 전달함수는 PI와 PD 제어기의 전달함수의 곱으로 해석할 수 있다. 식 14-52의 전달함수는 물리적으로 구현이 불가능하고 고주파 잡음을 증폭시킨다. 좀 더 실용적인 형태는 미분필터를 포함한다.

14.5 나이퀴스트 선도

나이퀴스트 선도는 주파수 응답 정보를 $G(j\omega)$의 극좌표로 달리 표현하는 방법으로 주파수 ω는 암시적 파라미터(implicit parameter)로 나타난다. 전달함수 $G(s)$에 대한 나이퀴스트 선도는 다양한 ω 값에 대해 $|G(j\omega)|$와 $\angle G(j\omega)$로부터 직접 구할 수 있다. 이 대신 $AR = |G(j\omega)|$이고 $\phi = \angle G(j\omega)$이므로 나이퀴스트 선도는 보드 선도로부터 구할 수 있다. 보드 선도의 장점은 주파수가 가로축에 명확히 그려지고 log-log와 세미로그 좌표계가 블록 곱을 용이하게 한다. 이와 달리 나이퀴스트 선도는 더 간결하며 계의 안정성을

결정하는 것과 같은 많은 중요한 해석을 하는 데 충분하다(Appendix J 참조). 최근 나이퀴스트 선도에 대한 관심의 대부분은 다중 루프 제어기와 강인성(민감도) 연구와 관련이 있다(Maciejowski, 1989; Skogestad and Postlethwaite, 2005). 단일 루프 제어기의 경우에는 보드 선도가 더 자주 사용된다.

14.6 보드 안정성 판별

보드 안정성 판별은 11장의 특성방정식 근을 계산하는 대안과 비교하여 중요한 장점을 갖는다. "이 닫힌 루프계가 안정한가?"라는 질문에 단순히 예 혹은 아니오로 대답하기 보다는 상대적 안정성의 척도를 제시한다.

보드 안정성 판별에 대한 기초를 논하기 전에 11.1절의 일반적 안정성 기준을 재검토해보는 것이 도움이 된다. *피드백 제어계는 특성방정식의 모든 근이 복소평면의 허수축 왼쪽에 놓여야만 안정하다.*

따라서, 허수축은 복소평면을 안정과 불안정 영역으로 나눈다. 11장에서 정의된 특성방정식을 상기하면

$$1 + G_{OL}(s) = 0 \tag{14-53}$$

이고 식 14-53의 열린 루프 전달함수는 $G_{OL}(s) = G_c(s)G_v(s)G_p(s)G_m(s)$이다.

보드 안정성 판별을 명시하기 전에 다음 두 가지 중요한 정의를 소개한다.

1. *임계주파수* ω_c는 $\phi_{OL}(\omega) = -180°$이 되는 ω 값이다. 이 주파수는 위상교차주파수(phase crossover frequency)라고도 불린다.
2. *이득교차주파수*(gain crossover frequency) ω_g는 $AR_{OL}(\omega) = 1$에 해당하는 ω이다.

보드 안정성 판별은 닫힌 루프계의 안정성을 열린 루프 전달함수로부터 결정할 수 있게 해준다.

보드 안정성 판별. *엄격히 적절한(strictly proper, 영보다 극이 더 많은) 열린 루프 전달함수 $G_{OL} = G_cG_vG_pG_m$를 고려하자. 이 전달함수는 원점에 극값 하나만 갖는 가능성을 제외하고 허수축 위나 오른쪽에는 극값을 갖지 않는다. 열린 루프 주파수 응답이 오직 하나의 임계주파수 ω_c와 하나의 이득교차주파수 ω_g를 갖는다고 가정하자. 그러면 닫힌 루프계는 열린 루프 진폭비가 $AR_{OL}(\omega_c) < 1$를 만족할 때 안정하다. 이 외의 경우는 불안정하다.*

11.5절의 근궤적 선도(root locus diagrams 예를 들어 그림 11.27)는 제어기이득 K_c가 변함에 따라 특성방정식의 근이 어떻게 바뀌는지를 보여준다. 정의에 따르면 특성방정식의 근은 식 14-53을 만족하는 복소변수 s의 수치값이다. 따라서, 근궤적도 위의 각각의 점 역시 식 14-54를 만족하며 식 14-53을 재정리하면

$$G_{OL}(s) = -1 \tag{14-54}$$

이에 해당하는 크기와 각도는

$$|G_{OL}(j\omega)| = 1 \qquad \text{그리고} \qquad \angle G_{OL}(j\omega) = -180° \tag{14-55}$$

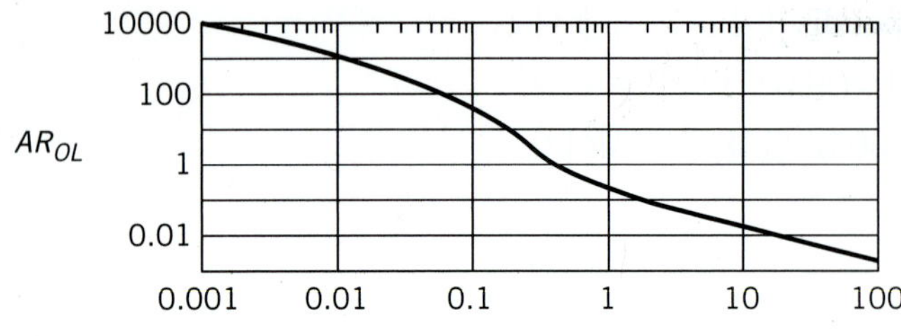

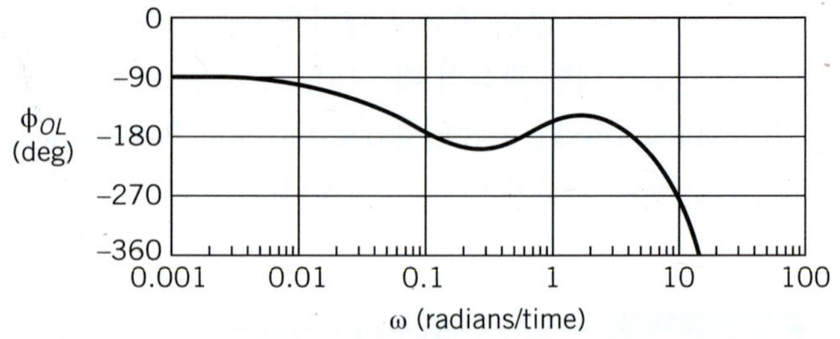

그림 14.7 여러 개의 임계주파수 값을 보이는 보드 선도.

경계안정상태에 있는 계는 $\omega_c = \omega_g$를 만족하며 지속되는 진동의 주파수 ω_c는 허수축 위의 켤레근 $s = \pm\,\omega_c j$로 인해 생긴다. 이를 식 14-55의 s에 대입하면 어느 특정 $\omega_c > 0$에 대해 조건부 안정계(conditionally stable system)에 대한 다음의 식이 성립한다.

$$AR_{OL}(\omega_c) = |G_{OL}(j\omega_c)| = 1 \tag{14-56}$$

$$\phi_{OL}(\omega_c) = \angle G_{OL}(j\omega_c) = -180° \tag{14-57}$$

식 14-56과 14-57은 보드 안정성 판별에 기반이 된다.

보드 안정성 판별의 몇몇 중요한 성질은 다음과 같다.

1. 보드 안정성 판별은 열린 루프 전달함수의 성질에 근거하며 닫힌 루프 안정에 대한 필요 충분 조건을 제시한다.
2. 보드 안정성 판별은 시간 지연을 포함하는 계에 대해서 적용 가능하다.
3. 보드 안정성 판별은 다양한 공정 제어 문제에 매우 유용하다. 하지만 선행 조건을 만족하지 못하는 $G_{OL}(s)$에 대해서는 Appendix J에 소개되는 나이퀴스트 안정성 기준을 적용해야 한다.

많은 제어 문제가 오직 하나의 ω_c와 ω_g를 갖지만 그림 14.7에서 보듯이 여러 개의 ω_c를 보일 수 있다. 이런 드문 경우에는 닫힌 루프계가 제어이득값의 두 개 다른 영역에서 안정하다(Luyben and Luyben, 1997).

따라서, 어떤 범위에서는 K_c의 절대값을 증가시키면 실제 닫힌 루프계의 안정성을 향상시킬 수 있다. Hahn et al.(2001)은 여러 개의 ω_c 와 ω_g를 갖는 시스템에 대해 수정된 보드 안정성 판별을 개발하여 안정성의 충분 조건을 제시하였다.

11장에서 언급한대로 닫힌 루프계가 경계안정상태일 때 설정 값 변동이나 외란 하에 닫힌 루프 응답은 지속적인 진동을 보인다. 따라서, 진폭은 증가하거나 감소하지는 않는다.

안정성 한계에서 왜 지속적인 진동이 일어나는지에 대한 물리적 통찰력을 얻기위해 어른이 그네 위의 아이를 밀어주는 경우를 생각하자. 어른이 적시에 적당한 힘으로 밀어주는한 아이는 똑같은 궤도 위에서 흔들릴 것이다. 고로 우리가 기대하는 지속적 진동은 올바른 타이밍(즉, 위상)과 적절히 적용된 힘(즉, 크기)이 필요하다. 이와 대조적으로 만약 힘이나 타이밍 둘 중 하나라도 정확하지 않다면 아이가 바로 저항하며 원하는 그네 운동은 멈출 것이다. 사람이 공을 튕길 때에도 비슷한 요건이 필요하다.

왜 피드백 제어기가 지속적인 진동을 유발하는지 좀더 구체적인 예를 들기 위해 그림 14.8에 있는 피드백 제어계에 대한 다음의 사고 실험을 해보자. 열린 루프계가 안정하고 외란은 일어나지 않는다고 가정한다($D = 0$). 설정 값이 오랜 시간 동안 임계주파수에서 사인형태로 바뀐다고 가정하자, $y_{sp}(t) = A\sin(\omega_c t)$. 이 시간 동안 측정 출력값 y_m의

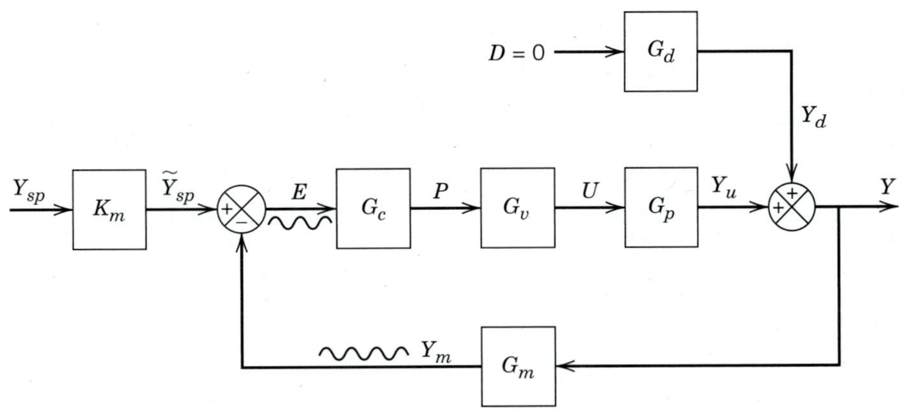

그림 14.8 피드백 제어계에서의 지속적 진동.

연결이 끊어져 비교기 이전에 피드백 루프가 끊긴다고 가정하자. 초기 과도응답이 사라지면 y_m은 가진주파수(excitation frequency) ω_c에서 진동할 것인데, 이는 사인 입력에 대한 선형계의 응답은 같은 주파수의 사인 출력으로 나타나기 때문이다(14.2절 참고). 다음 두 사건이 동시에 일어난다고 가정하자. (i) 설정 값은 0으로 정하고, (ii) y_m이 다시 연결된다. 만약 피드백 제어계가 경계안정상태라면 피제어 변수 y는 진폭 A와 주파수ω_c의 지속적인 사인파 진동을 보일 것이다.

왜 이런 특별한 형태의 진동이 오직 $\omega = \omega_c$일 때만 나타나는지 해석하기 위해 그림 14.8의 사인 신호가 전달함수 G_c, G_v, G_p, 그리고 G_m을 통과하여 비교기로 돌아온다는 것을 알아두자. 피드백 루프가 다시 연결된 후에 지속적 진동을 가지려면 신호 Y_m은 E와 똑같은 진폭과 E에 비해 180° 위상천이를 가져야만 한다. 비교기 역시 음의 부호를 갖기 때문에 −180°의 위상천이를 주는 것에 유의하자. 따라서, 식 14-56과 14-57이 모두 만족되기 때문에 피드백 루프가 닫히면 닫힌 계는 무기한 진동하게 된다. 하지만 만약 K_c가 아주 작은 양이라도 증가하게 되면 어떻게 될까? 이 때는 $AR_{OL}(\omega_c)$이 1보다 크게 되고 진동은 커지고, 닫힌 루프계는 불안정해진다. 이와 반대로 만약 K_c가 작은 값만큼이라도 줄어들게 되면 진동은 감쇠되어 결국 사라지게 된다.

예제 14.4

다음의 3차 전달함수를 고려하자(시간 상수는 분단위이다).

$$G_p(s) = \frac{2}{(0.5s+1)^3}$$

또한, $G_v = 0.1$이고 $G_m = 10$이다. 비례 제어기에 대해 보드 안정성 판별을 사용하여 닫힌 루프 제어계의 안정성을 판별해라. K_c는 1, 4, 그리고 20의 세 가지 값을 갖는다.

풀이

이 예제에 대해서

$$G_{OL} = G_cG_vG_pG_m = (K_c)(0.1)\frac{2}{(0.5s+1)^3}(10) = \frac{2K_c}{(0.5s+1)^3}$$

그림 14.9는 세 가지 K_c값에 대한 보드 선도를 보여준다. $K_c > 0$인 비례 제어기의 위상지연은 0이므로 세 가지 경우 모두에 대해

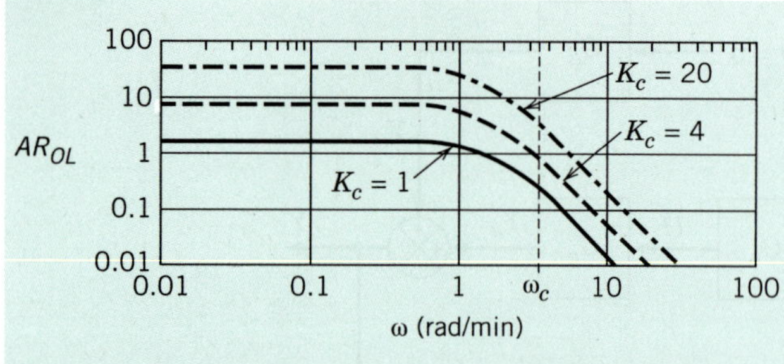

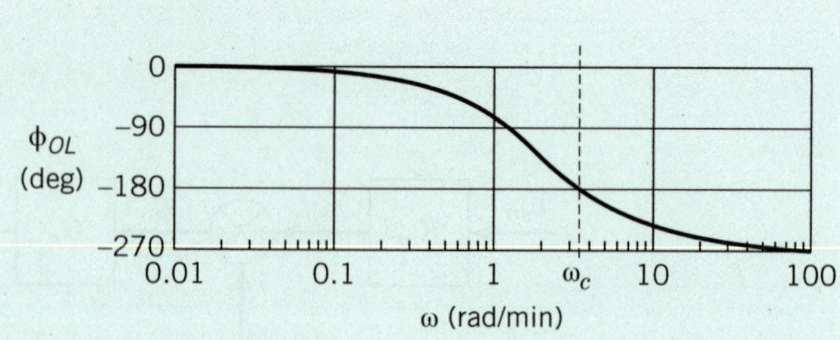

그림 14.9 $G_{OL} = 2K_c/(0.5s + 1)^3$에 대한 보드 선도.

위상각 그래프는 같다. 위상각 그래프에서 $\omega_c = 3.46$ rad/min임을 관찰할 수 있다. 이는 앞에서 논했듯이 경계안정상태에서 일어나는 지속적인 진동 주파수이다. 다음으로 각 K_c 값에 대해 진폭비 AR_{OL}을 확인해보자. 그림 14.9로부터 다음 분류를 할 수 있다.

K_c	$AR_{OL}(\omega = \omega_c)$	구분
1	0.25	안정
4	1	임계안정(marginally stable)
20	5	불안정

12.5.1절에서는 한계이득(ultimate gain)의 개념을 소개하였다. 비례 제어만 고려할 때 한계이득 K_{cu}는 안정한 닫힌 루프계를 주는 K_c 값 중 가장 큰 값으로 정의한다. K_{cu} 값은 $G = G_vG_pG_m$의 전달함수에 대한 보드 선도로부터 그래프를 읽어 정할 수 있다. 비례모드만 사용하는 제어의 경우 $G_{OL} = K_cG$가 된다. 비례 제어는 0의 위상지연을 갖기 때문에 ω_c는 G에 의해서만 결정된다. 또한,

$$AR_{OL}(\omega) = K_cAR_G(\omega) \tag{14-58}$$

여기서 AR_G는 G의 진폭비를 의미한다. 경계안정상태인 $\omega = \omega_c$ 에서는 $AR_{OL}(\omega_c) = 1$이고 $K_c = K_{cu}$가 된다. 이를 식 14-58에 대입하고 K_{cu}를 풀어내면 다음의 중요한 결과를 얻는다.

$$K_{cu} = \frac{1}{AR_G(\omega_c)} \tag{14-59}$$

K_c에 대한 안정성 한계는 PI와 PID 제어기에 대해서도 계산할 수 있고 예제 14.5에서 보이듯이 이를 K_{cm}이라 한다.

예제 14.5

다음의 과도감쇠 2차 공정(시간 상수는 분단위)를 PI 제어하는 경우를 살펴보자.

$$G_p(s) = \frac{5}{(s+1)(0.5s+1)}, \qquad G_m = G_v = 1$$

(a) K_{cu}값을 결정하라.

(b) $K_c = 0.4$ 그리고 $\tau_I = 0.2$ min의 제어기 설정이 불안정한 닫힌 루프계를 생성함을 보드 선도를 사용하여 보여라.

(c) $\tau_I = 0.2$ min과 같이 사용하며 닫힌 루프계의 안정성을 유지하는 K_c 값 중 최대값 K_{cm}을 찾아라.

(d) $\tau_I = 1$ min은 모든 양의 K_c 값에 대해 안정한 닫힌 루프계의 결과를 나타냄을 보여라.

풀이

(a) K_{cu}를 결정하기 위해 $G_c = K_c$로 놓는다. 열린 루프 전달함수는 $G_{OL} = K_cG$이고 $G = G_vG_pG_m$이다. 비례 제어기는 위상지연을 도입하지 않기 때문에 G와 G_{OL}은 똑같은 위상각을 갖는다.

(b) 따라서, 임계주파수는 G의 위상각 그래프로부터 읽어 구할 수 있다. 하지만 그림 14.10의 곡선 a로부터 ϕ_{OL}은 항상 $-180°$보다 크기 때문에 비례 제어기에 대해 ω_c가 존재하지 않는 것을 확인할 수 있다. 따라서 K_{cu}는 존재하지 않고 고로 K_c는 안정성 한계값을 갖지 않는다. 거꾸로 적분제어동작을 추가하면 닫힌 루프에 불안정성을 일으킬 수 있다. 그림 14.10의 곡선 b는 $G_c(s) = 0.4(1 + 1/0.2s)$에 대해 불안정한 닫힌 루프계가 생성됨을 나타내는데, 이는 $\phi_{OL} = -180°$일 때 $AR_{OL} > 1$이기 때문이다.

(c) 이제 $\tau_I = 0.2$ min에 대해 K_{cm}을 찾아본다. K_c는 ϕ_{OL}에 영향을 끼치지 않기 때문에 ω_c가 K_c가 아닌 τ_I에 의존함에 유의한다. 그림 14.10의 곡선 b에 대해, $\omega_c = 2.2$ rad/min이고 이에 해당하는 진폭비는 $AR_{OL} = 1.38$이다. K_{cm}을 찾기 위해 현재의 K_c 값에 1/1.38을 곱한다. 따라서, $K_{cm} = 0.4 / 1.38 = 0.29$이다.

(d) τ_I가 1 min으로 증가하면 그림 14.10의 곡선 c의 결과를 얻는다. 곡선 c는 임계주파수를 갖지 않으므로 닫힌 루프계는 모든 양의 K_c 값에 대해 안정하다.

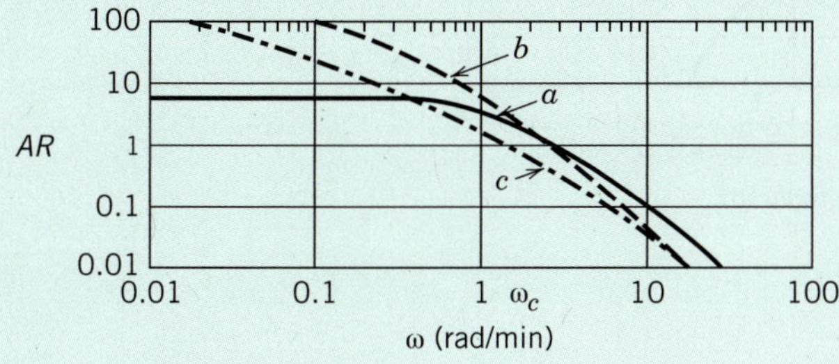

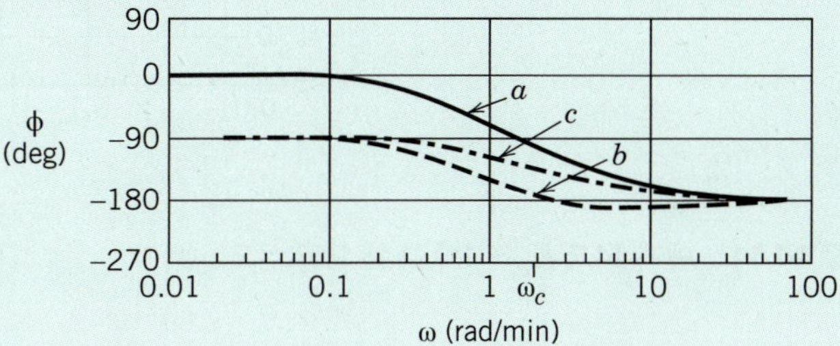

그림 14.10 예제 14.5의 보드 선도.
곡선 a: $G(s)$, 곡선 b: $G_{OL}(s)$: $G_c(s) = 0.4\left(1 + \dfrac{1}{0.2s}\right)$, 곡선 c: $G_{OL}(s)$: $G_c(s) = 0.4\left(1 + \dfrac{1}{s}\right)$

예제 14.6

다음 공정과 PID 제어기에 대해 임계주파수를 찾아라. $G_v = G_m = 1$을 가정하라.

$$G_p(s) = \frac{e^{-0.3s}}{(9s+1)(11s+1)}, \qquad G_c(s) = 20\left(1 + \frac{1}{2.5s} + s\right)$$

풀이

그림 14.7은 G_{OL}에 대한 열린 루프 진폭비와 위상각 그래프를 보여준다. 위상각이 $-180°$를 세 점에서 건너감에 유의한다. 두 개 이상의 ω_c가 존재하므로 보드 안정성 판별은 적용할 수 없다.

예제 14.7

다음 닫힌 루프계의 안정성을 평가하라.

$$G_p(s) = \frac{4e^{-s}}{5s+1}$$

시간 상수와 시간 지연은 분단위를 갖고,

$$G_v = 2, \quad G_m = 0.25, \quad G_c = K_c$$

ω_c와 K_{cu}를 보드 선도로부터 얻어라. $K_c = 1$의 초기값을 사용하라.

▶ 풀이

그림 14.11은 G_{OL}과 $K_c = 1$에 대한 보드 선도이다. $\omega_c = 1.69$ rad/min에 대해 $\phi = -180°$이고 $AR_{OL} = 0.235$이다. $K_c = 1$에 대해서는 $AR_{OL} = AR_G$이고 K_{cu}는 식 14-59에서 얻을 수 있다. 따라서, $K_{cu} = 1/0.235 = 4.25$이다. $K_c = 1.5\ K_{cu}$로 놓으면 $K_c = 6.38$을 얻는다. 더 큰 K_c 값은 닫힌 루프계가 불안정하게 되는 원인을 제공한다. K_{cu} 보다 작은 값만이 안정한 닫힌 루프계의 결과를 준다.

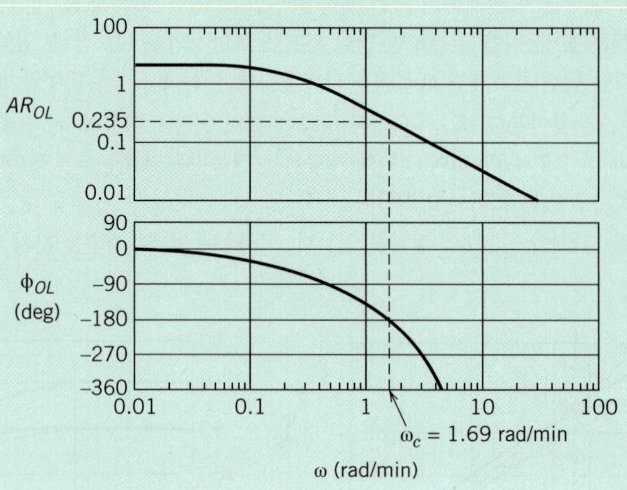

그림 14.11 예제 14.7, $K_c = 1$에 대한 보드 선도.

14.7 이득 및 위상여유

다양한 조업 조건과 외란에 대해서 화학공정의 모델이 변하지 않고 유지되는 경우는 드물다. 공정이 변하거나 제어기 조율이 제대로 되지 않은 경우 닫힌 루프계는 불안정해질 수 있다. 따라서 계가 불안정해지기까지 얼마나 가까운지 알려주는 상대적인 안정성을 정량적으로 측정할 수 있는 기준을 갖는 것이 유용하다. *이득여유(gain margin, GM)*와 *위상여유(phase margin, PM)*의 개념이 상대적 안정성에 대한 유용한 지표를 제공한다.

*ARc*를 임계주파수 ω_c에서 열린 루프 진폭비의 값이라고 하자. 이득여유 *GM*은 다음과 같이 정의된다.

$$GM \triangleq \frac{1}{AR_c} \tag{14-60}$$

보드 안정성 판별에 따르면 AR_c는 닫힌 루프 안정성을 위해 1보다 작아야만 한다. 이에 상응하는 안정성 요구조건은 GM > 1이다. 이득여유는 불안정성이 발생하기 전에 피드백 루프 구성 요소 중 어떠한 이득 값이 얼마나 증가할 수 있는지를 나타내기 때문에 상대적인 안정성의 척도를 제시한다. 예를 들어, 만약 $GM = 2.1$이면 공정이득 K_p 혹은 제어기이득 K_c를 두 배로 증가시켜도 비록 심한 진동을 보일지라도 닫힌 루프계는 여전히 안정할 것이다.

다음으로 위상여유를 생각하자. 그림 14.12의 ϕ_g는 $AR_{OL} = 1$인 이득교차주파수 ω_g에서 위상각을 나타낸다. 위상여유는 다음으로 정의한다.

$$PM \triangleq 180 + \phi_g \tag{14-61}$$

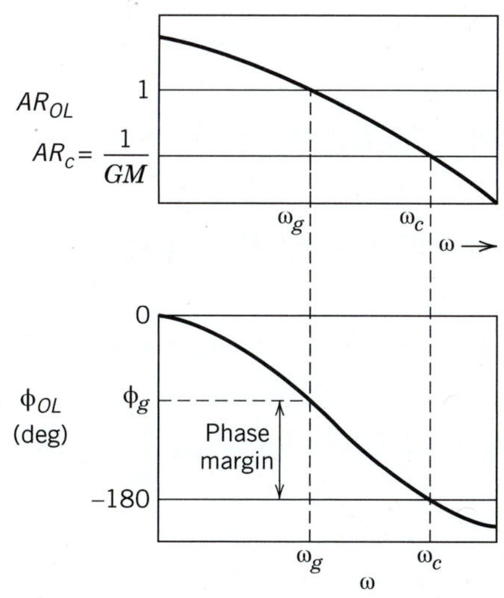

그림 14.12 보드 선도에서 이득과 위상여유.

위상여유 역시 상대적 안정성의 척도를 제시한다. 특히, 이는 불안정성이 발생하기 전에 피드백 루프에 추가적 시간 지연이 얼마나 더 포함될 수 있는지를 나타낸다. 추가적인 시간 지연을 $\Delta\theta_{max}$로 표시하자. $\Delta\theta_{max}$의 시간 지연에 대해 위상각은 $-\Delta\theta_{max}\omega$(14.3.5절 참고)이다. 따라서 $\Delta\theta_{max}$는 다음 식으로부터 계산할 수 있다.

$$PM = \Delta\theta_{max}\omega_g\left(\frac{180°}{\pi}\right) \tag{14-62}$$

혹은

$$\Delta\theta_{max} = \left(\frac{PM}{\omega_g}\right)\left(\frac{\pi}{180°}\right) \tag{14-63}$$

여기서(π/180°) 곱인자는 PM을 도에서 라디안으로 바꾼다. 그림 14.12는 보드 선도에서 이득과 위상여유를 그래프로 표현한 것이다. 위상과 이득여유의 지정은 성능과 강인성(robustness) 사이의 타협을 요구한다. 일반적으로 큰 값의 *GM*과 *PM*은 느린 닫힌 루프 응답에 해당하는 반면 작은 값은 덜 느리지만 더 진동이 있는 응답의 결과를 나타낸다. GM과 PM의 선택 시 모델의 정확도와 예상되는 공정의 변동성을 반영해야 한다.

지침. *일반적으로 잘 조율된 제어기는 1.7에서 4.0 사이의 이득여유와 30°와 45° 사이의 위상여유를 가져야 한다.*

이 범위는 대략적이며 지정된 *GM*과 *PM* 값을 주는 PI 혹은 PID 제어기 설정을 선택하는 것이 불가능 할 수도 있다는 것을 인식해야 한다. Tan 외(1999)는 *GM*과 PM 사양을 만족하는 PI와 PID 제어기를 설계할 수 있는 그래프를 이용한 절차를 개발하였다. 열린 루프계가 둘 이상의 ω_c 혹은 ω_g를 갖지 않으면 *GM*과 *PM* 개념은 쉽게 평가할 수 있다. 하지만 다중의 ω_g를 갖는 경우 이득여유는 나이퀴스트 선도로부터 결정해야 한다(Doyle 외, 2009).

예제 14.8

예제 14.7의 FOPTD 모델에 대해 다음 방법을 이용하여 PID 제어기 설정 값을 계산하여라.

(a) IMC(표 12.1에서 $\tau_c = 1$)

(b) 연속진동: Tyreus-Luyben 조율 관계식(Luyben and Luyben, 1997)을 $K_c = 0.45K_{cu}$; $\tau_I = 2.2\ \mathrm{P}_u$; $\tau_D = \mathrm{P}_u/6.3$의 값으로 사용해라.

이 두 개의 PID 제어기는 표 8.1의 병렬형태로 미분필터($\alpha = 0.1$)와 함께 사용하는 것으로 가정한다. 각 제어기마다 열린 루프 보드 선도를 그리고 이득과 위상여유를 결정하라.

Tyreus-Luyben 설정에서는 닫힌 루프 안정성을 유지하면서 증가시킬 수 있는 최대 $\Delta\theta_{max}$ 값을 결정해라.

풀이

$$G_{OL} = G_c G_v G_p G_m = G_c \frac{2e^{-s}}{5s+1}$$

(a) IMC 조율: 표 12.1로부터 (line H) $\tau_c = 1$에 대해 다음을 얻는다.

$$K_c = \frac{\tau + \dfrac{\theta}{2}}{\left(\tau_c + \dfrac{\theta}{2}\right)K} = \frac{5+0.5}{2(1+0.5)} = 1.83;$$

$$\tau_I = \tau + \frac{\theta}{2} = 5.5\ \text{min};$$

$$\tau_D = \frac{\tau\theta}{2\tau+\theta} = \frac{5}{10+1} = 0.45\ \text{min}$$

(b) Tyreus-Luyben: 예제 14.7로부터 한계이득은 $K_{cu} = 4.25$이고 한계주기는 $P_u = \dfrac{2\pi}{1.69} = 3.72$ min이다. 따라서 PID 제어기 설정은

제어기 설정	K_c	τ_I	τ_D(min)
IMC	1.83	5.5	0.45
Tyreus-Luyben	1.91	8.2	0.59

열린 루프 전달함수는

$$G_{OL,\,IMC} = 1.83\left(1 + \frac{1}{5.5s} + \frac{0.45s}{0.045s+1}\right)\left(\frac{2e^{-s}}{5s+1}\right), \qquad G_{OL,\,T-L} = 1.91\left(1 + \frac{1}{8.18s} + \frac{0.59s}{0.059s+1}\right)\left(\frac{2e^{-s}}{5s+1}\right)$$

그림 14.13은 두 제어기에 대한 G_{OL}의 주파수 응답을 보여주고 있다. 이득과 위상 마진은 보드 선도를 검토하거나 MATLAB *margin* 명령을 이용해서 정할 수 있다.

제어기	GM	PM	ω_c(rad/min)
IMC	2.2	68.5°	2.38
Tyreus-Luyben	1.8	76°	2.51

그림 14.13을 보면 Tyreus-Luyben 제어기 설정이 IMC 조율 결과에 매우 가깝다. $\Delta\theta_{max}$ 값은 식 14-63과 앞선 표의 정보를 이용해서 계산한다.

$$\Delta\theta_{max} = \frac{(76°)(\pi\ \text{rad})}{(0.79\ \text{rad/min})(180°)} = 1.7\ \text{min}$$

따라서, 시간 지연 θ은 70%만큼 증가시킬 수 있으며 여전히 닫힌 루프 안정성을 유지할 수 있다.

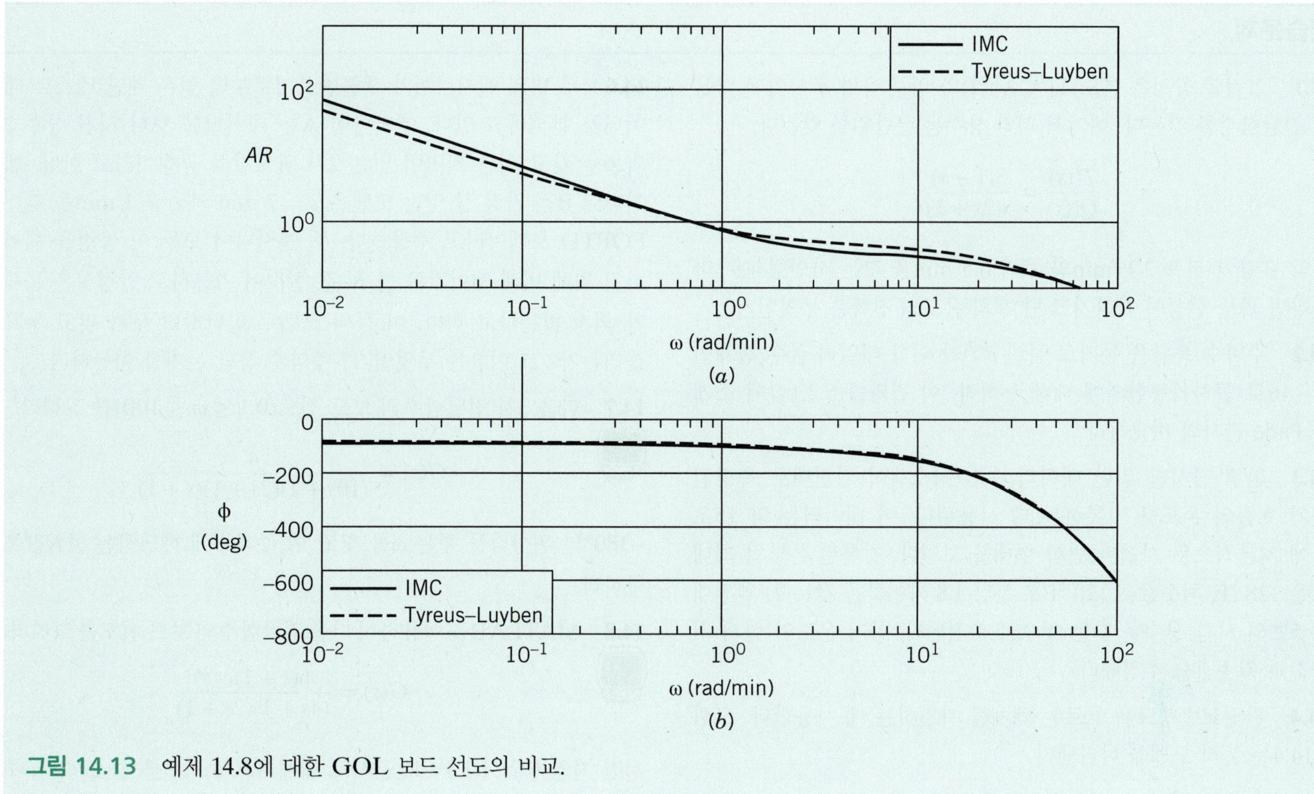

그림 14.13 예제 14.8에 대한 GOL 보드 선도의 비교.

요약

주파수 응답 기법은 피드백 제어계 설계와 해석을 위한 강력한 도구이다. 공정의 주파수 응답 특성인 진폭비 AR과 위상각은 공정의 동특성의 특징을 나타내고 보드 선도에서 주파수의 함수로 그려질 수 있다. 보드 안정성 판별은 시간 지연이 있는 공정을 포함하여 다양한 제어 문제에 대해 정확한 안정성 결과를 제시한다. 또한, 이득과 위상여유값은 상대적 안정성에 대한 편리한 척도를 제공한다. 제어계 설계는 제어계 성능과 강인성 사이의 타협을 수반한다(부록 J 참고). 현대 제어계는 12장에서 기술했던 것들처럼 일반적으로 모델 기반 기법을 이용하여 설계한다.

참고문헌

Doyle, J. C., B. A. Francis, and A. R. Tannenbaum, *Feedback Control Theory*, Macmillan, New York, 2009.

Franklin, G. F., J. D. Powell, and A. Emami-Naeini, *Feedback Control of Dynamic Systems*, 7th ed., Prentice Hall, Upper Saddle River, NJ, 2014.

Hahn, J., T. Edison, and T. F. Edgar, A Note on Stability Analysis Using Bode Plots, *Chem. Eng. Educ.* **35**(3), 208 (2001).

Luyben, W. L., and M. L. Luyben, *Essentials of Process Control*, McGraw-Hill, New York, 1997, Chapter 11.

MacFarlane, A. G. J., The Development of Frequency Response Methods in Automatic Control, *IEEE Trans. Auto. Control*, **AC-24**, 250 (1979).

Maciejowski, J. M., *Multivariable Feedback Design*, Addison-Wesley, New York, 1989.

Ogunnaike, B. A., and W. H. Ray, *Process Dynamics, Modeling, and Control*, Oxford University Press, New York, 1993.

Seborg, D. E., T. F. Edgar, and D. A., Mellichamp, *Process Dynamics and Cantrol*, 2nd ed., John Wiley and Sons, Hoboken, NJ, 2004.

Skogestad, S., and I. Postlethwaite, *Multivariable Feedback Design: Analysis and Design*, 2d ed., John Wiley and Sons, Hoboken, NJ, 2005.

Tan, K. K., Q.-G. Wang, C. C. Hang, and T. Hägglund, *Advances in PID Control*, Springer, New York, 1999.

연습문제

14.1 열전달 공정은 온도 T(°C 단위)와 입구 유량 q 사이에 다음의 전달함수를 갖는다. 여기서 시간 상수는 분단위를 갖는다.

$$\frac{T'(s)}{Q'(s)} = \frac{3(1-s)}{s(2s+1)}$$

만약 유량이 진폭 2 L/min와 주기 0.5 min을 갖는 사인형태로 바뀐다면 과도 현상이 사라지고 난 후의 온도의 진폭은 무엇인가?

14.2 주파수 응답을 논거로 하여 $e^{-\theta s}$가 이항 테일러 급수 전개인 $1 - \theta s$로 근사가능한지에 대해 논하라. 이 결과를 6.2.1절에 소개된 Padé 근사와 비교하라.

14.3 환경 감시를 위한 데이터 수집 시스템이 열전대로 측정된 공기 흐름의 온도를 기록하는 데 사용된다. 이 데이터는 약 15초 후에 기본적으로 사인파 변화 형태를 보인다. 기록된 온도의 최대값은 128 °F, 최솟값은 120 °F로 분당 1.8 싸이클을 갖는다. 열전대는 5초의 시간 상수를 갖는 것으로 추정된다. 공기 온도의 실제 최대값과 최솟값을 추정해라.

14.4 완전교반탱크를 흐르는 액체를 가열하는 데 사용한다. 그림 E14.4는 동적 모델을 나타낸다.

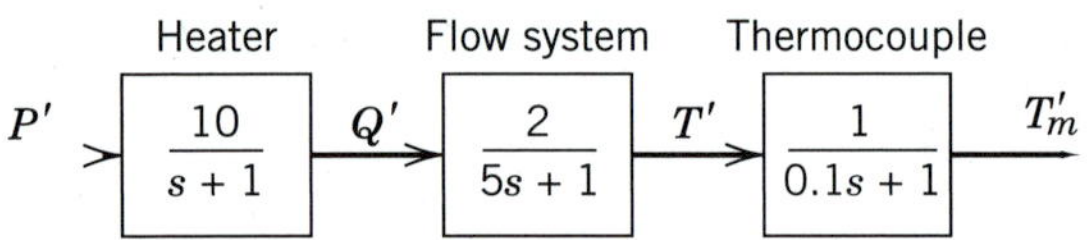

그림 E14.4

여기서,

P는 히터에 적용되는 전력
Q는 시스템의 가열 속도
T는 탱크 내의 실제 온도
T_m은 측정 온도이고 시간 상수는 분단위를 갖는다.

P'을 다음의 사인형태로 변화시키는 테스트를 진행했다.

$$P' = 0.5 \sin 0.2t$$

이런 조건에 대해 측정된 온도는 다음과 같다.

$$T'_m = 3.464 \sin(0.2t + \phi)$$

사인 입력이 오랜시간 동안 적용될 때 T'과 T'_m 사이의 최대 오차 범위를 찾아라.

14.5 주파수 응답 논거를 이용하여 비례 제어기이득 K_c를 충분히 큰 값으로 증가시킨다면 다음 공정이 불안정해질지 결정하여라.

(a) $G_v G_p G_m = \dfrac{2}{s+1}$

(b) $G_v G_p G_m = \dfrac{3}{(s+1)(2s+1)}$

(c) $G_v G_p G_m = \dfrac{4}{(s+1)(2s+1)(3s+1)}$

(d) $G_v G_p G_m = \dfrac{5e^{-s}}{2s+1}$

14.6 두 명의 엔지니어가 생물반응기로부터 얻은 계단 테스트 데이터를 분석하고 있다. 엔지니어 A는 데이터를 보니 시간 상수 2와 6을 갖고 시간 지연이 없는 2차 과도감쇠 공정이라고 한다. 엔지니어 B는 가장 잘 맞는 모델은 $\tau = 7$ min 과 $q = 1$ min을 갖는 FOPTD 모델이라고 주장한다. 두 엔지니어 모두 이 공정을 제어하기 위해 비례 제어기로 큰 K_c값 설정이 가능하고 안정성은 문제가 되지 않는다고 한다. 이 둘의 모델로 판단하면 누가 맞고 누가 틀리는가? 그 이유는 무엇인가? 주파수 응답 논거를 이용하라.

14.7 다음 3차 전달함수의 보드 선도($0.1 \le \omega \le 100$)를 그려라.

$$G(s) = \frac{4}{(10s+1)(2s+1)(s+1)}$$

$-180°$의 위상각을 주는 ω를 찾고 이 주파수에 해당하는 AR값을 구하라.

14.8 MATLAB을 이용하여 다음 전달함수의 보드 선도를 그려라.

$$G(s) = \frac{6(s+1)e^{-2s}}{(4s+1)(2s+1)}$$

시간 지연 항을 1/1 Padé 근사로 대체하고 보드 선도를 그려라. 주파수에 따라 Padé 근사가 얼마나 정확한지를 논하라.

14.9 온도가 사인형태로 변하는 공기 흐름에 두 개의 열전대를 두었다. 그 중 하나는 표준형 열전대로 그 특성을 알고 있다. 이 두 열전대의 온도 응답을 다양한 주파수에서 기록했고 두 측정된 온도 사이의 위상각이 아래 표에 주어져 있다. 표준형 열전대는 공기 흐름에서 운영될 때 1차 동특성을 갖고 시간 상수는 0.15 min이다. 데이터로부터 미지의 열전대도 1차 동특성을 가짐을 보이고 그 시간 상수를 구하라.

주파수(진동수/분)	위상차(도)
0.05	4.5
0.1	8.7
0.2	16.0
0.4	24.5
0.8	26.5
1.0	25.0
2.0	16.7
4.0	9.2

14.10 연습문제 5.19에서 두 개의 탱크를 갖는 액체 서지(surge) 시스템이 총 부피가 같은 단일 탱크 시스템 보다 계단 외란을 더 잘 감쇠시키는지 여부를 고려하였다. 이 상황을 다시 이번에는 사인형태의 외란으로 고려하자. 즉, 어느 시스템이 주파수 ω의 사인 입력을 더 잘 감쇠시키는지 결정하여라. 당신의 답이 ω에 의존하는가?

14.11 어떠한 공정이 $K = 2$, $\tau_1 = 10$, $\tau_2 = 2$의 값을 갖는 식 6-14의 전달함수로 표현된다. 만약 τ_a가 다음의 값을 가질 때,

케이스 i: $\tau_a = 20$ 케이스 iii: $\tau_a = 1$

케이스 ii: $\tau_a = 4$ 케이스 iv: $\tau_a = -2$

이 네 가지 각 분자 동특성의 복합 진폭비와 위상각 곡선을 하나의 보드 선도에 나타내라. 이 2차계의 진폭과 위상 특성에 대한 영의 위치의 중요성에 관해 어떤 결론을 내릴 수 있는가?

14.12 아래 두 형태의 PID 제어기 각각에 대해 진폭비를 ω의 함수식으로 나타내라.

(a) 식 8-13의 병렬 제어기

(b) 식 8-15의 직렬 제어기

각 AR 곡선을 AR/K_c 대 $\omega\tau_D$로 그려라. $\tau_I = 4\tau_D$와 $\alpha = 0.1$로 가정하여라. ω가 어떤 영역에서 큰 차이를 보이는가?

14.13 당신은 $G_v = \dfrac{4}{2s+1}$과 $G_p = \dfrac{0.6}{50s+1}$(시간 상수는 초단위)를 갖는 공정에 대해 비례 제어기를($G_c = K_c$) 사용한다. 당신은 둘 다 1차 동특성을 갖는, $G_{m1} = \dfrac{2}{s+1}$ 혹은 $G_{m2} = \dfrac{2}{0.4s+1}$, 측정값을 선택할 수 있다. G_c가 두 공정에 대해 불안정해질 수 있는가? 안정성과 제어 성능을 고려할 때 어떤 측정치가 좋을까? 그 이유는?

14.14 다음의 명제에 대해 항상 참인지, 때때로 참인지, 항상 거짓인지 혹은 때때로 거짓인지를 논하라. 이 장에서 그 증거를 인용하라.

(a) 제어기이득을 증가시키면 설정 값 변화에 대한 응답 속도를 빠르게 한다.

(b) 제어기이득을 증가시키면 설정 값 변화에 대한 응답에 항상 진동을 유발한다.

(c) 제어기이득을 너무 많이 증가시키면 제어계에서 불안정성을 유발할 수 있다.

(d) 큰 제어기이득을 선택하는 것이 잔류오차를 최소화하기 위한 좋은 생각이다.

14.15 주파수 응답에서 위상각에 기반한 논거를 사용하여 다음 $G = G_vG_pG_m$과 G_c의 조합이 어떤 K_c 값에 대해 불안정해지는지를 결정하라.

(a) $G = \dfrac{1}{(4s+1)(2s+1)} \qquad G_c = K_c$

(b) $G = \dfrac{1}{(4s+1)(2s+1)} \qquad G_c = K_c\left(1 + \dfrac{1}{5s}\right)$

(c) $G = \dfrac{s+1}{(4s+1)(2s+1)} \qquad G_c = K_c\dfrac{(2s+1)}{s}$

(d) $G = \dfrac{1-s}{(4s+1)(2s+1)} \qquad G_c = K_c$

(e) $G = \dfrac{e^{-s}}{4s+1} \qquad G_c = K_c$

14.16 연습문제 14.8 $G(s)$에 $K_c = 0.21$, $\tau_I = 5$, 그리고 $\tau_D = 0.42$를 곱해 나오는 복합 전달함수의 보드 선도를 그려라. 이를 같은 설정을 사용하고 필터를 포함하는 직렬 PID 제어기에 대해서도 반복하라. 이 두 그래프가 얼마나 다른가? 특히, $\omega = \omega_c$일 때 두 진폭비가 얼마나 다른가?

14.17 다음 전달함수로 표현되는 공정에 대해

$$G(s) = \frac{12}{(8s+1)(2s+1)(0.4s+1)(0.1s+1)}$$

(a) $G(s)$를 근사하고 다음의 형태를 갖는 2차시간 지연 모델을 찾아라.

$$\hat{G}(s) = \frac{Ke^{-\theta s}}{(\tau_1 s+1)(\tau_2 s+1)}$$

근사 모델 중 하나는 6.3절에서 논한 방법을 이용해서 찾을 수 있고 다른 하나는 7장의 방법을 사용할 수 있다.

(b) 이 세가지 모델(정확한 모델과 두 개의 근사 모델)과 FOPTD 모델을 주파수 영역에서 비교해라.

14.18 다음 전달함수와

$$G(s) = \frac{10(2s+1)e^{-2s}}{(20s+1)(4s+1)(s+1)}$$

6.3절에서 논한 방법으로 얻은 FOPTD 모델의 보드 선도를 구하라. 원래 전달함수와 비교하여 근사한 모델의 정확도에 대해 어떤 결론을 내릴 수 있는가?

14.19 **(a)** 연습문제 11.21의 공정, 센서, 그리고 밸브 전달함수를 사용하여 한계 제어기이득 K_{cu}를 보드 선도를 통해 찾아라. 시뮬레이션을 사용하여 $K_c > K_{cu}$는 불안정성을 유발함을 확인하여라.

(b) G에 대해 FOPTD 모델을 맞추고 설정 값 변화에 대해 PI 제어기를 조율하여라. 이 제어기에 대한 이득여유는 얼마인가?

14.20 시간 지연(이득 = 1)으로 모델링이 가능한 공정이 비례 피드백 제어기를 사용하여 제어한다. 제어밸브와 측정 장치의 동특성은 무시할 수 있고 정상 상태 이득은 각각 $K_v = 0.5$와 $K_m = 1$이다. 작은 설정 값 변화가 있은 후에 지속적인 진동이 발생했고, 이 주기는 10분이다.

(a) 어떤 제어기이득값이 사용되었나? 설명하여라.

(b) 시간 지연은 얼마나 큰가?

14.21 일반적인 피드백 제어계의 블록선도는 다음의 전달함수를 포함한다.

$$G_c = K_c\left(1 + \frac{1}{5s}\right) \qquad G_v = 1$$

$$G_m = \frac{1}{s+1}$$

$$G_p = G_d = \frac{5e^{-2s}}{10s+1}$$

(a) 열린 루프 전달함수에 대해 보드 선도를 그려라.

(b) 어떤 K_c 값에 대해 시스템이 안정한가?

(c) 만약 $K_c = 0.2$라면 위상여유는 얼마인가?

(d) 어떤 K_c 값이 이득여유 1.7을 주는가?

14.22 그림 E14.22의 투명 유리로 제작된 저장 탱크를 고려하자. 파라미터 값들은 $R_1 = 0.5\ \text{min/ft}^2$, $R_2 = 2\ \text{min/ft}^2$, $A_1 = 10\ \text{ft}^2$, $K_v = 2.5\ \text{cfm/mA}$, $A2 = 0.8\ \text{ft}^2$, $K_m = 1.5\ \text{mA/ft}$, 그리고 $\tau_m = 0.5\ \text{min}$이다.

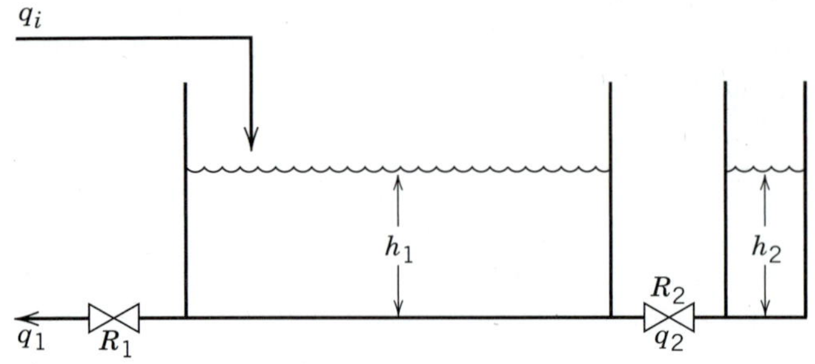

그림 E14.22

(a) R_2가 0.5 min/ft^{2}으로 감소한다고 가정하자. 예전과 새로운 한계이득과 임계주파수 값을 비교하여라. 제어계 성능이 좋아질 것인가 나빠질 것인가? 당신의 답의 정당성을 위한 설명을 해라.

(b) 만약 PI 제어기 설정이 Ziegler-Nichols 규칙을 이용하여 계산한다면 이득과 위상여유가 무엇인가? $R_2 = 2$ min/ft로 가정하라.

14.23 밸브와 센서-송신기를 포함하는 공정이 시간 상수와 시간 지연이 분단위를 갖는 근사 전달함수, $G(s) = 2e^{-0.2s}/(s + 1)$, 로 표현된다. 다음 두 방법을 이용하여 PI 제어기 설정 값을 결정하고 이에 해당하는 이득여유를 구하라.

(a) 직접 합성법($\tau_c = 0.3$ min)

(b) 위상여유 = 40°($\tau_I = 0.5$ min)

(c) 설정 값에 단위계단변화가 있을 때 이 두 제어계를 시뮬레이션하라. 어느 제어기가 더 좋은 성능을 보이는가?

14.24 그림 14.8의 피드백 제어계에 대해 다음 전달함수를 고려하자.

$$G_c = K_c\left(\frac{2s+1}{0.1s+1}\right) \qquad G_v = \frac{2}{0.5s+1}$$

$$G_p = \frac{0.4}{s(5s+1)} \qquad G_d = \frac{3}{5s+1}$$

$$G_m = 1$$

(a) 열린 루프 전달함수에 대해 보드 선도를 그려라.

(b) 위상여유 30°를 주는 K_c 값을 계산하여라.

(c) $K_c = 10$일 때 이득여유는 얼마인가?

14.25 뜨겁고 차가운 액체가 두 개의 파이프 접합점에서 섞인다. 혼합물의 온도는 뜨거운 흐름에 제어밸브를 설치하여 제어한다. 혼합 공정, 제어밸브, 그리고 온도 센서/송신기의 동특성은 무시할만하고 센서-송신기 이득은 6 mA/mA이다. 온도 센서는 접합점보다 한참 아래에 위치하고 있어 8초의 측정 시간 지연이 있다. 아래쪽 파이프에는 열손실이나 이득은 없다.

(a) 닫힌 루프계에 대한 블록선도를 그려라.

(b) PI와 PID 제어기에 대해 Ziegler–Nichols 설정(연속진동법)을 결정하라

(c) 각 제어기에 대해 설정 값에 단위계단변화가 있을 때 닫힌 루프 응답을 시뮬레이션하라.

(d) 미분 제어동작을 추가하면 유의미한 성능 향상이 있는가? 당신의 답을 정당화할 수 있는 설명을 제시하라.

14.26 연습문제 14.23의 공정에 대해 측정값을 $G_F(s) = 1/(0.1s + 1)$의 전달함수를 갖는 잡음 필터를 이용하여 필터링한다. 이런 변화가 제어 성능을 향상시킬지 아니면 더 나쁘게 할 것인가? 한계이득과 임계주파수를 필터가 있을 때와 없을 때로 구분하여 비교하라. 당신의 답을 정당화할 수 있는 설명을 제시하라.

14.27 그림 E14.27에 나타난 열교환기의 동특성은 다음의 전달함수로 표현할 수 있다(H. S. Wilson and L. M. Zoss, *ISA J.*, 9, 59(1962)):

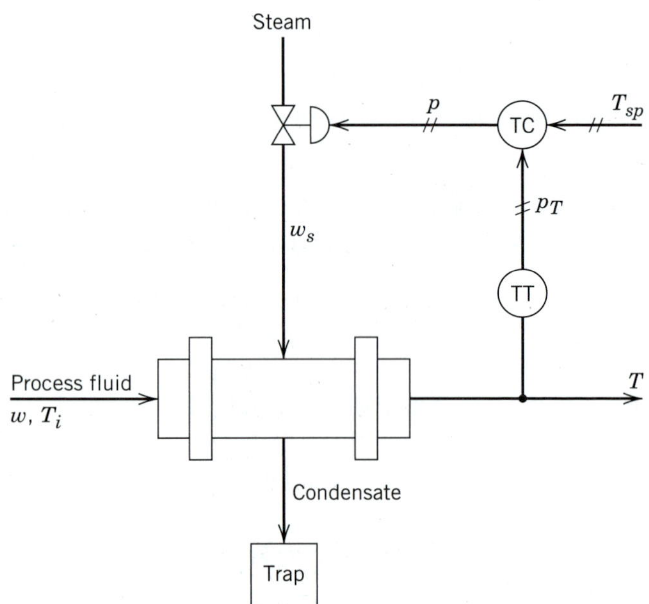

그림 E14.27

공정:

$$\frac{T'}{W_s'} = \frac{2\ °\text{F/lb/min}}{(0.432s+1)(0.017s+1)}$$

제어밸브:

$$\frac{X'}{P'} = \frac{0.047\ \text{in/psi}}{0.083s+1} \qquad \frac{W_s'}{X'} = 112\frac{\text{lb}}{\text{min in}}$$

온도 센서-송신기:

$$\frac{P'}{T'} = \frac{0.12\ \text{psi/°F}}{0.024s+1}$$

밸브 리프트 x는 인치단위로 측정된다. 다른 기호는 그림 E14.27

에 정의되어 있다.

(a) PI 제어기에 대해 Ziegler–Nichols 설정을 찾아라.

(b) 이에 해당하는 이득과 위상여유를 계산하여라.

14.28 $K_c = 5$와 $\tau_I = 0.3$ min을 갖는 PI 제어기를 연습문제 14.28에 적용하는 제어 문제를 고려하자.

(a) 열린 루프계에 대한 보드 선도를 그려라.

(b) 보드 선도로부터 이득여유를 구하라.

PROCESS DYNAMICS and
CONTROL TECHNIQUES

CHAPTER 15

피드포워드와 비제어

학습목차 *Chapter Contents*

15.1 피드포워드 제어 소개
15.2 비제어
15.3 정상 상태 모델에 근거한 피드포워드 제어기
15.3.1 혼합시스템
15.4 동적 모델에 근거한 피드포워드 제어기 설계
15.5 정상 상태와 동적 설계 방법 간의 관계
15.5.1 전달함수 모델에 근거한 정상 상태 제어기 설계
15.6 피드포워드-피드백 제어기 구성
15.7 피드포워드 제어기의 조율
요약

8장에서는 피드백 제어기가 공정산업에서 널리 사용되는 중요한 기법임을 강조하였다. 주요 장점은 다음과 같다.

1. 외란의 원인이나 유형에 상관없이 피제어 변수가 설정값으로부터 벗어나자마자 보상동작이 발생한다.
2. 피드백 제어는 공정에 대한 최소한의 지식만을 요구한다. 특히 공정의 수학적 모델이 제어계 설계에 매우 유용하지만 꼭 필요한 것은 *아니다*.
3. 흔히 볼 수 있는 PID 제어기는 다목적으로 사용가능하고 강건하다. 만약 공정 조건이 바뀌면 일반적으로 제어기를 재조율하여 만족스런 제어를 할 수 있다.

하지만, 피드백 제어는 또한 내재적인 단점도 가지고 있다.

1. 피제어 변수에 편차가 발행하기 전까지는 어떠한 보상동작이 일어나지 않는다. 즉, 외란이나 설정값 변화 중에 설정값에서 벗어나지 않는 *완벽제어*가 이론적으로 불가능하다.
2. 알려져있거나 측정가능한 외란의 영향을 보상할 수 있는 예측제어동작을 제공하지 못한다.
3. 큰 시간 상수 혹은 긴 시간 지연이 있는 공정에 대해 만족스러운 결과를 주지 못한다. 만약 크고 잦은 외란이 발생하면 공정은 과도상태에서 계속 운전될 수 있고 원하는 정상 상태에 도달하지 못한다.
4. 어떤 상황에서는 피제어 변수를 실시간으로 측정할 수 없기 때문에 피드백 제어가 불가능하다.

피드백 제어 자체로 만족스럽지 못한 상황에서는 피드포워드 제어를 추가함으로써 의미

있는 성능 개선이 이루어질 수 있다. 하지만 피드포워드 제어를 위해서는 외란을 실시간으로 측정(혹은 추정)해야만 한다.

이 장에서는 피드포워드 제어계의 설계와 해석을 다룬다. 먼저 피드포워드 제어의 개관으로 시작하고 특별한 형태의 피드포워드 제어인 비제어를 소개한다. 다음으로 정상상태 혹은 동적 모델에 근거한 피드포워드 제어기의 설계 기법을 다룬다. 이후 결합된 피드포워드-피드백 제어계를 고려하고 피드포워드 제어기 조율로 마무리한다.

15.1 피드포워드 제어 소개

피드포워드 제어의 기본 개념은 중요한 외란변수를 측정하고 이것이 공정을 뒤엎기 전에 보상동작을 취하는 것이다. 이와 달리 피드백 제어기는 외란이 공정에 영향을 주어 영이 아닌 오차 신호를 발생하기 전까지 보상동작을 취하지 않는다. 그림 15.1에 피드포워드 및 피드백 제어의 단순화된 블록선도를 나타내었다.

피드포워드 제어는 몇 가지 단점이 있다.

1. 외란변수를 실시간으로 측정해야만 한다. 많은 경우에 이는 불가능하다.
2. 피드포워드 제어기를 효과적으로 사용하려면 최소한 대략의 공정모델이라도 있어야한다. 특히 피제어 변수가 외란변수와 조작 변수 변화에 어떻게 응답하는지 알아야 한다. 피드포워드 제어의 질은 공정모델의 정확도에 의존한다.
3. 이론적으로 완벽제어를 달성할 수 있는 이상형 피드포워드 제어기는 물리적으로 구현 불가능할 수 있다. 다행히 이러한 이상형 제어기의 실용적 근사법이 매우 효과적인 제어를 제공한다.

피드포워드 제어는 1960년대까지 공정산업에서 널리 사용되지 않았다(Shinskey, 1996). 그 이후 다양한 산업 공정에 적용되어 왔다. 하지만 기본 개념은 꽤 오래된 것이고 1925년에도 보일러 드럼의 삼요소 액위제어계에 적용되었다. 이 제어 사례를 피드포워드 제어 사용을 설명하는 데 사용할 것이다.

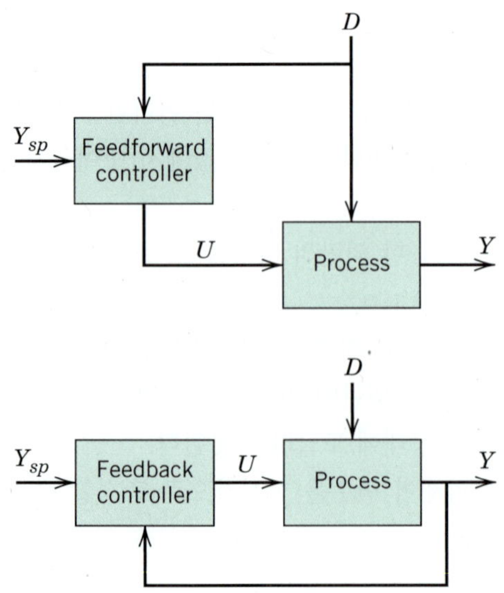

그림 15.1 피드포워드와 피드백 제어의 단순화된 블록선도.

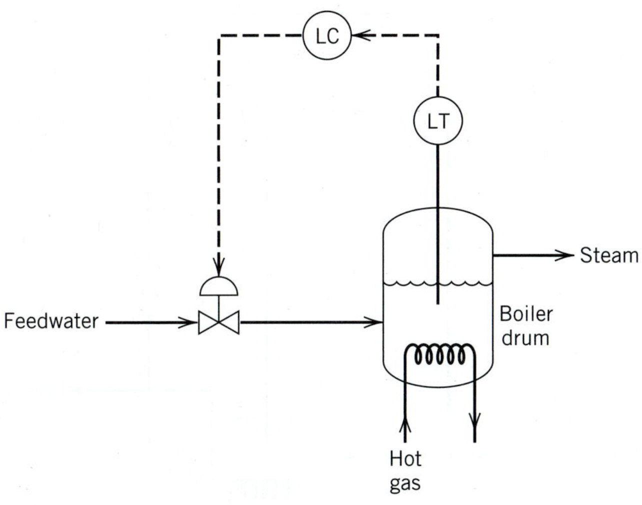

그림 15.2 보일러 드럼 액위의 피드백 제어.

그림 15.2에 전형적인 피드백 제어계를 갖춘 보일러 드럼을 보였다. 끓는 액체의 높이를 측정하여 급수유량을 조정하는 데 사용한다. 이 제어계는 보일러 드럼 액체 용량이 작은 관계로 외란변수인 수증기유량의 빠른 변화에 매우 민감한 경향이 있다. 빠른 외란 변화는 후단 처리 장치들의 수증기 요구량 때문에 생기는 것이다. 또 하나의 어려움은 끓는 액체의 액위 측정값은 빠른 변동을 보이기 때문에 큰 제어이득을 사용할 수 없는 것이다. 즉, 높은 제어이득은 측정잡음을 증폭시켜 급수유량에 용납할 수 없는 변동폭을 일으킨다.

그림 15.3의 피드포워드 제어 방식으로 더 좋은 액위제어를 할 수 있다. 수증기유량을 측정하고 수증기 수요의 균형을 맞추기 위해 피드포워드 제어기가 급수유량을 조정한다. 피제어 변수인 액위는 측정되지 않음을 참고하라. 대안으로 수증기유량 대신 수증기 압을 측정할 수도 있다.

피드포워드 제어는 목적이 엄격한 액위 제어 보다 *서지제어*(혹은 *평균제어*)인 액위 제어 문제에서 유리하게 사용될 수 있다. 예를 들어, 서지탱크로 들어가는 입력흐름이 회

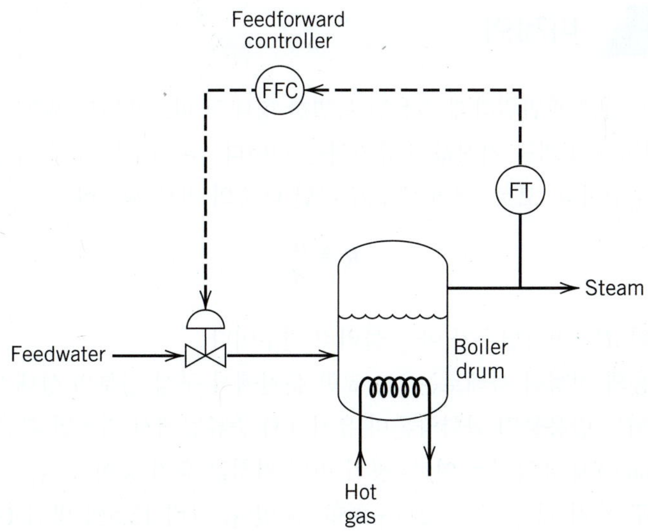

그림 15.3 보일러 드럼 액위의 피드포워드 제어.

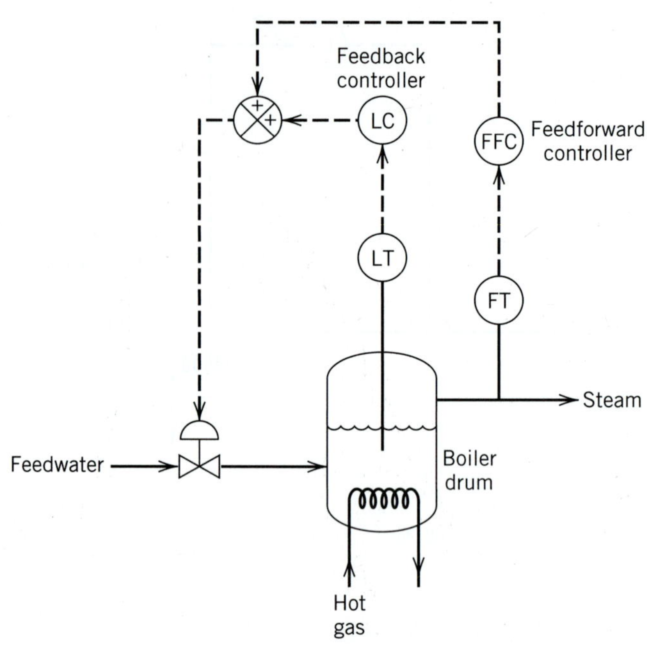

그림 15.4 보일러 드럼 액위의 피드포워드-피드백 제어.

분식 운전에서 유입되는 배출흐름이면 간헐적이겠지만 탱크 출구흐름은 연속일 수 있다. 이러한 회분식에서 연속식으로 전이되는 공정에 대해 탱크 출구흐름의 점진적인 변화를 목적으로 하는 서지제어와 측정되는 입구유량에 대한 서지용량 요구 사항의 균형을 잡기 위한 특별한 피드포워드 제어 방법이 개발되었다(Blevins 외, 2003).

실제 적용에서 피드포워드 제어는 보통 피드백 제어와 함께 사용된다. 피드포워드 제어는 측정 가능한 외란의 영향을 줄이는 데 사용되는 반면 *피드백 가지 부분*은 공정모델, 측정오차, 그리고 미측정외란에 있는 부정확성을 보상한다. 15.6절에서 논하겠지만 피드포워드 및 피드백 제어기는 여러 다른 방법으로 결합이 가능하다.

그림 15.4는 피드포워드와 피드백 제어기의 출력을 더하여 결합한 신호를 제어밸브에 보내는 전형적인 구성을 나타낸다.

15.2 비제어

비제어는 공정산업에 광범위하게 적용된 특별한 형태의 피드포워드 제어이다. 이 제어의 목적은 두 공정변수의 비를 지정값에 유지하는 것이다. 두 변수는 보통 유량이며 조작 변수 u와 외란변수 d이다. 고로, 개별 변수가 아닌 다음의 비를 제어한다.

$$R \triangleq \frac{u}{d} \tag{15-1}$$

식 15-1에서 u와 d는 변이변수가 아닌 물리적 변수이다.

비제어 적용의 전형적 사례로는 (1) 교반 운전에서 구성 성분의 상대적 양 지정, (2) 반응기로 유입되는 반응물의 화학양론비 유지, (3) 증류탑에서 지정된 환류비 유지, 그리고 (4) 노(furnace)에 유입되는 연료-공기 비의 최적값 유지 등이 있다.

비제어는 두 가지 기본 방식으로 구현할 수 있다. 그림 15.5의 방법 I에서는 외란흐름과 조작흐름의 유량을 모두 측정하고 측정비 $R_m = u_m/d_m$을 계산한다. 분할기(divid-

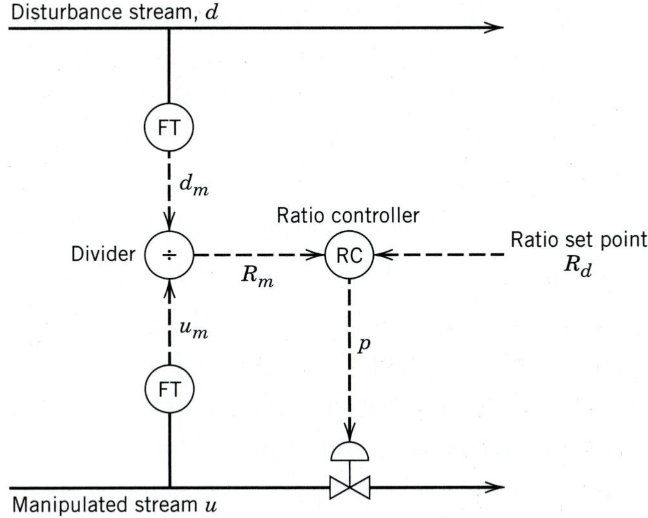

그림 15.5 비제어, 방법 I.

er)에서의 출력은 비제어기(RC)로 전송되어 계산된 비 R_m과 원하는 비 R_d를 비교하여 그에 맞게 조작유량 u를 조정한다. 비제어기는 일반적으로 원하는 비를 설정값으로 갖는 PI제어기를 사용한다.

방법 I의 주요 장점은 측정된 비 R_m이 계산된다는 것이다. 주요 단점은 분할기 요소가 루프에 포함되어야 하며 이 요소가 공정이득을 비선형적으로 변화시킨다는 것이다. 식 15-1로부터 공정 이득은

$$K_p = \left(\frac{\partial R}{\partial u}\right)_d = \frac{1}{d} \tag{15-2}$$

외란 유량 d에 역수 관계에 있다. 이러한 중요한 단점으로 인해 비제어를 구현하는 데 선호하는 방식은 방법 II이며 그림 15.6에 나타내었다.

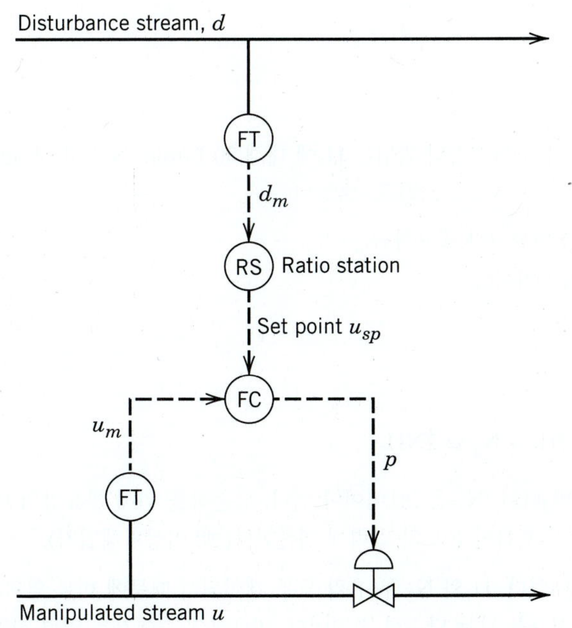

그림 15.6 비제어, 방법 II.

방법 II는 외란흐름의 유량을 측정하여 *비율국*(ratio station, RS)에 송신하고 비율국에서는 원하는 비율 값에 해당하는 조정가능 이득 K_R을 이 신호에 곱한다. 비율국의 출력 신호는 조작흐름 u의 유량을 조정하는 유량제어기의 설정값 u_{sp}로 사용된다. 방법 II의 주요 이점은 공정이득이 상수로 남는다는 것이다. 방법 I과 II 모두 외란변수 d를 측정한다. 따라서, 비제어는 본질적으로 간단한 유형의 피드포워드 제어이다.

방법 I과 II의 불리한 점은 u에 대한 유량제어 루프와 관련된 동특성의 결과로 과도조건(transient conditions) 하에서 원하는 비율을 달성할 수 없다는 것이다. 따라서 외란 d에 계단 변화가 생긴 후에 조작 변수는 새로운 설정값 u_{sp}에 도달할 때까지 어느 정도의 시간이 필요하다. 다행히 유량제어 루프는 짧은 정착시간을 갖는 경향이 있고 u와 d 사이의 과도기간 동안의 불일치는 허용 가능하다. 이를 허용할 수 없는 상황에 대해서 Hägglund (2001)과 Visioli (2005a, b)가 방법 II를 수정한 버전을 제안하였다.

비제어가 어떻게 구현되건 간에 공정변수의 크기를 적절히 조정해야 한다. 예를 들어, 비율국의 방법 II에서 이득 설정 K_R은 두 유량전송기의 범위(span)를 고려해야 한다. 따라서 비율국에 대한 올바른 이득은

$$K_R = R_d \frac{S_d}{S_u} \tag{15-3}$$

여기서 R_d는 원하는 비율이고 S_u와 S_d는 각각 조작 및 외란흐름에 대한 유량전송기의 범위이다. 만약 오리피스 플레이트를 차압전송기와 함께 사용하면 전송기 출력은 유량의 제곱에 비례한다. 따라서, 제곱근 추출기를 사용하여 각 전송기 출력을 유량에 비례하는 신호로 변환하지 않으면 K_R은 R_d보다는 R_d^2에 비례해야 한다.

예제 15.1

암모니아 합성 반응기 공급물로 사용되는 H_2와 N_2의 양론비를 유지하기 위해 비제어를 사용한다. 개별 유량제어기를 H_2와 N_2 두 흐름에 대해 사용한다. 아래 정보를 사용하여

(a) 비제어 방식에 대한 모식도를 그려라.

(b) 비율국에 대한 적절한 이득, K_R을 지정하라.

가용 정보:

(i) 전자 유량전송기는 자체 제곱근 추출기를 갖고 있다. 유량전송기의 범위는 H_2에 대해 30 L/min, N_2는 15 L/min이다.

(ii) 제어밸브는 공압 구동부를 갖고 있다.

(iii) 각각은 0.75 psi/mA의 이득을 갖는 전류-압력 (I/P) 변환기가 필요하다.

(iv) 비율국은 4~20 mA의 입력과 출력 신호를 갖는 전자기기이다.

풀이

암모니아 합성 반응에 대한 양론식은

$$3H_2 + N_2 \rightleftarrows 2NH_3$$

이다. 공급 혼합물을 양론비로 도입하기 위해 몰유량의 비율(H_2/N_2)은 3:1이어야 한다. 단순화를 위해 몰유량의 비율은 부피유량의 비율과 같다고 가정하자. 하지만 일반적으로 부피유량은 각 흐름의 온도와 압력에 의존한다(예: 이상기체법칙).

(a) 암모니아 합성 반응기의 모식도는 그림 15.7에 나타내었다. H_2와 N_2 두 유량 모두 제어되기 때문에 비록 임의의 선택이지만 H_2 유량을 외란변수로 고려한다. 비율국은 조절가능한 이득을 갖는 단순한 장치이다. 비율국에 들어가는 입력 신호는 측정된 H_2 유

량 d_m이다. 출력 신호 u_{sp}는 N_2 유량제어 루프에 대한 설정값 역할을 하며 $u_{sp} = K_R d_m$으로 계산된다.

(b) 양론식으로부터 원하는 비율은 $R_d = u/d = 1/3$이다. 이를 식 15-3에 대입하면

$$K_R = \left(\frac{1}{3}\right)\left(\frac{30\ \text{L/min}}{15\ \text{L/min}}\right) = \frac{2}{3}$$

그림 15.7 예제 15.1의 암모니아 합성 반응기에 대한 비제어 방식.

15.3 정상 상태 모델에 근거한 피드포워드 제어기

피드포워드 제어의 유용한 해석은 피드포워드 제어가 외란의 요구와 공정에 전달되는 물질 혹은 에너지 간 계속 균형을 잡으려 시도하는 것이다(Shinskey, 1996). 예를 들어, 그림 15.3의 액위제어계는 수증기 수요의 균형을 잡기 위해 급수유량을 조정한다. 고로 피드포워드 제어 계산은 물질과 에너지 수지에 근거하는 것이 당연하다. 우리는 먼저 변이 변수가 아닌 간단히 물리적 변수를 사용한 정상 상태 수지에 근거한 설계를 고려할 것이다. 동적 모델에 근거한 설계법은 15.4절에서 다룬다.

설계 절차의 예를 들기 위해 그림 15.8의 이성분혼합물 분리에 사용하는 증류탑을

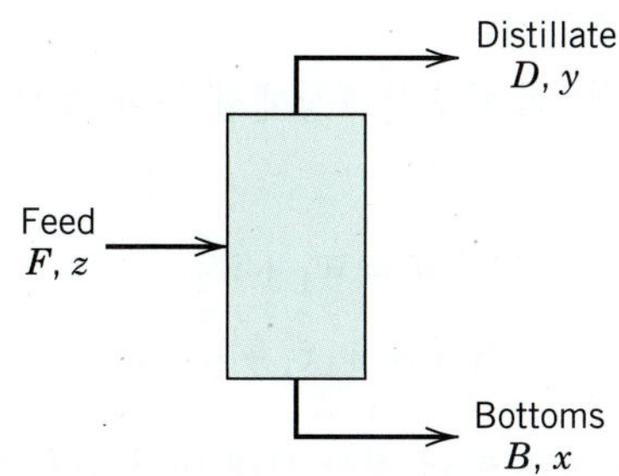

그림 15.8 증류탑의 단순 모식도.

보자. 피드백 제어가 느린 응답을 보이기 때문에 피드포워드 제어가 증류탑 제어에 널리 사용되어왔다. 그림 15.8에서 B, D, F는 몰유량을 의미하고 x, y, z는 더 휘발성이 강한 성분의 몰분율이다. 목적은 공급유량 F와 공급조성 z에 측정가능한 외란에 대해 유출유량 D를 조정하여 유출액 조성 y를 제어하는 것이다. x 와 y의 측정값은 얻을 수 없다고 가정한다.

증류탑에 대한 정상 상태 질량과 성분 수지식은

$$\overline{F} = \overline{D} + \overline{B} \tag{15-4}$$

$$\overline{F}\overline{z} = \overline{D}\overline{y} + \overline{B}\overline{x} \tag{15-5}$$

이고, 여기서 변수위의 줄은 정상 상태 값을 의미한다. 식 15-4를 $\overline{B}$에 대해 풀고 식 15-5에 대입하면

$$\overline{D} = \frac{\overline{F}(\overline{z} - \overline{x})}{\overline{y} - \overline{x}} \tag{15-6}$$

을 얻는다. x와 y는 측정되지 않기 때문에 $\overline{x}$와 $\overline{y}$를 이의 설정값으로 바꾸고 $\overline{D}$, $\overline{F}$ 그리고 $\overline{z}$를 $D(t)$, $F(t)$, 그리고 $z(t)$로 각각 대치한다. 이렇게 치환하면 피드포워드 제어법칙을 얻게된다.

$$D(t) = \frac{F(t)\,[z(t) - x_{sp}]}{y_{sp} - x_{sp}} \tag{15-7}$$

따라서, 피드포워드 제어기는 외란변수 F와 z의 측정값과 조성 설정값 x_{sp}와 y_{sp}로부터 조작 변수 D의 필요값을 계산한다. 식 15-7은 변이변수가 아닌 물리변수를 사용함에 유의하라.

피드포워드 제어법칙은 두 공정변수 $F(t)$와 $z(t)$의 곱으로 인해 비선형이다. 이 제어법칙이 식 15-4와 15-5의 정상 상태 모델에 근거하여 설계되었기 때문에 과도 조건에서는 좋은 성능을 보이지 못할 수 있다. 이 문제는 15.4와 15.7절에서 다룬다.

15.3.1 혼합시스템

설계 방법의 예를 더 보이기 위해 그림 15.9의 혼합시스템과 피드포워드 제어기를 고려하자. 우리는 입구조성 x_1에 외란이 있어도 출구조성 x를 일정한 설정값 x_{sp}으로 유지하는 피드포워드 제어 방식을 설계하고 싶다. 입구유량 w_1과 다른 입구흐름 조성 x_2는 일정하다고 가정하자. x_2은 측정되나 x는 측정되지 않는다(만약 x가 측정되면 피드백 제어가 가능할 것이다). 조작 변수는 입구유량 w_2이다. 출구 라인에 있는 밸브의 유량–높이 관계는 $w = C_v\sqrt{h}$로 주어진다. 피드포워드 제어기는 x_1의 측정치 x_{1m}과 출구조성의 설정값 x_{sp} 두 개의 입력 신호를 갖는다.

피드포워드 제어기 설계의 출발점은 1장에서 논한 정상 상태 질량 및 조성 수지식이다.

$$\overline{w} = \overline{w}_1 + \overline{w}_2 \tag{15-8}$$

$$\overline{w}\,\overline{x} = \overline{w}_1\overline{x}_1 + \overline{w}_2\overline{x}_2 \tag{15-9}$$

이 식은 식 2-12와 2-13의 동적 모델의 정상 상태 버전이다. 식 15-8을 식 15-9에 대입하고 $\overline{w}_2$에 대해 풀면

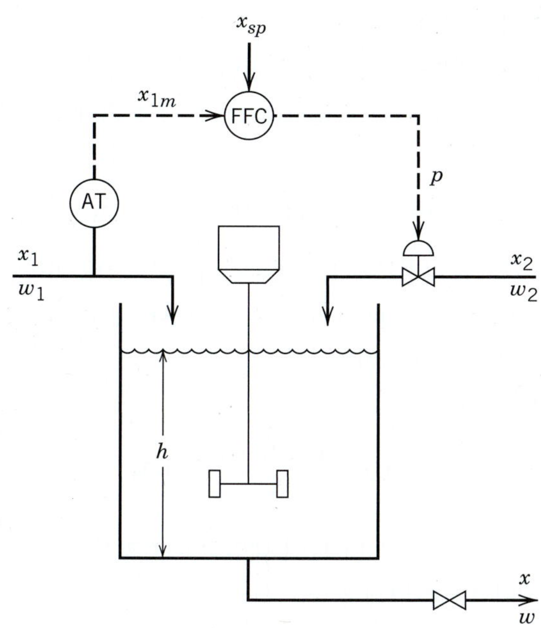

그림 15.9 혼합시스템에서 출구 조성의 피드포워드 제어.

$$\overline{w}_2 = \frac{\overline{w}_1(\overline{x} - \overline{x}_1)}{\overline{x}_2 - \overline{x}} \tag{15-10}$$

을 얻는다. 피드포워드 제어법칙을 유도하기 위해 $\overline{x}$를 x_{sp}로 $\overline{w}_2$와 $\overline{x}_1$을 $w_2(t)$와 $x_1(t)$로 각각 대체한다.

$$w_2(t) = \frac{\overline{w}_1[x_{sp} - x_1(t)]}{\overline{x}_2 - x_{sp}} \tag{15-11}$$

이 피드포워드 제어법칙 역시 변이변수가 아닌 물리변수에 근거함에 유의하자.

식 15-11에 있는 피드포워드 제어법칙은 두 가지 중요한 계기 장비를 고려하지 않았기 때문에 실제 구현을 할 수 있는 최종 형태가 아니다. 첫째, x_1의 실제값이 아닌 그 측정값 x_{1m}만 얻을 수 있다. 둘째, 제어기 출력 신호는 w_2가 아닌 p이기 때문에 피드포워드 제어법칙은 x_1과 w_2가 아닌 x_{1m}과 p로 표현되어야 한다. 따라서, 좀 더 현실적인 피드포워드 제어법칙은 아래 소개할 w_2 유량 전송기와 제어밸브에 대한 적절한 정상 상태 계장 관계식을 포함해야 한다.

x_1에 대한 조성 측정

x_1에 대한 센서/전송기는 동특성이 없고 표준 출력 범위 4~20 mA를 갖는 전자 장치라고 가정하자. 만약 보정 관계가 선형이라면 9.1절과 유사하게 다음과 같이 쓸 수 있다.

$$x_{1m}(t) = K_t[x_1(t) - (x_1)_0] + 4 \tag{15-12}$$

여기서 $(x_1)_0$은 이 장치의 영이고 K_t는 이득이다. 식 9.1로부터

$$K_t = \frac{\text{output range}}{\text{input range}} = \frac{20 - 4 \text{ mA}}{S_t} \tag{15-13}$$

여기서 S_t는 장치의 범위이다.

제어밸브와 전류–압력 변환기

전류–압력 변환기와 제어밸브가 동특성을 무시할 수 있는 선형 입출력 관계를 갖도록 설계되었다고 가정하자. 이들의 입력 범위(spans)는 각각 4~20 mA와 3~15 psi이다. 그러면 제어기 출력 신호 $p(t)$와 입구 유량 $w_2(t)$는 식 9-1과 유사하게 다음과 같이 쓸 수 있다.

$$w_2(t) = K_v K_{IP}[\,p(t) - 4] + (w_2)_0 \tag{15-14}$$

여기서 K_v와 K_{IP}는 각각 제어밸브와 I/P 변환기의 정상 상태 이득이고 $(w_2)_0$는 제어기 출력의 최솟값 4 mA에 해당하는 w_2 유량의 최솟값이다. 식 15-8부터 15-14까지 모든 기호는 변이변수가 아닌 물리변수를 의미한다.

식 15-12를 재정리하면

$$x_1(t) = \frac{x_{1m}(t) - 4}{K_t} + (x_1)_0 \tag{15-15}$$

를 얻는다. 식 15-14와 15-15를 식 15-11에 대입하고 결과식을 재정리하면 실제 구현에 적합한 피드포워드 제어법칙을 얻게 된다.

$$p(t) = C_1 + C_2\left[\frac{K_t x_{sp} - x_{1m}(t) + C_3}{\overline{x}_2 - x_{sp}}\right] \tag{15-16}$$

여기서

$$C_1 \triangleq 4 - \frac{(w_2)_0}{K_v K_{IP}} \tag{15-17}$$

$$C_2 \triangleq \frac{\overline{w}_1}{K_v K_{IP} K_t} \tag{15-18}$$

$$C_3 \triangleq 4 + K_t (x_1)_0 \tag{15-19}$$

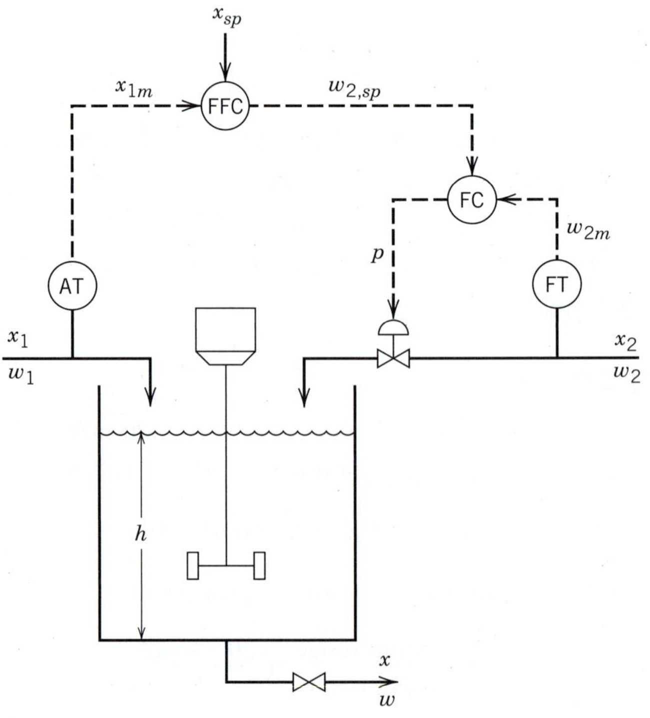

그림 15.10 추가 유량 제어 루프를 사용한 출구 조성의 피드포워드 제어.

그림 15.10은 혼합시스템에 대해 대안이 될 수 있는 다른 피드포워드 제어 방식을 보여준다. 여기서 피드포워드 제어기 출력 신호는 유량 w_2에 대한 피드백 제어기의 설정값 역할을 한다. 이런 구성의 장점은 끈적거리는 밸브나 상류 압력변동에 덜 민감하다는 것이다. 피드포워드 제어기는 제어밸브 입력 신호 p 대신 w_2의 설정값을 계산하기 때문에 피드포워드 제어법칙에 식 15-14를 통합할 필요가 없다.

혼합 및 증류탑 예제는 정상 상태 질량 및 에너지 수지식을 사용하여 피드포워드 제어기를 설계할 수 있음을 보여준다. 이런 방법의 장점은 필요한 계산이 매우 간단하고 상세한 공정모델이 필요하지 않다는 것이다. 하지만 공정 동특성을 무시하여 그로 인해 제어계가 과도 조건에서 좋은 성능을 보이지 못할 수 있다는 것이 단점이다. 일반적으로 선행-지연(lead-lag) 장치 형태로 동적 보상기를 더하여 피드포워드 제어기의 성능을 향상시킬 수 있다. 이 주제는 15.7절에서 논한다. 다른 대안은 다음 절에서 논하겠지만 제어기 설계를 공정의 동적 모델에 근거하는 것이다.

앞의 두 예제처럼 많은 피드포워드 제어 사례에서는 제어기 출력은 제어밸브를 통해 흐르는 유량의 원하는 값이다. 제어밸브는 히스터리시스(hysteresis)와 기타 비선형 거동을 보이기 때문에(9장) 제어기 출력은 제어밸브 입력 신호 대신 주로 유량제어 루프에 대한 설정값으로 한다. 이 전략은 계산된 유량이 실제로 구현되는 것을 더 확실히 보장할 수 있다.

15.4 동적 모델에 근거한 피드포워드 제어기 설계

이 절에서는 정상 상태가 아닌 동적 공정모델에 근거하여 피드포워드 제어기를 설계하는 것을 알아본다. 우리는 선형동적모델에 근거한 설계 기법에만 관심을 가질 것이지만 비선형 공정모델도 사용 가능하다(Smith and Corripio, 2006).

그림 15.11의 블록선도에서 시작해보자. 이 선도는 그림 11.8의 피드백 제어와 비슷하지만 G_t와 G_f 전달함수를 통과하는 신호 경로가 추가되었다. 외란 전송기 전달함수 G_t

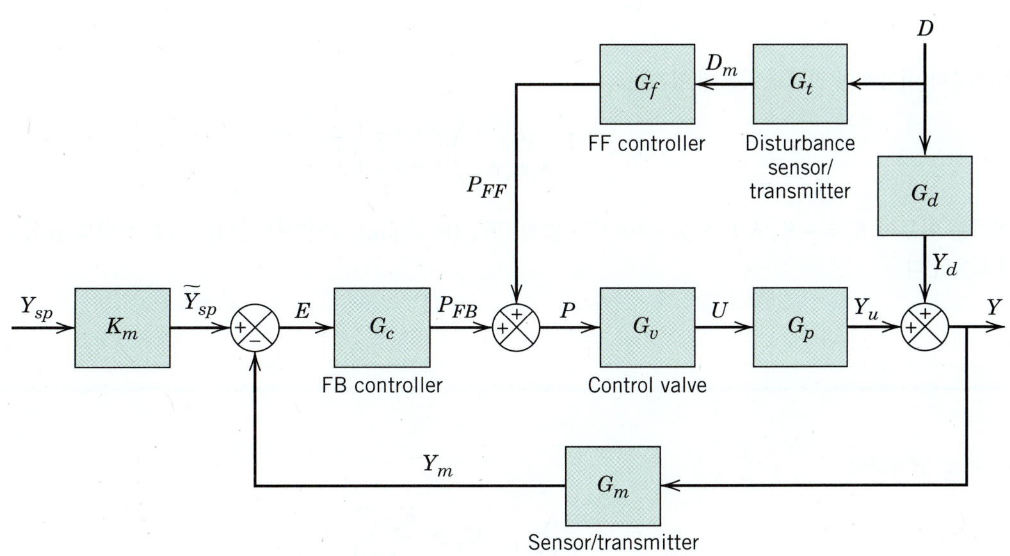

그림 15.11 피드포워드-피드백 제어계의 블록선도.

는 피드포워드 제어기 G_f 에 외란변수의 측정치를 전송한다. 이 후 피드포워드와 피드백 제어기의 출력을 더하고 이 합은 제어밸브로 전송된다. 15.3절의 정상 상태 설계 방법과 달리 그림 15.11의 블록선도는 변이변수에 기반한다.

식 15-20의 외란 변화에 대한 닫힌 루프 전달함수는 11장에서 소개한 블록선도 대수를 활용하여 유도할 수 있다.

$$\frac{Y(s)}{D(s)} = \frac{G_d + G_t G_f G_v G_p}{1 + G_c G_v G_p G_m} \tag{15-20}$$

이상적으로 우리는 제어계가 외란변수 D에 임의의 변화가 있다하더라도 피제어 변수가 설정값에 정확히 유지되는 *완벽제어*의 결과를 주기를 바란다. 고로 만약 설정값이 상수이면 ($Y_{sp}(s) = 0$), 우리는 비록 $D(s) \neq 0$이라 하더라도 $Y(s) = 0$이길 바란다. 이 조건은 식 15-20의 분자를 0으로 놓고 G_f 를 풀어내면 만족된다:

$$G_f = -\frac{G_d}{G_t G_v G_p} \tag{15-21}$$

그림 15.11과 식 15-21로부터 이상적 피드포워드 제어기에 대한 유용한 해석을 할 수 있다. 그림 15.11은 외란이 두 개의 효과가 있음을 나타낸다: 외란은 외란전달함수 G_d를 통해 공정에 불균형을 일으키지만 $G_t G_f G_v G_p$를 관통하는 경로를 통해 교정동작이 생성된다. 이상적으로 이 교정동작은 정확히 불균형을 보상하여 Y_d와 Y_u신호가 서로 상쇄되어 $Y(s) = 0$이 된다.

다음으로 공정 모델의 다양한 유형에 대해 피드포워드 제어기를 유도하는 세 가지 예제를 생각하자. 문제를 단순화하기 위해 외란 전송기와 제어밸브는 동특성이 없는, 즉 $G_t(s) = K_t$ 그리고 $G_v(s) = K_v$를 가정한다. 여기서 K_t와 K_v는 정상 상태 이득을 의미한다.

예제 15.2

다음을 가정하자.

$$G_d = \frac{K_d}{\tau_d s + 1} \quad G_p = \frac{K_p}{\tau_p s + 1} \tag{15-22}$$

그러면 식 15-21로부터 이상적인 피드포워드 제어기는

$$G_f = -\left(\frac{K_d}{K_t K_v K_p}\right)\left(\frac{\tau_p s + 1}{\tau_d s + 1}\right) \tag{15-23}$$

이 된다. 이 제어기는 이득이 $K_f = -K_d/K_t K_v K_p$로 주어지는 앞섬-뒤짐(lead-lag) 유닛이다. 앞섬-뒤짐 유닛의 동적 응답특성은 6장의 예제 6.1에서 다루었다.

예제 15.3

이제 다음 전달함수를 고려하자.

$$G_d = \frac{K_d}{\tau_d s + 1} \quad G_p = \frac{K_p e^{-\theta s}}{\tau_p s + 1} \tag{15-24}$$

식 15-21로부터

$$G_f = -\left(\frac{K_d}{K_t K_v K_p}\right)\left(\frac{\tau_p s + 1}{\tau_d s + 1}\right)e^{+\theta s} \tag{15-25}$$

$e^{+\theta s}$항은 음의 시간 지연에 해당하며 예측 요소인 식 15-25의 이상적 피드포워드 제어기가 *물리적으로 구현 불가능함*을 의미한다. 하지만 $e^{+\theta s}$항을 앞섬 시간 상수 값을 τ_p에서 $\tau_p + \theta$로 증가시켜 근사할 수 있다.

예제 15.4

마지막으로 만약

$$G_d = \frac{K_d}{\tau_d s + 1} \quad G_p = \frac{K_p}{(\tau_{p1} s + 1)(\tau_{p2} s + 1)} \tag{15-26}$$

이면 이상적인 피드포워드 제어기는

$$G_f = -\left(\frac{K_d}{K_t K_v K_p}\right)\frac{(\tau_{p1} s + 1)(\tau_{p2} s + 1)}{\tau_d s + 1} \tag{15-27}$$

분모에 비해 분자가 s에 관해 더 높은 차수의 다항식이기 때문에 물리적으로 구현 불가능하다(3.3절 참고). 다시 한 번 이 제어기 유닛을 물리적으로 구현 가능한 앞섬-뒤짐 유닛으로 근사할 수 있으며 여기서 앞섬 시간 상수는 두 시간 상수의 합인 $\tau_{p1} + \tau_{p2}$이다.

안정성 고려

그림 15.11의 닫힌 루프계의 안정성을 해석하기 위해 식 15-20의 닫힌 루프 전달함수를 고려하자. 분모를 0으로 놓으면 다음의 특성방정식을 얻는다.

$$1 + G_c G_v G_p G_m = 0 \tag{15-28}$$

11장에서 특성방정식의 근이 닫힌 루프계의 안정성을 전적으로 결정함을 보였다. G_f는 특성방정식에 나타나지 않기 때문에 우리는 다음의 중요한 이론적 결과를 얻게된다. *피드포워드 제어기는 피드백 제어계의 안정성에 어떠한 영향도 끼치지 않는다*. 이는 피드백과 피드포워드 제어기를 따로 조율할 수 있게 하는 바람직한 상황이다.

앞섬-뒤짐 유닛

이전 절의 세 가지 예제를 통해 앞섬-뒤짐 유닛이 이상적인 피드포워드 제어기를 적정하게 근사할 수 있음을 보였다. 따라서 만약 피드포워드 제어기가 이득 K_f 를 갖는 앞섬-뒤짐 유닛으로 구성되면 그 전달함수는

$$G_f(s) = \frac{U(s)}{D(s)} = \frac{K_f(\tau_1 s + 1)}{\tau_2 s + 1} \tag{15-29}$$

가 되며 여기서 K_f, τ_1 그리고 τ_2는 조정가능한 파라미터이다. 15.7절에서는 이런 유형의 피드포워드 제어기의 조율법을 고려한다.

예제 15.5

15.3절의 혼합시스템을 고려하되 이제 공압식 제어밸브와 I/P 변환기를 사용한다고 가정하자. 공급 조성 x_1의 외란이 피제어 변수, 생산물 조성 x에 끼치는 영향을 줄이기 위해 피드포워드-피드백 제어계를 설계한다. 입구유량 w_2는 조작가능하다. 아래 주어진 정보를 이용하여 다음 제어계를 설계하고 x_1의 + 0.2만큼의 계단 변화에 대한 닫힌 루프 응답을 비교하여라.

(a) 정상 상태 모델에 근거한 피드포워드 제어기

(b) 선형화된 동적 모델에 근거한 정적 그리고 동적 피드포워드 제어기

(c) 연속진동법에 대한 Ziegler-Nichols 설정을 이용한 PI 피드백 제어기

(d) (a)의 피드포워드 제어기와 (c)의 피드백 제어기로 구성되는 결합된 피드백-피드포워드 제어계. 그림 15.11의 구성을 사용할 것.

공정 정보

파일럿 규모의 혼합 탱크의 내경은 2 m이고 높이는 3 m이다. 입구유량 w_1과 입구조성 x_2는 일정하다. 정상 상태 운전의 기준 조건은

$$\overline{w}_1 = 650 \text{ kg/min} \quad \overline{x}_1 = 0.2 \quad \overline{h} = 1.5 \text{ m}$$
$$\overline{w}_2 = 350 \text{ kg/min} \quad \overline{x}_2 = 0.6 \quad \rho = 1 \text{ g/cm}^3 \quad \overline{x} = 0.34$$

이다. 출구 라인에 설치된 밸브의 유량-높이 관계식은 $C_v\sqrt{h}$로 주어진다.

계장(각 전자신호의 범위는 4에서 20 mA이다.)

전류-압력 변환기: I/P 변환기는 동특성을 무시할 수 있는 선형 장치처럼 작동한다. 출력 신호는 입력 신호 변화가 4에서 20 mA까지 전 범위로 변할 때 3에서 15 psi로 변한다.

제어밸브: 제어밸브의 거동은 시간 상수 5초(0.0833 분)를 갖는 1차 전달함수로 근사가 가능하다. 3~15 psi의 변화를 갖는 제어밸브 입력 신호는 w_2에 300-kg/min의 변화를 가져올 수 있다.

조성 측정: 각 조성 전송기의 영과 범위는 각각 0과 0.50(질량분율)이다. 출력 범위는 4~20 mA이다. 1분 시간 지연은 각 조성 측정과 연관되어있다.

풀이

피드포워드-피드백 제어계에 대한 블록선도는 그림 15.12에 나타내었다.

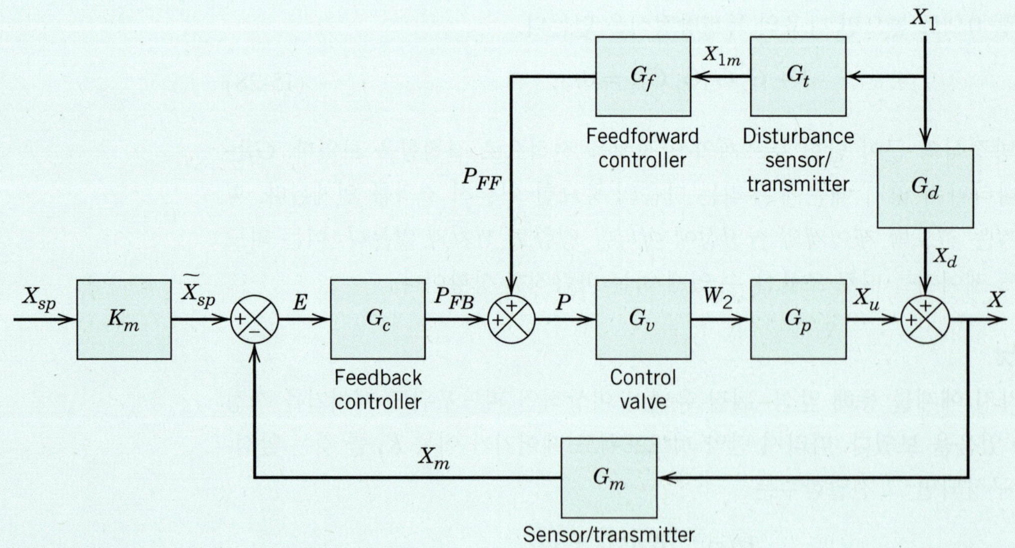

그림 15.12 혼합시스템의 피드포워드-피드백 제어에 대한 블록선도.

(a) 주어진 정보를 활용하여 다음의 정상 상태 이득을 계산할 수 있다.

$$K_{IP} = (15-3)/(20-4) = 0.75 \text{ psi/mA}$$

$$K_v = 300/12 = 25 \text{ kg/min psi}$$

$$K_t = (20-4)/0.5 = 32 \text{ mA}$$

식 15-16부터 15-19까지 $(w_2)_0 = 0$과 $(x_1)_0 = 0$과 함께 대입하면 다음의 피드포워드 제어법칙을 얻는다.

$$p(t) = 4 + 1.083\left[\frac{32x_{sp} - x_{1m}(t) + 4}{0.6 - x_{sp}}\right] \tag{15-30}$$

(b) 이상적인 피드포워드 제어기에 대한 다음의 식을 식 15-21의 유도와 유사하게 유도할 수 있다.

$$G_f = -\frac{G_d}{K_{IP}G_tG_vG_p} \tag{15-31}$$

공정과 외란전달함수는 예제 4.1에서 유도한 것과 유사하다.

$$\frac{X'(s)}{W_2'(s)} = G_p(s) = \frac{K_p}{\tau s+1}$$

$$\frac{X'(s)}{X_1'(s)} = G_d(s) = \frac{K_d}{\tau s+1}$$

여기서,

$$K_p = \frac{\overline{x}_2 - \overline{x}}{\overline{w}},\ K_d = \frac{\overline{w}_1}{\overline{w}},\ \tau = V\rho/\overline{w},\ V = \pi R^2 h$$

수치를 대입하면 다음을 얻는다.

$$\frac{X'(s)}{W_2'(s)} = \frac{2.6\times10^{-4}}{4.71s+1},\quad \frac{X'(s)}{X_1'(s)} = \frac{0.65}{4.71s+1} \tag{15-32}$$

계장에 대한 전달함수는 주어진 정보로부터 결정할 수 있다.

$$G_{IP} = K_{IP} = 0.75 \text{ psi/mA},$$
$$G_t(s) = G_m(s) = K_t e^{-\theta s} = 32e^{-s}$$
$$G_v(s) = \frac{K_v}{\tau_v s+1} = \frac{25}{0.0833s+1}$$

개별 전달함수를 식 15-31에 대입하면 이상적인 동적 피드포워드 제어기를 얻는다.

$$G_f(s) = -4.17(0.0833s+1)e^{+s} \tag{15-33}$$

$G_f(s)$는 물리적으로 구현이 불가능하다. 이 제어기의 정적(혹은 정상 상태) 버전은 단순히 이득값을 취하는 $G_f = -4.17$이다. 물리적으로 구현 가능한 동적 제어기를 유도하기 위해 식 15-33에 있는 구현 불가능한 제어기를 앞섬–뒤짐 유닛으로 근사한다.

$$G_f(s) = -4.17\ \frac{1.0833s+1}{\alpha(1.0833)s+1} \tag{15-34}$$

식 15-34는 식 15-33으로부터 (i) 시간 지연항을 삭제하고, (ii) 앞섬 시간 상수에 시간 지연 1분을 더하고, (iii) $\alpha = 0.1$인 작은 시간 상수 $\alpha \times 1.0833$를 도입하여 유도하였다.

(c) 연속진동법(12장)으로부터 얻는 한계이득과 한계주기는 $K_{cu} = 48.7$ 그리고 $P_u = 4.0$ min이다. 이에 해당하는 PI 제어의 Ziegler-Nichols 설정은 $K_c = 0.45K_{cu} = 21.9$, 그리고 $\tau_I = P_u/1.2 = 3.33$ min이다.

(d) 결합된 피드포워드–피드백 제어계는 (b)의 동적 피드포워드 제어기와 (c)의 PI 제어기로 구성된다.

x_1이 0.2에서 0.4로 계단 변화를 보일 때 이에 대한 닫힌 루프 응답을 그림 15.13에 나타내었다. 설정값은 명목값인 $x_{sp} = 0.34$이다. 케이스 (*a*)와 (*b*)에 대한 정적 피드포워드 제어기는 동일하여 같은 응답을 나타낸다. 그림 15.13의 (*a*)에 나타난 비교를 보면 동적 피드포워드 제어기가 식 15-33의 이상적 피드포워드 제어기를 더 잘 근사하기 때문에 정적 피드포워드 제어기보다 우수한 성능을 보임

을 알 수 있다. 그림 15.13의 (*b*)에 있는 PI 제어기는 동적 피드포워드 제어기보다 최대 변이가 더 크다(*d*)의 결합된 피드포워드-피드백 제어계는 최대 변이가 훨씬 더 작고 IAE 값도 더 작기 때문에 PI 제어기보다 더 나은 성능을 보인다. 그림 15.13*b*의 응답의 약 $t = 13$ min에 있는 피크는 x_1의 측정시간 지연으로 인한 결과이다.

이 예제의 경우 동적 보상기를 갖춘 피드포워드 제어가 측정외란 x_1에 대해 더 나은 응답을 보여준다. 하지만 불측정외란과 모델오차에 대처하려면 피드백 제어가 필수적이다. 고로 실제로는 결합된 피드포워드–피드백 제어계가 선호된다.

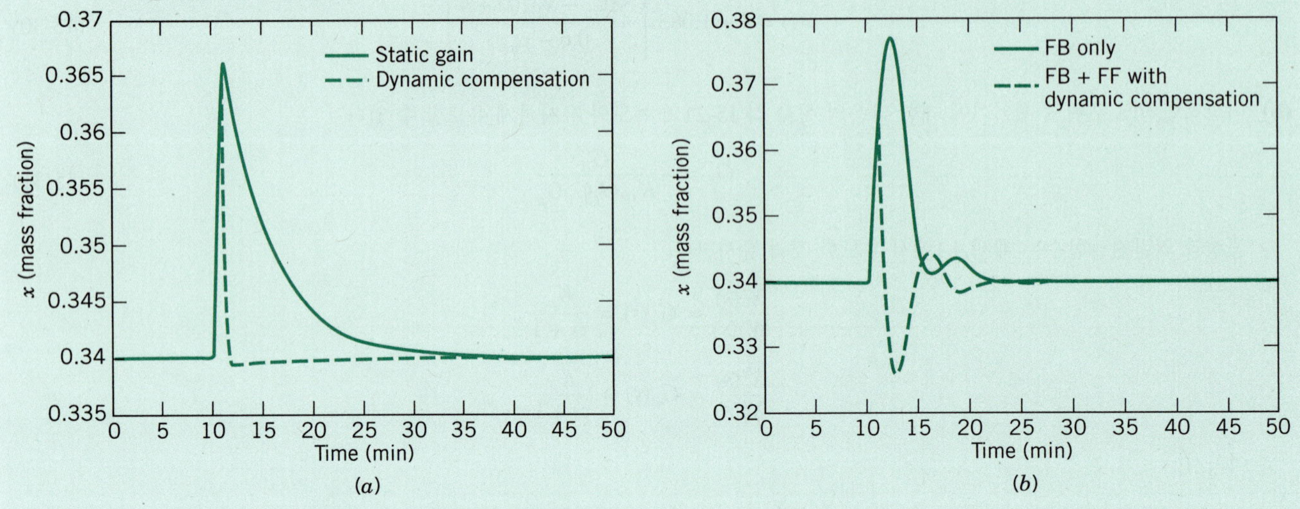

그림 15.13 닫힌 루프 응답의 비교: (a) 동적 보상기가 있는 피드포워드 제어기와 없는 경우 (b) 피드백 제어와 피드포워드–피드백 제어.

15.5 정상 상태와 동적 설계 방법 간의 관계

앞의 두 절에서 우리는 피드포워드 제어에 대한 두 가지 설계 방법을 고려했다. 15.4절의 설계 방법은 전달함수모델과 블록선도 해석에 근거한 반면 15.3절은 비선형 정상 상태 공정모델에 근거하였다. 이제 이 두 설계 방법이 어떻게 연관되어있는지 보이도록 한다.

동적 설계법

그림 15.11의 블록선도는 조작 변수가 외란변수와 다음의 관계를 가짐을 나타낸다.

$$\frac{U(s)}{D(s)} = G_v(s)G_f(s)G_t(s) \tag{15-35}$$

이 전달함수에 대한 정상 상태이득을 K로 하자. 그러면 4장에서 보인대로

$$K = \lim_{s\to 0} G_v(s)G_f(s)G_t(s) \tag{15-36}$$

이다. 이제 외란이 명목값 $\bar{d}$에서 새로운 값 d_1으로 변한다고 가정하자. 이 변화를 $\Delta d = d_1 - \bar{d}$으로 나타내자. 이에 해당하는 조작 변수의 정상 상태 변화를 $\Delta u = u_1 - \bar{u}$이라 한다. 그러면 식 15-35, 15-36과 4장의 정상 상태이득의 정의로부터 다음의 결과를 얻는다.

$$K = \frac{\Delta u}{\Delta d} \tag{15-37}$$

정상 상태 설계법

15.3절의 정상 상태 설계법은 일반적인 비선형 형태의 피드포워드 제어법칙을 준다.

$$u = f(d,\ y_{sp}) \tag{15-38}$$

K_{loc}를 명목값 $\bar{d}$에서 d에 관한 u의 국소 미분이라 하자.

$$K_{\mathrm{loc}} = \left(\frac{\partial u}{\partial d}\right)_{\bar{d}} \tag{15-39}$$

식 15-37과 15-39의 비교를 통해 Δd가 작으면 $K_{\mathrm{loc}} \approx K$임을 알 수 있다. 만약 식 15-38의 정상 상태피드포워드 제어법칙이 실제 선형이라면 $K_{\mathrm{loc}} = K$이고 두 설계 방법의 이득은 동일하다.

15.5.1 전달함수 모델에 근거한 정상 상태 제어기 설계

일부 피드포워드 제어 적용에서 동적 보상기는 꼭 물리적 혹은 경제적 고려나 혹은 제어기의 단순함에 근거하지는 않는다. 이런 상황에서 피드포워드 제어기는 조율가능하거나 공정 조건 변화에 적응 가능한 단순한 이득형태를 취한다. 만약 전달함수 모델이 있다면 피드포워드 제어기 이득은 식 15-21의 정상 상태 버전으로부터 계산 가능하다:

$$G_f = K_f = \frac{-K_d}{K_v K_t K_p} \tag{15-40}$$

15.6 피드포워드–피드백 제어의 구성

15.1절과 예제 15.5에서 언급했듯이 보통 *피드백 가지*(feedback trim)는 모델오차와 불측정외란을 보상하기 위한 피드포워드 제어와 함께 사용한다. 피드포워드와 피드백 제어기는 여러가지 다양한 방법의 결합이 가능하다. 전형적인 제어 구성에서는 피드포워드와 피드백 제어기의 출력을 더하여 그 합을 최종제어요소(final control element)로 전송한다. 그림 15.4와 15.11은 이 구성을 소개한다. 이 방법의 주요 이점은 피드포워드 제어기가 이론적으로 피드백 제어루프의 안정성에 영향을 주지 않는다는 것이다. 피드포워드 제어기 전달함수 $G_f(s)$가 식 15-28의 특성방정식에 나타나지 않음을 상기하자.

피드포워드–피드백 제어에 대한 대체 가능한 구성은 피드백 제어기의 출력이 피드포워드 제어기에 대한 설정값 역할을 하도록 하는 것이다. 이는 피드포워드 제어법칙을 정상 상태 물질 및 에너지 수지식을 이용하여 설계할 때 특히 편리하다. 예를 들어 혼합 시스템에 대한 피드포워드–피드백 제어계를 그림 15.14에 나타내었다. 이 제어계는 피드포워드 제어기 설정값을 x_{sp}^*로 표시했다는 점을 제외하고 그림 15.9의 피드포워드 방식과 유사하다는 점을 확인하자. 이는 피드백 제어기로부터 출력 신호로서 생성된다. 실제 설정값 x_{sp}는 피드백 제어기에 대한 설정값으로 사용된다. 이제 이 구성에서는 피드포워드 제어기가 피드백 루프의 한 요소이기 때문에 피드포워드 제어기가 피드백 제어계의

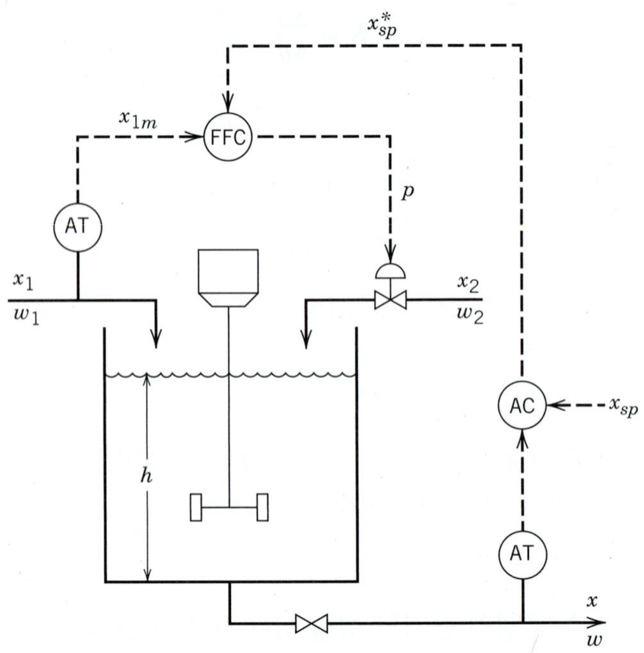

그림 15.14 혼합시스템의 출구 조성의 피드포워드-피드백 제어.

안정성에 영향을 줄 수 있다. 만약 동적 보상기를 포함한다면 피드백 루프 밖에 도입해야 한다(예를 들어 p가 아닌 X_{1m}에 적용). 그렇지 않으면 수동모드에서 제어기를 사용할 때 피드백 루프의 조업을 방해할 것이다(Shinskey, 1996).

피드백 가지를 피드포워드 제어계에 통합하는 다른 방법으로 피드백 제어기 출력신호가 피드포워드 제어기 이득이나 추가 바이어스 항을 조정하는 것이 있다. 이득 조정은 특히 15.2절의 비제어계처럼 피드포워드 제어기가 단순히 이득 형태인 적용에 적합하다.

15.7 피드포워드 제어기의 조율

피드백 제어기처럼 일반적으로 피드포워드 제어기도 플랜트에 설치 후 조율이 필요하다. 대부분 조율 법칙은 피드포워드 제어기가 분자에 시간 지연 θ를 포함할 수도 있는 식 15-29의 앞섬-뒤짐 유닛 모델을 가정한다.

$$G_f(s) = \frac{U(s)}{D(s)} = \frac{K_f(\tau_1 s + 1)e^{-\theta s}}{\tau_2 s + 1} \tag{15-41}$$

시간 지연을 포함하는 조율은 피제어 변수에 대한 외란의 영향에 시간 지연이 중요한 관계가 있을 때 사용한다. 식 15-29와 15-41의 피드포워드 제어기에 대한 사용가능한 조율 법칙과 지침이 존재한다(Guzmán and Hägglund, 2011; Hast and Hägglund, 2014; McMillan, 2015). 대안이 되는 FF-FB 구성 또한 보고되었다(Guzmán 외, 2015; McMillan, 2015).

다음으로, 식 15-29에 있는 앞섬-뒤짐 유닛 피드포워드 제어기에 대해 K_f, τ_1 그리고 τ_2를 조정가능한 제어기 파라미터로 삼는 간단한 조율 절차를 고려한다.

1단계. *K_f를 조정하라.* 만약 제어기 파라미터에 대한 좋은 초기 추정값이 있다면

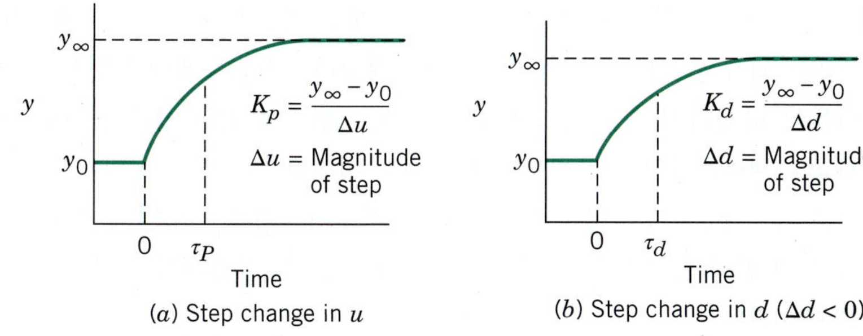

그림 15.15 u와 d의 계단 변화에 대한 열린 루프 응답.

제어기 조율에 필요한 노력을 크게 줄일 수 있다. K_f의 초기 추정값은 공정의 정상 상태 모델이나 정상 상태 데이터로부터 얻을 수 있다. 예를 들어, 그림 15.15의 d와 u의 열린 루프 계단 응답이 있다고 가정하자. K_p와 K_d를 결정한 후 식 15-40으로부터 피드포워드 제어기 이득을 계산할 수 있다. 이득 K_t와 K_v는 전송기와 제어밸브의 정상 상태 특성으로부터 얻을 수 있다.

제어기 이득을 조율하기 위해 K_f는 초기값으로 놓고 가능하다면 외란변수 d에 작은 계단 변화(3~5%)를 도입한다. 만약 잔류오차가 발생하면 잔류오차가 제거될때까지 K_f를 조정한다. K_f를 조율하는 동안 τ_1과 τ_2는 이상적으로 0인 최솟값으로 설정한다.

2단계. *τ_1과 τ_2의 초기값을 결정하라.* 만약 공정의 동적모델이 있다면 τ_1과 τ_2의 이론값을 계산할수 있다. 이 대신 초기값 추정치를 열린 루프 응답 데이터로부터 결정할 수도 있다. 예를 들어, 만약 계단 응답이 그림 15.15에 보이는 모양을 갖는다면 합리적인 공정 모델은 다음과 같다.

$$G_p(s) = \frac{K_p}{\tau_p s + 1} \quad G_d(s) = \frac{K_d}{\tau_d s + 1} \tag{15-42}$$

여기서 τ_p와 τ_d는 7장의 방법 중 하나를 이용하여 계산할 수 있다. 식 15-23과 15-29는 τ_1과 τ_2에 대한 다음 식으로 이어진다.

$$\tau_1 = \tau_p \tag{15-43}$$

$$\tau_2 = \tau_d \tag{15-44}$$

이러한 값을 초기 추정값으로 사용하여 3단계에서 τ_1과 τ_2를 미세 조정하는 데 사용한다.

만약 공정모델이나 실험데이터가 모두 없다면 피제어 변수가 외란변수나 조작 변수 중 어디에 빠르게 반응하는지에 따라 $\tau_1/\tau_2 = 2$ 혹은 $\tau_1/\tau_2 = 0.5$의 관계를 사용할 수 있다.

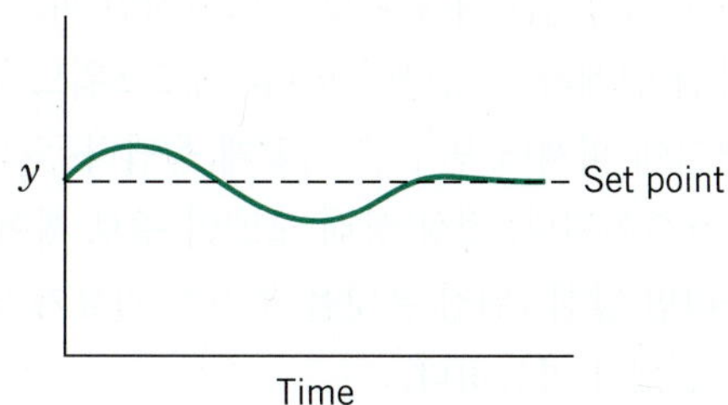

그림 15.16 잘 조율된 피드포워드 제어기의 원하는 응답. 설정값 위아래의 면적이 대략 같다.

3단계. τ_1*과* τ_2*를 미세 조정하라.* 마지막 단계로 가능하다면 d에 작은 계단 변화를 일으켜 τ_1과 τ_2를 시행착오법으로 미세조정한다. 원하는 계단 응답은 그림 15.16에 보이듯이 피제어 변수 설정값 위아래로 같은 면적을 갖는 작은 변이로 구성된다(Shinskey, 1996). 간단한 공정모델에 대해서 설정값 위아래로 나타나는 면적이 같다는 것은 $\tau_1 - \tau_2$ 차이가 옳음을 의미하는 것을 이론적으로 보일 수 있다. 이 후 추가 조율 시에 면적의 크기를 줄일 때는 $\tau_1 - \tau_2$ 차이가 일정하게 유지되도록 τ_1과 τ_2를 조정해야 한다.

이 시행착오를 통한 조율 절차에 대한 가설적인 설명으로, 그림 15.17에 보이는 외란 변수 d의 양의 계단 변화에 대한 일련의 응답을 생각해보자. $K_p > 0$, $K_d < 0$, 그리고 제어기이득 K_f는 이미 조정되어 잔류오차는 제거된다고 가정하자. 그림 15.17*a*의 τ_1과 τ_2의 초기값에 대해 피제어 변수는 설정값 아래에 있고, 이는 교정 동작의 속도를 높이기 위해 τ_1을 증가시켜야만 함을 의미한다($K_p > 0$, $K_d < 0$ 그리고 d에 양의 계단 변화가 도입됨을 기억하라). τ_1을 1에서 2로 증가시키면 그림 15.17*b*의 응답을 보이고 설정값 위아래의 면적이 같게 된다. 따라서, 각 면적의 크기를 줄이기 위한 이후의 조율에서는 $\tau_1 - \tau_2$ 차이를 일정하게 유지해야한다. τ_1과 τ_2를 0.5씩 동시에 늘리면 그림 15.17*c*에 보이듯이 각 면적을 줄이게 된다. 이 응답은 만족스럽다고 생각되기 때문에 추가적인 제어기 조율은 필요하지 않다.

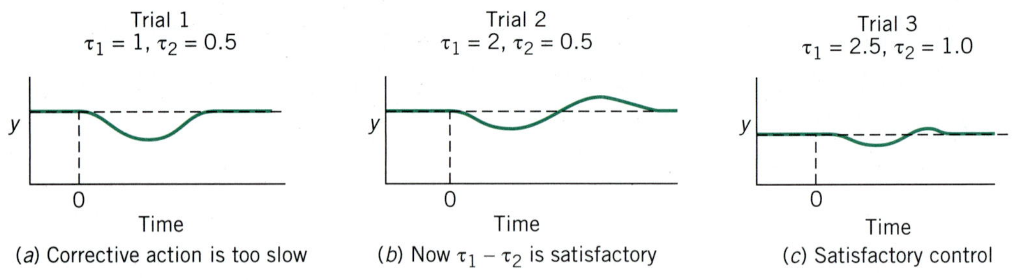

그림 15.17 잘 조율된 피드포워드 제어기의 원하는 응답. 설정값 위아래의 면적이 대략 같다.

요약

피드포워드 제어는 중요한 외란변수가 온라인으로 측정가능한 제어 문제에 대해 강력한 전략이다. 외란을 측정하고 피제어 변수에 부조를 일으키기 전에 교정동작을 취함으로써 피드포워드 제어는 조정제어(regulatory control)에 극적인 개선을 제공할 수 있다. 피드포워드 제어의 주요 단점은 외란변수를 실시간으로 측정(혹은 추정)해야 하는데, 이는 항상 가능하지 않다. 비제어는 는 두 공정변수의 비율을 제어해야하는 혼합 공정 등의 적용에 유용하며 특별한 형태의 피드포워드 제어이다.

피드포워드 제어기는 비록 앞섬–뒤짐 유닛이 일반적인 피드포워드 제어기로 사용되지만 특정 적용사례에 맞춰 설계하는 경향이 있다. 피드포워드 제어기를 설계하려면 조작 변수와 외란변수의 변화에 피제어 변수가 어떻게 응답하는지를 알아야 한다. 이러한 정보는 주로 공정모델로 표현이된다. 정상 상태 모델이 주로 제어기 설계에 사용될 수 있지만 동적 보상을 제공하려면 앞섬–뒤짐 유닛을 추가할 필요가 있다. 피드포워드 제어기는 동적 모델을 이용하여 설계가 가능하다.

피드포워드 제어는 보통 피드백 제어와 함께 구현된다. 결합된 피드포워드–피드백 제어 방식에 대한 조율 절차는 15.7절에서 설명하였다. 이러한 제어 구성에서는 일반적으로 피드포워드 제어기를 피드백 제어기보다 먼저 조율한다.

참고문헌

Blevins, T. L., G. K. McMillan, W. K. Wojsznis, and M. W. Brown, *Advanced Control Unleashed: Plant Performance Management for Optimum Benefit*, Appendix B, ISA, Research Triangle Park, NC, 2003.

Guzmán, J. L., and T. Hägglund, Simple Tuning Rules for Feedforward Compensators, *J. Process Control*, **21**, 92 (2011).

Guzmán, J. L., T. Hägglund, M. Veronesi, and A. Visioli; Performance Indices for Feedforward Control, *J. Process Control*, **26**, 26 (2015).

Hägglund, T., The Blend Station—A New Ratio Control Structure,

Control Eng. Prac., **9**, 1215 (2001).

Hast, M., and T. Hägglund, Low-order Feedforward Controllers: Optimal Performance and Practical Considerations, *J. Process Control*, **24**, 1462 (2014).

McMillan, G. K., *Tuning and Control Loop Performance*, 4th ed., Momentum Press, New York, 2015.

Shinskey, F. G., *Process Control Systems: Application, Design, and Tuning*, 4th ed. McGraw-Hill, New York, 1996, Chapter 7.

Smith, C. A., and A. B. Corripio, *Principles and Practice of Automatic Process Control*, 3rd ed., John Wiley and Sons, Hoboken, NJ, 2006.

Visioli, A., A New Ratio Control Architecture, Ind. Eng. Chem. Res.,

44, 4617 (2005a).

Visioli, A., Design and Tuning of a Ratio Controller, *Control Eng. Prac.*, **13**, 485 (2005b).

연습문제

15.1 비제어에서 만약 비율을 $R = u/d$ 대신 d/u로 정의하면 방법 I(그림 15.5)의 제어 루프 이득의 변화가 덜할 것인가? 답에 대한 근거를 제시하라.

15.2 그림 15.6의 비제어 방식을 고려하자. 각 유량은 오리피스 판과 차압(D/P) 전송기를 이용하여 측정한다. D/P 전송기로부터 나오는 공압출력 신호는 유량과 다음의 식으로 연관되어 있다.

$$d_m = d_{m0} + K_1 d^2$$
$$u_m = u_{m0} + K_2 u^2$$

각 전송기의 출력 신호는 3~15 psi의 범위를 갖는다. 전송기 범위는 외란과 조작 유량 각각에 대해 S_d와 S_u로 표현한다. 비율국 이득 K_R을 S_d, S_u, 그리고 원하는 비 R_d로 유도하라.

15.3 온실가스배출을 줄이기 위해 석탄화력발전소 배출 가스의 CO_2 농도를 낮추기를 원한다. 유출배가스는 암모니아 세정기로 보내져 대부분의 CO_2는 그림 E15.3에서 보듯이 암모니아 용액에 흡수된다. 세정기를 나가는 배가스 흐름내의 실시간 측정이 불가능한 CO_2 농도 C_{CO_2}를 제어하기 위해 피드포워드 제어계를 사용할 것이다. 세정기에 들어가는 암모니아 용액의 유량 Q_A는 제어밸브를 통해 조절가능하다. 입구 배가스 유량 Q_F는 측정되는 외란변수이다.

(a) 피드포워드 제어계의 블록선도를 그려라. (전달함수를 유도할 필요는 *없다*.)

(b) *정상 상태 설계*에 근거하여(식 15-40) CO_2 배출을 줄이는 피드포워드 제어계를 설계하라.

가용 정보:

(i) 유량 센서-전송기와 제어밸브의 동특성은 무시할 수 있다.

(ii) 유량 센서-전송기의 정상 상태 이득은 0.08 mA/(L/min)이다.

(iii) 제어밸브는 4 (gal/min)/mA의 정상 상태 이득을 갖는다.

(iv) Q_A 일련의 변화에 대한 다음의 정상 상태 데이터가 사용 가능하다.

Q_A (gal/min)	C_{CO_2} (ppm)
15	125
30	90
45	62

(v) Q_F 일련의 변화에 대한 다음의 정상 상태 데이터가 사용 가능하다.

Q_F (L/min)	C_{CO_2} (ppm)
100	75
200	96
300	122

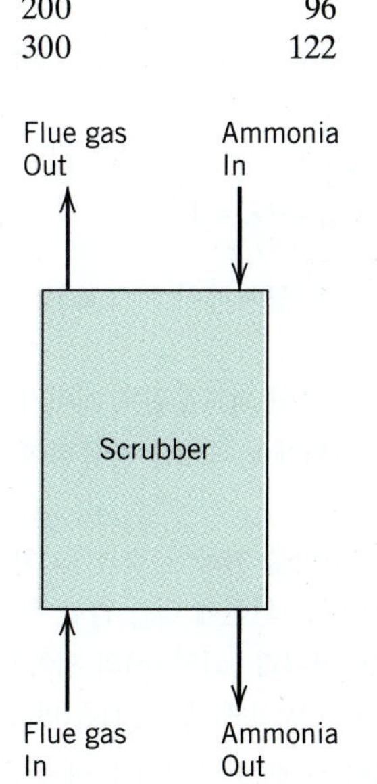

그림 E15.3

15.4 그림 E15.4에 나타난 액체저장계에 대하여 제어목적은 q_1과 q_4 유량에 외란이 발생해도 액위 h_2를 조절하는 것이다. 유량 q_2는 조작가능하다. 두 개의 수동밸브는 다음의 유량–높이 관계를 갖는다:

$$q_3 = \frac{h_1}{R_1} \quad q_5 = \frac{h_2}{R_2}$$

유량 전송기와 제어밸브의 동특성을 무시한다고 가정할 때 다음에 답하라. 또한 목적은 액위를 엄격히 제어하는 것이다.

(a) q_4가 측정 가능하고 q_1의 변이는 무시할 수 있는 경우 피드포워드 제어계에 대한 블록선도를 그려라.

(b) 정상 상태 설계에 근거하여(식 15-40) (a)에 대한 피드포워드 제어법칙을 설계하여라.

(c) 동적거동을 고려하여 (b)를 다시 풀어라.

(d) q_1은 측정가능하고 q_4의 변이를 무시할 수 있는 경우 (a)부터 (c)를 다시 풀어라.

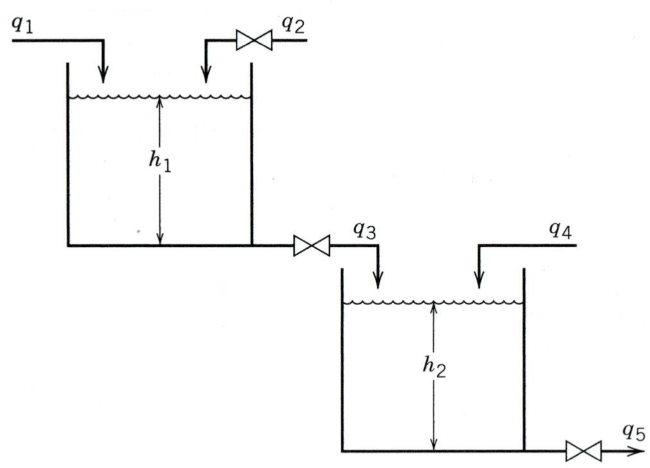

그림 E15.4

15.5 그림 15.11의 닫힌 루프계는 다음의 전달함수를 갖는다:

$$G_p(s) = \frac{1}{s+1} \qquad G_d(s) = \frac{2}{(s+1)(4s+1)}$$
$$G_v = G_m = G_t = 1$$

(a) 정상 상태 설계에 근거하여 피드포워드 제어기를 설계하여라.

(b) 동적해석에 근거하여 피드포워드 제어기를 설계하여라.

(c) 12장의 IMC 방법에 $\tau_c = 3$을 사용하여 피드백 제어기를 설계하여라.

(d) 피드포워드 제어만을 사용한 것과 (a)와 (b)의 제어기에 대해 단위계단 변화가 있는 외란에 대한 닫힌 루프 응답을 모사하라.

(e) (b)와 (c) 뿐만 아니라 (a)와 (c)의 제어기와 그림 15.11의 피드포워드–피드백 제어 방식에 대해 (d)를 반복해라.

15.6 그림 E15.6의 두 탱크 가열계에 대해 피드포워드 제어계를 설계하려 한다. 설계 목적은 외란변수 T_1과 w에 외란변이가 있다 하더라도 온도 T_4를 조절하는 것이다. 가열기에 들어가는 전압신호 p가 조작 변수이다. 오직 T_1과 w만 측정 가능하고 가열기와 전송기 동특성은 무시가능하고 가열부하는 전압신호 p에 선형 관계를 갖는다.

(a) 정상 상태 에너지 수지식에 근거하여 피드포워드 제어기를 설계하여라. 이 제어법칙에서 p는 T_{1m}과 w_m에 연관되어야 한다.

(b) 동적보상기가 바람직한가? 답의 근거를 제시하라.

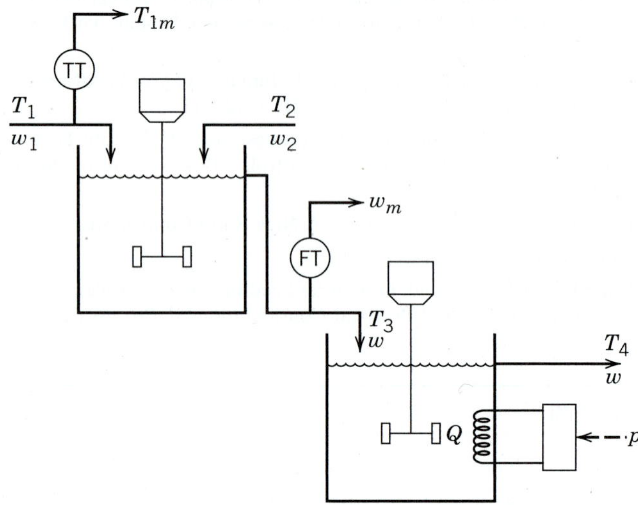

그림 E15.6

15.7 연습문제 15.4의 액체저장계를 고려하되 q_5의 수동밸브를 펌프와 제어밸브로 교체한다고 가정하자(그림 11.22 참고). 연습문제 15.4에서 q_5는 조작 변수이고 q_2는 상수인 경우에 대해 (a)부터 (c)를 반복하여라.

15.8 액상평형반응 A ⇄ B이 그림 E15.8의 연속교반탱크반응기에서 등온상태로 일어난다. 입구흐름은 B를 포함하지 않고 오버플로우 라인이 반응기 내 보유량을 일정하게 유지시킨다. A의 소실 반응속도는 다음으로 주어진다.

$$-r_A = k_1 c_A - k_2 c_B, \quad r_A \; [=] \left[\frac{\text{moles of A reacting}}{\text{(time) (volume)}}\right]$$

제어 목적은 부피유량 q를 조작하여 출구 농도 c_B를 제어하는 것이다. 주요 외란변수는 공급물 농도 c_{Ai}이다. 이 공급물 농도는 실시간 측정 가능하지만 출구흐름 조성은 측정 불가능하다. 제어밸브와 센서–전송기는 동특성을 무시할 수 있고 양의 정상 상태 이득을 갖는다.

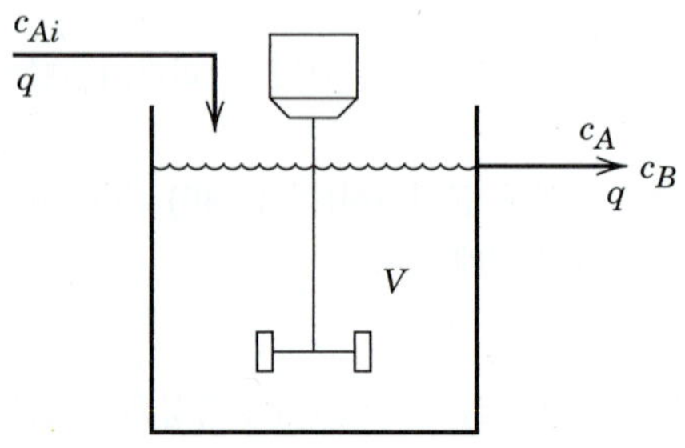

그림 E15.8

(a) 동적 모델에 근거한 피드포워드 제어기를 설계하여라.

(b) 출구 농도 c_B를 측정하여 피드백 제어기에 사용하면 이 피드백 제어기는 역동형(reverse-)인지 직동형(direct-acting)인지 결정하고 그 근거를 제시하라.

(c) 동적보상기가 필요한가? 답의 근거를 제시하라.

15.9 예제 15.5의 혼합시스템에 대해 0.1 min의 더 작은 시간지연을 갖는 경우에 대해 피드포워드–피드백 제어계를 설계하라. 예제 15.5의 (b), (c), 그리고 (d)를 반복하라. (c)의 경우 $G_vG_pG_m$을 1차–시간 지연 전달함수로 근사하고 외란에대한 ITAE 제어기 조율법을 사용한 PI 제어기를 사용하라(표 12.4를 볼 것). 식 15-34의 피드포워드 제어기에 대해서 $\alpha = 0.1$을 사용하라.

피드포워드–피드백 제어에 대한 Simulink 다이어그램을 만들고 그림 15.13의 그래프와 유사한 두 그래프를 생성하라.

15.10 그림 15.8의 증류탑은 다음의 전달함수 모델을 갖는다:

$$\frac{Y'(s)}{D'(s)} = \frac{2e^{-20s}}{95s+1} \qquad \frac{Y'(s)}{F'(s)} = \frac{0.5e^{-30s}}{60s+1}$$

여기서 $G_v = G_m = G_t = 1$이다.

(a) 정상 상태 해석에 근거한 피드포워드 제어기를 설계하라.

(b) 동적 해석에 근거한 피드포워드 제어기를 설계하라.

(c) $\tau_c = 30$을 사용하는 12장의 직접합성법에 근거한 PI 피드백 제어기를 설계하라.

(d) 외란변수이 단위계단 변화에 대한 닫힌 루프 응답을 오직 피드포워드 제어를 사용하되 (a)와 (b)의 제어기를 사용하여 모사하라. (b)의 동적제어기는 의미있는 성능향상을 보이는가?

(e) 그림 15.11의 피드포워드–피드백 제어 방식에 대해 문제 (b)와 (c)의 제어기 뿐만 아니라 (a)와 (c)의 제어기에 대해 문제 (d)를 다시 풀어라.

(f) 어떤 제어 구성이 가장 좋은 제어를 제공하는가?

15.11 피드포워드만 사용하는 제어계를 그림 E15.11의 교반탱크 가열 시스템에 대해 설계하려한다. 출구온도 T는 냉각수 유량 q_c를 조정하여 제어한다. 주요 외란변수는 입구온도 T_i이고 이는 실시간 측정가능하다. 피드포워드 제어만을 사용하는 시스템을 다음의 가정과 공정의 동적 모델에 근거하여 설계하라:

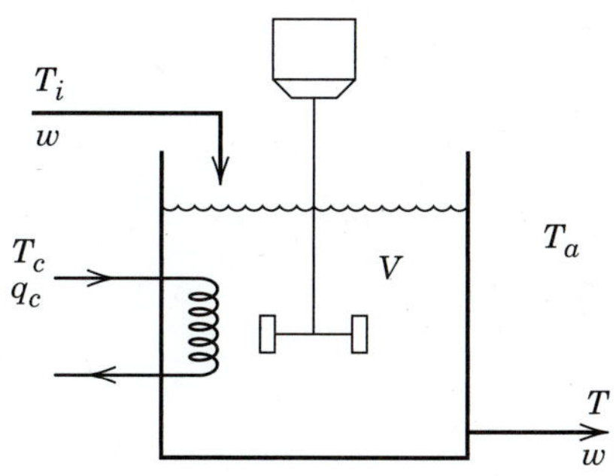

그림 E15.11

1. 냉각수와 탱크 내 액체 간 열전달속도 Q는 다음의 관계로 근사할 수 있다.

$$Q = U(1 + q_c)A(T - T_c)$$

여기서 U, A, 그리고 냉각수 온도 T_c는 상수이다.

2. 탱크는 잘 혼합되고 액체의 물성은 변하지 않는다.

3. 대기 중으로 손실되는 열은 $Q_L = U_LA_L(T - T_a)$ 식으로 근사할 수 있고 여기서 T_a는 주변 온도이다.

4. 냉각수 라인에 있는 제어밸브와 T_i 센서/전송기(그림 E15.11에 나타내진 않았음)는 선형 거동을 보인다. 두 장치의 동특성은 무시할 수 있지만 센서의 위치로 인하여 T_i의 측정치와 연관 있는 시간지연 θ가 있다.

15.12 부록 E의 PCM로(furnace) 모듈을 고려하자. 출구 산소농도 c_{O_2}가 CV이고 공기유량 AF가 MV, 그리고 연료가스 순도 FG가 DV라 가정하자.

(a) 아래 주어진 전달함수를 사용하여 피드포워드 제어계를 설계하여라.

(b) IMC 조율법과 합리적인 값을 사용하여 PID 제어기를 설계하여라.

(c) $t = 10$ min에서 d에 1부터 0.9로의 갑작스런 변화가 있을 때 FF, FB, 그리고 결합된 FF-FB 제어기를 모사하여라. 어느 제어기가 가장 우수한가? 답의 근거를 제시하여라.

$$\frac{c_{O_2}}{AF} = G_p = \frac{0.14e^{-4s}}{4.2s+1},$$

$$\frac{c_{O_2}}{FG} = G_d = -\frac{2.82e^{-4s}}{4.3s+1}, \quad G_v = G_m = G_t = 1$$

15.13 그림 E15.13에 있는 두 개의 탱크로 이루어진 혼합시스템의 출구 조성 x_4를 제어하기 위해 피드포워드 제어방식을 설계하는 것이 바람직하다. 유량 q_2는 조작 가능하고 외란변수 q_5와 x_5는 측정가능하다. 피제어 변수 x_4는 측정 불가능하고 각 공정흐름의 밀도는 같다고 가정하자. 또한 오버플로우라인을 사용하여 각 탱크 내 액체부피는 일정하게 유지된다고 가정하자. 전송기와 제어밸브의 동특성은 무시한다.

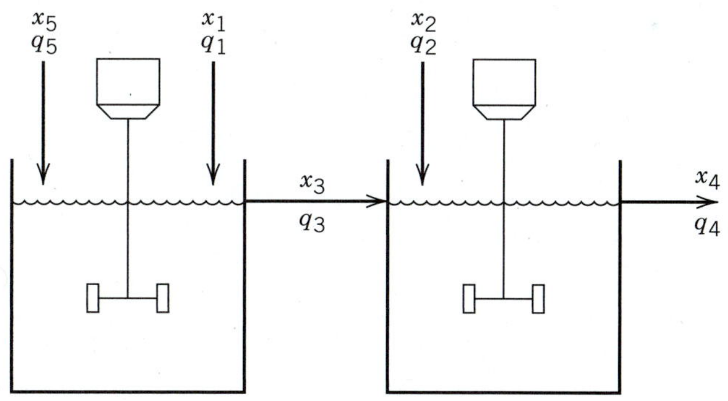

그림 E15.13

(a) 아래 정상 상태 데이터를 사용하여 이상적 피드포워드 제어 법칙을 정상 상태에 근거하여 설계하여라. 당신이 추가적인 가정을 하였다면 명시하여라.

(b) 이 피드포워드 제어기에 동적보상기를 사용하기를 추천하는가? 근거를 제시하여라.

Steady-State Data		
스트림	*유량(gpm)*	*질량분율*
1	1900	0.000
2	1000	0.990
3	2400	0.167
4	3400	0.409
5	500	0.800

15.14 부록 E의 PCM 증류탑 모듈을 고려하자. 유출액 메탄올 조성 x_D가 CV이고 환류비 R이 MV, 그리고 공급조성 x_F가 DV라 가정하자.

(a) 아래 주어진 전달함수를 사용하여 피드포워드 제어계를 설계하여라.

(b) IMC 조율법과 합리적인 τ_c값을 사용하여 PID 제어기를 설계하여라.

(c) $t = 10$ min에서 d에 0.50에서 0.55로의(몰분율) 갑작스런 변화가 있을 때 FF, FB, 그리고 결합된 FF-FB 제어기를 모사하여라. 어느 제어기가 가장 우수한가? 답의 근거를 제시하여라.

$$\frac{X_D}{R} = G_p = \frac{0.126e^{-138s}}{762s+1} \qquad \frac{X_D}{X_F} = G_d = \frac{0.78e^{-600s}}{700s+1},$$
$$G_v = G_m = G_t = 1$$

CHAPTER 16

향상된 단일 루프 제어전략

Enhanced Single-Loop Control Strategies

학습목차 *Chapter Contents*

16.1 캐스케이드 제어
16.1.1 설계 고려사항
16.2 시간 지연 보상
16.3 추론 제어
16.4 선택 제어/오버라이드 시스템
16.4.1 선택자
16.5 비선형 제어시스템
16.5.1 이득 스케줄링
16.5.2 퍼지 로직 제어
16.6 적응 제어시스템
요약

이 장에서는 기존의 단일 루프 PID 제어기보다 우수한 향상된 공정 제어를 가능하게 하는 몇 가지의 특수한 전략을 소개한다. 화학공장은 효율을 높이거나 비용을 줄이기 위해 더욱 복잡해지고 있기 때문에, 공정 제어의 개선이 필요하며, 이는 역시 고급제어의 일반적인 분류에 해당한다. 새로운 제어 방법이 지속적으로 개발되고, 또한 현장에서 적용되고 있지만(Henson과 Badgwell, 2006; Rawlings et al., 2002; Daoutidis와 Bartusiak, 2013; Åström 및 Kumar, 2014), 이 장에서는 상업적으로 입증된 6가지 전략에 대해 주로 다루게 된다.

1. 캐스케이드 제어
2. 시간 지연 보상
3. 추론 제어
4. 선택적 제어/오버라이드 시스템
5. 비선형 제어시스템
6. 적응 제어시스템

이러한 기술들은 지난 20년을 넘도록 산업적으로 적용되었고, 많은 경우에 있어서 단일 루프 PID 피드백 제어기 설계의 원리를 활용한다. 이러한 전략은 추가적인 측정, 제어 변수, 또는 조작 변수, 그리고 대안의 블록선도 구조에 통합될 수 있다.

16.1 캐스케이드 제어

기존 피드백 제어의 단점은 외란에 대처하기 위한 제어 동작이 제어 변수가 설정값에서 벗어나기 전에는 시작하지 않는다는 것이다. 15장에서 논의한 바와 같이, 피드포워드 제어는 피드백 제어에 비해 큰 시간 상수 혹은 시간 지연을 가지는 공정을 제어하는 데에 매우 유리하다. 그러나 피드포워드 제어는 외란이 명시적으로 측정되어야 하고, 제어기 출력을 계산하기 위해 정상 상태 혹은 동적 모델이 필요하다. 외란에 대한 동적 응답을 크게 개선할 수 있는 대체적인 접근 방식은 2차 측정 변수와 2차 피드백 제어기를 사용한다.

2차 측정 변수는 제어 변수보다 빨리 문제 상태를 인식할 수 있도록 배치되지만, 가능한 외란이 반드시 측정되는 것은 아니다. *캐스케이드 제어*라고 하는 이 접근 방식은 공정 산업에서 널리 사용되며 외란이 조작 변수와 연관되거나 최종 제어 요소가 비선형 동작을 나타낼 때 특히 유용하다(Shinskey, 1996).

캐스케이드 제어가 유리할 수 있는 경우의 사례로 그림 16.1에 표시된 자연 통풍로 온도 제어시스템을 고려해볼 수 있다. 그림 16.1의 기존 피드백 제어시스템은 오일 유량 또는 저온의 오일 온도로 인한 외란에도 불구하고 뜨거운 오일의 온도를 설정값에 가깝게 유지할 수 있다. 그러나 연료 가스 공급 압력에 외란이 발생하면 연료 가스 유량이 변경되고, 이는 가열로의 운전을 방해하고 뜨거운 오일의 온도를 변하게 한다. 그래야만 온도 제어기(TC)가 설정값의 오차를 기반으로 연료 가스의 유량을 조절하여 교정조치를 취할 수 있으며, 이는 연료가스 공급 압력의 변화에 매우 느리게 반응 할 수 있다. 이 외란은 조작 변수와 명확하게 연관되어 있다.

그림 16.2는 1차 제어 루프(TT 및 TC 사용)와 PT 및 PC를 통해 연료 가스 압력을 제어하는 2차 제어 루프로 구성된 가열로의 캐스케이드 제어 구성을 보여준다. 1차 측정은 *1차* 제어기(TC)가 *2차* 루프 제어기에 대한 설정값을 설정하는 데 사용하는 고온 오일 온도이다. 2차 측정은 연료 가스 압력이며 슬레이브 제어기(PC)로 전송된다. 공급 압력에 외란이 발생하면 압력 제어기가 매우 빠르게 작동하여 설정값에서 연료 가스 압력을 유지한다. 캐스케이드 제어 방식은 공급 압력의 변화가 감지되는 즉시 제어밸브가 조정되기 때문에 향상된 성능을 보인다.

또는 압력 제어가 아닌 유량 제어를 2차 루프에서 사용하여 토출 압력 변화를 처리할 수 있다. 오일 유량 또는 입구 온도의 외란에 대한 성능 향상이 충분히 크지 않으면 이러한 외란에 대해 피드포워드 제어를 사용할 수 있다(15장 참조).

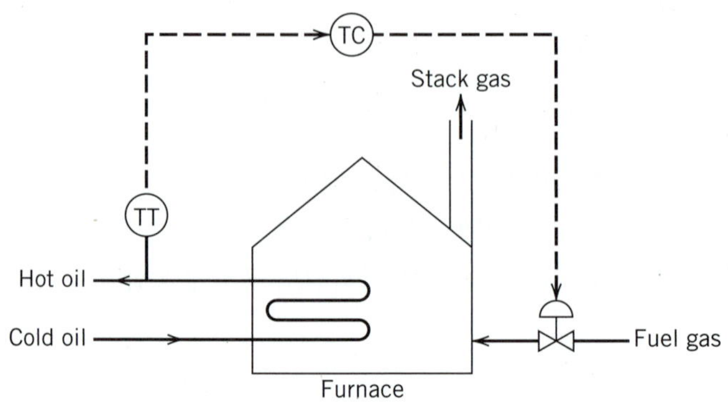

그림 16.1 기존 피드백 제어를 사용하는 가열로 온도 제어 체계.

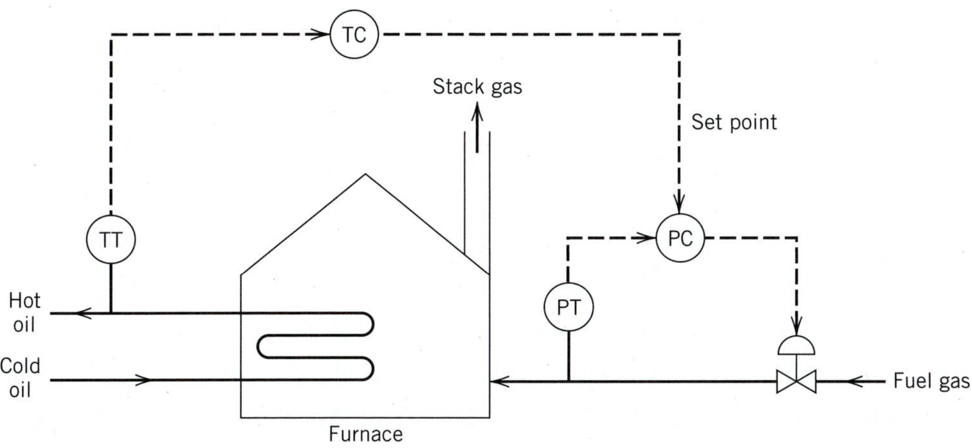

그림 16.2 캐스케이드 제어를 사용한 가열로 온도 제어 체계.

캐스케이드 제어 루프 구조에는 두 가지 특징이 있다.

1. 1차 제어기의 출력 신호는 2차 제어기의 설정값 역할을 한다.
2. 두 개의 피드백 제어 루프가 중첩되어 있으며, 2차 제어 루프(보조 제어기 용)는 1차 제어 루프(1차 제어기 용) 내부에 있다.

따라서 두 개의 제어 변수, 두 개의 센서 및 하나의 조작 변수가 있는 반면, 기존의 제어 구조에는 하나의 제어 변수, 센서, 조작 변수가 있다.

1차 제어 루프는 뜨거운 오일 온도의 설정값으로부터의 편차를 기반으로 압력 제어 루프의 설정값을 변경할 수 있다. 이 구성의 모든 변수는 편차 변수로 볼 수 있다. 뜨거운 오일 온도가 설정값에 있으면 압력 설정값에 대한 편차 변수도 0이 되어 압력이 원하는 정상 상태 값으로 유지된다.

그림 16.3은 반응기 온도를 조절하기 위해 냉각수가 반응기 재킷을 통해 흐르는 교반 화학 반응기의 캐스케이드 제어의 두 번째 예를 보여준다. 반응기 온도는 반응물 공급온도 또는 공급물 조성과 같은 외란 변수의 변화에 영향을 받는다. 가장 간단한 제어

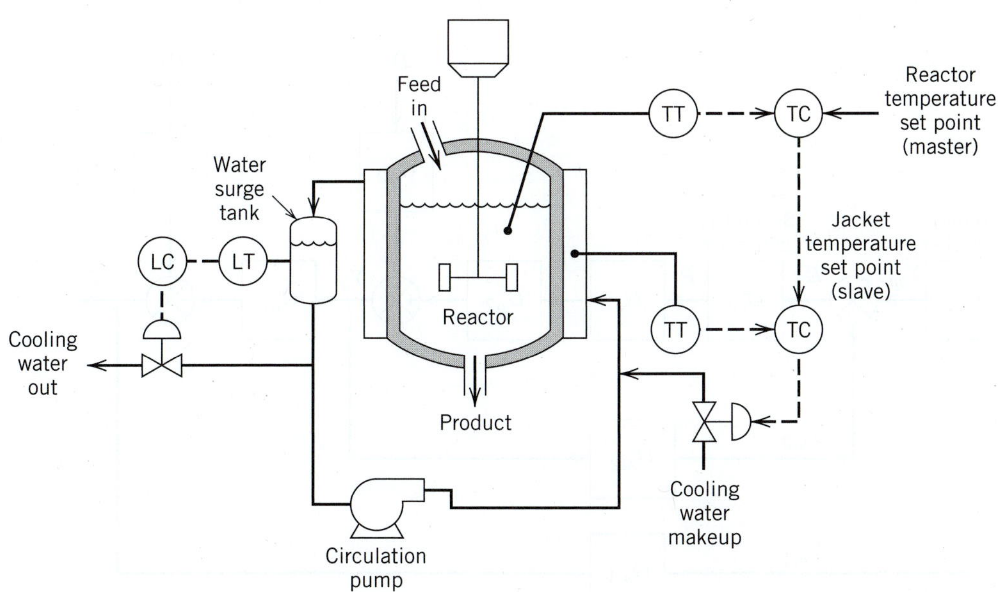

그림 16.3 발열 화학 반응기의 캐스케이드 제어.

전략은 냉각수 입구 흐름의 제어밸브를 조정하여 이러한 외란을 처리하는 것이다. 그러나 측정되지 않은 외란인 입구 냉각수 온도의 증가는 만족스럽지 못한 성능을 보일 수 있다. 열이 제거되는 속도가 감소함으로써 반응기 온도가 천천히 상승할 수 있다. 반응기뿐 만 아니라 재킷으로 인해 열전달에서 상당한 동적 지연이 발생하면 제어기에서 취한 교정조치가 지연된다. 이러한 단점을 피하기 위해 그림 16.3과 같이 설정값이 반응기 온도 제어기에 의해 결정되는 재킷 온도용 피드백 제어기를 추가하여 캐스케이드 제어를 할 수 있다. 제어시스템은 재킷 온도를 측정하고 이를 설정값과 비교하고 냉각수의 보충 정도를 조정한다. 반응기 온도 설정값과 두 측정값은 단일 조작 변수인 냉각수 보충 속도를 조정하는 데 사용된다. 캐스케이드 제어전략의 주요 장점은 두 번째 측정 변수가 중요한 외란 변수에 가깝게 위치해서 연관된 피드백 루프가 빠르게 반응할 수 있으므로 닫힌 루프의 응답을 개선할 수 있다는 것이다. 그러나 캐스케이드 제어가 응답을 개선하지 않는 경우, 측정된 외란변수로 냉각수 온도를 사용하여 피드포워드 제어를 다음 전략으로 고려해야 한다. 이 경우 저렴한 센서(온도용)를 사용하면 피드포워드 제어를 좋은 선택지로 가능하게 하지만, 좋은 외란 모델 역시 필요하다.

일반적인 캐스케이드 제어시스템의 블록선도는 그림 16.4에 나와 있다. 아래 첨자 1은 1차 제어 루프를, 아래 첨자 2는 2차 제어 루프를 나타낸다. 따라서 가열로 온도 제어 사례의 경우,

Y_1 = 뜨거운 오일 온도
Y_2 = 연료 가스 압력
D_1 = 저온 오일 온도 (또는 저온 오일 유량)
D_2 = 연료 가스의 공급 압력
Y_{m1} = 뜨거운 오일 온도 측정값
Y_{m2} = 연료 가스 압력 측정값
Y_{sp1} = Y_1의 설정값
$\widetilde{Y}_{sp2}$ = Y_2의 설정값

이러한 모든 변수는 공칭 정상 상태의 편차를 나타낸다. 외란이 1차 및 2차 제어 루프 모

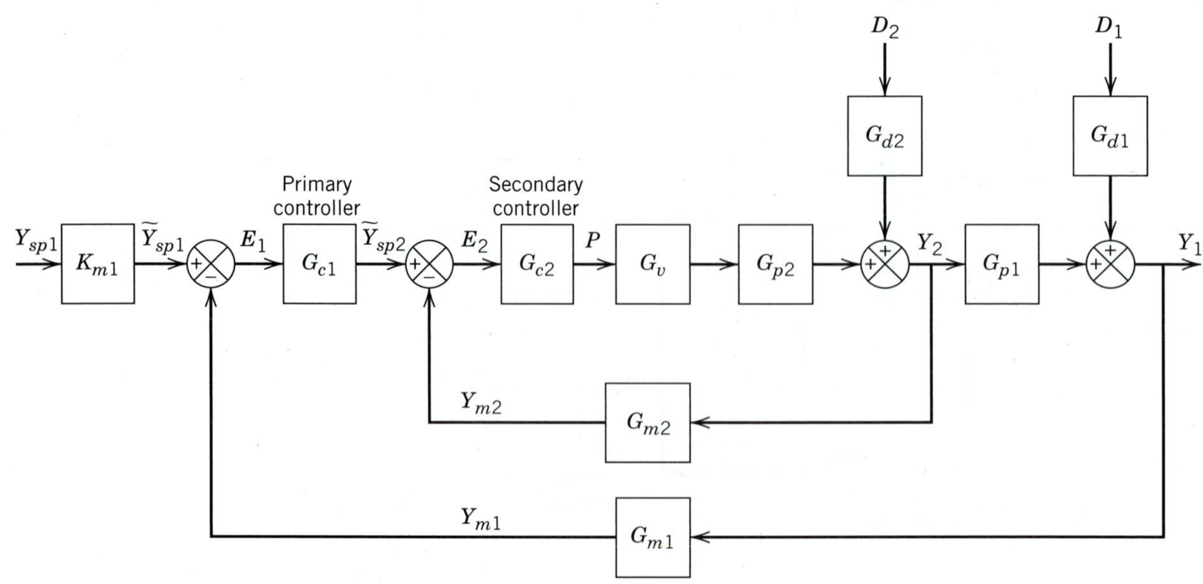

그림 16.4 캐스케이드 제어시스템의 블록선도.

두에 영향을 미칠 수 있기 때문에 두 개의 외란 변수(D_1 및 D_2)와 두 개의 외란 전달함수(G_{d1} 및 G_{d2})가 그림 16.4에 나와 있다. Y_2는 2차 루프에 대한 제어 변수와 1차 루프에 대한 조작 변수로 사용된다.

그림 16.2 및 16.4는 캐스케이드 제어가 2차 루프(즉, 그림 16.4의 D_2)로 들어가는 압력 외란의 영향을 효과적으로 감소시킬 것임을 분명히 보여준다. 그러나 1차 루프로 들어가는 D_1과 같은 외란의 영향은 어떻게 될까? 캐스케이드 제어는 두 제어기가 모두 잘 보정된 경우 기존 피드백 제어보다 개선된 성능을 보인다. 캐스케이드 배열은 일반적으로 2차 루프의 응답 시간을 감소시켜 1차 루프를 개선하지만 그 효과는 크지 않을 수도 있다.

16.1.1 설계 고려 사항

캐스케이드 제어는 중간 측정 포인트와 두 개의 피드백 제어기를 사용하여 설정값 변경에 대한 응답을 개선할 수 있다. 그러나 외란이 있을 경우에 성능이 우수하다(Shinskey, 1996). 그림 16.4에서 D_2의 외란은 내부 루프의 피드백에 의해 보상된다. 해당 닫힌 루프 전달함수 ($Y_{sp1} = D_1 = 0$이라고 가정)는 블록선도 대수로 구할 수 있다.

$$Y_1 = G_{p1}Y_2 \tag{16-1}$$

$$Y_2 = G_{d2}D_2 + G_{p2}G_vG_{c2}E_2 \tag{16-2}$$

$$E_2 = \widetilde{Y}_{sp2} - Y_{m2} = G_{c1}E_1 - G_{m2}Y_2 \tag{16-3}$$

$$E_1 = -G_{m1}Y_1 \tag{16-4}$$

Y_1과 D_2를 제외한 모든 변수를 제거하면,

$$\frac{Y_1}{D_2} = \frac{G_{p1}G_{d2}}{1 + G_{c2}G_vG_{p2}G_{m2} + G_{c1}G_{c2}G_vG_{p2}G_{p1}G_{m1}} \tag{16-5}$$

유사한 분석에 의해 외부 및 내부 루프에 대한 설정값 전달함수는 다음과 같다.

$$\frac{Y_1}{Y_{sp1}} = \frac{G_{c1}G_{c2}G_vG_{p1}G_{p2}K_{m1}}{1 + G_{c2}G_vG_{p2}G_{m2} + G_{c1}G_{c2}G_vG_{p2}G_{p1}G_{m1}} \tag{16-6}$$

$$\frac{Y_2}{\widetilde{Y}_{sp2}} = \frac{G_{c2}G_vG_{p2}}{1 + G_{c2}G_vG_{p2}G_{m2}} \tag{16-7}$$

D_1의 외란에 대해 닫힌 루프 전달함수는 다음과 같다.

$$\frac{Y_1}{D_1} = \frac{G_{d1}(1 + G_{c2}G_vG_{p2}G_{m2})}{1 + G_{c2}G_vG_{p2}G_{m2} + G_{c1}G_{c2}G_vG_{p2}G_{p1}G_{m1}} \tag{16-8}$$

위의 방정식에 대해 몇 가지 관찰을 할 수 있다. 첫째, 캐스케이드 제어시스템에는 특성 방정식이 있다.

$$1 + G_{c2}G_vG_{p2}G_{m2} + G_{c1}G_{c2}G_vG_{p2}G_{p1}G_{m1} = 0 \tag{16-9}$$

내부 루프가 제거 된 경우($G_{c2} = 1$, $G_{m2} = 0$) 특성 방정식은 기존 피드백 제어의 경우와 동일하다.

$$1 + G_{c1}G_vG_{p2}G_{p1}G_{m1} = 0 \tag{16-10}$$

2차 루프가 1차 루프보다 더 빠르게 응답하면 캐스케이드 제어시스템은 안정성 특성이 개선되므로 1차 제어 루프에서 더 큰 K_{c1} 값을 사용할 수 있다.

예제 16.1

다음과 같은 전달함수가 주어진 그림 16.4의 블록선도를 고려하라.

$$G_v = \frac{5}{s+1} \quad G_{p1} = \frac{4}{(4s+1)(2s+1)} \quad G_{p2} = 1, \qquad G_{d2} = 1 \quad G_{m1} = 0.05 \quad G_{m2} = 0.2 \quad G_{d1} = \frac{1}{3s+1}$$

시간 상수는 분 단위이고 이득은 동일한 단위이다. 기존의 비례 제어기와 두 개의 비례 제어기로 구성된 캐스케이드 제어시스템의 안정성 한계를 결정하라. 2차 제어기에 대해 $K_{c2} = 4$라고 가정한다. 2차 외란 변수 D_2의 단위 단계 변경으로 인한 잔류편차를 계산하라.

풀이

캐스케이드 배열의 경우 먼저 내부 루프를 분석한다. 식 16-7로 대체하면,

$$\frac{Y_2}{\widetilde{Y}_{sp2}} = \frac{4\left(\frac{5}{s+1}\right)(1)}{1+4\left(\frac{5}{s+1}\right)(0.2)} = \frac{20}{s+5} = \frac{4}{0.2s+1} \tag{16-11}$$

식 16-11에서 내부 루프의 닫힌 루프 시간 상수는 0.2분이다. 반면 기존의 피드백 제어시스템은 다음 식으로 인해 1분의 시간 상수를 가진다. $Y_2(s)/\widetilde{Y}_{sp}2(s) = G_v = 5/(s+1)$ 따라서 캐스케이드 제어는 Y_2의 응답 속도를 크게 높인다. 1차 루프($G_{c1} = K_{c1}$)에서 비례 제어기를 사용하면 재배열된 특성 방정식은 다음과 같다.

$$1 + (K_{c1})(4)\left(\frac{5}{s+1}\right)\left(\frac{4}{(4s+1)(2s+1)}\right)(0.05) + 4\left(\frac{5}{s+1}\right)(0.2) = 0 \tag{16-12}$$

이 식은 아래와 같이 정리된다.

$$8s^3 + 46s^2 + 31s + 5 + 4K_{c1} = 0 \tag{16-13}$$

직접 대체법(11장)를 사용하면 한계 안정성에 대한 최종 이득은 $K_{c1,u} = 43.3$이다. 비례만 제어하는 기존 피드백 시스템의 경우, 식 16-10의 특성방정식은 다음과 같이 정리된다.

$$8s^3 + 14s^2 + 7s + 1 + K_{c1} = 0 \tag{16-14}$$

직접 대체법으로 계산하면 $K_{c1,u} = 11.25$가 된다. 따라서 캐스케이드 구성은 안정성 마진을 거의 4배 증가시킨다. K_{c2}를 늘리면 $K_{c1,u}$에 대한 값이 더 커진다. 이 예의 경우, 큰 값으로 인해 작은 설정값 변경이나 외란에 대해 밸브가 포화되는 것을 제외하고는, K_{c2}에 대한 이론적 상한은 없다.

D_2의 단위 단계 변경에 대한 Y_1의 잔류편차는 식 16-5의 오른쪽에 $s = 0$을 설정하여 얻을 수 있다. 마찬가지로 3장에서의 최종값 정리를 $D_2(Y_{sp1} = 0)$의 단위 단계 변경에 적용할 수 있다.

$$e_1(t \to \infty) = y_{sp1} - y_1(t \to \infty) = \frac{-4}{5 + 4K_{c1}} \tag{16-15}$$

이에 비해 기존 제어 ($G_{m2} = 0$, $G_{c2} = 1$)의 잔류편차는 다음과 같다.

$$e_1(t \to \infty) = \frac{-4}{1 + K_{c1}} \tag{16-16}$$

식 16-15와 16-16을 비교하면, K_{c1}의 동일한 값에 대해 절대값을 기준으로 잔류편차가 캐스케이드 제어에 대해 훨씬 더 작다는 것이 분명하다.

캐스케이드 제어시스템이 제대로 작동하려면 2차 제어 루프가 1차 루프보다 빠르게 응답해야한다. 2차 제어기는 일반적으로 비례 전용 제어에서 발생하는 잔류편차 양에 따라 **P** 또는 **PI** 제어기를 사용한다. 2차 루프의 작은 잔류편차는 허용될 수 있으며, 이는 1차 루프가 이를 보상하기 때문이다. 미분 조치는 2차 루프에서 거의 사용되지 않으며, 1

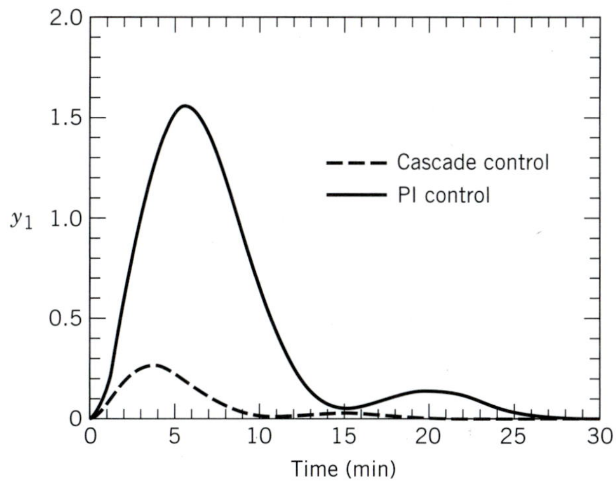

그림 16.5 캐스케이드 제어가 있는 경우와 없는 경우의 예제16.1에 대한 D_2 단위 단계 응답 비교.

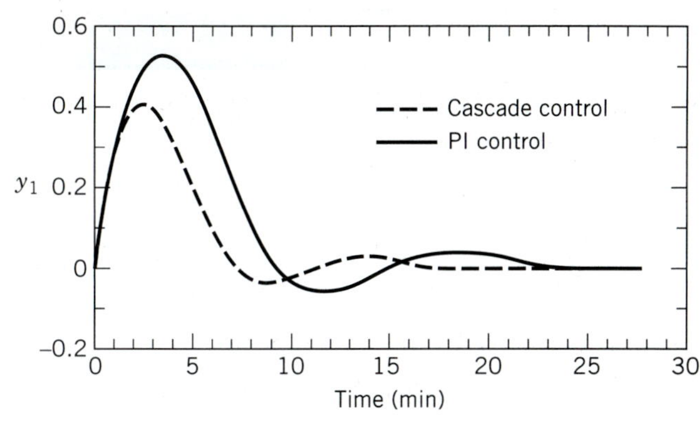

그림 16.6 D_1 단계 응답의 비교.

차 제어기는 일반적으로 PI 또는 PID이다.

고차의 동역학 또는 시간 지연이 있는 프로세스의 경우, 먼저 모델을 저차 모델로 근사 할 수 있다(6장 참조). 잔류편차는 K_{c2}가 지정된 후 2차 루프에 PI 제어가 필요한지 여부를 결정하기 위해 확인된다. G_{c1} 설계에 사용되는 열린 루프 전달함수는 다음과 같다.

$$G_{OL} = \frac{G_{c1}K_{c2}G_vG_{p2}}{1+K_{c2}G_vG_{p2}G_{m2}}G_{p1}G_{m1} \tag{16-17}$$

그림 16.5는 예제 16.1과 외란 변수 D_2에 대한 닫힌 루프 응답을 보여준다. 캐스케이드 구성에는 1차 루프에 PI 제어기가 있고 2차 루프에 비례 제어기가 있다. 그림 16.5는 이 경우 캐스케이드 제어시스템이 2차 루프 외란에 대해 기존 PI 제어기보다 분명히 우수하다는 것을 보여준다. 그림 16.6은 1차 루프 외란 D_1의 단계 변화에 대해 크게 개선되지 않은 유사한 비교를 보여준다.

캐스케이드 제어시스템이 설치 후 조정될 때, 2차 제어기는 먼저 조정되어야 하며, 이때 1차 제어기가 수동 모드이어야 한다. 그런 다음 1차 제어기가 자동으로 전송되고 조정된다. 12장에 제시된 릴레이 자동 튜닝 기술은 각 제어 루프에 사용할 수 있다. 어떤 이유로 2차 제어기가 다시 조정되는 경우, 일반적으로 1차 제어기도 다시 조정되어야 한다. 또는 Lee et al. (1998)은 두 루프가 동시에 튜닝되는 직접 합성 기반 튜닝 방법을 개발했다. 제어기 출력(포화 제약)에 제한이 있는 경우, Brosilow와 Joseph(2002)은 IMC(내부 모델 제어) 접근 방식을 기반으로 설계 수정을 권장하고 있다.

일반적으로 사용되는 캐스케이드 제어 형식에는 밸브 포지셔너가 포함되어 *밸브 비이상성* 문제를 해결한다. 밸브가 달라 붙거나 데드 존 또는 히스테리시스를 나타낼 수 있으므로 주어진 제어기 출력에 필요한 동일한 비율의 스템 위치를 달성하지 못할 수 있다. 밸브 포지셔너는 밸브 스템 위치를 감지하고 캐스케이드 제어시스템의 내부 루프에 있는 내부 비례 제어기를 사용하여 원하는 스템 위치를 얻는다. 설정값은 유량 제어기에서 제공된다. 밸브 포지셔너는 제어 루프에서 사용할 때 거의 항상 유용하다. 이러한 장치에 대한 자세한 내용은 9장을 참조하라.

16.2 시간 지연 보상

이 절에서는 프로세스 제어에서 문제가 되는 영역, 즉 상당한 시간 지연 발생을 다루는 고급 제어 기술인 *시간 지연 보상*을 설명한다. 시간 지연은 거리 속도 지연, 재순환 루프 및 조성 측정과 관련된 분석 시간 등이 발생하는 공정 산업에서 일반적으로 발생한다. 12장과 14장에서 논의된 바와 같이, 프로세스에 시간 지연이 있으면 안정성이 감소하고 기존 피드백 제어시스템의 성능이 제한된다. 따라서 제어기 이득은 시간 지연이 없는 경우 사용할 수 있는 값 이하로 줄여야하며, 닫힌 루프 시스템의 응답은 시간 지연이 없는 경우에 비해 느려진다.

예제 16.2

시간 지연(θ = 2분)이 있는 경우와 지연이 없는 2차 프로세스에 대한 설정값 응답을 비교하여라. 지연 케이스의 전달함수는 다음과 같다.

$$G_p(s) = \frac{e^{-\theta s}}{(5s+1)(3s+1)} \tag{16-18}$$

시간 상수는 분 단위이며, $G_m = G_v = 1$이라고 가정한다. 다음 PI 제어기를 사용하라. $\theta = 0$, $K_c = 3.02$ 및 $\tau_I = 6.5$분의 경우, $\theta = 2$분의 경우 제어기 이득을 줄여서 안정성 요구 사항을 충족해야한다($K_c = 1.23$, $\tau_I = 7.0$분).

풀이

닫힌 루프 응답은 그림 16.7에 나와 있다. θ = 2 분의 경우 결과 응답이 더 느려진다. 분명하게, 시간 지연 케이스에 대한 닫힌 루프 응답이 저하되어 응답 시간이 50% 증가했다(30분 대 20분). 이 응답은 시간 지연 크기에서 예상할 수 있는 것보다 훨씬 길다.

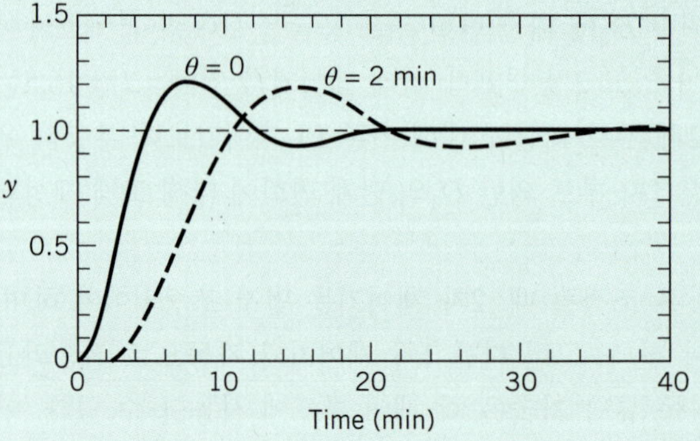

그림 16.7 PI 제어를 위한 닫힌 루프 설정 값 변경 비교.

시간 지연이 포함된 시스템의 성능을 개선하기 위해 효과적인 시간 지연 보상을 제공하는 특수한 제어 전략이 개발되었다. *Smith 예측기* 기술은 가장 잘 알려진 전략이다(Smith, 1957). 이와 관련된 방법인 *분석 예측기*는 디지털 제어 애플리케이션을 위해 특별히 개발되었으며 17장에서 설명한다. 많은 연구자들이 설정값 변경에 대해 Smith 예측기를 통합하는 제어기의 성능이 적분 제곱 오차 기준에 기반한 기존의 PI 제어기보다 더 우수하다는 것을 발견했다. 그러나 Smith 예측기 성능이 모든 유형의 외란에 대해 우수한 것은 아니다.

Smith 예측기 제어기의 블록선도가 그림 16.8에 나와 있으며, 여기서 $G_v = G_m = 1$이다. 여기서 공정 모델 $\widetilde{G}(s)$는 시간 지연이 없는 부분 $\widetilde{G}^*(s)$와 시간 지연항 $e^{-\widetilde{\theta}s}$의 두

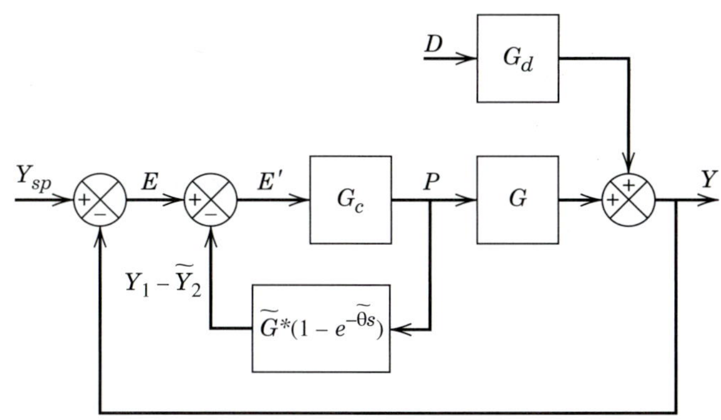

그림 16.8 Smith 예측기의 블록선도.

부분으로 나뉜다. 따라서 총 전달함수 모델은 $\widetilde{G}(s) = \widetilde{G}^*(s)e^{-\widetilde{\theta}s}$이다.

그림 16.8은 캐스케이드 제어와 다소 유사한 내부 피드백 루프를 보여준다. 모델 오차 ($\widetilde{G} = G$)가 없다고 가정하면 내부 루프에는 효과적인 전달함수가 있다.

$$G' = \frac{P}{E} = \frac{G_c}{1 + G_c G^*(1 - e^{-\theta s})} \tag{16-19}$$

여기서 G^*는 $\widetilde{G}^*$, 즉 $G(s) = G^* e^{-\widetilde{\theta}s}$와 유사하게 정의된다. 약간의 재배치 후에 닫힌 루프 설정값 전달함수를 얻을 수 있다.

$$\frac{Y}{Y_{sp}} = \frac{G_c G^* e^{-\theta s}}{1 + G_c G^*} \tag{16-20}$$

대조적으로 기존의 피드백 제어의 경우,

$$\frac{Y}{Y_{sp}} = \frac{G_c G^* e^{-\theta s}}{1 + G_c G^* e^{-\theta s}} \tag{16-21}$$

16-20과 16-21을 비교하면, Smith 예측기가 특성 방정식에서 시간 지연을 제거하는 이론적 이점이 있음을 나타낸다. 안타깝게도, 강건성 부족으로 인해 공정 모델이 정확하지 않다면, 이러한 이점을 잃게 된다(Åström and Hägglund, 2006). Kirtania와 Choudhury (2012)와 Morari와 Zafiriou (1989)도 Smith 예측기의 강건성 측면을 논의했으며, 단계 입력 외에 다른 입력으로 튜닝을 수행할 것을 권장했다.

그림 16.9는 Smith 예측기($\theta = 2$분) 및 PI 제어($\theta = 0$)에 대한 닫힌 루프 응답을 보여준다. 제어기 설정은 $\theta = 0$에 대해 예제 16.2에서 개발된 것과 같다. 그림 16.7(점선)과 그림 16.9의 비교는 Smith 예측기로 얻을 수 있는 성능 향상을 보여준다. 그림 16.9의 $\theta = 2$ 및 $\theta = 0$에 대한 응답은 초기 시간 지연을 제외하고 동일하다. 이 닫힌 루프 시간 지연은 식 16-20에서 분자의 지연 항에서 기인한다. 프로세스 모델 $G^*(s)$는 2차이므로 P 전용 제어를 위한 안정적인 닫힌 루프 시스템을 쉽게 산출하지만 PI 제어를 위해서는 반드시 필요한 것은 아니다(예제 14.5 참조).

Smith 예측기 접근법의 한 가지 단점은 모델 기반이라는 것이다. 즉, 프로세스의 동적 모델이 필요하다. 공정 동특성이 크게 변경되면 예측 모델이 부정확해지고, 제어기 성능이 아마도 닫힌 루프 불안정 수준까지 저하될 수 있다. 이러한 프로세스의 경우 제어기를 보수적으로 조정하여 가능한 모델 오차를 수용해야 한다. 일반적으로 시간 지연 또

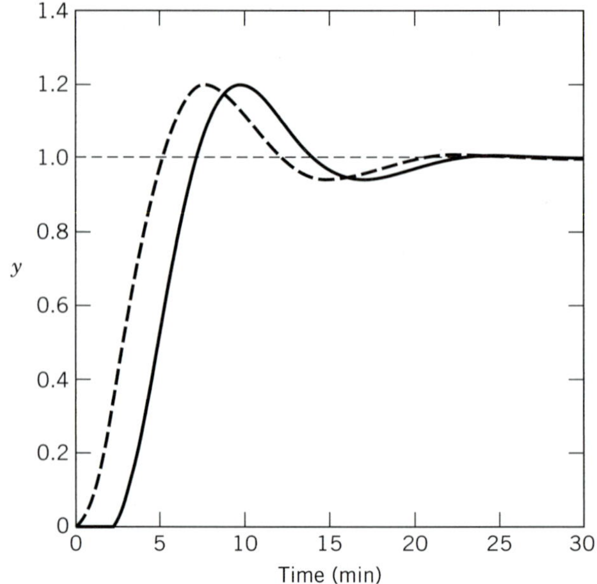

그림 16.9 θ = 2분인 Smith 예측기 및 PI 제어에 대한 닫힌 루프 설정값 변경(실선). 점선은 그림 16.7에서 θ = 0에 대한 응답이다.

는 프로세스 이득이 실제값의 ±30% 이내가 아닌 경우, Smith 예측기는 시간 지연 보상이 없는 PID 제어기보다 성능이 좋지 않다. 시간 지연이 크게 다를 경우, 만족스러운 성능을 얻기 위해 일종의 적응형 제어기를 사용해야 할 수 있다(16.6절 참조). 또는 Lee et al. (1999)와 Åström과 Hägglund (2006)는 Smith 예측기를 사용하여 PID 제어기에 대한 강건한 튜닝 절차를 제시했다.

Smith 예측기의 구성은 일반적으로 외란을 처리하는 데 유용하다. 그러나 특정 조건에서는 기존 PI 제어기가 Smith 예측기보다 더 나은 규제 제어를 제공할 수 있다. 이러한 다소 비정상적인 동작은 외란에 대한 닫힌 루프 전달함수와 완벽한 모델로 인한 것일 수 있다.

$$\frac{Y}{D} = \frac{G_d[1 + G_cG^*(1 - e^{-\theta s})]}{1 + G_cG^*} \tag{16-22}$$

식 16-22에서 Y/D의 분모와 식 16-20에서 Y/Y_{sp}의 분모는 동일하지만, 분자항은 형태가 상당히 다르다. 그림 16.10은 Smith 예측기가 있거나 혹은 없는 PI 제어기에 대한

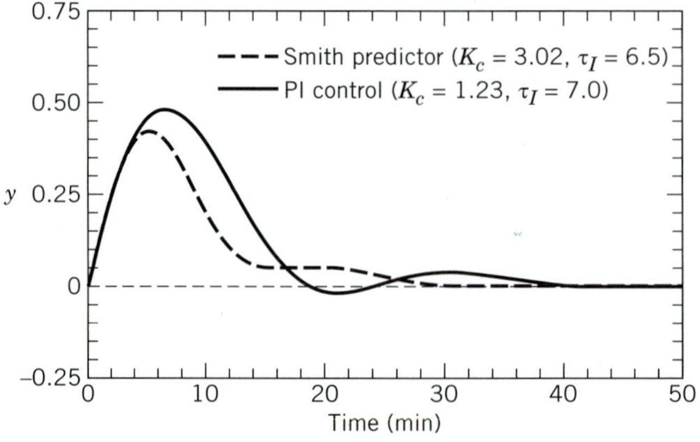

그림 16.10 Smith 예측기와 기존 PI 제어기의 외란 변화 비교.

예제 16.2(θ = 2)에 대한 외란 응답을 보여준다. Ingimundarson과 Hägglund(2002)는 단계 외란 및 FOPTD 프로세스의 경우, 적절하게 조정된 PID 제어기의 성능이 시간 지연 보상이 있는 PI 제어기와 비슷하거나 더 우수하다는 것을 보여준다. Smith 예측기를 수정하면 성능이 향상 될 수 있다(Kirtania 및 Choudhury, 2012).

G_d의 지배적인 시간 상수가 상대적으로 크면 IMC에 의해 설정값 변경을 위해 설계된 제어기는 예제 12.4에서 설명한 것처럼 외란 응답 속도를 높일 수 없다.

외란 및 설정값 변경을 모두 처리하기 위한 또 다른 제어 전략은 예측제어이며, 이는 프로세스 및 외란 전달함수인 G와 G_d를 기반으로 미래의 프로세스 동작 예측을 활용한다. 자세한 내용은 17장과 20장에서 다룬다.

16.3 추론 제어

일부 제어 어플리케이션에서는 제어할 프로세스 변수를 온라인으로 편하게 측정할 수 없다. 예를 들어, 제품의 조성 측정을 위해 때로는 샘플을 플랜트의 분석 실험실로 보내야 할 수 있다. 이 상황에서 제어 변수는 피드백 제어에 사용할 수 있을 만큼 자주 또는 신속하게 측정하기 어려울 수 있다.

이 문제에 대한 한 가지 해결책은 *추론 제어*를 사용하는 것이며, 여기서 프로세스의 측정은 제어 변수의 값을 추론하기 위해 소프트 센서라고도하는 수학적 모델과 함께 사용되어, 더 빠르게 얻을 수 있다. 예를 들어, 증류탑의 오버 헤드 제품 스트림을 온라인으로 분석 할 수 없는 경우, 선택한 트레이 온도를 측정하여 실제 조성을 추론할 수 있다. 이원 혼합물의 경우 Gibbs 상 규칙은 압력이 일정하고 기액 평형이 있는 경우 조성과 온도간에 고유한 관계가 있음을 나타낸다. 이 경우 열역학적 상태 방정식을 사용하여 트레이 온도에서 조성을 추론할 수 있다.

다른 한편으로, 다성분 혼합물의 분리를 위해서는 조성을 추정하는 근사 방법을 사용해야 한다. 공정 모델 및 플랜트 데이터를 기반으로, 무거운 주요 조성의 몰분율을 여러 트레이 온도(일반적으로 피드 트레이 위의 컬럼 상단 절반에 있음)와 연관되는 간단한 대수적 상관 관계를 구할 수 있다. 그런 다음 사용 가능한 온도 측정값으로부터 오버헤드 조성을 추론할 수 있고, 이는 제어 계산에 사용할 수 있다. 상관 관계의 매개 변수는, 필요한 경우 조성 측정이 가능해짐에 따라 업데이트 될 수 있다. 예를 들어, 샘플을 1시간에 한 번씩 플랜트의 분석 실험실로 보내면, 예측된 값이 측정된 값과 일치하도록 상관 매개 변수를 조정할 수 있다. 그림 16.11은 추론 제어기의 일반적인 구조를 보여준다.

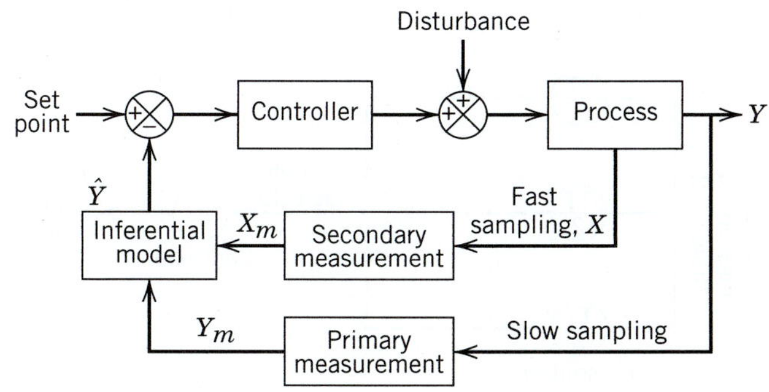

그림 16.11 추론 제어에 사용되는 소프트 센서의 블록선도.

X_m은 거의 연속적으로(빠른 샘플링) 사용할 수 있는 2차 측정이고, Y_m은 간헐적으로 덜 자주 얻는 1차 측정이다(예 : 오프라인 실험실 샘플 분석). X_m 또는 Y_m을 사용하여 $\hat{Y}$를 추론한 다음 설정값과 비교할 수 있다. 소프트 센서로 사용할 수 있는 비선형 모델의 한 유형은 신경망이다(7장 참조).

추론 모델은 축적된 X 및 Y 데이터를 분석하고 피팅하여 얻는다. Doyle(1998)이 분석한 것처럼 동적 선형 또는 비선형 모델(관찰자라고 함)도 추론 제어에 사용할 수 있다.

추론 제어의 개념은 화학 반응기와 같은 다른 공정 운전에 사용될 수 있으며, 조성은 일반적으로 제어 변수이다. 온라인으로 측정할 수 없는 경우, 특정 온도를 측정하여 배출구의 조성을 추정할 수 있다. 그러나 추론 제어가 만족스럽게 수행되지 않으면, 피드백 제어를 위한 다른 온라인 측정을 도입하는 인센티브가 있다. 결과적으로 온라인으로 사용할 수 있고, 응답 시간이 매우 짧은 새로운 프로세스 분석기와 같은 새로운 센서 개발이 필요하다.

16.4 선택 제어/오버라이드 시스템

대부분의 공정 제어 애플리케이션에는 동일한 수의 제어 변수와 조작 변수가 있다. 그러나 제어 변수보다 더 적은 수의 조작 변수를 사용할 수 있는 경우, 모든 제어 변수에서 임의의 외란 또는 설정값 변경에 대한 잔류편차를 제거할 수는 없다. 이는 정상 상태 모델의 자유도 분석에서도 분명히 나타난다(2장 및 13장 참조). 제어 변수보다 조작 변수가 적은 제어 문제의 경우, 제어 변수 중 조작 변수를 공유하기 위해 선택자가 사용된다.

16.4.1 선택자

*선택자*는 사용가능한 여러 측정 중에서 적절한 신호를 선택하기 위한 실용적인 솔루션이다. 선택자는 아래에 설명된대로 여러 측정 지점, 여러 최종 제어 요소 또는 여러 제어기를 기반으로 할 수 있다. 선택자는 제어시스템 성능을 개선하고 안전하지 않은 운전 조건으로부터 장치를 보호하는 데 사용된다. 계측 다이어그램에서 기호(>)는 높은 *선택자*를 나타내고 기호(<)는 낮은 *선택자*를 나타낸다.

하나의 선택자에서 출력 신호는 두 개 이상의 입력 신호 중 가장 높은(또는 가장 낮은) 신호이다. 이러한 접근 방식을 종종 *경매*라고 한다(Shinskey, 1996). 예를 들어, 그림 16.12와 같이 고정층 화학 반응기에서 *핫스팟* 온도를 결정하기 위해 높은 선택자를 사용할 수 있다. 이 반응기 사례에서 높은 선택자의 출력은 온도 제어기에 대한 입력이다. 발열 촉매 반응에서 공정은 반응기의 외란이나 변화로 인해 "급하게 변하게" 될 수

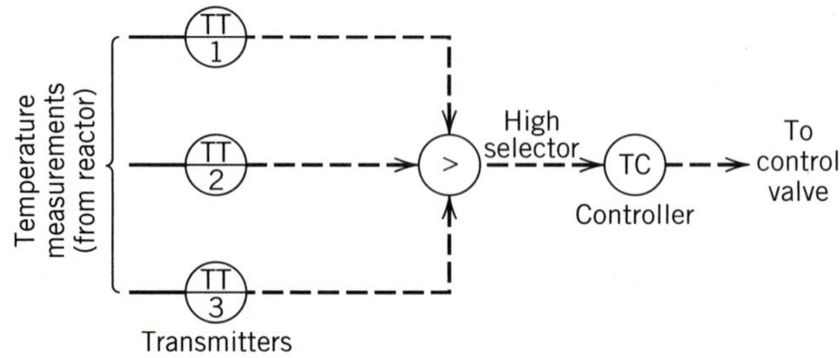

그림 16.12 높은 선택자를 사용하여 반응기 핫스팟 온도 제어.

있으며 위험한 온도 상승을 방지하기 위해 즉각적인 조치를 취해야한다. 핫스팟은 반응기의 여러 가능한 위치 중 한 곳에서 잠재적으로 발생될 수 있으므로 여러(중복) 지점을 측정해야 한다. 이 접근 방식은 반응기 층의 특정 지점에서 온도가 너무 높아진 시기를 식별하는 데 도움이 된다.

*중앙값 선택자*에서 선택자 출력은 세 개 이상의 입력 신호의 중앙값이다. 이러한 장치는 중복된 센서를 사용해서 단일 프로세스 변수를 측정하는 상황에 유용하다. 중앙값을 선택하면 단일 센서 오차로 인해 의미있는 피드백 신호가 손실되지 않으므로 신뢰성이 향상된다.

프로세스 변수에 대해 상한 또는 하한을 사용하는 것은 오버라이드라고 하는 또 다른 유형의 선택적 제어를 나타낸다. 여기서 두번째 제어기는 첫번째 제어기를 "무시"하거나 첫번째 제어결과를 취할 수 있다. 이것은 공정의 긴급 중단에 사용되는 인터록보다 덜 극단적인 조치이다(10장 참조). 피드백 제어기(8장 참조)의 리셋 방지 와인드업 기능은 오버라이드의 한 유형이다. 또 다른 예는 컬럼 리보일러에 입력되는 열에 대해 하한 및 상한이 있는 증류탑이다. 최소 수준의 열은 트레이에 적절한 액체량를 보장하는 반면, 상한은 플로딩의 시작을 방지하기 위해 존재한다(Buckley et al., 1985; Shinskey, 1996). 오버라이드는 또한 강제 통풍 연소 제어시스템에서 공기흐름과 연료흐름 사이의 불균형을 방지하기 위해 종종 사용되는데, 이러한 불균형은 안전하지 않은 운전 조건을 초래할 수 있다. 오버라이드의 다른 응용사례는 Smith and Corripio (2006)를 참조하라.

다른 유형의 선택적 시스템은 여러 개의 최종 제어 요소 또는 여러 제어기를 사용한다. 예를 들어, *분할 범위 제어*에서 여러 조작 변수를 사용하여 단일 제어 변수를 제어한다. 전형적인 예는 반응기 압력을 제어하기 위해 화학 반응기에서 유입 및 유출을 모두 조정하거나 폐수 처리에서 pH를 제어하기 위해 산과 염기를 모두 사용하는 것이다. 또 다른 예는 반응기 온도를 정확하게 조절하기 위해 가열과 냉각이 모두 사용되는 반응기 제어 사례이다. 그림 16.13은 그림 16.3의 제어 루프를 수정하여 단일 제어기와 2개의 제어밸브를 사용하여 가열 및 냉각을 모두 가능하게 하는 방법을 보여준다. 이 분할 범위

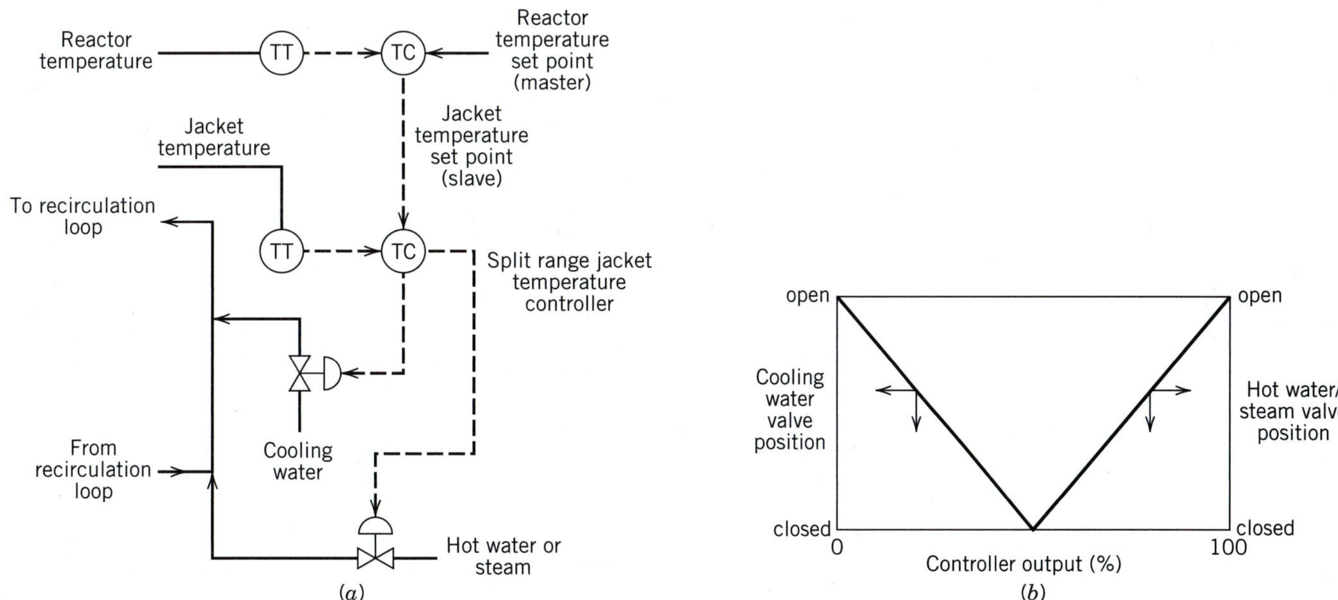

그림 16.13 분할 범위 제어: (*a*) 제어 루프 구성, (*b*) 밸브 위치–제어기 출력 관계.

제어는 그림 16.13*b*에 표시된 제어기의 입력–출력 관계를 사용하여 수행된다.

반응기 온도 제어를 위한 다른 방법으로 가열과 냉각이 모두 필요하거나, 중앙 온도가 조절 될 때 적용될 수 있다. 물리적 프로세스는 그림 16.13과 같은 방식으로 구성되지만 제어기 출력은 밸브에 매핑되어 두 밸브가 항상 활성화된다. 즉, 냉매와 열매는 항상 열교환 장치를 통해 흐르고 있다. 그러나 두 밸브의 크기와 특성이 동일해야 하는 것은 아니다. 또한 이 방식에서 열 제거 능력은 밸브 선택에 관계없이 제어기 출력에 대해 다소 선형적이라는 점에 유의해야 한다.

*제약 제어*는 제어 변수를 제약 또는 제한값 근처에 유지하기 위한 또 다른 유형의 선택자 또는 오버라이드이다. 19장에서는 제약이 운전조건 선택에 어떤 영향을 미치는지, 그리고 많은 경우 제약 경계 근처에서 운전해야 하는 이유를 설명한다. Riggs (1998)는 이중 조성 제어 기능이 있는 증류탑에 대해 제약 제어 적용사례를 설명했는데, 여기서 리보일러 열량 Q_R이 x_B의 하부의 조성을 제어하고 환류 흐름 R이 오버 헤드의 조성 x_D를 제어하게 된다. 리보일러는 증기 유량 제어밸브가 완전히 열리면 상한으로 제한된다. 몇 가지 비정상적인 상황이 발생할 수 있다. (1) 증류탑 압력이 증가하거나, (2) 열전달 표면이 더러워지거나 (3) 증류탑의 인입유량이 증가할 수 있다. 리보일러 열량이 상한에 도달하면 더 이상 하부조성을 제어할 수 없으므로 제약 제어는 하나의 조성(더 가치있는 제품)이 환류 비율로 제어되도록 하고 다른 제품의 조성은 제어되지 않은 상태로 되게 한다("float"). 증류탑이 정상 운전으로 되돌아왔는지를 결정하기 위해 컴퓨터 제어 논리를 추가해야하며, 따라서 제약 제어를 비활성화해야 한다.

그림 16.14에 표시된 선택적 제어시스템은 모래 / 물 슬러리용 펌핑 시스템에서 레벨 및 배출 유량을 조절하는 데 사용된다. 정상 작동 중에 레벨 제어기(LC)는 펌프 속도를 변경하여 슬러리 배출 흐름을 조정한다. 슬러리의 연마 특성으로 인해 제어밸브 대신 가변 속도 펌프가 사용된다. 출구 라인의 슬러리 속도는 라인이 샌딩되는 것을 방지하기 위해 항상 최솟값 이상으로 유지되어야 한다. 결과적으로 선택적 제어시스템은 유량이 하한에 가까워지면 유량 제어기가 레벨 제어기를 대신하여 펌프 속도를 높이도록 설계된다. 이 전략은 높은 선택자와 높은 이득을 가진 역작용 유량 제어기를 사용하여 그림 16.14에서 구현된다. 유량 제어기의 설정값과 이득은 측정된 유량이 제약 조건에 가까울

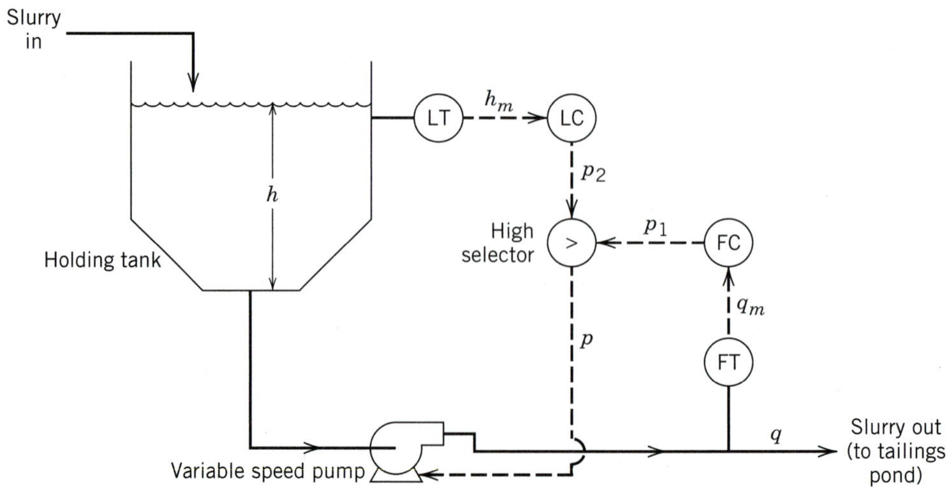

그림 16.14 모래/물 슬러리를 처리하기위한 선택적 제어시스템.

때 제어기 출력이 최댓값이 되도록 선택된다. 일반적으로 두 번째 루프(펌프 흐름)는 첫 번째 루프(레벨)보다 빠르며 PI 제어를 사용한다(리셋 와인드업 보호가 필요하지만). 엄격한 레벨 제어가 필요하지 않기 때문에 느린 루프(액체 레벨)에서 비례 제어를 사용할 수 있다.

그림 16.14에 대한 한 가지 대안은 레벨 및 유량 송신기 신호를 높은 선택자에 대한 입력으로 사용하는 단일 제어기를 사용하고 출력 신호를 제어기로 보내는 것이다. 그러면 제어기 출력이 펌프 속도를 조정한다. 이러한 방식은 하나의 제어기만 필요하기 때문에 더 간단하다. 그러나 중요한 운전상의 단점이 있다. 즉, 레벨 및 흐름 제어 루프의 요구 사항을 모두 충족하도록 단일 제어기를 조정하는 것이 불가능할 수 있다. 일반적으로 이러한 제어 루프와 해당 송신기는 매우 다른 동적 특성을 갖는다. 두 번째 대안은 유량 송출기와 제어기를 높은 선택자에 대해 상수(오버라이드) 신호로 교체하는 것이고, 이 값은 최소한으로 허용되는 유량값을 사용한다. 그러나 이 방식은 펌프의 특성이 변하는 것에 쉽게 영향을 받는다.

16.5 비선형 제어시스템

대부분의 물리적 프로세스는 어느 정도 비선형 거동을 보인다. 그러나 기존 PID 제어와 같은 선형 제어 기술은 (1) 비선형성이 다소 작거나 (2) 매우 비선형적인 프로세스가 좁은 범위의 조건에서 작동하는 경우 여전히 매우 효과적이다. 매우 비선형적인 일부 공정의 경우 두 번째 조건이 충족되지 않으므로, 결과적으로 선형 제어 전략이 적절하지 않을 수 있다. 이러한 상황에서 비선형 제어 전략은 PID 제어에 비해 상당한 개선된 성능을 보일 수 있다. 이 섹션에서는 업계에 적용된 몇 가지 전통적인 비선형 제어 전략을 다룬다. 새로운 모델 기반 기술은 Henson과 Seborg (1997) 및 Doyle et al. (2015)에 의해 설명된다.

세 가지 유형의 비선형 제어 전략은 기본적으로 단일 루프 피드백 제어가 개선된 것이다.

1. 표준 PID 제어 알고리즘의 비선형 수정
2. 입력 또는 출력 변수의 비선형 변환
3. *이득 스케줄링*과 같은 제어기 매개 *변수* 스케줄링

Shinskey (1994)와 Bequette (1998)는 이러한 방법과 관련 기술에 대해 효과적으로 정리하였다. 이 장의 앞부분에서 고려한, 다른 향상된 단일 루프 제어 전략, 즉 추론 제어, 선택자 및 적응 제어도 역시 비선형 제어 전략으로 분류할 수 있다.

방법 1의 사례로 제어기 이득을 제어 오차의 함수로 만들어서 표준 PID 제어식을 수정할 수 있다. 예를 들어, 제어기 이득을 오차 신호의 절대값과 선형적으로 변화시키면서 제어기 이득을 큰 오차의 경우 더 높고, 작은 오차의 경우 더 작게 할 수 있다.

$$K_c = K_{c0}(1 + a|e(t)|) \tag{16-23}$$

여기서 K_{c0}과 a는 상수이다. 이 제어기는 제어기 출력이 $|e(t)|e(t)$에 비례하기 때문에 *오차 제곱 제어기*라고도 한다. 오차 제곱 제어기는, 레벨이 상한 또는 하한에 가까워 질 때 더 강력한 조치를 취해야 하는 서지 용기의 레벨 제어에 사용된다. 그러나 오차 신호에 노이즈가 있을 때는 주의해야 한다(Shinskey, 1994).

방법 2의 설계 목표는 닫힌 루프 연산을 가능한 선형으로 만드는 것이다. 이 방법이 성공적일 경우, 이 일반적인 접근 방식을 사용하면 보다 넓은 범위의 운전 조건에서, 보다 예측 가능한 방식으로 프로세스를 제어할 수 있다. 한 가지 접근 방식은 입력 또는 출력 변수의 간단한 선형 변환을 사용한다. 일반적인 응용 분야로, 생산물 조성의 로그를 취하여 고순도 증류탑의 제어 변수로 사용하거나 혼합 공정에서 공급물의 유량 비율을 조정하는 것이 포함된다. 이 접근 방식의 주요 한계점은 적절한 변수 변환이 적용사례에 따라 다르기 때문에 일반화하기 어렵다는 것이다.

증류탑 제어에서 로그 변환을 사용하여 오차 신호를 선형화하여 제어기가 더 잘 조정되도록 조절하는 데 성공했다. 예를 들어, 변환된 조성 변수 x_D^*는 산업 응용 분야에서 사용되었다(Skogestad, 2007) :

$$x_D^* = \log \frac{1 - x_D}{1 - x_{Dsp}} \tag{16-24}$$

여기서 x_{Dsp}는 원하는 x_D 값이다. 그러나 이 방법은 모든 경우에 잘 작동하지는 않을 수 있다. 또다른 선형화 함수를 사용하여 유동 시스템에서 관찰된 비선형 동작을 처리할 수 있다. 제어밸브와 직렬로 연결된 파이프 저항이 있는 경우, 스템 위치 l과 유량 사이에 비선형 이득이 발생한다. 이 경우, *밸브 특성화*라고 하는 비선형 함수를 사용하여 제어기 출력 p를 변환할 수 있다.

$$f(p) = \frac{p}{L + (1 - l)p} \tag{16-25}$$

여기서 L은 비선형성의 모양을 맞추는 데 사용되는 매개 변수이다. Shinskey (1994)는 이 접근 방식과 관련된 제어 전략을 연구했다.

방법 3에서, *제어기 매개 변수 스케줄링*에서 하나 이상의 제어기 설정은 스케줄링 변수의 측정값에 따라 자동으로 조정된다. 제어기 이득 조정, *이득 스케줄링*이 가장 일반적인 방법이다. 스케줄링 변수는 일반적으로 제어 변수 또는 설정값이지만 조작 변수 또는 기타 측정 변수일 수 있다. 일반적으로 많은 산업 공정에서 정상 상태 이득이 변하므로, 상대적으로 일정한 동역학(예: pH중화)을 나타내기 때문에 일반적으로 제어기 이득만 조정된다.

스케줄링 변수는 일반적으로 조작 변수와 같이 빠르게 변경되는 변수가 아니라, 제어 변수와 같이 느리게 변경되는 프로세스 변수이다. 매개 변수–스케줄링 제어를 개발할 때에는, 스케줄링 변수의 변경에 따라 제어기 설정을 조정하는 방법을 결정해야 한다(Romagnoli and Palazoglu, 2006). 일반적인 3가지의 전략은 다음과 같다.

(a) 제어기 매개 변수는 스케줄링 변수에 따라 지속적으로 변경된다.
(b) 하나 혹은 그 이상의 스케줄링 변수는 프로세스 특성이 상당히 다른 영역으로 나뉜다. 각 영역에 다른 제어기 설정을 할당할 수 있다.
(c) 현재 제어기 설정은 스케줄링 변수값과 다른 영역에 대한 설정의 내삽을 기반으로 한다. 따라서 방법 (**c**)는 방법 (**a**)와 (**b**)의 조합이다. 이는 16.5.2절의 주제인 퍼지 로직 제어와 유사하다.

(**a**) 방법은 다음 섹션에 설명되어 있다. (**b**)와 (**c**) 방법은 여러가지 방식으로 구현될 수

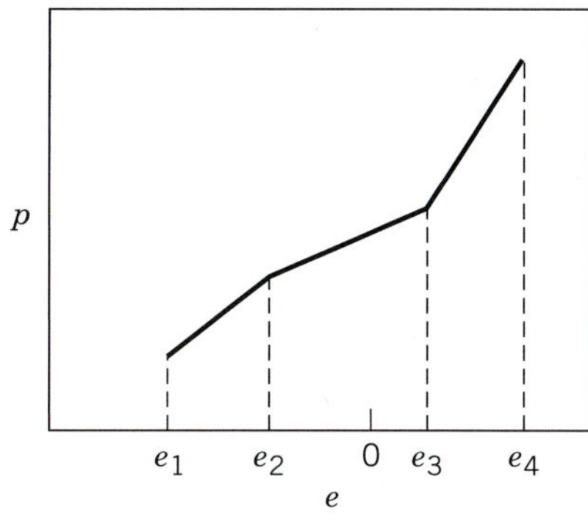

그림 16.15 부분적 상수인 제어기 이득이 있는 이득-스케줄링된 비례 제어기.

있다. 예를 들어 각 영역에 대해 제어기 설정의 다른 값들을 저장할 수 있다(예: *표 조회* 방식). 그런 후, 스케줄링 변수가 새 영역에 들어갈 때마다 제어기 설정이 전환된다. 또는 각 영역에 대해 동적 모델을 개발하고, 각 모델에 대해 설계된 다른 제어기를 개발할 수 있다(Bequette, 1998).

16.5.1 이득 스케줄링

가장 널리 사용되는 제어기 매개 변수 스케줄링 유형은 *이득 스케줄링*이다. 간단한 버전으로는 단일 스케줄링 변수인 오차 신호 e에 따라 달라지는 부분적 상수 제어기 이득이 있다.

$$
\begin{aligned}
K_c &= K_{c1} \quad \text{for} \quad e_1 \le e < e_2 \\
K_c &= K_{c2} \quad \text{for} \quad e_2 \le e < e_3 \\
K_c &= K_{c3} \quad \text{for} \quad e_3 \le e \le e_4
\end{aligned}
\tag{16-26}
$$

이러한 이득 스케줄링 방식은 그림 16.15에 나와 있으며, 3개 이상의 영역으로 쉽게 확장할 수 있다. 특별한 경우인 *오차 간격 제어기*는 $e = 0$ 주변의 데드 밴드를 포함한다. 이 경우, $e_2 \le e < e_3$ 인 경우 $K_c = 0$이고, 이 영역 외부의 $K_c \neq 0$이다. 식 16-23의 비선형 이득 표현식은 이득 스케줄링의 또 다른 예시이다.

다음으로 이전 섹션의 방법 1의 예시를 생각해보자. 제어기 설정과 스케줄링 변수 사이의 관계를 구할 수 있다. 이 전략을 *프로그램된 적응*이라고도 한다(Lipták, 2006; Shinskey, 1996).

프로그래밍된 적응은 공정 동역학이 알려진, 그리고 측정 가능한 변수에 의존하며, 필요한 제어기의 조정이 너무 복잡하지 않은 사례로 제한된다. 프로그래밍된 적응의 예로서 일회(once-through) 보일러를 생각해보자(Lipták, 2006). 여기서 공급되는 물은 과열된 증기로 생성되기 전에 일련의 가열된 튜브 섹션을 통과한다. 물을 데우는 데 사용되는 뜨거운 가스의 유량을 조절하여 증기 온도를 정확하게 제어해야 한다. 급수 유량은 보일러의 정상 상태 및 동적거동 모두에 중요한 영향을 미친다. 예를 들어, 그림 16.16은 두 가지 다른 급수 유량(최대 유량의 50% 및 100%)에서 제어기 출력의 단계 변화에 대한 일반적인 열린 루프 응답을 보여준다. 프로세스를 근사화하기 위해 경험적 FOPTD 모델이 선택되었다고 가정해보자. 정상 상태 이득, 시간 지연 그리고 주요 시간 상수는

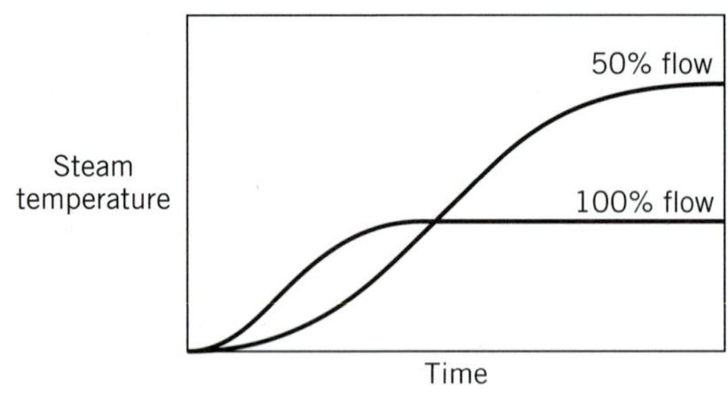

그림 16.16 관류 보일러에 대한 열린 루프 단계 응답.

모두 해당값이 100% 흐름에 있는 것보다 50% 흐름에서 두 배이다. 이 제어 문제에 대한 Lipták의 제안 된 솔루션은 PID 제어기 설정을 다음과 같은 방식으로 전체 규모 흐름의 비율($0 \leq w \leq 1$)인 w로 변경하는 것이다.

$$\begin{aligned} K_c &= w\overline{K}_c \\ \tau_I &= \overline{\tau}_I / w \\ \tau_D &= \overline{\tau}_D / w \end{aligned} \tag{16-27}$$

여기서 $\overline{K}_c$, τ_I 및 τ_D는 100% 유량에 대한 제어기 설정이다. 프로그래밍된 적응에 대한 이 권장 사항은 12장의 제어기 조정 규칙과 질적으로 일치한다. 식 16-27에서 권장하는 설정방법은, 유량 변화의 영향이 전체 운전 범위에 걸쳐 유량과 선형적으로 관련되어 있다는 가정을 기반으로 한다.

이 예시에서 단계 응답을 사용하여 두 가지 다른 조건에 대한 프로세스 동작을 분류할 수 있다. 다른 적용사례는 이러한 테스트 데이터를 사용할 수 없지만, 프로세스 비선형성에 대한 지식이 있을 수 있다. 강산 및 강염기와 관련된 pH 제어 문제의 경우, pH 곡선은 매우 비선형적일 수 있으며 몇 배에 걸친 이득 변동이 있을 수 있다. 공정 이득이 운전 조건에 따라 크게 변경되는 경우, 적절한 이득 스케줄링 전략은 제어기와 공정 이득의 곱을 일정하게 유지하는 것이다($K_cK_p = C$). 여기서 C는 지정된 상수이다. 이 전략은 원하는 이득 마진을 유지하는 데 도움이 된다(14장 참조). 이러한 이득 스케줄링 전략은 다음과 같이 구현할 수 있다. pH가 스케줄링 변수로 사용되고 K_p와 pH를 연관시키는 경험식을 사용할 수 있다고 가정하자. 그러면 K_p의 현재값은 pH 측정으로부터 계산될 수 있으며, K_c는 $K_c = C/K_p$로 결정될 수 있다.

또다른 대표적인 비선형성은 그림 16.17의 단계 응답으로 설명되며, 여기서 프로세스 이득 K_p는 입력 신호인 u, 즉 $K_p(u)$에 따라 달라진다. 입력 크기가 $u = 0.5$에서 $u = 1.0$으로 증가하면 프로세스 이득이 두 배가 된다. 공정 동역학은 u의 크기와 무관하기 때문에, 동적 거동은 u에 따라 달라지는 이득이 있는 FOPTD 모델로 근사된다.

$$\tau \frac{dy}{dt} = -y + K_p(u)u(t-\theta) \tag{16-28}$$

예를 들어 $K_p(u)$가 2차 다항식이라고 가정해보자.

$$K_p(u) = a_0 + a_1 u + a_2 u^2 \tag{16-29}$$

식 16-29는 7장의 매개변수 추정 방법을 사용하여 u 및 y의 정상 상태 값에 대한 K_p 값

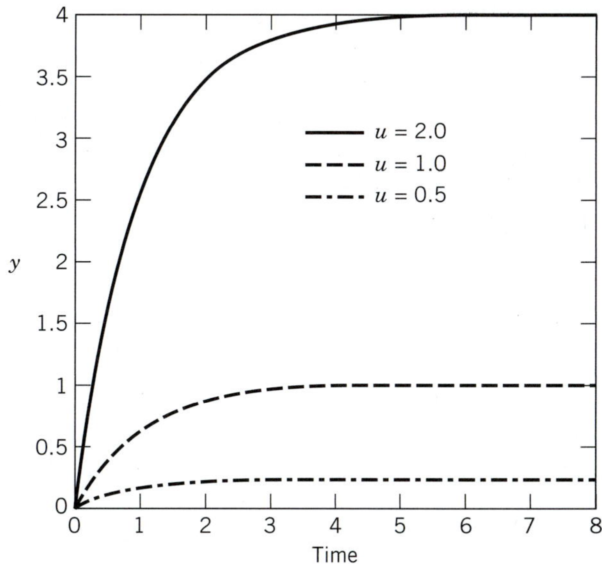

그림 16.17 다양한 입력 크기에 대한 비선형 모델의 단계 응답.

의 회귀를 통해 얻을 수 있다. 상수인 매개 변수 $Y(s)/U(s)$를 가진 전달함수는 선형 시스템이 아니기 때문에 식 16-28, 16-29의 동적 모델에 대해 유도될 수 없다. 그러나 이 프로세스를 위한 PID 제어기(이득 스케줄링 포함)를 설계하는 것은 매우 간단하다. 명목 이득이 $u = 0$ 일 때 $K_{p0} = a_0$이라고 가정하자. 그러면, K_c, τ_I 및 τ_D의 값은 주어진 K_{p0}, τ 및 θ 값에 대해 12장의 튜닝 규칙을 사용하여 결정될 수 있다. u가 변함에 따라, 만족스러운 이득 마진을 유지하기 위해 $K_p(u)$와 $K_c(u)$의 곱을 일정하게 유지하는 것이 바람직하다. 따라서 $K_c(u)K_p(u) = K_{c0}K_{p0}$으로 지정하고, 여기서 K_{c0}은 K_{p0}에 대한 명목상 제어기 이득이다. 현재의 u에 대한 제어기 이득은 $K_c(u) = K_{c0}K_{p0}/K_p(u)$로 계산할 수 있다. K_p가 u가 아닌 y의 함수인 경우에도 유사한 관계를 구성할 수 있다.

16.5.2 퍼지 로직 제어

엔지니어는 일반적으로 온도 78 °C 또는 유속 10 L/min과 같은 정량적 방식으로 물리적 변수를 해석한다. 그러나 정성적인 정보는 엔지니어링과 일상 생활 모두에서 매우 유용할 수 있다. 예를 들어, 샤워를 하는 사람은 수온이 너무 뜨겁거나 너무 차갑거나 적절한지 알고 있다. 이 경우 정확한 온도 측정은 필요하지 않다. 또한 이러한 정성적 정보는 피드백 제어에 유리하게 사용될 수 있다. 예를 들어, 샤워 온도가 너무 낮고 유량이 너무 낮으면 온수 유량이 증가한다. 공정 산업에서 숙련된 플랜트 운전자는 이러한 품질 변수의 온라인 측정을 사용할 수 없을 때 관찰된 색상 또는 고체 재료의 균일성과 같은 정성적인 정보를 기반으로 제어 조치를 취하는 경우가 있다.

퍼지 로직 제어(FLC)는 정성적 정보와 if-then 형식의 언어 또는 언어 규칙을 활용하는 피드백 제어 기술이다(Babuška and Verbruggen, 1996; Rhinehart et al., 1996; Passino and Yurkovich, 1998; Jantzen, 2007). 제어 법칙을 도출하기 위해 FLC는 퍼지 집합 이론, 규칙 집합 및 퍼지 추론 시스템을 사용한다.

FLC는 세탁기, 진공 청소기, 자동차, 배터리 충전기, 에어컨 시스템 및 카메라 자동 초점과 같은 소비자 제품에 사용되어 왔다. 또한 가열로 온도 제어, 풍력 에너지, 동력

시스템 안정성, 생물학적 공정, 제트 엔진 연료 시스템, 로봇 제어, 건조기 제어 및 레벨 제어와 같은 산업 제어 문제에도 적용되었다(Blevins et al., 2013).

퍼지 세트

실내 온도 T를 세 가지 가능한 분류인 Hot, OK 또는 Cold로 정성 변수로 간주한다. 가능한 분류 체계는 다음과 같다.

Hot: $T > 24$ °C 인 경우
OK: 18 °C < T < 24 °C인 경우
Cold: $T < 18$ °C인 경우

그러나 이렇게 클래스를 나누는 것은 임의적이며 다소 부적절하다. 예를 들어 23.5 °C의 온도를 OK로, 24.5 °C를 Hot으로 분류하고 싶은가? 더 적절한 분류 체계는 *퍼지 집합*을 사용한다. *퍼지 추론 시스템*은 퍼지 온도 분류에 적합한 규칙을 결정한다.

16.6 적응 제어시스템

공정 제어 문제는 필연적으로 만족스러운 제어수준을 달성하기 위해 제어기 설정의 온라인 튜닝이 필요하다. 공정 운전 조건이나 환경이 크게 변경되면, 제어기를 다시 튜닝해야 한다. 이러한 변화가 자주 발생하면 적응 제어 기술을 고려해야한다. *적응 제어시스템*은 변화하는 공정 조건을 보상하기 위해 제어기의 매개 변수가 자동으로 조정되는 시스템이다. 이전 절에서 논의된 이득 스케줄링 접근 방식에 적합한 상황과 대조적으로, 프로세스 변화가 거의 알려지지 않거나 예측할 수 없는 상황에 대해 많은 적응 제어 기술이 제안되었다. 이 절에서는 주로 피드백 제어기 설정의 자동 조정에 대해 설명한다.

1. 장치 특성의 변화(예 : 열교환기 오염, 촉매 비활성화)
2. 실패, 운전시작, 운전종료 또는 회분식 운전과 같은 일반적이지 않은 운전 상태
3. 크고 빈번한 외란(원료의 조성, 연료의 품질 등)
4. 주변의 변화(비와 폭풍, 일일주기 등)
5. 제품 사양의 변경(등급 변경) 또는 제품 유량의 변경
6. 고유한 비선형 거동(예: 온도에 대한 화학 반응 속도의 의존성)

프로세스 변경을 직접 예측하거나 측정할 수 있고, 프로세스를 합리적으로 잘 이해할 수 있는 상황에서는 이전 섹션에서 논의한 이득 스케줄링 접근법(또는 프로그래밍된 적응)을 사용할 수 있다. 프로세스 변경을 측정하거나 예측할 수 없는 경우에는 적응 제어 전략을 피드백 방식으로 구현해야 한다. 그 이유는 프로그래밍된 적응과 같은 피드포워드 유형의 전략을 사용하기 어렵기 때문이다. 이러한 제어기를 *자체-튜닝 제어기* 또는 *자체-적응 제어기*라고 한다(Åström and Wittenmark, 1995; Lipták, 2006; Blevins et al., 2013).

자체-튜닝 제어에서는 새로운 데이터가 수집될 때(온라인 추정 방법을 사용하여) 프로세스 모델의 매개 변수가 업데이트되고, 제어 계산은 업데이트된 모델을 기반으로 한다. 예를 들어, 제어기 설정은 모델 매개 변수의 함수로 표현될 수 있으며, 이러한 매개

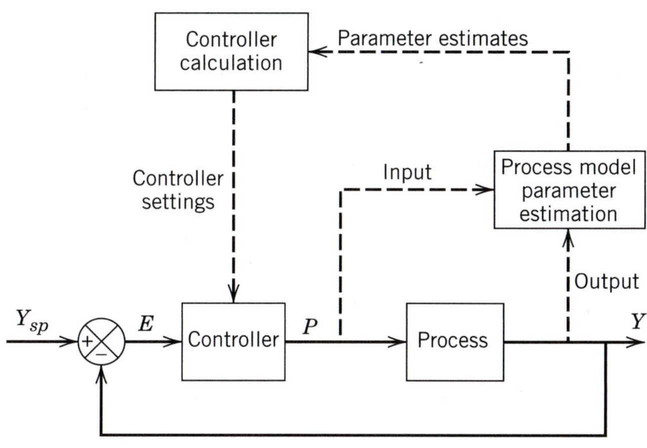

그림 16.18 자체-조정 제어를 위한 블록선도.

변수의 추정치는 프로세스의 입력/출력 데이터가 수신될 때 온라인으로 업데이트 된다. 자체-튜닝 제어기는 일반적으로 그림 16.18과 같이 구현된다(Åström 및 Wittenmark, 1995; Åström 및 Hägglund, 2006; Corripio 및 Newell, 2015).

그림 16.18에서 나타나듯이, 모델 매개변수 추정, 제어기 설정 계산 및 피드백 루프에서의 제어기 출력 계산은 세 가지 계산 세트가 사용된다. 대부분의 실시간 매개변수 추정 기술은 모델 매개변수의 정확한 추정을 위해 때때로 외부 강제 신호를 도입해야 한다(Hang et al., 1993). 이러한 섭동 신호는 설정값을 통해 의도적으로 도입되거나 제어기 출력에 추가될 수 있다.

외란이나 설정값이 변경되는 동안, 프로세스 응답을 예측된 모델 응답과 비교하고, 그 후 예측 오차를 기반으로 모델을 업데이트 할 수 있다. 다양한 운전 조건에 따라 변경되는 모델을 다루는 한 가지 접근 방식은, *다중 모델 적응 제어*(Narendra et al., 1995; Schott and Bequette, 1997)이며, 여기에서 일련의 모델과 해당 제어기가 사용된다. 가중치 함수가 프로세스 입력-출력 거동에 가장 적합한 모델 조합을 선택하는 데 사용된다. 이 기법은 약물 주입 제어를 포함한 다양한 응용 분야에서 사용된다(Schott and Bequette, 1997).

자체-튜닝 제어 방식의 두 가지 장점은 그림 16.18에서의 모델이 낮은 차수의 선형 전달함수 또는 차이 방정식에 제한되지 않고, 제어기가 PID 제어기 구조를 가질 필요가 없다는 것이다. 모델 구조는 본질적으로 다중 변수일 수 있으며, 인공 신경망과 같은 비선형 모델링 요소를 포함할 수도 있다.

적응 제어의 주제는 계속해서 많은 관심을 받고 있다. 1970년대 초부터 많은 새롭고 개선된 알고리즘이 제안되었으며, 1980년대에 도입된 많은 상용화 알고리즘들이 현재 사용되고 있다(Åström and Hägglund, 2006; Corripio and Newell, 2015). 그러나 적응 제어는 산업 응용 분야에서 널리 사용되기보다는 틈새 응용 분야인 경향이 있다. 또한 적응 제어기를 사용하면 운전이 불안정하거나 안전하지 않은 운전 조건이 발생할 수 있다는 우려가 있다. 미래에는 알고리즘이 향상되고 공정 지식이 증가함에 따라 특정 형태의 적응 제어을 사용하는 제어 기술이 더 보편화될 것으로 예상된다.

요약

이 장에서는 기존의 단일 루프 PID 제어기로 달성할 수 있는 것보다 더 향상된 성능을 제공하는 여러가지 제어 전략을 제시했다. 이러한 기술은 측정되지 않은 공정 변수 및 외란, 장시간 지연, 공정 제약, 변화하는 운전 조건, 공정 비선형성 및 불확실성과 같은 어려운 제어 문제에 특히 적용가능하다. 이러한 모든 특성은 여기에 설명된 하나 이상의 고급 피드백 제어 기술인 캐스케이드 제어, 시간 지연 보상, 추론 제어, 선택 제어, 비선형 제어 및 적응 제어로 처리할 수 있다. 피드포워드 제어(15장), 디지털 제어(17장), 다변수 제어(18장) 및 모델예측제어(20장)는 여기에서 다루는 방법을 보다 전문적으로 보강한다.

참고문헌

Åström, K. J., and B. Wittenmark, *Adaptive Control Systems*, 2nd ed., Addison-Wesley, Reading, MA, 1995.

Åström, K. J., and P. R. Kumar, Control: A Perspective, *Automatica*, **50**,3 (2014).

Åström, K. J., and T. Hägglund, *Advanced PID Control*, International Society of Automation, Research Triangle Park, NC, 2006.

Babuška, R., and H. B. Verbruggen, An Overview of Fuzzy Modeling for Control, *Control Engineering Practice*, **4** (11), 1593 (1996).

Bequette, B. W., *Practical Approaches to Nonlinear Control: A Review of Process Applications*, in Nonlinear Model-based Process Control, NATO ASI Series E, Vol. **353**, R. Berber and C. Kravaris (Eds.), Kluwer, Dordrecht, 1998, pp. 3 – 32.

Blevins, T., W. K. Wojsznis, and M. Nixon, *Advanced Control Foundation: Tools Techniques and Applications*, International Society of Automation, Research Triangle Park, NC, 2013.

Bozzuto, C. (Ed.), *Clean Combustion Technologies*, 5th ed., Allstom, Windsor, CT, 2009.

Brosilow, C., and B. Joseph, *Techniques of Model-Based Control*, Prentice Hall, Upper Saddle River, NJ, 2002.

Buckley, P. S., W. L. Luyben, and J. P. Shunta, *Design of Distillation Column Control Systems*, ISA, Research Triangle Park, NC, 1985.

Corripio, A., and M. Newell, *Tuning of Industrial Control Systems*, 3rd ed., ISA, Research Triangle Park, NC, 2015.

Daoutidis, P., and D. Bartusiak, Special Issue: CPC VIII, *Computers and Chemical Engineering*, **51**, 1 – 133 (2013).

Doyle, F. J., Nonlinear Inferential Control, *J. Process Control*, **8**, 339 (1998).

Doyle, F. J. III, R. K. Pearson, and B. A. Ogunnaike, *Identification and Control Using Volterra Models*, Springer, New York, 2015.

Hang, C. C., T. H. Lee, and W. K. Ho, *Adaptive Control*, ISA, Research Triangle Park, NC, 1993.

Henson, M. A., and T. A. Badgwell (Eds.), Chemical Process Control, **7**, *Comput. Chem. Eng.*, **30**, 1425 (2006).

Henson, M. A., and D. E. Seborg (Eds.), *Nonlinear Process Control*, Prentice-Hall, Upper Saddle River, NJ, 1997.

Ingimundarson, I., and T. Hägglund, Performance Comparison Between PID and Dead-Time Compensating Controllers, *J. Process Control*, **12**, 887 (2002).

Jantzen, J., *Foundations of Fuzzy Control*, John Wiley and Sons, Hoboken, NJ, 2007.

Kirtania, K., and M. S. Choudhury, A Novel Dead Time Compensator for Stable Processes with Long Dead Times, *J. Process Control*, **22**, 612 – 625 (2012).

Lee D., M. Lee, S. Sung, and I. Lee, Robust PID Tuning for Smith Predictor in the Presence of Model Uncertainty, *J. Process Control*, **9**, 79 (1999).

Lee, Y., S. Park, and M. Lee, PID Controller Tuning to Obtain Desired Closed-Loop Responses for Cascade Control Systems, *IEC Research*, **37**, 1859 (1998).

Lipták, B. G., *Instrument Engineers Handbook*, 4th ed., *Process Control and Optimization*, CRC Press, Boca Raton, FL, 2006.

Morari, M., and E. Zafiriou, *Robust Process Control*, Prentice Hall, Englewood Cliffs, NJ, 1989.

Narendra, K. S., J. Balakrishnan, and M. K. Ciliz, Adaptation and Learning Having Multiple Models, Switching and Tuning, *IEEE Control Systems*, **15** (3), 37 (1995).

Passino, K. M., and S. Yurkovich, *Fuzzy Control*, Addison-Wesley, Reading, MA, 1998.

Rawlings, J. B., B. A. Ogunnaike, and J. W. Eaton (Eds.), *Chemical Process Control VI, AIChE Symp. Ser.*, **97**, No. 326, 2002.

Rhinehart, R. R., H. H. Li, and P. Murugan, Improve Process Control Using Fuzzy Logic, *Chem. Eng. Progress*, **92** (11), 60 (1996).

Riggs, J. B., Improve Distillation Column Control, *Chem. Eng. Prog.*, **94** (10), 31 (1998).

Romagnoli, J. A., and A. Palazoglu, *Introduction to Process Control*, Taylor and Francis, Boca Raton, FL, 2006.

Schott, K. D., and B. W. Bequette, *Multiple Model Adaptive Control*, in Multiple Model Approaches to Modeling and Control,

R. Murray-Smith and T. Johansen (Eds.), Taylor and Francis, London, U.K., 1997, Chapter 11.

Shinskey, F. G., *Feedback Controllers for the Process Industries*, McGraw-Hill, New York, 1994.

Shinskey, F. G., *Process Control Systems*, 4th ed., McGraw-Hill, New York 1996.

Skogestad, S., The Dos and Don'ts of Distillation Columns Control, *Trans IChemE, Part A, Chem. Eng. Res. Des.*, **85**(A1), 13, 2007.

Smith, C. A. and A. Corripio, *Principles and Practice of Automatic Control Systems*, 3rd ed., John Wiley and Sons, Hoboken, NJ, 2006.

Smith, O. J. M., Closer Control of Loops with Dead Time, *Chem. Eng. Prog.*, **53** (5), 217 (1957).

연습문제

16.1 측정 장치와 그 동특성은 피드백 제어기의 설계에 영향을 준다. 아래의 두 시스템 중 어떤 시스템이 캐스케이드 제어를 적용하여 닫힌 루프 성능이 크게 향상되는지 간략하게 설명하시오(표기법은 그림 16.4 참조, $G_{p2} = 1$ 및 $G_{d1} = G_{p1}$ 가정). 아래 표시된 제어기 설정을 사용하여 시스템 A와 B 모두에서 D_2의 단위 단계 외란 효과를 평가하시오.

System A	*System B*
$G_v = 5$	$G_v = 5$
$G_{p1} = \dfrac{2}{10s+1}$	$G_{p1} = \dfrac{2}{10s+1}$
$G_{m2} = \dfrac{0.5}{0.5s+1}$	$G_{m2} = \dfrac{2}{5s+1}$
$G_{m1} = \dfrac{1}{5s+1}$	$G_{m1} = \dfrac{0.2}{5s+1}$
$K_{c1} = 0.5$	$K_{c1} = 2.5$
$\tau_{I1} = 15$	$\tau_{I1} = 15$
$K_{c2} = 1.0$	$K_{c2} = 0.25$

All time constants are in minutes.

16.2 예제 16.1에서 1차 제어기의 최종 이득은 $K_{c2} = 4$일 때 43.3이다.

(a) K_{c1} 및 K_{c2}의 함수로 Y_1/D_1 및 Y_1/D_2에 대한 닫힌 루프 전달함수를 유도하시오.

(b) K_{c2}를 1에서 20으로 변경하여 K_{c1}의 임계 이득에 대한 K_{c2}의 효과를 조사하시오. K_{c2}의 어떤 값에 대해 캐스케이드 제어의 이점이 덜 중요해 보이는가? K_{c2}에 안정성 한계값이 있는가?

(c) 적분 조치는 1차 또는 2차 루프에 포함되지 않는다. 먼저 $K_{c2} = 5$, $\tau_{I1} = \infty$, $\tau_{I2} = 5$분으로 설정한다. 직접 대체법을 사용하여 궁극적인 제어기 이득을 찾으시오. 그런 다음 $\tau_{I1} =$ 분 및 $\tau_{I2} = \infty$에 대한 안정성 계산을 반복하고 두 결과를 비교하시오. D_1 또는 D_2의 단계 변경에 대해 두 경우 모두 Y_1에 대한 잔류편차가 제거되는가?

16.3 그림 E16.3의 캐스케이드 제어시스템을 고려하시오. 마스터 및 슬레이브 제어기 모두에 대해 IMC 튜닝 규칙을 사용한다. K_{c2}를 먼저 설계한 다음 해당 값을 사용하여 G_{c1}(PI 제어기)을 설계한다. 고차 전달함수는 단계 테스트를 사용하는 FOPTD 모델로 먼저 근사화할 수 있다. 설정값 변경에 대해 외부 루프와 내부 루프 모두에 대한 IMC 닫힌 루프 시간 상수의 다른 값에 대한 닫힌 루프 응답을 그리시오.

16.4 그림 E16.4에 표시된 물 탱크 가열 프로세스는 탱크 열교환기로 보내진 증기의 증기 압력 P_S를 조작하여 출구 온도를 원하는 설정값 T_{SP}로 제어한다. 증기 공급 압력 P_{in}은 P_S에 영향을 미치는 변화에 쉽게 영향을 받는다. 유입 스트림 온도 T_i의 외란은 공정에 대한 주요 외란이다. 그림 E16.4의 시스템 전달함수는 다음과 같다.

$G_p = \dfrac{0.5}{(5s+1)(3s+1)}$	Process
$G_v = \dfrac{4}{s+1}$	Valve
$G_t = 0.5$	Temperature transmitter
$G_{d1} = \dfrac{2}{2s+1}$	Inlet stream temperature disturbance
$G_{d2} = \dfrac{0.4}{10s+1}$	Steam pressure disturbance

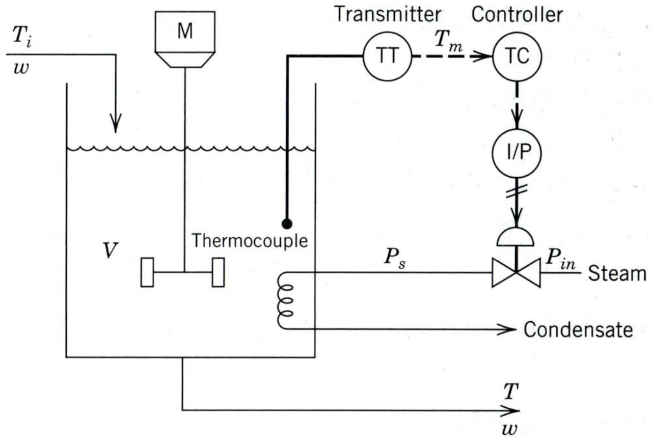

그림 E16.4

(a) $\tau_I = 0.2$ min 인 PI 제어기를 사용한다고 가정하고 시스템이 표준 단일 제어 루프 구성에 대해 안정적인 K_c 값 범위를 찾으시오.

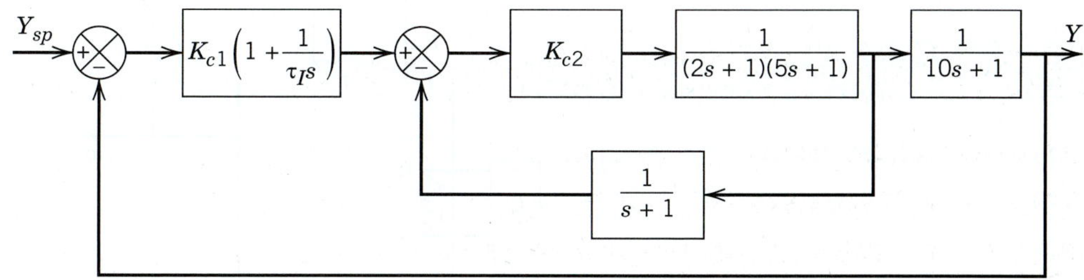

그림 E16.3

(b) 상류 증기 압력의 변화를 다루기 위해 캐스케이드 제어 전략이 구현되었다고 가정하시오. 두 번째 루프는 어떻게 구성해야 하는가? 이 전략을 사용하여 프로세스에 대한 블록선도를 그리고 프로세스 변수에 레이블을 지정하시오.

(c) 유량 측정에 대해서, $G_m = 0.4$이며, 내부 루프 비례 제어기의 경우 캐스케이드 제어기 닫힌 루프 응답을 증기 압력의 단위 단계 외란에 대해 표준 PI 제어기($K_{c1} = 2$ 및 $\tau_{I1} = 5$)의 응답과 비교하시오. 캐스케이드 제어기의 경우 $K_{c1} = 2$, $\tau_{I1} = 5$ 및 $K_{c2} = 2$를 사용한다.

16.5 그림 E16.5에 표시된 교반 탱크 가열 시스템을 고려하시오. SCR에 대한 전압신호 V_1을 통해 가열속도 Q_1을 조정하여 온도 T_2를 제어하는 것이 바람직하다. T_2뿐만 아니라 T_1 및 T_0의 측정은 T_2를 제어하는 데 도움이 된다고 제안되었다.

(a) 이러한 제어시스템이 어떻게 작동할 수 있는지 간략하게 설명하고 개략도를 그리고, 모든 가정을 서술하시오.

(b) 제어 체계를 분류하는 방법(예: 피드백, 캐스케이드 또는 피드포워드)을 나타내고 설명하시오.

(c) 제어시스템에 대한 블록선도를 그리시오.

16.6 캐스케이드 제어를 설명하는 그림 16.3 및 16.4를 참고하라.

(a) 외란 D_1 및 D_2를 처리하기 위해 캐스케이드 제어 대신 피드포워드 제어를 적용한다고 가정하시오. 피드포워드 제어가 D_1 또는 D_2에 대해 어느 경우가 더 유익할 것으로 예상하는가? 이유를 설명하시오.

(b) D_1 외란에 대한 피드포워드 제어를 사용하도록 그림 16.4를 수정한 블록선도를 그리시오.

(c) D_1의 피드포워드 제어에 필요한 추가적인 센서는 무엇인가?

16.7 아래에 대한 시간 지연 보상기(Smith 예측자)를 설계하시오.

$$G_p = \frac{e^{-\theta s}}{5s+1}$$

$G_v = G_m = 1$이고 $\theta = 1$이다. 단위 단계 설정값 및 외란 변경에 대한 닫힌 루프 응답을 표시하시오($G_d = G_p$). $\tau_c = 3$(표 12.1의 사례 A)인 IMC PI 제어기를 사용하시오.

16.8 Shinskey(1994)는 다음과 같은 형식의 지연 시간 보상기를 제안하였다.

$$G_c = K_c\left(\frac{1+\tau_I s}{1+\tau_I s - e^{-\theta s}}\right)$$

FOPTD 프로세스의 경우 $K_c = \dfrac{1}{K_p}$ 및 $\tau_I = \tau$이다. $G_m = G_v = 1$이라고 가정하시오.

(a) 닫힌 루프 전달함수를 유도하고 특성 방정식에서 시간 지연이 제거되었음을 보이시오.

(b) 닫힌 루프 응답이 오버 슈트하는가?

16.9 Applepolscher는 인슐린 유량으로 혈당 농도를 조절하는 제어 루프에 대한 비례 제어 기능이 있는 Smith 예측기를 설계하였다. FOPTD 모델의 시뮬레이션 결과를 바탕으로 그는 제어기가 진동하지 않도록 조정했다. 그러나 제어기가 구현되었을 때 심각한 진동이 발생했다. 그는 수많은 단계 테스트를 통해 프로세스 모델이 선형임을 확인했다. 이 비정상적인 동작에 대해 어떻게 설명할 수 있는가?

16.10 식 16-22에서 Smith 예측기에 대한 닫힌 루프 전달함수는 모델 오차가 없다는 가정하에 유도되었다.

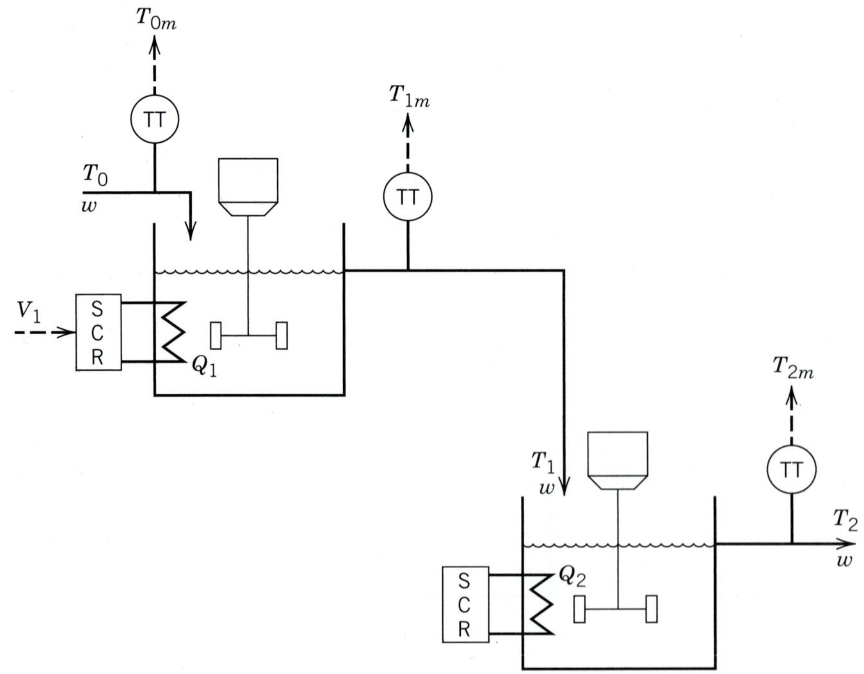

그림 E16.5

(a) $G \neq \widetilde{G}$ 일 때 Y/Y_{sp}에 대한 공식을 도출하시오. 특성 방정식은 무엇인가?

(b) $G = 2e^{-2s}/(5s + 1)$라고 가정하라. $K_c = 15$인 비례 제어기와 Smith 예측기가 이 프로세스를 제어하는 데 사용된다. 프로세스 이득(K), 시간 상수(τ) 및 시간 지연(6가지 다른 경우)에서 ±20% 오차에 대한 설정값 변경을 시뮬레이션 하시오. 각 오차 유형의 상대적인 중요성에 대해 논의하시오.

(c) 세 가지 모델 매개 변수 모두에서 ±50% 변화에 대해 만족할 만한 제어기 이득은 무엇인가?

16.11 Smith 예측기는 적분기 및 시간 지연 프로세스와 함께 사용된다, $G(s) = \dfrac{2}{s}e^{-3s}$. 단위 단계 외란 및 $G_d = G$의 경우 모델이 완벽하게 알려진 경우에도 PI 제어가 잔류편차를 결정하지 않음을 보여줍니다. 식 16-22를 시작점으로 사용하여 분석하시오.

16.12 12장에서는 닫힌 루프 설정값 응답을 지정하고 제어기 전달함수를 대수적으로 계산하는 직접 합성 설계 방법을 소개하였다. FOPTD 프로세스 및 IMC 제어기(12장 참조)의 경우, $G_+ = e^{-\theta s}$를 설정하면 $G = \widetilde{G}$ 일 때 Smith 예측기 제어기 구조가 생성됨을 보이시오.

16.13 CSTR은 정밀 화학물을 생산하는 데 사용된다. 이 반응은 발열 반응이며 1차 반응이다. 제품 품질에 대한 실험실 분석은 시간이 많이 걸리며 완료하는 데 몇 시간이 걸린다. 온라인 조성 측정은 만족스럽지 않다. CSTR의 출구 온도로부터 조성을 추론 할 수 있다고 제안되었다. 예제 4.8의 선형화된 CSTR 모델을 사용하여 이 추론 제어 접근이 가능한지 확인하시오. 공급 유량, 공급 온도 및 냉매 온도 측정이 가능하다고 가정한다.

16.14 반응기 용기의 압력은 입구 또는 출구 기체 유속을 변경하여 조정할 수 있다. 탱크 압력이 100~120 psi 사이에 유지되는 한 출구 흐름은 고정된 상태로 유지되고 압력 변화는 입구 흐름 제어 밸브를 조작하여 처리된다. 그러나 압력이 이러한 한계보다 높아지면 배출 가스 흐름이 변경된다. 마지막으로 압력이 200 psi를 초과하면 용기의 벤트 밸브가 열리고 가스를 저장 용기로 옮기게 된다. 성능 목표를 충족하는 제어시스템을 설계하시오. 그 결과로 나타나는 제어시스템에 대한 프로세스 계측 다이어그램을 그리시오.

16.15 선택자는 일반적으로 안전하지 않은 상황이 발생하는 것을 방지하기 위해 연소 제어시스템에서 사용된다. 그림 E16.15는 공기 및 연료 유량에 적용되는 높고 낮은 선택자에 대한 일반적인 구성을 보여준다. 에너지 수요 신호는 증기 압력 제어기에서 나온다.

16.16 Buckley et al. (1985)는 선택자를 사용하여 환류 드럼에서 응축수 온도를 100 °C로 제어하는 방법을 논의했다. 여기서 조작 변수는 냉각수 유량이다. 응축수 온도가 너무 낮아지면 온도 제어기가 냉각수 유량을 줄여 냉각수 출구 온도를 상승시킨다. 그러나 수온이 50~60 °C를 초과하면 과도한 오염 및 부식이 발생할 수 있다. 선택자를 사용하여 출구 온도를 50 °C 이하로 유지하는 개략도를 그리시오. 유량 제어밸브에 대한 밸브 동작(A–O 또는 A–C)을 결정하고 레벨 제어기가 역동작 또는 직접 동작을 해야하는지 여부를 결정하시오. 스팀 압력이 갑자기 떨어질 때 이 제어 체계에서 선택자가 어떻게 작동하는지 논의하시오.

16.17 많은 화학 및 생물학적 공정에서 처리량과 같은 공정 운전 조건이 변경되면 정상 상태 이득이 변경된다. 혈압을 조절하기 위해 약물 유속이 사용되는 생의학 적용사례를 고려해보자. 정상 상태 이득 K는 아래의 관계식에 따라 조작 변수 u와 함께 달라진다.

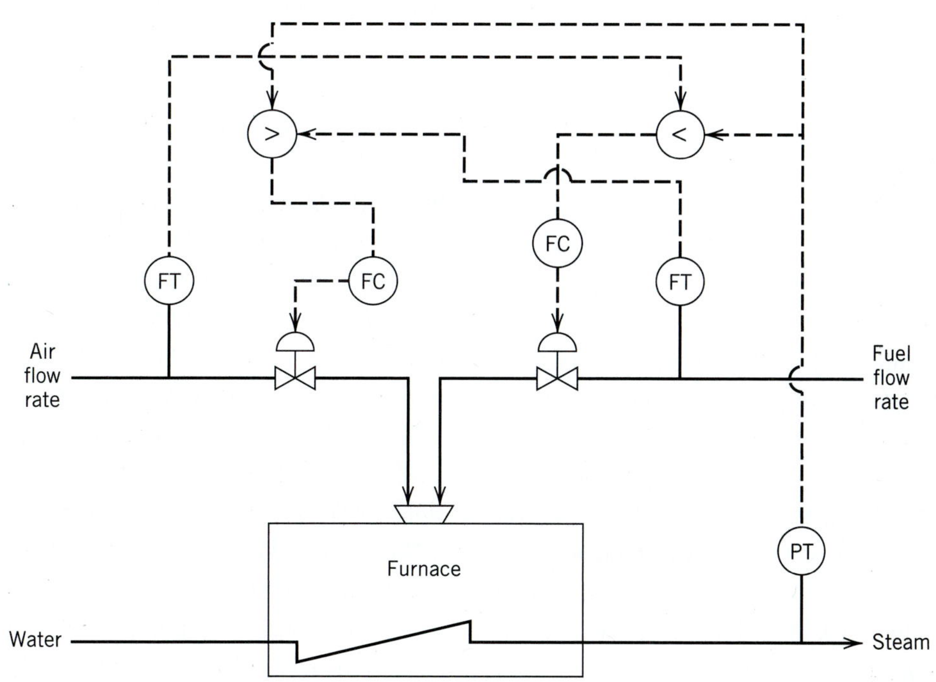

그림 E16.15

$$G_p = \frac{e^{-\theta s}}{5s+1}$$

여기서 $u > 0$ 이고, a와 b는 정상 상태 데이터를 피팅하여 결정된 상수이다. 프로세스 이득의 이러한 변동을 고려하여 표준 PID 제어기에 대한 수정안을 제안하고 설명하시오. 시정 수와 시간 지연은 유량에 따라 변하지 않는다고 가정한다(위의 방정식에서 u는 편차 변수가 *아니다*).

16.18 촉매 관형 반응기의 제품 품질은 공정 가스 크로마토그래프의 조성 측정을 활용하여 유입 흐름의 유속에 의해 제어된다. 촉매는 시간이 지남에 따라 비활성화되고 전체 활성도가 50% 미만으로 떨어지면 재충진해야한다. 비활성화는 일반적으로 2~3개월에 걸쳐 발생한다. 촉매 활성의 한 척도는 피크 온도를 추정하는데 사용되는 세 가지 온도 측정의 평균이다. 제품 품질을 수용 가능한 수준으로 유지하기 위해 적응 제어 체계를 사용하는 방법에 대해 논의하시오. 어떤 전달함수를 사용해야하며 그 이유는 무엇인가?

16.19 2차 프로세스는 PID 제어기에 의해 제어된다. 원하는 닫힌 루프 서보 전달 기능은 다음과 같다.

$$\frac{Y}{Y_{sp}} = \frac{1}{\tau_c s+1} = \frac{G_pG_c}{1+G_pG_c} \qquad G_v = G_m = 1$$

그리고, 프로세스 모델은 다음과 같다.

$$G_p = \frac{K_p}{(\tau_1 s+1)(\tau_2 s+1)}$$

(a) K_p, τ_1, τ_2의 변화와 원하는 닫힌 루프 시간 상수 τ_c를 기반으로 K_c, τ_I 및 τ_D를 조정하는 방법을 보여주는 제어 법칙을 도출하시오.

(b) $\tau_1 = 3$, $\tau_2 = 5$, $K_p = 1$이라고 가정하고, $\tau_c = 1.5$를 얻기 위해 K_c, τ_I 및 τ_D의 값을 계산하시오. 제어기가 변경되지 않은 상태에서 다음 모델 매개 변수의 변경에 대한 응답이 어떻게 저하되는지 보이시오.

(i) $K_p = 2$

(ii) $K_p = 0.5$

(iii) $\tau_2 = 10$

(iv) $\tau_2 = 1$

16.20 Ideal Gas Company에는 적응형 PI 제어기가 필요한 프로세스가 있지만 회사 자본 예산이 동결되었다. Appelpolscher는 자체적으로 개발하는 저렴한 적응형 제어기를 개발하는 일을 맡았다. 안정 시간, 피크 오차 및 감쇠 비율과 같은 측정을 사용하여 K_c 및 τ_I를 점진적으로 조정하는 방법을 결정하기 위해 외란 후 닫힌 루프 응답을 연구할 수 있다고 제안되었다. Appelpolscher는 다음 알고리즘을 제안하였다. 감쇠 비율이 0.25보다 크면 K_c를 줄인다. 감괴 비율이 0.25 미만이면 K_c를 증가시킨다. 그는 τ_I를 조정하는 방법을 잘 모른다. K_c에 대한 그의 방법을 비판하고 τ_I를 변경하는 방법을 제안하시오.

16.21 점화 히터 제어시스템에 대한 계장 다이어그램이 그림 E16.21에 나와 있다. 15장과 16장의 자료를 기반으로 고급 제어 전략을 설명하고, 각 고급 방법에 대한 근거를 논의하시오.

16.22 액체 혼합물은 증발기에서 물을 증발시켜 농축된다. 사용 가능한 측정 및 제어밸브는 그림 E16.22에 나와 있다. 정상 운전 중에 농도 제어기의 출력 P_{ac}는 80% 이하이다. 또한 제품 농도는 스팀 제어밸브를 조정하여 제어하고 공급 유량은 유량 제어기를 통해 제어한다. 그러나 공급물의 농도가 일정 기간 동안 낮으면 농도 조절기가 포화되는 경향이 있어, 결과적으로 제품 농도가 설정값보다 상당히 낮을 수 있다. 두 제어밸브는 모두 실패–닫힘이지만 각 송출기는 직접 작동 된다. 이러한 바람직하지 않은 상황에 대처하기 위해 농도 제어기 출력 신호가 80%를 초과할 때 공급 유속을 일시적으로(자동으로) 줄이는 것이 제안된다. 이 목표를 달성하기 위한 제어 전략을 제안하고, 해당하는 개략도를 그리시오. 그리고 설명하시오(*참고*: 공급물의 조성은 측정할 수 없다).

16.23 그림 E16.23과 같이 폐기물(희석한 질산)을 중화할 때는, 교반된 중화 탱크에 농도가 알려진 염기(수산화 나트륨)를 첨가한다. 폐산 흐름의 농도와 유량은 예측할 수 없이 다양하다. 폐기물 유량과 염기 유량은 측정할 수 있다. 유출수 흐름의 pH를 측정할 수 있지만 pH 프로브의 다운 스트림 위치로 인해 상당한 시간 지연이 발생한다.

과거의 경험에 따르면 모든 운전 조건에서 만족스러운 제어가 이루어지도록 표준 PID 제어기를 조정하는 것은 불가능하다. 공정 제어 전문가로서 당신은 제어성능을 크게 개선 할 수 있는 고급 제어 전략을 추천해 달라는 요청을 받았다. 제안된 방법을 설명하고(가능한 구체적으로 작성하시오), 또한 필요한 정보가 있다면 인용하시오.

16.24 흐름 제어 루프는 일반적으로 다른 루프에 비해 빠르므로 정상 상태(본질적으로)로 간주할 수 있다. 이 경우 적분 제어가 권장된다. $G_d = G_p = K_p$에 대해 적분 제어가 설정값 변경 및 외란 변경에 대해 만족스러운 제어를 제공함을 보이시오. $G_v = G_m = 1$이라고 가정한다.

16.25 당뇨병은 혈당 수치를 조절하기에 충분하도록 인슐린을 생산할 수 있는 췌장의 기능이 부족한 것을 특징으로 한다. 제1형 당뇨병에서 췌장은 인슐린을 생산하지 않으며, 환자는 외부 공급원의 인슐린에 전적으로 의존하게 되며, 이는 혈당 수치를 정상 수준으로 유지하기 위해 주입된다. 고혈당증은 혈당 수치가 오랜기간 동안 정상(> 8 mmol/L)보다 훨씬 높을 때 발생하며, 저혈당증은 혈당 수치가 3 mmol/L 이하로 떨어질 때 발생한다. 두 상황 모두 개인의 건강에 해로울 수 있다. 혈당의 정상 범위는 혈당을 조절하는 제어기의 목표 범위인 3.8~5.6 mmol/L이다.

제1형 당뇨병 환자는 혈당을 허용 가능한 범위(3 mmol/L < 포도당 < 8 mmol/L)로 유지하기 위해 당신의 도움이 필요하다. 그녀는 $D(t) = 0.5e^{-0.05t}$에 따라 포도당을 방출할 것으로 추정되는 큰 식사(외란)를 방금 하였다. 여기서 t는 분 단위이고 $D(t)$는 mmol/L – min 단위이다. 그녀는 최대 115 mU/min(mU = 인슐

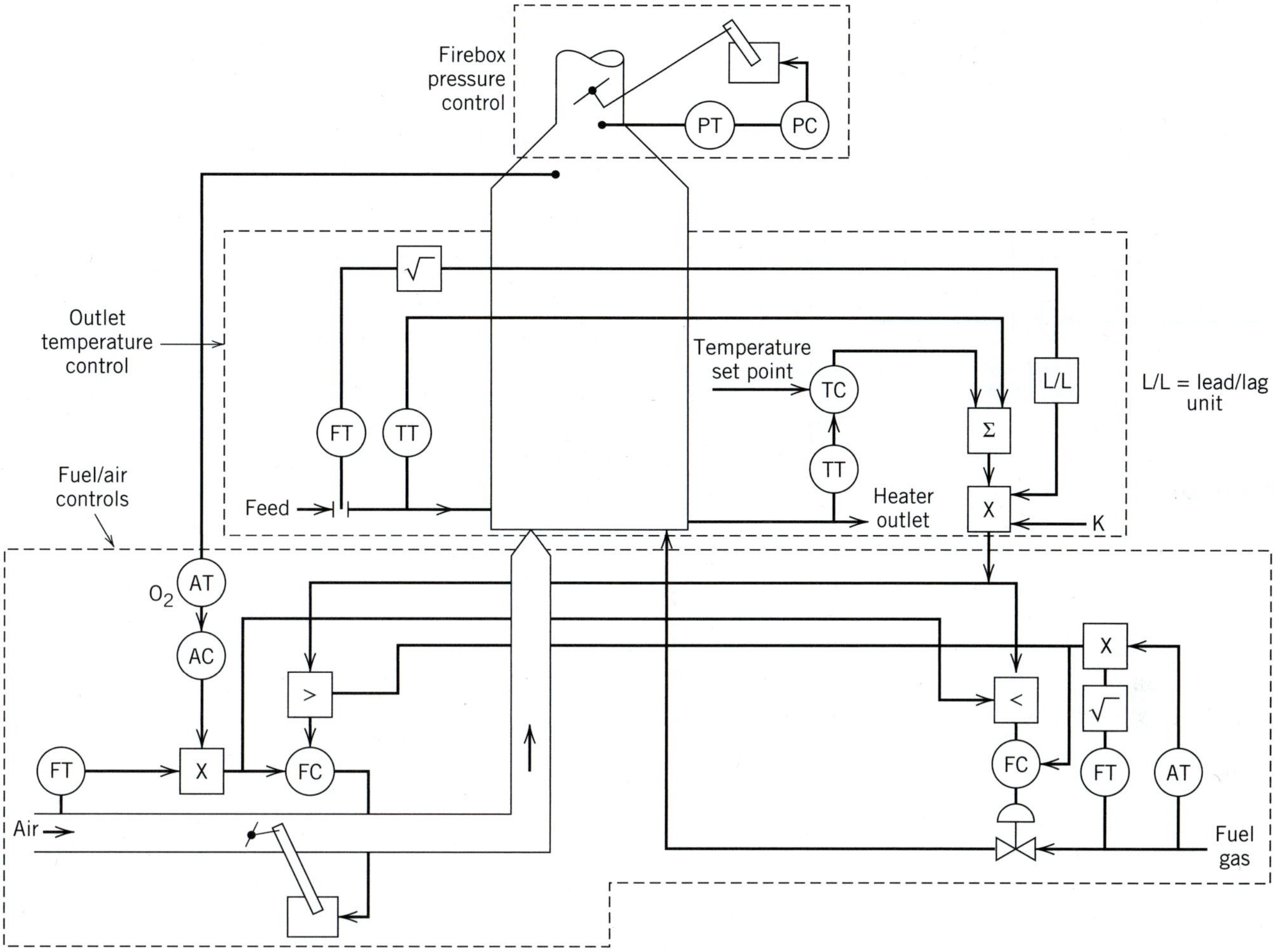

그림 E16.21

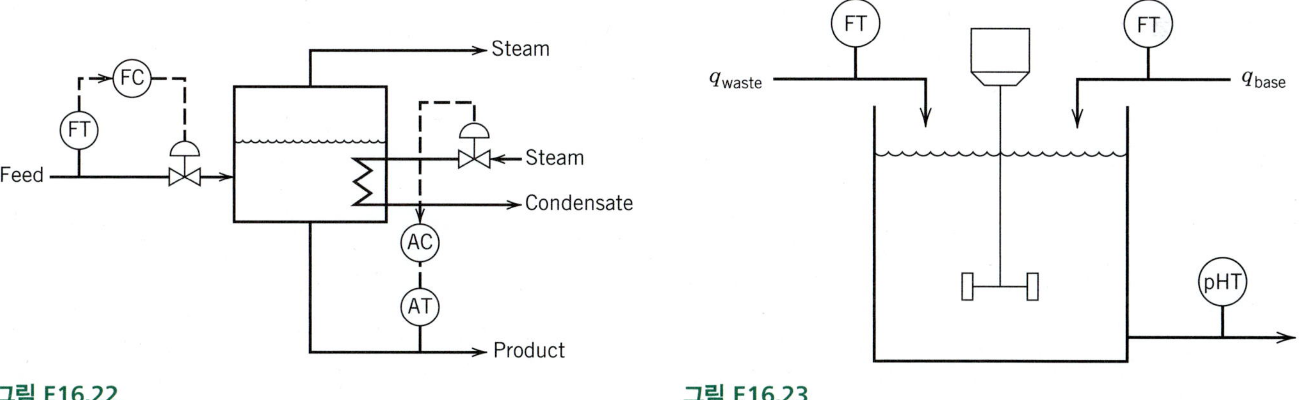

그림 E16.22

그림 E16.23

린 10^{-3} 단위)까지 인슐린을 방출할 수 있는 피하 인슐린 펌프를 가지고 있다. 인슐린의 유속은 조작 변수이다. 혈액 인슐린 샘플을 채취하여 혈당 수치를 가끔씩 측정할 수 있다고 가정한다. 이 문제를 해결하는 데 도움이 될 수 있는 15장과 16장의 제어 전략에 대해 토론하시오. 주어진 전략이 적절한 이유와, 발생할 수 있는 잠재적인 위험에 대해 설명하시오. 23장에서는 당뇨병 시뮬레이션에 대해 설명한다.

16.26 그림 E16.26은 반응기 온도를 조정하기 위해 공급물의 열교환을 사용하는 중합 반응기의 캐스케이드 온도 제어를 보여준다. 계측 다이어그램을 사용하여 캐스케이드 제어시스템(마스터 및 슬레이브 구성 요소 모두)이 다음 외란을 처리하는 방법을 설명하고 반응기 온도에 어떤 일이 발생하는지 설명하시오. 냉각수(70 °F), 중합 공급물(200 °F), 열교환기 유출물(100 °F) 및 반응기 출구(800 °F)는 정상 온도라고 가정한다.

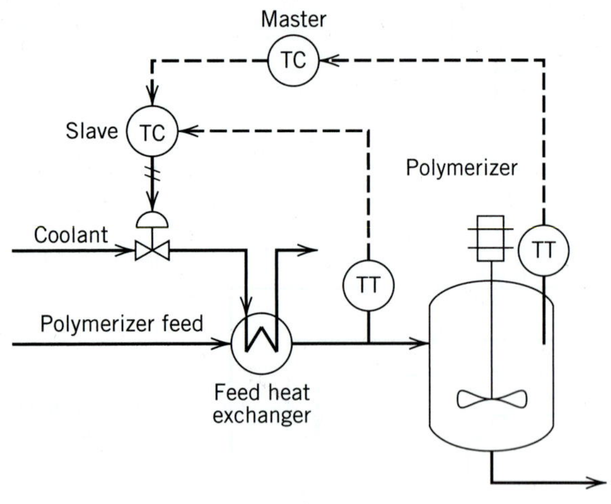

그림 E16.26

(a) 공급 온도가 너무 높아진다.

(b) 공급 유량이 너무 크다.

16.27 그림 16.3에 표시된 캐스케이드 반응기 제어 구성은 냉각수 온도의 측정값을 사용한다. 반응기 벽의 온도를 측정하여 탱크 내용물의 온도 구배, 소위 삼중 캐스케이드 제어 루프를 처리하는 것이 제안되었다. 삼중 캐스케이드 제어시스템의 블록선도를 그리고 이것이 냉각수 유량의 외란에 대해 닫힌 루프 응답을 개선하는 방안을 설명하시오.

16.28 16.4절에서 설명하듯이, 제어시스템의 정상 상태 자유도 분석에 기반하여, 조작 변수가 제어 변수보다 적을 때에는 임의의 설정값 변경시 제어 변수에서 잔류편차를 제거하는 것이 불가능하다고 설명된다. 1-입력-2-출력의 선형 대수 모델을 사용하여 이 설명이 사실인 이유를 설명하시오.

CHAPTER 17

디지털 샘플링, 필터링 및 제어

Digital Sampling, Filtering, and Control

학습목차 *Chapter Contents*

17.1 샘플링 및 신호 재구성
17.1.1 앨리어싱
17.1.2 샘플링 주기
17.1.3 샘플링 주기 선택에 대한 지침
17.2 신호 처리 및 데이터 필터링
17.2.1 아날로그 필터
17.2.2 디지털 필터
17.3 디지털 제어를 위한 *z*-변환 분석
17.3.1 *z*-변환과 이산 전달함수
17.3.2 이산 컨볼루션 모델 형식
17.3.3 물리적 실현 가능성
17.3.4 안정성 분석
17.4 디지털 PID 제어기 튜닝
17.5 디지털 제어기 설계를 위한 직접 합성
17.5.1 Dahlin의 방법(Lambda 튜닝)
17.5.2 Vogel-Edgar 알고리즘
17.5.3 내부 모델 제어(IMC)
17.6 최소 분산 제어
요약

데이터 수집 및 제어를 수행하기 위한 컴퓨터 기반 시스템은 다음 사항을 고려해야 한다.

1. 각 센서에서 얼마나 자주 데이터를 수집해야 하는가? 즉, 어떤 샘플링 속도를 사용해야 하는가?
2. 측정에 상당한 양의 노이즈가 포함되어 있는가? 그렇다면 데이터를 조정(*필터링*)하여 노이즈 효과를 줄일 수 있는가?
3. 어떤 디지털 제어 알고리즘을 사용해야 하는가?

17.1 샘플링 및 신호 재구성

제어에 디지털 컴퓨터를 사용하는 경우 연속 측정은 아날로그–디지털 변환기(ADC)에 의해 디지털 형식으로 변환된다(부록 A 참조). 이 작업은 디지털 컴퓨터가 연속(아날로그) 신호를 직접 처리할 수 없기 때문에 필요하다. 먼저 신호를 샘플링한 다음 각 아날로그 값에 해당 디지털 값을 할당해야 한다. 연속 샘플 사이의 시간 간격은 증폭주기 Δt로 표현되고, 이는 샘플링 또는 스캔 속도에 해당하는 $f_s = 1/\Delta t$(사이클/시간) 또는 이와 동등하게 샘플링 주파수 $\omega_s = 2\pi/\Delta t$(라디안/시간)에 따른다.

그림 17.1은 이상적인 주기적 샘플링 작업을 보여주는데, 여기서 샘플링된 신호 $y^*(t)$는 샘플링 시점 $t = 0, \Delta t, 2\Delta t, \cdots$에서의 측정값 $y(0), y(1), y(2)$를 나타내는 일련의

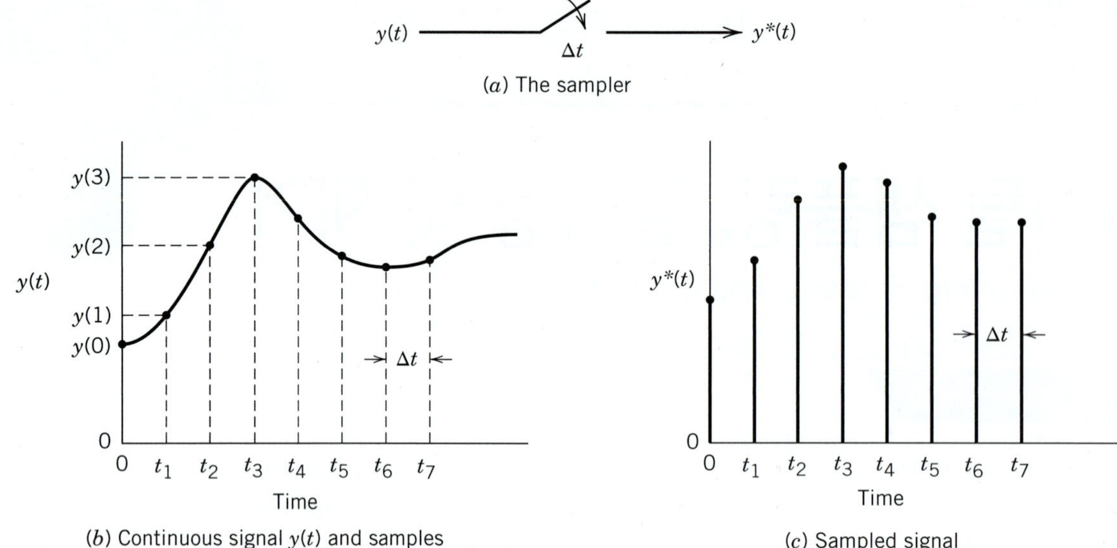

그림 17.1 이상화된 주기적 샘플링. 균일한 샘플링 주기 Δt의 경우 샘플링 순간 $t_1, t_2, \cdots, t_k$는 시간 $\Delta t, 2\Delta t, \cdots, k\Delta t$에 해당한다.

임펄스이다. 임펄스 변조(Franklin et al., 2005)라고 불리는 그림 17.1의 표현은 샘플링 작업이 즉시 발생한다는 가정을 기반으로 한다.

대부분의 컴퓨터 제어시스템에는 DAC(디지털–아날로그 변환기)라는 장치가 필요하며, 이는 (디지털 컴퓨터 또는 제어기로부터의) 일련의 펄스를 연속 신호로 변환한다. 이 신호는 제어밸브와 같은 최종 제어 요소로 전송된다. 공정 제어에서 최종 제어 요소에는 일반적으로 펄스 입력이 아닌 연속 입력 신호가 필요하다(스테핑 모터는 예외). DAC에는 일반적으로 그림 17.2에서와 같이 제어기의 디지털(펄스) 신호를 계단 함수 $y_H(t)$로 변환하는 0차 홀드(ZOH)를 포함한다. ZOH $y_H(t)$의 출력 신호는 다음 샘플이 수신될 때까지 한 샘플링 주기 동안 일정하게 유지되며 다음과 같이 표현될 수 있다.

$$y_H(t) = y(k-1) \quad \text{for} \quad t_{k-1} \le t < t_k \tag{17-1}$$

신호 복원을 위해 다른 유형의 홀드 장치를 사용할 수 있다. 예를 들어 1차 홀드는 이전 간격 동안의 변화를 기반으로 t_{k-1}에서 t_k까지의 시간간격 동안 디지털 신호를 선형으로 외삽한다.

$$y_H(t) = y(k-1) + \left(\frac{t - t_{k-1}}{\Delta t}\right)[y(k-1) - y(k-2)] \qquad \text{for} \qquad t_{k-1} \le t < t_k \tag{17-2}$$

2차 및 기타 고차 홀드는 특수 목적의 DAC로 설계 및 구현될 수 있지만(Ogata, 1995;

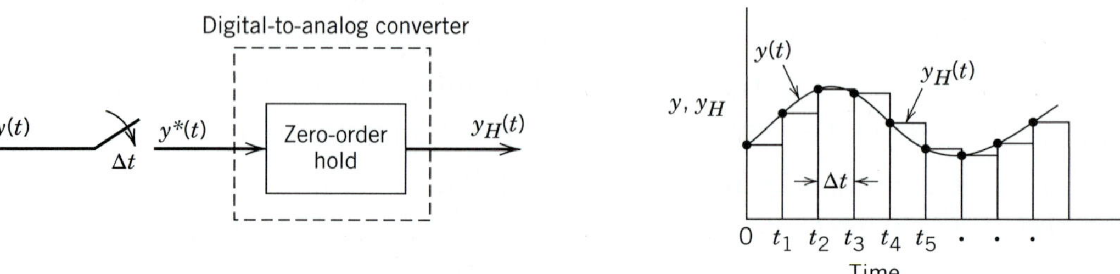

그림 17.2 0차 유지를 사용한 디지털–아날로그 변환.

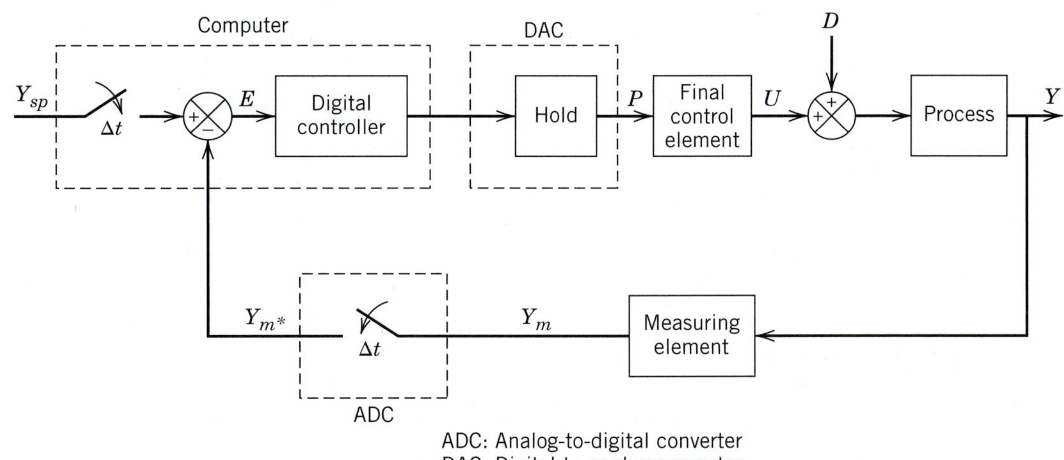

그림 17.3 컴퓨터 제어를 위한 단순화된 블록선도.

Åström and Wittenmark, 2011; Franklin et al., 2005), 이러한 복잡한 접근 방식은 대부분의 공정 제어 문제에서 큰 이점은 없다. 결과적으로 ZOH는 공정 제어를 위해 가장 널리 사용되는 고정 장치이기 때문에 강조할 것이다.

그림 17.3은 디지털 제어기가 있는 일반적인 피드백 제어 루프의 블록선도를 보여준다. 연속(아날로그) 및 샘플링(디지털) 신호가 모두 블록선도에 나타난다. 두 샘플러는 일반적으로 동일한 샘플링 주기를 가지며 동기식으로 작동하며, 이는 정확히 동시에 샘플링된 신호를 수집하는 것을 의미한다. 그러나 때때로 한 샘플러가 다른 샘플러보다 더 빠른 속도로 작동하는 다중 속도 샘플링이 사용된다. 예를 들어, 액추에이터 또는 제어밸브의 과도한 마모를 방지하기 위해 제어 계산을 덜 자주 수행하면서 프로세스 변수를 샘플링하고 측정값을 매우 자주 필터링할 수 있다. 그림 17.3의 블록선도는 다양한 신호(예: 전달함수) 간의 수학적 관계가 표시되지 않는다는 점에서 상징적이다.

17.1.1 앨리어싱

샘플링 속도는 그림 17.4와 같이 중요한 프로세스 정보가 손실되지 않도록 충분히 빨라야 한다. 사인함수 유형의 신호가 싸이클당 4/3 샘플의 속도(즉, 주기당 4/3 샘플)로 샘플링 된다고 가정해보자. 이 샘플링 속도는 재구성된 신호가 그림 17.4*b*에 표시된 것처럼 원래 신호보다 훨씬 더 긴 주기를 갖는 사인함수 유형으로 나타나게 한다. 이 현상을 앨리어싱이라고 한다. 원래 사인함수 유형의 신호가 주기당 두 번만 샘플링된 경우, 그림 17.4*d*와 같이 일정한 샘플링 신호가 생성된다. Shannon의 Sampling Theorem (Franklin et al., 2005)에 따르면 사인함수 유형의 신호는 원래 신호를 복구하기 위해 주기마다 두

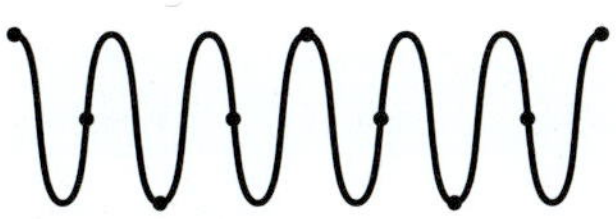

(*a*) Original signal and samples (f_s = 4/3 samples per cycle)

(*b*) Apparent low-frequency signal (aliasing) (f_s = 4/3 samples per cycle)

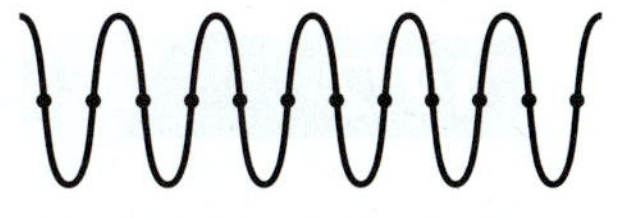

(*c*) Original signal and samples (f_s = 2 samples per cycle)

(*d*) Apparent low-frequency signal (aliasing) (f_s = 2 samples per cycle)

그림 17.4 너무 느린 샘플링으로 인한 앨리어싱 오차.

번 이상 샘플링되어야 한다. 즉, 샘플링 진동수는 사인파 진동수의 두 배 이상이어야 한다.

또한 사인함수 유형으로 변하지 않는 프로세스 변수가 샘플링 될 때 앨리어싱이 발생한다. 일반적으로 공정 측정이 샘플링 주파수로 샘플링되면, $\omega_s/2$보다 큰 주파수를 가진 공정 변수의 고주파 성분은 샘플링된 신호에서 저주파 성분($\omega < \omega_s/2$)으로 나타난다. 이러한 저주파 성분은 정상적인 공정 변동과 동일한 주파수 범위(예: 14장에서 논의한 바와 같이 임계 주파수 ω_c에 가까운 주파수)에 나타나는 경우 제어 문제를 일으킬 수 있다. 앨리어싱은 17.2절에 설명된 것처럼 안티 앨리어싱 필터를 사용하여 제거할 수 있다.

17.1.2 샘플링 주기

너무 느리게 샘플링하면 피드백 제어시스템의 효율성, 특히 외란에 대처하는 능력이 저하될 수 있다. 극단적인 경우 샘플링 주기가 프로세스 응답 시간보다 길면, 외란이 프로세스에 영향을 미칠 수 있지만 제어기가 수정 조치를 취하기 전에 외란의 영향이 사라진다. 이 상황에서 제어시스템은 일시적인 외란을 처리할 수 없으며 정상 상태 제어만 가능하다. 따라서 샘플링 주기를 선택할 때 공정 동역학(외란 특성 포함)을 고려하는 것이 중요하다. 상용 디지털 제어기는 일반적으로 1초 이하의 고정 스캔 속도를 사용하지만, 제어 계산을 위해 샘플링 주기를 변경할 수 있다. $\Delta t \leq 1$ s의 경우, 디지털 제어기의 성능은 일반적인 공정 제어 애플리케이션에서 연속(아날로그)제어의 성능과 거의 비슷하다.

17.1.3 샘플링 주기 선택에 대한 지침

샘플링 주기의 선택은 과학보다 예술에 가깝다. 12장의 내부 모델 제어(IMC) 접근 방식과 같은 PID 제어기와 모델 기반 제어기 모두에 대해 많은 지침과 경험 규칙이 보고 되었다(Åström and Wittenmark, 2011; Isermann, 1989). 데이터 수집을 위해 컴퓨터 제어 하드웨어에서 사용하는 샘플링 주기(일반적으로 1초 이하)와 제어기 출력 변경에 사용되는 샘플링 주기 사이에 차이가 있을 수 있다. 제어 알고리즘의 샘플링 주기 Δt에 대해 Åström과 Wittenmark(2011)는 주요 시간 상수 τ_{dom} 또는 정착 시간 t_s에 대한 몇 가지 지침을 제안했다.

$$0.01 \leq \frac{\Delta t}{\tau_{dom}} \leq 0.05 \tag{17-3a}$$

$$\frac{t_s}{15} \leq \Delta t \leq \frac{t_s}{6} \tag{17-3b}$$

경우에 따라 프로세스 시간 지연이 인자가 될 수 있으며, 외란에 대한 응답 시간을 가속화하기 위해 샘플링 주기를 줄여야 한다. 서로 다른 샘플링 주기를 사용하는 시뮬레이션을 수행하여 최종 선택을 할 수 있다. 다시 말하지만, 프로세스 데이터는 위에 표시된 것보다 더 빠른 속도로 수집될 수도 있다.

17.2 신호 처리 및 데이터 필터링

공정 제어 적용 시 측정과 관련된 노이즈는 측정 장치, 전기 장비 또는 프로세스 자체와 같이 여러 원인에서 발생할 수 있다. 케이블 차폐, 접지 등에 관한 확립된 절차를 따르면 전기적으로 생성된 노이즈의 영향을 최소화할 수 있다(McConnell and Jernigan,

2005). 공정으로 인한 노이즈는 불완전한 혼합, 난류 및 불균일한 다상 흐름으로 인한 변동으로 인해 발생할 수 있다. 프로세스 노이즈와 측정 노이즈의 영향은 신호 컨디셔닝 또는 필터링을 통해 줄일 수 있다. 신호 처리 용어에서 필터라는 용어는 전달함수와 유사하다. 왜냐하면, 필터가 입력 신호를 변환하여 출력 신호를 생성하기 때문이다. 제어기가 필터링된 측정을 수신할 때 밸브 움직임이 감소하기 때문에 필터는 밸브의 수명을 효과적으로 증가시킨다.

17.2.1 아날로그 필터

아날로그 필터는 노이즈가 있는 실험 데이터를 평활화하는 데 사용된다. 예를 들어 지수 필터를 사용하여 전기 노이즈로 인한 고주파 변동을 감쇠할 수 있다. 따라서 저역 통과 필터라고 한다. 그 연산은 1차 전달함수 또는 동등하게 1차 미분 방정식으로 설명된다.

$$\tau_F \frac{dy_F(t)}{dt} + y_F(t) = y_m(t) \tag{17-4}$$

여기서 y_m은 측정값(필터 입력), y_F는 필터링된 값(필터 출력), τ_F는 필터의 시간 상수이다. 필터의 정상 상태 이득은 1이다. 지수 필터는 단순 RC 전기 회로로 구성할 수 있기 때문에 RC 필터라고도 한다.

그림 17.4는 상대적으로 느린 고주파 아날로그 신호의 샘플링이 인공적인 저주파 신호를 생성할 수 있음을 보여준다. 따라서 가능한 한 고주파 노이즈를 제거하기 위해 샘플링 전에 프로세스 데이터를 사전 필터링하는 아날로그 필터를 사용하는 것이 바람직하다. 이러한 응용 분야에서 아날로그 필터는 종종 안티 앨리어싱 필터라고 불리는데, 여기서 τ_F를 약 $0.5\Delta t$로 설정하여 샘플링 주기를 독립적으로 선택할 수 있다. 그러나 천천히 변화하는 신호를 처리하기 위해 17.2.2절(McConnell and Jernigan, 2005)에 설명된대로 디지털 필터링을 사용할 수도 있다.

식 17-4의 필터 시간 상수 τ_F는 피드백 제어 루프에 상당한 수준의 동적 지연이 발생하지 않도록 프로세스 τ_{dom}의 주요 시간 상수보다 훨씬 작아야 한다.

예를 들어, $\tau_F < 0.1\tau_{dom}$을 선택하면 일반적으로 이 요구 사항을 충족한다. 반면에 노이즈 진폭이 높으면 노이즈 측정을 부드럽게 하기 위해 더 큰 τ_F 값이 필요할 수 있다. 노이즈의 진동수 범위는 또 다른 중요한 고려 사항이다. 예상되는 최저 노이즈 진동수가 ω_N으로 표시된다고 가정하자.

그런 다음 $\omega_F < \omega_N$이되도록 τ_F를 선택해야하며, 여기서 $\omega_F = 1/\tau_F$이다. 예를 들어, $\tau_F = 10/\omega_N$에 해당하는 $\omega_F = 0.1\omega_N$을 지정한다고 가정하자. 그러면 주파수 ω_N의 노이즈는 식에 따라 10배만큼 감쇠되고, 이는 식 14-13 및 그림 14.2의 Bode 다이어그램을 따른다. 요약하면 τ_F는 $1/\omega_N \le \tau_F \le 0.1\tau_{dom}$이 되도록 선택해야 한다.

17.2.2 디지털 필터

이 절에서는 널리 사용되는 몇 가지 디지털 필터를 고려한다. 디지털 필터링 및 신호 처리 기술에 대한 보다 포괄적인 처리는 다른 곳에서 사용될 수 있다(Oppenheim and Shafer, 1999).

지수 필터

먼저 식 17-4에서 지수 필터의 디지털 버전을 고려한다. 측정 변수의 샘플을 $y_m(k-1)$,

$y_m(k)$, ⋯으로 표시하고 해당 필터링된 값을 $y_F(k-1)$, $y_F(k)$, ⋯으로 표시한다. 여기서 k는 현재 샘플링 순간을 나타낸다. 식 17-4에서 시간 단계 k에서의 미분값은 1차 역방향 차이로 근사화할 수 있다.

$$\frac{dy_F}{dt} \cong \frac{y_F(k) - y_F(k-1)}{\Delta t} \tag{17-5}$$

식 17-4 및 $y_F(t)$를 $y_F(k)$로, $y_m(t)$를 $y_m(k)$로 대체하면,

$$\tau_F \frac{y_F(k) - y_F(k-1)}{\Delta t} + y_F(k) = y_m(k) \tag{17-6}$$

이를 다시 정리하면 아래 식으로 된다.

$$y_F(k) = \frac{\Delta t}{\tau_F + \Delta t} y_m(k) + \frac{\tau_F}{\tau_F + \Delta t} y_F(k-1) \tag{17-7}$$

여기서 무차원 매개 변수를 정의한다.

$$\alpha \triangleq = \frac{\Delta t}{\tau_F + \Delta t} \tag{17-8a}$$

여기서 $0 < \alpha \leq 1$이다.

$$1 - \alpha = 1 - \frac{\Delta t}{\tau_F + \Delta t} = \frac{\tau_F}{\tau_F + \Delta t} \tag{17-8b}$$

그래서 식 17-7은 다음과 같이 표현된다.

$$y_F(k) = \alpha y_m(k) + (1 - \alpha) y_F(k-1) \tag{17-9}$$

식 17-9는 필터링된 측정값이 현재 측정값 $y_m(k)$와 이전 샘플링 순간 $y_F(k-1)$에서 필터링된 값의 가중 합계임을 나타낸다. 이 연산은 단일 지수 평활 또는 *EWMA 필터* 또는 *지수 가중치 이동 평균*이라고도 한다. α에 대한 제한적인 사례는 다음과 같다.

$\alpha = 1$: 필터링 없음(필터 출력은 원시 측정값 $y_m(k)$).

$\alpha \to 0$: 측정이 무시된다.

식 17-8a는 $\alpha = 1$이 필터 시간 상수 0(필터링 없음)에 해당함을 나타낸다.

식 17-9의 α에 대한 다른 표현식은 dy/dt에 대한 순방향 차이 또는 다른 적분 방식이 활용되는 경우 유도될 수 있다(Franklin et al., 2005). 차이 방정식을 산출하기 위한 식 17-4의 분석적 적분은 조각별 상수 입력에 대해 수행될 수 있으며, 이는 이전에 7장(식 7-25)에서 얻은 결과로 이어진다.

이중 지수 필터

또다른 유용한 디지털 필터는 이중 지수 또는 2차 필터로, 신호 드리프트 및 추세 신호를 처리하는 데 몇 가지 이점을 제공한다. 2차 필터는 직렬로 연결된 2개의 1차 필터와 동일하며, 여기서 두 번째 필터 입력은 식 17-9의 지수 필터의 출력 신호 $y_F(k)$이다. 두 번째 필터(출력 $\bar{y}_F(k)$ 및 필터 상수 γ 포함)는 다음과 같이 표현할 수 있다.

$$\bar{y}_F(k) = \gamma y_F(k) + (1 - \gamma)\bar{y}_F(k-1) \tag{17-10}$$

혹은,

$$\bar{y}_F(k) = \gamma\alpha y_m(k) + \gamma(1 - \alpha) y_F(k-1) + (1 - \gamma)\bar{y}_F(k-1) \tag{17-11}$$

이전 샘플링 순간에 대해 식 17-10을 정리하면,

$$\bar{y}_F(k-1) = \gamma y_F(k-1) + (1-\gamma)\bar{y}_F(k-2) \tag{17-12}$$

$y_F(k-1)$에 대해 구하면,

$$y_F(k-1) = \frac{1}{\gamma}\bar{y}_F(k-1) - \frac{1-\gamma}{\gamma}y_F(k-2) \tag{17-13}$$

식 17-13을 식 17-11에 대입하고 재정렬하면 이중 지수 필터에 대해 다음 식이 된다.

$$\bar{y}_F(k) = \gamma\alpha y_m(k) + (2-\gamma-\alpha)\bar{y}_F(k-1) - (1-\alpha)(1-\gamma)\bar{y}_F(k-2) \tag{17-14}$$

일반적인 단순화는 $\gamma = \alpha$를 선택하는 것이다.

$$\bar{y}_F(k) = \alpha^2 y_m(k) + 2(1-\alpha)\bar{y}_F(k-1) - (1-\alpha)^2\bar{y}_F(k-2) \tag{17-15}$$

식 17-9의 지수 필터에 비해 이중 지수 필터의 장점은 특히 $\gamma = \alpha$인 경우 고주파 노이즈를 더 잘 필터링한다는 것이다. 반면에 주어진 애플리케이션 또는 데이터 세트에 대해 γ 및 α를 적절하게 조정하는 것이 때때로 어렵다.

PID 제어기의 강건성은 측정 변수에 필터를 사용하여 향상된다. Segovia et al. (2014)와 Garpinger와 Hägglund (2015)는 튜닝 매개 변수가 하나 있고 고주파에서 진폭 감쇠를 나타내는 2차 임계 감쇠 필터를 추천한다. 이 필터는 두 개의 다른 시간 상수($\alpha \neq \gamma$)를 갖는 이중 지수 필터에 비해 유리한 것으로 보인다. 2차 필터가 어떤 경우에 유익하지만 단일 지수 필터는 공정 제어 응용 분야에서 더 널리 사용된다.

이동 평균 필터

이동 평균 필터는 지정된 수의 과거 데이터 포인트를 평균화하여 각 데이터 포인트에 동일한 가중치를 부여한다. 일반적으로 가장 최근 데이터에 더 많은 가중치를 부여하는 지수 필터보다 덜 효과적이다. 이동 평균 필터는 수학적으로 다음과 같이 표현할 수 있다.

$$y_F(k) = \frac{1}{N^*}\sum_{i=k-N^*+1}^{k} y_m(i) \tag{17-16}$$

여기서 N^*은 평균화되는 과거 데이터 포인트의 수이다. 식 17-16은 $k-1$ 필터링된 값 $y_F(k-1)$로도 표현할 수 있다.

$$y_F(k-1) = \frac{1}{N^*}\sum_{i=k-N^*}^{k-1} y_m(i) \tag{17-17}$$

식 17-16에서 식 17-17을 빼면 이동 평균 필터의 재귀 형식이 된다.

$$y_F(k) = y_F(k-1) + \frac{1}{N^*}(y_m(k) - y_m(k-N^*)) \tag{17-18}$$

이동 평균 필터는 고주파 노이즈를 제거하는 저역 통과 필터이다.

노이즈 스파이크 필터

노이즈가 많은 양으로 측정되다가 갑자기 다음 샘플링 순간에 원래값(또는 그에 가까운 값)으로 돌아오면 노이즈 스파이크가 발생한다고 말한다. 그림 17.5는 유동화된 모래통에 대한 실험 온도 데이터에 나타나는 두 개의 노이즈 스파이크를 보여준다. 일반적으로 노이즈 스파이크는 센서 환경의 불필요한 전기 신호로 인해 발생할 수 있다. 노이즈가 있는 측정값이 제어기로 전송되기 전에 필터링을 통해 노이즈 스파이크를 제거하지 않으면

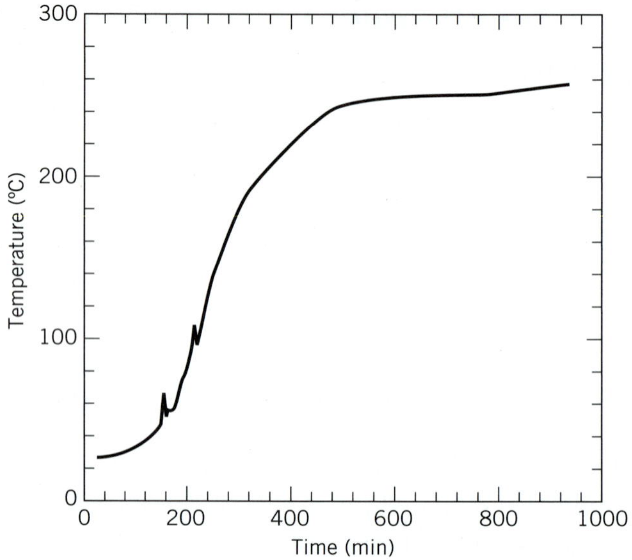

그림 17.5 두 개의 노이즈 스파이크를 포함하는 온도 응답 데이터.

제어기는 조작 변수에 크고 갑작스러운 변화를 생성한다.

노이즈 스파이크 필터(또는 변화율 필터)는 필터링된 출력이 한 샘플링 순간에서 다음 순간으로 변경되도록 허용되는 정도를 제한하는 데 사용된다. Δy가 최대 허용 변경을 나타내는 경우 노이즈 스파이크 필터는 다음과 같이 쓸 수 있다.

$$y_F(k) = \begin{cases} y_m(k) & \text{if } |y_m(k) - y(k-1)| \le \Delta y \\ y_F(k-1) - \Delta y & \text{if } y_F(k-1) - y_m(k) > \Delta y \\ y_F(k-1) + \Delta y & \text{if } y_m(k) - y_F(k-1) > \Delta y \end{cases} \tag{17-19}$$

측정에 큰 변화가 발생하면 필터는 이전 필터 출력에 최대 허용 변경을 더한(또는 빼기) 측정으로 대체한다. 이 필터는 정전, 열전대 또는 기기 라인의 단선 또는 ADC "글리치"와 같은 기기 오작동을 감지하는 데도 사용할 수 있다.

더 복잡한 디지털 필터를 사용할 수 있지만 공정 제어 응용 분야에서는 일반적으로 사용되지 않는다. 여기에는 온라인에서 사용할 수 있는 고역 통과 필터 및 대역 통과 필터 (Isermann, 1989; Oppenheim 및 Shafer, 1999)와 Savitzky–Golay 다항식 평활 필터 (Orfanidis, 1995; Xu et al., 2015)가 포함된다.

예제 17.1

대체 필터의 성능을 비교하려면 주파수 $f = 0.33$ cycles/min이고, 진폭이 0.5에 의해 손상되는 구형파 신호를 고려하라.

(i) 고주파 정현파 노이즈(진폭 = 0.25, $f_N = 9$ 사이클/분)

(ii) 평균이 0이고 분산이 0.01인 랜덤 (가우스) 노이즈

아날로그 및 디지털 단일 지수 필터와 이동 평균 필터를 모두 평가하고 샘플링 간격 Δt의 효과를 평가하라.

풀이

(i) 정현파 노이즈

고주파 정현파 노이즈에 대한 대표적인 결과는 그림 17.6에 나와 있다. 필터링할 신호인 추가 노이즈가 있는 구형파는 그림 17.6*a*에

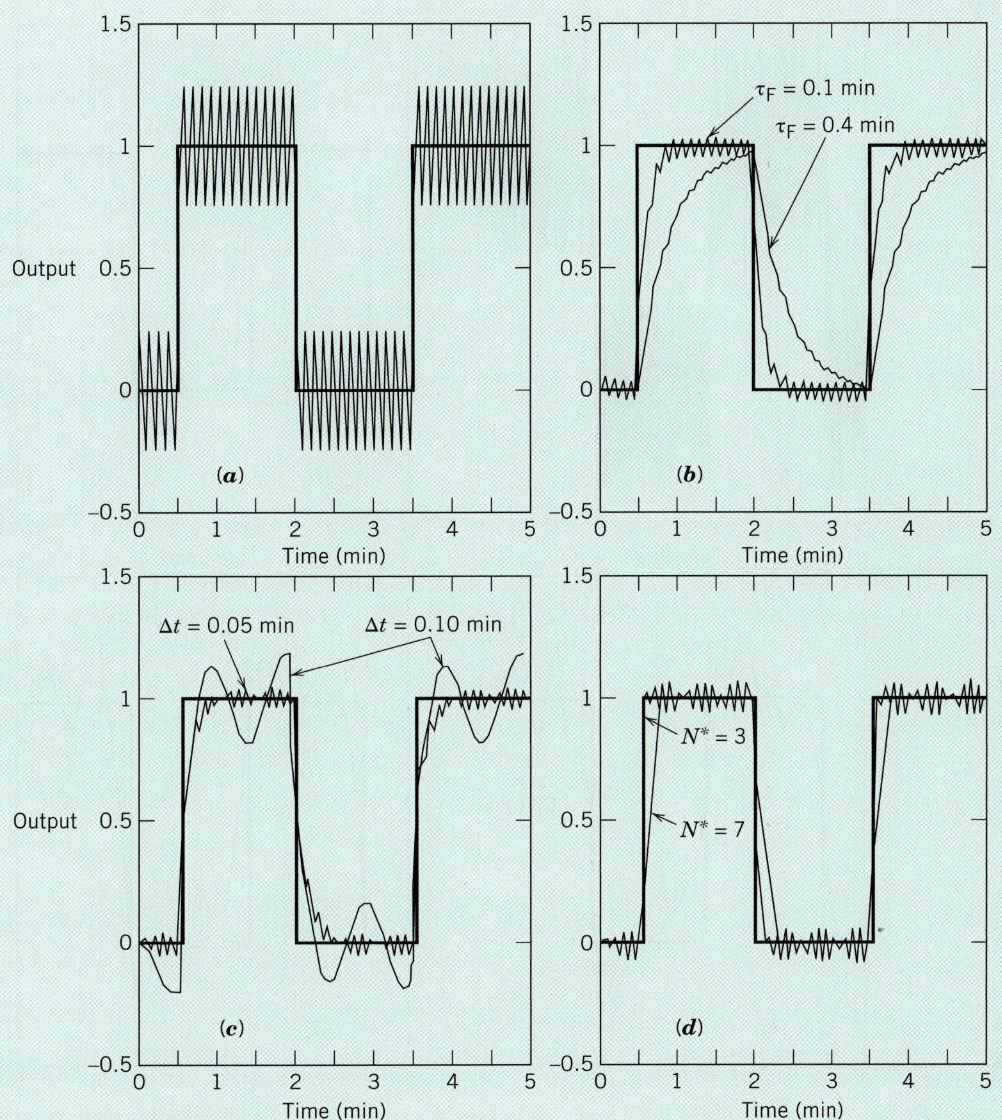

그림 17.6 추가 정현파 노이즈에 대한 필터 성능 비교: (*a*) 구형파 + 노이즈(원래 신호); (*b*) 아날로그 지수 필터; (*c*) 디지털 단일 지수 필터; (*d*) 이동 평균 필터.

나와 있으며 필터 시간 상수가 다른 두 개의 아날로그 지수 필터의 성능은 그림 17.6*b*에 나와 있다. 비교적 큰 필터 시간 상수 (τ_F = 0.4 분)를 선택하면 $\tau_F = 0.1$ 분에 대한 응답에 비해 노이즈가 적지만 더 느린 필터링된 신호가 생성된다.

샘플링 주기 Δt가 디지털 필터 성능에 미치는 영향은 그림 17.6*c*에 나와 있다. 더 큰 샘플링 간격 ($\Delta t = 0.1$ 분)은 심각한 앨리어싱을 초래한다. 왜냐하면 추가된 정현파 노이즈에 대해 $f_s = 1/\Delta t = 10$ 사이클/분의 값이 $2f_N = 18$ 사이클/분 미만이기 때문이다. Δt를 2배로 줄이면 성능이 훨씬 향상된다. 각 필터에 대해 $\tau_F = 0.1$분 값이 선택되었는데, 이는 이 값은 그림 17.6*b*의 아날로그 필터에 대해 만족스러웠기 때문이다. α값이 작을수록 ($\Delta t = 0.05$ 분의 경우 0.33, $\Delta t = 0.1$ 분의 경우 0.5) 더 많은 필터링을 제공한다.

$\Delta t = 0.05$ 분인 두 개의 이동 평균 필터($N^* = 3$ 및 7)의 성능이 그림 17.6*d*에 나와 있다. $N^* = 7$을 선택하면 이 이동 평균 필터가 여러 사이클에 걸쳐 정현파 노이즈를 평균화하는 반면 $N^* = 3$은 더 빠른 응답을 제공하지만 변동이 더 크기 때문에 필터링이 더 좋아진다.

(ii) 랜덤 노이즈

이 노이즈 수준의 영향을 보여주는 시뮬레이션은 그림 17.7에 나와 있다. 그림 17.7*a*는 평균이 0이고, 분산이 0.01인 가우스 노이즈가 구형파 신호에 추가된 후 필터링되지 않은 신호를 보여준다. 그림 17.7*b*의 아날로그 지수 필터는 효과적인 필터링을 제공하며 τ_F

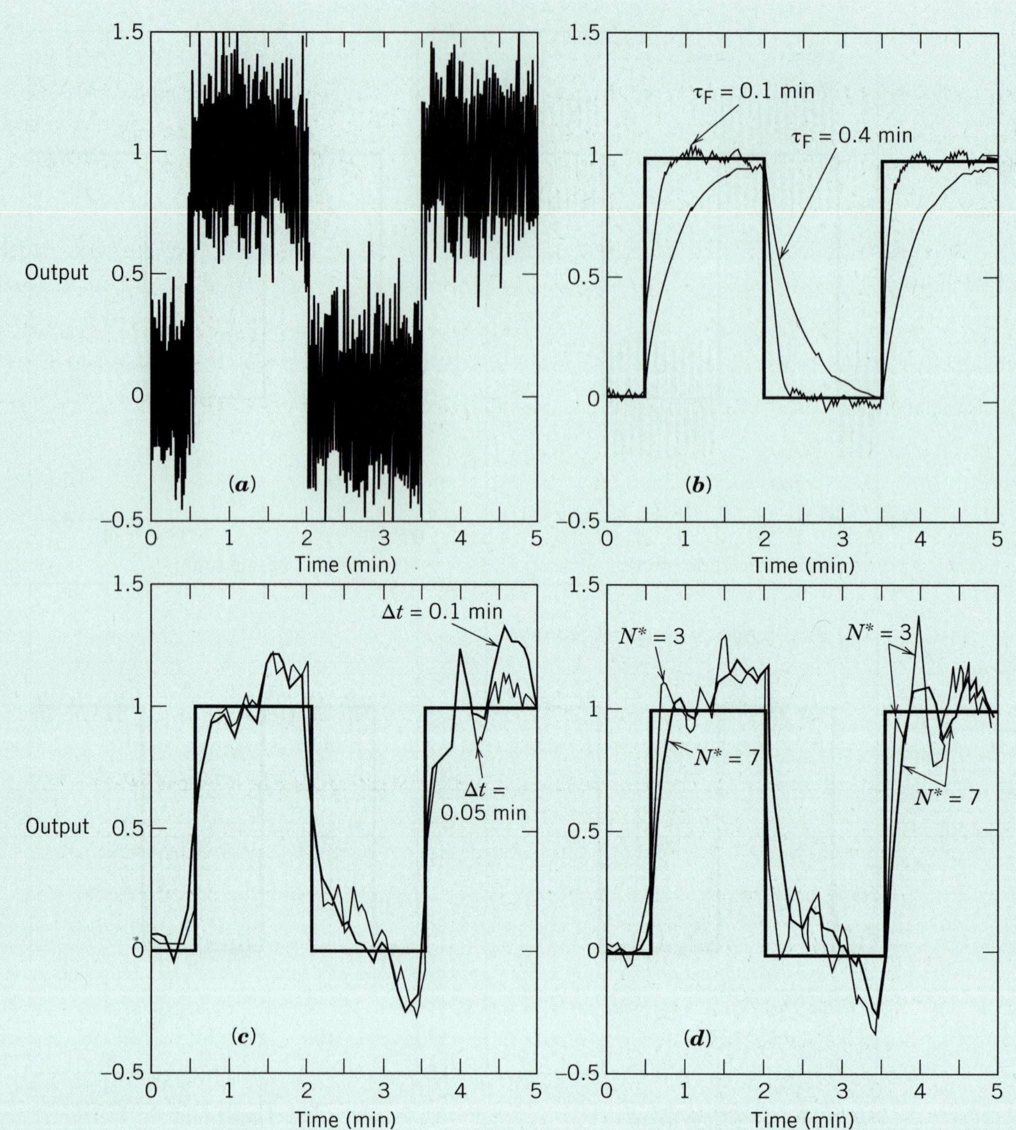

그림 17.7 가산성 가우스 노이즈에 대한 필터 성능 비교: (*a*) 구형파 + 노이즈; (*b*) 아날로그 지수 필터; (*c*) 디지털 지수 필터; (*d*) 이동 평균 필터.

선택에 내재된 필터링 정도와 느린 응답 사이의 균형을 다시 보여준다. 그림 17.7*c*와 *d*의 디지털 필터는 Δt와 N^*의 다른 값을 고려했음에도 불구하고 덜 효과적이다. 랜덤한 노이즈의 고주파 성분으로 인해 일부 앨리어싱이 발생하여 디지털 필터가 아날로그 필터만큼 성능을 발휘하지 못한다.

결론적으로 아날로그 및 디지털 필터는 필터 설계 매개 변수(샘플링 주기 포함)를 신중하게 선택하면 노이즈가 있는 신호를 부드럽게 할 수 있다.

17.3 디지털 제어를 위한 z-변환 분석

이 절에서는 이산 시간 시스템을 분석하기 위해 z-변환을 소개한다. 그림 17.3과 같이 연속 시스템이 이산 시스템과 연결되면 이산 시간에서 닫힌 루프 시스템의 동작을 분석해야한다. Simulink와 같은 소프트웨어를 사용하여 닫힌 루프 제어시스템의 불연속 및 연속 요소를 시뮬레이션 할 수 있다. 그러나 시뮬레이션 기반 접근 방식은 이산 시간 동작을 해석하거나 분석하기 위한 엄격한 기반이 되지는 않는다. 이 분석에는 프로세스 및 제어기 개별 모델과 같은 항목이 포함되며, 이는 극점, 영점 및 동적 동작에 대한 시스템 순서의 영향; 물리적 실현 가능성; 닫힌 루프 시스템의 안정성을 말한다. 이러한 주제에 대한 주요 개념은 아래에서 설명한다. 보다 자세한 분석은 Franklin et al. (2005), Phillips et al. (2014) 및 이 책의 초판(Seborg et al., 1989)에서 확인할 수 있다.

17.3.1 z-변환과 이산 전달함수

디지털 제어시스템의 설계 및 분석은 이산 시간 변환, 즉 z-*변환*을 도입하여 용이하게 한다. 그림 17.1에 표시된 이상적인 주기적 샘플러의 작동을 고려해보자. 샘플러는 동일한 간격의 시간 간격으로 연속 신호 $y(t)$를 이산 신호 $y^*(t)$로 변환한다. 수학적으로는 임펄스 샘플링을 고려하는 것이 편리하고, 여기서 $y^*(t)$는 각 샘플링 순간의 $y(t)$ 값을 기반으로 하는 일련의 임펄스 또는 Dirac 델타 함수에 의해 형성된 샘플링된 신호이다.

$$y^*(t) = \sum_{k=0}^{\infty} y(k\Delta t)\,\delta(t - k\Delta t) \tag{17-20}$$

3장에서 $t = k\Delta t$ 일 때 $\delta(t - k\Delta t) = 1$이므로 각 샘플링 순간에 크기 $y(k\Delta t)$로 임펄스가 형성된다.

다음으로 식 17-20, $Y^*(s)$의 라플라스 변환을 유도한다. $y(\mathrm{k}\Delta t)$의 값은 합계의 각 항에서 상수로 간주되므로 변환 시 변하지 않는다. $\mathscr{L}[\delta(t)] = 1$이므로 지연된 단위 임펄스의 라플라스 변환은 $\mathscr{L}[\delta(t - k\Delta t)] = e^{-k\Delta ts}$이다. 따라서 식 17-20의 라플라스 변환은 다음과 같이 주어진다.

$$Y^*(s) = \sum_{k=0}^{\infty} y(k\Delta t)e^{-k\Delta ts} \tag{17-21}$$

z-변환 변수를 다음과 같이 정의하면,

$$z \triangleq e^{s\Delta t} \tag{17-22}$$

$Y(z)$가 $y^*(t)$의 z-변환을 나타낸다.

$$Y(z) = Z[y^*(t)] = \sum_{k=0}^{\infty} y(k)z^{-k} \tag{17-23}$$

여기서 표기법은 $y(k)$를 사용하여 $y(k\Delta t)$를 표시함으로써 단순화된다. 라플라스 변환과 마찬가지로 z-변환은 차이 방정식에 해당하는 이산 시간에 대한 전달함수를 표현할 수 있다. z-변환의 일부 속성을 유도하기 위해 식 17-23을 사용하여 다음과 같이 *실제 변환 정리*를 쓸 수 있다.

$$Z(y(t - i\Delta t)) = \sum_{k=0}^{\infty} y(k\Delta t - i\Delta t)z^{-k} \tag{17-24}$$

$j = k - \mathrm{i}$를 대입하고 $j < 0$에 대해 $y(j\Delta t) = 0$이기 때문에,

$$Z(y(t - i\Delta t)) = z^{-i}\sum_{j=0}^{\infty} y(j\Delta t)z^{-j} = z^{-i}Y(z) \tag{17-25}$$

따라서 실제 변환 정리는 $Z(y(k-i)) = z^{-i}Y(z)$이고, 따라서 $Z(y(z-1)) = z^{-1}Y(z)$이다.

7.4절에서 논의된 바와 같이, 과거 간격 $(u(k), k = 0, 1, 2, \cdots)$에서 입력값의 변화에 대한 이산 시간 간격$(y(k), k = 0, 1, 2, \cdots)$에서의 연속 프로세스의 응답은 차이 방정식을 사용하여 표현할 수 있다. 1차 차이 방정식의 경우,

$$y(k) + a_1 y(k-1) = b_1 u(k-1) \tag{17-26}$$

z-변환은 일반 입력 $u(k)$에 대해 식 17-25를 사용하여 얻을 수 있다.

$$Y(z) + a_1 z^{-1} Y(z) = b_1 z^{-1} U(z) \tag{17-27}$$

$U(z)$로 $Y(z)$를 풀면,

$$Y(z) = \frac{b_1 z^{-1}}{1 + a_1 z^{-1}} U(z) = G(z)U(z) \tag{17-28}$$

식 17-28은 1차 차이 방정식의 이산 전달함수 $G(z)$를 정의하고, 이는 1차 미분 방정식에 라플라스 변환을 적용하여 얻은 전달함수와 유사하다. 입력 신호 $U(z)$를 알고 있는 경우 $G(z)$에 $U(z)$를 곱하여 출력 $Y(z)$에 대한 표현식을 찾을 수 있다.

펄스 입력 신호 $U(z)$는 표준 연속 시간 입력과 유사한 다양한 신호에 대해 유도될 수 있다(Ogata, 1995; Seborg et al., 1989). 여기서는 절차를 설명하기 위해 단계 입력만 고려한다. 위 단계 입력은 항상 1의 값을 가지고, 따라서 각 샘플링 순간에서 $u(k\Delta t) = u(k) = 1$이다. 17-23을 사용하면, 단위 높이의 일련의 펄스에 대한 z-변환이 다음과 같다.

$$U(z) = 1 + z^{-1} + z^{-2} + z^{-3} + \cdots \tag{17-29}$$

$|z^{-1}| < 1$에 대해, $U(z)$는 다음과 같이 닫힌 형태로 표현될 수 있다(Ogata, 1995).

$$U(z) = \frac{1}{1 - z^{-1}} \tag{17-30}$$

등가 차분 방정식의 응답에 해당하는 이산 전달함수의 응답을 계산하기 위해, 지정된 입력을 기반으로 차이 방정식을 직접 시뮬레이션 할 수 있다. 다른 방법으로, 출력인 z-변환은 z^{-k}에 대한 멱급수 확장인 긴 나눗셈을 사용하여 계산할 수 있다. 계산은 예제 17.2 및 17.3에서 설명한다.

예제 17.2

$a_1 = -0.368$, $b_1 = 1.264$, $y(0) = 0$에 대한 1차 차이 방정식 17-26의 식을 z-변환과 $k = 0, 1, \cdots 5$에 대한 긴 나눗셈을 사용하여 계산하라. 결과를 1차 연속 시간 시스템 ($K = 20$, $\tau = 1$)에 대한 단위 단계 응답과 비교하라. 여기서, 7.4절 및 식 7-25에서 논의한대로, $a_1 = -e^{-\Delta t/\tau}$, $b_1 = K(1 - e^{-\Delta t/\tau})$ 및 $\Delta t = 1$이다.

풀이

식 17-28을 사용하면, 단위 단계 입력 ($U(z) = 1/(1 - z^{-1})$)에 대한 응답은 다음과 같다.

$$Y(z) = \frac{1.264}{1 - 0.368z^{-1}} \cdot \frac{1}{1 - z^{-1}} = \frac{1.264z^{-1}}{1 - 1.368z^{-1} + 0.368z^{-2}} \tag{17-31}$$

다음 긴 나눗셈은 분모를 분자로 나누는 데 사용된다. 분자 및 분모 다항식의 순서는 나눗셈 연산에 대한 z^{-k}의 가장 낮은 거듭 제곱으로 시작한다.

$$\begin{array}{r|l} & 1.264z^{-1} + 1.729z^{-2} + 1.900z^{-3} + \cdots \\ \hline 1 - 1.368z^{-1} + 0.368z^{-2} & 1.264z^{-1} \\ & 1.264z^{-1} - 1.729z^{-2} + 0.465z^{-3} \\ \hline & \quad 1.729z^{-2} - 0.465z^{-3} \\ & \quad 1.729z^{-2} - 2.365z^{-3} + 0.636z^{-4} \\ \hline & \qquad 1.900z^{-3} - 0.636z^{-4} \\ & \qquad \text{(etc.)} \end{array}$$

공간의 제한으로 인해 처음 세 개의 항만 위에 표시된다: $y(1) = 1.264$, $y(2) = 1.729$ 및 $y(3) = 1.900$. 계속해서 $y(4) = 1.963$ 및 $y(5) = 1.986$을 계산한다. 궁극적으로 $y(k)$는 정상 상태 값 2.0(k large)에 도달하고, 이는 프로세스 이득 K가 2이고, 입력이 단위 단계 변경이라는 사실과 일치한다. 연속 시간의 단계 응답은 $y(t) = 2(1 - e^{-t})$이고 $\Delta t = 1$에 대한 이산 시간 응답의 샘플링된 값은 동일하다($k = 0, 1, 2, 3\cdots$). 따라서 이산화는 정확하고, 이는 부분 상수 입력에 대한 분석 솔루션을 기반으로 한다.

$k \geq 0$ 인 경우 $u(k) = 1$ 인 1차 차이 방정식 (17-26)을 시뮬레이션하여 동일한 답을 얻을 수 있다.

$$y(k) = 0.368\, y(k-1) + 1.264(1)$$

$y(0) = 0$으로 시작하면 $y(1) = 1.264$, $y(2) = 1.729$ 등의 값을 재귀적으로 쉽게 생성할 수 있다. 정상 상태 값은 $y(k) = y(k-1) = y_{ss}$로 설정하고 y_{ss}를 풀면 위의 방정식에서 얻을 수 있다. 이 경우 예상대로 $y_{ss} = 2.0$이다.

예제 17.3

차이 방정식의 경우,

$$y(k) = 0.9744\, y(k-1) - 0.2231\, y(k-2) - 0.3225\, u(k-2) + 0.5712\, u(k-3) \tag{17-32}$$

$U(z) = \dfrac{1}{1 - z^{-1}}$에 대해 이산 전달함수 및 단계 응답을 유도하시오. 긴 나눗셈을 사용하여 $k = 0 \sim k = 9$에 대해 $Y(z)$를 구하시오. 이 결과를 원래 차이 방정식 식 17-32 및 $k = 0$에서 $u(k)$의 단위 단계 변화를 시뮬레이션하는 것과 비교하시오. $y(0) = 0$이라고 가정한다.

풀이

식 17-32의 z-변환을 취하면,

$$Y(z) = 0.9744\, z^{-1}\, Y(z) - 0.2231\, z^{-2} Y(z) - 0.3225\, z^{-2}\, U(z) + 0.5712\, z^{-3} U(z) \tag{17-33}$$

이를 재배열하면 이산 전달함수가 된다.

$$G(z) = \frac{Y(z)}{U(z)} = \frac{-0.3225z^{-2} + 0.5712z^{-3}}{1 - 0.9744z^{-1} + 0.2231z^{-2}} \tag{17-34}$$

$G(z)$의 분자는 2개의 샘플링 주기의 시간 지연이 명확하게 있는 z^{-2}의 공통 인자를 갖는다.

단계 응답을 결정하려면 $U(z) = \dfrac{1}{1 - z^{-1}}$로 설정하고 $Y(z)$에 대한 멱급수를 찾기 위해 전달함수를 곱한다. 예제 17.2에서 수행한 긴 나눗셈은 아래와 같이 된다.

$$Y(z) = -0.3225z^{-2} - 0.0655z^{-3} + 0.2568z^{-4} + 0.5136z^{-5} + 0.6918z^{-6} + 0.8082z^{-7} + 0.8820z^{-8} + 0.9277z^{-9} + \cdots \tag{17-35}$$

$k = 0$ 및 $k = 1$ 인 경우 $y(k) = 0$이고, $G(z)$에서 2 단위 시간 지연을 나타내는 $y(2) = -0.3225$이다. 초기 과도 기간이 지나면 $y(k)$가 꾸준히 증가하고 정상 상태 값에 접근할 수 있다. $U(z)$의 단위 단계 변경의 경우, 응답 $Y(z)$의 정상 상태 값은 $G(z)$의 정상 상태 이득을 결정하여 찾을 수 있다. 연속 시간 변환과 유사하게, 정상 상태 이득은 $z = e^{s\Delta t}$ 또는 $z = 1$에서 $s = 0$을 설정하여 찾을 수 있다. 이 경우 $G(z = 1) = 1$이므로 단위 단계 변경에 대해 정상 상태에서 $y(k) = 1$이며, 이는 식 17-35에서 분명히 나타난다.

원래의 차이 방정식을 사용하여 동일한 결과를 얻을 수 있다. $k = 0, 1, 2, \cdots, 9$에 대한 차이 방정식의 다양한 항을 확인하기 위해 테이블(또는 스프레드 시트)을 구성할 수 있다. 표의 가장 위 행은 차이 방정식에서와 동일한 항을 사용하여 구조화되고 단계 응답은 스프레드 시트 소프트웨어를 사용하여 생성된다. 원래 시스템이 $k = 0$에서 정상 상태에 있다고 가정하므로 $k < 0$에 해당하는 y 및 u 항은 0과 같다. 차이 방정식인 식 17-32를 사용하여 $y(k)$의 값은 적절한 곱셈을 수행하여 동일한 행의 항목(셀)에서 얻을 수 있다.

다음으로, 다음과 같은 일반적인 고차 차이 방정식을 고려하면,

$$a_0 y(k) + a_1 y(k-1) + \cdots + a_m y(k-m) = b_0 u(k) + b_1 u(k-1) + \cdots + b_n u(k-n) \quad (17\text{-}36)$$

여기서 $\{a_i\}$와 $\{b_i\}$는 상수 계수의 집합, n과 m은 양의 정수, $u(k)$는 입력, $y(k)$는 출력이다. 식 17-36의 양변을 z-변환하면,

$$a_0 Y(z) + a_1 z^{-1} Y(z) + \cdots + a_m z^{-m} Y(z) = b_0 U(z) + b_1 z^{-1} U(z) + \cdots + b_n z^{-n} U(z) \quad (17\text{-}37)$$

식 17-37을 재정렬하면 *이산 전달함수* 형식이 된다.

$$Y(z) = \frac{b_0 + b_1 z^{-1} + \cdots + b_n z^{-n}}{a_0 + a_1 z^{-1} + \cdots + a_m z^{-m}} U(z) \quad (17\text{-}38)$$

$G(z)$의 다항식 비율은 모든 차이 방정식에 대한 대수적 조작으로 유도할 수 있다(Åström and Wittenmark, 2011). 이 경우,

$$G(z) = \frac{B(z)}{A(z)} = \frac{b_0 + b_1 z^{-1} + \cdots + b_n z^{-n}}{a_0 + a_1 z^{-1} + \cdots + a_m z^{-m}} \quad (17\text{-}39)$$

여기서 $B(z)$와 $A(z)$는 z^{-1}의 다항식이다. 대부분의 프로세스에서 b_0은 0이며 입력이 즉시 출력에 영향을 미치지 않음을 나타낸다. 식 17-37에서 $b_0 \neq 0$이면 입력항은 차이 방정식에 $u(k)$를 포함한다. 또한 분모의 선행 계수는 분자와 분모를 모두 a_0으로 나눔으로써 1과 동일하게 설정할 수 있다. 식 17-39에서 G의 정상 상태 이득은 $z = 1$로 설정하여 찾을 수 있다(Ogata, 1995).

식 17-39의 동적 거동은 연속 시간 시스템과 유사하게 극점과 영점으로 특성화될 수 있다. 이렇게 하려면 먼저 식 17-39에 z^n/z^m을 곱하여 $G(z)$를 z의 양의 거듭 제곱으로 변환하여 수정된 다항식 $B'(z)/A'(z)$를 만들어야 한다. $G(z)$의 안정성은 $A'(z) = 0$으로 주어진 특성 방정식의 근인 극점에 의해 결정된다. $A'(z)$는 특성 방정식이라고 한다. z는 식 17-22의 정의에 따라 복소수 변수 s와 관련되어 있으므로 복소수 변수이다.

복소 z평면의 단위원은 *단위 반경* $|z| = 1$을 갖는 원으로 정의된다. 단위원은 안정 영역과 불안정 영역을 구분하는 선이다. 단위원 안에 있는 모든 극은 안정적이므로 제한된 입력에 안정적인 응답을 제공한다. 대조적으로, 단위원 밖에 있는 극은 불안정하다(Åström and Wittenmark, 2011). $G(z)$의 영점은 $B'(z) = 0$의 근이다. 이산 시간 분석에서, 시간 지연은 일반적으로 편의상 샘플링 주기 Δt의 정수 배수 N이라고 가정한다. 이 시간 지연은 원점에 위치한 $A'(z)$의 N근을 생성하므로 인자 z^N으로 표현할 수 있다. 정의에 따라 $G(z)$의 차수는 $P + N$이며, 여기서 P는 극 수이다.

그림 17.8은 $k = 0$에서 임펄스 입력에 의해 강제되는 단순1차 전달함수 $G(z) = b_0/(1 - az^{-1})$에 대한 가능한 응답에 대한 극 위치의 효과를 보여준다. 해당하는 연속 시간 모델 응답도 표시된다. 극점3과 극점4는 단위원 안에 있어 안정적이며, 극점1과 극점6은 단위원 밖에 있어 불안정한 반응을 보인다. 극점 2와 5는 단위원에 있으며 한계적으로 안정적이다. 4~6과 같은 음의 극점은 이는 연속 시간 1차 시스템과 달리 1차 이산 시간 시스템에서도 진동 응답을 생성한다.

샘플링된 데이터 시스템의 몇 가지 중요한 특성은 z-변환의 긴 분할에서 얻을 수 있다. 예를 들어 1차 z-변환의 경우,

$$Y(z) = \frac{b_0}{1 - a_1 z^{-1}} \quad (17\text{-}40)$$

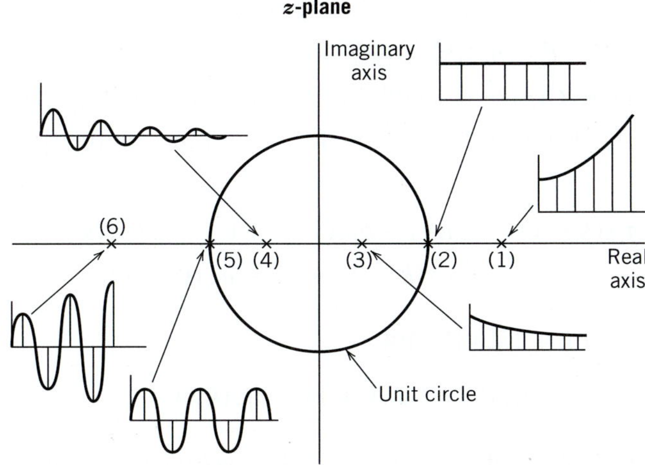

그림 17.8 1차 이산 전달함수 및 $k = 0$에서 펄스 입력의 ×로 표시된 극 a의 다른 위치에 대한 시간-영역 응답.

긴 나눗셈으로 동등한 샘플 신호를 찾을 수 있으며 결과적으로 무한 급수가 된다.

$$\overline{Y}(z) = b_0(1 + a_1 z^{-1} + a_1^2 z^{-2} + \cdots + a_1^n z^{-n} + \cdots) \tag{17-41}$$

$a_1 = b_0 = 1$이면, $Y(z) = \dfrac{1}{1 - z^{-1}}$이고, $\overline{Y}(z) = \sum_{i=0}^{\infty} z^{-i}$이다. 따라서 동일한 차이 방정식은 이전의 모든 $u(k)$값의 합계가 된다.

17.3.2 이산 컨볼루션 모델 형식

식 17-38의 전달함수의 경우 분자를 분모로 나누면(a_0로 시작하여 나머지를 결정), 이산 컨볼루션 모델(7.5.1절 참조)과 동일한 모델이 생성된다. 식 17-38의 긴 나눗셈은 시리즈 $\sum_{k=0}^{\infty} c_k z^{-k}$의 처음 세 항에 대해 산출한다.

$$c_0 = \frac{b_0}{a_0} \tag{17-42}$$

$$c_1 = \frac{b_1}{a_0} - \frac{b_0 a_1}{a_0^2} \tag{17-43}$$

$$c_2 = b_2 - \frac{b_0 a_2}{a_0} - \frac{b_1 a_1}{a_0} + \frac{b_0 a_1^2}{a_0^2} \tag{17-44}$$

따라서 전달함수는 아래와 같이 된다.

$$G(z) = c_0 + c_1 z^{-1} + c_2 z^{-2} + \cdots \tag{17-45}$$

이는 컨볼루션 모델 형식에 해당한다.

$$y(k) = c_0 + c_1 u(k-1) + c_2 u(k-2) + \cdots \tag{17-46}$$

17.3.3 물리적 실현 가능성

4장에서는 연속 시간 전달함수에 대한 물리적 실현 가능성의 개념을 다루었다. 차이 방정식 또는 전달함수에 대해 유사한 조건을 지정할 수 있다. 즉, 이산 시간 모델은 미래 입력에 의존하는 출력 신호를 가질 수 없다. 그렇지 않으면 모델을 물리적으로 실현할 수 없다. 식 17-39에 주어진 다항식의 비율을 고려해보자. 이산 전달함수는 분자와 분모의 공약수가 약분되도록 $G(z)$가 감소되었다고 가정할 때, $a_0 \neq 0$인 한 물리적으로 실현할 수 있다. 이 속성을 보려면 식 17-36을 확인해보자. 만약 $a_0 = 0$이면 차이 방정식은 다음과 같다.

$$\begin{aligned} a_1 y(k-1) &= b_0 u(k) + b_1 u(k-1) + \cdots + b_k u(k-n) \\ &\quad - a_2 y(k-2) - \cdots - a_m y(k-m) \end{aligned} \tag{17-47}$$

또는 인덱스를 k에서 $k+1$로 이동하여,

$$a_1 y(k) = b_0 u(k+1) + b_1 u(k) + \cdots \tag{17-48}$$

이 식은 물리적으로 불가능한(실현 불가능한) 출력 $y(k)$의 현재 가치에 영향을 미치기 위해 미래 입력 $u(k+1)$을 필요로 한다. 모델(프로세스 또는 제어기)의 물리적 실현 가능성은 시뮬레이션 또는 제어에 사용하기 전에 확인해야한다.

적분 제어기의 이산 전달함수

이제 디지털 적분 제어기에 대한 전달함수를 유도한다. 여기서 출력은 $p(k)$이고 입력은 오차 신호 $e(k)$이다(식 8-7 참조). 연속 시간에서 $e(t)$의 적분은 이산 시간의 합계로 근사할 수 있다. 적분에 대한 유한 차분 근사를 사용하여,

$$p(t) = \bar{p} + \frac{1}{\tau_I}\int_0^t e(t')dt' \approx \bar{p} + \frac{\Delta t}{\tau_I}\sum_{k=0}^{n} e(k) \tag{17-49}$$

그러면,

$$p(k) - \bar{p} = \frac{\Delta t}{\tau_I}\sum_{k=0}^{n} e(k) \tag{17-50}$$

z-변환을 하면,

$$P(z) = \frac{\Delta t}{\tau_I}\left(\sum_{k=0}^{n} z^{-k}\right)E(z) \tag{17-51}$$

n이 크면 합계는 다음과 같이 닫힌 형식으로 표현될 수 있다.

$$P(z) = \frac{\Delta t}{(1-z^{-1})\tau_I}E(z) \tag{17-52a}$$

적분 제어기에 대한 식 17-43에 대한 연속 시간 아날로그는 다음과 같다.

$$P(s) = \frac{E(s)}{\tau_I s} \tag{17-52b}$$

위의 두 식을 비교하면 z^{-1}과 s의 관계를 확인할 수 있다.

$$s \cong \frac{1-z^{-1}}{\Delta t} \tag{17-53}$$

이 식은 s의 *역차*(BD) 근사(1차 Taylor급수와 동일)로 알려져 있으며, 연속 시간 표현(s)을 단순한 직접 대체법으로 z^{-1}의 근사 이산 시간 표현으로 변환하는 데 사용할 수 있다. 동일한 관계는 $\mathcal{L}\left(\frac{de}{dt}\right) = sE(s)$을 고려하여 얻을 수 있다. 이 식은 $\frac{de}{dt} \approx \frac{e(k)-e(k-1)}{\Delta t}$

과 비교할 수 있으며, 여기서는 z-변환은 $\frac{1-z^{-1}}{\Delta t}E(z)$이다. 따라서 다음 예제와 같이 식 17-53에 주어진 s를 BD 근사값으로 대체하여 PID 제어기와 같은 연속 시간 함수의 라플라스 변환을 이산 시간으로 근사할 수 있다.

예제 17.4

PID 제어기의 병렬 형태에 대한 이산 전달함수를 유도하라.

$$G_c(s) = K_c\left(1 + \frac{1}{\tau_1 s} + \tau_D s\right) \tag{17-54}$$

s에 대한 BD 대체를 사용하고, 결과를 식 8-27에 주어진 PID 알고리즘의 속도 형식과 비교하시오.

풀이

$s \cong (1 - z^{-1})/\Delta t$를 식 17-54에 대입하면,

$$G_c(z) = \frac{K_c(a_0 + a_1 z^{-1} + a_2 z^{-2})}{1 - z^{-1}} \tag{17-55}$$

여기서, $a_0 = 1 + \frac{\Delta t}{\tau_I} + \frac{\tau_D}{\Delta t}$, $\quad a_1 = -\left(1 + \frac{2\tau_D}{\Delta t}\right)$, $\quad a_2 = \frac{\tau_D}{\Delta t}$

(계속)

표 17.1 0차 홀드를 사용하여 얻은 이산 전달함수.

전달함수 $G(s)$	$G(z)$	
$\frac{K}{s}$	$\frac{b_1 z^{-1}}{1 + a_1 z^{-1}}$	$a_1 = -1$ $b_1 = K\Delta t$
$\frac{K}{s+r}$	$\frac{b_1 z^{-1}}{1 + a_1 z^{-1}}$	$a_1 = -\exp(-r\Delta t)$ $b_1 = \frac{K}{r}[1 - \exp(-r\Delta t)]$
$\frac{K}{(s+r)(s+p)}$	$\frac{b_1 z^{-1} + b_2 z^{-2}}{1 + a_1 z^{-1} + a_2 z^{-2}}$	$a_1 = -\exp(-r\Delta t) - \exp(-p\Delta t)$ $a_2 = \exp[-(r+p)\Delta t]$ $b_1 = [K/rp(r-p)][(r-p) - r\exp(-p\Delta t) + p\ \exp(-r\Delta t)]$ $b_2 = [K/rp(r-p)]\{(r-p)\exp[-(r+p)\Delta t)] + p\exp(-p\Delta t) - r\exp(-r\Delta t)\}$
$\frac{K}{s(s+r)}$	$\frac{b_1 z^{-1} + b_2 z^{-2}}{1 + a_1 z^{-1} + a_2 z^{-2}}$	$a_1 = -\{1 + \exp(-r\Delta t)\}$ $a_2 = \exp(-r\Delta t)$ $b_1 = -(K/r^2)[1 - r\Delta t - \exp(-r\Delta t)]$ $b_2 = (K/r^2)[1 - \exp(-r\Delta t) - r\Delta t\exp(-r\Delta t)]$
$\frac{K(s+v)}{(s+r)(s+p)}$	$\frac{b_1 z^{-1} + b_2 z^{-2}}{1 + a_1 z^{-1} + a_2 z^{-2}}$	$a_1 = -\{\exp(-p\Delta t + \exp(-r\Delta t)\}$ $a_2 = \exp[-(r+p)\Delta t]$ $b_1 = \frac{K}{p-r}\{\exp(-p\Delta t) - \exp(-r\Delta t) + (v/p)[1 - \exp(-p\Delta t)] - (v/r)[1 - \exp(-r\Delta t)]\}$ $b_2 = K\{(v/rp)\exp[-(r+p)\Delta t] + [(p-v)/p(r-p)]\exp(-r\Delta t) + [(v-r)/r(r-p)]\exp(-p\Delta t)\}$

$E(z)$는 오차 신호(입력)이고 $P(z)$는 제어기 출력이므로 $P(z) = G_c(z)E(z)$이다. 식 17-55의 양쪽에 $(1 - z^{-1})$을 곱하면

$$(1 - z^{-1})P(z) = K_c(a_0 + a_1 z^{-1} + a_2 z^{-2})E(z) \tag{17-56}$$

제어기 전달함수를 차이 방정식 형식으로 변환하면,

$$p(k) - p(k-1) = K_c a_0 e(k) + K_c a_1 e(k-1) + K_c a_2 e(k-2) \tag{17-57}$$

a_0, a_1 및 a_2를 대체하고 제어기 설정 K_c, τ_I 및 τ_D와 관련하여 항을 정리하면,

$$p(k) - p(k-1) = K_c\left[\left((e(k) - e(k-1)) + \frac{\Delta t}{\tau_I}e(k) + \frac{\tau_D}{\Delta t}(e(k) - 2e(k-1) + e(k-2)\right)\right] \tag{17-58}$$

이 방정식은 시간 영역에서 유한 차분 근사를 사용하여 도출된 식 8-27과 동일하다.

Ogata (1995)는 전달함수 $G(s)$로의 대수 치환에 대해 보다 정확한 공식을 정리했다. 근사 치환은 항상 주의해서 사용해야 하는 방법이다. 가능하다면, 식 17-53과 같은 유한 차분 근사치보다는 연속 공정 모델을 이산 시간으로 정확하게 변환하는 것이 바람직하다. 표 17.1은 ZOH(부분 상수 입력 u를 생성함)를 기반으로 일반적으로 사용되는 전달함수 $G(s)$의 변환 테이블을 제공한다. 이 표는 식 7-24부터 7-31까지의 1차 및 2차 공정 모델에 대한 정확한(분석적) 변환 공식과도 일치한다.

블록선도 대수

닫힌 루프 시스템의 블록선도(그림 17.3)에서 연속 구성요소의 열린 루프 전달함수에는 최종 제어 요소(또는 밸브), 프로세스 및 측정의 곱이 포함된다는 것을 인식하는 것이 중요하다. 또는 $G(s) = G_v(s)$ 또는... $G_p(s)$ 또는... $G_m(s)$. 별도의 이산 시간 버전 $G_v(z)$, $G_p(z)$ 및 $G_m(z)$를 찾은 다음 함께 곱하는 것은 수학적으로 올바르지 않다(Ogata, 1995; Seborg et al., 1989). 대신 $G(s)$의 z-변환은 Laplace 변환의 정확한 이산화를 기반으로 해야한다(Åström and Wittenmark, 2011). $G_m = K_m$인 경우 닫힌 루프 표현식(12장과 유사함)이 된다.

$$\frac{Y(z)}{Y_{sp}(z)} = \frac{G_c(z)G(z)}{1 + G_c(z)G(z)} \tag{17-59}$$

식 17-59에서 $G_c(z)$는 디지털 제어기에 대한 이산 전달함수이다. 디지털 제어기는 본질적으로 이산 시간장치이지만 ZOH를 사용하면 이산 시간 제어기 출력이 최종 제어요소로 전송되는 연속 신호로 변환된다. 따라서 G의 개별 요소는 본질적으로 연속적이지만 이산 시간으로 변환하여 각 샘플링 순간에 해당값을 계산한다. 식 17-59의 이산 닫힌 루프 전달함수는 다음 절에서 설명하는 것처럼 닫힌 루프 분석 및 제어기 설계를 수행하기 위한 프레임 워크를 제공한다. 이산 시간 시스템에 대한 닫힌 루프 분석에 대한 추가 자료는 다른 자료에서도 확인할 수 있다(Ogata, 1995; Seborg et al., 1989).

17.3.4 안정성 분석

샘플링된 데이터 시스템의 경우 특성 방정식의 근이 단위원 밖에 있는지 여부를 확인하여 전달함수의 안정성을 테스트 할 수 있다(그림 17.8 참조). 이 안정성 테스트를 적용하려면 z의 양의 거듭 제곱으로 식 17-39에 전달함수의 분모를 써보면,

$$A'(z) = z^m A(z) = a_m z^m + a_{m-1} z^{m-1} + \cdots + a_1 z + a_0 = 0 \tag{17-60}$$

시간 지연이 Δt의 정수배인 경우 z의 다항식이 항상 생성된다. 특성 방정식 $A'(z)$의 근은 근찾기 방법을 사용하여 찾을 수 있다. 근이 단위원 밖에 있으면 이산 전달함수가 불안정하다(그림 17.8 참조). 이 결론은 출력 $y(k)$가 k에 대해 증가하는지 확인하기 위해, 펄스 입력에 대한 전달함수 응답을 시뮬레이션하여 확인할 수 있다.

공간적인 제한으로 인해 이중 선형 변환 또는 Jury's 테스트와 같은 z-변환 모델의 안정성에 대한 엄격한 범위를 일부러 포함하지 않았다. 이러한 기술에 대한 자세한 내용은 Franklin et al. (2005), Phillips et al. (2014) 및 Ogata (1995)를 참조하시오.

17.4 디지털 PID 제어기 튜닝

이 절에서는 디지털 PID 제어기와 튜닝 방법에 중점을 둔다. 차이 방정식 형태의 PID 제어기의 디지털 버전은 이전에 역차 근사를 사용하여 식 8-25 및 8-27(위치 및 속도 형식)에 제시되었다. Δt의 작은 값(공정 응답 시간에 상대적으로)의 경우 8.4절에서 논의된 적분 및 미분 제어 동작에 대한 유한 차분 근사치는 상당히 정확하다. 따라서 연속 제어기에 대해 얻은 적절한 제어기 설정을 디지털 PID 제어기에서도 활용할 수 있다. Isermann(1989)에 의해 언급된 바와 같이 연속 및 이산 PID 제어기는 $\Delta t/\tau_I \leq 0.1$인 한 본질적으로 동일한 동작을 갖는다. Åström과 Wittenmark(2011)는 광범위한 디지털 제어기 설계를 위한 샘플링 주기의 효과에 대해 논의했다.

Δt가 작지 않은 경우, 디지털 제어시스템에서 ZOH를 사용하려면 제어기 설계 절차를 수정해야 한다. 샘플러와 ZOH가 신호의 유효 시간 지연을 최종 제어 요소에 도입하기 때문이다. 이 경우 샘플러에 ZOH를 더한 동적 효과는 샘플링 주기의 절반에 해당하는 시간 지연으로 근사되어야 한다(Franklin et al., 2005). 따라서 12장의 제어기 튜닝 관계식을 사용하기 전에 프로세스 시간 지연 θ에 $\Delta t/2$를 추가하는 것이 디지털 PID 제어기 튜닝의 일반적인 방법이다. Franklin et al. (2005)에 나타나듯, PID 제어기의 BD 버전(식 17-55)은 이산 시간에서 더 큰 안정성 마진을 제공한다(다른 유한 차분 체계에 비해). 다음 절의 예제 17.5에서 볼 수 있듯이 PID 제어기의 s-도메인 직접 합성을 사용하고, 이후 BD를 이산 시간으로 변환하면 만족스러운 결과를 얻을 수 있다.

이전 장에서 전달함수 모델로 설명된 선형 연속시간 제어시스템을 시뮬레이션하는데 Simulink가 사용되었다. 디지털 제어시스템의 경우 Simulink를 사용하여 이산 시간 시스템의 개방 및 닫힌 루프 응답을 시뮬레이션할 수도 있다. 그림 17.3에서 볼 수 있듯이 컴퓨터 제어시스템은 연속 및 이산 구성 요소를 모두 포함한다. 이러한 하이브리드 시스템에 대한 자세한 분석을 수행하려면 모든 전달함수를 이산 시간으로 변환한 다음 z-변환을 사용하여 분석을 수행해야 한다(Åström and Wittenmark, 2011; Franklin et al., 2005). 반면에 시뮬레이션은 이산 또는 연속 형태의 제어시스템 원래 형식의 구성 요소를 사용하여 Simulink로 수행할 수 있다. 이 접근 방식은 디지털 제어기의 튜닝을 용이하게 한다.

이 절에서는 다양한 디지털 제어기에 대해 닫힌 루프 시뮬레이션을 수행하는 방법을 보여준다. 제어기는 이산 전달함수로 표시되지만 제어 루프의 다른 모든 구성요소(최종 제어 요소, 프로세스, 센서 및 외란에 대한 모델)는 일반적으로 s의 함수로서 Simulink 블록선도에 직접 입력할 수 있는 연속 전달함수로 사용할 수 있다.

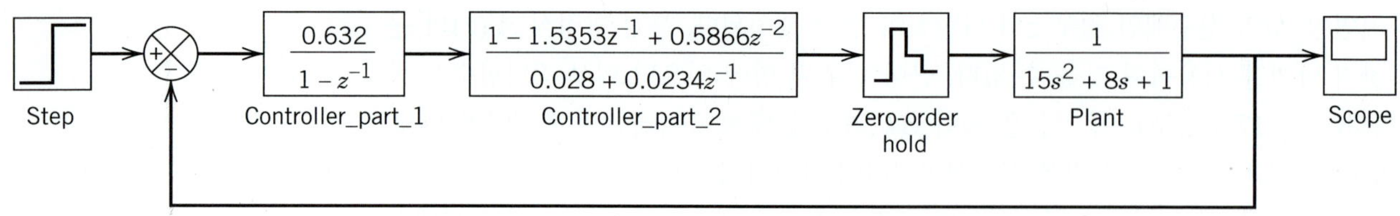

그림 17.9 이산 시간 제어기, 연속 시간 프로세스 및 설정값의 단계 변경에 대한 Simulink 다이어그램.

설정값의 단계 변경을 도입하려면 단계 입력에 대해 Simulink에서 아이콘을 선택하기만하면 된다(s 또는 z 변환이 필요하지 않음). 외란의 단계 변경은 유사한 방식으로 입력 할 수 있다. ZOH 아이콘은 디지털 제어기 뒤에 배치하여 일련의 제어기 펄스를 연속 신호로 변환하여 제어밸브와 같은 최종 제어요소를 구동할 수 있다. 그러나 Simulink에서는 소프트웨어가 마치 ZOH가 있는 것처럼 계산을 수행하기 때문에 사용자가 ZOH를 포함 할 필요가 없다. 사용자는 또한 각 개별 블록에서 샘플링 주기를 규정해야 한다.

그림 17.9는 디지털 제어시스템에 대한 Simulin*k* 블록선도를 보여준다.

1. 곱해진 두 개의 제어기 블록 ($G_c = G_{c1}G_{c2}$)
2. 0차 홀드
3. 연속 시간 프로세스 G(시간 상수 5 및 3, 이득 1)
4. 연속 시간 응답인 프로세스 출력에 대한 설정값의 단위 단계 변경 및 그래픽 출력("범위")

Simulink 메뉴에서 다른 블록을 추가하여 최종 제어 요소, 외란 및 센서(원하는 만큼)에 대한 전송 기능을 명시적으로 포함할 수 있다. Simulink는 개방 루프 시뮬레이션에도 사용할 수 있다.

Simulink는 12장에서 설명한 것처럼 다양한 유형의 디지털 피드백 제어기의 성능을 시연하기 위해 후속 예제에서 사용된다. 닫힌 루프 시스템의 안정성은 안정성을위한 최대 제어기 이득을 결정하기 위해 블록선도의 시행–오차 시뮬레이션을 사용하여 확인할 수도 있다.

예제 17.5

디지털 제어기는 퍼지 스트림을 조정하여 탱크의 압력을 제어하는 데 사용된다. 제어밸브는 공기 개방형이며 프로세스 모델은 다음과 같이 구성된다.

$$G = G_v G_p G_m = \frac{-20e^{-s}}{5s+1}$$

이득은 차원이 없으며 시간 상수와 시간 지연은 분 단위이다. 샘플링 주기는 $\Delta t = 1$분이다.

표 12.4의 ITA*E*(외란) 조정 규칙을 사용하여 개별 PI 제어기의 닫힌 루프 성능을 비교하시오. ITAE 제어기 계산을 위해 모델에서 $\Delta t/2$와 동일한 시간 지연으로 샘플러와 ZOH를 근사화하라. Simulink를 사용하여 $\Delta t = 0.05, 0.25, 0.5$ 및 1.0분으로 여러 제어기에 대한 샘플링 주기의 효과를 확인하시오.

▶ 풀이

먼저 샘플러와 ZOH로 인한 시간 지연을 설명하는 $\Delta t/2$를 추가하여 각 제어기 계산에 대한 프로세스 시간 지연을 조정한다. 다양한 샘플링 주기에 대해 표 12.4에서 계산된 제어기 설정은 다음과 같다(τ_I는 분 단위).

	PI	
Δt	K_c	τ_I
0.05	−0.21	2.48
0.25	−0.19	2.68
0.5	−0.17	2.89
1.0	−0.14	3.27

이러한 연속 제어기의 설정은 디지털 제어기에 해당하는 설정을 얻기 위해 식 17-55로 대체된다. 그림 17.10은 샘플링 주기가 짧을수록 PI 제어에 대한 닫힌 루프 응답이 빨라짐을 보여준다. $\Delta t \leq 0.05$분 대한 성능 변화는 없다.이 예제의 결과를 식 17-3에 주어진 샘플링 주기 선택 지침과 비교하는 것이 흥미롭다.

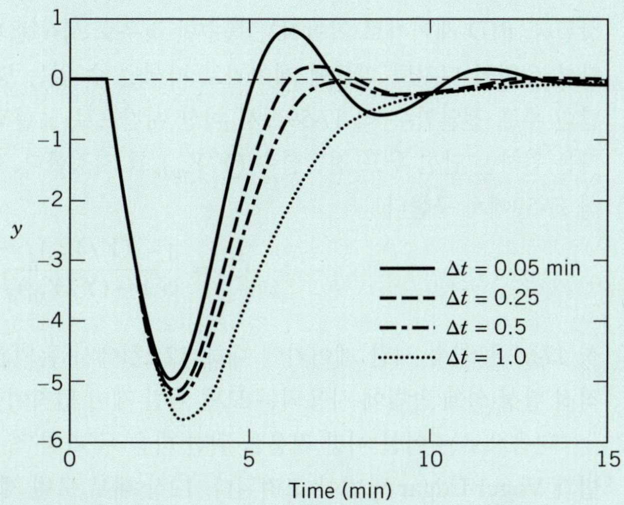

그림 17.10 샘플링 주기가 다르고 단계 외란이 있는 PI 제어기에 대한 닫힌 루프 응답.

필터 선택이 PID 제어기 성능에 미치는 영향

디지털 및 아날로그 필터는, 데이터를 평활화하고 고주파 노이즈를 제거하는 데 유용하지만 제어시스템 성능에도 영향을 미친다. 특히, 피드백 루프의 필터는 추가적인 위상 지연을 유발한다. 따라서 필터가 없는 상황에 비해 피드백 제어기의 안정성 마진이 줄어 든다. 따라서 필터 상수가 변경되면 제어기를 다시 조정해야 할 수 있다. 미분 동작을 사용하는 경우 미분 제어 계산을 수행하기 전에 노이즈가 있는 신호를 필터링하는 것이 중요하다. 미분 동작은 공정 측정에서 노이즈를 증폭시키는 경향이 있기 때문에 필터링은 제어기 포화 및 최종 제어 요소의 마모를 방지하는 데 도움이 된다. 일부 PID 제어기는 제어기 방정식에 미분 필터를 포함한 자세한 내용은 8장을 참조하라.

무선 피드백 제어

무선 피드백 제어는 배선 비용을 줄이는 데 매력적인 유망한 신기술이다. 최상의 닫힌 루프 응답을 달성하려면, 감지 및 데이터 수집의 지연을 최소화하기 위해 이러한 환경에서 디지털 피드백 제어를 프로세스 응답 시간보다 4~10배 빠르게 실행해야 한다. 유선 송신기와 달리 무선 측정 송신기에 대해 빈번하게 샘플링을 하는 것은 실용적이지 않다. 이는 송신기 배터리를 빠르게 소모하기 때문이다. 샘플링 주기가 느리면 외란에 대한 닫힌 루프 응답이 진동할 수 있다. 그 대안으로, 무선측정이 유선측정만큼 자주 업데이트되지 않을 때, 만족스러운 제어를 제공하도록 PID 제어를 재구성할 수 있다. PIDPlus (Blevins et al., 2015)로 알려진 PID 구현은 느린 측정 샘플링 속도와 가능한 손실된 측정을 자동으로 보상하여 유선 송신기를 사용하여 얻은 것과 비슷한 성능을 제공한다. PIDPlus는 *이벤트 기반 제어*(Ruiz et al., 2014)의 특정 사례이며, 여기서 *send-on-delta* 샘플링 전략이 사용된다(Beschi et al., 2012).

17.5 디지털 제어기 설계를 위한 직접 합성

이 절에서는 12.2절에 제시된 DS (Direct Synthesis) 방법이 디지털 제어기 설계로 확장된다. PID 제어기로 이어지는 특수한 경우로 시작한 다음, 직접 합성 방법을 사용하여 다른 유형의 디지털 피드백 제어기로 파생될 수 있는 방법을 보여준다. G_c와 G는 모두 닫힌 루프 전달함수 식 17-59에서 이산 시간으로 표현되어야 한다. 직접 합성에서 설계자는 원하는 닫힌 루프 전달함수 $(Y/Y_{sp})_d$를 지정한다. 원하는 성능을 내는 제어기 G_c는 식 17-59에서 구한다.

$$G_c = \frac{1}{G}\frac{(Y/Y_{sp})_d}{1-(Y/Y_{sp})_d} \tag{17-61}$$

식 17-61은 연속 시간 제어기에 대해 12.2절에서 논의된 절차와 유사한, 이산 시간에서 직접 합성 설계 방법에 사용되는 모델 기반 제어 법칙이다.

다음으로는 이산 시간 적용을 위한 다음 두 가지 직접 합성 알고리즘인 Dahlin의 방법과 Vogel-Edgar 방법이 고려된다. 12장 내부 모델 제어에서 고려한 관련 방법의 이산 시간 버전도 제시된다.

17.5.1 Dahlin의 방법(Lambda 튜닝)

Dahlin의 방법(Dahlin, 1968)은 원하는 닫힌 루프 전달함수가 FOPTD 모델임을 규정한다.

$$\left(\frac{Y}{Y_{sp}}\right)_d = \frac{e^{-hs}}{\tau_c s+1} \tag{17-62}$$

여기서 τ_c는 원하는 닫힌 루프 시간 상수(12장 참조)이고 h는 지정된 시간 지연이다. $h = \theta$ (프로세스 시간 지연)를 선택한 후 표 17.1은 식 17-62에 해당하는 이산 전달함수가 다음과 같음을 나타낸다.

$$\left(\frac{Y}{Y_{sp}}\right)_d = \frac{(1-A)z^{-N-1}}{1-Az^{-1}} \tag{17-63}$$

여기서 $\mathrm{A} = e^{-\Delta t/}\tau_c$, $\mathrm{K} = 1/\tau_c$, $r = 1/\tau_c$, $\mathrm{N} = \theta/\Delta t$ 이다.

식 17-63을 식 17-61로 대체하면 G_{DC}로 표시되는 Dahlin의 방법에 대한 G_c의 일반적인 형식이 만들어진다.

$$G_{DC} = \frac{1}{G}\frac{(1-A)z^{-N-1}}{1-Az^{-1}-(1-A)z^{-N-1}} \tag{17-64}$$

특별한 경우로 G를 이득 K와 시간 상수 τ를 갖는 FOPTD 전달함수의 이산 버전으로 고려하라.

$$G = \frac{K(1 - a_1)}{1 - a_1 z^{-1}} z^{-N-1} \tag{17-65}$$

여기서 $a_1 = e^{-\Delta t/\tau}$. Dahlin의 제어기는 다음과 같다.

$$G_{DC} = \frac{(1 - A)}{1 - Az^{-1} - (1 - A)z^{-N-1}} \frac{1 - a_1 z^{-1}}{K(1 - a_1)} \tag{17-66}$$

N의 모든 값에 대해 $(1 - z^{-1})$은 분모의 인자이며 적분이 있음을 나타낸다. 결과는 $s = 0$일 때의 식 17-62에서의 이득 계산 및 $z = 1$일 때의 식 17-63에서의 정상 상태 이득 계산과 일치하며, 이는 설정값 변경에 대해 정상 상태 오차가 0임을 나타낸다($Y/Y_{sp} = 1$).

닫힌 루프 시스템에 대해 원하는 시간 상수 τ_c는 편리한 튜닝 매개변수 역할을 하며, 이를 종종 *람다 튜닝*이라고 한다(12장 참조). τ_c 값이 작으면 응답 속도가 빨라지고 τ_c 값이 크면 제어 속도가 느려진다. 이 상관 관계는 모델 매개 변수, 특히 시간 지연이 프로세스의 변화로 인해 오차가 발생하거나 시간이 변하는 상황에서 특히 유용하다. 적극적으로 제어되는 프로세스에서 부정확한 시간 지연은 제어성능을 낮추거나 불안정한 응답을 유발할 수 있다. $\tau_c \to 0$ (즉, $A \to 0$)과 같이 Dahlin의 알고리즘은 *최소 프로토타입 제어*와 동일하지만 이러한 공격적인 조정은 매개 변수 변경에 매우 민감하기 때문에 일반적으로 프로세스 제어 애플리케이션에 바람직하지 않다.

Dahlin의 방법과 같은 직접 합성 방법의 중요한 기능 중 하나는 구성되는 제어기가 프로세스 전달함수의 역수를 포함한다는 것이다. 이 기능으로 인해 G의 극점은 G_c의 영점이 되고, G의 극점과 영점이 $(Y/Y_{sp})_d$의 항에 의해 약분되지 않는 한 G의 영점은 제어기의 극점이 된다. 식 17-61에서 G의 역전은 연속 시간의 경우와 마찬가지로 운영상의 어려움을 초래할 수 있다. G에 단위원 밖에 있는 영점이 포함된 경우, G_c에는 단위원 외부에 있는 불안정한 극점이 포함된다. 이 경우 G_c는 불안정한 제어기이며 설정값의 단계 변경에 대해 제한없는 출력 시퀀스를 생성한다. 식 17-59의 곱인 G_cG는 불안정한 극점과 영점이 상쇄될 것임을 나타내지만 실제로는 정확한 상쇄를 방해하는 모델 오차가 항상 존재한다. 그럼에도 불구하고 불안정한 영점과 관련된 문제는, 아래에서 설명하는 것처럼 $(Y/Y_{sp})_d$를 신중하게 선택하여 성공적으로 처리할 수 있다.

직접 합성 유형의 디지털 제어기는 또 하나의 특징을 공유한다. 즉, Smith 예측기의 형태로 시간 지연 보상을 포함한다(16장 참조). 식 17-61에서 G_c가 물리적으로 실현가능하려면 $(Y/Y_{sp})_d$는 $e^{-\theta s}$에 해당하는 항도 포함해야 한다(z^{-N}, 여기서 $N = \theta/\Delta t$). 즉, 열린 루프 이산 전달함수에 용어 z^{-N}이 있는 경우 닫힌 루프 프로세스는 $N\Delta t$ 또는 θ 단위 시간이 지나기 전에 응답할 수 없다. 식 17-63에서 이 형식의 $(Y/Y_{sp})_d$를 사용하면 시간 지연이 특성 방정식에서 제거되었기 때문에 시간 지연 보상의 수학적 동등성을 포함하는 G_c를 구성한다.

예제 17.6

공정은 $K = 1$, $\tau_1 = 5$, $\tau_2 = 3$인 2차 플러스 시간 지연 전달함수에 의해 연속 시간으로 모델링된다. $\Delta t = 1$의 경우 이산 시간 등가(ZOH 포함)는 다음과 같다.

$$G = \frac{(b_1 + b_2 z^{-1}) z^{-N-1}}{1 + a_1 z^{-1} + a_2 z^{-2}} \tag{17-67}$$

여기서 $a_1 = -1.5353$, $a_2 = 0.5866$, $b_1 = 0.0280$, $b_2 = 0.0234$, $N = 0$이다(참조: 식7-27~7-31). $\tau_c = \Delta t = 1$인 Dahlin 제어기의 경우 Simulink를 사용하여 $0 \leq t \leq 10$에 대해 $t = 5$에서 설정값의 단위 변경에 대한 응답을 플로팅하라.

풀이

예제의 Simulink 다이어그램은 앞에서 알아본 그림 17.9에 나타나 있다. 식 17-63을 사용하여 $\theta = 0(N = 0)$ 및 $\tau_c = \Delta t$에 대해 원하는 닫힌 루프 전달함수는 $(Y/Y_{sp})_d = 0.632z^{-1}/(1 - 0.368z^{-1})$이다. 식 17-64를 적용하면 제어기의 식은 다음과 같다.

$$G_{DC} = \frac{1 + a_1 z^{-1} + a_2 z^{-2}}{b_1 z^{-1} + b_2 z^{-2}} \frac{0.632z^{-1}}{1 - z^{-1}} \tag{17-68}$$

a_1, a_2, b_1 및 b_2에 대한 수치값을 대체하면 제어기는 다음과 같다.

$$G_{DC} = \frac{1 - 1.5353z^{-1} + 0.5866z^{-2}}{0.0280 + 0.0234z^{-1}} \frac{0.632}{1 - z^{-1}} \tag{17-69}$$

이 제어기가 구현되면 원하지 않는 특성, 즉 샘플 간 리플이 나타난다. 그림 17.11*a*는 $t = 5$에서 설정값의 단위 단계 변화에 대한 응답 y 및 ZOH 출력 p를 보여준다. 응답이 $t \geq 6$에 대해 각 샘플링 순간($\Delta t = 1$)에서 $y(k) = 1$을 충족하지만 응답은 상당히 진동한다. 즉, 샘플 간 리플이 발생한다. 이 결과는 정상 상태 값에서 양의 편차와 음의 편차 사이를 오가는 제어기 출력으로 인해 발생한다. 물론 링잉이라고 하는 이 동작은 제어시스템에 허용되지 않는다.

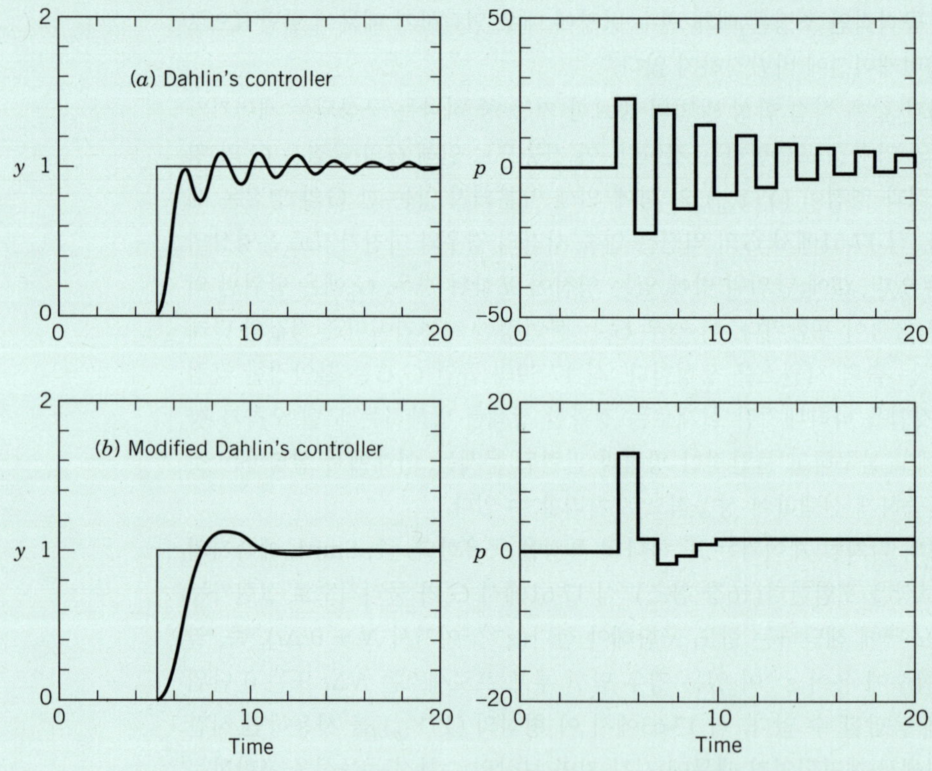

그림 17.11 2차 프로세스($\tau_c = 1$), 예제 17.6(y = 제어 변수, p = ZOH 후 제어기 출력)에 대한 (*a*) 링잉 및 (*b*) 비링잉 Dahlin 제어기 비교.

제어기 링잉은 식 17-69의 분모에 항$(0.0280 + 0.0234z^{-1})$이 존재하기 때문에 발생하며, 이는 단위원에 매우 가까운 -0.836의 제어기 극점에 해당한다. 이 항은, 시간 도메인으로 변환될 때 긴 나눗셈을 사용하여 표시할 수 있는 것처럼 조작 변수의 각 샘플링 순간에 부호가 변경된다. Dahlin(1968)은 링잉항에서 $z^{-1} = 1$을 설정하여 링잉을 제거할 수 있다고 제안했다. 이 경우(0.0280 + 0.0234z^{-1})을 상수(0.0280 + 0.0234 = 0.0514)로 대체한다. Dahlin 제어기의 nonringing 버전을 $\overline{G}_{DC}$로 표시한다. 그림 17.11b는 이 경우에 대한 $y(t)$ 및 $p(t)$를 보여주며, 이는 링잉 동작이 사라졌음을 나타낸다. 흥미롭게도 닫힌 루프 응답은 이제 오버 슈트를 나타내며, 이는 설정값에 대한 1차 접근 방식의 원래 설계 기준과 모순된다(식 17-62). 따라서 링잉을 위해 수정된 Dahlin 제어기의 닫힌 루프 성능을 항상 예측할 수 있는 것은 아니다. 이렇게 예측이 어렵다는 것은 이 기술의 주요 단점을 나타낸다.

17.5.2 Vogel-Edgar 알고리즘

2차 플러스 시간 지연 모델(식 17-67)로 설명할 수 있는 프로세스를 대하여, Vogel과 Edgar (1988)는 G를 도치하여 링잉 극점을 제거하는 제어기를 개발했다. 원하는 닫힌 루프 전달함수는 Dahlin의 제어기와 유사하다(참조: 식 17-63 및 시간 지연 보상 포함 (닫힌 루프 전달함수의 z^{-N-1}).

$$\left(\frac{Y}{Y_{sp}}\right)_d = \frac{(1-A)}{1-Az^{-1}}\ \frac{b_1+b_2z^{-1}}{b_1+b_2}z^{-N-1} \tag{17-70}$$

그러나 모델 G의 영점도 닫힌 루프 전달함수의 영점으로 포함된다(이 경우 닫힌 루프 정상 상태 이득이 1이 되도록 하기 위해 $b_1 + b_2$로 나눈 값). 이 선택은 응답 속도를 다소 느리게 할 수 있지만 제어기가 모델 오차에 덜 민감하게 만들고 링잉 가능성을 제거한다. 식 17-70에 해당하는 Vogel-Edgar 제어기는 다음과 같다.

$$G_{VE} = \frac{(1+a_1z^{-1}+a_2z^{-2})(1-A)}{(b_1+b_2)(1-Az^{-1})-(1-A)(b_1+b_2z^{-1})z^{-N-1}} \tag{17-71}$$

식 17-70에서 $(Y/Y_{sp})_d$의 형태로 인하여 제어기는 프로세스 전달함수의 분자항을 상쇄하려하지 않으므로 잠재적인 링잉 극을 포함하지 않는다. $a_2 = b_2 = 0$(1차 프로세스)의 경우 식 17-71은 Dahlin의 제어기인 식 17-64로 되돌아간다. 이는 1차 프로세스는 링잉 제어기로 이어지지 않기 때문이다.

예제 17.7

예제 17.6에서 사용된 동일한 프로세스 모델에 대해, 비 링잉 Dahlin의 제어기 대한 단위 설정값 변경($\tau_c = \Delta t = 1.0$)에 대한 응답 및 제어기 출력을 플로팅하고, 이를 직접 합성 PID(BD 변환)과 Vogel-Edgar 방법과 비교하라.

▶ 풀이

$N = 0$에 식 17-63을 적용하면 Dahlin 알고리즘의 비 링잉 버전에 대한 제어기 전달함수는 다음과 같다.

$$\overline{G}_{DC} = \left(\frac{0.6321}{1-z^{-1}}\right)\left(\frac{1-1.5353z^{-1}+0.5866z^{-2}}{0.0514}\right) \tag{17-72}$$

이 제어기의 경우 응답 $y(t)$와 제어기 출력 $p(t)$가 그림 17.12a에 나타나있다. 다음으로 12장에 제시된 IMC 접근법을 사용하여 PID 제어기를 유도한다. 연속 시간 2차 전달함수($\tau_1 = 5$, $\tau_2 = 3$, $K = 1$, $\theta = 0$)로 시작하여 표 12.1의 τ_c는 1과 동일하게 설정되어 설정값 변경에 대한 최상의 응답을 제공한다. BD 근사값 $s \approx (1-z^{-1})/\Delta t$가 PID 제어기 전달함수로 대체되면 다음과 같다.

$$G_{BD} = 4.1111\frac{3.1486-5.0541z^{-1}+2.0270z^{-2}}{1.7272-2.4444z^{-1}+0.7222z^{-2}} \tag{17-73}$$

닫힌 루프 응답은 그림 17.12b에 나와 있다. BD-PID 디지털 제어기가 이 시스템을 위해 설계된 경우 Dahlin의 제어기에 필요한 것과 같은 링잉을 수정할 필요가 없다. 이것은 조사된 광범위한 τ_c 및 Δt에 해당된다.

그림 17.12는 동일한 2차 모델에 대한 Vogel-Edgar 제어기(G_{VE})에 대한 닫힌 루프 응답을 보여준다. 이 제어기는 다음과 같다.

$$G_{VE} = 0.6321 \frac{1 - 1.5353z^{-1} + 0.5866z^{-2}}{0.0514 - 0.0366z^{-1} - 0.0148z^{-2}} \tag{17-74}$$

튜닝 매개 변수 A는 0.368 ($\tau_c = 1$)로 선택된다. 이 2차 시스템의 경우 G_{VE}에 대한 제어 변수 응답이 $\overline{G}_{DC}$보다 우수하다. 모델에 시간 지연이 추가되면, 두 제어기가 Smith 예측기와 동일한 형태를 사용하기 때문에, G_{VE} 및 $\overline{G}_{DC}$의 비교 성능은 여전히 동일하다.

제어 계산에서 반올림 오차를 방지하기 위해 식 17-72~17-74의 제어기 매개 변수가 소수점 4자리로 알려져 있다.

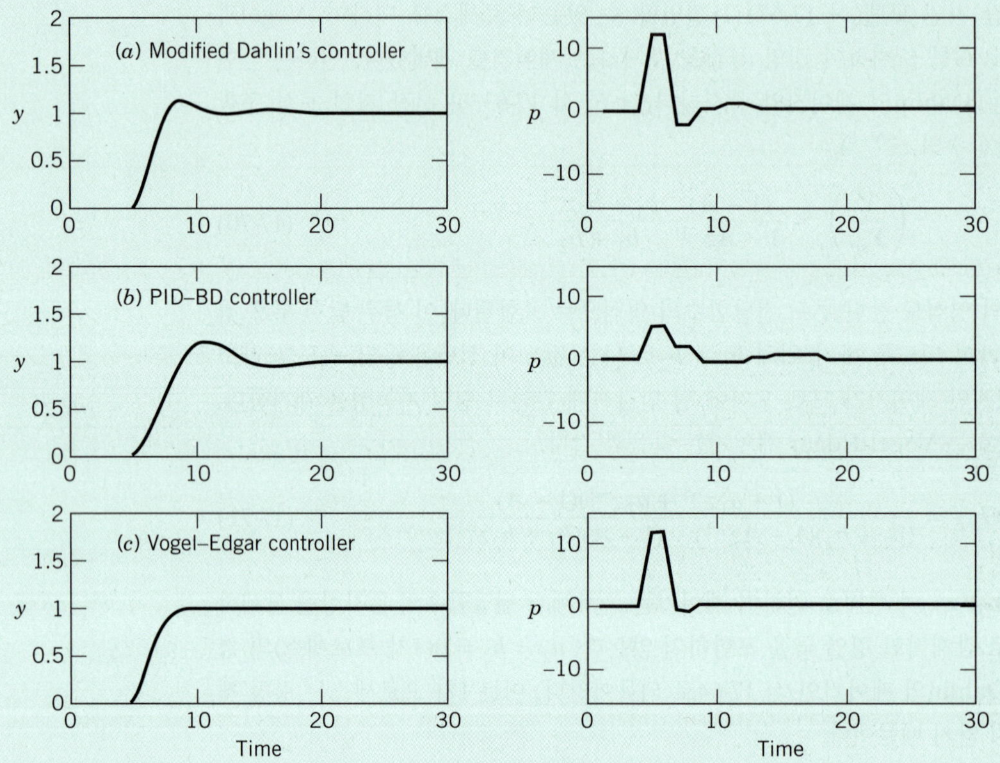

그림 17.12 (a) 비 링잉 Dahlin의 제어기($\lambda = 1$), (b) 역차 PID 제어기 및 (c) Vogel-Edgar 제어기(y = 제어 변수)를 사용하는 예제 17.7의 2차 프로세스에 대한 닫힌 루프 응답 비교, p = ZOH 후 제어기 출력).

Vogel과 Edgar (1988)는 제어기가 양의 영점(역응답) 또는 음의 영점과 시뮬레이션된 프로세스 및 측정 노이즈를 사용하여 1차 또는 2차 프로세스 모델을 만족스럽게 처리한다는 것을 보여주고 있다. G_{VE}로 많은 고차 프로세스 모델을 성공적으로 제어할 수 있다. 그러나 G_{VE}와 $\overline{G}_{DC}$는 불안정한 공정 모델에 적합하지 않다. Vogel-Edgar 제어기의 강건성은 일반적으로 모델 오차가 있을 때 Dahlin의 제어기보다 낫다. 이산 시간 모델이 온라인으로 업데이트 될 때, G_{VE}를 적응형 제어기로 사용할 수 있다. 단위원 외부에 영점이 있는 프로세스의 경우, Dahlin의 제어기가 불안정해질 수 있지만 Vogel-Edgar 제어기의 안정성은 영향을 받지 않는다.

17.5.3 내부 모델 제어(IMC)

연속시간 시스템에 대해 12.2.2절에 제시된 내부 모델 제어의 일반적인 설계 방법론은 샘플링된 데이터 시스템으로 확장될 수 있다(Garcia and Morari, 1982; Zafiriou and Morari, 1985). 그림 12.6은 기존의 피드백 제어와 대조되는 IMC에 사용된 블록선도를 보여준다. 여기서는 IMC와 함께 사용되는 블록선도 구조와 제어기 설계 방법이 다르기 때문에 제어기 전달함수에 G_c 대신 G_c^* 표기가 사용된다. 완벽한 IMC 제어기는 단순히 프로세스 모델의 반대이다.

$$G_c^*(z) = 1/\widetilde{G} \tag{17-75}$$

그러나 완벽한 제어기는 일반적으로 물리적으로 실현할 수 없거나 모델 오차로 인해 실용적이지 않을 수 있다. 디지털 제어기 설계와 관련된 두 가지 주요 단계는 다음과 같다(12.2.2절 참조).

프로세스 모델은 다음과 같이 구성된다.

$$\widetilde{G}(z) = \widetilde{G}_+(z)\,\widetilde{G}_-(z) \tag{17-76}$$

1. 여기서 $\widetilde{G}_+$는 단위원 밖에 있는 시간 지연 항 z^{-N-1}, 영점과 (−1, 0) 근처의 단위원 안에 있는 영점을 포함한다. 또한 $\widetilde{G}_+$는 정상 상태의 단일 이득을 갖는다.
2. 제어기는 $\widetilde{G}_-$를 도치($\widetilde{G}$의 도치가능한 부분)하여 얻은 다음 1차 필터 F를 곱하여 제어기의 강건성을 개선하고 G_c^*의 물리적 실현 가능성을 보장한다.

$$G_c^*(z) = \frac{F(z)}{G_-(z)} \tag{17-77}$$

필터 F는 일반적으로 하나 이상의 튜닝 매개 변수를 포함한다. 단위원 외부에 있는 $\widetilde{G}$의 영점(소위 비최소 위상 영점)은 이러한 항이 $\widetilde{G}_+$ 대신 $\widetilde{G}_-$에 포함되면 불안정한 제어기 극점을 생성한다. $z = -1$ 근처의 실수 축에서 음수의 영점은 도치된 경우 링잉 제어기가 된다. 따라서 그들은 $\widetilde{G}_+$에도 포함된다. 프로세스 모델이 완벽하다고 가정할 때 위의 설계 규칙을 사용하는 닫힌 루프 전달함수는 다음과 같다.

$$\frac{Y}{Y_{sp}} = \widetilde{G}_+(z)F(z) \tag{17-78}$$

IMC 설계 프레임 워크는 $F(z)$ 및 $\widetilde{G}_+(z)$의 적절한 선택을 위해 Dahlin의 제어기와 Vogel-Edgar 제어기를 생성할 수 있다. 또한 직접 합성법을 신뢰할 수 없는 고차 시스템에도 쉽게 적용할 수 있다. 공정 모델의 영점 처리 및 필터 선택에 대한 자세한 내용은 Zafiriou and Morari (1985)를 참조하여라.

그림 12.6의 IMC 블록선도는 외란 전달함수 G_d뿐만 아니라 피드백 경로에 블록 A^*를 포함하도록 확장할 수 있다. A^* 블록은 제어기에 대한 오차 신호에 대한 외란의 영향을 예측하는 데 사용할 수 있으며 시간 지연 보상을 제공할 수도 있다. 이 2 자유도 제어기(12장 참조)는 *분석 예측기*로 알려져 있다(Kirtania and Choudhury, 2012; Wellons and Edgar, 1987).

예제 17.8

전달함수가 있는 2 차 프로세스

$$G(s) = \frac{-5e^{-4s}}{(3s+1)(5s+1)}; G_m = 1$$

아래와 같은 전달함수를 가지는 공정 모델이 디지털 IMC 제어기($\Delta t = 0.2$)로 제어된다. 모델링 오차는 없다. IMC 필터의 시간 상수는 0이다. ($F(z) = 1$) 로드의 단위 단계 변경은 알려진 외란 전달함수와 함께 시간 $t = 10$에서 발생한다.

$$G_d = \frac{1}{7s+1}$$

IMC 닫힌 루프 반응을 계산하라.

풀이

샘플링 시간 $\Delta t = 0.2$에 대해 MATLAB c2d 함수를 사용하면,

$$G(z) = \frac{(-0.006434z^{-1} - 0.00621z^{-2})}{1 - 1.896z^{-1} + 0.8988z^{-2}} z^{-20}$$

영점은 −0.9652이므로 $\widetilde{G}_+(z)$에 포함되어야 한다. 따라서,

$$\widetilde{G}_+(z) = \frac{(-0.006434z^{-1} - 0.00621z^{-2})}{(-0.006434 - 0.00621)} z^{-20}$$

$$= 0.5089z^{-21} + 0.4911z^{-22}$$

$$\widetilde{G}_-(z) = \frac{(-0.006434 - 0.00621)}{1 - 1.896z^{-1} + 0.8988z^{-2}}$$

필터 $F(z) = 1$의 경우, 식 12-20과 유사하게 IMC 제어기는 아래와 같다.

$$G_{c*}(z) = \widetilde{G}_-^{-1}(z)F(z) = \frac{1 - 1.896z^{-1} + 0.8988z^{-2}}{(-0.006434 - 0.00621)}$$

Simulink-MATLAB를 사용하여 $t = 10$에서 외란의 단위 단계에 대한 IMC 응답이 그림 17.13에 나와 있다.

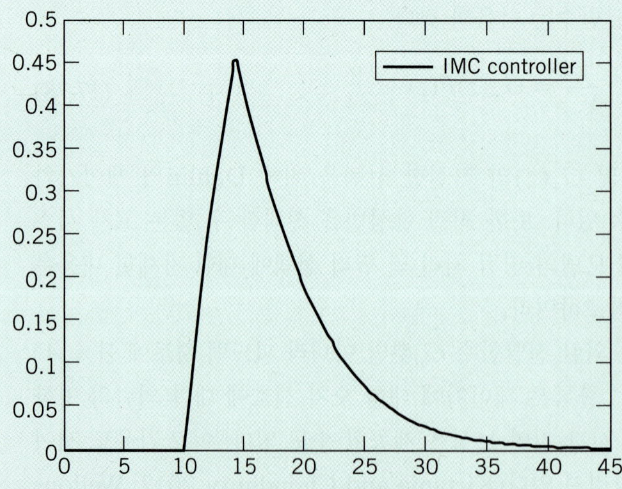

그림 17.13 $t = 10$에서 부하의 단위 단계 변화에 대한 IMC 닫힌 루프 응답.

17.6 최소 분산 제어

이 설계 방법에서 목표는 설정값이 일정하고 프로세스가 알 수 없는 임의의 외란에 노출될 때 제어 변수 y의 변동성을 줄이는 것이다. 통계적 측면에서 목표는 y의 분산을 최소화하는 것이다. 이 접근법은 특히 외란이 결정적(예: 단계 또는 드리프트)이 아닌 확률적(즉, 무작위)인 프로세스와 관련이 있다. 종이와 플라스틱 필름 또는 시트를 생산하기 위한 시트 제조공정이 일반적인 예이다(Featherstone et al., 2000).

MVC(*최소 분산 제어*) 설계 방법은 피드백 제어 법칙의 형태와 제어기 매개 변수의 값을 생성한다. 직접 합성 및 내부모델 제어 설계 방법과 마찬가지로 MVC 방법은 단순 전달함수 모델에 대한 PI 또는 PID 제어기를 생성한다(MacGregor, 1988; Ogunnaike and Ray, 1994; Box and Luceño, 2009). MVC는 상당히 공격적인 경향이 있지만 디자인 방법은 덜 공격적으로 수정될 수 있다(Bergh and MacGregor, 1987). 최소 분산 제어는 실제 제어기 성능을 제한하는 경우이므로, 제어루프 성능을 모니터링하는 데 유용한 벤치 마크를 제공한다(Harris and Seppala, 2002). 21장을 참조하시오.

MVC 설계 방법의 시작점은 다음과 같은 이산 전달함수 모델이다.

$$Y(z) = G(z)U(z) + D(z) \tag{17-79}$$

외란 $D(z)$는 0, 평균 백색(예: 가우스) 노이즈 신호인 $a(z)$와 외란 전달함수 $G_d(z)$로 표시될 수 있다.

$$D(z) = G_d(z)a(z) \tag{17-80}$$

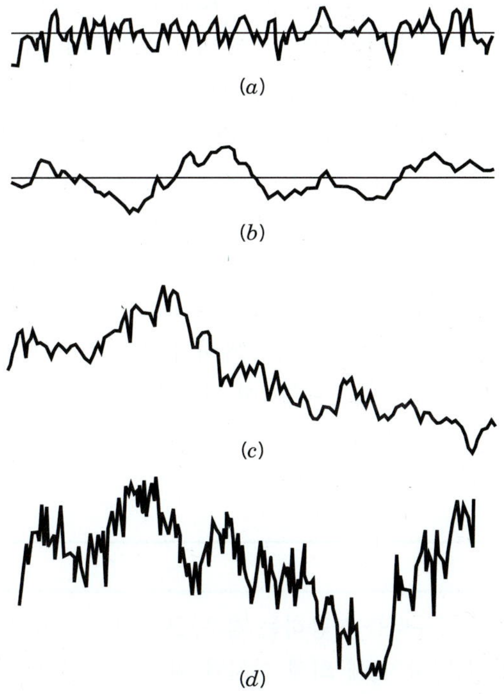

그림 17.14 $d(k)$에 대한 네 가지 모델: (*a*) 고정된 백색 노이즈 외란; (*b*) 비유동적인 자기 회귀 외란; (*c*) 비정상 외란(무작위 보행) (*d*) 통합(비정상) 이동 평균 교란 (JohnWiley & Sons, Inc.의 허가를 받아 재인쇄되고 Box, GEP 및 A. Luceño, Statistical Control by Monitoring and Adjustment, John Wiley and Sons, Hoboken, NJ, 2009로부터 재구성됨).

외란 수용에 대한 이전까지의 논의는 단계 변경과 같은 외란의 결정론적 변경에 초점을 맞추었다. 그림 17.14에는 4개의 다른 외란 모델이 나타나있다. 이러한 외란은 지속적으로 발생하지만(무작위 구성 요소의 결과로) 동역학, 드리프트 또는 추세와 같은 형태를 보일 수 있다. 일반적인 공정 외란은 거의 무작위가 아니지만 과거의 외란값에 따라 달라진다. 이러한 모델은 백색 노이즈 시퀀스인 입력 $a(z)$로 시작하여 구성할 수 있다. 이 입력은 1차 전달함수 또는 적분 전달함수와 같은 동적 모델을 거친다. 출력 $D(z)$는 프로세스에 대해 자동으로 연관된 외란이다.

표 17.2는 통계적 공정 제어 애플리케이션(21장 참조)을 포함하여 산업 공정 제어에서 일반적으로 접하는 중요한 시계열 모델(Box et al., 2015)을 나타낸다. 그림 17.14의 네 가지 경우와 유사하게 고정 외란 모델 (a) 및 (b)는 고정된 평균을 가진다. 즉, 선위와 아래의 편차의 합은 0과 같지만, 경우 (a)는 산업 공정에서는 거의 발생하지 않는다. 비정상 외란 모델 (c) 및 (d)는 평균이 고정되어 있지 않지만 본질적으로 드리프트한다. 소위 *랜덤 워크 행동*이라고 하는 사례 (c)는 종종 주식 시장 지수 패턴을 설명하는 데 사용된다. 케이스 (b)는 *자기 회귀*(AR) 모델이라고 하고, 케이스 (d)는 통합 *이동 평균*(IMA) 모델이라고 한다.

표 17.2 그림 17.14의 외란 모델.

(a)	$d(k) = a(k)$ (white noise)
(b)	$d(k) = \phi d(k-1) + a(k)$ $(\phi \le 1)$
(c)	$d(k) = d(k-1) + a(k)$
(d)	$d(k) = d(k-1) + a(k) + \psi a(k-1)$ $(\psi \le 1)$

IMA 노이즈 모델이 동특성이 없는 이득 K가 있는 프로세스 모델에 대한 최소 분산 제어기에 사용된다고 가정한다. 이론적으로 이 간단한 경우 최소 분산 제어기는 IMC 제어기와 동일한 속성을 가짐을 알 수 있다. 제어기는 프로세스 이득의 역이고 IMC 필터 F는 1차 필터이다(Ogunnaike and Ray, 1994). 프로세스 모델에 1차 동특성이 있고 외란 모델이 IMA 노이즈 모델로 설명되는 경우에 대해 유사한 분석을 수행할 수 있다. Ogunnaike와 Ray (1994)가 보여준 것처럼 이러한 모델 가정은 PI 제어기로 이어진다. 최소 분산 제어기는 고차 프로세스 모델, 시간 지연이 있는 모델 및 다양한 외란 모델 구조에 대해 얻을 수 있다(Bergh and MacGregor, 1987; Middleton and Goodwin, 1990). MVC는 제어 노력과 관련된 비용과 제어기 출력의 상한 및 하한이 있는 문제로 확장 될 수도 있다. 이 접근법은 모델예측제어 에서와 같이 목적 함수가 정의되어야 한다(20장 참조).

요약

프로세스 제어에 디지털 컴퓨터를 사용하는 경우, 프로세스 출력의 측정값이 샘플링되어 ADC(아날로그-디지털 변환기)에 의해 디지털 형식으로 변환된다. 샘플링 주기 Δt는 신중하게 선택해야한다. 샘플링 주기의 선택은 프로세스 동특성, 노이즈 진동수, 신호 대 노이즈 비율 및 사용가능한 컴퓨터 제어시스템을 기반으로 해야 한다.

노이즈가 있는 측정은 제어기로 보내기 전에 필터링해야 한다. 아날로그 필터는 고주파 노이즈를 제거하고 앨리어싱을 방지하는 데 효과적이다. 디지털 필터는 저역 통과 필터 및 노이즈 스파이크 제거와 같은 다른 목적에도 널리 사용된다. 필터 및 필터 매개변수 (예: τ_F)의 선택은 프로세스 동특성, 노이즈 특성 및 샘플링 주기를 기반으로 해야 한다. 필터 매개 변수가 변경되면 필터가 피드백 제어 루프의 동적 요소이기 때문에 제어기를 다시 조정해야 할 수 있다.

우리는 디지털 피드백 제어기를 설계하기 위한 다양한 접근 방식을 제시했다. 연속 시간 PID 제어기를 모사하는 디지털 제어기에는 성능 향상을 위한 여러 가지 특수한 형태가 포함될 수 있다. 직접 합성 또는 IMC를 기반으로 하는 제어기는 연속 또는 불연속 시간으로 튜닝할 수 있으며, 링잉을 방지하고 오프셋을 제거하고 설정값 변경에 대해 높은 수준의 성능을 제공할 수 있다. 외란 모델을 사용할 수 있는 경우 최소 분산 제어가 매우 효과적일 수 있다.

참고문헌

Åström, K. J., and B. Wittenmark, *Computer Controlled Systems: Theory and Design*, 3rd ed., Prentice Hall, Upper Saddle River, NJ, 2011.

Bergh, L. G., and J. F. MacGregor, Constrained Minimum Variance Controllers: Internal Model Structure and Robustness Properties, *Ind. Eng. Chem. Res.*, **26**, 1558 (1987).

Beschi, M., S. Dormido, J. Sanchez, and A. Visioli, Characterization of Symmetric Send-on-delta PI Controllers, *J. Process Control*, **22**, 1930 (2012).

Blevins, T., D. Chen, M. Nixon, and W. Wojsznis, *Wireless Con- trol Foundation; Continuous and Discrete Control for the Process Industry*, ISA, Research Triangle Park, NC, 2015.

Box, G. E. P., G. M. Jenkins, and G. C. Reinsel, *Time Series Analysis, Forecasting, and Control*, 5th ed., Prentice Hall, Englewood Cliffs, NJ, 2015.

Box, G. E. P., and A. Luceño, *Statistical Control by Monitoring and Adjustment*, 2nd ed., John Wiley and Sons, Hoboken, NJ, 2009.

Dahlin, E. B., Designing and Tuning Digital Controllers, *Instrum. Control Systems*, **41** (6), 77 (1968).

Featherstone, A. P., J. G. VanAntwerp, and R. D. Braatz, *Identification and Control of Sheet and Film Processes*, Springer-Verlag, London, 2000.

Franklin, G. F., J. D. Powell, and M. L. Workman, *Digital Control of Dynamic Systems*, 3rd ed., Pearson, Washington D.C., 2005.

Garcia, C. E., and M. Morari, Internal Model Control, 1. A Unifying Review and Some New Results. *IEC Proc. Des. Dev.*, **21**, 308 (1982). Garpinger, O., and T. Hagglund, Software-based Optimal PID Design with Robustness and Noise Sensitivity Constraints, *J. Process Control*, **33**, 90 (2015).

Harris, T. J., and C. T. Seppala, Recent Developments in Controller Performance Monitoring and Assessment Techniques, Chemical Process Control VI, *AIChE Symp. Ser.*, **98**, No. 326, 208 (2002).

Isermann, R., *Digital Control Systems*, 2nd ed., Springer-Verlag, New York, 1991.

Kirtania, K., and M. A. A. Choudhury, A Novel Dead Time Com- pen- sator for Stable Processes with Long Dead Times, *J. Process Control*, **22**, 612 (2012).

Ljung, L., *System Identification: Theory for the User*, 2nd ed., Prentice Hall, Upper Saddle River, NJ, 1999.

McConnell, E., and D. Jernigan, Data Acquisition, Sect. 18.3, p. 1938, in *The Electronics Handbook*, 2nd ed., J. C. Whitaker (Ed.), CRC Press, Boca Raton, FL, 2005.

Middleton, R. H., and G. C. Goodwin, *Digital Control and Estimation—A Unified Approach*, Prentice Hall, Englewood Cliffs, NJ, 1990.

Ogata, K., *Discrete-Time Control Systems*, 2nd ed., Prentice Hall, Englewood Cliffs, NJ, 1995.

Ogunnaike, B. A., and W. H. Ray, *Process Dynamics, Modeling, and Control*, Oxford University Press, New York, 1994.

Oppenheim, A. V., and R. W. Shafer, *Discrete Time Signal Processing*, 3rd ed., Prentice Hall, Englewood Cliffs, NJ, 2009.

Orfanidis, S., *Introduction to Signal Processing*, Prentice Hall, Englewood Cliffs, New Jersey, 1995.

Phillips, C. L., T. Nagle, and A. Chakraborty, *Digital Control System Analysis and Design*, 4th ed., Prentice Hall, Englewood Cliffs, New Jersey, 2014.

Ruiz, A., J. E. Jimenez, J. Sanchez, and S. Dormido, A Practical Tuning Methodology for Event-based PI Control, *J. Process Control*, **24**, 278 (2014).

Seborg, D. E., T. F. Edgar, and D. A. Mellichamp, *Process Dynamics and Control*, 1st ed., John Wiley and Sons, Hoboken, NJ,, 1989.

Segovia, V. R., T. Hagglund, and K. J. Astrom, Measurement Noise Filtering for Common PID Tuning Rules, *Contr. Eng. Prac.*, **32**, 43 (2014).

Vogel, E. G., and T. F. Edgar, An Adaptive Pole Placement Controller for Chemical Processes and Variable Dead Time, *Comp. Chem. Engr.*, **12**, 15 (1988).

Wellons, M. C., and T. F. Edgar, The Generalized Analytical Predictor,

Ind. Eng. Chem. Res., **26**, 1523 (1987).

Xu, S., B. Lu, T. F. Edgar, W. Wojsznis, T. Blevins, and M. Nixon, Data Cleaning in the Process Industries, *Rev. Chem. Eng.*, **31**(5), 453 (2015).

Zafiriou, E., and M. Morari, Digital Controllers for SISO Systems: A Review and a New Algorithm, *Int. J. Control*, **42**, 885 (1985).

연습문제

17.1 환자의 평균 동맥압 P는 약물의 공급 유속 F의 단위 단계 변경에 영향을 받는다. 정규화된 응답 데이터는 다음과 같다. 이전 경험에 따르면 전달함수는 정확한 동적 모델을 제공한다. α의 서로 다른 두 값인 0.5 및 0.8에 대해 지수 필터를 사용하여 이러한 데이터를 필터링하라. 단위 단계 입력에 대한 전달함수 모델에 대해 노이즈가 있는 데이터, 필터링된 데이터 및 분석 솔루션을 그래프로 비교하시오.

$$\frac{P(s)}{F(s)} = \frac{5}{10s+1}$$

Time (min)	P	Time (min)	P
0	0	11	3.336
1	0.495	12	3.564
2	0.815	13	3.419
3	1.374	14	3.917
4	1.681	15	3.884
5	1.889	16	3.871
6	2.078	17	3.924
7	2.668	18	4.300
8	2.533	19	4.252
9	2.908	20	4.409
10	3.351		

17.2 디지털 지수 필터 출력이 이전 측정값 $y_m(k)$ 및 초기 필터 출력 $y_F(0)$의 함수로 기록될 수 있음을 보여라.

17.3 아래와 같이 주어진 신호에 대해 간격 $0 \le t \le 20$ 동안 지수 디지털 필터로 필터링된다.

$$y_m(t) = t + 0.5\ \sin(t^2)$$

세 가지 α(0.8, 0.5, 0.2) 값을 사용하여 각 샘플링 시간에서 필터의 출력을 결정하라. 1.0과 0.1의 샘플링 주기에 대해 이 작업을 수행하고, Δt의 각 값에 대해 세 개의 필터를 비교하시오.

17.4 다음 제품 품질 데이터 y_m은 제품의 광도 측정 평가를 기반으로 생물 반응기에서 얻은 것이다.

Time (min)	y_m (absorbance)
0	0
1	1.5
2	0.3
3	1.6
4	0.4
5	1.7
6	1.5
7	2.0
8	1.5

(a) Δt = 1분인 지수 필터를 사용하여 데이터를 필터링하라. α = 0.2 및 α = 0.5를 고려하라.

(b) N^* = 4 인 이동 평균 필터를 사용하라.

(c) Δy = 0.5로 노이즈 스파이크 필터를 구현하라.

(d) 비교를 위해 필터링된 데이터와 원시 데이터를 플로팅하라.

17.5 식 17-4의 아날로그 지수 필터는 전달함수 $G = 1/(2s + 1)$에서 출력 신호를 필터링하는 데 사용된다. 입력 신호는 $d(t) = 1 + 0.2\ \sin\ t$이다. $0 \le t \le 50$분 동안 필터링이 없을 때($\tau_F = 0$)와 지수 필터($\tau_F = 3$분)에 대한 응답을 비교하라.

17.6 1차 전달함수 $Y(s)/U(s) = 1/(s + 1)$을 고려하라. $u = 1$에 대해 출력에 무작위로 이진 노이즈를 추가하여(t의 각 정수 값에서 ±0.05 단위) 이 식을 통합하고 데이터 세트(t = 1, 2, . . . 20)를 생성하라. 이 시스템에 대한 디지털 필터를 설계하고 t = 1에 대해 필터링되고 노이즈가 없는 단계 응답을 비교하라. τ_F를 선택한 이유를 밝히고, 다른 노이즈 수준(예:± 0.01 및 ± 0.1)에 대해 반복하라.

17.7 차이 방정식에 대한 반응 $y(k)$를 구하라.

$$y(k) - y(k-1) + 0.21y(k-2) = u(k-2)$$

$k \ge 1$에 대해 $y(0) = y(1) = 0$, $u(0) = 1$, $u(k) = 0$으로 설정하라. 스프레드 시트를 사용하여 직접 적분을 수행하라. y의 정상 상태 값은 무엇인가?

17.8 온도 센서 및 트랜스미터의 동특성은 FOPTD 전달함수로 설명할 수 있다.

$$\frac{T'_m(s)}{T'(s)} = \frac{e^{-2s}}{8s+1}$$

시간 상수와 시간 지연은 초 단위이다.

$$T = \text{실제 온도(편차)}$$

$$T'_m = \text{측정 된 온도(편차)}$$

실제 온도는 다음과 같이 변경된다(t는 초 단위).

$$T = \begin{cases} 70\ °\text{C} & \text{for } t < 0 \\ 85\ °\text{C} & \text{for } 0 \le t < 10 \\ 70\ °\text{C} & \text{for } t \ge 10 \end{cases}$$

측정된 온도 샘플이 $t = 0$에서 시작하여 2초마다 디지털 컴퓨터에 자동으로 기록된다면 기록된 온도의 최댓값은 얼마인가? ZOH와 함께 시뮬레이션을 사용하여 답을 찾아라.

17.9 아래의 프로세스를 고려하라.

$$\frac{Y(z)}{U(z)} = \frac{2.7z^{-2} + 8.1z^{-3}}{1 - 0.5z^{-1} + 0.06z^{-2}}$$

(a) 차이 방정식의 적분을 사용하여 u의 단위 단계 변화에 대한 응답 $y(k\Delta t)$를 계산하라.

(b) Simulink와 같은 시뮬레이션 소프트웨어를 사용하여 (a)에서 답을 확인하라.

(c) y의 정상 상태 값은 무엇인가?

17.10 생물 반응기의 용존 산소 분석기는 피드백 제어 루프의 각 샘플링 시간에 조성을 측정하는 데 사용된다. 개방 루프 전달함수는 다음과 같다.

$$G_{OL} = G_c G$$

$$G_c = 2\left(1 + \frac{1}{8s}\right) \qquad G = \left(\frac{10}{12s+1}\right)e^{-2s}$$

(a) Δt = 1분의 샘플링 주기가 선택되었다고 가정하자. $G_c(s)$의 역차 근사를 사용하여 $G_c(z)$를 유도하라.

(b) 만약, 제어기 오차 신호 $e(t)$에서 단위 단계가 변경되면, ZOH 시뮬레이션을 사용하여 제어기 G_c 이후와 Simulink를 통해 구성된 블록선도의 프로세스 G 이전에 샘플링된 열린 루프 응답 $y_m(\text{k}\Delta t)$를 계산하라.

17.11 프로세스의 이산 시간 전달함수가 다음과 같다.

$$\frac{Y(z)}{U(z)} = \frac{5z^{-1} + 3z^{-2}}{1 - z^{-1} + 0.41z^{-2}}$$

(a) 이 전달함수를 등가 차분 방정식으로 변환하라.

(b) 차이 방정식의 적분을 사용하여 u의 단위 단계 변화에 대한 응답 $y(k)$를 계산하라.

(c) 시뮬레이션 소프트웨어를 사용하여 (a)에서의 답을 확인하라.

(d) y의 정상 상태 값은 무엇인가?

17.12 극점 및 영점 위치의 효과를 결정하려면 처음 6개의 샘플링 순간 ($k = 0 \sim k = 5$)에 대해 아래 표시된 이산 전달함수의 단위 단계 응답을 시뮬레이션하라. 극점과 영점 위치의 효과에 대해 어떤 결론을 내릴 수 있는가?

(a) $\dfrac{1}{1 - z^{-1}}$

(b) $\dfrac{1}{1 + 0\ 7z^{-1}}$

(c) $\dfrac{1}{1 - 0.7z^{-1}}$

(d) $\dfrac{1}{(1 + 0.7z^{-1})(1 - 0.3z^{-1})}$

(e) $\dfrac{1 - 0.5z^{-1}}{(1 + 0\ 7z^{-1})(1 - 0\ 3z^{-1})}$

(f) $\dfrac{1 - 0.2z^{-1}}{(1 + 0.6z^{-1})(1 - 0.3z^{-1})}$

17.13 Δt = 1인 비례 디지털 제어 하에서 프로세스는 다음과 같다.

$$G_v G_p(s) = \frac{3}{(5s+1)(2s+1)}, \quad K_c = 1, \quad G_m = 0.25$$

시뮬레이션을 사용하여 설정값 변경에 대한 응답을 계산하여 제어시스템이 안정적인지 확인하라.

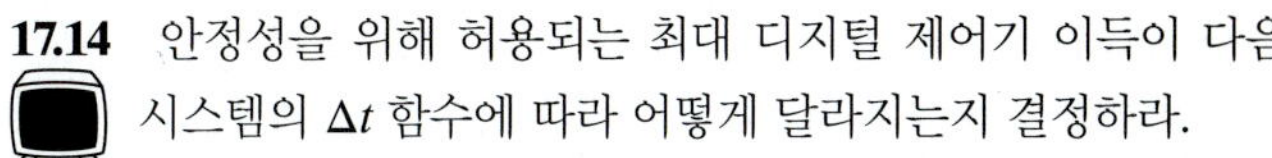

17.14 안정성을 위해 허용되는 최대 디지털 제어기 이득이 다음 시스템의 Δt 함수에 따라 어떻게 달라지는지 결정하라.

$$G_v G_p(s) = \frac{1}{(5s+1)(s+1)} \qquad G_c = K_c \qquad G_m = 1$$

Δt = 0.01, 0.1, 0.5 및 닫힌 루프 시뮬레이션을 사용하여 각 Δt에 대한 최대 K_c를 찾아라. K_c 범위는 10에서 1200 사이의 값이다. 샘플링 주기가 허용 가능한 제어기 이득에 어떤 영향을 미치는가? 연속 시간 제어시스템의 경우 K_c의 불안정한 값은 없다.

17.15 온도 제어 루프에는 이산 전달함수로 설명되는 2차 오버댐핑 프로세스가 포함된다.

$$G(z) = \frac{(0.0826 + 0.0368z^{-1})z^{-1}}{(1 - 0.894z^{-1})(1 - 0.295z^{-1})}$$

그리고 디지털 PI 제어기는 다음과 같다.

$$G_c(z) = K_c\left(1 + \frac{1}{8(1 - z^{-1})}\right)$$

시행 착오를 통해 안정성에 대한 최대의 제어기 이득 K_{cm}을 찾아라.

17.16 디지털 제어기는 그림 E17.16에 표시된 저장 탱크의 액체 레벨을 제어하는 데 사용된다. 제어밸브는 무시할 수 있는 동특성과 정상 상태 이득 K_v = 0.1ft³/(min)(mA)를 갖는다. 레벨 트랜스미터의 시간 상수는 30초이고 정상 상태 이득은 4 mA/ft이다. 탱크의 직경은 4피트이다. 출구 유량은 액체 레벨에 직접 영향을 받지 않는다. 즉, 제어밸브 스템 위치가 일정하게 유지되면 $q_3 \neq f(h)$이다. 비례 디지털 제어기와 출력이 4~20 mA 인 디지털–아날로그 변환기가 사용된다고 가정한다. 아날로그–디지털 변환기의 샘플링 주기가 Δt = 1분인 경우, 닫힌 루프 시스템이 안정적인 제어기 이득 K_c 값은 무엇인가? 시뮬레이션과 K_c값이 −10, −50 및 −90일 때의 시행값을 사용하라. 설정값 변경 후 비례 제어기에 대해 오프셋이 발생하는가?

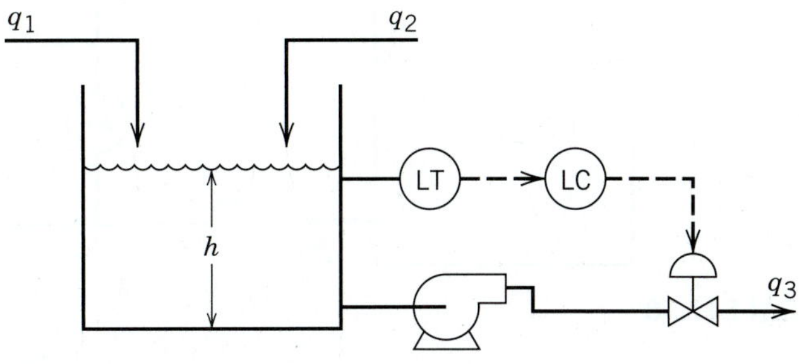

그림 E17.16

17.17 디지털 제어시스템의 블록선도는 그림 E17.17에 나와 있다. 샘플링 주기는 Δt = 1분이다.

(a) 디지털 제어기 $G_c(z)$를 설계하여 닫힌 루프 시스템이 (적절한 시간 지연 후) 설정값의 단위 단계 변경에 대해 1차 응답을 나타내도록 하라.

(b) 이 제어기는 설정값의 단계 변경 후 오프셋을 제거하는가? 답을 설명하라.

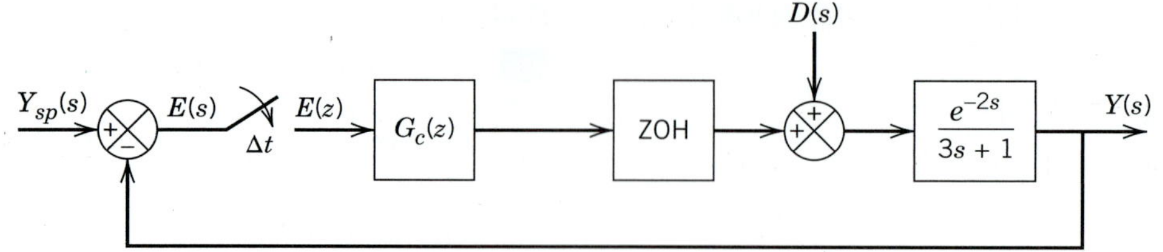

그림 E17.17

(c) 제어기가 물리적으로 실현 가능한가? 답을 설명하라.

(d) 12장의 ITAE(set-point) 방법을 기반으로 디지털 PID 제어기를 설계하고 설정값의 단계 변경에 대한 성능을 검토하라. $\theta = \Delta t/2$의 시간 지연으로 샘플러와 ZOH를 근사화하라.

17.18 그림 E17.18에서 혼합 시스템의 출구 조성 c_3는 디지털 피드백 제어기를 사용하여 제어된다. 출구 스트림은 1분마다 자동으로 샘플링되고, 조성 측정은 조성 송신기(AT)에서 디지털 제어기로 전송된다. 제어기 출력은 제어밸브로 전송되기 전에 ZOH 장치로 전송된다.

(a) 연속 전달함수를 유도한 다음 등가 이산 시간 모델을 유도하여 이산 개방 루프 전달함수 C_3/Q_2에 대한 식을 유도하라. 여기서 C_3 및 Q_2는 편차 변수이다.

(b) 닫힌 루프 시스템은 외란 C_2의 단위 단계 변경에 대해 1차 응답을 나타낸다. 원하는 응답의 형식$(C_3/C_{3sp})_d$을 지정하라. $G_c(z)$에 대한 식을 유도할 필요는 없지만$(C_3/C_{3sp})_d$을 선택한 이유를 밝혀라.

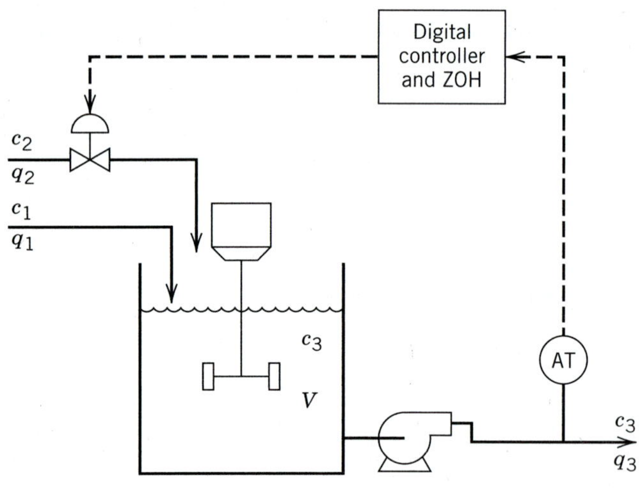

그림 E17.18

이용 가능한 정보:

(i) 유량 q_2가 매우 작기 때문에 탱크 V의 액체 부피는 기본적으로 30ft³로 일정하게 유지되며 탱크는 완벽하게 혼합된다.

(ii) 1차 외란 변수는 입구 조성 c_2이다.

(iii) 제어밸브는 무시할 수 있는 동특성과 0.1 ft³/min mA의 정상 상태 이득을 갖는다.

(iv) 조성 송신기(AT)는 2.5 mA/(lb-mole 용질/ft³)의 일정한 이득을 갖는다. 구성 샘플은 매 분 분석된다. 즉, 샘플링 주기는 Δt = 1분이다. 조성 분석과 관련된 1분의 시간 지연도 있다.

(v) 공칭 정상 상태 값은 다음과 같다.

$$\bar{q}_2 = 0.1\ \text{ft}^3/\text{min}\ \bar{c}_2 = 1.5\ \text{lb-mol 용질/ft}^3$$

$$\bar{q}_3 = 3\ \text{ft}^3/\text{min}\ \bar{c}_3 = 0.21\ \text{lb-mol 용질/ft}^3$$

17.19 샘플 데이터 제어시스템의 블록선도가 그림 E17.19에 나와 있다. 물리적으로 실현 가능하고 설정값의 변경을 기반으로 하는 Dahlin 제어기 $G_c(z)$를 설계하라. 샘플링 주기는 Δt = 1분이다. 이 제어기를 사용하고 외란의 단위 단계 변경이 발생할 때 닫힌 루프 응답을 계산하라.

17.20 증기 유량 w_s를 조정하여 그림 E17.20에 표시된 열교환기의 출구 온도 T_2를 제어하는 것이 바람직하다. 측정되지 않은 외란은 입구 온도 T_1에서 발생한다. 열교환기의 동적 거동은 전달함수로 근사할 수 있다.

$$\frac{T_2'(s)}{W_s'(s)} = \frac{2.5}{10s+1}\ [=]\ \frac{°\text{F}}{\text{lb/s}}$$

여기서 시간 상수는 초 단위이고 프라임 부호는 편차 변수를 나타낸다. 제어밸브 및 온도 트랜스미터의 동특성은 무시할 수 있고, K_v = 0.2 lb/s/mA 및 K_m = 0.25 mA/°F의 정상 상태 이득을 가진다. 물리적으로 실현 가능하고 설정값의 단위 단계 변경을 기반

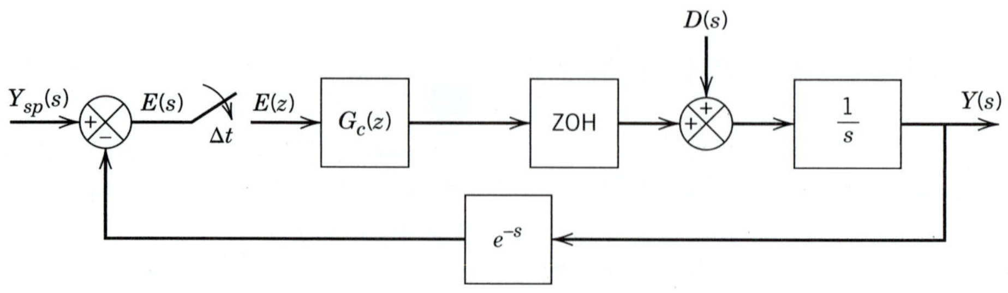

그림 E17.19

으로 하는 최소 프로토타입 제어기(즉, $\lambda = 0$ 인 Dahlin 제어기)를 설계하라. ZOH가 사용되고 샘플링 주기는 $\Delta t = 2$초라고 가정하라.

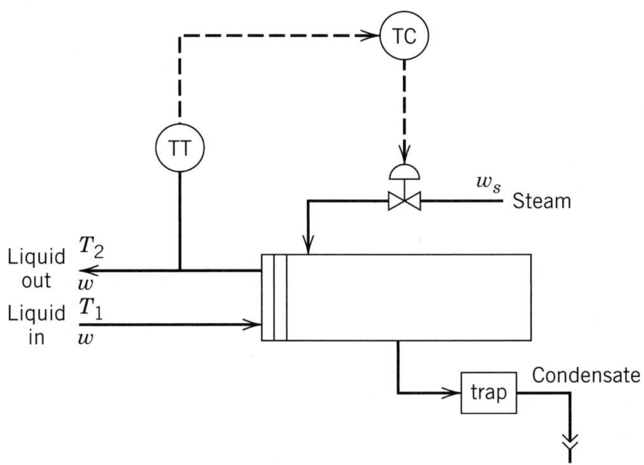

그림 E17.20

17.21 $K = 1$, $\tau_1 = 6$, $\tau_2 = 4$ 인 2차 시스템 G는 $\lambda = 5$ 및 $\Delta t = 1$ 인 Vogel-Edgar 제어기를 사용하여 제어된다. y_{sp}의 단계 변화를 가정하고 $k = 0, 1, \ldots, 25$에 대한 제어 변수 $y(k)$를 계산하고 $y(k)$와 제어기 출력 $p(k)$를 그리시오.

17.22 $\Delta t = 1$, $\lambda = 1$ 및 $G(s) = 2e^{-s}/(10s + 1)$에 대해 PID(설정값 변경에 대한 ITAE)와 Dahlin 제어기를 비교하라. ITAE 제어기의 경우 $\Delta t/2$와 동일한 시간 지연으로 샘플러와 ZOH를 근사화하라. 필요한 경우 링잉을 적용하라. 설정값 변경에 대한 닫힌 루프 응답과 각 경우에 대한 제어기 출력을 그리시오.

17.23 제어밸브 및 센서를 포함하는 프로세스의 경우 $G(s) = 1.25e^{-5s}/(5s + 1)$, Δt 및 $\lambda = 1$을 사용하여 Dahlin의 제어기에 대한 식을 유도하고 설정값 변경에 대한 제어기 출력 $p(k)$를 그리시오. 링잉이 발생하는가?

17.24 $G(s) = 1/[(2s + 1)(s + 1)]$ 및 $\lambda = \Delta t = 1$에 대해 Dahlin 및 Vogel-Edgar 제어기를 비교하라. 제어기가 링잉하는가? $y_{sp}(k)$와 관련된 닫힌 루프 시스템 $y(k)$에 대한 차이 방정식을 유도하라. 두 경우 모두 오버 슈트가 발생하는가?

17.25 그림 E17.25에 표시된 저장 시스템의 액체 레벨에 대한 디지털 제어기를 설계하라. 각 탱크의 직경은 2.5피트이다. 탱크 사이의 배관은 $R = 2$ min/ft^{2}인 흐름에 대한 선형 저항 역할을 한다. 액체 레벨은 30초마다 샘플링된다. 디지털 제어기는 제어밸브로 전송되는 신호에 대한 ZOH 장치 역할도 한다. 제어밸브와 레벨 트랜스미터의 동특성은 무시할 수 있다. 그들의 이득은 각각 $K_v = 0.25$ ft^3/min/mA 및 $K_m = 8$ mA/ft이다. q_1의 공칭 값은 0.5 ft^3/min이다.

(a) 설정값의 단계 변경을 기반으로 Dahlin의 제어 알고리즘을 도출하라.

(b) 제어기 출력에 진동이 있습니까?

(c) 제어기가 물리적으로 실현할 수 있는 λ 값은 무엇인가?

(d) 이 제어기를 온라인으로 조정한다면 초기 추측으로 λ의 어떤 값을 사용하겠는가? 답을 정당화하라.

17.26 피드 포워드 제어의 적용은 종종 리드-래그 장치로 구성된 제어기를 사용한다.

$$G_f(s) = \frac{K(\tau_1 s + 1)}{\tau_2 s + 1} \qquad (\tau_1 \neq \tau_2)$$

$G_f(s)$와 관련된 미분의 역차 근사를 사용하여 k번째 샘플링 순간 $p(k)$에서 제어기 출력에 대한 식을 구하라. $K = 1$, $\tau_1 = 5$분, $\tau_2 = 2$분, $\Delta t = 1$분일 때 G_f의 이산 시간 단위 단계 응답을 연속 시간 응답과 비교하라.

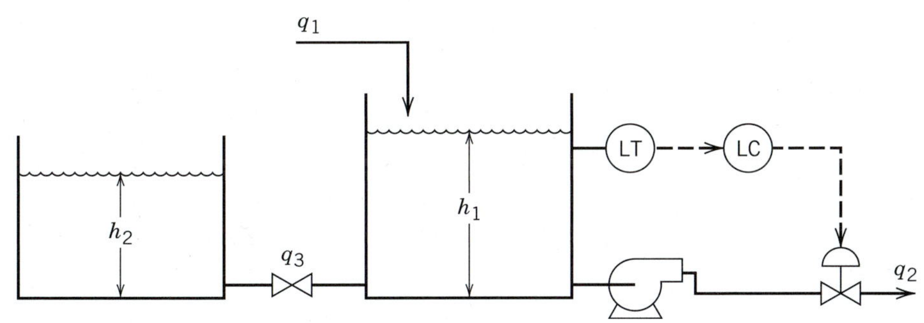

그림 E17.25

CHAPTER 18

다중 루프 및 다변수 제어

Multiloop and Multivariable Control

학습목차 *Chapter Contents*

18.1 프로세스 상호 작용 및 제어 루프 상호 작용
18.1.1 블록선도 분석
18.1.2 닫힌 루프 안정성
18.2 제어 변수와 조작 변수의 페어링(pairing)
18.2.1 브리스톨의 상대이득배열 기법
18.2.2 RGA의 계산
18.2.3 정상 상태 이득 행렬 획득 기법
18.2.4 프로세스 상호 작용 척도(measure) 및 페어링 권장 사항
18.2.5 동적 거동 고려 사항
18.2.6 RGA 분석의 확장
18.3 특이값 분석(Singular Value Analysis)
18.3.1 조작 변수와 제어 변수의 선택
18.4 다중 루프 비례미적분제어시스템의 조율
18.5 디커플링(decoupling) 및 다변수 제어 전략
18.5.1 디커플링(decoupling) 제어
18.5.2 일반적인 다변수 제어 기술
18.6 제어 루프의 상호작용을 줄이는 전략
18.6.1 다른 조작 혹은 제어 변수의 선택
요약

이전 장에서는 제어 변수 하나와 조작 변수 하나만 있는 제어 문제를 다루었다. 이러한 문제는 단일 입력, 단일 출력(single-input, *s*ingle-output; SISO) 또는 *단일 루프* 제어 문제라고 한다. 많은 실제 제어 문제에서는 일반적으로 여러 변수를 제어해야 하며, 여러 변수를 조작할 수 있다. 이러한 문제를 다중 입력, 다중 출력(multiple-input, multiple-output; MIMO) 제어 문제라고 하는데, 거의 모든 중요한 프로세스의 경우 제품 품질 및 생산량이라는 두 가지 변수를 제어해야 한다.

두 개의 제어 변수와 두 개의 조작 변수가 있는 공정의 몇 가지 예가 그림 18.1에 나와 있다. 이 예시는 MIMO 제어 문제의 특징을 보여준다. 다시 말해, *프로세스 상호 작용*의 존재; 즉, 각 조작 변수는 제어 변수 둘 다에 영향을 줄 수 있다. 그림 18.1*a*에 나와 있는 혼합 시스템을 고려해 보자. A 및 B를 함유하는 2개의 스트림은 각각 A의 질량 분율 x 및 질량 유량 w를 갖는 생성물 스트림을 만들기 위해 혼합된다. 조작 변수인 유량 w_A 또는 w_B를 조정하는 것은 w 및 x 모두에 영향을 미친다.

유사하게, 그림 18.1*b*의 증류탑에 대해, 환류 유량 R 또는 증기 유량 S를 조작하면 증류 조성물 x_D 및 탑저 조성물 x_B 모두에 영향을 줄 것이다. 그림 18.1*c*의 기액 분리기의 경우, 가스 유량 G를 조정하면 압력 P에 직접적인 영향을 미치며 액위 h에 느린 간접 영향을 미친다. 반대로, 다른 조작 변수 L을 조정하면 h에 직접 영향을 주지만 P에 대해서는 상대적으로 작고 간접적인 영향만 미친다.

프로세스 상호 작용이 중요한 경우 가장 효과적인 제어 구성을 선택하는 것이 분명

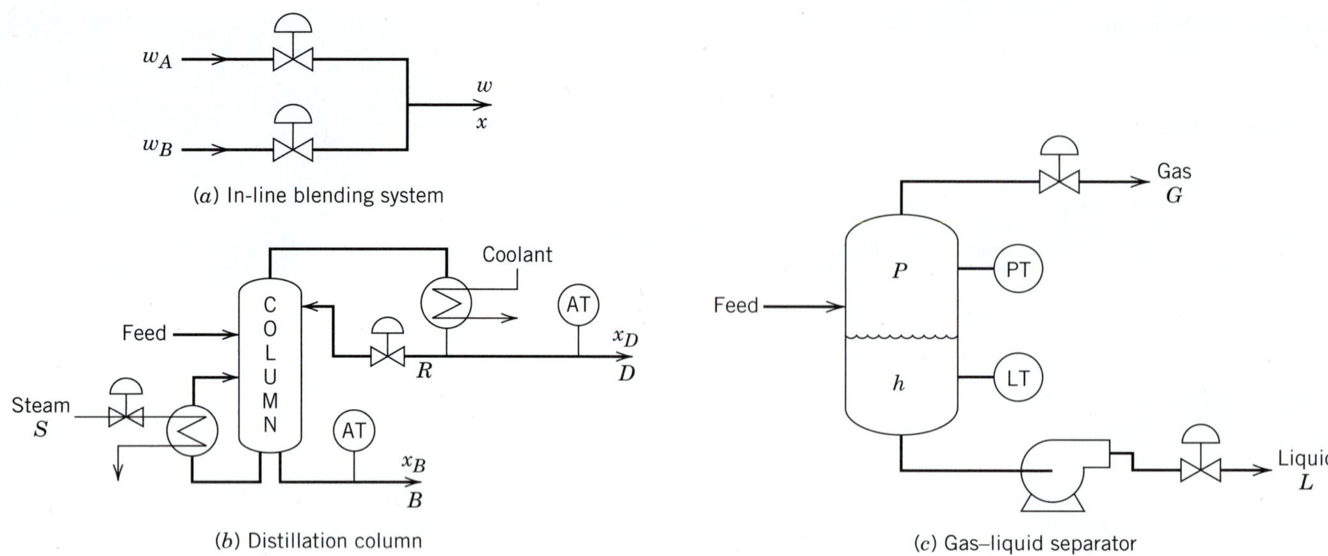

그림 18.1 다변수 제어 문제의 물리적 예.

하지 않을 수 있다. 예를 들어, 혼합 문제에서 두 개의 PI 컨트롤러로 구성된 일반적인 피드백 제어 전략이 사용된다고 가정하자. 이 제어시스템은 2 개의 단일 루프 피드백 제어를 사용하기 때문에 다중 루프 제어시스템이라고 하며, 몇 가지 의문이 제기된다. 조성 제어기가 w_A를 조정하고 유량 제어기가 w_B를 조정해야 할까? 아니면 반대로 하여야 할까? 두 개의 다중 루프 제어 구성 중 어느 것이 더 효과적인지 어떻게 예측할 수 있을까? 공정 변수에 의해 생성된 제어 루프의 상호 작용이 문제를 발생시키는가?

다음 절에서는 적절한 다중 루프 제어 구성을 선택하는 기술을 고려한다. 공정 상호 작용이 중요하다면, 최상의 다중 루프 제어시스템조차도 만족스러운 제어를 제공하지 못할 수 있다. 이러한 상황에서는 디커플링 제어(18.5절) 및 모델예측제어(20장)와 같은 *다변수 제어 전략*을 고려하는 것이 도움이 될 수 있다. 그러나 먼저 제어 루프의 상호 작용 현상을 조사한다.

18.1 프로세스 상호 작용 및 제어 루프 상호 작용

여러 SISO 및 MIMO 제어 애플리케이션의 개략도가 그림 18.2에 나와 있다. 편의상, 조작 변수의 수는 제어 변수의 수와 같다고 가정한다. 이를 통해 *정방 시스템(square system)*이라고 하는 피드백 제어를 통해 단일 제어 변수와 단일 조작 변수를 페어링 할 수 있다. 이것은 조작 변수의 수가 제어 변수의 수보다 크거나 작은 비정방 시스템보다 선호된다. 일반적인 다변수 제어 전략은 단일 루프 피드백 제어로 제한되지 않으며 여러 조작 변수 및 제어 변수를 처리할 수 있다(20장 참조).

MIMO 제어 문제는 제어 변수와 조작 변수 사이에서 프로세스 상호 작용이 발생하기 때문에 SISO 제어 문제보다 본질적으로 더 복잡하다. 일반적으로 u_1과 같은 조작 변수의 변경은 모든 제어 변수 $y_1, y_2, \cdots, y_n$에 영향을 미친다. 프로세스 상호 작용으로 인해 다중 루프 제어 체계에 대해 제어 및 조작 변수의 최상의 단일 루프 쌍을 선택하는 것은 어려운 작업이 될 수 있다. 특히, n개의 제어 변수 및 n개의 조작 변수에 대한 제어 문제에는 $n!$개의 다중 루프 제어 구성이 가능하다.

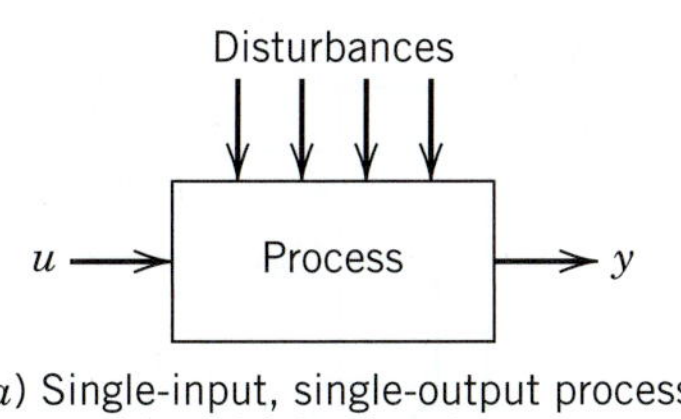

(a) Single-input, single-output process with multiple disturbances

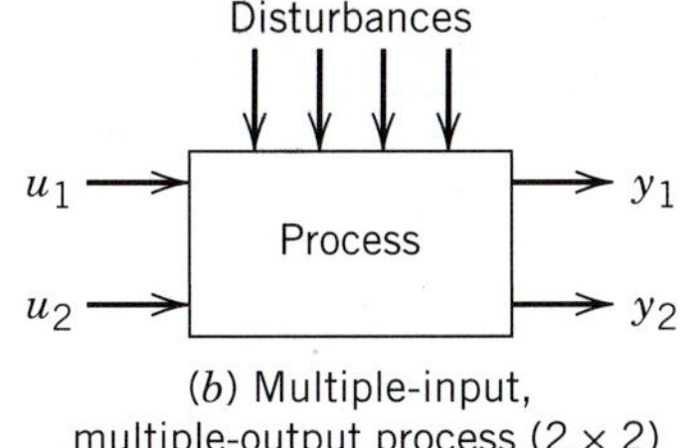

(b) Multiple-input, multiple-output process (2 × 2)

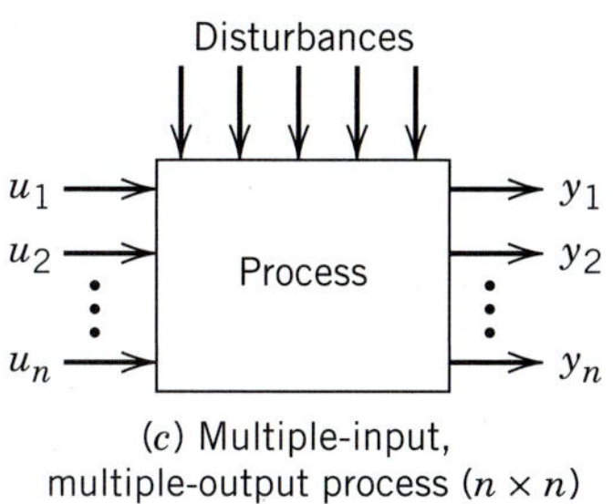

(c) Multiple-input, multiple-output process ($n \times n$)

그림 18.2 SISO 및 MIMO 제어 문제.

18.1.1 블록선도 분석

그림 18.2b에 주어진 2 × 2 제어 문제를 고려하자. 2개의 제어 및 조작 변수가 존재하기 때문에 공정 동력학을 특성화하기 위해서는 4개의 전달함수가 필요하다:

$$\frac{Y_1(s)}{U_1(s)} = G_{p11}(s) \quad \frac{Y_1(s)}{U_2(s)} = G_{p12}(s), \qquad \frac{Y_2(s)}{U_1(s)} = G_{p21}(s) \quad \frac{Y_2(s)}{U_2(s)} = G_{p22}(s) \tag{18-1}$$

식 18-1의 전달함수를 이용하여 U_1 혹은 U_2의 변화가 Y_1 및 Y_2에 미치는 영향을 결정할 수 있다. 중첩원리(Principle of Superposition, 3.1절)로부터 U_1 및 U_2가 동시에 변할 경우 각 제어 변수에 부가적으로 효과를 유발하는 것을 알 수 있다:

$$Y_1(s) = G_{p11}(s)U_1(s) + G_{p12}(s)U_2(s) \tag{18-2}$$

$$Y_2(s) = G_{p21}(s)U_1(s) + G_{p22}(s)U_2(s) \tag{18-3}$$

이들 입–출력 관계는 벡터–행렬 표기를 이용하여 나타낼 수 있다.

$$\boldsymbol{Y}(s) = \boldsymbol{G}_p(s)\boldsymbol{U}(s) \tag{18-4}$$

여기서 $\boldsymbol{Y}(s)$ 및 $\boldsymbol{U}(s)$는 두 개의 요소를 갖는 벡터이며,

$$\boldsymbol{Y}(s) = \begin{bmatrix} Y_1(s) \\ Y_2(s) \end{bmatrix} \qquad \boldsymbol{U}(s) = \begin{bmatrix} U_1(s) \\ U_2(s) \end{bmatrix} \tag{18-5}$$

$\boldsymbol{G}_p(s)$는 공정의 전달함수 행렬이다.

$$\boldsymbol{G}_p(s) = \begin{bmatrix} G_{p11}(s) & G_{p12}(s) \\ G_{p21}(s) & G_{p22}(s) \end{bmatrix} \tag{18-6}$$

식 18-4의 행렬 표기를 사용하여 2 × 2보다 큰 문제에 대하여 간결하게 나타낼 수 있다. MIMO 시스템의 예로서, 6.6절에서 살펴본 열 혼합 시스템(thermal mixing system)에 대한 전달함수 행렬을 살펴보자. 정상 상태의 전달함수 행렬($s = 0$)은 공정의 *이득 행렬*로 불리며, $\boldsymbol{K}$로 나타낸다.

두 개의 피드백 컨트롤러로 구성된 일반적인 다중 루프 제어 체계를 가정한 경우 두 가지 가능한 제어 구성이 그림 18.3에 나와 있다. (a)에서, Y_1은 U_1을 조정함으로써 제어되고, Y_2는 U_2를 조정함으로써 제어된다. 결과적으로, 이 구성은 1-1/2-2 제어 방식으로 지칭된다. 또다른 전략은 그림 18.3b에 표시된 1-2/2-1 제어 체계로서 Y_1과 U_2를, Y_2와 U_1을 연결하는 것이다. 여기 블록선도는 최종 제어 요소와 센서 트랜스미터에 대한 전달함수를 생략함으로써 단순화되었으며, 또한 외란 변수를 생략하였다.

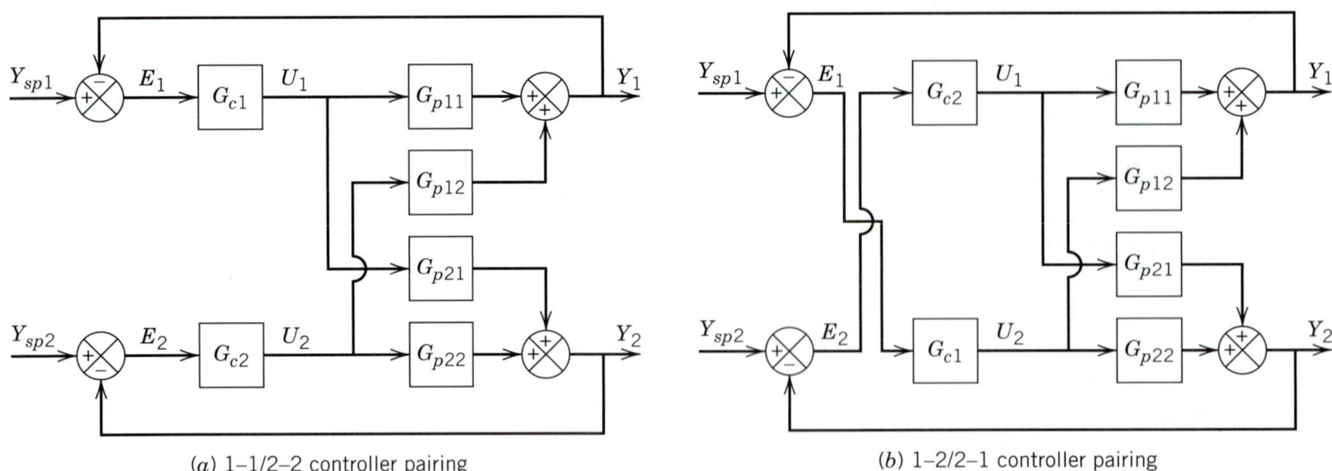

그림 18.3 2 × 2 다중 루프 제어시스템의 블록선도.

그림 18.3은 프로세스 상호 작용이 제어 루프 사이의 바람직하지 않은 상호 작용을 유도할 수 있음을 보여준다. 예를 들어, 1-1/2-2 제어 체계가 사용되고 외란이 Y_1을 설정값 Y_{sp1}에서 멀어지게 한다고 가정하였을때, 다음과 같은 이벤트가 발생한다:

1. 루프 1 (G_{c1})의 제어기는 Y_1을 설정값으로 되돌리도록 U_1을 조정한다. 그러나 U_1은 전달함수 G_{p21}을 통해 Y_2에도 영향을 준다.
2. Y_2가 변경되었으므로 루프 2 제어기 (G_{c2})는 U_2를 조정하여 Y_2를 설정값 Y_{sp2}로 되돌린다. 그러나 U_2를 변경하면 전달함수 G_{p12}를 통해 Y_1에도 영향을 준다.

이러한 제어기의 작용은 새로운 정상 상태에 도달할 때까지 동시에 진행된다. U_1의 초기 변화는 Y_1에 두 가지 영향을 미친다: (1) *직접* 효과 및 (2) 제어 루프 상호 작용을 통한 *간접* 효과. 이러한 동적 동작을 일련의 과정으로 보는 것이 이해에 도움이 되기는 하지만 실제로는 공정 변수가 지속적으로 동시에 변경된다.

2 × 2 제어 문제에서 제어 루프 상호 작용은 2개의 제어기와 4개의 프로세스 전달함수를 포함하는 세 번째 피드백 루프가 존재하기 때문에 발생한다(Shinskey, 1996). 따라서 1-1/2-2 구성의 경우 *숨겨진 피드백 루프*(hidden feedback loop)에는 그림 18.4와 같이 G_{c1}, G_{c2}, G_{p12} 및 G_{p21}이 포함된다. 그림 18.3*b*의 1-2/2-1 제어 체계에도 유사한 숨겨진 피드백 루프가 존재한다.세번째 피드백 루프는 두 가지 잠재적인 문제를 일으킨다:

1. 닫힌 루프 시스템을 불안정하게 하는 경향이 있다.
2. 제어기 조율(tunig)을 더 어렵게 만든다.

다음으로 제어 변수와 조작 변수 사이의 전달함수가 다른 피드백 제어 루프가 열려 있는지 아니면 닫혀 있는지에 따라 달라지는 것을 살펴 보자. 그림 18.3*a*의 제어시스템을 고려했을때, 두 번째 루프 G_{c2}의 제어기가 고장 나거나 제어기가 수동 모드에 있으면서 출력이 공칭 값(nominal value)으로 일정하게 유지되는 경우 $U_2 = 0$이다. 이 상황에서 Y_1과 U_1 사이의 전달함수는 G_{p11}뿐이다:

$$\frac{Y_1}{U_1} = G_{p11} \quad (Y_2 - U_2 \text{ loop open}) \tag{18-7}$$

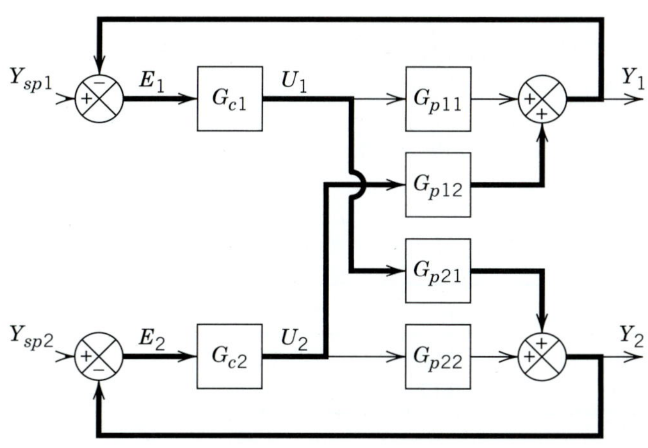

그림 18.4 1-1/2-2 제어기 페어링의 경우 숨겨진 피드백 제어 루프(굵은 실선).

하단 루프(lower loop)도 닫히는 경우, 두 루프에서의 Y_1에 대한 기여를 함께 더하여 얻는다.

$$Y_1 = G_{p11}U_1 + G_{p12}U_2 \tag{18-8}$$

그러나 두 번째 피드백 제어기가 $Y_{sp2} = 0$인 자동 모드인 경우 블록선도 대수를 적용하여 다음을 얻는다.

$$Y_2 = \frac{G_{p21}U_1}{1 + G_{c2}G_{p22}} \tag{18-9}$$

두 번째 루프에서 첫 번째 루프로 가는 신호는 다음과 같다.

$$G_{p21}U_2 = -G_{p12}G_{c2}Y_2 \tag{18-10}$$

우리가 식 18-8에서 $G_{p12}U_2$를 식 18-10으로 대체하고 Y_2를 식 18-9를 사용하여 대체할 경우 Y_1과 U_1 사이의 전체 닫힌 루프 전달함수는 다음과 같다.

$$\frac{Y_1}{U_1} = G_{p11} - \frac{G_{p12}G_{p21}G_{c2}}{1 + G_{c2}G_{p22}} \quad (Y_2 - U_2 \text{ loop closed}) \tag{18-11}$$

따라서, Y_1과 U_1 사이의 전달함수는 상호 작용 항을 통해 두 번째 루프 G_{c2}에 대한 제어기에 의존한다. 마찬가지로, 전달함수 Y_2/U_2는 첫 번째 루프가 닫힐 때 G_{c1}에 의존한다. 이 결과는 두 제어기가 독립적으로 조율되어서는 안 된다는 중요한 사실을 시사한다.

예제 18.1

다음의 파일럿 규모의 증류탑에 대한 경험 모델(empirical model)을 고려하여라(Wood and Berry, 1973).

$$\begin{bmatrix} X_D(s) \\ X_B(s) \end{bmatrix} = \begin{bmatrix} \dfrac{12.8e^{-s}}{16.7s+1} & \dfrac{-18.9e^{-3s}}{21s+1} \\ \dfrac{6.6e^{-7s}}{10.9s+1} & \dfrac{-19.4e^{-3s}}{14.4s+1} \end{bmatrix} \begin{bmatrix} R(s) \\ S(s) \end{bmatrix} \tag{18-12}$$

여기서, 표기법은 그림 18.1*b*의 정의를 따른다. 2개의 PI 제어기가 사용되는 다중 제어시스템을 가정하고 $X_D - R/X_B - S$ 페어링을 선택하였을 때, 다음의 각 경우에 대해 닫힌 루프 설정값 변화(closed-loop set-point changes)에 대한 결과를 비교하여라.

(a) 각 루프에 설정값 변화가 발생한 경우. 단, 상대방 루프는 수동 모드에 둔다.

(b) 두 루프가 모두 자동 모드에 있고 설정값 변화가 발생한 경우.

제어기의 설정은 12장에서 다룬 설정값 변화에 대한 ITAE 조율법을 기반으로 한다.

풀이

표 18.1 예제 18.1의 제어기 설정값.

Controller Pairing	K_c	τ_I (min)
$x_D - R$	0.604	16.37
$x_B - S$	−0.127	14.46

표 18.1은 단일 루프의 ITAE 설정을 보여주며, 그림 18.5는 각 제어 변수의 설정값 변화에 대한 수치모사 결과를 보여준다. ITAE 설정은 다른 제어기가 수동 모드(실선)일 때 어느 쪽 제어 루프에 대해서도 만족할 만한 성능을 보인다.그러나, 두 제어기가 모두 자동 모드인 경우, 제어 루프 간 상호작용으로 인해 강한 진동 응답을 보이는데, 특히 x_B의 경우(점선)에 더욱 심하다. McAvoy(1983)는 다중 루프 제어기의 성능을 향상시키기 위해 다양한 접근법을 제시하였다. 연습문제 18.1을 참고하여 유사한 진동 특성을 보이는 MIMO 시스템을 확인가능하다.

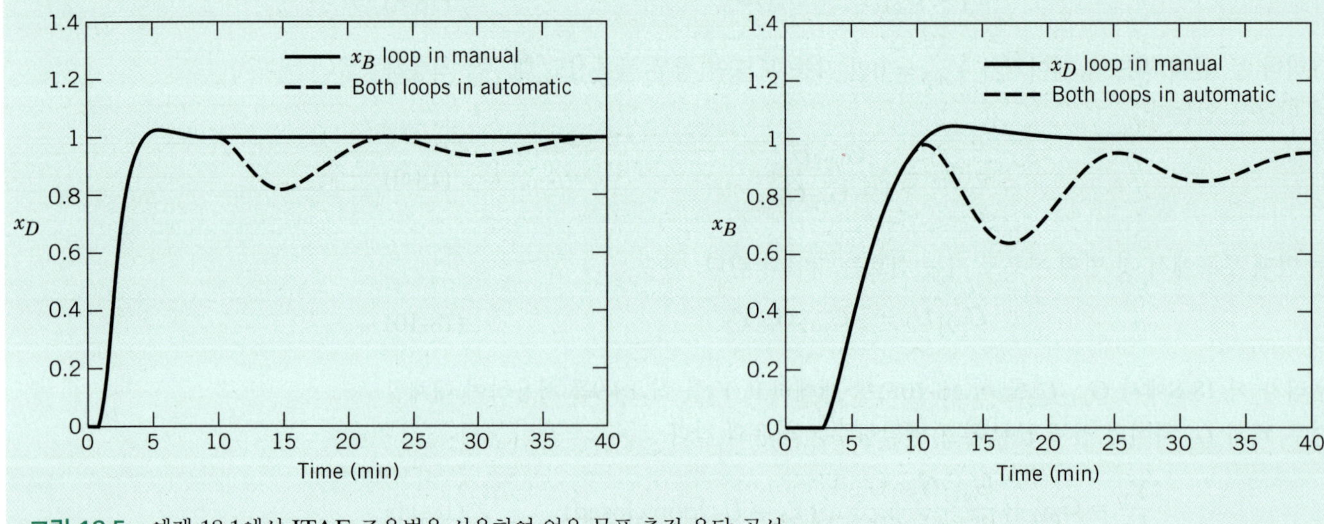

그림 18.5 예제 18.1에서 ITAE 조율법을 사용하여 얻은 목표 추적 응답 곡선.

18.1.2 닫힌 루프 안정성

제어 루프에서 상호 작용의 영향을 더욱 살펴보기 위해 그림 18.3*a*의 1-1 / 2-2 제어 체계에 대한 블록선도를 다시 고려한다. 블록선도 대수(11장 참고)를 적용하여 제어 변수와 목표값의 관계를 나타내는 다음의 식을 얻을 수 있다:

$$Y_1 = \Gamma_{11} Y_{sp1} + \Gamma_{12} Y_{sp2} \tag{18-13}$$

$$Y_2 = \Gamma_{21} Y_{sp1} + \Gamma_{22} Y_{sp2} \tag{18-14}$$

여기서, 닫힌 루프의 전달함수는

$$\Gamma_{11} = \frac{G_{c1}G_{p11} + G_{c1}G_{c2}(G_{p11}G_{p22} - G_{p12}G_{p21})}{\Delta(s)} \tag{18-15}$$

$$\Gamma_{12} = \frac{G_{c2}G_{p12}}{\Delta(s)} \tag{18-16}$$

$$\Gamma_{21} = \frac{G_{c1}G_{p21}}{\Delta(s)} \tag{18-17}$$

$$\Gamma_{22} = \frac{G_{c2}G_{p22} + G_{c1}G_{c2}(G_{p11}G_{p22} - G_{p12}G_{p21})}{\Delta(s)} \tag{18-18}$$

이고 $\Delta(s)$의 정의는 다음과 같다.

$$\Delta(s) = (1 + G_{c1}G_{p11})(1 + G_{c2}G_{p22}) - G_{c1}G_{c2}G_{p12}G_{p21} \tag{18-19}$$

이러한 닫힌 루프 관계에서 두 가지 중요한 결론을 도출할 수 있다. 먼저 한 루프에서 설정 값을 변경하면 일반적으로 Γ_{12}와 Γ_{21}이 0이 아니기 때문에 두 제어 변수가 모두 변경된다. 두번째는 닫힌 루프 시스템의 안정성에 관한 것이다. 식 18-15에서 18-18에 있는 네 개의 닫힌 루프 전달함수가 동일한 분모를 가지기 때문에 특성 방정식(characteristic equation)은 $\Delta(s) = 0$, 혹은 다음과 같이 나타낼 수 있다.

$$(1 + G_{c1}G_{p11})(1 + G_{c2}G_{p22}) - G_{c1}G_{c2}G_{p12}G_{p21} = 0 \tag{18-20}$$

따라서, 닫힌 루프의 안정성은 두 제어기 G_{c1}과 G_{c2} 및 네 개의 전달함수 모두에 의존한다. 그림 18.3*b*에 주어진 1-2/2-1 제어 체계에 대해서도 유사한 특성 방정식을 얻을 수 있다.

$G_{p12} = 0$ 혹은 $G_{p21} = 0$인 특별한 경우에는 식 18-20의 특성방정식은 다음과 같이 줄여쓸 수 있다.

$$(1 + G_{c1}G_{p11})(1 + G_{c2}G_{p22}) = 0 \tag{18-21}$$

이러한 상황에서는 전체 시스템의 안정성은 두 개의 피드백 제어 루프에 개별적으로 의존하며, 또한 각 제어 루프에 관여하는 전달함수에만 의존한다.

$$1 + G_{c1}G_{p11} = 0 \qquad \text{그리고} \qquad 1 + G_{c2}G_{p22} = 0 \tag{18-22}$$

주목할 점은, 만약 $G_{p12} = 0$ 혹은 $G_{p21} = 0$인 경우라면 그림 18.4의 세번째 피드백 제어기(숨겨져 있는)는 사라지게 된다. 예를 들어, $G_{p12} = 0$인 경우를 보면 두번째 제어 루프는 Y_1에 영향을 주지 않는 반면, 첫 번째 제어 루프는 전달함수 G_{p21}을 통하여 두 번째 루프의 외란에 대한 소스로 작용한다.

위 해석은 그림 18.3*a*의 1-1/2-2 제어 구성을 기반으로 이루어졌다. 1-2/2-1 제어 구성에 대해서도 유사한 해석과 결론을 얻을 수 있다(예제 18.2 참고). 식 18-13부터 18-22까지의 결과를 확장하여 센서 및 제어밸브에 대한 전달함수를 포함하는 블로 선도에 대해서도 적용가능하다.

예제 18.2

다음의 전달함수 행렬로 나타내는 공정을 고려하여라.

$$G_p(s) = \begin{bmatrix} \dfrac{2}{10s+1} & \dfrac{1.5}{s+1} \\ \dfrac{1.5}{s+1} & \dfrac{2}{10s+1} \end{bmatrix}$$

두 개의 비례 제어기 사용을 가정하며, $G_{c1} = K_{c1}$ 및 $G_{c2} = K_{c2}$이다. 1-1/2-2 및 1-2/2-1 구성에 대하여 닫힌 루프의 안정성을 위한 K_{c1}과 K_{c2}를 결정하여라.

풀이

식 18-20에 대입하여 닫힌 루프 시스템(1-1/2-2 페어링)의 특성방정식을 얻는다(symbolic math toolbox를 사용하여 얻을 수 있다).

$$a_4 s^4 + a_3 s^3 + a_2 s^2 + a_1 s + a_0 = 0 \quad (18\text{-}23)$$

여기서

$$a_4 = 100$$
$$a_3 = 20K_{c1} + 20K_{c2} + 220$$
$$a_2 = 42K_{c1} + 42K_{c2} - 221K_{c1}K_{c2} + 141$$
$$a_1 = 24K_{c1} + 24K_{c2} - 37K_{c1}K_{c2} + 22$$
$$a_0 = 2K_{c1} + 2K_{c2} + 1.75K_{c1}K_{c2} + 1$$

$G_p(s)$의 개별 전달함수가 1차임에도 식 18-23의 특성방정식은 4차임을 주목하여라.

닫힌 루프 시스템이 안정하기 위한 제어기 이득은 K_{c1}과 K_{c2}를 안정성 기준(11장)에 직접 적용하여 얻을 수 있다. 이를 통하여 얻은 안정성 영역 결과를 그림 18.6에 제시하였다. K_{c1} 혹은 K_{c2}가 0에 가까운 값을 가질 경우 다른 제어기 이득의 값이 매우 큰 양의 값을 갖게 되기는 하나 여전히 안정한 닫힌 루프 특성을 갖는다. 이러한 특성은 공정이 시간 지연(time delay)이 없는 1차 전달함수로 구성되기 때문이고, 이는 이상적인 경우에 해당한다. MIMO 제어시스템은 일반적으로 모든 K_{c1} 값에 대한 두 제어기 이득이 모두 안정성을 위한 상한을 갖는다.

1-2/2-1 제어 구성의 경우에도 유사한 안정성 해석을 수행할 수 있다(그림 18.7 참고). 그림 18.6과 18.7을 비교해 보면, 1-2/2-1 제어 체계가 더 넓은 영역의 제어기 이득을 갖기 때문에 더 넓은 안정성 영역을 가짐을 알 수 있다. 예를 들어, $K_{c1} = 2$인 경우를 가정해 보면, 그림 18.6에서 1-1/2-2 페어링의 경우 안정성 영역이 $-0.8 < K_{c2} < 0.5$인 반면, 그림 18.7에서 1-2/2-1 구성은 $-0.3 < K_{c2} < 2.0$의 안정성 범위를 가짐을 알 수 있다.

이 예제를 통하여 닫힌 루프 안정성은 제어기의 구성 및 제어기 설정값으로부터 결정됨을 알 수 있다. 만약 비례 제어기 대신 비례 적분 제어를 고려할 경우, 설정해 주어야 할 변수의 수가 더 많아지고 특성 방정식이 차수가 증가하므로 안정성 문제 해석이 훨씬 복잡해질 것이다.

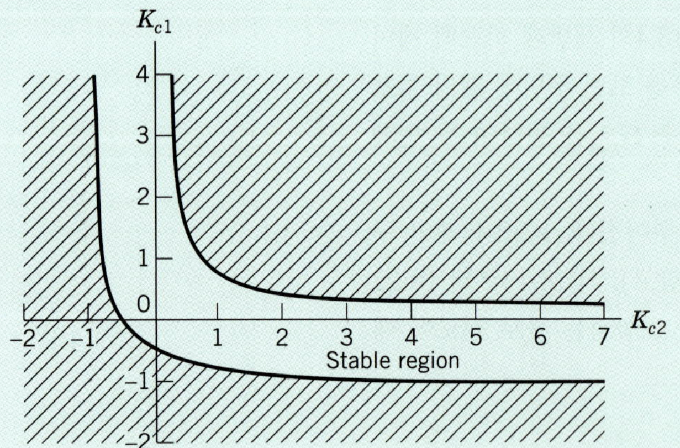

그림 18.6 예제 18.2의 1-1/2-2 제어기 페어링에 대한 안정성 영역.

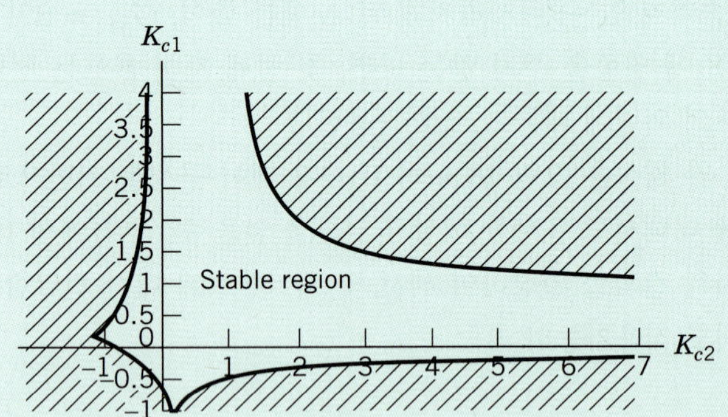

그림 18.7 예제 18.2의 1-2/2-1 제어기 페어링에 대한 안정성 영역.

18.2 제어 변수와 조작 변수의 페어링(pairing)

이번 절에서는, 제어 변수와 조작 변수가 다중 루프 제어 구성에서 어떻게 페어링 되어야 하는지에 대한 문제를 다룰 것이다. 페어링이 부적절한 경우 예제 18.2의 1-1/2-2 페어링 경우에서 살펴본 바와 같이 제어기의 성능 저하 및 안정성 여유(stabiligy margin) 감소 문제가 발생한다. 한 예로 그림 18.8의 증류탑을 살펴보자. 일반적인 증류탑은 다섯 개의

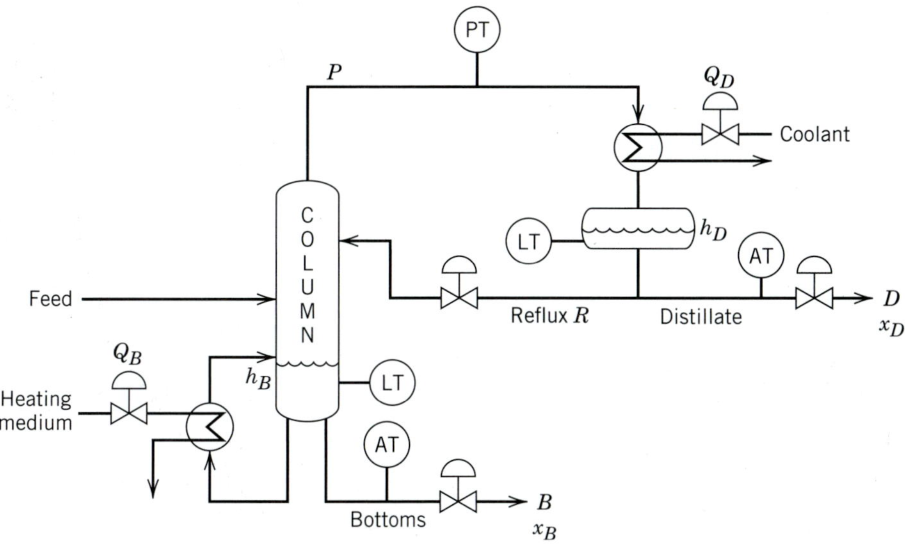

그림 18.8 전형적인 증류탑에서 제어 및 조작 변수들.

제어 변수와 다섯 개의 조작 변수를 갖는다(Shinskey, 1996). 그림 18.8에서 제어 변수는 생성물의 조성 x_D와 x_B, 탑 압력 P, 그리고 환류 원통(reflux drum)의 액위 h_D와 탑저(column base)의 액위 h_B이다. 다섯 개의 조작 변수는 생성물의 흐름 D와 B, 환류 흐름 R, 그리고 응축기(condenstor)의 열량 Q_D와 재비기(reboiler)의 열량 Q_B이다. 열량은 스팀과 냉각수의 제어밸브를 이용하여 조작한다. 다중 제어 체계가 5개의 피드백 컨트롤러로 구성되어 있는 경우, 5! = 120가지의 제어 및 조작 변수 페어링 방법이 존재한다. 이러한 제어 구성 중 일부는 실용적이지 않거나 실행할 수 없기 때문에 즉시 제외 가능하다. 예를 들어, 증류 흐름 D 또는 응축기 열 용량 Q_D를 조정하여 기준 액위 h_B를 제어하려고 하는 경우이다. 그러나, 여러 가지 대체 페어링을 고려 가능한데, 문제는 제어 시스템 설계자가 이중 가장 효과적인 페어링을 어떻게 결정하는가이다.

다음 절에서 제어 및 조작의 최상의 페어링 결정을 위한 체계적인 접근법으로서 *상대 이득 배열*(relative gain array) 방법을 고려한다. 대안 중의 하나인 특이값 분석(singular value analysis)에 기반한 접근 방식은 이 장의 뒷부분에서 다룰 것이다.

18.2.1 브리스톨의 상대이득배열 기법

브리스톨(1966)은 다변수 공정 제어 문제를 분석하기 위한 체계적인 접근법을 개발하였다. 그의 접근법은 정상 상태 정보(공정 이득 행렬, process gain matrix; $\boldsymbol{K}$)만 필요하며, 두 가지 중요한 정보를 제공한다.

1. 공정 상호작용의 측정(measure)
2. 제어 변수와 조작 변수의 가장 효과적인 페어링을 위한 추천

브리스톨의 접근 방식은 *상대 이득*(relative gain)의 개념을 기반으로 한다. n개의 제어 변수와 n개의 조작 변수가 있는 프로세스를 고려하자. 제어 변수 y_i와 조작 변수 u_j 사이의 상대 이득 λ_{ij}은 두 정상 상태 이득의 무차원 비율로 정의된다:

$$\lambda_{ij} \triangleq \frac{(\partial y_i/\partial u_j)_u}{(\partial y_i/\partial u_j)_y} = \frac{\text{open-loop gain}}{\text{closed-loop gain}} \tag{18-24}$$

여기서, $i = 1, 2, \cdots, n$ 그리고 $j = 1, 2, \cdots, n$.

식 18-24에서 기호 $(\partial y_i/\partial u_j)_u$은 u_j를 제외한 나머지 조작 변수를 일정하게 유지하고 얻은 편미분항을 의미한다. 따라서, 이 항은 y_i와 u_j 사이의 열린 루프 이득(또는 정상 상태 이득)을 의미하며, 이득 행렬(gain matrix)의 요소 K_{ij}에 해당한다. 비슷한 방식으로 $(\partial y_i/\partial u_j)_y$는 y_i를 제외한 나머지 제어 변수를 일정하게 한 후 계산한다. 이 상황은 실제로 적분 동작이 있는 제어기를 다른 조작 변수를 조정하여 달성 가능하다. 따라서, $(\partial y_i/\partial u_j)_y$를 닫힌 루프에서 u_j가 y_i에 미치는 영향(y_i를 제외한 나머지 제어 변수는 상수로 고정)을 나타내는 닫힌 루프 이득으로 간주할 수 있다.

상대 이득을 다음과 같이 $\boldsymbol{\Lambda}$로 표시되는 *상대 이득 배열*(relative gain array; RGA)로 배열하는 것이 편리하다:

$$\boldsymbol{\lambda} = \begin{array}{c} \\ y_1 \\ y_2 \\ \cdots \\ y_n \end{array} \begin{array}{c} \begin{array}{cccc} u_1 & u_2 & \cdots & u_n \end{array} \\ \begin{bmatrix} \lambda_{11} & \lambda_{12} & \cdots & \lambda_{1n} \\ \lambda_{21} & \lambda_{22} & \cdots & \lambda_{2n} \\ \cdots & \cdots & \cdots & \cdots \\ \lambda_{n1} & \lambda_{n2} & \cdots & \lambda_{nn} \end{bmatrix} \end{array} \tag{18-25}$$

RGA는 정상 상태 공정 모델에 대하여 몇 가지 중요한 성질을 제공한다(Bristol, 1966; McAvoy, 1983):

1. 각 행 또는 열 요소의 합이 1이다.
2. 상대 이득은 무차원이며, 단위 선택 또는 변수 스케일링의 영향을 받지 않는다.
3. RGA는 이득 행렬 $\boldsymbol{K}$에서 요소의 불확실성이 미치는 민감도를 측정하는 도구로 사용 가능하다. 이득 행렬의 요소 K_{ij}중 하나가 $K_{ij}(1\text{-}1/\lambda_{ij})$로 바뀔 경우 이득 행렬은 특이(singular)하게 된다. 따라서, 이득 행렬의 요소가 큰 값을 갖는 경우 K_{ij}에서의 작은 변화가 공정 제어 특성을 크게 변경시킴을 의미한다.

18.2.2 RGA의 계산

상대 이득은 정상 상태 데이터 또는 공정 모델에서 쉽게 계산할 수 있다. 예를 들어, 정상 상태 모델을 사용할 수 있는 2 × 2 프로세스를 고려하며, 모델이 다음과 같이 선형화되어 편차 변수로 표현되었다고 가정한다.

$$y_1 = K_{11}u_1 + K_{12}u_2 \tag{18-26}$$

$$y_2 = K_{21}u_1 + K_{22}u_2 \tag{18-27}$$

여기서 K_{ij}는 y_i와 u_j 사이의 정상 상태 이득을 나타낸다. 이 모델은 다음과 같이 행렬 표기법으로 보다 간결하게 표현할 수 있다.

$$\boldsymbol{y} = \boldsymbol{K}\boldsymbol{u} \tag{18-28}$$

안정적인 공정의 경우, 정상 상태(이득) 모델인 식 18-28은 식의 동적 모델인 식 18-4와 다음과 같은 관계를 보인다.

$$\boldsymbol{K} = \boldsymbol{G}_p(0) = \lim_{s\to 0} \boldsymbol{G}_p(s) \tag{18-29}$$

다음으로 λ_{11}을 계산하는 방법을 고려한다. 식 18-26에서 다음을 얻을 수 있다.

$$\left(\frac{\partial y_1}{\partial u_1}\right)_{u_2} = K_{11} \tag{18-30}$$

$(\partial y_i/\partial u_j)_y$를 계산하기 전에 식 18-26에서 먼저 u_2를 제거해야 하는데, 식 18-27을 u_2에 대하여 푼 후 y_2를 공칭 설정값(nominal set point)에서 일정하게 유지되도록, 즉 $y_2 = 0$이 되도록 하면 된다:

$$u_2 = \frac{K_{21}}{K_{22}}u_1 \tag{18-31}$$

위 식을 식 18-26에 대입하면

$$y_1 = K_{11}\left(1 - \frac{K_{12}K_{21}}{K_{11}K_{22}}\right)u_1 \tag{18-32}$$

이로부터

$$\left(\frac{\partial y_1}{\partial u_1}\right)_{y_2} = K_{11}\left(1 - \frac{K_{12}K_{21}}{K_{11}K_{22}}\right) \tag{18-33}$$

식 18-30과 식 18-33을 식 18-24에 대입하면 상대 이득 λ_{11}을 다음과 같이 얻을 수 있다:

$$\lambda_{11} = \frac{1}{1 - \dfrac{K_{12}K_{21}}{K_{11}K_{22}}} \tag{18-34}$$

식 18-25에서 $\mathbf{\Lambda}$의 각 행과 열의 합이 1이므로, 다른 상대 이득들은 λ_{11}로부터 쉽게 계산할 수 있다. 예를 들어 2×2 시스템의 경우,

$$\lambda_{12} = \lambda_{21} = 1 - \lambda_{11} \qquad \text{그리고} \qquad \lambda_{22} = \lambda_{11} \tag{18-35}$$

따라서, 2×2 시스템의 RGA는 다음과 같이 표현 가능하다.

$$\mathbf{\Lambda} = \begin{bmatrix} \lambda & 1-\lambda \\ 1-\lambda & \lambda \end{bmatrix}$$

여기서, λ는 λ_{11}을 의미한다. 주목할 점은 2×2 시스템에서는 RGA가 대칭 구조를 갖는다. 그러나, 고차원 시스템($n > 2$)의 경우에는 대칭성이 항상 만족되는 것은 아니다.

고차원 공정의 경우 RGA는 다음 식으로부터 계산 가능하다.

$$\mathbf{\Lambda} = \boldsymbol{K} \otimes \mathbf{H} \tag{18-36}$$

여기서, $\otimes$ 기호는 Schur 곱(product)으로서 요소별 곱셈(element by element multiplication)을 의미한다:

$$\lambda_{ij} = K_{ij}H_{ij} \tag{18-37}$$

K_{ij}는 식 18-28에서 $\boldsymbol{K}$의 (i, j) 요소를 의미하며, H_{ij}는 $\boldsymbol{H} = (\boldsymbol{K}^{-1})^T$의 (i, j) 요소를 말한다. 즉, H_{ij}는 $\boldsymbol{K}$의 역행렬의 전치(transpose)에 해당한다. 행렬 연산을 수행하기 위한 다양한 컴퓨터 소프트웨어의 발달로 식 18-37은 수월하게 계산 가능하다. 식 18-36이 $\mathbf{\Lambda} = \boldsymbol{K}(\boldsymbol{K}^{-1})^T$를 의미하지 않음을 주목하여라.

18.2.3 정상 상태 이득 행렬 획득 기법

식 18-37은 선형화한 정상 상태 프로세스 모델로부터 K_{ij}를 사용하여 RGA를 계산하는 방법을 보여준다. 열린 루프 공정 이득은 시뮬레이션 모델 혹은 실험 데이터로부터 직접 계산 가능하다. 다변수 공정의 경우 하나의 입력(u_1)은 계단 변화를 하고(Δu_1) 그 외 다른 모든 입력을 일정하게 유지한 후 y_1, y_2 등을 측정한다. 이 테스트는 모든 루프가 열린

상태로 유지, 즉 피드백 제어가 없는 상태에서 진행하게 된다. 그런 다음 다른 입력들에 대해서도 한번에 하나씩 계단 변화를 주어 모든 제어 변수에 대한 열린 루프 응답 데이터를 확보하면 된다. 정상 상태 이득은 y의 최종값으로부터 변화량을 계산하여 다음 식을 통하여 얻게 된다(7장 참조).

$$K_{ij} = \frac{\Delta y_i}{\Delta u_j} \tag{18-38}$$

예를 들어 K_{11}은 $K_{11} = \Delta y_1/\Delta u_1$으로 계산할 수 있다. 이 접근법은 수학적 모델(시뮬레이터) 또는 실제 공정 데이터를 사용하여 이득을 계산할 수 있다. 물론 후자의 경우, 일반적으로 더 많은 노력과 비용을 필요로 한다; 따라서 사용 가능한 모델이 있는 경우 이를 사용하는 것이 유리하다.

K_{ij}를 실험적으로 결정하는 경우, 동일한 입력에 대하여 다른 크기와 방향을 갖는 계단 테스트를 여러 번 수행한 후 이들의 결과를 평균하여 사용하는 것이 바람직하다. 시뮬레이터를 사용하는 경우, 계단 변화의 조건을 조작하는 것이 수월하므로 확보한 결과의 오차가 상대적으로 적을 수 있다. 그러나, 이득을 계산하기 위하여 동적 시뮬레이터를 반드시 사용해야 하는 것은 아니다. 동적 시뮬레이터에 대한 대안으로서, 정상 상태 모사기를 사용가능한데, 기본 케이스에서 시작하여 하나의 입력을 두 개의 값, 즉 하나는 기본 케이스에서 $(+\Delta u_j)$만큼 다른 하나는 $(-\Delta u_j)$만큼 변화시킨 후 각 변화에 대한 출력 y의 변화를 찾으면 된다. 다만 u_j의 변화량(perturbation)은 계산된 이득(그로부터 계산된 RGA)이 변화량의 크기에 너무 영향을 받지 않도록 주의깊게 결정하여야 한다.

18.2.4 프로세스 상호 작용 척도(measure) 및 페어링 권장 사항

식 18-32를 이용하여 2 × 2 공정의 상대 이득 배열에 대한 추가적인 고찰이 가능하다. 만약 y_2가 닫힌 루프 제어계에서 설정값 0에 고정되어 있을 경우, 식 18-32를 재정리하면 다음과 같다.

$$\frac{y_1}{u_1} = K_{11} - \frac{K_{12}K_{21}}{K_{22}} = K_{11}\left[1 - \frac{K_{12}K_{21}}{K_{11}K_{22}}\right] \tag{18-39}$$

여기서, 항 $-K_{12}K_{21}/K_{11}K_{22}$는 다른 루프 (G_{c2}) 와의 상호 작용으로 인해 열린 루프 공정 이득 K_{11}을 수정하는 상호 작용 항으로 생각할 수 있다. 이 수정항은 양수 혹은 음수이며, 이득의 비에 의존하는 항이다. 식 18-34에서 $\lambda_{11} = \lambda$로 정의하면 다음과 같이 쓸 수 있다.

$$\frac{y_1}{u_1} = K_{11}\left[\frac{1}{\lambda}\right] = K_{11}\left[1 + \frac{1-\lambda}{\lambda}\right] \tag{18-40}$$

따라서 λ는 열린 루프 이득 K_{11}의 제수(divisor)로 해석될 수 있거나 $(1\text{-}\lambda)/\lambda$ 항은 K_{11}에 대한 수정 값이다. 또한, 식 18-40으로부터 닫힌 루프의 이득은 열린 루프의 이득을 λ로 나눈 값임을 알 수 있으며, 이는 식 18-24의 재정의로 볼 수 있다. 예를 들어, λ가 1인 경우 이득에 수정 사항이 없으며, 닫힌 루프의 이득은 열린 루프의 이득과 동일함을 알 수 있다. 반면 λ가 양수이고 값이 큰 경우, 닫힌 루프의 이득은 열린 루프의 경우보다 매우 작은 값을 가진다. λ가 큰 값을 갖는다는 것의 실질적인 의미는 더 이상 u_1이 y_1에 큰 영향을 미치지 않는다는 것이다. 마지막으로, 만약 λ가 음수인 경우, 닫힌 루프의 이득은 K_{11}과 다른 부호를 갖게 된다는 것이며, 이는 첫 번째 루프다 닫혀 있는 경우 제어기의 설계에 심각한 어려움을 유발할 수 있음을 의미한다.

2×2보다 더 큰 경우에 대하여 RGA 분석은 명료하게 결론을 이끌어내기 어려울 수 있다. 특히 닫힌 루프와 열린 루프가 조합되어 있는 공정을 평가하는 경우에는 더더욱 그러하다. 다변수 제어에서 열린 루프의 공정 이득에 다른 제어 루프가 어떻게 영향을 미치는지 이해하는 것이 중요하다. 때로는 특정 입-출력 조합에서 관찰되는 현상이 다른 제어기로 인한 것일 수 있기 때문에 명확한 해석이 어려운 경우도 있다. 아마도 추가 문제 해결 분석을 통하여 중요한 출력 변수를 성공적으로 제어하려면 다른 제어 전략이 필요하다는 결론을 내릴 수도 있다(공장 전체 제어(plantwide control)에 대한 토론은 부록 G와 H를 참고하여라).

식 18-26과 18-27에서 2×2 공정의 경우 다섯 개의 페어링이 가능하다(전체 행렬 $\mathbf{\Lambda}$의 각 행과 열의 합이 1이기 때문에 단일 변수 λ만으로 행렬을 구성함을 상기해보면 된다).

1. **$\lambda = 1$.** 이 경우 식 18-24에 의해 u_1과 y_1에 대한 열린 루프와 닫힌 루프의 이득이 동일하다. 이러한 이상적인 경우, 열린 혹은 닫힌 루프 2번은 1번 루프에 아무런 영향을 주지 않으므로 y_1과 u_1이 페어링 되어야 한다(즉, 1-1/2-2 구성이 적용되어야 한다).
2. **$\lambda = 0$.** 식 18-24에 의해 y_1과 u_1 사이의 열린 루프 이득은 0이 되고, u_1이 y_1에 직접적인 영향을 미치지 않게 된다. 결론적으로, u_1은 y_1보다는 y_2와 페어링 되어야 한다(즉, 1-2/2-1으로 구성되어야 한다).
3. **$0 < \lambda < 1$.** 식 18-24로부터 y_1과 u_1 사이의 닫힌 루프 이득이 열린 루프보다 더 큰 값을 갖게 된다. 이 범위에서는 λ의 값이 0.5일 때 두 개의 루프들 간 상호작용이 가장 크게 되며, 식 18-33의 두번째 항은 -1의 값을 갖는다.
4. **$\lambda > 1$.** 이 경우 제어 루프들은 상호 작용을 갖게 되며 두 번째 루프를 닫는 것이 y_1과 u_1 사이의 이득을 줄이게 된다. λ의 값이 증가할수록 상호 작용이 증가하며, 특히 λ가 무한대로 갈 경우 더욱 심각해진다. λ의 값이 매우 큰 경우에는 출력들을 독립적으로 제어하는 것이 불가능해진다(Skogestad와 Postlethwaite, 2005).
5. **$\lambda < 0$.** λ가 음수인 경우 u_1과 y_1에 대한 열린 루프와 닫힌 루프의 이득이 서로 다른 부호를 갖는다. 따라서, 두 번째 루프를 열거나 닫는 경우에 대해 첫 번째 루프에 반대의 효과를 일으키며, 진동(oscillation)을 유발하기도 한다. 이는 u_1과 y_1이 페어링할 수 없음을 의미한다. λ가 음수인 경우 제어 루프들은 "서로 다툼"의 방식으로 상호작용을 하며, 닫힌 루프 시스템이 결국 불안정하게 될 수 있다.

위 사항을 고려해 보았을 때 2×2 공정의 경우 RGA 분석으로부터 y_1은 $\lambda > 0.5$ 인 경우에 대하여만 u_1과 페어링 되어야 함을 알 수 있다. λ가 0.5보다 크지 않은 경우는 y_1은 u_2와 페어링 되어야 한다. 이 추론을 확대하여 $n \times n$ 공정에 적용함으로써 Bristol의 제어기 페어링에 대한 권장 사항에 도달하게 된다.

권장사항: *조작 및 제어 변수의 페어링을 할 때 상대 이득이 양수가 되고, 가능한 1에 가까운 값을 갖도록 하여라.*

RGA 접근법에 대해 몇 가지 첨언을 추가하자면,

1. 위 권장사항은 정상 상태로부터 얻은 정보에 기반한다. 하지만 동적 거동에 있어서도 제어기 페어링의 경우에 적용가능하다. 특히 다음 절에서 다루게

될 이론을 적용하여 닫힌 루프의 안정성을 체크하여야 한다.

2. λ가 0 혹은 1인 경우 정상 상태 분석에 의하면 2×2 공정의 두 제어 루프는 상호작용이 존재하지 않거나 혹은 한 방향으로만 작용하게 된다. 더욱이 식 18-34에 의하면 네 개의 공정 이득 중 적어도 하나는 0의 값을 갖는다.
3. 2×2 공정에서 입-출력 페어링이 음의 상대 이득을 갖는 경우 닫힌 루프 시스템은 전체 루프 혹은 음의 이득을 갖는 루프에 한해서 불안정해진다.

닫힌 루프 설계에 있어 관심을 끄는 성질은 루프 완전성(loop integrity)이다. Skogestad와 Postlethwaite(2005)는 RGA의 요소가 음수값을 갖는 경우에도 공정의 안정성을 유지하고 피드백 제어가 적분 항을 갖는 페어링에 대한 연구를 수행하였다. 음의 페어링을 갖는 제어 루프가 고장 혹은 출력값의 포화(saturation)으로 인하여 비활성화 되는 경우 다중 루프 제어시스템이 불안정해 질 수 있다. 이와 관련한 성질이 분산형 적분 제어성(decentralized integral controllability; DIC)이다. 각각의 루프가 적분항을 가질 때, DIC에 의하면 닫힌 루프 시스템의 불안정성을 야기하지 않고도 각 제어기의 이득이 0으로 준다. Campo와 Morari(1994)는 DIC를 보장하는 λ_{ij}의 조건을 찾았는데, 예를 들어 2×2의 경우에 $\lambda_{11} > 0$인 경우 DIC가 보장된다.

한 방향으로 상호작용이 일어나는 경우 하나의 루프는 다른 루프에 영향을 끼치지만 반대 방향의 영향은 발생하지 않는다. $\boldsymbol{K}$가 다음의 구조를 갖는 경우를 가정해 보자.

$$\boldsymbol{K} = \begin{bmatrix} K_{11} & K_{12} \\ 0 & K_{22} \end{bmatrix}$$

$K_{21} = 0$이므로 루프 1은 루프 2에 영향을 주지 않고, 따라서 u_1은 y_2에 영향을 끼치지 않는다. 그러나 $K_{12} \neq 0$이므로 루프 2는 u_2를 통하여 루프 1에 영향을 끼친다. 이러한 한 방향 상호작용은 $K_{21} = 0$이기 때문에 닫힌 루프의 안정성에는 양향을 주지 않는다; 결론적으로 식 18-20의 특성 방정식(characteristic equation)은 식 18-22의 두 개의 방정식으로 구성된다. 또한, 루프 2는 루프 1에 외란으로 작용하게 된다.

RGA를 이용하여 제어기의 페어링에 적용되는 사례를 몇 가지 예제를 통하여 살펴보기로 한다. 추가 예제는 McAvoy (1983)의 책을 참고하면 된다.

예제 18.3

그림 18.1a의 혼합 시스템을 고려하여라. 제어 변수는 w 및 x이며, w_A 및 w_B를 조작 변수로 갖는 전통 다중 루프 제어 방식을 사용하여 제어하고자 한다. RGA에 대한 표현식을 도출하고 다음 조건에 가장 적합한 제어기 페어링을 제시하여라: $w = 4$ lb/min 및 $x = 0.4$.

풀이

완전 혼합을 가정할 경우 다음의 정장 상태 물질 수지식으로부터 공정 모델을 얻을 수 있다.

$$\text{Total mass:} \quad w = w_A + w_B \tag{18-41}$$

$$\text{Component A:} \quad xw = w_A \tag{18-42}$$

식 18-41을 18-42에 대입하여 재정렬하면

$$x = \frac{w_A}{w_A + w_B} \tag{18-43}$$

혼합 시스템에 대한 RGA는 다음과 같이 표현된다.

$$\boldsymbol{\Lambda} = \begin{matrix} & \begin{matrix} w_A & w_B \end{matrix} \\ \begin{matrix} w \\ x \end{matrix} & \begin{bmatrix} \lambda & 1-\lambda \\ 1-\lambda & \lambda \end{bmatrix} \end{matrix}$$

상대 이득 λ는 식 18-34를 사용하여 계산할 수 있으며, 다음의 4개의 정상 상태 이득을 얻을 수 있다:

$$K_{11} = \left(\frac{\partial w}{\partial w_A}\right)_{w_B} = 1 \tag{18-44a}$$

$$K_{12} = \left(\frac{\partial w}{\partial w_B}\right)_{w_A} = 1 \tag{18-44b}$$

$$K_{21} = \left(\frac{\partial x}{\partial w_A}\right)_{w_B} = \frac{w_B}{(w_A + w_B)^2} = \frac{1-x}{w} \tag{18-44c}$$

$$K_{22} = \left(\frac{\partial x}{\partial w_B}\right)_{w_A} = \frac{w_A}{(w_A + w_B)^2} = -\frac{x}{w} \tag{18-44d}$$

식 18-34에 대입하면 $\lambda = x$를 얻으므로, RGA는

$$\begin{array}{cc} & \begin{array}{cc} w_A & w_B \end{array} \\ \mathbf{\Lambda} = \begin{array}{c} w \\ x \end{array} & \begin{bmatrix} x & 1-x \\ 1-x & x \end{bmatrix} \end{array}$$

페어링은 조성값에 의존함을 주목하여라. $x = 0.4$인 경우, w는 w_B와 x는 w_A와 페어링 되어야 한다. 4개의 상대 이득이 모두 0.5에 가까운 값을 가지므로 제어 루프의 상호작용은 매우 심각할 것이다. 반면, $x = 0.9$인 경우 w는 w_A와, x는 w_B와 페어링 하여야 한다. 이 경우 제어 루프의 상호작용은 크지 않다. 위 두 경우 모두에 대하여, 전체 유량 w는 w_A 혹은 w_B 중 더 큰 값을 갖는 조성 흐름에 의하여 제어된다.

예제 18.4

수첨 분해공정(hydrocracker)에 사용되는 정유 증류탑(refinery distillation column)의 상대 이득 배열을 Nisenfeld와 Schultz(1971)가 다음과 같이 제시하였다.

$$\mathbf{\Lambda} = \begin{array}{c} \\ y_1 \\ y_2 \\ y_3 \\ y_4 \end{array} \begin{array}{c} \begin{array}{cccc} u_1 & u_2 & u_3 & u_4 \end{array} \\ \begin{bmatrix} 0.931 & 0.150 & 0.080 & -0.164 \\ -0.011 & -0.429 & 0.286 & 1.154 \\ -0.135 & 3.314 & -0.270 & -1.910 \\ 0.215 & -2.030 & 0.900 & 1.919 \end{bmatrix} \end{array} \tag{18-45}$$

네 개의 제어 변수는 생성물 탑상 조성과 탑저 조성(각각 y_1, y_2) 및 두 개의 측류(side stream) 조성(y_3, y_4)이고, 조작 변수는 네 개의 유량(탑상에서부터 순서대로 번호를 부여)이다. 예를 들어, 탑상 유량은 u_1이다. RGA를 이용하여 페어링을 추천하여라.

▶ 풀이

제어기 페어링을 결정하기 위해 각 행과 열에서 1에 가까운 양의 상대 이득을 찾아야 한다. 행을 분석한 결과로부터 y_1-u_1, y_2-u_4, y_3-u_2 및 y_4-u_3를 페어링 할 수 있다. u_2의 경우 y_3와의 상대 이득 값이 3.314로 1보다 큼에도 불구하고 y_1보다 우선 페어링 되었는데, 이는 y_3와 다른 조작 변수의 상대 이득값이 모두 음수여서 선호되지 않기 때문이다. y_1-u_1과 y_4-u_3 페어링은 상대 이득이 1에 가깝기 때문에 페어링이 직관적으로 진행되었다.

앞의 두 예제는 정상 상태 이득 정보에서 RGA를 계산하는 방법을 보여준다. 5.3절에서 고려한 액체 저장 시스템과 같은 적분 공정의 경우, 하나 혹은 이상의 정상 상태 이득이 존재하지 않는다. 결과적으로 이러한 시스템에 대해 일반적인 RGA 분석을 수정하여야 하는데(Arkun과 Downs, 1990), RGA 분석은 적분 요소의 출력에 해당하는 제어 변수가 변화율로 대체되어야 한다는 점을 제외하고는 일반적인 방식으로 진행된다. 따라서, 액위 h가 제어 변수이고 적분 요소의 출력 인 경우, RGA 분석에서 h는 dh/dt로 대체되어야 한다. 이 절차는 연습 18.8에서 다룬다.

다중 루프 제어시스템의 안정성에 관한 유용한 정보가 Niederlinski (1971)에 의하여 제시되었으며, 이후 Grosdidier와 Morari (1986)가 수정을 하였다. 이론은 RGA 분석에서와 같이 정상 상태 정보에만 의존하여 개발되었으며, 정상 상태 이득 행렬 $\boldsymbol{K}$를 정리하여 대각선 요소(diagonal element)가 각 페어링과 연관된다는 가정을 적용한다. 즉, y_1은 u_1과, y_2는 u_2와 같이 페어링 된다는 것이다. 필요한 경우 $\boldsymbol{y}$ 및 $\boldsymbol{u}$ 벡터의 요소를 재정렬하는 방식으로 배열을 진행할 수 있다.

다음의 이론은 세 가지 가정하에 제시되었다:

1. $G_{pij}(s)$는 공정 전달함수 행렬 $\boldsymbol{G}_p(s)$의 (i, j)번째 요소를 나타낸다고 하자. 각 G_{pij}는 안정적이고 유리(rational)이며 고유(proper)해야 한다. 즉, 분모의 차수는 분자의 차수보다 커야 한다.
2. n개의 피드백 제어기 각각이 다중 루프에서 적분 항을 포함한다.
3. 각 개별 제어 루프는 다른 $n - 1$개의 루프가 열린 상태에서 안정하다.

안정성 이론. 다중 루프 제어시스템이 $y_1 - u_1, y_2 - u_2, \cdots, y_n - u_n$과 같이 페어링 되어 있다고 가정하자. 닫힌 루프 시스템이 위의 가정 1~3을 만족할 경우 닫힌 루프 시스템은 다음의 조건에서 불안정하다.

$$\frac{|\boldsymbol{K}|}{\prod_{i=1}^{n} K_{ii}} < 0 \tag{18-46}$$

여기서 $|\boldsymbol{K}|$는 $\boldsymbol{K}$의 결정자(determinant)이다.

이론은 불안정성을 위한 충분 조건임을 명심하여라. 따라서, 부등(inequality)식을 만족하는 경우라면 닫힌 루프 시스템은 불안정하다. 그러나, 부등식을 만족하지 않는다면 닫힌 루프 시스템은 불안정할 수도 혹은 그렇지 않을 수도 있으며, 이는 제어기 설정값에 의존하게 된다. 부등식은 또한 2×2 시스템의 페어링이 음의 상대 이득을 갖는 경우 만족하게 된다. McAvoy(1983, 84페이지)에서 분명히 합리적으로 RGA 페어링을 실시하였음에도 닫힌 루프 시스템이 불안정한 경우를 확인할 수 있다. 따라서, 공정의 동력학을 살펴보는 것과 동시에 제안한 페어링이 식 18-46의 부등식을 만족하지 않음을 확인하여야 한다.

가정 1은 각 $G_{pij}(s)$가 유리 함수(rational function)일 것을 요구하고; 따라서 이론은 시간 지연이 포함된 공정에는 엄격하게 적용되지 않는다. 시간 지연이 정상 상태 행렬 $\boldsymbol{K}$에 영향을 미치지 않기 때문에 비록 엄격하지 않더라도 시스템의 안정성에 대한 유용한 통찰력을 이론을 통하여 얻을 수 있다.

공정의 $\boldsymbol{K}$ 행렬이 poorly conditioned인 경우, 제어 변수에 영향을 주기 위해 조작 변수에 큰 변화를 줄 필요가 있다. 이러한 방식의 유용성을 다음의 과정을 통해 확인할 수 있다. 식 18-28을 $\boldsymbol{u}$에 대하여 풀면,

$$\boldsymbol{u} = \boldsymbol{K}^{-1}\boldsymbol{y} \tag{18-47}$$

그리고 y 대신 $\boldsymbol{y}_{sp}$를 대입하면

$$\boldsymbol{u} = \boldsymbol{K}^{-1}\boldsymbol{y}_{sp} \tag{18-48}$$

식 18-48에서 $\boldsymbol{K}$의 역수는 기본 공식을 통하여 얻을 수 있다.

$$\boldsymbol{K}^{-1} = \frac{\boldsymbol{K}\text{의 수반자}}{|\boldsymbol{K}|} \tag{18-49}$$

$\boldsymbol{K}$의 수반자(adjoint of $\boldsymbol{K}$)는 보조인자(cofactor)로부터 계산 가능하다(Strang, 2005).

만약 $|\boldsymbol{K}|$가 작은 경우($\ll 1$) 식 18-48과 18-49로부터 $\boldsymbol{u}$의 값을 크게 조정할 필요가 있음을 알수 있으며, 이로 인해 과도한 제어 동작이 발생한다. 또한 $|\boldsymbol{K}|$가 작은 값일 경우 상대 이득의 값이 커지게 된다(18.2절 참고). 2 × 2 시스템의 경우 상대 이득은 단일 변수 λ로부터 결정되며, 식 18-34를 재정렬하여 λ에 대한 다음 식을 얻을 수 있다:

$$\lambda = \frac{K_{11}K_{22}}{K_{11}K_{22} - K_{12}K_{21}} = \frac{K_{11}K_{22}}{|\boldsymbol{K}|} \tag{18-50}$$

따라서, 만약 $|\boldsymbol{K}|$가 작은 경우 λ는 매우 큰 값을 가지며, 공정 상호작용이 극도로 강해져 제어가 어려워지게 된다.

18.2.5 동적 거동 고려 사항

표준 RGA 접근법의 주요한 단점은 공정의 동력학을 고려하지 못하는 것이며, 특히 페어링을 결정할 때는 동력학이 더욱 중요한 요소가 된다. 예를 들어, y_1과 u_1의 전달함수가 매우 큰 시간 지연 혹은 (다른 전달함수들에 비해 상대적으로) 큰 시간 상수값을 가질 때, u_1의 변화에 y_1은 매우 느리게 변한다. 따라서, y_1-u_1 페어링은 동력학적인 관점에서 선호하지 않는다(RGA를 통하여 y_1-u_1 페어링을 선호하는 경우는 예제 18.2를 참고). McAvoy(1983, 214페이지)는 2 × 2 공정에서 $0 < \lambda < 1$인 경우보다 $\lambda > 1$인 경우 동적 상호작용이 훨씬 더 중요함을 보였다. 그러나 $0 < \lambda < 1$인 경우에도 여전히 동적 거동이 페어링에 영향을 주긴 하는데, 다음의 예제를 통하여 이 경우를 살펴보자.

예제 18.5

예제 18.2의 전달함수 모델에서 $G_{p11}(s)$의 게인값을 −2로 바꾼 후, 각 전달함수에 단위 시간 지연(time delay of unity)을 고려하자:

$$\boldsymbol{G}_p(s) = \begin{bmatrix} \dfrac{-2e^{-s}}{10s+1} & \dfrac{1.5e^{-s}}{s+1} \\ \dfrac{1.5e^{-s}}{s+1} & \dfrac{2e^{-s}}{10s+1} \end{bmatrix} \tag{18-51}$$

RGA 접근법을 적용하여 정상 상태 기반의 페어링을 제시하여라. 동적 거동의 경우에도 동일한 페어링을 고려할 수 있는가?

풀이

정상 상태 이득 행렬은

$$\boldsymbol{K} = \begin{bmatrix} -2 & 1.5 \\ 1.5 & 2 \end{bmatrix} \tag{18-52}$$

식 18-34의 식을 사용하여 $\lambda_{11} = 0.64$를 얻는다. 따라서, RGA에 의해 1-1/2-2 페어링이 사용되어야 한다. 그러나, 식 18-51에서 시간 상수의 비대각선 항의 값들이 대각선의 항의 10분의 1 수준에 불과하다. 따라서, y_1이 u_1보다는 u_2에 10배 빠르게 응답한다; 비슷한 원리로 y_2가 u_2보다는 u_1에 10배 빠르게 응답한다. 결과적으로, 동적 거동을 고려한 경우는 1-2/2-1 페어링이 더 선호되는데, 정상 상태 및 동적 거동 간의 대립은 동적 거동 수치모사를 통하여 해결가능하다. 공정의 동적 거동을 포함하여 RGA를 확장하는 부분을 다음 절에서 다루기로 한다.

18.2.6 RGA 분석의 확장

많은 연구자들이 정상 상태 이득 뿐 아니라 공정 동력학 혹은 주파수 응답을 고려하는 경우에 대해서 상호작용의 정도를 측정하는 방법을 제시하였다(Zhu 등, 1997; Skogestad와 Postlethwaite, 2005). 이러한 방법들이 표준 RGA 기법보다는 복잡하기는 하나, 시스템의 닫힌 루프 거동에 대해 추가적인 통찰을 제공하게 된다. RGA에 주파수 영역(frequency domain) 해석을 추가함으로써 입–출력 페어링에 어떻게 동적 거동이 고려되어야 하는지 알 수 있다. 주파수 의존 RGA는 식 18-36과 유사한 형태이며, Schur 곱으로 나타낸다(각 변수는 $s = j\omega$의 함수이다):

$$\boldsymbol{\Lambda} = \boldsymbol{G} \otimes (\boldsymbol{G}^{-1})^T, \qquad \boldsymbol{\Lambda}(j\omega) = \boldsymbol{G}(j\omega) \otimes (\boldsymbol{G}^{-1}(j\omega))^T \tag{18-53}$$

Skogestad와 Postlethwaite (2005)는 이득 교차점(gain crossover)과 임계 주파수(critical frequency)에서의 상대 이득이 1에 가깝도록 페어링할 것을 추천하였다(부록 J 참조). 이들의 분석에서는 추천 페어링에 따라 입력과 출력 변수들을 재정리하게 되는데, 이를 통하여 RGA의 대각선 항들이 지배적(dominant)이게 되며(비대각선 항들이 대각선 항들의 값보다 작다) 결과적으로 단위 행렬에 가까워진다(Grosdidier와 Morari, 1986). 임계 주파수 근처에서 매우 큰 RGA 요소를 갖는 공정은 모델 변수에 존재하는 오차 혹은 모델 자체의 오차에 매우 민감해져서 제어하기 어렵게 되며, 디커플링(decoupling)과 같은 디자인 기법이 효과적이지 않다.

모델 불확실성과 외란이 다중 루프 제어시스템에 미치는 영향을 고려하여 RGA를 확장한 경우가 Chen과 Seborg (2002)에 의해 제시되었다. 다중 루프 (분산된) 제어에서 발생하는 외란의 효과가 변할 때 *상대 외란 이득*(Relative disturbance gain; RDG)을 이용하여 외란 변화의 영향을 정량화 가능하다. 예를 들어 2 × 2의 경우, 정상 상태 RDG는

$$\beta_1 = \lambda_{11}\left(1 - \frac{K_{d2}K_{12}}{K_{d1}K_{22}}\right) \tag{18-54}$$

여기서 K_{di}는 y_i에 대한 외란 변수 d_i의 이득값이며, β_1은 무차원수이다. β_1의 값이 작을수록 외란이 루프의 상호작용에 미치는 영향이 줄어듦을 의미하므로 값을 작게하는 것을 권장한다. Skogestad와 Postlethwaite (2005)는 RDG의 주파수 의존성에 대하여 토론하였다.

18.3 특이값 분석(Singular Value Analysis)

특이값 분석은 주요한 제어 문제를 푸는 데 도움이 되는 강력한 도구이다:

1. 제어, 측정 및 조작 변수의 선택
2. 제안한 제어 전략의 강인성(robustness) 평가
3. 최적의 다중 루프 제어 구성의 결정

특이값 분석 및 특이값 분해(singular value decomposition)은 수치 해석 및 다변수 제어시스템의 설계(본 교재의 범위에서는 다루지 않음)에 많이 사용된다(Bjorck, 1996; Skogestad와 Postlethwaite, 2005). 이번 절에서는 공정 모델의 정상 상태 이득 해석에

기반한 SVA를 간략히 소개한다.

식 18-28의 선형 정상 상태 공정 모델을 고려한다.

$$\boldsymbol{y} = \boldsymbol{K}\boldsymbol{u} \tag{18-55}$$

$\boldsymbol{K}$의 유용한 성질 중 하나는 n개의 미지 변수(unknowns)로 구성된 n개의 선형 방정식이 독립적이라는 것이다. 반면, 방정식이 서로 의존할 경우 모든 n개의 제어 변수가 독립적으로 조정(regulated)될 수 없다. 선형 독립성은 다양한 방법을 통하여 확인 가능하다(Bjorck, 1996). 예를 들어 $\boldsymbol{K}$의 결정자가 0인 경우 행렬은 특이(singular)하게 되고 n개의 방정식은 선형 독립적이지 않다.

선형 독립성을 확인하는 또다른 방법은 행렬의 가장 중요한 성질 중 하나인 고유값(eigenvalue)을 확인하는 것이다. 행렬 $\boldsymbol{K}$의 고유값은 다음 방정식의 근이다.

$$|\boldsymbol{K} - \alpha\boldsymbol{I}| = 0 \tag{18-56}$$

여기서 $|\boldsymbol{K} - \alpha\boldsymbol{I}|$는 행렬 $\boldsymbol{K} - \alpha\boldsymbol{I}$의 결정자이고, $\boldsymbol{I}$는 $n \times n$ 크기의 단위행렬이다. $\boldsymbol{K}$의 n개의 고유값을 $\alpha_1, \alpha_2, \cdots, \alpha_n$ 으로 표기한다. 고유값 중 어느 하나라도 0일 경우 $\boldsymbol{K}$는 특이 행렬이 되고 공정을 제어하기 어려운 상황이 된다. 한 개의 고유값이 다른 값들에 비해 현저히 작은 경우 공정을 제어하기 위해서 하나 혹은 이상의 조작 변수가 매우 큰 값을 가져야 한다. 관련 예를 이번 절의 끝에서 다루기로 한다.

$\boldsymbol{K}$의 *특이값들*, $\sigma_1, \sigma_2, \cdots, \sigma_n$이 또다른 주요 성질에 해당한다(Roa*t* 등, 1986; Bjorck, 1996). 특이값은 음이 아닌 수로서 행렬곱 $\boldsymbol{K}^T\boldsymbol{K}$의 고유값의 양의 제곱근이다. 처음 r개의 특이값은 양의 수이며, 여기서 r은 $\boldsymbol{K}^T\boldsymbol{K}$의 랭크(rank)이다. 나머지 $n - r$개의 특이값은 0이 된다. 일반적으로 0이 아닌 특이값들은 크기 순서로 정리되며, σ_1이 최대이고 σ_r이 최소에 해당한다.

특이값은 다음과 같이 $\boldsymbol{K}$의 분해(decomposition)를 통하여 얻을 수 있다(Laub, 2004):

$$\boldsymbol{K} = \boldsymbol{W}\boldsymbol{\Sigma}\boldsymbol{V}^T \tag{18-57}$$

여기서 $\boldsymbol{\Sigma}$는 특이값들로 구성된 대각선 행렬(diagonal matrix)이다. $\boldsymbol{W}$와 $\boldsymbol{V}$는 일원 행렬(unitary matrix)로서 다음을 만족한다.

$$\boldsymbol{W}\boldsymbol{W}^T = \boldsymbol{I} \tag{18-58}$$

$$\boldsymbol{V}\boldsymbol{V}^T = \boldsymbol{I} \tag{18-59}$$

일원 행렬의 경우 $\boldsymbol{W}$(혹은 $\boldsymbol{V}$)의 전치(transpose)가 역행렬과 동일하다. $\boldsymbol{W}$의 열은 입력 특이값으로 지칭되며(또한 직교정규성(orthonormal)을 띈다), $\boldsymbol{V}$의 열은 출력 특이값에 해당한다(또한 직교정규성을 띈다). $\boldsymbol{W}$, $\boldsymbol{V}$ 및 $\boldsymbol{\Sigma}$는 행렬 해석을 위한 소프트웨어로부터 쉽게 계산 가능하다.

마지막으로 살펴볼 행렬 특성은 *조건수*(condition numer, CN)이다. $\boldsymbol{K}$가 특이하지 않다(nonsingular)고 가정하자. $\boldsymbol{K}$의 조건수는 양의 특이값 중 가장 큰 수와 가장 작은 수의 비로 정의된다:

$$\text{CN} = \frac{\sigma_1}{\sigma_r} \tag{18-60}$$

만약 $\boldsymbol{K}$가 특이할 경우 위 식은 ill-conditioned이고, CN = ∞가 된다. 조건수의 개념은

비정방행렬(nonsquare matrices)에도 적용 가능하다(Bjorck, 1996).

RGA와 SVA의 주요한 차이점은, RGA는 스케일링(scaling)에 무관한 반면, 특이값 (및 조건수)은 입력 및 출력의 스케일링 혹은 정규화(normalization)에 의존한다. 일반적으로 SVA에서는 u_i와 y_i를 각각의 범위로 나누어 사용한다. 따라서, 입력 u_i는 다음과 같이 스케일된다:

$$u_i^* = \frac{u_i}{u_i^{\max} - u_i^{\min}} \tag{18-61}$$

여기서 u_i^*는 스케일된 입력이다. Skogestad와 Postlethwaite(2005)은 최소 조건수 개념에 대해 다루었는데, 최소 조건수를 찾기 위해 가능한 모든 스케일링을 평가하게 된다.

조건수는 행렬의 각 요소의 변화에 대한 민감도 정보를 제공한다. 이것은 제어시스템의 강인성과 관련된 주제로서 이번 절의 후반부에서 다룰 것이다. 우선 다음의 간단한 예제를 살펴 보자.

예제 18.6

2 × 2 공정이 다음과 같은 정상 상태 이득 행렬을 갖는다.

$$\boldsymbol{K} = \begin{bmatrix} 1 & K_{12} \\ 10 & 1 \end{bmatrix} \tag{18-62}$$

$\boldsymbol{K}$의 결정자, RGA, 고유값 및 특이값을 계산하여라. 기본 경우로서 $K_{12} = 0$을 고려한 후, $K_{12} = 0.1$인 경우에 대하여 재계산하여라.

풀이

기본 경우에 대하여 결정자는 $|\boldsymbol{K}| = 1$이고, RGA는 $\boldsymbol{\Lambda} = \boldsymbol{I}$이다. 따라서, $\lambda_{11} = 1.0$이고 페어링은 직관적으로 $(y_1 - u_1, y_2 - u_2)$임을 알 수 있다. 고유값은 다음과 같이 계산한다:

$$|\boldsymbol{K} - \alpha \boldsymbol{I}| = \begin{bmatrix} 1-\alpha & 0 \\ 10 & 1-\alpha \end{bmatrix} = 0 \tag{18-63}$$

따라서 $(1 - \alpha)^2 = 0$이고 고유값은 $\alpha_1 = \alpha_2 = 1$이다.

특이값 계산을 위해 다음을 얻는다.

$$\boldsymbol{K}^T\boldsymbol{K} = \begin{bmatrix} 1 & 10 \\ 0 & 1 \end{bmatrix} \begin{bmatrix} 1 & 0 \\ 10 & 1 \end{bmatrix} = \begin{bmatrix} 101 & 10 \\ 10 & 1 \end{bmatrix} \tag{18-64}$$

$\boldsymbol{K}^T\boldsymbol{K}$의 고유값을 α'라고 지칭하고, $|\boldsymbol{K}^T\boldsymbol{K} - \alpha' \boldsymbol{I}| = 0$으로부터 계산 가능하다. 이 식은 2차 다항식의 형태를 띈다.

$$(101 - \alpha')(1 - \alpha') - 100 = 0 \tag{18-65}$$

식 18-65를 풀면 $\alpha'_1 = 101.99$이고 $\alpha'_2 = 0.01$을 얻고, $\boldsymbol{K}$의 특이값은 다음과 같다:

$$\sigma_1 = \sqrt{101.99} = 10.1 \tag{18-66}$$

$$\sigma_2 = \sqrt{0.01} = 0.1 \tag{18-67}$$

그리고 조건수는

$$\text{CN} = \frac{\sigma_1}{\sigma_2} = \frac{10.1}{0.1} = 101 \tag{18-68}$$

따라서, $\boldsymbol{K}$의 조건수가 큰 값을 가지므로 $\boldsymbol{K}$는 poorly conditioned라고 할 수 있다.

이제 $K_{12} = 0.1$을 살펴보자. $\boldsymbol{K}$의 결정자는 0이고, 이로부터 $\boldsymbol{K}$는 특이하며 RGA는 존재하지 않음을 알 수 있다. 식 18-63을 이용하여 고유값을 계산하면, $\alpha_1 = 2$, $\alpha_2 = 0$이다. $\boldsymbol{K}$의 특이값은 $\sigma_1 = 10.1$, $\sigma_2 = 0$이고, $\boldsymbol{K}$가 특이하므로 조건수는 $\text{CN} = \infty$이다.

예제에서 살펴 보았듯이 $K_{12} = 0$인 K는 poorly conditioned이고, K_{12} 요소의 변화에 매우 민감하다. 큰 조건수(CN = 101)로부터 proor condition을 알 수 있다. 반면에 결정자와 RGA 결과에서는 poor condition에 대한 정보를 얻을 수 없다. $K_{12} = 0$인 경우 $\lambda = 1$은 예제 18.6의 공정에서 보았듯이 상호작용이 없고 1-1/2-2 제어기 페어링이 적절한 것으로 오해할 수 있다. 그러나, 이번 예제에서의 큰 조건 수는 공정이 poorly conditioned이고 결국 어떠한 제어기 페어링의 경우에도 제어가 어렵다는 것을 의미한다. 이번 예제를 통하여, ill-conditioning 및 잠재적인 민감도 문제를 다루는 데 있어서 조건수가 결정자보다 더욱 뛰어난 것을 알 수 있다.

18.3.1 조작 변수와 제어 변수의 선택

SVA와 RGA 기법을 사용하여 MIMO 제어시스템에서 조작 변수(MVs) 및 제어 변수(CVs)의 가능한 조합들을 검토가능하다. 이들 분석법이 정상 상태 이득 행렬을 기반으로 하기 때문에 MVs와 CVs의 최적의 조합을 결정하였을지라도 동력학 분석 및 수치모사를 통하여 유효성을 좀 더 정밀히 조사하여야 한다. 다중 루프 제어에서 MVs의 수가 CVs의 수와 동일한 경우 아래에 주어진 두 단계를 통하여 조작 및 제어 변수의 유망한 조합을 구성 가능하다.

1. 특이값을 최대에서 최소 순으로 나열하라 (σ_n, σ_{n-1}, $\cdots$, σ_1); $i \geq 2$일 때, $\sigma_i/\sigma_{i-1} > 10$이면 이들 특이값은 무시 가능하며, 두번째 단계에서 토론한 방식에 따라 적어도 하나의 MV 및 CV를 제거 가능하다.
2. 한번에 하나의 행 및 열을 제거하여 대체 이득 행렬을 생성한 후 특이값과 조건수를 계산한다. $\boldsymbol{W}$와 $\boldsymbol{V}$의 요소를 이용하여 일부 경우에 한해 어느 MV 및 CV를 제거하여야 하는지 결정 가능하다(skogestad, 1992). 가장 유망한 이득 행렬은 최소 조건수를 갖게 된다. 다음으로 동적 수치모사를 수행하여 나머지 대안들 중 최적의 MV/CV 세트를 결정한다.

Skogestad와 Postlethwaite (2005)은 비정방 공정(입력이 출력보다 많거나 혹은 반대의 경우) RGA를 사용하여 몇 개의 입력 혹은 출력을 제거할 수 있음을 보였다. 이 경우 RGA 또한 비정방이며 각 행 (혹은 각 열)의 합이 반드시 합이 1이 될 필요는 없다. 입력이 출력보다 많은 경우, 만약 RGA의 열 요소가 작은 경우($\ll 1$) 해당 입력을 제거 가능하며 성능의 손실은 크지 않다. 비슷한 방식으로 출력이 입력보다 많은 경우, RGA의 행 중 값이 작은 모든 요소에 대하여 해당 출력이 제어하기 어려우므로 제거 가능하다. Chang과 Yu (1990)은 비정방 다변수 시스템에 대해서 RGA기반 방법을 개발하였다.

Roat 등(1986)은 네 개의 조성을 갖는 복잡한 증류탑에 대하여 조작 변수를 선택하는 법을 다루었다. 네 개의 성분은 프로판, 이소부탄, n-부탄 및 이소펜탄이다. 여섯 개의 가능한 조작 변수 및 이들 변수들의 비를 제시하였으며, 표 18.2에 여섯 가지 구성에 대해 조건수 값을 나타내었다. 주목할 점은 마지막 세 개의 전략이 유사하게 낮은 CN 값을 보였으며, 이들 세 전략을 선택한 후 동적 모사를 사용하여 추가 분석을 하게 된다. 모사 결과를 통하여 최적의 제어 전략은 네 번째로 판명되었다.

표 18.2 증류탑에서 다양한 조작 변수 세트와 제어 변수의 이득 행렬에 대한 조건수(Roat 등, 1986).

Controlled Variables

x_D = Mole fraction of propane in distillate D
x_{64} = Mole fraction of isobutane in tray 64 sidedraw
x_{15} = Mole fraction of n-butane in tray 15 sidedraw
x_B = Mole fraction of isopentane in bottoms B

Possible Manipulated Variables

L = Reflux flow rate
D = Distillate flow rate
V = Steam flow rate
B = Bottoms flow rate
S_{64} = Sidedraw flow rate at tray 64
S_{15} = Sidedraw flow rate at tray 15

Strategy Number*	Manipulated Variables	Condition Number
1	$L/D, S_{64}, S_{15}, V$	9,030
2	$V/L, S_{64}, S_{15}, V$	60,100
3	$D/V, S_{64}, S_{15}, V$	116,000
4	D, S_{64}, S_{15}, V	51.5
5	L, S_{64}, S_{15}, B	57.4
6	L, S_{64}, S_{15}, V	53.8

*In each control strategy, the first controlled variable is paired with the first manipulated variable, and so on. Thus, for Strategy 1, x_D is paired with L/D, and x_B is paired with V.

예제 18.7

다음의 정상 상태 이득 행렬을 갖는 공정에 대하여 선호하는 다중 루프 제어 전략을 제시하여라. 여기서 이득 행렬은 공정 변수의 최대값으로 나누어 스케일링 하였다:

$$\begin{bmatrix} y_1 \\ y_2 \\ y_3 \end{bmatrix} = \begin{bmatrix} 0.48 & 0.90 & -0.006 \\ 0.52 & 0.95 & 0.008 \\ 0.90 & -0.95 & 0.020 \end{bmatrix} \begin{bmatrix} u_1 \\ u_2 \\ u_3 \end{bmatrix} \tag{18-69}$$

풀이

식 18-57에서 18-60까지의 특이값 분석으로부터 다음을 얻는다.

$$\mathbf{W} = \begin{bmatrix} 0.5714 & 0.3766 & 0.7292 \\ 0.6035 & 0.4093 & -0.6843 \\ -0.5561 & 0.8311 & 0.0066 \end{bmatrix} \tag{18-70}$$

$$\boldsymbol{\Sigma} = \begin{bmatrix} 1.618 & 0 & 0 \\ 0 & 1.143 & 0 \\ 0 & 0 & 0.0097 \end{bmatrix} \tag{18-71}$$

$$\mathbf{V} = \begin{bmatrix} 0.0541 & 0.9984 & 0.0151 \\ 0.9985 & -0.0540 & -0.0068 \\ -0.0060 & 0.0154 & -0.9999 \end{bmatrix} \tag{18-72}$$

$$\text{CN} = \frac{\sigma_1}{\sigma_3} = \frac{1.618}{0.0097} = 166.5$$

RGA분석은 다음과 간다:

$$\boldsymbol{\Lambda} = \begin{bmatrix} -2.4376 & 3.0241 & 0.4135 \\ 1.2211 & -0.7617 & 0.5407 \\ 2.2165 & -1.2623 & 0.0458 \end{bmatrix} \tag{18-73}$$

RGA에 의한 예비 페어링 결과는 y_1-u_2, y_2-u_3, y_3-u_1이다. 그러나, 두 개의 특이값 (σ_1, σ_2)가 동일한 크기를 갖는 반면 σ_3은 매우 작다.

조건수를 통하여는 단지 두 개의 출력만이 유효하게 제어 가능함을 알 수 있다. 하나의 입력 및 출력 변수를 제거할 경우 조건수 σ_1/σ_2를 표 18.3과 같이 재계산가능하다.

어떤 두 개의 입력값을 사용하여 어떤 측정값을 제어하여야 하는지 결정하기 위하여 표 18.3에서 아홉개의 페어링을 검토하였고, 해당 조건수와 λ를 함께 나타내었다. 페어링 4 (y_1-u_2, y_3-u_1)와 페어링 7 (y_2-u_2, y_3-u_1)의 조건 수가 작고 λ값이 수용 가능한 수준이므로 이들 두 페어링이 가장 유망한 것으로 보인다. 두 경우 모두 u_1과 u_2가 입력으로 선호되는데, 이는 이득 행렬에서 u_3에 해당하는 항의 값이 작기 때문이다. 페어링 5와 9의 경우에도 λ값은 수용 가능하나, CN의 값이 매우 크기 때문에 제외하였다. 페어링 4는 식 18-73의 3 × 3 RGA와 일관되는 반면, 페어링 7은 그렇지 않다. 최종 선택은 닫힌 루프 시스템의 동적 모사 결과에 따라 결정하게 된다.

표 18.3 에제 18.7의 서로 다른 2 × 2 페어링 경우에 대한 CN 및 λ의 값.

Pairing Number	Controlled Variables	Manipulated Variables	CN	λ
1	y_1, y_2	u_1, u_2	184	39.0
2	y_1, y_2	u_1, u_3	72.0	0.552
3	y_1, y_2	u_2, u_3	133	0.558
4	y_1, y_3	u_2, u_1	1.51	0.640
5	y_1, y_3	u_1, u_3	69.4	0.640
6	y_1, y_3	u_2, u_3	139	1.463
7	y_2, y_3	u_2, u_1	1.45	0.634
8	y_2, y_3	u_1, u_3	338	3.25
9	y_2, y_3	u_2, u_3	67.9	0.714

전체 공정 제어(plantwide control)에서는 다수의 공정 변수를 다루므로 이번 절에서 다룬 다양한 도구(RGA 및 SVA)를 사용하는 것이 도움이 된다. 선별(screening) 접근법을 통하여 가능한 제어 구성을 결정할 수 있으며 이를 통하여 수행하여야 할 동적 모사 수를 적절한 수준으로 유지 가능하다(McAvoy 및 Braatz, 2003).

이 주제는 여전히 오픈된 분야이다; 전체 공정 제어에 관한 자세한 사항은 부록 G와 H에 제시되었다.

18.4 다중 루프 비례미적분제어시스템의 조율

다중 루프(분산) PID 제어시스템의 경우 이해하기 쉽고 기타 다변수 제어기에 비해 조율하여야 할 파라메터가 수가 적기 때문에 이를 이용하여 상호작용이 있는 다중 입력, 다중 출력 공정을 제어한다. 다중 루프 제어기의 또다른 장점은 루프 실패 허용값(loop failure tolerance)을 쉽게 체크할 수 있다는 것이다. 실제 제어기의 적용에서 몇몇 루프가 수동 모드로 운전되거나 혹은 몇몇 루프의 조작 변수가 불안정성을 야기하지 않도록 포화상태에서 운전 하는 경우가 발생하는데, 이 때 루프 실패 허용값이 중요한 의미를 갖는다.

다중 루프 PID 제어시스템에서 다음의 네 가지 조율법을 다룬다:

1. 디튜닝(detuning) 방법(Luyben, 1986)
2. 순차 루프 조율법(sequential loop tuning method) (Hovd 및 Skogestad, 1994)

3. 독립 루프법(independent loop method) (Grosdidier 및 Morari, 1987; Skogestad 및 Morari, 1989)
4. 릴레이 자동 조율(relay auto-tuning) (Shen 및 Yu, 1994)

디튜닝 법에서는 다른 루프들과의 상호 작용은 무시한 상태에서 각 제어기를 우선 설계한다. 이후 상호작용을 고려하여 성능 기준을 만족할 때까지 각 제어기를 디튠한다. 일반적으로 제어기 설정은 다소 보수적으로 설정한다; 즉, 하나 혹은 이상의 루프에서 이득의 값을 줄이고 적분 시간을 줄인다. 예를 들어, 2 × 2 제어 문제에서 덜 중요한 제어 변수에 대하여 제어 루프를 디튠하도록 할 수 있다. Luyben (1986)이 제안한 최대 로그-계수 조율(biggest log-modulus tuning; BLT)이 잘 알려진 방법 중 하나이다. 우선, 각 제어 루프에 대해 지글러-니콜스 설정(12.5절)을 결정한다(K_{ZN}, τ_{ZN}). PI 제어기에 대하여 다음과 같이 단일 매개변수 F를 사용하여 제어기 이득과 적분 시간을 조정할 수 있다:

$$K_c = \frac{K_{ZN}}{F} \qquad \tau_1 = F\tau_{ZN} \tag{18-74}$$

디튜닝 매개변수 F를 1에서부터 증가시켜 최대 로그-계수가 특정값(specified value)에 도달하도록 한다. 최대 로그-계수는 닫힌 루프 시스템이 불안정성으로부터 얼마나 떨어져 있는지를 가늠하는 척도가 된다(Luyben, 1986).

순차 루프 조율법(Hovd 및 Skogestad, 1994)에서는 선택한 입-출력 페어에 대해 제어기를 조율한 후 이 루프를 닫는다. 다음으로 첫 번째 제어 루프가 닫힌 상태에서 두 번째 페어에 대해 두 번째 제어기를 조율한다. 이후 이러한 과정을 계속한다. 각 제어기가 SISO 기법을 기반으로 조율되기 때문에 디튜닝 방법보다 간단하다. 단점으로는 제어기 설정이 어느 루프가 먼저 조율되는가에 강하게 의존한다는 것이다. 일반적으로 가장 빠른 루프가 먼저 조율된다. 독립 루프법에서는 각 제어기의 설계가 열린 루프 및 닫힌 루프 전달함수에 기반하며, 공정의 상호작용에 대한 부등식 형태의 제한사항을 만족하도록 한다(Grosdidier 및 Morari, 1987; Skogestad 및 Morari, 1989). 이후 IMC 접근법을 사용하여 각 루프의 PID 제어기 설정값을 얻는데, 이 때 각 루프별로 하나의 조율 매개변수를 사용한다.

릴레이 자동 조율(12장)을 사용하여 다중 루프 제어시스템을 조율할 수도 있다. 루프는 순차적 혹은 동시에 조율 가능하다. Shen과 Yu(1994)는 각 단일 루프에 연속해서 릴레이 자동 조율법을 적용하였다. 2 × 2 시스템에 대하여 하나의 루프를 우선 수동 모드에 설정해 둔 후 두 번째 루프를 조율하였다. 이 후 첫 번째 루프를 자동 모드로 전환 후 두 번째 루프를 자동 조율하였다. 다음으로 두 번째 제어기를 자동모드에 둔 상태에서 다시 한번 첫 번째 루프를 조율한다.

18.5 디커플링(decoupling) 및 다변수 제어 전략

이번 절에서는 제어 루프의 상호작용을 줄이는 몇 가지 전략을 다룬다.

18.5.1 디커플링(decoupling) 제어

다변수 제어에 대한 초기 접근 방법 중 하나는 *디커플링 제어*(decouling control)이다. 기존의 다중 루프 구성에 디커플러(decoupler)라고 하는 추가 제어기를 추가하면 제어 루프 상호 작용을 줄이기 위한 설계 목표를 실현할 수 있다. 원칙적으로 디커플링 제어 체계를 적용하면 제어 루프들 간 상호 작용이 줄어들며 한 제어 변수에 대한 설정값 변경이 다른 제어 변수에 거의 영향을 미치지 않게 된다. 실제로, 공정 모델의 불확실성으로 인해 이러한 장점이 완벽히 구현되지는 않는다. 전형적인 디커플러는 간단한 공정 모델을 이용하여 구성한다.

2 × 2 공정에서 1-1/2-2 제어 구성에 대한 디커플링 제어시스템의 한 예를 그림 18.9에 나타내었다. 네 개의 제어기가 사용되었음에 유의하라: 두개의 일반 피드백 제어기, G_{c1}과 G_{c2}, 그리고 두 개의 디커플러 T_{12}와 T_{21}. 각 디커플러의 입력 신호는 피드백 제어기의 출력 신호이다. 그림 18.9에서 전송기(transmitter), 외란 및 최종 제어 요소의 전달함수는 문제를 간단히 하기 위하여 생략하였다. Skogestad와 Postlethwaite(2005)는 이들 전달함수를 포함한 보다 일반적인 경우를 다루었다. 디커플러는 원하지 않는 공정 상호작용을 보상하기 위한 목적으로 설계된다. 예를 들어 디커플러 T_{21}은 U_1과 Y_2의 공정 상호 작용을 나타내는 Y_{21}을 상쇄하는 목적으로 사용된다.

디커플러 출력 U_{21}이 다음을 만족할 경우 Y_2의 합 단계에서 상쇄가 발생한다.

$$G_{p21}U_{11} + G_{p22}U_{21} = 0 \tag{18-75}$$

$U_{21} = T_{21}\, U_{11}$을 대입한 후 정리하면,

$$(G_{p21} + G_{p22}T_{21})U_{11} = 0 \tag{18-76}$$

$U_{11}(s)$은 시간에 의존하는 제어기 출력이므로 $U_{11}(s) \neq 0$이다. 따라서, 식 18-76으로부터

$$G_{p21} + G_{p22}T_{21} = 0 \tag{18-77}$$

T_{21}에 대하여 풀면 이상적인 디커플러의 식을 얻을 수 있다,

$$T_{21} = -\frac{G_{p21}}{G_{p22}} \tag{18-78}$$

비슷한 방식으로 T_{12}에 대한 방정식을 유도하여 U_{22}가 Y_1에 영향을 주지 않도록 할 수 있다. 따라서, 보완 신호인 U_{12}와 G_{p12}에 의한 공정의 상호작용이 Y_1의 합 단계에서 상쇄된다. 식 18-78과 유사한 방식으로 이상적인 디커플러를 다음과 같이 얻는다.

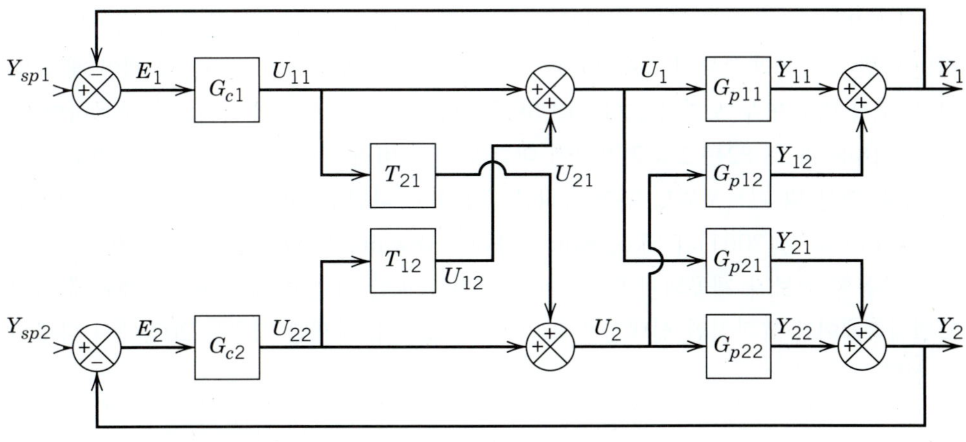

그림 18.9 디커플링 제어시스템.

$$T_{12} = -\frac{G_{p12}}{G_{p11}} \tag{18-79}$$

식 18-78과 18-79의 이상적인 디커플러는 식 15-21의 이상적인 피드포워드 제어기에서 $G_t = G_v = 1$로 설정한 경우와 비슷하다. 따라서 디커플러를 일종의 피드포워드 제어기로 간주 가능한데, 차이점은 외란 변수 대신 조작 변수를 입력으로 하는 것이다. 15장에서 살펴본 바와 같이 이상적인 피드포워드 제어기는 물리적으로 실현 불가능하다. 마찬가지로 이상적인 디커플러 역시 모델 오차로 인하여 물리적으로 언제나 구현 가능한 것은 아니다. 따라서, 정상 상태 모델을 가정하여 단순화한 후 사용하기도 한다—예를 들어,

$$T_{21} = -\frac{K_{p21}}{K_{p22}} \qquad \text{그리고} \qquad T_{12} = -\frac{K_{p12}}{K_{p11}} \tag{18-80}$$

위 식은 *정적 디커플링*(static decoupling)으로 불린다. 또다른 단순화 형태는 부분 디커플링(partial decoupling)인데, 디커플러 중 오직 한 개만이 사용된다. 정적 디커플링의 단점은 과도 조건(transient conditions)하에서 제어 루프의 상호작용이 여전히 존재한다는 것이다: 예를 들어 Y_1의 설정값 변화로 인해 Y_2의 값이 영향을 받게 된다. 만약 두 루프의 동적 거동이 유사한 경우라면 정적 디커플링을 적용하여 뛰어난 과도 응답을 구현 가능하다(Åström와 Hägglund, 2006). 그러나, 대부분의 다변수 제어 문제에서는 모델예측제어 (20장)이 더 나은 선택이 될 수 있으며, 디커플링은 산업계에서 새로 제어기를 적용할 때에는 드물게 사용하는 실정이다.

18.5.2 일반적인 다변수 제어 기술

*다변수 제어*라는 항은 일반적으로 각 조작 변수의 조정이 단일이 아닌 모든 제어 변수의 오차값에 기반하여 이루어지는 제어 전략을 의미하며, 다중 루프 제어의 경우가 이에 해당한다. 예를 들어, 2 × 2 공정에 대하여 단순한 다변수 비례 제어 전략을 적용할 경우 다음과 같이 네 개의 제어기 이득을 갖는 형태가 된다.

$$u_1(t) = K_{c11}e_1(t) + K_{c12}e_2(t) \tag{18-81}$$

$$u_2(t) = K_{c21}e_1(t) + K_{c22}e_2(t) \tag{18-82}$$

만약 $K_{c12} = K_{c21} = 0$이면, 다변수 제어시스템은 1-1/2-2 다중 루프 제어시스템으로 간단해 지며, 각 조작 변수는 단일 오차 신호에 의해 조정된다. 비슷한 방식으로 $K_{c11} = K_{c22} = 0$이 되면 1-2/2-1 다중 루프 제어시스템으로 귀결된다. 따라서, 다중 루프 제어는 일반적인 다변수 제어의 특별한 경우에 해당한다. 그림 18.9에 주어진 디커플링 제어 체계 또한 각 조작 변수가 두 오차 신호에 의존하므로 다변수 제어 전략의 하나임을 주목하여라.

식 18-81과 18-82는 2 × 2 공정에 대한 다변수 비례 제어의 한 예이다. 다변수 제어는 적분, 미분 및 피드포워드 제어 동작을 적용하여 다변수 제어 전략을 개발할 수도 있다. Goodwin 등(2001)과 Skogestad와 Postlethwaite (2005)가 저술한 책에 추가적으로 유용한 정보가 제공되어 있다. 이 책들에서 또한 다변수 제어기를 설계함에 있어 모델예측제어가 효과적인 선택임을 확인할 수 있으며, 자세한 사항은 20장에서 다루기로 한다.

18.6 제어 루프의 상호작용을 줄이는 전략

18.1절에서는 조작 변수와 제어 변수들 간의 상호작용이 제어 루프의 원하지 않는 상호작용을 유발하는지 다루었다. 제어 루프의 상호작용이 문제가 되는 경우 몇 가지 대체 전략을 다음과 같이 적용 가능하다:

1. 다른 조작 혹은 제어 변수를 선택한다.
2. 공정의 상호작용을 고려하여 다중 루프 상의 하나 혹은 이상의 PID 제어기를 재조율한다.
3. 모델예측제어와 같은 일반적인 다변수 제어 기법을 고려한다.

전략 1은 다음 절에서 다루며, 전략 2는 앞 절에서 다루었다. 전략 3의 내용은 20장에서 다룰 것이다.

18.6.1 다른 조작 혹은 제어 변수의 선택

몇가지 제어 문제에 있어서 제어 및 조작 변수를 대체함으로써 루프간 상호작용을 완화할 수 있다. 예를 들어, 기존의 변수들을 합, 차이 혹은 비의 형태로 사용하여 새로운 변수를 적용할 수 있다(Weber와 Gaitonde, 1982; McAvoy 1983; Waller와 Finnerman, 1987). 산업계에서 운전중인 증류탑의 경우 x_D 및 x_B보다는 이들의 간단하지만 비선형 형태의 함수를 제어 변수로 설정하여 사용할 수 있다. 소수의 연구 결과물을 통하여 조작 및 제어 변수의 함수를 선택하는 법에 대한 가이드라인을 확인 가능하다.

예제 18.8

예제 18.3의 혼합 시스템에 대하여 $\lambda = 1$로 설정 후, 제어 루프의 상호작용을 완화하도록 새로운 조작 변수 집합을 결정하여라.

풀이

식 18-34의 상대 이득에 관한 식으로부터 K_{12} 및/혹은 $K_{21} = 0$인 경우 $\lambda = 1$임을 알 수 있다. 따라서, 정상 상태 이득 행렬의 비대각선 요소 중 적어도 하나가 0의 값을 가지도록 조작 변수를 설정하면 된다. 식 18-41과 18-42의 공정 모델을 살펴보면 적절한 조작 변수로서 $u_1 = w_A + w_B$ 그리고 $u_2 = w_A$를 선택가능함을 알 수 있다. 이것을 공정 모델에 대입하여 새로운 변수의 함수로서 모델식을 얻을 수 있다.

$$w = u_1 \tag{18-83}$$

$$x = \frac{u_2}{u_1} \tag{18-84}$$

식 18-84를 선형화하면 식 18-28의 이득 행렬 $\boldsymbol{K}$ 값을 구할 수 있다.

$$\boldsymbol{K} = \begin{bmatrix} 1 & 0 \\ -\frac{u_2}{u_1^2} & \frac{1}{u_1} \end{bmatrix} \tag{18-85}$$

벡터 $\boldsymbol{y}$와 $\boldsymbol{u}$는 $\boldsymbol{y} = [\mathrm{w}, x]^T$ 및 $\boldsymbol{u} = [u_1, u_2]^T$로 정의할 수 있다. w는 u_2가 아닌 u_1에 의존하기 때문에 유일하게 가능한 제어기 페어링은 w-u_1과 x-u_2이다. 식 18-85와 18-34로부터 $K_{12} = 0$ 및 $\lambda = 1$임을 알 수 있다. $K_{21} \neq 0$이므로 한 방향 상호작용만 존재하는데, w-u_1 제어 루프가 외란을 생성하여 x-u_2에 영향을 주는 반면 반대의 경우는 일어나지 않는다.

McAvoy(1983, p.136)는 또다른 조작 변수로서 $u_1 = w_A + w_B$ 및 $u_2 = w_A/(w_A + w_B)$를 제시하였다. 이러한 선택은 식 18-41과 18-42에서 본 바와 같이 제어 변수와 조작 변수가 동일할 수 있음을 의미한다. 이 경우 K는 단위 행렬, $\lambda = 1$이며, 두 개의 제어 루프간 상호작용은 전혀 일어나지 않는다. 이 상황은 우연히 발생하며, 또한 실질적으로 조작 변수와 제어 변수를 동일하게 할 수 있는 경우는 매우 드물다.

요약

이번 장에서는 다중 입력(조작 변수) 및 다중 출력(제어 변수)를 갖는 제어 문제에 대해 살펴보았는데, 주로 단일 루프의 조합(다중 루프 제어)에 중점을 두었다. MIMO 제어시스템을 설계하는 것은 다변수 공정이 다중 루프를 통하여 원하지 않는 상호 작용을 유발하기 때문에 SISO 제어기의 경우보다 매우 어렵다. 만약 이들 제어 루프간의 상호작용이 용납되지 않을 수준일 경우 제어기 루프 중 하나 혹은 그 이상을 디튜하거나, 다른 조작 혹은 제어 변수 조합을 선택하거나, 다변수 제어 기법을 적용하여 문제를 해결할 수 있다. 모델예측제어과 같은 모델 기반 다변수 제어 전략을 사용하여 제어 성능의 급격한 향상을 도모할 수 있으며, 이를 20장에서 다룰 것이다.

참고문헌

Arkun, Y., and J. J. Downs, A General Method to Calculate Input-Output Gains and the Relative Gain Array for Integrating Processes, *Comput. Chem. Eng.*, **14**, 1101 (1990).

Åström, K. J., and T. Hägglund, *Advanced PID Control*, ISA, Research Triangle Park, NC, 2006.

Bjorck, A., *Numerical Methods for Least Squares Problems*, SIAM, Philadelphia, PA, 1996.

Bristol, E. H., On a New Measure of Interactions for Multivariable Process Control, *IEEE Trans. Auto. Control*, **AC-11**, 133 (1966).

Campo, P. J., and M. Morari, Achievable Closed-loop Properties of Systems under Decentralized Control: Conditions Involving the Steady State Gain, *IEEE Trans. Auto. Control*, **AC-39**, 932 (1994).

Chang, J., and C. C. Yu, The Relative Gain for Non-Square Multivariable Systems, *Chem. Engr. Sci.*, **45**, 1309 (1990).

Chen, D., and D. E. Seborg, Relative Gain Array Analysis for Uncertain Process Models, *AIChE J.*, **48**, 302 (2002).

Goodwin, G. C., S. F. Graebe, and M. E. Salgado, *Control System Design*, Prentice Hall, Upper Saddle River, NJ, 2001.

Grosdidier, P., and M. Morari, Interaction Measures for Systems under Decentralized Control, *Automatica*, **22**, 309 (1986).

Grosdidier, P., and M. Morari, A Computer-Aided Methodology for the Design of Decentralized Controllers, *Comput. Chem. Eng.*, **11**, 423 (1987).

Hovd, M., and S. Skogestad, Sequential Design of Decentralized Controllers, *Automatica*, **30**, 1601 (1994).

Laub, A. J., *Matrix Analysis for Scientists and Engineers*, SIAM, Philadelphia, PA, 2004.

Luyben, W. L., Simple Method for Tuning SISO Controllers in Multivariable Systems, *IEC Process Des. Dev.*, **25**, 654 (1986).

McAvoy, T. J., *Interaction Analysis*, ISA, Research Triangle Park, NC, 1983.

McAvoy, T. J., and R. D. Braatz, Contollability of Processes with Large Singular Values, *Ind. Eng. Chem. Res.*, **42**, 6155 (2003).

Niederlinski, A., A Heuristic Approach to the Design of Linear Multivariable Interacting Control Systems, *Automatica*, **7**, 691 (1971).

Nisenfeld, A. E., and H. M. Schultz, *Interaction Analysis in Control System Design*, Paper 70-562, *Advances in Instrum.* **25**, Pt. 1, ISA, Pittsburgh, PA, 1971.

Roat, S. D., J. J. Downs, E. F. Vogel, and J. E. Doss, The Integration of Rigorous Dynamic Modeling and Control System Synthesis for Distillation Columns: An Industrial Approach, *Chemical Process Control CPC-III*, M. Morari and T. J. McAvoy (Eds.), CACHE-Elsevier, New York, 1986, p. 99.

Shen, S. H., and C.-C. Yu, Use of Relay-feedback Test for Automatic Tuning of Multivariable Systems, *AIChE J.*, **40**, 627 (1994).

Shinskey, F. G., *Process Control Systems*, 4th ed., McGraw-Hill, New York, 1996, Chapter 8.

Skogestad, S., Robust Control, *Practical Distillation Control*, W. L. Luyben (Ed.), Van Nostrand-Reinhold, New York, 1992, Chapter 14.

Skogestad, S., and M. Morari, Robust Performance of Decentralized Control Systems by Independent Design, *Automatica*, **25**, 119 (1989).

Skogestad, S., and I. Postlethwaite, *Multivariable Feedback Control*, 2nd ed., John Wiley and Sons, Hoboken, NJ, 2005.

Strang, G., *Linear Algebra and Its Applications*, 4th ed., Brooks-Cole, Independence, KY, 2005.

Wood, R. K., and M. W. Berry, Terminal Composition Control of a Binary Distillation Column, *Chem. Eng. Sci.*, **28**, 1707 (1973).

Zhu, Z., J. T. Lee, and T. F. Edgar, Steady State Structural Analysis and Interaction Characteristics in Multivariable Control Systems, *IEC Res.*, **36**, 3718 (1997).

연습문제

18.1 Luyben과 Vinante(*Kem. Teollisuus*, **29**, 499 (1972))는 증류탑의 탑저에서부터 4번째와 17번째 단에서의 온도(각각 T_4, T_{17})를 환류비 R과 재배기로의 스팀 유량 S를 연결 짓는 모델을 다음과 같이 제시하였다:

$$\begin{bmatrix} T_{17}(s) \\ T_4(s) \end{bmatrix} = \begin{bmatrix} \dfrac{-2.16e^{-s}}{8.25s+1} & \dfrac{1.26e^{-0.3s}}{7.05s+1} \\ \dfrac{-2.75e^{-1.8s}}{8.25s+1} & \dfrac{4.28e^{-0.35s}}{9.0s+1} \end{bmatrix} \begin{bmatrix} R(s) \\ S(s) \end{bmatrix}$$

$T_{17} - R/T_4 - S$ 페어링에 대하여 12장의 지글러-니콜스 연속 사이클링 기법을 적용하여 다음 두 경우에 대하여 닫힌 루프의 설정값 변화를 비교하여라.

(a) 각 루프에 설정값 변화를 주고 나머지 루프는 수동 모드로 한 경우

(b) 두 루프의 제어기 모두를 자동 모드에 두고 설정값 변화를 준 경우

18.2 그림 18.3*b*의 1-2/2-1 제어 구성의 경우에 대하여 특성 방정식을 유도하여라. G_{p11} 혹은 G_{p22} 중 어느 하나가 0인 경우에 대하여 식을 간단히 하여라.

18.3 식 18-9에서 18-11까지의 닫힌 루프에 대한 공식을 이용하여 출력 (y_1, y_2)에 센서와 밸브의 전달함수$(G_{m1}, G_{m2}, G_{v1}, G_{v2})$가 존재하는 경우에 대하여 유도하여라.

18.4 그림 6.12의 열 혼합 시스템을 고려하고, 조작 입력이 w_h와 w라고 가정하여라. 다중 루프 제어 체계에 대한 합리적인 페어링을 제안하고 답변에 대한 정당성을 설명하여라.

18.5 예제 18.2에 주어진 두 개의 입력–두 개의 출력 공정에 대하여 1-1/2-2 페어링의 경우를 고려한 후 Simulink를 사용하여 그림 18.6에 주어진 안정성 영역을 확인하여라. $K_{c1} = 1$로 설정하고, K_{c2}는 세 가지 값(−1, 0 및 2)을 고려하고, 두 루프 모두 자동 모드(비례 제어기만 사용)에 둔 상태에서 y_1에 단위 설정값 변화의 경우를 모사하여라.

18.6 두 개의 PI 제어기로 구성된 전통적인 다중 루프 제어 체계를 이용하여 그림 18.1b에 주어진 증류탑의 생산물 조성 x_D와 x_B를 제어하고자 한다. 조작 변수는 환류비 R과 재배기로 공급되는 스팀 유량 S이다. 여러 정상 상태에 대한 실험값이 아래에 제시되어 있다. 이 정보를 이용하여 다음을 수행하여라:

표 E18.6

Run	*R*(lb/min)	*S*(lb/min)	x_D	x_B
1	125	22	0.97	0.04
2	150	22	0.95	0.05
3	175	22	0.93	0.06
4	150	20	0.94	0.06
5	150	24	0.96	0.04

(a) RGA를 계산하고 제어 및 조작 변수들 간의 페어링을 추천하여라.

(b) 제시한 페어링이 동적 거동의 경우에도 적절한가? 답변의 정당성을 설명하여라.

18.7 예제 18.1의 Wood-Berry 증류탑 모델에 대하여:

(a) 정상 상태하에서 어떤 제어 변수와 조작 변수의 페어링을 추천하는가?

(b) 동적 거동에서는 어떤 페어링을 제시하는가? 답변의 정당성을 설명하여라.

18.8 그림 6.12의 열혼합 시스템에 대하여 동적 거동 모델이 6장에 제시되었다. 이 모델을 사용하여 다음을 수행하여라.

(a) 상대 이득 배열에 대한 표현식을 유도하여라.

(b) 전송기와 제어밸브의 동적 거동을 무시할 수 있다고 가정한 후 제어시스템의 이상적인 디커플링을 설계하여라.

(c) 제시한 디커플러가 물리적으로 구현가능한가? 그렇지 않은 경우 적절한 수정 방안을 제시하여라.

18.9 이성분계 증류탑의 세 개의 단(17, 24, 30번째)에서 온도를 측정하며, 이를 제어 변수로 이용 가능하다. 온도를 조정하는 것이 조성을 제어하는 것과 동등하기 때문이다. 계산 응답 테스트를 통하여 다음의 정상 상태 입–출력 관계를 얻었다(u_1 = 재배기의 증기 압력; u_2 = 환류비):

$$T'_{17} = 1.5u_1 + 0.5u_2 \quad (1)$$
$$T'_{24} = 2.0u_1 + 1.7u_2 \quad (2)$$
$$T'_{30} = 3.4u_1 + 2.9u_2 \quad (3)$$

모든 변수는 편차 변수(deviation variables)이다. RGA를 이용하여 가장 적절한 상호작용을 갖는 2 × 2 제어시스템을 선택하여라(총 세 개의 2 × 2 제어 구성이 가능). 위 식 (2)와 (3), 및 결정자를 분석하여 T_{24}와 T_{30}의 조합이 가장 부적절한 제어 변수 조합인 이유를 설명하여라.

18.10 그림 E18.10의 액상 저장 시스템에 대하여, 유량 q_1과 q_2를 조정하여 액위 h_1과 h_2를 제어하는 것을 제안하였다. 유량 q_6은 주요 외란 변수이다. 유량과 높이압(head)의 관계는 다음과 같다:

$$q_3 = C_{v1}\sqrt{h_1} \quad q_5 = C_{v2}\sqrt{h_2} \quad q_4 = K(h_1 - h_2)$$

여기서 C_{v1}, C_{v2} 및 K는 상수이다.

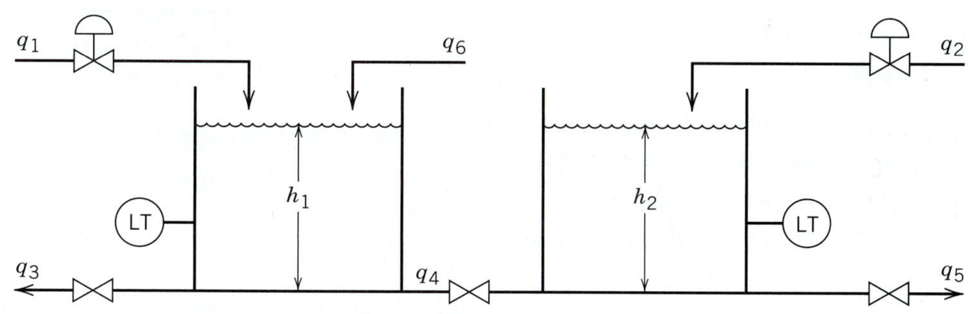

그림 E18.10

(a) 이 시스템에 대하여 상대 이득 배열의 표현식을 유도하여라.

(b) RGA를 사용하여 다음 조건 하에서 제어 및 조작 변수간 페어링을 추천하여라.

변수 값

$$K = 3 \text{ gal/min ft}$$
$$C_{v1} = 3 \text{ gal/min ft}^{0.5}$$
$$C_{v2} = 3.46 \text{ gal/min ft}^{0.5}$$
$$D_1 = D_2 = 3.5 \text{ ft(tank diameters)}$$

공칭(nominal) 정상 상태 값

$$\bar{h}_1 = 4 \text{ ft}, \bar{h}_2 = 3 \text{ ft}$$

18.11 연습문제 18.10의 액위 저장 시스템에 대하여:

(a) 다음 형태의 전달함수를 유도하여라.

$$Y(s) = G_p(s)U(s) + G_d(s)D(s)$$

여기서 U는 조작 변수 q_1과 q_2를 나타낸다. D는 외란 변수이며, G_d는 2 × 1 외란 전달함수 행렬이다.

h_1–q_1/h_2–q_2 페어링의 경우에 대하여 다중 루프 제어시스템의 블록선도를 작성하여라. 전송기, 제어밸브, 제어기의 전달함수는 제외하여라.

18.12 그림 E18.12의 흐름–압력 공정에서, 압력 P_1과 유량 F를 동시에 제어하고자 한다. 조작 변수는 제어밸브의 스템 위치(stem position) M_1과 M_2이다. 단순화를 위하여 두 밸브의 유량–높이압(head) 상관관계를 다음과 같이 사용하여라.

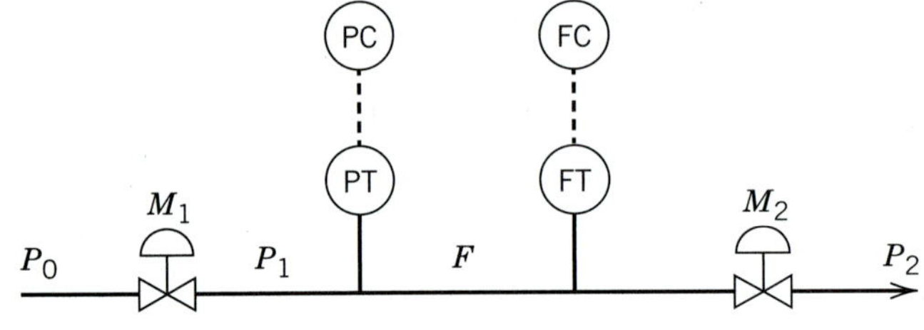

그림 E18.12

$$F = 20M_1(P_0 - P_1)$$
$$F = 30M_2(P_1 - P_2)$$

공칭(nominal) 정상 상태는 $F = 100$ gal/min, $P_0 = 20$ psi, $P_1 = 10$ psi, 및 $P_2 = 5$ psi이다. RGA 접근법을 사용하여 최적의 제어기 페어링을 결정하여라.

18.13 그림 E18.13의 혼합 시스템을 고려하여라. 액위 h와 출구 조성 c_3를 유량 q_1과 q_2를 조정하여 제어하고자 한다. 아래의 정보를 이용하여 다음을 수행하여라:

(a) 공정의 전달함수 $G_p(s)$를 유도하여라.

(b) 전통적인 다중 루프 제어시스템을 사용할 경우 어떤 제어기 페어링을 사용하여야 하는가? 답변의 정당성을 설명하여라.

(c) 그림 18.9의 구성에서 이상적인 디커플러 $T_{21}(s)$와 $T_{12}(s)$에 대한 표현식을 구하여라.

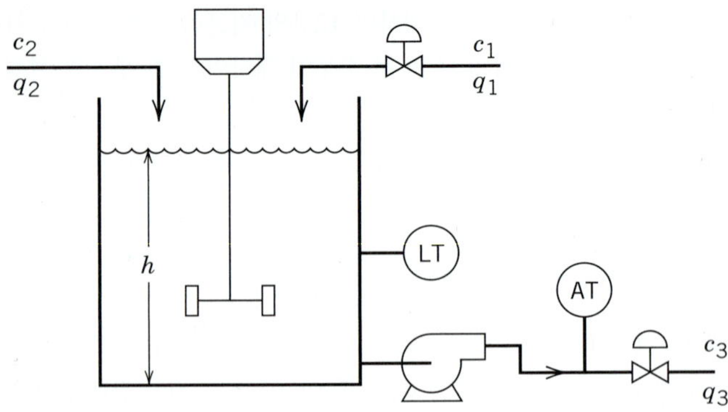

그림 E18.13

이용 가능한 정보

(i) 탱크의 직경은 3 ft이고 완전 혼합된다.

(ii) 공칭 정상 상태값은

$$\bar{h} = 3 \text{ ft} \qquad \bar{q}_3 = 20 \text{ ft}^3\text{/min}$$
$$\bar{c}_1 = 0.4 \text{ mole/ft}^3 \qquad \bar{c}_2 = 0.1 \text{ mole/ft}^3$$
$$\bar{q}_1 = 10 \text{ ft}^3\text{/min}$$

(iii) 각 공정 흐름의 밀도는 상수이며, $\rho = 60$ lb/ft^{3}이다.

(iv) 일차(primary) 외란 변수는 유량 q_2이다.

(v) 입구 조성 c_1과 c_2는 상수이다.

(vi) 전송기 특성은 다음의 전달함수로 근사(approximate)가능하며, 시간 상수의 단위는 분(min)이다.

$$G_{m11}(s) = \frac{4}{0.1s + 1} \text{ (mA/ft)}$$
$$G_{m22}(s) = \frac{100}{0.2s + 1} \text{ (mA ft}^3\text{/mole)}$$

(vii) 각 제어밸브의 이득은 0.15 ft^3/min mA이고 시간 상수는 10 s이다.

18.14 (McAvoy (1983)의 수정 형태) 두 개의 불완전 혼합 액체[가벼운(light) 성분과 무거운(heavy) 성분]로 구성된 공급물을 그림 E18.14의 상층액분리기(decanter)를 사용하여 분리하고자 한다. 두 액체의 밀도차가 커서 공급물이 분리기에 들어가자마자 액상 분리가 일어난다. 분리기는 항상 액체로 채워져 있으며, 두 액상 사이의 계면에의 높이는 DP 셀을 통하여 측정하고 있다. 각 액체의 유량을 표준 PI 제어기가 연결된 제어밸브를 통하여 조정 가능하다. 다음의 제어밸브식을 통하여 유량, 압력 및 제어기 출력 신호(m_1, m_2, m_3)의 관계를 나타낼 경우:

$$F_1 = m_1(P_0 - P_1)$$
$$F_2 = m_2(P_1 - P_2)$$
$$F_3 = m_3(P_1 - P_3)$$

다음의 정보를 이용하여 전통적인 다중 루프 제어 구성에 적합한 제어 및 조작 변수 페어링을 *물리적* 관점에서 제안하여라. RGA를 계산할 필요는 없다.

이용 가능한 정보

(a) 압력 P_0와 P_2는 상수이다:

$$P_0 = 250 \text{ psi}, P_2 = 30 \text{ psi}$$

(b) 공급물의 조성은 변한다. 공칭값(nominal value)은 $w_H = 0.99$이며, w_H는 무거운 성분의 질량 분율이다.

(c) 순수 성분의 밀도는

$$\rho_H = 9 \text{ lb/gal} \qquad \rho_L = 3 \text{ lb/gal}$$

(d) 공칭 정상 상태에서는

$$F_1 = 2093 \text{ gal/min}, \quad F_2 = 60 \text{ gal/min}, \quad P_1 = 180 \text{ psi}$$

(e) 전송기와 제어밸브의 동적 거동은 공정 거동과 비교 시 무시 가능하다.

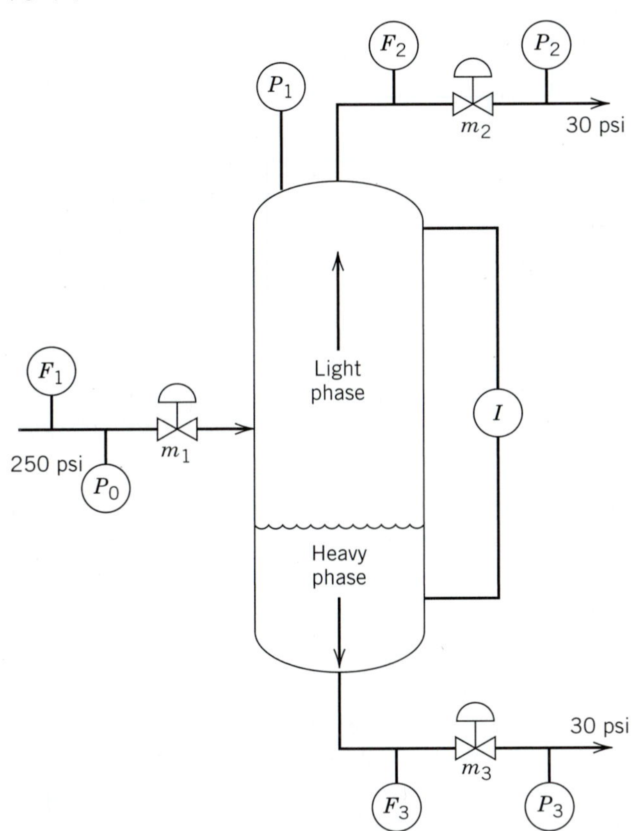

그림 E18.14

18.15 제어하고자 하는 공정은 두 개의 제어 변수 Y_1과 Y_2를 가지며, 조작 변수로서 U_1, U_2, 및 U_3의 세 개를 갖는다. 세 개중 두 개의 조작 변수만을 사용하는 것이 전통적인 다중 루프 피드백 제어시스템에서 요구된다. 공정의 전달함수는 아래에 주어져 있다. 어느 다중 루프 제어 구성이 입력과 출력 간 최소의 정상 상태 상호작용을 갖게 되는가? 제시한 답안의 정당성을 설명하여라.

$$Y_1(s) = \frac{3}{2s+1}U_1(s) - \frac{0.5}{(s+1)(s+3)}U_2(s) + \frac{1}{s^2+3s+2}U_3(s)$$

$$Y_2(s) = -10U_1(s) + \frac{2}{s+1}U_2(s) + \frac{4}{(s+1)(3s+1)}U_3(s)$$

18.16 공정제어 엔지니어가 본인의 맨션 욕실에 자동 샤워 제어 시스템을 설치하기로 하였다. 설계 요구사항은 140 °F의 뜨거운 물과 70 °F의 찬 물을 섞어 100 °F의 물을 3 gal/min으로 공급하여야 한다. 유량 및 온도 전송기가 존재하며, 뜨거운 물과 차가운 물의 유량을 조정하기 위한 제어밸브도 존재한다.

(a) 물의 밀도와 열용량(heat capacity)은 상수라고 가정할 때 뜨거운 물과 차가운 물의 유량을 계산하여라.

(b) 시스템의 상대 이득 배열을 계산하고, 제어 및 조작 변수의 페어링을 추천하여라.

18.17 그림 E18.17에 주어진 우회흐름(bypass)을 갖는 교반 탱크 열교환기는 제어밸브를 포함하고 있다. 가능한 조작 변수는 질량 유량 w_2, 밸브 스템위치 x_c, x_3 및 f, 그리고 탱크에 주입되지 않고 우회하여 출구 흐름에 더해지는 우회흐름의 질량 유량비 w_1이다. 아래의 정보를 이용하여 다음을 수행하여라:

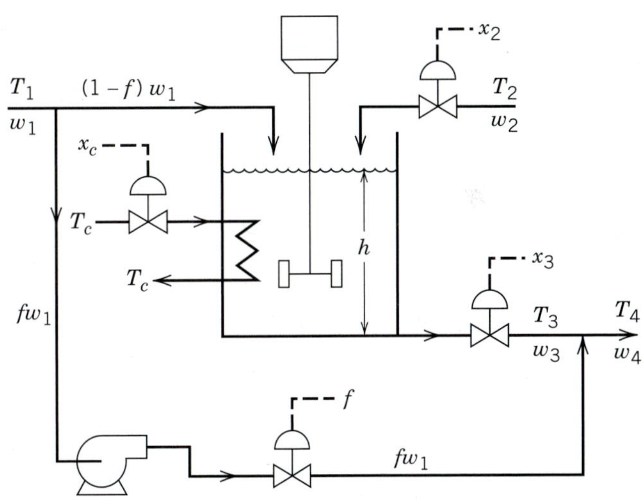

그림 E18.17

(a) 교반 탱크 시스템의 동적 거동 모델을 유도하여라. 필요시 기호(symbol)를 정의 후 사용하여라.

(b) 이용가능한 제어기의 자유도를 결정하여라. 환경에 맞추어 결정된 변수 및 조작 변수를 설정한 후 자유도를 할당하여라.

(c) 제어 변수를 선택하고, 선택에 대한 정당성을 간단히 설명하여라.

(d) x_2와 f를 조작 변수로 사용하여 T_4와 h만을 제어하고자 한다(밸브 스템위치 x_c와 x_3은 상수로 고정). 이 제어 구성에 대하여 상대 이득 배열의 표현식을 유도하여라.

(e) 위 **(d)**의 경우에서 x_2대신 x_3를 사용하자는 제안이 제시되었다. 간단히 이 제안을 검토 분석하여라(RGA를 다시 수행할 필요는 없다).

이용 가능한 정보

(i) 탱크는 완전 혼합되며, 온도 변화는 크지 않아 물성값을 상수로 가정 가능하다. 질량 유량은 w_1에서 w_4까지 기호로 표시되며 온도는 T_1에서 T_4까지 표시한다.

(ii) 출구 유량 w_3는 제어밸브의 상위흐름(upstream) 및 하위흐름(downstream)의 압력, 그리고 밸브 스템위치 x_3에 의존한다.

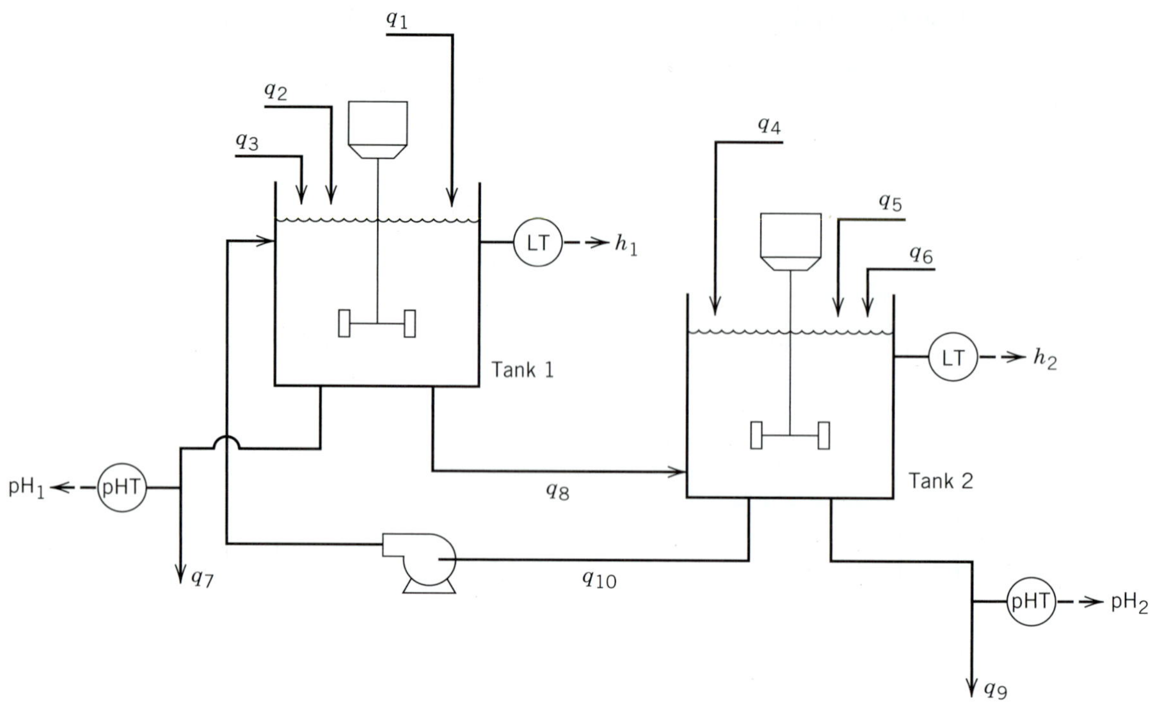

그림 E18.19

다음의 실험식을 이용하여라(C_1과 C_2는 상수):

$$w_3 = x_3(C_1 h - C_2 f w_1)$$

(iii) 냉각 코일의 총괄 열전달 계수(U)는 냉각수의 흐름 속도에 의존하는데, 아래와 같이 속도에 영향을 주는 밸브 스템 위치(x_c)로부터 계산가능하다(C_3은 상수):

$$U = C_3 x_c$$

(iv) 우회흐름에 설치된 펌프는 펌프 곡선의 "평지 부분"에서 운전된다. 즉, 질량유량 fw_1은 오직 제어밸브에만 의존한다.

(v) 다음 공정 변수는 상수이다: T_1, w_1, T_2 및 T_c

18.18 물(F_1)을 40% 에탄올을 함유한 흐름 F_2와 혼합하여 30% 에탄올을 함유한 위스키를 생산한다. F_1 = 4 gal/min 및 F_2 = 4 gal/min으로 가정하여라.

(a) 혼합 시스템에 대한 정상 상태 물질 수지식을 유도하여라. 예제 18.3을 보기로 하여 2 × 2 전달함수 모델의 선형 이득을 찾아라. F_1과 F_2는 조작 변수이며, 제어 변수는 출구 조성 z와 총 유량 F이다.

(b) F_1, F_2 및 F의 항으로 RGA를 유도하여라.

(c) RGA를 결정하고, 제어기에 대하여 선호하는 페어링을 제시하여라.

18.19 그림 E18.19에 pH 중화 시스템의 개략도를 도시하였다. 전달함수 행렬 및 상대 이득 배열 또한 주어졌다.

(a) 네 개의 PID 제어기로 구성된 다중 루프 제어시스템을 설계하고자 할 때, 제어 및 조작 변수의 페어링을 추천하여라. 정상 상태, 동적 거동, 및 물리적 고려사항의 관점에서 추천에 대한 정당성을 설명하여라.

(b) 조작 변수 Q_4와 Q_6를 이용하여(Q_1과 Q_3는 상수) pH_2와 $h2$만을 제어하고자 할 때,

(i) 2 × 2 제어 문제에 대하여 RGA를 결정하여라.

(ii) 제어 및 조절 변수의 페어링 중 어느 것을 추천하는가? (정당성을 설명하여라.)

$$\begin{bmatrix} h_1 \\ pH_1 \\ h_2 \\ pH_2 \end{bmatrix} = \begin{bmatrix} \dfrac{0.43e^{-0.8s}}{4.32s+1} & \dfrac{0.43e^{-0.1s}}{3.10s+1} & \dfrac{0.23e^{-1.0s}}{5.24s+1} & \dfrac{0.22e^{-0.5s}}{4.42s+1} \\ \dfrac{-0.33e^{-1.0s}}{2.56s+1} & \dfrac{0.32e^{-0.5s}}{2.58s+1} & \dfrac{-0.20e^{-1.8s}}{2.82s+1} & \dfrac{0.20e^{-0.8s}}{3.30s+1} \\ \dfrac{0.22e^{-1.1s}}{5.52s+1} & \dfrac{0.23e^{-0.3s}}{4.49s+1} & \dfrac{0.42e^{-0.4s}}{3.32s+1} & \dfrac{0.41e^{-0.1s}}{2.07s+1} \\ \dfrac{-0.22e^{-1.5s}}{3.24s+1} & \dfrac{0.22e^{-1.2s}}{2.65s+1} & \dfrac{-0.32e^{-0.8s}}{2.36s+1} & \dfrac{0.32e^{-0.4s}}{2.03s+1} \end{bmatrix} \begin{bmatrix} Q_1 \\ Q_3 \\ Q_4 \\ Q_6 \end{bmatrix}$$

$$\text{RGA} = \begin{bmatrix} 0.64 & 0.72 & -0.20 & -0.20 \\ 0.87 & 0.85 & -0.35 & -0.35 \\ -0.18 & -0.21 & 0.70 & 0.70 \\ -0.36 & -0.37 & 0.85 & 0.88 \end{bmatrix}$$

18.20 그림 E18.20에 주어진 증발기에 대해 제어 체계를 개발하고자 한다. 공급물과 생성물 흐름은 용질과 용매의 혼합물이며, 기상 흐름은 순수한 용매이다. 유량 w_F를 조작하여 액위는 엄격히 제어되고 있다. 생산물 유량 w_p와 스팀 유량 w_s를 조작 변수로 하여 생성물의 조성 x_p와 공급 유량 w_F를 제어하고자 한다. 수증기 kg당 E kg의 용매가 증발하기 때문에 증발기의 "경제성"은 거

의 상수이다. 유량의 단위는 kg/min이며, 조성은 용질의 질량 분율로 나타낸다. 이 시스템에 대한 상대 이득 배열의 표현식을 유도하여라.

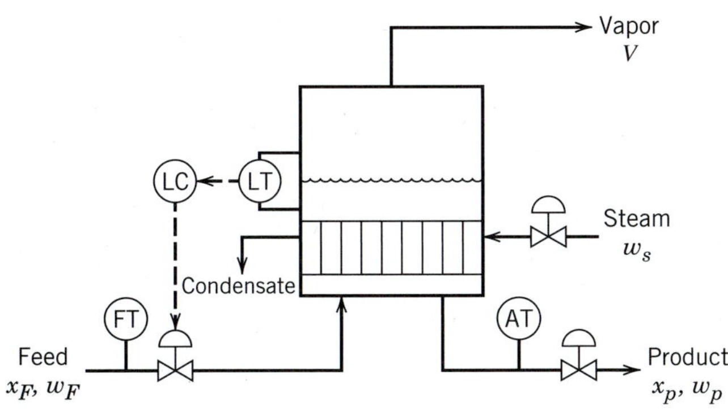

그림 E18.20

18.21 두 개의 의약품(히드로클로로티아지드(Hydrochlorothiazide)과 옥시부티닌(Oxybutynin))을 혼합한 약품이 고령 환자의 혈압 조절에 사용된다. 이 두 개의 의약품이 환자의 생리학적 변수(혈압과 소변 생산 속도)에 영향을 미친다. 두 개의 의약품을 사용하여 이들 생리학적 변수를 조정하는 것이 목적일 경우 두 개의 SISO 제어 루프를 설계하는 데 있어 상호 작용에 대한 분석이 수행되어야 한다. 두 개의 입력과 두 개의 출력을 갖는 다음의 모델에 대하여 답하여라(Ogunnaike와 Ray, *Process Dynamics, Modeling, and Control*, Oxford University Press, 1994, p. 771):

$$\begin{bmatrix} y_1 \\ y_2 \end{bmatrix} = \begin{bmatrix} \dfrac{-0.04e^{-0.1s}}{0.11s+1} & \dfrac{0.0005e^{-0.15s}}{0.21s+1} \\ \dfrac{0.22}{0.12s+1} & \dfrac{-0.02}{0.21s+1} \end{bmatrix} \begin{bmatrix} u_1 \\ u_2 \end{bmatrix}$$

여기서

y_1 = 정규화된(normalized) 혈압, 무차원

y_2 = 정규화된 소변 생산 속도

u_1 = 히드로클로로티아지드 주입 속도

u_2 = 옥시부티니의 주입 속도

(a) 상대 이득 배열을 계산하여라.

(b) 어느 루프 페어링을 제안하는가?

18.22 마이크로 일렉트로닉스 제조에서 웨이퍼의 온도를 일정하게 유지하기 위하여 동심 램프 히터(concentric lamp heater)가 정렬된 급속 열처리(rapid thermal processing) 시스템을 사용한다. 시스템에 대한 이득 행렬이 다음과 같다.

$$\boldsymbol{K} = \begin{bmatrix} 3.38 & 2.50 & 0.953 \\ 3.20 & 2.38 & 0.986 \\ 3.13 & 2.33 & 1.054 \end{bmatrix}$$

세 군데의 온도를 모두 제어하는 것이 어려운 것으로 측정되었는데, RGA와 SVA 분석을 통하여 제어가 어려운 이유가 무엇인지 검토하여라.

18.23 다음과 같이 4 × 4 제어시스템에 대한 이득 행렬이 주어졌다:

$$\boldsymbol{K} = \begin{bmatrix} 9.82 & 4.49 & 1.40 & 4.56 \\ 8.99 & 5.47 & 1.68 & 5.24 \\ 4.59 & 5.80 & 2.31 & 7.33 \\ 2.41 & 4.33 & 2.82 & 8.92 \end{bmatrix}$$

특이값 분석을 통하여 이 시스템을 제어할 때의 잠재적 어려움을 평가하여라. 제어 성능을 향상하기 위하여 출력 혹은 입력 중 어느 것을 제거할 필요가 있는가?

18.24 그림 18.6과 18.7에서 서로 다른 제어기 페어링을 적용하였음을 주시하여라. 어느 쪽의 안정성 영역이 더 넓은가? RGA에 의하여 제안된 페어링과 비교하여라(같은가 혹은 다른가?) 이러한 결과에 대한 이유를 설명할 수 있는가(동적 거동 vs. 정상 상태의 경우)?

CHAPTER 19

실시간 최적화

Real-Time Optimization, RTO

학습목차 *Chapter Contents*

19.1 실시간 최적화의 기본 요구 사항
19.1.1 컴퓨터 제어에서 RTO의 이행
19.1.2 계획(planning) 및 스케줄링(scheduling)
19.2 RTO 문제의 형성과 해결책
19.3 비제한적 및 제한적 최적화
19.3.1 단일 변수 최적화
19.3.2 다변수 최적화
19.4 선형 프로그래밍
19.4.1 선형 프로그래밍 개념
19.5 이차 및 비선형 프로그래밍
19.5.1 이차 프로그래밍
19.5.2 비선형 프로그래밍 알고리즘 및 소프트웨어
요약

이전 장들에서는 비정상 상태(동적) 관점에서 공정 모델의 개발과 제어기의 설계를 다루었으며, 설정값의 변화 및 외란에 대해 합리적인 닫힌 루프 응답을 구현하는 데 초점을 두었다. 이러한 관점들에서는 공정의 설정값이 어떻게 설정되어야 하는지는 매우 지엽적으로 다루었다. 실시간으로 최적의 설정값을 계산하는 것, 즉 실시간 최적화(real-time optimization, RTO)를 이용하여 운전 상의 제한 조건들을 만족하면서 공정의 이득이 최대화되게(혹은 비용이 최소화되게) 할 수 있다. 적절한 최적화 기술은 컴퓨터 제어시스템에서 이행가능하다. 설정값이 변하는 경우를 제외하면 대부분의 경우 공정은 정상 상태에서 조업되는 경우가 많으므로 정상 상태 모델을 일반적으로 사용한다.

이번 장에서는 우선 기본적인 RTO의 개념을 다룬 후 공정 제어에 적용되는 몇 가지 사례를 살펴본다. RTO를 이용하여 이득을 볼 수 있는 상황을 결정하기 위한 지침도 제시되어 있다. 이어서 설정값의 선택을 경제성 및 정상 상태 공정 모델을 포함하는 최적화 문제로 공식화하는 부분을 다룬다. 공정 산업에서 사용되고 있는 최적화 기술에 대하여 간단히 다룬다. 자세한 정보를 최적화 기법에 관한 도서를 참고 바란다(Ravindran 등, 2006; Biegler, 2010; Edgar 등, 2001).

그림 1.7의 자세한 버전을 그림 19.1에 보였다. 다양한 최적화, 제어, 감시, 및 데이터 취득이 적용되어 있으며, 총 5개의 공정 제어 단계로 구성되어 있다. 그림 19.1의 각 블록의 위치는 상대적인 개념으로서 실제 적용 시에는 중첩되어 적용될 수 있으며, 몇몇 단계는 동일한 계산 플랫폼을 사용할 수 있다. 각 단계의 상대적인 시간 스케일이 그림에 함께 표시되어 있다. 공정 데이터(흐름, 온도, 압력, 조성 등) 뿐 아니라 상업적 혹은 재정적 정보를 포함하는 기업 데이터(enterprise data) 또한 적시에 결정 단계에서 사용 가능하다. 최상위 계층(계획(planning) 및 스케줄링(scheduling))에서는 생산 목표를 설정함

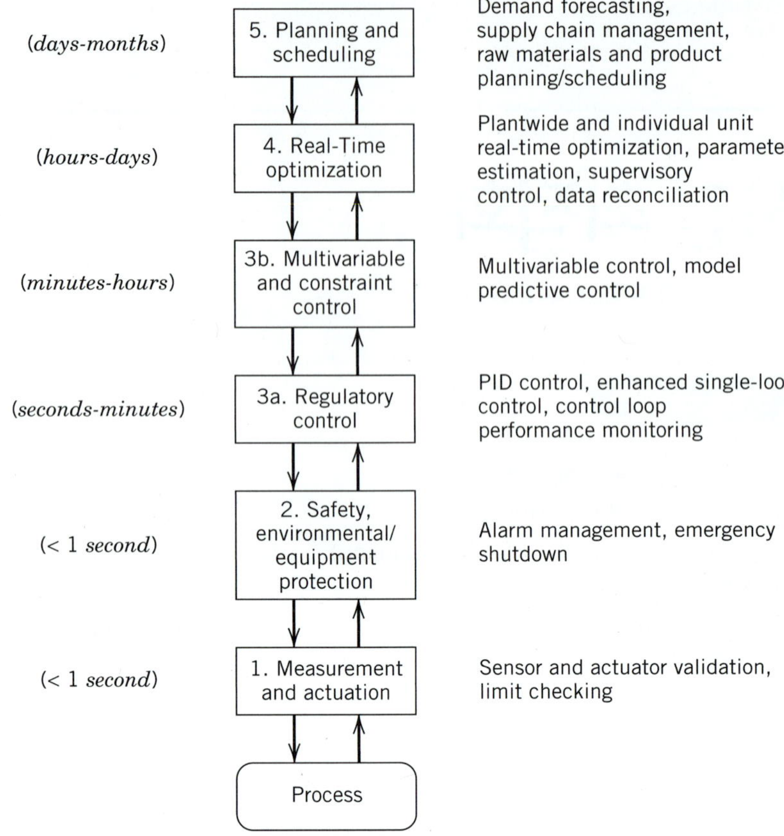

그림 19.1 제조(manufacturing)에서 공정 제어와 최적화의 5단계. 시간 스케일이 각 단계에 표시되어 있음.

으로써 공급 및 물류 제약을 충족하고 시변(time-varying) 용량 및 인력 활용 계획을 결정하게 된다. 5단계의 *전사적 자원 관리*(enterprise resource planning, ERP) 및 *공급망 관리*(supply chain management)는 소매, 유통, 운송 및 제조로 구성된 망에 있는 링크를 나타낸다(Grossman, 2005). 계획 및 스케줄링은 상대적으로 긴 시간에 걸쳐 진행되며 하위 단계의 나머지 활동들과 별개로 다룬다(Geddes와 Kubera, 2000). 예를 들어, Shobrys와 Whilte(2002)는 정유 회사가 보유한 모든 정제 시설을 포괄적 계획 및 스케줄링 모델에 포함하였으며, 이 모델을 이용하여 최적화함으로써 정제소간 이전, 원유 및 제품 할당, 생산 목표, 재고 목표, 최적 운영 조건, 스트림 할당 및 각 정제소의 혼합에 대한 목표 수준과 가격을 얻었다(Alattas 등, 2011).

4단계에서는 RTO를 통하여 공정의 각 단위 장치에 대한 최적의 설정값을 얻게 되는데, 이를 *감시 제어*(supervisory control)라고 한다. 제한 조건을 갖는 다변수 제어 혹은 공정에서 설정값 변화는 3*b* 단계(예를 들어, 20장에서 다룰 모델예측제어)에서 수행된다. 단일 혹은 다중 루프 제어에서 정치 제어(regulatory control)은 3*a* 단계에서 수행된다. 2단계(안전 및 환경/장치 보호)는 경보 관리(alarm management)와 비상 운전정지(emergency shutdown)를 포함한다. 소프트웨어가 표시된 작업을 구현하지만, 10장에서 다룬 바와 같이 공장을 위한 별도의 고정 배선 안전 시스템도 있다. 1단계(공정 측정 및 작동)은 일부 센서 검증을 포함한 데이터 수집, 온라인 분석 및 작동 기능을 포함한다. 이상적으로는 단계들 간 양방향 통신을 통하여 상위 단계에서는 하위 단계의 목표를 설정하고 하위 단계에서는 제한 사항 및 성능 정보를 상위 레벨로 전달하여야 한다. 최상위 단계(계획 및 스케줄링)에서 결정을 위한 시간 스케일은 월 단위가 될 수 있으며, 반면 하위 단계(예를 들어 정치 제어)에서는 공정에 영향을 미치는 결정이 자주(예를 들어 수분의 일 초) 이루어질 수 있다. 이번 장에서 주로 다룰 내용은 4단계이다.

운영 조건을 정기적으로 최적화하여 플랜트 수익성을 향상시킬 수 있으며 대규모 플랜트에서는 달성한 이익이 상당할 수 있다(White, 2010). 최적의 운전 조건은 매일 또는 심지어 하루 동안 현저하게 변경 될 수 있다. 예를 들어, 전력의 공급 가격은 최고 가격과 최저 가격이 5배까지 달라질 수 있다(전력회사의 시간 요금제로 인해). 운영 조건을 주기적으로 최적화해야하는 변화로는 공급 원료의 품질과 비용, 처리 및 보관 한계, 제품 요구의 변화가 있다. 최근 디지털 하드웨어 및 최적화 소프트웨어의 발전으로 RTO는 컴퓨터 제어시스템에 쉽게 통합될 수 있다. 산업용 RTO를 구현할 수 있는 규모는 인상적인데, 십만 개가 넘는 변수 및 등식/부등식 제한 문제를 일상적으로 해결 가능하다.

19.1 실시간 최적화의 기본 요구 사항

RTO에 사용되는 정상 상태 모델은 일반적으로 플랜트의 기본 지식이나 실험 데이터에서 얻는다. 온도, 압력 및 공급 유량과 같은 각 장치의 플랜트 작동 조건을 활용하여 제품 수율 (또는 분포), 생산 속도 및 측정 가능한 제품 특성(예: 순도, 점도 및 분자량)과 같은 물성을 예측한다. 경제 모델에는 운영 비용, 예상 판매량 등의 함수로서 원자재 비용, 제품 가치 및 생산 비용이 포함된다. 목적 함수는 이들의 정량화된 값으로 지정된다. 특히 특정 기간 동안의 영업 이익은 다음과 같이 표현할 수 있다.

$$P = \sum_s F_s V_s - \sum_r F_r C_r - OC \tag{19-1}$$

여기서

P = 운전 이익/시간

$\sum_s F_s V_s$ = 생성물 유량의 합과 각 생산품 가치를 곱한 항

$\sum_r F_r C_r$ = 공급물 유량의 합과 각 단위 비용을 곱한 항

OC = 운전 비용/시간

운전 및 경제성 모델 모두 다음의 제한사항을 포함한다.

1. **운전 조건:** 공정 변수는 밸브 범위(0에서 100%까지 개방), 장치 제한(압력 혹은 온도), 및 환경적인 제한(예. 배출 제한) 등의 이유로 일정한 제한 범위 내에 있어야 한다.
2. **공급 및 생산 속도:** 공급 펌프는 최대 용량이 있으며, 판매는 시장 예측에 의해 제한을 받는다.
3. **저장 및 보관 용량:** 낮은 수요 기간에도 저장 탱크 용량을 초과하지 않아야 한다.
4. **생성물의 순도:** 판매 가능한 생성물에 포함되는 불순물이 일정한 제한량을 넘지 않아야 한다.

5. **환경적 제약:** 주요 오염물질에 대한 배출 규제를 지속가능한 목표 범위 내에서 만족하여야 한다.

영업 이익을 극대화하기 위한 공정의 운전 상황은 다음을 포함한다.

1. **생산에 의한 판매 제한.** 이러한 유형의 시장에서는 생산량을 늘려 매출을 늘릴 수 있다. 이는 운전 조건 및 생산 일정을 최적화하여 달성할 수 있다.
2. **시장에 따라 판매 제한.** 이러한 상황은 현재 생산 속도에서 효율 개선이 가능한 경우에만 최적화를 적용한다. 예를 들어, 열 효율의 증가는 일반적으로 제조 비용(예를 들어 유틸리티 또는 공급 원료)을 감소시킨다.
3. **큰 처리량.** 생산 속도(또는 처리량)가 큰 장치는 이익 증가 가능성이 크다. 단위 처리량 당 제품 비용을 조금만 절약하거나 생산량을 점진적으로 개선, 혹은 생산 속도를 크게하면 이익이 크게 증가 할 수 있다.
4. **높은 원료 또는 에너지 소비.** 이는 플랜트의 전형적인 주요 비용 요소이므로 잠재적인 비용 절감 효과를 제공한다. 예를 들어, 플랜트에 연료 공급 및 스팀을 최적으로 할당하면 연료 소비를 최소화하여 비용을 줄일 수 있다.
5. **사양보다 제품 품질이 우수.** 제품 품질이 고객 요구 사항보다 훨씬 우수하면 과도한 생산 비용과 용량 낭비가 발생할 수 있다. 고객 요구 사항(예: 불순물 수준)에 더 가깝게 운영함으로써 비용을 절감할 수 있지만 이 전략은 낮은 공정 변동성을 필요로 한다(그림 1.9 참조).
6. **폐기물 흐름을 통한 귀중하거나 위험한 구성 요소의 손실.** 공기와 물에 대한 공정 폐기물 스트림의 화학적 분석을 통해 귀중한 물질이 손실되는지 또는 바람직하지 않은 오염 물질이 배출되는지 여부를 알 수 있다. 연소되지 않은 탄화수소 손실을 최소화하고 산화 질소 배출을 줄이기 위해 용광로에서 공기 / 연료 비율을 조정하는 것이 그러한 예 중 하나이다.

Timmons 등(2000)은 정제 공장 운영에 온라인 최적화 또는 감시 제어의 적용 여부에 대해 논의하였다. 산업 공정 운영에서 일반적으로 발생하는 세 가지 일반적인 최적화 문제 유형을 아래에 다룬다.

운전 조건

일반적인 예로는 증류탑의 환류비 및 반응기 온도를 최적화하는 것을 들 수 있다. 유동층 촉매 분해기(fluidized catalytic cracker, FCC)를 고려해 보자(Latour, 1979). FCC의 반응 온도는 경질 가스 오일 공급원료가 더욱 가벼운(즉, 더욱 휘발성이 강한) 물질로의 전환율에 큰 영향을 미친다. 전환율이 증가함에 따라 생성물 분포(가솔린, 중간 증류액, 연료 유, 경 가스)가 변한다. 실시간 최적화를 위해서는 FCC 작동 조건 및 촉매 유형에 따른 제품 분포의 정확한 공정 모델이 필요하다. FCC 장치를 최적화하려면 공급 원료 구성, 다운 스트림 단위 용량(예 : 증류탑), 개별 제품 가격, 제품 수요, 공급물 예열, 가스 오일 재순환 및 유틸리티 요구 사항을 고려해야 한다. FCC의 큰 처리량으로 인해 약간의 수율 개선이 상당한 이익 증가를 의미한다. Biegler 등(1997)은 수첨 분해기(hydrocracker) 및 분별분리(fractionation) 공정에 대한 RTO 사례 연구를 논의했다.

에틸렌이 주 생성물인 올레핀 공정은 RTO가 상당한 영향을 미치는 또다른 응용예이다. 전체 공정 모델은 노(furnace), 증류탑, 혼합기, 압축기 및 열교환기 등 관련된 모든 단위 공정에 대한 기본 화학공학 관계식을 개발하는 것에 기반을 두는데, 최대 1500개의 하위 모델을 가질 수 있다. 표준 접근 방식이 분리 및 열교환 모델을 개발하는 데 사용되는 반면, 노(furnace) 모델은 매우 정교하며 일반적으로 독점적이다. 주요 최적화 변수는 전환율, 공급 속도 및 증기/오일 비율이며, 공급 원료 가용성 및 장비 제약 조건에 따라 연간 최대 수백만 달러의 이익 향상이 가능하다(Wang 등, 2014).

할당(Allocation)

할당 문제는 여러 병렬(대체) 공정 단위간에 제한된 자원의 최적 분배를 포함한다. 일반적인 예는 다음과 같다(Marlin과 Hrymak, 1997):

증기 발생기. 크기와 효율이 다양한 여러 보일러간에 최적의 부하 분배.

냉장 유닛. 증류탑과 관련된 여러 저온 응축기 사이에 고정 냉동 용량의 최적 분포.

병렬 증류탑. 사양을 벗어난 제품 및 유틸리티 소비를 최소화하면서 전체 용량을 최대화.

19.1.1 컴퓨터 제어에서 RTO의 이행

RTO 시스템은 모든 데이터 전송 및 최적화 계산을 수행하고 설정값 정보를 제어기로 보낸다. 공장 운영을 지나치게 무리하지 않으면서 모든 작업을 수행해야 한다. RTO 구현에는 데이터 수집 및 검증(또는 조정), 공정 정상 상태 결정, 현재 운전에 맞게 모델 매개 변수 업데이트(필요한 경우), 새로운(최적화된) 설정값 계산 등 여러 단계가 필요하다.

공정 장치가 정상 상태인지 확인하기 위해 RTO 시스템은 주요 측정값(예 : 조성, 제품 생산속도, 유량 등)을 모니터링하고, 공정 작동 조건이 정상 상태에 도달하여 RTO 시퀀스를 시작하기에 충분한지 확인한다. 모든 주요 측정값이 허용 공차 내에 있는 경우에만 플랜트가 정상 상태로 간주되고 최적화 계산이 시작된다. 정상 상태 조건의 존재 여부를 결정하는 통계 기법에 대해서는 Kelly와 Hedengren (2013)을 참고하여라. 최적화 소프트웨어는 불합리한 데이터의 측정을 스크리닝한다(*총 오차 감지*). 데이터 유효성 검사는 모델 업데이트 절차를 자동으로 조정하여 불량 데이터 또는 장비의 존재를 제거한다. 별도의 최적화 소프트웨어(Narasimhan과 Jordache, 2000)를 사용하여 만족스러운 물질 및 에너지 수지에 기반한 데이터 조정을 수행할 수 있다. 데이터 검증 및 조정은 RTO 활동의 중요한 부분이다. 계측기 교정 불량으로 인한 측정 오차를 명확히 고려하지 않으면 후속 매개 변수 추정 혹은 데이터 조정 단계에서 의미있는 해답을 얻을 수 없다(Soderstrom 등, 2000).

최적화 소프트웨어는 회귀 기술을 사용하여 현재 공정 데이터와 일치하도록 모델 매개 변수를 업데이트 할 수 있다. 일반적인 모델 매개 변수에는 교환기 열전달 계수, 반응기 성능 매개 변수 및 노 효율이 포함된다. 매개 변수는 플랜트의 각 단위 장치에 대한 물질 및 에너지 수지나 물리적 성질에 대한 구성 방정식에 나타난다. 매개 변수 업데이트는 공정 변경 및 공정 장비의 성능 하락을 보정하게 되는데, 변수가 불확실하거나 공정 데이터에 잡음이 낀 경우 업데이트에서 손실이 발생할 수 있다(Perkins, 1988). 업데이트 할 매개 변수와 업데이트에 사용할 데이터를 결정하려면 상당한 공정 지식과 경험이 필요하다.

매개 변수 추정이 완료된 후, 현재 공정의 제한 사항, 제어 상태 데이터, 그리고 공급

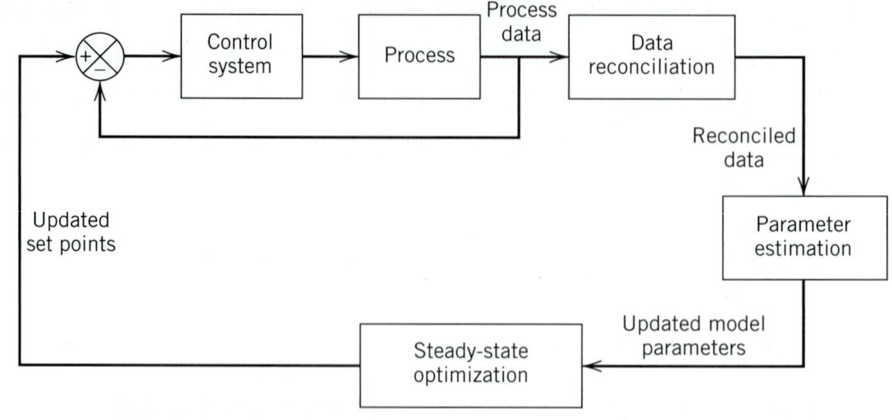

그림 19.2 RTO와 정치 피드백 제어의 블록선도.

물, 제품, 유틸리티 및 기타 운영 비용에 대한 경제적 가치가 수집된다. 계획 및 스케줄링 소프트웨어는 경제적인 가치를 정기적으로 업데이트한다. 그런 다음 최적화 소프트웨어가 최적의 설정값을 계산한다. 공정의 정상 상태를 최적화 계산 후 다시 점검하며, 개별 공정이 여전히 동일한 정상 상태에 있는 것으로 확인되면 새로운 설정값이 컴퓨터 제어 시스템으로 전송되어 구현된다. 그 후, 공정 제어 컴퓨터는 정상 상태 감지 계산을 반복하여 사이클을 다시 시작한다. 새로운 최적 설정값이 이전 설정값과 통계적으로 다르지 않으면 아무 변경을 수행하지 않는다(Marlin과 Hrymak, 1997).

RTO와 정치 제어의 조합은 다단 제어와 유사하게 볼 수 있다. 그림 19.2에 표시된 것처럼 외부 RTO 루프는 내부 루프보다 느리게 작동하며 상호 작용의 설계가 좋지 않으면 성능이 떨어진다. 동적 컨트롤러(또는 계층 3)는 RTO에 사용되는 정상 상태 모델과 공정의 실제 동적 거동 간의 전환을 처리한다. RTO 모델과 동적 모델의 이득이 매우 다른 경우 결과적으로 조합의 성능이 저하될 수 있다(Marlin과 Hrymak, 1997).

19.1.2 계획(planning) 및 스케줄링(scheduling)

그림 19.1에 표시된 계층적(hierarchical) 수준은 운영 의사 결정의 복잡성을 줄이도록 설계되었다. Darby 등(2011)이 논의한 바와 같이, *계획* 및 *스케줄링*은 RTO보다 덜 빈번하게 수행되고 그림 19.1의 더 높은 레벨에 상주한다. 계획은 경제 예측에 기초한 "무엇을 어떻게"를 처리한다. 어떤 공급 원료와 구매할 수량, 어떤 제품을 만들 것인지, 그리고 각 제품의 수량을 결정한다. 스케줄링은 계획을 실행하기 위해 취해야 할 조치의 타이밍("언제")에 중점을 둔다. 특정 공급물을 전달할 때와 작동 모드를 변경해야 할 때를 다룬다. 계획과 스케줄링은 *공급망 관리*의 일부로 간주된다. 석유 생산 및 정제 회사의 경우 공급망은 유정에서부터 원유 및 기타 공급 원료의 거래 및 일정 계획, 정유소에서 제품의 거래 및 일정 계획, 정유소에서 터미널로 제품 이전 및 터미널 적재/보관을 포함한다. *전사적 최적화*(Enterprise-wide optimization)는 공급망의 운영, 제조 및 유통을 관리함으로써 수익성을 극대화하여 비용과 재고를 감소시키는 데 사용된다(Grossman, 2005).

연속 공정에서 발생하는 스케줄링 문제의 예로는 촉매 재생, 용광로 디코킹 및 열교환기 세정이 있으며, 이는 운영 효율성과 유지 보수로 인한 생산 손실 간의 균형을 처리한다. 계획 문제는 일반적으로 몇 개월에 걸쳐 공장 운영의 최적화를 수반한다. 이 접근법은 일반적으로 정제소 최적화(Alattas 등, 2011)에서 사용된다. 배치 처리에서 장비를

이용 가능한 정보

Raw Material	Maximum Available(lb/day)	Cost(¢/lb)
A	40,000	15
B	30,000	20

Process	Product	Reactant Requirements(lb) per lb Product	Processing Cost	Selling Price of Product	Maximum Production Level(lb/day)
1	E	2/3 A, 1/3 B	15 ¢/lb E	40 ¢/lb E	30,000
2	F	1/2 A, 1/2 B	5 ¢/lb F	33 ¢/lb F	30,000

풀이

최적화 문제는 처음 세 단계를 이용하여 공식화한다.

단계 1. 관련 공정 변수는 반응물과 생성물의 질량 유량이다(그림 19.3 참조):

$$x_1 = \text{lb/day A consumed}$$
$$x_2 = \text{lb/day B consumed}$$
$$x_3 = \text{lb/day E produced}$$
$$x_4 = \text{lb/day F produced}$$

단계 2. 제품 판매 수익, 공급 원료 비용, 및 운전 비용을 정의한 후 식 19-1을 이용하여 하루에 생산하여야 생성물을 계산한다.

$$\text{Sales income(\$/day)} = \sum_s F_s V_s = 0.4x_3 + 0.33x_4 \tag{19-2}$$

$$\text{Feedstock costs(\$/day)} = \sum_r F_r C_r = 0.15x_1 + 0.2x_2 \tag{19-3}$$

$$\text{Operating costs(\$/day)} = \text{OC} = 0.15x_3 + 0.05x_4 + 350 + 200 \tag{19-4}$$

위 식을 식 19-1에 대입하면 하루의 이익을 계산 가능하다:

$$\begin{aligned} P &= 0.4x_3 + 0.33x_4 - 0.15x_1 - 0.2x_2 - 0.15x_3 - 0.05x_4 - 350 - 200 \\ &= 0.25x_3 + 0.28x_4 - 0.15x_1 - 0.2x_2 - 550 \end{aligned} \tag{19-5}$$

단계 3. 사용된 모든 변수에 제한 사항이 없는 것은 아니다. 우선 필요한 반응물을 계산하기 위해 물질 수지식을 고려해 보면 다음을 얻는다.

$$x_1 = 0.667x3 + 0.5x4 \tag{19-6a}$$
$$x_2 = 0.333x3 + 0.5x4 \tag{19-6b}$$

공급 원료와 생산 수준의 제한사항은

$$0 \le x_1 \le 40{,}000 \tag{19-7a}$$
$$0 \le x_2 \le 30{,}000 \tag{19-7b}$$
$$0 \le x_3 \le 30{,}000 \tag{19-7c}$$
$$0 \le x_4 \le 30{,}000 \tag{19-7d}$$

식 19-5에서 19-7은 최적화 문제를 구성한다. 목적 함수와 제한 사항 모두에서 변수들이 선형 관계이므로 이러한 문제를 *선형 프로그래밍 문제*(linear programming problem)라고 하며, 자세한 사항은 19.4절에서 다룬다.

19.3 비제한적 및 제한적 최적화

비제한 최적화는 부등식 제한이 없고 목적 함수에서 변수 대체를 통해 모든 등식 제한을 제거할 수 있는 상황을 의미한다. 먼저 단일 변수 최적화를 고려한 다음 여러 변수가 있는 최적화 문제를 고려하기로 한다. 최적화 기술은 본질적으로 반복적이므로 온라인으로 적용할 수 있는 효율적인 방법에 중점을 둔다. 대부분의 RTO 응용 프로그램은 단일 변수 문제보다 훨씬 더 어려운 다중 변수 문제이다.

19.3.1 단일 변수 최적화

몇몇 RTO 문제는 단일 독립 변수를 결정하여 목적 함수를 최대화(혹은 최소화)하는 경우를 포함한다. 단일 변수 최적화 문제의 예로는 증류탑에서 환류비, 혹은 노(furnace)에서 공기/연료비의 최적화를 들 수 있다. 단일 변수 문제에 대한 최적화 기법은 일반적으로 목적 함수 $f(x)$가 검색 영역 내에서 x에 대해 단봉형(unimodal)인 경우를 가정한다. 다시 말해, 영역 내에서 단일 최대점(혹은 최소점)이 존재한다. 이러한 기법을 적용하기 위해서는 x의 최적값(x^{opt})의 상한 및 하한을 설정하는 것이 필요한데, 범위 내에서 x의 시험값에 대해 $f(x)$를 계산해 본 후 최대점(혹은 최소점)이 존재하도록 한다. 이 영역을 *불확실성의 구간*(interval of uncertainty) 혹은 꺾음 괄호(bracket)로 불리며, 공식적인 최적화 절차를 시작하는 데 사용된다.

효율적인 단일 변수(혹은 일차원) 최적화 문제로는 뉴턴법(Newton), 준뉴턴법(quasi-Newton) 및 다항식 근사법을 들 수 있다(Edgar 등, 2001). 두 번째 범주에는 이차 내분(quadratic interpolation)을 들 수 있으며, 이 불확실성의 구간 내에서 세 개의 점을 사용하여 이차 다항식을 $f(x)$에 맞추어(fit) 사용한다. x_a, x_b, 및 x_c를 불확실성 구간내에서 x의 세 개 값으로 지칭하고, 해당 $f(x)$의 값을 f_a, f_b, 및 f_c로 하자. 그러면 이차 다항식 $\hat{f}(x) = a_1 + a_1x + a_2x_2$를 이 세 개의 점에 맞춤으로써 $\hat{f}(x)$의 국지적 근사(local approximation)가 가능하다. 결과식을 미분한 후 0으로 둠으로써 최적값을 계산할 수 있다. 이 최적값은 x^*로 지칭할 경우 해당 표현식은 다음과 같다.

$$x^* = \frac{1}{2}\frac{(x_b^2 - x_c^2)f_a + (x_c^2 - x_a^2)f_b + (x_a^2 - x_b^2)f_c}{(x_b - x_c)f_a + (x_c - x_a)f_b + (x_a - x_b)f_c} \tag{19-8}$$

일반적으로 실제 함수 $f(x)$는 이차 함수가 아닐 수 있으므로 한번의 반복(iteration)으로는 x^{opt}와 동일한 x^*를 구하기 어렵다. 그러나, $f(x^*)$의 개선은 가능한데, 세 개의 점 중 최선의 값 두 개를 저장하고 실제 목적 함수 $f(x^*)$를 찾는 과정을 수렴할 때까지 진행한다.

예제 19.2

데칸(decane)의 질화(nitration)를 위한 자유 라디칼 반응이 두 개의 반응기를 연속한 공정에서 수행된다. 각 반응기는 연속흐름 교반 탱크 반응기(CSTR)이다. 데칸과 질산염(혹은 질산)의 양이 변하며(각각 D_i와 N_i로 지칭), 그림 19.4에 보인 바와 같이 각 반응기로 추가된다. 데칸과 질산염의 반응은 매우 빨리 일어나며 연속 질화를 통해 다음을 생성한다: DNO_3, $D(NO_3)_2$, $D(NO_3)_3$, $D(NO_3)_4$ 등. 원하는 생성물은 DNO_3이며, 이질산(dinitrate), 삼질산(trinitrate) 등은 원하지 않는 생성물이다.

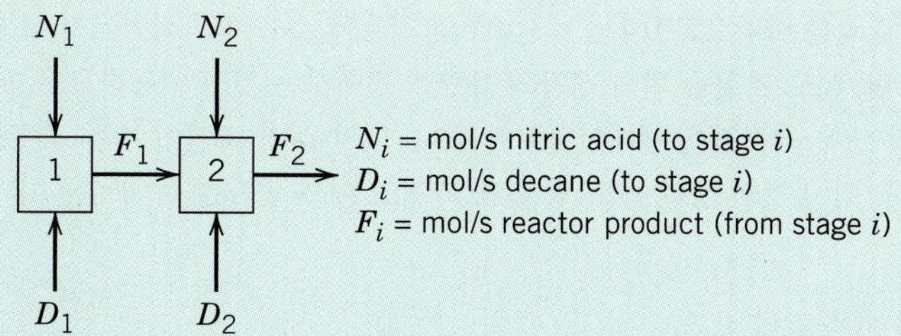

그림 19.4 2단 질화 반응기의 개략도.

D_1과 D_2의 유량이 반응기의 온도값을 유지하도록 선택되었으며, 전반적인 질화 수준을 만족하는 선에서 N_1과 N_2를 이용하여 두 번째 반응기에서 생성되는 DNO_3의 양을 최대화하도록 최적화한다. 이 경우 $(N_1 + N_2)/(D_1 + D_2) = 0.4$로 규정한다. 각 단계에서 D는 과잉이며, $D_1 = D_2 = 0.5$ mol/s이다. 선택도를 최대화하기 위하여 정상 상태 반응기 모델을 개발하였다. $r_1 \triangleq N_1/D_1, r_2 \triangleq N_2/(D_1 + D_2)$로 정의할 경우, 2번째 단계에서 배출되는 DNO_3의 양은 다음과 같다(F_2의 단위는 mol/s)

$$f_{DNO_3} = \frac{r_1 D_1}{(1+r_1)^2(1+r_2)} + \frac{r_2 D_2}{(1+r_1)(1+r_2)^2} \tag{19-9}$$

이 방정식은 연속 교반 흐름 반응기에 대한 정상 상태 모델에 모든 반응 속도 상수가 상수이고 동일하다는 가정을 적용하여 얻었다.

최적의 r_1과 r_2 값을 얻기 위해 r_1의 일차원 검색 문제를 작성하여라. 초기 구간 $0 \le r_1 \le 0.8$ 내에서 이차 내분을 적용하여라. 최종적으로 얻은 f_{DNO3}의 값이 최댓값의 ±0.0001 범위 내에 들 때까지 충분히 반복계산(iterate)하여라.

풀이

앞서 제시한 여섯 단계를 이용하여 최적화 문제를 작성한다.

단계 1. ***공정 변수의 식별.*** 최적화할 공정 변수는 N_1과 N_2, 즉 각 공정 단계에서 질산의 몰유량이다. D_1과 D_2는 설정되어 있으므로 전환율 모델이 r_1과 r_2의 함수가 되도록 r_1과 r_2를 사용할 수도 있다.

단계 2. ***목적 함수의 선택.*** 원하는 생성물인 DNO_3의 생산을 최대화하는 것이 목적이며, 나머지 질산염들은 가치가 없는, 원하지 않는 물질이다. 목적 함수 f는 식 19-9에 제시하였으며, 식 19-1에서 살펴본 바와 같이 이익 함수에 비례한다.

단계 3. ***공정 모델 및 제한 설정.*** N_1과 N_2의 값이 전반적인 질화 수준에 의해 제한을 받는다:

$$\frac{N_1 + N_2}{D_1 + D_2} = 0.4 \tag{19-10}$$

이 식은 r_1과 r_2의 함수로 정리 가능하다.

$$\frac{r_1 D_1 + r_2 D_1 + r_2 D_2}{D_1 + D_2} = 0.4 \tag{19-11}$$

모든 N_i와 D_i가 양수이므로, r_1과 r_2에 대한 부등식 제한이 존재한다; $r_1 \ge 0$ 및 $r_2 \ge 0$. 검색 방법이 부정확하게 r_1과 r_2의 음수 값을 초래하는 경우를 제외하고 이러한 제한 조건은 무시할 수 있다.

단계 4. ***모델의 단순화.*** $D_1 = D_2 = 0.5$로 주어졌으므로, 식 19-11로부터 다음을 얻는다.

$$r_2 = 0.4 - 0.5r_1 \tag{19-12}$$

r_1과 r_2는 음이 아니므로, 식 19-12로부터 $r_1 \le 0.8$이고 $r_2 \le 0.4$임을 알 수 있다. 위 식을 대입하면 식 19.9의 목적함수가 하나의 독립변수(r_1)로 나타내어짐을 알 수 있다.

단계 5. ***최적점의 계산.*** r_1의 0과 0.8 사이에 존재하므로(불확실성 구간), 검색을 위해 세 개의 점을 $r_1 = 0.2$, 0.4 및 0.6으로 선택한다. 이 값들에 상응하는 r_2의 값은 0.3, 0.2 및 0.1이다. 표 19.2에 세 번의 반복(iteration) 결과를 목적함수 값과 함께 나타내었다. 처음 반복에서 가장 나쁜 점($r_1 = 0.2$)을 제외하고 새로운 점($r_1 = 0.4536$)이 추가되었다. 두 번째 반복 후, f가 가장 낮은($r_1 = 0.6$) 경우를 제외하였다. 목적 함수 변화에 대한 허용값(tolerance)을 만족하므로 세번째 반복에서 중단하였으며, f_{DNO3}를 최대화하는 r_1의 값은 $r_1^{opt} = 0.4439$로 결정되었다. 2단계 반응기에서 얻은 단일질산염(mononitrate)은 0.1348 mol/s이다; 나머지 질산염은 더 높은 분자량의 부산물로 전환되었다.

단계 6. ***민감도 해석.*** 표 19.2의 결과를 바탕으로 $0.4 \le r_1 \le 0.6$의 경우에 수율이 최적점에서 크게 벗어나지 않음을 알 수 있다. 실용적인 관점에서 이 상황을 살펴보면, 온도 조절을 위해 데칸의 유량이 변화하는 것을 허용하므로 매우 유리하다고 할 수 있다. D_1 혹은 D_2 중의 하나가 10% 이상 변할 경우 최적점을 재계산하여야 한다. 만약 대기 조건이 변할 경우(예, 여름 *vs* 겨울 운전) r_1의 최적화를 다시 수행하여야 할 수도 있다. 이 공정의 생산 속도 및 판매 가격이 매우 높기 때문에 수율이 1%만 바뀌어도 경제적으로 큰 차이를 보일 수 있다.

표 19.2 예제 19.2 (이차 내분)의 반복 검색 결과.

Iteration	x_a	f_a	x_b	f_b	x_c	f_c	x^*
1	0.2	0.1273	0.4	0.1346	0.6	0.1324	0.4536
2	0.4	0.1346	0.6	0.1324	0.4536	0.1348	0.4439
3	0.4	0.1346	0.4536	0.1348	0.4439	0.1348	(not needed)

$r_1^{opt} = 0.4439$

만약 최적화하려는 함수가 단봉형(unimodal)이 아닌 경우, 이차 내분을 적용할 때 주의가 필요하다. 다수의 시작점을 선택하는 것이 적절한 검색 영역을 선택하는 데 도움이 된다. 단일 변수 검색에서는 검색 구간을 스캐닝하는 것은 간단하고 빠를 수 있으나, 다중 최적점의 경우에는 다변수 최적화 문제에서 발생가능한 문제가 일어날 수 있다.

19.3.2 다변수 최적화

다변수 최적화 문제에서는 선택한 최적화 기법이 적절한 계산 시간 내에 최적점을 찾을 수 있다는 보장이 없다. 일반적인 비선형 다변수 목적함수, $f(\boldsymbol{x}) = f(x_1, x_2, \cdots, x_{N_v})$,에서는 효과적이고 강인한 수학적 기법을 사용하여야 한다. 해를 찾기 위해 반복 계산을 사용하기 때문에 효율이 중요하다. 시행 착오법 혹은 다양한 공정 변수 조합으로 해를 찾는 것은 둘 혹은 그 이상의 변수를 갖는 문제에서는 적용 불가능하다.

다변수 함수의 최적화에서 발생하는 어려움은 일련의 단일 변수(혹은 일차원) 검색으로 변환함으로써 해결 가능하다. 주어진 시작점에서부터 검색의 방향이 설정되며, 일차원 검색을 통하여 해당 방향에 존재하는 최적점을 찾을 수 있다. 이후 새로운 방향으로 검색을 하여 추가로 일차원 검색을 수행한다. 검색 방향을 결정하기 위해 알고리즘을 선택할 때는, 다양한 최적화 방법에서 얻은 광범위한 수치 해석 경험을 활용할 수 있다(Nocedal과 Wright, 2006; Griva 등, 2008; Biegler, 2010).

비선형 목적함수의 다변수 RTO는 두 개 이상의 변수에 대해 함수의 미분을 사용할 것을 추천한다. 특히 짝기울기(conjugate gradient) 및 준뉴턴(quasi-Newton)법이 이러한 문제를 푸는 데 매우 효과적이다(Griva 등, 2008; Edgar 등, 2001). 다변수 RTO 응용 프로그램은 컴퓨터 하드웨어 및 소프트웨어의 발전으로 빠르게 성장했다. 이러한 방법들을 19.5절에서 더 자세히 다룰 것이다.

비제한 최적화 알고리즘의 적용은 가용한 데이터로부터 정상 상태 모델의 매개 변수를 업데이트 과정에서 중요하다. 일반적으로 실시간으로 단 지 몇 개의 모델 변수가 추정되며, RTO는 업데이트된 모델을 기반으로 수행된다. 변수 추정에 관한 지침은 Marlin과 Hrymak(1997) 및 Forbes 등(1994)을 참고하여라.

대부분의 실제 다변수 문제에서는 제한이 포함되며, 이로 인해 선형 혹은 비선형 프

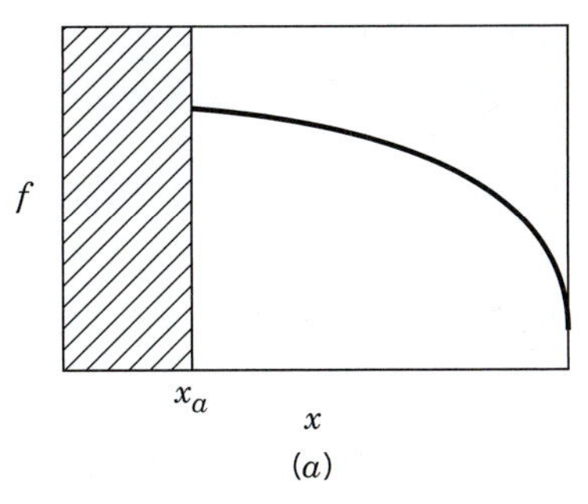

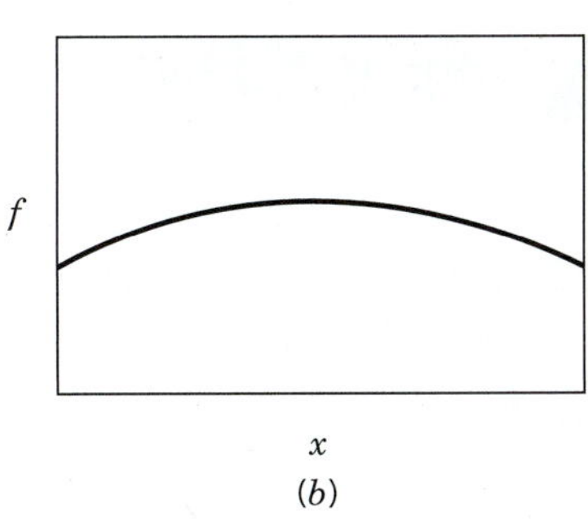

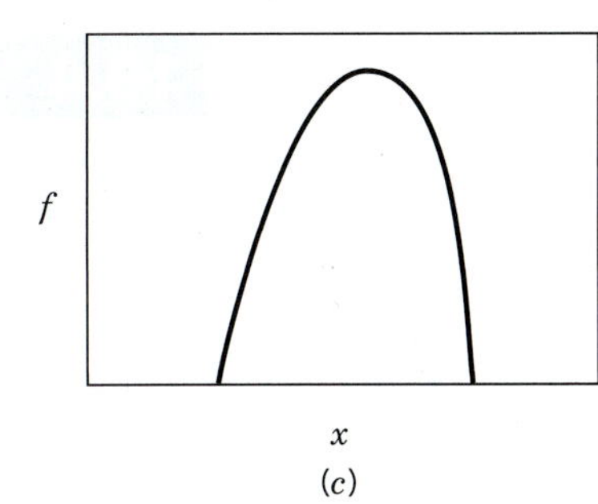

그림 19.5 최적 운전 조건 결정을 위한 세 가지 경우.

로그래밍을 사용하여야 한다. 비선형 제한 및 비선형 목적함수(이익)의 문제는 *비선형 프로그래밍*(nonlinear programming) 문제로 지칭된다.

$$\text{maximize} \quad f(x_1, x_2, \cdots, x_{N_V}) \tag{19-13}$$

$$\text{subject to:} \quad h_i(x_1, x_2, \cdots, x_{N_V}) = 0 \quad (i = 1, \cdots, N_E) \tag{19-14}$$

$$g_i(x_1, x_2, \cdots, x_{N_V}) \leq 0 \quad (i = 1, \cdots, N_I) \tag{19-15}$$

이 경우, N_V개의 공정 변수, N_E개의 등식 제한 및 N_I개의 부등식 제한이 있다.

Skogestad (2000)와 Perkins (1998)의 연구에서 제한들 간의 상호작용과 최적의 운전 조건 선택에 관한 내용을 다루었다. Skogestad는 그림 19.5에 제시된 바와 같이 RTO를 서로 다른 세 개의 경우로 분류하였다. 각 경우에서 이익 함수, $f(x)$를 최대화하기 위하여 단일 변수 x를 사용하였다.

(a) ***제한 범위 내 최적점(constrained optimum):*** 이익의 최적값은 $x = x_a$인 경우에 얻을 수 있다. 실제 제한을 적용하는 것은 직관적이다; 예를 들면 밸브를 잠그는 것.

(b) ***비제한 평평한 최적점(unconstrained flat optimum):*** 이 경우, 이익은 x의 값에 민감하지 않으며, 공정의 작은 변화 혹은 외란이 이익에 큰 영향을 미치지 않는다.

(c) ***비제한 날카로운 최적점(unconstrained sharp optimum):*** 이익이 x의 값에 민감하게 될 경우 최적화 구현 상의 어려움이 발생한다. 가능하면 다른 입력 변수를 선택하여 최적점이 더욱 평평한 형태가 되도록 하는 것이 좋다. 이를 통하여 이익 감소는 크지 않으면서도 더 넓은 범위에서 운전이 가능해 진다.

몇몇 경우, 공정 모델을 사용하지 않고 실제 공정 변수(예: 수율)로 목적 함수를 만들 수 있다. 대신 공정 변수는 체계적으로 변화하여 특정 데이터 세트에서 목적 함수의 최상의 값을 찾을 수 있으며, 때로는 Myers와 Montgomery (2009)가 논의한 실험 설계(design of experiment)와 관련이 있다. 이러한 방식은 목적 함수의 점진적 개선이 가능하게 하지만, 일반적으로 이 방식에서는 단지 몇 개의 변수만이 최적화되기 때문에 회분 운전에 국한되어 적용된다. 상업용 회분 공정에 적용한 방법의 예로는 EVOP (evolutionary operation)와 반응 표면 분석법(response surface analysis)을 들 수 있다(Edwasrds와 Jutan, 1997; Box와 Draper, 1998; Myers와 Montgomery, 2009).

19.4 선형 프로그래밍

제한 최적화 문제를 다룸에 있어 중요한 요소는 선형 목적함수와 선형 제한이다. 이들 문제는 고도로 구조화 되어 *선형 프로그래밍*(linear programming, LP)을 통해 빠르게 해를 얻을 수 있다. 이 강력한 접근법은 실제 해가 존재할 경우 최적화를 찾을 수 있도록 보장하기 때문에 널리 사용되고 있다.

공정별로 다양한 유형의 선형 부등식 및 등식 제한이 존재하며, 이는 LP 기법의 적용 과정을 흥미롭게 한다. 제한의 경우 일 단위 혹은 시간 단위로 변할 수 있다.

1. *생산 제한(production constraints).* 장비 처리량 제한, 저장 제한, 배출 제한 또는 시장 제한(추가 생산물 판매 불가)이 제조 과정에서 자주 발생한다. 이 경우 제한은 $x_i \le c_i$ 혹은 $g_i = x_i - c_i \le 0$의 형태를 갖는다.
2. *원료 제한(raw material limitations).* 공급 업체의 용량 및 회사 내 다른 공정의 생산 수위의 영향으로 원료 공급 제한이 발생한다.
3. *안전 제한(safety restrictions).* 대표적인 예로서 운전 온도 및 압력의 제한을 들 수 있다.
4. *제품 사양(product specification).* 최종 생성물의 물성 혹은 조성에 대한 제한이 이 범주에 속한다. 정제 공정에서 다양한 액체 생성물을 혼합하는 경우 일반적으로 혼합물의 물성은 순수 성분의 것을 평균하여 계산하는 것으로 가정한다. 따라서, 물성 ψ_k와 부피비 y_k를 갖는 N_c개의 물질을 섞는 경우 혼합 물성은 다음과 같이 계산한다.

$$\overline{\psi} = \sum_{k=1}^{N_c} \psi_k y_k \tag{19-16}$$

만약 $\overline{\psi}$의 상한값이 α인 경우, 결과적으로 제한은 y_k에 대하여 선형이 된다:

$$\sum_{k=1}^{N_c} \psi_k y_k \le \alpha \tag{19-17}$$

5. *물질 및 에너지 수지식(material and energy balances).* 1~4의 항목이 부등식 제한인 반면, 정상 상태 물질 및 에너지 수지는 등식 제한에 해당한다.

19.4.1 선형 프로그래밍 개념

두 개의 입력 (u_1, u_2)와 두 개의 출력(y_1, y_2)를 갖는 다변수 공정을 고려하자. $\boldsymbol{u}$와 $\boldsymbol{y}$의 부등식 제한은 공정의 운전 창(operating window)으로 정의된다. 두 개의 입력을 갖는 (최적화 대상) 공정에 대해 간단한 예를 그림 19.6에 제시하였다. u_1과 u_2의 상한과 하한은 사각형 영역에 해당한다. y_1과 y_2에 대해 상한이 존재하며, y_2에 대해서는 하한 또한 존재한다. 다음의 선형 공정 모델을 통하여 y에 대한 부등식 제한을 u에 대한 제한으로 전환가능하며, 이를 통해 운영 창의 크기를 그림 19.6에 색칠된 영역으로 줄일 수 있다.

$$\boldsymbol{y} = \boldsymbol{K}\boldsymbol{u} \tag{19-18}$$

만약 선형 비용 함수를 선택한 경우 최적 운전 조건은 운전 창의 경계 중 제한들이 교차하는 지점에 해당한다(Griva 등, 2008; Edgar 등 2001). 이들 교점은 정점(vertices)으

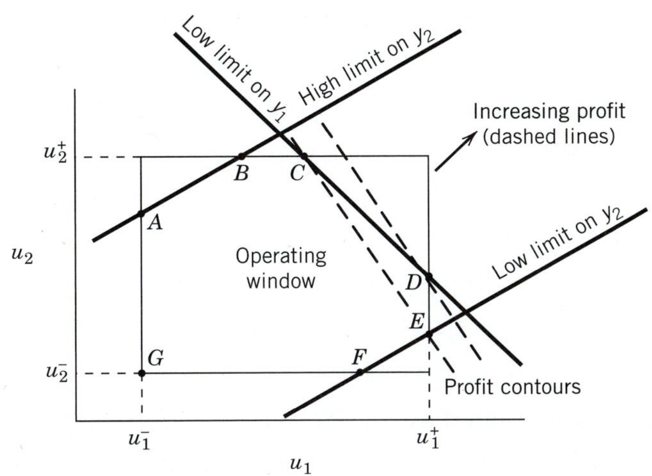

그림 19.6 두 개의 입–출력 최적화 문제에서의 운전창(operating window). 점선은 목적함수의 윤곽(contour)이며 왼쪽에서 오른쪽으로 증가한다. 최대 이익은 이익선(profit line)과 제한이 교차하는 꼭지점 D에서 발생한다.

로 불린다. 따라서, 그림 19.6에서 최적 운전점 $\boldsymbol{u}^{\text{opt}}$는 A~G로 표시된 7개의 정점 중 하나에 해당한다. 점선으로 표시된 선형 이익 함수를 고려할 때 최댓값은 정점 D에 해당한다. 운전창은 닫힌 볼록한 영역(closed convex region)이기 때문에 이러한 도식 개념을 두 개 이상의 입력을 갖는 문제로 확장할 수 있는데, 공정 모델, 비용 함수 및 부등식 제한이 모두 선형이라는 가정하에서 가능하다. 식 19-18을 이용하여 $\boldsymbol{u}^{\text{opt}}$로부터 최적의 설정값 $\boldsymbol{y}_{sp}$를 계산할 수 있다.

제한 범위의 최적화 문제에서 독립 변수의 수는 2장에서 다루었던 자유도와 유사한 방식으로 찾을 수 있다. 간단히 제한이 없는 경우를 고려해 보자. 만약 N_v개의 공정 변수(공정의 입력 및 출력을 포함)와 N_E개의 독립 방정식으로 구성된 공정 모델이 있을 경우 독립 변수의 수는 $N_F = N_V - N_E$이다. 이로부터 N_F개의 설정값을 독립적으로 설정하여 목적 함수의 최대화(혹은 최소화)를 수행할 수 있다. 나머지 $N_V - N_F$개의 변수는 공정 모델로부터 계산 가능하다. 그러나, 부등식 제한이 존재하는 경우 N_F개의 설정값을 임의로 설정하기 어려우며 모든 등식 및 부등식 제한을 만족하도록 해야 한다.

표준 선형 프로그래밍(LP) 문제는 다음과 같이 정리된다:

$$\text{minimize } f = \sum_{r=1}^{N_V} c_i x_i \tag{19-19}$$

subject to

$$x_i \geq 0 \qquad i = 1, 2, \ldots, N_V$$

$$\sum_{j=1}^{N_V} a_{ij} x_j \geq b_i \qquad i = 1, 2, \ldots, N_I \tag{19-20}$$

$$\sum_{j\ 1}^{N_V} \tilde{a}_{ij} x_j = d_i \qquad i = 1, 2, \ldots, N_E \tag{19-21}$$

LP문제의 해는 단식 알고리즘(Simplex algorithm)을 통하여 얻을 수 있다(Edgar 등, 2001; Griva 등, 2008). CPLEX 등 단식 알고리즘을 활용하는 소프트웨어를 이용하면 부등식 제한과 목적 함수의 변수의 개수에 제한없이 빠르게 문제를 풀 수 있다. 식 19-19의 최대화 문제에서 목적 함수에 −1을 곱하여 최소화 문제로 바꿀 수 있다. 제한 영역의 경계에서 최적점이 존재하는 교점의 수는 제한적이므로 최적점 검색에 필요한 계산 시간이 일반 비선형 최적화 문제에 비해 줄어들게 된다. 따라서, 많은 비선형 최적화 문제(비선형 제한이 존재하는 경우라도)를 선형화하여 LP 알고리즘을 적용하는 경우가 빈번하다. 이러한 과정을 적용함으로써 백만개 이상의 변수를 갖는 최적화 문제도 해결 가능하다.

1980년대 최적화 소프트웨어에 큰 변화가 일어나 선형 프로그래밍 및 비선형 프로그래밍 솔버(solver)가 데스크톱 컴퓨터용 스프레드시트 소프트웨어의 인터페이스로 사용가능하게 되었다. 스프레드시트 소프트웨어는 숫자 데이터를 입력하고 조작하는 데 유용한 사용자 인터페이스(user interface)가 되었으며, 보다 많은 분석 도구가 스프레드시트 내에서 사용가능하거나 외부 데이터베이스로의 접근이 가능해졌다. 예를 들어 마이크로소프트 엑셀은 스프레드시트의 값과 공식을 이용하여 Solver라 불리는 최적화 기반 루틴(routine)을 통합 사용 가능하도록 하였다. 현재 버전(2010년 이후)은 LP 및 NLP 솔버와 함께 선형 및 비선형 문제에 대한 혼합 정수 프로그래밍(mixed integer programming) 기능도 함께 제공하고 있다. 사용자는 셀 주소가 독립적으로 조정가능하도록 설정하고(결정 변수, decision variable), 수식 셀을 조합하여 제한을 고려할 수 있으며(제한), 목적 함수가 될 수식 셀을 설계할 수 있다. 다음의 예제를 통하여 살펴보자.

예제 19.3

정제소의 혼합 및 생산 문제의 간단한 버전을 고려하자. 이번 예제는 화학 공정 산업에서 1960년대부터 활발히 사용중인 스케줄링 관련 예제이다(그림 19.1의 5단계). 그림 19.7은 정제소의 공급원료 및 생산물을 나타내는 개략도이다(괄호안 숫자는 비용 및 판매 가격을 의미). 표 19.3에 정제소에서 처리하는 두 종류의 원유의 예상 수율 정보를 정리하였다. 원유별로 상이한 생성물 분포를 보임을 주목하여라. 표 19.3은 각 생성물의 판매 시장에서 허용 가능한 최대 일생산량의 제한, 그리고 각 원유의 처리 비용을 함께 제시한다.

선형 프로그래밍 문제를 만들기 위해 정제소 운전에 관한 목적 함수 및 제한을 작성하여라. 그림 19.7로부터, 여섯 개의 변수, 즉 두 원료 물질의 유량과 네 개의 생성물의 유량이 있음을 알 수 있다. 엑셀 솔버를 이용하여 LP를 수행하여라.

표 19.3 정제소 공급원료 및 생산물 데이터.

	Volume percent yield		Maximum allowable production(bbl/day)
	Crude #1	Crude #2	
Gasoline	80	44	24,000
Kerosene	5	10	2000
Fuel oil	10	36	6000
Processing cost($/bbl)	0.50	1.00	

풀이

각 변수를 다음과 같이 정의한다.

x_1 = bbl/day of crude #1 x_4 = bbl/day of kerosene

x_2 = bbl/day of crude #2 x_5 = bbl/day of fuel oil

x_3 = bbl/day of gasoline x_6 = bbl/day of residual

선형 목적 함수 f(최대화하고자 하는)는 이익이며, 수익과 비용의 차이로 계산한다.

$$f = \text{income} - \text{raw material cost} - \text{processing cost}$$

여기서 다음의 표현 식(달러/일)이 정의된다.

$$\begin{Bmatrix} \text{Income} = 72x_3 + 48x_4 + 42x_5 + 20x_6 \\ \text{Raw material cost} = 48x_1 + 30x_2 \\ \text{Processing cost} = 1x_1 + 2x_2 \end{Bmatrix} \tag{19-22}$$

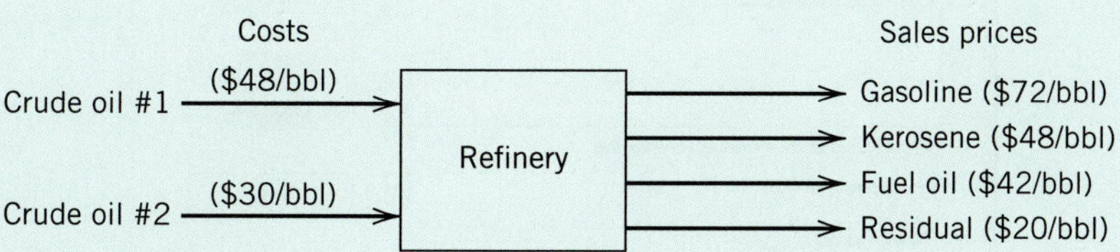

그림 19.7 정제소의 입력 및 출력 개략도.

$$f = 72x_3 + 48x_4 + 42x_5 + 20x_6 - 49x_1 - 32x_2 \tag{19-23}$$

수율 데이터로부터 다음과 같이 x_1에서 x_6을 사용하여 네 개의 선형 등식 제한(물질 수지)을 얻는다:

$$\text{Gasoline:} \quad x_3 = 0.80x_1 + 0.44x_2 \tag{19-24}$$

$$\text{Kerosene:} \quad x_4 = 0.05x_1 + 0.10x_2 \tag{19-25}$$

$$\text{Fuel oil:} \quad x_5 = 0.10x_1 + 0.36x_2 \tag{19-26}$$

$$\text{Residual:} \quad x_6 = 0.05x_1 + 0.10x_2 \tag{19-27}$$

다른 제한 사항은 표 19.3에 주어진 생산 제한에 관한 항으로부터 얻을 수 있다. 이 경우는 부등식 제한의 형태를 띈다.

$$\text{Gasoline:} \quad x_3 \le 24{,}000 \tag{19-28}$$

$$\text{Kerosene:} \quad x_4 \le 2{,}000 \tag{19-29}$$

$$\text{Fuel oil:} \quad x_5 \le 6{,}000 \tag{19-30}$$

문제에서 직접 설명하지는 않았으나 설정가능한 제한은 모든 변수가 음이 아닌, 즉 양수이거나 0보다 크다는 것이다, 즉 $x_i \ge 0$. 특히 생산량이 음수인 것은 의미가 없으므로 이 제한은 타당하다.

선형 프로그래밍을 위해 필요한 사항은 식 19-23에서 식 19-30까지 정리하였다. 이제 엑셀 솔버를 사용하는 단계를 살펴보자. 위 식들은 그림 19.8에 주어진 바와 같이 솔버 변수(Solver Parameter) 대화 상자를 이용하여 스프레드시트에 적용 가능하다. 네 개의 등식 제한과 세 개의 부등식 제한 중 처음 세 개의 등식 제한만 그림의 대화 상자에 표시하였다. 목적 함수는 목표 셀(target cell) A10에 설정하였으며, 여섯 개의 변수는 A4~F4의 셀에 연결되었다.

정제소 혼합 문제에서 엑셀을 통하여 얻은 최적점 $\boldsymbol{x}$는 가솔린과 등유의 제한 영역의 교점에서 결정되었으며, 따라서 제한 범위 내에서의 최적값은 다음과 같다.

$$x_1 = 26{,}207$$

$$x_2 = 6897$$

$$x_3 = 24{,}000 \text{ (gasoline constraint)}$$

$$x_4 = 24{,}000 \text{ (gasoline constraint)}$$

$$x_5 = 5103$$

$$x_6 = 2000$$

$$f = \$573{,}516/\text{day}$$

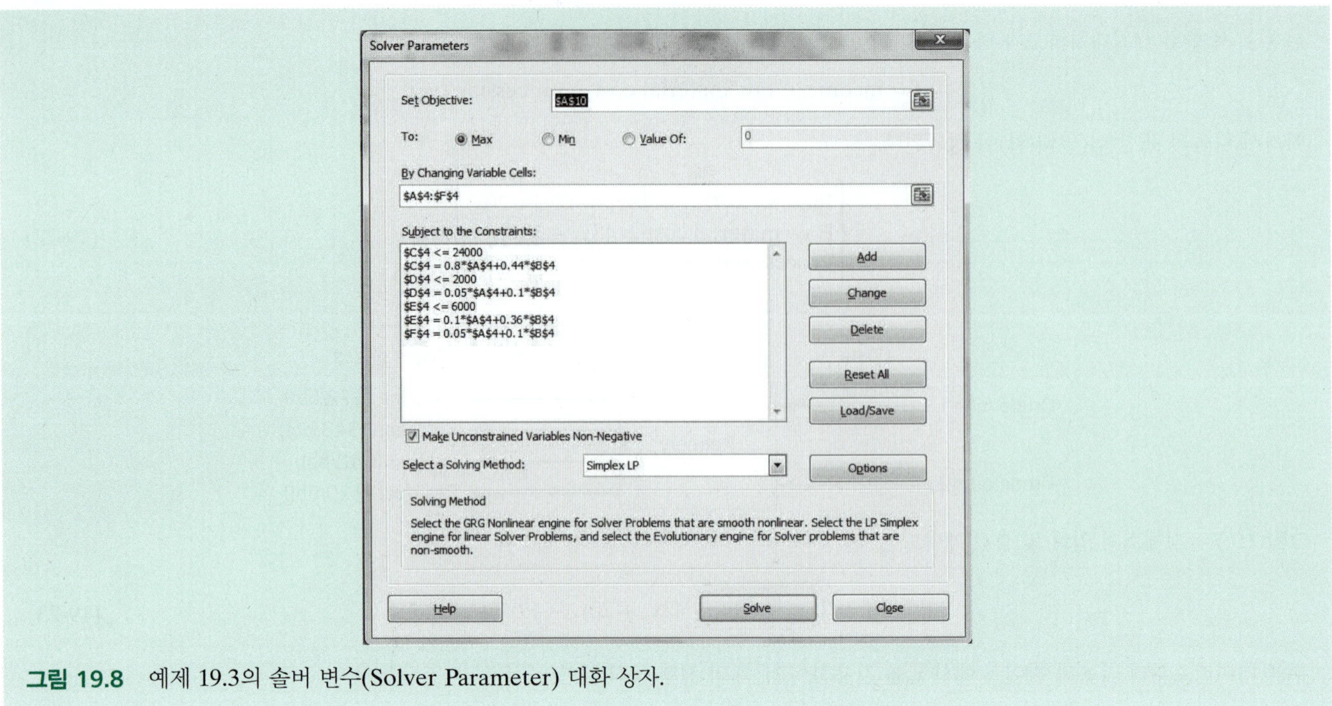

그림 19.8 예제 19.3의 솔버 변수(Solver Parameter) 대화 상자.

공정 산업에서 단식 알고리즘(Simplex algorithm)은 다양한 문제에 적용되었으며, 전체 공장의 유틸리티 시스템의 최적화를 예로 들 수 있다. 일반적인 스팀 유틸리티 구성은 최대 100개의 변수와 100개의 제한 사항을 포함하는데, 선형 프로그래밍을 사용하여 손쉽게 최적화를 할 수 있다(Hirata 등, 2004; Edgar 등, 2001; Marlin, 2000). 공정에서 스팀 요구량이 변하므로 공정 변수는 시간 단위로 업데이트할 수 있다. 게다가 전기의 경우 피크 수요 때는 일 단위로 전기 요금이 바뀔 수 있으므로 국지 범위에서 최대한 전기를 끌어 쓰는 것이 경제적일 수 있다. 변수가 천 개 이상이고 운전 기간이 몇 달에 걸치는 등 더 큰 문제에 대해서도 선형 프로그램 문제를 이용하여 풀 수 있다(Alattas 등, 2011).

19.5 이차 및 비선형 프로그래밍

최저화 문제의 가장 빈번한 형태는 목적 함수와 제한이 모두 비선형인 경우이며, *비선형 프로그래밍*(nonlinear programming, NLP)으로 불린다. 이러한 문제의 수학적 정의는 식 19-13에서 식 19-15를 참고하여라. Nocedal과 Wright (2006), Griva 등 (2008), 및 Biegler (2010)에 의하면 주요한 제한 최적화 방법은 다음과 같다:

1. 이차 프로그래밍(quadratic programming, QP)
2. 일반화 환산 기울기법(generalized reduced gradient, GRG)
3. 순차 이차 프로그래밍(successive quadratic programming, SQP)
4. 순차 선형 프로그래밍(successive linear programming, SLP)

19.5.1 이차 프로그래밍

이차 프로그래밍(QP)에서는 목적 함수가 이차이고 제한은 선형이다. 비록 해는 반복

(iterative)을 통해 얻어야 하지만, 상대적으로 빠르게 수렴한다. 이차 프로그래밍 문제는 m개의 선형 부등식 혹은 등식 제한을 갖는 경우 n개의 변수를 갖는 이차 함수를 최소화하는 문제이다. 다수의 최적화 문제가 QP 문제의 형태로 주어지는데, 제한이 있는 최소 자승 및 몇몇 모델예측제어 문제가 이에 해당한다.

이차 프로그래밍 문제를 간단히 쓰면 다음과 같다.

$$f(\boldsymbol{x}) = \boldsymbol{c}^T\boldsymbol{x} + \frac{1}{2}\boldsymbol{x}^T\boldsymbol{Q}\boldsymbol{x} \tag{19-31}$$

$$\boldsymbol{A}\boldsymbol{x} = \boldsymbol{b} \tag{19-32}$$

$$\boldsymbol{x} \geq \boldsymbol{0}$$

여기서 c는 벡터$(n \times 1)$, $\boldsymbol{A}$는 $m \times n$ 행렬, 그리고 $\boldsymbol{Q}$는 대칭 $n \times n$ 행렬이다.

이차 프로그래밍 컴퓨터 코드에서 x의 상한과 하한을 고려할 수 있으며, 편의상 여기서는 $x \geq 0$ 형태를 가정한다. QP 소프트웨어는 제한 위반의 합(sum of constraint violations)이 최소화되도록 LP를 수행함으로써 해를 찾는다. LP 알고리즘을 QP 계산의 일부로 볼 수 있으므로 대부분의 상용 LP 소프트웨어는 QP 솔버를 포함하고 있다. QP는 모델예측제어 계산에서 종종 사용되기도 한다(20장 참조).

19.5.2 비선형 프로그래밍 알고리즘 및 소프트웨어

화학 공학 설계 및 조작 분야에서 비선형 프로그래밍을 풀 수 있는 다양한 방법이 있다. 그 중 널리 쓰이는 하나는 *일반화 환산 기울기(generalized reduced gradient, GRG)* 알고리즘으로서 반복 선형화를 이용하며 엑셀 솔버에서도 사용 가능하다. CONOPT 소프트웨어 패키지는 환산 기울기 알고리즘을 사용하고, 비선형 제한을 갖는 대형 스케일(large scale) 문제를 다룰 수 있다(Alattas 등, 2011). 자유도가 작은 경우(제한의 개수가 변수의 개수와 거의 동일한 경우), CONOPT와 GRG 둘 다 문제를 쉽게 해결한다. 순차 이차 프로그래밍(successive quadratic programming, SQP)은 이차 프로그램을 연속으로 푸는 방법으로써, 목적함수에는 이차 근사(quadratic approximation)를 적용하고 제한에는 선형화를 적용함으로써 NLP 문제의 해에 근접하게 된다. 이 방법은 MATLAB의 제한이 있는 최적화 함수인 fmincon에서 사용하고 있다. 검색 과정은 일차 미분항을 이용하여 헤시안 행렬(Hessian matrix)을 근사하는 2차 뉴턴법(Newton's method)을 약간 변형한 방식이다(Biegler, 2010; Edgar 등, 2001). SQP 기반의 소프트웨어인 MINOS와 NPSOL은 1980년대에 개발되었으며 거의 선형에 근접한 NLP 문제에 유용하다. 대형 스케일 NLP 문제는 장벽 함수(barrier functions)를 갖는 내부 포인트 라인 검색(interior point line search) 기반인 IPOPT가 매우 효율적이다(Biegler, 2010). 순차 이차 프로그래밍은 RTO 문제에서는 상대적으로 덜 쓰이는데, 이는 목적 함수와 제한 둘 다를 선형 근사하여야 되기 때문이다. 특히 최적점이 제한 영역의 교점에 위치하지 않는 경우엔 수렴 문제가 발생한다.

GAMS(General Algebraic Modeling System) 혹은 NAG(Numerical Algorithms Group)과 같은 소프트웨어 라이브러리는 하나 혹은 그 이상의 MLP 알고리즘을 제공한다. 그러나 단일 소스에서 모든 알고리즘을 사용할 수 있는 경우는 거의 없다. 최적화 패키지의 포괄적인 저장소 역할을 하는 웹 소스에는 OPTI Toolbox(http://www.i2c2.aut.ac.nz/Wiki/OPTI/), NEOS Sever(http://www.neos-server.org/neos/)

(Czyzyk 등, 2015) 및 COIN-OR(http://www.coin-or.org/) (Lougee-Heimer, 2003; Nocedal과 Wright, 2006)가 있다. 모든 문제에 가장 적합한 단일 NLP 알고리즘은 없으므로 주어진 응용 프로그램에서 여러 솔버를 테스트해야 한다. 다른 최적화 소프트웨어 패키지는 이산 변수와 연속 변수를 모두 갖는 혼합 정수 문제를 해결하도록 설계되었다(MILP, MINLP). 이는 글로벌 최적화(Global Optimization) 문제라고도 불리며, 볼록하지 않은(nonconvex) 최적점으로 수렴 가능하다. 근래 20년에 걸쳐 최대 10^5까지 속도 향상이 이루어져서 MIP 문제의 해를 빠르게 찾는 것이 가능해 졌다. 자세한 사항은 Biegler (2010)를 참고하여라.

예제 19.4

보일러하우스의 연료 소비를 최소화하는 문제를 고려하자. 보일러하우스에는 두 개의 터빈 발전기가 있으며, 각각 두 연료, 즉 연료 오일과 중간 Btu 가스(medium Btu gas, MBG)로 동시에 작동 가능하다(그림 19.9 참조). MBG는 공장의 다른 파트에서 배출되는 가스로부터 생산하며, 현장에서 사용하지 않을 경우 태워 없애야 한다. RTO의 목적은 정상 상태 운전을 유지하는 상태에서 50 MW의 전력을 상시 공급하고, 비용을 최소화하면서 연료 오일과 MBG의 최적 유량을 찾는 것이다. 가능한 MBG를 많이 사용하여(사용 비용이 0) 값비싼 연료 오일의 사용을 최소화하는 것이 권장된다. 두 개의 터빈 발전기 (G_1, G_2)는 다른 특성을 갖고 있는데, G_1의 효율이 G_2보다 더 높다.

두 발전기의 연료 요구 사항에 맞게 수집된 데이터로부터 다음의 실험 관계식을 얻는다:

$$P_1 = 4.5x_1 + 0.1x_1^2 + 4.0x_2 + 0.06x_2^2 \tag{19-33}$$

$$P_2 = 4.0x_3 + 0.05x_3^2 + 3.5x_4 + 0.02x_4^2 \tag{19-34}$$

여기서

P_1 = power output (MW) from G_1
P_2 = power output (MW) from G_2
x_1 = fuel oil to G_1 (tons/h)
x_2 = MBG to G_1 (fuel units/h)
x_3 = fuel oil to G_2 (tons/h)
x_4 = MBG to G_2 (fuel units/h)

가용 가능한 MBG 총량은 5 fuel units/h이다. 각 발전기의 출력은 최소 및 최댓값에 의해 제한을 받는다: 발전기 1의 출력은 18과 30 MW 사이, 발전기 2는 14와 25 MW 사이에서 운전하여야 한다.

19.2절에 주어진 방법을 적용하여 최적화문제를 작성하여라. 그리고 엑셀 솔버를 이용하여 최적 운전 조건(x_1, x_2, x_3, x_4, P_1, P_2)을 풀어라.

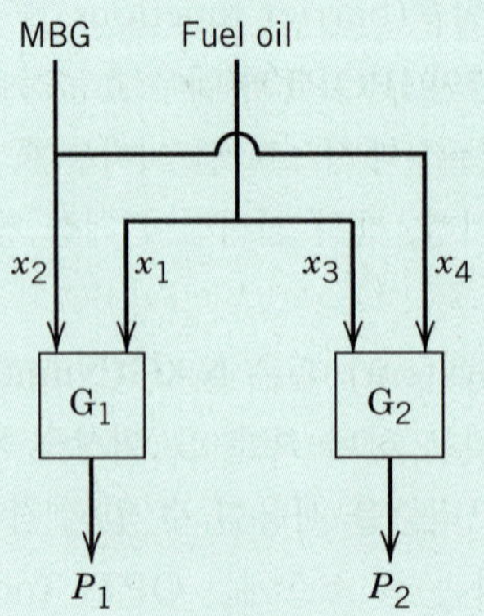

그림 19.9 보일러하우스 내 두 터빈 발전기(G_1, G_2)로 두 연료를 할당하는 도식도.

풀이

단계 1. ***변수의 식별.*** x_1부터 x_4를 네 개의 공정 변수로 사용한다. P_1과 P_2는 등식 제한에 의해 서로 의존하는 변수들이다(3, 4단계 참고).

단계 2. ***목적 함수의 선택.*** 운전 비용을 최소화하는 방법은 연료 오일의 양을 최소화하는 것이다. 이로부터 최대한 많은 MBG를 사용하여야 함을 알 수 있다(비용이 0이므로).

$$f = x_1 + x_3 \tag{19-35}$$

단계 3. ***공정 모델 및 제한 설정.*** 문제에서 주어진 제한은 다음과 같다.

(1) 전력 관계식

$$P_1 = 4.5x_1 + 0.1x_1^2 + 4.0x_2 + 0.06x_2^2 \tag{19-33}$$

$$P_2 = 4.0x_3 + 0.05x_3^2 + 3.5x_4 + 0.02x_4^2 \tag{19-34}$$

(2) 전력 범위

$$18 \le P_1 \le 30 \tag{19-36}$$

$$14 \le P_2 \le 25 \tag{19-37}$$

(3) 총 전력

$$50 = P_1 + P_2 \tag{19-38}$$

(4) MBG 공급

$$5 = x_2 + x_4 \tag{19-39}$$

모든 변수는 음이 아니다.

단계 4. ***모델의 단순화.*** 이번 NLP 문제는 매우 작은 편이므로 이 단계는 필요 없다.

단계 5. ***최적점의 계산.*** 엑셀 솔버를 이용하면, 최적점은 $f = 6.39$, $x_1 = 5.89$ 및 $x_3 = 0.5$이며, 이것은 5.89 tons/h의 연료 오일이 발전기 G_1으로 공급되고, 0.50 tons/h가 G_2에서 사용됨을 의미한다. G_2는 모든 MBG(x_4)를 사용하는 반면 G_1은 사용하지 않는다($x_2 = 0$).

단계 6. ***민감도 해석.*** 최적점이 아닌 다른 많은 운전 전략이 만족할 만한 결과를 낼 수도 있다. 만약 엑셀 솔버의 초기값을 $x_1 = 2$, $x_2 = x_3 = 4$, $x_4 = 1$로 하였을 경우 국지최소점 $f = 6.54$에 수렴할 수 있다. 공정의 운전 조건이 변함에 따라 처음의 제한식들에 쓰인 변수 값들이 바뀔 수 있다. 예를 들어, 총 전력 요구량이 55 MW로 바뀐 경우 증가한 전력 요구량에 맞게 어떤 제한들이 바뀌어야 하는지 연습해 보아라.

요약

피드백 제어의 경제적 이점을 항상 쉽게 정량화 할 수있는 것은 아니지만 RTO는 공정 또는 공정 그룹의 정상 상태 수익성을 최대화하는 직접적인 방법을 제공한다. 설정 조건의 최적화는 운전 조건이나 제한 조건의 변화에 따라 필요한만큼 자주 수행된다. 최적화 문제를 신중하게 공식화하는 것이 중요하다. 이 장에서는 최적화 문제의 공식화 및 해결 방법을 제시하였다. (1) 변수의 개수, (2) 등식 및 부등식 제한의 본질, (3) 목적 함수의 본질에 따라 광범위한 최적화 기술이 사용될 수 있다. 이 장에서는 최적화에 관한 개략의 개념만을 제시하였으므로, RTO를 위한 구체적인 방법을 선택하기 전에 Edgar 등(2001)과 같은 최적화에 관한 포괄적인 참고문헌들을 참고할 것을 추천한다.

참고문헌

Alattas, A. M., I. E. Grossmann, and I. Palou-Rivera, Integration of Nonlinear Crude Distillation Unit Models in Refinery Planning Optimization, *Ind. Eng. Chem. Res.*, **50**, 6860 (2011).

Bailey, J. K., A. N. Hrymak, S. S. Treiba, and R. B. Hawkins, Nonlinear Optimization of a Hydrocracker Fractionation Plant, *Comput. Chem. Eng.*, **17**, 123 (1993).

Baldea, M., and I. Harjunkoski, Integrated Production Scheduling and Process Control: A Systematic Review, *Comput. Chem. Eng.*, **71**, 377 (2014).

Biegler, L. T., *Nonlinear Programming: Concepts, Algorithms, and Applications to Chemical Processes*, MPS-SIAM Series on Optimization, Philadelphia, PA, 2010.

Box, G. E. P., and N. R. Draper, *Evolutionary Operation: A Statistical Method for Process Improvement*, John Wiley and Sons, Hoboken, NJ, 1998.

Czyzyk, J., M. P. Mesnier, J. J. More, E. Dolan, and W. Gropp, NEOS Server: State-of-the-Art Solvers for Numerical Optimization, University of Wisconsin-Madison, http://www.neos-server.org/neos/ (2015).

Darby, M. L., M. Nikolaou, J. Jones, and D. Nicholson, RTO: An Overview and Assessment of Current Practice, *J. Process Control*, **21**, 874 (2011).

Darby, M. L., and D. C. White, On-line Optimization of Complex Process Units, *Chem. Engr. Prog.*, **84**(10), 51 (1998).

Edgar, T. F., D. M. Himmelblau, and L. S. Lasdon, *Optimization of Chemical Processes*, 2nd ed., McGraw-Hill, New York, 2001.

Edwards, I. M., and A. Jutan, Optimization and Control Using Response Surface Methods, *Comput. Chem. Eng.*, **21**, 441 (1997).

Forbes, F., T. Marlin, and J. F. MacGregor, Model Selection Criteria for Economics-Based Optimizing Control. *Comput. Chem. Eng.*, **18**, 497 (1994).

Geddes, D., and T. Kubera, Integration of Planning and Real-Time Optimization in Olefins Productions, *Comput. Chem. Eng.*, **24**, 1645 (2000).

Georgiou, A., P. Taylor, R. Galloway, L. Casey, and A. Sapre. Plant-wide Closed-Loop Real Time Optimization and Advanced Control of Ethylene Plant—(CLRTO) Improves Plant Profitability and Operability, *Proc. NPRA Computer Conference*, New Orleans, LA, November 1997.

Griva, I., S. G. Nash, and A. Sofer, *Linear and Nonlinear Optimization*, 2nd ed., SIAM, Philadelphia, PA, 2008.

Grossmann, I., Advances in Mathematical Programming Models for Enterprise-wide Optimization, *Comput. Chem. Eng.*, **47**, 2 (2012).

Grossmann, I., Enterprise-wide Optimization: A New Frontier in Process Systems Engineering, *AIChE J.*, **51**, 1846 (2005).

Harjunkoksi, I., C. Maravelias, P. Bongers, P. Castro, S. Engell, I. Grossmann, J. Hooker, C. Mendez, G. Sand, and J. Wassick, Scope of Industrial Applications of Production Scheduling Models and Solution Methods, *Comput. Chem. Eng.*, **62**, 161 (2014).

Hirata, K., H. Sakamoto, L. O'Young, K. Cheung, and C. Hui, Multi- site Utility Integration—An Industrial Case Study, *Comput. Chem. Eng.*, **28**, 139 (2004).

Kelly, J. D., and J. D. Hedengren, A Steady-state Detection (SSD) Algorithm to Detect Non-stationary Drifts in Processes, *J. Process Control*, **23**, 326 (2013).

Lougee-Heimer, R., The Common Optimization INterface for Operations Research, *IBM J. Res. Dev.*, **47**, 57 (2003) http://www.coin-or.org/.

Marlin, T. E., *Process Control*, 2nd ed., McGraw-Hill, New York, 2000.

Marlin, T. E., and A. N. Hrymak, Real-Time Operations Optimization of Continuous Processes, in *Chemical Process Control V*, *AIChE Symp. Ser.* **93**, No. 316, 156 (1997).

Myers, R. H., and D. C. Montgomery, *Response Surface Methodology: Process and Product Optimization Using Designed Experiments*, 3rd ed., John Wiley and Sons, Hoboken, NJ, 2009.

Narasimhan, S., and C. Jordache, *Data Reconciliation and Gross Error Detection*, Gulf Publishing, Houston, TX, 2000.

Nocedal, J., and S. J. Wright, *Numerical Optimization*, 2nd ed., Springer, New York, 2006.

Perkins, J. D., Plant-wide Optimization: Opportunities and Challenges, *Foundations of Computer-Aided Process Operations*, J. F. Pekny and G. E. Blau (Eds.), *AIChE Symp. Ser.*, **94**, No. 320, 15 (1998).

Shobrys, D. E., and D. C. White, Planning, Scheduling, and Control Systems: Why They Cannot Work Together, *Comput. Chem. Eng.*, **26**, 149 (2002).

Skogestad, S., Self-optimizing Control: The Missing Link Between Steady-State Optimization and Control. *Comput. Chem. Eng.*, **24**, 569 (2000).

Soderstrom, T. A., T. F. Edgar, L. P. Russo, and R. E. Young, Industrial Application of a Large-Scale Dynamic Data Reconciliation Strategy, *Ind. Eng. Chem. Res.*, **39**, 1683 (2000).

Starks, D. M., and E. Arrieta, Maintaining AC & O Applications, Sustaining the Gain, AIChE Spring Meeting Houston, TX, March, 2007.

Timmons, C., J. Jackson, and D. C. White, Distinguishing On-line Optimization Benefits from Those of Advanced Controls, *Hydrocarbon Proc.*, **79**(6), 69 (2000).

Wang, Z., Y. Feng, and G. Rong, Synchronized Scheduling Approach of Ethylene Plant Production and Naphtha Oil Inventory Manage- ment, *Ind. Eng. Chem. Res.*, **53**, 6477 (2014).

Wassick, J., Enterprise-wide Optimization in an Integrated Chemical Complex, *Comput. Chem. Eng.*, **33**, 1950 (2009).

White, D., How Much is Another Measurement Worth?, *Chem. Engr. Prog.*, **100**, 50 (January, 2014).

White, D. C., Save Energy Through Automation, *Chem. Eng. Prog.*, **106**, 26 (January, 2010).

연습문제

19.1 실험실에서 여과 연구가 일정한 속도로 수행되었다. 특정 케이크 두께를 형성하는 데 필요한 여과 시간(t_f, 단위는 시간)은 다음과 같다.

$$t_f = 5.3\, x_i e^{-3.6x_i + 2.7}$$

여기서 x_i는 케이크에서 고체의 질량 분율이다. 이차 내분법을 사용하여 t_f를 최대화하는 x_i의 값을 결정하여라.

19.2 천연가스 보일러의 열효율과 공기/연료비의 관계가 그림 E19.2에 주어졌다. 물리적 관점에서 왜 최대점이 생성되는지 설명하여라.

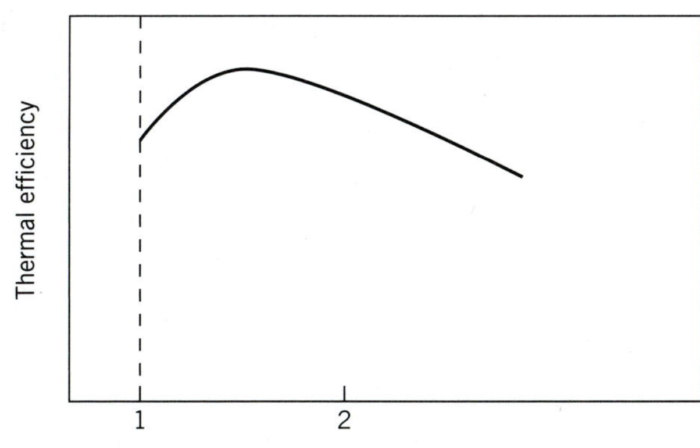

그림 E19.2

19.3 플라즈마 식각 장치는 압력 X_1 및 가스 유량 X_2의 영향을 받으며, 양호한 수준의 반도체 칩 수율을 보인다. X_1과 X_2 모두 스케일된 변수이다($0 \le X_i \le 2$). 운전 데이터를 기반으로 다음과 같이 모델이 개발되었다:

$$Y = -0.1X_1^4 + 0.2X_2X_1^2 - 0.09X_2^2 - 0.11X_1^2 + 0.15X_1 + 0.5$$

엑셀을 사용하여 수율 Y를 최대화하여라. 단, 시작점을 (1, 1)과 (0, 0)으로 하여라.

19.4 특수 화합물이 회분식 반응기에서 생산중이다. 한 회분을 완료하는 데 필요한 시간은 반응기에 충진되는 양(반응기에서 생산되는 양)에 의존한다. 반응기 데이터를 이용하여 상관관계식 $t = 2.0\ P^{0.4}$를 얻었으며, 여기서 P는 회분당 생성되는 생산량(단위: 파운드)이고 시간 t의 단위는 시간이다. 생산과 직접 관련이 없는 시간은 매 회분당 충진, 방출 및 유지에 필요한 시간을 의미하며 14 h/batch이다. 회분의 운전 비용은 $50/h이다. 저장을 포함하는 기타 비용은 각 회분의 크기에 비례하며, 대략 $C_1 = \$800\ P^{0.7}$ ($/yr)으로 산출한다. 목표 연생산량은 300,000 lb/yr이고, 공정의 운전은 연간 320일(24 h/day)이다. 이를 위해 필요한 원료 비용은 $400,000/yr이다.

(a) P를 유일한 변수로 하는 목적 함수를 설정하여라(정리 과정을 보여라).

(b) P의 제한 사항은 무엇인가?

(c) 최적의 P값을 분석하여 풀어라. 최솟값인지 확인하고, 적용 가능한 제한이 있는지도 확인하여라.

19.5 두 원유를 처리하는 정제공정이 표에 주어진 수율을 보인다. 장치 및 저장의 제한으로 인하여 가솔링, 등유 및 연료 오일의 생산이 표에 주어진 바와 같이 제한된다. 가스 오일과 같은 다른 생성물의 생산에는 제한이 없다. 원유 No.1의 이익은 $3.00/bbl이고, No.2는 $2.00/bbl이다. 엑셀 솔버의 선형 프로그래밍을 이용하여 두 원유의 최적 일 공급량을 결정하여라..

19.6 그림 E19.6에 주어진 용매 분리 칼럼의 운전을 최적화 하기 위해 선형 프로그래밍을 도입하고자 한다. 원료는 나프타이고 $40/bbl이다. 경질분(light ends)은 $50/bbl에 판매되며,

Yields (Volume %)			
	Crude No. 1	Crude No. 2	Maximum Allowable Production Rate (bbl/day)
Gasoline	70	41	6,000
Kerosene	6	9	2,400
Fuel oil	24	50	12,000

하부 물질은 두 번째 증류탑을 거쳐 두 종류의 용매로 된다. 중간 용매(medium solvent)는 하부 생성물의 50~70% 정도에 해당하며 $70/bbl에 판매 된다. 나머지 중질 용매(heavy solvent)는 $40/bbl에 판매된다.

공장의 다른 파트에서 중간 용매 200 bbl/day를 필요로 하며, 추가 200 bbl/day는 외부 시장으로 판매한다. 1번 증류탑에서 처리되는 원료의 최대량은 2,000 bbl/day이다. 각 증류탑의 운전 비용은 $2.00/bbl이다. 2번 증류탑의 운전 영역은 중간 및 중질 용매의 분할 비(percentage split)로 주어진다. 선형 프로그래밍을 이용하여 최대 이익과 증류탑 2번의 출구 유량 비율을 결정하여라.

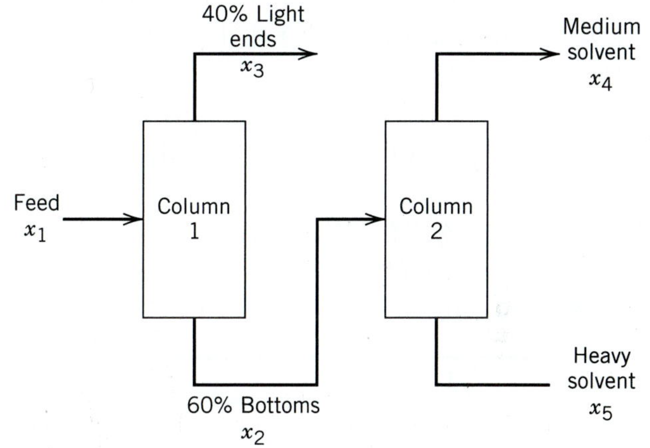

그림 E19.6

19.7 부정확한 공정 측정장치의 조정은 최적화 기술을 적용하는 공정 제어에서 중요한 문제이다. B와 C 흐름의 유량이 현재 시프트 동안 세 번 측정된다(그림 E19.7 참고). 측정 오차가 일부 존재한다. 정상 상태 운전을 가정한 후(w_A = 상수), 분석 해(analytical solution)를 사용하여 물질 수지식 $w_A + w_C = w_B$의 오차의 제곱합을 최소화하는 최적의 유량 w_A(단위는 kg/h)를 결정하여라.

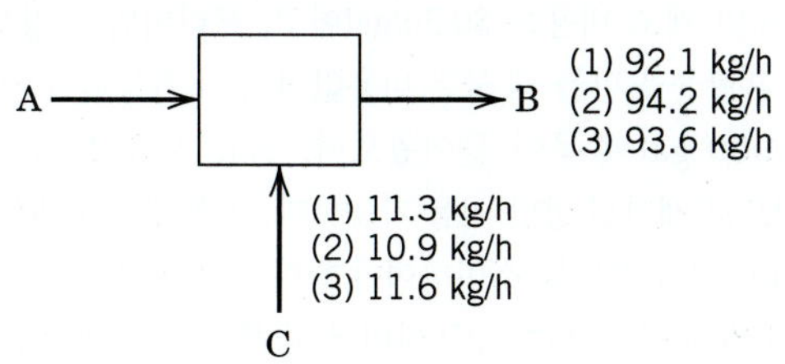

그림 E19.7

19.8 회분식 반응기에서 A가 B로 전환되며, B는 C로 분해된다:

$$A \xrightarrow{k_1} B \xrightarrow{k_2} C$$

여기서 $k_1 = k_{10}\,e^{-E_1/RT}$이고 $k_2 = k_{20}\,e^{-E_2/RT}$이다.

A와 B의 농도는 각각 x_1과 x_2로 하며, 반응기 모델은 다음과 같다.

$$\frac{dx_1}{dt} = -k_{10}x_1e^{-E_1/RT}$$

$$\frac{dx_2}{dt} = k_{10}x_1e^{-E_1/RT} - k_{20}x_2e^{-E_2/RT}$$

따라서 x_1과 x_2의 최종 값은 반응기 온도와 시간에 의존한다.

$$k_{10} = 1.335 \times 10^{10}\ \text{min}^{-1},\quad k_{20} = 1.149 \times 10^{17}\ \text{min}^{-1}$$

$$E_1 = 75{,}000\ \text{J/g mol},\quad E_2 = 125{,}000\ \text{J/g mol}$$

$$R = 8.31\ \text{J/(g mol K)}\quad x_{10} = 0.7\ \text{mol/L},\quad x_{20} = 0$$

시간 $0 \le t \le 6$ min에서 B의 양을 최대로 하는 온도(상수)를 결정하여라.

19.9 방정식의 데이터 피팅에 최적화 모델을 사용할 수 있다. 매개 변수 추정은 데이터와 주어진 수학 모델의 값이 갖는 오차의 제곱항을 최소화함으로써 미지의 변수를 계산하는 것이다. 과도감쇠(overdamped) 이차 동적 거동을 갖는 공정의 계단 응답은 다음과 같이 나타낼 수 있다.

$$\frac{y(t)}{K} = \left(1 - \frac{\tau_1 e^{-t/\tau_1} - \tau_2 e^{-t/\tau_2}}{\tau_1 - \tau_2}\right)$$

여기서 τ_1과 τ_2는 공정 시간 상수이며, K는 공정 이득이다. 다음과 같이 단위 계단 테스트에 대한 정규화된(normalized) 데이터를 획득하였다($K = 1.0$):

시간, t	0	1	2	3	4	5
y_i	0.0	0.0583	0.217	0.360	0.488	0.600
t	6	7	8	9	10	11
y_i	0.692	0.772	0.833	0.888	0.925	0.942

엑셀을 이용하여 시작점을 (1,0)으로 한 후 오차의 제곱합을 최소화 하는 τ_1과 τ_2를 결정하여라.

19.10 양조장이 기존의 재고를 혼합하여 맥주를 생산하고 있다. 두 종류의 맥주(수드와 프리미엄)이 현재 사용 가능하며 각각의 농도는 부피 기준으로 수드는 3.0%, 프리미엄은 6.0%이다. 수드의 제조 비용은 \$0.30/gal이고, 프리미엄의 경우 \$0.40/gal이다. 혼합물을 만들 때 물은 비용없이 추가 가능하다. 이번 주에 맥주 10,000 gal 주문이 들어왔으며, 원료 시효 문제로 수드는 9000 gal으로 제한된 양만 이용 가능하다. 또한 양조장에선 이번 주 최소 2000 gal의 수드를 소비하여야 한다. 최소의 비용으로 주문량을 맞추기 위해 필요한 수드, 프리미어 및 물의 양은 얼마인가?

19.11 특수 화합물 제조 공장에서 A와 B를 배럴 단위로 생산중이다. A와 B는 동일한 원료를 사용하며, A는 120 kg/bbl, B는 100 kg/bbl을 사용한다. 원료의 공급량은 최대 9000 kg/day로 제한되어 있다. 또다른 제한은 저장 공간이다(총 저장 공간은 40 m^2; A와 B 둘 다 0.5 m^2/bbl을 필요로 함). 또한, 생산 시간이 하루 7시간으로 제한되며, A와 B는 각각 20 bbl/h와 10 bbl/h로 생산된다. 배럴당 이득이 A는 \$10이고 B는 \$14인 경우, 이익을 최대화하는 생산 수준을 결정하여라.

19.12 감시 제어에서는 이익의 최대화를 위해 설정값의 최적화를 수행한다. 이익을 최대화하기 위해 PID 제어기 조율(K_c, τ_I, τ_D)을 최적화함으로써 동일한 결과를 얻을 수 있는가? 정치 제어와 감시 제어는 서로 보완적인가?

19.13 연속 흐름 생물 키모스태트(chemostat)의 동적 모델은 다음과 같다:

$$\dot{X} = 0.063C - Dx$$

$$\dot{C} = 0.9S\,[X - C] - 0.7C - DC$$

$$\dot{S} = -0.9S\,[X - C] + D\,[10 - S]$$

여기서 X는 바이오매스 농도, S는 기질 농도, 및 C는 대사 중간체 농도이다. 희석률 D는 독립 변수이며, 유량을 키모스태트 부피로 나누어 구한다.

정상 상태에서 바이오매스 생산량 f를 최대화하는 D의 값을 결정하여라. f는 다음과 같다.

$$f = DX$$

19.14 가역 화학 반응 A ⇄ B가 그림 E19.14의 등온 연속 교반 흐름 반응기에서 일어난다. 정반응 및 역반응의 속도식은 다음과 같다.

$$r_1 = k_1C_A$$

$$r_2 = k_2C_B$$

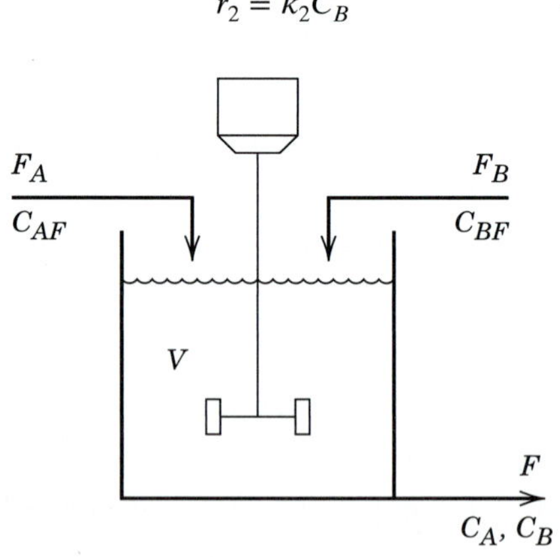

그림 E19.14

아래에 주어진 정보와 수치 검색을 이용하여 C_B(반응기 출구의 C_B의 양, 단위는 mol B/h)의 생산량을 최대로 하는 F_B(1/h)의 값을 결정하여라.

이용 가능한 정보

(i) 반응기는 완전 혼합된다.

(ii) 액상 부피 V는 넘침 라인(overflow line)을 이용하여 일정하게 유지된다(그림에는 보이지 않음).

(iii) 다음의 변수는 상수로 사용한다:

$$V = 200\text{ L} \qquad F_A = 150\text{ L/h}$$
$$C_{AF} = 0.3\text{ mol A/L} \qquad C_{BF} = 0.3\text{ mol B/L}$$
$$k_1 = 2\text{ h}^{-1} \qquad k_2 = 1.5\text{ h}^{-1}$$

19.15 가역 화학 반응 A ⇄ B가 그림 E19.14의 등온 연속 교반 흐름 반응기에서 일어난다. 정반응 및 역반응의 속도식은 다음과 같다.

$$r_1 = k_1 C_A \qquad r_2 = k_2 C_B$$

여기서 속도 상수는 다음과 같이 온도에 의존한다:

$$k_1 = 3.0 \times 10^6 \exp(-5000/T)$$
$$k_2 = 6.0 \times 10^6 \exp(-5500/T)$$

각 속도 상수의 단위는 h^{-1}이며, 온도는 K이다.

MATLAB Optimization Toolbox 혹은 엑셀을 사용하여 정상 상태에서 B의 생산량을 최대로하는 온도 $T(K)$와 유량 F_B(L/h)를 결정하여라. 허용가능한 범위는 $0 \le F_B \le 200$이고, $300 \le T \le 500$이다.

이용 가능한 정보

(i) 반응기는 완전 혼합된다.

(ii) 액상 부피 V는 넘침 라인(overflow line)을 이용하여 일정하게 유지된다(그림 E19.14에는 보이지 않음).

(iii) 다음의 변수는 상수로 사용한다:

$$V = 200\text{ L} \qquad F_A = 150\text{ L/h}$$
$$C_{AF} = 0.3\text{ mol A/L} \qquad C_{BF} = 0.3\text{ mol B/L}$$

CHAPTER 20

모델예측제어

Model Predictive Control

학습목차 *Chapter Contents*

20.1 모델예측제어 소개
20.2 SISO 모델에 대한 예측
20.2.1 임펄스와 계단 응답 모델
20.2.2 계단 응답 모델을 이용한 예측
20.2.3 출력 피드백과 편향 보정
20.2.4 기본 MPC 모델 구성의 확장
20.3 다중 입출력(MIMO) 모델에 대한 예측
20.4 모델예측제어 계산
20.4.1 제약조건이 없는 MPC
20.4.2 부등식 제약조건이 있는 MPC
20.5 설정값 계산
20.5.1 설정값 최적화 문제 구성
20.6 설계와 조율 파라미터의 선정
20.6.1 MPC 적용: 증류탑 모델
20.7 MPC의 구현
요약

이 장에서는 복잡한 다변수 제어 문제에 대한 중요한 최신제어(advanced control) 기법인 *모델예측제어*(MPC)를 다룬다. MPC의 기본 개념은 다음과 같이 요약할 수 있다. 우리가 입력과 출력 변수의 부등식 제약조건을 만족하며 다중입력, 다중출력을 갖는 공정을 제어하고 싶다고 가정하자. 만약 공정에 대한 적절히 정확한 동적 모델이 있다면 모델과 현재 측정값을 사용하여 출력의 미래값을 예측할 수 있다. 그리고 나서 예측값과 측정치를 모두 사용하여 입력 변수의 적절한 변경값을 계산할 수 있다. 본질적으로 이 각 입력 변수의 변경값은 공정 모델로 표현되는 입출력 관계를 고려한 후 조정된다. MPC 적용에서는 출력 변수를 *피제어 변수* 혹은 *CV*라고 하며 입력 변수는 *조작 변수* 혹은 *MV*라고 부른다. 측정되는 외란 변수는 *DV* 혹은 *피드포워드 변수*로 불린다. 이 장에서는 이런 용어를 교대로 사용할 것이다.

모델예측제어는 몇 가지 중요한 이점을 제공한다: (1) 공정 모델은 입력, 출력, 그리고 외란 변수 간의 동적 그리고 정적 상호 작용을 포착한다, (2) 입력과 출력에 대한 제약조건을 체계적인 방식으로 고려한다, (3) 제어 계산을 최적설정값 계산과 함께 조정할 수 있다. 그리고, (4) 정확한 모델예측을 통해 잠재적 문제에 대한 조기 경보를 줄 수 있다. MPC의 성공 여부는(혹은 다른 어떤 모델근거 방법도) 확실히 공정 모델의 정확도에 의존한다. 부정확한 예측은 제어 성능을 좋게 하기는 커녕 더 악화시킬 수 있다.

1세대 MPC 시스템은 1970년대에 두 선구자적 산업계 연구 그룹에서 독립적으로 개발되었다. 동적행렬제어(Dynamic Matrix Control, *DMC*)는 Shell Oil에서 고안하였다(Cutler and Ramaker, 1980). 그리고 ADERSA (Richalet 외, 1978)에서 개발한

관련된 방법도 매우 비슷한 기능을 가졌다. Clarke 외(1987)가 개발한 적응(adaptive) MPC 기법인 일반예측제어(Generalized Predictive Control, GPC)도 상당한 관심을 받았다. 모델예측제어는 산업 관행에 큰 영향을 미쳤다. 예를 들어 Qin and Badgwell (2003)이 조사한 바에 따르면 1999년 말에 전 세계적으로 4500개의 MPC 적용 사례가 보고되었고 이는 대부분 정유와 석유화학 플랜트에서의 사례였다. 이러한 산업 분야에서 MPC는 부등식 제약조건을 포함하는 어려운 다변수제어 문제에 대해 채택되는 방법이 되었다.

MPC는 그 괄목할만한 성공에 힘입어 학술 및 산업 연구에서 인기있는 주제였다. 초기 MPC 방법론을 확장하는 주요 방법이 개발되어 왔고 이론적 해석이 MPC의 장단점에 대한 통찰을 제시해왔다. MPC 이론과 실제에 대해 유용한 총평은 여러 책(Camacho and Bordons, 2003; Maciejowski, 2002; Rossiter, 2003; Richalet and O'Donovan, 2009; Rawlings and Mayne, 2009); 튜토리얼(Hokanson and Gerstle, 1992; Rawlings, 2000), 그리고 조사 논문(Morari and Lee, 1999; Qin and Badgwell, 2003; Canney, 2003; Kano and Ogawa, 2010; Darby and Nikolaou, 2012; Qin and Badgwell, 2014)에서 볼 수 있다.

20.1 모델예측제어 소개

MPC 제어기의 전반적인 목표는 Qin and Badgwell (2003)에 요약되어있다:

1. 입력과 출력 제약조건의 위반을 방지한다.
2. 다른 출력 변수는 지정한 범위에 유지하면서 일부 출력 변수는 최적설정값으로 이동시킨다(20.4.2절을 볼 것).
3. 입력 변수의 과도한 움직임을 방지한다.
4. 센서나 구동기가 부족할 때에도 가능한 많은 공정 변수를 제어한다.

모델예측제어계의 블록선도가 그림 20.1에 주어져 있다. 공정모델은 출력 변수의 현재와 미래값을 예측하는 데 사용된다. 실제와 예측 출력의 차이인 잔차는 *예측*(Prediction) 블록으로 들어가는 피드백 신호의 역할을 한다. 예측값은 매 샘플링 순간마다 수행되는 설정값 계산과 제어 계산 이 두 가지 유형의 MPC 계산에 사용된다. 상한이나 하한같은 입력 및 출력 변수에 대한 부등식 제약조건은 이 두 가지 계산에 포함될 수 있다.

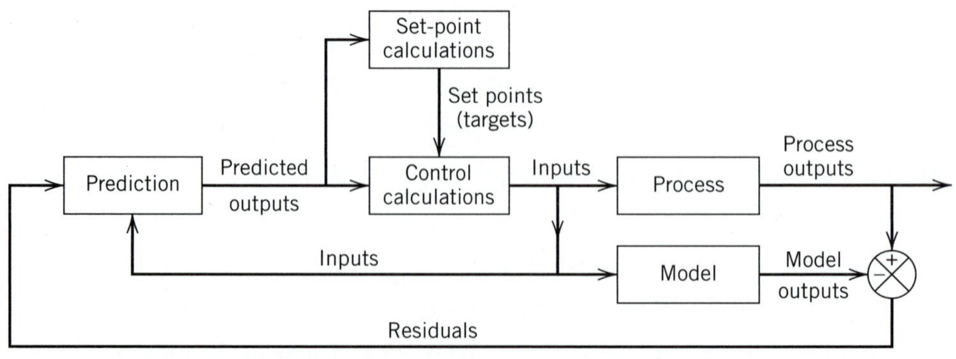

그림 20.1 모델예측제어에 대한 블록선도.

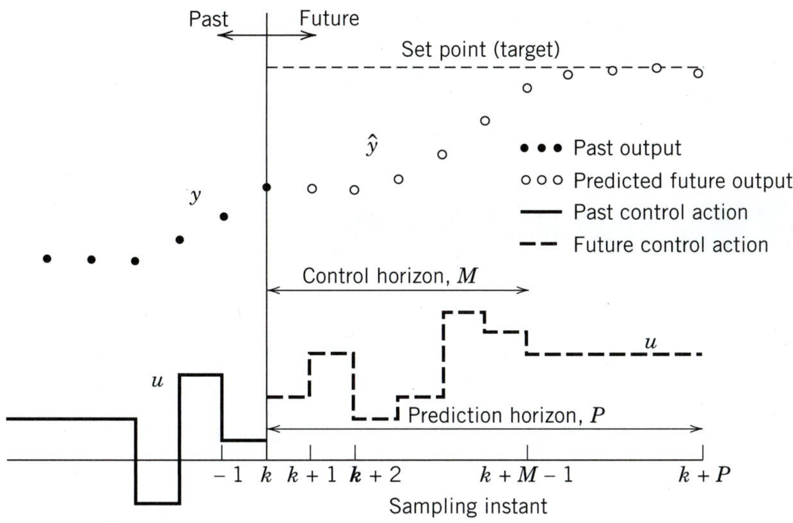

그림 20.2 모델예측제어의 기본 개념.

MPC 구성은 12장의 내부모델제어(internal model control) 구성이나 16장의 스미스 예측기(Smith predictor) 구성과 유사한데 모델이 공정과 병렬로 작동하고 그 잔차가 피드백 신호의 역할을 하기 때문이다. 하지만, 제어와 설정값 계산을 함께 조정하는 것이 MPC만의 유일한 기능이다. 더욱이 MPC는 제약조건이 있는 MIMO 제어 문제에 더 적합하기 때문에 IMC나 스미스 예측기보다 산업 관례에 훨씬 큰 영향을 주었다.

목표값(targets)이라고도 불리는 제어 계산에 대한 설정값은 전통적으로 선형 모델인 공정의 정상 상태 모델에 근거한 경제성최적화로부터 계산된다. 전형적인 최적화 목적함수는 이익 함수를 최대화하거나 비용 함수를 최소화 혹은 생산 속도를 최대화하는 것을 포함한다. 공정조건의 변화, 특히 부등식 제약조건의 변화 때문에(19장을 볼 것) 설정값의 최적값은 자주 바뀐다. 제약조건의 변화는 가격이나 비용과 같은 경제성 데이터뿐 아니라 공정 조건, 장치, 그리고 계장 등의 변화에 기인한다. 20.5절에서 언급하듯이 MPC에서 설정값은 일반적으로 제어 계산을 수행할 때마다 계산한다.

MPC 계산은 현재 측정치와 미래 출력값의 예측치를 기반으로 한다. MPC 제어 계산의 목적은 일련의 *제어움직임*(즉, 조작입력 변화)을 결정하여 예측되는 응답이 설정값에 최적의 방식으로 움직이도록 하는 것이다. SISO 제어에 대한 실제 출력 y, 예측 출력 $\hat{y}$, 그리고 조작입력 u를 그림 20.2에서 보여준다. 현재 샘플링 순간 k에서 MPC 전략은 일련의 M개 입력 $\{u(k+i-1), i = 1, 2, \ldots, M\}$을 계산한다. 이 집합은 현재 입력 $u(k)$와 M-1개의 미래 입력으로 구성된다. M개의 제어움직임 이후 입력은 일정하게 유지된다. 일련의 P개의 예측 출력 $\{\hat{y}(k+i), i =1, 2,\cdots, P\}$이 설정값에 최적의 방식으로 도달하도록 입력이 계산된다. 제어 계산은 목적함수 최적화를 기반으로한다(20.4절 참고). 예측값 개수 P는 *예측구간*(prediction horizon)이라 부르고 계산된 제어움직임의 개수 M은 *제어구간*(control horizon) 혹은 *움직임구간*(move horizon)이라고 한다.

MPC의 특징은 *이동구간접근법*(receding horizon approach)이다. 매 샘플링 시간마다 M개의 제어움직임을 계산하지만 오직 첫번째 움직임만 실제 구현된다. 그리고 나서 새로운 측정치를 얻은 후 다음 샘플링 시간에 새로운 일련의 제어움직임을 계산하고 다시 첫 번째 값만 구현한다. 이러한 방법을 매 샘플링 시간마다 반복을 한다. 하지만 왜 M 단계 제어 전략을 계산해두고 오직 첫번째 단계만 구현할까? 이 질문에 대한 답은 20.4절에서 할 것이다.

20.2 SISO 모델에 대한 예측

일반적으로 MPC는 7장에서 소개한 차분방정식 모델의 다변수 버전이나 20.2.1절에서 소개할 이와 관련된 계단 응답모델과 같이 주로 선형 경험(empirical) 동적 모델을 사용하여 예측을 한다. 이의 대안으로 전달함수나 상태공간 모델(6.5절)을 사용할 수도 있다. 비선형성이 심한 공정에 대해서는 비선형 동적 모델을 이용하여 미래 출력값을 예측하는 것이 유리할 수 있다.

물리적 모델이나 신경망(7.3절) 같은 경험적 모델 모두 비선형 MPC에 사용되어 왔다(Badgwell and Qin, 2001; White, 2008). 계단 응답 모델은 단순한 전달함수 모델로 정확히 묘사할 수 없는 특이한 동특성을 갖는 안정한 공정을 표현할 수 있는 장점을 갖고 있다. 이 모델의 주요 단점은 모델 파라미터 개수가 많다는 것이다. 비록 계단 응답 모델이 불안정한 공정에는 적합하지 않지만 20.2.4절에서 보이듯이 적분 공정을 표현하도록 수정할 수 있다.

20.2.1 임펄스와 계단 응답 모델

7장에서 이산시간 모델을 소개하였다. MPC 설계에 광범위하게 적용된 이산시간 모델의 중요한 종류로 *합성곱*(convolution) 모델로도 불리우는 *유한 임펄스 응답*(finite impulse response, *FIR*) 모델이 있고, 이는 다음과 같이 쓸 수 있다.

$$y(k+1) = y(0) + \sum_{i=1}^{N} h_i u(k-i+1) \tag{20-1}$$

정수 N은 $N\Delta t \geq t_s$를 만족하는 값으로 선택하고 t_s는 공정의 정착시간이다(5장 참고). 식 20-1 좌변의 $y(k)$ 대신 $y(k+1)$로 쓰고(7.4절처럼) 시간 인덱스를 샘플링 주기 하나만큼 뒤로 이동하면 동일한 버전의 식을 쓸 수 있다는 것을 참고하라. 식 20-1로부터 관련된 이산시간 모델을 유도할 수 있고 이 모델을 *유한계단 응답 모델* 혹은 단순히 *계단 응답 모델*이라고 한다. 이 관계를 예로 들기 위해 $N = 3$인 간단한 (유한)임펄스응답 모델을 고려하자. 식 20-1의 합을 전개하면

$$y(k+1) = y(0) + h_1 u(k) + h_2 u(k-1) + h_3 u(k-2) \tag{20-2}$$

를 얻는다.

계단 응답계수 S_i와 임펄스응답계수 h_i의 관계를 그림 20.3에 나타내었다. 정의에 따라 계단 응답계수는 단순히 샘플링 시간에서의 응답 y 값이다. 임펄스응답계수는 연속적인 계단 응답계수의 차이와 같다, $h_i = S_i - S_{i-1}$. 만약 식 20-2에서 h_i 를 S_i 로 표현하면

$$y(k+1) = y(0) + (S_1 - S_0)u(k) + (S_2 - S_1)u(k-1) + (S_3 - S_2)u(k-2) \tag{20-3}$$

$S_0 = 0$임을 인식하고(그림 20.3 참고) 재정리하면

$$y(k+1) = y(0) + S_1(u(k) - u(k-1)) + S_2(u(k-1) - u(k-2)) + S_3 u(k-2) \tag{20-4}$$

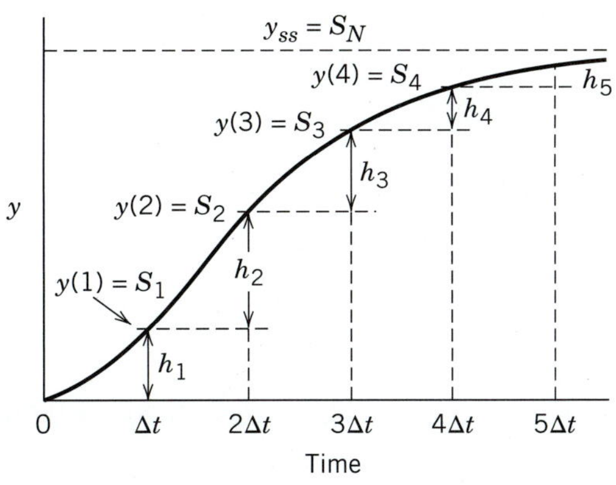

그림 20.3 $y(0) = 0$일 때 계단 응답(S_i)과 임펄스응답(h_i) 계수 간의 관계.

을 얻는다.

$\Delta u(k) \triangleq u(k) - u(k-1)$로 정의하면 식 20-4는 다음과 같이 쓸 수 있다.

$$y(k+1) = y(0) + S_1 \Delta u(k) + S_2 \Delta u(k-1) + S_3 u(k-2) \tag{20-5}$$

같이하여 식 20-1의 완전한 임펄스응답모델에 해당하는 계단 응답모델은

$$y(k+1) = y(0) + \sum_{i=1}^{N-1} S_i \Delta u(k-i+1) + SN_u(k-N+1) \tag{20-6}$$

으로 주어진다.

모델 파라미터는 S_1부터 S_N의 N개의 계단 응답계수이다. 대개 N은 $30 \le N \le 120$에서 선택된다. 초기값, $y(0)$는 y_0로 표시한다. 간단히 하기 위해 $y_0 = 0$으로 가정하자. 이 유도는 독자에게 맡긴다.

그림 20.3은 공정 모델에 시간 지연이 없는 경우를 예로 든다. 시간 지연이 있으면 초기 계단(혹은 임펄스) 계수가 0이다. 예를 들어, d 샘플주기만큼 시간 지연이 있으면 식 20-6의 $S_1, \ldots, S_d$는 0이 된다. 같이하여, 식 20-1에서 $0 \le i \le d$에 대해 $h_i = 0$이다.

예제 20.1에서 보듯이 이산시간 임펄스나 계단 응답 모델은 전달함수 모델이나 선형 미분(혹은 차분) 방정식 모델로부터 유도할 수 있다.

예제 20.1

1차–시간 지연모델을 고려하자.

$$\frac{Y(s)}{U(s)} = \frac{Ke^{-\theta s}}{\tau s + 1} \tag{20-7}$$

(a) 입력의 단위계단 변화에 대한 해석적 해를 고려하여 동등한 계단 응답 모델을 유도하여라.

(b) 파라미터 $K = 5$, $\tau = 15$ min, $\theta = 3$ min과 샘플링 주기 $\Delta t = 1$ min에 대해 계단 응답계수, $\{S_i\}$를 계산하여라. 또한, $t = 2$ min에서 u가 0에서 3으로 계단 변화를 할 때 $0 \le k \le 80$에 대해 $y(k)$의 응답을 계산하고 그려라.

풀이

(a) 5장에서 시간 지연이 없는($\theta = 0$) 1차 모델에 대한 계단 응답을 유도하였다.

$$y(t) = KM(1 - e^{-t/\tau}) \tag{5-16}$$

여기서 M은 계단 변화의 크기이다. 시간 지연이 있는 모델에 대해 해당하는 응답은

$$\begin{aligned} y(t) &= 0 && \text{for } t \le \theta \\ y(t) &= KM(1 - e^{-(t-\theta)/\tau}) && \text{for } t > \theta \end{aligned} \tag{20-8}$$

이다. 샘플링 시간은 $t = i\Delta t$로 표현하고 Δt는 샘플링 주기이고 $i = 1, 2, \ldots$이다. $t = i\Delta t$를 식 20-8에 대입하면 $0 \le i \le 80$에 대해 다음의 응답을 얻는다.

$$\left.\begin{aligned} y(i\Delta t) &= 0 && \text{for } i\Delta t \le \theta \\ y(i\Delta t) &= KM(1 - e^{-(i\Delta t-\theta)/\tau}) && \text{for } \Delta t > \theta \end{aligned}\right\} \tag{20-9}$$

여기서 $i = 1, 2, \ldots, 80$ 이다.

식 20-6의 계단 응답계수의 개수 N을 $N = 80$으로 지정하여 $N\Delta t$를 약 $5\tau + \theta$의 공정정착시간보다 약간 크게 한다. 이 절의 앞에서 언급했듯이 i번째 계단 응답계수는 i번째 샘플링 순간의 단위계단 응답 값이다. 따라서, 계단 응답계수는 식 20-9에서 $M = 1$로 놓고 결정할 수 있다.

$$\left.\begin{aligned} S_i &= 0 && \text{for } i\Delta t \le \theta \\ S_i &= K(1 - e^{-(i\Delta t-\theta)/\tau}) && \text{for } i\Delta t > \theta \end{aligned}\right\} \tag{20-10}$$

여기서 $i = 1, 2, \ldots, 80$ 이다.

(b) 숫자를 식 20-10에 대입하면 표 20.1의 계단 응답계수를 얻는다. 그림 20.4의 계단 응답 $y(k)$를 식 20-6과 20-10에서 혹은 식 20-9로부터 계산할 수 있다. $\theta = 2$ min에 대해, $S_1 = S_2 = 0$이고 계단 응답은 $t > 2$ min까지 0이다. 식 20-7의 정상 상태 이득 $K = 5$이고 계단 변화의 크기 $M = 3$이므로 새로운 정상 상태 값은 $y = 15$이다. $\Delta t = 1$ min이고 계단 변화가 $t = 3$ min에서 발생하기 때문에 $k = 3$에 대해 $\Delta u(k) = M = 3$이고 다른 k값에서는 $\Delta u(k) = 0$이다. $\Delta u(k)$는 $\Delta u(k) \triangleq u(k) - u(k-1)$로 정의됨을 기억하자.

이 예제에서 응답 $y(k)$는 전달함수모델을 가정했기 때문에 식 20-9로부터 해석적으로 얻을 수 있다. 하지만 많은 MPC 적용에서 전달함수 모델을 알 수 없고 응답은 식 20-6의 계단 응답 모델로부터 계산해야 한다.

표 20.1 예제 20.1에 대한 계단 응답계수.

Sampling Instant	S_i	Sampling Instant	S_i	Sampling Instant	S_i	Sampling Instant	S_i	Sampling Instant	S_i	Sampling Instant	S_i
1	0	15	2.75	29	4.12	43	4.65	57	4.86	71	4.95
2	0	16	2.90	30	4.17	44	4.68	58	4.87	72	4.95
3	0	17	3.03	31	4.23	45	4.70	59	4.88	73	4.95
4	0.32	18	3.16	32	4.28	46	4.72	60	4.89	74	4.96
5	0.62	19	3.28	33	4.32	47	4.73	61	4.90	75	4.96
6	0.91	20	3.39	34	4.37	48	4.75	62	4.90	76	4.96
7	1.17	21	3.49	35	4.41	49	4.77	63	4.91	77	4.96
8	1.42	22	3.59	36	4.45	50	4.78	64	4.91	78	4.97
9	1.65	23	3.68	37	4.48	51	4.80	65	4.92	79	4.97
10	1.86	24	3.77	38	4.52	52	4.81	66	4.93	80	4.97
11	2.07	25	3.85	39	4.55	53	4.82	67	4.93		
12	2.26	26	3.92	40	4.58	54	4.83	68	4.93		
13	2.43	27	3.99	41	4.60	55	4.84	69	4.94		
14	2.60	28	4.06	42	4.63	56	4.85	70	4.94		

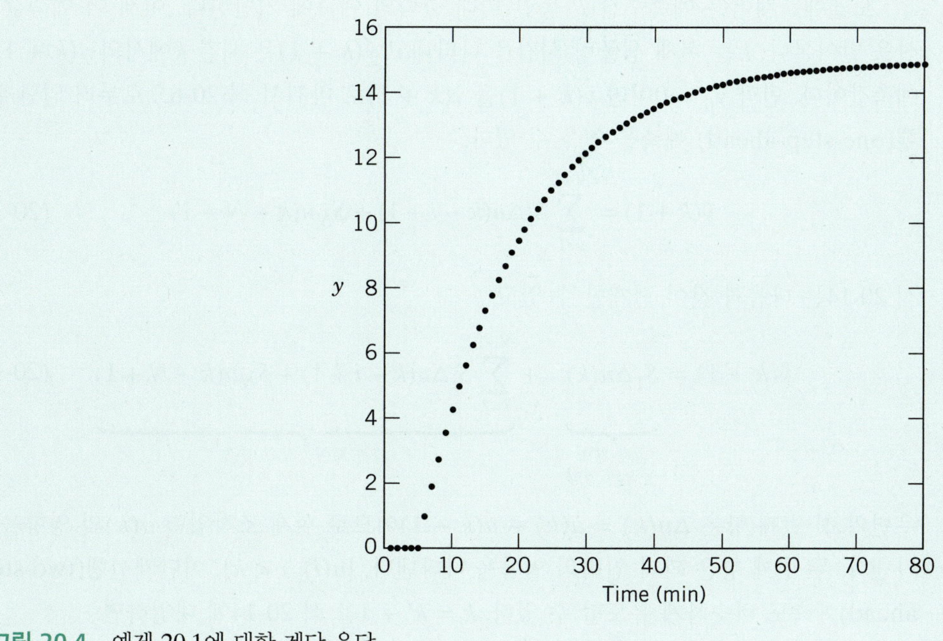

그림 20.4 예제 20.1에 대한 계단 응답.

이 모델링 방법은 식 7-23의 1차 차분방정식과 동일한 계단 응답 모델을 주지만 더 많은 파라미터를 갖고 있다. 두 가지 대안을 고려하면 적절한 모델을 선택할 때 모델 파라미터의 개수가(*모델 최대단순성*, *model parsimony*) 문제점임은 명백하다.

또한, 선형 상태공간 모델(식 6-60과 6-61에서 소개한)로부터 임펄스응답 모델(그리고 동등한 계단 응답 모델도)을 유도할 수 있다. 이산시간에서 동일한 형태의 모델은 다음처럼 주어진다.

$$x(k+1) = Ax(k) + Bu(k) \tag{20-11}$$

$$y(k) = Cx(k) \tag{20-12}$$

이러한 모델을 유도하는 상세한 과정은 독자에게 맡긴다. 식 20-11과 20-12의 형태로 모델이 주어지면 다음과 같이 임펄스응답 형태로 해당하는 항을 전개할 수 있다:

$$h(k) = CA^{k-1}B \tag{20-13}$$

비록 똑같은 모델을 만들려면 소위 *마르코프 파라미터*(Markov parameters)라 불리는 무한합을 필요로 하지만(Chen, 1984) 유한 절삭도 실제로 합리적인 근사 결과를 줄 것이다.

언제 계단 응답 혹은 임펄스응답 모델을 선택해야할까? 첫째, 이런 형태의 모델은 실제 모델 차수나 시간 지연을 알 수 없을 때 유용한데 이런 정보가 계단 응답 모델에는 필요하지 않기 때문이다. 선형회귀법을 사용하여 모델 파라미터를 데이터로부터 바로 계산할 수 있다. 둘째, 계단 혹은 임펄스응답 모델은 저차원 표준 모델로 묘사할 수 없는 특이한 동특성을 보이는 공정에 적합하다.

20.2.2 계단 응답 모델을 이용한 예측

다음으로, 계단 응답 모델을 사용하여 어떻게 미래 출력을 예측하는지를 보인다. 전달함수나 상태공간 모델같은 다른 형태의 선형 모델을 사용하여 유사한 예측을 할 수 있다.

모델예측제어는 예측구간 P 동안 미래 출력의 예측에 기반한다. 이제 이 예측값 계산을 알아본다. k는 현재 샘플링 시간을 나타내고 $\hat{y}(k+1)$은 시간 k에서의 $y(k+1)$의 예측값이다. 만약 $y_0 = 0$이면 $y(k+1)$을 $\hat{y}(k+1)$로 바꿔서 식 20-6으로부터 일단계선행(one-step-ahead) 예측을 얻을 수 있다:

$$\hat{y}(k+1) = \sum_{i=1}^{N-1} S_i \Delta u(k-i+1) + S_N u(k-N+1) \tag{20-14}$$

식 20-14는 다음과 같이 전개할 수 있고

$$\hat{y}(k+1) = \underbrace{S_1 \Delta u(k)}_{\text{현재 제어 동작의 영향}} + \underbrace{\sum_{i=2}^{N-1} S_i \Delta u(k-i+1) + S_N u(k-N+1)}_{\text{과거 제어동작의 영향}} \tag{20-15}$$

우변의 첫 번째 항은 $\Delta u(k) = u(k) - u(k-1)$이므로 현재 조작입력 $u(k)$의 영향을 나타낸다. 두 번째 항은 과거 입력의 영향을 나타낸다, $\{u(i),\ i < k\}$. 이단계선행(two-step-ahead)예측도 비슷하게 유도할 수 있다. $k = k' + 1$을 식 20-14에 대입하면:

$$\hat{y}(k'+2) = \sum_{i=1}^{N-1} S_i \Delta u(k'-i+2) + S_N u(k'-N+2) \tag{20-16}$$

식 20-16은 모든 양의 값 k'에대해 성립하기 때문에, 일반성을 잃지 않고, k'을 k로 바꿔 우변을 전개하면 현재 샘플링 시간 대비 상대적 기여도를 확인할 수 있다.

$$\hat{y}(k+2) = \underbrace{S_1 \Delta u(k+1)}_{\text{미래 제어 동작의 영향}} + \underbrace{S_2 \Delta u(k)}_{\text{현재 제어 동작의 영향}} + \underbrace{\sum_{i=3}^{N-1} S_i \Delta u(k-i+2) + S_N u(k-N+2)}_{\text{과거 제어동작의 영향}} \tag{20-17}$$

비슷하게 임의의 양의 정수 j에 대해 *j단계선행예측*에 대한 식을 유도할 수 있다:

$$\hat{y}(k+j) = \underbrace{\sum_{i=1}^{j} S_i \Delta u(k+j-i)}_{\text{현재 및 미래 제어동작의 영향}} + \underbrace{\sum_{i=j+1}^{N-1} S_i \Delta u(k+j-i) + S_N u(k+j-N)}_{\text{과거 제어동작의 영향}} \tag{20-18}$$

식 20-18의 우변에 있는 두 번째와 세 번째 항은 현재 혹은 미래 제어 동작이 없을 때, 즉 $i \geq 0$에 대해 $u(k+i) = u(k-1)$을 만족하는, 예측된 응답을 나타낸다. 이 항은 과거 제어동작을 설명하기 때문에 *예측 비강제응답*(predicted unforced response)으로 칭하고 $\hat{y}^o(k+j)$로 표현한다. 따라서, $\hat{y}^o(k+j)$를 다음과 같이 정의하고

$$\hat{y}^o(k+j) \triangleq \sum_{i=j+1}^{N-1} S_i \Delta u(k+j-i) + S_N u(k+j-N) \tag{20-19}$$

식 20-18을

$$\hat{y}(k+j) = \sum_{i=1}^{j} S_i \Delta u(k+j-i) + \hat{y}^o(k+j) \tag{20-20}$$

로 쓴다. 예제 20.2와 20.3은 식 20-20을 *단일* 예측에 기반한 간단한 예측제어법칙을 유도하는 데 사용할 수 있음을 보여준다.

예제 20.2

다음 개념에 기초한 예측제어법칙을 유도하라. J 단계선행 예측이 설정값과 같도록, 즉 $\hat{y}(k+J) = y_{sp}$, 단일 제어움직임 $\Delta u(k)$를 계산한다. 여기서 J는 조율 파라미터이다. 이 샘플링 시간, $k + J$를 *일치시점*(coincidence point)이라 한다. $i > 0$에 대해 $\Delta u(k+i) = 0$이 되도록 단일 제어움직임 후에 u는 상수로 고정한다고 가정하라.

풀이

제안된 예측제어 전략에서는 J 단계선행 단일 예측만 고려한다. 따라서, 식 20-20에서 $j = J$로 놓는다. 같이하여 현재 제어움직임 $\Delta u(k)$에만 관심이 있으므로 식 20-20의 미래 제어움직임은 0으로 놓는다: $i = 1, 2, \ldots, J-1$에 대해 $\Delta u(k+J-i) = 0$. 따라서 식 20-20은 다음으로 줄어든다.

$$\hat{y}(k+J) = S_J \Delta u(k) + \hat{y}^o(k+J) \tag{20-21}$$

$\hat{y}(k+J) = y_{sp}$로 놓고 재정리하면 다음의 원하는 예측제어기를 얻는다.

$$\Delta u(k) = \frac{y_{sp} - \hat{y}^o(k+J)}{S_J} \tag{20-22}$$

예측 비강제응답 $\hat{y}^o(k+j)$는 식 20-19에서 $j = J$로 놓고 계산할 수 있다.

식 20-22의 제어법칙은 미래의 J 시간에 대해 단일 예측한 것에 기반한다. 이 제어법칙은 식 20-21의 예측 모델의 역으로 해석할 수 있다.

예제 20.3

예제 20.2의 예측제어법칙을 5차 공정에 적용하라:

$$\frac{Y(s)}{U(s)} = \frac{1}{(5s+1)^5} \tag{20-23}$$

조율 파라미터 J의 설정값 응답에 대한 영향을 $J = 3, 4, 5$, 그리고 8 과 $\Delta t = 5$ min에 대해 평가하라.

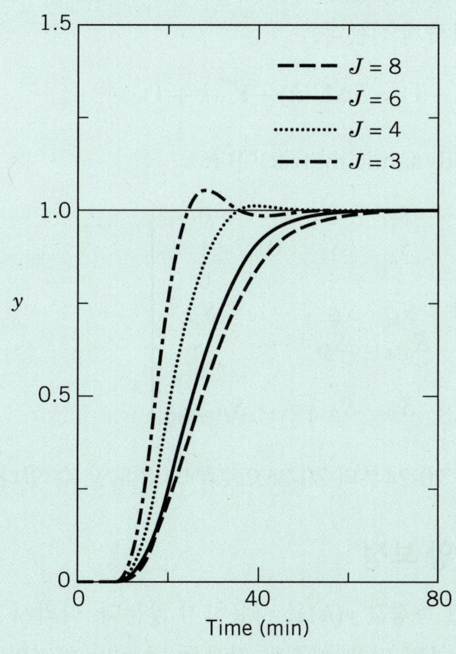

그림 20.5 예제 20.3의 다른 J 값에 대한 설정값 응답.

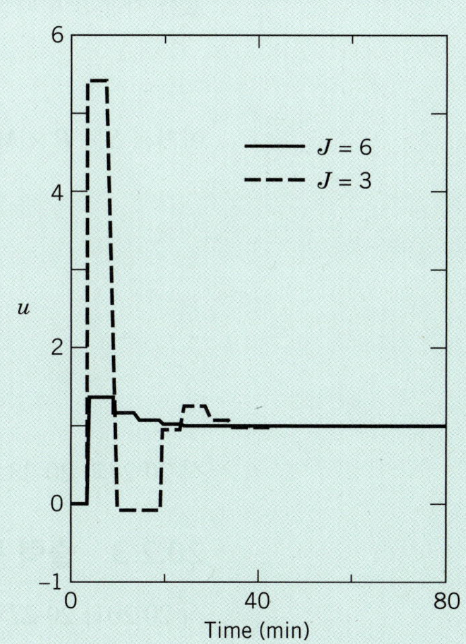

그림 20.6 그림 20.5에 대한 입력 응답.

풀이

$t = 0$에서 단일 설정값변화에 대한 y와 u의 응답이 각각 그림 20.5와 20.6에 나타나있다. J가 증가할수록 y 응답은 더 느려지는 반면 u의 응답이 점점 더 부드러워진다. 이러한 경향은 더 큰 J값을 갖는 예측제어기가 J단계선행 예측이 설정값과 같아야만 하는 시점 이전에 더 많은 시간을 허락하기 때문이다. 따라서, 덜 격렬한 제어동작을 필요로한다. J번째 계단 응답계수 S_J는 J가 증가할수록 단조적으로 증가한다. 따라서 식 20-22로부터 계산된 입력움직임은 S_J가 증가할수록 작아지는 경향이 있다(J = 4와 8에 대한 u 응답은 그림 20.6에서 제외하였다).

앞선 두 예제에서 J 단계선행 단일 예측에 기반한 간단한 예측제어기를 고려했다. 이제 MPC 계산이 단일 예측이 아닌 다중 예측에 기반을 두는 좀더 일반적인 상황을 생각한다. 벡터–행렬 기호를 사용하면 매우 간단히 표현할 수 있기 때문에 다음 P 샘플 시간 동안 예측된 응답벡터를 아래와 같이 정의한다.

$$\hat{\boldsymbol{Y}}(k+1) \triangleq col\,[\hat{y}(k+1),\ \hat{y}(k+2), \ldots,\ \hat{y}(k+P)] \tag{20-24}$$

여기서 col은 열벡터를 의미한다. 유사하게 식 20-19로부터 예측 비강제응답의 벡터는 다음으로 정의한다.

$$\hat{\boldsymbol{Y}}^o(k+1) \triangleq col\,[\hat{y}^o(k+1),\ \hat{y}^o(k+2), \ldots,\ \hat{y}^o(k+P)] \tag{20-25}$$

$\Delta\boldsymbol{U}(k)$를 다음 M 샘플 시간동안의 제어동작 벡터로 정의한다:

$$\Delta\boldsymbol{U}(k) \triangleq col\,[\Delta u(k),\ \Delta u(k+1), \ldots,\ \Delta u(k+M-1)] \tag{20-26}$$

제어구간 M과 예측구간 P는 20.6절에서 언급하는대로 중요 설계 파라미터이다. 일반적으로 $M \le P$이고 $P \le N + M$이다.

MPC 제어 계산은 예측된 출력이 새로운 설정값으로 최적으로 움직이도록 $\Delta\boldsymbol{U}(k)$를 계산하는 것에 기반을 둔다. 제어 계산을 위해 식 20-20의 모델 예측은 벡터–행렬 기호를 사용하여 다음과 같이 편리하게 적는다.

$$\hat{\boldsymbol{Y}}(k+1) = S\Delta\boldsymbol{U}(k) + \hat{\boldsymbol{Y}}^o(k+1) \tag{20-27}$$

여기서 S는 $P \times M$의 *동적행렬*(dynamic matrix)이다:

$$S \triangleq \begin{bmatrix} S_1 & 0 & \cdots & 0 \\ S_2 & S_1 & 0 & \vdots \\ \vdots & \vdots & \ddots & 0 \\ S_M & S_{M-1} & \cdots & S_1 \\ S_{M+1} & S_M & \cdots & S_2 \\ \vdots & \vdots & \ddots & \vdots \\ S_P & S_{P-1} & \cdots & S_{P-M+1} \end{bmatrix} \tag{20-28}$$

식 20-27과 20-28은 식 20-20과 20-24부터 20-26으로부터 유도할 수 있다.

20.2.3 출력 피드백과 편향 보정

식 20-20과 20-27의 예측은 최신 측정값 $y(k)$를 사용하지 않는다. 따라서 모델 오차와 불측정외란의 효과가 누적되 정확하지 않은 예측의 결과를 낳는다. 하지만 예측의 부정확을 가장 최근의 측정값을 예측값에 활용하여 개선할 수 있다. 이런 일반적인 전략을 *출력*

피드백이라 칭한다(Qin and Badgwell, 2003). 이 방법으로 *편향 보정*(bias correction), $b(k+j)$을 예측에 더하는 것이 일반적이다. *보정예측*(corrected prediction), $\tilde{y}(k+j)$는 다음과 같이 정의된다.

$$\tilde{y}(k+j) \triangleq \hat{y}(k+j) + b(k+j) \tag{20-29}$$

우리는 $\hat{y}(k+j)$를 *무보정예측*(uncorrected prediction)이라 부를 것이다. 실제로 편향 보정은 종종 최신 측정 $y(k)$와 그에 해당하는 예측값, $\hat{y}(k)$의 차이로 정한다:

$$b(k+j) = y(k) - \hat{y}(k) \tag{20-30}$$

$y(k) - \tilde{y}(k)$의 차이를 *잔차*(residual), *추정외란*(estimated disturbance), 또는 *편향*(bias)이라 칭한다. 그림 20.1의 MPC 블록선도는 편향 보정을 포함한다.

식 20-30의 $\hat{y}(k)$는 이전 샘플링 시간, $k-1$에서 행한 일단계선행예측이다. 식 20-30을 사용하는 것은 공정외란이 출력에 더해지고 이 외란이 $j = 1, 2, \ldots, P$ 동안 일정하다고 가정하는 것과 같다. 더욱이 추가 외란의 가정값은 잔차, $y(k) - \tilde{y}(k)$이다.

식 20-30을 식 20-29에 대입하면

$$\tilde{y}(k+j) \triangleq \hat{y}(k+j) + [y(k) - \hat{y}(k)] \tag{20-31}$$

을 얻고 비슷한 방법으로 식 20-27의 우변에 편향 보정을 더하면 보정예측 벡터를 얻는다.

$$\tilde{\boldsymbol{Y}}(k+1) = \boldsymbol{S}\Delta\boldsymbol{U}(k) + \hat{\boldsymbol{Y}}^{o}(k+1) + [y(k) - \hat{y}k]\mathbf{1} \tag{20-32}$$

여기서 $\mathbf{1}$은 $\boldsymbol{P}$ 차원의 열벡터로 모든 원소가 1의 값을 갖는다. 따라서 모든 P 예측값에 똑같은 보정을 적용한다. 벡터 $\tilde{\boldsymbol{Y}}(k+1)$은 다음과 같이 정의된다.

$$\tilde{\boldsymbol{Y}}(k+1) \triangleq col\,[\tilde{y}(k+1),\ \tilde{y}(k+2), \ldots,\ \tilde{y}(k+P)] \tag{20-33}$$

출력피드백을 편향 보정으로 포함하는 것은 널리 적용되었지만 이는 특정 유형의 외란에 대해 매우 느린 응답을 보일 수 있다. 따라서, 다른 형태의 출력피드백과 외란추정방법이 제안되었다(Maciejowski, 2002; Qin and Badgwell, 2003; Rawlings and Mayne, 2009).

예제 20.4

보정된 예측을 사용하는 장점을 간단한 1차–시간 지연 모델로 예를 들 것이다:

$$\frac{Y(s)}{U(s)} = \frac{5e^{-2s}}{15s+1} \tag{20-34}$$

외란전달함수는 공정전달함수와 동일하다고 가정하자, $G_d(s) = G_p(s)$. $t = 2$ min에서 u에 단일 변화가 일어나고 계단외란 $d = 0.15$가 $t = 8$ min에 발생한다. 샘플링 주기는 $\Delta t = 1$ min이다.

(a) 공정 응답 $y(k)$를 $N = 80$인 계단 응답 모델에 기반하여 15단계 전에 예측한 것과 비교하라. $0 \le k \le 80$ 시간 구간 동안 보정한 예측 $\tilde{y}(k)$와 보정하지 않은 예측 $\hat{y}(k)$ 모두를 고려하라.

(b) 계단 응답계수를 아래의 잘못된 모델을 이용하여 계산했을 때 **(a)**를 반복하라.

$$\frac{Y(s)}{U(s)} = \frac{4e^{-2s}}{20s+1} \tag{20-35}$$

▶ 풀이

u와 d의 계단 변화에 대한 출력 응답은 3장에서 개발된 해석적 기법을 사용하여 식 20-34로부터 유도할 수 있다. $\theta = 2$ min이고 u의 계단 변화는 $t = 2$ min일 때 시작하기 때문에 $y(t)$는 $t = 5$ min에서 처음 응답이 나타난다. $t = 8$ min 때 발생한 외란이 y에 $t = 11$ min에서 영향을 주기 시작한다. 따라서, 응답은 다음과 같이 쓸 수 있다.

$$
\begin{aligned}
y(t) &= 0 && \text{for } t \le 4 \text{ min} \\
y(t) &= 5(1)(1 - e^{-(t-4)/15}) && \text{for } 4 < t \le 10 \text{ min} \\
y(t) &= 5(1)(1 - e^{-(t-4)/15}) && \text{for } t > 10 \text{ min} \\
&\quad + 5(0.15)(1 - e^{-(t-10)/15)}) &&
\end{aligned}
\tag{20-36}
$$

15단계선행예측, $\hat{y}(k+15)$는 $j = 15$, $N = 80$과 식 20-20을 사용하여 얻을 수 있다. 보정예측 $\hat{y}(k+15)$는 $j = 15$와 식 20-29, 20-30을 이용하여 계산할 수 있다. 하지만, 실제와 예측 응답을 비교하기 위해 이 식을 다음의 동일한 형태로 표현하는 것이 더욱 편하다:

$$\tilde{y}(k) \triangleq \hat{y}(k) + b(k) \tag{20-37}$$

$$b(k) = y(k-15) - \hat{y}(k-15) \tag{20-38}$$

(a) 그림 20.7에서 실제와 예측 응답을 비교하였다. 보기 편하도록 그림은 이산 점이 아닌 선으로 표현하였다. $t = 2$ min에서(동등하게 $k = 4$에서) u의 계단 변화 후 15단계선행예측은 $k = 11$에서 계단 외란이 $y(k)$에 영향을 줄 때까지는 실제 응답과 동일하다. $k > 10$에 대해 $\hat{y}(k)$는 미지의 외란 영향을 포함하지 않기 때문에 $\hat{y}(k) < y(k)$이다. $10 < k < 25$에 대해 이 시간 동안 $b(k) = 0$이므로 $\tilde{y}(k) < \hat{y}(k)$이다. $k > 25$에서는 $b(k) \neq 0$이고 $\tilde{y}(k)$는 $y(k)$에 수렴한다. 따라서, 보정예측 $\tilde{y}(k)$는 무보정예측 $\hat{y}(k)$보다 더 정확하다.

(b) 그림 20.8은 식 20-34와 20-35의 플랜트–모델 불일치의 경우에 대한 실제와 예측응답을 비교한다. 그림 20.8의 응답은 그림 20.7의 응답과 유사하지만 몇몇 중요한 차이가 있다. 그림 20.8의 두 예측응답은 모델 부정확의 결과로 $t > 4$에 대해 실제 응답과 다르다. 그림 20.8은 큰 플랜트–모델 불일치가 있을 때에도 보정예측이 무보정예측보다 훨씬 더 정확함을 보여준다. 이 성능 향상이 있는 이유는 새로운 정보가 이용 가능하자마자 사용되기 때문이다.

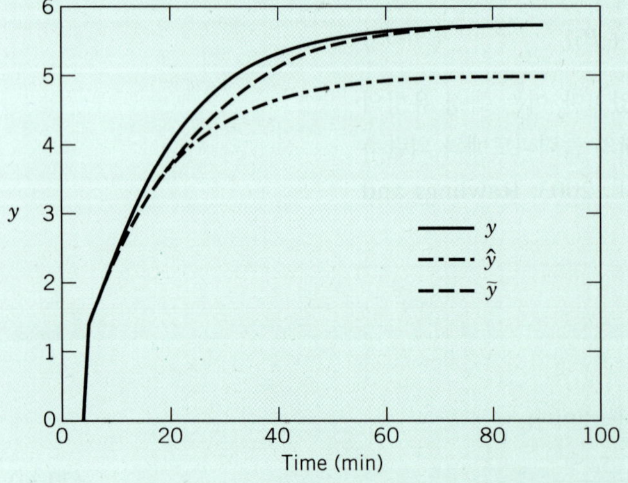

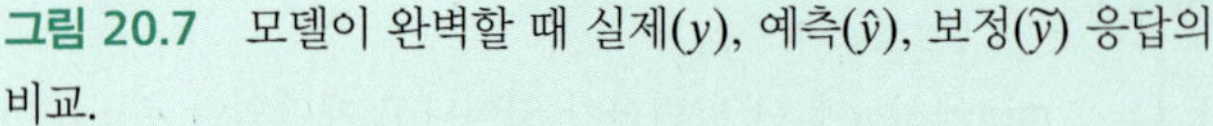
그림 20.7 모델이 완벽할 때 실제(y), 예측($\hat{y}$), 보정($\tilde{y}$) 응답의 비교.

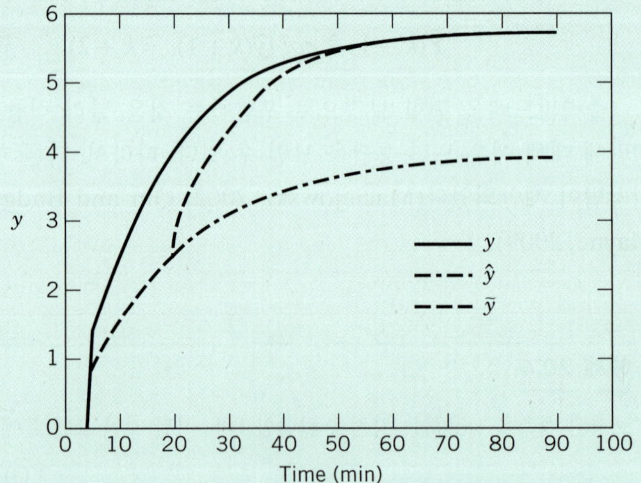

그림 20.8 플랜트–모델 불일치의 경우 실제와 예측 응답의 비교.

20.2.4 기본 MPC 모델 구성의 확장

이제 실제 적용에 중요한 기본적인 MPC 문제 구성의 몇몇 확장을 고려할 것이다.

적분 공정

식 20-14의 표준 계단 응답 모델은 계단 응답이 무한하기 때문에 적분 공정에 적용하기가 적절치 않지만 출력변화율 $-\Delta y(k) = y(k+1) - y(k)-$은 유한하기 때문에 간단한 변형으로 이 문제를 제거할 수 있다. 식 20-14의 $y(k+1)$을 $\Delta\hat{y}(k+1) = \hat{y}(k+1) - \hat{y}(k)$로 대체하면 적분 공정에 대한 적절한 계단 응답 모델을 제공한다(Hokanson and Gerstle, 1992):

$$\Delta\hat{y}(k+1) = \sum_{i=1}^{N-1} S_i \Delta u(k-i+1) + S_N u(k-N+1) \tag{20-39}$$

또는 동일하게,

$$\hat{y}(k+1) = \hat{y}(k) + \sum_{i=1}^{N-1} S_i \Delta u(k-i+1) + S_N u(k-N+1) \tag{20-40}$$

비록 식 20-30의 편향 보정법이 적분 공정에서는 유효하지 않지만 몇몇 변형이 사용가능하다(Qin and Badgwell, 2003).

알고 있는 외란

만약 외란 변수를 알고 있거나 측정이 가능하다면 이를 계단 응답 모델에 포함할 수 있다. d를 측정외란이라 하고 $\{S_i^d\}$를 이의 계단 응답계수라 하자. 그러면 식 20-14의 표준 계단 응답 모델은 외란 항을 추가하여 변형할 수 있다.

$$\hat{y}(k+1) = \sum_{i=1}^{N-1} S_i \Delta u(k-i+1) + S_N u(k-N+1) + \sum_{i=1}^{N_d-1} S_i^d \Delta d(k-i+1) + S_N^d d(k-N_d+1) \tag{20-41}$$

여기서 N_d는 외란 변수에 대한 계단 응답계수의 개수이다(일반적으로 $N_d \neq N$). 같은 유형의 변형을 식 20-27이나 20-32와 같은 다른 계단 응답 모델에 적용할 수 있다. 하지만, 일단계선행 이상의 예측을 하려면 미래 외란에 대한 가정이 필요하다. 만약 다른 정보가 없다면 일반적으로 미래 외란이 현재 외란과 같다고 가정한다: $j = 1, 2, \ldots, P$에 대해, $d(k+j) = d(k)$. 하지만 만약 외란 모델이 있다면 예측 정확도는 높아질 수 있다.

20.3 다중 입출력(MIMO) 모델에 대한 예측

앞의 SISO계에 대한 해석을 중첩원리(Principle of Superposition)를 이용하여 MIMO 계에 일반화 시킬 수 있다. 단순화를 위해 먼저 y_1과 y_2 두 출력과 u_1 과 u_2 두 입력을 갖는 공정 제어 문제를 고려하자. 예측모델은 두 개의 식과 네 개의 개별 계단 응답 모델로 구성되며 각각은 개별 입출력 쌍에 대한 것이다.

$$\hat{y}_1(k+1) = \sum_{i=1}^{N-1} S_{11,i} \Delta u_1(k-i+1) + S_{11,N} u_1(k-N+1) + \sum_{i=1}^{N-1} S_{12,i} \Delta u_2(k-i+1) + S_{12,N} u_2(k-N+1) \tag{20-42}$$

$$\hat{y}_2(k+1) = \sum_{i=1}^{N-1} S_{21,i} \Delta u_1(k-i+1) + S_{21,N} u_1(k-N+1) + \sum_{i=1}^{N-1} S_{22,i} \Delta u_2(k-i+1) + S_{22,N} u_2(k-N+1) \tag{20-43}$$

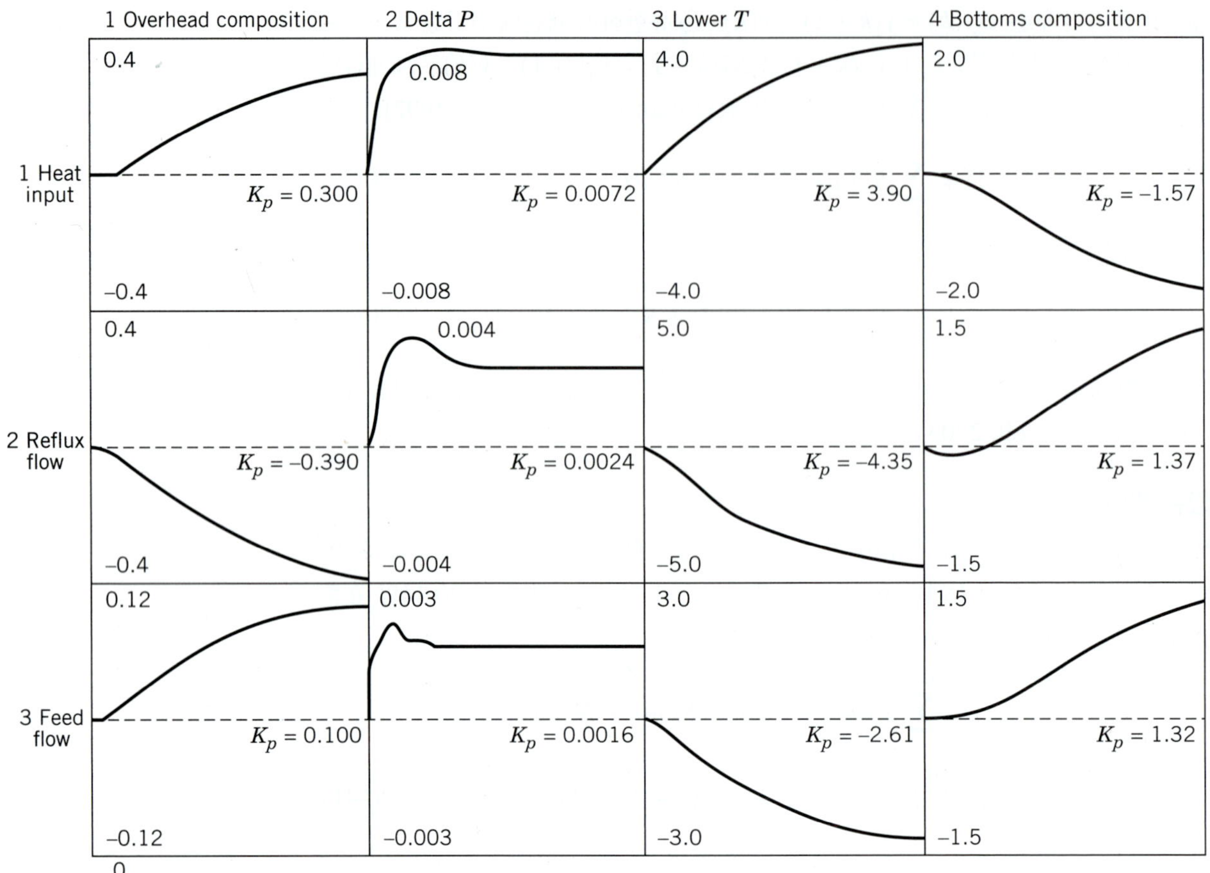

그림 20.9 세 개의 입력과 네 개의 출력을 갖는 증류탑의 개별 계단 응답 모델. 각 모델은 120분 동안의 계단 응답을 나타낸다(Hokanson and Gerstle, 1992).

여기서 $S_{12,i}$는 y_1과 u_2를 연결하는 모델의 i번째 계단 응답계수를 의미한다. 다른 계단 응답계수는 유사하게 정의된다. 이 MIMO 모델은 식 20-14의 SISO 모델의 간단한 일반화이다. 일반적으로 각각의 입출력 쌍에 대해 다른 모델 구간(horizon)을 지정할 수 있다. 예를 들어, y_2의 정착시간이 u_1과 u_2의 변화에 대해 매우 다르다면 식 20-43의 합의 상한을 N_{21}과 N_{22}로 달리 지정할 수 있다.

다음으로 임의의 개수를 갖는 입력과 출력에 대해 MIMO 모델에 대한 해석을 일반화한다. r개의 입력과 m개의 출력이 있다고 가정하자. 일반적인 MPC에서는 $r < 20$, $m < 40$이지만 훨씬 더 많은 숫자의 입력과 출력을 갖는 적용 사례도 보고된 바 있다(Qin and Badgwell, 2003; Canney, 2003). 그림 20.9에서 보듯이 개별 계단 응답 모델을 그림으로 표현하는 것이 유용하다(Hokanson and Gerstle, 1992). 여기서 출력 변수(혹은 CVs)는 열방향으로, 입력과 외란(MVs와 DVs)은 행방향으로 정렬한다.

MIMO 계단 응답 모델을 벡터-행렬 기호로 표현하면 편하다. 출력 벡터를 $\boldsymbol{y} = [y_1, y_2, \ldots, y_m]^T$ 그리고 입력 벡터를 $\boldsymbol{u} = [u_1, u_2, \ldots, u_r]^T$로 쓰고 윗첨자 T는 행렬의 벡터 전치를 의미한다. SISO계에 대해 식 20-32를 유도한 것처럼 보정예측에 대해 MIMO 모델을 동적행렬 형태로 표현할 수 있다:

$$\tilde{\boldsymbol{Y}}(\boldsymbol{k}+\boldsymbol{1}) = \boldsymbol{S}\Delta\boldsymbol{U}(k) + \hat{\boldsymbol{Y}}^{\boldsymbol{o}}(k+1) + [y(k) - \hat{y}(k)]\boldsymbol{I} \tag{20-44}$$

여기서 $\widetilde{\boldsymbol{Y}}(k+1)$은 예측구간 P 동안 보정예측의 mP-차원 벡터,

$$\widetilde{\boldsymbol{Y}}(k+1) \triangleq col\,[\widetilde{\boldsymbol{y}}(k+1),\ \widetilde{\boldsymbol{y}}(k+2), \ldots,\ \widetilde{\boldsymbol{y}}(k+P)] \tag{20-45}$$

$\widetilde{\boldsymbol{Y}}^{\boldsymbol{o}}(k+1)$은 예측무보정응답의 mP-차원 벡터이고,

$$\hat{\boldsymbol{Y}}^{\boldsymbol{o}}(k+1) \triangleq col\,[\hat{\boldsymbol{y}}^{\boldsymbol{o}}(k+1),\ \hat{\boldsymbol{y}}^{\boldsymbol{o}}(k+2), \ldots,\ \hat{\boldsymbol{y}}^{\boldsymbol{o}}(k+P)] \tag{20-46}$$

$\Delta\boldsymbol{U}(k)$는 다음 M개 제어움직임의 rM-차원 벡터이다.

$$\Delta\boldsymbol{U}(k) \triangleq col\,[\Delta\boldsymbol{u}(k),\ \Delta\boldsymbol{u}(k+1), \ldots, \Delta\boldsymbol{u}(k+M-1)] \tag{20-47}$$

식 20-44의 $mP \times m$ 행렬은 다음으로 정의되며

$$\boldsymbol{I} \triangleq \underbrace{[\boldsymbol{I_m}\,\boldsymbol{I_m}\ \cdots\ \boldsymbol{I_m}]^T}_{P\ times} \tag{20-48}$$

여기서 $\boldsymbol{I_m}$은 $m \times m$ 단위행렬을 나타낸다.

동적행렬 $\boldsymbol{S}$는 다음으로 정의되고

$$\boldsymbol{S} \triangleq \begin{bmatrix} \boldsymbol{S}_1 & \boldsymbol{0} & \cdots & \boldsymbol{0} \\ \boldsymbol{S}_2 & \boldsymbol{S}_1 & \boldsymbol{0} & \vdots \\ \vdots & \vdots & \ddots & \boldsymbol{0} \\ \boldsymbol{S}_M & \boldsymbol{S}_{M-1} & \cdots & \boldsymbol{S}_1 \\ \boldsymbol{S}_{M+1} & \boldsymbol{S}_M & \cdots & \boldsymbol{S}_2 \\ \vdots & \vdots & \ddots & \vdots \\ \boldsymbol{S}_P & \boldsymbol{S}_{P-1} & \cdots & \boldsymbol{S}_{P-M+1} \end{bmatrix} \tag{20-49}$$

여기서 $\boldsymbol{S}_i$는 i번째 시간 단계에 대한 $m \times r$ 계단 응답계수 행렬이다.

$$\boldsymbol{S}_i \triangleq \begin{bmatrix} S_{11,i} & S_{12,i} & \cdots & S_{1r,i} \\ S_{21,i} & \cdots & \cdots & S_{2r,i} \\ \vdots & \vdots & \vdots & \vdots \\ S_{m1,i} & \cdots & \cdots & S_{mr,i} \end{bmatrix} \tag{20-50}$$

MIMO계에 대한 식 20-49의 동적행렬은 식 20-28의 SISO계와 같은 구조를 가짐에 유의하라.

식 20-44의 벡터와 행렬의 차원은 다음과 같다. $\widetilde{\boldsymbol{Y}}(k+1)$과 $\widetilde{\boldsymbol{Y}}^{\boldsymbol{o}}(k+1)$ 둘 모두 mP-차원을 갖는 벡터이고 m은 출력 개수이고 P는 예측구간이다. 또한 $\Delta\boldsymbol{U}(k)$는 rM-차원의 벡터이고 r은 조작입력의 개수이고 M은 제어구간이다. 따라서, 계단 응답행렬 $\boldsymbol{S}$의 차원은 $mP \times rM$이다. 식 20-44부터 20-50까지의 MIMO 모델은 식 20-32의 SISO 모델을 일반화한 것이다. MIMO 모델을 식 20-42와 20-43의 일반화인 다른 형태로도 쓸 수 있다. 이 다른 구성의 장점은 새로운 동적행렬이 개별 SISO 모델로 분할되어 실시간 예측에 편하게 쓸 수있는 형태라는 것이다.

안정한 모델에 대해서 식 20-46의 예측 비강제응답 $\widetilde{\boldsymbol{Y}}^{\boldsymbol{o}}(k+1)$을 상태공간 모델의 이산시간 버전의 형태인 재귀 관계(Lundström 외, 1995)로부터 계산할 수 있다:

$$\hat{\boldsymbol{Y}}^{\boldsymbol{o}}(k+1) = \boldsymbol{M}\hat{\boldsymbol{Y}}^{\boldsymbol{o}}(k) + \boldsymbol{S}^*\Delta\boldsymbol{u}(k) \tag{20-51}$$

여기서:

$$\hat{\boldsymbol{Y}}^{\boldsymbol{o}}(k) = col\,[\hat{\boldsymbol{y}}^{\boldsymbol{o}}(k),\ \hat{\boldsymbol{y}}^{\boldsymbol{o}}(k+1), \ldots,\ \hat{\boldsymbol{y}}^{\boldsymbol{o}}(k+P-1)] \tag{20-52}$$

$$\boldsymbol{M} \triangleq \begin{bmatrix} \mathbf{0} & \boldsymbol{I}_m & \mathbf{0} & \cdots & \mathbf{0} \\ \mathbf{0} & \mathbf{0} & \boldsymbol{I}_m & \ddots & \mathbf{0} \\ \vdots & \vdots & \vdots & \ddots & \mathbf{0} \\ \mathbf{0} & \mathbf{0} & \cdots & \mathbf{0} & \boldsymbol{I}_m \\ \mathbf{0} & \mathbf{0} & \cdots & \mathbf{0} & \boldsymbol{I}_m \end{bmatrix} \tag{20-53}$$

$$\boldsymbol{S}^* \triangleq \begin{bmatrix} \boldsymbol{S}_1 \\ \boldsymbol{S}_2 \\ \vdots \\ \boldsymbol{S}_{P-1} \\ \boldsymbol{S}_P \end{bmatrix} \tag{20-54}$$

$\boldsymbol{M}$은 $mP \times mP$ 행렬이고 $\boldsymbol{S}^*$은 $mP \times r$ 행렬이다. 식 20-44부터 20-54의 MIMO 모델은 SISO 경우와 같이 측정외란과 적분변수를 포함하도록 확장할 수 있다.

최근 산업계 관례 뿐아니라 MPC 연구의 대부분은 상태공간 모델에 기반하고 있는데 그 이유는 이 모델이 중요한 이론적 이점, 즉 선형과 비선형 제어에 통합 체계를 제공하기 때문이다. 이는 또한 예측변수와 측정치를 조화시키는 강력한 방법인 상태추정을 용이하게한다(Yu 외, 1994). 상태공간 모델은 이론해석에 더욱 편리하고 다양한 출력피드백 전략을 가능하게 한다(Rawlings, 2000; Maciejowski, 2002; Qin and Badgwell, 2003; Rawlings and Mayne, 2009; Qin and Badgwell, 2014). 선형(Bonavita 외, 2003)과 비선형(Poland 외, 2009) 상태공간 모델은 시멘트 가마(Stadler 외, 2011)부터 가스압축기(Cortinovis 외, 2015)까지 광범위한 MPC 산업 사례에 사용된다.

제어기 구성은 계단 응답 모델 대신 상태공간 모델로 대치한다는 점을 제외하고 이 장에서 개발한 것과 여러 면에서 유사하다. 예를 들어, 식 20-42와 20-43의 예측 공식은 식 20-11과 20-12의 적절한 버전으로 대체될 것이다. 상태공간 모델은 이미 다변수 형태이며 계단 응답 모델은 하나의 특별한 경우로 볼 수 있음에 유의하자(유도는 독자에 맡긴다).

20.4 모델예측제어 계산

그림 20.10의 순서도는 MPC 계산의 개요를 보여준다. 7단계를 각 제어 실행 시간에 수행되는 순서대로 표시하였다. 간단하게하기 위해 제어 실행 시간이 측정 샘플링 순간과 일치한다고 가정한다.

MPC 적용에서 계산된 MV 움직임은 일반적으로 유량제어 루프와 같은 분산제어시스템(DCS) 수준의 조정제어 루프에 대한 설정값으로 구현된다. DCS 제어 루프가 비활성화되었거나 수동으로 전환되면 MV를 더 이상 제어할 수 없다. 이 상황에서 제어 자유도가 하나씩 감소한다. MV는 제어할 수 없지만 측정하면 외란 변수의 역할을 할 수 있다.

MPC 계산의 1단계에서는 공정과 연결된 조정제어시스템(DCS)을 통해 새로운 공정 데이터를 수집한다. 그런 다음 공정 모델과 새로운 데이터를 사용하여 2단계에서 새로운 출력 예측을 계산한다(예: 식 20-29 및 20-30 참조).

각 제어를 실행하기 전에 현재 MPC 계산에 사용할 수 있는 출력(CV), 입력(MV) 및 외란 변수(DV)를 결정해야 한다. 이 3 단계 활동을 현재 제어 구조 결정이라고 한다. 제어 계산에 사용할 수 있는 변수는 다양한 이유로 한 제어 실행 시간에서 다음 시간으로 변경될 수 있다. 예를 들어, 일상적인 유지 보수 또는 재보정으로 인해 센서를 사용하

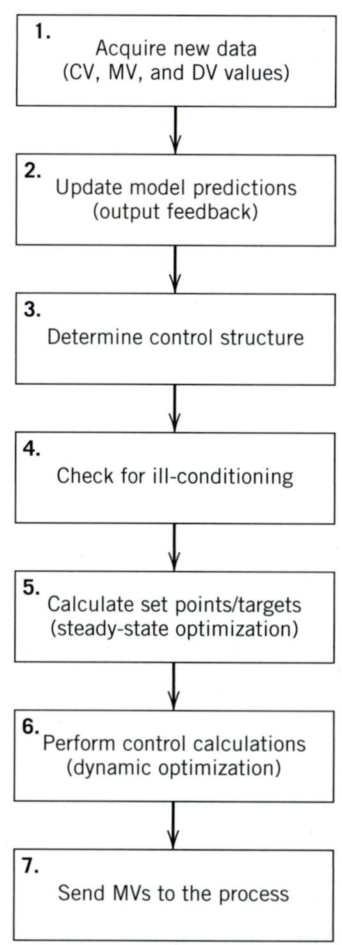

그림 20.10 MPC 계산의 순서도[Qin and Badgwell (2003)으로부터 수정].

지 못할 수 있다. 출력 변수는 종종 *중요*(critical)하거나 *중요하지 않은*(noncritical) 것으로 분류된다. 중요한 출력에 대한 센서를 사용할 수 없는 경우 MPC 계산은 즉시 또는 지정된 수의 제어 실행 단계 후에 중지될 수 있다. 중요하지 않은 출력의 경우 누락된 측정값을 모델 예측으로 대체하거나 출력을 제어 구조에서 제거할 수 있다(Qin and Badgwell, 2003).

제어 구조가 하나의 제어 실행 시간에서 다른 시간으로 변경되면 후속 제어 계산 문제가 *불량 조건*(ill-conditioned)이 될 수 있다. 5단계와 6단계에서 MPC 계산을 실행하기 전에 이러한 상황을 식별하고 수정하는 것이 중요하다. 사용 가능한 MV가 두 개 이상의 출력에 매우 유사한 영향을 미칠 때 불량 조건이 발생한다. 예를 들어, 환류 유량과 재비기의 가열부하를 조작하여 제품 조성을 제어하는 고순도 증류탑을 고려하자. 각 입력이 두 출력 모두에 거의 동일한 효과를 갖지만 방향이 다르기 때문에 불량 조건이 발생한다. 결과적으로 공정이득 행렬은 거의 특이하게 되어 이러한 출력을 독립적으로 제어하려면 큰 입력움직임이 필요하다. 따라서 현재 제어 구조에 대한 공정이득 행렬의 *조건수*를 계산하여 불량 조건(4단계)을 확인하는 것이 중요하다(18장 참조). 불량 조건이 발견되면 이를 제거하기 위한 효과적인 전략을 사용할 수 있다(Maciejowski, 2002; Qin and Badgwell, 2003).

MPC 응용 분야에서 주요 이점은 최적의 운전 조건(설정값 계산)을 결정하고 제어 계산을 기반으로 최적의 방식으로 공정을 이러한 설정값으로 이동함으로써 발생한다. 두 가지 유형의 계산 모두 입력 또는 출력에 대한 상한 및 하한과 같은 부등식 제약조건을 충족하면서 지정된 목적 함수를 최적화한다. 설정값 계산은 20.5절의 주제이며 제어 계산은 다음 절에서 고려한다.

마지막 단계인 그림 20.10의 7단계는 일반적으로 DCS 레벨에서 조정 PID 제어 루프에 대한 설정값으로 계산된 제어 동작을 구현하는 것이다.

20.4.1 제약조건이 없는 MPC

이 절에서는 부등식 제약조건이 문제 구성에 포함되지 않은 특별한 경우에 대한 6단계의 제어 계산을 고려한다. 20.4.2절의 분석은 $\boldsymbol{u}$, $\Delta \boldsymbol{u}$ 및 $\boldsymbol{y}$에 대한 부등식 제약조건이 있는 보다 일반적인 상황으로 확장된다.

앞서 언급했듯이 MPC 제어 계산은 현재 측정값과 모델 예측을 기반으로 한다. 제어 목표는 가능한 한 기준궤적에 가깝게 보정예측을 만드는 일련의 제어움직임(MV 변경)을 계산하는 것이다. 따라서 최적화 접근 방식을 사용한다. 제약조건이 없는 선형 제어 문제의 경우 MPC 제어법칙의 해석적 표현을 얻을 수 있다.

기준궤적

MPC 적용에서 원하는 설정값으로 점진적으로 전환하기 위해 기준궤적을 사용할 수 있다. *기준궤적* $\boldsymbol{y}_r$은 다양한 방법으로 지정할 수 있다(Maciejowski, 2002; Qin and Badgwell, 2003; Rossiter, 2003). 몇 가지 일반적인 접근 방식을 간략하게 소개한다.

예측구간 P에 대한 기준궤적을 다음으로 표시한다.

$$\boldsymbol{Y}_r(k+1) \triangleq col\,[\boldsymbol{y}_r(k+1), \boldsymbol{y}_r(k+2), \ldots, \boldsymbol{y}_r(k+P)] \qquad (20\text{-}55)$$

여기서 $\boldsymbol{Y}_r$은 mP-차원의 벡터이다. 합리적인 접근 방식은 기준궤적을 *필터링된 설정값*(filtered set point)으로 지정하는 것이다.

$$y_{i,r}(k+j) = (\alpha_i)^j y_{i,r}(k) + [1-(\alpha_i)^j]\, y_{i,sp}(k) \quad \text{for } i = 1, 2, \ldots, m \text{ and } j = 1, 2, \ldots, P \qquad (20\text{-}56)$$

여기서 $y_{i,r}$은 $\boldsymbol{y}_r$의 i번째 원소이고, $\boldsymbol{y}_{sp}$는 설정값을 의미하며, α_i는 $0 < \alpha_i < 1$인 필터 상수이다. $j = 1$에 대해서 식 20-56은 12장에서 고려한 PID 제어기에 대한 설정값 필터링 식이 된다. 또한 17장에서 소개한 지수 필터와 동일하다. $\alpha_i = 0$의 극단적 경우에는 $\boldsymbol{y}_r = \boldsymbol{y}_{sp}$가 됨에 유의하라. 다른 접근 방식은 i번째 출력에 대한 기준궤적을 현재 측정값 $y_i(k)$에서 설정값 $y_{i,sp}(k)$까지의 지수궤적으로 지정하는 것이다:

$$y_{i,r}(k+j) = (\alpha_i)^j y_i(k) + [1-(\alpha_i)^j]\, y_{i,sp}(k) \quad \text{for } i = 1, 2, \ldots, m \text{ and } j = 1, 2, \ldots, P \qquad (20\text{-}57)$$

일부 상용 MPC 제품에서는 각 출력에 대한 원하는 기준궤적이 출력에 대한 *성능비율*(performance ratio)에 의해 간접적으로 지정된다. 성능비율은 원하는 닫힌 루프 정착시간과 열린 루프 정착시간의 비율로 정의된다. 따라서 작은 성능비 값은 식 20-56 또는 20-57에서 작은 α_i의 값에 해당한다.

모델예측제어 법칙

제어 계산은 기준궤적으로부터 예측 변이를 최소화하는 것을 기반으로 한다. k는 현재 샘플링 시간을 나타낸다. 예측 오차 벡터, $\hat{\boldsymbol{E}}(k+1)$은 다음과 같이 정의된다.

$$\hat{\boldsymbol{E}}(k+1) \triangleq \boldsymbol{Y}_r(k+1) - \widetilde{\boldsymbol{Y}}(k+1) \tag{20-58}$$

여기서 $\widetilde{\boldsymbol{Y}}(k+1)$은 식 20-45에서 정의되었다. 마찬가지로 $\hat{\boldsymbol{E}}^{\boldsymbol{o}}(k+1)$은 예측 비강제오차 벡터를 나타낸다.

$$\hat{\boldsymbol{E}}^{\boldsymbol{o}}(k+1) \triangleq \boldsymbol{Y}_r(k+1) - \widetilde{\boldsymbol{Y}}^{\boldsymbol{o}}(k+1) \tag{20-59}$$

여기서 *비강제 경우에 해당하는 보정예측*, $\widetilde{\boldsymbol{Y}}^{\boldsymbol{o}}(k+1)$는 다음과 같이 정의된다.

$$\widetilde{\boldsymbol{Y}}^{\boldsymbol{o}}(k+1) \triangleq \widetilde{\boldsymbol{Y}}^{\boldsymbol{o}}(k+1) + \boldsymbol{I}[\boldsymbol{y}(k) - \hat{\boldsymbol{y}}(k)] \tag{20-60}$$

따라서 $\hat{\boldsymbol{E}}^{\boldsymbol{o}}(k+1)$는 추가 제어동작을 취하지 않을 때 기준궤적으로부터 예측된 변이, 즉 $j = 0, 1, \ldots, M-1$에 대해 $\Delta\boldsymbol{u}(k+j) = \boldsymbol{0}$일 때 예측된 변이를 나타낸다. $\hat{\boldsymbol{E}}(k+1)$과 $\hat{\boldsymbol{E}}^{\boldsymbol{o}}(k+1)$은 mP-차원의 벡터임에 유의하라.

MPC 제어 계산의 일반적인 목적은 $\Delta\boldsymbol{U}(k)$, 다음 M시간 구간 동안의 제어 움직임을 결정하는 것이다.

$$\Delta\boldsymbol{U}(k) = col\,[\Delta\boldsymbol{u}(k),\ \Delta\boldsymbol{u}(k+1), \ldots,\ \Delta\boldsymbol{u}(k+M-1) \tag{20-61}$$

rM-차원 벡터 $\Delta\boldsymbol{U}(k)$는 목적함수[혹은 *성능*(performance) 지표로 불린다]를 최소화하도록 계산된다. 일반적으로 선형 또는 2차 목적함수를 사용하며 제약조건이 없는 MPC의 경우 목적함수는 세 가지 유형의 변이 또는 오차 중 일부(또는 모두) 최소화를 기반으로 한다(Qin and Badgwell, 2003).

1. 예측구간 동안 예측 오차, $\widetilde{\boldsymbol{E}}(k+1)$
2. 다음 M개의 제어 움직임, $\Delta\boldsymbol{U}(k)$
3. 제어 구간 동안 원하는 정상 상태 값 $\boldsymbol{u}_{sp}$로부터 $\boldsymbol{u}(k+i)$의 변이

선형 공정 모델을 기반으로 하는 MPC의 경우 선형 및 2차 목적함수를 모두 사용할 수 있다(Maciejowski, 2002; Qin 및 Badgwell, 2003). MPC 제어 계산을 설명하기위해 처음 두 유형의 변이를 기반으로 하는 다음의 2차 목적함수 J를 고려하자.

$$\min_{\Delta\boldsymbol{U}(k)} \boldsymbol{J} = \hat{\boldsymbol{E}}(k+1)^T \boldsymbol{Q}\hat{\boldsymbol{E}}(k+1) + \Delta\boldsymbol{U}(k)^T \boldsymbol{R}\Delta\boldsymbol{U}(k) \tag{20-62}$$

여기서 $\boldsymbol{Q}$는 양의 정부호 가중치 행렬이고 $\boldsymbol{R}$은 양의 준정부호 가중치 행렬이다. 둘 다 일반적으로 대각 성분이 양의 값인 대각행렬이다. 20.6절에서 설명한대로 가중치 행렬은 $\hat{\boldsymbol{E}}(k+1)$ 또는 $\Delta\boldsymbol{U}(k)$의 가장 중요한 요소에 가중치를 부여하는 데 사용된다. 대각 가중행렬이 지정된 경우 이러한 요소는 개별적으로 가중된다.

식 20-62에서 목적함수를 최소화하는 MPC 제어법칙은 해석적으로 계산할 수 있다.

$$\Delta\boldsymbol{U}(k) = (\boldsymbol{S}^T\boldsymbol{Q}\,\boldsymbol{S} + \boldsymbol{R})^{-1}\boldsymbol{S}^T\boldsymbol{Q}\,\hat{\boldsymbol{E}}^{\boldsymbol{o}}(k+1) \tag{20-63}$$

이 제어법칙은 좀더 간단한 형태로 쓸 수 있고,

$$\Delta\boldsymbol{U}(k) = \boldsymbol{K}_c\,\hat{\boldsymbol{E}}^{\boldsymbol{o}}(k+1) \tag{20-64}$$

여기서 *제어이득행렬*(controller gain matrix) $\boldsymbol{K}_c$는 다음으로 정의된다.

$$\boldsymbol{K}_c \triangleq (\boldsymbol{S}^T \boldsymbol{Q} \boldsymbol{S} + \boldsymbol{R})^{-1} \boldsymbol{S}^T \boldsymbol{Q} \tag{20-65}$$

$\boldsymbol{K}_c$는 동적행렬 $\boldsymbol{S}$와 가중치 행렬 $\boldsymbol{Q}$와 $\boldsymbol{R}$이 상수라면 온라인이 아닌 오프라인에서 미리 구해 놓을 수 있는 $rM \times mP$ 행렬임에 유의하자.

식 20-64의 MPC 제어법칙은 기존의 제어 오차(설정값 – 측정값)가 아닌 예측 비강제 오차에 기반한 다변수 비례 제어법칙으로 해석할 수 있다. 제어법칙은 보정예측 $\widetilde{y}(k)$에 대한 표현식에 나타나기 때문에 최신 측정값 $\boldsymbol{y}(k)$를 사용하고 따라서 예측 비강제 오차 $\widetilde{\boldsymbol{E}}(k+1)$에도 나타난다. 또한 식 20-64는 비강제 오차 $\hat{\boldsymbol{E}}^{\boldsymbol{o}}$가 0이 될 때까지 $\boldsymbol{u}$가 변하는 경향이 있기 때문에 암시적으로 적분 제어 동작을 포함한다. 따라서 잔류오차는 설정값 변경 또는 지속적인 외란에 대해 제거된다.

MPC 제어법칙이 일련의 M개 입력움직임 $\Delta \boldsymbol{U}(k)$을 계산하지만 첫 번째 제어움직임인 $\Delta \boldsymbol{u}(k)$만 실제로 구현된다. 이 후 다음 샘플링 시간에 새로운 데이터가 수집되고 새로운 일련의 제어움직임을 계산한다. 다시 한 번, 첫 번째 제어움직임만 실행한다. 이러한 절차는 샘플링 순간마다 반복되며 이 전략을 *이동구간접근법*(*receding horizon approach*)이라 한다. 첫 번째 제어움직임 $\Delta \boldsymbol{u}(k)$는 식 20-61 및 20-64에서 계산할 수 있다.

$$\Delta \boldsymbol{u}(k) = \boldsymbol{K}_{c1} \hat{E}^{O}(k+1) \tag{20-66}$$

여기서 행렬 K_{c1}은 $\boldsymbol{K}_c$의 첫 r개의 행으로 정의된다. 따라서 K_{c1}은 $r \times mP$의 차원을 갖는다.

M 단계 제어정책을 계산한 다음 첫 번째 동작만 구현하는 것이 이상하게 보일 수 있다. 이 이동구간접근법의 중요한 장점은 가장 최근 측정 형태의 새로운 정보 $\boldsymbol{y}(k)$가 다음 M 샘플링 시간 동안 무시되는 않고 즉시 활용된다는 것이다. 그렇지 않으면, 다단계 예측 및 제어움직임은 이전 정보에 기반하므로 예제 20.4에서 설명했듯이 측정되지 않은 외란에 의해 악영향을 받는다.

K_c를 계산하려면 $rM \times rM$ 행렬의 역행렬이 필요하다. 여기서 r은 입력 변수의 개수이고 M은 제어구간이다. 많은 입력이있는 큰 문제의 경우 *입력차단*(input blocking)을 사용하여 필요한 계산 노력을 줄일 수 있다(Maciejowski, 2002; Qin and Badgwell, 2003). 이 접근 방식에서 입력은 매 샘플링 순간마다 변경되지 않는다. 대신 샘플링 시간

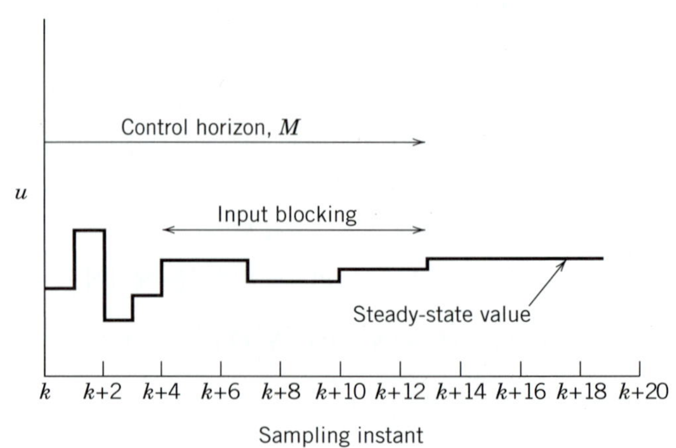

그림 20.11 입력차단.

의 "블록"에 대해 $\Delta \boldsymbol{u} = \boldsymbol{0}$이다. 입력차단은 그림 20.11에 설명되어 있다. 여기서 단일 입력은 처음 4개의 샘플링 시간($k \sim k + 3$) 동안 각 샘플링 시간에 변경된다. $k + 4$에서부터 시작하여 u는 차단되며 $k + 13$에서 정상 상태 값에 도달할 때까지 매 3회 샘플링 시간마다 변경된다. 설계 파라미터는 블록 길이와 차단이 시작되는 시간이다.

20.4.2 부등식 제약조건이 있는 MPC

입력 및 출력 변수에 대한 부등식 제약조건은 MPC 적용의 중요한 특성이다. 사실 부등식 제약조건은 초기 MPC 개발의 주요 동기였다. 입력 제약조건은 펌프, 제어밸브 및 열교환기와 같은 플랜트 장비에 대한 물리적 제한의 결과로 발생한다. 예를 들어, 조작된 유량은 하한이 0이고 상한은 펌프, 제어밸브 및 배관 특성에 의해 결정될 수 있다. 대형 제어밸브와 관련된 동특성은 조작유량의 변화율에 제한을 가한다.

출력 변수에 대한 제약조건은 플랜트 운영 전략의 핵심 구성 요소이다. 예를 들어, 일반적인 증류탑 제어 목표는 생산 속도를 최대화하는 동시에 제품 품질에 대한 제약을 충족하고 범람 또는 위핑 현상과 같은 바람직하지 않은 운전 영역을 피하는 것이다. 부등식 제약조건의 추가 예는 19장에 나와 있다. $\boldsymbol{u}$와 $\boldsymbol{y}$에 대한 부등식 제약조건 집합은 그림 19.6과 같이 공정의 운영 범위를 정의한다.

부등식 제약은 다양한 방식으로 제어 계산에 포함할 수 있다(Maciejowski, 2002; Qin and Badgwell, 2003). *경성제약*(hard constraints)과 *연성제약*(soft constraints)을 구분하는 것이 편리하다. 이름에서 알 수 있듯이 경성제약조건은 언제라도 위반할 수 없다. 반대로 연성제약은 위반 될 수 있지만 위반의 양은 아래에 설명된대로 목적함수의 수정에 의해 불이익을 받는다. 이 접근 방식을 사용하면 짧은 시간 동안 작은 제약조건 위반은 허용할 수 있다.

MPC의 경우 $\boldsymbol{u}$ 및 $\Delta \boldsymbol{u}$에 대한 부등식 제약은 일반적으로 상한 및 하한으로 지정된 경성제약이다.

$$\boldsymbol{u}^-(k) \le \boldsymbol{u}(k+j) \le \boldsymbol{u}^+(k) \quad j = 0, 1, \dots, M-1 \tag{20-67}$$

$$\Delta\boldsymbol{u}^-(k) \le \Delta\boldsymbol{u}(k+j) \le \Delta\boldsymbol{u}^+(k) \quad j = 0, 1, \dots, M-1 \tag{20-68}$$

같이하여 예측 출력에 대한 경성제약은 다음과 같다.

$$\boldsymbol{y}^-(k+j) \le \widetilde{\boldsymbol{y}}(k+j) \le \boldsymbol{y}^+(k+j) \quad j = 1, 2, \dots, P \tag{20-69}$$

안타깝게도 경성 출력 제약으로 인해 특히 큰 외란을 갖는 최적화 문제에 대해 해를 못 찾을 수 있다. 따라서 출력 제약은 일반적으로 *여유변수*(slack variables) $\boldsymbol{c}_j$를 포함하는 연성제약으로 표현한다(Qin and Badgwell, 2003) :

$$\boldsymbol{y}^-(k+j) - \boldsymbol{c}_j \le \widetilde{\boldsymbol{y}}(k+j) \le \boldsymbol{y}^+(k+j) + \boldsymbol{c}_j \quad j = 1, 2, \dots, P \tag{20-70}$$

여유변수의 수치 값은 식 20-62의 여유변수에 대한 불이익항을 추가하여 성능 지표를 수정하고 제약조건이 있는 최적화를 풀어 결정한다. 따라서 여유변수의 mP-차원 벡터는 $\overline{C} \triangleq col\,[\boldsymbol{c}_1, \boldsymbol{c}_2, \dots, \boldsymbol{c}_P]$으로 정의된다. 수정된 성능 지표는 다음과 같다.

$$\min_{\Delta\boldsymbol{U}(k)} \boldsymbol{J} = \hat{\boldsymbol{E}}(k+1)^T \boldsymbol{Q} \hat{\boldsymbol{E}}(k+1) + \Delta\boldsymbol{U}(k)^T \boldsymbol{R}\, \Delta\boldsymbol{U}(k) + \overline{\boldsymbol{C}}^T \boldsymbol{T} \overline{\boldsymbol{C}} \tag{20-71}$$

여기서 $\boldsymbol{T}$는 여유변수에 대한 $mP \times mP$ 가중치 행렬이다. 식 20-69와 20-70의 부등식

제약은 $\boldsymbol{y}$의 미래 값을 사용할 수 없기 때문에 실제 출력 $\boldsymbol{y}$가 아닌 보정예측 $\tilde{\boldsymbol{y}}$에 부과됨에 유의하라. 따라서, 비록 $\tilde{\boldsymbol{y}}$는 제약조건을 위반하지 않는다 하더라도 모델링 오차의 결과로 $\boldsymbol{y}$는 위반할 수 있다. 여유변수를 사용하여 양의 오차와 음의 오차의 가중치를 다르게 지정할 수도 있다.

범위 제어

MPC 적용의 특이한 기능은 많은 출력 변수가 설정값을 갖지 않는다는 것이다. 이러한 출력의 경우 제어 목표는 *범위 제어*[Range Control 또는 *구역 제어*(zone control)]라고 하는 접근방식인 상한과 하한 사이에 값을 유지하는 것이다. 이 제한조건은 식 20-69에서 보듯이 시간에 따라 변할 수 있다. 범위 제어의 장점은 제어 계산을 위한 추가 자유도를 생성한다는 것이다. 또한 서지 탱크의 액위와 같은 많은 출력 변수는 설정값으로 제어를 할 필요가 없다. 의료 응용 분야에는 단일 값이 아닌 범위에 대해 동등한 성능의 결과를 제공하는 생리학적 변수의 예가 있다. 잘 연구된 한 가지 예는 제1형 당뇨병에서 포도당을 조절하기 위해 구역모델예측제어를 사용하는 것이다(Grosman 외, 2010). 결과적으로 많은 MPC 응용 사례에서 범위 제어는 예외가 아니라 규칙이다. 설정값은 지정된 값(예: pH 또는 품질 변수)에 가깝게 유지되어야하는 출력 변수에 대해서만 지정한다. 설정값으로의 제어는 식 20-69에서 상한과 하한이 동일한 범위 제어의 특별한 경우로 간주될 수 있다.

식 20-67에서 20-70의 제약조건 범위는 공정 장비 또는 기기의 변경으로 인해 시간에 따라 달라질 수 있다. 그러나 제어 혹은 예측구간에 대해 지정된 방식으로 한계를 변경하는 것도 유익할 수 있다. 예를 들어 *한계 퍼널*(limit funnel) 기법에서 식 20-69 또는 20-70의 출력 한계는 예측구간에 걸쳐 점차적으로 서로 가까워진다(Maciejowski, 2002; Qin and Badgwell, 2003).

부등식 제약의 도입은 선형 또는 2차 계획법을 사용하여 수치적으로 풀 수 있는 제약조건이 있는 최적화 문제를 야기한다(Edgar 외, 2001). 예를 들어, 이전 절의 MPC 설계 문제에 부등식 제약을 추가하는 것을 생각하자. 식 20-67, 20-68 및 20-69의 제약조건을 충족하면서 식 20-54의 2차 목적함수 J를 최소화하는 M 단계 제어 정책 $\Delta\boldsymbol{U}(k)$를 계산하는 것을 바란다고 가정하자. 출력 예측은 식 20-44의 계단 응답 모델을 사용하여 이루어진다. 이 MPC 설계 문제는 19장의 2차 계획법을 사용하여 수치적으로 풀 수 있다.

20.5 설정값 계산

20.1절 및 그림 20.10에 표시된대로 각 제어 실행 시간에서 MPC 계산은 일반적으로 두 단계로 수행된다. 먼저, 제어 계산을 위한 최적 설정값(또는 목표)을 결정한다. 그런 다음 M개의 제어움직임을 갖는 집합을 제어 계산으로 생성하고 첫 번째 움직임을 실행한다. 실제 적용에서 두 가지 계산 유형 모두에서 상당한 경제적 이익이 발생하지만 일반적으로 정상 상태 최적화가 더 중요하다. 이 절에서는 설정값 계산에 대해 자세히 설명한다.

MPC 설정값은 경제적 목적함수를 최대화하거나 최소화하도록 계산한다. 계산은 일반적으로 선형 정상 상태 모델과 일반적으로 MV 및 CV의 선형 또는 2차 함수로 표현되는 단순한 목적 함수를 기반으로 한다. 선형 모델은 복잡한 비선형 모델의 선형화된 버전이거나 제어 계산에 사용되는 동적 모델의 정상 상태 버전일 수 있다. MV 및 CV에 대한 선형 부등식 제약도 정상 상태 최적화에 포함된다. 외란, 계측, 장비 가용성 또는 다양한 공정 조건으로 인해 활성 제약조건이 자주 변경될 수 있으므로 각 샘플링 시간마다 설정값 계산을 반복한다.

설정값 계산은 매 분마다 반복되기 때문에 정상 상태 최적화 문제는 빠르고 신뢰있게 풀어야한다. 최적화 문제가 선형 공정 모델, 선형 부등식 제약, 선형 또는 2차 비용 함수를 기반으로 하는 경우 19장에서 논의한 선형 및 2차 계획법을 사용할 수 있다.

20.5.1 설정값 최적화 문제 구성

다음으로, 우리는 설정값 계산 문제에 대한 개요를 제공한다. 더 자세한 설명은 다른 곳에서 볼 수 있다(Sorensen and Cutler, 1998; Kassman 외, 2000; Rawlings and Mayne, 2009; Maciejowski, 2002).

r개의 MV와 m개의 CV가 있는 MIMO 공정을 생각하자. $\boldsymbol{u}$ 및 $\boldsymbol{y}$의 현재값을 $\boldsymbol{u}(k)$ 및 $\boldsymbol{y}(k)$로 표시한다. 목표는 다음 제어 계산($k+1$에서)을 위한 최적의 설정값 $\boldsymbol{y}_{sp}$를 계산하고 $\boldsymbol{u}$, $\boldsymbol{u}_{sp}$의 해당 정상 상태 값을 결정하는 것이다. 이 값을 다음 제어 계산을 위한 $\boldsymbol{u}$에 대한 설정값으로 사용한다.

일반적인 선형 정상 상태 공정 모델은 다음과 같이 작성할 수 있다.

$$\Delta \boldsymbol{y} = \boldsymbol{K} \Delta \boldsymbol{u} \tag{20-72}$$

여기서 $\boldsymbol{K}$는 정상 상태 이득 행렬이고 $\Delta \boldsymbol{y}$ 및 $\Delta \boldsymbol{u}$는 $\boldsymbol{y}$와 $\boldsymbol{u}$의 정상 상태 변화를 나타낸다. $\Delta \boldsymbol{y}$ 및 $\Delta \boldsymbol{u}$를 다음과 같이 정의하는 것이 편리하다.

$$\Delta \boldsymbol{y} \triangleq \boldsymbol{y}_{sp} - \boldsymbol{y}_{OL}(k) \tag{20-73}$$

$$\Delta \boldsymbol{u} \triangleq \boldsymbol{u}_{sp} - \boldsymbol{u}(k) \tag{20-74}$$

식 20-73에서 $\boldsymbol{y}_{OL}(k)$는 정상 상태에 도달 할 때까지 $\boldsymbol{u}$가 현재값인 $\boldsymbol{u}(k)$에 일정하게 유지되는 경우 $\boldsymbol{y}$의 정상 상태 값을 나타낸다. 일반적으로 공정이 시간 k에서 정상 상태에 있는 이상적인 상황을 제외하고 $\boldsymbol{y}_{OL}(k) \neq \boldsymbol{y}(k)$이다. 출력 피드백을 통합하기 위해 식 20-72를 다음과 같이 수정한다.

$$\Delta \boldsymbol{y} = \boldsymbol{K} \Delta \boldsymbol{u} + [\boldsymbol{y}(k) - \hat{y}(k)] \tag{20-75}$$

설정값 최적화를 위한 대표적인 문제 구성은 2차 목적함수를 최소화하는 최적값인 $\boldsymbol{u}_{sp}$ 및 $\boldsymbol{y}_{sp}$를 결정하는 것이다.

$$\min_{\boldsymbol{u}_{sp},\, \boldsymbol{y}_{sp}} J_s = \boldsymbol{c}^T \boldsymbol{u}_{sp} + \boldsymbol{d}^T \boldsymbol{y}_{sp} + \boldsymbol{e}_y^T \boldsymbol{Q}_{sp} \boldsymbol{e}_y + \boldsymbol{e}_u^T \boldsymbol{R}_{sp} \boldsymbol{e}_u + \boldsymbol{C}^T \boldsymbol{T}_{sp} \boldsymbol{C} \tag{20-76}$$

이는 식 20-72와 MV 및 CV에 대한 부등식 제약 조건을 만족해야 한다.

$$\boldsymbol{u}^- \le \boldsymbol{u}_{sp} \quad \le \boldsymbol{u}^+ \tag{20-77}$$

$$\Delta \boldsymbol{u}^- \le \Delta \boldsymbol{u}_{sp} \le \Delta \boldsymbol{u}^+ \tag{20-78}$$

$$\boldsymbol{y}^- - \boldsymbol{c} \le \boldsymbol{y}_{sp} \quad \le \boldsymbol{y}^+ + \boldsymbol{c} \tag{20-79}$$

여기서

$$\boldsymbol{e}_y \triangleq \boldsymbol{y}_{sp} - \boldsymbol{y}_{\text{ref}} \tag{20-80}$$

$$\boldsymbol{e}_u \triangleq \boldsymbol{u}_{sp} - \boldsymbol{u}_{\text{ref}} \tag{20-81}$$

식 20-79의 벡터 $\boldsymbol{c}$는 여유 요소를 나타낸다. 식 20-80 및 20-81에서 $\boldsymbol{y}_{\text{ref}}$ 및 $\boldsymbol{u}_{\text{ref}}$는 상위 수준의 최적화(예: 그림 19.1의 수준 4)에 의해 종종 결정되는 $\boldsymbol{y}$ 및 $\boldsymbol{u}$의 원하는 정상 상태 값이다. 식 20-76의 가중치 요소인 $\boldsymbol{c}$, $\boldsymbol{d}$, $\boldsymbol{Q}_{sp}$, $\boldsymbol{R}_{sp}$ 및 $\boldsymbol{T}_{sp}$는 경제적 고려 사항에 따라 선택한다. 비록 식 20-76의 가중치 인자는 상수이지만, MPC 적용에서는 공정 변경이나 제품 가격 또는 원자재 비용과 같은 경제 조건의 변화를 수용하기 위해 시간에 따라 달라질 수 있다. 마찬가지로 20.4절에서 설명한대로 식 20-77부터 20-79에서($\boldsymbol{u}^-$, $\boldsymbol{u}^+$ 등) 실행 시간마다 한도가 바뀌는 것을 허용하는 것이 유리할 수 있다. 다행스럽게도 최적 설정값이 매 실행 시간마다 다시 계산되기 때문에 새로운 가중치 계수 및 제약 한계값을 쉽게 수용할 수 있다.

$\boldsymbol{y}_{\text{ref}}$와 $\boldsymbol{u}_{\text{ref}}$, $\boldsymbol{y}_{sp}$와 $\boldsymbol{u}_{sp}$를 구분하는 것이 중요하다. 두 쌍 모두 원하는 $\boldsymbol{y}$ 및 $\boldsymbol{u}$ 값을 나타내지만 출처가 다르고 다른 방식으로 사용된다. 기준값, $\boldsymbol{y}_{\text{ref}}$ 및 $\boldsymbol{u}_{\text{ref}}$는 종종 상위 수준 최적화에 의해 결정되는 경우가 많다. 이들은 그림 20.10의 5단계의 정상 상태 최적화를 위한 원하는 값으로 사용된다. 반대로 $\boldsymbol{y}_{sp}$ 및 $\boldsymbol{u}_{sp}$는 각 MPC 제어 실행 시간에 계산되며 6단계의 제어 계산을 위한 설정값 역할을 한다.

이 정상 상태 최적화의 목표는 그림 20.10의 6단계에서 제어 계산을 위한 설정값인 $\boldsymbol{y}_{sp}$ 및 $\boldsymbol{u}_{sp}$를 결정하는 것임을 강조했다. 그러나 왜 이러한 목적으로 $\boldsymbol{y}_{\text{ref}}$와 $\boldsymbol{u}_{\text{ref}}$를 사용하지 않을까? 그 이유는 $\boldsymbol{y}_{\text{ref}}$와 $\boldsymbol{u}_{\text{ref}}$가 계산 이후 변경되었을 수 있는 현재의 플랜트 조건 및 제약 조건에서 얻을 수 없는 이상적인 값이기 때문이다. 따라서 현재 상태를 보다 정확하게 반영하는 목표값인 $\boldsymbol{y}_{sp}$ 및 $\boldsymbol{u}_{sp}$를 계산하려면 정상 상태 최적화(5단계)가 필요하다. 식 20-76에서, $\boldsymbol{y}_{sp}$ 및 $\boldsymbol{u}_{sp}$는 최적화를 위한 독립값으로 표시된다. 그러나 $\boldsymbol{y}_{sp}$는 정상 상태 모델 $\boldsymbol{y}_{sp} = \boldsymbol{K}\boldsymbol{u}_{sp}$로 대체하여 제거할 수 있다.

다음으로 목적함수 J_s가 세 가지 유형의 응용 사례에서 어떻게 정의되는지 보임으로써 매우 융통성이 있음을 보인다.

***응용 1:** 운영 이익을 최대화한다.*

19장에서는 운영 이익이 제품 가치와 공급 원료 및 유틸리티 비용으로 표현되는 문제에 대해 실시간 최적화를 고려했다. 제품, 공급 원료 및 유틸리티 유량이 MPC 제어 구조에서 조작 혹은 외란 변수라면 목적함수 J_s에 포함될 수 있다. 운영이익(OP)을 최대화하기 위해 목적함수는 $J_s = -OP$로 지정하며 이는 J_s를 최소화하는 것은 $-J_s$를 최대화하는 것과 동일하기 때문이다. 두 2차항 $\boldsymbol{Q}_{sp}$와 $\boldsymbol{R}_{sp}$에 대한 가중치 행렬은 0으로 설정한다.

***응용 2:** 기준값으로부터의 변이를 최소화한다.*

정상 상태 최적화의 목적이 $\boldsymbol{y}_{sp}$ 및 $\boldsymbol{u}_{sp}$를 계산하여 가능한 한 기준값인 $\boldsymbol{y}_{\text{ref}}$ 및 $\boldsymbol{u}_{\text{ref}}$에 근접하도록 하는 것이라고 가정하자. 이 목표는 식 20-76에서 $\boldsymbol{c} = \boldsymbol{0}$ 및 $\boldsymbol{d} = \boldsymbol{0}$로 설정하여 달성할 수 있다. 가중치 행렬 $\boldsymbol{Q}_{sp}$, $\boldsymbol{R}_{sp}$, $\boldsymbol{T}_{sp}$는 MV, CV 및 제약조건 위반의 상대적 중요도에 따라 선택해야 한다.

***응용 3:** 생산속도를 최대화한다.*

주된 제어 목표가 입력과 출력에 대한 부등식 제약조건을 만족하면서 생산속도를 최대화하는 것이라고 가정하자. MPC 제어 구조에서 설정값이 u_{1sp}로 표시되는 유량제어 루프를 통해 생산속도를 조절할 수 있다고 가정하자. 따라서 최적화 목표는 u_{1sp}를 최대화하거나 동등하게 $-u_{1sp}$를 최소화하는 것이다. 결과적으로 식 20-76의 성능 지표는 $J_s = -u_{1sp}$가 된다. 이 식은 $\boldsymbol{c}$의 첫 번째 요소인 c_1을 제외한 모든 가중치를 0으로 설정하여 도출할 수 있다. $c_1 = -1$로 선택된다.

설정값 최적화 문제는 다음과 같이 요약할 수 있다. 각 샘플링 시간에서 다음 샘플링 순간에 대한 $\boldsymbol{u}$ 및 $\boldsymbol{y}$의 최적값($\boldsymbol{u}_{sp}$ 및 $\boldsymbol{y}_{sp}$)은 모델 방정식 20-72와 식 20-77부터 20-79의 제약조건을 충족하며 식 20-76의 비용함수를 최소화하여 계산된다. 이 최적화 문제는 19장의 표준 LP 혹은 QP 기법을 사용하여 효율적으로 풀 수 있다.

실행 가능한 해가 항상 존재하는 것은 아니기 때문에 5단계와 6단계의 계산이 제약조건이 있는 최적화에 기반을 두면 실행 불가능한 계산이 발생할 수 있다(Edgar 외, 2001). 제어 자유도가 감소하거나(예: 제어밸브 유지보수), 큰 외란이 발생하거나, 부등식 제약조건이 현재 조건에 적합하지 않은 경우 실행 불가능한 문제가 발생할 수 있다. 예를 들어, y_1 및 y_2의 한계를 잘못 선택하면 그림 19.6의 허용가능한 운전 범위가 사라질 수 있다. 최적화 문제가 항상 실행 가능한 해를 갖도록 다른 수정을 할 수 있다(Kassmann 외, 2000).

최근 몇 년 동안 성능 대비 컴퓨터 가격이 급격히 감소한 점을 고려할 때, 대략적인 선형 모델 대신 물리적 기반의 비선형 공정 모델을 설정값 계산에 사용해야한다고 주장할 수 있다. 그러나 선형 모델은 세 가지 이유로 MPC 적용에 여전히 널리 사용된다. 첫째, 선형 모델은 $\boldsymbol{u}$ 및 $\boldsymbol{d}$의 작은 변화에 대해 상당히 정확하며 현재 데이터 또는 물리적 기반 모델을 바탕으로 쉽게 갱신할 수 있다. 둘째, 계산이 자주 반복되고 측정값의 출력 피드백을 포함하기 때문에 일부 모델의 부정확성은 허용가능하다. 셋째, 제약조건을 갖는 비선형 최적화에 필요한 계산 노력은 감소하고 있지만 여전히 상대적으로 크다.

20.6 설계와 조율 파라미터의 선정

MPC 시스템을 설계하려면 여러 설계 파라미터를 지정해야 한다. 이 절에서는 주요 설계 이슈와 파라미터 권장값을 고려한다. MPC 제어기를 조율하는 데 여러 설계 파라미터를 사용할 수도 있다. MPC 설계 파라미터의 영향을 두 가지 예제를 통해 설명할 것이다.

샘플링 주기 Δt 및 모델 구간 N. 샘플링 주기 Δt와 모델 구간 N(식 20-14)은 $N\Delta t = t_s$가 되도록 선택해야한다. 여기서 t_s는 열린 루프 응답에 대한 정착시간이다. 이 선택은 정상상태에 도달하는 데 필요한 시간 동안 입력 변수 변경의 전체 효과를 모델이 반영하도록 한다. 일반적으로 $30 \le N \le 120$이다. 출력 변수가 다른 시간 범위에서 응답하는 경우 앞서 언급한 것처럼 각 출력에 대해 다른 N 값을 사용할 수 있다. 또한 식 20-41에 설명된 대로 MV 및 DV에 대해 다른 모델 구간을 사용할 수 있다.

제어 M과 예측 P 구간. 제어구간 M이 증가함에 따라 MPC 제어기는 더 공격적인 성향을 보이고 필요한 계산 노력이 증가한다. 그러나 그림 20.11과 같이 입력차단을 통해 계산 노력을 줄일 수 있다. 몇 가지 일반적인 경험 법칙은 $5 \le M \le 20$ 및 $N/3 < M < N/2$이다. 각 입력에 대해 다른 M값을 지정할 수 있다.

예측구간 P는 종종 마지막 MV 움직임의 전체 영향이 고려되도록 $P = N + M$으로 선택한다. P 값을 줄이면 제어기가 더 공격적 성향을 가진다. 정착시간이 상당히 다른 경우 각 출력에 대해 다른 *P*값을 선택할 수 있다. 무한한 예측구간도 사용할 수 있으며 상당한 이론적 이점이 있다(Maciejowski, 2002; Rawlings and Mayne, 2009).

제어가중치 행렬, *Q*와 *R*

식 20-62의 출력 가중치 행렬 $\boldsymbol{Q}$는 출력 변수의 상대적 중요도에 따라 가중치를 부여할 수 있다. 따라서 $mP \times mP$ 대각 $\boldsymbol{Q}$ 행렬을 사용하면 가장 중요한 변수가 가장 큰 가중치를 갖는 출력 변수에 개별 가중치를 부여할 수 있다. 예를 들어, 반응기 온도가 액위보다 더 중요하다고 생각되면 온도에 더 큰 가중치를 할당한다. 행렬 $\boldsymbol{Q}$로 튜닝할 때 고려해야 할 중요 사항은 출력 변수를 동등한(예: 무차원) 범위로 조정해야한다는 것이다. 이렇게 하면 단위 변환을 고려하지 않고도 예를 들어, 온도 대 농도의 우선 순위를 지정할 수 있다. 동일한 추론이 $\boldsymbol{R}$ 행렬에도 적용된다. 대각선 가중 계수의 역은 때때로 *동등관심계수*(equal concern factor)라고 한다.

예측구간에 걸쳐 출력 가중치를 조정하는 것이 유리할 수 있다. 예를 들어, 시간 지연이 θ인 SISO 모델을 생각해보자. 입력 변화 Δu가 $k = 0$에서 발생한다고 가정하면 시간 지연으로 인해 $k\Delta t > \theta$가 될 때까지 $y(k) = 0$이다. 결과적으로 행렬 $\boldsymbol{Q}$의 대응하는 원소를 0으로 설정하거나 대응하는 예측을 0으로 만드는 것이 합리적이다. 이러한 방식은 제어계산의 조건을 개선하는 경향이 있다(20.4절 참조).

두 번째 예로서, 예측구간 초기(예: 시간 $k + 1$)에 예측오차에 해당하는 $\boldsymbol{Q}$의 원소는 구간 끝($k + P$)의 예측오차보다 더 많은 가중치를 부여할 수 있고, 그 반대도 가능하다. 일치점 사용은 이 전략의 특별한 경우이다. 여기서 보정오차는 일치점이라고 하는 *P* 샘플링 시간에 대해서만 0이 아닌 가중치를 갖는다. 다른 시간의 보정오차에는 0의 가중치를 부여한다. 예제 20.2에서는 단일 일치 지점을 기반으로 간단한 예측제어 전략을 도출하였다.

시간에 따라 변하는 행렬 $\boldsymbol{Q}$는 실시간 조정을 통해 연성제약을 구현하는 데 사용할 수 있다. 예를 들어 출력 변수가 상한 또는 하한에 접근하면 $\boldsymbol{Q}$의 해당 요소가 일시적으로 증가되는 것이다.

비슷한 방식으로, 식 20-62의 $\boldsymbol{R}$은 상대적 중요도에 따라 입력 MV에 가중치를 부여할 수 있다. 이 $rM \times rM$ 행렬을 *입력가중치행렬*(input weighting matrix) 또는 *움직임억제행렬*(move suppression matrix)이라고 한다. 일반적으로 *이동억제계수*(move suppression factors)라고 하는 대각선 요소 r_{ii}가 있는 대각 행렬로 선택된다. r_{ii} 값을 높이면 MV 움직임의 크기를 줄여 MPC 제어기를 보다 보수적으로 만드는 경향이 있기 때문에 편리한 조율 파라미터를 제공한다.

기준궤적을 사용하는 경우 움직임억제가 필요하지 않으므로 $\boldsymbol{R}$을 0으로 설정할 수 있다.

기준궤적 α_i

MPC 적용에서 원하는 미래 출력 거동은 설정값, 상한 및 하한, 기준궤적 또는 퍼널 등 여러 가지 방법으로 지정할 수 있다(Qin and Badgwell, 2003). 기준 궤적과 퍼널 접근 방식 모두 각 출력에 대해 원하는 응답 속도를 조정하는 데 사용할 수 있는 조율 계수를 가지고 있다. 예를 들어, 식 20-56 또는 20-57을 고려하자. α_i가 0에서 1로 증가함에 따라 원하는 기준궤적이 느려진다. 또는 성능 비율 개념을 사용해 기준궤적을 지정할 수 있다.

앞서 언급했듯이 성능 비율은 원하는 닫힌 루프 정착시간과 열린 루프 정착시간의 비율로 정의한다.

MPC 설계 파라미터의 영향은 간단한 예를 통해 설명한다.

예제 20.5

어떤 공정이 다음의 전달함수를 갖는다.

$$\frac{Y(s)}{U(s)} = \frac{e^{-s}}{(10s+1)(5s+1)}$$

(a) 식 20-65를 사용하여 제어기 이득 행렬 $\boldsymbol{K}_c$를 $\boldsymbol{Q} = \boldsymbol{I}, \boldsymbol{R} = \boldsymbol{0}$일 때 다음 두 경우에 대해 구하여라.

(i) $P = 3, \quad M = 1$

(ii) $P = 4, \quad M = 2$

$N = 70$과 $\Delta t = 1$로 가정하고 각 경우에 대해 u는 제약조건이 없다.

(b) 두 MPC 제어기와 $\Delta t = 0.5$와 ITAE 설정값 조율 (12장)로: $K_c = 2.27$, $\tau_I = 16.6$ 그리고 $\tau_D = 1.49$를 갖는 디지털 PID 제어기의 설정값 응답을 비교하라. y와 u 두 응답을 비교하라.

(c) 단일계단 외란에 대해 **(b)**를 반복하고 PID 제어기는 ITAE 외란 조율로 다음으로 설정하라: $K_c = 3.52$, $\tau_I = 6.98$ 그리고 $\tau_D = 1.73$.

풀이

(a) 계단 응답계수는 샘플링 시간 $t = i\Delta t = i$ ($\Delta t = 1$이므로)에서 계단 응답을 구하여 얻을 수 있다:

$$S_1 = 0$$
$$S_i = 1 - 2e^{-0.1(i-1)} + e^{-0.2(i-1)} \quad \text{for } i = 2, 3, \ldots, 70$$

각 경우에 대한 제어기 행렬 $\boldsymbol{K}_c$는 표 20.2에 나와 있다. 앞서 언급한 것처럼 $\boldsymbol{K}_c$의 차원은 $rM \times mP$이기 때문에 $\boldsymbol{K}$의 차수는 두 경우에 따라 다르다. 이 SISO 예의 경우 $r = m = 1$이고 M 과 P 값은 두 경우에 대해 다르다.

표 20.2 예제 20.5에 대한 피드백 행렬 K_c.

For $P = 3$ and $M = 1$:	$K_c = [0 \quad 7.79 \quad 28.3]$
For $P = 4$ and $M = 2$:	$K_c = \begin{bmatrix} 0 & 33.1 & 48.8 & -13.4 \\ 0 & -71.4 & -97.4 & 57.3 \end{bmatrix}$

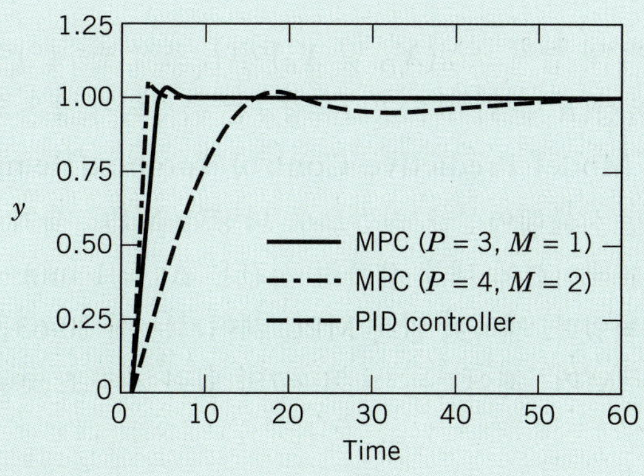

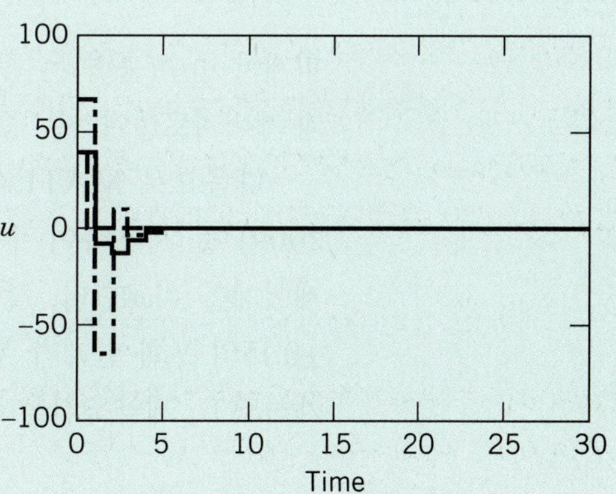

그림 20.12 예제 20.5에 대한 설정값 응답.

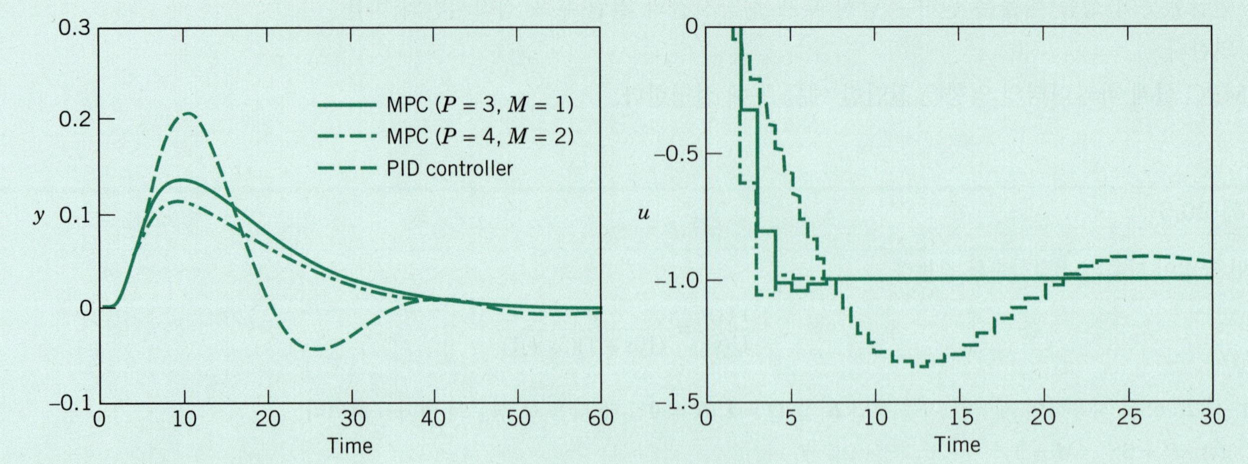

그림 20.13 예제 20.5에 대한 외란 응답.

(b) 이 단위계단 응답은 라플라스 변환을 사용하여 해석적으로 유도할 수 있다:

$$y(t) = 0 \qquad \text{for } t \leq 1$$
$$y(t) = 1 - 2e^{-0.1(t-1)} + e^{-0.2(t-1)} \qquad \text{for } t > 1$$

그림 20.12는 단위 설정값 변경에 대한 y 및 u 응답을 비교한다. 두 개의 MPC 제어기는 매우 작은 정착시간을 갖는 우수한 출력 응답을 제공하지만 초기 MV 변경은 PID 제어기 경우보다 크다(u에 대한 확장된 시간 척도에 유의하라).

(c) 계단 외란의 경우 그림 20.13의 MPC 제어기에 대한 출력 응답은 상대적으로 작은 최대변이를 가지며 진동이 없다. 이에 비해 PID 제어기는 변이가 가장 크며 진동 응답을 발생시킨다. 두 MPC 제어기 중에서 $P = 3$ 및 $M = 1$을 사용하여 설계된 제어기는 약간 더 보수적인 응답을 제공한다.

20.6.1 MPC 적용: 증류탑 모델

MIMO 문제에 대한 MPC 설계 파라미터 (M, P, $\boldsymbol{Q}$ 및 $\boldsymbol{R}$)의 효과를 설명하기 위해 예제 18.1에 소개된 Wood-Berry 모델을 고려하자.

$$\begin{bmatrix} X_D(s) \\ X_B(s) \end{bmatrix} = \begin{bmatrix} \dfrac{12.8e^{-s}}{16.7s+1} & \dfrac{-18.9e^{-3s}}{21s+1} \\ \dfrac{6.6e^{-7s}}{10.9s+1} & \dfrac{-19.4e^{-3s}}{14.4s+1} \end{bmatrix} \begin{bmatrix} R(s) \\ S(s) \end{bmatrix} + \begin{bmatrix} \dfrac{3.8e^{-8.1s}}{14.9s+1} \\ \dfrac{4.9e^{-3.4s}}{13.2s+1} \end{bmatrix} F(s) \qquad (20\text{-}82)$$

피제어 변수(출력)는 증류액 및 탑저 조성(X_D 및 X_B)이다. 조작 변수(입력)는 환류유량과 재비기로들어가는 증기유량(R 및 S)이다. 공급유량 F는 측정되지 않은 외란 변수이다.

다음으로 MATLAB Model Predictive Control Toolbox(Bemporad et al., 2009)[1]를 사용하여 수행한 시뮬레이션을 기반으로 다양한 MPC 제어기와 다중루프 제어계를 비교한다. 각 시뮬레이션에 대해 샘플링 시간은 $\Delta t = 1$ min이고 각 입력에 ±0.15의 포화 한계가 부과되었다. 제약이 없는 MPC 제어기는 식 20-63을 사용하여 설계하였고, 제약조건을 갖는 MPC 제어기는 식 20-67의 입력 제약조건에 기반한다. 일

[1] Wood-Berry 예제에 대한 코드는 이 MATLAB Toolbox에서 사용할 수 있다. 코드의 수정된 버전이 연습문제 20.9에 포함되어 있다. MPC Toolbox의 새로운 버전에는 이 예제가 없다(Bemporad et al., 2009).

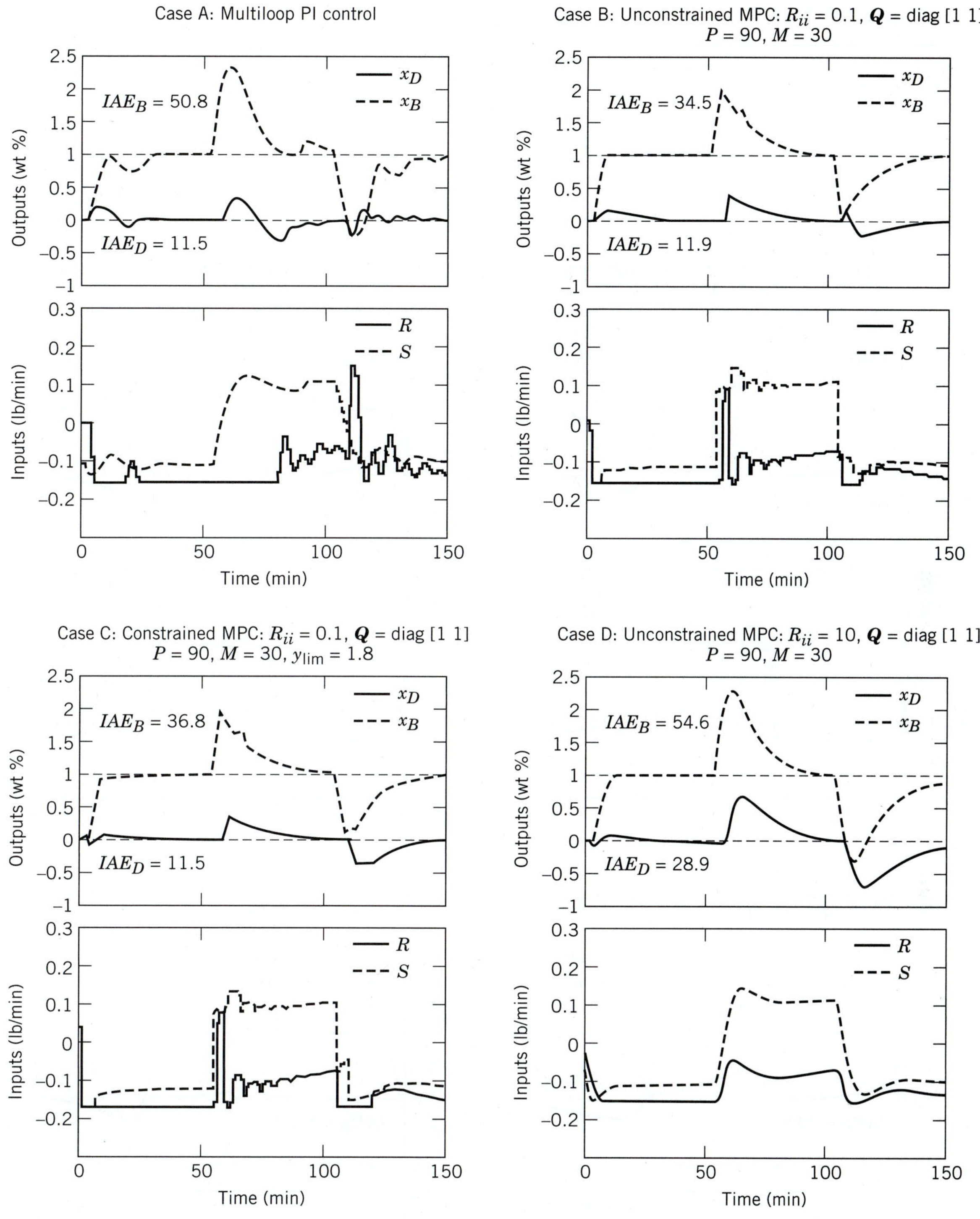

그림 20.14 Wood-Berry 모델에 대한 다중루프 PI 제어기와 MPC의 비교.

부 제약조건이 있는 MPC 제어기는 $|y_i| \leq 1.8$의 추가적인 출력 경성제약을 사용하여 설계하였지만 실제에서는 이는 여유변수를 통해 구현된다. MPC와 표준 다중루프 제어계를 비교하기 위해 2개의 PI 제어기를 예제 18.1의 $X_D - R/X_B - S$ 제어 구성과 Lee 외(1998)가 보고한 표 20.3의 제어기 설정을 사용하여 시뮬레이션 하였다.

그림 20.14와 20.15는 $t = 0$에서 X_B의 +1% 설정값 변화와 $t = 50$ min에서 +30% 증가 및 $t = 100$ min에서 원래 값으로 복귀하는 두 가지 공급 유량 외란에 대해 MPC

표 20.3 Wood-Berry 모델에 대한 PI 제어기 설정.

Control Loop	K_c	τ_I (min)
$X_D - R$	0.85	7.21
$X_B - S$	−0.089	8.86

및 다중루프 제어계 성능을 비교한다. 입력 및 출력 변수는 변이변수로 표시한다. 적분절대오차(IAE) 성능 지수 값(12장)이 각 출력에 포함된다.

그림 20.14의 사례 A와 B를 비교하면 출력 변수가 더 빠른 설정값 응답, 더 적은 진동 및 더 작은 IAE 값을 나타내기 때문에 제약조건이 없는 MPC가 다중루프 제어계보다 우수함을 나타낸다. 또한 MPC의

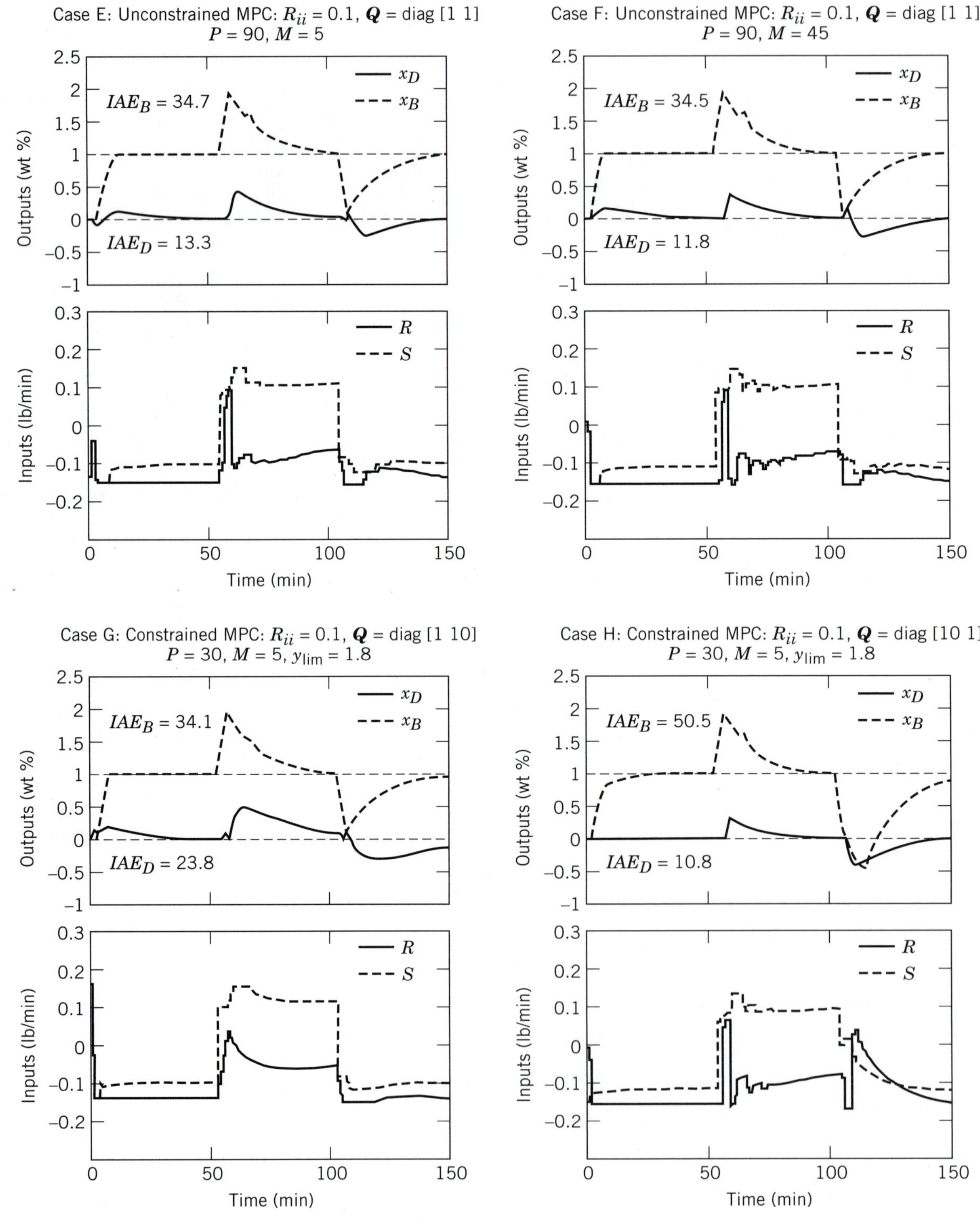

그림 20.15 Wood-Berry 모델에 대한 MPC 설계 파라미터의 영향.

경우 입력 변수의 변화가 더 부드럽다. 사례 B는 그림 20.14와 그림 20.15의 비교를 위한 "기본 사례"로 사용된다. MPC 설계 파라미터는 그림 20.14에 나와 있으며 앞서 제시한 지침에 따라 선택하였다.

그림 20.14의 사례 B와 C는 제약조건이 있는 MPC와 없는 MPC의 비교를 제공한다. 이 응답은 매우 유사하며 주로 두 번째 외란에 대해 작은 차이만 발생한다. 이 다소 놀라운 결과는 다음과 같이 해석될 수 있다. 제약조건이 있는 것과 없는 MPC에 대한 응답은 두 제어기 모두에 대해 대부분의 시간 동안 입력이 포화되기 때문에 매우 유사하다. 하나의 입력이 포화되면 MPC 제어기에는 다른입력, 하나의 자유도만 남는다. 이와 대조적으로 더 큰 제어 문제(예: 10 × 10)의 경우 제약조건이 있는 MPC는 더 많은 자유도를 갖는다. 이러한 더 큰 문제의 경우, 제약조건이 있는 MPC가 추가적인 자유도와 제약조건 및 공정 상호작용에 대한 인식으로 인해 향상된 제어를 제공하는 경향이 있다.

대각 움직임억제 행렬 $\boldsymbol{R}$의 효과는 사례 B와 D의 비교에서 분명하다. 대각 요소 R_{ii}가 0.1에서 10으로 증가하면 MPC 입력이 더 부드러워지고 출력 응답이 더 큰 변이, 더 높은 IAE 값, 그리고 더 긴 정착시간을 갖는다.

제어범위 M의 변경 효과는 사례 B, E 및 F에 나타난다. y 응답 및 IAE 값은 M의 세 값인 5, 30, 그리고 45 모두에 대해 매우 유사하다. 그러나 u 응답이 $M = 5$인 경우 더 부드럽다.

사례 G와 H는 지정된 출력 변수의 개선된 제어가 식 20-62에서 행렬 $\boldsymbol{Q}$의 원소를 조정하여 달성할 수 있음을 보여준다. 사례 G의 경우 x_B는 x_D보다 10 배 더 가중치가 부여되며, 반대 상황이 발생하는 케이스 H와 대조된다. 더 작은 최대변이, IAE 값 및 안정화 시간으로 알 수 있듯이 가중치가 더 높은 출력의 제어는 다른 출력을 희생하여 향상된다. 사례 G 및 H의 경우 $P = 30$이고 결과는 $P = 90$인 다른 사례와 유사하다.

20.7 MPC의 구현

이 절에서는 모델예측제어시스템을 설계하고 구현하는 데 관련된 활동에 대한 개요를 제공한다. 새로운 MPC 적용의 경우 일반적으로 프로젝트 승인 전에 비용/ 수익 분석을 수행한다. 그런 다음 MPC 구현과 관련된 단계는 다음과 같이 요약할 수 있다(Hokanson and Gerstle, 1992; Qin and Badgwell, 2003).

1. 초기 제어기 설계
2. 사전 테스트 활동
3. 플랜트 테스트
4. 모델 개발
5. 제어시스템 설계 및 시뮬레이션
6. 운영자 인터페이스 설계 및 운영자 교육
7. 설치 및 시운전
8. 결과 측정 및 성능 모니터링

1단계: 초기 제어기 설계

MPC 설계의 첫 번째 단계는 피제어, 조작 및 측정외란 변수를 선택하는 것이다. 이러한 선택은 MPC 제어시스템의 구조를 결정하며 공정 지식과 제어 목표를 기반으로 해야 한다. 일반적인 적용 사례에서 피제어 변수의 수는 40개 이하이고, 조작(입력) 변수의 수는 20개 이하이다. 이러한 예비 선택은 5단계에서 검토하고 필요한 경우 수정한다. 3단계의 플랜트 테스트 중에 변화를 줄 입력 및 측정외란 변수는 신중하게 선택해야 한다. 예를 들어, 나중에 5단계에서 새 입력 변수를 추가하기로 결정한 경우 추가 플랜트 테스트가 필요하며 이는 중대한 작업이다. 이와 대조적으로, 추가 출력 변수는 플랜트 테스트 중에 측정값을 기록했다면 필요한 경우 나중에 MPC 제어 구조에 추가할 수 있다.

2단계: 사전 테스트 활동

사전 테스트 활동(또는 줄여서 *사전 테스트*) 중에 플랜트 기기가 제대로 작동하는지 확인한다. 센서 결함, 제어밸브 고착 등에 대한 교정 조치가 필요할 수 있다. 또한 현재 측정되지 않는 일부 공정 변수에 대한 센서 설치를 결정할 수 있다. 사전 테스트에는 정상 상태 이득과 각 입력–출력 쌍에 대한 대략적인 정착시간을 추정하기 위한 예비 실험 테스트도 포함된다. 이 정보는 3단계의 전체 플랜트 테스트를 계획하는 데 사용된다.

앞서 언급했듯이 MPC 제어 계산의 결과는 조정제어 루프에 대한 설정값으로 구현되는 입력움직임이다. 예를 들어 냉각수 유량이 MPC 입력 변수인 경우 MPC 제어기는 해당 DCS 제어 루프에 대한 설정값을 계산한다. 따라서 사전 테스트 중에 DCS 제어시스템의 성능을 철저히 확인하고 필요한 경우 제어 루프를 다시 조율하거나 재구성하는 것이 중요하다.

이러한 평가 및 유지 관리 활동은 매우 중요하다. 기본 계측 및 DCS 제어시스템이 제대로 작동하지 않으면 MPC 전략이 비효율적이며 MPC 적용의 성공이 위태로워진다.

사전 테스트 실험에서 각 조작 변수(MV)는 작은 계단 변화를 일으켜 최소 한 번 이상 *범프*된다(혹은 충돌된다, bumped). 정상 상태 이득 및 정착시간은 7장에서 설명한 기술을 사용하여 계단 응답 데이터에서 추정한다. 가능한 경우 각 측정 외란 변수(DV)도 범프되어야 한다. 그리 못하면, 외란 변수가 크게 변경된 기간 동안의 과거 데이터에서 이득 및 정착시간을 추정할 수 있다. 이러한 범프 테스트 중에는 출력 변수에 대한 기존 DCS 제어 루프를 수동으로 설정해야 한다. 따라서 사전 테스트 실험은 열린 루프 계단 테스트이다(12장 참조). 그러나 MV 및 DV 이동은 일반적으로 DV 및 MV에 대한 DCS 루프의 설정값 변경으로 구현된다.

사전 테스트의 일부로 기존 제어시스템의 성능을 벤치마킹하여 나중에 MPC 성능과 비교하는 것이 바람직하다(8단계). 예를 들어, 대표적인 설정값 변경 및 측정외란에 대한 닫힌 루프 응답은 12장의 성능 기준을 사용하여 파악할 수 있다. 비록 쉽지 않지만 제어시스템의 경제적 성능에 대한 기준선도 설정해야 한다.

3단계: 플랜트 테스트

MPC 계산을 위한 동적 모델은 특별히 수행하는 플랜트 테스트 중에 수집된 데이터로 개발한다. 플랜트 테스트는 시간이 매우 많이 걸리며 일반적으로 하루 또는 몇 주 동안 24시간 실험이 필요하다. 필요한 테스트 기간은 출력의 정착시간과 MV 및 DV의 수에 따라 다르다. 플랜트 테스트를 위한 여기(excitation)는 일반적으로 입력 변수 또는 외란 변수(가능한 경우)를 한 값에서 다른 값으로 변경하는 것으로 구성되며, 서로 다른 지속시간을 갖는 일련의 계단 변화 또는 7장에서 소개한 PRBS (pseudorandom-binary sequence)를 사용한다. 플랜트 테스트 실험은 2단계의 사전 테스트 실험과 동일한 방식으로 실행한다.

각 MV 및 DV를 개별적으로 움직이는 것이 전통적인 산업계 실무 관행이다. 너무 작은 움직임은 정상적인 공정 요동과 측정잡음으로 인해 계단 응답이 가려질 수 있으므로 움직임의 크기는 신중하게 선택해야 한다. 반면에 변화를 너무 크게 주면 선형 모델로 정확하게 설명할 수 없는 출력 제약조건 위반 또는 비선형 공정 거동이 발생할 수 있다.

허용 가능한 최대 입력 변경의 크기는 출력 제약조건에 대한 지식과 사전 테스트에서 추정된 정상 상태 이득을 통해 추정할 수 있다. 예를 들어, $(\Delta u_j)_{\max}$가 y_i에 대한 제약조건을 위반하지 않고 u_j에서 수행할 수 있는 최대 변화를 나타낸다고 하자. 이는 다음 식으로부터 추정할 수 있다.

$$(\Delta u_j)_{\max} = \frac{(\Delta y_i)_{\max}}{\hat{K}_{ij}} \tag{20-83}$$

여기서 $(\Delta y_i)_{\max}$는 y_i의 최대 허용 변화이고 $\hat{K}_{ij}$는 y_i와 u_j 사이의 추정된 정상 상태 이득이다. 그러나,이 정상 상태 분석은 각 y_i가 과도응답 동안 제약조건을 충족하는 것은 보장하지 않는다.

가장 긴 계단 테스트의 지속 시간은 사전 테스트 동안 관찰된 가장 긴 정착시간인 $t_{\max}$와 같다. 더 짧은 계단 변화도 이루어지며 지속 시간은 일반적으로 $t_{\max}/8$에서 $t_{\max}/2$까지 다양하다. 모델식별을 위한 충분한 데이터를 확보하기 위해 각 입력 변수는 일반적으로 8~15회 움직인다(Qin and Badgwell, 2003).

일부 MPC 공급 업체는 $t_{test} = 6(r + p)t_{\max}$의 총 플랜트 테스트 기간을 권장한다. 여기서 r은 입력 변수의 수고 p는 측정 외란 변수의 수이다. 원칙적으로 t_{test}는 기존의 순차 ("한 번에 하나씩") 접근 방식이 아니라 여러 입력(또는 외란) 변수를 동시에 변경함으로써 줄일 수 있다. 또한 순차 접근 방식을 사용하여 불량조건을 갖는 공정 모델을 식별하는 것은 매우 어려울 수 있다. 그러나 많은 현실적 고려 사항으로 인해 입력 변화는 전통적으로 순차적으로 이루어진다. 특히, 동시 입력 움직임은 테스트 관리를 복잡하게 하고 테스트 데이터를 육안으로 검사하여 비정상 작동 기간을 식별하기 어렵게 만든다. 또한 출력 제약조건이 위반되지 않도록 하는 것도 더 어렵다. 이와 비슷한 현실적 고려 사항 때문에 7장의 PRBS(pseudorandom binary sequence)보다 계단 변화가 전통적으로 선호된다.

4단계: 모델 개발

동적 모델은 모델 형태(예: 계단 응답 모델)를 선택한 다음 모델 파라미터를 추정하여 플랜트 테스트 데이터로부터 개발된다. 그러나 먼저 제어밸브 포화 또는 DCS 제어 루프가 수동으로 설정된 것과 같은 플랜트 장애 또는 기타 비정상 상황이 발생한 테스트 기간의 데이터를 제거하는 것이 중요하다. 테스트 데이터의 일부를 생략하는 결정은 데이터의 시각적 검사, 공정에 대한 지식 및 경험을 기반으로 한다. 파라미터 추정은 일반적으로 최소제곱추정을 기반으로 한다(7장).

모델 개발 단계의 일부로 모델 정확도를 파악해야 한다. 이 정보는 후속 시스템 설계 및 조율에 유용하기 때문이다. 특성 파악에는 모델 예측 및 / 또는 모델 파라미터에 대한 신뢰구간을 포함할 수 있다. 신뢰구간은 표준 통계 기법을 사용하여 계산할 수 있다 (Ljung, 1999).

5단계: 제어시스템 설계 및 시뮬레이션

MPC 설계는 제어 및 최적화 목표, 공정 제약조건 및 동적 모델을 기반으로 한다. 1단계의 예비 제어시스템 설계는 필요한 경우 비판적으로 평가되고 수정된다. 그런 다음 샘플링 주기, 가중치, 제어 및 예측 구간을 포함하여 20.6절의 MPC 설계 파라미터를 선택한다. 다음으로, 제어시스템 성능을 평가하기 위해 식별된 공정 모델과 다양한 공정 조건을 사용하여 닫힌 루프계를 시뮬레이션한다. MPC 설계 파라미터는 필요한 경우 지정된 운전조건 범위에서 만족스러운 제어시스템 성능과 강인성을 얻기 위해 조정한다.

6단계: 운영자 인터페이스 설계 및 운영자 교육

플랜트 운영자는 제조 플랜트에서 중요한 역할을 하기 때문에 MPC 운영자 인터페이스가 그들의 요구를 충족시키는 것이 중요하다. 예측제어, 다변수 상호작용 및 제약조건 처리와 같은 MPC 개념이 기존 조정제어 개념과 매우 다르기 때문에 운영자 교육도 중요하다. 표준 다중 루프 제어계에서는 각 입력을 하나의 출력 변수 측정을 기반으로 조정되지만 반대로 MPC에서 각 입력은 모든 출력에 의존한다. 따라서 MPC 시스템이, 특히 비정상적인 운전 조건에서, 응답하는 방식을 이해하는 것은 운영자와 엔지니어 모두에게 매우 어려울 수 있다.

7단계: 설치 및 시운전

MPC 제어시스템이 설치된 후 먼저 “예측 모드”에서 평가한다. 모델 예측은 측정과 비교되지만 공정은 기존 제어시스템(예: DCS)에 의해 계속 제어된다. 출력 예측이 만족스러운 것으로 판단되면 계산된 MPC 제어 움직임을 평가하여 합리적인지 확인한다. 마지막으로, MPC 소프트웨어는 DCS 제어 루프에 대한 설정값으로 계산되어 구현되는 제어 움직임을 사용하여 닫힌 루프로 운전 중에 평가한다. MPC 설계 파라미터는 필요한 경우 조율한다. 시운전 기간에 일반적으로 몇 가지 문제 해결이 필요하고 3단계의 플랜트 테스트 만큼 혹은 그 이상의 시간이 걸릴 수 있다.

8단계: 결과 측정 및 성능 모니터링

MPC 시스템 성능 평가는 쉽지 않으며 일반적으로 통용되는 지표 및 모니터링 전략을 사용할 수 없다. 그러나 측정변수에 대한 평균 및 표준 편차와 같은 기본 통계값과 제어오차와 모델잔차와 같은 계산값이 유용한 진단 정보가 된다. 또 다른 유용한 통계값은 MPC 시스템이 작동 중인 총 시간대비 입력이 포화되거나 제약조건이 위반된 시간을 백분율로 표시한 상대적 시간이다. 이러한 유형의 일상적인 모니터링 활동은 21장에서 더 자세히 설명하도록 한다.

12장에서는 IAE 지수, 오버슈트, 정착시간, 그리고 진동정도 같은 제어시스템 성능을 특성화하기 위한 여러 고전적 지표를 고려하였다. 이러한 지표가 도움이 되지만 MPC 성능에 대한 전체적인 묘사는 하지 못한다. MPC를 사용하는 중요한 동기는 목표와 제약조건의 한계에 더 가깝게 공정 운영을 할 수 있게 한다는 것이다. 따라서 MPC 성능 평가에 이러한 목표가 실현되었는지 여부에 대한 측정이 포함되어야 한다. 그렇다면 공정 운영의 눈에 띄는 개선이 제품 품질, 처리량 또는 에너지 비용과 같은 경제적으로 의미있는 측정에 반영되어야 한다. MPC 시스템을 설치하기 전과 후에 다양한 성능 지표를 계산해야 한다.

MPC 시스템 성능은 공정, 기기 또는 외란을 포함한 공정 조건의 변화로 인해 성능이 저하되지 않도록 정기적으로 모니터링 해야 한다. 성능이 현저히 나빠지면 제어기를 다시 조율하거나 공정 모델 전체(또는 일부)를 다시 식별해야 할 수 있다. MPC 모니터링 전략의 개발은 활발한 연구 분야이다(Kozub, 2002; Jelali, 2006; McIntosh and Canney, 2008; Badw*e* 외, 2009).

요약

모델예측제어는 입력 및/혹은 출력에 부등식 제약조건이 있는 대규모 다중 입출력 제어 문제를 위해 고안된 중요한 모델 기반 제어 전략이다. 이 장에서는 MPC의 이론적 측면과 실제적 측면을 모두 고려했다. MPC 적용 시에 일반적으로 두 가지 유형의 계산을 포함한다. (1) 제어 계산을 위한 최적 설정값 결정을 위한 정상 상태 최적화 및 (2) 공정을 설정값으로 유도하는 MV 움직임을 결정하기 위한 제어 계산이 바로 그것이다. MPC와 같은 모델 기반 제어 전략의 성공은 합리적으로 정확한 공정 모델의 가용성에 크게 좌우된다. 결과적으로 모델 개발은 MPC 적용에서 가장 중요한 단계이다. Rawlings(2000)가 언급했듯이 "피드백은 불량 모델의 일부 영향을 극복할 수 있지만 좋지 않은 공정 모델로 시작하는 것은 헤드라이트없이 야간에 자동차를 운전하는 것과 유사하다." 마지막으로 두 가지 시뮬레이션 예제에서 설명한대로 MPC 설계 파라미터를 신중하게 선택해야 한다.

모델예측제어는 전 세계적으로 수천 개의 적용을 통해 산업 관행에 큰 영향을 끼쳤다. MPC는 정유 및 석유화학 산업에서 어려운 제어 문제 해결을 위해 채택되는 방법이 되었다. 그러나 모든 어려운 조정제어 문제에 대한 만병 통치약은 아니다(Shinskey, 1994; Hugo, 2000; McIntosh and Canney, 2008). 또한 MPC는 정유 및 석유화학 외의 다른 공정 산업에는 끼치는 영향력이 훨씬 적다. MPC 시스템의 성능 모니터링은 현재 연구에서 중요한 주제이다.

참고문헌

Badgwell, T. A., and S. J. Qin, A Review of Nonlinear Model Predictive Control Applications, in *Nonlinear Predictive Control: Theory and Practice*, B. Kouvaritakis and M. Cannon (Eds.), Inst. Electrical Eng., London, 2001, Chapter 1.

Badgwell, T. A., and S. J. Qin, Model-Predictive Control in Practice, in *Encyclopedia of Systems and Control*, Springer-Verlag Ltd., London, 2014.

Badwe, A. S., R. D. Gudi, R. S. Patwardhan, S. L. Shah, and S. C. Patwardhan, Detection of Model-Plant Mismatch in MPC Applica- tions, *J. Process Control*, **19**, 1305 (2009).

Bemporad, A., M. Morari, and N. L. Ricker, *Model Predictive Control Toolbox 3*, User's Guide, Mathworks, Inc., Natick, MA, 2009.

Bonavita, N., R. Martini, and T. Matsko, 2003, Improvement in the performance of online control applications via enhanced modeling techniques, *Proc. of the European Refining Technology Conference on Computing*, Milan, Italy (2003).

Camacho, E. F., and C. Bordons, *Model Predictive Control* 2nd ed., Springer-Verlag, New York, 2003.

Canney, W. M., The Future of Advanced Process Control Promises More Benefits and Sustained Value, *Oil & Gas Journal*, **101** (16), 48 (2003).

Clarke, D. W., C. Mohtadi, and P. S. Tufts, Generalized Predictive Control—Part I. *The Basic Algorithm, Automatica*, **23**, 137 (1987). Cortinovis, A., H. J. Ferreau, D. Lewandowski, and M. Mercangöz,

Experimental evaluation of MPC-based anti-surge and process control for electric driven centrifugal gas compressors, *J. Process Control*, **34**, 13 (2015).

Cutler, C. R., and B. L. Ramaker, Dynamic Matrix Control—A Computer Control Algorithm, *Proc. Joint Auto. Control Conf., Paper WP5-B*, San Francisco (1980).

Darby, M. L., and M. Nikolaou, MPC: Current Practice and Challenges, *Control Eng. Practice*, **20**, 328 (2012).

Edgar, T. F., D. M. Himmelblau, and L. Lasdon, *Optimization of Chem- ical Processes*, 2nd ed., McGraw-Hill, New York, 2001.

Forbes, M. G., R. S. Patwardhan, H. Hamadah, and R. B. Gopaluni, Model Predictive Control in Industry: Challenges and Opportunities, *Proc. IFAC ADCHEM Symposium*, Whistler, 532 (2015).

Grosman, B., E. Dassau, H. C. Zisser, L. Jovanovic, and F. J. Doyle

III, Zone Model Predictive Control: A Strategy to Minimize Hyper- and Hypoglycemic Events, *J. Diabetes Sci. Tech.*, **4**, 961 (2010).

Hokanson, D. A., and J. G. Gerstle, Dynamic Matrix Control Multivariable Controllers, in *Practical Distillation Control*, W. L. Luyben (Ed.) Van Nostrand Reinhold, New York, 1992, p. 248.

Hugo, A., Limitations of Model Predictive Controllers, *Hydrocarbon Process.*, **79** (1), 83 (2000).

Jelali M., An Overview of Control Performance Assessment Technology and Industrial Applications, *Control Eng. Practice*, **14**, 441 (2006).

Kano, M., and M. Ogawa, The State of the Art in Chemical Process Control in Japan: Good Practice and Questionnaire Survey, *J. Process Control*, **20**, 969 (2010).

Kassman, D. E., T. A. Badgwell, and R. B. Hawkins, Robust Steady-State Target Calculations for Model Predictive Control, *AIChE J.*, **46**, 1007 (2000).

Kozub, D. J., Controller Performance Monitoring and Diagnosis. Industrial Perspective, *Preprints of the 15th Triennial World IFAC Congress*, Barcelona, Spain (July 2002).

Lee, J., W. Cho, and T. F. Edgar, Multiloop PI Controller Tuning for Interacting Multivariable Processes, *Comput. Chem. Eng.*, **22**, 1711 (1998).

Ljung, L., *System Identification*, 2nd ed., Prentice Hall, Upper Saddle River, NJ, 1999.

Lundström, P., J. H. Lee, M. Morari, and S. Skogestad, Limitations of Dynamic Matrix Control, *Comput. Chem. Eng.*, **19**, 409 (1995).

Maciejowski, J. M., *Predictive Control with Constraints*, Prentice Hall, Upper Saddle River, NJ, 2002.

Maurath, P. R., D. A. Mellichamp, and D. E. Seborg, Predictive Controller Design for SISO Systems, *IEC Research*, **27**, 956 (1988).

McIntosh, A. R., and W. M. Canney, The Dirty Secrets of Model Predictive Controller Sustained Value, *Proc. Internat. Sympos. on Advanced Control of Industrial Processes (ADCONIP 2008)*, Paper MoB1.4, Jasper, Alberta, Canada (May 2008).

Morari, M., and J. H. Lee, Model Predictive Control: Past, Present, and Future, *Comput. Chem. Eng.*, **23**, 667 (1999).

Morari, M., and N. L. Ricker, *Model Predictive Control Toolbox*, The Mathworks, Inc., Natick, MA, 1994.

Poland, J., A. J. Isaksson, and P. Aronsson, Building and Solving Nonlinear Optimal Control and Estimation Problems, *Proc. Of the 7th Modelica Conference*, Como, Italy (2009).

Qin, S. J. and T. A. Badgwell, A Survey of Industrial Model Predictive Control Technology, *Control Eng. Practice*, **11**, 733 (2003).

Rawlings, J. B., Tutorial Overview of Model Predictive Control, *IEEE Control Systems*, **20**(3), 38 (2000).

Rawlings, J. B., and D. Q. Mayne, *Model Predictive Control: Theory and Design*, Nob Hill Publishing, Madison, Wisconsin, 2009.

Richalet, J., and D. O'Donovan, *Predictive Functional Control: Principles and Industrial Applications*, Springer-Verlag Ltd., London, 2009.

Richalet, J., A. Rault, J. L. Testud, and J. Papon, Model Predictive Heuristic Control: Applications to Industrial Processes, *Automatica*, **14**, 413 (1978).

Rossiter, J. A., *Model-Based Predictive Control: A Practical Approach*, CRC Press, Boca Raton, FL, 2003.

Shinskey, F. G., *Feedback Controllers for the Process Industries*, McGraw-Hill, New York, 1994.

Sorensen, R. C., and C. R. Cutler, LP Integrates Economics into Dynamic Matrix Control, *Hydrocarbon Process.*, **77**(9), 57 (1998).

Stadler, K., J. Poland, and E. Gallestey, Model predictive control of a rotary cement kiln. *Control Eng. Prac.*, **19**, 1 (2011).

White, D. C., Multivariable Control of a Chemical Plant Incinerator: An Industrial Case Study of Co-Linearity and Non-Linearity, *Proc. Internat. Sympos. on Advanced Control of Industrial Processes (ADCONIP 2008)*, Paper MoB1.1, Jasper, Alberta, Canada (May 2008).

Yu, Z. H., J. H. Lee, and M. Morari, State Estimation Based Model Predictive Control Applied to Shell Control Problem: A Case Study, *Chem. Eng. Sci.*, **49**, 285 (1994).

연습문제

20.1 다음의 전달함수에 대해

$$G_P(s) = \frac{3e^{-2s}}{(15s+1)(10s+1)} \qquad G_v = G_m = 1$$

(a) 단위계단 변화에 대한 계단 응답의 해석적 표현식을 유도하여라. $\Delta t = 1$의 샘플링 주기 동안 계단 응답계수 $\{S_i\}$를 구하라.

(b) 계단 응답모델이 열린 루프 정착시간의 99% 이상을 포함하도록 하려면 모델구간 N의 값을 얼마로 지정해야 하는가? (즉, $N\Delta t \geq t_{99}$가 필요하며 t_{99}는 99% 정착시간이다.)

20.2 공정은(센서와 제어밸브를 포함) 다음의 전달함수로 모델된다.

$$G(s) = \frac{4(1-3s)}{(15s+1)(5s+1)}$$

(a) 입력의 단위계단 변화에 대한 응답의 해석적 표현식을 유도하여라.

(b) 모델구간에 대한 최대 허용값이 $N = 30$이라고 가정하자. 계단 응답모델이 열린 루프 정착시간의 99% 이상을 포함하도록 하려면 샘플링 주기 Δt를 어떤 값으로 지정해야 하는가? (즉, $N\Delta t \geq t_{99}$가 필요하며 t_{99}는 99% 정착시간이다.) 해석적 해와 Δt 값을 사용하여 식 20-1의 형태를 갖는 계단 응답모델을 얻어라.

20.3 $M = 1$의 제어구간에 대한 제어 계산은 해석적으로 또는 수치적으로 수행할 수 있다. 연습문제 20.1의 공정 모델에 대해 식 20-65를 사용하여 $\Delta t = 1$, $N = 50$ 및 $P = 5$, $\boldsymbol{Q} = \boldsymbol{I}$ 그리고 $\boldsymbol{R} = \boldsymbol{0}$ 일 때 K_{c1}을 도출하여라. Maurath 외 (1988)에 의해 보고된 해석적 결과와 답을 비교하라.

$$\boldsymbol{K}_{c1} = \frac{1}{\sum_{i=1}^{P} S_i^2} [S_1\ S_2\ S_3 \ldots S_P]$$

20.4 연습문제 20.1의 전달함수 모델을 고려하자. 아래 표시된 네 가지 설계 파라미터 집합 각각에 대해 모델예측제어기를 설계할 때 다음을 수행하여라:

(a) 설정값의 단위계단 변화에 대해 제어기를 비교하라. y와 u의 응답 둘 모두를 고려하라.

(b) 외란에 단위계단 변화가 있을 때 (a)의 비교를 다시 해보아라. $G_d(s) = G(s)$로 가정한다.

(c) 어느 제어기가 최적 성능을 보이는가? 답의 근거를 제시하라.

Set No.	Δt	N	M	P	$\boldsymbol{R}$
(i)	2	40	1	5	0
(ii)	2	40	20	20	0
(iii)	2	40	3	10	0.01
(iv)	2	40	3	10	0.1

20.5 연습문제 20.1에서, $j = 1, 2, \ldots, M - 1$에 대해 조작 변수에 $u_{k+j} \le 0.2$ 인 제약조건이 있다고 가정하자. 또한 $\Delta t = 2$ 및 $N = 40$이다. 외란에 단위계단외란이 발생한 후 이 제약조건이 위배되지 않도록 M, P, 그리고 $\boldsymbol{R}$을 선정하라.

20.6 연습문제 20.1에서, 두 종류의 설계 파라미터를 고려하고 외란과 설정값 모두에 단위계단 변화가 있는 경우를 시뮬레이션하라. 외란모델은 공정모델과 같다고 가정하고 설계 파라미터는 다음과 같다.

(a) $\boldsymbol{M} = 7$ $P = 10$ $\boldsymbol{R} = \boldsymbol{0}$

(b) $\boldsymbol{M} = 3$ $P = 10$ $\boldsymbol{R} = \boldsymbol{0}$

어느 제어기가 최적의 제어를 제공하는가? 답의 근거를 제시하라.

20.7 식 20-65의 SISO 버전의 제약조건이 없는 MPC를 고려하자. 제어기는 제어구간 $M = 1$이고 가중치 행렬은 $\boldsymbol{Q} = \boldsymbol{I}$ 및 $\boldsymbol{R} = 1$의 값을 갖도록 설계한다. 예측구간 P는 임의로 선택 가능할 때 결과적으로 얻는 MPC 제어기가 간단한 해석해의 형태를 가짐을 보여라.

20.8 20.6.1절에서 MPC를 Wood-Berry 증류탑 모델에 적용하였다. 이 예제와 제약조건이 있는 MPC에 대한 MATLAB 프로그램이 표 E20.8에 주어져 있다. 설계 파라미터는 $P = 10$ 및 $M = 5$를 제외하고 기준 케이스 값이 있다(그림 20.14의 사례 B). 입력 제약조건은 각 입력에 대한 포화한계이다(−0.15 및 +0.15). 다음 파라미터 값에 대해 설정값 변경 및 20.6.1절의 첫 번째 외란을 시뮬레이션하여 제어구간 M 및 입력가중행렬 $\boldsymbol{R}$의 효과를 평가하라.

(a) 제어구간, $M = 2$ 및 $M = 5$

(b) 입력가중행렬, $\boldsymbol{R} = 0.1\,\boldsymbol{I}$ 및 $\boldsymbol{R} = \boldsymbol{I}$

입력과 출력의 그래프 모두를 고려할 때 M과 $\boldsymbol{R}$ 중 어떤 선택이 최상의 제어를 제공하는가? 이러한 MPC 제어기 중 하나가 그림 20.14 및 그림 20.15에 표시된 제어기보다 훨씬 더 나은 제어를 제공하는가? 답에 대한 정당한 근거를 제시하라.

20.9 다음 공정에 대하여 모델예측제어기를 설계하자.

$$G_p(s) = \frac{e^{-6s}}{10s+1} \qquad G_v = G_m = 1$$

계단 응답의 95% 완료 및 $\Delta t = 2$를 기준으로 N 값을 선택하라.

표 E20.8 MATLAB 프로그램(Morari and Ricker (1994)의 프로그램에 기반을 두었음).

```
g11=poly2tfd(12.8,[16.7 1],0.1);   % model
g21=poly2tfd(6.6,[10.9 1],0,7);
g12=poly2tfd(−18.9,[21.0 1],0,3);
g22=poly2tfd(−19.4,[14.4 1],0,3);
gd1=poly2tfd(3.8,[14.9 1],0,8.1);
gd2=poly2tfd(4.9,[13.2 1],0,3.4);
tfinal=120;      % Model horizon, N
delt=1;          % Sampling period
ny=2;            % Number of outputs
model=tfd2step(tfinal,delt,ny,g11,g21,g12,g22)
plant=model;      % No plant/model mismatch
dmodel=[ ]        % Default disturbance model
dplant=tfd2step(tfinal,delt,ny,gd1,gd2)
P=10; M=5;  % Horizons
ywt=[1 1]; uwt=[0.1 0.1]; % Q and R
tend=120;   % Final time for simulation
r=[0 1];   % Set-point change in XB
a=zeros([1,tend]);
for i=51:tend
  a(i)=0.3*2.45; % 30 % step in F at t=50 min.
end
dstep=[a'];
ulim=[−.15 −.15 .15 .15 1000 1000]; % u limits
ylim=[ ];          % No y limits
tfilter=[ ];
[y1,u1]=cmpc(plant,model,ywt,uwt,M,P,tend,r,
ulim,ylim, tfilter,dplant,dmodel,dstep);
figure(1)
subplot(211)
plot(y1)
legend('XD','XB')
xlabel('Time (min)')
subplot(212)
stairs(u1)% Plot inputs as staircase functions
legend('R','S')
xlabel('Time (min)')
```

다음 설계 파라미터를 사용하여 설정값 변경에 대한 닫힌 루프 응답을 시뮬레이션 하여라.

(a) $M = 1$ $P = 7$ $\boldsymbol{R} = \boldsymbol{0}$

(b) $M = 1$ $P = 5$ $\boldsymbol{R} = \boldsymbol{0}$

(c) $M = 4$ $P = 30$ $\boldsymbol{R} = \boldsymbol{0}$

20.10 다음 변수가 있는 부록 E의 PCM로(furnace) 모듈을 고려하자(HC는 탄화수소를 나타냄).

CV: HC 출구 온도 T_{HC} 및 산소 출구 농도 c_{O_2}

MV: 연료 가스 유량 F_{FG} 및 공기 유량 F_A

DV: HC 유량 F_{HC}

아래 제공된 전달함수 모델을 사용하여 다음을 수행하여라.

(a) 다음 설계 파라미터를 사용하여 MPC 시스템을 설계하라. Δt = 1 min, $\boldsymbol{Q}$ = diagonal[0.1, 1], $\boldsymbol{R}$ = diagonal[0.1, 0.1], P = 20 및 M = 1

(b) 동일한 설계 파라미터에 대해 (a) 부분을 반복하지만 $\boldsymbol{R}$ = diagonal [0.5, 0.5]이다.

(c) t = 10 min에서 c_{O_2} 설정값을 1.0143 mol/m^{3}로 계단 변경을 하기 위해 두 MPC 제어기를 시뮬레이션하라.

(d) t = 10 min에서 F_{HC}의 0.035 m^3/min로 계단 변경에 대해 (c)를 반복하라.

(e) (c) 및 (d)의 결과에 따르면 어느 MPC 제어기가 더 우수한가? 답을 정당화해라.

공정 전달함수 행렬:

$$\begin{array}{c} \\ T_{HC} \\ \\ c_{O_2} \end{array} \begin{array}{c} \begin{array}{cc} F_{FG} & F_A \end{array} \\ \begin{bmatrix} \dfrac{220e^{-2s}}{6.5s+1} & \dfrac{-13e^{-2s}}{6.2s+1} \\ \dfrac{-2.0e^{-4s}}{3.8s+1} & \dfrac{0.14e^{-4s}}{4.2s+1} \end{bmatrix} \end{array}$$

20.11 부록 E의 PCM 증류탑 모듈을 다음의 변수에 대해 고려하자:

CV: 탑상 조성 (x_D) 및 탑저 조성 (x_B)

MV: 환류비 (R) 및 증기유량 (V)

DV: 탑 공급유량 (F)

아래 제공된 전달함수 모델을 사용하여 다음을 수행하여라.

(a) 다음 설계 파라미터를 사용하여 MPC 시스템을 설계하라. Δt = 60 sec, $\boldsymbol{Q}$ = diagonal [0.1, 0.1], $\boldsymbol{R}$ = diagonal [0.1, 1], P = 40, M = 1

(b) 동일한 설계 파라미터에 대해 (a)를 반복하되 $\boldsymbol{Q}$ = diagonal [0.5, 0.5]로 하여라.

(c) 0.85에서 0.80으로 탑상 조성 (x_D)에 대한 설정값의 계단변화에 대해 두 개의 MPC 제어기를 시뮬레이션하라.

(d) 탑저 조성 (x_B)에 대한 설정값을 0.15에서 0.2로 계단 변화시킬 때 (c)를 반복하라.

(e) (선택문제-외란 테스트) 컬럼 공급유량 (F)을 0.025에서 0.03으로 계단 변화를 일으킬 때 (c)를 반복하라.

(f) (c)–(e)에서 얻은 결과에 따르면 어떤 MPC 컨트롤러가 더 우수한가? 답을 정당화해라.

공정 전달함수 행렬(모든 시간은 분단위)

$$\begin{array}{c} \\ x_D \\ \\ x_B \end{array} \begin{array}{c} \begin{array}{cc} R & V \end{array} \\ \begin{vmatrix} \dfrac{0.14e^{-0.94s}}{14s+1} & \dfrac{-9.0e^{-18.6s}}{20s+1} \\ \dfrac{0.16e^{-3.7s}}{17s+1} & \dfrac{-14e^{-0.22s}}{10s+1} \end{vmatrix} \end{array}$$

20.12 연습문제 20.11을 $\boldsymbol{R}$ = diagonal [0.1 0.1]과 (i) M = 1 및 (ii) M = 4에 대해 반복하라.

20.13 연습문제 20.12를 $\boldsymbol{Q}$ = diagonal [0.1 0.1]과 (i) M = 1 및 (ii) M = 5에 대해 반복하라.

CHAPTER 21

공정 모니터링

Process Monitoring

학습목차 *Chapter Contents*

21.1 전통적인 모니터링 기법
21.1.1 한계 확인
21.1.2 성능 계산
21.2 품질 관리 차트
21.2.1 정규 분포
21.2.2 $\bar{x}$ 관리도
21.2.3 s 관리도
21.2.4 품질 관리 차트의 이론적 근거
21.2.5 패턴 테스트와 웨스턴 일렉트릭 룰
21.2.6 CUSUM 및 EWMA 관리도
21.3 통계적 공정 제어의 확장
21.3.1 프로세스 역량 지수
21.3.2 식스 시그마 접근법
21.3.3 통계적 공정 제어와 자동 공정 제어의 비교
21.4 다변량 통계 기법
21.4.1 Hotelling의 T^2 통계
21.4.2 주성분 분석 및 부분 최소 제곱
21.5 제어 성능 모니터링
21.5.1 제어 성능 모니터링을 위한 기본 정보
21.5.2 제어 성능 모니터링 기법
요약

산업 플랜트가 적절하게 운전되기 위해서는 많은 수의 프로세스 변수가 지정된 한계 내에서 유지되어야 한다. 이러한 한계를 넘어서는 주요 변수의 변동은 공장 안전, 환경, 제품 품질 및 공장 수익성에 중대한 영향을 미칠 수 있다. 이전 장에서는 산업 플랜트가 피드백 및 피드포워드 제어에 의존하여 프로세스 변수를 설정값 또는 그 근처의 값으로 유지한다고 밝혔다. 이와 관련한 활동인 *공정 모니터링*도 플랜트 성능이 운영 목표를 충족하는지 확인하는 데 핵심적인 역할을 한다. 이 장에서는 표준 모니터링 기술과 최근 몇 년 동안 업계에서 인정받은 새로운 전략을 소개한다. 공정 모니터링 외에도 제어시스템 자체의 성능 모니터링과 관련된 문제도 고려된다.

공정 모니터링의 일반적인 목표는 다음과 같다.

1. *일상적인 모니터링.* 공정 변수가 지정된 한계 내에 있는지 확인하라.
2. *감지 및 진단.* 비정상적인 프로세스 작동을 감지하고 근본 원인을 진단한다.
3. *예방 모니터링.* 프로세스에 심각한 문제가 발생하기 전에 시정 조치를 취할 수 있도록 비정상 상황을 조기에 감지한다.

비정상적인 공정 운전은 장치 문제(열 교환기 오염), 기기 오작동(제어밸브 고착, 부정확한 센서) 및 비정상적인 외란(촉매 활성 감소, 천천히 표류하는 피드 구성) 등 다양한 이유로 발생할 수 있다. 심한 비정상 상황은 심각한 결과를 초래할 수 있으며, 심지어 공장 운전을 강제로 중단시킬 수도 있다. 비정상 상황을 적절하게 처리함으로써 미국 석유 화

학 산업에서 매년 100억 달러를 절약할 수 있는 것으로 추정되었다(ASM, 2015). 따라서 공정 모니터링 및 비정상적인 상황을 관리하는 것은 중요한 활동이다.

공정 모니터링에 대한 전통적인 접근 방식은 측정값을 지정된 한계와 비교하는 것이다. 이 *한계 검사 방법*은 컴퓨터 제어시스템의 표준 기능이며 유량, 온도, 압력 및 액체 레벨과 같은 공정 변수의 측정을 검증하는 데 널리 사용된다. 공정 변수는 일반적으로 공정 안정화 시간보다 훨씬 짧은 샘플링 기간으로 매우 자주 측정된다(17장 참조). 그러나 대부분의 산업 플랜트에서 많은 중요한 품질 변수는 온라인으로 측정할 수 없다. 대신 제품 샘플을 드물게(예: 매시간 또는 매일) 채취하여 분석을 위해 품질 관리 실험실로 보낸다. 측정 빈도가 낮기 때문에, PID 제어와 같은 표준 피드백 제어 방법을 적용할 수 없으며, 따라서 제품 품질이 사양을 충족하는지 확인하기 위해 통계적 공정 제어 기술이 구현된다.

통계적 공정 제어(SPC) 및 *통계적 품질 관리(SQC)*라는 용어는 제품 품질을 모니터링하기 위해 품질 관리 차트에 의존하는 통계 기반 기술 모음을 의미한다. 이러한 용어는 서로 바꿔서 사용하는 경향이 있다. 그러나 SPC라는 용어는 공정 성능과 제품 품질을 향상시키는 데 사용되는 보다 광범위한 통계 기법을 가리키는 데 사용되기도 한다. 이 장에서는 품질 관리 차트(관리 차트라고도 함)를 기반으로 하는 고전적인 SPC 기술을 강조한다. 가장 간단한 관리도인 Shewhart 관리도는 샘플 수에 대해 플롯된 측정값과 정상 공정 운전의 상한 및 하한을 나타내는 제어 한계로 구성된다.

SPC의 주요 목표는 공정 데이터와 통계 기법을 사용하여 공정 운전이 정상인지 비정상인지를 결정하는 것이다. SPC 방법론은 정상적인 공정 운전이 평균값에 대한 임의의 변동으로 특징지을 수 있다는 기본적인 가정을 기반으로 한다. 이러한 상황이 존재하는 경우, 프로세스는 통계적 제어 상태(또는 제어 상태)에 있다고 말하고 관리도 측정은 평균값에 대해 정규 분포를 따르는 경향이 있다.

이와 대조적으로, 잦은 관리도 위반은 비정상적인 프로세스 동작 또는 통제 불능 상황을 나타낸다. 그러면, 비정상적인 동작의 근본 원인을 식별하기 위해 검색이 시작된다. 근본 원인은 SPC 문헌에서 할당 가능한 원인 또는 특수 원인이라고 하며, 정상적인 프로세스 변동성은 일반적인 원인 또는 우연 원인이라고 한다. 엔지니어링 관점에서 SPC는 비정상 상황이 감지된 후 자동적인 수정 조치가 취해지지는 않기 때문에 제어 기술보다는 모니터링 기술에 가깝다. 기존 피드백 제어와 SPC에 대한 간략한 비교는 21.2.4절에 나와 있다.

기본 SPC 개념과 관리도 방법론은 Shewhart(1931)에 의해 도입되었다. SPC 기술에 대한 현재의 광범위한 관심은 1950년대에 일본에서 처음으로 성공적으로 적용된 후 북미, 유럽 및 나머지 세계에 성공적으로 적용되면서 시작되었다. 관리도 방법론은 현재 개별 부품제조 및 공정 산업의 일부 부문, 특히 반도체, 합성 섬유, 폴리머 및 특수 화학제품 생산에 널리 사용된다. SPC 기술은 제품 품질 관리 및 제어시스템의 성능 모니터링에도 널리 사용된다(Shunta, 1995). 기본적인 SPC 방법론은 통계 입문 텍스트(Montgomery and Runger, 2013)와 SPC 관련 서적(Ryan 2011; Montgomery, 2012)에 설명되어 있다.

SPC 기술은 때때로 품질 혁명이라고 불리는, 제품 품질에 대한 새로운 산업적인 강조에 중요한 역할을 했다. 1980년대에 Deming(1986)은 품질이 기업의 최우선 과제가 되어야 한다고 기업을 설득함으로써 북미의 산업 경영에 큰 영향을 미쳤다. 그는 회사가 양질의 제품을 생산하지 못하는 것은 플랜트 장치나 직원의 부족이기 보다는 대체로 경영상의 실패라고 주장했다. 그의 성공은 21.3절에서 고려되는 식스 시그마 방법론을 포함하여 많은 프로세스 및 품질 개선 프로그램의 수립으로 이어졌다.

이 장에서는 먼저 측정 한계 검사 및 프로세스 성능 계산을 기반으로 하는 기존의 프로세스 모니터링 기술(21.1절)을 소개한다. 21.2절에서는 SPC 모니터링 기술의 이론적 기초와 가장 널리 사용되는 관리도를 고려한다. 또한 공정 역량 지수를 소개하고 SPC를 표준 자동 피드백 제어와 비교한다. 전통적인 SPC 모니터링 기술은 한 번에 하나의 측정된 변수만을 고려한다. 그러나 측정된 변수가 상관 관계가 높은 경우 21.4절에 소개된 다변량 기술을 적용하여 모니터링을 개선할 수 있다. 프로세스 성능을 모니터링하는 것 외에도 제어시스템 성능을 평가하는 것이 매우 유용 할 수 있다. 이 주제는 21.5절에서 고려된다.

프로세스 모델, 신경망 및 전문가 시스템을 기반으로 모니터링 전략이 제안되었다(Davis et al., 2000; Chiang et al., 2001). 그러나 이러한 주제는 이 책의 범위를 벗어난다.

21.1 전통적인 모니터링 기법

이 절에서는 상대적으로 간단하지만 매우 효과적인 두 가지 프로세스 모니터링 기술인 한계 확인 및 성능 계산을 고려한다.

21.1.1 한계 확인

공정 측정은 지정된 한계(한계 검사라고하는 절차)사이에 있는지 확인해야 한다. 가장 일반적인 *측정 한계* 유형은 다음과 같다(10장 참조).

1. 상한 및 하한
2. 변화율의 절대값 상한
3. 표본 분산의 하한

한계는 안전 및 환경 고려 사항, 운영 목표 및 장치 제한을 기반으로 지정된다. 예를 들어, 반응기 온도의 상한은 재료의 한계 또는 바람직하지 않은 부반응의 시작을 기반으로 설정할 수 있다. 슬러리 유속의 하한은 고체 물질이 침전하고 배관을 막는 것을 방지하기 위해 선택할 수 있다. 때때로 두 번째 한계 세트가 *경고 한계*로 사용된다. 예를 들어, 액체 저장 시스템에서 레벨이 15%(하한)로 떨어지면 낮은 우선 순위 알람 신호가 운전원에게 전송될 수 있다. 그러나 레벨이 5%(저–저 한계)로 감소하면 이 심각한 상황에 대해 높은 우선 순위 경보가 생성된다. 마찬가지로 탱크 오버플로를 방지하기 위해 상한 85%와 상한-상한 95% 레벨을 지정할 수 있다. 고–고 및 저–저 한계를 *조치 한계*라고도 한다.

실제로 연속 샘플링 순간 사이에 측정이 얼마나 변경될 수 있는지에 대한 물리적 제한이 있다. 예를 들어, 에너지 균형 및 공정 동역학에 대한 지식을 바탕으로 공정 용기의 온도가 샘플링 순간마다 2 °C 이상 변할 수 없다고 결론을 내릴 수 있다. 이 변화율 제한은 노이즈 스파이크 또는 센서 고장과 같은 비정상적인 상황을 감지하는 데 사용할 수 있다(노이즈 스파이크 필터는 17장에서 고려되었다).

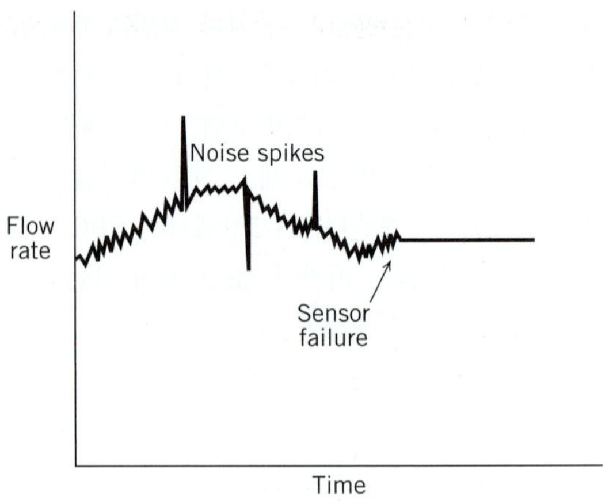

그림 21.1 유량 측정.

일련의 공정 측정은 "정상 상태 작동"에서도 필연적으로 약간의 변동성을 나타낸다. 이러한 변동성은 측정 소음, 센서 근처의 난류 및 기타 공정 외란의 결과로 발생한다. 그러나 변동성이 비정상적으로 낮아지면 "데드 센서"나 고착 제어밸브와 같은 비정상적인 상황을 나타낼 수 있다. 결과적으로 측정 세트의 분산 또는 표준 편차와 같은 가변성 측정을 모니터링하는 것이 일반적이다. 예를 들어, n개의 측정 세트의 변동성은 *표본 표준 편차*, s 또는 *표본 분산*, s^2로 나타난다.

$$s^2 \triangleq \frac{1}{n-1}\sum_{i=1}^{n}(x_i - \bar{x})^2 \tag{21-1}$$

여기서 x_i는 i번째 측정값을 나타내고 $\bar{x}$는 샘플 평균을 나타낸다.

$$\bar{x} \triangleq \frac{1}{n}\sum_{i=1}^{n}x_i \tag{21-2}$$

데이터 세트의 경우 $\bar{x}$는 평균값을 나타내고 s 및 s^2는 데이터의 분포 측정값을 제공한다. s 또는 s^2를 모니터링하여 프로세스 운전 경험에 따라 지정된 임계값을 초과하는지 확인할 수 있다.

그림 21.1의 유량 데이터에는 3개의 노이즈 스파이크와 센서 고장이 포함된다. 변경률 한계는 노이즈 스파이크를 감지하고 비정상적으로 낮은 샘플 분산은 고장난 센서를 식별한다. 한계 점검 위반이 발생하면 여러 가지 방법으로 경보 신호를 플랜트 운전원에게 보낼 수 있다. 비교적 사소한 경보는 단순히 컴퓨터 파일에 "기록"될 수 있다. 더 중요한 알람은 컴퓨터 터미널에 깜박이는 메시지로 표시될 수 있으며 운전원의 승인이 필요하다. 위험 경보로 인해 제어실에서 소리가 들리거나 경고등이 깜박일 수 있다. 10장에 설명된대로 다른 알람 옵션을 사용할 수 있다.

21.1.2 성능 계산

프로세스와 계측이 제대로 작동하는지 확인하기 위해 다양한 성능 계산을 수행할 수 있다. 특히 정상 상태 질량 및 에너지 수지는 일정 기간(예: 1시간) 동안 평균화된 데이터를 사용하여 계산된다. 총 질량 수지에 대한 마감의 백분율 오차는 다음과 같이 정의할 수 있다.

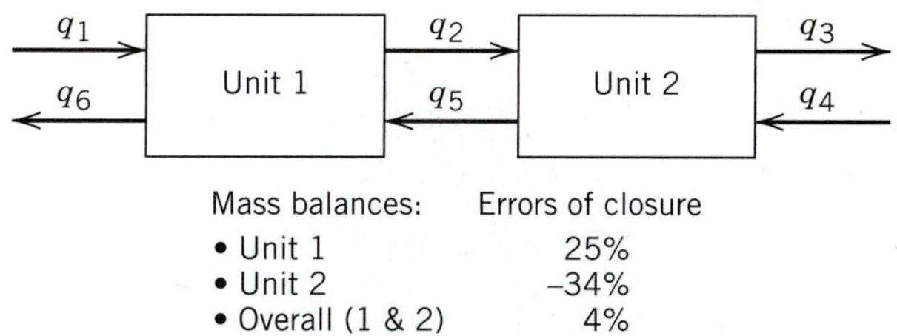

그림 21.2 향류 흐름 공정.

$$\% \ error \ of \ closure \triangleq \frac{rate \ in - rate \ out}{rate \ in} \times 100\% \tag{21-3}$$

장비 문제(예: 파이프 라인 누출) 또는 센서 문제로 인해 큰 폐쇄 오차가 발생할 수 있다. 폐쇄 오차에 대한 통계 분석을 기반으로 한 *데이터 조정*은 어떤 측정이 의심스러운지 결정하기 위한 체계적인 접근 방식을 제공한다(Romagnoli and Sanchez, 2000).

중복 측정과 보존 방정식을 모두 사용할 수 있다. 향류 구성의 두 장치로 구성된 프로세스는 그림 21.2에 나와 있다. 3개의 정상 상태 질량 수지를 작성할 수 있고, 이는 각 장치에 대해 하나씩 더하여 두 장치에 대한 전체 수지를 추가한다. 세 가지 수지는 독립적이지 않지만 모니터링 목적으로 유용한 정보를 제공한다. 그림 21.2는 전체 수지에 대해 폐쇄 오차가 작지만 각 개별 수지에 대해서는 크다. 이 상황은 두 개의 상호 연결된 스트림 중 하나인 q_2 또는 q_5에 대한 유량 센서에 결함이 있을 수 있음을 시사한다.

프로세스 성능 계산은 진단 및 모니터링 목적에도 매우 유용하다. 예를 들어, 냉동 장치의 열 효율 또는 화학 반응기의 선택도를 정기적으로 계산할 수 있다. 정상값에서 크게 감소하면 프로세스 변경 또는 잘못된 측정을 나타낼 수 있다.

21.2 품질 관리 차트

산업 공정은 공정이 얼마나 잘 설계되고 운전되는지에 관계없이 필연적으로 제조된 제품에 약간의 변동성을 나타낸다. 통계적 공정 제어에서는 정상(무작위) 변동과 비정상(비무작위) 변동 사이에 중요한 차이가 있다. 무작위 변동성은 전기 측정 노이즈, 난류 및 공급 원료 또는 촉매 준비의 무작위 변동과 같이 크게 피할 수 없는 여러 현상의 누적된 효과로 인해 발생한다. 랜덤 변동성은 제조 작업에 대한 "배경 노이즈"의 한 유형으로 해석될 수 있다. 비랜덤 가변성은 공정 변경(예: 열교환기 오염, 촉매 활성 손실), 잘못된 기기 또는 인적 오차로 인해 발생할 수 있다. 앞서 언급했듯이 이 비정상적인 변동성의 원인을 특수 원인 또는 할당 가능한 원인이라고 한다.

21.2.1 정규 분포

*정규 분포*는 SPC에서 중심적인 역할을 하므로 중요한 특성을 간략하게 검토한다. 정규 분포는 *가우시안 분포*라고도 한다.

랜덤 변수 x에 평균이 μ이고 분산이 σ^2인 정규 분포가 $N(\mu, \sigma^2)$로 표시된다고 가정한다. x가 두 개의 임의 상수 a와 b 사이의 값을 가질 확률은 다음과 같다.

$$P(a < x < b) = \int_a^b f(x)dx \tag{21-4}$$

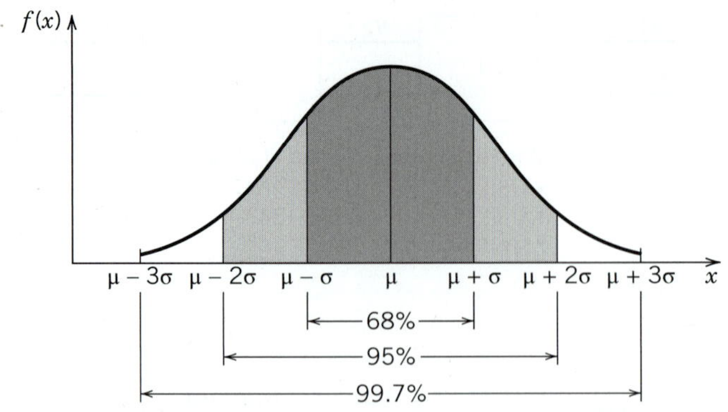

그림 21.3 정규 분포와 관련된 확률. Montgomery and Runger(2013)에서.

여기서 $P(\cdot)$는 x가 표시된 범위 내에 있을 확률을 나타내고 $f(x)$는 정규 분포에 대한 *확률 밀도 함수*이다.

$$f(x) = \frac{1}{\sigma\sqrt{2\pi}} \exp\left[-\frac{(x-\mu)^2}{2\sigma^2}\right] \tag{21-5}$$

다음의 확률에 대한 정리는 정규 분포에 대해 유효하다(Montgomery and Runger, 2013).

$$\begin{aligned} P(\mu - \sigma < x < \mu + \sigma) &= 0.6827 \\ P(\mu - 2\sigma < x < \mu + 2\sigma) &= 0.9545 \\ P(\mu - 3\sigma < x < \mu + 3\sigma) &= 0.9973 \end{aligned} \tag{21-6}$$

이러한 식을 그래프로 해석한 것은 그림 21.3에 나와 있으며, 각 확률은 $f(x)$ 곡선 아래의 영역에 해당한다. 식 21-6과 그림 21.3은 랜덤 변수 x가 정규 분포를 따르는 경우, 측정값이 평균μ의 3σ 내에 있을 확률(0.9973)이 매우 높다는 것을 보여준다. 이 중요한 결과는 널리 사용되는 SPC 기술의 이론적 근거를 제공한다. 정규 분포에 대한 통계 테이블을 기반으로 유사한 확률 문을 공식화할 수 있다. *일반화를 위해 테이블*은 표준 정규 분포 $N(0, 1)$ 및 표준 정규 변수 $z \triangleq (x - \mu)/\sigma$로 표현된다.

이론적 평균 μ와 표본 평균 x를 구별하는 것이 중요하다. 공정 변수의 측정값이 정규 분포 $N(\mu, \sigma^2)$이면 표본 평균도 정규 분포를 따른다. 물론 특정 샘플의 경우 $\bar{x}$가 반드시 μ와 같지는 않다.

21.2.2 $\bar{x}$ 관리도

통계적 공정 관리에서 관리도(또는 품질 관리도)는 공정 운전이 정상인지 비정상인지를 결정하는데 사용된다. 다음 예에서는 널리 사용되는 $\bar{x}$ 관리도를 소개한다. 이러한 유형의 관리도는 1920년대에 처음 개발한 선구적인 통계 학자 Walter Shewhart를 기리기 위해 Shewhart Chart라고도 한다.

예제 21.1

한 제조 공장에서 하루에 10,000개의 플라스틱 병을 생산한다. 제품이 저렴하고 공장 운전이 일반적으로 만족스럽기 때문에 모든 병을 검사하는 것이 경제적으로 불가능하다. 대신, n개의 병 샘플을 무작위로 선택하여 매일 검사한다. 이러한 n개의 항목을 하위 그룹이라고 하고, n을 하위 그룹 크기라고 한다. 검사에는 하위 그룹에 있는 각 병의 인성 x 측정과 표본 평균 $\bar{x}$ 계산이 포함된다.

그림 21.4의 $\bar{x}$ 관리도는 30일 동안의 데이터를 표시한다. 관리도에는 *목표*(T), *관리 상한*(UCL) 및 *관리 하한*(LCL)이 있다. 목표(또는 중심선)는 $\bar{x}$에 대해 원하는(또는 예상되는) 값이고, UCL과 LCL 사이의 영역은 아래에서 설명하는 것처럼 일반적인 가변성의 범위를 정의한다. 모든 $\bar{x}$ 데이터가 제어 한계 내에 있는 경우, 프로세스 작업은 정상 또는 "제어 상태"로 간주된다. 제어 한계를 벗어난 데이터 포인트는 비정상적인 것으로 간주되어 프로세스 작업이 제어를 벗어났음을 나타낸다. 이 상황은 21번째 샘플에서 발생한다. 관리 한계를 약간 벗어난 단일 측정이 반드시 우려의 원인이 되는 것은 아니다. 그러나 빈번하거나 큰 차트 위반을 조사하여 특별한 원인을 파악해야 한다.

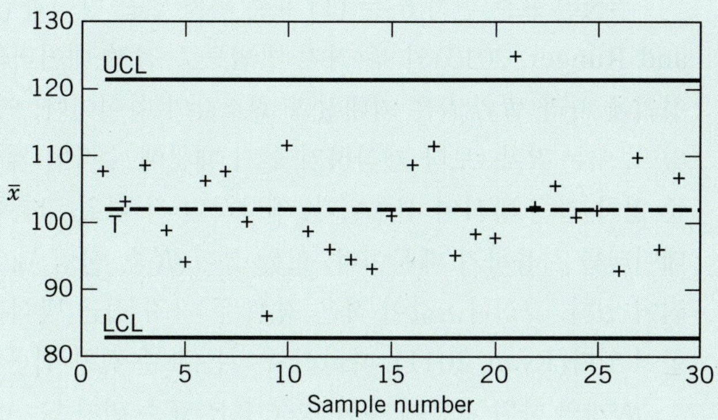

그림 21.4 예제 21.1의 $\bar{x}$ 관리도.

합리적인 하위 그룹의 개념은 품질 관리 차트 개발에서 핵심적인 역할을 한다. 기본 개념은 일반적인 공정 변동성을 반영하지만 할당 가능한 원인이 아닌 하위 그룹을 지정해야 한다는 것이다. 따라서 하위 그룹을 비교하여 특별한 원인을 발견할 수 있도록 하위 그룹을 선택하는 것이 바람직하지만, 하위 그룹 내에서는 거의 영향을 미치지 않는다(Montgomery, 2012). 예를 들어, 작은 화학 공장에 6개의 회분식 반응기가 있고 각 반응기에 대한 제품 품질 측정이 매시간 수행된다고 가정한다. 모니터링 목표가 전체 생산이 만족스러운지 여부를 결정하는 것이라면, 개별 반응기의 측정값을 통합하여 하위 그룹 크기 $n = 6$ 및 샘플링 주기 $\Delta t = 1$시간을 제공할 수 있다. 반면에 개별 반응기의 성능을 모니터링하는 것이 목표인 경우, 각 반응기의 제품 품질 데이터를 시간 단위($n = 1$)로 표시하거나 8시간 교대($n = 8$ 및 $\Delta t = 8$시간)에 걸쳐 평균화할 수 있다. 각 샘플링 순간에 단일 측정만 수행되는 경우, 하위 그룹 크기는 $n = 1$이고 관리도는 개별 관리도라고 한다.

관리도를 고안하는 첫 번째 단계는 프로세스 작업이 비정상이 아니라 정상이라고 판단되는 기간동안 대표 데이터 세트를 선택하는 것이다. 이러한 테스트 데이터가 정기적으로(예: 매시간 또는 매일) 수집된 N개의 하위그룹으로 구성되고 각 하위 그룹이 무작위로 선택된 n개의 항목으로 구성되어 있다고 가정한다. x_{ij}가 i번째 하위 그룹의 j번째 측정값을 나타낸다. 그런 다음 하위 그룹의 표본 평균을 계산할 수 있다.

$$\bar{x}_i \triangleq \frac{1}{n}\sum_{j=1}^{n} x_{ij} \quad (i = 1, 2, \ldots, N) \tag{21-7}$$

총 평균 $\bar{\bar{x}}$는 하위그룹 평균들의 평균으로 정의된다.

$$\bar{\bar{x}} \triangleq \frac{1}{N}\sum_{i=1}^{N} \bar{x}_i \tag{21-8}$$

관리 한계에 대한 일반적인 표현은 다음과 같다.

$$UCL \triangleq T + c\hat{\sigma}_{\bar{x}} \tag{21-9}$$

$$LCL \triangleq T + c\hat{\sigma}_{\bar{x}} \tag{21-10}$$

여기서 $\hat{\sigma}_{\bar{x}}$는 x에 대한 표준 편차의 추정치이고 c는 양의 정수이고, 일반적으로 $c = 3$이다. $c = 3$ 및 식 21-6의 선택은 정상 공정 운전에 대해 측정이 시간의 99.73% 제어 차트 한계 내에 있음을 의미한다. 목표 T는 일반적으로 $\bar{\bar{x}}$ 또는 원하는 $\bar{x}$ 값으로 지정된다.

추정된 표준 편차 $\hat{\sigma}_{\bar{x}}$는 (1) 표준 편차 접근 방식과 (2) 범위 접근 방식(Montgomery and Runger, 2013)의 두 가지 방법으로 검정 데이터의 하위그룹에서 계산할 수 있다. 정의에 따라 *범위* R은 최대값과 최소값의 차이이다. 역사적으로 R 접근 방식이 강조되었다. 이는 R이 s보다 계산하기 쉽기 때문에 수작업 계산의 이점이다. 그러나 이제는 표준 편차 접근 방식이 선호된다. 왜냐하면 각 하위 그룹에서 두 점만 사용하는 대신 모든 데이터를 사용하기 때문이다. 또한 *특이치*(즉, 불량 데이터 포인트)에 덜 민감하다는 장점이 있다. 그러나 n값이 작은 경우 두 가지 접근 방식은 유사한 관리 한계를 만드는 경향이 있다(Ryan, 2011). 따라서 우리는 표준 편차 접근법만을 고려할 것이다.

N개의 하위 그룹에 대한 평균 표본 표준 편차 $\bar{s}$는 다음과 같다.

$$\bar{s} \triangleq \frac{1}{N}\sum_{i=1}^{N} s_i \tag{21-11}$$

여기서 i번째 하위 그룹의 표준 편차는 다음과 같다.

$$s_i \triangleq \sqrt{\frac{1}{n-1}\sum_{j=1}^{n}(x_{ij} - \bar{x}_i)^2} \tag{21-12}$$

x 데이터가 정규 분포를 따르는 경우 $\hat{\sigma}_{\bar{x}}$는 다음과 같이 $\bar{s}$와 관련된다.

$$\hat{\sigma}_{\bar{x}} = \frac{1}{c_4\sqrt{n}}\bar{s} \tag{21-13}$$

여기서 c_4는 n에 의존하는 상수(Montgomery and Runger, 2013)이며 표 21.1에 표로 작성되어 있다.

표 21.1 관리도 상수.

Estimation of σ		*s* Chart	
n	c_4	B_3	B_4
2	0.7979	0	3.267
3	0.8862	0	2.568
4	0.9213	0	2.266
5	0.9400	0	2.089
6	0.9515	0.030	1.970
7	0.9594	0.118	1.882
8	0.9650	0.185	1.815
9	0.9693	0.239	1.761
10	0.9727	0.284	1.716
15	0.9823	0.428	1.572
20	0.9869	0.510	1.490
25	0.9896	0.565	1.435

21.2.3 *s* 관리도

평균 공정 성능을 모니터링하는 것 외에도 공정 변동성을 모니터링하는 것도 유리하다. 하위 그룹 내의 변동성은 범위, 표준 편차 또는 표본 분산으로 특성화될 수 있다. 세 가지 통계 모두에 대해 관리도를 개발할 수 있지만, 여기서는 표준 편차에 대한 관리도인 *s 관리도*에 대해서만 설명한다.

s 관리도의 중심선은 $\bar{s}$로, 테스트 데이터 집합의 평균 표준 편차이다. 관리 한계는 다음과 같다.

$$UCL = B_4\bar{s} \tag{21-14}$$

$$LCL = B_3\bar{s} \tag{21-15}$$

상수 B_3 및 B_4는 표 21.1에 표시된 대로 하위 그룹 크기 n에 따라 달라진다.

식 21-9부터 식 21-15의 $\bar{x}$ 및 s 관리도에 대한 관리도 한계는 x 데이터가 정규 분포를 따른다는 가정을 기반으로 한다.

개별 측정값을 플로팅하면($n = 1$) 하위 그룹에 대한 표준 편차가 존재하지 않는다. 이 상황에서 두 개의 연속 측정의 *이동 범위*(*MR*)를 사용하여 변동성 측정을 제공할 수 있다. 따라서 k번째 샘플링 순간에 대해 $MR(k) = |x(k) - x(k-1)|$이다. $\bar{x}$ 및 s 관리도는 표본 크기 n이 표본마다 다를 때도 적용할 수 있다.

예제 21.2에서는 $\bar{x}$ 및 s 관리도의 구성을 보여준다.

예제 21.2

반도체 공정에서 포토 리소그래피 공정은 회로 설계를 실리콘 웨이퍼로 옮기는 데 사용된다. 프로세스의 첫 번째 단계에서는, 웨이퍼가 턴테이블에서 고속으로 회전할 때 특정 양의 폴리머 용액인 포토 레지스트를 웨이퍼에 적용한다. 결과가 되는 포토 레지스트 두께 x는 주요 공정 변수이다. 25개의 하위 그룹에 대한 두께 데이터는 표 21.2에 나와 있다. 각 하위 그룹은 무작위로 선택된 3개의 웨이퍼로 구성된다. 이러한 테스트 데이터에 대한 $\bar{x}$ 및 s 관리도를 만들고 결과를 비판적으로 평가하라.

표 21.2 예제 21.2의 두께 데이터(Å 단위).

No.	*x* Data			$\bar{x}$	*s*
1	209.6	207.6	211.1	209.4	1.8
2	183.5	193.1	202.4	193.0	9.5
3	190.1	206.8	201.6	199.5	8.6
4	206.9	189.3	204.1	200.1	9.4
5	260.0	209.0	212.2	227.1	28.6
6	193.9	178.8	214.5	195.7	17.9
7	206.9	202.8	189.7	199.8	9.0
8	200.2	192.7	202.1	198.3	5.0
9	210.6	192.3	205.9	202.9	9.5
10	186.6	201.5	197.4	195.2	7.7
11	204.8	196.6	225.0	208.8	14.6
12	183.7	209.7	208.6	200.6	14.7
13	185.6	198.9	191.5	192.0	6.7
14	202.9	210.1	208.1	207.1	3.7
15	198.6	195.2	150.0	181.3	27.1
16	188.7	200.7	207.6	199.0	9.6
17	197.1	204.0	182.9	194.6	10.8
18	194.2	211.2	215.4	206.9	11.2
19	191.0	206.2	183.9	193.7	11.4
20	202.5	197.1	211.1	203.6	7.0
21	185.1	186.3	188.9	186.8	1.9
22	203.1	193.1	203.9	200.0	6.0
23	179.7	203.3	209.7	197.6	15.8
24	205.3	190.0	208.2	201.2	9.8
25	203.4	202.9	200.4	202.2	1.61

▶ 풀이

다음의 샘플 통계는 표 21.2의 데이터에서 계산할 수 있다: $\bar{\bar{x}} = 199.8$Å, $\bar{s} = 10.4$ Å. $n = 3$인 경우 표 21.1의 필요한 상수는 $c_4 =$

0.8862, $B_3 = 0$ 및 $B_4 = 2.568$이다. 그런 다음 $\bar{x}$ 및 s 관리 한계는 식 21-9에서 21-15까지 계산할 수 있다. 식 21-9 및 21-10에 대해 기존값 $c = 3$이 선택된다. 결과 관리 한계는 그림 21.5에서 "원래 한계"로 표시된다.

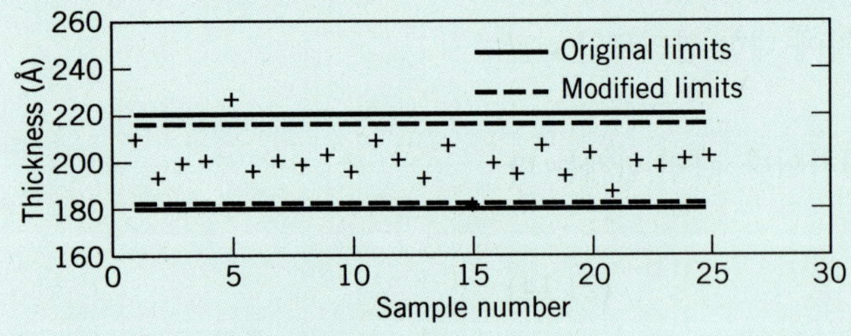

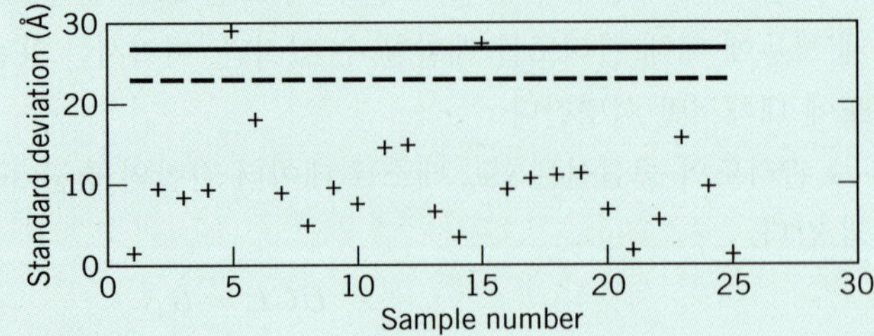

그림 21.5 예제 21.2의 $\bar{x}$ 및 s 관리도.

그림 21.5는 표본 #5가 $\bar{x}$ 및 s 관리도 모두에 대해 UCL을 벗어난 반면 표본 #15는 각 관리도의 관리 한계에 매우 가깝다는 것을 나타낸다. 따라서 이 두 샘플이 분석에서 생략되어야 하는 "이상값"인지에 대한 의문이 생긴다. 표 21.2는 샘플 #5에 매우 큰 값(260.0)이 포함된 반면 샘플 #15에는 매우 작은 값(150.0)이 포함되어 있음을 나타낸다. 그러나 비정상적으로 크거나 작은 수치 자체는 샘플을 버리는 것을 정당화하지 않으며, 추가적인 분석이 필요하다.

더 자세한 평가에서 측정값 #5 및 #15를 폐기해야 하는 이유에 대한 구체적인 이유를 발견했다고 가정한다(예: 결함 있는 센서, 잘못 보고된 데이터 등). 이 상황에서 이 두 샘플을 제거하고 나머지 23개 샘플을 기반으로 관리 한계를 다시 계산해야 한다. 이러한 수정된 관리 한계는 아래 표와 그림 21.5에 나와 있다.

	Original Limits	Modified Limits(omit samples #5 and #15)
$\bar{x}$ Chart Control Limits		
UCL	220.1	216.7
LCL	179.6	182.2
***s* Chart Control Limits**		
UCL	26.6	22.7
LCL	0	0

21.2.4 품질 관리 차트의 이론적 근거

전통적인 SPC 방법론은 "통제 중" 조건에 대한 자연적인 변동성이 일정한 평균값 주변의 무작위 변동으로 특성화될 수 있다는 가정을 기반으로 한다.

$$x(k) = x^* + e(k) \tag{21-16}$$

여기서 $x(k)$는 시간 k에서의 측정값이고 x^*는 참값(그러나 알려지지 않은)이며 $e(k)$는 추가 랜덤 오차이다.

1. 각 가산 오차 $\{e(k), k = 1, 2, \cdots\}$는 동일한 정규 분포 $N(0, \sigma^2)$을 갖는 0의 평균을 가지는 랜덤 변수이다.
2. 가산 오차는 통계적으로 독립적이므로 상관 관계가 없다. 따라서 $e(k)$는 $j \neq k$에 대해 $e(j)$에 의존하지 않는다.
3. 참값 x^*는 일정하다.
4. 하위 그룹 크기 n은 모든 하위 그룹에 대해 동일하다,

두 번째 가정은 *독립적이고 동일하게 분산된(IID)*것이라고 한다.

x^*를 목표로 하고 "3σ 관리 한계"를 갖는 x에 대한 이상적인 개별 관리도를 고려해보자.

$$UCL \triangleq x^* + 3\sigma \tag{21-17}$$

$$LCL \triangleq x^* - 3\sigma \tag{21-18}$$

이러한 관리 한계는 σ가 알려져 있고 $c = 3$이고 하위 그룹의 크기가 $n = 1$인 이상화된 상황에 대한 식 21-9 및 21-10의 특수한 경우이다. $c = 3$의 일반적인 선택은 다음과 같이 정당화될 수 있다. x가 $N(0, \sigma^2)$이기 때문에 측정값이 3σ 관리 한계를 벗어날 확률 p는 식 21-6에서 계산할 수 있다: $p = 1 - 0.9973 = 0.0027$. 따라서 평균적으로 1,000회 측정 중 약 3회가 3σ 한계를 벗어난다. 차트 위반이 발생하기 전 평균 샘플 수를 *평균 실행 길이*(ARL)라고 한다.

정상("제어 중") 프로세스 작업의 경우 아래와 같다.

$$\text{ARL} \triangleq \frac{1}{p} = \frac{1}{0.0027} = 370 \tag{21-19}$$

따라서 관리 한계가 3σ인 Shewhart 관리도는 공정이 *관리 상태*에 있는 경우에도 370개 샘플마다 평균 1회의 관리도 위반이 발생한다.

이 이론적 분석은 $\bar{x}$ 및 기타 관리도에 대해 3σ 한계를 사용하는 것을 정당화한다. 그러나 때때로 c의 다른 값이 사용된다. 예를 들어, 3σ 관리 한계 외에 2σ 경고 한계가 관리도에 표시될 수 있다. 2σ 경고 한계는 프로세스 변경의 조기 표시를 제공하지만 평균 실행 길이값은 ARL = 22로 매우 낮다.

일반적으로 c값이 클수록 차트 제한이 더 넓어지고 ARL 값이 커진다. 더 넓은 차트 한계는 더 작은 c값에 대한 것만큼 빨리 프로세스 변경이 감지되지는 않음을 의미한다. 따라서 c의 선택에는, 공정 변경의 조기 감지(c의 낮은 값)와 잘못된 경보의 빈도 감소(c의 높은 값) 사이의 고전적인 엔지니어링 절충이 포함된다.

표준 SPC 기술은 위에 나열된 네 가지 가정을 기반으로 한다. 그러나 이러한 가정이 산업 공정에 항상 유효한 것은 아니기 때문에 표준 기술은 잘못된 결과를 제공할 수 있다. 특히, 정규 분포 및 IID 가정 위반의 의미는 상당한 이론적 분석이 있었다(Ryan, 2011). 이러한 비이상적인 상황을 위해 수정된 SPC 기술이 개발되었지만, 상용 SPC 소프트웨어는 일반적으로 이러한 가정을 기반으로 한다.

산업 플랜트에서의 측정값은 정규 분포를 따르지 않는다. 그러나 큰 하위 그룹 크기($n > 25$)의 경우, 유명한 *중앙 한계 정리*(Montgomery and Runger, 2013)에 따르면 $\bar{x}$가 아닌 경우에도 x는 거의 정규 분포를 따른다. 다행히도 "정규성"에서 약간의 편차를 허용할 수 있다. 또한 표준 SPC 기술을 수정하여 특정 클래스의 비정규 데이터에 적용할 수 있다(Jacobs, 1990).

산업 응용 분야에서 현재 측정은 이전 측정과 관련이 있기 때문에 관리도 데이터는 종종 *직렬로 연관*된다. 예를 들어, 그림 21.1의 유량 데이터는 직렬로 연관되어 있다. $\bar{x}$ 및 s 관리도와 같은 표준 관리도는 데이터가 연속적으로 상관된 경우 잘못된 결과를 제공할 수 있다. 그러나 상관의 정도를 알고 있다면 그에 따라 관리 한계를 조정할 수 있다(Montgomery, 2012). 직렬 상관 데이터는 17.6절에 설명된 대로 시계열 분석을 사용하여 모델링할 수도 있다.

21.2.5 패턴 테스트와 웨스턴 일렉트릭 룰

개별 측정값을 $\bar{x}$ 및 s 관리도 한계와 비교하여 비정상적인 공정 동작을 감지할 수 있는 방법을 고려했다. 그러나 측정 패턴은 유용한 정보를 제공할 수도 있다. 예를 들어 10개의 연속 측정이 모두 증가하는 경우 프로세스가 제어 상태에 있을 가능성은 거의 없다.

IID 및 정규 분포 가정과 정규 분포의 속성을 기반으로 다양한 패턴 테스트(*영역 규칙*이라고도 함)를 개발할 수 있다. 예를 들어, *웨스턴 일렉트릭 룰*(Montgomery and Runger 2013)에서 발췌한 조건 중 하나 이상이 발생하는 경우 프로세스가 *통제 불능* 상태임을 나타낸다.

1. 하나의 데이터 포인트가 3σ 관리 한계를 벗어났다.
2. 연속 데이터 포인트 3개 중 2개가 2σ 한계를 초과한다.
3. 연속 데이터 포인트 5개 중 4개가 1σ 한계를 초과하고 중심선의 한쪽에 있다.
4. 8개의 연속된 점이 중심선의 한쪽에 있다.

첫 번째 조건은 $c = 3$인 식 21-9 및 21-10의 익숙한 Shewhart 차트 한계에 해당한다. 추가 패턴 테스트는 다른 유형의 비랜덤 동작과 관련이 있다(Montgomery, 2012). 패턴 테스트는 Shewhart 차트를 보강하는 데 사용할 수 있다. 이 조합을 사용하면 통제불능 동작을 더 일찍 감지할 수 있지만, 잘못된 경보 비율은 Shewhart 차트 만을 사용할 때보다 높다.

21.2.6 CUSUM 및 EWMA 관리도

3σ 한계가 있는 Shewhart 차트는 큰 공정 변화를 빠르게 감지할 수 있지만, 작고 지속적인 공정 변화(예: 1.5σ보다 작은 μ의 변화)에는 효과가 없다. 작은 변화를 감지하기 위해 두 개의 대체 관리도(CUSUM 및 EWMA 관리도)가 개발되었다. 또한 큰 공정 변화(예: 3σ 이동)를 감지할 수 있지만 감지는 일반적으로 Shewhart 차트보다 다소 느리다. CUSUM 및 EWMA 관리도는 크고 작은 공정 이동을 모두 효과적으로 감지할 수 있으므로 널리 사용되는 Shewhart 차트에 대한 실행가능한 대안을 제공한다. 결과적으로 그것들이 이제 고려된다. 누적 합계(CUSUM)는 목표로부터 플로팅된 변수의 편차의 누적 합계로 정의된다. 표본 평균이 플로팅되면 누적 합계 $C(k)$는 다음과 같다.

$$C(k) = \sum_{j=1}^{k} (\bar{x}(j) - T) \tag{21-20}$$

여기서 T는 $\bar{x}$의 목표이다. 정상적인 공정 운전 중에 $C(k)$는 0 부근에서 변동한다. 그러나 프로세스 변경으로 인해 $\bar{x}$가 약간 이동하면 $C(k)$가 위쪽 또는 아래쪽으로 이동한다.

CUSUM 관리도는 원래 *V-마스크*를 기반으로 한 그래픽 접근 방식을 사용하여 개발되었다(Montgomery, 2012). 그러나 컴퓨터 계산의 경우 두 개의 재귀 방정식으로 구성된 동등한 대수 버전을 사용하는 것이 더 편리하다.

$$C^+(k) = \max[0,\ \bar{x}(k) - (T + K) + C^+(k-1)] \tag{21-21}$$

$$C^-(k) = \max[0,\ (T - K) - \bar{x}(k) + C^-(k-1)] \tag{21-22}$$

여기서 C^+ 및 C^-는 높고 낮은 방향의 합을 나타내고 K는 상수인 여유 매개 변수이다. CUSUM 계산은 $C^+(0) = C^-(0) = 0$으로 설정하여 초기화된다. K보다 큰 목표로부터의 편차는 C^+ 또는 C^-를 증가시킨다. 제어 한계 위반은 C^+ 또는 C^-가 지정된 제어 한계(또는 *임계값*) H를 초과할 때 발생한다. 한계 위반이 발생하면 해당 합계가 0 또는 지정

표 21.3 CUSUM 관리도의 평균 실행 길이.

Shift from Target(in multiples of $\hat{\sigma}_{\bar{x}}$)	ARL for H = $4\hat{\sigma}_{\bar{x}}$	ARL for H = $5\hat{\sigma}_{\bar{x}}$
0	168.0	465.0
0.25	74.2	139.0
0.50	26.6	38.0
0.75	13.3	17.0
1.00	8.38	10.4
2.00	3.34	4.01
3.00	2.19	2.57

된 값으로 재설정된다.

임계값 H의 선택할 때는 평균 실행 길이를 고려하는 것을 기반으로 할 수 있다. 표본 평균 $\bar{x}$가 목표값에서 적은양 δ만큼 이동했는지 여부를 탐지한다고 가정한다. 여유 매개 변수 K는 일반적으로 $K = 0.5\ \delta$로 지정된다. 정규 분포 및 IID 가정이 유효한 이상적인 상황의 경우 δ, K 및 H의 지정된 값에 대해 ARL 값이 표로 작성되었다(Ryan, 2011; Montgomery, 2012).

표 21.3은 H의 두 값과 δ의 다른 값에 대한 ARL 값을 요약한다(δ의 값은 일반적으로 $\hat{\sigma}_{\bar{x}}$의 배수로 표현된다). ARL 값은 δ의 변화가 감지되기 전의 평균 샘플 수를 나타낸다. 따라서 $\delta = 0$에 대한 ARL 값은 "거짓 경보" 사이의 평균 시간, 즉 $\bar{x}$에서 이동이 발생하지 않은 연속 CUSUM 경보 사이의 평균 시간을 나타낸다. 이상적으로는 ARL 값이 $\delta = 0$에 대해 매우 크고 $\delta \neq 0$에 대해 작기를 원한다. 표 21.3은 이동 δ의 크기가 증가함에 따라 ARL이 감소하므로 CUSUM 관리도가 변화를 더 빨리 감지함을 보여준다. H값을 4σ에서 5σ로 늘리면 모든 ARL 값이 증가하므로 보다 보수적인 접근 방식을 제공한다.

CUSUM 관리도는 범위 또는 표준 편차와 같은 변동성 측정에 대해서도 구성된다(Ryan, 2011; Montgomery, 2012).

EWMA 관리도

데이터에 지수 가중치를 적용하여 과거 측정에 대한 정보를 관리도 계산에 포함할 수도 있다. 이 전략은 *지수 가중 이동 평균*(EWMA) 관리도의 기초를 제공한다. $\bar{x}$는 측정된 변수의 샘플 평균을 나타내고 z는 $\bar{x}$의 EWMA를 나타낸다. 재귀 방정식은 $z(k)$를 계산하는데 사용된다.

$$z(k) = \lambda\bar{x}(k) + (1 - \lambda)z(k - 1) \tag{21-23}$$

여기서 λ는 상수, $0 \leq \lambda \leq 1$이다. 식 21-23은 17장에서 소개한 1차(또는 지수) 필터와 동일한 형식이다. EWMA 관리도는 $z(k)$ 대 k의 도표와 목표 및 관리 상한 및 하한으로 구성된다. EWMA 관리도는 $\lambda = 1$인 경우 Shewhart 관리도로 축소된다. EWMA 계산은 $z(0) = T$로 설정하여 초기화된다.

$\bar{x}$ 측정값이 IID 조건을 충족하면 EWMA 제어 한계를 도출할 수 있다. 이론적 3σ 한계는 다음과 같다.

$$T \pm 3\hat{\sigma}_{\bar{x}}\sqrt{\frac{\lambda}{2 - \lambda}} \tag{21-24}$$

여기서 $\hat{\sigma}_{\bar{x}}$는 공정이 *제어상태*일 때 취한 테스트 데이터 세트에서 결정된다(Montgomery, 2012). 목표 T는 원하는 x 값 또는 테스트 데이터 x의 총 평균이 되도록 선택된다. 초기 감지가 중요한 응용 분야의 경우, 처음 몇 개의 샘플에 대해 더 좁은 한계를 제공하는 시간-변화 제어 한계를 도출할 수도 있다. CUSUM 방법에 대한 표 21.3과 유사한 EWMA 방법에 대한 ARL값 표가 개발되었다(Ryan, 2011).

EWMA 성능은 λ를 지정하여 조정할 수 있다. 예를 들어, $\lambda = 0.25$는 평균 이동이 없는 경우($\delta = 0$) ARL이 493이고 평균 이동이 $\sigma_{\bar{x}}(\delta = 1)$인 경우 ARL이 11이 되므로 합리적인 선택이다. EWMA 관리도는 범위 및 표준 편차와 같은 변동성 측정을 위해 구성할 수도 있다.

예제 21.3

Shewhart, CUSUM 및 EWMA 관리도를 비교하려면 페놀 수지의 인장 강도에 대한 시뮬레이션 데이터를 고려하라. 인장 강도 x는 평균 $\mu = 70$ MPa 및 표준 편차 $\sigma = 3$ MPa로 정규 분포되어 있다고 가정한다. 각 샘플링 순간에 단일 측정이 가능하다. 작은 공정 이동을 감지하는 각 차트의 능력을 평가하기 위해 상수($\delta = 0.5\sigma = 1.5$)가 $k \geq 10$에 대해 $x(k)$에 추가되었다. CUSUM 차트는 $K = 0.5\sigma$ 및 $H = 5\sigma$를 사용하여 설계되었으며 EWMA 매개 변수는 $\lambda = 0.25$로 지정되었다.

Shewhart, CUSUM 및 EWMA 관리도의 상대적 성능은 그림 21.6에서 비교된다. Shewhart 차트는 x의 0.5σ 이동을 탐지하지 못한다. 그러나 CUSUM 및 EWMA 차트는 모두 이동이 발생한 후 약 10개 샘플(각각 $k = 20$ 및 $k = 21$)에서 제한 위반이 발생하기 때문에 이러한 변화를 빠르게 감지한다. 평균 이동은 이전 절의 웨스턴 일렉트릭 룰을 적용하여 감지할 수도 있다.

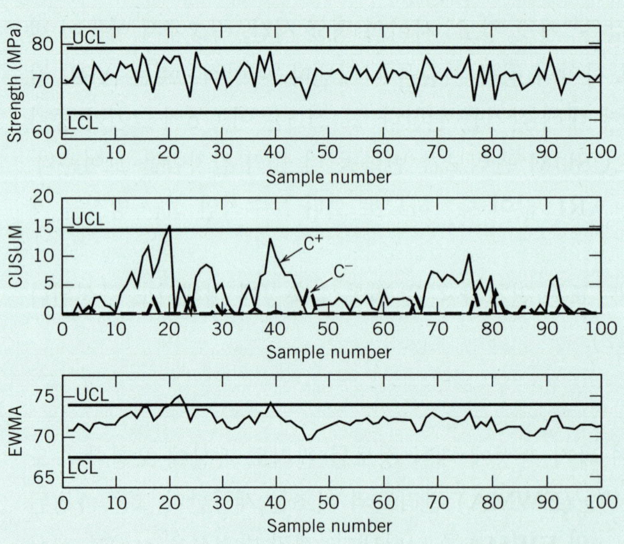

그림 21.6 예제 21.3에 대한 Shewhart(위), CUSUM(가운데) 및 EWMA(아래) 관리도 비교.

21.3 통계적 공정 제어의 확장

이제 기본 품질 관리 차트가 제공되었으므로 통계적 공정 관리에서 몇 가지 다른 중요한 주제를 고려한다.

21.3.1 프로세스 역량 지수

공정 역량 지수 (또는 공정 역량 비율)는 "제어 중인" 공정이 제품 사양을 충족하는지 여부를 측정한다. 제품이 고객 요구 사항을 충족시키려면 품질 변수 x에 *규격 상한*(USL)과 *규격 하한*(LSL) 사이의 공간이 있어야한다고 가정한다. C_p 역량 지수는 다음과 같이 정의된다.

$$C_p \triangleq \frac{USL - LSL}{6\sigma} \tag{21-25}$$

여기서 σ는 x의 표준 편차이다. $C_p = 1$이고 x가 정규 분포를 따른다고 가정한다. 식 21-6에 따라 99.73%의 측정값이 사양 한계를 충족한다고 예상한다. $C_p > 1$이면 제품 사양이 충족된 것이고, $C_p < 1$의 경우 그렇지 않다.

두 번째 공정 역량 지수 C_{pk}는 평균 공정 성능($\bar{x}$)과 공정 변동성(σ)을 기반으로 하며, 다음과 같이 정의된다.

$$C_{pk} \triangleq \frac{\min[\bar{x} - LSL,\ USL - \bar{x}]}{3\sigma} \tag{21-26}$$

C_p와 C_{pk}가 모두 사용되지만 다음과 같은 이유로 C_{pk}가 C_p보다 우수한 것으로 간주한다. $\bar{x} = T$인 경우 프로세스는 "중심"이고 $C_{pk} = C_p$라고 한다. 그러나 $\bar{x} \neq T$의 경우 공정 성능이 더 나쁘더라도 C_p는 변하지 않지만 C_{pk}는 감소한다. 이러한 이유로 C_{pk}가 선호된다.

표준 편차 σ를 알 수 없는 경우 식 21-25 및 21-26에서 추정치 $\hat{\sigma}$로 대체된다. USL 또는 LSL 중 하나의 규격 한계 만 있는 상황의 경우 C_p 및 C_{pk}의 정의를 그에 따라 수정할 수 있다(Ryan, 2011).

실제 응용에서 공통 목표는 2.0의 능력 지수를 갖는 반면 1.5보다 큰 값은 허용되는 것으로 간주된다(Shunta, 1995). C_{pk} 값이 너무 낮으면 공정 변동성을 줄이거나 $\bar{x}$가 목표에 더 가깝게 이동하도록 변경하여 개선할 수 있다. 이러한 개선은 공정 제어 개선, 공정 유지 보수 개선, 원자재 변동성 감소, 운전원 훈련 개선, 공정 운전 조건 변경 등 다양한 방법으로 달성할 수 있다.

C_p 및 C_{pk} 역량 지수와 관련하여 다음 세 가지 중요한 사항에 유의해야한다.

1. 계산에 사용된 데이터는 정규 분포를 따르지 않아도 된다.
2. 규격 한계, USL 및 LSL과 관리 한계, UCL 및 LCL은 관련이 없다. 사양 한계는 원하는 공정 성능을 나타내는 반면, 관리 한계는 공정이 제어 상태일 때 정상 작동 중 실제 성능을 나타낸다.
3. 식 21-25 및 21-26의 C_p 및 C_{pk} 공정 역량 지수의 숫자 값은 공정이 제어 상태에 있을 때만 의미가 있다. 그러나 프로세스가 제어 상태에 있지 않을 때 프로세스 성능을 특성화 하기 위해 다른 프로세스 성능 지수를 사용할 수 있다. 개선된 공정 제어에 대한 인센티브를 평가하는 데 사용할 수 있다(Shunta, 1995).

예제 21.4

예제 21.2의 포토 리소그래피 두께 데이터에 대한 C_p 및 C_{pk} 능력 지수의 평균값을 계산한다. 두 특이치(샘플 #5 및 #15)를 생략하고, 포토 레지스트 두께에 대한 규격 상한 및 하한이 USL = 235 Å 및 LSL = 185 Å라고 가정한다.

풀이

샘플 #5 및 #15를 생략한 후 총 평균은 $\bar{\bar{x}} = 199$ Å이고 $\bar{x}$의 표준 편차($c_4 = 0.8862$로 식 21-13에서 추정)는 다음과 같다.

$$\hat{\sigma}_{\bar{x}} = \frac{\bar{s}}{c_4\sqrt{n}} = \frac{8.83}{0.8862\sqrt{3}} = 5.75\ \text{Å}$$

식 21-25와 21-26에서,

$$C_p = \frac{235-185}{6(5.75)} = 1.45$$

$$C_{pk} = \frac{\min[199.5-185,\ 235-199.5]}{3(5.75)} = 0.84$$

$\bar{\bar{x}}$가 USL보다 LSL에 더 가깝기 때문에 C_{pk}는 C_p보다 훨씬 작다.

21.3.2 식스 시그마 접근법

제품 품질 사양은 시장 요구와 치열한 전 세계 경쟁의 결과로 계속 더 엄격해지고 있다. 매우 많은 수의 구성 요소로 이루어진 제품과 수백 개의 개별 단계로 구성된 제조 프로세스의 경우 품질 요구 사항을 충족하는 것이 특히 어렵다. 예를 들어, 마이크로 일렉트로닉스 장치의 생산에는 일반적으로 100~300개의 일괄 처리 단계가 필요하다. 200개의 단계가 있고 최종 제품이 제대로 작동하려면 각 단계가 품질 사양을 충족해야 한다고 가정한다. 각 단계가 다른 단계와 독립적이고, 성공률이 99%인 경우 만족스러운 제품의 전체 수율은 $(0.99)^{200} = 0.134$ 또는 13.4%에 불과하다. 이렇게 낮은 수율은 전혀 만족스럽지 않다. 마찬가지로, 처리 단계가 3σ 사양(99.73% 성공률)을 충족하더라도 백만 개의 생산당 평균 2,700개의 "결함"이 발생한다. 또한 이 200단계 공정의 전체 수율은 여전히 58.2%에 불과하다.

이러한 예는 복잡한 제품 또는 프로세스의 경우 3σ 품질이 더 이상 적합하지 않으며 실패할 여지가 없음을 보여준다. 이러한 고려 사항과 경제적인 압박은 *식스 시그마 접근 방식*의 개발에 동기를 부여했다(Pande et al., 2014). 이 접근 방식에 대한 통계적 동기는 정규 분포의 속성을 기반으로 한다. 제품 품질 변수 x가 정규 분포 $N(\mu, \sigma^2)$라고 가정한다. 그림 21.7의 왼쪽 부분에 표시된 것처럼 제품 사양이 $\mu \pm 6\sigma$ 인 경우 제품은 99.999998%의 시간에 사양을 충족한다. 이제 그림 21.7의 오른쪽에 표시된 것처럼 평균값이 $\bar{x} = \mu$에서 $\bar{x} = \mu + 1.5\sigma$ 또는 $\bar{x} = \mu - 1.5\sigma$로 이동하도록 공정 운전이 변경된다고 가정한다. 그러면 제품 사양이 여전히 99.99966%의 시간 동안 충족되며 이는 생산된 백만개당 3.4개의 불량 제품에 해당한다.

요약하면, 제조 작업의 변동성이 너무 작아 제품 사양의 한계가 $\mu \pm 6\sigma$와 같으면 x의 평균값이 1.5σ 만큼 이동하더라도 한계를 충족할 수 있다. 거의 완벽한 제품 품질의 이러한 매우 바람직한 상황을 식스 시그마 품질이라고 한다.

식스 시그마 접근 방식은 1980년대 초 모토로라와 제너럴 일렉트릭 회사가 식스 시그마 품질과 지속적인 개선을 달성하기 위한 전략으로 개척했다. 그 이후로 다른 대기업들은 식스 시그마 접근 방식을 제조 및 비제조업의 모든 비즈니스 운영에 적용하는 전사적 프로그램을 채택했다. 따라서 식스 시그마 접근 방식은 "데이터 중심"이고 통계 기법을 기반으로하지만, 많은 대기업에서 성공적으로 구현한 광범위한 관리 철학으로 발전했다. 식스 시그마 프로그램도 상당한 재정적인 영향을 미쳤다. 대기업은 성공적인 식스 시그마 프로그램으로 인해 수십억 달러를 절감했다고 보고했다.

요약하면, 통계적 모니터링 기술에 기반한 식스 시그마 접근 방식은 지난 20년 동안 제

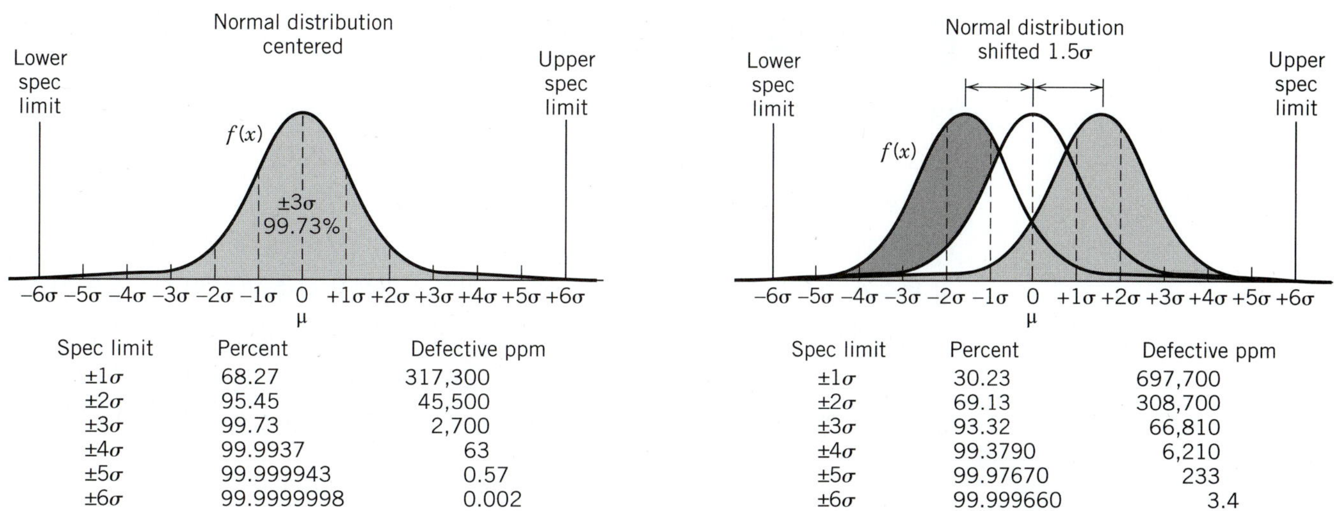

Spec limit	Percent	Defective ppm
$\pm 1\sigma$	68.27	317,300
$\pm 2\sigma$	95.45	45,500
$\pm 3\sigma$	99.73	2,700
$\pm 4\sigma$	99.9937	63
$\pm 5\sigma$	99.999943	0.57
$\pm 6\sigma$	99.9999998	0.002

Spec limit	Percent	Defective ppm
$\pm 1\sigma$	30.23	697,700
$\pm 2\sigma$	69.13	308,700
$\pm 3\sigma$	93.32	66,810
$\pm 4\sigma$	99.3790	6,210
$\pm 5\sigma$	99.97670	233
$\pm 6\sigma$	99.999660	3.4

그림 21.7 식스 시그마 개념(Montgomery and Runger, 2013). 왼쪽: 평균에 변화가 없음. 오른쪽: 1.5σ 이동.

조 및 비즈니스 관행에 큰 영향을 미쳤다. SPC 개념을 기반으로 하지만 훨씬 더 광범위한 경영 철학과 전사적 활동으로 발전했다. 개선된 공정 제어는 상당한 경제적 영향을 미치는 제어 변수의 변동성을 줄임으로써 식스 시그마 프로젝트에서 핵심적인 역할을 할 수 있다.

21.3.3 통계적 공정 제어와 자동 공정 제어의 비교

통계적 공정 제어 및 자동 공정 제어(APC)는 다양한 유형의 문제를 위해 개발된 보완 기술이다. 이전 장에서 설명했듯이 APC는 제어 변수가 설정값에서 벗어날 때 수정 조치를 취한다. 수정 조치는 샘플링 순간마다 변경되는 경향이 있다. 따라서 APC의 경우 수정 조치 비용이 중요하지 않다는 암시적인 가정이 있다. APC는 공정 외란의 원인과 유형에 대한 정보가 필요하지 않기 때문에 공정 산업에서 널리 사용된다. APC는 측정 샘플링 기간이 공정 안정화 시간에 비해 상대적으로 짧고 공정 외란이 결정적인 경향이 있는 경우(즉, 계단 또는 램프 외란과 같은 지속적인 특성을 가질 때) 가장 효과적이다.

통계적 프로세스 제어에서 목표는 프로세스가 정상적으로 작동하는지 여부를 결정하고, 그렇지 않은 경우 특수한 원인을 식별하는 것이다. APC와 달리 측정값이 관리도 한계 내에 있을 때는 수정 조치가 취해지지 않는다. 이 철학은 공정 장치를 종료하거나 유지 보수를 위해 기기를 사용하지 않을 때와 같이 수정 조치를 취하는 데 상당한 비용이 드는 경우에 적합하다. 엔지니어링 관점에서 SPC는 *제어*가 아닌 *모니터링* 전략으로 간주된다. 정상적인 공정 운전이 평균값 주변의 무작위 변동으로 특징 지을 수 있을 때 매우 효과적이다. SPC는 공정 안정화 시간에 비해 샘플링 기간이 길고 공정 외란이 결정적이기보다는 무작위인 경향이 있는 문제를 모니터링하는 데 적합한 선택이다. SPC는 개별 부품 제조 및 공정 산업 모두에서 품질 관리에 널리 사용되었다.

요약하면, SPC와 APC는 경쟁 기술보다는 보완적인 기술로 간주되어야 한다. 다양한 유형의 상황을 위해 개발되었으며 공정 산업에서 성공적으로 사용되었다. 또한 두 가지 방법의 조합이 매우 효과적일 수 있다. 예를 들어 모델예측제어(20장)와 같은 모델 기반 제어에서 APC는 피드백 제어에 사용될 수 있으며, SPC는 모델 잔차, 모델 예측 및 실제값 간의 차이를 모니터링하는 데 사용된다.

21.4 다변량 통계 기법

13장과 18장에서 우리는 하나 이상의 프로세스 변수를 제어해야 하고 하나 이상의 변수를 조작할 수 있기 때문에, 많은 중요한 제어 문제가 본질적으로 다중 변수라는 점을 강조했다. 마찬가지로 일반적인 SPC 모니터링 문제의 경우 두 개 이상의 품질 변수가 중요하며 상관 관계가 높을 수 있다. 예를 들어, 일반적으로 합성 섬유에 대해 10개 이상의 품질 변수가 측정된다(MacGregor, 1996). 이러한 상황에서 다중 변수 SPC기술은 21.2절에서 논의된 단일 변수 방법에 비해 상당한 이점을 제공할 수 있다. 통계 문헌에서 이러한 기술을 다변량 방법이라고 부르는 반면, 표준 Shewhart 및 CUSUM 관리도는 일변량 방법의 예이다. 다변량 모니터링 접근법의 장점은 예제 21.5에 설명되어 있다.

예제 21.5

폐수 처리 공정에서 나오는 유출 흐름을 모니터링하여 두 가지 공정 변인 생물학적 산화 요구량(BOD)과 고형물 함량이 사양을 충족하는지 확인한다. 대표적인 데이터는 표 21.4에 나와 있다. 샘플 평균에 대한 Shewhart 차트는 그림 21.8의 (*a*) 및 (*b*) 부분에 나와 있다. 이러한 일변량 관리도는 두 변수에 대해 관리도 위반이 발생하지 않기 때문에, 공정이 관리 불능 상태인 것으로 보이는 것을 나타낸다. 그러나 그림 21.8*c*의 이변량 관리도는 BOD가 클 때 고형분 함량이 큰 경향이 있고, 그 반대의 경우도 마찬가지이기 때문에 두 변수가 높은 상관 관계가 있음을 나타낸다. 두 변수를 함께 고려하면 그림 21.8[1]에서와 같이 공동 신뢰 한계(예: 99% 신뢰 수준에서)가 타원이다. 샘플 #8은 99% 한계를 훨씬 넘어서 통제 불능 상태를 나타낸다. 대조적으로, 이 샘플은 두 개별 변수에 대한 Shewhart 관리도 한계 내에 있다.

표 21.4 폐수 처리 데이터.

Sample Number	BOD(mg/L)	Solids(mg/L)	Sample Number	BOD(mg/L)	Solids(mg/L)
1	17.7	1380	16	16.8	1345
2	23.6	1458	17	13.8	1349
3	13.2	1322	18	19.4	1398
4	25.2	1448	19	24.7	1426
5	13.1	1334	20	16.8	1361
6	27.8	1485	21	14.9	1347
7	29.8	1503	22	27.6	1476
8	9.0	1540	23	26.1	1454
9	14.3	1341	24	20.0	1393
10	26.0	1448	25	22.9	1427
11	23.2	1426	26	22.4	1431
12	22.8	1417	27	19.6	1405
13	20.4	1384	28	31.5	1521
14	17.5	1380	29	19.9	1409
15	18.4	1396	30	20.3	1392

[1] 두 확률 변수가 상관되고 정규 분포를 따르는 경우 신뢰 한계는 타원 형태이며 잘 알려진 F 분포에서 계산할 수 있다(Montgomery and Runger, 2013).

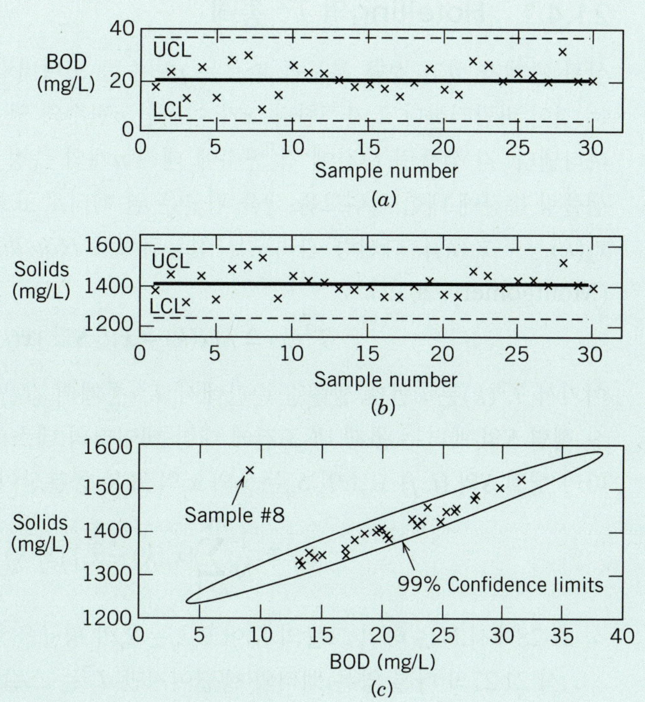

그림 21.8 예제 21.5의 신뢰 영역. (*a*)와 (*b*)에서 일변량, (*c*)에서 이변량.

이 예제는 Shewhart 차트와 같은 일변량 SPC기술이 공정 변수가 높은 상관 관계를 가질 때 비정상적인 공정 동작을 감지하지 못할 수 있음을 보여준다. 대조적으로 비정상 상황은 다변량 분석에서 쉽게 분명해졌다.

그림 21.9는 일변량 및 다변량 SPC 기술의 일반적인 비교를 제공한다(Alt et al., 1998). 두 개의 변수 x_1과 x_2가 개별적으로 모니터링 될 때, 두 세트의 제어 한계는 그림 21.9와 같이 직사각형 영역을 정의한다. 예제 21.5와 유사하게 다변량 제어 한계는 제어 내 행동을 나타내는 어두운 타원 영역을 정의한다. 그림 21.9는 일변량 SPC 기술을 상관된 다변량 데이터에 적용하면 두 가지 유형의 오분류가 발생할 수 있음을 보여준다: 감지되지 않는 잘못된 경보 및 통제 불능 상태. 후자의 오분류 유형은 그림 21.8의 두 Shewhart 차트에 대한 샘플 #8에서 발생했다.

다음 절에서는 잘 알려진 다변량 모니터링 기술을 고려한다.

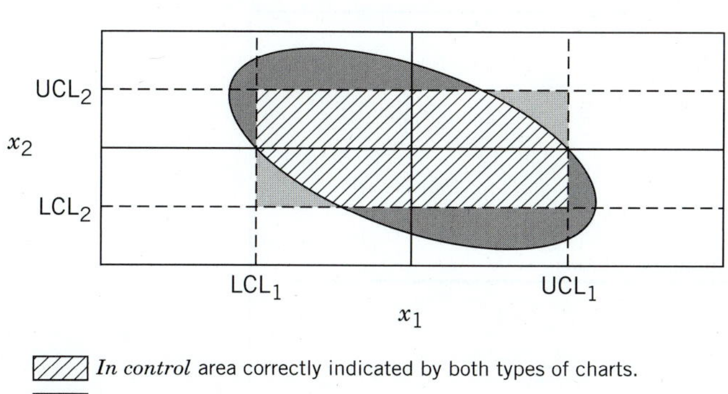

그림 21.9 두 개의 랜덤 변수 x_1 및 x_2에 대한 일변량 및 이변량 신뢰 영역(Alt et al., 1998에서 수정됨).

21.4.1 Hotelling의 T^2 통계

상관 관계가 있고 정규 분포를 따르는 p변수를 모니터링하기 위해 SPC 기술을 사용하는 것이 바람직하다고 가정한다. $\boldsymbol{x}$가 이러한 p변수의 열 벡터($\boldsymbol{x} = col\,[x_1, x_2, \cdots, x_p]$)를 나타낸다. 각 샘플링 순간에 각 변수에 대해 n개의 측정 하위 그룹이 만들어진다. k번째 샘플링 순간에 대한 하위그룹 샘플 평균은 열 벡터로 표현할 수 있다: $\bar{\boldsymbol{x}}(k) = col\,[\bar{x}_1(k), \bar{x}_2(k), \cdots, \bar{x}_p(k)]$. 다변량 관리도는 전통적으로 *Hotelling의 T^2 통계*를 기반으로 한다(Montgomery, 2012).

$$T^2(k) \triangleq n[\bar{\boldsymbol{x}}(k) - \bar{\bar{\boldsymbol{x}}}]^T\, \boldsymbol{S}^{-1}\, [\bar{\boldsymbol{x}}(k) - \bar{\bar{\boldsymbol{x}}}] \tag{21-27}$$

여기서 $T^2(k)$는 k번째 샘플링 순간에서 T^2 통계의 값을 나타낸다. 전체 평균 $\bar{\bar{x}}$ 및 공분산 행렬 $\boldsymbol{S}$의 벡터는 *통제 내* 조건에 대한 데이터의 테스트 세트에 대해 계산된다. 정의에 따라 행렬 $\boldsymbol{S}$의 (i, j) 요소인 S_{ij}는 x_i와 x_j의 표본 공분산이다.

$$S_{ij} \triangleq \frac{1}{N}\sum_{k=1}^{N}[\bar{x}_i(k) - \bar{\bar{x}}_i]\,[\bar{x}_j(k) - \bar{\bar{x}}_j] \tag{21-28}$$

식 21-28에서 N은 하위 그룹의 수이고 $\bar{\bar{x}}_i$는 $\bar{x}_i$의 평균을 나타낸다.

식 21-27의 다른 양은 벡터와 행렬이지만 T^2는 스칼라이다. 표본 공분산 행렬 $\boldsymbol{S}^{-1}$의 역행렬은 p변수를 척도화하고 변수 간의 상관 관계를 설명한다.

다변량 프로세스는 $T^2(k)$가 관리 상한(UCL)을 초과하는 경우 k번째 샘플링 순간에 제어되지 않은 것으로 간주된다(목표 또는 관리 하한이 없다). UCL 값은 통계 장부에 표로 작성되며 변수 수 p 및 하위그룹 크기 n에 따라 다르다. T^2 관리도는 $T^2(k)$ 대 k 및 UCL의 도표로 구성된다. 따라서 T 관리도는 21.2.2절에 소개된 $\bar{x}$ 관리도의 다변량 일반화이다. CUSUM 및 EWMA 차트의 다변량 일반화도 사용할 수 있다(Montgomery, 2012).

예제 21.6

예제 21.5의 폐수 처리 문제에 대한 T^2 관리도를 작성하시오. 99% 관리도 한계는 $T^2 = 11.63$이다. T^2 관리도 위반 횟수가 예제 21.5의 결과와 일치하는가?

풀이

T^2 제어 차트는 그림 21.10에 나와 있다. 샘플 #8을 제외하고 모든 T^2 값은 99% 신뢰 한계 아래에 있다. 이 결과는 그림 21.8c의 이변량 관리도와 일치한다.

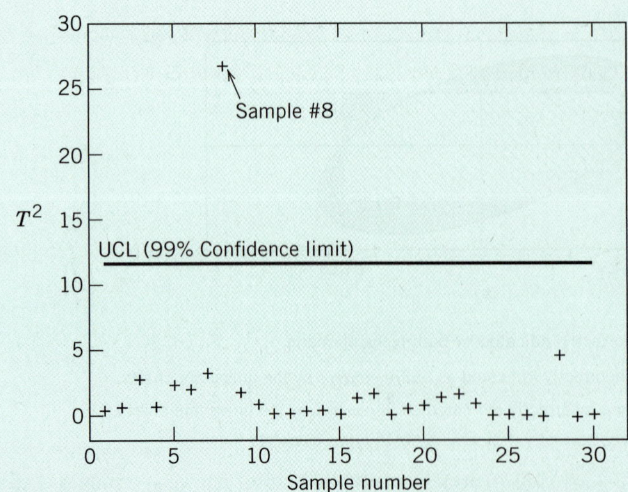

그림 21.10 예제 21.5의 T^2 관리도.

21.4.2 주성분 분석 및 부분 최소 제곱

Hotelling의 T^2 통계를 기반으로한 다변량 모니터링은 데이터의 상관 관계가 높지 않고 변수 p의 개수가 크지 않은 경우(예: $p < 10$) 효과적일 수 있다. 상관 관계가 높은 데이터의 경우 S 행렬의 조건이 좋지 않으며 T^2 접근 방식이 문제가 된다. 다행히도 많은 수의 변수와 높은 상관 관계가 있는 데이터의 문제를 모니터링하는 데 매우 효과적인 다른 다변수 모니터링 기술이 개발되었다. *PCA*(Principal Component Analysis) 및 *PLS*(Partial Least Squares) 방법은 공정 제어 커뮤니티에서 가장 많은 관심을 받았다. 두 기술 모두 공정 변수(예: 온도, 레벨, 압력 및 유량 측정)와 제품 품질 변수를 모니터링하는 데 사용할 수 있다. 이러한 방법은 차트 위반이 감지된 후 유용한 진단 정보를 제공할 수 있다. PCA 및 PLS 방법은 이 책의 범위를 벗어나지만 우수한 서적(Jackson, 1991; Montgomery, 2012), 조사 문헌(Kourti, 2002) 및 저널의 특별호(Piovoso and Hoo, 2002)를 사용할 수 있다.

21.5 제어 성능 모니터링

원하는 공정 운전을 달성하려면 제어시스템이 제대로 작동해야한다. 12장에서 지적한 바와 같이, 산업 조사에 따르면 많은 제어 루프가 수동 제어에 비해 성능이 저하되고 가변성이 증가한다고 보고했다. 원인이 되는 요인으로는 제어기 튜닝 불량, 크기가 잘못 되었거나 과도한 마찰력으로 인해 달라붙는 경향이 있는 제어밸브 등이 있다. 대형 가공 공장에서 각 공장 운전원은 일반적으로 200~1000개의 루프를 담당한다. 따라서 *자동 제어 성능 모니터링*(*CPM*)에 대한 강력한 인센티브가 있다. CPM의 전반적인 목표는 (1) 제어시스템이 만족스러운 방식으로 작동하는지 확인하고 (2) 만족스럽지 않은 성능의 원인을 진단하는 것이다.

21.5.1 제어 성능 모니터링을 위한 기본 정보

단일 표준 PI 또는 PID 제어 루프의 성능을 모니터링하려면 표 21.5의 기본 정보를 사용할 수 있어야한다.

센서 및 최종 제어 요소와 같은 제어 루프의 주요 구성 요소에 대해 서비스 계수를 계산해야 한다. 낮은 서비스 요소 및 빈번한 유지 관리는 주의가 필요한 만성 문제를 나타낸다. 제어기가 자동 모드에 있는 시간의 비율이 핵심 지표이다. 낮은 값은 루프가 자주 수동 모드에 있다는 것을 나타내므로 주의가 필요함을 알려준다. 컴퓨터 하드웨어 및 소프트웨어에 대한 서비스 요소도 기록해야 한다.

표 21.5 제어 루프 모니터링을 위한 기본 데이터.

• 서비스 요소(사용 시간/총 기간)
• 제어 변수 및 제어 오차 측정을 위한 평균 및 표준 편차(설정값 – 측정)
• 제어기 출력 및 조작 된 변수에 대한 평균 및 표준 편차
• 알람 요약
• 운전원 일지 및 유지 보수 기록

표본 평균 및 표준 편차와 같은 간단한 통계 측정은 제어 변수가 목표를 달성하고 있는지 여부와 얼마나 제어를 해야하는지 나타낼 수 있다. 측정에 대한 비정상적으로 작은 표준 편차는 21.1절에 언급된 것처럼 일정한 출력 신호를 가진 결함이 있는 센서로 인해 발생할 수 있다. 대조적으로, 비정상적으로 큰 표준 편차는 장비 성능 저하 또는 고장(예: 잘못된 용기 교반기로 인한 부적절한 혼합)으로 인해 발생할 수 있다. 원시 측정 데이터는 일반적으로 품질이 낮으며 프로세스 모니터링과 같은 후속 분석을 위해 "정리"되어야 한다(Xu et al., 2015).

높은 경보율은 제어시스템 성능이 좋지 않음을 나타낼 수 있다(10.2절 참조). 운전자 로그북 및 유지 관리 기록은 특히 이 정보가 컴퓨터 데이터베이스에 캡처된 경우 중요한 정보 소스이다.

21.5.2 제어 성능 모니터링 기법

6장과 12장에서는 상승 시간, 안정화 시간, 오버 슈트, 오프셋, 진동 정도 및 적분 오차 기준과 같은 전통적인 제어 루프 성능 기준을 소개했다. CPM 방법은 이러한 기준 및 기타 기준을 기반으로 개발되었으며 상용 CPM 소프트웨어를 사용할 수 있다. Jelali(2006)와 Shardt 등(2012)에 의해 CPM 기술 및 산업 응용에 대한 포괄적인 검토가 보고되었다.

프로세스 모델을 사용할 수 있는 경우 모델 잔차 모니터링을 기반으로 한 프로세스 모니터링 기술을 사용할 수 있다(Chiang et al., 2001; Davis et al., 2000; Cinar et al., 2007). 그러나 효과적인 모델 기반 모니터링을 위해서는 항상 사용할 수 있는 것은 아닌 합리적으로 정확한 프로세스 모델이 필요하다. 프로세스 모델이 필요 없는 간단한 CPM 방법도 개발되었다. 지나치게 진동하거나 매우 느린 제어 루프는 상관 관계 또는 주파수 응답 기술(Hägglund, 1999; Seborg and Miao, 1998; Tangirala et al., 2005)을 사용하거나 표준 편차를 평가하여 식별할 수 있다(Rhinehart, 1995; Shunta, 1995). 일반적인 문제인 제어밸브 고정은 일상적인 작동 데이터에서 감지할 수 있다(Choudhury et al., 2008; Bacci di Capaci and Scali, 2015).

제어시스템 성능은 *벤치 마크*와 비교하여 평가할 수 있다. 예를 들어, 만족스러운 제어 기간을 나타내는 과거 데이터를 벤치 마크로 사용할 수 있다. 또는 벤치 마크는 *최소 분산 제어*와 같은 이상적인 제어시스템 성능이 될 수 있다. 이름에서 알 수 있듯이 최소 분산 제어기는 측정되지 않은 임의의 외란이 발생할 때 제어 변수의 분산을 최소화한다. 이 이상적인 성능 한계는 폐쇄 루프 작동 데이터에서 추정할 수 있다. 그런 다음 실제 분산에 대한 최소 분산의 비율이 제어시스템 성능의 척도로 사용된다. 이 통계 기반 접근 방식은 상용화되었으며 많은 성공적인 산업 응용이 보고되었다(Kozub, 1997; Desborough and Miller, 2002; Harris and Seppala, 2002; Hoo et al., 2003; Paulonis and Cox, 2003).

통계 기반 CPM에 대한 추가 정보는 조사문헌(Piovoso and Hoo, 2002; Kourti, 2005; Shardt et al., 2012)과 책(Box et al., 2009; Huang and Shah, 1999; Cinar et al, 2007)에서 확인할 수 있다. MIMO 제어 문제(예: MPC)에 대한 확장도 보고되었다(Qin and Yu, 2007; Cinar et al., 2007; Badwe et al., 2010; Shardt et al., 2012).

요약

공정 모니터링은 플랜트가 환경 표준을 충족하면서 안전하고 경제적으로 작동하도록 보장하는 데 필수적이다. 최근에는 제어시스템 성능 모니터링도 전체 모니터링 활동의 핵심 구성 요소로 인식되었다. 공정 변수는 간단한 한계 및 성능 계산을 통해 모니터링된다. 관리도를 기반으로 한 통계적 공정 제어(SPC) 기술은 제품 품질 관리 및 공정 안정화 시간에 비해 샘플링 기간이 긴 기타 응용 분야에 널리 사용되는 모니터링 기술이다. 특히 Shewhart 관리도는 평균 공정 동작의 큰 변화를 감지하는 데 사용되는 반면, CUSUM 및 EWMA 관리도는 작고 지속적인 변화를 감지하는 데 더 좋다. PCA 및 PLS와 같은 다변량 모니터링 기술은 측정된 변수의 상관 관계가 높을 때 이러한 기존의 일변량 방법에 비해 상당한 개선을 제공할 수 있다. SPC와 APC (Advanced Process Control)는 함께 사용할 수 있는 보완 기술이다. 제어 성능 모니터링 기술, 특히 운전 데이터의 온라인 통계 분석을 기반으로 하는 방법이 개발되고 상용화되었다.

참고문헌

Abnormal Situation Management (ASM) Consortium, *http://www.asmconsortium.com*, 2015.

Alt, F. B., N. D. Smith, and K. Jain, Multivariate Quality Control, in *Handbook of Statistical Methods for Scientists and Engineers*, 2nd ed., H. M. Wadsworth (Ed.), McGraw-Hill, New York, 1998, Chapter 21.

Bacci di Capaci, R., and C. Scali, Review on Valve Stiction. Part I: From Modeling to Smart Diagnosis, *Processes*, **3** (2), 422 – 451 (2015), www.mdpi.com/journal/processes.

Badwe, A. S., R. S. Patwardhan, S. L. Shah, S. C. Patwardhan, and R. D. Gudi, Quantifying the Impact of Model-Plant Mismatch on Controller Performance, *J. Process Control*, **20**, 408 (2010).

Box, G. E. P., A. Luceño, and M. C. Paniagua-Quiñones, *Statistical Control by Monitoring and Feedback*, 2nd ed., John Wiley and Sons, Hoboken, NJ, 2009.

Chiang, L. H., E. L. Russell, and R. D. Braatz, *Fault Detection and Diagnosis in Industrial Systems*, Springer, New York, 2001.

Choudhury, M. A. A. S., M. Jain, and S. L. Shah, Stiction—Definition, Modelling, Detection and Quantification, *J. Process Control*, **18**, 232 (2008).

Cinar, A. A. Palazoglu, and F. Kayihan, *Chemical Process Performance Evaluation*, CRC Press, Boca Raton, FL, 2007.

Davis, J. F., M. J. Piovoso, K. A. Hoo, and B. R. Bakshi, Process Data Analysis and Interpretation, *Adv. Chem. Eng.*, **25**, Academic Press, New York (2000).

Deming, W. E., *Out of the Crisis*, MIT Center for Advanced Engineer- ing Study, Cambridge, MA, 1986.

Desborough, L., and R. Miller, Increasing Customer Value of Industrial Control Performance Monitoring—Honeywell's Experience, *Chemical Process Control, CPC-VI*, J. B. Rawlings, B. A. Ogunnaike, and J. Eaton (Eds.), *AIChE Symposium Series*, **98**, 169 (2002).

Hägglund, T., Automatic Detection of Sluggish Control Loops, *Control Eng. Prac.*, **7**, 1505 (1999).

Harris, T. J. and C. T. Seppala, Recent Developments in Controller Performance Monitoring and Assessment Techniques, *Chemical Process Control, CPC-VI*, J. B. Rawlings, B. A. Ogunnaike, and J. Eaton (Eds.), *AIChE Symposium Series*, **98**, 208 (2002).

Hoo, K. A., M. J. Piovoso, P. D. Schnelle, and D. A. Rowan, Process and Controller Performance Monitoring: Overview with Industrial Applications, *Int. J. Adapt. Control Signal Process.*, **17**, 635 (2003).

Huang, B., and S. L. Shah, *Performance Assessment of Control Loops: Theory and Applications*, Springer-Verlag, New York (1999).

Jackson, J. E., *A User's Guide to Principal Components*, Wiley-Interscience, New York, 1991.

Jacobs, D. C., Watch Out for Nonnormal Distributions, *Chem. Eng. Prog.*, **86**, (11), 19 (1990).

Jelali, M., An Overview of Performance Assessment Technology and Industrial Applications, *Control Eng. Prac.*, **14**, 441 (2006).

Kourti, T., Process Analysis and Abnormal Situation Detection: From Theory to Practice, *IEEE Control Systems*, **22** (5), 10 (2002).

Kourti, T., Application of Latent Variable Methods to Process Control and Statistical Process Control in Industry, *Int. J. Adap. Control Signal Process.*, **19**, 213 (2005).

Kozub, D. J., Monitoring and Diagnosis of Chemical Processes with Automated Process Control in *Chemical Process Control, CPC-V*, J. C. Kantor, C. E. Garcia, and B. Carnahan (Eds.), *AIChE Symposium Series*, **93** (No. 316), 83 (1997).

MacGregor, J. F., Using On-line Process Data to Improve Quality, *ASQC Statistics Division Newsletter*, **16** (2), 6 (1996).

Montgomery, D. C., *Introduction to Statistical Quality Control*, 7th ed., John Wiley and Sons, Hoboken, NJ, 2012.

Montgomery, D. C., and G. C. Runger, *Applied Statistics and Probability for Engineers*, 6th ed., John Wiley and Sons, Hoboken, NJ, 2013.

Pande, P. S., R. P. Neuman, and R. R. Cavanagh, The *Six Sigma Way*, 2nd ed., McGraw-Hill, New York, 2014.

Paulonis, M. A., and J. W. Cox, A Practical Approach for Large-Scale Controller Performance Assessment, Diagnosis, and Improvement, *J. Process Control*, **13**, 155 (2003).

Piovoso, M. J., and K. A. Hoo, Multivariate Statistics for Process Con- trol, *IEEE Control Syst.*, **22** (5), 8 (2002).

Qin, S. J., and J. Yu, Recent Developments in Multivariable Controller Performance Monitoring, *J. Process Control*, **17**, 221 (2007).

Rhinehart, R. R., A Watchdog for Controller Performance Monitoring, *Proc. Amer. Control Conf.*, 2239 (1995).

Romagnoli, J., and M. C. Sanchez, *Data Processing and Reconciliation in Chemical Process Operations*, Academic Press, San Diego, CA, 1999.

Ryan, T. P., *Statistical Methods for Quality Improvement,* 3rd ed., John Wiley and Sons, Hoboken, NJ, 2011.

Seborg, D. E., and T. Miao, Automatic Detection of Excessively Oscillatory Feedback Control Loops, U.S. patent # 5,719,788, awarded February 17, 1998.

Shardt, Y., Y. Zhao, F. Qi, K. Lee, X. Yu, B. Huang, and S. Shah, Determining The State of a Process Control System: Current Trends and Future Challenges, *Can. J. Chem. Eng.*, **90**, 217 (2012).

Shewhart, W. A., *Economic Control of Quality*, Van Nostrand, New York, 1931.

Shunta, J. P., *Achieving World Class Manufacturing Through Process Control*, Prentice Hall PTR, Englewood Cliffs, NJ, 1995.

Tangirala, A. K., S. L. Shah, and N. F. Thornhill, PSCMAP: A New Tool for Plant-Wide Oscillation Detection, *J. Process Control*, **15**, 931 (2005).

Xu, S., M. Baldea, T. F. Edgar, W. Wojsznis, T. Blevin, and M. Nixon, An Integrated Data Cleaning Scheme for Quality Improvement of Process Models, *Reviews Chem. Engr.*, **31**(5), 453 (2015).

연습문제

21.1 전자 기기의 표준 신호 범위는 4~20 mA이다. 한계 검사를 사용하여 계측기를 모니터링 할 때 계측기 범위가 0~20 mA인 것이 바람직한가? 답의 이유를 설명하라.

21.2 분석기는 15분마다 공정 흐름의 pH를 측정한다. 정상 공정 운전 중 pH 측정의 평균 및 표준 편차는 각각 $\bar{x} = 5.75$ 및 $s = 0.05$이다. 공정이 정상적으로 운전할 때 pH 측정이 6.0을 초과할 확률은 얼마인가?

21.3 컴퓨터 제어시스템에서 임계 온도 측정의 상한 및 하한 경고 한계는 "2-시그마 한계" $\overline{T} \pm 3\hat{\sigma}_T$로 설정된다. 여기서 $\overline{T}$는 공칭 온도이고 $\hat{\sigma}_T$는 추정 표준 편차이다. 공정 운전이 정상이고 온도가 1분마다 측정되는 경우 8시간 동안 발생할 것으로 예상되는 "잘못된 경보"(즉, 경고 한계를 초과하는 측정) 수는 무엇인가?

21.4 중요한 제어 루프의 신뢰성을 향상시키기 위해 중복 센서를 사용할 것을 제안한다. 3개의 독립적인 센서가 사용되고 각 센서가 95%의 시간 동안 제대로 작동한다고 가정한다.

(a) 3개의 센서가 모두 제대로 작동할 확률은 얼마인가?

(b) 센서가 제대로 작동하지 않을 확률은 얼마인가?

(c) 피드백 제어를 위해 세 가지 측정의 평균을 사용하는 것이 좋다. 이 전략에 대해 간단히 논하시오.

힌트: 기본 확률 개념에 대한 검토는 부록 F를 참조하시오.

21.5 제조 공정에서 제품의 불순물 수준은 매일 측정된다. 공정이 정상적으로 운전할 때 불순물 수준은 평균값 0.800% 및 표준 편차 0.021%로 거의 정규 분포를 따른다. 연속 8일 동안의 실험실 측정은 아래와 같다. SPC 관점에서 불순물의 평균값이 이동했다고 믿을 수 있는 강력한 증거가 있는가? 답을 정당화하시오.

Day	*Impurity*(%)	*Day*	*Impurity*(%)
1	0.812	5	0.799
2	0.791	6	0.833
3	0.841	7	0.815
4	0.814	8	0.807

21.6 캘리포니아 남부의 가뭄으로 물을 배급하고 대체 물 공급에 대한 광범위한 논의가 이루어졌다. 어떤 사람들은 이 가뭄이 산타바바라 카운티에서 경험한 최악의 가뭄이라고 믿었다. 그러나 이것이 정말로 사실인가? 120년 동안의 강우량 데이터는 표 E21.6에 나와 있다. 정상적인 가뭄 기간과 비정상적인 가뭄 기간을 구분하려면 다음을 수행하시오.

(a) 1920년 이전의 데이터를 "정상 운전 데이터" 집합으로 간주한다. 이 데이터를 사용하여 Shewhart 차트의 목표 및 관리 한계를 만들어라. 후속 연도의 데이터가 차트 제한을 벗어난 것이 있는지 확인하라.

(b) 1940년 이전의 데이터를 사용하여 10년마다 10개의 데이터 포인트로 구성된 하위 그룹을 기반으로 하는 s 관리도를 구성하라. 이후 수십 년 동안 얼마나 많은 차트 위반이 발생하는가?

21.7 1900년부터 1930년까지의 데이터를 "정상 운전 데이터"로 고려하여 연습문제 21.6의 강우 데이터에 대한 CUSUM 및 EWMA 차트를 만들어라. 다음 설계 매개 변수를 사용한다. $K = 0.5$, $H = 5$, $\lambda = 0.25$. 이 차트에 따르면 향후 30년 동안 비정상적으로 건조하거나 습한 것 같은가?

21.8 SPC 차트는 제어 변수이기도 한 주요 공정 변수, 화학 조성에 대해 설계되어야한다. 측정값은 노이즈가 매우 많기 때문에 PI 제어기로 전송하기 전에 필터링해야 한다. 문제는 SPC 차트에 표시된 변수가 필터링된 값인지 원시 측정인지 여부이다. 두 가지 대안이 모두 실행 가능한가? 그렇다면 어떤 것을 추천하는가? (간단히 답변을 정당화하라.)

21.9 예제 21.5의 BOD 데이터에 대해 CUSUM 및 EWMA 차트를 개발하라. 이 차트는 "비정상적인 상황"을 나타내는가? 답을 정당화하라. CUSUM 관리도의 경우 $K = 0.5s$ 및 $H = 5s$를 사용한다. 여기서 s는 표본 표준 편차이다. EWMA 차트의 경우 $\lambda = 0.25$를 사용한다.

21.10 LSL = 5 mg/L이고 USL = 35 mg/L이라고 가정하고 예제 21.5의 BOD 데이터에 대한 C_p 및 C_{pk} 공정 역량 지수의 평균값을 계산하라. 이러한 지수 값은 공정 성능이 만족스럽다는 것을 나타내는가?

21.11 USL = 1600 mg/L 및 LSL = 1200 mg/L이라고 가정하고 예제 21.5의 고체 데이터에 대해 연습문제 21.10을 반복하라.

표 E21.6 강우 데이터(1870~1990).

Year	Rain(in)	Year	Rain(in)	Year	Rain(in)
1870	10.47	1911	31.94	1952	31.20
1871	8.84	1912	16.35	1953	12.98
1872	14.94	1913	12.78	1954	15.37
1873	10.52	1914	31.57	1955	17.07
1874	14.44	1915	21.46	1956	19.58
1875	18.71	1916	25.88	1957	13.89
1876	23.07	1917	21.84	1958	31.94
1877	4.49	1918	21.66	1959	9.06
1878	28.51	1919	12.16	1960	10.82
1879	13.61	1920	14.68	1961	9.99
1880	25.64	1921	14.31	1962	28.22
1881	15.23	1922	19.25	1963	15.73
1882	14.27	1923	17.24	1964	10.19
1883	13.41	1924	6.36	1965	18.48
1884	34.47	1925	12.26	1966	14.39
1885	13.79	1926	15.83	1967	24.96
1886	24.24	1927	22.73	1968	13.67
1887	12.96	1928	13.48	1969	30.47
1888	21.73	1929	14.54	1970	12.03
1889	21.04	1930	13.91	1971	14.02
1890	32.47	1931	14.99	1972	8.64
1891	17.31	1932	22.13	1973	23.33
1892	10.75	1933	6.64	1974	17.33
1893	27.02	1934	13.43	1975	18.87
1894	7.02	1935	21.12	1976	8.83
1895	16.34	1936	18.21	1977	16.49
1896	13.37	1937	25.51	1978	41.71
1897	18.50	1938	26.10	1979	21.74
1898	4.57	1939	13.35	1980	24.59
1899	12.35	1940	14.94	1981	15.04
1900	12.65	1941	45.71	1982	15.11
1901	15.40	1942	12.87	1983	38.25
1902	14.21	1943	24.37	1984	14.70
1903	20.74	1944	17.95	1985	14.00
1904	11.58	1945	15.23	1986	22.12
1905	29.64	1946	11.33	1987	11.45
1906	22.68	1947	13.35	1988	15.45
1907	27.74	1948	9.34	1989	8.90
1908	19.00	1949	10.43	1990	6.57
1909	35.82	1950	13.15		
1910	19.61	1951	11.29		

21.12 예제 21.5 및 21.6의 폐수 처리 문제와 아래 표시된 다섯 가지 새로운 측정 쌍을 고려하라. 예제 21.6의 정보를 사용하여 각 쌍에 대한 Hotelling의 T^2 통계값을 계산하고 데이터를 T^2 차트에 플로팅하라. 새로운 데이터에 대한 차트 위반 수를 기반으로 할 때 현재 프로세스 동작이 정상인가 아니면 비정상인 것처럼 보이는가?

Sample Number	*BOD*(mg/L)	*Solids*(mg/L)
1	18.1	1281
2	36.8	1430
3	16.0	1510
4	28.2	1343
5	31.0	1550

참고: 식3의 필수 공분산 행렬 $\boldsymbol{S}$는 MATLAB의 *cov* 명령 또는 EXCEL의 *covar* 명령을 사용하여 계산할 수 있다.

CHAPTER 22

회분 공정 제어

Batch Process Control

학습목차 *Chapter Contents*

22.1 회분 제어시스템
22.2 순차(Sequential) 및 논리(Logic) 제어
22.2.1 일반적인 회분 순서
22.2.2 회분 단계 및 순차 논리 표현
22.2.3 상태 전이의 감시
22.3 회분 제어
22.3.1 회분식 반응기 제어
22.3.2 급속 열처리 공정
22.4 런투런(Run-to-Run) 제어
22.5 회분 생산 관리
요약

연속 공정의 대안으로서 회분 공정을 적용한다. 회분 공정에서는 하나 혹은 다수의 용기를 이용하여 한 단계 혹은 그 이상의 여러 단계를 정해진 순서에 따라 진행하며, 특정 수량의 중간체 혹은 최종 생성물을 생산한다. 생성물의 부피가 작기 때문에 대량 생산을 위해서는 공정 단계를 정해진 스케줄에 따라 여러 번 반복해서 수행하여야 한다. 회분 공정에서의 생산량은 일반적으로 연속식 공정보다 작다; 따라서, 일반적으로 공정 장치를 단일 제품의 제조에 전용으로 사용하는 것은 경제적 관점에서 바람직하지 않다. 대신, 회분 공정은 여러 종류의 생산품(몇 개에서 몇 백개 까지)을 생산하는 데 주로 사용된다.

회분 공정은 다단으로 구성되거나, 한 장치에서 다수의 생산품을 제조하거나, 혹은 병렬로 제조 라인을 가동, 그리고 비정상 상태(즉, 시변 공정)에서 운전하는 등의 이유로 복잡할 수 있다. 산업체에 적용된 많은 회분 공정이 반자동화되어 있다. 예를 들어 한 회분에서 다음 회분으로 넘어갈 때 장치 준비에 필요한 사항과 같이 다수의 수동 운전이 자동화 시스템과 통합되어야 한다. 회분 공정에서의 핵심 도전은 가용 가능한 장치의 사용을 최대화 하면서 필요한 사양을 만족하는 생성물을 일관되게 생산하는 것이다. 회분식의 장점은 연속 공정 대비 재고를 줄일 수 있고, 특수한 생성물 수요에 빠른 시간에 대처 가능하다는 것이다. 일반적으로 여러 회분에서 생선된 물질을 혼합하는 것으로는 생성물의 물성을 만족하기 어렵기 때문에 각 회분에서 생성물의 품질이 사양을 만족하여야 한다.

회분 공정은 특수 화학물질, 금속, 전자 재료, 세라믹, 고분자, 식품, 생화학물 및 의약품, 다상 물질/혼합물, 코팅제, 복합재료 등 방대한 범위의 공정 및 생산에 사용된다. 회분 공정의 단위 운전 또한 매우 다양하며, 몇몇은 연속 공정 운전과 유사하다.

회분 공정의 한 예로서, 회분 증류탑을 이용하여 다수의 화학물 및 의약품을 생산하는 것을 들 수 있다. 회분 증류탑을 이용할 경우 매우 높은 순도 사양을 만족하는 생

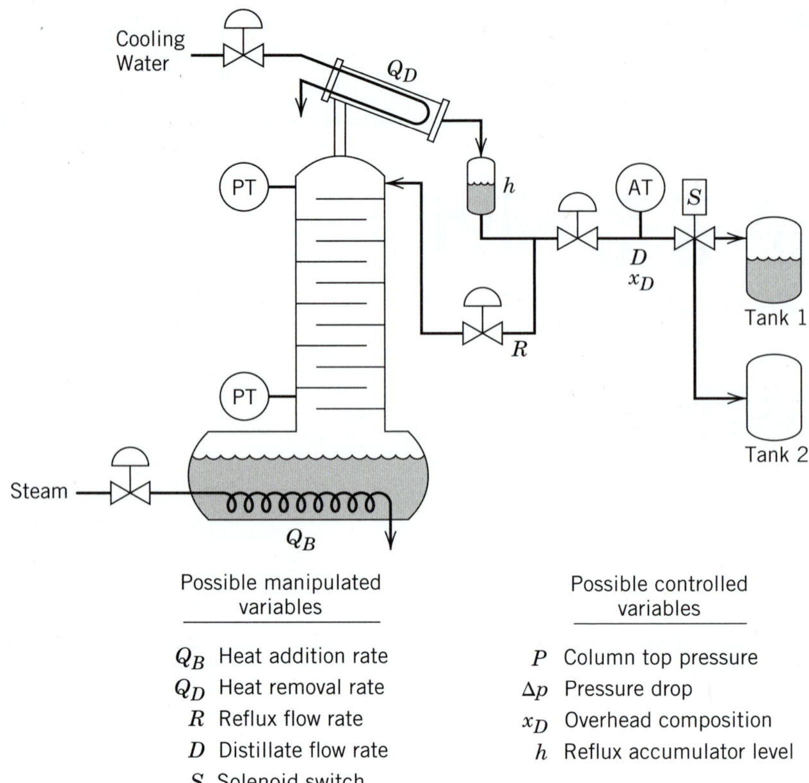

그림 22.1 회분식 증류탑 개략도.

성물을 얻을 수 있다. 연속 증류탑과 비교했을 때, 회분간 조정으로 제품의 사양을 조정 가능하며, 낮은 자본비용으로 융통성있고 수월한 운전이 가능하다(Mujtaba, 2004; Diwekar, 1995). 일반적인 회분솥 배치와 주요 조작 및 제어 변수를 그림 22.1에 나타내었다. 일반적인 회분 공정에서 그러하듯 여러 단계가 수행되어야 하며, 각 단계는 지정한 시간과 순서에 따라 밸브의 여닫음을 통해 운전을 하게 된다. 증류탑의 바닥에 있는 솥을 충전한 후, 원료 공급이 중단되며 재배기에 열을 공급한다. 응축기에서 냉각을 통해 환류 유량을 조작 가능하며, 이를 통해 탑정에서의 조성이 설정값 x_{Dsp}에 도달하도록 한다. 설정값 도달 이후 탑정에서 유량 D의 속도로 생성물 저장기로 배출이 이루어짐으로써 최종 제품 사양을 만족하게 된다. 선택한 시간에 제품 저장기를 전환하여 다양한 탱크에서 순도 사양이 다른 여러 제품을 만들 수 있다. 최종 제품 배출이 끝난 후 증류탑 운전이 정지되며, 남아 있는 탑저 잔류물과 저장기 보유량은 저장고로 펌프 이송된다. 증류탑은 다음 회분을 위해 준비 상태에 들어 간다.

그림 22.2는 일정한 증류액 유출 속도에 대하여 회분식 에탄올-물 분별분리에서 시간에 따른 에탄올의 조성 변화를 나타낸다. 탑정의 에탄올 몰분율(주 생산물)이 처음 45분 동안 거의 일정하게 유지됨을 주목하여라. 반면, 탑저 조성은 서서히 감소하는 경향을 보인다.

의약품의 안전, 효율, 및 경제성을 증가시키기 위해 FDA는 최근에 약품 개발, 제조 및 품질 검사에 대해 새로운 기준을 제시하였다. 발의 내용의 주요 사항은 전통적인 접근 방식 보다는 공정에 대한 더욱 전문적인 이해와 실시간 의사결정을 바탕으로 가변성을 줄이는 것이다. PAT (Process Analytical Technology)는 제약 산업에서 최종 생산

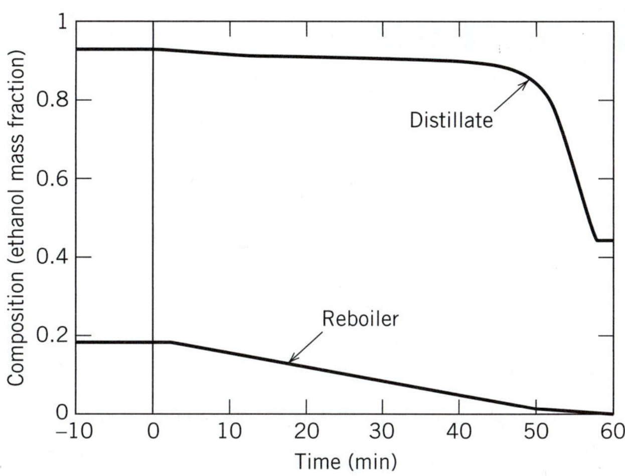

그림 22.2 일정한 증류액 유출 속도에 대하여 회분식 에탄올–물 분별분리에서 시간에 따른 에탄올의 탑정 및 탑저 조성 변화.

제품의 품질을 유지하기 위해 원료, 공정 내 재료 및 공정의 중요 품질 및 성능 특성을 측정하여 제조를 설계, 분석 및 제어를 의미하는 약어(acronym)가 되었다(Buckbee와 Alford, 2007). 환자의 위험을 초래할 수도 있는 공정의 가변성은 모델링 및 주요 품질의 시기적절한 측정을 통하여 결정가능하며, 이후 공정 제어를 통해 조정 가능하다.

이번 장에서는 회분 공정 제어에 대한 소개를 한다. 먼저 회분 공장에 대한 운전 사례와 제어시스템 설계를 소개하며, 연속 공정과의 차이를 확인한다. 회분 공정에서는 회분 장치의 생산 스케줄링이 보다 중요한 항목이다; 이는 특수 생산품에 대한 다양한 품질 기준을 요구하는 수요 다변화와 가용 가능한 생산 장치 및 원료를 일치시키는 것으로서 핵심 과정이다. 연속 공정의 제어와 대비하여 회분식 제어시스템은 *이진 논리*(binary logic)와 *이산 이벤트 분석*(discrete event analysis)을 이용하여 동일 용기를 여러 다른 공정 단계에 순차적으로 적용하며, *프로그램 가능 논리 제어기*(Programmable Logic Controller, PLC) 혹은 *분산 제어시스템*(Distributed Control Systems, DCS)을 필요로 한다. DCS가 PLC의 모든 기능을 포함하고 있기 때문에 다수의 회분 공정이 전적으로 DCS로 제어 가능함을 주목하여라(부록 A 참고). 단, 다중 입/출력(I/O) 초당 처리시간을 필요로 하는 고속 이산 생산 공정의 경우는 예외이다. 피드백 제어기를 이용하여 설정값 변화 및 외란의 영향을 다룰 수 있기는 하나, 공정의 정상 상태 운전이 불가능하기 때문에 더 넓은 범위를 처리할 수 있도록 성능 개선이 필요하다. 정상 상태의 부재가 회분 공정의 주요 경우인 반면, 몇몇 회분 단계(예를 들어, 발효액으로부터 세포 덩어리(cell mass)를 원심분리기를 이용하여 분리하는 경우)는 정상 상태에서 운전되기도 한다.

반도체 제조 공정에서는 식각(etching) 및 전사(lithography)와 같은 다양한 단위 조작을 반복적으로 처리하여 개별 웨이터 혹은 웨이퍼 그룹을 제조하게 되는데, 다음 몇 절에 걸쳐 이러한 공정에 회분 공정 제어를 적용한 예를 살펴볼 것이다. *런투런*(Run-to-run) 제어는 감시 제어의 한 형태로서 회분간 운전 조건 혹은 경로의 변경(회분 내에서는 불가)을 이용하는데, 이 제어 기법도 함께 다룰 것이다.

22.1 회분 제어시스템

회분 제어시스템은 여러 단계에서 적용 가능하다:

1. 회분식 순차결정 및 논리 제어(Batch sequencing and logic control)
2. 회분 동안의 제어
3. 런투런(Run-to-run) 제어
4. 회분 생산 관리

ANSI/ISA 95 Standard는 국제 표준으로서 회분 공정에 대해 엔터프라이즈와 제어시스템 간의 인터페이스를 4단계에 기반하여 정의한다. 표준에서는 거의 모든 제어가 1 및 2단계에서 이루어지며 PLC와 DCS의 환경에 의해 제한을 받는다. 회분 동안의 제어는 2단계 작용에 해당한다. 3단계는 제조 운전 관리(Manufacturing Operations Management)에 관한 것으로서 회분 보고 및 제조 허가와 같은 활동을 포함한다. 4단계는 비즈니스 관리이며, 전사적 자원 관리(enterprise resource planning, ERP), 재료비 청구, 구매, 저장 관리 등을 포함한다(ISA, 2012).

그림 22.3은 전형적인 회분 공정에서 사용되는 서로 다른 형태의 제어들 간의 상호 관계를 보여준다. 런투런(Run-to-run) 제어는 감시 제어의 일종이며 생산 관리 블록의 한 부분이다. 연속 공정과 달리, 제어의 관점은 정치(regulation)에서 설정값 변화로 변하였으며, 회분 및 장치의 순차결정이 더 중요한 역할을 하게 된다.

회분 제어시스템은 펄스 입력과 이산 I/O, 그리고 센서 및 구동기의 아날로그 신호를 다목적으로 다룰 수 있어야 한다. 기능 제어 활동을 다음과 같이 요약 가능하다:

1. ***회분식 순차결정 및 논리 제어:*** 레시피를 따르는 일련의 제어 단계는 예를 들어: 성분의 혼합, 가열, 반응이 완료되기를 기다리는 것, 냉각 및 생성물의 배출을 포함한다. 회분 또는 반응기에서 물질의 이송은 충전 및 반응 완료 단계에서 물질의 계량(레시피에 정해진 대로)을 포함한다. 제어 단계에서 이산 로직은 불안정한 조건하에서 안전 잠금장치를 활용하여 운전자, 장치 그리고 환경을 보호하는 데 필요하다(10장 참고). 안전 잠금장치를 이용하면 정확한 논리 순서대로 공정 운전이 이루어질 수 있다.
2. ***회분 동안의 제어:*** 유량, 온도, 압력, 조성 및 액위를 위한 피드백 제어는 *회분 내 제어*("within-the-batch") 범주에 해당하며(Bonvin, 1998), 고급 제어 전략을 사용하는 경우도 포함된다. 복잡한 적용 사례에서는 회분 내 운전 궤

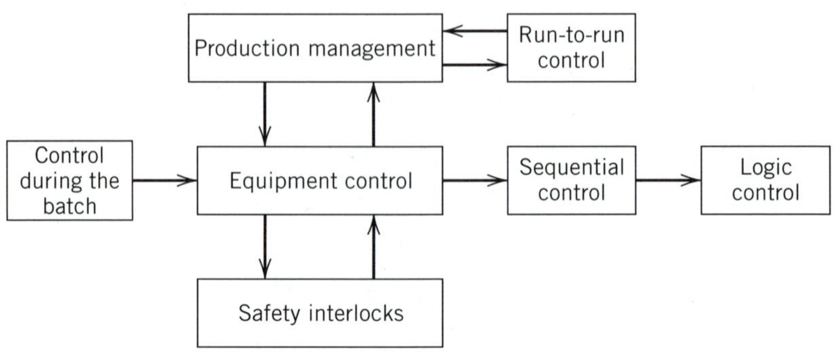

그림 22.3 회분 제어시스템의 개요.

적을 설정하는 것(예를 들어, 온도 혹은 유량을 시간의 함수로)이 필요하다. 보다 단순한 경우에는 제어 변수의 설정값을 추적(위 혹은 아래로 경사지게 변하는 것 혹은/및 일정 시간 동안 일정하게 유지하는 것을 포함)하도록 한다. 언제 회분 운전을 중지할지(종료 지점) 감지하는 것은 품질을 직접 측정하거나 아니면 측정이 불가한 경우 추론 측정을 통하여 가능하다(16장 참고).

3. ***런투런(Run-to-run) 제어:*** 감시 제어의 하나로서 batch-to-batch 제어로 불리기도 한다. 회분 마지막에서 오프라인으로 이루어지는 품질 측정을 기반한다. 회분의 운전 조건과 프로필은 회분 간에 이루어지며, 이 과정에서 최적화 등의 기법을 적용하여 제품의 품질 향상을 도모한다.
4. ***회분 생산 관리:*** 이 단계는 공정 운영자에게 공정 상태, 그리고 순차, 정치 및 이산 제어가 레시피와 상호 작용하는 방법을 조언한다. 재료의 이름과 양, 공정 변수, 설정값, 경사변화비, 공정 시간 및 표본추출 과정 등을 포함하는 완벽한 정보(레시피)가 각 제품 그레이드에서 유지된다. 또다른 정보로는 물질 및 에너지 수지 뿐만 아니라 매일, 매주 교대로 생산되는 회분을 포함한다. 모든 기록에는 회분의 로트 번호(lot number)를 포함하는 것이 특히 중요하다. 단위 공정의 스케줄링은 재료와 장치의 가용성 및 고객 수요에 기반하여 이루어진다.

22.2 순차(Sequential) 및 논리(Logic) 제어

순차 논리(sequential logic)는 회분 공정이 적절한 이벤트 순서대로 진행되도록 하는 데 사용하며, 이는 회분식에서 매우 중요한 문제이다. 순차 논리는 변수의 현재값에만 의존하는 조합 논리(combinatorial logic)와는 구별되어야 한다. 이 논리는 연동 혹은 허용 구동에 특히나 적절하다; 예를 들어 반응기의 방출 밸브는 잠겨져 있어야 한다거나, 공급 밸브를 열기 위해서는 배출구(vent)가 열려 있어야 하는 등이 가능하다. 순차 및 조합 논리 모두 마이크로프로세서 혹은 컴퓨터와 같은 디지털 장비로 구축 가능하다. 디지털 장비는 본질적으로 이산(정수와 같이 이산 출력만을 허용)이거나, PID 제어기와 같은 연속 장비를 흉내낼 수도 있다(17장 참고).

22.2.1 일반적인 회분 순서

회분 공정은 적절한 단계를 걸쳐 진행되어야 한다. 예를 들어, 간단한 혼합 순서를 다음의 단계로 구성할 수 있다.

1. 탱크 A에서 탱크 R로 정해진 양의 물질을 이송. 이 단계는 “A로부터 이송”이다.
2. 탱크 B에서 탱크 R로 정해진 양의 물질을 이송. 이 단계는 “B로부터 이송”이다.
3. 원료가 더해진 후 일정 시간동안 교반하기. 이 단계는 “교반”이다.
4. 생성물을 저장 탱크로 방출. 이 단계는 “R로부터 이송”이다.

혼합 탱크의 운전 순서에 관한 보다 자세한 사항은 뒤에서 다룰 것이다(예제 22.1 참고).

각 단계에서, 다양한 이산–구동 장치들이 지정된 *장치 상태*(device state)[1]에 있게 되는데, 주로 이진수(0 혹은 1)의 값을 갖는다. "A로부터 이송" 단계의 경우, 장치의 상태는 다음과 같다.

1. 탱크 A 방출 밸브: 열림
2. 탱크 R 입력 밸브: 열림
3. 탱크 A 이송 펌프: 작동
4. 탱크 R 교반기: 꺼짐
5. 탱크 R 냉각 밸브: 닫힘

순차 논리는 장치의 상태와 결합되어 있다. 예를 들어, 장치 상태 0은 밸브 닫힘, 교반기 꺼짐 등이 될 수 있으며, 장치 상태 1은 밸브 열림 혹은 교반기 켜짐이 될 수 있다. 기본적으로, 순차 논리는 공정이 현재의 운전 조건에서 다음 조건으로 언제 넘어가야 하는지를 결정한다. 순차 논리는 공정의 정상(normal) 혹은 장비 고장과 같은 이상(abnormal) 공정 운전을 모두 포함해야 한다.

고장이 발생 시, 가당 간단한 행동은 비정상 조건에 대응하여 운전을 정지하거나 혹은 현재의 운전 상태를 유지하고, 공정 운전원으로 하여금 고장의 원인을 찾도록 하는 것이다. 그러나, 몇몇 고장의 경우 위험한 조건에 이르게 할 수 있으므로 즉각적인 대처가 필요하다; 이 경우 운전원으로 하여금 무엇을 할지 결정하도록 하는 것은 용납되기 어렵다. 이러한 상황에서 적절한 대응은 위험 및 운용성(hazards and operability, HAZOP) 연구에 부합하도록 최선의 결정을 내리는 것이다. 예를 들어, 회분식 반응 시스템에 대한 안전 운전 안내사항이 출판되었다(Center for Chemical Process Safety, 1999).

많은 경우에 운전원들이 장비 준비, 샘플 채취 등 일상적인 수동 작업을 정기적으로 수행함으로써 회분 공정이 반자동화되어 있다. 몇몇 회분 공장은 담당 운전원이 제어실에서 멀리 떨어진 곳에 있을지라도 경보를 수신할 수 있도록 호출 시스템(혹은 다른 상응하는 방식)을 필요로 한다. 회분 공정에서 각 단계별로 알람의 원인과 적절한 응답이 달라질 수 있다. 게다가, 공정이 운전, 일시 정지, 보류, 중단, 시작 및 종료와 같은 다른 상태에 놓일 때 일부 경보 속성의 값을 변경해야 할 수도 있다(ISA, 2012). 일반적으로, 자동화된 회분 레시피는 운전원들이 연동 표시를 이용하여 신속히 다음 운전을 우선 시작할 수 있도록 한 후 운전원으로부터 수동으로 통지를 받도록 한다. 회분식 공정은 운전원 의존성으로 인하여 인적 오차가 발생할 가능성이 매우 크다; 회분 운전에서 안전 관련 이슈는 Smith(2015b)를 참고하여라.

데이터 수집과 저장에 관해서는, 일반적으로 회분 생산 완료 후 회분 보고서를 작성하는 것이 관례이다. 고도 규제 산업에서는 이러한 보고서는 회분 운전 동안 발생한 어떠한 형태의 비정상 이벤트(주요 공정 변수와 관련)에 대한 정보뿐 아니라 비정상적인 상황으로 인한 회분 로트(lot)의 처분에 대한 사항도 포함하여야 한다(Alford, 2006).

22.2.2 회분 단계 및 순차 논리 표현

회분 운전에서 다양한 방법으로 순차 논리를 묘사 가능한데, 이는 이진 논리를 컴퓨터 제어시스템에 통합하기 위한 전제 조건이다. 두 개의 공정 지향적 표현을 고려한다: *정보흐*

[1] 6.5절에서 논의한 상태 변수(state variables)와 혼돈하지 말 것.

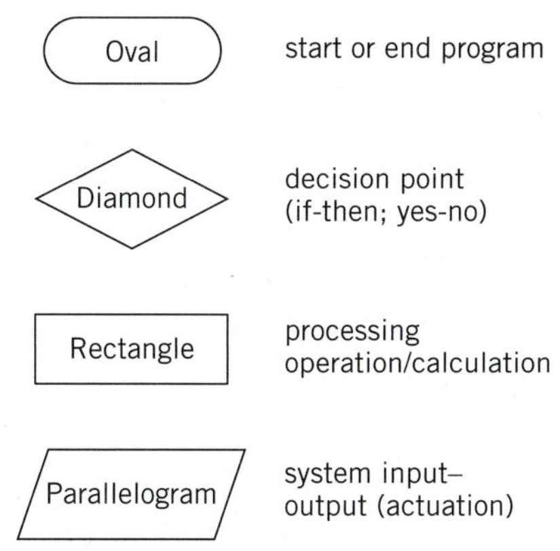

그림 22.4 흐름도의 기호 및 정의.

름도(information flow diagram) 및 *순차 기능 차트*(sequential function chart, SFC). 이를 사용하여 *사다리 논리 다이어그램*(ladder logic diagrams)과 *이진 논리 다이어그램*(binary logic diagram)을 포함하는 디지털 논리 다이어그램을 개발 가능하다.

정보흐름도를 만들기 위해서는 회분 공정에 대한 완전한 리스트를 문서화하고 보여야 한다. 이러한 표현으로부터, 순차 기능차트를 직관적으로 준비할 수 있다. 그림 22.4는 흐름도에 쓰이는 기호로서 결정 지점, 공정 운전, 입력–출력 구조 및 따라야할 순서를 지칭한다. 순서에 관한 설명은 예제 22.1을 참고하라.

순차 기능 차트(SFC)는 도식적으로 제어 프로그램의 순차적 행동을 묘사한다(Parshall과 Lamb, 2000). 정보 흐름도보다 더욱 세심한 방식으로서 두 개의 접근법 Petri Nets와 Grafcet으로부터 유도되었다(David, 1995; Desrochers와 Al-Jaar, 1995). SFC는 구동 블록(action blocks)과 전이(transitions) 사이를 번갈아하는 단계로 구성되어 있다. 각 단계는 회분 공정의 상태를 나타낸다. 전이는 참(true)인 경우 다음 단계를 할성화하고 이전 단계를 비활성하는 조건과 관련된다. 단계들은 구동 블록으로 연결되며 각 블록은 설정한 제어 동작을 수행한다. SFC와 Grafcet은 국제 전기기술 위원회(International Electrotechnical Commission, IEC)에 의해 만들어진 표준 언어로서 PLCopen이라 불리는 판매자 및 사용자 협회의 지지를 받고 있다. *www.plcopen.org*를 참고하여라.

그림 22.5는 SFC 표기법의 간단한 예를 보여준다. 단계들은 사각형으로 표시되며(이중 사각형은 초기 단계), 전이 기호는 제어 단계를 연결하는 선위에 작은 수평 막대로 나타낸다. 두 개의 막대는 가지치기를 위해 사용하며, 두 개 혹은 그 이 상의 경로가 필요한 경우 전이 앞에서 사용한다. 유사한 방식으로, 두 개 혹은 그 이상의 병렬 경로를 합하여 단일 경로로 만드는 경우에도 사용한다. 그림 22.5에서, 5단계와 6단계 모두 7단계로 가기 전에 완성하여야 한다. 활성 상태의 단계는 박스 내에 검은색 점을 사용하여 표시하였다.

사다리 논리와 이중 논리 다이어그램은 논리 기능을 표현하는 그래픽 형식이며, *진리표*(truth tables)를 이용하여 분석한다(Platt와 Gilbert, 1995). 이중 논리에서의 주요 연산은 AND, OR, NAND(not AND), 및 NOR(not OR)이다. 두 개의 입력 변수 A와 B가 "ANDed"일 때($= A \cdot B$), A와 B가 모두 1인 경우에만 출력이 1이다. 두 입력 A와 B가 ORed인 경우는 A 혹은 B 중 하나가 1인 경우에 출력 ($A + B$)이 1이다. NOT 연산은 입력 A의 값을 상보 이진값($\overline{A}$)으로 바꾼다. 표 22.1에 이진 변수 A와 B의

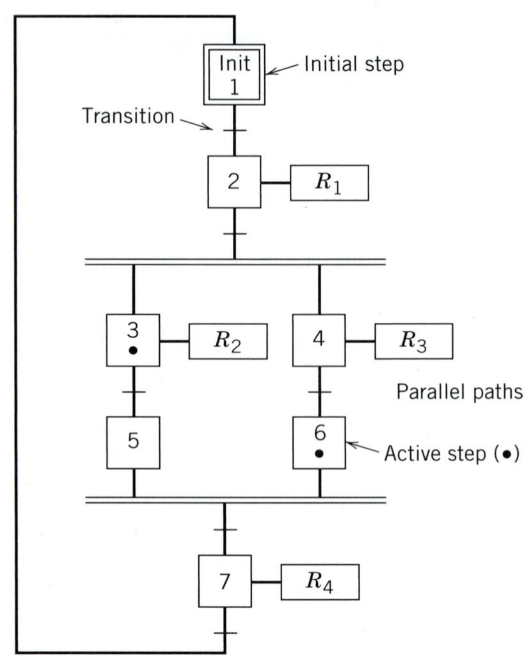

그림 22.5 일반적인 순차 함수 아트(활성 단계는 3과 6). R_1에서 R_4는 지정된 조치를 의미한다.

표 22.1 AND, OR, NOT 이진 논리 연산의 진리표.

A	B	$A \cdot B$(AND)	$A + B$(OR)	$\overline{A}$(NOT)	$\overline{B}$(NOT)
0	0	0	0	1	1
0	1	0	1	1	0
1	0	0	1	0	1
1	1	1	1	0	0

네 가지 조합의 경우에 대한 다양한 표준 연산의 *진리표*(truth tables)를 제시하였다.

사다리 다이어그램에는 전원(왼쪽)과 중립(오른쪽)을 의미하는 두 개의 수직 막대가 세워져 있다. 여러 가로대가 두 개의 수직 막대 사이에 다양한 경로로 존재하는데, 논리 스위치(보통 열림 혹은 닫힘)와 출력을 포함한다. 사다리 다이어그램을 만들때에는 소수의 기호를 사용한다(Petruzella, 2010; Johnson, 2005). 두 개 혹은 그 이상의 스위치 (또는 컨택트라 불림)가 동일 가로대에서 AND 게이트를 형성한다. 두 개 혹은 그 이상의 병렬 가지에 있는 컨택트는 아래 설명과 같이 OR 게이트를 형성한다. 두 개의 작은 수직 막대가 정상적으로 열린 컨택트(normally open contact)를 의미하며, 막대에 사선이 추가된 경우 정상적으로 닫힌 컨택트를 의미한다.

병렬 및 직렬 릴레이 회로를 잘 구성함으로써 설계자는 일련의 논리적 단계에 대한 정교한 논리적 표현을 구현할 수 있다(Platt와 Gilbert, 2005). 예를 들어, 그림 22.6*a*에 보인 바와 같이 세 개의 릴레이를 연속으로 연결 설치하여 세 개의 입력 AND 조건을 구현할 수 있다. 출력은 세 개의 입력 릴레이(A, B, 및 C)가 모두 1인 경우에만 활성화된다.

비슷한 방식으로, 그림 22.6*b*에 보인 바와 같이 릴레이 세트를 병렬로 연결하여 OR 조건을 구현할 수 있다. 여기서 하나 혹은 그 이상의 입력 릴레이가 동작하면 출력이 활

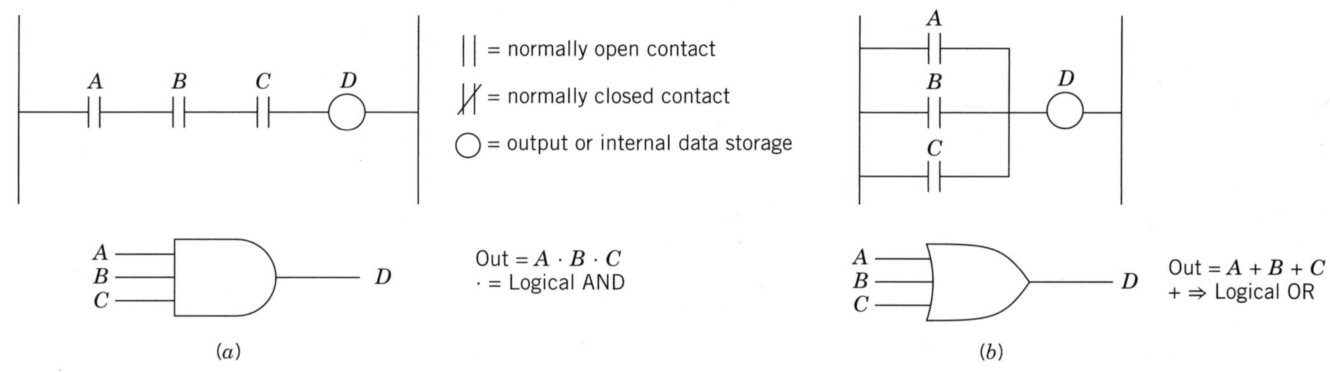

그림 22.6 (*a*) 직렬로 연결된 접점을 사용하여 사다리 및 이진 논리에서 AND 논리를 "AND 게이트"로 구현. (*b*) 병렬로 연결된 접점을 사용하여 사다리 및 이진 로직에서 OR 로직을 "OR 게이트"로 구현.

성화된다. 사다리 논리에서 NOR 혹은 NAND 게이트를 표시하기 위해 사선을 이용하여 도시한다. 이중 논리 다이어그램에서는 작은 원을 OR 혹은 AND 기호에 덧붙여 사용한다. 이러한 컨택트들은 그림 22.6에 보인 정상적으로 열림이 아닌 정상적으로 닫힘이 된다. 순차결정 작업에는 일반적으로 걸쇠(latching) 릴레이(한번 활성화되면 영구적으로 상태를 유지, 무접점 플립 플롭(solid-state flip-flop)과 매우 유사)와 지연(delay) 릴레이(작동 전, 작동 후 사전 프로그래밍된 시간 간격을 지연)를 사용한다. 걸쇠 릴레이는 예제 22.1에 보인 바와 같이 평행하게 연결된 가로대를 이용하여 나타낸다.

공정 관점에서 볼 때, 순차 기능 차트가 릴레이 사다리 논리와 이진 논리보다 더 선호되는데, 왜냐하면 이 방식이 단계의 순서를 명확히 보여주고, 또한 동시성(즉, 몇몇 서브시스템이 부분적으로 독립적)을 나타내기 때문이다. 또한, 이러한 서브시스템들에 대해서 SFC가 입력-출력 구조와 가동을 더욱 선명하게 묘사한다. SFC는 감시 제어, 모니터링 및 진단을 위한 전문가 시스템(expert system)과 인터페이스를 구축하는 데도 유용하다(Arzen, 1994). 이진 사다리 논리 다이어그램을 컴퓨터 알고리즘을 이용하여 SFC로 변환하는 것이 가능하다(Falcione와 Krogh, 1993).

프로그램 가능 논리 제어기

프로그램 가능 논리 제어기(Programmable Logic Controllers, *PLCs*)는 회분식 공정 제어에서 많이 사용되는데, 지정한 이진 논리 연산을 수행하거나 지정한 순차를 구현하는 데 사용한다. PLC의 입력은 릴레이 컨택트로서 다양한 장치의 상태를 표현한다(예, 제한 스위치는 밸브가 완전히 열렸는지 혹은 닫혔는지 알려준다). 다양한 연산 입력들(예를 들어, 시작/중지 버튼) 또한 제공된다. PLC 출력 신호는 릴레이를 활성화시킴으로써 펌프를 켜고 끄거나, 디스플레이 패널의 불을 켜거나, 쏠레노이드 혹은 모터 작동 밸브를 작동시키거나 하는 등을 수행한다. PLC에 관한 보다 자세한 사항은 A.3.1절에서 다룬다; Hughes(2005)와 Petruzella(2010)을 참고하여라. PLC는 PID 제어의 모든 변화를 쉽게 구현한다. 결론적으로, 회분 공정에서 요구하는 대부분의 사항을 하나의 PLC를 프로그램하여 쉽게 만족할 수 있다. 그러나, PLC를 이용하여 회분 사이클 운전을 최적화 하거나, 반응기 혹은 분리기의 조성을 추론 제어(inferential control)하는 것은 어려울 수 있다. 다만 PLC를 범용 컴퓨터 또는 분산 제어시스템과 통합하여 적용할 경우 이러한 기능은 쉽게 구현 가능하다.

예제 22.1

대표적인 회분 제어 전략을 증명하기 위해 그림 22.7에 표시된 간단한 혼합 공정의 운전자 보조 제어를 고려하자. 운전 순서를 시작하기 위해 운전원이 핸드 스위치(HS4) 혹은 누름 버튼을 활성화하고, 이로 인해 쏠레노이드 밸브(VN7)가 개방되어 액체 A가 주입된다. 이번 예제에서 물질의 이송은 중력에 의해 구현된다(펌프가 불필요). 탱크의 액위가 중간값(LH2)에 도달하면 유량 A가 멈추고 유량 B가 시작된다(VN8). 동시에 모터(MN5)가 구동하여 교반이 시작된다. 액위가 설정값(LXH2)에 도달하면 유량 B가 멈추고 방출 밸브(VN9)가 열린다. 탱크의 액위가 하한(LL2)에 도달하면 방출 밸브가 닫히고 모터가 멈춘다. 운전원이 시작 버튼을 다시 눌러 또다른 혼합 사이클을 시작한다. 주목할 점은 이러한 간단한 제어 전략은 비상 상황을 고려할 필요가 없다는 것이다. 방출 밸브 VN9이 열리기 전에 VN8 밸브가 닫혀야 하는 등 장치 순서의 타이밍과 관련된 사항도 고려되지 않았다. 이 회분 운전에 대하여 정보 흐름도, 순차 기능 차트 및 이진/사다리 논리 다이어그램을 작성하여라. 회분은 중단 없이 진행하는 것을 가정하여라(즉, 운전원이 회분 순서를 시작 후 핸드 스위치를 실수로 다시 누르는 것은 고려하지 않는다).

이진 논리 다이어그램에서 탱크의 액위는 L로 표시하고, 장치 상태와 관련하여 다음의 이진값을 사용하여라:

운전원 누름 버튼 HS4:	on	$\Rightarrow 1$	off	$\Rightarrow 0$
LH2 지시자:	$L \geq LH2$	$\Rightarrow 1$	$L < LH2$	$\Rightarrow 0$
LXH2 지시자:	$L \geq LXH2$	$\Rightarrow 0$	$L < LXH2$	$\Rightarrow 1$
밸브 VN7, VN8, VN9:	열림	$\Rightarrow 1$	닫힘	$\Rightarrow 0$
교반기 MN5:	모터 켜짐	$\Rightarrow 1$	꺼짐	$\Rightarrow 0$

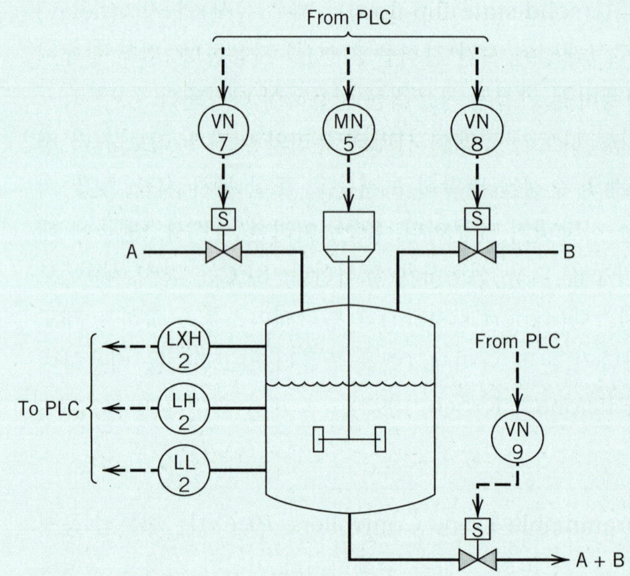

그림 22.7 회분식 혼합 탱크의 개략도.

풀이

그림 22.8과 22.9에 정보 흐름도와 순차 기능 차트에서 일련의 이벤트를 보였다. 하드웨어(혹은 소프트웨어)를 이용한 구현의 경우 그림 22.10에서 이진 논리 다이어그램으로 보였다. 그림 22.6에서 정의한 기호를 논리 다이어그램에서 사용한다. 게이트 1(AND 게이트)을 이용하여 탱크 액위가 충분히 낮지 않은 경우 공정이 시작하지 않았음을 확인한다(필요시). 게이트 3은 밸브 VN8이 열리지 않은 경우에만 열어 A를 흐르게 한다(게이트 3의 작은 원은 NOT를 표시한다). 게이트 2(OR 게이트)는 운전원이 누름 버튼을 해제할 수 있도록 밸브 VN7이 열리면 요청 사항을 고정한다. 액위가 중간에 도달하면 게이트 4와 7이 B공급과 교반기 구동을 시작하며, 이들의 시작 신호(AND 게이트 3)는 A의 공급을 중단한다. 액위가 높을 경우 게이트 6이 방출 밸브를 연다. 게이트 7을 이용하여 방출 사이클 동안 VN8이 열리는 것을 막는다. 밸브 VN8이 열리면 게이트 8은 교반기를 구동하며, VN8이 닫히고 VN9이 열릴 때까지 교반이 계속되게 한다. 액위 신호 LH2가 켜지면 게이트 4로 보내져 B의 공급과 교반기 모터를 멈춘다. 게이트 5는 탱크가 빌 때까지 방출 신호를 유지한다.

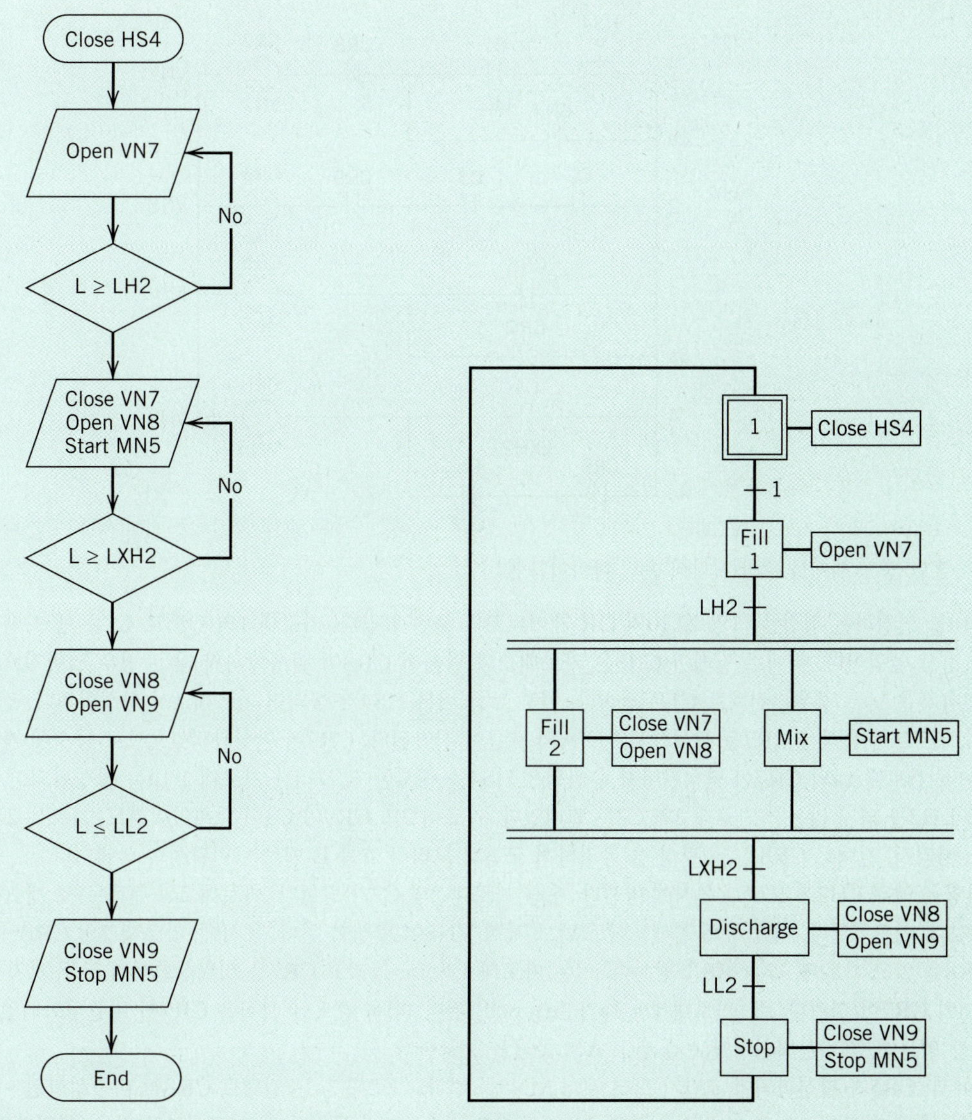

그림 22.8 혼합 탱크 제어를 위한 정보 흐름도.

그림 22.9 혼합 탱크 제어를 위한 순차 기능 차트(SFC).

그림 22.11은 동일한 혼합 공정에 대해 사다리 논리 다이어그램을 보여준다. 정상 열림 컨택트의 예는 C1(사선 부재)이고, 정상 닫힘 컨택트의 예는 CR8이다. 운전원 작동 누름 버튼 HS4와 컨택트 C1이 그림 22.10의 게이트 1과 동일한 AND 게이트를 형성한다.

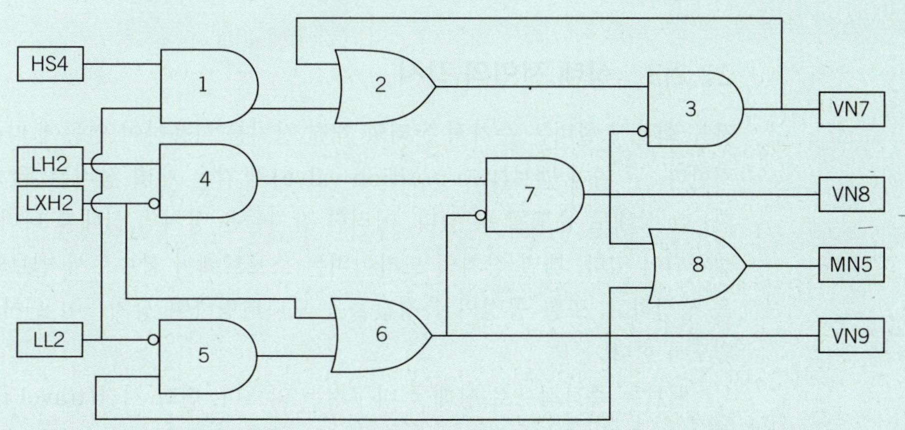

그림 22.10 혼합 탱크 제어를 위한 이진 논리 다이어그램.

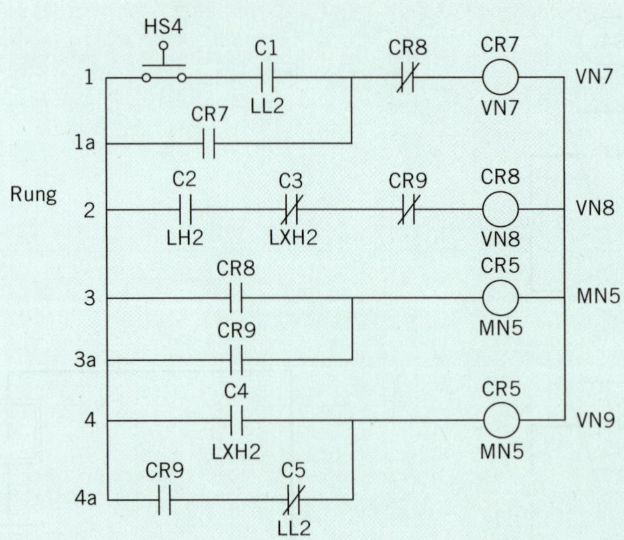

그림 22.11 혼합 탱크 제어를 위한 사다리 논리 다이어그램.

가로대 1과 1a를 연결하는 접점은 그림 22.10의 OR 게이트 2의 출력과 같다. 가로대 1의 컨택트 C1은 탱크 액위가 낮지 않은 경우 (조건 LL2) 정상 열림이다. 컨택트 릴레이 CR8은 가로대 2의 릴레이 CR8이 활성화되지 않는 경우 일반적으로 닫혀있다. 액위가 LL2에 있거나(혹은 낮은 경우), 컨택트 C1은 닫힌다. 이후 누름 버튼 HS4가 눌리면 가로대 1이 활성화된다. 컨택트 CR8이 일반적으로 닫혀 있으므로 이 동작은 CR7을 활성화시키고 A의 흐름이 시작된다. CR7이 활성화되었으므로 동시에 가로대 1a의 정상 열림 CR7을 닫는다. 가로대 1a의 CR7이 닫히자마자 운전원은 HS4를 해제한다. 그러나 가로대 1/1a는 활성화되어 있어 흐름 A가 유지된다. 액위가 LH2를 넘지 않는한 가로대 2의 C2는 열려있다. 가로대 2의 CR9와 C3이 닫혀있더라도, 가로대 2는 C2로 인해 활성화되지 않는다. 따라서, 컨택트 CR8은 "비활성"을 유지하며 교반기 모터와 흐름 B 밸브는 비활성화 상태이다.

이러한 상황은 액위 LH2에 도달과 동시에 바뀐다. 우선 가로대 2의 C2가 닫힌다. 가로대 2의 컨택트 세 개 모두가 닫힘이므로, 가로대 2와 CR8은 활성화된다. 이를 통해 쏠래노이드 밸브 제어 VN8이 활성화 된다. 동시에, 가로대 2의 CR8이 활성화 되자마자 가로대 1의 CR8을 열고 가로대 3의 CR8을 닫는다. 이는 가로대 1과 1a, 그리고 CR7을 비활성화시키고 두 가지 일이 발생한다. 하나는 가로대 1a의 CR7이 열린다; 즉, 가로대 1과 1a가 "tripped" 된다. 더욱 중요한 사실은 CR7이 비활성화되었으므로 흐름 A를 위한 쏠레노이드 밸브 또한 비활성되어 밸브를 닫고 A의 공급을 중단한다.

가로대 3에서, CR5가 활성화되어 교반기 모터 제어 MN5를 켠다. 가로대 3a는 컨택트 CR8이 비활성화된 이후에 CR5가 활성화가 유지되도록 한다. 가로대 3과 3a의 접점은 그림 22.10의 OR 게이트 8과 동일하다. 가로대 4의 경우, 액위가 LXH2에 도달하자마자 C4가 방출 쏠레노이드 밸브 VN9을 활성화시킨다. 방출은 액위가 LXH2 밑으로 떨어질 때 까지 계속되어야 하므로, 가로대 4a는 LXH2를 고정하기 위해 설계되었다(CR9). 이러한 전략은 액위가 LL2에 도달할 때까지 유지되도록 한다.

22.2.3 상태 전이의 감시

자동 회분식 설비는 순차적 논리와 개별 장치를 사용하여 연동에 따라 공정의 상태를 변경한다. 두 위치 밸브(two-position valve)와 같은 개별 장비는 두 개의 상태중(열림/닫힘) 한 상태로 유도될 수 있다. 이러한 장치들은 장치의 상태를 나타내는 제한 스위치가 설치되어 있다. 개별 장치의 드라이버는 소프트웨어 함수로서 밸브와 같은 장치의 출력을 생성하고, 또한 공정의 측정값들을 모니터링하여 장치들이 원하는 상태를 유지하고 있도록 한다.

밸브는 즉각적으로 상태를 바꾸지는 않으며, 변화 시간(travel time)에 걸쳐 상태의 변화가 진행된다. 따라서, 공정의 논리는 개별 장치의 드라이버에 각 장치에 적절한 사용자 정의 전이 시간을 제공하여야 한다. 상태들 간의 전이는 다음과 같이 구현한다:

1. **드라이브 및 대기.** 장치가 할당된 상태에 도달할 때까지 추가 동작이 연기된다.
2. **드라이브 및 진행.** 장치가 전이 상태 중에도 추가 동작이 시작된다.

두 상태 장치가 가장 일반적이긴 해도, 때때로 세 개 혹은 그 이상의 상태를 필요로 하는 경우가 있다. 예를 들어, 고속, 중속 혹은 정지 상태를 갖는 교반기를 들 수 있다.

회분 제어 소프트웨어 패키지를 통해 제어 컴퓨터가 다음을 하도록 한다.

1. 각 장치가 적절한 상태가 되도록 유도하는 명령어를 생성한다.
2. 언제 모든 장치들이 적절한 상태에 도달하였는지 결정하기 위해 각 장치의 상태를 모니터링한다.
3. 장치가 적절한 상태에 있는지 확인하기 위해 모니터링을 계속 유지한다.

만약 어느 한 장치라도 목표 상태에 도달하지 않을 경우 실패 논리(failure logic)가 적용된다.

22.3 회분 제어

회분 동안 혹은 "회분 내"의 제어는 *운전 궤적*(operating trajectory), 즉 조작 및 제어 변수가 시간의 함수로서 어떻게 변화해야 하는지를 다루는 점에서 순차 및 논리 제어(켜짐 혹은 꺼짐의 상태를 순차적으로 구현)와 다르다. 설정값(시간의 함수) 추적은 매우 어려운데, 그 이유는 정상 상태가 존재하지 않고, 또한 운전의 시작 및 정지 혹은 회분 동안의 급격한 하중의 변화 등으로 다양한 운전 영역이 존재하기 때문이다. 예를 들어, 회분 종료 시점에 호기성 발효 세포의 수는 시작 때에 비해 몇 자리수가 더 많으며, 이로 인해 회분 동안 광범위한 통기(aeration)와 교반을 필요로 한다(23.1.1절 참고).

Bonvin(1998) 및 Juba와 Hamer(1986)의 연구에서 회분 동안 동적 제어에 어떠한 도전 요소가 있는지 다루었으며, 다음을 제시하였다.

1. ***시변 특성*(Time-varying characteristics).** 정상 상태가 없을 뿐만 아니라 일반적인 연속 시스템에 비해 제어 변수의 전이 정도가 매우 크다. 따라서, 표준 선형 전달함수 모델을 사용할 경우 이득과 시간 상수가 시간에 따라 변하게 된다. 회분의 특성 또한 회분마다 달라질 수 있으며, 제품 사양의 변화로 인해 몇 달에 걸쳐 공정의 화학이 바뀔 수도 있다.
2. ***비선형 거동*(Nonlinear behavior).** 잠재적으로 광범위한 운전으로 인해 선형화 모델이 부정확하고 제어기 설계에 부적합 할 수 있다. 예를 들어, 회분에서의 화학 반응 속도는 온도 및 농도의 비선형 의존성을 가질 수 있으며, 비선형 관계는 반응기와 냉각수 유량 사이의 열전달에도 존재할 수 있다. 생물 단위공정 운전도 비선형 거동을 보인다(Buckbee와 Alford, 2007).
3. ***모델 오차*(Model inaccuracies).** 회분식 공정에서 기계적 혹은 기본 모델을 구하기 어려울 수 있다. 이 경우 사전에 제어기를 설계하고 조율하는 데 제한이 있다.
4. ***센서*(Sensors).** 종종 온라인 센서가 없거나 혹은 광범위한 운전 범위로 인

해 부정확할 수 있다. 따라서, 샘플의 분석이 공장의 연구실에서 드물게 진행된다. 공정 변수를 실시간으로 측정하기 어렵기 때문에 안전 여유(safety margin)가 줄어들며, 잠재적으로 원하지 않는 운전 조건(예, 폭주 반응(run-away reaction))을 유발할 수 있다(Center for Chemical Process Safety, 1999). 직접 측정이 어려운 경우, 가상(추정) 혹은 소프트 센서를 이용하여 실시간으로 변수를 측정할 수도 있다(16장 참고).

5. ***제한 운전*(Constrained operation).** 광범위한 운전 영역으로 인해 발생하는 문제로서, 제한 조건 근처에서 운전될 가능성이 크다.
6. ***측정불가 외란*(Unmeasured disturbances).** 운전원의 실수(예, 잘못된 피드 탱크 선택), 용기벽 및 열전달 표면의 오염(fouling), 및 원료의 불순물 등이 주요 외란의 원인이다.
7. ***비가역성*(Irreversible behavior).** 고분자 반응기의 분자량 분포 혹은 의약품의 결정 크기 분포 등 생산물의 물성에 미친 과거의 영향을 되돌리는 것이 거의 불가능하다. 반도체 산업에서는 한번 반도체 웨이퍼가 만들어지면 추가 공정으로 웨이퍼의 전기적 성질을 수정하는 것이 어렵다.

반면에, 회분 공정이 연속 공정에 비해 제품 사양 충족면에서 몇 가지 장점을 갖는다.

1. 회분 기간을 조정하여 제품 사양을 맞출 수 있다.
2. 회분 공정은 본질적으로 반복에 기반하므로, 런투런(run-to-run) 기반으로 개선 방안을 적용할 수 있다(22.4절 참고).
3. 회분 공정은 느리게 진행되므로 실시간으로 개선 운전 조건을 계산할 수 있다.

회분 공정의 장단점에 대해서는 다음 절에서 다루며, 특히 반응기 제어에 중점을 두기로 한다.

22.3.1 회분식 반응기 제어

그림 22.12는 회분식 반응기 및 그 제어시스템의 개략도를 보여준다. 회분식 반응기는 주로 비정상 상태로 작동하도록 설계되었으며 앞에서 언급한 회분식 공정에 대한 7가지 제어 과제 중 하나이다. 많은 회분식 반응기는 반응 속도식과 반응기 온도가 연결되어 넓은 온도 범위에서 운전이 이루어지므로 비선형 거동을 띈다. 발열 반응은 냉각 시스템에 의해 제거되어야 하는 열을 생성한다. 그림 22.12는 발열 회분식 반응기에 권장되는 제어시스템을 보여준다(그림 16.1 참조). 냉각수 순환용 순환 펌프는 시간 지연을 최소화하고 일정하게 유지하는 데 필수적이다. 그렇지 않으면 시간 지연은 냉각 부하에 반비례한다. 온도를 반응 조건까지 상승시키기 위해서는 가열이 필요하기 때문에, 밸브는 분할 범위에서 작동된다. 제어기 출력이 50 ~ 100% 사이이면 가열 밸브가 열리고 0~50% 범위에서는 냉각 밸브가 열린다. 때때로 냉각수 온도 제어에는 계단식 제어가 사용된다(16장 참조).

그림 22.13은 (1) 3개의 반응물 각각을 순차적으로 충전하고, (2) 가열 작동, (3) 반응, (4) 냉각 순서 및 (5) 분리 및 후속 처리를 위한 최종 혼합 제품의 방출로 구성된 전형적인 *회분 반응 사이클*(batch reactor cycle)을 보여준다. 회분 공정 제어를 구현할 때 연속 공정 제어와 비교하여 몇 가지 중요한 차이점이 있다. 회분 공정의 시작은 모든 제어기가 수동 모드에 배치된 작업자가 수행할 수 있다. 장치에 재료를 충전할 때, 종종 *적*

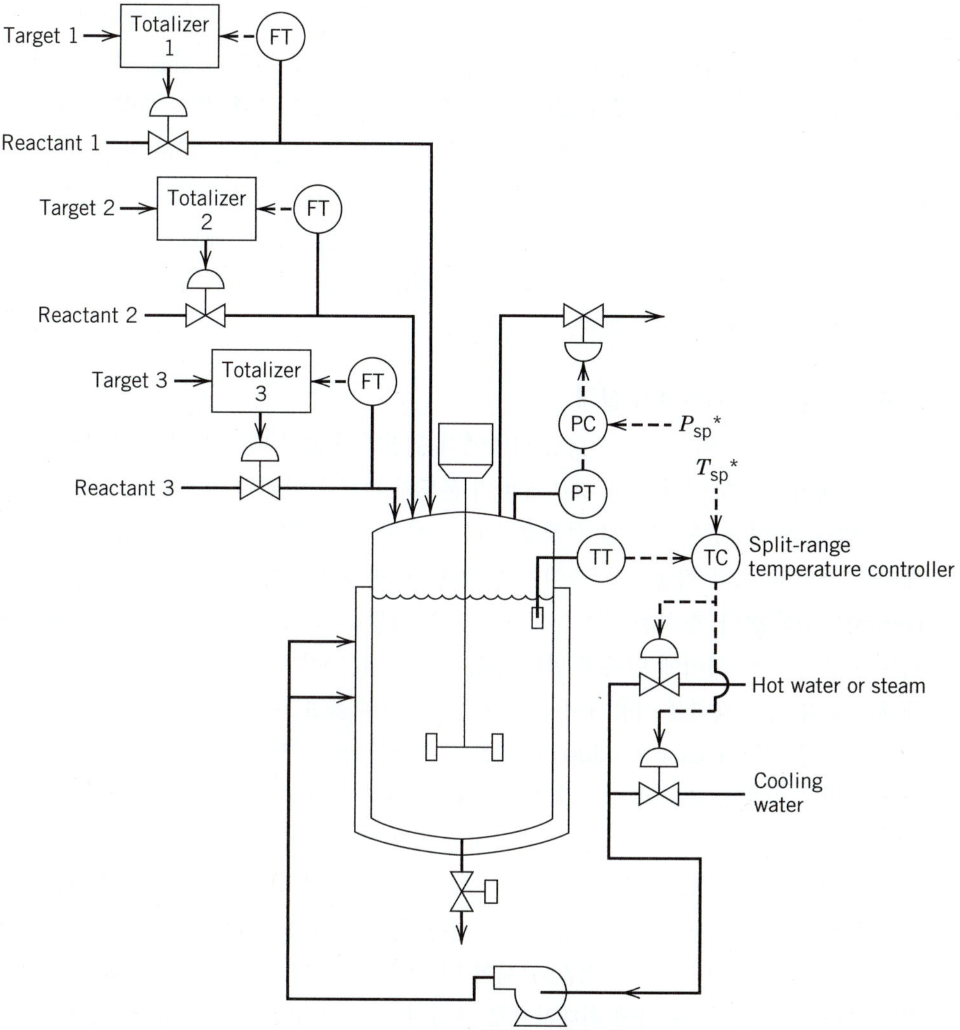

그림 22.12 회분식 반응기 개략도(*는 시간의 함수로서 설정값을 표시한다).

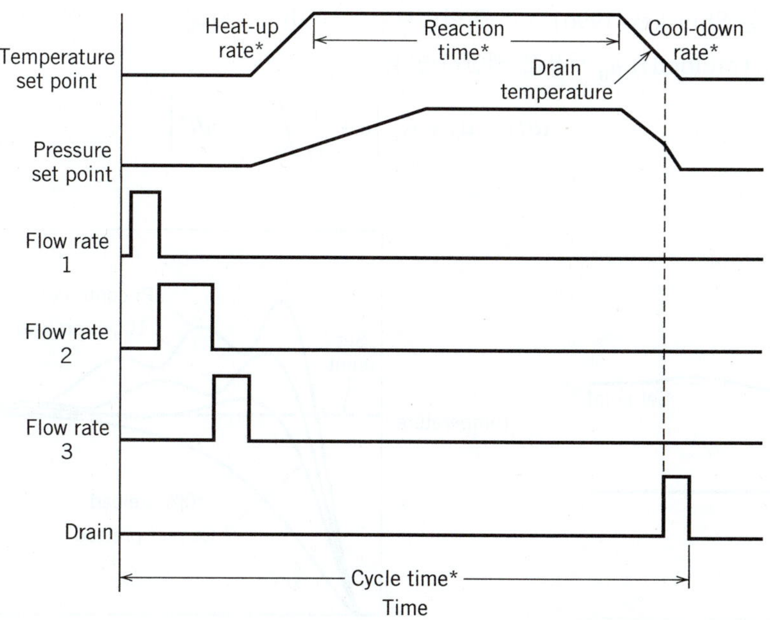

그림 22.13 회분 반응 사이클의 설정값 및 순서(*는 시간의 외부 설정 함수를 표시).

산기(totalizer)(그림 22.12 참조)를 사용하여 충전의 끝점, 즉 반응기에 충전될 총 재료의 양을 결정한다. 따라서, 유량을 정확하게 제어하는 능력보다는 유량을 정확하게 측정하고 통합하는 능력이 중요하다. 회분식 반응기를 위한 로드셀과 같은 중량 메커니즘이 사용되는 경우, 유량 측정은 특별히 중요하지 않다. 반응 기간 동안, 회분 반응 종료 시점(최종 조성)을 결정하는 것이 중요한 경우 반응기 전환율을 실시간으로 직접 측정하는 것이 필요한데, 만약 직접 측정할 수 없다면 오프 가스 발생 또는 교반기 구동 전력 소비(토크 요구 사항) 측정과 같은 일부 유형의 간접(추론) 방법을 물질 수지식과 함께 사용하여 최종 조성을 예측할 수 있다.

회분식 반응기 PID 제어기 설계

공정이 본질적으로 비선형이고 정상 상태에서 운전하지 않기 때문에 발열 회분식 반응기의 온도 제어는 특히 까다롭다. 경우에 따라 온도가 너무 높아지면 반응이 폭주(ranaway)할 수 있다. 또한 회분 시작 시 설정값의 다소 큰 변화는 제어기 포화를 유발할 수 있다. 때때로 제어기 포화 가능성을 줄이기 위해 단계 변경을 사용하는 대신 설정값이 상승(ramp)되도록 한다. 향상된 단일 루프 제어기가 훨씬 더 효과적일 수 있지만 표준 PID 제어는 반응기 온도 제어에 만족할 만한 성능을 보인다(16장 참조). 온도 설정값을 시간에 대해 사용자 정의 궤적을 사용하여 반응기에서 최대 수율 또는 선택성을 얻기도 한다.

리셋 와인드업(reset windup)은 회분 공정 제어에서 발생하는 일반적인 문제이다. 회분식 반응기에서, 온도와 설정값 사이의 큰 오차로 인해 적분항(식 8-26의 합)이 증가(와인드업)할 수 있다. 반응 속도가 빨라지면 리셋 와인드업으로 인해 온도가 제품 품질 관리에 해가 될 수 있는 큰 오버슈트(overshoot)를 유발할 수 있다(Smith, 2014).

그림 22.14는 분할 범위 냉각/가열을 갖는 회분식 반응기에서 조작 및 제어 변수의 전형적인 동작을 보여준다. 설정값과 제어 변수(반응기 온도) 사이의 큰 오차로 인해 조작 변수(재킷 온도)는 초기에 최대값으로 포화된다. 적분 항에 제한을 두는 것이 리셋 와인드업 방지를 위한 일반적인 구현 방법이다(8장 참조). 합 항에 상한 또는 하한을 설정하여 제어기의 포화 상태가 일어나지 않도록 한다.

또는 Shinskey(1996)는 리셋 와인드업을 방지하기 위해 제어법칙에 바이어스 항(또는 *예압*(preload)) u_0 사용을 제안하였다:

$$u(t) = u_0 + K_c \left[e + \frac{1}{\tau_I} \int_0^t e(t^*) dt^* \right] \tag{22-1}$$

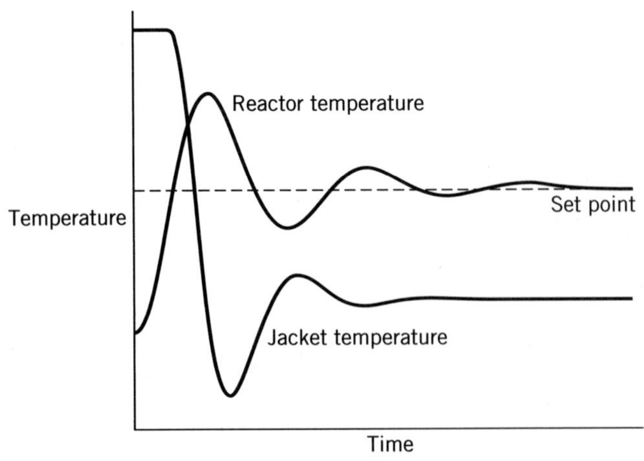

그림 22.14 회분식 반응기 운전 시작 및 리셋 와인드업의 영향.

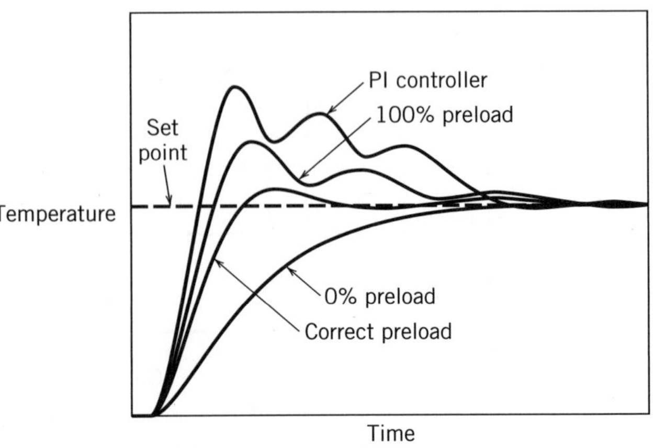

그림 22.15 예압(preload)를 갖는 회분 스위치의 전이 응답.

온도가 설정값에 더 빨리 도달하도록 예압(preload)을 선택할 수 있으며, 제어기에서 더 낮은 K_c 값을 사용할 수 있도록 한다. Shinskey(1996)는 제어기가 설정값에 도달하면 예압 설정을 제어기 출력의 정상 상태 값보다 약간 낮추도록 권장한다. 그림 22.15는 u_0 값이 다른 경우에 대해 전형적인 설정값 변화를 보여준다(Hawkins와 Fisher, 2006). 올바른 예압을 결정하는 방법은 이 절의 뒷부분에서 설명한다.

일부 회분식 반응기의 경우, 온도가 정상 상태(그림 22.13의 가열 기간 종료 시)에 가능한 빨리 도달하는 것이 유리하다. 온–오프 제어기와 PID 제어기를 함께 사용하면 이 목표를 달성할 수 있다(Lipták, 2007; Bonvin, 1998). 이 *이중 모드 접근법*(dual mode approach)은 발열 회분식 반응기에 매우 적합한 것으로서 반응기가 원하는 반응 온도로 빠르게 가열되도록 한 다음 그림 22.12에 표시된 분할 제어(split range control) 구성을 사용하여 냉각한다. 설정값에 도달하기 직전까지 최대 가열을 한 후, 최대 냉각으로 전환한다(Bonvin, 1998). 또는 제어 변수가 설정 점의 5% 내에 도달하면 온–오프 제어기를 끄고 PID 제어기를 동작하여 제어 변수가 원하는 값으로 부드럽게 수렴하도록 한다.

그림 22.15는 회분식 반응기 온도의 전형적인 응답에 예압 u_0가 미치는 영향을 보여주는데, 비선형 응답 특성을 보인다. 적분 동작을 사용하지 않고 제로 잔류편차(offset)를 달성하려면 u_0을 이상적으로 선택해야 한다. u_0의 원하는 값은 실험 테스트 또는 공정 모델을 이용하여 개발할 수 있다. 예압과 비례 제어기를 이용하여 잔류편차를 제거하는 방법을 확인하려면 선형 동적 모델을 분석하는 것이 좋다(12장 참조). 이득 $K(= K_v K_p K_m)$ 및 시간 상수 τ를 갖는 1차 모델의 경우,

$$\tau \frac{dy}{dt} + y = Ku \tag{22-2}$$

비례 제어기가 예압 u_0와 이득 K_c를 갖는다고 가정할 때:

$$u(t) = u_0 + K_c(y_{sp} - y(t)) \tag{22-3}$$

닫힌 루프 모델은

$$\tau \frac{dy}{dt} + y = K\,[(u_0 + K_c(y_{sp} - y))] \tag{22-4}$$

만약 최종 정상 상태에서 $y_{sp} = Ku_0$이고 이득 K의 값을 알 경우, 적절한 예압 표현식은 $u_0 = y_{sp}/K$이다. 이 경우 닫힌 루프 방정식은 다음과 같다.

$$\tau \frac{dy}{dt} + y = K\left[\frac{y_{sp}}{K} + K_c(y_{sp} - y)\right] \tag{22-5}$$

방정식 22-5의 정상 상태 해는 $y_{sp} = y$를 산출한다. 따라서 공정 이득을 알고있는 한 비례 제어 (K_c는 모든 값이 될 수 있음)에서 정상 상태 오차가 없다. 닫힌 루프 응답의 속도를 조정하기 위해 K_c를 조정할 수 있다. 이론적으로 적분 동작을 사용하지 않고 잔류편차를 제거할 수 있지만 모델 오차와 예상치 못한 외란을 처리하기 위해 적분 동작이 포함되어야 한다. 비선형 공정의 경우, 예압이 필요한 제어기 출력(그림 22.15의 "100% 예압")과 일치하지 않으므로 u_0을 조정해야 한다(그림 22.15의 "올바른 예압"). 이 제어기는 일반적으로 그림 22.15에 표시된 회분식 반응기의 표준 PI 컨트롤러보다 우수하다.

고급 회분식 반응기 제어

회분 전환 또는 시동 중에 공정의 비선형성이 큰 경우 표준 PID 제어기가 만족스럽지 않을 수 있다. 16.6절에서 논의한 바와 같이, 이득 스케줄링 또는 다중 모델 제어 접근법을

이용하여 과도한 비선형성을 다룰 수 있다. 회분 궤적의 시작점과 끝점에 전달함수 모델을 사용할 수 있는 경우 및 모델 기반 PID 제어기를 사용할 수 있을 경우(12장 참조), 설정값 변화 중 어느 시점에서 제어기 설정을 전환할 수 있다. 한편, 16장에서 논의한 바와 같이 적응 제어 전략을 이용할 수 있다. Huzmezan 등(2002)은 PVC 반응기와 에톡실화 지방산 반응기 모두에 적응 제어 전략을 적용했다. 두 경우 모두 반응기 온도의 변동성이 60% 이상 감소했다.

Juba와 Hamer (1986)는 발열 반응이 높을 때(또는 폭주 반응의 가능성이 있을 때) 조성 또는 수율 제어 문제를 해결하는 경우에 모델 기반 제어기 사용의 장점을 설명했다. 일반적으로 세 가지 공정 특성을 결정해야 한다.

1. 증기 및/또는 냉각수가 반응기 온도에 미치는 영향
2. 반응기 온도가 반응 화학 및 반응 속도에 미치는 영향
3. 반응 속도가 열 발생에 미치는 영향

운영 데이터를 기반으로 단순화한 비선형 관계를 개발할 수 있다. 상세한 반응 동역학 모델(모델 2)의 개발이 불가능한 경우, 물질 수지 정보 또는 데이터 기반 경험적 모델을 사용하여 *열 방출 속도 추정기*(heat-release-rate estimator)를 사용할 수 있는데, 실제로 모델 2와 3을 결합하여 사용해야 한다. 안전하지 않은 조건으로부터 보호하기 위해 반응 화학의 변화에 대한 제어기의 민감도를 이해하는 것이 특히 중요하다.

22.3.2 급속 열처리 공정

반도체 장치는 일련의 물리적 및/또는 화학적 회분 단위 작업으로 제조된다. 집적 회로 또는 반도체는 원하는 전기적 특성을 달성하기 위해 화학적으로 변경되어 신중하게 패턴화된 여러 층의 박막으로 구성된다(Edgar 등, 2000). 일반적으로 회로(장치) 세트를 구성하는 데 총 2개월(*사이클 시간*) 동안 30 내지 300개의 개별 단계(예 : 증착, 식각 및 전사)가 필요하다. 웨이퍼의 직경은 최대 450 mm이며 두께는 400~700 μm이다.

급속 열처리 공정(Rapid Thermal Processing, RTP)은 질화 또는 산화와 같은 박막 증착 및 어닐링을 위한 반도체 제조에 사용되는 단위 공정이다. RTP는 웨이퍼 온도가 높은 증가 속도를 갖도록 하여 열 처리 시간을 단축시킴으로써 웨이퍼 수율을 증가시킨다. RTP에서 웨이퍼 온도의 증가 속도와 정상 상태 값을 설정하여야 한다. 공정 사양을 충족 시키려면 웨이퍼 온도를 지정된 증가 속도 및 정상 상태 온도로 정확하게 제어해야 한다. 온도 궤적은 그림 22.16에 표시된 증가, 정상 상태 및 냉각 기간의 세 영역으로 나눌 수 있다. 세 단계의 전체 지속 시간은 몇 분 미만이다. 증가 영역에서 증가 속도는 25~200 °C/s로 달라질 수 있다. 정상 상태 온도는 RTP 프로세스(예 : 산화, 질화, 어닐링 등)에 따라 다르다. 냉각은 공정의 제어된 또는 제어되지 않은 냉각일 수 있다.

피드백 제어는 웨이퍼 온도 궤적을 제어하기위한 바람직한 방법이다. RTP를 위한 피드백 제어기의 설계는 복사 및 기타 열 전달 현상의 비선형 특성, 빠른 공정 역학 및 웨이퍼 온도 반응에 대한 추가 제한으로 인해 까다로운 문제이다. 웨이퍼 온도는 그림 22.16에 도시된 설정값 궤적을 추적하기 위해 웨이퍼 위 및 아래의 램프 히터 배열의 출력 전력을 조정함으로써 제어된다. 제어를 위한 세 가지 주요 요구 사항은 다음과 같다.

1. ***증가 오차*(Ramp error).** 웨이퍼 온도는 설정값 궤적을 가능한 한 가깝게 추적해야 한다. 따라서 제어기 성능의 한 가지 측정값은 증가 오차이며, 증

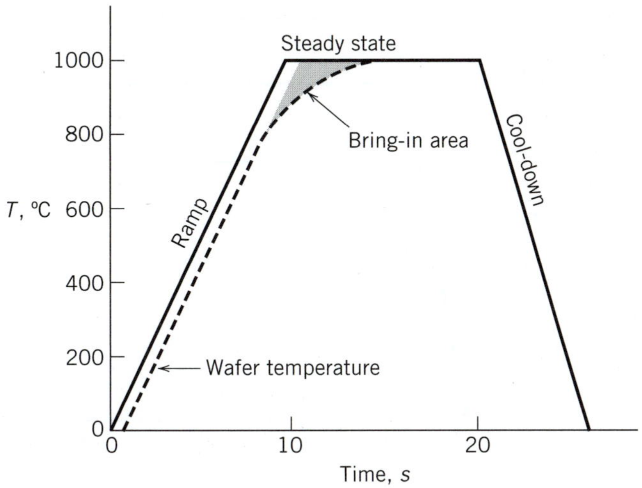

그림 22.16 RTP 설정값 변화. 실선은 온도 설정값, 점선은 웨이퍼 온도를 나타낸다. 웨이퍼 온도를 명확히 보이기 위해 오른쪽으로 이동하였다. 결과적으로 증가 오차는 10 °C를 넘는다.

가 중 특정 시간에 설정값과 웨이퍼 온도의 차이로 정의된다. 경사 증가 동안 10 °C 미만이어야 한다.

2. ***반입*(Bring-in).** 앞서 언급한 바와 같이, 웨이퍼 온도는 가능한 한 빠르게 정상 상태에 도달하는 것이 중요하다. 반입은 증가에서 정상 상태로 전환하는(즉 : 궤적이 "코너를 도는") 동안 제어기 성능을 나타내는 기준이다. 반입은 원하는 설정값 궤적(그림 22.16에 도시된 바와 같이 시간에 따라 이동함)과 정상 상태의 설정값 온도 사이의 영역으로 정의되며, 그 값은 최소화해야 한다. 설정값 신호의 이동은 일반적으로 발생하는 동적 오차를 고려한다.
3. ***오버 슈트.*** 설정값 궤적의 코너는 오버슈트 없이 회전해야 한다.

Balakrishnan과 Edgar (2000)는 상업용 RTP 반응기의 이득 스케줄 제어(gain-scheduled control)를 평가했다. 그들은 가열 공정의 반경험 모델을 기반으로 한 PID 제어기가 반응기 온도를 효과적으로 제어한다고 하였다. 비정상 상태 에너지 수지에 기초한 기본 열전달 모델의 도출은 웨이퍼 가열 시간 상수 τ_w 및 가열 램프 시간 상수 τ_L ($\tau_L \ll \tau_w$)를 갖는 근사 2차 전달함수를 산출했다.

$$G(s) = \frac{K}{(\tau_w s + 1)(\tau_L s + 1)} \tag{22-6}$$

제어 변수는 웨이퍼 온도의 측정값이고 조작 변수는 웨이퍼 위와 아래의 가열 램프에 대한 전력 백분율이다. 일련의 단계 테스트의 경우, 시간 상수는 650~1000 °C($3 \le \tau_w \le 8$ s; $0.5 \le \tau_L \le 0.7$ s)의 범위에서 온도에 따라 변했으며, 이득 K는 4~12 °C/%로 변했다.

직접 합성법(12장) 및 식 12-14를 적용하여 PID 제어기 매개 변수를 다음과 같이 산출했다. 여기서 τ_c는 닫힌 루프 시간 상수의 원하는 값이다.

$$K_c = \frac{1}{K}\frac{\tau_w + \tau_L}{\tau_c} \cong \frac{\tau_w}{\tau_c K} \tag{22-7}$$

$$\tau_I = \tau_w + \tau_L \cong \tau_w, \qquad \tau_D = \frac{\tau_w \tau_L}{\tau_w + \tau_L} \cong \tau_L$$

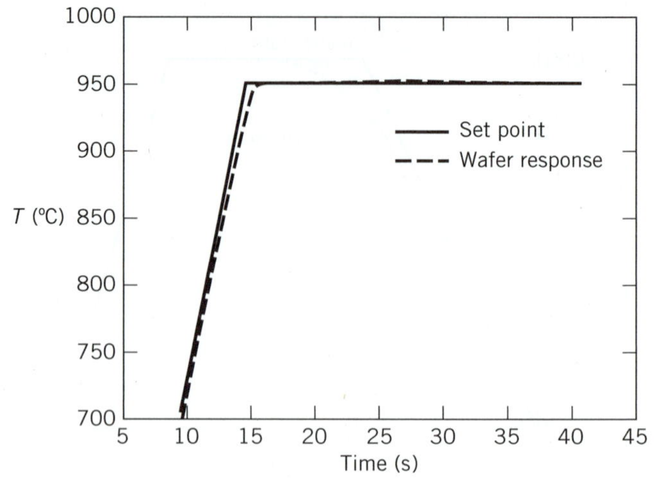

그림 22.17 950 °C 정상 상태 및 RTP 온도 사이클에 대한 이득–스케줄 PID 제어기 결과.

제어기에 대한 바이어스 항은 물리적 열전달 모델로부터 계산되었다. 오버 슈트를 피하고 경사 증감(ramp) 오차 및 반입 요구 사항을 충족시키기 위해 이 예압을 포함해야 한다. 제어 알고리즘은 선형 모델에서 결정된 이득 스케줄 PID 파라미터로 프로그래밍되었다(16장 참조). 모델 이득 및 시간 상수는 온도에 따라 변하기 때문에, 실온과 1100 °C 사이에서 7개의 이득–스케줄 영역이 사용되었다. 750 내지 1050 °C 범위 및 50 °C/s의 경사 증감 속도에 대해 최종 정상 상태를 결정하기 위한 실험을 수행하였다. 950 °C에 대한 닫힌 루프 실험의 응답이 그림 22.17에 나와 있다.

22.4 런투런(Run-to-Run) 제어

한 번 회분에서 다음 회분으로 진행 시 레시피 수정은 많은 회분 공정에서 일반적이다. 전형적인 예는 반응 시간, 공급 화학양론 또는 반응기 온도를 수정하는 것이다. 이러한 수정이 회분 중이 아닌 회분 시작시 수행되는 경우의 제어 전략을 *런투런*(Run-To-Run, RtR) *제어*라고 한다. 런투런(run-to-run) 제어는 회분 실행 중 제품 품질에 대한 온라인 측정이 어려운 경우 자주 사용된다. 회분식 화학제품 생산에서 온라인 측정은 회분 중에 사용할 수 없는 것이 일반적이며, 회분이 끝난 후 실험실 샘플로 제품을 분석 할 수 있다. 공정 엔지니어는 제품 요구 사항을 충족시키는 입력 값(시간에 따라 변함)이 포함된 레시피를 지정해야 한다. 런투런 제어의 작업은 명시된 사양에서 출력 제품의 변동성을 줄이기 위해 각 회분 후 레시피를 조정하는 것이다.

반도체 제조에서는 공정 환경에서 실시간으로 측정하기 어려운 필름 두께 또는 전기적 특성과 같은 품질을 제어하는 것이 목표이다. 제어 변수를 정확하게 측정하려면 대부분의 반도체 제품을 공정 챔버에서 계측 도구(측정 장치)로 옮겨야 한다. 반도체 산업에서 런투런(run-to-run) 제어 애플리케이션의 범위는 중요하다.

회분 런투런 제어는 각 회분이 끝날 때 회분 공정 제어기에 일련의 설정값 변경을 구현하는 것으로 볼 수 있다. 런투런 제어기는 이전 회분의 결과를 분석하여 회분의 레시피를 조정하여 품질 변동을 줄인다. 따라서 런투런 제어는 표준 제어 문제와 유사하게 시간

k, $k + 1$, $k + 2$, …에서 제어 변수의 시퀀스를 제어하는 것과 같다.

일부 산업에서 중대한 과제는 공정 제어(런투런 변경 포함)의 변화를 제한한다. 규제 장애물은 제약, 생명 공학 및 의료 기기 제조에서 컴퓨터 소프트웨어의 수정을 막는다. 제어 절차를 변경하려면 공식적인 문서화 및 운영자 재교육이 필요하며, 이는 공정 재확인이 필요할 수 있다. 설정값 변경으로 인해 회사가 미국 식품의약국(FDA)에 지원할 때 작성한 제품 품질의 중요한 값 범위를 벗어나는 경우, 이러한 변경이 허용되지 않을 수 있다.

런투런 제어는 제어 변수가 시간이 지남에 따라 표류하는 공정을 보상하는 데 특히 유용하다. 예를 들어, 화학 기상 증착 공정 또는 회분식 화학 반응기에서, 반응기 벽은 부산물 증착으로 인해 오염될 수 있다. 반응기 챔버 조건에서 이러한 느린 표류가 있는 경우 제어 변수가 목표에 머무르도록 하기 위해 회분 레시피를 가끔 변경해야 한다. 결국, 반응기 챔버를 세척하여 벽 침전물을 제거하게 되는데, 이는 입력이 일정하게 유지될 때 공정 출력에 계단 외란(step disturbance)을 실질적으로 유발한다. RtR 제어기가 표류가 존재하는 공정을 보상하는 것처럼, 계단 외란 이후 공정을 목표 지점으로 되돌릴 수도 있다(Edgar 등, 2000; Moyne 등, 2001).

RtR 제어기는 일반적으로 모델 기반 제어기이므로 공정 모델(기본 또는 경험적)이 가용 가능한 경우 매우 유용하다. 그러나 공정 복잡성으로 인해 동적 모델을 쉽게 얻을 수 없는 경우에도 런투런 제어를 수행할 수 있다. 반도체 적용을 위한 RtR 제어에 사용되는 대부분의 모델은 정상 상태 모델이다(Moyne 등, 2001). 이 이득 모델은 공정의 표류가 느리다고 가정한다. RtR 제어기는 일반적으로 바이어스 항을 포함하는 적분 제어기이다. 출력 측정에 잡음이 있는 경우 실제 공정 출력을 추정하기 위해 관찰자(observer) 또는 필터를 사용하는 것이 유용하다. 이 경우 17.5 및 17.6절에 제시된 기술을 사용하여 제어기를 설계할 수 있다.

회분 제어에서 최적화 사용

회분 공정의 제한 조건을 만족시키면서 제품 수율 또는 선택성을 최적화하기 위해 매 회분마다 회분 궤적이 변경될 수 있다. 최적 제어(optimal control) 기술을 사용하여 이론적으로 최상의 설정값 궤적을 얻을 수 있다(Bonvin 등, 2002). 또다른 방법은 회분 시간 t의 함수로 조작 변수를 매개 변수화한다(예: $u(t) = a_0 + a_1t + a_2t^2$). 이 유형의 제어법은 사용 가능한 센서의 피드백을 기반으로 하지 않는다. 매개 변수 a_0, a_1 및 a_2는 회분이 끝난 후 제품 품질 측정값에 따라 조정된다. 이 방법은 측정불가한 느린 외란, 즉 회분마다 크게 변하지 않는 외란이 발생할 때 유용하다. 빠른 영향을 끼치는 외란의 경우 22.3절에서 논의한 바와 같이 피드백 제어시스템으로 관리해야 한다.

이 유형의 RtR 제어를 수행하는 데 필요한 최소한의 정보는 회분 종료 시 조작 변수를 품질 변수와 관련시키는 정적 모델이다. 정상 상태 (일정한) 이득 관계식처럼 간단한 형태이거나 다른 초기 조건과 회분 시간의 영향을 포함하는 복잡한 비선형 모델을 사용할 수 있다. 대조적으로, 회분 내 시간 의존적 조작 변수 궤적은 품질 요구 사항 및 조작 제한 조건(예: 상한 및 하한)을 충족시키기 위해 매 회분마다 조정될 수 있다(Bonvin 등, 2002). RtR 제어기의 변형을 적용한 예는 Zafiriou 등(1995)의 급속 열처리 공정, Clarke-Pringle 및 MacGregor(1998)의 중합 및 Zisser 등(2005)의 의약품 투약을 들 수 있다.

22.5 회분 생산 관리

회분 공정 장비는 공장, 공정 또는 단위장치 운전에서 올바르게 구성되어 합리적으로 운전 및 유지되어야 한다. 일반 회분 공장의 흐름도는 그림 22.18에 나와 있다. Instrument of America(ISA)와 SP-88 표준에서 회분 제어와 관련된 용어를 다룬다(Parshall과 Lamb, 2000; Strothman, 1995).

그림 22.19는 회분 공정 시스템에서 발생하는 활동의 계층 구조를 보여준다(Hawkins와 Fisher, 2006; Smith, 2014). 최고 수준에서 *절차*(procedures)는 제품을 만드는 방법, 즉 수행할 작업(및 주문)과 이러한 작업에 대한 관련 제어 요구 사항을 식별한다. *운전*(operations)은 연속 처리에서의 단위 작업과 동일하며 충전, 반응, 분리 및 방출과 같은 단계를 포함한다. 각 운전 내에는 *단계*(phases)라고 하는 논리적 지점이 있으며, 여기서 운전원 또는 컴퓨터 상호 작용으로 처리가 중단될 수 있다. 단계의 예는 성분의 순차적 첨가, 회분을 지정한 온도로 가열, 혼합 등을 들 수 있다. *제어 단계*(control steps)에는 최종 제어 요소에 대한 직접 명령이 포함되며, 소프트웨어의 개별 제어 명령으로 실행된다. 예를 들어, {*운전* = *반응물 충전*} 및 {*단계* = *성분 B 첨가*}의 경우, 제어 단계는 (1) B 공급 밸브를 열고, (2) 지정한 양이 더해질 때까지 일정 기간 동안 B의 총유량 계산, (3) B 공급 밸브 닫기이다. 이러한 순차 제어 작업은 22.2절에서 논의되었다.

레시피(recipe)라는 용어는 회분 공정에서 다양한 정의를 갖지만 일반적으로 레시피는 특정 등급의 제품을 제조하는 데 필요한 일련의 데이터, 운전 및 제어 단계를 포함하는 절차이다. *공식*(formula)은 원료, 가공 매개 변수 및 제품 출력을 포함하는 레시피 매개 변수의 목록이다. 레시피 *절차*(procedure)에는 정상 조건과 비정상 조건 모두에 대한 운전이 있다. 각 *운전*(operation)에는 특정 성분 (및 그 양)에 대한 자원 요구사항이 포함된다. 레시피의 운전에서 설정값을 조정하고 장치를 켜거나 끌 수 있다. 특정 레시피에 대한 전체 생산 회분을 *캠페인*(campaign)(다중 배치)이라고 한다.

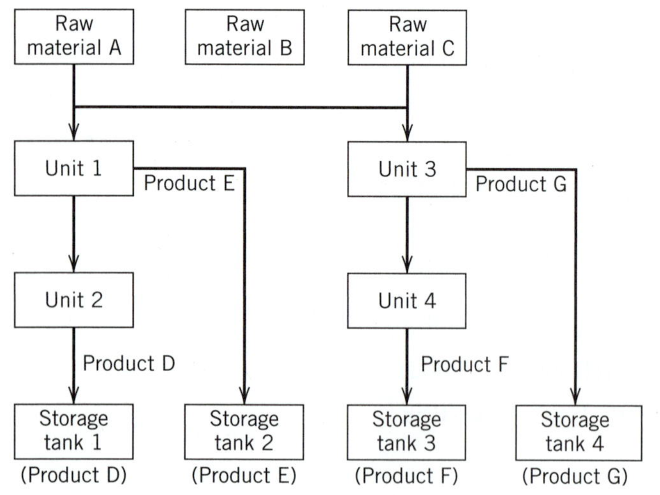

그림 22.18 다중 제품 회분 공정의 흐름도.

Procedures

Operations

Phases

Control steps/instructions

그림 22.19 회분 레시피 구현 시 고려할 사항의 계층 구조.

순환 회분 공정(cyclical batch processing)은 가장 간단한 범주이며, 예를 들어 촉매 재생과 같이 제품 레시피나 공식 없이 동일한 논리가 사용된다(Smith, 2015a). *다중 회분 공정*(multigrade batch processing)에서 지침은 회분마다 동일하게 유지되지만 공식을 변경하여 제품에 약간의 변형을 줄 수 있다. 예를 들어, 유화 중합에서, 공식을 변경함으로써 상이한 등급의 중합체가 제조된다. *유연한 회분 공정*(flexible batch processing)에서 공식(레시피 매개 변수)과 공정 지침은 회분마다 다를 수 있다. 각 제품에 대한 레시피는 원하는 제품을 만들기 위해 필요한 원자재와 반응기 내의 운전 조건을 어떤 순차로 진행해야 하는지를 모두 명시해야 한다.

많은 회분식 공장들, 특히 의약품 제조 공정은 *국제 표준기구*(International Standards Organization, ISO)의 인증을 받았다. ISO 9000(및 관련 ISO 표준 9001~9004)에 따르면 모든 제조 제품에는 확립되고 문서화된 절차가 있어야 하며 제조업체는 절차를 준수했음을 문서화할 수 있어야 한다. 회사는 정기적인 감사를 통해 주요 ISO 9000 상태를 유지해야 한다. ISO 9000과 FDA에 의하면 인증 레시피만 사용해야 한다. 따라서 회분 운전이 "비정상"이 되면 비정상적인 수정 조치를 수행하여 정상 한계 내로 되돌리는 것은 선택 사항이 아닌 필수이다. 또한 레시피의 약간의 변경으로 인해 우수한 회분 제품을 생성하는 것이 가능한 경우라도 전체 레시피가 재인증되지 않으면 개선 레시피를 사용할 수 없다. FDA는 일반적으로 제품 및 원료 추적을 요구하므로, 제품 이상이 생긴 경우 원인을 추적 가능하다.

회분 스케줄링 및 계획

레시피 관리의 경우, 각 회분은 생산 단계를 따라 추적되며, 여기에는 다양한 장치에서 순차적 처리 작업이 포함될 수 있다. 회분이 한 장치에서 다음 장치로 진행됨에 따라 레시피 관리는 적절한 유형의 공정 장치가 사용되고 특정 장비가 다른 배치에서 사용되지 않고 재료가 올바른 회분에 충전되는지 확인한다. 이러한 작업의 복잡성으로 인해 컴퓨터 제어 시스템을 사용하여 운영자 오차 및 규격외(off-specification) 회분을 최소화해야 한다.

생산 작업은 일반적으로 고객 요구를 충족시키기 위해 동일한 원료를 사용하여 동일한 제품을 만드는 일련의 지정된 수의 회분으로 구성된다. 축적된 회분을 *로트*(lot)라고 한다. 생산 작업이 스케줄링되면 필요한 장비 품목이 지정되고 필요한 원자재가 생산 작업에 할당된다. 개별 회분이 진행됨에 따라, 원료의 소비가 원래의 할당에 일관되게 진행되고 있는지 모니터링해야 하는데, 그 이유는 장비의 병렬 트레인이 포함될 수 있기 때문

표 22.2 회분 스케줄링 및 계획의 특징.

Determine	Given
What? Product amounts: lot sizes, batch sizes	**Product requirements** Time horizon, demands, starting and ending inventories
When? Timing of specific operations, run lengths	**Operational steps** Precedence order, resource utilization
Where? Sites, units, equipment	Production facilities Types, capacities
How? Resource types and amounts	**Resource limitations** Types, amounts, rates

Source: Pekny and Reklaitis (1998).

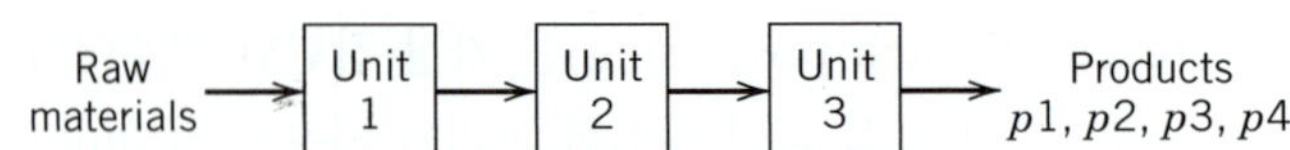

그림 22.20 다중 제품 공장.

표 22.3 제품의 공정 시간.

	Products			
Units	***p*1**	***p*2**	***p*3**	***p*4**
1	3.5	4.0	3.5	12.0
2	4.3	5.5	7.5	3.5
3	8.7	3.5	6.0	8.0

이다. 일반적인 스케줄링 및 계획 시나리오는 표 22.2에 나와 있다. 선형 프로그래밍에서 혼합 정수 비선형 프로그래밍에 이르기까지 다양한 최적화 기술을 사용하여 문제를 해결할 수 있다(Pekny와 Reklaitis, 1998).

여러 제품이 본질적으로 유사한 경우, 동일한 공정 단계가 필요하므로 동일한 일련의 장치를 통과한다; 이 경우 종종 회분이 순차적으로 생성된다. 공정 시간 요구 사항이 다르기 때문에 회분 세트(*makespan* 또는 사이클 시간이라고도 함)를 생성하는 데 필요한 총시간은 회분 생성 순서에 따라 달라진다. 플랜트 생산성, 즉 고정 투자 자본당 각 생성물의 양을 최대화하기 위해서는 회분이 makepan을 최소화하는 순서로 생산되어야 한다. 이러한 순서에 해당하는 공정 스케줄은 간트(Gantt) 차트 형태로 그래픽으로 표현할 수 있다. 간트 차트는 어떤 제품이 어떤 단위로 어떤 시간에 생산되는지를 보여주는 공정 운영 시간표를 제공한다.

그림 22.20에 표시된 3개의 회분 반응기로 구성된 다중 제품 공장에서 일련의 배치로 생산되는 4개의 제품(p_1, p_2, p_3, p_4)을 고려하자. 각 회분 반응기 및 각 생성물의 처리 시간은 표 22.3에 제공되어 있다. 공정 장치간에 사용 가능한 중간 스토리지가 없다고 가정한다. 제품이 k번 장치에서 처리를 완료하였지만 다음 장치 $k + 1$이 여전히 이전 제품을 처리 중이어서 비어 있지 않은 경우, $k + 1$ 장치가 빌 때까지 완성된 제품을 k 장치에서 유지해야 한다. 예를 들어, 제품 $p1$은 장치 2가 $p3$ 처리를 완료할 때까지 장치 1에 보유되어야 한다. 제품이 장치 3에서 처리를 완료하면 즉시 제품 저장고로 전송된다. 한 장치에서 다른 장치로 제품을 전송하는 데 소요되는 시간은 공정 시간과 비교하여 무시할 만하다고 가정한다.

최적화를 사용하여 4가지 제품 각각의 한 회분을 생성하기 위한 시간 순서를 결정하여 총 생산 시간을 최소화할 수 있다. 이 생산 순서에 해당하는 일정은 그림 22.21의 간트 차트 형태로 편리하게 표시되며, 다른 시간에서의 장치들의 상태를 보여준다. 예를 들어, 장치 1은 [0, 3.5] 동안 $p1$을 처리 중이다. $p1$이 장치 1을 $t = 3.5$ h에 나가면 $p3$ 처리를 시작한다. [3.5, 7] 동안 $p3$을 생산한다. 그러나 장치 2가 여전히 $p1$을 생산중이므로 $p3$을 장치 2로 배출할 수 없다. 따라서 장치 1은 [7, 7.8] 동안 $p3$을 유지한다. 장치 2가 16.5시간에 $p3$을 장치 3으로 배출할 때, 장치 1은 여전히 $p4$를 생산하고있다; 따라서 장치 2는 [16.5, 19.8] 동안 유휴 상태로 유지된다. 일반적으로 회분 공장에서는 사용량이 많은 다운 스트림 장치로 인해 차단된 장치 또는 업스트림 장치가 완료되기를 기다리는

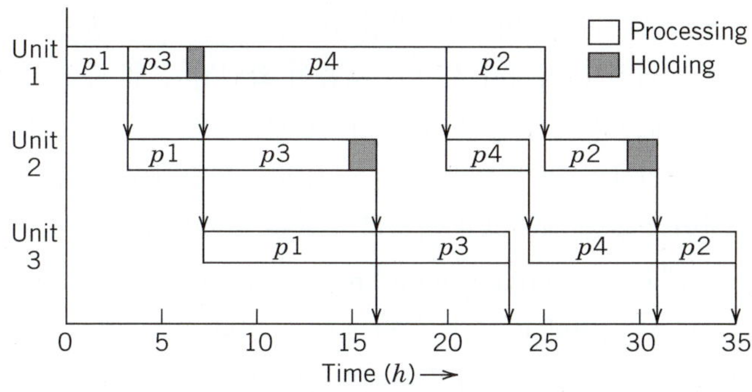

그림 22.21 다중 제품 공장의 최적화된 스케줄에 대한 간트 차트.

장치가 존재한다. 이는 처리 시간이 장치마다 다르고 제품마다 다르기 때문에 발생하며, 이로 인해 회분 공장에서 장치의 시간 활용이 줄어든다. $p1$, $p3$, $p4$ 및 $p2$의 생산은 16.5, 23.3, 31.3 및 34.8시간에 완료된다. 최소 제작 시간은 34.8시간이다.

회분 공정에는 다양한 종류의 계획 및 스케줄링 소프트웨어 시스템이 사용된다. 그림 22.22는 다양한 유형의 제어와 함께 회분 일정 및 레시피 관리에 대한 확장된 뷰를 보여준다. 그림 22.22 상반의 전사적 자원 관리(Enterprise Resource Planning, ERP) 소프트웨어는 생산 계획, 장치 스케줄링, 레시피 관리, 자원 및 요율 선택, 로트 사이징과 같은 정보를 운영자 콘솔에 제공한다(Harjunkoski 등, 2014; Wassick, 2009). 일반적으로 활동은 계층적으로 구성되며, 정치 제어와 장치 수준의 인터록에서 다루어야 하는 운전 조건 및 설정값의 결정은 상위 수준의 작업으로서 자주 수행되지 않는다. 일정 영역(제품 그룹을 만드는 몇 개의 장치 또는 기계로 정의됨), 시간 혹은 하루 범위 내에서, 회분 순서를 결정하고 정확한 작업 일정을 계산하려면 훨씬 더 자세한 정보가 필요하다.

레시피가 시작된 후 레시피 변경을 처리하는 기능은 회분 제어시스템에서 어려운 측면이다. 제품 수요를 충족시키기 위해 회분 등급을 변경하거나 회분이 시작된 후 배치에

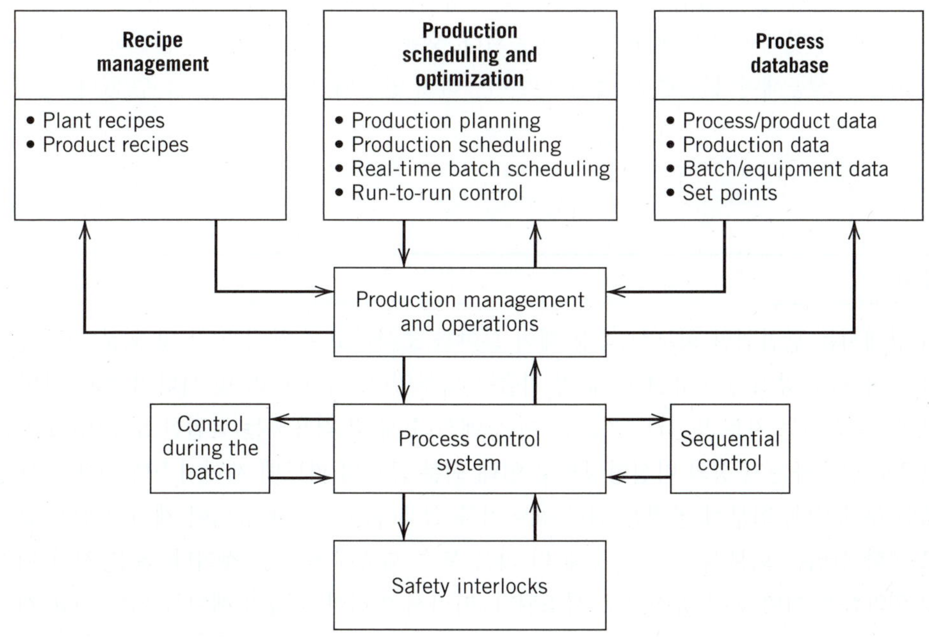

그림 22.22 회분 제어시스템—보다 자세한 관점.

서 사용하는 자원을 변경하는 것이 보다 바람직하다. 다른 경우, 배치가 끝날 때까지 등급을 알 수 없거나 실험실 분석에서 사양외 제품이 확인된 경우 등급 변경이 필요하다. 제품의 모든 회분의 제품이 항상 좋은 것은 아니므로, 허용되는 경우 불량 회분을 수정, 재작업, 혼합 또는 처리하기 위해 특수 제어 레시피가 필요하다. 특수 목적의 레시피를 작성하여 비정상적인 상황에 대응하고 여전히 수요를 충족시키는 것이 중요하다. 이러한 절차를 *리액티브 스케줄링*(reactive scheduling)이라고 한다.

회분 시간은 필요한 시간에 따라 크게 달라질 수 있다. 일부 배치 공정, 예를 들어 반도체 제조 또는 바이오 공정에서, 주어진 단계의 결과가 만족스럽지 않은 경우 단계를 반복하거나 심지어 회분을 이전 단계로 재순환시키기도 한다. 그 단계가 만족스러운 수율 및/또는 순도를 생산하지 않으면, 회분이 거부 및 폐기되지 않으나, 적절한 회분 단계로 재라우팅되거나 혹은 "재작업(reworked)" 된다. 회분식 멸균 및 장비의 "제자리 청소"작업에서 단계 결과가 만족스럽지 않으면 회분은 다음 단계로 진행되지 않고 오히려 해당 단계가 반복된다.

충분한 저장 용량을 사용할 수 있을 때, 일반적인 관행은 대량의 재고를 쌓고 재고 운반 비용을 무시하는 것이다. 그러나 재고 비용을 최소화하기 위해 개선된 스케줄링을 사용할 수 있으며, 이는 *공급망 관리*(supply chain management)가 스케줄을 구현하는데 필요할 수 있음을 의미한다(Pekny와 Reklaitis, 1998; Grossmann, 2008).

이동 가능한 저장 탱크와 공정 장비는 여러 공장에서 사용된다. *유연한 제조 공장*(flixible manufacturing plants)에서는 영구적 연결이 아닌 플렉스 호스(flexhose), 유인 차량 및 자동 안내 차량(AGV)을 사용하여 여러 장비 그룹간에 자재를 이동한다(Piana와 Engell, 2011). 대부분의 비유연한 화학 공장조차도 많은 수의 플렉스 호스를 가지고 있다. 파이프 헤더 배열과 깨끗한 플렉스 호스만 있으면 사실상 두 가지 장치를 연결할 수 있다. 일부 제약 공장은 모든 영구 배관을 제거함으로써 플렉스 호스 개념을 훨씬 더 발전시켰다. 정션은 필요에 따라 만들어지고 끊어진다. 이 설정은 장거리를 가로지르는 대형 공장에는 경제적이지 않지만 많은 수의 제품을 만드는 소규모 플랜트에는 실용적이다. 세 번째 방법은 고정 배관 및 이동 가능한 가동 장치를 사용하는 것이다. 회분식 반응기 및 분리기는 필요할 때 이동된다. 회분식 반응기가 이송이 발생하지 않고 몇 시간 동안 작동해야하는 경우, 측면으로 이동하여 연결되지 않은 채로 둘 수 있다.

요약

이 장에서는 광범위한 회분식 공정 제어 분야를 조사하고 순차적 논리 및 회분 스케줄링과 같이 회분 공정에 고유한 주제 및 기술을 다루었다. 이진 논리 및 사다리 논리 다이어그램, 순차 기능 차트 및 간트 차트는 이 장에서 소개 및 적용되는 특별한 도구이다. 일반적으로 발생하는 공정의 비선형성으로 인해 회분 공정의 피드백 제어시스템 설계는 도전적인 문제이다. 회분식 공정을 위한 제어기를 설계하는 다양한 방법이 제시되었다. 앞으로 화학 산업은 회분식 공정을 통해 더 많은 특수 제품에 의존할 것이다. 많은 전자 재료 및 의약품은 이미 회분 공정으로 제조된다. 따라서 이러한 공정의 제어를 위한 주요 개념을 이해하는 것이 중요하다.

참고문헌

Alford, J. S., Bioprocess Control: Advances and Challenges, *Comput. Chem. Eng.*, **30**, 1464 (2006).

Arzen, K. E., Grafcet for Intelligent Supervisory Control Applications, *Automatica*, 1513 (1994).

Balakrishnan, K. S., and T. F. Edgar, Model-Based Control of Rapid Thermal Processing, *J. Thin Solid Films*, **365**, 322 (2000).

Bonvin, D., Optimal Operation of Batch Reactors—A Personal View, *J. Process Control*, **8**, 355 (1998).

Bonvin, D., B. Srinivasan, and D. Ruppen, Dynamic Optimization in the Chemical Industry, Chemical Process Control-CPC VI, J. B. Rawlings, B. A. Ogunnaike, and J. B. Eaton (Eds.), *AIChE Symp. Ser.*, **97**, No. 326, 255 (2002).

Buckbee, G., and J. Alford, *Automation Applications in Biopharmaceuticals*, ISA, Research Triangle Park, NC, 2008.

Center for Chemical Process Safety, *Guidelines for Process Safety in Batch Reaction Systems*, AIChE, New York, 1999.

Clarke-Pringle, T. L., and J. F. MacGregor, Optimization of Molecular-Weight Distribution Using Batch to Batch Adjustments, *Ind. Eng. Chem. Res.*, **37**, 3660 (1998).

David, R., Grafcet: A Powerful Tool for Specification of Logic Controllers, *IEEE Trans. Control System Technology*, **3**, 253 (1995).

Desrochers, A. A., and R. Y. Al-Jaar, *Application of Petri Nets in Manufacturing Systems*, IEEE Press, Piscataway, NJ, 1995.

Diwekar, U., *Batch Distillation Simulation, Optimal Design and Control*, Taylor and Francis, Washington, DC, 1995.

Edgar, T. F., S. W. Butler, W. J. Campbell, C. Pfeiffer, C. Bode, S. B. Hwang, K. S. Balakrishnan, and J. Hahn, Automatic Control in Microelectronics Manufacturing: Practices, Challenges and Possibilities, *Automatica*, **36**, 1567 (2000).

Falcione, A., and B. H. Krogh, Design Recovery for Relay Ladder Logic, *IEEE Control Systems Magazine*, **13**(4), 90 (1993).

Grossmann, I. E., Design of Responsive Supply Chains under Demand Uncertainty, *AIChE J.*, **32**, 3090 (2008).

Harjunkoksi, I., C. Maravelias, P. Bongers, P. Castro, S. Engell, I. Grossmann, J. Hooker, C. Mendez, G. Sand, and J. Wassick, Scope of Industrial Applications of Production Scheduling Models and Solution Methods, *Comput. Chem. Eng.*, **62**, 161 (2014).

Hawkins, W. M. J., and T. G., Fisher, *Batch Control Systems: Design, Application, and Implementation* 2nd ed., ISA, Research Triangle Park, NC, 2006.

Hughes, T. A., *Programmable Controllers*, 4th ed., ISA, Research Triangle Park, NC, 2005.

Huzmezan, M., B. Gough, and S. Kovac, Advanced Control of Batch Reactor Temperature, *Proc. Amer. Control Conf.*, 1156 (2002).

Johnson, C. D., *Process Control Instrumentation Technology*, 8th ed., Prentice Hall, Upper Saddle River, NJ, 2005.

Juba, M. R., and J. W. Hamer, Progress and Challenges in Batch Process Control, *Chemical Process Control—CPC IV*, M. Morari, and T. J. McAvoy (Eds.) CACHE-Elsevier, Amsterdam, 1986, p. 139.

Lipták, B. G. (Ed.), *Process Control and Optimization, Instrument Engineers' Handbook*, vol. 8, CRC Press, Boca Ratón, FL, 2007.

Moyne, J., E. del Castillo, and A. M. Hurwitz (Eds.), *Run to Run Control in Semiconductor Manufacturing*, CRC Press, Boca Raton, FL, 2001.

Mujtaba, I. M., *Batch Distillations: Design and Operations*, Imperial College Press, London, 2004.

Parshall, J., and L. Lamb, *Applying S88: Batch Control from a User's Perspective,* ISA, Research Triangle Park, NC, 2000; see also ANSI-ISA-88.01-1995.

Pekny, J. F., and G. V. Reklaitis, Towards the Convergence of Theory and Practice: A Technology Guide for Scheduling/Planning Methodology, in Foundations of Computer-Aided Process Operations (FOCAPO) *AIChE Symp. Ser.*, **94**, 91, (1998).

Petruzella, F. *Programmable Logic Controllers*, 4th ed., McGraw-Hill, New York, 2010.

Piana, S., and S. Engell, Hybrid Evolutionary Optimization of the Operation of Pipeless Plants, *J. Heuristics*, **16**, 311 (2011).

Platt, G., and R. A. Gilbert, Binary Logic Diagrams, in *Instrument Engineers' Handbook*, 3rd ed., B. G. Lipták (Ed.), CRC Press, Boca Raton, FL, 2005.

Rosenof, H. P., and A. Ghosh, *Batch Process Automation*, Van Nostrand-Reinhold, New York, 1987.

Shinskey, F. G., *Process Control Systems*, 4th ed., McGraw-Hill, New York, 1996.

Smith, C. L., Automate Your Batch Process-Part 1, *Chem. Eng. Prog.*, **111**, 28 (August, 2015a).

Smith, C. L., Automate Your Batch Process-Part 2, *Chem. Eng. Prog.*,

111, 37 (September, 2015b).

Smith, C. L., *Control of Batch Processes*, John Wiley and Sons, Hoboken, NJ, 2014.

Strothman, J., Batch Standards Group Agrees on Terminology, *InTech*, **42**(8), 31 (1995).

Wassick, J., Enterprise-wide Optimization in an Integrated Chemical Complex, *Comput. Chem. Eng.*, **33**, 1950 (2009).

Webb, J. W., and R. A. Reis, *Programmable Logic Controllers*, 5th ed., Prentice Hall, Upper Saddle River, NJ, 2002.

Zafiriou, E., R. Adomaitis, and G. Gattu, An Approach to Run-to-run Control for Rapid Thermal Processing, *Proc. Amer. Cont. Conf.*, 1286 (1995).

Zisser, H., L. Jovanović, F. Doyle III, P. Ospina, and C. Owens, Run-to-Run Control of Meal Related Insulin Dosing, *Diabetes Technol. Ther.*, **7**, 48 (2005).

연습문제

22.1 불연속 상태 공정의 예로 전자레인지를 고려하여라. 켜거나 끌 수 있는 공정 변수에는 팬, 조명, 타이머, 회전베이스, 마이크로파 발생기 및 도어 스위치가 있다. 공정 단계에는 오븐 도어 열기/식품 내부 배치, 도어 닫기, 타이머 설정, 음식 가열 및 요리 완료가 포함된다. 공정 변수의 상태(켜기 또는 끄기)를 표시하는 각 공정 단계에 대한 테이블을 준비하여라. 변수 사이의 어떤 인터록이 중요한 안전 문제인가?

22.2 펌프 모터는 일단 작동되면 운전원이 정지 버튼을 누를 때까지 펌프를 계속 켜는 누름 버튼으로 작동한다. 또한 펌프가 과열된 경우 비상 정지가 있다($T > T_H$). AND/OR 기호를 사용하여 논리 다이어그램을 그려라. 또한 동등한 사다리 논리 다이어그램을 그려라.

22.3 A와 B가 입력이고 Y가 출력일 때, 입력값 세트에 대한 진리표를 아래에 제시하였다:

A	B	Y
0	0	1
1	0	1
0	1	0
1	1	1

A와 B로부터 Y를 연결하는 직렬 혹은 병렬 이진 연산(AND, OR, NOT)을 구성하여라.

22.4 회분 운전을 이용하여 액체를 지정된 온도로 가열한다. 시작 버튼, 정지 버튼, 입구 / 출구 밸브 및 탱크 레벨 하한(LL) 및 탱크 레벨 상한(LH)을 위한 리미트 센서가 있다. 흐름은 중력에 의해 일어난다. 공정 단계는

(a) 시작 버튼을 눌러 공정을 시작한다.

(b) 출구 라인을 닫은 상태에서 입구 밸브를 열어 탱크를 LH까지 채운다.

(c) 교반하면서 액체를 온도 설정값까지 가열한다.

(d) 교반기를 끄고 출구 밸브를 열어 탱크를 LL까지 비운다(그러나 입구 밸브를 닫아야 한다).

정보 흐름도, 순차 기능 차트 및 사다리 논리 다이어그램을 작성하여라.

22.5 두 개의 레벨 표시기, 히터, 입구 및 출구 펌프 및 두 개의 밸브가 있는 액체 화학 탱크로 구성된 공정을 고려하여라. 다음과 같은 일련의 작업이 수행된다고 가정한다.

(a) 버튼 S를 눌러 시퀀스를 시작한다.

(b) 밸브 V_1을 열고 펌프 P_1을 켜서 상위 레벨 L_1에 도달할 때까지 탱크에 액체를 채운다.

(c) 온도가 T_H보다 클 때까지 액체를 가열한다. 액체가 L_0보다 높으면 가열을 시작할 수 있다.

(d) 밸브 V_2를 열고 펌프 P_2를 켜서 하부 레벨 L_0에 도달할 때까지 액체를 비운다.

(e) 밸브를 닫고 단계 (a)로 이동하여 새로운 순서가 시작될 때까지 기다린다.

정보 흐름도, 순차 기능 차트 및 사다리 논리 다이어그램을 작성하여라.

22.6 두 개의 탱크 충전 시스템이 그림 E22.6에 나와 있다. 두 탱크 모두 비슷한 방식으로 사용된다. 탱크 1은 레벨이 L_1보다 작으면 비어있는 것으로 간주되고 레벨이 L_2보다 클 때 가득찬 것으로 간주된다. 처음에는 두 탱크가 모두 비어 있다. 누름 버튼 S를 누르면 밸브 V_1 및 V_2를 열어 두 탱크를 모두 채운다. 탱크가 가득 차면(예 : 탱크 1), 밸브 V_1을 닫아 충전을 중단하고 그 내용물이 사용되기 시작한다(밸브 W_1을 열어서). 탱크 1이 비면 밸브 W_1이 닫힌다. 두 탱크가 모두 비어 있고 버튼 S를 눌러야만 충전을 다시 시작할 수 있다. 시스템에 대한 정보 흐름도, 순차 기능 차트 및 사다리 논리 다이어그램을 작성하여라. 밸브 V_1이 열려 있음을 나타내려면 $V_1 = 1$ 표기법을 사용하여라.

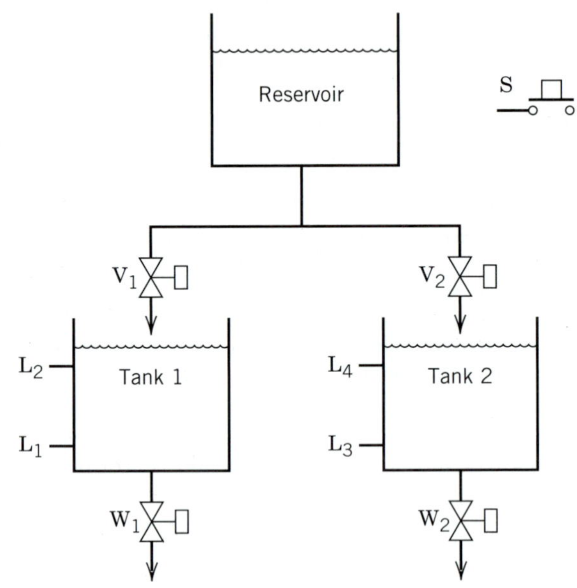

그림 E22.6

22.7 그림 E22.7에 나와 있는 중화 시스템을 고려하여라. 일정량의 산 공급물이 탱크에 첨가되고 화학적으로 처리 후 다음 탱크로 보내진다. pH 분석기(AT)는 중화가 완료되었음을 나타낸다. 탱크의 레벨이 지정된 레벨 이상이면 레벨 스위치 LS1, LS2 및 LS3이

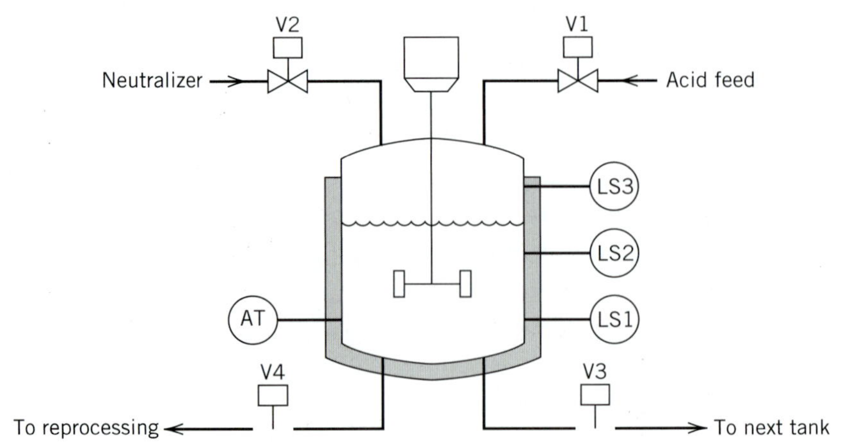

그림 E22.7

활성화된다. 중화 프로세스는 다음 단계로 진행된다.

(a) 처음에는 모든 밸브가 닫히고 믹서가 꺼져 있으며 중화 탱크가 비어 있다.

(b) 시작 버튼 (표시되지 않음)을 누르면 V1이 열리고 LS2가 활성화 된다. 이러한 조치는 탱크를 중화할 용액으로 채운다.

(c) 용액 레벨이 LS2보다 높아지면 교반기 M의 작동을 시작한다. 레벨이 LS1 아래로 떨어지면 믹서를 중지한다.

(d) 용액의 pH가 너무 낮을 때마다 V2를 열어 중화제를 첨가한다.

(e) 탱크가 가득 차고 산 공급물이 중화되어 LS3의 활성화가 되면 V2를 닫아 중화제의 유입을 중지한다. 다음으로 V4를 열어 액체 레벨을 LS2로 표시된 지점으로 줄인다. 이 용액은 나중에 다시 처리된다. 그런 다음 V4를 닫고 단계 (d)로 다시 진행한다.

(f) 용액의 pH가 정확하면 V2를 닫고 V3를 열어 탱크 내부물을 배출한다. 탱크가 비어 LS1이 비활성화로 표시되면 V3을 닫고 단계 (a)로 진행한다. 정보 흐름도 및 사다리 논리 다이어그램과 순차 기능 차트를 작성하여라.

22.8 그림 5.5와 같이 유해 화학 물질의 탱크 차량 하역을 고려하여라. 탱크 차량을 비우고 저장 탱크를 채우는 데 펌프가 사용된다. 그런 다음 화학 물질을 화학 반응기로 옮긴다. 이러한 작업을 수행하는 데 필요한 개별 단계를 설명하고 유해 화학 물질 운송과 관련된 모든 안전 문제를 논의하여라; 즉, 어떤 계측 및 경보를 설치할 것을 제안하는가?

22.9 예제 4.8에 제시된 비선형 연속 반응기 모델을 출발점으로 사용하여 교반 회분식 반응기에 대한 비정상 상태 모델을 개발하여라. 아래 주어진 매개 변수 값에 대해, 회분식 반응기의 선형화 모델 및 연속 반응기의 역학, 특히 c_A'와 T_c' 사이의 열린 루프 전달 함수의 시간 상수, A의 농도 및 재킷 온도에 대하여 비교하여라. 물성을 상수로 가정하고, 다음 데이터를 사용하여라:

연속식의 경우 초기 정상 상태 조건과 매개 변수는 다음과 같다.

$$\overline{T} = 150\ ^\circ\text{F},\quad c_{Ai} = 0.8\ \text{mol/ft}^3,\quad \overline{q} = 26\ \text{ft}^3/\text{min},$$

$$UA = 142.03\ \frac{\text{kJ}}{\text{min}\ ^\circ\text{F}},\quad V = 1336\ \text{ft}^3,\quad T_c = 77\ ^\circ\text{F}$$

물성 데이터는 다음과 같다.

$$C = 0.843\ \text{Btu/lb}\ ^\circ\text{F},\ \rho = 52\ \text{lb/ft}^3,\ -\Delta H_R = 500\ \text{kJ/mol}$$

반응속도는 1차이며 다음의 속도 상수를 갖는다(단위: min^{-1}).

$$k = 2.4 \times 10^{15}\ e^{-20{,}000/T}\ (T \text{ in } ^\circ\text{R})$$

회분식의 경우 모델을 $T = \overline{T}$을 기준으로 선형화하여라.

22.10 회분식 반응기에서 성분 A가 B로 변환하고, 이어서 C로 분해된다:

$$\mathrm{A} \xrightarrow{k_1} \mathrm{B} \xrightarrow{k_2} C$$

여기서 $k_1 = k_{10}e^{-E_1/RT}$ 및 $k_2 = k_{20}e^{-E_2/RT}$.

A 및 B의 농도는 각각 x_1 및 x_2로 표시된다. 반응기 모델은 다음과 같다.

$$\frac{dx_1}{dt} = -k_{10}x_1e^{-E_1/RT}$$

$$\frac{dx_2}{dt} = k_{10}x_1e^{-E_1/RT} - k_{20}x_2e^{-E_2/RT}$$

따라서, x_1 및 x_2의 최종값은 시간의 함수로서 반응기 온도에 의존한다.

$$k_{10} = 1.335 \times 10^{10}\ \text{min}^{-1},\qquad k_{20} = 1.149 \times 10^{17}\ \text{min}^{-1}$$

$$E_1 = 75{,}000\ \text{J/g mol},\qquad E_2 = 125{,}000\ \text{J/g mol}$$

$$R = 8.31\ \text{J/(g mol K)}\qquad x_{10} = 0.7\ \text{mol/L},\quad x_{20} = 0$$

위 변수에 대하여 $0 \le t \le 8$분 동안 B의 양을 최대화하는 일정한 온도 (K)를 찾아라. 다음으로 다음과 같이 온도를 시간에 대한 2차식을 고려하여라.

$$T(t) = a_0 + a_1t + a_2t^2 + a_3t^3$$

모델식을 적분하고 적절한 최적화 기법을 적용하여 x_2를 최대화하는 a_0, a_1, a_2, a_3의 값을 결정하여라.

22.11 그림 22.12의 것과 같은 회분식 반응기가 액체 공급 물에 첨가된 가스 성분을 갖는다고 가정하자. 반응이 정상적으로 진행되는 한, 기체는 액체(반응하는 곳)에 흡수되어 압력을 낮게 유지한다. 그러나 반응이 느려지거나 가스 공급이 흡수할 수 있는 것보다 크면 압력이 상승하기 시작한다. 액상 공급을 늘려 압력 상승을 보상할 수 있지만 이로 인해 냉각 능력이 초과될 수 있다. 재정의(overrides)를 사용하여 이 문제에 대한 해결책을 설명하여라(16장 참조).

22.12 Fogler[2]는 암모니아와 o-니트로클로로벤젠(o-nitro chlorobenzene)에서 니트로아닐린(nitroaniline)을 생산하는 회분식 반응기의 안전 사고에 대해 설명하였다. 사고 당일, 공급 조성이 정상값에서 변경되었다. Fogler가 제시한 물질/에너지 수지 및 데이터를 사용하여, 최대 냉각 속도가 새로운 공급 조성물의 조건 하에서 온도 폭주를 방지하기에 충분하지 않음을 보여라. 모델 방정식을 풀기 위해 시뮬레이터를 사용하여라.

22.13 Aziz 등에 의해 시뮬레이션 된 회분식 반응기 시스템을 고려하여라.[3] $\mathrm{A} + \mathrm{B} \rightarrow \mathrm{C}$ 및 $\mathrm{A} + \mathrm{C} \rightarrow \mathrm{D}$의 두 반응은 재킷형 회분식 반응기에서 일어나며, 여기서 C는 원하는 생성물이고 D는 폐기물이다. 조작 변수는 냉각 재킷의 냉각수 온도이다. 두 개의 부등식 제한이 주어졌다: 냉각수 온도의 상한 및 하한, 최대 반응기 온도의 상한. Aziz 등이 설정한 모델 매개 변수를 사용하여 다음과 같이 20 °C에서 92 °C로 설정값 변경을 위한 제어 전략을 평가하여라.

(a) PID 제어기

(b) 회분식 공정

(c) 예압이 있는 회분식 장치

(d) 듀얼 모드 제어기

---

[2] *Essentials of Chemical Reaction Engineering*, Prentice Hall, Upper Saddle River, NJ, 2011, p. 608.

[3] N. Aziz, M. A. Hussain, and I. M. Mujtaba, Performance of Different Types of Controllers in Tracking Optimal Temperature Profiles in Batch Reactors, *Comput. Chem. Eng*, **24**, 1069 (2000).

CHAPTER 23

생물계 제어 설계

Biosystems Control Design

학습목차 *Chapter Contents*

23.1 제약 공정의 모델링과 제어
23.1.1 생물반응기
23.1.2 결정화장치
23.1.3 과립화
23.2 약물 전달을 위한 공정 모델링과 제어
23.2.1 제 1형 당뇨병
23.2.2 혈압조절
23.2.3 암 치료
23.2.4 후천성 면역결핍증(HIV/AIDS)의 제어 치료
23.2.5 심장보조장치
23.2.6 공정 제어를 위한 추가적인 의학적 기회들
요약

이전 장에서는 화학 반응기 및 증류탑과 같은 석유화학 산업의 전통적인 응용분야를 강조하면서 공정 동특성과 공정 제어 전략을 소개하였다. 이 장에서는 생물공정과 생체의학 기기에 대한 적용 분야를 소개하고, 이러한 공정이 전통적인 화학 공정과 공유하는 특성을 설명한다. 생물학적 공정의 불확실성 특성과 의료용 닫힌 루프 시스템의 안정성 고려사항 등 차이점도 강조될 것이다. 또한 결정화, 발효 및 과립의 세 가지 생물공정 단위조작에 대한 제어시스템 설계를 설명한다. 마지막으로, 제어 약물 전달의 여러 문제들을 검토하고 당뇨병 및 혈압조절 분야에서 제어 전략을 입증한다. 생물학적 적용은 24장에서 시스템 생물학의 적용을 포함하여 제어시스템 기회에 대한 논의를 통해 보다 더 자세히 알아본다.

23.1 제약 공정의 모델링과 제어

제약 산업의 전형적인 공정도는 전통적인 석유화학 공장에서 일어나는 것과 동일한 범주의 단위조작을 많이 포함한다: 원자재에서 제품을 생산하는 반응기, 부산물 및 미반응 원료에서 원하는 제품을 추출하는 정제 단계, 제품의 최종 제형과 관련된 하부(down-stream) 공정. 제약공정은 여러 측면에서 독특하다:

(1) 주요 반응은 더 복잡한 유기체의 세포 및 조직과 같은 생물학적 물질을 포함한다.

(2) 대부분의 제품은 고체 형태로 제조되며 원하는 최종 제품(예: 알약)을 정제하고 제조하기 위한 대용량 고체의 처리 단계가 필요하다.

결과적으로, 상부(upstream) 처리에는 멸균 및 발효가 포함되며, 반응기에 대한 조작 입력은 종종 반응기의 미생물에서 특정 유전자의 발현을 활성화하는 유도물질이 포함된다

(유전자 발현은 24장에서 자세히 다룬다). 공정도의 하부 공정에는 원하는 특성(예: 카이랄성)을 가진 고순도 제품을 추출하기 위한 결정화 또는 크로마토그래피 정제가 포함된다. 후속 단계에서는 용해 속성 및 타정 능력을 포함하는 바람직한 특성을 가진 최종입자를 생성하기 위한 고형물 취급 및 처리가 포함될 수 있다. 이러한 공정에는 혼합, 분류, 도정, 분쇄, 과립화(응집), 타정, 코팅, 성형 및 압출이 포함된다. 이러한 각 조작에는 고유한 도전과 동특성이 있다.

다음 절에서는 제약 공정도에서 세 가지 주요 처리 단계인 발효, 결정화 및 과립화를 알아본다. 이러한 공정 중 일부는 다른 산업(식품, 광업, 반도체 및 특수화학)에도 나타나므로 설명된 공정 제어 방법은 산업에서 광범위하게 적용된다. 산업계가 FDA 규정의 변경으로 인해 공정 시스템 엔지니어링 방법에 새로운 강조점을 두고 있다는 점에 유의하는게 중요하다(22장의 PAT 논의 참조). 제약산업은 합성, 정제 및 최종(약물) 제품제형의 제어를 연결하는 통합 제조에 점점 더 중점을 두고 있다(Mascia et al., 2013). 또한, 지속가능한 제조에 대한 추진은 이 분야에 대한 고유한 도전과 기회를 확인하였다(Sheldon, 2007).

23.1.1 생물반응기

발효 반응기는 제약산업에서 페니실린, 인슐린 및 인간 성장 호르몬을 비롯한 여러가지 중요한 화합물을 만들기 위해 널리 사용된다. 최근 몇 년 동안 유전공학은 발효 방법을 사용하여 합성할 수 있는 유용한 제품의 포트폴리오를 더욱 확장하였다(Buckland, 1984; Lim, 1991; Schügerl, 2001). 이러한 단위 조작의 중요성에도 불구하고, 제약 발효 조작의 상태는 종종 포도주 양조산업과 마찬가지로 과학보다 더 많은 "예술"의 특성을 가진다(Fleet, 1993; Alford, 2006). 맥주 제조에는 유사한 "예술" 전통이 있지만, 현대 설비는 해당 제어문제와 함께 정교한 단위조작(요리, 세척, 세탁, 양조, 발효)을 사용한다. 1990년 이후 발효기 내용물의 품질 모니터링을 위한 신기술의 가용성에 의해 발효기 운전을 위한 보다 정교한 제어구조를 개발하기 위한 집중적인 노력이 있었다(Van Impe et al., 1998; Boudreau and McMillan, 2007). 주요 측정 변수와 관련 제어 변수에는 용존산소(호기성 대사과정의 상태), pH(최적 성장조건), 온도(대사열 생성) 및 배출가스농도(배양활동지표)가 포함된다. 발표공정의 개략도는 그림 23.1에 나와 있다.

일반적으로 발효는 다음의 간단한 반응에 따라 기질에서 세포괴(생성물)를 생성하는 것을 포함한다:

$$aC_\alpha H_\beta O_\gamma + bO_2 + cNH_3 \rightarrow C_\delta H_\varepsilon O_\zeta N_\eta + dCO_2 + eH_2O \tag{23-1}$$

여기서 $C_\alpha H_\beta O_\gamma$은 기질(반응물)이고 $C_\delta H_\varepsilon O_\zeta N_\eta$는 세포괴(생성물)이다. 예를 들어, 맥주제조에서 기질은 포도당(곡물에서 추출)이고 생성물은 알코올과 탄소다. 둘 다 최종제품의 품질에 기여한다. 이러한 겉보기에 간단한 반응은 단순한 질량 작용 속도론을 따르지 않는다는 사실 때문에 복잡하다. 대신, 반응의 기초가 되는 복잡한 생화학은 효소공정을 특징짓는 비선형 속도식을 낳는다.

유가식(fed-batch) 생물반응기의 간단한 동적모델은 2장의 식 2-84에서 2-87까지 주어졌다. 이 모델은 다음과 같이 변환될 수 있다:

$$\frac{dX}{dt} = \mu(S)X - \frac{F}{V}X \tag{23-2}$$

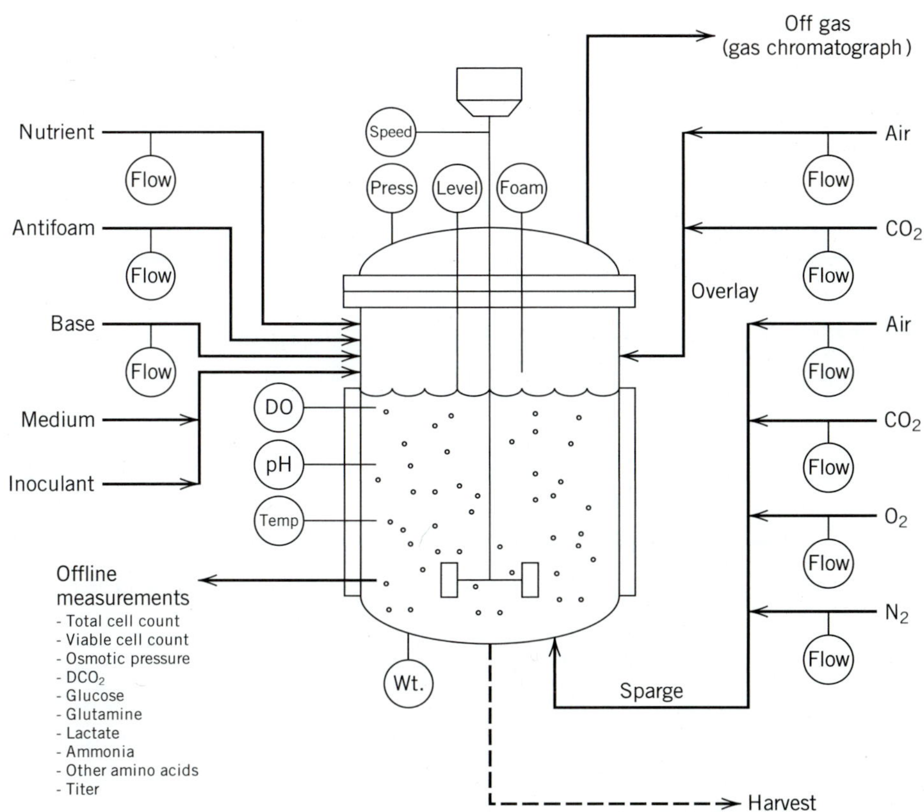

그림 23.1 일반적인 산업용 발효기의 도식도(Figure from Jon Gunther, PhD Thesis, Dept of Chemical Eng., UCSB, 2008).

$$\frac{dP}{dt} = Y_{P/X}\, \mu(S)X - \frac{F}{V}P \tag{23-3}$$

$$\frac{dS}{dt} = \frac{F}{V}(S_f - S) - \mu(S)\frac{X}{Y_{X/S}} \tag{23-4}$$

$$\frac{dV}{dt} = F \tag{23-5}$$

여기서 식 23-2의 물질수지는 바이오매스 X의 보존을, 식 23-3은 세포(바이오매스)에 의한 대사산물의 생산을, 식 23-4는 기질 S의 보존을 기술하며, 식 23-5는 전체 물질수지이다. F/V 비율은 흔히 희석률 D로 표시된다. 이 식에 나타나는 상수로는 기질의 공급농도 S_f, 기질로부터의 세포질량 수율 $Y_{X/S}$, 제품의 수율계수 $Y_{P/X}$가 있다. 생화학 반응속도 $\mu(S)$ 는 일반적으로 포화함수에 의해 주어진 Monod 속도론을 이용한다:

$$\mu(S)\frac{\mu_m S}{K_m + S} \tag{23-6}$$

여기서 μ_m은 최대 성장률(속도 한계값)이고 K_m은 기질 포화상수이다. 이러한 간단한 반응기의 제어에는 최적의 생산수준을 달성하기 위해 기질유입(희석률 D를 통해)을 조작하는 것이 포함된다. 미생물에서 핵심 유전자의 전사를 자극하여 제품 수율을 극대화하는 효소의 합성을 유도하는 유도체 등 보다 정교한 제어입력도 가능하다.

산업계에서 이러한 반응기를 제어하는 데 있어 주요과제 중 하나는 발효기에서 미생물의 상태를 측정하는 것이 어렵다는 점이다. 특수센서(Mandenius, 1994)에는 효소

전극(포도당, 젖산 측정), 열량 분석기(페니실린 측정), 비중(맥주발효), 면역센서(항원 측정)가 포함된다. 그러나, 미생물 내 다양한 대사 산물을 실시간으로 모니터링 할 수 있는 *in situ* 센서를 개발하는 것은 여전히 도전과제이다.

예제 23.1

단일 속도결정 기질이 바이오매스 성장과 제품형성을 촉진하는 일정한 부피로 운영되는 발효기를 고려해보자. 일정한 수율을 가정하면 발효기의 농도를 설명하는 다음과 같은 물질수지식을 유도할 수 있다(Henson and Seborg, 1991):

$$\dot{X} = -DX + \mu(S,\ P)X \tag{23-7}$$

$$\dot{S} = D(S_f - S)\frac{1}{Y_{X/S}}\mu(S,\ P)X \tag{23-8}$$

$$\dot{P} = -DP + [\alpha\,\mu(S,\ P) + \beta]X \tag{23-9}$$

이 반응기의 경우, 기질과 생성물이 모두 성장을 억제할 수 있기 때문에 성장기간은 앞서 제시한 단순한 Monod 식보다 더 복잡한 모양을 갖는다:

$$\mu(S,\ P) = \frac{\mu_m\left(1 - \dfrac{P}{P_m}\right)S}{K_m + S + S^2/K_i} \tag{23-10}$$

변수 X, S, P는 각각 바이오매스, 기질, 제품의 농도이며, D는 조작 변수(희석률)이다; S_f는 공급 기질농도이며 나머지 변수는 고정 상수(수율 매개변수)이다. 고정된 매개변수에 대해 다음 값을 사용하라.

표 23.1 예제 23.1의 발효기 매개변수 값 및 단위.

$Y_{X/S}$	0.4 g/g	α	2.2 g/g
β	0.2 h^{-1}	μ_m	0.48 h^{-1}
P_m	50 g/L	K_m	1.2 g/L
K_i	22 g/L	S_f	20 g/L

(a) 정상 운전조건이 $D = 0.202\ \mathrm{h}^{-1}$(희석률)이라 가정하자. X, S, P의 해당 정상 상태 또는 평형값은 각각 6.0, 5.0, 19.14 *g*/L이다. 이 운전조건에서 선형화된 모델을 계산하고 극점(poles), 영점(zeros) 및 정상 상태 이득을 결정하라.

(b) 희석률의 상대적 변화 ±10%에 대한 바이오매스 X의 응답을 시뮬레이션하라.

(c) 다음으로 정상 희석률을 $D = 0.0389\ \mathrm{h}^{-1}$로 변경하라. X, S, P의 해당 평형값은 각각 6.0, 5.0, 44.05 *g*/L이다(여기서 특이한 것이 있는가?). 운전조건에서 선형화된 모델과 극점, 영점 및 정상 상태 이득을 다시 계산하라.

(d) 희석률의 상대적 변화 ±10%에 대한 바이오매스 X의 응답을 시뮬레이션하라.

(e) 이 두가지 운전조건에서 발효기 동작의 극적인 차이에 대해 설명하라. 이것은 비선형 시스템에서 무엇을 의미하는가? 제어설계에 대한 의미는 무엇인가?

풀이

(a) 4.3절에 설명된 접근방식을 사용하여 비선형 모델(식 23-7에서 23-10)의 선형화가 수행된다. 결과모델에서 3개의 극점과 2개의 영점이 있는 전달함수 모델을 유도할 수 있다. 안정한 극점은 켤레복소수 −0.1469 ± 0.0694j와 안정한 실수 극점 −0.2020으로 계산된다. 영점은 모두 실수이며 값은 −0.1631, −0.2020이다. 마지막으로 정상 상태 공정 이득은 −39.54이다.

(b) 시뮬레이션 된 응답은 그림 23.2에 묘사되어 있다.

(c) **(a)**에서와 같이 모델은 이제 새로운 운전조건에서 선형화된다. 극점은 켤레복소수 −0.0632 ± 0.0852j, 안정된 실근은 −0.0389로 계산된다. 영점은 모두 실근이며 −0.1630, −0.0389의 값을 갖는다. 영점 중 하나가 현재 최소 위상이 아니라는 점에 유의하

라. 마지막으로 정상 상태 공정이득은 86.90으로 이득의 부호가 바뀌었음을 나타낸다.

(d) 시뮬레이션 된 응답은그림 23.3에 묘사되어 있다.

(e) 첫번째 경우($D = 0.202\ h^{-1}$)에서 공정 이득은 음수이고 영점은 모두 음수였다. 두번째 경우($D = 0.0389\ h^{-1}$)에서는 공정 이득이 양수이며 영점 중 하나가 최소가 아닌 위상이 되어 역반응을 나타낸다. 이것은 발효기가 극적인 비선형성을 나타내며 이득의 부호가 변경될 수 있고 공정 영점이 음에서 양으로 변할 수 있음을 나타낸다(실제로 이 발효기에 대한 희석 속도와 바이오매스 사이의 정상 상태 그래프는 포물선 모양을 나타낸다; 또한 예제 2.15도 참조). 이는 이득변화를 수반하는 운전에는 비선형 제어기 또는 적응 제어 방식이 필요함을 의미한다.

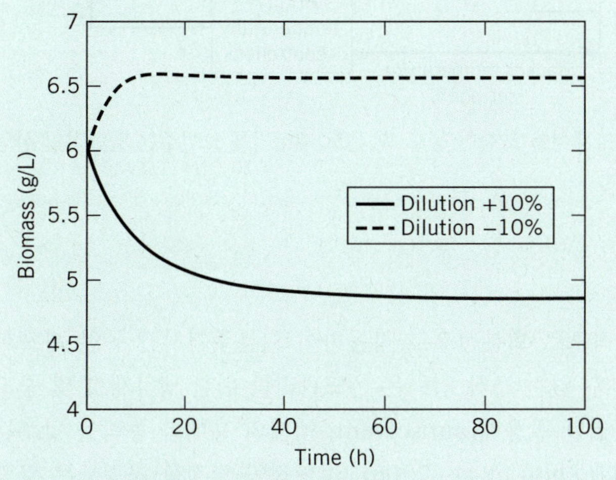

그림 23.2 $D = 0.202\ h^{-1}$의 정상값에서 10% 크기의 D 대칭 변화에 대한 발효기 모델의 계단 응답.

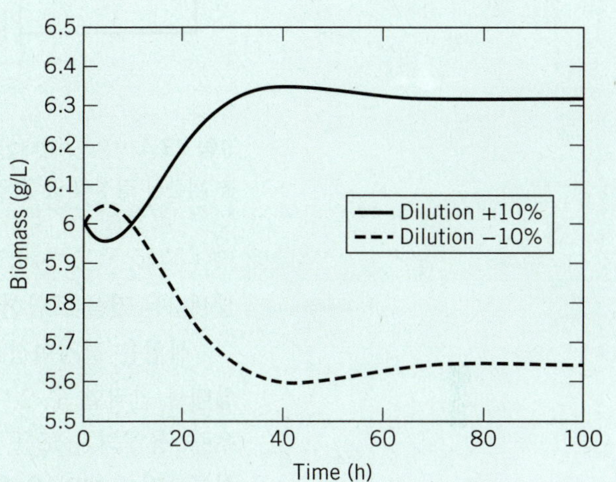

그림 23.3 $D = 0.0389\ h^{-1}$의 정상값에서 10% 크기의 D 대칭변화에 대한 발효기 모델의 계단 응답.

23.1.2 결정화장치

결정화 조작은 하나의 상(이 경우 용액 중 고체)을 분리하여 제품이 원하는 특성을 갖도록 한다. 결정화에서 나오는 고체 제품은 고도의 정렬된 고체구조이며, 이는 최종생성물의 가치에 직접적인 이득을 주는 형태(예: 모양)를 포함한 바람직한 속성을 가질 수 있다. 제약산업에서 결정 크기와 모양은 하부 고형분 처리를 촉진할 수 있으며 또는 생체이용률, 유통기한, 독성 및 약물 용해와 같은 최종 의약품 제형과 직접 관련될 수 있다(Fujiwara et al., 2005; Nagy and Braatz, 2012). 결정화는 또한 다양한 제품의 맛과 유통기한을 개선하기 위해 식품산업에서 활용될 수 있다(Larsen et al., 2006).

산업 결정화 조작에 채택된 공정 제어 전략을 설명하기 위해서는 과포화 개념과 결정화와의 관련성을 간략히 검토하는 것이 중요하다(Larsen et al., 2006). 포화는 상평형의 특성을 말하며, 이 경우 액체와 용해된 고체 사이의 평형(즉, 액체에서 고체의 용해도)을 말한다. 과포화 상태는 액체용액이 용해도(평형)에 해당하는 양보다 더 많은 고체를 포함하고 시스템이 준 안정상태에 있음을 의미한다. 결정형성은 온도와 같은 운전 조건을 변경하여 유도할 수 있는데, 과포화 상태가 유지될 수 없어 용액에서 결정이 핵을 형성하거나 생성된다. 용해된 성분이 용액에서 고체 결정상으로 이동함에 따라 농도는 물론 낮아진다. 결정이 형성되면 운전 온도와 용액의 농도에 따라 계속 성장한다. 사실상, 결정화는 이러한 과포화 상태를 조작하여 새로운 결정의 형성과 기존 결정의 성장을

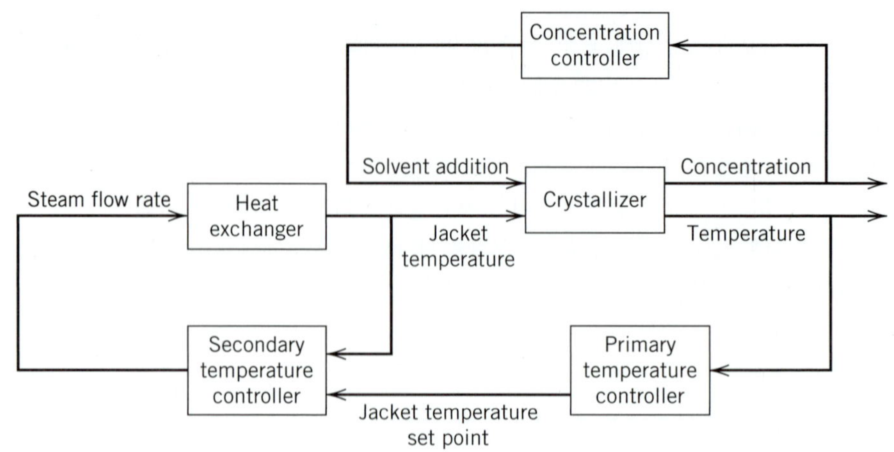

그림 23.4 온도에 대한 캐스케이드 제어를 포함한 농도 및 온도 제어기를 보여주는 일반적인 산업용 회분식 결정화 공정도.

상쇄하는 것을 포함한다.

산업용 결정화장치는 일반적으로 회분식으로 작동하여 회분주기시간 동안 과포화 상태를 관리할 수 있다. 사용할 수 있는 조작 입력은 온도관리를 위한 냉각재킷 및 증기 *유량*, 용액의 농도를 조절하기 위한 반용매(antisolvent, 액체의 용매화 능력을 낮추는 성분) 및 용매의 유입 등이 있다(Zhou et al., 2006). 전형적인 결정화 공정도는 그림 23.4에 나타나 있다. 온도의 측정은 간단하며 결정의 특성측정에 사용할 수 있는 정교한 계측기가 점점 더 많아지고 있다. 여기에는 탁도센서(고형물의 존재를 감지), 레이저산란기기(단위 내 결정 크기의 분포를 결정), 용액 농도 측정을 위한 감쇠전반사-푸리에변환적외선(ATR-FTIR)과 같은 분광기기가 포함된다(Fujiwara et al., 2005; Larsen et al., 2006; Nagy and Braatz, 2012). 보다 최근에는, 폭과 길이 등 결정 특성(형태)을 측정하기 위한 다양한 영상기법이 사용되고 있다. 앞서 언급한 바와 같이, 이러한 크기 및 모양 성질은 제품 효용(예: 약물 용해도)의 주요 결정 요인이며, 매우 균일한 특성(즉, 좁은 크기 분포)을 가진 결정체를 생산하는 것이 바람직할 수 있다. 예를 들어, 최적화 기반 방법과 같은 모델 기반 제어전략은 다형성(polymorphic) 형태를 포함한 결정모양을 제어하기 위해 사용된다(Nagy and Braatz, 2012).

23.1.3 과립화

과립화는 작은 입자들을 더 큰 과립들로 응집시키는 데 널리 사용되는 공정이다. 습식 과립화 공정에서는 텀블링 드럼이나 팬에서 섞이는 분말 위에 분사되는 *바인더 액체*를 첨가하여 입자의 응고를 개선한다. 입자는 바인더와 결정핵에 의해 젖게 된다. 그리고 바인더로 코팅된 과립은 충돌하고 달라붙어 더 큰 과립을 형성한다. 이러한 과립은 과립화장치 내의 교반에 의해 바인더 액체가 과립 덩어리의 표면으로 나오기 때문에 다져지고 뭉쳐질 수 있다. 입자는 혼합 중 다른 입자 또는 과립화장치 벽과의 충돌로 인해 부서질 수 있다. 따라서 과립화 과정의 주요 현상은 과립 습윤 및 핵 형성, 통합 및 성장, 응집 및 파손이다(Mort et al., 2001).

과립화는 시간에 따라 방출되는 속성(예: 비료, 제약 정제)과 같은 특성을 가진 입자를 생산하는 데 중요한 역할을 한다. 그러나 실제로 수율이 매우 적고 재순환 비율이 큰

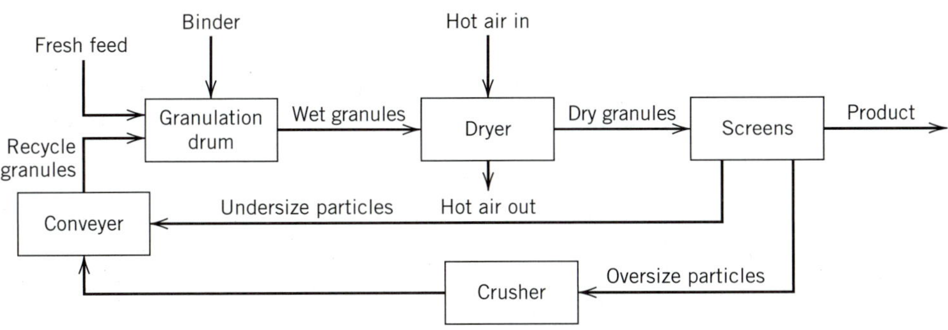

그림 23.5 재순환이 있는 과립화 공정도.

(일반적으로 4:1, 재순환:제품) 비효율적인 운전이 종종 발생한다. 이러한 비효율성은 과립을 지정된 크기 범위로 유지할 수 있는 과립화 공정을 설계하고 제어하기 어렵기 때문이다.

결정화장치와 마찬가지로 과립화장치 제어를 위한 주요 도전은 원하는 속성을 가진 입자를 생산하고, 하부 공정을 단순화하고, 최종제품 특성을 실현하는 것이다. 제약산업에서 과립화는 비교적 적은 양의 재료 처리로 인해 회분식 반응기에서 이루어진다. 조절이 필요한 핵심 입자 공정은 작은입자를 큰입자로 응집시키는 공정이다. 조작 입력에는 바인더 스프레이 추가(및/또는 점도), 입자유량, 온도, 혼합 조건(전단 혼합 포함), 대형(분쇄) 및 소형(미세) 입자의 재활용, 용기 내의 교반속도 변경(혼합)이 포함된다(Pottmann et al., 2000; Mort et al., 2001; Faure et al., 2001). 몇몇 응용에는 온도제어 고려사항을 도입하는 가열도 포함된다. 현재 이용 가능한 측정값은 교반기의 토크(용기내 내용물의 무게, 크기 및 수분 함량을 추론한다)와 보다 최근의 경우 입자 크기 측정(또는 분포형태)이다. 입자 크기 분포(PSD)를 측정할 때(예: 영상처리 방법이나 레이저 산란)는 일반적으로 분포의 스칼라 측정값(예: 평균크기 또는 d_x, 분포의 x번째 백분위 수 입자 크기(d_5, d_{90} 등))으로 통합된다.

이러한 측정을 활용하는 공정 제어 전략은 습식 과립화 공정, 즉 제약산업(Faure et al., 2001), 유동층 과립화(Burggraeve, et al., 2011), 연속드럼 과립화 공정 (Glaseret al., 2009)에서 응용되고 있다. 전형적인 연속 과립화 공정도는 그림 23.5에 나타나 있다. 회분식 과립화 조작은 21장과 22장(Burggrave et al., 2011)에 자세히 설명한대로 전통적인 모니터링 및 품질 접근방식의 이점을 누릴 수 있다.

예시 23.2

간략한 과립화 공정도(Pottmann et al., 2000)가 그림 23.6에 나와 있다. 조작 입력은 3개의 서로 다른 노즐로 도입되는 바인더의 유량이며 측정된 제어 변수는 부피 밀도와 입자 크기 분포의 5번째 및 90번째 백분위수(각각 d_5 및 d_{90})이다. Pottmann et al. (2000)은 다음 매개변수(시간 단위는 무차원)를 사용하여 입력과 출력의 각 조합(3×3 문제)에 대해 1차 시간지연 모델을 식별하였다:

$$G_{ij}(s) = \frac{K_{ij}}{\tau_{ij}s + 1}e^{-\theta_{ij}s} \tag{23-11}$$

$$K_{ij} = \begin{bmatrix} 0.20 & 0.58 & 0.35 \\ 0.25 & 1.10 & 1.30 \\ 0.30 & 0.70 & 1.20 \end{bmatrix} \quad (23\text{-}12)$$

$$\tau_{ij} = \begin{bmatrix} 2 & 2 & 2 \\ 3 & 3 & 3 \\ 4 & 4 & 4 \end{bmatrix} \quad (23\text{-}13)$$

$$\theta_{ij} = \begin{bmatrix} 3 & 3 & 3 \\ 3 & 3 & 3 \\ 3 & 3 & 3 \end{bmatrix} \quad (23\text{-}14)$$

조작 입력과 측정값에 대한 단위는 모두 무차원이며, (편차변수로 된) 정상 조건은 세 가지 모두 180이다. 각각 세 가지 노즐 모두 180, 부피 밀도는 40, d_5는 400, d_{90}는 1600이다.

(a) 상대이득배열(RGA)을 사용하여 입력과 출력 사이의 가장 효과적인 쌍을 결정하라.

(b) IMC 설계 방법을 사용하여 3개의 PI + Smith 예측기 제어기를 설계하라(표 12.1 참조, $\tau_c = 5$의 값이 사용되었다고 가정). IMC/PI 튜닝은 Smith 예측기가 있는 공장의 지연없는 부분을 위한 것임을 명심하라. Smith 예측기 설계의 경우 16장에서 자세히 설명된 방법을 사용하고, 각 입력–출력 쌍에 대해 지연 값을 하나씩 선택해야 함을 명심하라.

(c) [10 0 0]의 설정점 계단 변경을 사용하여 3개의 PI + Smith 예측기 제어기의 시스템 응답을 시뮬레이션 하라. 조작 변수에 대한 제약 조건을 적용하라(하한 105; 상한 345). [50 0 0] 의 설정점 계단 변경에 대해 시뮬레이션을 반복하라.

풀이

(a) 18.2절에 상세하게 나온대로 공정 이득으로부터 상대 이득 배열을 계산한다:

$$RGA = K \otimes (K^{-1})^T$$

$$= \begin{bmatrix} 1.0256 & 0.6529 & -0.6785 \\ -1.4103 & 1.8574 & 0.5528 \\ 1.3846 & -1.5103 & 1.1257 \end{bmatrix} \quad (23\text{-}15)$$

따라서, 음수값이 없기 때문에 제어기 대각선 쌍(1-1/2-2/3-3)을 사용하며, 세 개의 루프 중 두 개가 1에 가까운 RGA 값과 쌍을 이루었다.

(b) 개별 제어기는 표 12.1 A 행에서 계산된다:

루프 1: $K_c = (2/5)/.2 = 2.0; \tau_I = 2$, 루프 2: $K_c = (3/5)/1.1 = 0.545; \tau_I = 3$, 루프 3: $K_c = (4/5)/1.2 = 0.667; \tau_I = 4$

(c) 시뮬레이션 결과는 그림 23.7과 23.8에 나타나 있다. 두 번째 경우에 대한 제약조건을 적용하면 첫 번째 출력에 도달할 수 없는 설정점이 된다는 점을 유의하라.

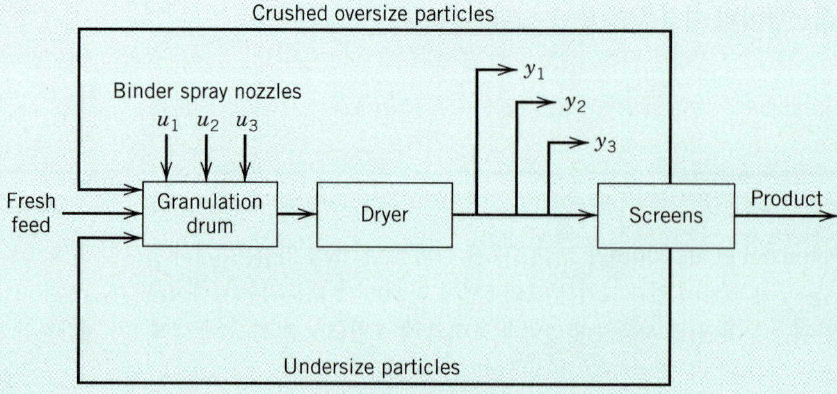

그림 23.6 과립화장치 예제를 위한 단순화된 공정도. 여기서 u_1, u_2, u_3는 각각 노즐 1,2,3이고 y_1, y_2, y_3는 각각 부피 밀도, d_5, d_{90}이다.

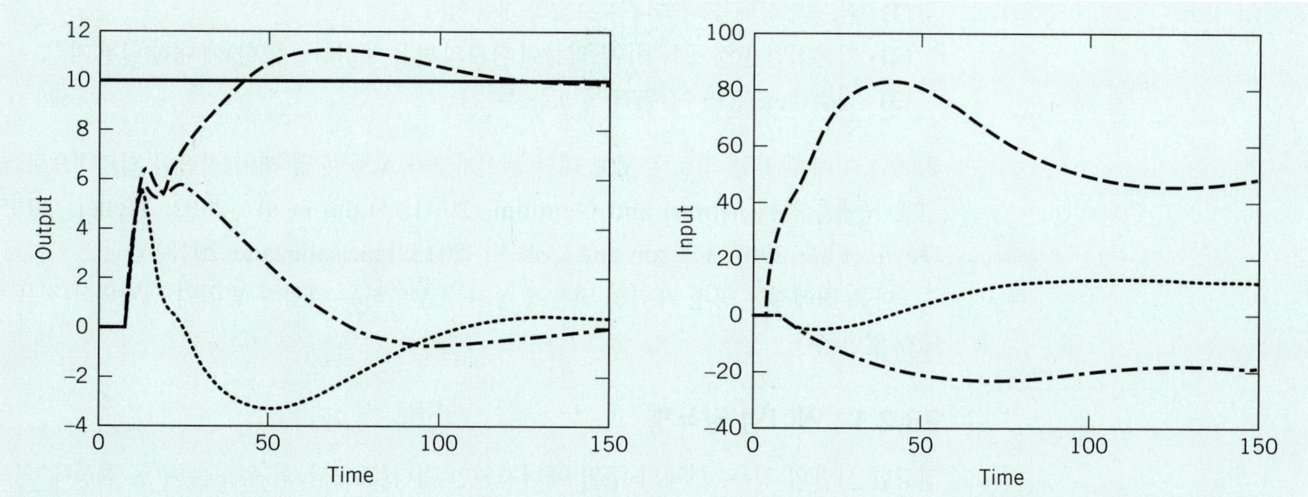

그림 23.7 y_1의 설정점에서 +10 계단 변경에 대한 과립화 장치의 닫힌 루프 응답(시점 = 5에서 도입): 왼쪽 그래프는 CVs, 오른쪽 그래프는 MVs(----, y_1 및 u_1; –·–·–·–, y_3 및 u_3; ...., y_2 및 u_2)임.

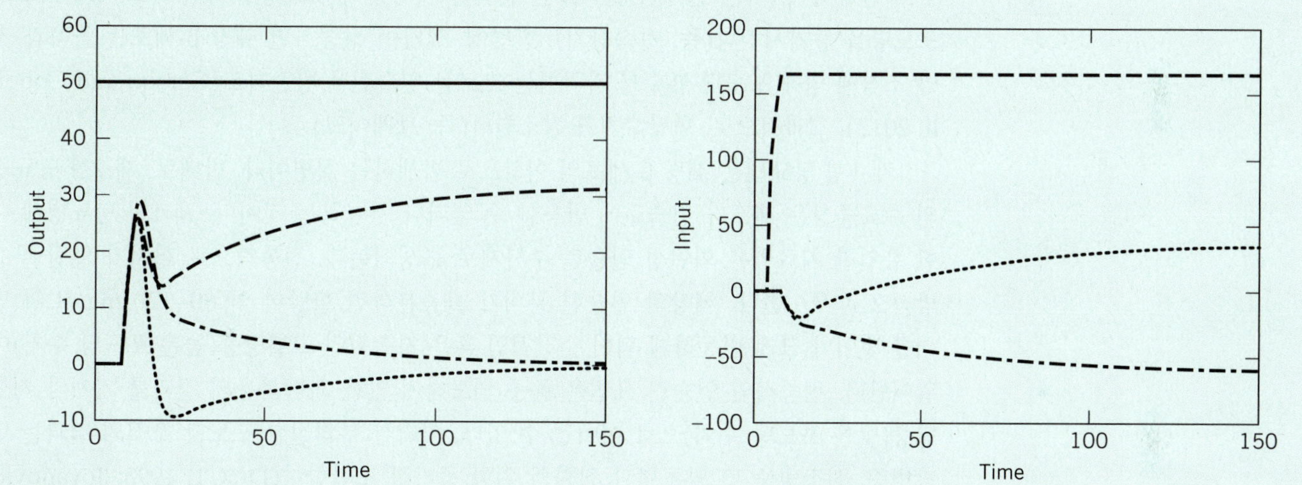

그림 23.8 y_1의 설정점에서 +50 계단 변경에 대한 과립화 장치의 닫힌 루프 응답(시점 = 5에서 도입): 왼쪽 그래프는 CVs, 오른쪽 그래프는 MVs(----, y_1 및 u_1; –·–·–·–, y_3 및 u_3; ...., y_2 및 u_2)임.

23.2 약물 전달을 위한 공정 모델링과 제어

인체는 매우 복잡한 생화학적 과정을 가지며 이전 장에서 다뤘던 전통적인 공정 제어 문제와 많은 속성을 공유한다. 신체가 자연적으로 발생하는 강건한 수준의 자기조절을 달성하지 못한 경우(예: 24장), 종종 처방된 치료제(또는 약물)의 투여를 포함하는 의학적 개입의 기회가 있다. 치료법은 열린 루프 방법을 사용하여 최적화할 수 있지만, 공정을 자동화하는 것이 유리하므로 되먹임 루프에서 사람을 배제하는 것이 좋다(화학 플랜트에서 수동 제어에서 자동 피드백 제어로 전환할 때 루프에서 작업자를 배제하는 것과 같이). 일부 의료 응용(예: 암 치료)에서 제어 설계는 엄격하게 자동화가 아닌 의료 개입을 안내하는 의사 결정 지원에 사용될 수 있다. 공정 영역 에서와 같이 의료분야에서도 피드백 제어를 구현하기 위한 세 가지 필수 요구사항이 있다:

(1) 환자의 상태를 나타내는 측정의 가용성.

(2) 기본적인 공정 동특성(예: 약물이 환자의 반응에 미치는 영향)에 대한 일부 지식.

(3) 적절한 조작 변수(예: 약물 또는 투약).

1990년 이래 다양한 의료 문제에 대한 센서기술과 모델링 및 제어 전략이 획기적으로 발전했다(예를 들어 Morari and Gentilini, 2001; Hahn et al., 2002; Heller, 2005; Doyle et al., 2007; Carson and Cobelli, 2013; Hacısalihzade, 2013).

다음 절에서는 공정 제어의 적용에 동기를 부여하는 다양한 범위의 생체의학 적용에 대해 알아본다.

23.2.1 제 1형 당뇨병

건강한 사람의 경우, 신체의 주된 에너지원인 혈당(포도당)의 농도는 주로 췌장에 의해 조절되며 차량의 속도를 제어하는 데 사용되는 브레이크 및 가속장치 시스템과 유사한 조작입력의 조합을 사용한다. 혈당이 떨어지면 췌장은 α-세포에서 글루카곤 호르몬의 방출로 반응하며, 이는 간에서 글리코겐 분해를 자극하여 포도당을 생성하고, 결과적으로 포도당을 증가시킨다(즉, 가속장치). 반면에, 혈당이 상승하면 췌장 β-세포는 근육과 지방 조직에 의해 포도당 흡수를 자극하는 호르몬 인슐린을 방출하고(Carson and Cobelli, 2013), 결과적으로, 혈당수치가 감소한다(즉, 브레이크).

제 1형 당뇨병은 췌장 β-세포의 이상으로 발생하는 질병이다. 반대로, 제 2형 당뇨병의 주요증상은 세포가 인슐린에 반응할 수 없거나 저항하는 것이다. 제 1형 당뇨병에 대한 유일한 치료법은 외인성 인슐린 주사제로 구성되는데, 전통적으로 환자가 열린 루프 방식으로 투여한다. 췌장의 인슐린 분비가 불충분하면 혈당이 약 80~120 mg/dL의 범위를 벗어나 크게 변동하게 되어 순간적인 혹은 지속적인 고혈당증(높은 포도당 수치)이 일어난다. 집중적인 인슐린 요법은 종종 의도하지 않은 과다복용의 결과를 가져와 저혈당증(낮은 포도당 수치)으로 이어질 수 있다. 이러한 부적절한 포도당 조절의 결과는 망막병증, 신장병증 및 말초혈관 질환의 위험 증가를 포함한다(DCCT, 1993; Jovanovič, 2000; Zisser at al., 2005).

그림 23.9와 같이 피드백 제어기는 인슐린 펌프(현재 시판되어 널리 사용하는)를 사용하여 혈당을 조절하는 데 사용할 수 있다. 이러한 전달을 위한 PID 제어기의 효능을 테스트하는 예비 임상 시험이 있다(Steil et al., 2006). ADA는 정맥에서 채취한 혈액

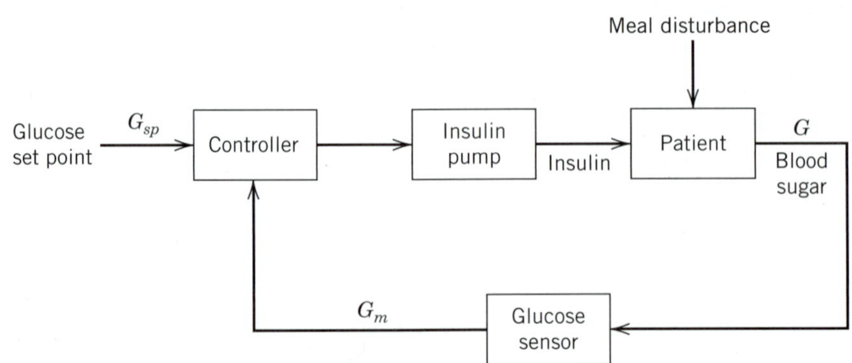

그림 23.9 식사를 일반적인 외란으로 예시한 인공 β-세포에 대한 블록선도. G는 환자의 혈당, G_m은 포도당 센서의 출력 G_{sp}는 포도당 설정점이다.

샘플(전혈샘플)에 대해 다음과 같은 목표영역을 권장하는 지침을 발표했다(American Diabetes Association, 2014):

- 식사 전: 70 mg/dL to 130 mg/dL
- 식사 1~2시간 후: 180 mg/dL 미만

22장에서 나타낸 바와 같이, 회분식 공정은 런투런(run-to-run, RtR) 전략을 사용하여 연속적인 배치 또는 주기 사이의 레시피 수정으로부터 이득을 볼 수 있다. 식사 후 응답 또는 하루 전체에 대한 포도당 데이터를 고려하여 당뇨병을 제어하는 런투런 제어전략도 개발되었다. 당뇨병 환자와 이 기술을 적용하는 회분식 반응기 레시피의 유사점은 다음과 같다:

1. 환자를 위한 레시피(24시간 주기)는 반복적인 식사 계획(일반적으로 세 끼 식사)으로 구성되며 식사 유형, 시간 및 기간에 약간의 차이가 있다.
2. 식사에 대한 개인의 상세한 포도당 응답을 설명할 수 있는 정확한 동적 모델이 없다.
3. 최대 및 최소 포도당 값을 포함하여 24시간 동안 포도당 응답의 수준을 특성화하는 데 사용 가능한 선택된 측정값이 있다.

현재 이용 가능한 포도당 측정기를 사용한 혈액 샘플링은 매우 드물어 일반적으로 하루 약 6~8회 측정한다. 따라서 이러한 적은 빈도의 샘플에서 전반적인 수준(즉, 혈당조절)을 추론해야 한다. 후속 임상시험의 결과(Zisser et al., 2005), 환자의 상당수가 이러한 유형의 제어에 호의적으로 반응하였다. 환자가 이용할 수 있는 최신기술은 5분의 샘플링 주기로 (피하)혈당을 지속적으로 측정할 수 있다(Harvey et al., 2010). 이것은 인슐린 펌프의 닫힌 루프 제어를 위한 광범위한 닫힌 루프 전략을 가능하게 했고, 소위 *인공췌장*(artificial pancreas)으로 이어졌다. 2004~2014년까지 PID, MPC 및 퍼지 논리 기반 알고리즘을 사용하여 인공 췌장에 대한 닫힌 루프 임상 테스트를 보고하는 논문이 40개가 넘었다(Doyle III et al., 2014).

예제 23.3

제 1형 당뇨병 환자는 포도당을 허용가능한 범위내로 유지하기 위해 자동화된 계획이 필요한데, 이 예제에서는 덜 보수적인 제어를 위해 그 범위가 넓어졌다(54 mg/dL $< G <$ 144 mg/dL). 환자는 $D(t) = 9.0e^{-0.05t}$로 혈류에 포도당을 주입할 것으로 추정되는 다량의 식사(외란)를 방금 먹었다. 여기서 t는 분 단위이고 $D(t)$의 단위는 mg/dL-min이다. 환자는 최대 115 mU/min(mU = 10^{-3} 인슐린 단위) 까지 인슐린을 방출할 수 있는 인슐린 펌프를 가지고 있다. "U"는 인슐린 용액의 강도를 표시하는 데 사용되는 표준규약이다. 인슐린의 유량은 조작 변수다.

환자의 혈당수치에 대한 간단한 모델은 Bequette(2002)에 의해 제공된다:

$$\frac{dG}{dt} = -p_1 G - X(G + G_{Basal}) + D \tag{23-16}$$

$$\frac{dX}{dt} = -p_2 X + p_3 I \tag{23-17}$$

$$\frac{dI}{dt} = -n(I + I_{Basal}) + \frac{U}{V_1} \tag{23-18}$$

여기서 상수는 다음과 같이 정의된다: p_1 = 0.028735 [min^{-1}], p_2 = 0.028344 [min^{-1}], p_3 = 5.035E-5 [min^{-1}], V_1 = 12 [L], n = 0.0926 [min^{-1}]. G, X, I는 편차변수로 표현된 혈액 내 포도당 농도(mg/Dl), 활성부위의 인슐린 농도(mU/L), 혈액 인슐린 농도에 대

한 값이다. 기초값은 G 및 I에 대한 초기 또는 기준값을 나타낸다(G_{Basal} = 81 mg/dL, I_{Basal} = 15 mU/L). D는 외란으로서의 혈당 방출 속도이다(mg/dL-min). U는 조작 변수로써 인슐린의 유량이다(mU/min).

(a) 펌프가 처음에 꺼지면 혈당수치는 어떻게 되는가?

(b) 펌프가 15 mU/min의 일정한 속도로 인슐린을 주입하면 혈당수치는 어떻게 되는가?

(c) 환자가 다음 400분 동안 허용가능한 포도당 범위(54 mg/dL < G < 170 mg/dL) 내에 머무르는 데 도움이 되는 일정한 U값이 있는가?

풀이

(a) 그림 23.10에서 볼 수 있듯이 인슐린 펌프가 작동하지 않으면(즉, 차단) 환자의 혈당이 급격하게 상승한다. 이것은 인슐린 펌프의 카테터 폐색(막힘)의 결과로도 발생할 수 있다.

(b) 이 경우(그림 23.11), 환자의 혈당은 175 mg/dL보다 약간 높은 수준으로 최고치에 도달하고 약 90 mg/dL의 정상 상태 포도당 값으로 다시 수렴하는 데 4시간이 걸린다.

(c) 25 mU/min의 설정은 그림 23.12의 응답을 산출하는데, 이는 식후 포도당 값이 낮기 때문에 많은 의사들이 너무 공격적이라 생각할 수 있어, 더 진보된(즉, 닫힌 루프) 포도당 관리 접근방식이 요구된다.

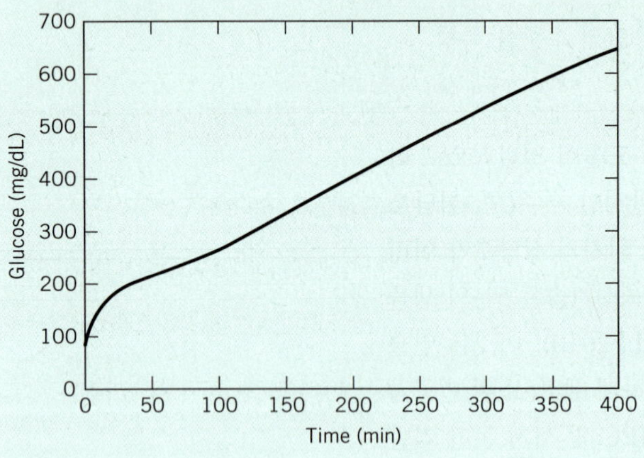

그림 23.10 인슐린 펌프가 꺼져있을 때 환자의 혈당에 대한 열린 루프 응답.

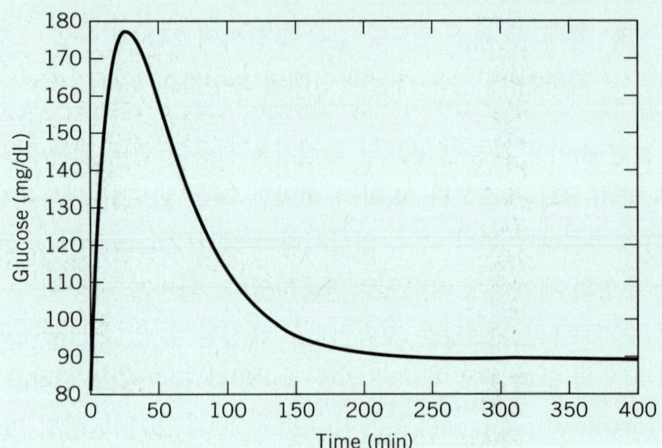

그림 23.11 환자의 인슐린 펌프에서 15 mU/min의 일정한 주입속도에 대한 환자의 혈당 열린 루프 응답.

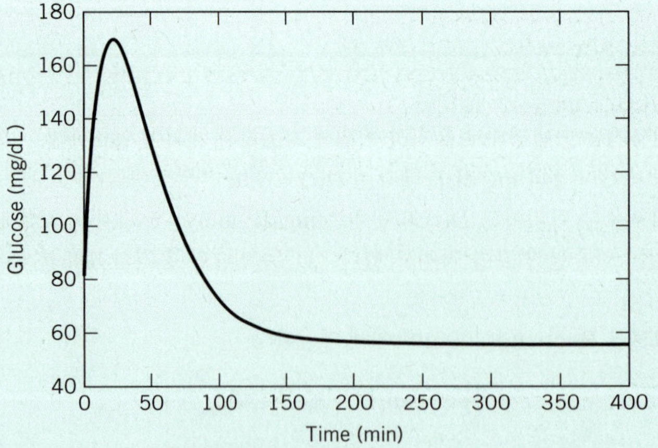

그림 23.12 인슐린 펌프에서 25 mU/min의 일정한 주입속도에 대한 환자의 혈당 열린 루프 응답.

23.2.2 혈압조절

수술중 및 수술 후 치료하는 상황에서 혈압 및 관련변수(심박출량 및 마취깊이 등)의 닫힌 루프 제어가 수년 동안 연구되어 왔으며(예를 들면, Rao et al., 1999; Dumont and Ansermino, 2013), 임상시험에서 이 접근법의 효능이 입증되었다(Bailey and Haddad, 2005; Araki and Furutani, 2005; Sarabadani et al., 2013). 수술 후 적용은 일반적으로 연속 정맥(IV)펌프를 통해 간호사가 니트로프루시드 나트륨(sodium nitroprusside, SNP)을 투여하여 처리되었다. SNP는 혈관을 통해 흐르는 혈관저항을 제어하는 근육을 이완시켜 혈압을 낮추는 혈관 확장제다. 센서와 주입 펌프에 대한 현재 기술은 완전히 자동화된 제어전략의 설계를 용이하게 한다.

수술실의 상황은 모니터링 해야 하는 중요한 변수가 많기 때문에 더욱 복잡하다. 그러나 이 상황의 장점은 통원 응용엔 너무 번거롭거나 비실용적일 수 있는 비휴대형 센서를 사용할 수 있다는 것이다. 측정 변수에는 평균 동맥압(MAP), 심박출량(CO) 및 마취 깊이(DOA)가 포함된다. DOA는 지난 10년 동안 집중적인 연구 활동의 주제였으며 센서는 상관관계를 통해 마취의 깊이를 결정하는 데 사용할 수 있다. 이 센서는 최면, 기억상실, 무통증, 근육이완과 같은 환자 반응을 특징으로 하는 마취의 의학적 상태를 직접 측정하지 않는다는 점(Araki and Furutani, 2005)에서 추론적인데(16장 참조), 오히려 환자 뇌의 전기적 활동상태를 측정한다. 더 유망한 방법 중 하나는 뇌파(EEG)의 신호분석에서 파생된 이중 스펙트럼 지수이다(Bailey and Haddad, 2005). 다양한 조작입력도 사용할 수 있으며 결과적으로 본질적인 다변수 제어문제가 발생한다. 일부 조작 변수 후보로는 마취제(이소플루란, 프로포폴 등)뿐만 아니라 도파민 및 SNP 와 같은 혈관활성약물이 포함된다.

예제 23.4

두 가지 의학적 변수(MAP [mmHg] 및 CO [L/(kg-min)])에 대한 다음 약물의 영향을 예측하는 다음 모델을 고려하라: SNP [μg/kg-min] 및 도파민(DPM [μg/kg-min]). 여기서 시간은 분 단위로 측정된다(Bequette, 2007):

$$\begin{bmatrix} \text{MAP} \\ \text{CO} \end{bmatrix} = \begin{bmatrix} \dfrac{-6e^{-0.75s}}{0.67s+1} & \dfrac{3e^{-s}}{2.0s+1} \\ \dfrac{12e^{-0.75s}}{0.67s+1} & \dfrac{5e^{-s}}{5.0s+1} \end{bmatrix} \begin{bmatrix} \text{SNP} \\ \text{DPM} \end{bmatrix} \tag{23-19}$$

(a) 이 문제에 대한 RGA를 계산하고 적절한 제어루프 쌍을 제안하라.

(b) 실제 일반적으로 사용되는 SNP-MAP 및 DPM-CO쌍을 고려하라. IMC 튜닝 규칙(표 12.1)을 사용하고 하위 시스템의 해당 개방루프 시간상수와 동일한 각 제어기에 대해 τ_c값을 선택하여 이 공정에 대한 PI 제어기 쌍을 설계하라.

(c) 일정한 CO 상수를 유지하면서 MAP 설정점의 −10 mmHg 변화에 대한 단힌 루프 응답을 시뮬레이션하고 제어 루프 상호작용의 범위에 대해 논의하라.

풀이

(a) 식 18-34의 RGA 계산을 이용하면, $\lambda_{11} = 0.4545$이다. 따라서, 루프 쌍은 분명히 1-2/2-1 쌍(SNP-CO 및 DPM-MAP)이어야 한다.

(b) 표 12.1로부터 PI제어기 설정에 대한 다음 값이 계산된다:

루프 1: $K_c = -(0.67)/(6^*(0.67 + .75)) = -0.0786,\quad \tau_I = 0.67$

루프 2: $K_c = (5)/(5^*(5 + 1)) = 0.1667,\quad \tau_I = 5$

(c) MAP 설정점 변경에 대한 시뮬레이션 응답은 그림 23.13에 나타나 있다. 여기서 MAP 응답에 약간의 언더슈트가 있으나, 공정의 상호작용 특성은 CO의 큰 편차로 이어진다. 제어튜닝상수 τ_c로 속력 대 오버슈트 및 상호작용을 절충하거나 MPC와 같은 다

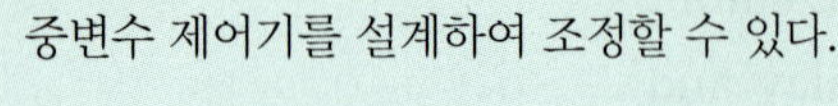
중변수 제어기를 설계하여 조정할 수 있다.

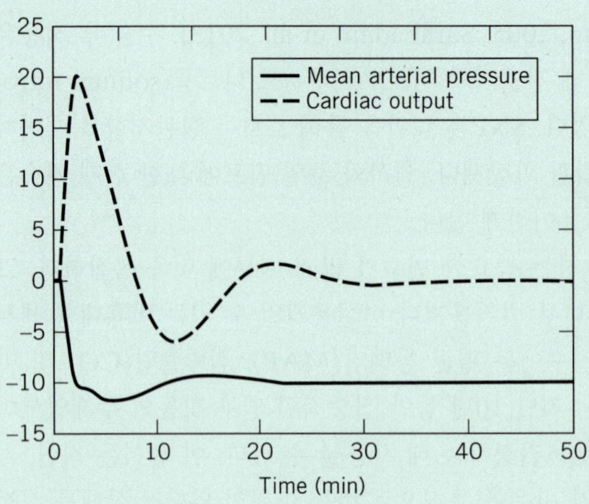

그림 23.13 MAP 설정점의 −10 mmHg 변화에 대한 환자의 평균 동맥 혈압 및 심박출량의 닫힌 루프 응답.

23.2.3 암 치료

암치료는 지난 10년 동안 극적으로 변화했으며, 이 대부분은 영상 기술의 발전으로 가능 했다. 수술은 종양을 공격하는 고전적인 방법이었으며 최근에는 X-선 방사선이 사용되었다. 두 경우 모두 부작용은 부적절한 수술이나 방사선 전달로 건강한 조직이 손상될 수 있다는 것이다. 화학 요법은 종종 단독으로 혹은 수술이나 X-선 치료와 함께 사용되며, 이 방법으로 검출되지 않은 전이(혈류를 통해 순환하는 암세포)를 공격할 수 있다는 장점이 있다. 열 치료법(방사선 주파수, 마이크로파 또는 레이저 기술)도 효과가 있는 것으로 입증되었으며 종양의 특정부위에 에너지를 조준하는 데 필요한 조건도 유사하다(Dodd et al., 2000). 열 및 방사선 치료에서 피드백 제어는 치료(방사선, 열)를 대상영역에 최적화된 방식으로 전달하는 데 사용된다(Salomir et al., 2000; Davison and Hwang, 2003; Ledzewicz and Schättler, 2007; Moonen, 2007). 되먹임 기반 치료(Salomir et al., 2000)에서 열원전력은 PID 제어기와 매우 유사한 적분항을 포함하여 신체의 특정 위치에서 표적과의 온도편차를 기반으로 조정되었다. 원하는 응답은 온도가 오버슈트 또는 진동없이 목표까지 빠르게 상승하는 것이다.

Parker(2007)는 화학요법 치료제 전달을 위한 "모델 정보" 치료 설계 전략을 설명한다. 약동학 및 약력학 모델의 조합을 사용하여 조작 변수에 대한 환자의 응답(예: 종양부피)을 예측할 수 있다. 이 경우에는 약물복용량 수준이나 약물투여에 대한 일정이 포함될 수 있다. 이 전략은 환자의 응답이 모니터링되는 시간범위를 지정하고 19장의 RTO 방법을 사용하여 최적의 약물전달 계획을 계산하여 구현할 수 있다.

보다 최근의 개발에는 혈관형성억제를 사용하는 화학요법이 포함되며, 이는 종양의 성장에 필요한 혈액세포를 형성하지 못하게 한다(Ledzewicz and Schättler, 2007). 이 응용에서 종양상태에 대한 정보(예: MRI 데이터로 유추된 종양부피)는 혈관형성억제요법의 투여속도를 제어하는 데 사용된다. 최근에는 자동화 도구와 대조되는 의사결정 지원도구의 예로서 화학요법 계획에 대한 모델예측제어 설계가 제안되었다(Florian et al., 2008).

23.2.4 후천성 면역결핍증(HIV/AIDS)의 제어 치료

HIV/AIDS의 세계적인 문제를 해결하기 위해 질병에 대한 더 나은 치료법을 설계하는 데 도움이 되는 많은 수학적 모델과 제어 알고리즘이 제안되었다. 고려된 약물범주에는 각각 감염된 세포로부터 바이러스의 전사 및 생산을 통해 바이러스의 번식에 영향을 미치는 역전사 효소 억제제 및 단백질 분해 효소 억제제가 포함된다. 현재까지 가장 효과적인 전략은 소위 여러 약물의 칵테일을 포함하는 데 벡터 방향(즉, 여러 개의 동시표적)으로 질병을 공격한다. 오프라인 혈액채취를 기반으로 한 상대적으로 느린 측정은 문제가 있다. 그러나 질병의 느린 진행은 실시간 측정을 보장하지 않으므로 이러한 느린 시간척도에서 되먹임을 계속 수행할 수 있다.

가장 간단한 형태로, 건강한 CD4+ T세포, 감염된 CD4+ T세포 및 자유바이러스의 상호작용을 세 가지 상미분 방정식의 형태로 설명하는 수학적 모델이 개발되었다(Craig and Xia, 2005). 이러한 모델은 제어를 위한 간단한 모델기반 되먹임 전략의 기초가 될 수 있으며, 최적의 치료 계획 설계를 포함하여 모델예측제어 전략(Zurakowski et al., 2004)에 적합한 더 복잡한 모델을 생성하도록 확장될 수도 있다(Pannocchia et al., 2012).

23.2.5 심장보조장치

심장보조장치는 적절한 압력으로 심박출량을 제공하는 기계식 펌프로, 환자의 상태(예: 운동수준, 감정, 자세 등)에 따라 변화하는 심박출량에 대하여 환자의 신체를 통해 정상적인 혈액순환을 허용한다. 이상적인 장치는 목표수준에서 심박출량을 유지하기 위한 신체의 자체 메커니즘을 모방한다. 그러나 현재 사용가능한 장치는 자동화 측면에서 다소 원시적이므로 환자가 설정점을 조정해야 한다(Boston et al., 2000). 최초의 이식형 장치는 10년 전에 FDA의 승인을 받았다. PID, 퍼지 논리, 적응형 제어 및 최적화 기반 방법을 포함하여 이식형 회전식 혈액펌프를 위한 제어알고리즘 설계에 대한 연구가 계속되고 있다(AlOmari et al., 2013).

심실 보조 장치에 대한 제어 설계 문제의 더 흥미로운 측면 중 하나는 센서와 구동기의 배치인데, 해부학적 배치뿐 아니라 감염에 대한 민감성 문제가 있다(Paden et al., 2000).

23.2.6 공정 제어를 위한 추가적인 의학적 기회들

약물치료에는 다른 많은 문제가 있는데, 여기서 공정 제어 및 공정 최적화의 원리를 이용하여 최적화된 전달요법을 계산할 수 있다(예: 항응고제인 헤파린의 모델링 및 제어(McAvoy, 2007)). 또 다른 의학적 응용은 두개골 내 압력(ICP)를 낮추어 뇌 저체온증이 있는 급성 신경환자를 치료하는 것이다. 온도 효과와 혈류를 연관시키기 위해 수학적 모델을 개발할 수 있다. 그런다음 모델을 사용하여 ICP를 조절하기 위해 냉각수 온도를 조정(예: 냉수 순환 담요 사용)하는 자동화된 닫힌 루프 제어기를 만들 수 있다(Gaohua and Kimura, 2006). 혈액투석(Javed et al., 2012), 호흡을 위한 기계적 인공호흡(Li and Haddad, 2013), 백혈병 치료 및 예방접종(Laurino et al., 2013) 및 파킨슨병 치료(Hacısalihzade, 2013)에 대한 제어설계 기회가 확인되었다.

요약

생물학적 및 생체의학 공정은 이전 장에서 고려한 공정 응용 사례와 많은 공통점이 있다. 후자의 응용은 특징적인 시간 상수를 가지며 종종 측정과 관련된 시간지연을 나타내며 일반적으로 다변수이다. 대조적으로, 생물 공정의 불확실성 유형은 생물학적 조절의 복잡한 특성 때문에 상당히 다르다(24장 참조). 추가적으로, 의료 닫힌 루프 시스템에 고유한 여러 안전 및 규제 문제가 있다. 생물공정 산업(발효, 결정화 및 과립화)의 여러 주요 단위조작을 위한 공정 제어 전략이 당뇨병 및 혈압 제어와 기타 예를 위한 약물전달과 같은 생체의학 응용분야와 함께 설명되었다. 24장에서는 생물학적 시스템의 분자 규모에 초점을 맞추고 자연적으로 발생하는 생물물리학적 네트워크에 내재된 되먹임 메커니즘을 알아본다.

참고문헌

Alford, J., *Bioprocess Control: Advantages and Challenges*, Proc. Conf. Chemical Process Control, Lake Louise, Alberta, Canada (2006).

AlOmari, A. H., A. V. Savkin, M. Stevens, D. G. Mason, D. L. Timms, R. F. Salamonsen, and N. H. Lovell, Developments in Control Systems for Rotary Left Ventricular Assist Devices for Heart Failure Patients: A Review, *Physiol. Meas.*, **34**, R1 (2013).

American Diabetes Association, Standards of Medical Care in Diabetes—2014, *Diabetes Care*, **37**, S14 (2014).

Araki, M., and E. Furutani, Computer Control of Physiological States of Patients under and after Surgical Operation, *Annu. Rev. Control*, **29**, 229 (2005).

Bequette, B. W., *Process Control*, Prentice-Hall, Upper Saddle River, NJ, 2002.

Bequette, B. W., Modeling and Control of Drug Infusion in Critical Care, *J. Process Control*, **17**, 582 (2007).

Boston, J., M. Simaan, J. Antaki, and Y. Yu, Control Issues in Rotary Heart Assist Devices, *Proc. American Control Conf.*, **3473** (2000).

Boudreau, M. A., and G. K. McMillan, *New Directions in Bioprocess Modeling and Control*, ISA, NC, 2007.

Burggraevea, A., T. Van Den Kerkhofb, M. Hellingsb, J. P. Remonc,

C. Vervaetc, and T. De Beer, Batch Statistical Process Control of a Fluid Bed Granulation Process using In-line Spatial Filter Velocimetry and Product Temperature Measurements, *Eur. J. Pharm. Sci.*, **42**, 584 (2011).

Buckland, B. C., The Translation of Scale in Fermentation Processes: The Impact of Computer Process Control, *Nature Biotechnology*, **2**, 875 (1984).

Carson, E., and C. Cobelli, *Modeling Methodology for Physiology and Medicine*, Elsevier, London, 2013.

Craig, I., and X. Xia, Can HIV/AIDS Be Controlled?, *IEEE Control Sys. Mag.*, **25**, 80 – 83 (2005).

Davison, D. E., and E.-S. Hwang, Automating Radiotherapy Cancer Treatment: Use of Multirate Observer-Based Control, *Proc. American Control Conf.*, **1194** (2003).

DCCT – The Diabetes Control and Complications Trial Research Group, The Effect of Intensive Treatment of Diabetes on the Devel- opment and Progression of Long-Term Complications in Insulin- Dependent Diabetes Mellitus, *New Engl. J. Med.*, **329**, 977 (1993).

Dodd, G. D., M. C. Soulen, R. A. Kane, T. Livraghi, W. R. Lees, Y. Yamashita, A. R. Gillams, O. I. Karahan, and H. Rhim, Minimally Invasive Treatment of Malignant Hepatic Tumors: At the Threshold of a Major Breakthrough, *Radiographics*, **20**, 9 (2000).

Doyle III, F. J., L. M. Huyett, J. B. Lee, H. C. Zisser, and E. Dassau, Closed-Loop Artificial Pancreas Systems: Engineering the Algorithms, *Diabetes Care*, **37**, 1191 (2014).

Doyle, F., L. Jovanovič, D. Seborg, R. S. Parker, B. W. Bequette, A. M. Jeffrey, X. Xia, I. K. Craig, and T. J. McAvoy, A Tutorial of Biomedical Process Control, *J. Process Control*, **17**, 571 (2007).

Doyle, F., L. Jovanovič, and D. E. Seborg, Glucose Control Strategies for Treating Type 1 Diabetes Mellitus, *J. Process Control*, **17**, 572 (2007).

Dumont, G., and J. M. Ansermino, Closed-Loop Control of Anesthesia: A Primer for Anesthesiologists, *Anesthesia & Analgesia*, **117**, 1130 (2013).

Faurea, A., P. Yorkb, and R. C. Rowe, Process Control and Scale-up of Pharmaceutical Wet Granulation Processes: A Review, *Eur. J. Pharm. Biopharm.*, **52**, 269 (2001).

Fleet, G. H. (Ed.), *Wine Microbiology and Biotechnology*, Taylor & Francis, London, U.K., 1993.

Florian, J. A., J. L. Eiseman, and R. S. Parker. Nonlinear Model Predictive Control for Dosing Daily Anticancer Agents: A Tamoxifen Treatment of Breast Cancer Case Study, *Comput. Biol. Med.*, **38**, 339 (2008).

Fujiwara, M., Z. K. Nagy, J. W. Chew, and R. D. Braatz, First-Principles and Direct Design Approaches for the Control of Pharmaceutical Crystallization, *J. Process Control*, **15**, 493 (2005).

Gaohua, L., and H. Kimura, A Mathematical Model of Intracranial Pressure Dynamics for Brain Hypothermia Treatment, *J. Theor. Biol.*, **238**, 882 (2006).

Gatzke, E. P., and F. J. Doyle III, Model Predictive Control of a Granulation System Using Soft Output Constraints and Prioritized Control Objectives, *Powder Tech.*, **121**, 149 (2001).

Glaser, T., C. F. W. Sanders, F. Y. Wang, I. T. Cameron,

R. Ramachandran, J. D. Litster, J. M. H. Poon, C. D. Immanuel, and F. J. Doyle III, Model Predictive Control of Drum Granulation, *J. Process Contr.*, **19**, 615 (2009).

Hacısalihzade, S. S., *Biomedical Applications of Control Engineering*, Springer, 2013.

Hahn, J., T. Edison, and T. F. Edgar, Adaptive IMC Control for Drug Infusion for Biological Systems, *Control Eng. Practice*, **10**, 45 (2002).

Harvey, R., Y. Wang, B. Grosman, M. W. Percival, W. Bevier, D. A. Finan, H. Zisser, D. E. Seborg, L. Jovanovic, F. J. Doyle III, and E. Dassau, Quest for the Artificial Pancreas, *IEEE Eng. Med. Biol. Mag.*, **March/April**, **53** (2010).

Heller, A., Integrated Medical Feedback Systems for Drug Delivery, *AIChE J.*, **51**, 1054 (2005).

Henson, M. A., and D. E. Seborg, An Internal Model Control Strategy for Nonlinear Systems, *AIChE J.*, **37**, 1065 (1991).

Javed, F., A. V. Savkin, G. S. H. Chan, J. D. Mackie, and N. H. Lovell, Recent Advances in the Monitoring and Control of Haemodynamic Variables during Haemodialysis: A Review, *Physiol. Meas.*, **33**, R1 (2012).

Jovanovič, L., The Role of Continuous Glucose Monitoring in Gestational Diabetes Mellitus, *Diabetes Technol. Ther.*, **2**, S67 (2000).

Larsen, P. A., D. B. Patience, and J. B. Rawlings, Industrial Crystallization Process Control, *IEEE Control Systems*, **26**, 70 (2006).

Laurino, M., M. Stano, M. Betta, G. Pannocchia, and A. Landi, Combining Pharmacological Therapy and Vaccination in Chronic Myeloid Leukemia via Model Predictive Control, *Proc. IEEE EMBS Conf.*, 3925 (2013).

Ledzewicz, U., and H. Schättler, Antiangiogenic Therapy in Cancer Treatment as an Optimal Control Problem, *SIAM J. Control Optim.*, **46**, 1052 (2007).

Li, H., and W. H. Haddad, Model Predictive Control for a Multicomponent Respiratory, *IEEE Trans. Control Sys. Tech.*, **21**, 1988 (2013).

Mahadevan, R., S. K. Agrawal, and F. J. Doyle III, Differential Flatness Based Nonlinear Predictive Control of Fed-Batch Bioreactors, *Control Eng. Prac.*, **9**, 889 (2001).

Mandenius, C.-F., Process Control in the Bioindustry, *Chemistry Today*, **19**, 19–22 (1994).

Mascia, S., P. L. Heider, H. Zhang, R. Lakerveld, B. Benyahia, P. I. Barton, R. D. Braatz, C. L. Cooney, J. M. B. Evans, T. F. Jamison, K. F. Jensen, A. S. Myerson, and B. L. Trout, End-to-End Continuous Manufacturing of Pharmaceuticals: Integrated Synthesis, Purification, and Final Dosage Formation, *Angew. Chem.*, **52**, 12359 (2013).

McAvoy, T. J., Modeling and Control of the Anticoagulant Drug Heparin, *J. Process Control*, **17**, 590 (2007).

Moonen, C. T. W., Spatio-Temporal Control of Gene Expression and Cancer Treatment Using Magnetic Resonance Imaging-Guided Focused Ultrasound, *Clin. Cancer Res.*, **13**, 3482 (2007).

Morari, M., and A. Gentilini, Challenges and Opportunities in Process Control: Biomedical Processes, *AIChE J.*, **47**, 2140 (2001).

Mort, P. R., S. W. Capeci, and J. W. Holder, Control of Agglomeration Attributes in a Continuous Binder-Agglomeration Process, *Powder Tech.*, **117**, 173 (2001).

Nagy, Z. K., and R. D. Braatz, Advances and New Directions in Crystallization Control, *Annu. Rev. Chem. Biomol. Eng.*, **3**, 55 (2012).

O. de Sa, D., Applied Technology and Instrumentation for Process Control, CRC Press, New York, 2004.

Paden, B., J. Ghosh, and J. Antaki, Control System Architectures for Mechanical Cardiac Assist Devices, *Proc. American Control Conf.*, 3478 (2000).

Pannocchia, G., Laurino, M., and A. Landi, A Model Predictive Control Strategy Toward Optimal Structured Treatment Interruptions in Anti-HIV Therapy, *IEEE Trans. Biomed. Eng.*, **57**, 1040 (2012).

Parker, R. S., Modeling for Anti-Cancer Chemotherapy Design, *J. Process Control*, **17**, 576 (2007).

Pottmann, M., B. A. Ogunnaike, A. A. Adetayo, and B. J. Ennis, Model-Based Control of a Granulation System, *Powder Tech.*, **108**, 192 (2000).

Rao, R. R., J. W. Huang, B. W. Bequette, H. Kaufman, and R. J. Roy, Control of a Nonsquare Drug Infusion System: A Simulation Study, *Biotechnol. Prog.*, **15**, 556 (1999).

Rohani, S., M. Haeri, and H. C. Wood, Modeling and Control of a Continuous Crystallization Process Part 1. Linear and Non-Linear Modeling, *Comput. Chem. Eng.*, **23**, 263 (1999).

Salomir, R., F. C. Vimeux, J. A. de Zwart, N. Grenier, and C. T. W. Moonen, Hyperthermia by MR-Guided Focused Ultrasound: Accurate Temperature Control Based on Fast MRI and a Physical Model of Local Energy Deposition and Heat Conduction, *Magnetic Resonance in Medicine*, **43**, 342 (2000).

Sarabadani, A., S. Bernasconi, V. Klamroth-Marganska, S. Nussbaumer, and R. Riener, Model-free Predictive Control of Human Heart Rate and Blood Pressure, *Proc. IEEE Intl. Conf. Bionformatics and Bioengineering*, **1**, (2013).

Schügerl, K., Progress in Monitoring, Modeling and Control of Bioprocesses during the Last 20 Years, *J. Biotechnol.*, **85**, 149 (2001).

Sheldon, R. A., The E Factor: Fifteen Years On, *Green Chem.*, **9**, 1273 (2007).

Steil, G. M., K. Rebrin, C. Darwin, F. Hariri, and M. F. Saad, Feasibility of Automating Insulin Delivery for the Treatment of Type 1 Diabetes, *Diabetes*, **55**, 3344 (2006).

Van Impe, J. F., P. A. Vanrolleghem, and D. M. Iserentant, *Advanced Instrumentation, Data Interpretation, and Control of Biotechnological Processes*, Kluwer, Dordrecht, 1998.

Zisser, H., L. Jovanovič, F. Doyle III, P. Ospina, and C. Owens, Run-to-Run Control of Meal-Related Insulin Dosing, *Diabetes Technol. Ther.*, **7**, 48 (2005).

Zhou, G. X., M. Fujiwara, X. Y. Woo, E. Rusli, H.-H. Tung, C. Starbuck, O. Davidson, Z. Ge, and R. D. Braatz, Direct Design of Pharmaceutical Antisolvent Crystallization through Concentration Control, *Crystal Growth & Design*, **6**, 892 (2006).

Zurakowski, R., M. J. Messina, S. E. Tuna, and A. R. Teel, HIV Treatment Scheduling Via Robust Nonlinear Model Predictive Control, *Proc. Asian Control Conf.*, **25** (2004).

연습문제

23.1 예제 23.1의 발효기 문제를 고려하라.

(a) 첫번째 운전조건(희석률 = 0.202 h^{-1})에 대한 IMC 제어기를 설계하고 바이오매스 농도 설정점의 + 0.5 [g/L] 및 −0.5 [g/L] 변화에 대한 응답을 시뮬레이션 하라. 그런 다음, 바이오매스 농도 설정점의 + 1 [g/L] 및 −1 [g/L] 변화에 대한 응답을 시뮬레이션 하라.

(b) 최대성장률(μ_m)의 −12.5% 계단 변화에 대한 응답을 시뮬레이션 하라. 제어기의 성능은 어느 정도인가?

(c) 시스템에서 관찰된 비선형성에 대해 말하라.

(d) 더 낮은 희석 운전조건에서 작동해야 하는 경우 제어기 설계가 어떻게 변경되어야 하는지 논의하라. 이 경우 무엇을 고려해야 하는가?

23.2 예제 23.2의 과립화 장치를 고려하라.

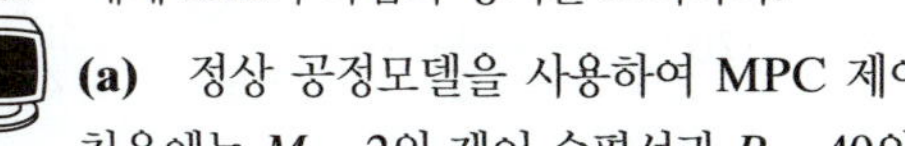

(a) 정상 공정모델을 사용하여 MPC 제어기를 설계하라. 처음에는 $M = 2$의 제어 수평선과 $P = 40$의 예측 수평선(샘플링 주기 $\Delta t = 1$)을 고려하라. 조작입력에 동일한 가중치를 사용

하고 두 백분위 수 출력에 동일하게 페널티를 적용하지만 부피 밀도 y_1에 더 큰 가중치를 사용하라.

(b) 플랜트–모델 불일치의 영향을 고려하라. 제어 설계에 문제 설명을 사용하되, 다음 매개변수가 실제 공정을 특징짓는다고 가정하라:

$$\widehat{K}_{i,j} = \begin{bmatrix} 0.10 & 0.90 & 0.15 \\ 0.25 & 1.10 & 1.30 \\ 0.50 & 0.80 & 1.00 \end{bmatrix}$$

$$\widehat{\tau}_{i,j} = \begin{bmatrix} 1 & 2 & 1.5 \\ 3 & 3 & 3 \\ 3 & 3 & 3 \end{bmatrix}$$

$$\widehat{\theta}_{i,j} = \begin{bmatrix} 2 & 2 & 4 \\ 2 & 3 & 4 \\ 2 & 3 & 4 \end{bmatrix}$$

(c) 이러한 모델은 편차 변수이지만 노즐의 실제 정상 상태 유량은 각각 175, 175, 245이다. 정상 상태 출력은 각각 40, 400, 1620이다. 노즐유량은 100과 340 사이의 값으로 제한되며, 5번째 백분위수 (y_2)는 350 이상, 90번째 백분위 수 y_3은 1650 이하로 유지하는 것이 좋다. 다음 변경 사항에 대한 제어기의 응답을 시뮬레이션하라:

(i) 부피 밀도가 40 에서 90으로 계단 변경.

(ii) 5번째 백분위 수가 400에서 375로, 90번째 백분위 수가 1620에서 1630으로 동시에 변경.

제어기의 성능에 대해 설명하라(그리고 필요에 따라 다시 조정하라).

23.3 Gaohua와 Kimura (2006)는 환자의 두개(intracranial) 내압(ICP) y(mm Hg)에 영향을 미치기 위해 주변온도 u(°C) 조작을 위한 경험적 환자 모델을 도출했다. 의료 데이터는 시간단위로 ICP(mmHg)에 대한 냉각 온도(°C)의 영향을 설명하기 위해 1차 시간 지연모델에 대해 다음과 같은 경험적인 값을 입증한다:

$$G(s) = \frac{4.7}{9.6s + 1} e^{-s}$$

공정변수의 정상값은 다음과 같다: ICP = 20 mmHg; 주변온도 = 30 °C.

(a) IMC 튜닝 규칙을 사용하여 이 의료실험에 적합한 PI 제어기를 도출하라(*힌트*: τ_c = 1.0 h값으로 시작하라). τ_c값은 무엇을 의미하는가?

(b) ICP 10-mmHg 감소의 응답을 시뮬레이션 하라. 오버슈트는 무엇인가? 온도의 최소값은 얼마인가? 정착시간은 무엇인가?

(c) 이것이 생체의학 응용분야에 적합한 제어기 설계인지 여부에 대해 언급하라. 설계를 어떻게 개선할 수 있는가?

23.4 신경계 환자를 위한 재활훈련 실험에서 러닝머신 속도가 +2.5 km/h로 계단변경되었다. 환자 심박수는 그림 E23.4에 나와 있다.

(a) 환자 동특성에 적합한 1차 시간지연 모델을 도출하라.

(b) 의사는 러닝머신 속도를 조정하여 환자의 심박수를 거의 일정한 값으로 제어하려고 한다. IMC 튜닝 규칙을 사용하여 환자에게 적합한 PI 제어기를 설계하라. +10 bpm의 HR 계단 변화에 대한 제어기의 응답을 시뮬레이션하라. 제어기의 정착시간, 오버슈트 및 상승시간을 계산하라. 이러한 값이 의료용으로 합리적인가?

(c) 환자의 초기 동특성을 맞추기 위한 절차를 어떻게 개선할 것인가?

23.5 결정화장치는 발효 추출물에서 의약품을 분리하는 데 사용된다. 세 가지 조작 변수는 미세 용해속도 u_1, 결정화장치 온도 u_2 및 범람 유량 u_3이다. 이러한 세 가지 입력의 정상값은 각각 2.25 ×

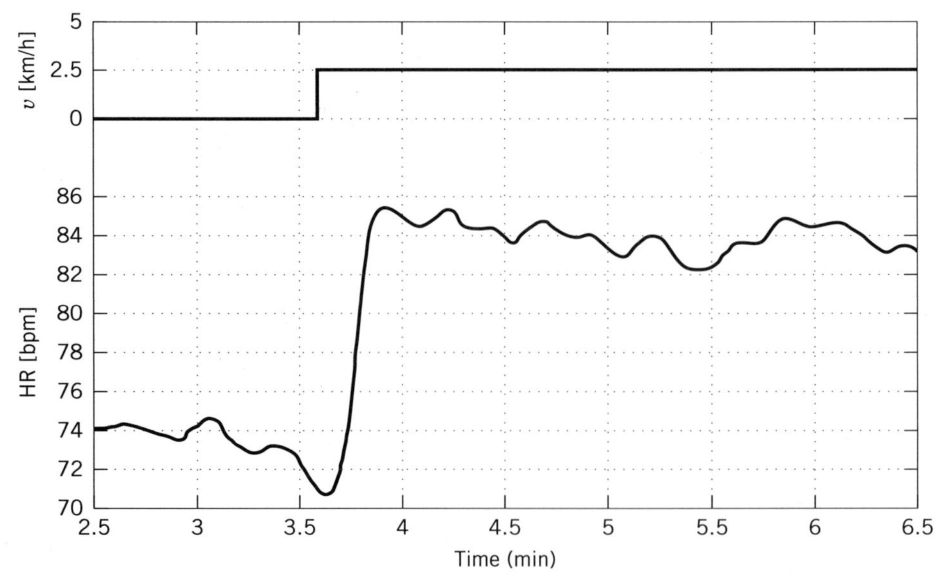

그림 E23.4

$$\begin{bmatrix} y_1 \\ y_2 \\ y_3 \end{bmatrix} = \begin{bmatrix} \dfrac{72{,}600}{s+0.2692} & \dfrac{0.025082(s-20.0)(s-10.4)}{s^2+10.11s+96.57} & \dfrac{125{,}000(s-1.25)}{s+0.39} \\ \dfrac{568{,}000}{s+2.11} & \dfrac{-0.15095}{s+0.1338} & \dfrac{-1{,}830{,}000(s+0.089)}{s+0.43} \\ \dfrac{-1870}{s+0.21} & \dfrac{-0.0071}{s+0.235} & \dfrac{16{,}875}{s+0.2696} \end{bmatrix} \begin{bmatrix} u_1 \\ u_2 \\ u_3 \end{bmatrix}$$

10^{-6} m^3/s, 310 K 및 1.5×10^{-6} m^3/s이다. 세 가지 제어 변수는 미세 현탁액 밀도 y_1에 의해 계산된 결정크기 분포, 과포화 조건 y_2에 의해 계산된 결정순도와 제품유량 y_3이다. 세 가지 입력의 정상값은 각각 0.55 K, 11.23 K 및 0.12 kg/kg H_2O이다. 이러한 변수는 여러 상호작용을 가지고 있으며 연속 결정화장치에 대한 실험 데이터에서 위 모델이 확인되었다. 여기서 시간은 s 단위로 측정된다(Rohani et al., 1999):

(a) RGA를 계산하고 SISO 피드백 제어를 위한 적절한 쌍을 결정하라. 결정하는 데 있어 동특성의 역할에 대해 언급하라.

(b) IMC 튜닝 규칙을 사용하여 공정을 위한 3개의 PI 제어기를 설계하라.

(c) 제어된 각 출력에서 계단 설정점에 대한 공정 응답을 별도로 시뮬레이션 하라[+10%(상대) 변화의 정도를 사용하라]. 다음으로, 두 번째(순도) 및 세 번째(제품유량) 제어 출력 각각에서 동시에 한 쌍의 계단 변화(상대적으로 + 10%의 크기 사용)에 대한 시스템의 응답을 시뮬레이션 하라. 동시 계단 변경에 대한 과도응답을 개선하기 위해 제어기를 조절하라.

23.6 예제 23.3의 당뇨병 환자를 보라. 당신의 목표는 식사 외란에 대응하여 인슐린 주입을 관리하는 자동화 장치를 설계하는 것이다.

(a) 인슐린–포도당 동특성만을 고려하여 예제에 제공된 방정식의 시뮬레이션에서 얻은 응답(인슐린의 변화)을 피팅(fitting)하여 대략적인 2차 환자 모델을 계산하라.

(b) IMC 튜닝규칙을 사용하여 이 공정에 대한 PID 제어기를 설계하라.

(c) −20 mg/dl의 혈당의 설정점 계단 변화에 대한 닫힌 루프 시스템 응답을 시뮬레이션 하라. 과도응답을 개선하기 위해 제어기를 조절하라.

(d) 예제 23.3에 설명된 식사 외란에 대한 닫힌 루프 시스템 응답을 시뮬레이션 하라. 제어기가 혈당에 대한 안전 경계(54 mg/dL < G < 144 mg/dL)를 유지할 수 있는가?

(e) 실제로, 센서는 피하조직(혈류에서 직접 나오는 것이 아니라 피부 아래에 있는 지방층)에서 혈당 샘플을 측정하는 데 사용할 수 있다. 이러한 절차로 인해 순수한 시간지연이 발생한다고 가정하고 10분 센서지연으로 (d)의 시뮬레이션을 반복하라. 성능이 어떻게 변경되었는가? 닫힌 루프 설계가 불안정 해지기 전에 허용가능한 최대 시간지연은 얼마인가?

23.7 23.2절의 인공 췌장 제어문제를 상기하라. 혈당 BG를 조절하기 위해 인슐린 펌핑 F와 글루카곤 펌핑 F_G 중에서 선택할 수 있는 두 가지 조작 변수가 있다. 이미 배웠듯 인슐린은 생명을 구하는 약물이 될 수 있지만 과다복용은 신체를 혼수상태로 만들 수 있다. 글루카곤은 간에서 글리코겐을 포도당으로 전환시켜 작동한다. 해당 전달함수는 다음과 같다(시간은 분 단위):

$$G_{p1}(s) = \frac{BG(s)}{F_I(s)} = \frac{-1.5e^{-30s}}{(20s+1)(25s+1)}$$

$$G_{p2}(s) = \frac{BG(s)}{F_G(s)} = \frac{3.4e^{-15s}}{15s+1}$$

추가로 BG와 식사(외란) D와 관련된 다음 정보가 있다:

$$G_d(s) = \frac{BG(s)}{D(s)} = \frac{5e^{-10s}}{30s+1}$$

(a) 일반적으로 공정에 대해 배운 원칙을 사용하여 피드백 제어장치 설계를 위해 어떠한 조작 변수(인슐린 펌프 또는 글루카곤 펌프)를 선택할 것인가? 매우 구체적으로 설명하라.

(b) 인슐린 펌프의 경우 IMC 튜닝 규칙을 사용하여 시스템에 적합한 PID 제어기를 설계하라(τ_c는 20분이라고 가정).

(c) 인슐린을 MV로 사용한다고 가정하고 이 장치에 대한 이론적으로 최적의 피드포워드 제어기를 도출하라. 이 제어기를 실현할 수 있는가? (왜 실현 가능한지 또는 불가능한지 설명하라.) 실현 불가능한 경우 적절한 제어기를 구현하기 위해 무엇을 할 수 있는가?

(d) 위에서 설계한 인슐린 펌프 제어기에 대해, 이제 펌프 하위 시스템 전용 제어시스템을 설계하라고 지시받았다. 특히 우려되는 것은 막힌 튜브로 인해 펌프가 인슐린을 전달하지 않는 상황이다. 펌프와 유량 제어기로 구성된 제어루프에 대한 블록선도를 그려라. 안전을 위해 유형 4 경보 시스템을 포함하라(10장 참조).

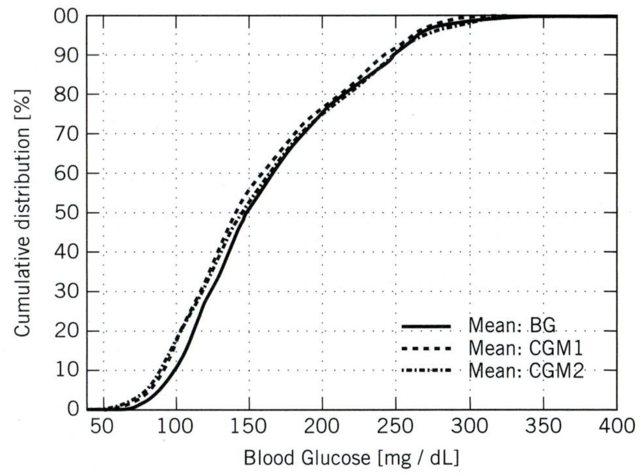

그림 E23.8

23.8 닫힌 루프 인공 췌장에 대한 실제 임상실험 데이터는 누적 히스토그램에 요약되어 있다(그림 E23.8). 여기서 특정 값 미만의 혈당 측정 비율이 혈당값에 대해 표시된다. 3개의 곡선은 다음을 나타낸다: (i) 손가락 간이 측정기에서 수집된 실제 혈당 BG측정(실선), (ii) 1개의 연속 포도당 측정 센서 CGM2(절취선) 및 (iii)(중복) 두 번째 포도당 측정 센서 CGM2(점선). 의료 *안전* 관점에서 혈당 측정치를 70~180 mg/dL 범위로 유지하고자 한다.

(a) 세 가지 측정(두 가지 CGM 및 실제 BG)에 대해 70~180 mg/dL 범위에 있는 데이터의 비율을 계산하라. 이러한 측정을 사용하는 알고리즘의 절대적 및 상대적 안전성에 대해 설명하라.

(b) 더 엄격한 성능 범위인 80~140 mg/dL에 대해 계산을 반복하라.

(c) 9장에 소개된 개념을 사용하여 두 센서의 오차 특징에 대해 9.4.3절에 소개된 명명법을 사용하여 설명하라.

CHAPTER 24

생물 시스템의 동력학과 제어

Dynamics and Control of Biological Systems

학습목차 *Chapter Contents*

24.1 시스템 생물학
24.2 유전자 규제 제어
24.2.1 하루주기 시계 네트워크
24.3 신호 전달 네트워크
24.3.1 주화성
24.3.2 인슐린-중개에 의한 글루코스 섭취
24.3.3 단순 인산화 전달 연쇄반응
요약

이전 장들에서는 화학 공정 시스템과 생체 의료 시스템(23장)을 위한 제어기 설계를 집중적으로 살펴보았다. 이번 장에서는 유전자에서 세포 수준에 이르는 생물학 회로에서 발견되는 본성적 닫힌 루프 시스템에 대한 분석을 시도할 것이다. 여기에는 합성해야 할 외부 제어기는 없다. 이 책의 처음 절반에서 설명한 이론들을 응용하여 피드백-피드포워드 제어의 원리가 포함된 네트워크들을 분석할 것이다. 생-물리적 네트워크들은 공정 시스템 공학에서 흔히 관찰되는 동적 특성들을 보여준다(다중 상호작용, 복잡한 동역학 및 비선형 거동). 피드백의 역할에 강조점을 두고 유전자 규제(gene regulatory) 네트워크나 단백질 신호전달(signal transduction) 네트워크에서 예들을 가져올 것이다. 핵심 기술 용어에 대한 풀이는 이 장의 끝부분에 수록하였다.

24.1 시스템 생물학

생-물리 네트워크는 놀라울 정도로 다양하고, 넓은 규모에 퍼져 있고 복잡한 거동에 의하여 특징지워 진다. 수십 개의 입력 연결들이 진핵생물(eukaryote)의 유전자 규제(gene regulation)를 특징짓는 유전자 수준의 네트워크나, 수백 혹은 수천 개의 상호작용들이 단백질의 잠재적 결합(potential coupling)을 보여주는 단백질 상호작용체(interactome) 도식으로 표현되는 단백질 수준의 네트워크들이 큰 관심을 끌고 있다(Campbell and Heyer, 2007; Barabasi, 2004). 그러나 이러한 네트워크는 신호전달 분자(signaling molecule)를 통한 세포 간 상호작용, 내분비(endocrine) 신호전달을 사용한 기관(organs) 간 상호작용, 그리고 궁극적으로 생태계에서 유기체 간의 상호작용 같이 더 높은 수준에서도 존재한다. 생화학적 신호전달은 24.3절에서 논의한다. 이러한 네트워크에 채용된 기전(mechanism)을 설명하기 위해서는, 생물학 실험이나 연구자의

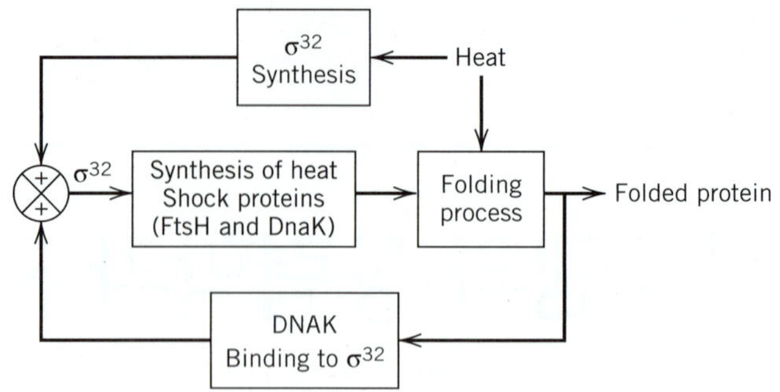

그림 24.1 박테리아의 열충격을 조절하는 피드백-피드포워드 제어 루프(El-Samad et al., 2006)(생물 시스템에서는 양의 피드백이 흔히 발견된다).

직관으로는 충분하지 않다. 대신에 연구자들은 생물학적 네트워크를 좀더 잘 이해하고 추가적인 실험의 방향을 설정하기 위한 목적으로 수학적 모델을 이용하여 동역학적 특성을 기술하고 제어 원리를 탐구하고 있다(Kitano, 2002). 증진된 이해를 통해 신약 발견이나 치료적 처치(therapeutic treatment)들 촉진할 수 있을 것이다.

피드백과 피드포워드 제어의 역할을 보여주는 간단한 예제(그림 24.1 참조)로 박테리아가 보여주는 열충격(heat shock) 응답이 있다(El-Samad et al., 2006). 유기체가 높은 온도를 경험할 때, 많은 신진대사들이 교란되고 단백질 오접힘(misfolding)에 이르게 된다. 열교란이 발생하면 σ^{32}가 피드포워드로 활성화 된다. 그리고 단백질 오접힘을 교정하는 유전자 쌍(FtsH와 DnaK)의 전사(transcription) 과정을 시작한다. 여기서 FtsH 유전자는 부적절하게 접힌 단백질 파괴를 촉진하는 단백질 분해효소(protease)를 만든다. 병렬적이고 독립적으로 유전자 쌍 중 하나의 단백질 생성물(DNAK)은 단백질 오접힘 상태를 감시한다. 이 단백질은 σ^{32}와 결합되어 있다가 오접힘 단백질이 탐지되면 σ^{32}을 내어 놓아 DnaK의 전사를 피드백 활성화한다.

네트워크화된 생물학적 제어기의 2번째 예제로 대부분 유기체의 생리학적 행동들을 24시간으로 동조하는 하루주기 시계(circadian clock)가 있다. 단어 *c*ircadian은 "대략 하루"를 의미하는 라틴어로부터 나왔는데, 하루주기 시계는 간단한 균류(fungi)부터 인간까지 거의 모든 생물의 신진대사의 규제(regulation)에 치명적으로 중요하다. 포류동물의 하루주기 어미 시계(master clock)는 뇌의 시상하부(hypothalamus) 영역에 있다(Reppert and Weaver, 2002). 신경펩티드를 경유해 통신하는 자율 잡음 진동자(autonomous noisy oscillator)들로 구성된 네트워크에서 시종일관한 진동자(coherent oscillator)를 합성하여 만들어낸다(Herzog et al., 2004; Liu et al., 2007). 이 시계의 중심에 유전자 규제 네트워크가 있다. 대략 여섯 종류의 유전자들이 시간 지연 음의 되먹임 회로를 가진 정밀한 배열에 의해 규제된다(여섯 종류 유전자들 중 2개를 보여주는 그림 24.2 참조). 이 네트워크에서 단백질의 활성화 상태는 일련의 화학반응(인산화(phosphorylation)와 이량체화(dimerization))을 통해서 조율된다(활성화/비활성화). 이러한 네트워크들은 세포하(subcellular) 수준에 존재한다. 뇌에 있는 수천 개의 시계 뉴런들의 동기화된 응답을 개시하는 신호가 이 층 위에 있다. 궁극적으로 이러한 시종일관한 진동자는 수면/기상(wake) 같은 일상 생활의 타이밍을 조정한다. 이 시계의 재미있는 특성은 어두운 상태가 지속된다면 시계는 24 h 주기(*circa*)와 무동조(free-run)하게 되고 내부 시간과 위상이 주변환경으로부터 서서히 표류하게 된다. 그러나 시작 신호가 존재

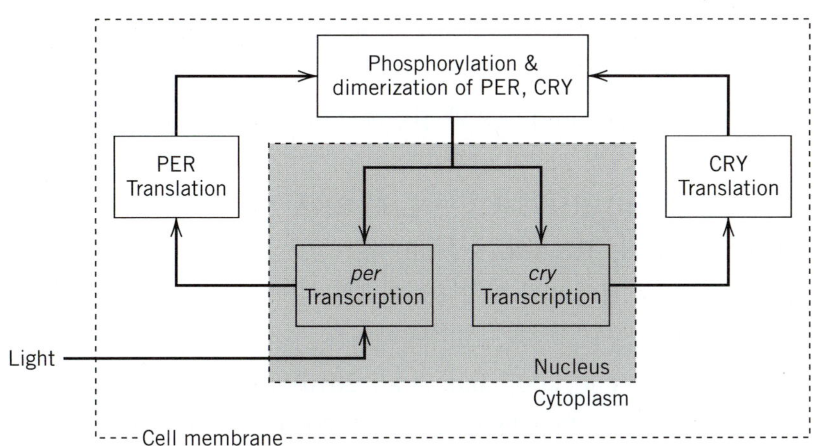

그림 24.2 포유동물의 하루주기 리듬을 만드는 유전자 규제 회로(관례로 이탤릭체의 소문자는 유전자를 대문자는 단백질을 나타낸다).

할 때(예를 들어 일출과 일몰 같은 강제 입력) 시계는 그 시작 신호의 주기로 고정된다(Boulos et al., 2002; Dunlap et al., 2004; Daan and Pittendrigh, 1976). 그림 24.2는 단백질 농도의 진동이 피드백 회로로 정확하게 24시간 주기가 되는 과정을 보여준다.

고등학교 생물학에서 배운 *중심교조*(Central Dogma) 교의는 이러한 복잡한 네트워크를 이해하기 위한 좋은 시작점이다. 세포에 관한 정보가 DNA에 암호화되고 그 정보가 전달자 RNA를 생산하기 위한 유전자로 표현된다. mRNA가 세포를 구성하는 기본 단위이자 세포 규제에 핵심적인 역할을 수행하는 단백질로 전달된다. 이러한 형태의 중심교조는 유전자 코드가 단백질 농도와 단백질 기능에 영향을 주는 연속된 과정 혹은 피드포워드 과정을 제안한다. 인간 게놈 프로젝트(human Genome project)에 관한 초창기 선전에는 이러한 유형의 논리가 널리 스며들어 있었고 "부분 목록"(유전자 코드)이 질병의 원인을 설명할 것이라고 몇몇 연구자 집단에서 이해했다. 그러나 즉각적으로 공학자들은 이러한 논리에 결점을 인지했다; 비유로 이야기하면 어떤 사람에게 비행기를 구성하는 부품들(금속판, 너트, 볼트, 리벳 등등)이 제공되더라도, 비행하는 원리를 이끌어내는 것은 불가능하다. 잃어버린 치명적 요소는 부품들이 네트워크로 정렬되는 방법과 더욱 중요하게 이러한 요소들이 제어(혹은 규제)되는 방법에 대한 이해다. 같은 논거가

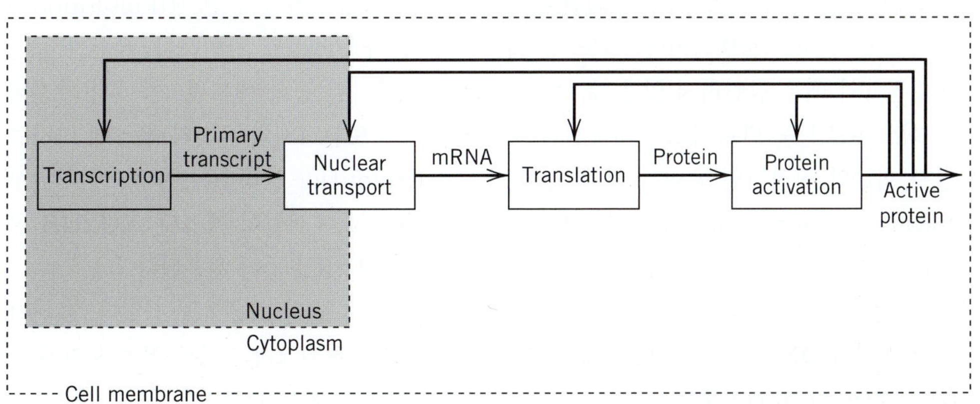

그림 24.3 중심교조(Central Dogma)에 나타나는 피드백 층들(Copyright 2002 from Molecular Biology of the Cell, Fourth Edition by Alberts et al. Reproduced by permission of Garland Science/Taylor & Francis LLC).

동일하게 생물학적 네트워크에도 적용될 수 있다. 이러한 시스템적 관점이 현재 시스템 생물학의 연구를 이끌고 있다.

중심교조(Central Dogma) 교의와 관련해서, 직전 문단에서 언급된 제어와 규제를 가진 추가적인 층이 그림 24.3과 같이 도입될 수 있다. 피드백 제어는 각 단계에서 중요한 역할을 수행한다: (i) 전사 이벤트 규제 (ii) RNA 간섭에 대한 안정성과 잠재적 망각(silencing)을 포함하는 RNA의 처리 (iii) 유전정보를 번역하는 리보솜(ribosomal)의 규제 (iv) 분해, 입체 형태 변화 및 인산화와 같은 단백질의 활성화 상태의 조율. 그림에 나타내지는 않았지만 피드백-피드포워드 제어를 가진 microRNA 모듈을 포함한 부가적인 제어 층(Tsang et al., 2007; Inui et al., 2010)과 후성(epigenetic) 제어를 통한 외부 또는 환경적 요소들의 영향(Delcuve et al., 2009)이 있다. 그림 24.2에 하루주기 시계 구조를 되돌아 보면, PER 단백질의 인산화 형태의 농도를 제어하는 과정은 그림 24.3의 중심교조 구조에 표시된 기본 단계들로 나누어 질 수 있을 것이다.

시스템 생물학은 이전보다 예측하고 예방하는 능력을 강화함으로서 의학의 경험을 혁명적으로 바꿀 것을 약속한다(Hood et al., 2004). 과학자와 공학자들이 피드백-피드포워드 제어에 의해 규제되는 유전자와 단백질로 구성된 복잡한 네트워크를 이해하기 시작함에 따라, 이러한 닫힌 루프 시스템의 체계적인 수정을 통해 고도의 치료방법을 개발할 수 있게 되었다. 이러한 수정이 필요한 위치를 표적(target)이라 부른다. 이들은 제약 분야에서 약을 설계하기 위한 기회를 제공한다. 약은 특정한 유전자, 단백질 혹은 단백질의 활성화 상태(인산화된 정도)를 표적으로 할 수 있다. 이러한 표적은 그림 24.3의 중심교조 과정의 여러 개입 위치들에 해당하고, 제어공학 용어로 네트워크를 건강한 상태로 회복시키기 위한 잠재적 조작 변수들이다. 비슷하게 의학관련 과학자나 공학자들은 네트워크 응답에서 질병의 징후를 나타내는 표지를 찾는다. 제어 용어로 다시 말하면 추정 전략의 근간을 형성하는 측정되지 않는 질병의 상태를 탐지하는 고급 센서들을 찾는다. 공정 제어 공학자들이 시뮬레이션을 통해 제어시스템 설계의 유효성을 시험하듯이 시스템 생물학자들도 환자 집단에 대한 광범위한 시뮬레이션을 통해 신약 표적들을 평가한다.

24.2 유전자 규제 제어

이전 절에서 살펴본 바와 같이 유전자는 복잡한 피드백 제어 네트워크를 통해서 조절된다. 세포 내부나 유기체 외부의 외란이 있어도 중요한 유전자들의 전사(transcription)가 신뢰할 만하고 불변하기에, 이들 네트워크들은 놀라울 정도로 강인하다. 유전자 규제 네트워크의 매우 감탄하지 않을 수 없는 특성들 중 하나는 공학 네트워크들에서 발견되는 회로 요소들을 반복적으로 사용한다는 점이다. 2개 또는 4개의 유전자 묶음에 디지털 전자 회로와 직접적인 유비를 가지는, 소위 모티프(motif)라 불리우는, 반복 연결 위상(recurring connection topologies)들이 나타난다(여러 예제들이 제공된 그림 24.4 참조). 다양한 유전자 규제 네트워크를 만드는 데 이들 기본 요소들이 채용된다.

설명이 필요한, 유전자 규제 네트워크와 연관된 수많은 기술 용어들이 있다. 유전자는 유기체의 DNA 서열의 한 부분으로 피드백 제어와 관련된 2개의 하부 영역을 가진다: (i) 규제(regulatory) 또는 비암호화(noncoding) 영역은 전사 피드백을 위한 입력으로 간주할 수 있다. (ii) 암호화(coding) 영역은 발현(expression) 과정의 결과물 다시 말하면 전사의 출력을 결정한다. 비암호화 영역은 촉진자(promoters)라 불리우는 독립된

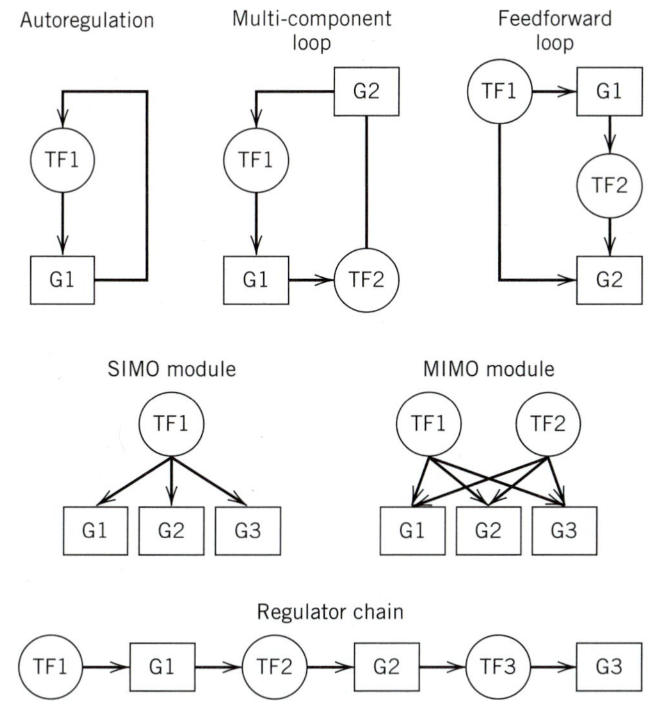

그림 24.4 효모의 회로 모티프들의 예(Lee et al., 2002). 직사각형은 유전자의 촉진자 영역을 나타내고(G1, G2, 등등), 원은 전사 요소들이다(TF1, TF2, 등등).

규제(regulation)를 가진 불연속 영역들로 나눌 수 있다. 각 영역들은 전사 인자(transcription factor)와 연결되어, 유전자 발현(transcription process)의 활성화 혹은 억제를 관장한다. 전사 인자와 촉진자 영역의 결합은 유전자 전사 과정을 위한 제어기로 기능한다.

대장균(Escherichia coli)에는 3개의 지배적인 네트워크 모티프가 있다(Shen-Orr et al., 2002): (i) 하나의 전사 인자가 또 다른 전사 인자를 규제하고, 다시 두 인자들이 함께 세 번째 전사 인자들 규제한다. (ii) 단일-입력, 다중-출력(SIMO) 블록 체계 (iii) 생물학자들이 밀집 중첩 레귤론(densely overlapping regulon)이라 부르는 다중-입력, 다중-출력(MIMO) 블록 체계.

완전히 다른 유기체로 효모균(Saccharomyces)은 6개의 밀접하게 관계된 네트워크 모티프를 가지고 있다(Lee et al, 2002): (i) 규제자(regulator)가 자기 자신 유전자의 촉진자 영역에 결합하는 자율 규제 모티프, (ii) 피드포워드 루프, (iii) 두 개 혹은 그 이상의 전사 인자와 피드백 닫힌 루프를 구성하는 다성분(multi-component) 루프, (iv) 일련의 직렬 전사 인자 상호작용으로 구성된 규제자 체인, (v) 단일-입력, 다중 출력(SIMO) 모듈 및 (vi) 다중-입력 다중-출력(MIMO) 모듈. 그림 24.4에 이러한 모티브들을 도해했다.

사실상 이러한 연구들은 진핵(eukaryotic)과 원핵(prokaryotic) 시스템 모두에서 세포의 기능이 제어 루프들의 복잡한 네트워크에 의해 제어된다는 점을 증명한다(전사 제어 루프들이 연쇄적으로 또는 다른 제어 루프와 서로 연결됨). 다시 말하면 생물학적인 규제를 관장하는 복잡한 네트워크들은 디지털 회로와 마찬가지로 기본적인 시스템 부품들로 구성된 것으로 보인다. 이러한 사실은 공정 제어의 분석도구들이 시스템 생물학과 관련성이 깊다는 사실을 확증해 준다.

표 24.1 공정 제어 개념과 유전자 전사 제어 개념 사이의 유사성.

공정 제어 개념	생물학 제어
센서	단백질 농도
설정점	내재적: 단백질의 평형 농도
제어기	전사 인자
최종제어요소	전사 기구: 단백질 합성을 위한 리보솜
공정	세포(의 항상성)

공정 제어 개념들과 생물학적 제어 개념 사이에 유사성 몇 가지를 유전자 전사와 관련하여 표 24.1에 요약하였다. 생물학적 회로에는 분석의 여러 층위들이 있음을 염두에 두고 각 층위에서 공학적 회로와 유사성을 그려볼 수 있을 것이다.

예제 24.1

유전자 규제 회로의 제어 전략은 종종 회분식 제어를 위해 22장에서 채택된 것과 같은 간단한 논리 함수들로 근사할 수 있다. 설탕 대사(metabolism)와 관련된 *lacZ* 유전자의 규제를 뒷받침하는 논리를 살펴보자(Ptashne and Gann, 2002). 이 유전자는 락토스(lactose)를 쪼개는 효소 베타–갈락토시다아제(β-galactosidase)를 암호화한다. 선호되는 글로코스보다 락토스는 박테리아에게는 다소 덜 효율적인 에너지 원이다. 유전자의 상태(활성화/억제)는 유전자의 규제 영역에 묶인 전사 인자들에 의하여 결정된다. 이러한 전사 인자들 중에 하나인 분해대사산물(catabolite) 활성단백질, CAP는 글루코스가 없고 락토스만 있을 때 적절한 촉진자 영역과 결합하여 *lacZ*를 활성화한다. 다른 전사 인자, rep(Lac 억제 물질(repressor)의 약자)는 락토스가 없을 때 적절한 촉진자 영역과 결합하고 유전자의 발현을 억제한다. 만약 rep와 CAP 둘다 없다면, 유전자 발현은 매우 느린 속도로 진행된다고 가정할 수 있다.

(a) 2개의 입력 신호, CAP과 rep의 함수로 결과(유전자 *lacZ*의 전사)에 대한 논리표를 만들어라.

(b) 락토스와 글루코스의 존재에 따른 *lacZ* 유전자의 발현에 대한 간단한 논리 규칙을 써라(기본(basal) 상태는 무시하시오).

풀이

(a) 논리표는 표 24.2와 같다.

표 24.2 입력 신호의 함수로 표현된 유전자 *lacZ*의 활성화 상태에 대한 논리표.

CAP	rep	lacZ state
+	−	off
+	+	basal
−	+	activated
−	−	off

(b) 발현 논리를 위한 간단한 규칙은 다음과 같이 주어진다:

$$lacZ = \text{락토스 AND (NOT(글루코스))}$$

왜냐하면 유전자(와 효소 생성물)은 단지 일차적 설탕원(글루코스)이 없고 이차적 설탕원(락토스)만 있을 때 필요하기 때문이다.

24.2.1 하루주기 시계 네트워크

이전 절에서 살펴본 것처럼 하루주기 시계는 유기체의 많은 중요한 대사과정들이 조화롭게 편성되도록 도와준다. 대략적으로 24시간의 주기를 가지고 반복적으로 중요 단백질의 농도가 제어된다. 2개의 핵심 유전자들로 표현된 초파리(drosophila melanogaster)의 하루주기 시계의 간략화된 모델을 살펴보자: 주기 유전자(*per*로 표기)와 초시간(timeless) 유전자(*tim*으로 표기). 이들 유전자는 mRNA로 전사되고, 핵으로부터 벗어나 그들 각자의 단백질로 합성(translation)된다(그림 24.5에서는 이들 단백질을 각각 PER과 TIM으로 표기함). 각 단백질 단량체는 이량체를 생성하고, PER과 TIM의 이량체는 서로 결합하여 핵으로 재진입하는 이형 복합체(heteromeric complex)를 만들고 음의 피드백으로 두 유전자의 전사 속도를 줄여준다. 인산화(phosphorylation) 과정의 반응속도는 Michaelis-Menten 형태를 가진 것으로 가정하고 유전자 억제의 반응기구는 Hill을 따른다(Hill 계수는 2로 가정).

Tyson et al. (1999)이 제시한 가정을 따라 두 유전자는 한 덩어리로 취급될 수 있고, 관련 단백질, 핵 및 이량체의 세포질(cytoplasmic) 형태도 마찬가지로 취급할 수 있다. 최종적으로 단량체와 이량체 사이에 평형이 신속하게 이루어진다고 가정하여, mRNA 농도 M과 단백질 농도 P에 대한 수지식을 유도할 수 있다. 결과적으로 얻어진 한 쌍의 미분방정식은 피드백 제어를 포함한 생물학적 회로의 동역학을 다룰 수 있다:

$$\frac{dM}{dt} = \frac{v_m}{1 + (P(1-q)/2P_{crit})^2} - k_m M \tag{24-1}$$

$$\frac{dP}{dt} = v_p M \frac{k_{p1} P q + k_{p2} P}{J_p + P} - k_{p3} P \tag{24-2}$$

아래에 제시된 부가적인 대수 관계식은 단백질 농도 P에 관한 전사 속도의 복잡한 의존성을 보여준다:

$$q = \frac{2}{1 + \sqrt{1 + 8K_{eq}P}} \tag{24-3}$$

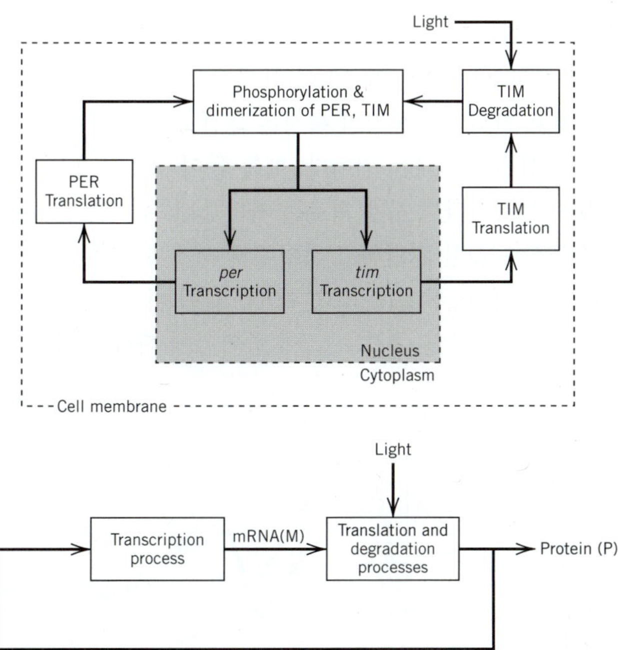

그림 24.5 초파리의 하루주기 시계의 음의 피드백 제어 구조(Tyson at al., 1999 참조): 자세한 모델(위)와 간략화된 모델(아래).

표 24.3 그림 24.5의 하루주기 시계 회로를 위한 매개변수(C_m은 전사 농도를 나타내고 C_p는 단백질의 농도를 나타낸다).

Parameter	Value	Units	Description
v_m	1	$C_m h^{-1}$	Maximum rate of mRNA synthesis
k_m	0.1	h^{-1}	First-order constant for mRNA degradation
v_p	0.5	$C_p C_m h^{-1}$	Rate constant for translation of mRNA
k_{p1}	10	$C_p h^{-1}$	V_{max} for monomer phosphorylation
k_{p2}	0.03	$C_p h^{-1}$	V_{max} for dimer phosphorylation
k_{p3}	0.1	h^{-1}	First-order rate constant for proteolysis
k_{eq}	200	C_p^{-1}	Equilibrium constant for dimerization
P_{crit}	0.1	C_p	Dimer concentration at half-maximum transcription rate
J_p	0.05	C_p	Michaelis constant for protein kinase

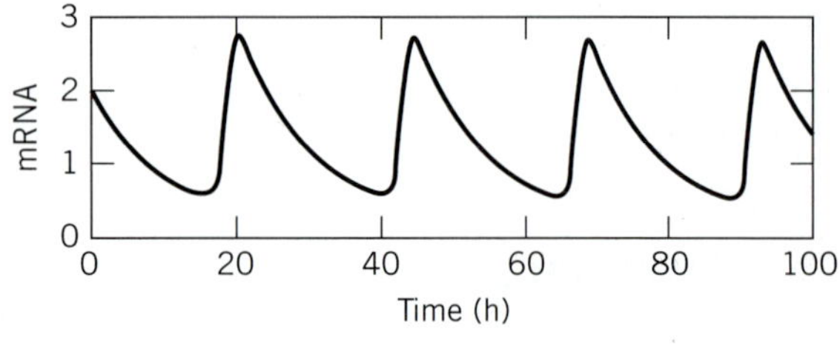

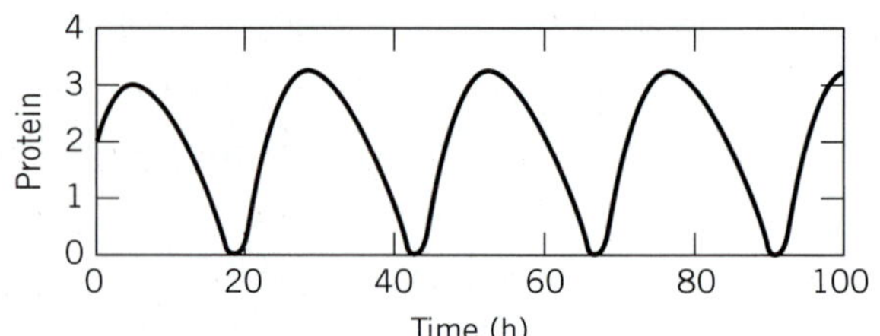

그림 24.6 하루주기 시계 모델의 시뮬레이션.

모델의 매개변수들과 그 정의들은 Tysen et al.(1999)을 참조하여 표 24.3에 요약하여 수록하였다.

표 24.3의 매개변수 값들과 MATLAB/Simulink와 같은 컴퓨터 도구를 사용하여, 유전자 규제 회로를 시뮬레이션 할 수 있다(초기 조건으로 M과 P의 값을 [2.0; 2.0]). 100 h 시뮬레이션 결과를 그림 24.6에 수록하였다. mRNA(M) 또는 단백질 (P)의 궤적으로부터 계산된 주기(피크 사이의 시간)는 24.2 h이다[대략적으로 24 h, 하루주기(circadian)].

생물학적 닫힌 루프 회로의 공통적인 특징은 운전 조건에 외란이나 출렁거림에도 불구하고 놀랍도록 항상성을 가진다는 점이다. 예를 들어 유기체가 온도변화에 노출되어, 생화학 반응의 속도가 변하더라도 시계 회로는 거의 24 h 주기를 유지해야 한다. 이를 확인하기 위해 반응속도상수 값을 교란하고 하루주기 시계 모델을 시뮬레이션 할 수 있다. 매개변수 μ_m의 값을 각각 [1.0; 1.1; 1.5; 2.0; 4.0]과 같이 바꾸어 가면서 시뮬레이션을 수행하면, 그림 24.7과 같이 시계의 주기는 μ_m이 증가함에 따라 증가한다. μ_m의 처음 4개

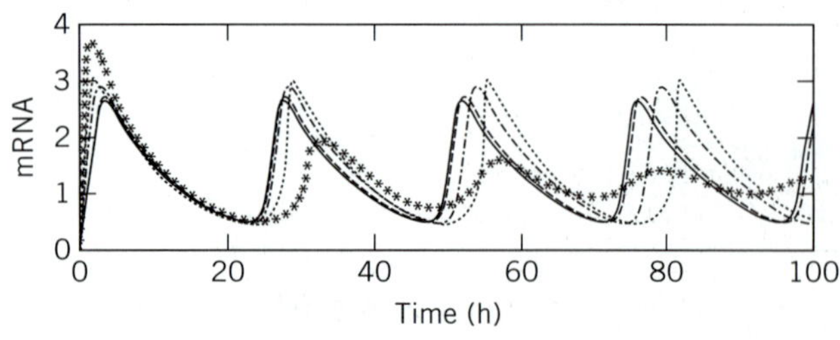

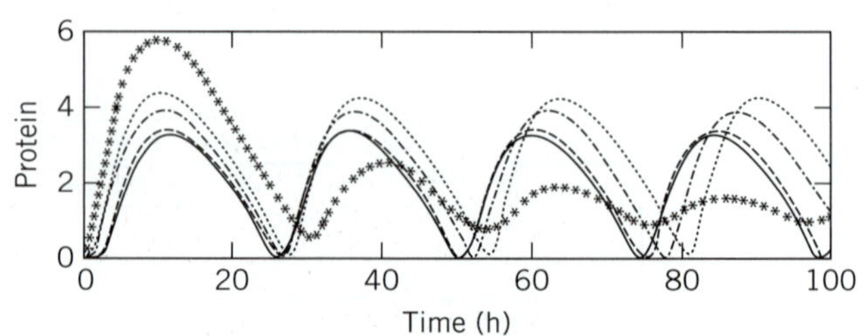

그림 24.7 변하는 μ_m[1.0(실선), 1.1(대시), 1.5(대시-점), 2.0(점), 4(별표)]에 따른 하루주기 시계의 시뮬레이션.

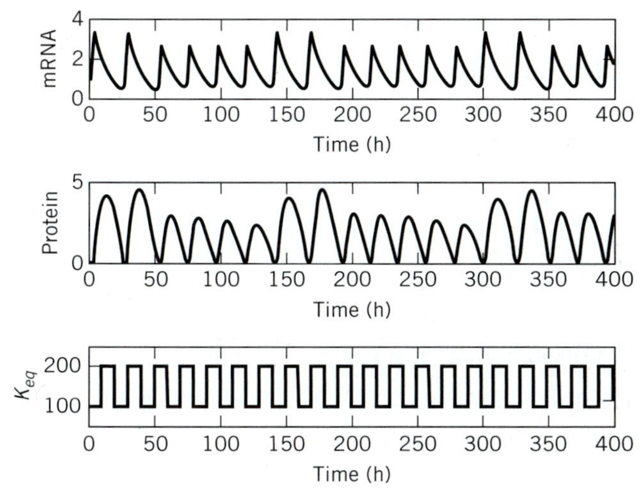

그림 24.8 20 h의 주기를 가진 신호에 대한 하루주기 시계의 시뮬레이션.

의 값에 해당하는 주기는 [24.2; 24.5; 25.5; 26.4]이고 $\mu_m = 4.0$인 극한 상황에서는 진동이 더 이상 관찰되지 않고, 시스템이 안정한 평형으로 안착한다. 이와 같은 μ_m의 큰 교란(거의 100%)에도 불구하고 진동의 안정성을 유지한다는 것은 매우 놀랍다.

하루주기 시계의 또다른 중요한 특징은 외부 신호(햇빛)를 받아들여, mRNA와 단백질의 진동 주기가 외부 신호의 주기와 정확히 맞춰진다는 점이다. 이러한 방법으로 유기체의 시계는 정확히 24 h의 주기로 재가동된다. Tyson et al.(1999)는 현행 모델에서 낮과 밤의 사이클을 흉내내기 위해서 K_{eq}의 값을 각각 12시간으로 분배된 낮과 밤에 해당하는 사각파로 만들어 시뮬레이션을 실시했다. 햇빛은 시계 회로에 중요 단백질들 중 하나의 분해 속도를 조정하는 것으로 보인다. 이를 검증하기 위해 100에서 200 h 사이에 K_{eq}의 값을 변경하고 시스템의 주기를 관찰하였다. 그림 24.8은 mRNA와 단백질의 진동 주기가 실로 외부 신호(햇빛)와 같은 주기로 바뀐 것을 보여준다(이 경우, 20h).

24.3 신호 전달 네트워크

이전 절에서 살펴본 유전자 규제 네트워크는 세포 외부에서 기인한 개시 신호로 종종 활성화된다. 이는 생존을 위해서 주변 환경을 지각해야 하는 단세포 생물에게는 매우 중요하다. 마찬가지로 조직(tissue)이나 기관(organ)을 구성하는 한 덩어리의 세포들이 조화로운 거동을 보여야 하는 다세포 생물에게도 치명적으로 중요하다. 이러한 개시 신호들과 특별히 관련된 것이 라틴어로 묶는다는 의미를 가진 *리간드*(ligands)로, 세포의 표면막을 메우는 단백질과 결합하는 분자들이다. 수용체(receptors)라 불리는 리간드는 조건에 따라 세포 안에 특별한 반응을 유도한다. 관련하여 많은 재미있는 자극–응답(stimulus-response) 메커니즘들이 알려져 있다(Lauffenburger and Linderman, 1993):

- 성장인자(growth factor) → 세포 분열
- 괴사인자(necrosis factor) → 세포예정사(programmed cell death)
- 화학유인물질(chemoattractant) → 주화성(chemotaxis)
- 인슐린(insulin) → 글루코스 섭취

- 신경전달물질(neurotransmitter) → 신경세포에 의한 분비(secretion)
- 세포외기질(extracellular matrix) 단백질 → 유착(adhesion)

일단 리간드가 수용체와 결합되면, 일련의 생화학 반응이 개시되고 단기 응답이 유도된다(예를 들어, 중간체 단백질의 인산화(phosphorylation)) 또한 규제된 유전자 응답의 결과로 장기 응답이 나타나기도 한다. 이러한 네트워크들은 수 초에서 수 분에 이르는 특성 시간 규모의 동역학을 발현하며 상대적으로 빠르게 반응한다. 하나의 세포는 종종 다중, 경쟁하는 개시 신호를 받을 수 있고 풍부한 신호 전달 네트워크로 정보를 가공하고 전후 관계에 따라 적절한 세포의 운명을 만들어 낸다.

이번 절에서는 이들 네트워크에 의해서 발생한 풍부한 동역학을 살펴보기 위해서 여러 신호 전달 체계들을 살펴볼 것이다.

24.3.1 주화성

*주화성*은 화학 공급원(보통 영양물 분자)을 향한 세포나 세포질 유기체의 지향성 이동을 의미한다. 또한 이 메커니즘은 탐지된 독소에 대한 응답 과정(해당 근원으로부터 멀어지는 이동)에도 소환되고 발생(development)과 같은 좀더 복잡한 과정에도 관련된다. 주화성 과정은 세포 표면에서 리간드를 탐지(예를 들어 영양물 분자)하면서 시작되고, 연이어 신호 전달 연쇄반응이 일어나고 세포의 이동을 책임지는 운동 기관(motor apparatus)의 교대 운동(alternation)으로 귀착된다.

대장균(E. coli)의 주화성을 뒷받침하는 생화학 경로의 간략한 버전을 그림 24.9에 도시하였다. 복합 수용체(receptor complex) CheW-CheA(W-A)와 유인 분자(attractant molecule) (리간드)의 결합은 단백질 CheY(Y)의 인산화를 유도하고 인산화된 형태(Yp)는 박테리아 편모(flagella)의 텀블링 운동을 발생시킨다. 이러한 텀블링 운동은 유기체가 방향전환 하고, 주변 공간을 탐색할 수 있게 한다; 그렇지 않다면 유기체는 똑

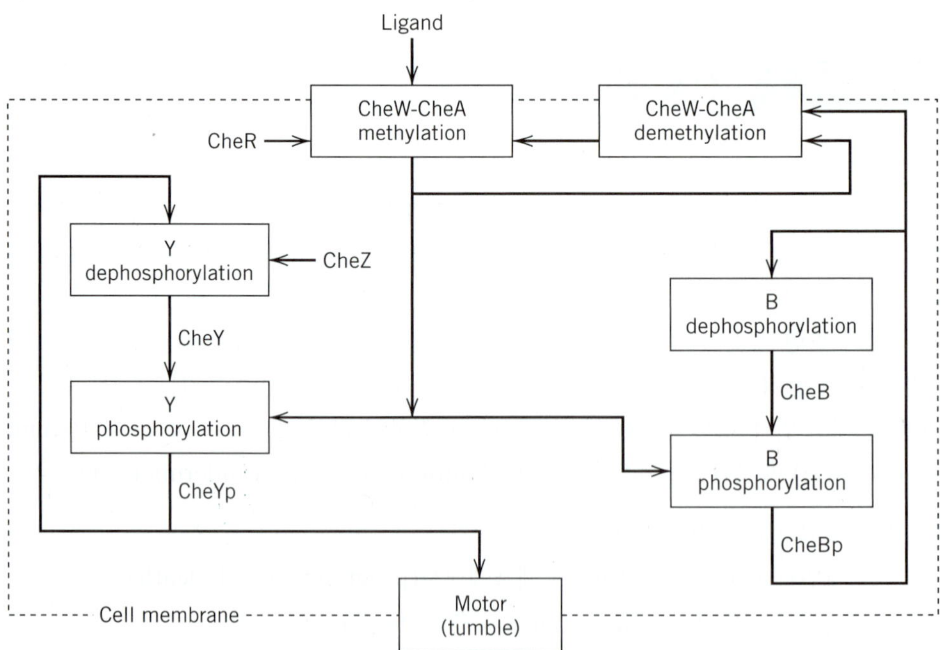

그림 24.9 대장균에서 주화성 신호 경로의 모식도(Rao et al., 2004).

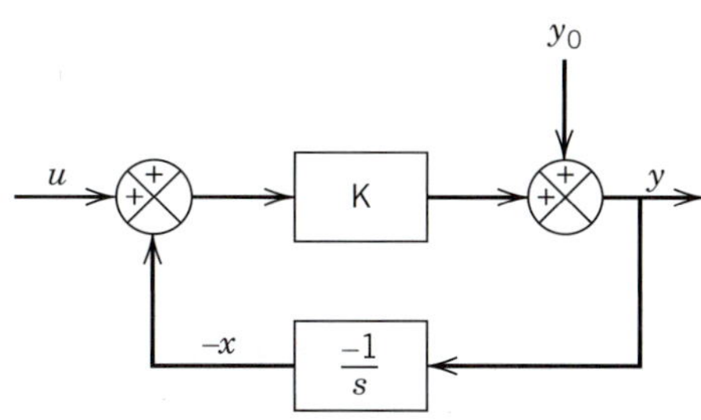

그림 24.10 주화성의 적분 제어 피드백 회로 표현(Adapted from Yi, T.M., Y. Huang, M. I. Simon, and J. Doyle, Robust Perfect Adaptation in Bacterial Chemotaxis through Integral Feedback Control, "Copyright 2000 National Academy of Sciences, U.S.A.").

바로 전진할 것이다. CheW-CheA가 CheY를 인산화하는 능력은 그림에 제시한 것과 같이 단백질 CheR(R)와 CheB의 인산화된 형태인 (Bp)에 의하여 미세 조절되는 복합 수용체의 메틸화 상태에 의존한다. 피드백 제어 구조가 그림 24.9에 분명하게 나타난다. 이는 CheB 인산화가 CheW-CheA 복합체에 의해서 조정되기 때문이다.

주화성을 조정하는 신호 조절 시스템에는 지속적인 자극이 발생하면 자극이 들어오기 전으로 되돌아가 다시 강화된 감도(sensitivity)를 복구하는 적응(adaptation) 구조가 있다. 이러한 강인한 거동에 대한 기계론적 설명들을 위한 가정이 필요하다: (i) 변화하는 조건에서도 시종일관한 응답을 산출하도록 매개변수의 정밀한 조율 (ii) 이러한 강인한 거동을 만드는 고유한 조절 구조. 공정 제어 원리를 차용하여 조절 시스템이 주화성에서 발현되는 건실한 적응을 성취하기 위해서 적분 피드백 제어를 사용하고 있다는 것이 논증되었다(Yi et al., 2000). 주화성 네트워크를 그림 24.10의 간단한 블록선도로 표현할 수 있다. 여기서 u는 화학유인물질, y는 수용체 활성, 그리고 $-x$는 수용체의 메틸화 수준을 나타낸다. 이러한 회로가 완벽한 적응의 성취(예를 들어 수용체 활성도가 항상 0으로 새롭게 됨)를 보장한다는 점은 예제로 남겨 놓겠다.

이러한 이해는 외관상 복잡한 생물학적 네트워크들이 동일한 구조, 혹은 다른 구조 모티프나 모듈들을 채택해 상대적으로 간단한 총괄 시스템 거동을 구현할 가능성을 제안한다.

24.3.2 인슐린–중개에 의한 글루코스 섭취

인간 몸 안에 근육, 간 및 지방세포는 여러 신호들 사이에, 췌장(pancreas)에서 분비된 호르몬 인슐린에 응답하여 에너지 근원으로 글루코스를 섭취한다. 23장에서 논의한 바와 같이, 인슐린의 방출은 혈액의 글루코스 수준에 따라 피드백으로 조절된다. 제 2형 당뇨병에서는 인슐린 신호 전달 네트워크가 손상되어 인슐린이 이들 세포의 글루코스 섭취를 유도하지 못한다. 인슐린 신호 전달 네트워크에 대한 간단한 모델은 그림 24.11과 같이 3개의 하부 모듈로 나눌 수 있다. 첫번째 하부 모듈은 인슐린 수용체 동역학을 묘사한다: 인슐린이 인슐린 수용체와 결합하고 연이은 수용체의 자가 인산화 과정이 일어난다. 또한 수용체는 재순환되기 때문에 네트워크에 부가적인 동역학을 불러 일으킨다. 두번째 하부 모듈은 인슐린 수용체로부터 하류의 인산화 연쇄반응을 묘사한다. 마지막 하부 모듈은 움직임의 활성화와 분화한(specialized) 글루코스 전달체(transporter) GLUT4 저장 소포(vesicles)와 두번째 모듈에서의 중간체 단백질의 형질막(plasma membrane)

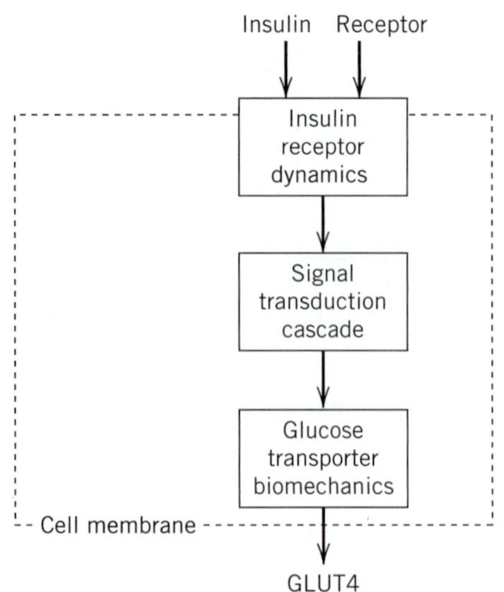

그림 24.11 글루코스 섭취를 위한 간략화된 인슐린 신호 경로.

의 융합을 묘사한다. 이들 GLUT4 전달체는 글루코스 분자가 세포 안으로 들어갈 수 있도록 한다. 세개의 모듈 각각은 피드백 층으로 구성된 하부 모듈들을 포함한다.

24.3.3 단순 인산화 전달 연쇄반응

신호 전달에서, 수용체 신호는 세포 응답을 산출하기 위해서 연쇄반응 경로를 따라 처리된다. 이번 절에서 고려한 예제는 일련의 인산화(phosphorylation)와 탈인산화(de-phosphorylation)로 구성된 인산화 효소(kinase)와 인산분해효소(phosphatase)에 의한 촉매 반응들로 구성되어 있다. 이와 같은 시스템의 핵심 성능 속성들은 다음과 같다: (i) 신호가 목적지에 도달하는 빠르기 (ii) 신호의 존속 기간, 그리고 (iii) 신호의 세기. 약한 활성화 상태(낮은 정도의 인산화)에서는, 신호 전달 연쇄의 각 단계들을 선형 상미분 방정식들의 묶음으로 모델링 할 수 있다(heinrich et al., 2002):

$$\frac{dX_i}{dt} = \alpha_i X_{i-1} - \beta_i X_i \tag{24-4}$$

여기서 α_i은 인산화 반응의 의사(pseudo) 일차 반응 속도상수, β_i는 탈인산화 반응의 속도상수, 그리고 X_i는 인산화 효소의 인산화된 형태를 나타낸다. (i) 연쇄 단계가 4단(인산화 층)으로 구성되었다고 가정하자. 해당하는 반응속도 상수들은 모든 단에서 같다고 ($\alpha_i = \alpha$, $\beta_i = \beta$) 가정하고, 수용체 비활성화는 시간 상수 $1/\lambda$를 가지고 지수 감소하는 것으로 근사한다(그림 24.12 참조). 결과적인 세포 응답은 라플라스 영역에서 다음과 같이 쓸 수 있다.

$$Y(s) = \left(\frac{s}{\frac{1}{\lambda}s + 1}\right)\left(\frac{\alpha^4}{(s+\beta)^4}\right) R(s) \tag{24-5}$$

여기서 $R(s)$는 수용체 입력, $Y(s)$는 세포 응답이다.

신호 시간 T_{sig}을 인산화 효소를 활성화하기 위해 필요한 평균시간으로 정의하면, 시간영역에서 적합한 표현식은 다음과 같다:

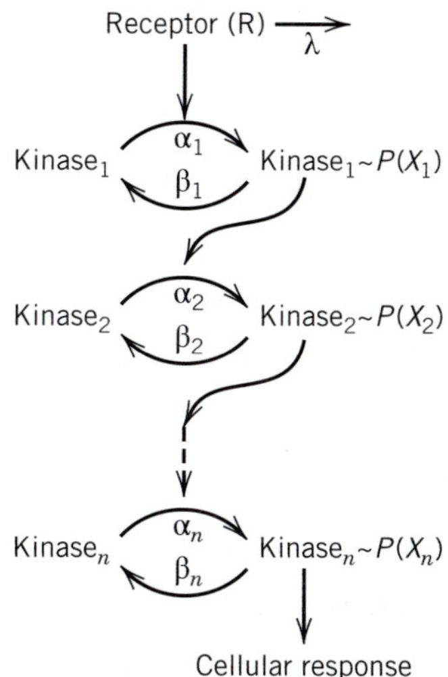

그림 24.12 1차 수용체 활성화와 결합된 4차 신호 전달 연쇄반응의 모식도(Heinrich et al., 2002 참조).

$$T_{sig} = \frac{\int_0^\infty ty(t)dt}{\int_0^\infty y(t)dt} \tag{24-6}$$

여기서 $y(t)$는 단위 계단 응답(식 24-5에서 $R(s) = 1/s$)이다. 지금 살펴보고 있는 네트워크는 신호 시간에 대한 해석적 표현을 유도하는 것이 가능하다. 라플라스 변환의 몇 가지 성질을 다시 살펴보면(3장 참조)

$$\mathcal{L}(tf(t)) = -\frac{d}{ds}F(s) \tag{24-7}$$

이고

$$\mathcal{L}\left(\int_0^\infty f(t)dt\right) = F(s = 0) \tag{24-8}$$

그리고 신호 시간에 대한 다음의 표현식을 유도할 수 있다:

$$\begin{aligned} T_{sig} &= \frac{\left(-\dfrac{d}{ds}Y(s)\right)_{s=0}}{Y(0)} \\ &= \frac{[\lambda\alpha^4(s+\lambda)^{-2}(s+\beta)^{-4} + 4\lambda\alpha^4(s+\lambda)^{-1}(s+\beta)^{-5}]_{s=0}}{\alpha^4/\beta^4} \end{aligned} \tag{24-9}$$

여기서 다음과 같이 간단히 정리할 수 있다:

$$T_{sig} = \frac{1}{\lambda} + \frac{4}{\beta} \tag{24-10}$$

네트워크를 통과하는 평균 시간(신호 시간)은 인산화 속도(α)에 의존하지 않는다는 것을 확인할 수 있다.

요약

이번 장에서는 모든 살아 있는 유기체에 존재하는 다양한 동역학과 피드백 제어 구조를 보여주기 위해 많은 개수의 생물학적 회로를 소개했다. 2개의 생물학적 과정을 고려했는데, 하나는 유전자 전사의 규제, 나머지 하나는 세포내 자극–응답 기전을 특징짓는 단백질 신호 전달이었다. 피드백–피드포워드 제어 구조를 반복적으로 사용하는 모티프는 이들 문제에 공정 제어 원리들의 적용을 고려하도록 했다. 결과적으로 건강하게 기능하는 상태에 대한 이해와 자연의 회로가 손상되었을 때(질병 상태) 치료법의 연구에 빛을 비출 수 있을 것으로 기대된다.

이 분야의 가장 최근 연구 중에는 단백질 신호 경로를 조절하기 위한 조작 변수로 빛을 도입하는 연구가 있다(optogenetics). 이러한 고급 도구들은 과학자가 자연 회로들의 피드백 규제를 설계해 합성 생물 회로를 만들 수 있는 길을 열어놓고 있다(Toettcher et al., 2011; Chen et al., 2013). 또한 합성 생물학(synthetic biology)은 생물학적 구성요소를 사용한 강인한 제어 설계의 전망을 보여준다(Endy, 2005; Cameron et al., 2014).

빠르게 발전하는 분야로 시스템 생물학은 의학 문제 해결에 큰 진보를 만들고 있고, 질병의 원인이 되는 생물학 회로에 대한 증가된 이해를 바탕으로 고급 치료 전략과 새로운 약의 발견을 견인하고 있다. 더 이상의 정보는 좀더 특화된 책들에서 찾을 수 있을 것이다: Klipp et al., (2005), Palsson(2006), Alon(2007), Liu and Lauffenburger (2010), Young and Michelson(2011), Dubitzky et al., (2013).

용어

***진핵생물*(Eukaryote)**: 핵(nucleus)과 같이, 막으로 구분된 하부 구조를 가진 다세포(혹은 효모의 경우에는 단세포)로 구성된 유기체. 동물, 식물 및 균류(fungi)가 여기에 해당된다.

***원핵생물*(Prokaryote)**: 분리된 핵을 포함하지 않는 단세포로 구성된 유기체. 박테리아와 고균(archaea)이 여기에 해당한다.

***인산화 효소*(Kinase)**: 기질에 인산염 그룹을 전달하고 그 기질이 인산화에 이르도록 촉매작용 하는 효소

***촉진자*(Promoter)**: 유전자 전사의 규제와 관련된 DNA의 영역

참고문헌

Alon, U., *An Introduction to Systems Biology: Design Principles of Biological Circuits*, Chapman & Hall/CRC, New York, 2007.

Alberts, B., D. Bray, A. Johnson, J. Lewis, M. Raff, K. Roberts, and P. Walters, *Essential Cell Biology*, Garland Pub., Inc., New York, 1998.

Barabasi, A. L., Network Biology: Understanding the Cell's Functional Organization, *Nature Rev. Genetics*, **5**, 101 (2004).

Boulos, Z., M. M. Macchi, M. P. Sturchler, K. T. Stewart, C. Brainard, A. Suhner, G. Wallace, and R. Steffen, Light Visor Treatment for Jet Lag after Westward Travel across Six Time Zones, *Aviat. Space Environ. Med.*, **73**, 953 (2002).

Cameron, D. E., C. J. Bashor, and J. J. Collins, A Brief History of Syn- thetic Biology, *Nat. Rev. Microbiol.*, **12**, 381, 2014.

Campbell, A. M., and L. J. Heyer, *Discovering Genomics, Proteomics, & Bioinformatics*, Benjamin Cummings, San Francisco, CA, 2007.

Chen, S., P. Harrigan, B. Heineike, J. Stewart-Ornstein, and El-Samad, Building Robust Functionality in Synthetic Cir- cuits using Engineered Feedback Regulation, *Curr. Opin. Biotech.*, **24**, 790, 2013.

Cluve, G. P., M. Rastegar, and J. R. Davie, Epigenetic Control, *J. Cell. Physiol.*, **219**, 243, 2009.

Daan, S., and C. S. Pittendrigh, A Functional Analysis of Circadian Pacemakers in Nocturnal Rodents. II. The Variability of Phase Response Curves, *J. Comp. Physiol.*, **106**, 253 (1976).

Dubitzky, W., O. Wolkenhauer, K.-H. Cho, and H. Yokota, *Encyclopedia of Systems Biology*, Springer, 2013.

Dunlap, J. C., J. J. Loros, and P. J. DeCoursey (Eds.), *Chronobiology: Biological Timekeeping*, Sinauer Associates, Inc., Sunderland, MA, 2004.

El-Samad, H., S. Prajna, A. Papachristodoulou, J. Doyle, and M. Khammash, Advanced Methods and Algorithms for Biological Networks Analysis, *Proc. IEEE*, **94**, 832 (2006).

Endy, D., Foundation for Engineering Biology, *Nature*, **438**, 449, 2005.

Heinrich, R., B. G. Neel, and T. A. Rapoport, Mathematical Models of Protein Kinase Signal Transduction, *Mol. Cell*, **9**, 957 (2002).

Herzog, E. D., S. J. Aton, R. Numano, Y. Sakaki, and H. Tei, Temporal Precision in the Mammalian Circadian System: A Reliable Clock from Less Reliable Neurons, *J. Biol. Rhythms*, **19**, 35 (2004).

Hood, L., J. R. Heath, M. E. Phelps, and B. Lin, Systems Biology and New Technologies Enable Predictive and Preventative Medicine, *Science*, **306**, 640 (2004).

Inui, M., G. Martello, and S. Piccolo, MicroRNA Control of Signal Transduction, *Nature Revs. Mol. Cell Biol.*, **11**, 252, 2010.

Kitano, H., Systems Biology: A Brief Overview, *Science*, **295**, 1662 (2002).

Klipp, E., R. Herwig, A. Kowald, C. Wierling, and H. Lehrach, *Systems Biology in Practice*, Wiley-VCH, Weinheim, 2005.

Lauffenburger, D. A., and J. J. Linderman, *Receptors: Models for Binding, Trafficking, and Signaling*, Oxford University Press, New York, 1993.

Lee, T. I., N. J. Rinaldi, F. Robert, D. T. Odom, Z. Bar-Joseph, G. K. Gerber, N. M. Hannett, C. T. Harbison, C. M. Thompson, I. Simon, J. Zeitlinger, E. G. Jennings, H. L. Murray, D. B. Gordon, B. Ren, J. J. Wyrick, J. B. Tagne, T. L. Volkert, E. Fraenkel, D. K. Gifford and R. A. Young, Transcriptional Regulatory Networks in *Saccharomyces cerevisiae*. *Science*, **298**, 799 (2002).

Liu, A. C., D. K. Welsh, C. H. Ko, H. G. Tran, E. E. Zhang, A. A. Priest, E. D. Buhr, O. Singer, K. Meeker, I. M. Verma, F. J. Doyle III, Takahashi, J. S., and S. A. Kay, Intercellular Coupling Confers Robustness against Mutations in the SCN Circadian Clock Network, *Cell*, **129**, 605 (2007).

Liu, E., and D. Lauffenburger, *Systems Biomedicine*, Academic Press, 2010.

National Research Council, *Network Science*, National Academies Press, Washington DC, 2005.

Palsson, B., *Systems Biology: Properties of Reconstructed Networks*, Cambridge University Press, New York, 2006.

Ptashne, M., and A. Gann. *Genes and Signals*, Cold Spring Harbor Laboratory Press, Cold Spring Harbor, New York, 2002.

Rao, C. V., J. R. Kirby, and A. P. Arkin, Design and Diversity in Bacterial Chemotaxis: A Comparative Study in *Escherichia coli* and *Bacillus subtilis*, *PLoS Biology*, **2**, 239 (2004).

Reppert, S. M., and D. R. Weaver, Coordination of Circadian Timing in Mammals, *Nature*, **418**, 935 (2002).

Sedaghat, A. R., A. Sherman, and M. J. Quon, A Mathematical Model of Metabolic Insulin Signaling Pathways, *Amer. J. Physio-End. Met.*, **283**, E1084 (2002).

Shen-Orr, S. S., R. Milo, S. Mangan, and U. Alon, Network Motifs in the Transcriptional Regulation Network of *Escherichia coli*, *Nature Genetics*, **31**, 64 (2002).

Toettcher, J. E., D. Gong, W. A. Lim, and O. D. Weiner, Light-based Feedback for Controlling Intracellular Signaling Dynamics, *Nat. Met.*, **8**, 837, 2011.

Tsang, J., J. Zhu, and A. van Oudenaarden, MicroRNA-mediated Feedback and Feedforward Loops are Recurrent Network Motifs in Mammals, *Mol. Cell*, **26**, 753, 2007.

Tyson, J. J., C. I. Hong, C. D. Thron, and B. Novak, A Simple Model of Circadian Rhythms Based on Dimerization and Proteolysis of PER and TIM, *Biophys. J.*, **77**, 2411 (1999).

Yi, T. M., Y. Huang, M. I. Simon, and J. Doyle, Robust Perfect Adaptation in Bacterial Chemotaxis through Integral Feedback Control, *Proc. Nat. Acad. Sci. USA*, **97**, 4649 (2000).

Young, D. L., and S. Michelson, *Systems Biology in Drug Discovery and Development*, John Wiley and Sons, 2011.

연습문제

24.1 이 연습문제에서, 구성성분들을 간단한 반응성 화학종으로 간주하고 적절한 물질수지를 수립하시오. mRNA은 특정한 유전자로부터 일정한 발현 속도로 생성되고 1차 감쇠 속도로 분해된다.

(a) 발현 속도 G_0와 감쇠 속도상수 k_d^{mRNA}의 함수로 mRNA 농도의 동역학을 표현하는 방정식을 쓰시오.

(b) 각 mRNA 분자가 단백질 생성물 P의 p 사본들을 생성하도록 번역된다. 더구나 단백질은 감쇠 속도상수 k_p^{mRNA}를 가지고 1차계 감쇠 반응을 가진다. 단백질 농도의 동역학에 대한 식을 쓰시오.

(c) 시스템이 일정한 유전자 발현 속도 G_0으로 운전되다가 G_1으로 순간적으로 변화했다고 가정하자. mRNA와 P에 대한 전이 응답을 위한 해석적 표현을 유도하시오.

24.2 그림 24.3의 중심교조 도식과 연관된 다중 피드백 루프들의 블록선도(그림 E24.2)를 고려하자. C_1은 유전자 규제, C_2는 신호 복제 규제, C_3은 효소 금지를 의미한다. P_1, P_2 및 P_3는 1차계 동역학을 따르고 해당하는 이득과 시간 상수는 각각 K_i, τ_i라고 가정하자.

(i) 그림 E24.2 (a), (b) 및 (c)에 보여준 3가지 경우 각각에 대하여 외부입력 u와 출력 y의 관계를 표현하는 전달함수를 유도하시오.

(ii) 피드백 기전이 제어기 이득 K_{ci}를 가진 비례 제어기로 작동한다고 가정하자. 블록선도 (b)와 관련하여 외부 입력 u에서 출력 y의 닫힌 루프 전달함수를 유도하시오.

(iii) 단지 유전자 규제만 활성화된 간략화된 생물학적 회로를 고려하자(C_1). 닫힌 루프 전달함수를 유도하고 이 전달함수와 (b)에서 구한 전달함수의 중요한 차이점에 대한 견해를 진술하시오.

(iv) 3개의 제어기가 모두 작동하는 자연 피드백 구조가 왜 (c)의 제어구조보다 좀더 효과적인지 몇 가지 근거를 제시하시오.

24.3 연습문제 24.2와 그림 E24.2(b)[1] 에 대한 생물학적 예제로, 트립토판(tryptophan)의 합성은 아래의 물질수지들로 묘사될 수 있다:

$$\frac{d}{dt}[O_R] = k_1[O_t]C_1[T] - k_{d1}[O_R] - \mu[O_R]$$

---

[1] 저자들은 이 문제를 만드는 데 도움을 준 Bhartiya, Venkatesh와 Gayen에게 감사한다.

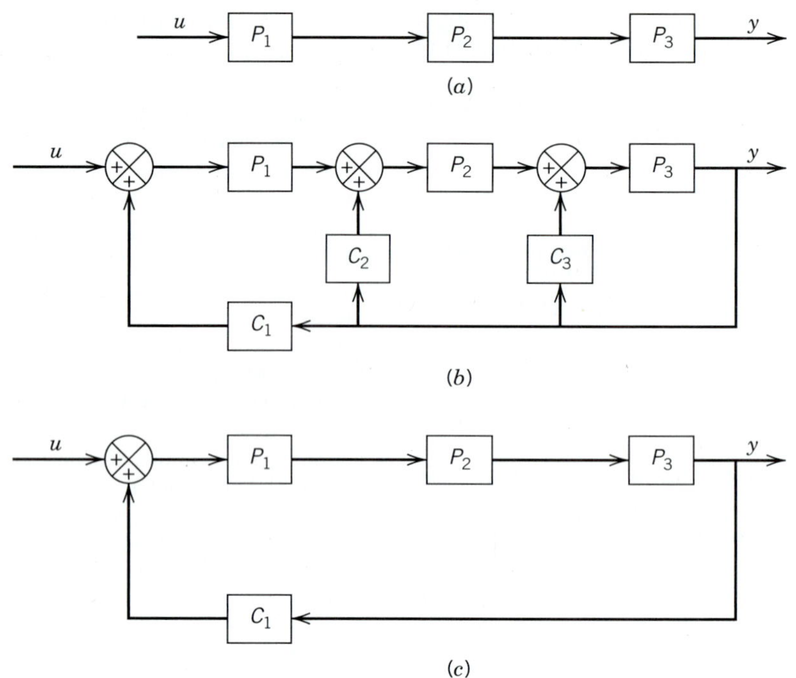

그림 E24.2

$$\frac{d}{dt}[mRNA] = k_2[O_R]C_2[T] - k_{d2}[mRNA] - \mu[mRNA]$$

$$\frac{d}{dt}[E] = k_3[mRNA] - \mu[E]$$

$$\frac{d}{dt}[T] = k_4C_3[T][E] - g\frac{[T]}{[T]+K_g} - \mu[T]$$

여기서 k_1, k_2, k_3, 및 k_4는 각각 자유 운전자(free operator), mRNA 전사, 신호복제 및 트립토판 합성의 동역학 속도 상수를 의미한다. 매개변수 O_t, μ, k_{d1} 및 k_{d2}는 총 운전자 부지(site) 농도, 대장균의 비(specific) 성장 속도, 자유 운전자(O_R)와 mRNA의 감쇠 속도 상수를 의미한다. E와 T는 각각 세포에서 안트라닐산 염(anthranilate) 합성효소(synthase)와 트립토판의 농도를 표현한다. K_g와 g는 세포에서 단백질 합성을 위한 트립토판 섭취의 반 포화상수(half saturation constant)와 속도상수들이다. 모델 매개변수 값들은 다음과 같다: $k_1 = 50\ \text{min}^{-1}$; $k_2 = 15\ \text{min}^{-1}$; $k_3 = 90\ \text{min}^{-1}$; $k_4 = 59\ \text{min}^{-1}$; $O_t = 3.32$ nM; $k_{d1} = 0.5\ \text{min}^{-1}$; $k_{d2} = 15\ \text{min}^{-1}$; $\mu = 0.01\ \text{min}^{-1}$; $g = 25\ \mu\text{M}\cdot\text{min}^{-1}$; $K_g = 0.2\ \mu$M. 여기서 $C_1(T)$, $C_2(T)$, 및 $C_3(T)$는 각각 트립토판에 의한 억제(repression), 감쇠(attenuation), 및 금지(inhibition)를 표현하고, 아래와 같이 Michaelis-Menten 속도식의 특정한 형태(Hill 방정식)로 모델링 된다:

$$C_1(T) = \frac{K_{i,1}^{\eta_H}}{K_{i,1}^{\eta_H} + T^{\eta_H}},\ C_2(T) = \frac{K_{i,2}^{1.72}}{K_{i,2}^{1.72} + T^{1.72}},\ C_3(T) = \frac{K_{i,3}^{1.2}}{K_{i,3}^{1.2} + T^{1.2}}$$

$K_{i,1}$, $K_{i,2}$ 및 $K_{i,3}$은 반 포화상수이고, 그 값은 $K_{i1} = 3.53\ \mu$M; $K_{i2} = 0.04\ \mu$M; $K_{i3} = 810\ \mu$M이다. 트립토판 농도에 대한 유전자 규제의 감도는 $\eta_H = 1.92$이다.

(a) 4개의 상태 각각에 대하여 하나의 블록을 사용하여 블록선도를 그리시오. 이렇게 구한 선도와 그림 E24.2의 (b) 사이의 유사점에 대한 의견을 제시하시오.

(b) 배양기의 농도에 계단 변화가 도입되었을 때의 응답을 시뮬레이션 하시오(g의 값이 25에서 0 μM으로 변화).

(c) 피드백 루프 응답에 대한 상승시간, 오버슈트, 감쇠비 및 정착시간을 계산하시오.

(d) 내부 2개의 피드백 루프(C_2와 C_3가 0)를 생략하고 다음의 속도상수 바꾸자: $K_{i,1} = 8 \times 10^{-8}\ \mu$M; $\eta_H = 0.5$; (b)의 시뮬레이션을 다시 반복하시오. 이 네트워크에 대한 새로운 닫힌 루프 특성을 계산하시오(그리고 (c)와 비교하시오).

24.4 신호 전달의 동특성을 분석한 24.3.3절을 고려하자. 관심 있는 2개의 특성은 신호 존속기간과 신호의 크기다.

(a) 다음의 정의를 신호 존속기간을 위해 사용하자:

$$T_{dur} = \sqrt{\frac{\int_{t=0}^{\infty} t^2 y(t)dt}{\int_{t=0}^{\infty} y(t)dt} - T_{sig}^2}$$

여기서 T_{sig}는 24.3.3절에 정의되어 있다. 인산화 연쇄반응 매개변수의 함수로, 신호 존속기간에 대한 표현식을 라플라스 변환을 사용하여 유도하시오.

(b) 신호 진폭을 다음과 같이 정의하자:

$$A = \frac{\int_{t=0}^{\infty} y(t)dt}{2T_{dur}}$$

라플라스 변환을 사용하여, 인산화 연쇄반응 매개변수의 함수로 신호 진폭에 표현식을 유도하시오.

24.5 그림 24.10에 제시된 주화성 회로의 간략화된 버전을 고려하자.

(a) 리간드 신호가 지속될 때 수용체 활동도가 항상 0으로 초기화 되도록 하는 공정 이득 K의 조건을 유도하시오.

(b) 리간드로부터 수용체 활동도의 닫힌 루프 전달함수가 분자항 동역학을 가진 1차계 전달함수와 동등함을 보이시오.

(c) (b)의 결과와 생물학적 관련성에 대한 의견을 제시하시오. 특히 출렁거리는 리간드 신호의 경우를 고려하시오.

24.6 생물학적 회로 중에 재미있는 모티프로 일정한 상태에서 다른 상태로 급격하게 변하는(ultrasensitivity) 스위치가 있다. 아래의 효소 E_1과 E_2가 촉매 작용하여 P에서 활성화된 형태 P^*로의 단백질 상호교환을 고려하자:

$$P + E_1 \leftrightarrow PE_1 \leftrightarrow P^* + E_1$$

$$P^* + E_2 \rightarrow P^*E_2 \rightarrow P + E_2$$

(a) 모든 반응 단계가 질량작용의 법칙을 따른다고 가정하자. E_1 농도의 함수로 P^*의 정상 상태 값은 얼마인가?(E_1, E_2 및 P는 모두 일정하고 P는 E_1과 E_2와 비교하여 과량 공급되었다고 가정하자.)

(b) 이 문제에 대한 다른 시작점: 해를 다음과 같이 정렬하자:

$$\frac{V_1}{V_2} = \frac{P^*/P_T(1 - P^*/P_T + K_1)}{(1 - P^*/P_T)(P^*/P_T + K_2)}$$

여기서 V_1은 시스템에 존재하는 총 E_1의 양에 비례하고, E_2는 시스템에 존재하는 총 V_2에 비례한다. 또한 P_T는 총 단백질(모든 형태를 다 포함)의 농도이다. K_1과 K_2는 전에 묘사된 반응들의 반응 상수들의 적절한 조합이다.

$K_1 = 1.0$, $K_2 = 1.0$일 때, P^*/P_T에 대한 V_1/V_2의 정상 상태 궤적을 그리시오.

(c) 두 효소가 포화된 영역에서 작용한다고 가정하자. 즉 반응은 효소와 관련해서 0차 반응속도식을 따른다. (b)의 표현식을 사용해서 이러한 극한 상황($K_1 = 0$, $K_2 = 0$)에서의 정상 상태 궤적을 그려라.

(d) (b)와 (c)의 이득 함수 형태의 차이점을 논의하시오. 처음 문제 설명에 기반해서, 생물 회로가 어떻게 이 시스템에서 스위치와 같은 거동을 보이는지를 설명하시오.

24.7 간략화된 형태의 블록선도(그림 E24.7)로 표현된 생물학의 중심교조를 다시 살펴보자. 이 경우에 핵 전달은 무시될 수 있다고 가정했다. X는 시스템에 대한 환경 교란을 나타낸다.

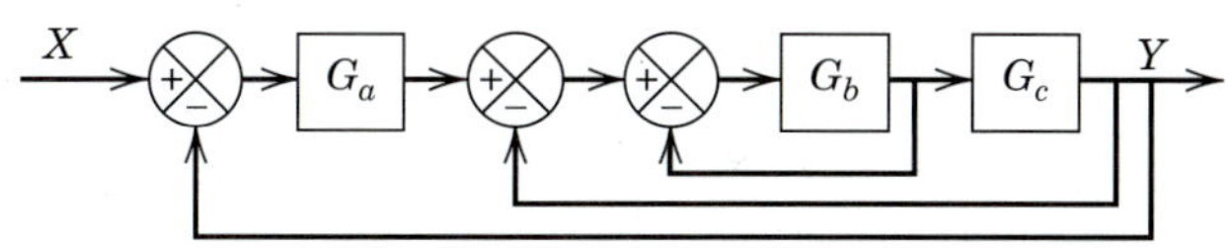

그림 24.7

(a) G_a, G_b, G_c 및 변수 Y로 표시된 생물학적 과정을 간략히 설명하시오.

(b) 총괄 닫힌 루프 전달함수 $Y(s)/X(s)$에 대한 표현식을 찾아라. 부가적인 분수 식들을 가지지 않고 단지 분자항과 분모항을 가지도록 정리하시오.

(c) 생물학적 과정들에 대한 아래에 주어진 값들을 고려해서 (b)의 표현식을 계산하고 간략하게 정리하시오. 닫힌 루프가 안정한지 판정하시오. $G_a = 5$, $G_b = 0.5/s$, 및 $G_c = 3/s$

24.8 그림 24.5에 하루주기 리듬(예를 들어 24 h)의 피드백 제어를 보여주는 간단한 블록선도에서 이득 = 5 [mRNA/Protein]이고 시간 상수 = 1.0 h인 1차계 과정으로 전사가 표현된다고 가정하자. 더구나 신호복제와 분해는 알려지지 않은 크기의 간단한 지연으로 표시할 수 있다고 가정하자.

(a) 피드백 루프에 모든 요소들의 주파수 응답 특성을 계산하시오. 시간의 단위에 유의하시오.

(b) 일련의 하루주기 리듬을 만들기 위해서, 신호복제/분해에 필요한 시간 지연은 얼마인가?(수치 값을 제시하시오.)

(c) 이러한 진동 조건에서, 신호복제/분해 과정의 이득은 얼마인가?

Appendix

A

디지털 공정 제어시스템: 하드웨어 및 소프트웨어

Digital Process Control Systems: Hardware and Software

학습목차 *Chapter Contents*

A.1 분산 디지털 제어시스템

A.2 아날로그/디지털 신호와 데이터 전송
- A.2.1 아날로그 신호 표현
- A.2.2 이진 신호와 변환기
- A.2.3 아날로그 신호와 변환기
- A.2.4 펄스열
- A.2.5 다중 송신기와 신호 다중 송신

A.3 공정 제어에서 사용하는 마이크로프로세서와 디지털 하드웨어
- A.3.1 단일-루프 제어기
- A.3.2 프로그래밍 가능한 논리 제어기
- A.3.3 개인용 컴퓨터 제어기
- A.3.4 분산 제어시스템

A.4 소프트웨어 조직
- A.4.1 분산 데이터베이스 및 데이터베이스 관리자
- A.4.2 노드 간 통신
- A.4.3 디지털 필드 통신 및 필드 버스
- A.4.4 공정 산업의 무선 기술
- A.4.5 데이터 수집
- A.4.6 공정 제어 언어
- A.4.7 조업자-기계 인터페이스
- A.4.8 데이터 이력장치

컴퓨터로 구현되는 공정 제어는 지난 50년 동안 개념과 장비 모두에서 광범위한 변화를 겪었다. 화학 공정 산업에서 디지털 컴퓨터 제어의 실현 가능성은 1950년대 중반에 처음 조사되었다. 이 기간 동안 컴퓨터에 의한 공정 모니터링 및 제어에 적합한 화학 공정을 확인하기 위한 연구가 수행되었다. 이러한 노력은 몇 가지 성공적인 적용 사례에서 절정에 이르렀다. 첫 번째 적용 사례는 중앙 처리 컴퓨터를 사용하는 Texaco 정유 공장과 Monsanto 화학 공장(둘 다 Gulf 연안에 위치)이었다. 최초의 상용 시스템은 현재의 컴퓨터에 비해 실행 속도가 느리고 크기가 엄청났으며, 매우 제한된 용량을 가졌다. 예를 들어, 일반적인 1세대 공정 제어 컴퓨터는 32K RAM과 1MB의 디스크 저장 장치를 가지고 있었다.

이러한 초기 제어시스템의 기능은 공정 특성보다 공정 제어 컴퓨터의 성능에 의해 제한되었다. 이러한 제한은 부적절한 운전자 교육 및 비친화적인 사용자 인터페이스와 결합되어 운영, 유지 및 확장이 어려운 설계로 이어졌다. 또한, 많은 제어시스템이 맞춤형 사양을 요구하여 매우 비쌌다. 비록 시스템 설계 및 구현에서 귀중한 경험을 얻었음에도 불구하고 경제적 한계로 인해 저렴한 마이크로프로세서가 상용화된 1970년까지 디지털 시스템이 공정 산업으로 유입되지 못하였다(Lipták, 2005).

지난 40년 동안 마이크로 일렉트로닉스 및 소프트웨어 기술의 발전으로 인해 컴퓨터 제어시스템이 널리 적용되었다. 디지털 제어시스템은 많은 부분에서 기존의 아날로그 계기판을 대체하여 컴퓨터가 공정 상태를 모니터링하면서 공정 장비를 제어할 수 있게 하였다. VLSI(very large-scale integraded) 회로, 객체 지향 프로그래밍 기술 및 분산 구조와 같은 기술의 발전은 제조 및 구현 비용을 줄이면서 시스템의 신뢰성과 유지 관리성을 향상시켰다. 이러한 비용 절감은 단일 회로 제어기 및 스마트 기기의 마이크로프로세서와 같이 새로운 영역에서 소규모 시스템의 적용을 가능하게 하였다(Thompson and Shaw, 2016). 프로그램 가능 논리 제어기(Programmable Logic Controllers, PLCs)는 또한 공정 산업에서 강력한 발판을 마련하였다.

디지털 제어시스템에 대한 수요 증가는 시스템 엔지니어링 및 서비스 조직으로 구성된 새로운 산업을 창출하였다. 제조 회사는 공정 제어 컴퓨터를 상업용 컴퓨터 네트워크와 결합하여 전사적 컴퓨터 네트워크로 전환하였다. 이러한 네트워크를 통해 모든 컴퓨터는 계획 및 일정 수립에서 동일한 데이터베이스를 사용할 수 있으며(19장 참조), 공장 외부에서 운전실 정보에 접근할 수도 있다.

다음 절에서는 공정 제어에 사용되는 하드웨어 및 소프트웨어에 대한 개요를 다루고자 한다. 분산 제어시스템의 구성에 대해 먼저 알아본 후, 다양한 신호 유형에 따른 데이터 수집에 대해 다룬다. 그런 다음 디지털 하드웨어에 대해 설명하고 제어시스템 소프트웨어 구성 및 아키텍처에 대한 설명으로 마무리한다.

A.1 분산 디지털 제어시스템

마이크로 일렉트로닉스 및 전자통신의 혁명적인 발전은 분산 컴퓨터 네트워크의 발전을 가속화하였다. 1970년대에 1세대 *분산 제어시스템*(distributed control system, DCS)이 기존의 공정 제어에 사용되던 단일 중앙 처리 시스템을 독립적으로 작동하는 다수의 동일한 미니 컴퓨터로 대체하였다. 정보 전송을 위해서는 자기 테이프와 같은 이동식 매체가 사용되었다. 네트워킹을 통해 이러한 컴퓨터들이 서로 자원 및 정보를 공유할 수 있었다.

인근의 공정을 제어하기 위해 서로 다른 공장 지역에 물리적으로 위치하고 있는 컴퓨터는 *지리적으로 분산*되었다고 한다. 둘 이상의 컴퓨터가 하나 이상의 공정 제어를 공유할 수 있다. 제어 기능이 둘 이상의 컴퓨터 또는 장치에 분산되면 시스템이 *논리적으로 분산*되었다고 한다. 공정 제어 네트워크는 지리적으로나 논리적으로 분산되는 경향이 있으며, 그 정도는 실행 우선 순위와 복잡도에 따라 달라진다. 공정 제어 네트워크의 실제 구현에는 분산 제어시스템에 사용되는 워크스테이션, 개인용 컴퓨터(PC), 단일 회로 제어기(SLC), 프로그램 가능 논리 제어기(PLC) 및 내장형 마이크로 컴퓨터와 같은 다양한 디지털 장치가 활용된다.

1980년대에 표준 분산 디지털 제어 네트워크 형상은 개별의 위성 노드가 중재 노드를 통해 서로 통신하는 별형(Star) 구성이었다. 중재 노드는 종종 중앙 제어실이나 그 근처에 위치한 해당 시스템의 주 컴퓨터였다. 이 컴퓨터는 공정 지역에 위치한 위성 컴퓨터에서 일반적으로 구현되지 않는 운영자 인터페이스 및 기타 여러 가지 기능을 지원하였다. 이러한 체계의 내재된 결함 중 하나는 위성 컴퓨터가 계속 작동하더라도 주 컴퓨터가 고장 났을 때 운전자 감독 및 제어 기능이 상실된다는 것이었다(Lipták, 2005).

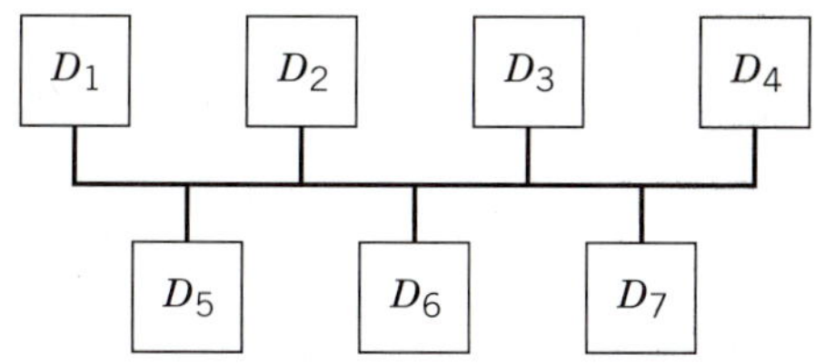

그림 A.1 디지털 공정 제어를 위해 다양한 장치 D_i를 사용한 전역 버스 아키텍처.

현재에는 전역 버스 아키텍쳐(global bus architecture)와 LAN(local area networks, LAN)을 사용하는 개방형 시스템 설계(그림 A.1)가 컴퓨터 제어에 사용되고 있다. 일반적으로 격리되었던 이전의 네트워크와는 달리 LAN은 종종 게이트웨이 장치를 통해 다른 네트워크에 연결된다. 전통적인 호스트 컴퓨터의 역할은 기능에 따라 나누어 졌으며, 동일한 데이터 버스를 공유하는 별도의 독립 컴퓨터에서 구현된다. 둘 이상의 운전자 인터페이스 노드가 설치되면, 여러 개의 운전실에 장애가 발생하더라도 공정에 대한 운전자 인터페이스는 유지될 수 있다. 공정 제어를 위한 DCS는 데이터 수집 장치와 같이 특수한 하드웨어가 필요하지만 기본적으로 상업용 데이터 센터 또는 서버 시설에서 사용되는 실시간 분산 시스템과 동일하다(Kopetz, 2011; Lewis et al., 2006).

A.2 아날로그/디지털 신호와 데이터 전송

현장에서 계장 시스템(instrumentation)은 공정 제어와 모니터링에 필수적인 요소다. 디지털 컴퓨터를 사용해서 공정을 모니터링하고 제어하기 위해서 이들 계장 시스템으로부터 데이터를 획득하고 이렇게 측정된 정보에 기반해 제어기를 구현할 수 있어야 한다. 이를 위해서 아날로그 신호를 디지털 신호로 또는 그 역으로 변환하는 특별한 장치가 필요하다. 전통적으로 공장 안에서 데이터는 아날로그 신호를 사용하여 전송해 왔으나 FieldBus나 Profibus와 같은 디지털 장비가 보급됨에 따라 이러한 상황은 점차적으로 변화하고 있다(Mehta and Reddy, 2016).

A.2.1 아날로그 신호 표현

아날로그 신호는 물리 세계에서 특정한 범위에서 임의로 취할 수 있는 연속 시간-변화하는 값들로 나타난다. 대조적으로 디지털 신호는 일정한 값들의 집합으로 제한된다. 현장 계장 장치에서 측정된 값을 디지털 컴퓨터에 전달하기 위해서는 전기 신호는 디지털 컴퓨터가 받아들일 수 있는 형태로 변환되어야 한다. 아날로그-디지털이나 디지털-아날로그 전환은 A/D와 D/A 변환기[1]라 불리는 간단한 장치에 의해서 수행된다(ADCs과 DACs). 아날로그 전기 신호는 전압 혹은 전류의 형태를 가진다. 9장에서 논의된 전송기 표준의 결과로 모든 측정 및 조작 변수에 대하여 표준 인터페이스를 이용할 수 있다.

A.2.2 이진 신호와 변환기

이진 신호는 두 개의 값들로 표현되는 정보를 운반한다(0 혹은 1). 이 값들은 두 개의 상태를 가진 장치의 운전을 표현하기 위해 사용된다(예를 들어 모터나 펌프의 정지 혹은

[1] "A to D", "D to A"로 읽는다.

운전). 비슷하게 이진 신호는 이러한 장치들의 시동 혹은 정지를 위하여 사용할 수 있다. 이진 신호들은 비트(bit, 0 혹은 1)로 표현되고, 일정한 크기(바이트 = 8비트 혹은 컴퓨터의 word 크기)의 덩어리들로 묶는다. 종종 LED가 상태를 알리기 위해 부착된다.

실제로는 모든 이진 신호는 *논리적인 영*을 표현하기 위해서 영 볼트(AC 혹은 DC)를 사용한다. 다른 전압 수준(예를 들어 5, 15와 24 VDC, 24와 110 VAC)들은 논리적인 일을 표현하기 위해서 사용된다. 흔히 사용되는 다른 종류의 이진 신호로 다음에 설명된 펄스 열(pulse trains)이 있다. 좀더 자세한 내용은 참고문헌에서 찾을 수 있다(Patterson and Hennessey, 2013; Johnson, 2005).

A.2.3 아날로그 신호와 변환기

디지털 컴퓨터는 무한한 정밀도로 데이터를 저장할 수 없기 때문에, 측정값들은 양자화되어야 한다. 마찬가지로 이러한 공정 측정값으로 계산된 제어 출력도 컴퓨터의 정확도에 따라 양자화된다. 그래서 유한개의 비트가 컴퓨터의 정밀도에 따라 아날로그 측정값의 디지털화된 버전을 표현하기 위해 사용된다. 대부분 공정 제어에 기원한 ADCs와 DACs들은 12비트의 부호 없는 정수형을 사용한다. 그래서 각 공정 변수를 위하여 2^{12} 또는 4096개의 양자화된 레벨이 있다. 이 해상도는 전자 신호에 전형적인 잡음 레벨보다 낮은 0.025%보다 크다. 높은 해상도가 요구되는 응용에서는 24비트 이상이 사용된다.

아날로그 입력을 디지털화하기 위해서, 측정할 공정 신호는 알려진 신호와 비교된다(Johnson, 2005). 그림 A.2는 적분기, 비교기 및 계수기를 포함한 간단한 전압 ADC를 보여준다. 측정할 신호는 비교기의 입력으로 사용되어 적분기에서 발생된 시험 신호와 비교된다. 12비트로 표현된다고 가정하고, 수정 발진기에 의해서 사전 결정된 주파수로 측정할 신호의 설계 전압 범위의 1/4096만큼 램프 전압이 증가된다. 계수기도 같은 주파수로 증가된다. 비교기는 램프 전압이 측정할 전압과 같거나 초과할 때 계수기에 그 내용을 고정하도록 신호한다. 램프 전압이 측정할 신호와 같거나 초과하는 데 걸리는 시간은 측정할 신호의 크기에 비례하게 된다. 다음 샘플링 구간의 초기에 계수기에 저장된 값이 자료 처리를 위한 또다른 레지스터로 전달된다. 계수기와 비교기는 초기화되고, 램프 전압은 설계 전압 범위의 아래 쪽 경계로 복귀한다. 위에 설명된 전체 과정이 반복된다. 다른 A/D 변환 방법들이 있지만 단지 시험 신호를 발생시키는 방법에 차이가 있을 뿐이다.

D/A 변환기들은 저항 배열을 사용한다. 디지털 값을 변환하기 위해서, 디지털 값의 각

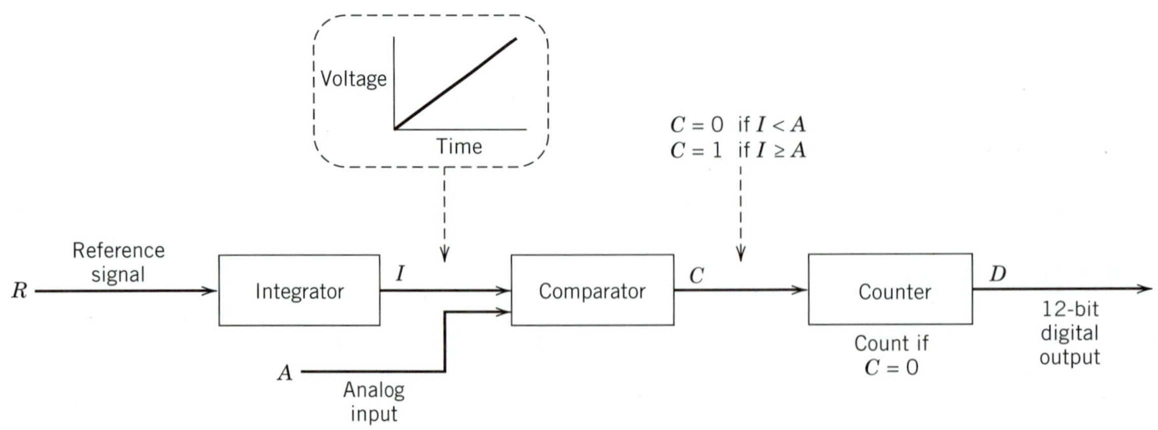

그림 A.2 전압 A/D 변환기의 모식도.

비트를 동시적으로 저항 배열에 입력하고, 배열은 각 비트의 가중 합을 전기적으로 수행한다. 배열 출력의 전압 레벨은 아날로그 값에 비례하고 원하는 신호 수준으로 증폭된다.

전류 신호 변환기들은 전압 변환기들과 같은 원리를 사용하여 입력 및 출력 변환을 수행한다. 시험 후 일치(trial-and-match) 작동방식 때문에, 아날로그 신호를 위한 ADCs는 다른 유형의 신호 변환기와 비교하여 실행속도가 느리다. 지금까지 논의된 다양한 신호 변환기들 중에 단지 ADCs만이 마이크로프로세서를 필요로 한다는 점을 알아야 한다.

A.2.4 펄스 열

펄스 열은 아날로그 정보를 운반하기 위해 사용되는 특별한 형식의 이진 신호다. 정보 운반은 펄스의 주파수를 측정하여 성취될 수 있다(보통 입력에 대하여). 반면에 일정한 시간 중 정시(on-time)(값이 1인 시간) 비율은 출력을 위하여 사용된다. 이는 *동작 비율*(duty cycle) 또는 절대 정시(absolute-on-time)라 불리운다(Johnson, 2005). 공정 제어 컴퓨터들은 저주파 펄스 신호를 다룰 수는 있지만, 단지 소수의 신호만 사용될 경우가 아니라면 이러한 목적을 위해서는 드물게 사용된다. 많은 수의 신호들을 고주파로 처리하기 위해서, 특별한 펄스-계수 ADCs와 펄스-발생 DACs들이 사용된다. 펄스 주파수를 나타내는 값들은 펄스 출력을 처리하기 위해 필요하다. 저주파 및 고주파 한계는 각각 펄스의 0%와 100% 정시(on-time)를 나타낸다.

일련의 펄스 열로 구성된 펄스 입력은 펄스 주파수를 측정하고 주파수를 디지털 표현으로 전환하는 펄스 계수기를 사용해서 디지털화가 될 수 있다. 컴퓨터는 펄스 집계를 위한 하나의 누산기로 작동한다; 일정한 시간 주기 후에 컴퓨터의 출력은 펄스 주파수에 비례한다(Johnson, 2005). 예를 들어, 터빈 유량 계량기는 유체 흐름의 속도를 측정하기 위해서 펄스 계수기를 이용한다. 한번의 회전 동안 계량기를 통과하는 유체 흐름의 고정된 양 즉 하나의 펄스가 생성된다. 이 경우에 펄스 주파수를 결정하는 것에 의해서 유체의 유량을 계산할 수 있다. 펄스 출력은 공정 변수를 제어하기 위해서 두 개의 상태를 가진 장치를 조작하는데 흔히 사용된다. 예를 들어 일정한 출력의 전력 공급장치를 가진 가열기를 살펴보자. 온도는 가열기가 소비하는 전력을 제한해서 제어될 수 있는데, 이는 주기적으로 가열기를 단속(on and off), 즉 퍼센트 정시(percent on-time)를 조절해서 성취할 수 있다. 단속 주파수가 높아질수록 제어되는 온도는 더 평탄해진다. 펄스 지속 출력(pulse duration outputs, PDOs)과 관련해서, 펄스 지속시간은 아날로그 장치에 적용된 증분제어(incremental control)에 비례한다. 예를 들어 펄스 지속시간은 스테핑 모터를 사용한 밸브 열림의 크기 변화에 해당한다.

몇몇 매우 중요한 측정 장치들은 프로그래밍 인터페이스가 필요하다. 예를 들어 온라인 기체 크로마토그래프는 다성분 흐름의 조성을 측정하기 위해서 광범위하게 사용되는데, 디지털 출력 신호는 조성 뿐 아니라 샘플을 분석하는 데 소요되는 시간 같은 관련 정보도 포함한다.

A.2.5 다중 송신기와 신호 다중 송신

전형적인 DCS는 많은 개수의 입력을 감시하고 훨씬 적은 개수의 출력을 만들어 낸다. 다중 송신기(MUX)와 데이터 획득은 컴퓨터에 의해서 동기화되고 전압으로 측정된 고수준의 신호에 적용된다. 열전쌍이나 변형계(strain gauge)에서 만들어지는 밀리볼트 정도의 저수준 입력 신호를 위해서는 저수준 다중 송신이 수행되어야 한다. 단일 채널 I/O 카드는 데이터 수집 간소화, 유지비용 감소 및 정렬된 보관 캐비닛의 필요를 없애준다. 이러한 다중 송신기는 본성적으로 전기 기계적이다. 다른 방법으로는 증폭기를 사용하여 저수준 신호를 끌어올려 직접적으로 고수준 다중 송신기를 사용하는 방법이 있다(Johnson, 2005). 하드웨어 비용을 줄여줄 뿐아니라, ADCs의 개수를 줄이기 위해서 다중 송신기를 사용하는 것을 특정한 경우에 고려할 필요가 있다.

A.3 공정 제어에서 사용하는 마이크로프로세서와 디지털 하드웨어

공정 제어에 채택된 디지털 시스템은 아래의 체계를 따라서 크기, 범위 및 가격이 증가한다:

1. 단일–루프 제어기
2. 프로그래밍 가능한 논리제어기
3. 개인용 컴퓨터 제어기
4. 분산제어시스템

이러한 범주들은 이어지는 4개의 하부 섹션에서 논의한다(A.3.1에서 A.3.4). 가장 낮은 수준(복수의 단일–루프 제어기, SLCs)에서도 집적회로의 소형화로 특정한 목적의 마이크로프로세서에 16개의 제어 루프를 넣을 수 있다. 4가지 유형의 제어 하드웨어 시스템 모두에서 고장 탐지(failure protection)를 위한 여분의 하드웨어를 포함한다. 제어 하드웨어 시스템은 고온과 같은 극한 환경조건에서 작동할 수 있으며 진동과 충격을 견딜 수 있다. 또한 폭발성 또는 부식성이 있는 환경에 배치할 때 종종 특수 캐비닛으로 둘러싸여 있다. 질소 퍼지 가스는 캐비닛 내부에 약간의 양압을 유지하고 위험한 환경이나 공기 중 오염물질로부터 시스템을 격리하는 데 사용된다.

A.3.1 단일–루프 제어기

단일–루프 제어기(SLC)는 아날로그 단일 루프 제어기와 동등한 디지털 제어기다. 랙에 장착할 수 있는 독립형 마이크로 프로세서 기반 장치이다. 기본 3개 모드(PID)제어기 기능은 아날로그 기능과 동일하지만 프로세서 기반 SLC는 작업자가 PID, 온/오프, 리드/래그, 가산기/감산기, 곱하기/분할기, 필터 기능, 신호 선택기, 피크 감지기 및 아날로그 트랙과 같은 사전 정의된 제어기능 세트에서 제어 전략을 선택할 수 있다. SLC는 자동/수동 전송 스위칭, 다중 설정점. 자가 진단. 이득 스케줄링 및 시간 순서 지정 기능을 갖추고 있다. 많은 제조업체는 다단 제어 또는 일반적으로 장치당 4, 8 또는 16개의 루프를 처리하는 단일 프로세서 장치를 생산하고 자체 튜닝 또는 자동 튜닝 PID 제어 알고리즘을 통합한다. 독립적으로 작동하도록 설계되었지만 단일 루프 제어기는 A.3.4 절에서 논의된 바와 같이 분산 제어시스템(DCS)과 유사한 디지털 통신기능을 가지고 있다.

A.3.2 프로그래밍 가능한 논리 제어기

프로그램 가능 논리 제어기(PLCs) 는 순차 및 회분식 공정을 제어하는 데 널리 사용되는 간단한 디지털 장치다(22장 참조). PLCs는 원래 전기기계 릴레이를 대체하도록 지정되었지만 이제는 일반적으로 마이크로 프로세서와 관련된 추가 기능이 있다. 예를 들어,

PLCs는 특수 소프트웨어를 통해 PID 제어 및 기타 수학 연산을 구현할 수 있다(Hughes, 2005; Petruzella, 2010).

PLCs는 단독으로 사용하거나 디지털 컴퓨터 제어시스템과 함께 사용할 수 있다. Hughes(2005)와 Lipták(2005)는 PLCs의 일반적인 특성을 다음과 같이 요약했다:

1. **입력/출력(I/O)**. 최대 수천개의 개별(이진)입력 및 출력을 수용할 수 있다. 대형 PLC에는 데이터로깅 및 연속 PID 제어를 위한 수백 개의 아날로그 입력 및 출력이 있다.
2. **논리 처리 능력**. 모든 PLC는 이진 논리 연산을 효율적으로 처리하도록 설계되었다. 논리 기능이 주 메모리에 저장되기 때문에 PLC 기능의 한 가지 척도는 메모리 스캔 속도이다. 또 다른 방법은 논리 또는 사다리도표의 각 단계를 스캔하는데 필요한 평균시간이다(22장 참조). 단일장치로 수천단계를 처리할 수 있다. 대부분의 PLC는 또한 순차적인 논리를 처리하고 규정된 시간만큼 조치를 지연하고 규정된 시간에 조치를 실행하는 등의 내부 타이밍 기능을 갖추고 있다.
3. **연속 제어 기능**. 아날로그 I/O기능이 있는 PLC에는 일반적으로 최대 수백 개의 제어 루프를 처리하는 PID 제어 알고리즘이 포함된다. 보다 정교한 PLC는 PID, 온/오프, 적분 동작, 비율 및 다단 제어, 낮은 또는 높은 신호 선택, 리드 지연 요소 및 등등을 포함하여 12, 15, 16장에서 다루는 일반적으로 사용되는 거의 모든 제어기능을 통합한다.
4. **연산자 통신**. 구형 PLC는 개별 입력 및 출력의 상태를 표시하는 단순한 신호램프 외에는 사실상 연산자 인터페이스를 제공하지 않는다. 최신모델은 종종 DCS 제어시스템의 한 구성요소로 기능하기 위해 네트워크로 연결되며 네트워크에서 별도의 구성 요소에 의해 제공되는 연산자 I/O가 제공된다.
5. **PLC 프로그래밍**. 구성 가능한 PLC와 *프로그래밍 가능한*(configurable and programmable) PLC는 구별된다. *구성 가능*(configurable)이라는 용어는 논리연산(원하는 출력을 생성하기 위해 입력에서 수행되는)을 PLC 메뉴에서 선택하거나 PLC의 직접 질문을 통해 *사다리도표*(ladder diagrams) 형태로 PLC 메모리에 위치하는 것을 의미한다. 일반적으로 논리 연산은 상위 레벨 프로그래밍 언어의 형태로 PLC 메모리에 저장된다. 대부분의 제어 엔지니어는 프로그래밍 대신 PLC구성의 단순성을 선호한다. 그러나 일부 회분식 응용, 특히 복잡한 시퀀싱과 관련된 응용은 아마도 상위 수준의 컴퓨터 제어시스템을 통해 프로그래밍 가능한 접근 방식으로 가장 잘 처리된다.

A.3.3 개인용 컴퓨터 제어기

고성능, 저비용 및 사용 용이성으로 인해 개인용 컴퓨터(PC)는 공정 제어에 널리 사용되는 플랫폼이다. 스캔, 제어, 경보 및 데이터 수집(SCADA) 기능을 수행하도록 구성되고 스프레드 시트 또는 데이터베이스 관리 응용과 결합될 때 PC 제어기는 DCS에 대한 저렴한 대안이 될 수 있다.

실시간 제어를 위해 PC를 사용하려면 프로세스 기기에 연결되어야 한다. I/O 인터페이스는 확장 슬롯의 보드에 위치하거나 PC의 표준 통신 포트를 사용하여 외부 I/O 모듈에 연결될 수 있다(예를 들면, RS-232, RS-422, 또는 IEEE-488). 제어기 카드/모듈은 16비트 또는 32비트 마이크로프로세서를 지원한다. 표준화 및 대량 PC 시장으로 인해 PC 제어기를 위한 다양한 하드웨어 및 소프트웨어 도구가 탄생하였다(McConnell and Jernigan, 1996; Auslander and Ridgely, 2002).

PLC와 비교했을 때 PC는 낮은 구매비용, 그래픽 출력, 대용량 메모리, 다양한 소프트웨어 제품(데이터베이스 및 개발 도구 포함), 더 많은 프로그래밍 옵션(C 또는 Java vs. 래더 로직 사용), 더 풍부한 운영체제, 개방형 네트워킹 등의 장점이 있다. PLC는 낮은 유지보수 비용, 운영체제 및 제어에 최적화된 하드웨어, 빠른 부팅시간, 견고성, 낮은 평균 고장 간격, 제품 모델에 대한 더 긴 지원기간 그리고 독립형 장치라는 장점이 있다. PC 기반 제어계는 향후 10년 동안 PLC 및 DCS보다 훨씬 빠른 속도로 계속 성장할 것으로 예측된다.

공정 제어계는 확장이 가능해야 하는데, 이는 단순히 장치를 더 추가하기만 하면 제어 및 계장 시스템의 크기가 쉽게 확장된다는 것을 의미한다. 이 기능은 개방형 시스템의 가용성(즉, 장치 간 plug-and-play), 소형화, 저비용, 더 큰 유연성 그리고 디지털 제어계의 기성 하드웨어 및 소프트웨어로 인해 가능하다. 대표적인 시스템으로는 개인용 컴퓨터, 운영체제, 객체 지향 데이터베이스 기술, 모듈형 현장설치식(field-mounted) 제어기, 시스템 및 지능형 현장 장치의 플래그 앤 플레이(plug-and-play)통합 등이 있다. 새로운 장치는 자동으로 인식되고 구성되며 신형 제어알고리즘은 PC 수준에서 실행할 수 있다(Lipták, 2005).

A.3.4 분산 제어시스템

그림 A.3은 대표적인 분산 제어시스템을 보여주고 있다. DCS 시스템은 MUX, 단일루프 및 다중 루프 제어기, PLC 및 스마트 장치를 포함하여 일반적으로 사용되는 많은 DCS 구성요소로 이루어진다. 시스템은 다음 구성 요소의 일부 또는 전부를 포함한다(Lipták, 2005):

1. **제어 네트워크**. 제어 네트워크는 네트워크의 개별 구성요소 사이의 통신 연결이다. 통신 연결에는 동축 케이블과 최근에는 이더넷 프로토콜과 경쟁하여 광섬유 케이블이 자주 사용되고 있다. 연결 고장 가능성을 줄이기 위해 중복 케이블 쌍(이중 중복 highway)이 일반적으로 공급된다.
2. **워크스테이션**. 워크스테이션은 다른 장치에서 사용할 수 없는 기능을 수행할 수 있는 시스템 내의 가장 강력한 컴퓨터이다. 워크스테이션은 노드간 통신을 라우트하는 중재자 역할과 데이터 서버 역할을 한다. 운영자 인터페이스가 지원되며, 다양한 주변 장치가 워크스테이션을 통해 조정된다. 실시간 최적화(19장) 또는 모델예측제어(20장)와 같이 계산 집약적인 작업이 워크스테이션에서 시행된다.
3. **실시간 시계**. 공정 제어계는 사건에 적시에 대응해야 하며 실시간 제어 기능을 갖추고 있어야 한다. 일부 DCS는 정확도를 유지하기 위해 원자 시계 신호에 연결되어 있다.
4. **조업자 스테이션**. 조업자 스테이션은 일반적으로 전용 기능을 수행하는 특수 키보드가 있는 컬러 그래픽 모니터로 구성된다. 조업자는 이러한 곳에서 공

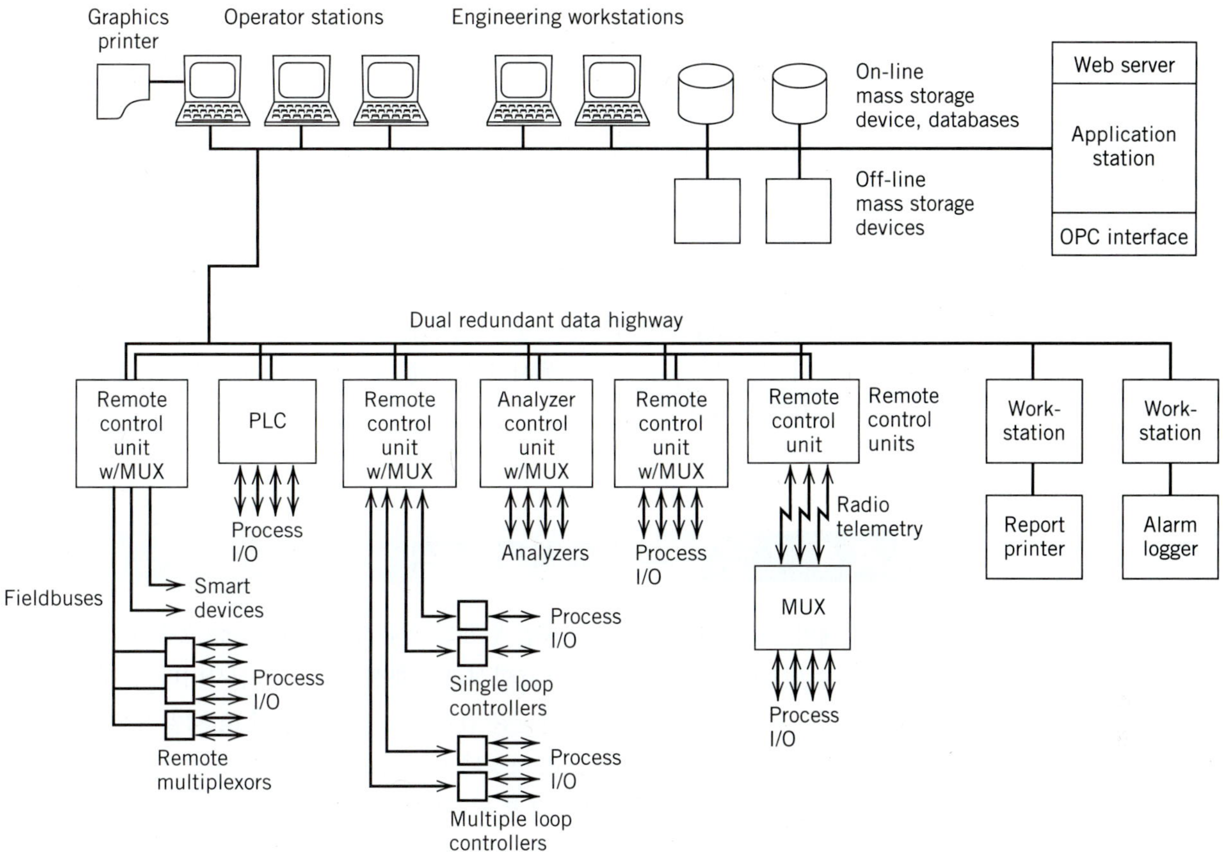

그림 A.3 일반적인 분산제어시스템 (Distributed Control System, DCS).

정을 감독하고 제어한다. 조업자 스테이션은 경보 기록, 보고서 인쇄 또는 공정 그래픽을 위해 프린터에 직접 연결될 수 있다.

5. **엔지니어링 워크스테이션**. 이는 조업자 스테이션과 유사하지만, 시스템 소프트웨어 개발에 사용되는 프로그래밍 단말기로도 사용될 수 있다. 이러한 배치는 시스템 소프트웨어의 개발 환경과 애플리케이션 환경 사이의 호환성 문제를 줄여준다. 일반적으로 사용자는 엔지니어링 워크스테이션에서 자체 응용 프로그램을 개발할 수도 있다.
6. **원격 제어 장치(RCUs)**. 이 구성 요소는 PID 제어와 같은 기본 제어 기능을 구현하기 위해 사용된다. 일부 RCU는 단일 루프 제어기에 설정점을 획득하거나 공급하도록 구성할 수 있다. 무선 원격 측정 시스템(및 무선 HART 기술) 또는 더 높은 대역폭을 위한 광섬유 케이블을 설치하여 먼 거리에 있는 MUX 장치와 통신할 수 있다.
7. **응용 스테이션**. 이러한 개별 컴퓨터는 *OPC 인터페이스*를 통해 데이터베이스, 스프레드시트, 금융 소프트웨어 및 모사 소프트웨어와 같은 응용 소프트웨어를 실행한다. OPC는 공정 제어를 위한 객체 연결과 임베딩의 약자로, 표준 인터페이스에 기초한 소프트웨어 구조이다. 이러한 스테이션은 전자 메일 및 웹서버, 원격진단, 구조 및 IP(인터넷 프로토콜) 주소가 있는 장치의 작동에 사용할 수 있다. 응용 스테이션은 온라인 대용량 저장 시스템에 포함된 메인 데이터베이스와 통신할 수 있다(섹션 A.4 참조).

8. **대용량 저장 장치**. 일반적으로 하드 디스크 드라이브는 온라인 및 기록 데이터베이스와 비 메모리 상주 프로그램 등 활성화 데이터를 저장하는 데 사용된다. 메모리 상주 프로그램도 시스템 시동 시 로딩될 수 있도록 저장된다.
9. **필드버스/스마트 기기**. 기존의 4~20 mA 전류 신호 외에 공정 I/O의 디지털 통신을 지원하는 현장설치식 장치의 수가 증가하고 있다. 이러한 장치는 더 많은 기능을 제공하므로 설정 시간이 단축되고, 제어 기능이 향상되며, 개별 장치의 결합 기능 및 제어밸브 진단 기능이 가능해진다. 디지털 통신은 또한 제어시스템의 완벽한 분산을 가능하게 하는데, 예를 들어 PID 제어 알고리즘이 밸브 포지셔너 또는 센서/송신기에 상주할 수 있다. 자세한 내용은 A.4.3을 참조하라.

A.4 소프트웨어 조직

분산 제어시스템에서는 다수의 공급 업체의 컴퓨터 및 기타 구성 요소가 네트워크의 일부가 될 수 있다. 따라서 소프트웨어 호환성과 휴대성이 주요 관심사이다. 휴대용 소프트웨어와 가상(클라우드 기반)기억은 일관된 컴퓨터 성능을 보장하고, 개발 노력의 중복을 방지하고, IT 관리 오버헤드를 줄이고, 향상된 사이버 보안을 제공하는 데 사용된다. 다양한 컴퓨터 및 응용 프로그램에 대한 사용자 지정을 최소화하기 위해 개체 지향 프로그래밍 기술을 사용한다. 인터넷 연결을 통해 시스템 상태 및 유지 관리를 모니터링 할 수 있다.

DCS가 제대로 작동하기 위해서는 많은 소프트웨어 작업의 공동 노력이 필요하다(Kopetz, 2011; Lipták, 2005). 각 네트워크 노드(node)의 핵심은 기능적으로 서로 다른 작업(즉, DCS 노드 간 통신, 데이터 수집 및 제어, 운영자 인터페이스, 공정 제어 소프트웨어, 시스템 유틸리티 라이브러리 및 보고서 생성)으로 분할된 신뢰할 수 있는 실시간 멀티태스킹 운영체제여야 한다. 이 모든 작업은 상호 의존적이며 데이터베이스에 저장된 공정 데이터를 공유한다. 모든 네트워크 노드는 로컬 데이터베이스를 유지하면서 통신 기능을 가져야 하기 때문에 이러한 작업은 다른 노드에 분산될 수 있다.

A.4.1 분산 데이터베이스 및 데이터베이스 관리자

데이터베이스는 서로 다른 네트워크 노드에서 데이터 중복성을 줄이는 데이터 저장을 위한 중앙 집중식 저장소이다. 일부 로컬 데이터베이스는 접근하지 못할 수 있지만, 네트워크를 통해 여러 데이터베이스에 접근할 수 있다. 중앙 데이터베이스 서버 시스템은 장비 저장 기능 및 비용에 따라 설정된다. 데이터베이스 및 트랜잭션 처리에 대한 자세한 사항은 다음에서 볼 수 있다[Lewis et al. (2006) and Garcia- Molina et al. (2008)].

데이터베이스 관리자는 네트워크의 다양한 데이터베이스에 대한 게이트 키퍼 역할을 하는 시스템 유틸리티 프로그램 세트이다. 데이터를 검색하거나 수정하는 모든 기능은 먼저 관리자에게 요청을 제출해야한다. 데이터베이스에 액세스하는 데 필요한 정보에는 데이터베이스 엔터티의 태그 이름(종종 포인트라고 함), 액세스 할 속성 및 수정할 경우 값이 포함된다. 데이터베이스 관리자는 다른 상충되는 요청을 처리하지 않을 때만 요청을 실행하여 데이터베이스의 무결점을 유지한다. 여러 작업이 동일한 데이터를 동시에 읽을 수 있지만 동일한 데이터 항목의 동시 읽기/쓰기는 허용되지 않는다.

A.4.2 노드 간 통신

컴퓨터 그룹이 네트워크가 되려면 컴퓨터 간 통신이 필요하다. 표준화된 통신 프로토콜의 도입으로 자본 비용이 감소했으며 대부분의 최신 DCS 네트워크 프로토콜 설계는 물리적, 데이터 링크, 네트워크, 전송, 세션, 프레젠테이션 및 애플리케이션 계층이있는 ISO-OSI[2] 7 계층 모델을 기반으로 한다(Thompson and Shaw, 2016).

공장 자동화를위한 통신 프로토콜을 표준화하려는 노력은 1980년대 초 제너럴 모터스에 의해 시작되었다. 이 작업은 ISO-OSI 표준을 기반으로 채택한 MAP(Manufacturing Automation Protocol)에서 절정에 이르게 된다. MAP는 개별 부품 제조에 적합한 기존 표준 프로토콜의 선택을 통합하는 광대역 백본 LAN(근거리 통신망)을 지정한다. MAP은 공정 제어에 사용되는 DCS의 통합을 다루기 위한 것이다. 이후 운영 체제가 다른 노드 간의 통신을 위해 TCP/IP(전송 제어 프로토콜/인터넷 프로토콜)가 채택되었다. 레벨 2와 3에서 가장 널리 사용되는 LAN 기술은 이더넷이다.

통신 프로그램은 데이터베이스 관리자에 대한 링크 역할도 한다. 원격 노드에서 데이터가 요청되면 데이터베이스 관리자는 통신 프로그램을 통해 원격 노드 데이터베이스 관리자로 요청을 전송한다. 그런 다음 원격 노드 통신 프로그램은 상주 데이터베이스 관리자에 요청을 릴레이하고 요청된 데이터를 리턴한다. 원격 데이터베이스 액세스와 통신 장비 및 소프트웨어의 존재는 사용자에게 투명하다.

A.4.3 디지털 필드 통신 및 필드 버스

디지털 통신 기능이 있는 스마트 기기 및 단일 루프 컨트롤러와 같은 마이크로 프로세서 기반 장비는 현재 공정 공장에서 광범위하게 사용된다. 저비용 프로토콜인 *필드 버스*는

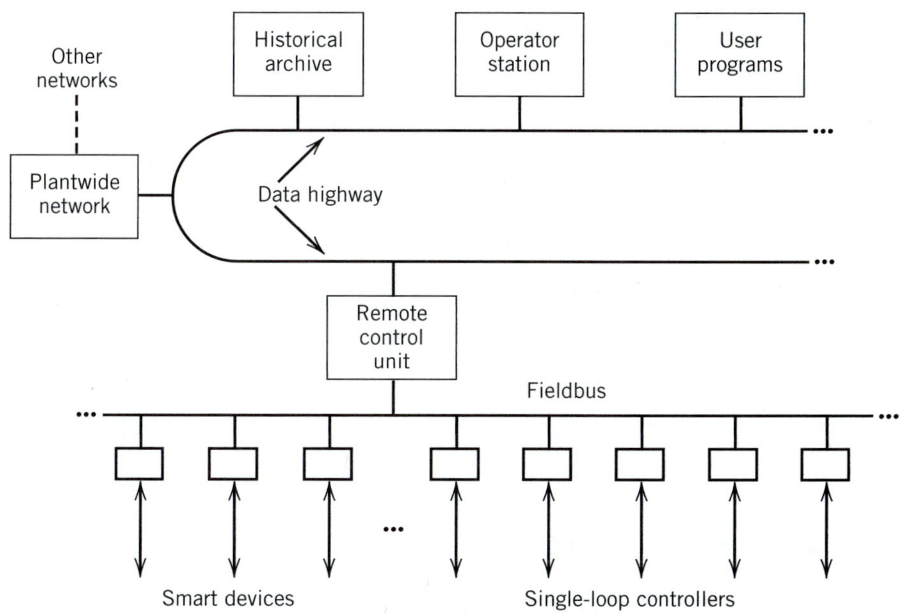

그림 A.4 스마트 장치와 단일 루프 컨트롤러를 작동하는 단일 원격 제어 장치에 연결된 광대역(고대역폭) 데이터 하이웨이 및 필드버스를 사용하는 DCS.

[2] Abbreviated from *International Organization for Standardization-Open System Interconnection*의 약자임.

DCS와 여러 공급 업체에서 구할 수 있는 장치 간의 효율적인 통신을 수행하는 데 필요하다. 그림 A.4는 데이터 하이웨이에 연결된 필드 버스 및 스마트 장치가 있는 LAN 기반 DCS를 보여준다.

현재, 프랑스 표준(FIP), 독일 표준(Profibus) 및 미국의 비영리 법인인 필드버스(Mehta and Reddy, 2016; Thomesse, 1999)를 선두로 한 다양한 DCS 공급 업체를 포함하여 여러 지역 및 산업 기반 필드 버스 표준이 있다.

국제 표준조직들은 단일 통합 표준이 아닌 이러한 필드버스 표준을 모두 채택했다. 하지만 앞으로 필드버스 표준이 더 발전할 것이다. 필드버스 표준화의 이점은 기존 서드파티 장비 제조업체가 스마트 장비 시장에 진입하도록 장려함으로써 업체간 경쟁을 통해 장비 품질이 향상을 유도한다는 것이다.

여러 제조업체에서 최종제어요소 또는 측정 전송기에 *필드버스 제어기*(fieldbus controllers)를 내장하여 사용토록 하였다. 적절한 통신 모뎀이 장치 내에 있어 전용 PC 기반 또는 하이브리드 아날로그/디지털 버스 네트워크와 인터페이스한다. 현재 필드버스 제어기는 기본 PID 제어 알고리즘과 기타 기능을 지원하는 8비트 및 16비트 마이크로 프로세서를 포함하는 단일 루프 제어기이다. 이러한 디지털 시스템을 구현한 사례 연구에서 기존의 아날로그 필드 통신에 비해 설치 비용(대부분 케이블 및 연결)이 크게 감소한 것으로 나타났다.

개방형(전용이 아닌)이며 여러 공급 업체에서 사용하는 하이브리드 아날로그/디지털 프로토콜의 예는 *HART*(Highway Addressable Remote Transducer) 프로토콜이다. 디지털 통신은 동일한 2개의 선을 사용하여 실제 공정 신호를 방해하지 않고 4~20 mA 공정 제어 신호를 제공한다. 이는 디지털 신호를 나타내기 위해 −0.5~+0.5 mA 범위의 주파수 의존 사인파를 중첩하여 수행한다.

컴퓨터 네트워킹에 널리 사용되는 TCP/IP를 통한 데이터 전송을 허용하는 고속 이더넷 표준(100Mbit/s 이상)을 사용하는 방향으로도 일반적인 움직임이 시작되었다. 이를 통해 모든 스마트 장치가 네트워크의 다른 장치와 직접 통신하거나 작업자가 상태 및 설정에 대해 문의(query)할 수 있다. 그러나 이더넷 표준을 기업 데이터 네트워크보다 더 까다로운 환경의 공정 제어 응용에 적합하게 하려면 상당한 변경이 필요하다.

HART 프로토콜은 전통적인 4~20 mA 필드 시그널링과 유사한 이유로 널리 사용되기 때문에 필드버스의 대안으로 안전하고 조심스럽게 무선 필드 통신으로 전환할 수 있는 대표적인 기술이다. HART 프로토콜은 주로 마스터/슬레이브 프로토콜이다. 즉, 필드 장치(슬레이브)는 마스터 장치에서 요청한 경우에만 정보를 전달한다. 선택적인 통신 모드 인 "버스트 모드"를 사용하면 HART 슬레이브 장치가 마스터 장치의 자극 요청없이 업데이트를 지속적으로 내보낼 수 있으며 이는 무선 데이터 전송의 중요한 속성이다.

A.4.4 공정 산업의 무선 기술

2010년 이후 공정산업에서 무선 필드 장치의 상업적 응용이 크게 증가했다. 이러한 거의 모든 필드 장치는 유선 기술을 위한 4~20 mA 기반 프로토콜에서 발전된 IEC 62591 WirelessHART 국제 표준을 기반으로한다. 무선 필드 네트워크의 장점은 유선 설치에 비해 잠재적으로 비용이 절감된다는 것이다. 무선 전송의 장애물에는 네트워크 외 출처로부터의 보안, 플랜트 환경의 전송 신뢰성, 제한된 버스 속도, 배터리 수명 및 공정산업

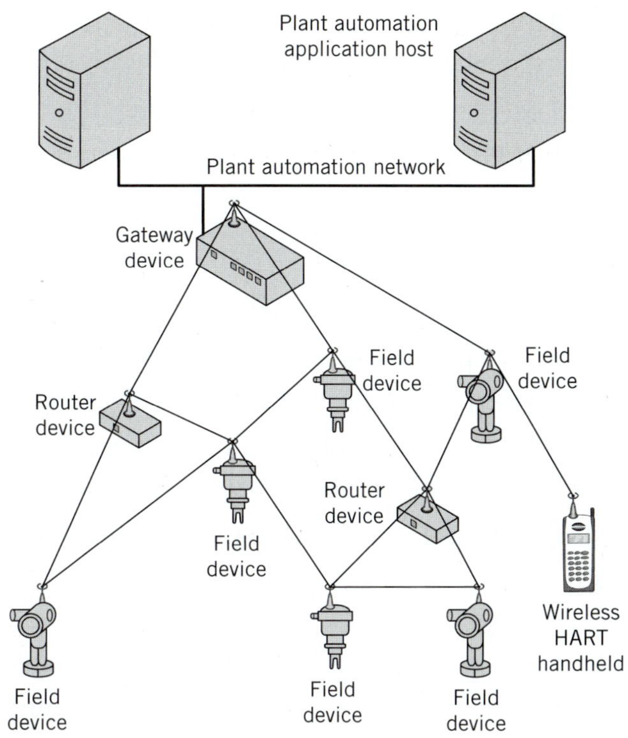

그림 A.5 WirelessHART 네트워크의 예(메시 아키텍처).

의 변화에 대한 저항이 포함된다. 포인트-투-포인트 아키텍처와 메시 아키텍처 모두 장치 수준에서 상용화되었다. *메시 아키텍처*는 해당 영역의 다른 전송 장치를 사용하여 전송 데이터를 수신한 후 전달하므로 간섭 원인 주변의 통신을 다시 라우팅한다. 무선 대역 내의 여러 주파수가 데이터 전송에 사용된다. 그림 A.5는 메시 아키텍처의 기본 네트워크 장치 유형을 보여준다. 장치에서 게이트웨이까지 RF 신호 경로는 750피트(230 m)에 접근할 수 있지만 장애물이 있는 경우 더 낮다. 깨끗한 가시선을 얻으려면 지형 변화 각도가 5° 미만인 장애물 위에 장치용 안테나를 장착해야 한다.

무선 장치에 사용되는 전원 모듈은 주기적으로 교체되도록 설계되어 공정에서 전송기를 제거할 필요 없이 현장에서 교체할 수 있다. 리튬 티오닐 클로라이드 배터리 셀은 높은 에너지 밀도, 긴 보관 수명 및 넓은 작동 온도 범위를 제공하여 많은 무선 장치에서 사용된다. WirelessHART 어댑터는 유선 전송기 전류 루프에서 끌어온 전력을 사용하며 모니터링 또는 제어에 사용되는 장치의 측정값에 무선으로 접근하기 위해 기존 유선 전송기에 설치할 수 있다.

필드교신기(field communicator)는 HART 장치 구성에 사용된다. WirelessHART 장치는 유선 HART 장치에서 사용되는 것과 동일한 도구 및 방법을 사용하여 사전 구성된다. 그러나 WirelessHART 장치는 대규모 설치가 여러 공정 영역에 걸쳐있을 수 있기 때문에 올바른 무선 네트워크에 연결하려면 네트워크 ID를 필요로 한다. 장치가 근처에 있는 이웃을 식별하면 조인키(Join Key)를 사용하여 네트워크 관리자와 교환하는 조인 메시지를 암호화한다. 그러면 네트워크 관리자가 장치를 인증하고 장치를 네트워크에 통합한다. Modbus, OPC 및 HART-IP를 포함한 여러 프로토콜이 지원된다. 무선 제품의 진단에는 모니터링 중인 장치 및 장비에 대한 정보가 포함된다.

WirelessHART 통신은 TDMA (Time Division Multiple Access)라고 하는 접

근 방식을 사용하여 정확한 시간 동기화로 스케줄된다. 스케줄링은 각 장치의 통신 요구사항과 함께 전체 네트워크 라우팅 정보를 사용하는 중앙 집중식 네트워크 관리자에 의해 수행된다. 대부분의 통신은 그래프 경로를 따라 이루어진다. 네트워크 관리자는 네트워크 배치 및 통신 수요의 변화에 따라 전체 네트워크 그래프와 네트워크 일정을 지속적으로 조정한다.

무선 피드백 제어

최상의 닫힌 루프 응답을 얻으려면 측정 및 데이터 수집의 지연을 최소화하기 위해 피드백 제어를 공정 응답 시간보다 4~10배 빠르게 실행해야 한다. 유선 송신기와 달리 무선 측정 송신기에 빈번한 샘플 신호를 제공하는 것은 실용적이지 않은데 그 이유는 무선 송신기의 배터리를 빠르게 고갈시키기 때문이다. 8, 16 또는 32초마다 새로운 측정값을 전달하는 무선 송신기의 일반적인 배터리 수명은 5년에서 7년 정도이다.

무선 샘플링 시간이 공정 응답 시간을 초과하면 외란에 대한 닫힌 루프 응답이 진동할 수 있다. 느린 공정 동특성을 갖는 온도나 액위 제어 같은 응용의 경우 공정 응답 시간보다 4배 더 빠르면서도 여전히 만족스러운 배터리 수명을 달성하는 무선 전송율을 사용할 수 있다. 이보다 더 빠른 루프에서는 이런 업데이트 속도는 비실용적이다. 그러나 측정이 자주 업데이트되지 않는 경우 만족스러운 제어를 제공하도록 PID 제어를 재구성할 수 있다. PIDPlus (Blevins 외, 2015)로 알려진 PID 구현은 느린 측정 샘플링 속도와 누락된 측정값을 자동으로 보상한다.

제어 적용에 무선 송신기와 함께 PIDPlus 알고리즘을 사용하면 유선 송신기를 사용하여 달성할 수 있는 성능에 필적할 만한 것을 얻을 수 있다. 유선 측정값이 있는 표준 PI 제어기와 비교한 무선 송신기를 사용하는 PIDPlus의 예로 1차-시간지연공정에서 외란 변화가 있는 경우에 대한 시뮬레이션 결과를 아래에 나타내었다(Blevins 외, 2015).

통신 / 제어기	통신 횟수	적분절대오차(IAE)
유선 주기적/표준 PID	692	123
무선/PIDPlus	25	159

액체 또는 가스 흐름의 유량 또는 압력 제어와 같은 많은 일반적인 응용 분야에서 PIDPlus는 8초 또는 16초와 같은 더 느린 샘플링 속도를 사용하여 제어를 구현할 수 있다.

무선 최종제어요소

최근 제조업체들은 온/오프 밸브용 무선 구동기를 개발하여 도입했다. 미래의 기술 개발은 닫힌 루프 제어를 구현하기 위해 무선 송신기가 있는 무선 스로틀링 밸브로 이어져야 한다. 피드백 루프는 무선 밸브 및 무선 송신기를 사용하여 제어가 구현될 때 밸브위치(valve position) 변경 횟수를 최소화하도록 수정될 수 있다. 밸브 포지셔너가 소비하는 전력을 최소화하기 위해 계산된 PID 출력은 목표값으로부터 오차가 일부 임계값을 초과하는 경우에만 무선 밸브로 전송된다. 시뮬레이션 테스트에서 이 전략을 사용하는 밸브 위치 변경 횟수는 0.1초 루프 실행에 비해 70배 감소하여 전체 밸브 움직임이 50% 이상 감소했다. 밸브위치 변경 횟수를 최소화해도 적분절대오차가 50% 미만으로 증가하여 루프 안정성에 영향을 미치지 않았다(Blevins 외, 2015).

Blevins 외(2015)가 쓴 *무선 제어 기초*라는 책에서 무선 측정 및 최종 제어요소를 사용하여 피드백 제어를 다루는 최근 기술 혁신을 자세히 다루고 있다. 무선 측정은 모델 예측제어(MPC)에서도 활용 될 수 있다. 이 참고문헌 및 관련 웹 사이트는 무선제어와 관련된 주요 개념을 탐구하는 시뮬레이션을 포함하고 있다.

A.4.5 데이터 수집

데이터 수집 소프트웨어는 A.2절에서 논의한 신호 변환기 및 MUX를 조정하는 데 사용한다. 공정데이터는 저장 및 검색을 위해 데이터베이스로 전송되기 전에 사전 처리된다. 경보 조건 스크리닝은 주기적으로 공정 데이터에 대해 수행된다. 공정 제어에서 데이터 수집 및 활용을 위해 많은 데이터 필드 및 파라미터가 필요하다. *태그 이름*(tag name)은 공정 I/O 지점을 고유하게 식별하는 영문숫자 문자열이다. 대부분의 상용 시스템은 데이터베이스 포인트를 신호 변환기 및 MUX에 연결하기 위해 일부 숫자 시퀀스를 사용한다. 공정 시스템과 스마트 장치는 각 지점의 품질을 자주 모니터링하고 이를 적절한 조업자 및 제어 전략으로 보낼 수 있다. 태그 이름 및 파라미터 목록은 시스템 장애로 인한 손실을 방지하기 위해 EEPROM 또는 Flash ROM에 저장된다.

대부분의 DCS는 기기 한도와 관련된 한 쌍의 알람 비트를 제공한다. 기기 출력신호의 경우 한도는 지정된 범위를 벗어난 값의 전송을 방지한다. 입력값이 한계를 벗어나면 알람 조치를 취한다(10장 참조).

A.4.6 공정 제어 언어

원래 공정 제어용 소프트웨어는 FORTRAN 및 BASIC과 같은 고급 프로그래밍 언어를 사용했다. 일부 회사는 이러한 언어에 대한 소프트웨어 루틴 라이브러리를 포함했지만 다른 회사에서는 자연어 명령을 특징으로 하는 특수 언어를 개발하였다. 가장 널리 채택된 사용자 친화적 방식은 양식 채우기 또는 테이블 기반 *공정 제어 언어*(process control language, PCLs)이다. 일반적인 PCL에는 기능 블록선도, 래더 로직 및 프로그래밍 가능한 로직이 포함된다. 이러한 언어의 핵심은 아날로그 입력, 디지털 입력, 아날로그 출력, 디지털 출력, PID, 합계 및 분배기와 같은 수많은 기본 기능 블록 또는 소프트웨어 모듈이다. 모듈을 사용하는 것은 기존의 Fortran 또는 C 프로그램에서 서브 루틴을 호출하는 것과 유사하다.

일반적으로 각 모듈은 하나 이상의 입력과 출력을 포함한다. 프로그래밍은 그래픽 사용자 인터페이스를 통해 기능 블록의 출력을 다른 블록의 입력에 연결하는 작업을 포함한다. 일부 모듈은 모듈 실행을 지시하기 위해 추가 파라미터가 필요할 수 있다. 사용자는 입력값의 소스, 출력값의 목적지 및 모듈용으로 준비한 양식/테이블의 파라미터를 나타내는 템플릿을 작성해야 한다. 소스 및 대상 공백은 적절한 경우 프로세스 I/O 채널 및 태그 이름을 지정할 수 있다. 모듈을 연결하려면 일부 시스템에서 데이터를 시작하거나 수신하는 모듈의 태그 이름을 입력해야 한다. 완료된 제어 전략은 그림 A.6에 표시된 것과 같은 데이터 흐름선도와 유사하다.

많은 DCS가 사용자가 사용자 지정 코드(BASIC에서와 마찬가지로)를 작성하고 데이터 포인트에 첨부할 수 있으므로 포인트가 스캔될 때마다 코드가 실행된다. 사용자 지정 코드를 사용하면 표준 블록으로 수행할 수 없는 많은 작업을 수행할 수 있다.

모든 공정 제어 언어에는 다양한 형태의 PID 제어 블록이 포함되어 있다(그림 A.7, 8장 참조). 다른 범주의 기능 블록은 다음과 같다.

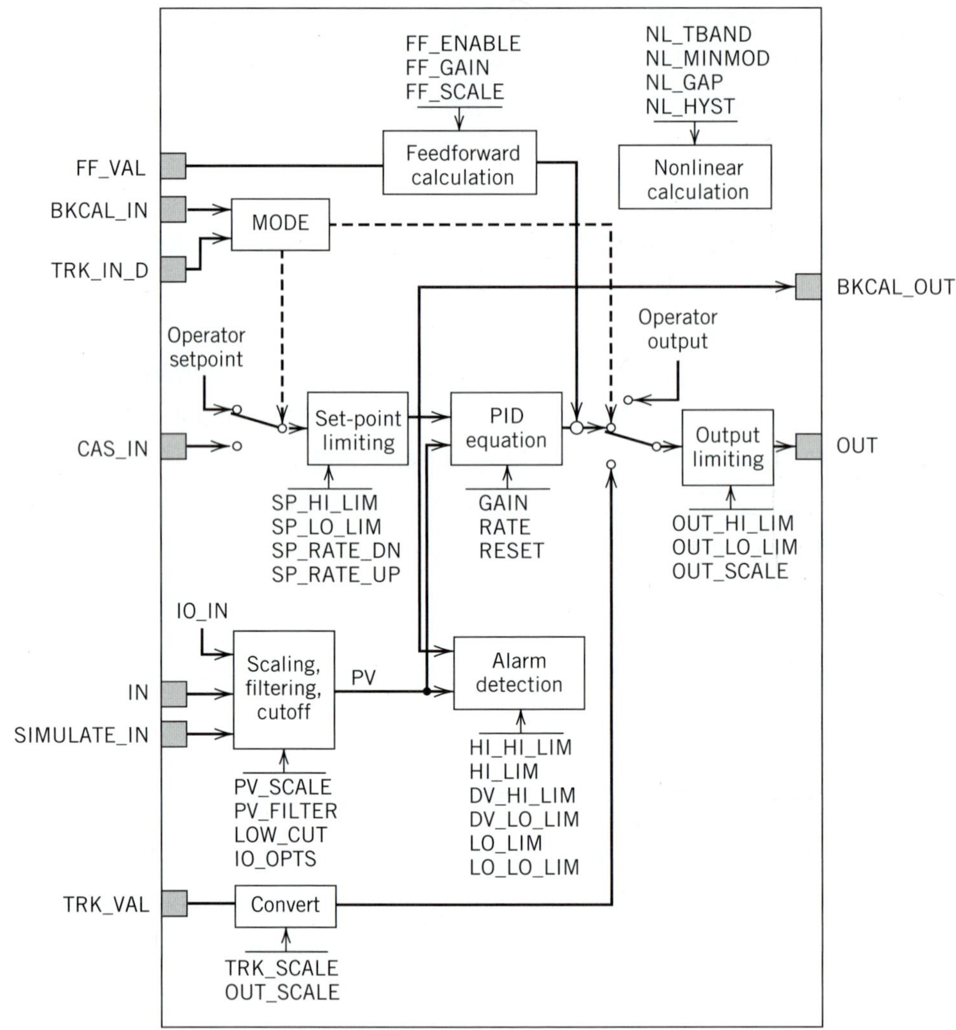

그림 A.6 기능 블록의 표시(Fisher-Rosemount Systems 제공).

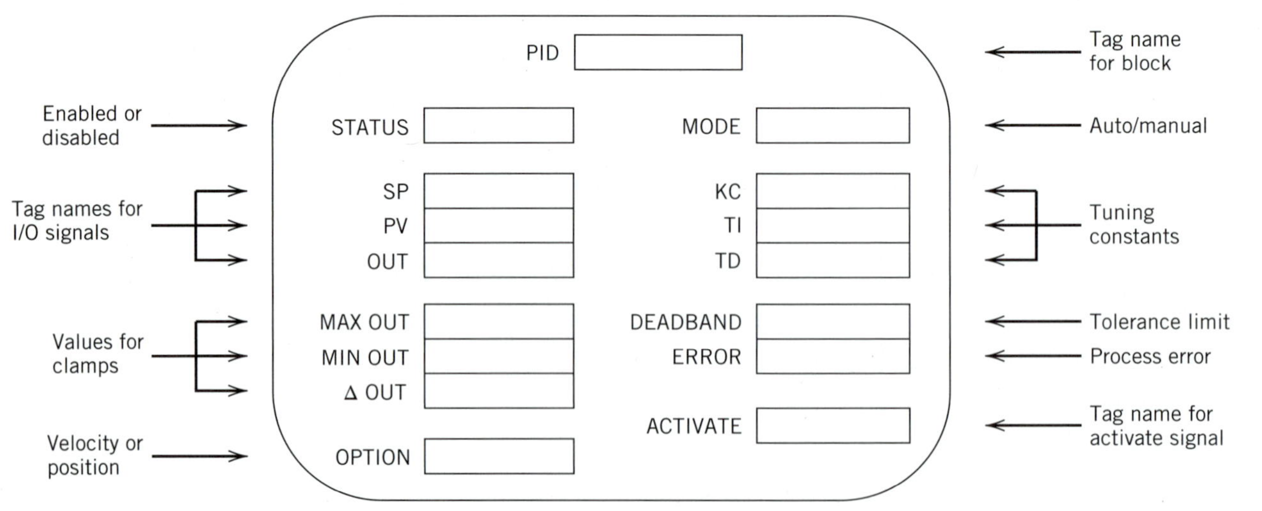

그림 A.7 PID 블록에 대한 디스플레이 템플릿.

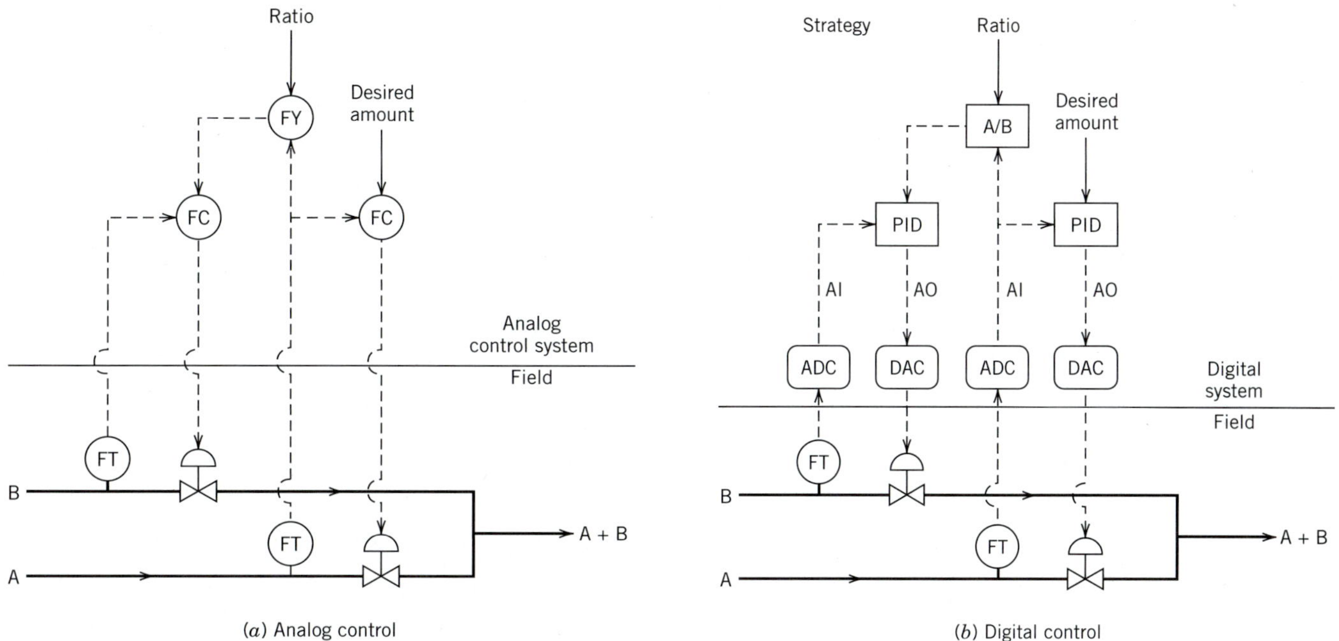

그림 A.8 혼합 공정의 아날로그 및 디지털 제어.

1. **논리 연산자**. AND, OR 및 배타적 OR(XOR) 함수.
2. **계산**. 덧셈, 곱셈, 제곱근 추출 또는 특수 함수 계산과 같은 대수 연산.
3. **선택기**. 최솟값 및 최댓값 함수, 선택한 입력 데이터를 출력으로 전송하거나 입력을 선택한 출력으로 전송함.
4. **비교기**. 두 아날로그 값을 비교하고 이진 신호를 전송하여 한 아날로그 값이 다른 값을 초과하는지 여부를 나타냄.
5. **타이머**. 입력 신호에 의해 활성화된 후 프로그래밍된 기간 동안 출력을 지연시킨 후 활성화.
6. **공정 동역학**. 1차 공정 지연(또는 선행) 및 시간지연의 에뮬레이션.

그림 A.8*a*는 아날로그 비제어 하에서 혼합 공정의 공정도를 보여준다. 유량 제어기(FC)는 성분 A를 원하는 양으로 유지하는 데 사용한다. 아날로그 계산기(FY)는 A의 원하는 양과 두 성분 간의 비율을 기준으로 유지해야 할 성분 B의 양(두 번째 FC에 의해)을 계산한다. 공정 장비 이외의 모든 하드웨어 구성 요소는 그림 A.8*b*에 나와 있는 것처럼 PCL 모듈로 대체할 수 있다. 양식 채우기(fill-in-the-form) 공정 제어 언어는 적어도 부분적으로는 공정도나 제어 전략 선도와의 유사성 덕분에 성공하였다.

A.4.7 조업자–기계 인터페이스

대부분의 DCS 작업은 조업자 또는 엔지니어에게 투명한 방식으로 실행된다. 대부분의 인터페이스 기능은 그래픽 모니터가 장착된 조업자 제어 스테이션에 통합되어 있다. 모니터 디스플레이를 통해 조업자는 공정 운전과 해당 상태를 관찰하고 관련 주변 장치를 통해 명령을 내린다. 조업자 스테이션은 일부 그래픽 구축/생성 기능을 지원하므로 시스템 사용자가 필요에 따라 공정 그래픽을 구성할 수 있다. 대부분의 DCS는 장치 상태 및 목표값을 동적으로 나타내기 위해 색상으로 구분된 장치 기호를 표시한다. 특히 실행 가능한 항목에 대해 개선된 디스플레이 및 색상 대비를 통해 조업자 효율성과 안전을 높이기 위한 많은 발의가 있다.

공정 디스플레이는 데이터베이스에 대한 게이트웨이 역할을 하며 업데이트를 위한 공정 정보를 검색하기 위해 데이터베이스를 지속적으로 조사한다. 경보 조건에서 빠른 응답이 특히 중요하기 때문에 시스템에는 활성 경보 로그 디스플레이를 직접 검색하는 기능키가 포함될 수 있다. 시간 구간에 따른 공정 변수의 변화를 보여주는 디스플레이를 사용하여 여러 데이터 포인트의 크기를 동적으로 비교하고 실시간 추세를 묘사하여 시간에 따른 공정 변화를 모니터링 할 수 있다. 라이브 트렌드는 데이터가 요청될 때 데이터베이스에 저장된 값을 보여준다.

시스템 이벤트 모니터링 및 조업자 작업 기록은 조업자-기계 인터페이스 소프트웨어에서 유지 관리하는 중요한 기능이다(10장 참조). 실질적으로 모든 시스템은 활성 알람을 시간 역순으로 표시하고 경보 조건이 해결되면 목록 내 항목이 제거된다. 대부분의 시스템은 경보 조건이 감지될 때 활성화되는 시각 및 청각 경보를 제공한다. 이를 비활성화하려면 조업자가 모든 알람을 확인해야한다. 조업자가 인지하지 못한 알람은 일반적으로 깜박이는 메시지로 표시된다. 많은 시스템이 시스템 경보, 시스템 이벤트 및 조업자 작업 기록을 유지한다.

무선 네트워크 및 웹기술과 함께 태블릿 및 스마트 폰과 같은 스마트 장치는 조업자, 엔지니어 및 기타 직원이 공정 플랜트와 상호 작용할 수 있는 새로운 방법을 가능하게 했다. 조업자가 스마트 장치를 사용하여 공장을 돌아 다니고 장치에서 사용할 수 있는 관련 공정 정보를 보유할 수 있는 능력은 종종 *모바일 작업자*라고 하는 것을 만들었다. 이러한 무선 장치는 데이터 하이웨이에 직접 연결되거나 웹서버를 통해 연결될 수 있다(그림 A.3 참조). 보안 요구 사항으로 인해 이러한 장치는 "읽기 전용"이어야 한다. GPS 또는 근거리 무선 통신을 통해 스마트 장치의 위치를 감지하는 기능은 시스템에 가장 적절한 정보를 자동으로 표시하는 기능을 제공할 수 있다.

A.4.8 데이터 이력장치

온라인 데이터베이스의 사용은 A.4.1절에서 간략하게 논의하였다. 온라인 데이터베이스는 용량이 제한되어 있기 때문에 가장 오래된 데이터 포인트는 주기적으로 기록용 데이터베이스로 전송된다. 히스토리 데이터베이스에 저장된 데이터는 일반적으로 공정 제어 및 모니터링을 위해 다른 하위 시스템에서 직접 접근하지 않는다. 이러한 데이터베이스는 기업 데이터베이스와 유사한 관계형 데이터베이스로 설정하는 경향이 있다(Garcia-Molina 외, 2008; Silberschatz 외, 2005). 히스토리(또는 아카이브) 데이터를 기반으로 정기 보고서와 장기 추세를 생성한다. 보고서는 통계적 공정 제어와 같은 장기 계획 및 시스템 성능 평가에 자주 사용된다. 이 추세는 공정의 표류를 감지하거나 서로 다른 시간의 공정 변동을 비교하는 데 사용할 수 있다.

대형 산업 플랜트에는 최대 50,000개의 측정 변수가 있을 수 있다. 많은 공정 변수에 대한 샘플링 주기는 몇 초에서 몇 분까지 다양하다. 수집된 모든 데이터는 비교적 짧은 기간(예: 몇 주에서 몇 달) 동안 저장할 수 있다. 수 년 간의 과거 데이터를 개별 데이터 포인트로 저장하는 것은 종종 불가능하지만 저렴한 저장 비용이 이를 점점 경제적으로 만들고 있다. 예를 들어 1시간이나 하루 정도의 지정된 기간 동안의 데이터를 평균처리하는 등 데이터 압축(Data Compression) 기술을 사용할 수 있다. 다른 데이터 압축 방법의 경우 공정 변수가 마지막 저장된 값에서 크게 변경된 경우에만 새로운 측정값을 저장하는 것이다(Singhal and Seborg, 2003). 웨이블릿 분석에 기반한 데이터 압축 방법을 사용하면 원본 데이터를 정확하게 재구성할 수 있다(Walnut, 2004).

참고문헌

Auslander, D. M., and J. R. Ridgely, *Design and Implementation of Real-Time Software for the Control of Mechanical Systems,* Prentice Hall, Upper Saddle River, NJ, 2002.

Blevins, T., D. Chen, M. Nixon, and W. Wojsznis, *Wireless Control Foundation; Continuous and Discrete Control for the Process Industry*, ISA, Research Triangle Park, NC, 2015.

Garcia-Molina, H., J. D. Ullman, and J. D. Widom, *Database Systems: The Complete Book*, 2nd ed., Prentice Hall, Upper Saddle River, NJ, 2008.

Hughes, T. A., *Programmable Controllers*, 2nd ed., ISA, Research Triangle Park, NC, 2005.

Johnson, C. D., *Process Control Instrumentation Technology*, 8th ed., Prentice Hall, Upper Saddle River, NJ, 2005.

Kopetz, H., *Real-Time Systems: Design Principles for Distributed Embedded Applications*, 2nd ed. Springer, Berlin, 2011.

Lewis, P. M., A. Bernstein, and M. Kifer, *Databases and Transaction Processing: An Application-Oriented Approach*, 2nd ed., Addison-Wesley, New York, 2006.

Lipták, B. G., *Instrument Engineers Handbook*, 4th ed., CRC Press, Boca Raton, FL, 2005.

McConnell, E., and D. Jernigan, Data Acquisition, *The Electronics Handbook*, 2nd ed., J. C. Whitaker (Ed.), CRC Press, Boca Raton, FL, 2005.

Mehta, B. R., and Y. J. Reddy, *Applying FOUNDATION Fieldbus*, ISA, Research Triangle Park, NC, 2016.

Patterson, D. A., and J. L. Hennessey, *Computer Organization and Design: The Morgan Kaufmann Series in Computer Architecture and Design*, 5th ed., Elsevier, Waltham, MA, 2013.

Petruzella, F., *Programmable Logic Controllers*, 4th ed., McGraw-Hill, New York, 2010.

Silberschatz, A., H. Korth, and S. Sudarshan, *Database Systems Concepts*, 5th ed., McGraw-Hill, New York, 2005.

Singhal, A., and D. E. Seborg, Data Compression Issues with Pattern Matching in Historical Data, *Proc. Amer. Control Conf.*, 3696 (2003).

Thomesse, J. P., Fieldbuses and Interoperability, *Control Engr. Practice*, **7**, 81 (1999).

Thompson, L. M., and T. Shaw, *Industrial Data Communications*, 5th ed. ISA, Research Triangle Park, NC, 2016.

Walnut, D. F., *An Introduction to Wavelet Analysis*, Birkhanser, Boston, MA, 2004.

Appendix

B

보존 방정식에 대한 열역학적 개념 검토

Review of Thermodynamic Concepts for Conservation Equations

학습목차 *Chapter Contents*

B.1 단일성분계

B.2 다변수계

식 2-10 및 2-11의 일반적인 에너지 수지식은 동적 모델 개발에 유용한 시작점을 제공한다. 그러나 U_{int} 및 $\hat{H}$(혹은 $\widetilde{H}$)에 대한 표현이 필요하며 이는 열역학 원리로 유도할 수 있다. 이 부록에서는 먼저 단일 성분에 대한 기본적인 열역학적 개념을 검토한 다음 다성분 혼합물에 대해 검토한다. 추가적인 배경 정보는 Sandler(2006)와 같은 열역학 교과서에서 확인할 수 있다.

B.1 단일성분계

물이나 실리콘과 같은 단일 성분으로 구성된 유체 또는 고체를 고려하자. 단위 질량 당 엔탈피 $\hat{H}$는 온도와 압력에 따라 달라진다. 표준 수학 기호를 약간 남용하면 다음과 같이 쓸 수 있다.

$$\hat{H} = \hat{H}(T,\ P) \tag{B-1}$$

T와 P에 대한 미소 변화는

$$d\hat{H} = \left(\frac{\partial \hat{H}}{\partial T}\right)_P dT + \left(\frac{\partial \hat{H}}{\partial P}\right)_T dP \tag{B-2}$$

정의에 의해 일정한 압력에서의 열용량 C_p는 다음과 같이 정의된다.

$$C_p \triangleq \left(\frac{\partial \hat{H}}{\partial T}\right)_P \tag{B-3}$$

식 B-3을 식 B-2에 대입하면

$$d\hat{H} = C_p dT + \left(\frac{\partial \hat{H}}{\partial P}\right)_T dP \tag{B-4}$$

액체와 고체에 대해, $(\partial \hat{H}/\partial P)_T \approx 0$이고 $\hat{U}_{int} \approx \hat{H}$이다. 따라서, 다음과 같이 쓸 수 있다.

$$d\hat{U}_{int} \approx d\hat{H} = C_p dT(\text{액체와 고체에 대해}) \tag{B-5}$$

그리고

$$\frac{d\hat{U}_{int}}{dt} \approx \frac{d\hat{H}}{dt} = C_p \frac{dT}{dt}(\text{액체와 고체에 대해}) \tag{B-6}$$

시스템 단위의 총 내부 에너지, U_{int}는 단위 질량 당 내부에너지, $\hat{U}_{int}$에 시스템 질량 ρV를 곱한 형태로 표현할 수 있다.

$$U_{int} = \rho V \hat{U}_{int} \tag{B-7}$$

여기서 ρ와 V는 각각 액체의 밀도와 부피이며 식 B-7을 시간에 대해 미분하면

$$\frac{dU_{int}}{dt} = \frac{d(\rho V \hat{U}_{int})}{dt} \tag{B-8}$$

을 얻는다.

ρ와 V가 상수라고 가정하고 식 B-6을 B-8에 대입하면

$$\frac{dU_{int}}{dt} = \rho V \frac{d\hat{U}_{int}}{dt} = \rho V C_p \frac{dT}{dt}(\rho\text{와 } V\text{가 일정한 액체에 대해}) \tag{B-9}$$

를 얻는다.

일부 모델링 작업에서는 U_{int}를 몰 크기로 표현하면 더 편리하다.

$$U_{int} = n\widetilde{U}_{int} \tag{B-10}$$

여기서 n은 총몰수이다. 그러면 식 B-8과 B-9와 비슷한 식을 유도할 수 있다. 식 B-8 및 B-9는 식 2-10의 에너지 수지식의 축적항에 대한 일반적 식을 제공한다.

이상기체에 대해서 $\hat{H}$과 $\hat{U}_{int}$는 오직 온도만의 함수이고 다음의 관계식이 성립한다.

$$d\hat{H} = C_p dT(\textit{for ideal gases}) \tag{B-11}$$

$$\hat{H} = \hat{U}_{int} + RT(\textit{for ideal gases}) \tag{B-12}$$

비이상(*실제*) 기체의 경우 식 B-4에 보이듯이 $\hat{H}$과 $\hat{U}_{int}$가 온도 및 압력에 의존한다. $\hat{H}$과 $\hat{U}_{int}$의 수치는 열역학 데이터 표나 관계식으로부터 얻을 수 있다.

온도 T의 액체나 이상기체를 생각하자. 식 B-11을 기준 온도 T_{ref}부터 T까지 적분하면 $\hat{H}$와T_{ref} 때 $\hat{H}$인 $\hat{H}_{ref}$의 차이를 나타내는 식을 얻을 수 있다.

$$\hat{H} - \hat{H}_{ref} = C(T - T_{ref}) \tag{B-13}$$

식 B-13에서 C는 T_{ref}부터 T까지 평균열용량이다. 일반성을 잃지 않고 $\hat{H}_{ref} = 0$로 가정한다.

엔탈피 계산을 위한 T_{ref} 값은 임의로 선택할 수 있다. 예를 들어, 물의 삼중점은 스팀테이블의 기준점으로 사용되는 반면 25 °C는 물성표의 일반적인 선택이다. 공정 제어 계산의 경우 $T_{ref} = 0$으로 설정하거나 T_{ref}를 입구 온도 또는 초기 온도로 선택하는 것이 편리하다.

B.2 다변수계

다성분계의 핵심 문제는 “혼합물의 특성이 순수한 성분 특성과 어떤 관련이 있는가?” 이다. k개의 구성 요소로 구성된 시스템을 고려하자. 엔탈피는 온도와 압력뿐만 아니라 조성에 따라 달라지기 때문에 시스템 단위 몰당 엔탈피 $\widetilde{H}$는 다음과 같이 표현할 수 있다.

$$\widetilde{H} = \widetilde{H}(T, P, \widetilde{x}) \tag{B-14}$$

여기서 $\widetilde{x}$는 화학적 조성을 나타낸다. 일반적으로,

$$\widetilde{H}(T, P, \widetilde{x}) = \sum_{i=1}^{k} x_i \overline{H}_i(T, P, \widetilde{x}) \tag{B-15}$$

여기서 $\widetilde{x}_i$는 성분 i의 몰분율이고 $\overline{H}_i$는 성분 i의 *부분몰엔탈피*(partial molar enthalpy of component i)이다.

$$\overline{H}_i(T, P, \widetilde{x}) \triangleq \left(\frac{\partial (n\widetilde{H}(T, P, \widetilde{x}))}{\partial n_i} \right)_{T,P,n_j \neq n_i} \tag{B-16}$$

식 B-16에서 n_i는 성분 i의 몰수이고 n은 총 몰수, $n \triangleq \Sigma n_i$이다.

만약 혼합물을 *이상용액*(*ideal solution*)으로 고려하면 중요한 단순화가 일어난다. 이상용액에 대해서, $\overline{H}_i(T, P, \widetilde{x}) = \widetilde{H}_i(T, P)$이고 여기서 $\widetilde{H}_i(T, P)$는 순수성분 i의 몰당 엔탈피이다. 혼합물은 개별 성분의 집합으로 해석할 수 있고 식 B-15는 다음으로 쓸 수 있다.

$$\widetilde{H}(T, P, x) = \sum_{i=1}^{k} \widetilde{x}_i \widetilde{H}_i(T, P) \tag{B-17}$$

비슷하게 이상용액의 단위 질량당 엔탈피, $\hat{H}(T, P, x)$는 다음 식으로 표현 가능하다.

$$\hat{H}(T, P, x) = \sum_{i=1}^{k} x_i \hat{H}_i(T, P) (\textit{이상용액에 대해}) \tag{B-18}$$

여기서 x는 질량 단위를 갖는 조성이며 x_i는 성분 i의 질량분율이다.

식 B-17과 B-18은 식 20-10과 20-11의 일반적인 에너지수지식으로부터 동적 모델을 개발하는 데 매우 유용하다. $\hat{U}_{int}$와 $\widetilde{U}_{int}$에 대해서도 비슷한 식을 유도할 수 있다. 그러면 식 B-7과 B-10에 따라 시스템의 총 내부에너지 U_{int}를 $\hat{U}_{int}$와 $\widetilde{U}_{int}$로 표현 가능하다. 여기서 ρ와 V는 각각 밀도, 혼합물의 부피이고 n은 총 몰수이다.

Appendix C

제어 시뮬레이션 소프트웨어

Control Simulation Software

학습목차 Chapter Contents

C.1 MATLAB 작동 및 방정식 풀이
C.1.1 행렬 연산
C.1.2 대수 선형 또는 비선형 방정식의 해
C.1.3 m-파일
C.1.4 함수 및 스크립트
C.1.5 미분 방정식 시스템 풀기
C.1.6 플롯
C.1.7 MATLAB 도구 상자
C.2 SIMULINK를 사용한 컴퓨터 시뮬레이션
C.3 LabVIEW를 사용한 컴퓨터 시뮬레이션

MATLAB은 The Mathworks (2010)에서 제공하는 수학적 계산, 분석 및 시각화를 위한 범용 소프트웨어 패키지이다. 이 부록에서는 MATLAB 소프트웨어의 기본 기능을 소개하고 간단한 대수 방정식과 상미분 방정식(ODE)을 해결하는 방법을 보여준다. 벡터 및 행렬 조작을 먼저 고려한 다음 MATLAB을 사용하여 간단한 선형 대수 방정식을 해결하는 방법을 보여준다. 함수 및 스크립트의 기본 사항을 다음에 제시하고 ODE 적분 함수인 *ode45*의 사용에 대해 설명한다. 이후 섹션에서는 그래픽 모델링 도구인 Simulink 및 Lab VIEW를 소개하고 이를 이용하여 열린 루프 및 닫힌 루프 블록선도에 대해 응답을 계산하는 방법을 소개한다. MATLAB 사용에 대한 자세한 내용은 Palma (2010), Bequette (1998), Doyle III 외(2000), 그리고 Ogata (2007)를 참조하라.

C.1 MATLAB 작동 및 방정식 풀이

MATLAB 문에서 대괄호는 벡터와 행렬을 나타낸다. 행벡터의 원소는 쉼표 또는 공백으로 구분한다. 예를 들어, 행 벡터 $\mathbf{v} = (1, 2, 3)$은 다음과 같이 나타낼 수 있다.

$$\mathrm{v} = [1\ 2\ 3] \text{ 또는 } \mathrm{v} = [1, 2, 3]$$

열벡터의 원소는 세미콜론으로 구분한다. 따라서 열벡터 $\boldsymbol{w} = col[4, 5, 6]$은 $w = [4; 5; 6]$으로 표현된다. 행렬 $\boldsymbol{M}$,

$$\boldsymbol{M} = \begin{bmatrix} 3 & 7 & 9 \\ 2 & 6 & 8 \\ 1 & 0 & 4 \end{bmatrix}$$

은 MATLAB에서 다음과 같이 표현한다.

$$\mathrm{M} = [3\ 7\ 9\ ;\ 2\ 6\ 8\ ;\ 1\ 0\ 4]$$

MATLAB 변수는 **굵게** 또는 *기울임* 꼴로 표시할 수 없다. 마찬가지로 아래 첨자, 위첨자 및 기타 액센트 표시는 허용되지 않는다. 또한 MATLAB은 대소문자를 구분한다.

C.1.1 행렬 연산

행렬 M의 전치는 명령 M'을 사용하여 계산한다. 행렬 M의 역행렬은 inv (M)으로 계산한다. MATLAB에서 행렬 $\boldsymbol{A}$와 $\boldsymbol{B}$의 곱셈은 A * B로 표시되고, 덧셈과 뺄셈은 각각 $A + B$와 $A - B$로 표시된다. 요소별 곱셈 및 나눗셈 명령도 사용할 수 있다. MATLAB 작업에 대한 추가 함수 및 도움말을 보려면 *help function_name* 또는 *doc function_name*을 입력하라.

예제 C.1

다음 행렬을 이용하여, 아래 문제를 계산하라.

$$\boldsymbol{A} = \begin{bmatrix} 1 & -3 \\ 0 & 2 \end{bmatrix} \quad \boldsymbol{B} = \begin{bmatrix} 5 & 2 \\ -1 & 4 \end{bmatrix} \quad \boldsymbol{C} = \begin{bmatrix} 1 & 2 \\ -2 & -4 \end{bmatrix} \quad \boldsymbol{D} = \begin{bmatrix} 2 & 3 \\ 1 & 4 \end{bmatrix}$$

(a) $\boldsymbol{AB}$ **(b)** $\boldsymbol{AB}^{\mathrm{T}}$ **(c)** $\boldsymbol{A}^{-1}$ **(d)** $\boldsymbol{DCD}^{\mathrm{T}}$ **(e)** $\boldsymbol{C}^{-1}$ **(f)** $(\boldsymbol{ADA}^{\mathrm{T}})^{-1}$ **(g)** $\boldsymbol{BC} - \boldsymbol{D}^{-1}$

풀이

(a) $\begin{bmatrix} 8 & -10 \\ -2 & 8 \end{bmatrix}$ **(b)** $\begin{bmatrix} -1 & -13 \\ 4 & 8 \end{bmatrix}$ **(c)** $\begin{bmatrix} 1 & 1.5 \\ 0 & 0.5 \end{bmatrix}$ **(d)** $\begin{bmatrix} -32 & -36 \\ -56 & -63 \end{bmatrix}$ **(e)** $\begin{bmatrix} \mathrm{Inf} & \mathrm{Inf} \\ \mathrm{Inf} & \mathrm{Inf} \end{bmatrix}$

$\boldsymbol{C}$는 특이 행렬(가역적 아님)이다.

(f) $\begin{bmatrix} 0.8 & 0.9 \\ 1.1 & 1.3 \end{bmatrix}$ **(g)** $\begin{bmatrix} -0.2 & 2.6 \\ -8.8 & -18.4 \end{bmatrix}$

MATLAB의 다른 행렬 연산은 다음과 같다.

- 고유값 및 고유 벡터: *eig*
- 특이값 분해: *svd*
- 의사역: *pinv*

C.1.2 대수 선형 또는 비선형 방정식의 해

일련의 선형 대수 방정식 $\boldsymbol{Mx} = \boldsymbol{b}$에 대한 해는 $\boldsymbol{x} = \boldsymbol{M}^{-1}\boldsymbol{b}$로 주어진다. MATLAB 솔루션은 x = inv(M)*b 또는 x = M\b로 작성할 수 있다. 여기서 백 슬래시 연산자(\)는 솔루션을 얻는 손쉬운 방법이다. 비선형 대수 방정식 세트에 대한 해는 MATLAB 루틴 *fsolve*를 사용하여 얻을 수 있다.

예제 C.2

예제 C.1의 $\boldsymbol{A}, \boldsymbol{B}, \boldsymbol{D}$ 값을 사용하여 $\boldsymbol{x}$에 대한 방정식 $\boldsymbol{Mx} = \boldsymbol{b}$를 풀어라.

(a) $\boldsymbol{M} = \boldsymbol{A}, b = [1; 2]$ **(b)** $\boldsymbol{M} = \boldsymbol{B}, b = [1; 2]$ **(c)** $\boldsymbol{M} = \boldsymbol{ADA}^{\mathrm{T}}, b = [5; 1]$

풀이

(a) $\boldsymbol{x} = \begin{bmatrix} 4 \\ 1 \end{bmatrix}$ **(b)** $\boldsymbol{x} = \begin{bmatrix} 0 \\ 0.5 \end{bmatrix}$ **(c)** $\boldsymbol{x} = \begin{bmatrix} 4.9 \\ 5.8 \end{bmatrix}$

C.1.3 m-파일

MATLAB 코드 또는 *m-파일*은 순차적으로 실행되는 명령 모음이다. 명령은 수학적 연산, 함수 호출, 흐름 제어 문, C.1.4절에 설명된 함수 및 스크립트에 대한 호출일 수 있다. m-파일은 MATLAB 편집기를 사용하여 작성되며 *myfile.m*과 같은 이름을 갖는다. m-파일의 이름(.m 제외)을 입력하여 MATLAB 명령창에서 실행된다. m-파일을 저장하면 동일한 명령을 여러 시간 동안 다시 입력하지 않아도 된다.

C.1.4 함수 및 스크립트

파일에는 *함수*와 *스크립트*의 두 가지 유형이 있다. MATLAB 함수에는 함수 안팎으로 전달할 수 있는 변수가 있다. 함수 내에서 사용되는 전역 변수를 제외한 다른 변수는 함수가 완료될 때 메모리에 저장되지 않는다. 반면 스크립트는 모든 변수를 MATLAB 작업 공간에 저장한다. 함수와 스크립트의 이름은 *myfunction.m*과 같다. 함수의 첫 번째 줄에는 다음 형식을 사용하는 함수 선언이 포함되어야 한다.

함수[출력 1, 출력 2, ⋯] = myfunction(input1, input2, ⋯)

함수 선언 바로 뒤의 주석 처리된 줄은 함수에 대한 도움말 파일을 구성한다. 기능에 대한 정보를 얻으려면 *도움말 기능*을 입력하면 된다. 공정 제어에 유용한 일부 MATLAB 함수는 다음과 같다.

- 전달함수의 단위 단계 응답: *step*
- 상태 공간 모델에서 파생된 전달함수 행렬: *ss2tf*
- 전달함수 행렬에서 파생된 상태 공간 모델: *tf2ss*
- 전달함수 곱셈: *series*
- 특성 방정식의 근: *root*
- 입력–출력 데이터의 다항식 피팅: *polyfit*
- 다 변수 함수 최소화: *fminunc*
- 선형, 시간 불변 시스템의 주파수 응답: *bode*

C.1.5 미분 방정식 시스템 풀기

MATLAB에는 미분 방정식 시스템을 풀기 위한 몇 가지 함수가 내장되어 있다. 이 섹션에서는 표준 통합 알고리즘 *ode45*의 기본 사용에 대해 설명한다. 먼저 적분할 미분 방정식이 포함된 함수를 만들어야 한다. 이 함수에는 최소한 두 개의 인수, t 및 상태 벡터 y가 있어야 한다(6.5절 참조). 이 함수는 현재 평가된 도함수를 포함하는 열 벡터를 반환한다. 함수 내부의 명령은 이러한 미분을 계산한다. 함수에 대한 추가 인수는 선택 사항이며, 함수를 호출하는 스크립트에서 매개변수 값을 전달하는 데 사용할 수 있다.

미분 방정식 함수가 작성되고 저장되면 적분기 호출을 포함하는 스크립트(즉, m-파일)를 작성해야한다. 여기에서 매개변수 값, 초기 조건 및 옵션이 지정되고 통합 루틴은 다음 명령으로 호출된다.

[t, y] = ode45(@myfunction, [*ti tf*], *y*0, options, P1, P2, P3, ⋯);

여기서 *myfunction*은 위에서 설명한 미분 방정식을 포함하는 함수이고, *ti*와 *tf*는 초기 및 최종 적분 시간이고 *y0*은 초기 조건의 벡터이다. *옵션*은 *ode45*에 대한 매개 변수 벡터이다. 자세한 정보는 도움말 파일에서 사용할 수 있다. 옵션 인수 대신 빈 대괄호 []를 사용할 수 있다. P1, P2,…는 *myfunction*에 전달되는 추가 매개 변수 값이다.

C.1.6 플롯

결과를 MATLAB에 그래픽으로 쉽게 표시할 수 있다. *plot* 함수는 간단한 플롯을 만드는 데 사용된다. 명령 구문은 다음과 같다.

$$\text{plot}(x1,\ y1,\ \text{format1},\ x2,\ y2,\ \text{format2},\ \cdots)$$

*x*1과 *x*2는 독립 변수(보통 시간)이고 *y*1과 *y*2는 종속 변수이다. format1 및 format2 인수는 플롯 서식 지정 명령을 포함하는 문자의 짧은 조합이다. 예를 들어 파란색 실선은 "b-"(작은 따옴표 포함), 빨간색 파선은 "r--", 녹색 점선은 "g:"이다. 도움말 플롯을 입력하면 더 많은 형식을 볼 수 있다. *xlabel*, *ylabel*, *title* 및 *legend* 명령을 사용하여 축 레이블, 제목 및 범례를 만들 수 있다. 이러한 속성 및 기타 속성은 화살표 아이콘을 선택하고 그림에 포함된 개체를 두 번 클릭하여 그림에서 직접 편집할 수도 있다.

MATLAB의 추가 플롯 명령은 로그–로그 플롯의 경우 *loglog*이고 14장에서 사용된 Bode 플롯과 같은 세미 로그 플롯의 경우 *semilogx* 및 *semilogy*이다.

C.1.7 MATLAB 도구 상자

모델링, 식별 및 제어의 고급 기술을 위해 MATLAB에는 개별적으로 라이선스가 부여된 다양한 추가 *도구 상자*가 있다. 공정 제어를 위한 관련 도구 상자에는 제어시스템, 퍼지 논리, 시스템 식별, 모델예측제어, 신경망, 최적화, 편미분 방정식, 강력한 제어 및 통계가 포함된다.

C.2 SIMULINK를 사용한 컴퓨터 시뮬레이션

MATLAB의 동반 소프트웨어 패키지인 Simulink는 제어시스템의 시뮬레이션 및 분석을 위한 훌륭한 상호적인 환경이다. Simulink를 사용하면 전달함수를 기반으로 블록선도를 신속하게 생성한 다음 주어진 입력 신호에 대한 시뮬레이션을 수행 할 수 있다. 모델 정의를 용이하게하기 위해 Simulink에는 Simulink 라이브러리 브라우저에서 블록이 생성되고 주로 마우스를 사용하여 끌어서–놓기 명령을 구현하여 편집되는 블록선도 창이 있다. 블록은 단순히 한 블록의 출력을 다른 블록의 입력에 연결하여, 합의 전달함수(그림 4.1 참조) 또는 곱하는 전달함수(그림 4.2 참조)로 구성할 수 있다. 각 블록의 분자 및 분모 다항식 *s*의 내림차순 계수가 벡터로 입력된다. 시간 지연(Simulink에서는 *전송 지연*이라고 함)을 합리적인 전송 기능을 위해 블록과 직렬로 삽입할 수 있다. 소스라고 하는 입력 신호에는 단계, 정현파 및 임의 입력이 포함되지만 임펄스 함수[1]는 포함되지 않는다. 입력 블록을 클릭하면 사용자가 입력이 초기 값인 0에서 변경되는 시간을 지정할 수 있으며, 단계 입력의 경우 초기 및 최종값을 지정할 수 있다.

단일 출력 *Y*와 두 개의 입력 *U* 및 *D*로 구성된 동적 시스템을 고려해보자.

[1] 단일 전달함수의 단위 임펄스 응답을 얻으려면 MATLAB 명령창에서 함수 *impulse*를 사용하시오.

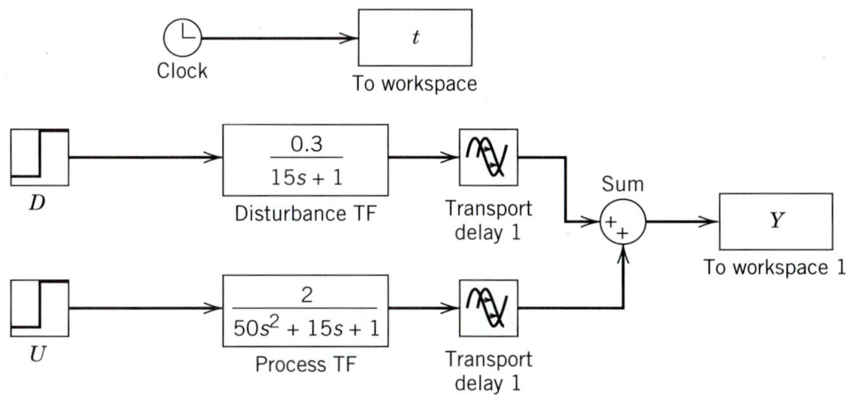

그림 C.1 식 C-1에 대한 Simulink 블록선도.

$$Y(s) = G_p(s)\ U(s) + G_d(s)\ D(s) \tag{C-1}$$

여기서,

$$G_p(s) = \frac{2e^{-5s}}{50s^2 + 15s + 1}(\text{공정 전달함수})$$

$$G_d(s) = \frac{0.3e^{-5s}}{15s + 1}(\text{외란 전달함수})$$

그림 C.1은 식 C-1에 대한 Simulink 다이어그램을 보여준다(두 모델 모두 전송 지연 1 = 5). 과도 응답을 생성하려면 시뮬레이션에 대한 매개 변수를 지정할 수 있도록 시뮬레이션 메뉴를 선택한다(시작 시간, 중지 시간, 적분 루틴, 최대 적분 간격).

시간 t의 숫자 값은 클록 블록을 통해 입력–출력 데이터 세트에 입력된다. 시뮬레이션이 완료된 후 결과 데이터를 MATLAB 명령 창에서 플로팅(그림 C.2 참조), 조작 및 분석할 수 있다.

닫힌 루프 시스템을 시뮬레이션하기 위해 절차는 열린 루프 시스템보다 다소 복잡하다. 앞의 예를 약간 변경하면 그림 C.1부터 시작하지만 $G_d = G_p$로 둔다. U 블록과 *Process TF* 블록 사이의 연결을 클릭하고 삭제한다. U 블록, *Ysp*의 이름을 바꾼다. 이 블록은 설정값에

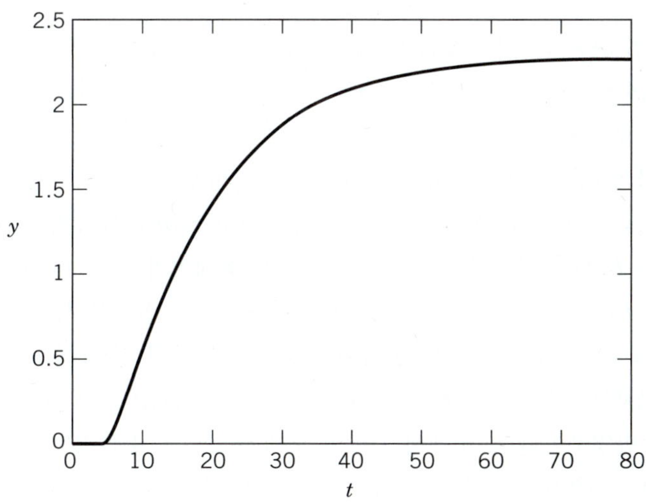

그림 C.2 그림 C.1의 Simulink 다이어그램에서 U 및 D의 $t = 0$에서 동시 단위 단계 변경에 대한 응답.

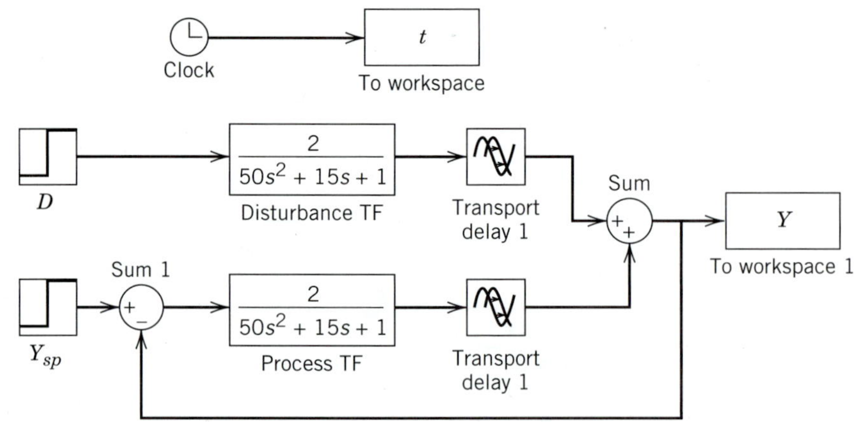

그림 C.3 부분적으로 완성된 닫힌 루프 다이어그램.

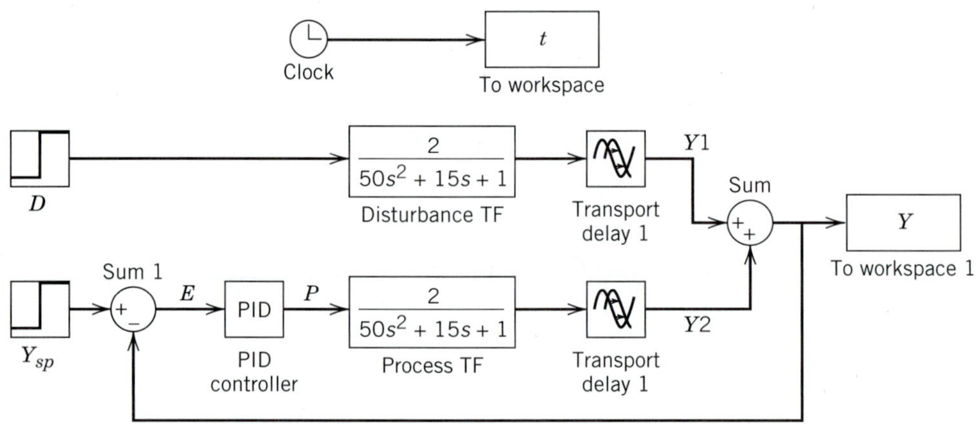

그림 C.4 닫힌 루프 다이어그램.

서 단계 변경을 생성하는 데 사용된다.

*Ysp*의 오른쪽에 *Sum* 블록의 복사본을 놓고 *Sum* 아이콘 위를 두 번 클릭하고 *Sum1*이라는 레이블을 지정한다. 대화 상자를 열고 + + 시퀀스를 + −로 변경한다. 왼쪽 상단 입력은 오른쪽에 +가 있고 하단 입력은 그 위에 −가 있다. *Ysp*의 출력을 *Sum1*의 왼쪽 입력에 연결한다. 또한 *Sum*의 출력을 *Sum1*의 하단 입력에 연결한다. 이것은 *Sum1*의 하단 입력을 클릭하고 *Sum*의 출력을 따르는 선으로 화살표를 드래그하여 수행할 수 있다. *Sum1*의 출력은 설정값 *Ysp*와 제어 변수 *Y* 사이의 오차이다. 이것은 그림 C.3의 블록선도로 이어진다.

제어기를 삽입하려면 *Simulink Extras* 블록을 마우스 오른쪽 버튼으로 클릭한다. 추가 선형 블록을 클릭하고, *PID 제어기*를 선택하고 *Sum1* 블록의 오른쪽으로 끈다. *Sum1*의 출력을 *PID 제어기*의 입력에 연결하고 PID 제어기의 출력을 *Process TF*의 입력에 연결한다. *PID 제어기*를 두 번 클릭하고 다음 제어기 설정을 사용한다: $K_c = 1.65$, $\tau_I = 7.12$, $\tau_D = 1.80$. Simulink *PID 제어기* 설정은 확장된 형식(식 8-16 참조)으로 P, I 및 D로 입력된다(여기서 $P = K_c$, $I = K_c/\tau_I$ 및 $D = K_c/\tau_D$). 따라서 *P*, *I*, *D*의 수치는 이러한 정의를 반영해야한다. 위에서 개발된 모델은 그림 C.4에서와 같이 닫힌 루프 시스템을 나타낸다. 다이어그램의 한 지점을 두 번 클릭하고 원하는 단어를 입력하기만 하면 텍스트를 블록선도에 추가할 수 있다(그림 C.4 참조).

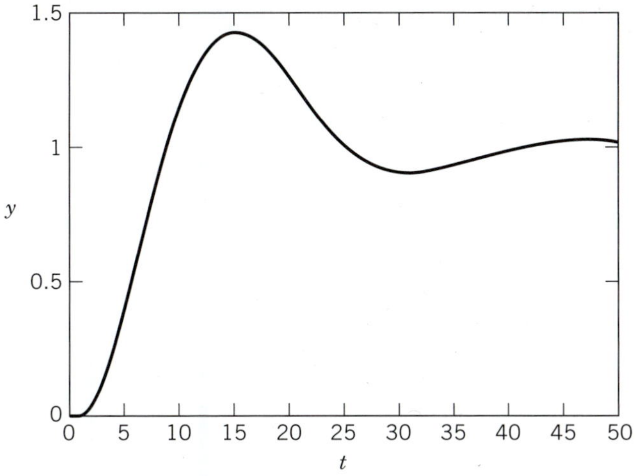

그림 C.5 $P = 1.65$, $I = 0.23$, $D = 2.97$인 그림 C.4의 닫힌 루프 시스템에 대한 단위 설정값 응답.

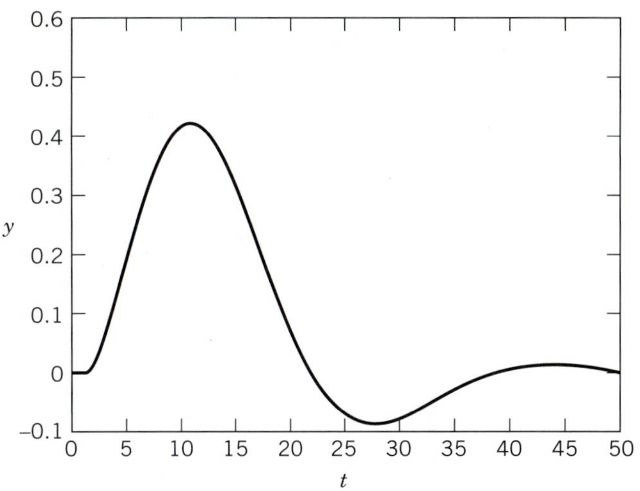

그림 C.6 단위 단계 외란에 대한 닫힌 루프 응답.

이제 시스템의 닫힌 루프 응답을 시뮬레이션 할 수 있다. 설정값 응답으로 시작하여 블록 D를 클릭하고 *최종값*을 0으로 설정하여 단계 외란이 발생하지 않도록 한다. *Ysp*를 클릭하고 최종값을 1로 설정하여 설정값에 단계를 만든다. *시뮬레이션 매개 변수* 메뉴에서 중지 시간을 50으로 변경한다. 시뮬레이션 메뉴에서 *시작*을 선택하여 *시뮬레이션*을 시작한다. D(외란)가 비활성화되었기 때문에 작업 공간의 결과 Y 및 t 변수는 그림 C.5에서와 같이 단위 설정값 응답에 대한 것이다.

이제 단위 단계 외란에 대한 단위 응답을 시뮬레이션한다. *Ysp*를 두 번 클릭하고 *최종값*을 0으로 설정한다. D를 두 번 클릭하고 *최종값*을 1로 설정한다. 다시 *시뮬레이션* 메뉴에서 *시작*을 선택하여 시뮬레이션을 시작한다. 응답을 보려면 *plot*(t, Y)을 입력하라. 그림 C.6은 일부 라벨을 수정한 후 결과적인 외란 응답 플롯을 보여준다. Simulink를 사용하여 증류탑 또는 퍼니스와 같은 현실적인 다변수 공정 모델을 통해 다양한 제어 전략의 효과를 시뮬레이션 할 수 있다. 부록 E 및 Doyle III 등(2000)은 이러한 프로세스 및 다양한 제어 전략에 대한 일련의 모듈에 대해 설명한다.

C.3 LabVIEW를 사용한 컴퓨터 시뮬레이션

*Laboratory Virtual Instrumentation Engineering Workbench*의 약자인 LabVIEW는 계측, 시스템 설계 및 신호 처리를 위한 그래픽 컴퓨팅 환경이다. LabVIEW용 *CD-Sim*(*Control Design and Simulation*) 모듈은 동적 시스템을 시뮬레이션하는 데 사용할 수 있다. 모델 정의를 용이하게하기 위해 CDSim은 Simulink에있는 것과 유사한 LabVIEW 환경의 함수를 가지고 있다. 새로운 MathScript 노드를 통해 LabVIEW에서 직접 m-파일 구문을 사용하는 기능도 있다.

LabVIEW를 열면 *VI* for *V*irtual *I*nstrument라는 새 프로그램을 생성할 수 있다. 그런 다음 블록선도 내부를 마우스 오른쪽 버튼으로 클릭하여 프로그램 생성에 사용되는 기능 팔레트를 볼 수 있다. Control Design & Simulation → Simulation 팔레트를 선택하여 시뮬레이션 기능 라이브러리를 본다. 최종 시간 및 최대 단계 크기와 같이 수정할

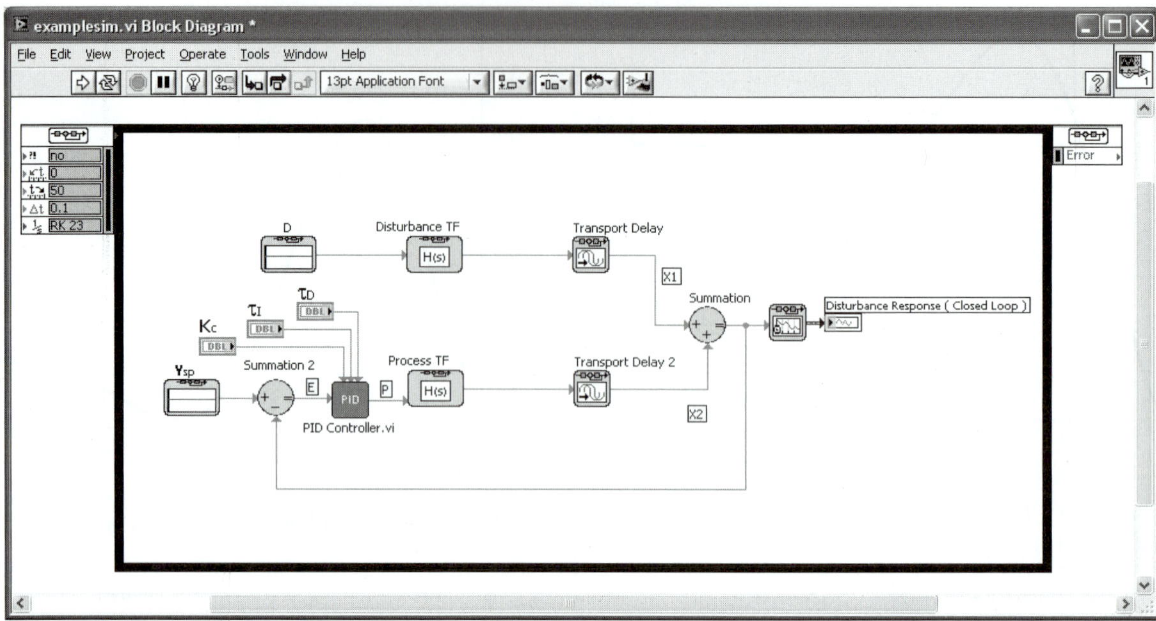

그림 C.7 닫힌 루프 시뮬레이션의 예제 LabVIEW 블록선도.

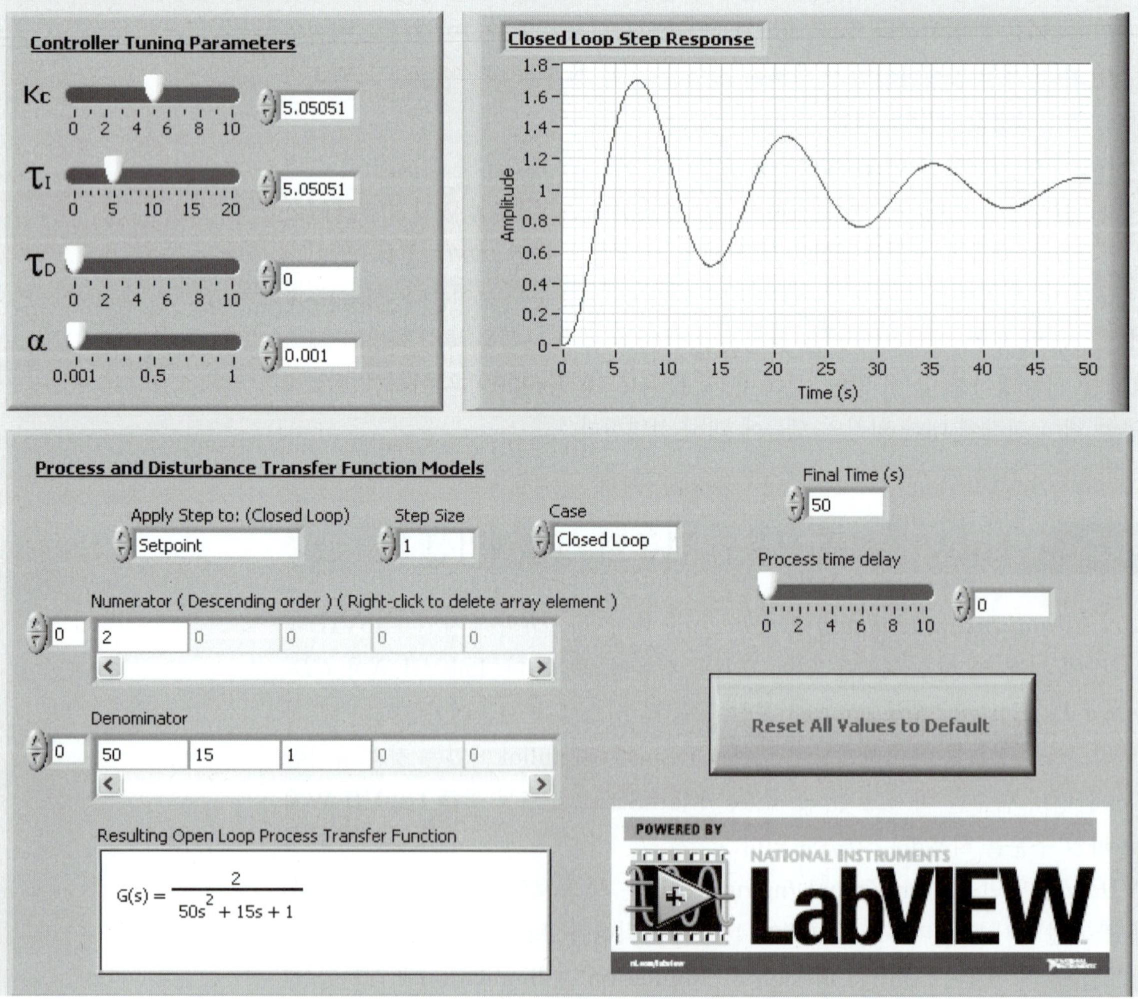

그림 C.8 대화형 PID 제어 튜너를 위한 Virtual Instruments(VI)의 전면 패널(www.che.utexas.edu/course/che360/Process_Tuner.html).

수 있는 모든 시뮬레이션 매개 변수를 표시하는 대화 상자가 열린다. LabVIEW 시뮬레이션 루프에는 ODE 솔버가 포함되어 있다. 최대 단계 크기는 ODE를 수치적으로 통합하기 위해 LabVIEW에서 사용된다. 일반적인 선형 동적 시스템은 수치적으로 통합하기가 쉽기 때문에 최대 단계 크기가 1이면 일반적으로 부드러운 곡선이 된다. 단계 크기가 클수록 더 들쭉날쭉한 곡선이 생성된다. 닫힌 루프 시뮬레이션의 일반적인 블록선도가 그림 C.7에 나와 있다.

LabVIEW의 중요한 기능은 상호 작용이다. PID 제어기 매개 변수는 Simulink에서 수행한 것처럼 블록선도에서 편집하는 대신 전면 패널에서 대화식으로 만들 수 있다. 기본적으로 LabVIEW는 표준 숫자 컨트롤 페이스 플레이트를 생성하지만 쉽게 변경할 수 있다. 제어기 튜닝 매개 변수는 슬라이더에서 입력하거나 숫자 컨트롤 상자에 입력 할 수 있다. 대화형 PID 제어 튜너의 전면 패널이 그림 C.8에 나와 있으며, 이는 모든 프로세스 전달함수에 대한 열린 루프 또는 닫힌 루프 응답을 나타낼 수 있다.

National Instruments VI를 사용하는 이 책에서 선택한 예제에 대한 동반 시뮬레이션 코스웨어는 이 책의 학생 동반 웹 사이트 www.wiley.com/college/seborg에서 찾을 수 있다.

참고문헌

Bequette, B. W., *Process Dynamics: Modeling, Analysis, and Simulation*, Prentice Hall, Upper Saddle River, NJ, 1998.

Doyle III, F. J.,E. P.Gatzke, and R. J. Parker, Process *Control Modules: A Software Laboratory for Control Design*, Prentice Hall, Upper Saddle River, NJ, 2000.

Ogata, K., MATLAB for *Control Engineers*, Prentice Hall, England Cliffs, NJ, 2007.

Palm, W. J., *Introduction to MATLAB for Engineers*, 3rd ed., McGraw-Hill, New York, 2010.

The Mathworks, www.mathworks.com, 2010.

Appendix

D

장치화 기호

Instrumentation Symbols

공정 제어시스템 및 기기는 여러 가지 방법으로 표현된다. *공정도*(flowsheet)는 공정 장비, 기기 및 제어시스템, 그리고 배관, 전기, 공압 전송 라인과 같은 상호 연결을 보여준다. 더 자세한 공정도를 *배관 및 계장 다이어그램*(*P&ID*, piping and instrumentation diagrams)이라고 한다. 여기에는 다음과 같은 추가 정보가 포함된다: 밸브 특성 및 배관 세부 사항(예: 배관 크기 및 피팅) 및 기타 정보(예: 배수구, 통풍구 및 샘플링 라인). 두 가지 유형의 다이어그램이 모두 공정 산업에서 널리 사용된다.

공정도 및 P&ID를 프로세스 디자이너, 프로세스 엔지니어, 계측 전문가, 공급 업체 등 다른 직무를 가진 사람들이 이해하기 위해 표준화된 기호를 사용하는 것이 유용하다. 계측 관련 표준 기호 및 흐름도 규칙이 국제 자동화협회(ISA, International Society of Automation)과 같은 기술 사회에 의해 개발되었다. 그러나 개인 회사는 특정 프로세스에 한해 종종 다른 또는 추가 기호를 사용하기도 한다. 표 D.1에 일반적인 문자 기호를 표시하였다.

표 D.1 계장 다이어그램에 사용되는 일반적인 문자 기호의 예.

Letter	Used as First Letter	Used as Succeeding Letters
A	Analysis	Alarm
C		Control
F	Flow rate	
G	User's choice	
H		High
I	Current	Indicate
J	Power	
L	Level	
P	Pressure	
R		Record
S	Speed	Switch
T	Temperature	

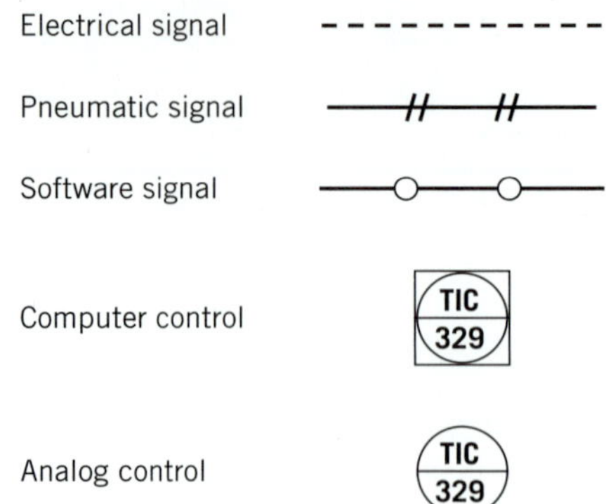

그림 D.1 라인 및 계장 기호.

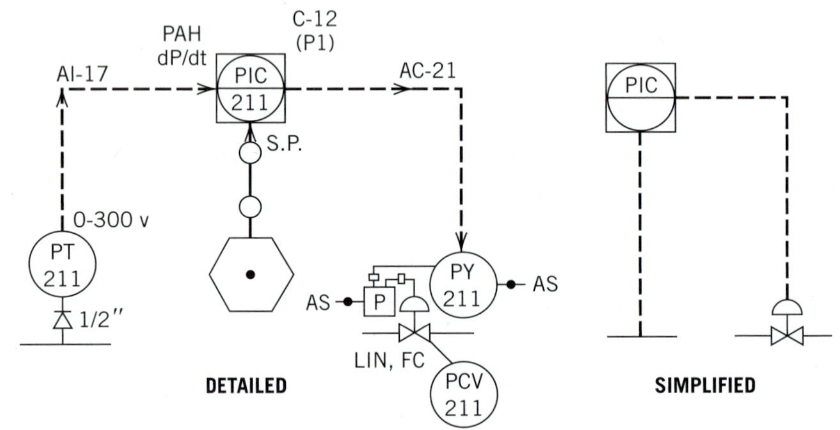

그림 D.2 압력 제어 루프의 대체 표 : 공정 흐름도의 상세(왼쪽) 및 단순화(오른쪽) 버전.

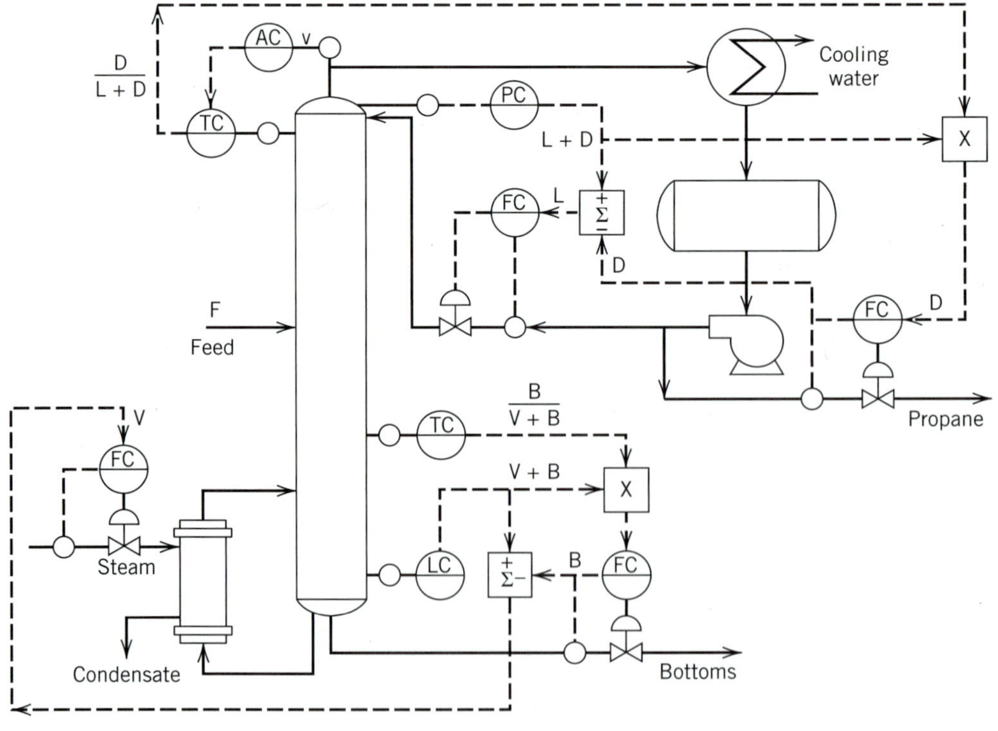

그림 D.3 프로판 분리탑 제어시스템(Edgar 등, 2016).

그림 D.1은 몇 가지 일반적인 기기 기호 및 라인 지정을 나열한다. 기기는 일반적으로 지정된 문자와 숫자가 있는 원으로 표시한다. 그림 D.1에 표시된 제어기는 온도 표시 제어기(TIC)이다. 원 주위의 사각형은 디지털 제어를 통해 구현되었음을 나타낸다. 현재 대부분의 아날로그 및 디지털 제어기는 제어 변수의 측정값을 표시하므로 I 지정(표시용)은 잘 사용하지 않는다(수십 년 전에 일부 제어기는 그렇지 않았다). 제어 루프의 각 기기(예: 센서, 제어밸브, 제어기)는 *태그 번호*라고 하는 동일한 식별 번호를 가지고 있다. 따라서 그림 D.1에서 TIC는 제어 루프 # 329의 온도 제어기이다.

그림 D.2는 압력 제어 루프의 다른 표현을 보인다(Lipták, 2006). 제어 전략과 그 구현이 주요 관심사인 경우 더 간단한 버전을 사용하기도 한다. 더 상세한 버전은 배관 및 계장 세부 사항을 보여준다. 더 복잡한 흐름도의 예는 그림 D.3에 주어진 증류탑 제어 전략을 들 수 있다. 계측기 및 제어기 외에도 곱셈, 더하기, 빼기와 관련된 특수 제어 계산이 포함된다.

계측 기호와 흐름도에 관한 추가 정보는 ISA (2009)와 계측 엔지니어 핸드북(Instrument Engineer's Handbook)에서 구할 수 있다(Lipták, 2006).

참고문헌

ANSI/ISA-5.1-2009 Instrumentation Symbols and Identification, International Society of Automation (ISA), Research Triangle Park, NC, 2009.

Edgar, T. F., C. L. Smith, B.W. Bequette, and J. Hahn, Process Control, Section 8 in *Perry's Chemical Engineering Handbook*, 9th ed., D.W. Green and M. Z. Southard (Eds.), McGraw-Hill, New York, 2016.

Liptak, B. (Ed.), *Instrument Engineers' Handbook, 4th ed., Vol. I: Process Measurement and Analysis; Vol. 2: Process Control*, CRC Press, Boca Raton, FL, 2006.

Appendix

E

공정 제어 모듈

Process Control Modules

학습목차 *Chapter Contents*

E.1 소개
E.2 모듈 구성
E.3 하드웨어 및 소프트웨어 요구사항
E.4 설치
E.5 소프트웨어 실행

E.1 소개

원래 델라웨어 대학교에서 개발된 PCM (Process Control Modules)은 공정 역학 및 제어에 관한 강의 과정에서 주요 엔지니어링 교육 과제를 현실적으로 해결하고자 디자인되었다(Doyle III 등, 1998; Doyle III, 2001). 표 E.1에 모듈의 목록이 제시되었다. 이 모듈은 산타바바라 캘리포니아 대학의 Eyal Dassau 박사에 의해 업데이트되고 적용되었으며, *Process Dynamics and Control*. 3판과 연계하여 사용할 것이다. 이러한 MATLAB® 모듈을 만듦에 있어 주요 목표는 다음을 개발하는 것이다:

- 빠른 시뮬레이션 환경에서 비선형 고차 동적 거동을 나타내는 물리적 특성에 기반한 현실적인 컴퓨터 시뮬레이션 사례 연구
- 진화하는 가상 실험과 실시간 상호 작용을 허용하는 학생들을 위한 편리한 그래픽 인터페이스

표 E.1 공정 제어 모듈(PCM)의 구성.

Module	Modes						
Furnace	Operator Interface	PID	Feedforward	Multivariable	MPC		
Distillation Column	Operator Interface	PID	Feedforward	Multivariable	Decoupling	MPC	
Bioreactor	Operator Interface	PID	Feedforward	Multivariable	Decoupling		
Four Tanks	Operator Interface	PID	Feedforward	Multivariable	MPC		
Fermentor	Operator Interface	PID					
Diabetes	Operator Interface	PID MPC					
First and Second Order Systems	First Order System	Second Order System	System Identification #1	System Identification #2			
Discrete	Aliasing	Model ID	PID-Furnace	PID-Column	PID-Four Tanks	IMC-Furnace	IMC-Column

• 능동적 학습과 문제 기반 방법을 통해 기존 강의 자료를 강화하는 일련의 도전적인 연습

E.2 모듈 구성

단순한 단일 입력 단일 출력(SISO) 프로세스에서 더 복잡한 2 × 2 제어 루프에 이르기까지 8 개의 별개의 화학적 및 생물학적 프로세스 애플리케이션이 모듈식 접근 방식으로 구성 되었다. 모듈화 진행은 일반적인 학부 수준의 공정 역학 및 제어 과정을 따르며, 저차 동적 시스템 분석에서 시작하여 다중 변수 제어 합성까지 진행된다.

E.3 하드웨어 및 소프트웨어 요구사항

공정 제어 모듈은 MATLAB 및 Simulink 정식 라이센스 또는 학생 버전에서 사용 가능한 MATLAB/Simulink 루틴 세트이다. 현재 버전의 모듈은 MATLAB 및 Simulink 버전 2011b에서 테스트되었다. 최소 권장 시스템 구성은 1 GB RAM이 있는 Windows 7 PC이다.

E.4 설치

PCM(Process Control Modules) 소프트웨어는 www.wiley.com/college/seborg에서 사용자 컴퓨터로 다운로드할 수 있다. 그런 다음 PCM 파일을 두 번 클릭하고 설치 프로그램의 지침에 따라 소프트웨어를 설치한다. 이러한 모듈을 사용하려면 MATLAB이 설치되어 있어야 한다. 설치하는 동안 사용자는 바탕 화면에 소프트웨어 바로 가기 아이콘을 만들 수 있다(권장).

E.5 소프트웨어 실행

소프트웨어를 실행하는 방법에는 두 가지가 있다. 첫 번째는 바탕 화면에서 PCM 버튼을 두 번 클릭하여 MATLAB과 PCM 인터페이스를 시작하는 것이고(그림 E.1), 다른 방법은 MATLAB을 수동으로 열고 호출하는 것이다. 이 경우 PCM 설치 폴더를 가리키고 "PCM"을 입력한 다음 Enter 키를 눌러 PCM 소프트웨어를 연다.

이 교과서의 웹 사이트에는 용광로 및 증류탑 모듈에 대한 사례 연구를 포함하여 PCM에 대한 자세한 자습서가 포함되어 있다.

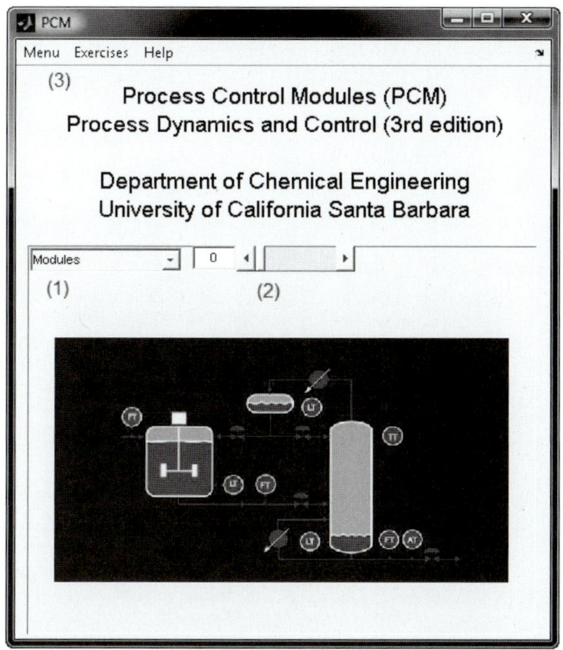

그림 E.1 PCM 인터페이스.

참고문헌

Doyle III, F. J., E. P. Gatzke, and R. S. Parker, Practical Case Studies for Undergraduate Process Dynamics and Control Using Process Control Modules, *Comp. Appls. Eng. Educ.*, **6**, 181 (1998).

Doyle III, F. J. Process *Control Modules: A Software Laboratory for Control Design*, Prentice Hall PTR, Upper Saddle River, NJ, 2000.

Appendix F

확률 및 통계에서 기본 개념 검토

Review of Basic Concepts From Probability and Statistics

학습목차 *Chapter Contents*

F.1 확률 개념
F.2 평균 및 분산
F.2.1 확률 분포에서의 평균과 분산
F.2.2 실험데이터의 평균과 분산
F.3 표준 정규분포
F.4 오차 분석

이 부록에서는 10장의 안전성 분석 및 21장의 품질 제어 차트에 필요한 기본 확률 및 통계 개념을 검토한다.

F.1 확률 개념

확률(probability)이라는 용어는 무작위 사건의 가능한 결과를 정량화 하는 데 사용된다. 예를 들어 정상적인 동전을 뒤집으면 앞면의 확률은 0.5이고 뒷면의 확률은 0.5이다. $P(A)$는 임의의 사건 A가 발생할 확률을 나타낸다. 그러면 $P(A)$는 $0 \leq P(A) \leq 1$ 구간의 숫자이며 $P(A)$가 클수록 A가 발생할 가능성이 높아진다. A'는 A의 보수(complement), 즉 A가 발생하지 않는 이벤트를 나타낸다. 그때,

$$P(A') = 1 - P(A) \tag{F-1}$$

이제 각각 확률이 $P(A)$와 $P(B)$인 두 이벤트 A와 B를 고려하자. 하나 또는 두 사건이 발생할 확률 $(A \cup B)$은 다음과 같이 표현할 수 있다.

$$P(A \cup B) = P(A) + P(B) - P(A \cap B) \tag{F-2}$$

A와 B가 상호 *배타적*(*mutually exclusive*)인 경우, 한 이벤트가 발생하면 다른 이벤트가 발생할 수 없다. 결과적으로 이들의 교차점은 널 집합(null set) $A \cap B = \phi$이다. 그러면 $P(A \cap B) = 0$이고, 식 F-2는 다음과 같다.

$$P(A \cup B) = P(A) + P(B) \quad \text{(상호 배타적인 이벤트)} \tag{F-3}$$

두 개 이상의 이벤트를 결합하는 경우 유사한 표현을 사용할 수 있다(Montgomery와

Runger, 2013).

A와 B가 *독립적*(*independent*)인 경우 둘 다 발생할 확률은 다음과 같다.

$$P(A \cap B) = P(A)\ P(B) \quad \text{(독립 이벤트)} \tag{F-4}$$

마찬가지로 n개의 독립 이벤트 $E_1, E_2, \cdots, E_n$이 발생할 확률은 다음과 같다.

$$P(E_1 \cap E_2 \cap \cdots \cap E_n) = P(E_1)\ P(E_2) \cdots P(E_n) \quad \text{(독립 이벤트)} \tag{F-5}$$

이러한 확률 개념을 두 예제를 통하여 살펴본다.

예제 F.1

반도체 공정 운전은 각 단계가 원하는 결과를 얻을 확률이 0.95인 5개의 독립적인 배치 단계로 구성된다. 원하는 최종 제품이 실제로 생산될 확률은 얼마인가?

풀이

제품을 만들기 위해서는 각 단계가 성공해야 한다. 단계가 독립적이기 때문에 성공 확률 $P(S)$는 식 F-5로부터 계산 가능하다:

$$\text{P(S)} = (0.95)^5 = 0.77$$

예제 F.2

공정의 신뢰성을 높이기 위해 두 개의 센서를 사용하여 중요한 공정 변수를 온라인으로 측정한다. 센서 A는 95% 사용 가능하고 센서 B는 90% 사용 가능하다. 두 센서가 독립적으로 작동하고 사용할 수 없는 기간이 무작위로 발생한다고 가정한다. 임의로 선택한 시간에 두 센서를 모두 사용할 수 없을 확률은 얼마인가?

풀이

A는 센서 A를 사용할 수 없는 이벤트를 나타내고 B는 센서 B를 사용할 수 없는 이벤트라고 하자. 센서를 사용할 수 없는 이벤트는 $(A \cup B)'$로 표현할 수 있다. 그런 다음 식 F-1 및 F-2로부터,

$$P(A \cup B)' = 1 - P(A \cup B)$$
$$P(A \cup B)' = 1 - [P(A) + P(B) - P(A \cap B)]$$
$$P(A \cup B)' = 1 - [0.95 + 0.90 - (0.95)(0.90)] = 0.005$$

F.2 평균 및 분산

다음으로, 우리는 두 가지 중요한 통계 개념인 *평균*과 *분산*을 고려하고, 확률 분포와 실험 데이터를 모두 특성화하는 데 사용할 수 있는 방법을 고려한다.

F.2.1 확률 분포에서의 평균과 분산

F.1절에서는 하나 이상의 *이벤트*(events)가 발생할 확률을 고려하였다. 온도 또는 화학적 조성과 같은 *무작위 변수*(random variables)에도 동일한 확률 개념을 적용할 수 있다. 예를 들어, 공정의 제품 조성은 공급 외란 및 측정 오차를 포함하여 여러 가지 이유로 무작위 변동을 나타낼 수 있다. 온도 측정은 센서 근처의 난류로 인해 임의의 변화를 보

일 수 있다. 확률 분석은 이러한 무작위 현상을 유용하게 특성화할 수 있다.

가우스 분포와 같이 확률 분포 $f(x)$가 가정된 연속 랜덤 변수 X를 고려하자. X가 구간 $[a, b]$에서 숫자 값을 가질 확률은 다음과 같다(Montgomery와 Runger, 2013).

$$P(a \le X \le b) = \int_a^b f(x)dx \tag{F-6}$$

여기서, x는 랜덤 변수 X의 숫자 값을 나타낸다. 정의에 따라 X의 *기대값*(*expected value*)인 μ_X는 다음과 같이 정의된다.

$$\mu_X = E(X) = \int_{-\infty}^{\infty} xf(x)dx \tag{F-7}$$

기대값은 *모집단 평균*(population mean) 또는 *평균*(average)이라고도 한다. 기대 범위에 대한 평균이며 각 값의 가능성에 따라 가중치가 부여된다.

X의 *모집단 분산*(population variance), σ_X^2,은 모집단 평균 주변에서 X의 분산을 의미하며, 다음과 같이 정의된다.

$$\sigma_X^2 = E[(X - u_X)^2] = \int_{-\infty}^{\infty} (x - \mu_X)^2 f(x)dx \tag{F-8}$$

분산의 양의 제곱근은 *모집단 표준 편차*(population standard deviation), σ_X이다.

이러한 계산은 예제 F.3에 설명되어 있다.

예제 F.3

불순물 X의 질량 분율은 균일한 확률 분포로 0.3과 0.5 사이에서 무작위로 변한다:

$$f(x) = \frac{1}{0.2}$$

모집단 평균과 모집단 표준 편차를 결정하여라.

풀이

$f(x)$를 식 F-7에 대입하면

$$\mu_X = \int_{-\infty}^{\infty} xf(x)dx = \int_{0.3}^{0.5} x\left(\frac{1}{0.2}\right)dx, \qquad \mu_X = \left(\frac{1}{0.2}\right)\left(\frac{1}{2}x^2\right)\Big|_{0.3}^{0.5} = 0.4$$

따라서, μ_X는 X에 대한 [0.3, 0.5] 구간의 중간점이다. σ_x를 결정하려면 $f(x)$를 식 F-8에 대입한다:

$$\sigma_X^2 = \int_{-\infty}^{\infty} (x - u_X)^2 f(x)dx = \int_{0.3}^{0.5} (x - 0.4)^2\left(\frac{1}{0.2}\right)dx$$

$$\sigma_X^2 = \left(\frac{1}{0.2}\right)\left(\frac{1}{3}(x - 0.4)^3\right)\Big|_{0.3}^{0.5} = 0.00333$$

$$\sigma_X = 0.0577$$

F.2.2 실험데이터의 평균과 분산

일련의 실험 데이터는 *표본 평균*(sample mean)과 *표본 분산*(sample variance) (또는 단순히 평균과 분산)으로 특성화될 수 있다. N개의 측정 값 $\{x_1, x_2, \cdots, x_N\}$을 고려하자. 평균 $\bar{x}$ 및 분산 s^2는 다음과 같이 정의된다(Montgomery와 Runger, 2013).

$$\bar{x} \triangleq \frac{1}{N}\sum_{i=1}^{N} x_i \tag{F-9}$$

$$s^2 \triangleq \frac{1}{N-1}\sum_{i=1}^{N} (x_i - x)^2 \tag{F-10}$$

표준 편차 s는 분산의 양의 제곱근이다.

평균은 데이터 세트의 평균이며 분산 및 표준 편차는 데이터의 변동성을 특징 짓는다.

F.3 표준 정규분포

정규(또는 가우스) 확률 분포는 통계의 이론과 적용 모두에서 중심적인 역할을 하며, 21.2.1절에서 소개되었다. 확률 계산의 경우 평균이 0이고 분산이 1인 *표준 정규 분포* $N(0, 1)$을 사용하는 것이 편리하다. 무작위 변수 X가 평균 μ_X 및 분산 σ_X^2를 갖는 정규 분포를 따른다고 가정할 경우 해당 *표준 정규 변수* Z는 다음과 같다.

$$Z = \frac{X - \mu_X}{\sigma_X} \tag{F-11}$$

통계 책에는 *누적 표준 정규 분포*(cumulative standard normal distribution), $\Phi(z)$ 표가 포함되어 있다.

정의에 따라 $\Phi(z)$는 Z가 지정된 숫자값 z보다 작을 확률이다(Ogunnaike, 2010; Montgomery와 Runger, 2013).

$$\Phi(z) = P(Z \leq z) \tag{F-12}$$

예제 10.3에서 $\Phi(z)$의 적용을 예시하였다.

F.4 오차 분석

엔지니어링 계산에서 독립 변수(또는 입력)의 불확실성이 어떻게 종속 변수(또는 출력)의 불확실성을 더 크게 만드는지 결정하는 것이 중요할 수 있다. 이 분석을 *오차 분석*이라고 한다. 입력 변수들의 경우 관련된 불확실성으로 인해 무작위 변수로 간주된다. 불확실성은 불완전한 측정이나 측정되지 않은 입력 변수의 불확실성 때문일 수 있다. 오차 분석은 이전 절에서 고려한 평균 및 분산의 통계적 개념을 기반으로 한다.

오차 분석의 중요한 예제로서 p 변수의 선형 조합을 고려하자.

$$Y = \sum_{i=1}^{P} c_i X_i \tag{F-13}$$

여기서, X_i는 기대값이 μ_i이고 분산이 σ_i^2인 독립 확률 변수이다. 그러면 Y는 다음과 같은 평균과 분산을 갖는다(Montgomery와 Runger, 2013).

$$\mu_Y = \sum_{i=1}^{P} c_i \mu_i \tag{F-14}$$

$$\sigma_Y^2 = \sum_{i=1}^{P} c_i^2 \sigma_i^2 \qquad \text{(F-15)}$$

식 F-14 및 F-15는 독립 변수 X_i의 변동성으로부터 X_i의 선형 조합 Y의 변동성을 결정하는 방법을 보여준다.

예제 F.4

화학 반응에 대한 수율을 기준으로 새로운 촉매 A가 현재 촉매 B보다 우수한지 여부를 확인하기 위해 실험 테스트를 수행하였다. X_A 및 X_B는 수율을 의미하며 $\sigma_A = 3\%$ 및 $\sigma_B = 2\%$의 표준 편차를 갖는다. 수율 차이 $X_A - X_B$의 표준 편차는 얼마인가?

풀이

$Y = X_A - X_B$라고 할 경우 식 F-13에서 $c_A = 1$과 $c_B = -1$로 설정한 것과 동일하다. 식 F-15로부터

$$\sigma_Y^2 = \sigma_A^2 + \sigma_B^2$$

그리고

$$\sigma_Y = \sqrt{\sigma_A^2 + \sigma_B^2} = \sqrt{(3\%)^2 + (2\%)^2} = 3.6\%$$

따라서, 두 변수 차이의 표준 편차는 개별 표준 편차보다 큰 값을 갖는다.

참고문헌

Montgomery, D. C., and G. C. Runger, *Applied Statistics and Probability for Engineers*, 6th ed., John Wiley and Sons, Hoboken, NJ, 2013.

Ogunnaike, B. A., *Random Phenomena: Fundamentals of Probability and Statistics for Engineers*, CRC Press, Boca Raton, FL, 2010.

찾아보기

Index

한글 찾아보기

ㄱ

가중치 행렬 541
가진주파수 363
각도 361
감쇠계수 109
감쇠비 112
감시 제어 498
개인용 컴퓨터 제어기 661
거리-속도 지체 129
결정화 621
경고 한계 563
경사 응답 104
경사 입력 99
경성제약 543
경험 모델 20, 151
계단 응답 102, 110, 157
계단 응답 모델 171, 526
계단 입력 98
계단 함수 54
계량화학 166
계획 502
고유값 139
고유 벡터 139
고차계 전달함수 근사 133
공급망 관리 498, 612
공장 친화적 입력 164
공정 모니터링 561
공정 모사 151
공정 반응 곡선 157, 313
공정 식별 151
공정 입력 97
공정 제어 선도 8
공정 제어 언어 669
공정 제어 활동 체계 11
공진 주파수 355
공진 현상 116
과도 감쇠 109, 111
과립화 622
과소 감쇠 111
관형 촉매 반응기 127
교반 공정 5, 20, 24
교반 탱크 가열 공정 29, 31
교반 탱크 혼합 시스템 20, 252
극점 124, 271
기준궤적 540
기질 41

ㄴ

나이퀴스트 선도 360
내부 모델 제어 287, 293, 453
노이즈 스파이크 필터 433
노이즈 필터 304
논리 제어 590

ㄷ

다단 시스템 40
다단 제어 400
다변수 제어 10, 488
다중루프 제어 10
다중 보호 계층 11
다중 송신기 659
다중 입력 463
다중 입력/다중 출력 143
다중 출력 463
다층 보호 원칙 230
단계 시험 방법 313
단백질 신호전달 637
단식 알고리즘 511
단일-루프 제어기 660
단일 입력/단일 출력 143
단일 통합 표준 666
단일 회로 제어기 656
닫힌 루프 시스템 251
대장균 641, 646
데드밴드 213
데드타임 129
도시법 157, 158
독립 변수 77
동등관심계수 548
동작 비율 659
동적 경험 모델 152
동적 모델 19
동적 보상기 385
동적행렬 537
동적행렬제어 523
디지털-아날로그 변환기 428

디지털 신호 657
디지털-아날로그 전환 657
디지털 제어시스템 656
디지털 필터 431
디튜닝 법 486

ㄹ

라플라스 변환 54
런투런 제어 591, 606
레벨 제어 316
레시피 608
로트 609
로피탈의 법칙 58
루프 완전성 476
리간드 645
리셋 시간 182
리셋 와인드업 183, 602
리셋 와인드업 방지 184
리액티브 스케줄링 612
릴레이 자동 튜닝 312
링잉 450

ㅁ

마르코프 파라미터 529
매개변수 추정 153
메시 아키텍처 667
모노드 식 42
모델 구간 547
모델 맞추기 157
모델 맞춤법 153
모델예측제어 12, 523
모델 검증 154
모델 자유도 328
모티프 640
목적함수 154
무보정예측 533
무선 피드백 제어 447
무작위 오차 154
무작위 이진 수열 164
무작위 입력 101
무충돌 전환 192
물리적 실현가능 126
미분방정식 풀이 62
미분 시간 186
미분 제어 185
미분 폭주 188
미분 함수 55
미켈리스-멘텐 식 42

ㅂ

바이어스 항 602
바이오매스 41
반경험모델 20
반복 관계식 167
반연속식 41
반응 속도 37
반회분식 3
백색 잡음 172
밸브 상수 216
밸브 트림 218
밸브 특성 216
밸브 포지셔너 214
범위 제어 544
변동범위성 216
변환기 203
보드 선도 352
보드 안정성 판별 361
보정예측 533
보존 법칙 23
보호층 230
부분분수 전개 60
부분 불완전 응답 157, 160
부분 최소 제곱 581
분산 제어시스템 656, 662
분석기 8
분자항 동특성 125
분해능 221
불완전 응답 160
블랙박스 모델 151
블록선도 8, 252
블록선도 대수 386
블록선도 축소 257
비감쇠 자연 주파수 109
비교기 254
비례대역 181
비례 적분 제어 265, 266
비례 제어 6, 180, 261
비상 정지 231
비상호작용 공정 136
비선형 계획법 155, 509
비선형 회귀 156, 162
비성장속도 42
비율국 380
비제어 378

ㅅ

직사각형 펄스 입력 99
사건나무분석 247
사다리 논리 다이어그램 593
사인 응답 104, 115
사인 입력 100
사전 테스트 554
살수층 촉매 반응기 131
상대 이득 배열 471
상미분방정식(ODE) 22
상수 함수 54
상승 시간 112
상태공간 모델 138, 538
상태공간 모델 안정성 139
상태 변수 138
상호작용 공정 136
샘플링 주기 547
생물반응기 618
생물학적 스위치 653
서보메커니즘 문제 257
서지 제어 377
선택자 410
선택 제어 410
선형 계획법 510
선형 회귀 154
성능비율 540
세포덩이 41
센서 202
소프트 센서 166
속도형 192
송신기 203
수동재설정 180
수송 지연 129

수송 지체 129
수율계수 41
순차 기능 차트 593
순차 논리 591
순차 루프 조율법 486
순차 이차 계획법 515
순환 회분 공정 609
스케줄링 502
스크립트 681
스틱-슬립 213
승수 상수 271
시간 가중 절대 오차 적분(ITAE) 301
시간 방향 이동 66
시간 상수 101
시간 지연 66, 129
시간 지연 보상 406
시스템 생물학 640
시스템 식별 151, 169
신경망 165
신뢰 구간 155
실시간 최적화 12, 497

ㅇ

아날로그-디지털 전환 657
아날로그 신호 657
아레니우스 관계 37
안전 계장 시스템 231, 235
안정성 269
안정성 분석 444
안정성 이론 478
안정성 평가 271
암모니아 합성 380
압력 제어 317
앞섬-뒷섬 요소 125
액위 탱크 105
액체 저장 시스템 35
앨리어싱 429
양성 피드백 7
양자화 658
에너지 보존 23
에칭 공정 343
여유변수 543
역라플라스 변환 54
역방향 동작 190
역응답 127
연동 235
연성제약 543
연소식 튜브 반응기 338
연속 공정 2
연속 교반 탱크 반응기(CSTR) 37
연속 사이클링 방법 309
연속흐름 교반 탱크 혼합 시스템 5
열린 루프 안정 269
열린 루프 전달함수 258
열린 루프 전송 함수 270
열적 혼합 공정 143
열충격 응답 638
영점 125, 271
예비 분석 319
예상 평균 고장 간격 245
예압 603
예측구간 525
예측 비강제응답 530
오차 적분(IE) 301
오른쪽 반평면 극점 125
오버라이드 411
오버라이드 시스템 410
오버슈트 112, 127
오일러 항등식 356
절대 오차 적분(IAE) 301
온도 제어 318
온라인 제어기 튜닝 308
온라인 튜닝 308
완전 이산 시간 모델 168
외란 97
외란 변수 3, 327
외란 변화 258
움직임구간 525
움직임억제행렬 548
원료물질 41
웨스턴 일렉트릭 룰 572
위상여유 366
위상전이 350
위치형 192
유가식 바이오리액터 41
유량 제어 316
유색 잡음 172
유전자 규제 637, 638, 640, 645
유한 임펄스 응답 171, 526
유한 차분 근사법 167
음성 피드백 7
응답 모드 124
의사 무작위 이진 수열 164
이동구간접근법 525
이동 평균 필터 433
이득 254
이득교차주파수 361
이득 스케줄링 414, 415
이득/시간 상수 형태 126
이득여유 366
이론 모델 20
이산 시간 모델 152, 166
이산 전달함수 437
이상나무분석 247
이중 모드 접근법 603
이중 지수 필터 432
이진 논리 다이어그램 593
이진 신호 657
이차 계획법 514
인공 신경망 165
인공췌장 627
인산화 643, 648
인슐린 647
일반예측제어 524
일반화 환산 기울기 515
일치시점 531
임계 감쇠 109, 111
임계주파수 361
임펄스 입력 101
임펄스 함수 58
입력가중치행렬 548
입력 변수 27, 77, 327
입력 차단 542

ㅈ

자기 상관 잡음 159
자기 회귀 모델 168, 456
자유도 328
자유도 분석 27
자율적으로 조절되지 않는 공정 108
자체-적응 제어기 418

자체-튜닝 제어기 418
잔류편차 182
잔차 533
잡음 모델 172
재현성 222
적분 공정 응답 106
적분 시간 182
적분 변환 66
적분 제어 182
적응 제어시스템 418
전기 가열 교반 탱크 32
전달함수 252, 253
전달함수 모델 77
전달함수 가산성 84
전달함수 곱셈 속성 84
전달함수 행렬 138
전류 대 압력 변환기 254
전방 경로 256
전사 638
전사적 자원 관리 498
전송기 8
전역 버스 아키텍쳐 657
정규 분포 565
정규 진폭비 115, 348
정밀도 221
정방 시스템 464
정방향 동작 190
정보흐름도 592
정상 상태 경험 모델 152
정상 상태 이득 83, 101, 109
정착 시간 112
제곱 오차 적분 301
제약 제어 412
제어구간 525
제어기 253
제어기 튜닝 13, 285
제어 목표 336
제어밸브 9, 212, 254
제어 법칙 6
제어 변수 331
제어시스템 설계 13
제어 알고리즘 6
제어 이득 6
제어 이득 행렬 542
제어 자유도 328, 330
제어기 튜닝 308
조건부 안정계 362
조성 센서 253
조성 센서-송신기 253
조성 제어 318
조작 변수 3, 327, 332
조절 제어 11
종속 변수 77
주성분 분석 581
주파수 응답 287, 347, 369
주화성 646, 653
중심교조 639, 640, 651, 653
중앙 한계 정리 571
중첩원리 54, 84, 535
증기 가열 교반 탱크 34
증류탑 10, 127, 337
지배적 시간 상수 161
지수 가중치 이동 평균 432
지수 필터 431
지수 함수 55
직사각형 펄스 함수 57
직접 합성 287
직접 합성 방법 288
진동 주기 112
진폭비 115, 348
질량 보존 23

ㅊ

초기값 정리 64
초파리 643
촉매변환기 340
최소 분산 제어 455
최소 자승법 154
최종값 정리 64
최종제어요소 178, 211
추론 제어 409
추정외란 533
출력 변수 27, 77
측정 변수 332
치우침 222

ㅌ

탈인산화 648
통계적 공정 제어 562
통계적 품질 관리 562
트립토판 합성 651
특성 방정식 61, 124, 270, 271
특이값 분석 480

ㅍ

퍼지 로직 제어 417
펄스 열 659
페어링 470
편미분 방정식(PDE) 22
편차 변수 78
편향 보정 533
폭주 602
프로그램 가능 논리 제어기 595, 660, 656
프로세스 목표 336
플라즈마 에칭 343
플랜트 테스트 554
피드백 가지 391
피드백 경로 256
피드백 제어 7, 177, 251
피드백 제어기 9
피드백 제어기의 주파수 응답 357
피드포워드 변수 523
피드포워드 제어 8, 376
피드포워드 제어기 튜닝 392
피드포워드-피드백 제어 391
제어 변수 3
피크 시간 112
필드교신기 667
필드 버스 203
필드버스 제어기 666
필드버스 표준 666
필드 튜닝 308

ㅎ

하루주기 시계 638, 642
한계 퍼널 544
한계 확인 563
할당 501
항상성 644
헤비사이드 전개 61

혼합시스템 397
회귀 153
회분식 3
회분식 순차결정 590
효모균 641
히스테리시스 213

영어 찾아보기

A

ADC 657
Allocation 501
amplitude ratio 115
Analyzer 8
Arrhenius relation 37

B

binary logic diagram 593
biomass 41

C

comparator 254
Controlled variables, CVs 3
critically damped 109
cyclical batch processing 609

D

DAC 657
Decay Ratio 112
distributed control system, DCS 656
Disturbance variables, DVs 3
DS 287
dual mode approach 603

E

enterprise resource planning, ERP 498
Excel 162, 170
Excel Solver 156, 157

F

feedback control 7
feedback path 256
feedforward control 8
FieldBus 657
Final value theorem 64
FORTD 159
forward path 256

G

gain 254
generalized reduced gradient, GRG 515
global bus architecture 657

H

half rule 133
Heaviside expansion 61

I

IMC 287, 453
Impulse input 101
information flow diagram 593
Initial value theorem 64
ISE 301

L

L'Hospital's rule 58
ladder logic diagrams 593
Lag-Dominant Models 299
LAN 657
linear programming, LP 510
local area networks, LAN 657
loop integrity 476
lot 609

M

Manipulated variables, MVs 3
MATLAB 162, 679
Michaelis-Menten 42
model predictive control, MPC 12
Monod equation 42
mRNA 639
multiple protection layer 11
multiple-input, multiple-output; MIMO 463

N

negative feedback 7
nonlinear programming 509
normalized amplitude ratio 115

O

over-damped 109
overshoot 112

P

partial fraction expansion, PFE 61
Period of Oscillation 112
PIDPlus 668
planning 502
PLC 660
positive feedback 7
preload 603
Profibus 657
Programmable Logic Controllers, PLCs 595, 656

Q

QP 514

R

Ramp input 99
ranaway 602
Random input 101
reactive scheduling 612

real-time optimization, RTO 12, 497
recipe 608
regulatory control 11
relative gain array 471
reset windup 602
Routh 274
Run-To-Run, RtR 591, 606

S

scheduling 502
self-regulating 269
semicontinuous 41
sequential function chart, SFC 593
sequential logic 591
settling time 112
Simplex algorithm 511
Simulink 682
Singular Value Analysis 480
SLC 656
specific growth rate 42
square system 464
Step input 98
substrate 41
successive quadratic programming, SQP 515
supervisory control 498
supply chain management 498, 612

T

Time to First Peak 112
transmitter 8
TWC 340

W

WirelessHART 666

Y

yield coefficient 41

기타 찾아보기

0차 홀드 428
1차 전달함수 82
1차 제어기 400, 401
1차계 응답 101
1차 시간 지연 모델 159
2차 제어기 401
2차계 응답 109
3단 흡수탑 40
AMIGO 방법 303
AMIGO 설정 311
CUSUM 관리도 572
Dahlin 방법 448
decay 비율 302
Dirac 델타 함수 58
EWMA 관리도 572, 573
EWMA 필터 432
FOPD 모델 290
HART 프로토콜 666
Hotelling T^2 통계 580
IMC 설정 311
IMC 튜닝 296
lacZ 유전자 642
Lambda 튜닝 448
Lambda 방법 303
Padé 근사법 131
PCM 가열로 176
PCM 증류탑 176
PID 제어기 186
Regulatory 문제 259
ROOT LOCUS 다이어그램 276
s 관리도 569
Shewhart 관리도 562
SIMC 설정 311
Smith 방법 161
Smith 예측기 406
SOPD 모델 291
Taylor 급수 전개 88
Tyreus-Luyben 조율 368
VLSI 회로 656
Vogel-Edgar 알고리즘 451
Z-N 설정 311
z-변환 436, 437